科学出版社“十三五”普通高等教育研究生规划教材
创新型现代农林院校研究生系列教材

高级动物传染病学

罗满林　单　虎　朱战波　主编

科学出版社
北　京

内 容 简 介

本书是我国首部供研究生学习使用的动物传染病学教材，分为总论和各论两部分。总论部分论述了病原细菌和病毒的致病机理，动物传染病综合防治措施、消灭规划及监测、预警预报等重要内容，各论部分对我国主要的、常发的和重要的55种动物传染病病原学、流行病学、诊断和防控技术等进行了全面、深刻阐述，此外还充分利用二维码技术，可通过手机扫码获得有关疫病的背景材料和拓展知识。参编者均是动物传染病研究专家，本书反映和代表了本学科发展的一流水平。

本书集科学性、先进性、新颖性于一体，且针对性强，不仅可供研究生学习使用，同时可作为报考预防兽医学研究生的考前阅读书籍，还可供科研人员、兽医检疫人员和技术开发人员等参考使用。

图书在版编目（CIP）数据

高级动物传染病学/罗满林，单虎，朱战波主编. —北京：科学出版社，2022.11

科学出版社“十三五”普通高等教育研究生规划教材

创新型现代农林院校研究生系列教材

ISBN 978-7-03-073330-6

Ⅰ. ①高…　Ⅱ. ①罗…　②单…　③朱…　Ⅲ. ①动物疾病-传染病学-高等学校-教材　Ⅳ. ①S855

中国版本图书馆CIP数据核字（2022）第184587号

责任编辑：刘　丹　林梦阳　马程迪 / 责任校对：杨　赛
责任印制：张　伟 / 封面设计：蓝正设计

科学出版社 出版
北京东黄城根北街16号
邮政编码：100717
http://www.sciencep.com

北京中科印刷有限公司 印刷

科学出版社发行　各地新华书店经销

*

2022年11月第　一　版　开本：787×1092　1/16
2023年 1 月第二次印刷　印张：30
字数：736 000

定价：98.00元

（如有印装质量问题，我社负责调换）

《高级动物传染病学》编写委员会

主　编　罗满林　单　虎　朱战波

副主编（以姓氏笔画为序）

丁家波　亓文宝　苏　乔　何启盖　陈瑞爱　金梅林　姜　平　姜世金　翟少伦

编　委（以单位名称拼音为序）

安徽科技学院：张训海

北京农业科学院畜牧兽医研究所：张培君

东北农业大学：李一经

甘肃农业大学：胡永浩

广东省农业科学院：廖　明

广东省农业科学院动物卫生研究所：翟少伦

黑龙江八一农垦大学：朱战波　周玉龙

华南农业大学：罗满林　王林川　贺东生　亓文宝　任　涛
郭霄峰　陈瑞爱　张桂红　罗永文　代曼曼

华中农业大学：郭爱珍　金梅林　吴　斌　何启盖　周　锐
彭　忠　陈颖钰　张　强

江苏农业科学院兽医研究所：何孔旺　邵国青　冯志新

南京农业大学：姜　平

内蒙古农业大学：张七斤

青岛农业大学：单　虎　杨瑞梅　刘晓东　张洪亮

山东农业大学：姜世金　赵　鹏　张瑞华　王一新

山东师范大学：何洪彬　侯佩莉

韶关学院：杨旭夫

四川农业大学：程安春　杨　乔

宿迁学院：潘志明

西北农林科技大学：杨增岐

云南农业大学：张以芳　柴　俊

浙江大学：廖　敏

中国动物卫生与流行病学中心：吴延功

中国农业大学：杨汉春　郭　鑫　佘锐萍

中国农业科学院北京畜牧兽医研究所：丁家波　秦　彤　崔尚金

中国农业科学院哈尔滨兽医研究所：曲连东　仇华吉　王晓钧

薛　飞　刘思国　辛九庆

孙　元　姜　骞　王雪峰

中国农业科学院兰州兽医研究所：张克山

中国兽医药品监察所：宁宜宝

中国药科大学：戴建君

中山大学附属第一医院：苏　乔

审　稿　陈溥言（南京农业大学）

前 言

动物传染病的防控不仅关系到畜牧业的稳定发展，也涉及食品安全和公共卫生。近年来，动物传染病新病不断涌现，旧病死灰复燃，病的种类不断增加，另外，病原持续变异，混合感染增多，耐药菌株十分常见和普遍，导致病的临床表现多样，单凭现场资料很难确诊，尤其给疫病防控提出了挑战。我们人类也正面临着百年以来最严重的疫情威胁，截至 2022 年 9 月 5 日，新型冠状病毒肺炎在全球已造成 6 亿人感染，死亡人数近 650 万。面对突如其来的疫情，我国党和政府紧紧依靠全国人民，严格控制传染源，采取一系列措施，对疫点和疫区实行封锁，加强消毒，群体检测，防止疫情扩散。与此同时，我国也加紧了疫苗研发进度。在不长的时间内研制出全世界多国认可的有效疫苗。在严峻的形势面前，我们外防入侵、内防扩散，彰显出我国政府和人民的决心和能力。研究生作为我国未来新一代的领头羊和技术骨干，有必要传承和发扬我国兽医先辈的奋斗精神，不断扩充和掌握新的知识，为实现我国下一个百年奋斗目标而努力。

我国自 1981 年恢复研究生招生以来，步入了规模和批次培养。但是除了公共课（主要是政治和外语）有系统的教材外，其他专业课程不像本科生课程那样有统一的教材，因此全国各地的研究生各门课程的教学内容和形式多种多样。科学出版社启动了动物医学的研究生系列教材出版计划，作为预防兽医学的一门重要课程，高级动物传染病学被列入其中。本书的特点如下：第一，这是我国首部动物传染病的研究生教材。怎么编写，从内容到形式均是一个尝试，效果如何，有待研究生及其他读者群体的评说。第二，这本教材的编写队伍可谓是精兵强将。从数量和水平上考虑，我们从全国范围内选取了多个高校和科研院所的老师和专家，他们都是该学科领域的专门研究者。按每人写一种病或专题的思路，充分体现了专而精，不仅能提供各研究领域的最新动态和进展，也能提供丰富的研究背景和系统资料，同时能保证交稿的及时性。第三，本书的内容与本科生的学习内容既有所衔接，但又有很大的不同。总论部分论述了病原细菌和病毒的致病机理，动物传染病综合防治措施、消灭规划及监测、预警预报等重要内容，在病的种类方面，选择了那些重要的、常发的动物传染病。每个病的重点放在病原学、诊断和防控技术上，同时拓展了感染与免疫、问题与展望等方面的内容。第四，本书还充分利用二维码技术，通过手机扫码可以获得有关疫病的背景资料、研究者的实验结果等丰富内容。我们认为这些立足于学科前沿的深入探究，揭示了发展方向和热点、难点，因此，对预防兽医学研究生和立志报考预防兽医学研究生的考生而言，本书是不可多得的必读教材，而且本书也可供其他从事科学研究和技术开发等人员参考使用。

本书经过两年的准备，终于可以与读者见面了。在此要感谢华南农业大学及兽医学院领导的大力支持，本书还被列入 2020 年华南农业大学高水平研究生教材建设项目。本书的出版还得到许多老师的帮助。科学出版社也很关注本书的出版工作，刘丹同志为此做了大量细致的工作。除主编对文稿反复审阅外，本书还邀请多位副主编进行审阅，部分章节还特地邀请南京农业大学陈溥言教授审阅，在此一并表示衷心的感谢！在本书的准备阶段，中国农业科学院北京畜牧兽医研究所崔尚金研究员不幸病逝，我们对他英年早逝表示沉痛的哀悼。

尽管编者付出了很大的努力，但由于学科发展变化很快，诚恳希望研究生与导师及各位读者在使用中，对本书的不足之处提出宝贵的意见，以便今后再版时修正。

主　编

2022 年 9 月

目　　录

第一章　总　论

第一节　细菌感染和致病机理

细菌感染即细菌突破机体的防御机能，侵入宿主体内，进行生长、繁殖、扩散，释放毒性产物，并与机体发生相互作用的病理过程。寄生菌感染宿主并引起疾病的能力或特性称为细菌致病性（pathogenicity）。不同种类的细菌致病性不同，因此会引起不同的疾病，具有致病性的细菌称为致病菌或病原菌。致病菌的致病机理包括感染过程的启动和疾病体征与症状的产生机制，其致病过程包括黏附并定殖于某种细胞、组织；适应宿主特定环境进行增殖，并向其他部位侵袭或扩散；抵抗或逃避机体的免疫防御机制；释放毒素或诱发超敏反应，引起机体组织损伤。毒力是细菌致病性强弱的关键因素，可由细菌染色体基因、质粒或噬菌体控制，也可以存在于细菌毒力岛内，其主要由侵袭力（invasiveness）和毒素构成。侵袭力相关因子包括黏附素、荚膜、侵袭性物质和生物被膜等，主要涉及菌体的表面结构与释放的侵袭蛋白和酶类。

一、细菌的黏附及侵袭

（一）细菌的黏附

细菌感染宿主的首要条件是黏附在组织或细胞表面，进而定殖，引起机体发病。黏附（adhesion）是细菌通过其黏附素（adhesin）与宿主细胞相应受体之间特异性结合并相互作用的过程。宿主细胞是否具有相应的受体及受体的类型，决定着细菌能否在特定的部位黏附定殖。细菌黏附的第一阶段为聚集和非特异性的吸附，细菌接近黏膜上皮细胞表面，借助表面的静电力、疏水力及分子间作用力（范德瓦耳斯力）等形成可逆的相互作用，有些细菌在该阶段有类似趋化作用的参与。黏附的第二阶段是特异性的，在第一阶段的基础上，细菌表面的黏附素（配体）与靶细胞表面的受体在空间构型上通过化学键相互匹配并结合。黏附细胞后的细菌一般不会随液体中的震荡或冲洗而脱离，且也能在一定程度上对抗去污剂的作用。

1. 黏附素　黏附素是具有黏附作用的各种细菌表面结构的统称，它们直接介导细菌与宿主细胞的黏附。在化学性质上，黏附素通常是细菌表面某种特定的蛋白质、糖脂、多糖或单糖等成分。根据黏附素形态结构的不同，可将其分为菌毛（fimbria 或 pilus）黏附素和非菌毛黏附素（afimbrial adhesin）。

（1）菌毛黏附素　许多致病菌菌毛蛋白上凸起或散布着一些具有黏附功能的亚结构单位。例如，存在于大多数革兰阴性菌及少数革兰阳性菌表面的Ⅰ型菌毛，它的顶端有连接蛋白 FimF 和 FimG，以及黏附素蛋白 FimH。FimH 具有独特的 N 端区域，赋予Ⅰ型菌毛识别宿主上皮细胞表面甘露糖残基的能力。大肠杆菌 P 菌毛上有一种称为 PapG 的亚结构单位，能介导 P 菌毛特有的 α-1,4-半乳糖受体结合活性，它位于菌毛末端，构成了独特的顶端结构。

菌毛的黏附作用能使细菌牢固地黏附于特定宿主细胞上，包括皮肤、呼吸道、消化道、泌尿生殖道的黏膜上皮。由于每种菌毛只能黏附于具有相应受体的细胞上，所以细菌的黏附往往具有宿主特异性或细胞特异性。例如，含 F4、F6 或 F42 菌毛的肠致病性大肠杆菌（EPEC）仅发现于腹泻仔猪体内，F17 菌毛也仅存在于引起犊牛和羔羊腹泻的大肠杆菌中。虽然含不同菌毛的不同细菌在体内都能黏附于相应宿主的小肠上皮细胞微绒毛和刷状缘，但各自黏附的小肠部位不尽相同。F4、CFA Ⅰ 和 CFA Ⅱ 菌毛黏附部位均为小肠前端，F5 菌毛黏附的是空肠、回肠段，F6 和 F41 菌毛黏附的都是回肠段。在体外，菌毛除能表现出对宿主细胞的黏附作用外，有些菌毛还可黏附于红细胞，使红细胞彼此凝聚而呈现一种血凝反应。每种菌毛能凝集红细胞的种类常常是固定的，故具有一定的血凝反应，如 Ⅰ 型和 Ⅴ 型菌毛的血凝反应可被 *D*-甘露糖抑制，故称之为甘露糖敏感型血凝反应。

（2）非菌毛黏附素　非菌毛黏附素是指细菌表面不呈菌毛形态的各种有黏附作用的结构物，主要包含纤毛样突出物、细菌表面蛋白、鞭毛、血凝素等。

1）纤毛样突出物：又称微纤毛（fibrillae），是多数革兰阳性菌的黏附素，其主要由糖脂类构成，与革兰阴性菌的菌毛蛋白不同，如 A 群链球菌和金黄色葡萄球菌细胞壁中的脂磷壁酸（lipoteichoic acid，LTA）在黏附宿主上皮细胞时起重要作用。LTA 为两性分子，一端类脂结合在细菌的细胞质膜上，另一端为甘油磷壁酸聚合体，穿过细胞壁到达细胞表面。LTA 的重复单位及疏水链上含有脂质结合位点，它们可以与宿主细胞表面糖脂或脂蛋白上的脂质区结合。LTA 分子本身带弱负电荷，它的游离端可与宿主细胞表面带正电荷的大分子结合，从而介导细菌黏附。

2）细菌表面蛋白：金黄色葡萄球菌和化脓链球菌的纤连蛋白结合蛋白（FBP）、志贺菌的 IpaD 蛋白、EPEC 的紧密黏附素（intimin）、肺炎链球菌的 PsaA 蛋白、小肠结肠炎耶尔森菌的 YadA 外膜蛋白、杀鲑气单胞菌的 A 蛋白及百日咳杆菌的黏附素（pertactin）等均为细菌表面蛋白，在对各自宿主细胞的黏附作用中起着重要作用。

3）鞭毛：鞭毛是细菌重要的运动器官，随着对鞭毛结构和致病性作用的深入研究，发现鞭毛及其运动性可促进细菌对宿主细胞的黏附与侵袭，在细菌生物被膜形成等过程中发挥重要作用。霍乱弧菌的鞭毛鞘蛋白、百日咳杆菌和空肠弯曲菌的鞭毛蛋白均可参与细菌的黏附过程。有研究证明，肠毒性大肠杆菌（ETEC）的鞭毛高保守区，可以和一种胞外黏附素蛋白（EtpA）发生相互作用，介导其在肠内的黏附和定殖。

4）血凝素：鼠伤寒沙门菌的甘露糖抗性血凝素、霍乱弧菌的血凝素（包括抗甘露糖岩藻糖血凝素、甘露糖敏感血凝素和可溶性血凝素等）、百日咳杆菌的丝状血凝素等都能够参与这些菌的黏附作用。

除了上述黏附素外，某些细菌的荚膜、脂多糖（LPS）等上面也含有具有黏附功能的结构分子，细菌分泌的海藻酸钠、甘油醛-3-磷酸脱氢酶、脲酶、葡萄糖基转移酶等都可以成为黏附素。迄今，越来越多的病原菌被发现含有各种感染相关的黏附素，如果我们能够阐明病原菌的黏附机制及其影响因素，从而寻找有效途径来阻止细菌的黏附，则将为细菌性传染病的预防和控制提供新的方法。

2．受体　受体是宿主细胞上一种能与细菌黏附素发生特异性结合的分子结构，一种宿主细胞的表面不仅含有许多性质各异的受体，而且一种受体可被多种细菌黏附素识别，故同一种细胞可被不同的细菌黏附。黏附素受体主要包括三类，第一类是大多数革兰阴性菌的黏附受体，主要为宿主细胞表面的糖蛋白或糖脂成分；第二类是细胞表面黏附受体，如整合素（integrin）、钙黏着蛋白（cadherin）等，这些受体在某些细菌内化时也发挥功能；第三类为细胞外基质的蛋白质成分，其中以纤连蛋白（fibronectin，Fn）、胶原蛋白（collagen）、纤维蛋白原（fibrinogen，Fgn）居多，它们是革兰阳性菌的主要黏附素受体。

1）糖类残基：大多数革兰阴性菌对宿主细胞表面的黏附受体是糖蛋白或糖脂，特异性结合部位通常是受体中的糖类残基。Ⅰ型菌毛的特异受体是*D*-甘露糖残基。K88（F4）菌毛能够结合仔猪小肠黏膜上皮刷状缘上的3种受体，包括肠黏液型唾液酸糖蛋白、肠中性鞘糖和74kDa运铁蛋白的糖蛋白。

2）细胞表面黏附受体：包括整合素（integrin）、钙黏着蛋白（cadherin）、免疫球蛋白超家族（IgSF）、选择素（selectin）等。整合素家族分布在机体多种细胞表面，介导一系列重要的细胞功能，它们中的一些成员可被病原菌利用，通过直接或间接的结合，从而黏附宿主细胞，还能触发包括细菌内化的细胞免疫应答。金黄色葡萄球菌表达的纤连蛋白结合蛋白（FBP）与来自宿主细胞并沉积在细菌表面的纤连蛋白（Fn）结合，接着通过Fn与宿主细胞表面的α5β1整合素结合，启动细胞内化作用。肠道上皮细胞表达的核仁素和β整合素被认为是EHEC O157∶H7紧密黏附素的黏附受体。细菌LPS可通过P-选择素与活化的血小板或上皮细胞结合，在感染性休克的细胞器功能衰竭的发病过程中起重要作用。

3）细胞外基质（extracellular matrix，ECM）：ECM为细胞外表面的生物活性物质，由大分子的复杂混合物组成，既是机体细胞互相粘连的重要底物，也是许多细菌尤其是革兰阳性菌黏附宿主细胞的受体。ECM受体包括纤连蛋白（fibronectin，Fn）、胶原蛋白（collagen）、纤维蛋白原（fibrinogen，Fgn）等。Fn是一种440kDa的大分子糖蛋白，金黄色葡萄球菌和肺炎链球菌的LTA结合于其临近胶原的结合位点，化脓性链球菌的LTA则结合于其脂质结合区。A群链球菌的FBP和F蛋白均可与Fgn结合，每个菌上的结合位点可达上万个。

细菌黏附素与细胞相应受体的结合主要有3种类型：第一种最常见，为蛋白质凝集素-碳水化合物（lectin-carbohydrate）相互作用，许多病原菌以菌体表面特别是菌毛上的凝集素作为黏附素与宿主细胞表面的糖复合物如糖蛋白或糖脂等上的糖链残基结合。相反地，在某些情况下，动物细胞（如巨噬细胞）表面的凝集素也会与细菌荚膜或脂多糖上的多糖成分结合，介导非特异的吞噬作用。第二种是蛋白质-蛋白质相互作用，如革兰阳性菌上的纤连蛋白结合蛋白（fibronectin-binding protein，FBP）与细胞外基质上纤连蛋白的结合。第三种是疏水蛋白间的相互作用，如革兰阳性菌的脂磷壁酸结合到上皮细胞纤连蛋白脂质结合区。

（二）细菌的侵袭与扩散

细菌的侵袭力（invasiveness）是指病原菌突破宿主的防御系统，侵入机体，在体内定殖和扩散的能力。细菌发挥侵袭力的物质基础包括菌体表面机构及细菌产生的与侵袭相关的物质。

1．侵袭性酶 当致病菌在感染原始部位向四周扩散时，会受到宿主屏障作用的限制。但是有些致病菌能产生降解组织的侵袭性酶。侵袭性酶多为细菌分泌的胞外酶类，如某些链球菌和葡萄球菌产生透明质酸酶和链激酶等，前者能降解结缔组织细胞外基质的透明质酸，后者能激活纤溶酶，消化纤维蛋白防止血凝，两者均利于细菌在组织中的扩散。梭菌、气单胞菌等能产生胶原酶，分解肌肉胶原蛋白，促进气性坏疽的产生。神经氨酸酶是由霍乱弧菌和痢疾志贺菌等肠道病原体产生，它会降解神经氨酸（也称为唾液酸），破坏肠黏膜上皮细胞间的粘连。致病性葡萄球菌产生血浆凝固酶，能使血浆中的纤维蛋白原变为纤维蛋白，进而使血浆凝固，纤维蛋白沉积在菌体表面，可使细菌免受吞噬细胞的吞噬作用，利于细菌在局部繁殖。A 族链球菌产生的脱氧核糖核酸酶，能液化脓液中高黏度的 DNA，利于扩散。

2．细菌的内化 有的致病菌如结核分枝杆菌、布鲁氏菌等被吞噬细胞吞噬后不被杀死，这种被动的内化机制可使细菌随着吞噬细胞转移至淋巴结和血液中，扩散至宿主全身。除了这种被吞噬细胞摄入的方式外，有些病原菌还会表达侵袭素（invasin）蛋白，通过某种内化机制进入宿主非吞噬细胞内（主要为黏膜上皮细胞），从而穿过黏膜上皮或通过细胞间质，侵入深层组织或血液中，导致严重的深部感染或全身感染。细菌的黏附素与细胞受体的相互作用可启动系列信号分子的级联反应，包括蛋白质的磷酸化、效应分子的募集及细胞骨架成分的活化，继而导致吞噬杯（phagocytic cup）形成、闭合及细菌的内化。有些细菌在结合细胞跨膜受体的表面蛋白介导下完成内化过程，还有些细菌在黏附至细胞后，通过III型分泌系统（TTSS）等专职分泌系统产生某些效应分子，以调节细胞骨架肌动蛋白，促进"巨胞饮袋"（macropinocytic pocket）的形成并包绕细菌。细菌的侵袭与细胞 Rho 家族蛋白（Rho、Rac 和 Cdc42）介导的细胞骨架重排有关，此过程涉及两种主要机制："拉链"（zipper）机制和"触发"（trigger）机制。例如，耶尔森菌利用外膜的侵袭素与宿主细胞表面整合素受体 β1 链紧密结合，诱导整合素聚集和下游信号产生。整合素受体 β1 链的胞质区尾部与细胞骨架蛋白在黏附斑中心发生相互作用，这对细菌的内化非常关键。当细菌进入时，环绕其周围的宿主细胞膜会形成"拉链样结构"，以这种"拉链"机制介导细菌进入胞内。沙门菌和志贺菌是通过"触发"机制进入细胞的典型代表，它们侵入细胞由III型分泌系统介导。TTSS 通过产生特定的细菌效应分子刺激肌动蛋白重排，引起细胞膜起皱，形成囊泡结构，最后导致细菌内化。另外，还有一种兼具上述两种特点的"拉链-触发"双重机制，主要见于分枝杆菌。

3．荚膜及微荚膜 荚膜和微荚膜均具有抗吞噬和抵抗体液中有害物质（如补体）对细菌损伤的作用。荚膜和微荚膜可影响抗体、补体的调理作用，吞噬细胞表面的补体受体可因荚膜多糖的空间位阻作用而难以与 C3b 结合，从而削弱调理作用。荚膜的存在能阻止 O 抗原与其抗体结合进而发挥干扰吞噬作用。有些细菌表面有其他表面物质或类似荚膜物质，如链球菌的微荚膜（透明质酸荚膜）、M 蛋白质，某些革兰阴性杆菌细胞壁外的酸性糖包膜，如沙门菌的 Vi 抗原和某些大肠杆菌的 K 抗原等，它们不仅能阻止吞噬，还具有抵抗抗体和补体的作用。

4．微菌落和细菌生物被膜 某些细菌在一定条件下可在宿主体内形成微菌落和由微菌落组成的生物被膜。微菌落为肉眼看不见的一个细菌种系或克隆。细菌生物被膜（biofilm）是由一种或多种细菌微菌落和它们自身产生的细胞外基质附着在有生命或无生命物体表面而形成的高度组织化的多细胞结构。细菌生物被膜主要通过胞外多糖彼此黏附，并黏附于支持物表面。除胞外多糖外，其他黏附素也参与细菌生物被膜的形成。生物被膜的形成有助于细菌生长过程中黏附定殖和适应生存环境，协助细菌附着在某些支持物表面，克服液态流的冲击。细菌生物被膜较单个或混悬的细菌更易于抵抗宿主免疫细胞和免疫分子包括吞噬细胞、抗体、补体和抗菌药物的杀灭作用，有助于细菌间快速传递毒力和耐药基因。微菌落和生物被膜的形成是某些难治性慢性感染炎症和某些毒力较弱的条件致病菌引起感染的重要原因。从生物被膜脱离的细菌还可扩散到别的部位，在一定条件下引起感染。

二、宿主抗菌免疫反应

在大多数时候，宿主能够与周围微生物和平共处，很大程度上是由于宿主有效的防御机制。有时宿主能耐受一些细菌的定殖，但仅限制在无害的区域（如表皮和鼻黏膜上的金黄色葡萄球菌、上呼吸道的肺炎链球菌等），如果细菌继续侵入，即突破了生理屏障或扩散到起始定殖点之外的组织，则意味着发生了感染，并有可能进一步致病。病原的致病过程同时也交织着机体的非特异性防御机制和特异性免疫应答。感染发生与否及其转变和转归，依病原的致病力和宿主的免疫力相互消长而定。宿主具有不同的防御机制来抵抗病原微生物不同阶段的感染，在侵染宿主过程中，病原菌首先会遇到固有免疫（innate immunity）系统构筑的前两道防线。第一道防线是皮肤、黏膜及其分泌物，第二道防线是体液中的杀菌物质和吞噬细胞。这两道防线借助物理屏障或非特异免疫反应抵抗病原菌的感染。之后，病原菌会激活第三道防线即适应性免疫（adaptive immunity）系统，包括特异的体液免疫和细胞免疫。固有免疫是适应性免疫所必经的起始过程，两者间相互作用，固有免疫系统的细胞或成分影响适应性免疫系统，反之亦然。

不同种类病原菌具有不同的结构、生物学特性、致病机理等，故机体抵御各类细菌的免疫机制也有所差异。胞外菌寄居在宿主细胞外的组织间隙、血液、淋巴液和组织液中，如革兰阳性菌中的葡萄球菌、链球菌、破伤风梭菌等，革兰阴性菌中的致病性大肠杆菌、志贺菌、霍乱弧菌等，它们的致病机理主要是产生外毒素、内毒素等毒性物质和引起炎症反应。抗胞外菌感染免疫是一种溶菌酶、补体、吞噬细胞和抗体等因子相互协同的以体液免疫为主的免疫反应。胞内菌分为两类，一类是兼性胞内菌，如结核分枝杆菌、布鲁氏菌、沙门菌、李氏杆菌、鼠疫杆菌等，它们偏好寄居在某些特定的细胞如单核巨噬细胞等。另一类是专性胞内菌，包括立克次体和衣原体等，这些病原则常选择寄居在上皮细胞等非专职吞噬细胞。因特异性抗体一般不能进入胞内，体液免疫对胞内病原菌作用有限，因此机体主要依靠以 T 细胞为主的细胞免疫，包括 $CD4^+$ Th1 细胞和 $CD8^+$ CTL 细胞。

（一）固有免疫

1．表面防御 皮肤、黏膜、黏膜纤毛的运动，体液冲刷等组成了机体表面的物理性防御屏障，黏膜部位还含有如胃酸、胆盐、蛋白酶、溶菌酶、抗菌肽等抑菌杀菌物质。在宿主皮肤和很多黏膜部位，还存在着正常菌群。正常菌群可通过竞争结合位点和营养等方式抑制或延缓病原菌增殖，从而发挥定殖抗力（colonization resistance）的作用。正常菌群还通过产生抗菌物质如细菌素，代谢产物如脂肪酸（乳酸、丙酸等）、过氧化物、抗生素等抑制病原菌。

2．模式识别受体 模式识别受体（pattern-recognition receptor，PRR）是指存在于固有免疫细胞上的能够识别病原微生物上某些共有成分即病原相关分子模式（pathogen-associated molecular pattern，PAMP），从而激活一系列信号通路，引发固有免疫反应的受体。病原微生物入侵机体后，其上的各类高度保守的 PAMP（如细菌脂多糖、肽聚糖、脂蛋白、鞭毛蛋白等）会被固有免疫细胞上的 PRR 所识别并启动免疫应答以清除病原体。这些 PRR 包括 Toll 样受体（Toll-like receptor，TLR）、C 型凝集素受体（C-type lectin receptor，CLR）、NOD 样受体（NOD-like receptor，NLR）、RIG-Ⅰ样受体（RIG-Ⅰ-like receptor，RLR）及胞质多种 DNA 感应分子等。在针对病原菌的 PRR 中，TLR 尤为重要。TLR 属于Ⅰ型跨膜分子，胞外区含亮氨酸重复结构域，负责识别 PAMP 分子，胞内区由 IL-1 受体同源结构域组成，参与下游信号传递。TLR 分布在细胞表面及胞内囊泡上。TLR1、TLR2、TLR6 能够识别细菌的脂蛋白，TLR2 也能识别革兰阳性菌的脂磷壁酸和分枝杆菌的脂阿拉伯甘露聚糖；TLR4 具有转导革兰阴性菌脂多糖信号的作用；TLR5 在识别细菌鞭毛蛋白中发挥重要作用，当肠道上皮的基底外侧表面接触鞭毛蛋白，会在 TLR5 的介导下引发炎症反应；TLR9 可识别细菌非甲基化 CpG DNA，这些 CpG 岛现已鉴定为重要的免疫调节剂，可刺激 Th1 反应。NLR 家族成员 NOD1 识别革兰阴性菌肽聚糖降解产物中的内消旋二氨基庚二酸，NOD2 则识别细菌肽聚糖降解产物中的胞壁酰二肽。与其配基结合后，它们的构象发生改变，活化丝氨酸/苏氨酸激酶 2，从而激活 NF-κB（核因子-κB）通路。同时，NOD2 能够诱导丝裂原活化蛋白激酶（mitogen-activated protein kinase，MAPK）信号通路，促进细胞因子产生。

3．吞噬作用 当入侵的病原菌突破宿主表面屏障，扩散渗透到组织中时，会激活炎症反应，导致吞噬细胞募集到炎症部位，吞噬和杀死病原菌。吞噬作用是固有免疫中最有效的细菌防御机制，吞噬细胞主要包括存在于外周血的短龄、多形核嗜中性粒细胞（neutrophil）、单核细胞（monocyte）和各种组织中的巨噬细胞（macrophage）。嗜中性粒细胞处于机体抵抗微生物入侵，特别是抵抗化脓性细菌入侵的第一线。嗜中性粒细胞起源于骨髓中的多能干细胞，分化成包含大量颗粒的成熟细胞后，数小时内进入血液循环，在血液中仅存留 10h 左右即进入组织，其生成速度快但寿命仅 1～3d。单核细胞也起源于骨髓干细胞，在血液中存留数天后迁移至组织中，分化为游离或固定的巨噬细胞。与嗜中性粒细胞相比，巨噬细胞有较长的生命周期。嗜中性粒细胞在感染的急性阶段起更重要的作用。在急性炎症反应期间，嗜中性粒细胞作为炎症性渗出物的一部分通过内皮细胞连接处向外迁移到达感染部位并吞噬和杀伤异物。吞噬了大量细菌的嗜中性粒细胞会逐渐死亡，并构成脓液的一部分。巨噬细胞则主要参与慢性感染，其在炎症反应期间会被吸引到病灶，速度较慢，并越来越多地参与慢性感染过程。巨噬细胞在宿主防御中具有另一个不可或缺的功能，即它们在吞噬病原后能够加工抗原成分并将其呈递给淋巴细胞，这一过程通常是引发宿主特异性免疫应答所必需的。

吞噬细胞向病原感染部位趋化，吞噬和杀灭病菌的过程可分为 4 个连续的阶段。

（1）*游走和趋化* 侵入的致病菌可刺激吞噬细胞、内皮细胞、皮肤角质细胞、成纤维细胞等产生 IL-1、IL-8、NAP-2、RANTES、MIP 等趋化因子，吸引吞噬细胞由血管中央向边缘移动，并通过整合素等黏附分子的作用黏附和穿过血管内壁进入组织间隙。接着，吞噬细胞受到化学趋化因子的诱导向损伤病灶迁移和聚集。已被鉴定的趋化因子包括细菌产物、细胞和组织碎片，以及炎性渗出物，如 C3a、C5a 等补体成分。

（2）*识别和黏着* 吞噬细胞表面含有模式识别受体等多种受体，如甘露糖受体识别病原体细胞壁的甘露糖和岩藻糖残基；清道夫受体识别乙酰化低密度脂蛋白、细菌脂多糖、磷壁酸和磷脂酰丝氨酸等；TLR 识别肽聚糖、磷壁酸、脂蛋白等；Fc 受体和补体受体则能识别被抗体和补体包被的细菌。借助这些受体，吞噬细胞直接或经抗体或补体作用黏附细菌。

（3）*吞入* 细菌被黏着之后，吞噬细胞膜内陷，形成伪足将其包围，随着伪足的延伸并相互融合，形成由吞噬细胞膜包围吞噬物的泡状小体——吞噬体（phagosome）。吞噬体逐渐脱离细胞膜进入细胞内部，与溶酶体融合，形成吞噬溶酶体（phagolysosome）。

（4）*杀伤和降解* 吞噬溶酶体形成之后，吞噬细胞通过溶酶体酶（溶菌酶、杀菌素、酸性水解酶、过氧化物酶、乳铁蛋白、反应性氧中间物、反应性氮中间物等）杀伤和降解细菌。

吞噬细胞吞噬杀伤病原菌后，其结果随细菌种类、毒力和宿主免疫力不同而异，一般有两种结局。一种是完全吞噬，在正常吞噬过程中，大多数细菌会被吞噬细胞杀灭，如化脓性球菌被吞噬后，一般 5～10min 死亡，30～60min 被破坏。另一种为不完全吞噬，如结核分枝杆菌、布鲁氏菌、沙门菌等胞内寄生菌由于抗吞噬能力或在免疫力低下的宿主中，被吞噬后却未被杀死。此种吞噬对机体不利，因病原体在吞噬细胞内得到保护，有的病原体甚至能在吞噬细胞内生长繁殖，或随吞噬细胞经淋巴液和血液扩散。此外，吞噬细胞在吞噬过程中，溶酶体释放出多种水解酶和活性氧也会破坏邻近的正常组织细胞，造成组织损伤。被特异性免疫活化后的巨噬细胞杀伤能力增强，可由不完全吞噬转变为完全吞噬，如巨噬细胞功能显著增强后，可促进结核分枝杆菌隐性感染的康复。

4．补体 补体（complement）在炎症反应、吞噬细胞趋化和调理作用中起作用，因此被认为是固有免疫的一部分。补体可以被细菌入侵激活，也可以被抗原和抗体之间的反应激活，因此它们也在适应性免疫中发挥作用。病原表面抗原和特异抗体的结合会激活补体系统，引发级联反应。反应产生的补体成分 C3a 和 C5a 是趋化因子，可将吞噬细胞吸引到感染部位。抗原抗体复合物上结合的补体分子 C3b 会与吞噬细胞上的 C3b 受体结合从而促进吞噬细胞对病原的调理作用。C3b 对于增强感染早期产生的 IgM 的调理作用最为重要。补体分子 C5b、C6、C7、C8 和多个 C9 分子组成攻膜复合体（membrane attack complex，MAC），可在靶细胞膜表面形成离子通道，破坏细菌外膜，同时也使得溶菌酶更易进入菌内，加速其裂解。相比革兰阴性菌，革兰阳性菌的肽聚糖层较厚，可以阻止 MAC 造成的膜损伤。除了经典的补体激活途径，细菌表面的脂多糖、肽聚糖、磷壁酸、甘露糖等成分也能通过旁路途径和凝集素途径激活补体系统。这种独立于抗体之外的激活途径在防御病原的早期或初次感染时发挥重要作用。

（二）适应性免疫

1．体液免疫 如果机体的固有免疫不足以保护宿主免受入侵病原体的入侵和致病，这时就要依赖逐渐建立的适应性免疫应答。机体对胞外菌的杀伤和清除主要通过体液免疫应答产生特异性抗体发挥作用。胞外菌的脂多糖、荚膜等的多糖成分是 TI 抗原，能直接刺激 B 细胞产生特异的 IgM 抗体。细菌菌毛、鞭毛、荚膜、外毒素等抗原，在抗原呈递细胞中加工、提呈，在 Th2 辅助细胞帮助下，诱导相应的 B 细胞产生特异的 IgM、IgG、分泌型 IgA 等不同类型的抗体。这些特异性抗体在抵抗胞外菌感染中发挥重要作用：①某些致病力较强的细菌，因为具有荚膜、脂多糖等可以抵抗吞噬作用的表面结构，这时就需要特异的抗体、补体等介导调理吞噬作用来增强吞噬细胞对病原菌的吞噬和消化；②特异抗体和细菌表面抗原结合激活补体系统，形成攻膜复合体溶解细菌；③中和细菌外毒素，直接抑制其对靶细胞的作用或形成复合物，被吞噬细胞吞噬；④抗体与菌毛等黏附素结合，阻止病原菌的黏附和定殖，特别是分泌型 IgA 阻断细菌与黏膜上皮细胞的结合；⑤抗体与细菌重要酶系统或代谢途径中的成分结合，抑制细菌生长。另外，当特异的抗体结合表面含有胞内菌抗原的靶细胞后，还能诱导自然杀伤（natural killer，NK）细胞等发生抗体依赖的细胞介导的细胞毒作用（ADCC），利用颗粒物质溶解靶细胞，释放出胞内菌，再进一步通过补体、抗体及吞噬细胞作用消灭细菌。

2．细胞免疫 因特异性抗体不能进入细胞中和胞内菌，机体主要依赖于细胞免疫来清除胞内菌。胞内菌被吞噬后，可通过干扰吞噬体与溶酶体融合或逃离吞噬体进入胞质等方式来逃避吞噬作用。这些被不完全吞噬的胞内菌可刺激巨噬细胞产生 IL-12 或刺激 NK 细胞产生 γ 干扰素（IFN-γ），它们能够促进 $CD4^+$ Th1 细胞的发育和增殖。反过来，$CD4^+$ Th1 细胞分泌的 IFN-γ 可活化巨噬细胞产生活性氧和酶，增强杀伤被吞噬菌的能力。胞内菌的抗原还可以刺激 $CD8^+$ T 细胞（Tc 或 CTL），一方面被激活的 CTL 通过产生更多的 IFN-γ 活化巨噬细胞；另一方面 CTL 能够特异识别靶细胞表面抗原，发挥细胞毒作用杀伤靶细胞，使胞内菌释放。在靶细胞裂解的部位，受 IFN-γ 等 T 淋巴细胞因子活化的吞噬细胞能更有效地杀灭细菌。由于胞内菌能抵抗吞噬作用，常能在机体内存活较长时间，引发慢性抗原刺激，诱导迟发型变态反应（DTH 反应），导致宿主组织损伤，形成慢性肉芽肿。肉芽肿能使炎症反应局限化，并控制病菌的扩散，但造成组织坏死和纤维化，严重损伤组织。

（三）细菌抵抗宿主防御机制

1．胞外菌免疫逃逸机制 胞外菌可以多种方式逃逸机体免疫功能，从而在宿主体内生存和繁殖：①抗吞噬作用。细菌的荚膜、微荚膜、A 群链球菌的 M 蛋白或沙门菌 Vi 抗原等都可抵抗吞噬细胞吞噬和体液中杀菌物质的作用，使病原菌在宿主体内迅速繁殖并产生病变。②抗调理作用。许多革兰阳性和阴性菌细胞荚膜含一个或多个唾液酸残基，其与血清补体 H 因子有高亲和力，结合 H 因子后能使补体旁路途径 C3 转化酶解离，并在细菌表面结合为 H-C3b 复合物，导致 C3 不能继续活化，从而阻断旁路途径正反馈效应及 C3b 的调理作用。金黄色葡萄球菌蛋白 A（SPA）与 IgG 抗体 Fc 段结合，能使已受该抗体调理的细菌免遭吞噬。③细菌表面抗原基因变异。细菌病原体抗原变异的分子机制通常有三种类型，第一种是抗原基因具有多个但不同的分子拷贝，每个拷贝由独立的启动开关控制；第二种是在一个表达基因座上有许多沉默的基因拷贝，使得表达的基因处于不断变化中；第三种是在抗原基因中含有一个高度可变的区域。④分泌蛋白酶降解免疫球蛋白。化脓性链球菌感染宿主后，可分泌针对特异性抗链球菌 IgG 抗体的蛋白水解酶。某些淋病奈瑟菌和变形杆菌菌株可产生 IgA 蛋白酶，使分泌型 IgA 裂解，降低机体对细菌的局部防御功能。

2．胞内菌免疫逃逸机制 胞内菌进入宿主体内后，吞噬细胞可将其吞噬，但不能有效杀灭和消化之，使其得以在细胞内存活。这是胞内菌与宿主细胞共同进化的结果，其机制可能为：①逃避吞噬溶酶体的杀伤效应。某些胞内菌如鼠伤寒沙门菌具有抗防御素功能；某些胞内菌如分枝杆菌可阻止吞噬体酸化及吞噬体与溶酶体融合；某些胞内菌如产单核细胞李斯特菌能产生一种细胞溶素 O（listeriolysin O，LLO），可溶解吞噬体膜，使细菌能逃离吞噬体至细胞质中，从而躲避吞噬溶酶体的杀伤。②逃避吞噬细胞呼吸爆发（氧爆发）所致杀伤效应。吞噬细胞的吞噬过程常引发呼吸爆发，通过产生活性氧而杀伤细菌。胞内菌逃避氧爆发所致杀伤效应的机制主要有两种，一是某些胞内菌如肺炎军团菌，被吞噬的方式并不激发呼吸爆发，从而有利于维持胞内菌存活；二是某些胞内菌能产生超氧化物歧化酶和过氧化氢酶，通过降解超氧阴离子和过氧化氢而避免吞噬细胞的杀伤作用。③胞内菌其他免疫逃逸机制。某些入侵巨噬细胞的胞内菌可抑制巨噬细胞活化，在抑制吞噬杀菌的同时，还下调主要组织相容性复合体（MHC）Ⅰ类分子表达和细胞因子产生，从而减弱其作为抗原呈递细胞的功能；某些胞内菌受到吞噬细胞毒性效应分子攻击时，可产生热激蛋白，从而减轻细胞内毒性分子阻抑细菌蛋白质折叠与合成的作用，从而有利于胞内菌生存；某些胞内菌为逃避细胞外环境中影响自身生存的不利因素，采取细胞至细胞间的直接扩散；某些胞内菌可寄生于非专职吞噬细胞内，以避免被专职吞噬细胞内多种杀菌物质所杀伤。

三、细菌的致病机理

构成细菌毒力的菌体成分或分泌产物称为毒力因子，主要包括与细菌侵袭力相关的毒力因子和毒素。细菌首先需黏附于宿主体表或消化道、呼吸道、泌尿生殖道黏膜上，通过抵抗黏液的冲刷、呼吸道上皮细胞纤毛的摆动及肠蠕动的清除作用，然后进一步在局部繁殖，积聚毒素引起疾病；有些细菌可穿过黏膜上皮细胞，经细胞间隙进入深层组织或血液，甚至向全身扩散，造成深部或全身感染。致病菌损伤宿主细胞、组织的方式主要有两种，一种是由细菌毒素和侵袭性酶造成的直接损害，另一种则是由超敏反应或宿主细胞释放的细胞因子等介导的间接损伤。作为细菌毒力的重要组成之一的毒素按其来源、性质和作用特点的不同，可分为外毒素（exotoxin）和内毒素（endotoxin）两种。近年来，人们对许多细菌毒素的遗传基因、分子结构和致病机理等有了更深刻的认识，特别是细菌毒素具有特异性，只攻击特定的靶细胞，这是细菌毒素区别于其他细菌毒性产物的显著特征。因此，细菌毒素是一类特殊的细菌代谢产物，在宿主体内能选择性与靶细胞膜上相应受体结合，然后作用于特定靶点，直接或间接导致靶细胞功能异常或损伤，引起机体相应的病理反应。

（一）外毒素

外毒素的产生菌主要是革兰阳性菌，如肉毒梭菌、破伤风梭菌、金黄色葡萄球菌、产气荚膜梭菌、白喉杆菌、链球菌等。某些革兰阴性菌如产肠毒素大肠杆菌、痢疾志贺菌、霍乱弧菌、鼠疫杆菌等也能产生外毒素。大多数外毒素是在细胞内合成后分泌至细胞外，也有少数外毒素合成后储存于菌体内，待细菌破坏后才释放，如肉毒毒素等。此外，也有一些病原菌可将其外毒素通过III型分泌系统或类似的机制直接导入宿主细胞中。外毒素根据毒素作用机制不同可分为膜表面作用毒素、膜损伤毒素和细胞内酶活性毒素。根据所致临床病理特征，外毒素可分为神经毒素（neurotoxin）、溶细胞毒素（cytolytic toxin）、细胞毒素（cytotoxin）和肠毒素（enterotoxin）四大类。根据肽链分子结构特点，外毒素又可分为AB型毒素和单肽链毒素。

细菌外毒素至少包含两个功能区，一个是靶细胞膜受体结合区，决定毒素对靶细胞的特异性并介导毒素进入细胞，另一个是活性区，结合作用靶位点，决定毒力强弱和作用机制，具有膜穿孔或酶活性，引起相应的临床症状。外毒素的靶位点可以是某种细胞、细胞器、酶或者其他大分子物质，如志贺毒素作用于核糖体60S亚基，霍乱毒素作用于G蛋白，膜损伤毒素作用于细胞膜。外毒素发挥作用需经以下步骤：毒素首先与敏感细胞表面的相应受体结合，进入细胞或毒素信号传导入细胞，之后结合靶位点，激活、修饰或改变靶点。

外毒素的类型及作用机制包括以下几类。

1. 膜表面作用毒素 这类外毒素与靶细胞受体结合后，不进入胞内，也不损伤细胞膜，而是在细胞膜表面直接发挥毒性作用。

（1）*信使毒素* 例如，大肠杆菌耐热肠毒素等。毒素与膜受体结合后不进入细胞内，而是通过受体将毒素信号传递至细胞内，激活或修饰胞内第二信使，致使细胞功能异常。

（2）*膜表面分子水解毒素* 例如，脆弱拟杆菌肠毒素先与肠黏膜上皮细胞膜受体结合，经肽链自身裂解激活后，具有锌内肽酶活性，可以水解上皮细胞膜上E-钙黏素（E-cadherin）的膜外区段，致使上皮细胞间的黏附连接消失，细胞变圆、解离、脱落，并引起肠液潴留，导致腹泻。

（3）*细菌超抗原* 这是一类特殊抗原分子，具有强大的非特异激活某些类别免疫细胞的能力，如葡萄球菌毒性休克综合征毒素-1（TSST-1）、链球菌致热外毒素等。这些细菌毒素超抗原只需极低浓度即可刺激强烈的初次免疫应答，不经抗原呈递细胞（APC）加工处理，可直接与APC上的MHCII类分子及T细胞受体（TCR）结合，激活大量的T细胞。细菌超抗原可以超常量激活T细胞和MHC表达细胞，由于T细胞被大量激活后，随之出现凋亡，T细胞数量减少，使宿主免疫功能下降，继发免疫抑制。此外，超抗原还可能大量激活自身反应性T细胞或B细胞，有些B细胞持续地多克隆增殖分化，产生自身抗体，因而引发自身免疫病。激活的免疫细胞也会分泌过量的细胞因子，导致免疫系统紊乱，对机体产生毒性效应。

2. 膜损伤外毒素 这类毒素利用膜损伤机制导致细胞裂解，可攻击各种器官和组织细胞，大致分为3种类型。

（1）膜穿孔类 毒素的单体或聚合物插入靶细胞膜中形成跨膜孔，导致细胞内容物外泄而裂解。这类毒素包括金黄色葡萄球菌α溶血素、链球菌溶血素O、大肠杆菌溶血素A等。金黄色葡萄球菌α溶血素单体与膜受体神经节苷脂特异结合后，单体分子在膜外集合成七聚体，形成疏水性中空桶状结构插入细胞膜内，使得胞内离子外泄，破坏细胞渗透压平衡，导致细胞溶解死亡。大肠杆菌溶血素A则可通过单分子机制形成跨膜孔，其C端与整合素受体结合后，N端疏水螺旋结构插入细胞膜形成跨膜通道，从而改变细胞膜通透性，导致靶细胞溶解。

（2）脂酶类 例如，产气荚膜梭菌α毒素是磷脂酰胆碱（卵磷脂）酶，金黄色葡萄球菌β毒素是鞘磷脂酶，可分别水解细胞膜的磷脂酰胆碱和神经鞘磷脂，破坏膜结构使细胞溶解。

（3）表面活性类 例如，葡萄球菌δ毒素，肽链全长26个氨基酸，其中含有15个疏水性残基，比较集中在N端，因此毒素类似于一个两性分子，很容易插入细胞膜内，改变膜表面张力和胞内渗透压使细胞裂解。

3. 细胞内酶活性毒素 此类毒素大多是AB型毒素，A链具有激活或修饰细胞内靶点的酶活性，导致细胞功能异常。许多细菌毒素，如霍乱肠毒素、大肠杆菌不耐热肠毒素、白喉毒素、肉毒毒素、志贺毒素、炭疽毒素、破伤风痉挛毒素等都具有酶活性。具有细胞内酶活性的毒素目前至少发现以下6种类型。

（1）腺苷二磷酸核糖基（ADPR）转移酶 ADPR转移酶的A链一般具有两种酶活性，即烟酰胺腺嘌呤二核苷酸（NAD）糖基水解酶和ADPR转移酶，前者将NAD水解为ADPR和烟酰胺，后者则将ADPR转移到一个受体分子上去。毒素的毒性效应主要取决于ADPR转移酶所选择的ADPR受体。具有ADPR转移酶活性的毒素包括霍乱肠毒素、大肠杆菌不耐热肠毒素、白喉毒素、铜绿假单胞菌毒素A等。霍乱肠毒素和大肠杆菌不耐热肠毒素的酶活性机制非常类似，它们的B亚基与小肠上皮细胞微绒毛的神经节苷脂GM1分子结合，毒素通过内吞作用进入小肠黏膜上皮细胞，最终到达内质网。A亚基解离成A1和A2，A1水解NAD，将水解出的ADPR转移给诱导性G蛋白（Gs）并将其激活，激活的Gs持续活化腺苷酸环化酶并合成大量的胞内第二信使环腺苷酸（cAMP）。cAMP主要通过激活腺苷酸蛋白激酶A（APK），促使下游多种靶蛋白磷酸化来调节细胞许多生理功能。APK的激活导致细胞膜内Na^+吸收受阻，Cl^-外流和液体分泌增加，肠腔内水潴留而引起严重腹泻。

（2）葡萄糖基转移酶（glycosyl-transferase） 艰难梭菌细胞毒素利用尿苷二磷酸葡萄糖（UDP-Glc）为底物，水解UDP-Glc后，将其葡萄糖基特异性地转移给Rho蛋白，Rho蛋白属于小G蛋白超家族的亚家族成员，起着多种信号转导的分子开关作用。Rho蛋白糖基化后，一直保持与GTP结合的持续活化状态，最终导致肌动蛋白细胞骨架重排或损伤。

（3）脱嘌呤酶（depurinase） 志贺毒素（ST）具有RNA-*N*-糖苷酶活性，它的底物是真核细胞核糖体 60S 亚基的 28S rRNA，可水解 28S rRNA 5′端 4324 位腺嘌呤的 *N*-糖苷键，该腺嘌呤脱落使 60S 亚基失活，依赖 EF-1 的氨基酰化 tRNA 不能与其结合，致使蛋白质合成停止，靶细胞死亡。

（4）脱酰胺酶（deamidase） 大肠杆菌可以产生一种作用于 Rho 蛋白的细胞毒性坏死因子（cytotoxic necrotizing facor，CNF），它能专一性地将 $Rho\text{-}Gln^{63}$ 脱酰胺变成 $Rho\text{-}Glu^{63}$，Rho 蛋白因而失去 GTP 酶活性，保持其持续活化状态，导致肌动蛋白细胞骨架重塑、肌动蛋白应激纤维聚集和细胞坏死等多种生理和病理现象。

（5）锌内肽酶（zine endopeptidase） 梭菌神经毒素如破伤风痉挛毒素、肉毒毒素都是锌内肽酶，它们的作用底物是神经元膜内的小突触泡蛋白 2（vesicle-associated membrane protein，VAMP2）。这两种毒素通过切割 VAMP2 的 α 螺旋肽段，使得神经递质传输的核心复合体无法形成，从而阻止突触小泡与突触前膜融合及突触小泡释放神经递质，阻止神经信号转导。但是破伤风痉挛毒素和肉毒毒素在入胞和转运时存在微妙的差别，它们内在化进入神经肌肉接头后，进入不同的膜小泡。肉毒毒素进入酸性的内体，破伤风痉挛毒素进入神经元突触前囊的突触小泡内。肉毒毒素通过阻止胆碱能末梢神经元释放乙酰胆碱，阻断神经冲动传递，引起神经肌肉迟缓性麻痹。而破伤风痉挛毒素主要通过阻止脊髓前角抑制性中间神经元释放抑制性神经递质（甘氨酸和 γ 氨基丁酸），使运动神经元持续兴奋而导致骨骼肌痉挛。炭疽毒素致死因子（lethal factor，LF）的 C 端有一个 Zn^{2+}结合位点，具有锌内肽酶活性，其底物是丝裂原活化蛋白激酶（mitogen-activated protein kinase，MAPK）激酶 1 和 2（MAPKK1/2）。LF 进入靶细胞内，可切除 MAPKK1/2 蛋白 N 端的几个氨基酸，从而阻止 MAPKK1/2 与底物 MAPK 相连接，使 MAPK 途径不能活化。因此，LF 的毒性主要表现为诱导靶细胞形态学改变，阻止静止细胞进入 S 期，最终导致细胞死亡。

（6）腺苷环化酶（adenylate cyclase） 炭疽毒素水肿因子（edema factor，EF）的 C 端具有钙调节蛋白依赖性腺苷环化酶活性，可在细胞内直接催化合成第二信使 cAMP，扰乱细胞调控机制，引起一系列细胞毒效应，最终导致细胞死亡。

（二）内毒素

内毒素是革兰阴性菌细胞壁外膜的脂多糖（LPS）组分。LPS 由 *O*-特异性多糖链、核心多糖和类脂 A 通过共价键依次连接而成，依靠类脂 A 锚定在革兰阴性菌细胞外膜磷脂层上。通常只有当细菌死亡裂解或人工破坏菌体后，LPS 游离释放，才作为毒素发挥作用。类脂 A 是内毒素的主要毒性成分，不同细菌的类脂 A 结构虽有差异，但基本相似。因此，不同革兰阴性菌感染时，由内毒素引起的毒性作用大致相同。

1. 内毒素受体 LPS 一般不直接损伤各种组织器官，它也不直接与其受体结合。LPS 在血液中会先与 LPS 结合蛋白（LPS binding protein，LBP）结合。LBP 是一种由肝细胞合成的急性期血清糖蛋白，对 LPS 类脂 A 有高度亲和性。之后，LPS-LBP 与单核细胞和巨噬细胞表面膜 CD14 分子结合。在体内，CD14 以两种形式存在，即膜型 CD14（mCD14）和可溶性 CD14（sCD14）。mCD14 和 sCD14 分别介导两类不同的细胞对 LPS 的反应，其中 mCD14 介导髓源性细胞（如单核巨噬细胞、中性粒细胞等），而 sCD14 介导那些不表达 mCD14 的细胞（如内皮细胞、上皮细胞、平滑肌细胞、星形细胞及树突状细胞等）。LPS/LBP/CD14 复合物触发细胞内信号转导级联反应，激活靶细胞产生和释放 TNF-α、IL-1、IL-6 等炎性细胞因子，继而刺激参与固有免疫防御的各种免疫细胞和内皮/黏膜细胞，产生一系列细胞因子、炎症因子、急性期蛋白等，引起多种组织器官或多种全身性病理反应。此外，研究还发现 Toll 样受体是 LPS 跨膜信号转导的辅助受体。现已证实，TLR4 和 TLR2 都与 LPS 的跨膜信号转导有关，尤其是 TLR4 结合了调节蛋白 MD-2 后在对 LPS 的应答中起主要作用。当 LPS/LBP/mCD14 复合物形成后，导致 TLR4 同型二聚体的胞内 TIR 区发生构象改变，从而募集并激活接头蛋白 MyD88，触发细胞信号级联反应，诱发下游 NK-κB 通路及炎症效应。

2．内毒素的生物学效应

（1）*发热反应*　内毒素为外源性致热源，极微量内毒素即可引起机体体温上升。其机制是内毒素刺激单核巨噬细胞等，使之释放 IL-1、IL-6 和 TNF-α 等细胞因子，它们能够作用于机体下丘脑的体温调节中枢促使体温升高。

（2）*白细胞反应*　给动物注射内毒素后，血液中的中性粒细胞数量会骤减，可能与其移动并黏附到感染部位的毛细血管壁有关。1～2h 后，LPS 诱生的中性粒细胞释放因子刺激骨髓释放中性粒细胞进入血流，使得白细胞数量显著增加。

（3）*内毒素血症与内毒素休克*　感染病灶或血液中的细菌释放的大量内毒素入血后，可作用于巨噬细胞、中性粒细胞、内皮细胞、血小板、补体系统、凝血系统等，并诱生过量的 TNF-α、IL-1、IL-6、IL-8、组胺、5-羟色胺、前列腺素、激肽、NO 等生物活性物质，这些物质迅速活化不同组织器官的细胞，引起机体代谢、激素水平和神经内分泌的改变，导致血管收缩和舒张功能紊乱而造成微循环障碍，表现为微循环衰竭和低血压，重要组织器官的毛细血管灌注不足、缺氧、酸中毒等，称之为内毒素血症（endotoxemia）。严重时则出现内毒素休克，甚至死亡。

（4）*弥散性血管内凝血*（disseminated intravascular coagulation，DIC）　DIC 是革兰阴性菌菌血症的一种常见综合征，是指由于血液内凝血机制被弥散性激活，促发小血管内广泛纤维蛋白沉着，导致组织和器官损伤。另外，凝血因子的消耗会引起全身性出血倾向。发生机制是当发生严重的阴性细菌感染时，高浓度的内毒素可直接激活补体替代途径，活化凝血系统，也可通过损伤血管内皮细胞间接活化凝血系统，也可通过激活血小板和白细胞使其释放凝血介质，加重血液凝固，引起皮肤的出血和渗血。

（三）细菌性免疫病理损伤

细菌感染能够诱发机体的免疫反应，免疫反应可以是机体的防卫机制，保护机体摆脱感染，也可能成为致病机理，对机体产生杀伤和破坏作用。细菌性疾病引起的免疫损伤，主要有以下形式。

1．共同抗原引发的变态反应　细菌与机体细胞的组分具有共同的抗原表位，因而细菌的感染诱生了针对机体细胞的“自身抗体”，导致免疫反应对机体自身细胞的杀伤作用。目前认为链球菌引起的风湿病和肾小球肾炎属于这种致病形式。风湿病的发病机理有不同学说，交叉抗原和自身免疫学说最为大家所接受。A 族链球菌细胞壁上的 M 蛋白与心肌组织、肾小球基底膜有共同抗原，其细胞壁多糖抗原与心肌瓣膜和关节组织糖蛋白有共同抗原性。链球菌感染后，刺激机体产生 M 蛋白和多糖抗原的抗体，这些抗体会与各组织上的共同抗原发生交叉反应，从而引起Ⅱ型变态反应，损害心血管等组织。链球菌感染引发的肾小球肾炎约 80% 由Ⅲ型变态反应引起，一般发生在链球菌感染后 2～3 周。A 族乙型溶血性链球菌细胞膜 M 蛋白与相应抗体结合形成的可溶性抗原抗体复合物随血流沉着在肾小球基底膜，激活补体并释放组胺等活性物质，导致毛细血管通透性增加，吸引中性粒细胞和血小板等引起局部炎症反应。

2. 超抗原反应 许多细菌和关节炎支原体产生的蛋白毒素具有超抗原活性，如金黄色葡萄球菌产生的肠毒素、毒性休克综合征毒素-1、A 群链球菌产生的致热外毒素等，能够激活大量的 T 细胞克隆，释放 IL-2、IFN-γ、TNF-β 等细胞因子，引发炎症反应和组织损伤。

3. 胞内菌感染导致的免疫病理损伤 细菌侵袭机体的细胞，寄生于细胞之内或在细胞表面留下了“异体”物质，导致免疫细胞的杀伤作用。这种细胞免疫同时杀死了机体的细胞和存在于细胞之内的微生物，既是抗感染又是致病的机制。细菌侵入的细胞少时，免疫促进机体的康复；而侵染的数量巨大时，则会产生严重疾病甚至致命。这类免疫损伤在结核病、布鲁氏菌病等疾病中是重要的致病机理。细胞免疫在这种免疫损伤中起决定性的作用，测定淋巴因子如白细胞介素能够反映这种免疫损伤的强度。

（罗永文）

第二节 病毒感染和致病机理

病毒的感染和增殖均依赖于宿主细胞，通常情况下，病毒粒子必须首先侵入靶细胞，随后进行复制和向周围细胞及组织扩散，建立感染状态。病毒可感染宿主使之发病，此过程涉及病毒与动物机体防御系统之间的复杂反应。病毒性疾病的感染和发病与病毒的感染门户、病毒在机体内的传播和病毒的致病性密切相关。

一、病毒的感染门户

病毒可通过一种或多种途径感染机体，包括呼吸道、消化道、泌尿生殖道、皮肤、结膜、胎盘等。在某些特殊情况下，病毒还可通过人为接种或经媒介以被动方式进入机体而感染宿主（如共同使用病毒污染的针头、被携带病毒的动物咬伤或昆虫叮咬等）。

（一）呼吸道

呼吸道直接与外界相通，是动物与外界接触最广的通道之一，也是大部分病毒进入机体最常用的通道。多种宿主防御机制能够阻止呼吸道感染：由纤毛细胞、黏膜分泌性杯状细胞、皮下黏膜分泌腺组成的黏膜系统覆盖在呼吸道表面，形成抗病毒感染的机械性屏障；沉积在鼻腔或上呼吸道的外源颗粒一部分通过喷嚏、咳嗽排出体外，另一部分被黏膜系统捕获后，进入咽喉深部而被吞咽入消化道；在下呼吸道，黏膜系统通过纤毛运动将捕获的颗粒排出肺脏；呼吸道末端的肺泡缺乏纤毛或黏膜，但其中的巨噬细胞负责摄取和降解外源性颗粒物质。此外，体液中的干扰素、补体等其他细胞和体液免疫应答也是重要的防御因素。

在机体抵抗力下降、侵入病毒数量过多或病毒毒力过强时易发生感染。流感病毒、新城疫病毒、鸡传染性支气管炎病毒等，都是经呼吸道感染的病毒（表 1-1）。这些病毒通常存在于感染动物的口、鼻分泌物，通过呼吸、咳嗽、喷嚏形成的飞沫进入空气，被易感动物吸入后感染。

经呼吸道感染宿主的病毒，主要通过与呼吸道上皮细胞特异性受体结合而侵入，但有些病毒的靶细胞为肺泡巨噬细胞，如猪繁殖与呼吸综合征病毒。一旦感染成功，多数病毒（如鼻病毒、腺病毒、流感病毒等）保持在局部感染，有些病毒如猪繁殖与呼吸综合征病毒、犬瘟热病毒、猪瘟病毒、新城疫病毒等则发展成全身性感染。

包含病毒的分泌物可形成大小不同的颗粒，导致感染部位有所差异。当颗粒直径为 10μm 以上时，通常被困在鼻腔通道的黏膜纤毛中；直径在 5～10μm 的颗粒，通常可进入气管和支气管；而直径小于 5μm 的颗粒可到达肺泡，被肺泡巨噬细胞摄入。

表 1-1 通过呼吸道感染的病毒

出现症状的部位	病毒科/属	病毒种类
呼吸道	疱疹病毒科/多个病毒属	多种动物的疱疹病毒
	腺病毒科/哺乳动物腺病毒属、禽腺病毒属	多种动物的腺病毒
	副黏病毒科/多个病毒属	副流感病毒和呼吸道合胞病毒
	正黏病毒科/甲型流感病毒属	猪和马的流感病毒
	冠状病毒科/冠状病毒属	鸡传染性支气管炎病毒
	小 RNA 病毒科/鼻病毒属、口蹄疫病毒属	多种动物的鼻病毒、口蹄疫病毒
	杯状病毒科/水疱疹病毒属	猫杯状病毒
全身	疱疹病毒科/多个病毒属	伪狂犬病病毒、牛恶性卡他热病毒、马立克病病毒
	副黏病毒科/麻疹病毒属	犬瘟热病毒、牛瘟病毒
	正黏病毒科/甲型流感病毒属	禽流感病毒
	沙粒病毒科/沙粒病毒属	淋巴细胞脉络丛脑膜炎病毒
	黄病毒科/瘟病毒属	猪瘟病毒
	动脉炎病毒科/猪动脉炎病毒属	猪繁殖与呼吸综合征病毒

（二）消化道

消化道也是常见的感染和传播路径，大量病毒可随饮食、饮水进入消化道，而消化道在进行消化、吸收食物的同时，也为病毒提供了一个接近易感细胞，并与循环细胞、淋巴细胞和免疫系统相互作用的好机会（表 1-2）。

消化道具有一定的防御功能，胃内的酸性环境（胃内 pH 1～3）、肠道的碱性环境、肠道表面微绒毛的摆动及胃肠道的蠕动都不适合病毒定殖、生存。此外，大量的消化酶、胆汁、上皮细胞黏膜、肠腔表面的抗体和吞噬细胞等对病毒也具有一定的杀伤作用。能够经肠道途径建立感染的病毒粒子，必须可以耐受极端 pH，并对消化酶和胆汁有足够的抵抗力。无囊膜病毒（如轮状病毒属、杯状病毒属、肠道病毒属、星状病毒属等的成员）可以在肠道内建立感染状态，大多数囊膜病毒由于其囊膜极易被消化酶、胆汁等破坏，而不能建立消化道感染。冠状病毒科冠状病毒属和环曲病毒属是例外，其抵抗肠道恶劣环境的机制尚不清楚。

不同病毒在消化道内建立感染状态的部位不尽相同。例如，冠状病毒科的猪传染性胃肠炎病毒，其受体是细胞表面的氨肽酶和黏蛋白型糖蛋白，小肠上皮细胞、肺成纤维细胞均可表达丰富的氨肽酶，而黏蛋白型糖蛋白则在小肠绒毛顶端大量存在，因此猪传染性胃肠炎病毒的主要靶器官为小肠；而细小病毒属的猫泛白细胞减少症病毒和犬细小病毒，经消化道侵入体内，先在口咽部进行复制，然后通过病毒血症引起全身感染，此过程中病毒到达肠道定殖，引起腹泻等。

表 1-2 通过消化道感染的病毒

引起的症状或出现症状部位	病毒科/属	病毒种类
消化道，腹泻	细小病毒科/细小病毒属	猫泛白细胞减少症病毒、犬细小病毒
	呼肠孤病毒科/轮状病毒属	多种动物的轮状病毒
	冠状病毒科/冠状病毒属	多种动物肠道冠状病毒、鼠肝炎病毒
	冠状病毒科/环曲病毒属	布里达病毒
	星状病毒科/星状病毒属	多种动物的星状病毒
	黄病毒科/瘟病毒属	牛病毒性腹泻病毒
产生全身性疾病，通常不引起腹泻	腺病毒科/哺乳动物腺病毒属、禽腺病毒属	多种动物的腺病毒
	小 RNA 病毒科/肠道病毒属	多种动物的肠道病毒
	杯状病毒科/水疱疹病毒属	猪水疱疹病毒
	杯状病毒科/兔病毒属	兔出血症病毒

消化道与外界相通，其内遍布着大量与肠道黏膜功能密切相关的菌群，是抵抗病原感染的生物屏障。肠道内大量的微生物及其组分（如脂多糖、CpG DNA 及鞭毛蛋白）可非特异性地刺激天然免疫细胞的活化并产生多种免疫活性物质，以抵抗病毒的感染。此外，肠道内微生物可阻碍病原与肠道上皮细胞结合，从而抑制病原的入侵。

（三）泌尿生殖道

泌尿生殖道也存在黏膜、黏液和低 pH（在阴道中）等免疫保护机制。交配、人工授精及助产操作会导致阴道或尿道上皮的轻微破坏或磨损，造成病毒粒子的入侵。某些病毒感染上皮并引起局部病变（如脊椎动物的乳头状瘤病毒），某些病毒能够接近深层组织细胞甚至感染神经元（如多种动物的疱疹病毒）建立潜伏感染。动物经泌尿生殖道传播的病毒有猪繁殖与呼吸综合征病毒、伪狂犬病病毒、猪乳头状瘤病毒、牛疱疹病毒 1 型等（表 1-3），但猪繁殖与呼吸综合征病毒、伪狂犬病病毒等并非只单一通过泌尿生殖道传播，呼吸道或者破损的皮肤黏膜也是其主要的传播途径。

表 1-3 通过泌尿生殖道感染的病毒

感染途径	病毒科/属	病毒种类
泌尿生殖道接触	疱疹病毒科/多个病毒属	多种动物的疱疹病毒
	乳头状瘤病毒科/乳头状瘤病毒属	猪乳头状瘤病毒、牛乳头状瘤病毒
	动脉炎病毒科/动脉炎病毒属	马动脉炎病毒、猪繁殖与呼吸综合征病毒

（四）皮肤

皮肤最外侧是角质层，由于病毒无法在死亡的角质层细胞中生长，所以大部分动物的皮肤是防御病毒感染的有效屏障。只有在皮肤局部受损或其完整性遭到破坏时，病毒才能够进入，如痘病毒、水疱性口炎病毒等可通过皮肤接触感染。

表皮下层的真皮层含有丰富的血管及淋巴管，蚊、蠓、蜱、白蛉虫、沙蝇等节肢动物的叮咬可将病毒直接带入真皮层，如黄病毒、痘病毒、呼肠孤病毒等；动物咬伤皮肤引起的感染如狂犬病是一种特殊的皮肤感染。医疗性（兽医诊疗或相关的畜牧管理措施）操作也会引起病毒经皮肤途径传播，如马传染性贫血病毒可通过污染的针头、绳索、马具等感染；使用同一个注射器进行猪繁殖与呼吸综合征病毒的免疫，可导致本病毒传播；口疮病毒、乳头状瘤病毒可通过耳标、刺字途径等传播（表 1-4）。

表 1-4 通过皮肤感染的病毒

感染途径	病毒科/属	病毒种类
皮肤或黏膜小的擦伤	乳头状瘤病毒科/乳头状瘤病毒属	多种动物的乳头状瘤病毒
	疱疹病毒科/多个病毒属	多种动物的疱疹病毒
	痘病毒科/多个病毒属	牛痘、猪痘、口疮、牛丘疹性口炎病毒，伪牛痘、禽痘病毒
	小 RNA 病毒科/肠道病毒属	猪水疱病病毒
	弹状病毒科/水疱性口炎病毒属	水疱性口炎病毒
节肢动物叮咬（机械性传播）	痘病毒科/多个病毒属	禽痘、猪痘、黏液瘤病毒
	逆转录病毒科/慢病毒属	马传染性贫血病毒
	弹状病毒科/水疱性口炎病毒属	水疱性口炎病毒
节肢动物叮咬（生物性传播，即病毒在节肢动物体内复制）	非洲猪瘟病毒科/非洲猪瘟病毒属	非洲猪瘟病毒
	呼肠孤病毒科/环状病毒属	蓝舌病毒、非洲马瘟病毒
	弹状病毒科/暂时热病毒属	牛流行热病毒
	弹状病毒科/水疱性口炎病毒属	水疱性口炎病毒
	布尼病毒科/白蛉病毒属	裂谷热病毒
	布尼病毒科/内罗病毒属	内罗毕绵羊病病毒
	披盖病毒科/甲病毒属	所有病毒成员
	黄病毒科/黄病毒属	几乎所有病毒成员
脊椎动物咬伤	反转录病毒科/慢病毒属	猫免疫缺陷病毒
	弹状病毒科/狂犬病病毒属	狂犬病病毒
污染的针头和器械	所有引起全身感染的病毒，如乳头状瘤病毒科/乳头状瘤病毒属	多种动物的乳头状瘤病毒
	反转录病毒科/慢病毒属和丁型反转录病毒属	马传染性贫血病毒、牛白血病病毒
	黄病毒科/瘟病毒属	猪瘟病毒、牛病毒性腹泻病毒

（五）结膜

覆盖在巩膜外露部分的上皮及眼睑的内表面（眼结膜）是病毒感染的门户。通常病毒很少有机会感染眼睛，除非眼睛因磨损、咬伤而出现伤口。大多数情况下病毒在眼睛中的复制是局灶性的，只引起眼结膜发炎，但某些腺病毒、肠道病毒、疱疹病毒等可通过角膜感染（表 1-5），进入中枢神经系统或通过末梢神经纤维到达神经节，使感染扩散至其他部位。

表 1-5 通过眼结膜感染的病毒

感染途径	病毒科/属	病毒种类
眼结膜接触	疱疹病毒科/多个病毒属	传染性牛鼻气管炎病毒、马疱疹病毒 1 型
	腺病毒科/哺乳动物腺病毒属	犬 1/2 型腺病毒

（六）胎盘

受感染的妊娠动物经胎盘血流将病原体传染给胎儿，称为胎盘传播。一般来说，母体和胎儿的血液被多层组织隔开，形成了坚固的屏障，母体内的病原无法到达胎儿体内。然而，部分病毒感染机体后可引起严重的病毒血症，并经胎盘血流感染胎儿，如猪伪狂犬病病毒、猪繁殖与呼吸综合征病毒、猪瘟病毒等。妊娠母猪感染猪伪狂犬病病毒时，病毒可通过胎盘感染胎儿，使母猪发生流产、产死胎、木乃伊胎及产弱仔等；猪繁殖与呼吸综合征病毒可在子宫内膜/胎盘组织中复制，造成仔猪的死亡，此外子宫内膜和胎盘参与了猪繁殖与呼吸综合征病毒从母体传递到胎儿的过程。除猪外，感染牛的病毒性腹泻病毒及蓝舌病毒同样可以穿过胎盘，造成胎儿的感染（表 1-6）。

表 1-6　通过胎盘传播的病毒

感染途径	病毒科/属	病毒种类
胎盘传播	疱疹病毒科/水痘病毒属	猪伪狂犬病病毒
	圆环病毒科/圆环病毒属	猪圆环病毒 1/2/3 型
	黄病毒科/瘟病毒属	猪瘟病毒
	非洲猪瘟病毒科/非洲猪瘟病毒属	非洲猪瘟病毒
	动脉炎病毒科/猪动脉炎病毒属	猪繁殖与呼吸综合征病毒
	黄病毒科/黄病毒属	日本脑炎病毒
	细小病毒科/细小病毒属	猪细小病毒
	反转录病毒科/丁型反转录病毒属	牛白血病病毒
	黄病毒科/瘟病毒属	牛病毒性腹泻病毒

二、病毒在机体内的传播

病毒侵入机体后，可以在局部复制、增殖，也可进一步扩散，感染其他组织和器官。病毒的组织嗜性、感染部位、感染途径及感染细胞后的结局（如溶细胞、非溶细胞、整合性感染等，详见本节三、病毒的致病性）是决定其在体内传播的主要因素。

（一）局部传播

一般来说，局限在同一器官或组织内的病毒感染称为局部传播或局部感染；超出了感染部位的感染称为扩散；如果感染涉及很多组织则称为全身性感染。

病毒的局部感染是否扩散，除了与其是否能突破机体的物理屏障和免疫屏障有关外，也与病毒的自身特性有关，其中比较重要的是病毒出芽的极性特性。病毒能从细胞顶部、底部侧面或者从两个部位同时释放。例如，大多数通过肠道黏膜侵入机体的病毒（如传染性胃肠炎病毒、猪流行性腹泻病毒）和部分呼吸道病毒，尽管病毒在局部黏膜或组织内复制产生大量的子代病毒，但其释放方式却是向黏膜外（绒毛细胞的顶端）释放，结果大量子代病毒被释放到呼吸道、口腔、生殖道分泌物或肠道内容物中，从而能释放到环境中，而不在机体内传播，仅形成局部感染或限制性感染；狂犬病病毒从唾液腺上皮细胞的顶端释放进入唾液，并通过咬伤实现传播。相反，有的病毒则向黏膜基底部释放子代病毒，病毒粒子直接侵入下层的淋巴管和血管，有利于病毒感染其他部位，甚至形成全身性感染。例如，慢病毒从胞质膜的基底外侧释放，并通过细胞-细胞传播，或通过组织间隙和血液呈弥散传播。有些病毒并非仅使用单一的释放形式，如野生型仙台病毒（Ⅰ型副流感病毒）可在数种动物中引发呼吸道疾病，从呼吸道上皮细胞顶端出芽进入呼吸道，并通过气溶胶传播，但本病毒的一个变异株则从基底部出芽，导致全身性感染。

（二）血源性传播

血源性传播是病毒体内传播的常见类型。局部感染的病毒复制后，将子代病毒释放到组织间隙，然后通过淋巴管、毛细血管进入血液，或病毒感染内皮细胞后向血液内释放病毒，或通过污染的针头或动物叮咬等方式直接将病毒注入血液内，造成血源性传播。

病毒一旦进入血液，就可以随着血液循环进入机体的几乎各个组织器官。在机体免疫应答正常的情况下，大部分病毒被淋巴系统清除，尤其淋巴结中的淋巴细胞和单核细胞可破坏或吞噬病毒。但有些病毒，如鸡传染性法氏囊病病毒、乙型肝炎病毒、淋巴细胞脉络丛脑膜炎病毒等，能直接感染免疫细胞，受感染的免疫细胞可以从局部淋巴结转移到循环系统的远处，造成血源性传播。

感染性病毒粒子进入血液形成病毒血症，这些病毒粒子可能游离在血液中，或者存在于受感染的细胞如淋巴细胞、巨噬细胞内。根据造成病毒血症的原因，可将其分为两类：一类为主动性病毒血症，由感染部位不断复制产生的病毒进入血液引起，如猪繁殖与呼吸综合征病毒在肺泡巨噬细胞中大量复制，导致巨噬细胞崩解，病毒粒子被释放而进入血液循环；另一类为被动性病毒血症，病毒粒子由外界直接进入血液，如将病毒直接注射到血液内。

血液中病毒粒子的浓度取决于其在靶组织中的复制速率、释放到血液的速度及从血液中被清除的速度。血液中的病毒特异性抗体和病毒形成抗原抗体复合物，有利于肝、肺、肾、脾和淋巴结中的吞噬细胞对病毒的清除。一个病毒粒子在血液中的存在时间为1～60min，主要取决于宿主的生理状况（如年龄和健康状况）和病毒粒子的大小（较大的病毒粒子清除速度显著快于小的病毒粒子），但有些病毒如马传染性贫血病毒、人的乙型肝炎病毒、人的丙型肝炎病毒、淋巴细胞脉络丛脑膜炎病毒引起的病毒血症可持续很长时间，甚至维持终生。

（三）神经传播

某些病毒在局部感染后，可通过感染部位的神经末梢进入神经细胞或神经纤维进行传播，称为神经传播，能够通过神经传播的病毒均可称为嗜神经性病毒，但病毒如何通过神经进行传播的机制还未完全阐明。

同种病毒，不同感染途径下，其沿神经系统传播的方式也不同。例如，伪狂犬病病毒，主要通过鼻黏膜和生殖道黏膜侵染宿主，在病毒进入鼻黏膜后，可以通过鼻腔进入上颌神经，逆行运输到三叉神经，进一步进入脑桥，通过脑桥侵染大脑、小脑和延髓，也可以通过鼻腔嗅觉神经末梢进入嗅球，直接侵入丘脑，通过丘脑感染大脑、小脑和延髓；而病毒从生殖道黏膜侵入的情况下，则需要通过神经末梢进入脊髓，从脊髓逆行运输到延髓，通过延髓进入脑桥，然后才能侵染中枢神经系统，这个过程往往需要数天。

不同病毒从神经细胞释放的方向不同，其结局也各异。疱疹病毒1型感染外周神经元后形成潜伏感染，在某些条件下，病毒活化增殖，子代病毒的释放方向是从细胞向外周神经末梢，如可引起皮肤感染的带状疱疹病毒；而单纯疱疹病毒活化后，子代病毒除了向外周神经末梢释放以外，还可向中枢神经系统释放，引发致死性脑炎；狂犬病病毒活化后，沿神经末梢向中枢神经系统传播，在形成脑膜炎后，再从中枢神经通过输出神经向周围器官如唾液腺等传播。

三、病毒的致病性

病毒进入机体后，与组成机体的最小单元细胞发生相互作用，直接损伤细胞，对细胞乃至器官的功能带来不利影响，或刺激机体免疫系统，对机体造成间接免疫病理损伤，统称为病毒的致病性。

（一）病毒对宿主细胞的直接损伤

1. 溶细胞性感染 病毒在宿主细胞内复制、增殖，造成宿主细胞破坏而死亡，出现细胞融合和致细胞病变效应（cytopathic effect，CPE）。病毒感染细胞后，干扰细胞正常的DNA合成、mRNA转录、蛋白质合成等过程，大量合成病毒基因组及蛋白质，导致细胞内出现大量的病毒粒子堆积，严重损害细胞的正常生命活动。不同病毒通过不同的机制引起细胞损伤。很多DNA病毒抑制宿主细胞核酸的合成，如痘病毒可产生降解细胞DNA的DNA酶，细小病毒等可编码一种或多种蛋白质，嵌入宿主细胞复制的DNA中，使宿主细胞DNA聚合酶转而合成病毒DNA；负链RNA病毒劫持宿主细胞的mRNA的合成、转录过程，以完成病毒蛋白质的合成；小RNA病毒、披盖病毒、流感病毒、痘病毒及疱疹病毒等感染时，宿主细胞蛋白质合成过程关闭，而病毒蛋白质的合成继续进行。此外，病毒感染还可改变细胞膜、细胞核及细胞骨架的正常结构，产生各种致细胞病变的变化。

宿主细胞被大量破坏、裂解、死亡，细胞生理功能紊乱，细胞器受损，而导致机体出现相应的症状。例如，猪流行性腹泻病毒侵入小肠绒毛上皮细胞后，在其中大量增殖，导致上皮细胞死亡并大量脱落，小肠绒毛显著萎缩。由于小肠内的酶活性明显降低，扰乱机体正常的消化和肠上皮细胞对营养物质与电解质的运输，引起急性吸收不良综合征。对于新生仔猪，小肠黏膜上皮细胞的损害，导致乳糖酶产生受阻，妨碍对糖类的分解吸收，肠管内的渗透压增高，导致液体的滞留，甚至从机体组织中吸收液体，引起病猪电解质丢失、代谢性酸中毒，发生腹泻和脱水。最后，由于脱水和代谢性酸中毒及高钾血症引起患病猪的心脏、肾衰竭，从而导致死亡。

2. 非溶细胞性感染 非溶细胞性感染的病毒通常不杀伤支持其复制的细胞，常引起持续性感染。疱疹病毒、痘病毒、冠状病毒、多种动物的巨细胞病毒及其他一些病毒感染细胞后，会导致细胞融合形成多核巨细胞，或叫合胞体。合胞体可能代表了病毒在组织中扩散的一种重要机制，如病毒核衣壳和核酸可连续地通过胞桥从细胞向细胞扩散，同时逃避宿主的防御作用。显然，细胞融合可显著损害细胞的生命活动，导致细胞死亡，而使被感染动物表现出相应的临床症状。

有些病毒在宿主细胞质或细胞核内复制，其复制中间体和核衣壳等成分堆积而形成不规则的斑块状结构，被称为包涵体。胞质内包涵体常见于部分痘病毒、呼肠孤病毒、副黏病毒、狂犬病病毒等感染的细胞中；核内包涵体常见于部分疱疹病毒、腺病毒、细小病毒等；某些病毒，如犬瘟热病毒、猪的巨细胞病毒等，可在同一细胞内同时产生核内包涵体和胞质包涵体。

3. 整合感染 某些DNA病毒的全部或部分核酸，某些RNA病毒基因经反转录后形成的cDNA，可插入宿主细胞染色体中形成感染状态，如反转录病毒科的禽白血病病毒、网状内皮组织增生症病毒、猫免疫缺陷病毒、马传染性贫血病毒等。多数情况下，该类病毒不会对感染细胞造成任何伤害，而是形成隐性感染，但在某些情况下或在某些种类的反转录病毒感染中，可导致细胞转化（病毒的致瘤性）或引起细胞病变，从而引发疾病。

4．细胞凋亡 细胞凋亡又称为程序性细胞死亡，是由宿主细胞基因控制的一种细胞自杀过程，是正常的生物学现象。病毒感染可干扰细胞的凋亡过程而有利于自身复制和扩散。一方面，某些病毒在复制早期可表达一种或多种抗凋亡基因，通过各种机制抑制细胞凋亡，延长细胞生存周期，以利于病毒完成其复制周期；另一方面，病毒在感染末期，直接诱导凋亡，以释放子代病毒。无论何种情况，细胞的正常生理过程被破坏，必然会引起一些宿主相应的疾病。

（二）免疫病理损伤

在很多病毒感染中，病毒对宿主造成的影响或损害并不是由病毒的致细胞病变效应直接引起的，而是由于病毒抗原刺激宿主免疫系统对机体造成的间接损伤，这种损伤称为免疫病理损伤（表 1-7）。病毒感染后，出现的发热、疼痛、出血等临床症状，可能是病毒在体内复制、破坏细胞而导致的后果，也可能是机体免疫系统针对病毒感染做出的正常免疫反应或免疫病理反应，即宿主为清除病毒而付出的代价。非溶细胞性感染的病毒，其致病性主要是由免疫病理损伤引起。

表 1-7 引起免疫病理损伤的病毒

可能的机制	病毒
$CD8^+$ T 细胞介导	科萨奇病毒 B
	淋巴细胞脉络丛脑膜炎病毒
	辛诺柏病毒
	人类免疫缺陷病毒
	乙型肝炎病毒
$CD4^+$ Th1 亚群细胞介导	鼠冠状病毒
	Semliki 森林病毒
	麻疹病毒
	维斯纳病毒
	单纯疱疹病毒
$CD4^+$ Th2 亚群细胞介导	呼吸道合胞体病毒
B 细胞介导（抗体）	登革病毒
	猫传染性腹膜炎病毒

1．T 细胞介导的病理损伤 病毒感染引起的病理损伤既可由 $CD8^+$ T 淋巴细胞介导，也可由 $CD4^+$ T 淋巴细胞介导。$CD8^+$ T 淋巴细胞被活化后形成细胞毒性 T 淋巴细胞（cytotoxic lymphocyte，CTL）而发挥功能。病毒抗原被 CTL 识别，是引起免疫病理损伤的关键因素。乙型肝炎病毒囊膜蛋白在转基因小鼠中表达并不会对小鼠造成任何影响，但在给小鼠注入乙型肝炎病毒特异性 CTL 时，小鼠肝脏表现出与人急性病毒性肝炎类似的症状，这是由于 CTL 首先与表达乙型肝炎病毒囊膜蛋白的肝细胞结合，诱导细胞凋亡，然后释放出各种细胞因子，

使中性粒细胞和单核细胞等效应细胞聚集到肝脏，进一步破坏感染细胞。$CD4^+$ T 淋巴

细胞包含刺激细胞毒性T淋巴细胞成熟、促进细胞免疫反应的Th1亚群和刺激B淋巴细胞与静止的巨噬细胞、促进体液免疫反应的Th2亚群。单纯疱疹病毒能在角膜上皮细胞中复制，其UL6蛋白含有一段由7～8个氨基酸组成的连续序列，在小鼠的某种角膜蛋白中也存在该序列，感染后T细胞识别角膜蛋白中的自身抗原，诱发$CD4^+$ Th1细胞介导的炎症反应引起基质角膜炎，破坏角膜组织，严重时可导致失明。

2. B细胞介导的病理损伤 病毒感染后，宿主启动体液免疫应答，产生大量特异性抗体，并与病毒结合形成病毒-抗体复合物。当复合物不能被网状内皮系统有效清除而进入血液循环时，容易沉积在毛细血管中而引起病变，如沉积在血管、肾脏等时，会引起血管炎和肾小球肾炎等；若激活补体系统，则会出现更为严重的后果。例如，在淋巴细胞脉络丛脑膜炎病毒感染的小鼠体内发现这种由免疫复合物诱发的疾病。感染某种血清型的登革热患者再次感染其他血清型病毒时，会出现比首次感染更加严重的登革热临床反应，甚至引起登革热出血或登革热休克综合征，这是因为不同血清型登革病毒抗体间无交叉保护作用，当机体感染另一种血清型病毒时，这些无保护作用的抗体可与新感染的病毒结合，促使外周血中具有Fc受体的单核细胞通过结合抗原-抗体复合物中的Fc而吞噬病毒，受感染的单核细胞产生炎症细胞因子特征性的膜渗漏和出血等。因出血而导致休克的患者，在初次感染时休克概率约为1/14 000，但在被另一型登革病毒感染时休克概率升至1/50。

（三）自身免疫性疾病

正常情况下，机体免疫系统对自身抗原不产生免疫应答和免疫排斥，但在某些生理或病理情况下，机体的免疫耐受被打破，对自身抗原产生抗体和（或）致敏淋巴细胞，导致发生自身免疫性疾病。有些病毒感染能使一些正常情况下隐藏的细胞抗原暴露出来，免疫系统识别这些抗原后，就会产生自身免疫反应，如犬瘟热病毒慢性感染进程中，病毒感染刺激自身反应性T细胞分泌炎性介质如IL-1β、IL-12、IL-23等，这些炎症介质非特异性地激活自身反应性T细胞，活化的T细胞进一步导致炎症部位的组织损伤，从而使病犬出现严重免疫抑制和与脱髓鞘作用相关的神经性疾病。

狂犬病病毒的核蛋白可直接结合抗原呈递细胞表面的MHCⅡ类分子而激活T细胞，避免将抗原降解为多肽，再由MHCⅡ类分子呈递给T细胞，缩短了抗原呈递路径，能活化比正常情况下多得多的T细胞，破坏了免疫系统的协调性，引发多种疾病。

（四）病毒的持续性感染与免疫耐受

除直接损伤被感染的细胞外，病毒也可在宿主体内建立长期的潜伏感染或持续性感染。持续性感染的机制主要为抑制细胞发生病变、控制病毒基因组复制及病毒长期进化产生免疫逃逸作用。多种病毒感染后均可造成持续性感染，如猪伪狂犬病病毒、猪瘟病毒及牛病毒性腹泻病毒等。

与疱疹病毒科同种属其他病毒一样，猪伪狂犬病病毒感染可造成持续性感染，这也是猪伪狂犬病病毒难以根除的重要原因。猪伪狂犬病病毒基因组的转录呈现瀑布式，即极早期基因表达启动病毒早期基因及晚期基因的表达，完成病毒的复制。在潜伏感染时，猪伪狂犬病病毒依然可以产生潜伏相关转录本（LAT），对于维持病毒的潜伏感染具有重要作用。分子杂交技术发现，LAT转录方向与猪伪狂犬病病毒唯一的极早期基因*IE180*相反，可完全覆盖*IE180*并阻碍其转录，进而造成病毒的潜伏感染。

目前疫苗免疫是预防猪瘟病毒感染的重要方式，然而在高强度免疫的猪场内猪瘟病毒依然可形成持续性感染。凋亡、自噬和焦亡是真核细胞维持稳态的基本生物学过程，在抗病毒免疫中也发挥重要作用。研究发现，猪瘟病毒感染时宿主通过启动细胞凋亡、自噬和焦亡介导抗病毒免疫应答，而猪瘟病毒已进化出多种策略来调控这三种细胞生物学过程，逃避宿主的免疫清除，在宿主体内实现持续性感染。

（五）双相热反应

病毒感染可刺激机体产生强烈的免疫反应，如促进炎症因子表达以抵抗病原感染，并引起机体发热。犬瘟热病毒通过上呼吸道感染宿主，然后散播到局部淋巴结和扁桃体进行复制，继而由淋巴细胞携带进入血液产生初始病毒血症，机体出现第一次发热。此后，病毒扩散到全身淋巴器官、骨髓和上皮结构及肝、脾的固有膜，并再次产生病毒血症及机体第二次体温升高，呈双相热，此现象也是犬瘟热感染的典型症状。

（六）抗体依赖性增强作用

病毒感染后会诱导机体产生一定水平的抗体，当抗体水平较低或者特异性不强时其不仅不会对病毒产生中和作用，反而促进病毒感染靶细胞，增强病毒的致病性，这种增强病毒入侵宿主细胞的作用称为抗体依赖性增强作用（antibody-dependent enhancement，ADE）。依据作用机制不同，可分为 Fc 受体、补体受体及其他分子介导的 ADE。猪繁殖与呼吸综合征病毒感染猪早期尽管可以诱导机体产生强烈的体液免疫反应，然而早期产生的抗体并不能有效阻止病毒感染，相反会通过 Fc 受体介导的 ADE 效应增强病毒感染；登革病毒表面抗原与血液中相应抗体结合后，抗体 Fc 端与表达 Fc 受体的细胞结合，在抗体的介导下病毒聚集在细胞表面，促进病毒入侵。病毒的 ADE 现象是疫苗免疫后加剧感染的重要原因，不仅为疫情的防控增加了困难，也阻碍了疫苗的研发。

（郭　鑫）

第三节　发病机理

发病机理（pathogenesis），也称为“发病机制”“发病原理”，是指疾病发生的机制和原理，谈的是病原体侵入动物机体后，如何击败宿主的免疫系统，在靶器官中增殖而引起疾病的。疾病是怎样发生的？我们首先叙述已明确的全身感染症的发病机理，接着再分别叙述局部感染、腹泻、呼吸道疾病、流产、神经症状、贫血和黄疸等症候群疾病的发病机理。

一、全身感染症的发病机理

全身感染（systemic infection）是机体与病原体（细菌、病毒及寄生虫）相互作用中，由于机体的免疫功能薄弱，不能将病原体限于局部，以致病原体及其毒素向周围扩散，经淋巴管或直接侵入血流，引起全身多系统的感染。全身感染过程中可能出现下列情况：菌血症（bacteremia）、毒血症（toxemia）、败血症（septicemia）、脓毒败血症（pyosepticemia）、内毒素血症（endotoxemia）。败血症是在机体的防御功能减弱的情况下，病原菌不断侵入血流，并在血流中大量繁殖，释放毒素，造成机体严重损害，引起全身性中毒症状，如不规则高热，有时有皮肤、黏膜出血点，肝、脾肿大等。在畜禽传染病中危害巨大。

全身感染症分急性感染、持续性感染及致肿瘤性感染。

（一）急性感染

感染后短时间内发病，通过免疫应答等在短时间内清除病原体，一个月内结束感染的称为急性感染（acute infection）。例如，犬瘟热病毒通过呼吸道感染，进入血液后感染单核细胞，被运送至全身引起症状。但 8d 后，由于出现体液和细胞免疫应答，病毒从体内被清除而恢复健康。

1．大肠杆菌败血症 新生儿感染和败血症最常发生在于被动免疫失败的犊牛中。如果入侵细菌造成的局灶性感染不能迅速得到控制，如在血小板、关节或脑膜中，如果不能成功治疗，可能会引起广泛性败血症。败血症可导致全身性炎症反应、多器官功能障碍综合征、败血性休克和死亡。大肠杆菌是与犊牛败血症相关的主要细菌病原体。但是，它肯定不是唯一的一种，因为沙门菌、弯曲杆菌、克雷伯菌和不同的葡萄球菌也已从发病牛的血液中分离出来。新生牛犊特别容易发生败血症，因为它们初生时的免疫力依赖于初乳中的母源抗体和细胞（免疫的被动转移）。犊牛缺乏成年牛的正常肠道菌群，当出生于严重污染的环境中时，在建立正常菌群之前，可能会在胃肠道中产生强毒力细菌。败血症也可能是由于细菌在其他部位（如脐带）的定殖而引起的。治疗的基础是选择合适的抗菌药物和剂量，支持疗法，液体疗法，非甾体抗炎药和血浆输注。通过良好的初乳管理来防止被动转移失败是至关重要的。

免疫反应与网状内皮系统结合可防止败血症由机会性或病原性侵袭而发展。然而，这引发了涉及高毒性介质的炎症级联反应，如果不加以控制，将最终导致全身性炎症反应综合征（systemic inflammatory response syndrome，SIRS）和随后的多器官功能障碍综合征（multiple organ dysfunction syndrome，MODS）。在适当但有效的免疫反应与对细菌或其毒素的过度狂热反应之间要取得平衡。内毒素（脂多糖）是革兰阴性菌细胞壁的一部分，它在细胞死亡后或细菌快速生长期间释放。内毒素与免疫系统之间的相互作用触发了涉及细胞因子和其他炎症介质的复杂的炎症级联反应。级联反应导致花生四烯酸代谢产物的产生、心肌抑制因子的释放、补体系统的活化及败血症的许多其他介质的产生和释放。结果包括脱水、心动过速、发热、白细胞减少、低血压、全身供氧量减少、心输出量减少及全身无力。内毒素对肺血管的反应非常复杂，导致低氧血症。牛对内毒素非常敏感，即使小剂量也可引起严重的肺损伤。严重内毒素血症通常与犊牛和成年牛的呼吸衰竭死亡相关。

2．非洲猪瘟 非洲猪瘟病毒（African swine fever virus，ASFV）可经过口和上呼吸道系统进入猪体，消化道侵入的病毒通过黏膜很快进入血液，在鼻咽部或是扁桃体发生感染时，病毒迅速蔓延到下颌淋巴结，通过淋巴和血液遍布全身，主要侵害微血管和淋巴管的内皮细胞及网状细胞等。强毒感染时细胞变化很快，在呈现明显的刺激反应前，细胞都已死亡。弱毒感染时，刺激反应很容易观察到，细胞核变大，普遍发生有丝分裂。

3．犬瘟热 犬瘟热病毒（canine distemper virus，CDV）通过呼吸道感染后在黏膜上皮细胞中增殖，被巨噬细胞运送至支气管淋巴结并在此增殖。增殖的病毒进入血流，感染单核细胞引起再次增殖，出现第一次病毒血症，并将病毒扩散至全身脏器。感染后约经一周，在各脏器中增殖的病毒再次进入血流，引发第二次病毒血症。由于病毒在犬全身脏器中增殖，机体表现出发热并产生 IFN（interferon，干扰素）而抑制病毒的增殖。感染后经 8～10d，体内产生中和抗体，很快清除病毒而恢复健康。另外，感染后经 9d 抗体仍阴性或 2 周后仍保持低水平抗体的犬不能清除病毒，病毒在肠道、呼吸道及尿道上皮细胞和皮肤中大量增殖。病毒在胃肠道中增殖引起病犬呕吐和下痢，在呼吸道和皮肤中增殖导致支气管炎、肺炎和皮炎。病毒在内脏增殖后，经血管侵入脑，感染神经胶质细胞和神经元。病毒一旦在神经系统中扩大感染，则康复后的犬表现行为异常和麻痹。外观康复的犬经40～60d后，有时表现以脱髓鞘为特征的脑炎症状，此时预后不良。康复后的犬多数终生免疫。极少数的病例中，康复后残留在神经系统中的病毒缓慢增殖，经数年后发生老龄犬脑炎，这类似于人类麻疹病毒引起的多发性脑硬化症。

（二）持续性感染

持续性感染（persistent infection，PI）是指有些病毒感染机体后，可在受感染细胞内长期存在或终身携带病毒，而且经常或反复间断地向外界排出病毒。持续性感染分为潜伏感染（latent infection）、慢性感染（chronic infection）和慢发病毒感染（slow virus infection）。潜伏感染是一种病毒的持续性感染状态，原发感染后，病毒基因在感觉神经或自主神经的神经节内潜伏，并不能产生感染性病毒，也不出现临床症状。在某些条件下病毒被激活增生，感染急性发作而出现症状，急性发作期可以检测出病毒。例如，单纯疱疹病毒感染后，潜伏于三叉神经节，此时机体既无临床症状也无病毒排出。不分有无症状，长期检出病原体的感染症称为慢性感染。慢性感染症多数没有症状，但排出病毒达数年（口蹄疫的慢性感染），到后期发病，也有完全不排出病毒的通过免疫耐受导致慢性感染的病例（犬瘟热引起的老龄犬脑炎）。另外，慢性感染中还有免疫耐受引起的淋巴细胞脉络丛脑膜炎病毒病。慢发病毒感染是指由一组具有长潜伏期特征的反转录病毒引起的感染，经显性或隐性感染后，病毒有很长的潜伏期，可达数年或数十年，此时机体无症状，也分离不出病毒，以后产生特征性的缓慢、渐进性疾病，常导致死亡，如绵羊的梅迪-维斯纳病、绵羊痒病及牛海绵状脑病等。

没有单一机制可导致持续性感染。关键特征是降低宿主防御能力和病毒杀死细胞的能力。许多宿主病毒，如淋巴细胞脉络丛脑膜炎病毒，不会杀死细胞，如果宿主无法清除病毒，则会导致持续性感染。在某些持续性病毒感染中，病毒粒子产生和沉默交替出现，如EB病毒（人类疱疹病毒4），它是传染性单核细胞增多症的病原体，在最初发烧、喉咙痛和淋巴结肿大后，病毒建立了休眠感染，病毒基因组在免疫系统的细胞中持续存在。因此，在没有临床症状的情况下，应定期重新激活这种休眠感染并去除感染性病毒颗粒。与急性感染相反，持续性感染会持续很长时间，并在适应性免疫反应无法清除原发性感染时发生。引起持续性感染的原因有免疫耐受、潜伏感染和抗原变异。

1. 免疫耐受引起的持续性感染 免疫系统对自身物质不进行攻击，这是由于存在识别自己的T细胞和B细胞。病原体经胎盘感染胎儿时，机体将病原体视为自身物质，出生后不产生对病原体抗原的免疫应答（如不产生抗体），这种状态称为免疫耐受（immunological tolerance）。这是病毒感染胎儿病例中出现的现象。出生后处于免疫耐受状态而发生持续性感染，并不断排出病毒。

（1）猪瘟病毒（古典猪瘟病毒） 妊娠猪感染古典猪瘟病毒时，常发病死亡。但是，母猪如被毒力较弱的毒株感染，则有时能够耐过而存活，但可经胎盘感染胎儿。经胎盘感染而出生的仔猪，对本病毒不产生抗体，而在免疫耐受状态下持续表现病毒血症。

（2）牛病毒性腹泻病毒 牛病毒性腹泻病毒（bovine viral diarrhea virus，BVDV）感染是通过宿主免疫反应和病毒细胞杀伤相互作用来调节持久性的另一个例子。本病毒在世界上大多数牛群中建立了终身持续性感染。被感染的动物没有产生可检测的抗病毒抗体或T细胞。妊娠母畜在怀孕早期（约妊娠 120d）通过子宫内感染非致细胞病变型（NCP 型）BVDV，NCP 型 BVDV 具有抑制胎儿体内产生Ⅰ型干扰素的能力，致使本病毒在宿主中得以生存并形成持续性感染牛，当持续性感染牛再次感染与 NCP 型 BVDV 高度同源的致细胞病变型（CP）毒株时直接诱发黏膜病。两种生物型的产生是发生持续性感染和黏膜病的重要因素，NCP 型可向 CP 型 BVDV 进行转化。BVDV 在牛中的持续存在似乎是 B 淋巴细胞和 T 淋巴细胞免疫耐受的结果。这些动物通常不存在针对持久性病毒的中和与非中和抗体。然而，大多数持续性感染的动物具有免疫活性，因为它们至少在某种程度上对各种生物体和异型 BVDV 抗原有免疫反应。持续性感染的动物可能会产生针对中和表位的抗体，这些表位与改良活疫苗病毒或野生型野毒株不同。如果产生中和抗体，则它们具有高度的毒株特异性。然而，与“正常”动物相比，持续性感染的动物对各种抗原的免疫反应活力可能减弱。

许多感染持续存在，因为病毒复制会干扰细胞毒性T淋巴细胞（CTL）的功能，CTL是清除病毒感染极为重要的免疫细胞。当 CTL 检测到细胞表面的病毒抗原时，就会识别出感染的细胞。这种识别过程需要 MHC Ⅰ类蛋白呈递病毒肽。许多病毒蛋白质会干扰 MHC Ⅰ类途径的不同步骤，包括蛋白质的合成、加工和运输。甚至是被称为蛋白酶体的大型蛋白质复合物，从病毒蛋白质产生的病毒肽向细胞表面的运输也可能受到阻碍。还有更多关于病毒感染如何调节免疫反应，导致持续性感染的例子。毫不奇怪，直到发现病毒感染阻止了许多作为病毒调节靶标的加工或调控步骤，这些蛋白质才被发现。

2．潜伏感染引起的持续性感染 伪狂犬病病毒（疱疹病毒）感染仔猪表现神经症状而死亡，5 月龄以上的猪不呈现症状。疱疹病毒感染在急性期表现临床症状，并能分离到病毒，但康复后病毒常潜伏感染于神经节细胞内。

牛传染性鼻气管炎病毒（疱疹病毒）侵入上呼吸道后，经感觉神经末梢上行至三叉神经节潜伏感染。神经细胞内的感染是从突触末梢开始利用胞饮作用侵入，沿着轴突上行至感觉神经节潜伏感染，并间歇地释放病毒。

3．抗原变异引起的持续性感染 病原体有时采取表面抗原变异的方式逃避宿主免疫系统的攻击，如马传染性贫血病毒、口蹄疫病毒等常见此种情况。

慢病毒科的马传染性贫血病毒感染马时，病毒整合到宿主染色体而终生持续性感染。病毒在马体内连续发生抗原变异。这种变异发生在与中和抗体反应的病毒表面蛋白 gp90 上，所以变异病毒不因被抗体中和而清除。gp90 不断发生抗原变异，其结果发生持续性感染。感染马随着病毒的增殖表现贫血和反复发热。这种表面抗原的变异是原来在自然界中存在的抗原性不同的各种病毒，在各种选择压力下被选择的结果。

口蹄疫病毒分为 7 个血清型和 60 多个亚型，各型和亚型的分布地区差异很大，所以疫苗接种必须符合流行毒株的型和亚型，否则免疫效果低下。口蹄疫病毒的衣壳蛋白 VP1 与抗感染抗原有关。VP1 蛋白产生中和抗体的抗原决定簇位于 N 端第 141～160 位氨基酸。各分离株之间进行氨基酸序列比较分析时发现，仅在 141～160 位氨基酸肽段存在较大的变异。口蹄疫病毒通过置换抗原决定簇中多种氨基酸的方式产生多个亚型，并回避免疫接种而发生持续性感染。

（三）致肿瘤性感染

致肿瘤性感染（oncogenic infection）是由一些致癌病毒感染宿主后缓慢诱发的癌症，可导致显著的发病率、死亡率和经济损失，在农场、伴侣和野生动物中广泛存在。这些病毒与许多动物疾病有关，包括反转录病毒科牛白血病病毒、猫白血病病毒、鸡白血病/肉瘤病毒及鸡网状内皮组织增殖症病毒等 RNA 病毒，以及引起的牛乳头状瘤、鸡马立克病、海龟纤维乳头瘤病、海狮泌尿生殖系统癌（生殖器疱疹病毒）等的 DNA 病毒。

这些致癌 DNA 或 RNA 病毒通过引入刺激不受调节的细胞生长的基因（致癌基因）或通过干扰宿主细胞周期的正常调节来干扰宿主细胞周期的正常调节。在肿瘤病毒的细胞转化中，吸附、渗透和脱壳的初始阶段与生产性感染完全相同，但在随后的两个阶段，它们有所不同：①致癌 DNA 病毒的 DNA 作为原噬菌体整合到宿主细胞基因组中，整合的病毒基因组被重新排列，由于整合的病毒 DNA 有缺陷或不完全，不会产生感染性病毒，而是宿主细胞在其影响下发生肿瘤性转化。②反转录病毒通过病毒携带的酶、反转录酶（RT）以独特的方式复制。RT 构建病毒 RNA 基因组的 DNA 拷贝，DNA 拷贝（原噬菌体）与宿主细胞的 DNA 整合在一起，在那里它可能会在不同时期保持潜伏。只有当被激活时，整合的原病毒才能作为子代病毒 RNA 翻译和细胞转化的模板。

二、局部感染的发病机理

局部感染（local infection）是指病原菌侵入机体后，在一定部位定居下来，生长繁殖，产生毒性产物，不断侵害机体的感染过程。这是由于机体动员了一切免疫功能，将入侵的病原菌限制于局部，阻止了它们的蔓延扩散，如葡萄球菌、链球菌引起的局部化脓等。

流感病毒、鼻病毒、副流感病毒和呼吸道合胞体病毒通过呼吸道黏膜感染，在局部形成病灶，主要表现为局部症状，很少引起全身感染。流感病毒仅感染呼吸道黏膜上皮的原因是：①活化病毒致病因子 HA 的蛋白水解酶只存在于呼吸道上皮细胞；②病毒的出芽极性仅向呼吸道腔内。乳头状瘤病毒在皮肤的局部形成菜花样乳头瘤，而副痘病毒在体表形成丘疹和溃疡，轮状病毒仅感染肠道引起肠炎。

如果不及时治疗或使用错误的药物治疗，局部感染可能会变成全身感染。可能成为全身感染的常见局部感染是肺炎、尿路或膀胱感染、阑尾炎和割伤/皮肤感染等。

三、腹泻的发病机理

腹泻（diarrhea）是粪便量或排便次数增加。它是胃肠道疾病最常见的临床症状之一，但也可以反映消化系统以外的原发性疾病。当然，影响大小肠的疾病都会导致腹泻。幼龄动物易发生下痢和肺炎，多种病原体可以导致下痢（如细菌中有大肠杆菌、沙门菌、副结核分枝杆菌；病毒中有轮状病毒、冠状病毒、细小病毒、腺病毒、肠道病毒等；原虫中有隐孢子虫、球虫等），这些病原体从肠道淋巴集结侵入并在此增殖后引起下痢。

腹泻虽然有多种原因，从病理学角度腹泻可分为渗透性腹泻、渗出性腹泻、分泌性腹泻和动力性腹泻。在特定病例的发病机理中涉及 5 种机制中的两种或两种以上也是很常见的。

（一）渗透性腹泻

肠道中水的吸收取决于溶质的充分吸收，如果肠腔中保留了过多的高渗食物或药物，则肠内容物渗透压增高，阻碍了肠内水分与电解质的吸收，并会导致腹泻。渗透性腹泻的一个显著特征是在患病动物禁食后或消耗吸收不良的溶质后会自动停止。

渗透性腹泻通常是由以下两种情况之一引起的。

1．摄入吸收不良的底物 有害分子通常是碳水化合物或二价离子。常见的例子包括甘露醇或山梨糖醇、泻盐（$MgSO_4$）和某些抗酸剂（氢氧化镁）。

2．吸收不良 小肠对脂肪、糖类、蛋白质吸收不良，引起腹泻。不能吸收某些碳水化合物是这类腹泻中最常见的缺陷，但实际上可能导致任何类型的吸收不良。吸收不良会困扰许多成人和宠物的一个常见例子是乳糖不耐症，是由体内乳糖酶的缺乏所致。在这种情况下，摄入了适量的乳糖（通常以牛奶的形式），但肠上皮缺乏乳糖酶，乳糖不能有效地水解为葡萄糖和半乳糖吸收。渗透活性乳糖保留在肠腔中，并在那里“保持”水分，形成肠内高渗。更糟的是，未吸收的乳糖进入大肠，在大肠中被结肠细菌发酵，导致产生过多的气体。

在肠道内积留未吸收物时，肠内外产生渗透压差，使水分大量存留在肠道内所致。肠腔内存留未吸收物是由肠绒毛萎缩、缺损或损伤等原因导致肠黏膜异常而引起的。例如，牛冠状病毒、牛轮状病毒、猪传染性胃肠炎病毒等有选择性地在肠绒毛上皮细胞增殖，导致肠绒毛萎缩发生吸收障碍。在大多数情况下，早期适当禁食（但需补液）对中止腹泻有一定效果。其粪便偏碱。

（二）渗出性腹泻

肠道上皮细胞接合部有非常小的孔隙，细胞自身除呼吸和分泌外，通过这种孔道进行水分和物质的流动。从血液向肠道的这种流动是渗出。当发生炎症时，这种肠黏膜的小孔扩张，使水分加速从血液流向肠腔引起下痢。小孔扩张并流出血浆蛋白的现象称为渗出。

肠黏膜的完整性受到炎症、溃疡等病变的破坏时，可造成大量的渗出引起腹泻；肠道局部感染病原体（细菌、病毒、寄生虫）引起腹泻，由病原体引起的肠上皮损伤是所有动物腹泻的非常普遍的原因。上皮的破坏不仅导致血清和血液渗入内腔，而且通常与吸收性上皮的广泛破坏有关。在这种情况下，水分吸收效率很低，并导致腹泻。经常与感染性腹泻有关的病原体包括：细菌，如沙门菌、大肠杆菌、弯曲杆菌、密螺旋体等；病毒，如轮状病毒、冠状病毒、细小病毒（犬和猫）、诺如病毒等；原生动物，如球菌属、隐孢子虫、贾第虫等。

病原体吸附于肠黏膜细胞，侵入并繁殖和产生细胞毒素，引起炎症细胞浸润，释放炎性介质，导致肠黏膜细胞变性坏死、蛋白质、黏液渗出；同时，肠蠕动加快出现腹泻。非感染性因素是由于肠黏膜损害、炎性渗出，出现腹泻；特点是脓血便、每日粪便量少、粪便偏碱。

（三）分泌性腹泻

正常的肠管吸收水分和营养物质，同时也能分泌水分和电解质，大部分水分在到达大肠之前都会被有效吸收。由于肠黏膜受到刺激时，这种分泌处于亢进时或吸收受阻时发生分泌性腹泻。分泌性腹泻通过 cAMP（环磷酸腺苷）、cGMP（环磷酸鸟苷）、钙离子等细胞内介体而发生，但黏膜损伤不大。其主要致病物质有霍乱毒素和大肠杆菌的肠毒素等。霍乱弧菌产生霍乱毒素，该毒素强烈激活腺苷酸环化酶，导致隐窝肠细胞内 cAMP 的浓度持续升高。这种变化导致氯化物通道的开放时间延长，这有助于隐窝分泌水，从而导致水的分泌不受控制。其他几种细菌的毒素，如大肠杆菌不耐热肠毒素（LT）会诱发相同的一系列级联反应和导致严重的分泌性腹泻，这通常是致命的，除非对人或动物进行积极治疗以保持水分。

除细菌毒素外，许多其他物质还可通过打开肠道分泌机制来引起分泌性腹泻，包括一些泻药、某些类型的肿瘤分泌的激素（如血管活性肠肽）、多种药物（如某些类型的哮喘药物、抗抑郁药、强心药）、某些金属、有机毒素和植物产品（如砷、杀虫剂、蘑菇毒素、咖啡因等）。

在大多数情况下，在2～3d的禁食期间分泌性腹泻不会消失。其粪便偏酸。

（四）动力性腹泻

动力性腹泻是由于肠蠕动过快，致使肠内食糜停留时间缩短，没有充分吸收所致的腹泻。常见于肠炎、胃肠功能紊乱及甲状腺功能亢进等。但是，肠蠕动亢进就导致下痢的这种说法也有争议。这是因为犊牛和仔猪的产肠毒素大肠杆菌引起的下痢加速了肠内容物的流动，并不是肠蠕动亢进的结果，而是肠管处于弛缓的筒形状态，同时由于在肠毒素的作用下，肠内容物中水分增多所致。

四、呼吸道疾病的发病机理

呼吸道暴露在外部环境中，具有一系列复杂、全面的防御机制防御吸入物质。纤毛和呼吸道内黏膜分泌的黏液会过滤空气。气管壁中的淋巴管运输免疫系统的细胞，如淋巴细胞和巨噬细胞，其作用是捕获和破坏外来颗粒。巨噬细胞是气道较小分支中的第一道防线。这些位于肺泡内的细胞摄取并破坏细菌和病毒，并清除小颗粒。它们还分泌能吸引其他免疫细胞（如白细胞）到该部位的化学物质，并可以在肺部引发炎症反应。

病原体通过呼吸道和血液侵入引起呼吸道疾病，但多数为呼吸道感染。经呼吸道感染时，炎症由支气管扩大至肺泡。从呼吸道吸入的微粒子（1～5μm）易达到深部呼吸道，在细支气管形成病变，这是由于呼吸道深部缺乏巨噬细胞，宿主的免疫系统不全。另外，伴随着全身性病毒血症或败血症，病原体随血液侵入肺，有时在肺中也形成病变。

（一）流行性感冒

流感病毒通过气溶胶和感染中含在气溶胶中的病毒侵入呼吸道深处，但经纤毛运动多数病毒被清除。即使幸免被清除并已达黏膜上皮细胞的病毒，由于黏膜上皮细胞存在流感病毒受体即唾液酸样的糖蛋白，阻碍病毒与黏膜上皮细胞的吸附。然而，病毒囊膜上的神经氨酸苷酶会破坏这种糖蛋白，以助病毒吸附黏膜上皮细胞。另外，宿主曾感染过这种病毒而康复或者在被动免疫的情况下，病毒被黏膜上存在的特异性IgA中和不能发生感染。病毒逃避这些障碍侵入黏膜上皮细胞进行繁殖，被释放到呼吸道内的病毒进一步感染周围的细胞。

随着感染的加剧，破坏黏膜上皮细胞的同时诱导产生细胞因子，并可见增加包括炎性细胞在内的渗出现象。这些细胞发生变性坏死，但常快速再生新的上皮细胞。局部感染流感病毒时，常呈隐性感染经过或仅限于轻度的上呼吸道感染症状。然而继发链球菌感染时，表现为重度呼吸道症状，有时发生间质性肺炎。

（二）牛呼吸道疾病综合征

牛呼吸道疾病（bovine respiratory disease，BRD）是牛呼吸系统疾病的总称，通常被称为牛呼吸道疾病综合征（bovine respiratory disease complex，BRDC），也称为“运输热”。BRDC与最近断奶或刚到达饲养场几周的小牛的肺部感染相关，但它可以在饲养期的后期发生，也可以在牧场的小牛中看到。因为许多因素均可促进其发展和进程，包括运输、断奶、去势、去角、合群、通风不良和过度拥挤等应激因素，损害动物的免疫系统，使其容易受到病毒和细菌的侵害。这种病是在以运输为主的各种应激因素的作用下，机体的免疫机能下降导致的。

牛呼吸道合胞病毒（BRSV）、3 型副流感病毒（PIV3）、牛病毒性腹泻病毒（BVDV）、牛传染性鼻气管炎病毒（IBRV）和牛冠状病毒（BCV）等病毒感染会进一步危害呼吸道。多杀性巴氏杆菌、溶血性曼氏杆菌、昏睡嗜血杆菌和牛支原体可能会加剧该病。寄生虫和真菌（如肺虫和曲霉菌）也会损害呼吸系统。天气变化或温度波动也可能增加 BRDC 的风险。

病毒在呼吸道局部增殖时，由于吞噬细胞的伤害和肺泡黏膜上皮细胞的破坏，诱导炎性反应。换言之，通过病毒的感染，呼吸道黏膜上皮细胞受到损伤，吞噬细胞机能下降，这些环境条件助长了常在菌（巴氏杆菌）的增殖和对呼吸道黏膜内的侵入（内源性感染）。另外，由于受到病毒感染而损伤的细胞释放细胞铁或乳铁蛋白。铁是细菌增殖所必需的元素，它促进细菌的增殖。运输热的主要病原体多杀性巴氏杆菌感染所致的组织损伤多为内毒素的作用结果。内毒素活化肺泡内巨噬细胞和血管内的单核细胞，释放出 TNF-α、蛋白水解酶和各种活性氧，直接或间接地引发炎性反应而损伤组织。细菌性肺炎也是导致发热的真正杀手。

牛呼吸道疾病的预防，与其进行治疗细菌继发感染，还不如进行疫苗接种以防止病毒感染。因为巴氏杆菌为牛上呼吸道中的一种常在菌，很难清除掉。正确的早期诊断，选择合适的抗生素，正确的剂量、途径和治疗方案是抗生素治疗的三个原则。抗生素的治疗固然有效，但在多数情况下，诊断为本病时病理损伤已经扩大，尤其是细菌引起化脓性肺炎时，抗生素的治疗效果更低。患运输热而康复的犊牛常发育不良，所以预防运输热很重要。

五、流产的发病机理

动物发生流产和死产的原因中约有 90%为感染症。妊娠母畜感染病原体时，有时经胎盘感染胎儿引起死产和流产。有时胎儿即使经胎盘感染了病原体，也不一定发生流产。能否引发流产因病原体的致病性和感染时的胎龄不同而有所差异。母体和胎儿之间的胎盘结构因动物不同而不同，但有几层屏障将母子分离，以防母体血中的病原体侵入胎儿。以下举例说明流产的发病机理。

（一）马疱疹病毒感染引起的流产

马疱疹病毒有Ⅰ型和Ⅳ型（EHV-1、EHV-4），尽管两种病毒都可能引起高热性鼻肺炎，但是 EHV-1 是流产、轻瘫和新生儿驹死亡的主要原因，而 EHV-4 感染几乎不导致流产。这是因为Ⅰ型病毒能感染淋巴细胞，而Ⅳ型病毒则不能，在血流中以游离状态存在，所以不能通过胎盘感染胎儿。

病毒传播的主要方式是通过直接接触鼻分泌物、生殖道分泌物、胎盘或流产的胎儿。短距离空中传播感染是可能的。EHV-1 通过呼吸道感染妊娠马后，在 24h 之内通过黏膜上皮屏障侵入皮下组织。病毒再经淋巴管输送至局部淋巴结，在此增殖，被感染的淋巴细胞流入血管引起病毒血症。血中被感染的淋巴细胞起到将 EHV-1 扩散至妊娠母马子宫及胎儿的作用。换言之，血中的感染淋巴细胞黏附于母马子宫黏膜中正在形成的血管内皮细胞。这种黏附作用高效地将 EHV-1 从淋巴细胞转移至子宫血管内皮细胞。EHV-1 引起的子宫内膜血管炎症（血管炎）伴随着组织损伤，这些病变中感染的开始很可能是由潜伏感染的白细胞中重新激活的 EHV-1 引起的。这种损伤成为将病毒通过胎盘到达胎儿的重要机理之一。

（二）布氏杆菌引起的流产

布氏杆菌主要通过被流产胎儿和排泄物污染的饲料和饲草等经口侵入肠道内。侵入部位的淋巴结发生急性淋巴结炎，并浸润中性粒细胞和嗜酸性粒细胞。对于不同的细胞布氏杆菌侵入的方式不同，毒力不同的布氏杆菌侵入细胞的方式也不同。侵入体内的布氏杆菌被巨噬细胞吞噬，但不被降解而是在巨噬细胞内大量增殖，并引起菌血症，经血流扩散至全身，并侵入肝、脾、淋巴结、骨髓、乳腺、睾丸及妊娠子宫和胎膜等器官、组织的细胞内繁殖，形成新的炎性病灶，这些炎性病灶在多数器官通常表现为淋巴细胞和巨噬细胞增生及肉芽肿形式。但在睾丸和妊娠子宫则引起坏死性或化脓坏死性炎症。菌在感染前期分布全身，到后期局限在乳房和其周围淋巴结。

布氏杆菌对妊娠子宫的亲嗜性很强，在子宫内增殖后感染胎儿。换言之，妊娠动物感染时，同其他脏器相比在胎盘和胎儿中明显可见本菌的增殖。性成熟决定了牛只对本菌的易感性，犊牛具有抵抗力，而成年牛易感，尤其是妊娠后形成胎盘时，易感性最高。

布氏杆菌引起的流产是由菌在胎盘的增殖，绒毛膜上皮细胞机能受阻和细胞因子平衡失调所致。本菌在胎盘中的增殖视为对绒毛膜上皮细胞的特异的亲嗜作用，因此经绒毛膜上皮细胞感染胎儿。绒毛膜上皮细胞在胎盘的形成和维持过程中起到极其重要的作用。由于菌的增殖，这种作用受阻是引起流产的诱因之一。同时，细胞因子的平衡失调也成为其诱因。换言之，胎儿对母体而言是异物，但通过抑制其免疫排斥而维持妊娠，所以妊娠母体内的细胞因子 Th2＞Th1。但是，由于布氏杆菌的感染，Th1 占优势倾向，所以母体内的 Th1 和 Th2 的细胞因子失去平衡。布氏杆菌可以穿过黏膜屏障侵袭吞噬细胞或非吞噬细胞，并在细胞内建立一个保护性的生态机制，细胞内寄生的方式使它可以逃避宿主的免疫监视，这也是布氏杆菌病容易转为慢性的原因。

六、神经症状的发病机理

微生物和寄生虫感染、中毒、维生素缺乏、矿物质代谢障碍等因素都可以引起畜禽出现神经症状。由微生物引起神经症状的多数疾病，病原体通过某种途径侵入中枢神经系统，狂犬病就是其中典型的例子。

（一）狂犬病

狂犬病病毒通过咬伤经伤口侵入机体，表现为上行感染。首先，病毒侵入机体在感染部位的肌肉细胞中增殖并存留一定时间后，到达感觉神经或运动神经末梢，与乙酰胆碱受体或其他神经细胞增殖受体特异性结合。其次，病毒由神经末梢侵入感觉神经或运动神经，在此第二次增殖后沿轴突上行。随着病毒的上行出现神经机能紊乱，到达大脑边缘后再次增殖，中枢神经细胞受到病毒的刺激和损害，呈现兴奋和反射性增高，这时表现行为异常、狂躁或麻痹等神经症状。80%以上的发病动物表现为狂躁，反射机能亢进，兴奋状态可持续 2～4d，之后经沉郁、昏睡到死亡的过程。麻痹型一开始动物就呈麻痹状态，持续 3～6d 后死亡。潜伏期为 14～90d（平均 1 个月），也有潜伏期长达数年的病例。这是由于病毒从神经末梢侵入神经之前在肌肉内增殖缓慢的缘故。

脑内增殖后的病毒表现为下行感染。在中枢神经中病毒抗原呈阳性，动物机体存在机能障碍，但神经细胞却无损伤。病毒在脑内增殖的同时，沿周围神经传播，下行至肾上腺皮质、胰脏和唾液腺等很多组织，损伤神经末梢连接组织，导致神经细胞变性，引起麻痹。尤其到达唾液腺的病毒在黏膜细胞增殖后释放至腔内，使黏液中含有大量的病毒，狐的黏液中病毒价（$TCID_{50}$）高达 10^6/mL。病毒在中枢神经系统中一旦增殖，则感染动物常毫不顾忌咬伤其他动物，变得凶残。这时感染动物的唾液中病毒含量达最高。本病损害中枢神经系统，一旦发病，均致其几乎100%死亡。

狂犬病的病理特征是，病毒感染后虽扩散至中枢神经系统表现出临床症状，但几乎没有免疫应答。狂犬病病毒抗原的免疫原性很高，然而病毒从咬伤的伤口传至中枢神经这一期间，宿主几乎没有诱导体液或细胞免疫。这可能是病毒在肌肉和神经细胞内增殖时，抗原被隐蔽未能被呈递所致。如果在感染初期产生足量抗体，那么病毒被中和抗体中和，可能不发病。显然，被患病动物咬伤后，进行暴露后免疫接种（post-exposure vaccination）治疗，采取将疫苗和免疫球蛋白混合接种的方法具有良好的效果。免疫应答对病毒在潜伏期即初期肌肉内的增殖和神经系统的侵入有阻碍作用，但咬伤部位在离头部近处或病毒直接进入神经末梢时，暴露后免疫接种也是无效的。

（二）疯牛病

牛海绵状脑病（bovine spongiform encephalopathy，BSE）被广泛地称为疯牛病，主要通过消化道感染：①致病因子进入牛胃肠中，不能被胃肠中的蛋白消化酶所破坏；②进入血液循环系统，感染血细胞或淋巴细胞，再进一步感染大脑神经系统；③致病因子感染外周神经系统，如胃肠中的神经末梢，进入外周神经，通过逆行传递，沿着外周神经系统感染至中枢神经系统；④致病因子进入细胞，在神经元溶酶体中沉积，大脑中填满 PrP^{Sc}（scrapie isoform of the prion protein）及伴随的杆状淀粉样（amyloid）颗粒的溶酶体，会突然爆炸并损害细胞，当宿主的神经细胞死亡后，在脑组织中留下许多小孔如海绵状，释放出的 PrP^{Sc} 又会袭击另外的细胞。PrP^{Sc} 具有潜在的神经毒性，其中的PrP106～126称为神经肽，单独这一段小肽也能使在体外培养的神经细胞发生凋亡。而大量 PrP^{Sc} 在中枢神经系统（CNS）尤其是在脑内的积累可抑制 Cu^{2+} 与SOD或其他酶的结合，从而使神经细胞的抗氧化作用下降，PrP^{Sc} 还可抑制星形细胞摄入能诱导其增殖的葡萄糖。此外，细胞内的 PrP^{Sc} 可能还抑制微管相关蛋白tau调节的微管蛋白的聚合，导致L-型钙通道发生改变，进而使细胞骨架失去稳定性，最终都可使神经细胞发生凋亡并形成空泡状结构，进而使各种信号转导发生紊乱。外在表现为自主运动失调、恐惧、生物钟紊乱等症状。

七、贫血和黄疸的发病机理

（一）贫血的发病机理

贫血（anemia）是指单位容积血液中红细胞数（RBC）、血红蛋白量（Hb）及红细胞比容（压积）值（HCT）低于正常水平的一种综合征。贫血不是一个独立的疾病，而是多种疾病共同出现的临床综合征，是临床上一种最常见的病理状态，主要表现皮肤和可视黏膜苍白，心率加快，心搏增强，肌肉无力及各种器官由于组织缺氧而产生的各种症状。

1．贫血的分类 贫血的分类方法繁多，按引起贫血的原因分为失血性贫血、溶血性贫血、营养性贫血和再生障碍性贫血，按照贫血综合征分类分为传染性、侵袭性、遗传病、中毒性和代谢性贫血。贫血也可以分为再生性贫血和非再生性贫血。由出血或溶血引起的贫血通常是再生性的，由促红细胞生成素减少或骨髓异常引起的贫血是非再生性的。

（1）再生性贫血 骨髓通过增加红细胞生成和释放网织红细胞对减少的红细胞量做出适当的反应。溶血性贫血的定义是红细胞过早破坏，可能是慢性的或危及生命的。溶血性贫血通常是再生性的，由血管内或网状内皮系统的血管外红细胞裂解引起，或两者兼而有之。血管内溶血会导致血红蛋白血症和血红蛋白尿，而血管外溶血则不会。两种类型的溶血都会导致黄疸。溶血性贫血的机制包括变形能力差导致捕获和吞噬作用，通过吞噬作用或直接补体激活的抗体介导的破坏，由于微血栓或直接机械创伤、氧化或直接细胞破坏引起的碎片。溶血性疾病分为血红蛋白病、膜病、酶病、免疫介导性贫血和外在非免疫原因。外在非免疫原因包括血栓性微血管病、直接外伤、感染、全身性疾病和氧化损伤。药物可通过多种机制引起溶血性贫血。新生儿贫血或显著高胆红素血症的快速发作应提示考虑溶血性贫血。许多传染性病原体——细菌、病毒、立克次体和原生动物，可通过直接损伤红细胞导致溶血或直接作用于骨髓中的前体而引起贫血。

（2）非再生性贫血　骨髓对红细胞需求的增加反应不足。非再生性贫血可由营养缺乏、慢性疾病、肾脏疾病和原发性骨髓疾病引起。急性贫血不会再生，直到3～4d再生。当红细胞形成所需的微量营养素不足时，就会出现营养缺乏性贫血。贫血逐渐发展，最初可能是再生性的，但最终变成非再生性的。饥饿会因维生素和矿物质缺乏及能量和蛋白质的负平衡而导致贫血。最有可能导致贫血的缺乏症包括：钴胺素（维生素 B_{12}）、铜、铁、烟酸、吡哆醇（维生素 B_6）、核黄素、维生素 C（仅在灵长类动物和豚鼠中很重要）、维生素 E。铁缺乏症是狗和仔猪最常见的缺乏症，但在马、猫和反刍动物中较少发生。骨髓肿瘤，如白血病、多发性骨髓瘤等都可使骨髓造血机能降低或丧失引起贫血。

2．感染性贫血综合征　各种类型的病原体可通过多种机制引起贫血（传染性和侵袭性贫血），包括血管外溶血（有或无）、血管内溶血和红细胞生成减少（生物体直接抑制红细胞生成或通过炎性细胞因子间接抑制或炎症性疾病的贫血）。贫血可能是由于生物体对红细胞本身的直接影响或由于二次免疫介导的过程。在某些情况下，生物体可能会影响骨髓，导致非再生性贫血。轻度至中度非再生性贫血也可能伴随任何慢性细菌感染而发展，称为慢性病性贫血。以下是疾病与贫血有关的简要示例。

（1）病毒　有病毒引起的贫血包括马传染性贫血、鸡传染性贫血、猫白血病、猫免疫缺陷病、猫传染性腹膜炎、细小病毒病等。马传染性贫血可引起血管外溶血，归因于红细胞膜上的补体固定（Sentsui and Kono，1987）及抑制性贫血（骨髓抑制），马的免疫系统通过抗体攻击并破坏受感染的红细胞。鸡传染性贫血病毒（CIAV）引起一种以再生障碍性贫血、全身淋巴耗竭、皮下和肌肉内出血及免疫抑制为特征的疾病。猫白血病病毒（FeLV）感染引起严重的贫血、恶性肿瘤和免疫抑制等。引起的贫血通常是非再生性和正常色素性的。不太常见的是，大红细胞增多症或再生性溶血性贫血，仅见于10%的 FeLV 贫血病例。非再生性贫血的原因通常是由于造血干细胞和支持性基质细胞的病毒感染导致的骨髓抑制。

（2）细菌　在细菌（如链球菌、葡萄球菌等）败血症期间，引起全身炎症，都可能因炎性细胞因子而导致非再生性贫血（炎症性贫血）。特定的细菌也可以诱发溶血性贫血，释放溶血素毒素，引起血管内溶血，如溶血梭菌或产气荚膜梭菌，尽管也可见免疫介导成分导致贫血。产气荚膜梭菌 α 毒素（*C. perfringens* alpha toxin，CPA）水平高的肠毒血症可导致羔羊和成年羊的严重溶血性贫血。α 毒素基因存在于产气荚膜梭菌所有血清型中，且在 A 型产气荚膜梭菌中 α 毒素表达水平最高，CPA 能引起血管内溶血、血小板聚集和毛细血管损伤。溶血梭菌是引起牛细菌性血红蛋白尿的主要原因。

（3）其他微生物　绵羊问号钩端螺旋体（Hardjo 和 Pomona 血清型）可导致致命的血管内溶血，导致黄疸、血红蛋白尿和色素性肾病。乏质体病、嗜血性支原体病引起牛羊等的贫血、黄疸。乏质体病又称为无浆体病（anaplasmosis），其病原能够导致牛羊等动物不同程度的贫血和黄疸症状，但不会产生血红蛋白血症和血红蛋白尿，主要是由于牛的网状内皮系统具有较强的吞噬作用，及时地将被感染的红细胞清除掉了。嗜血性支原体是牛、羊、猪、猫等多种动物贫血的重要原因，其引起的溶血通常发生在血管外并导致再生性贫血。

（4）寄生虫　例如，牛泰勒虫病、牛巴贝斯虫病、锥虫病、鸡住白细胞虫病、鸡疟原虫病、犬和猫的巴贝斯虫病等。东方泰勒虫是一种蜱传原生动物寄生虫，可导致易感牛贫血和死亡。疟疾（疟原虫）是世界范围内最常见的溶血性贫血原因，尤其是恶性疟疾，会导致严重的，有时甚至是致命的溶血（黑水热）。

3. 传染性病原体引起溶血性贫血的机制　包括免疫性溶血性贫血、微血管病性溶血性贫血和病原体直接破坏红细胞三种机制。免疫性溶血性贫血，是指由于免疫功能紊乱产生某种抗体能与自己正常红细胞表面的抗原结合或激活补体，引起红细胞过早破坏而导致的一组获得性溶血性贫血。微血管病性溶血性贫血是由继发于异常血管的湍流造成的红细胞损伤引起的。在犬中，可见于严重的心丝虫感染、血管瘤（血管肉瘤）、脾扭转和弥散性血管内凝血；在其他物种中，病因包括小牛溶血性尿毒症综合征、马传染性贫血、非洲猪瘟和慢性猪瘟。病原体直接破坏红细胞，如一些传染性生物可能通过毒素（如来自产气荚膜梭菌、α-或β-溶血性链球菌、脑膜炎球菌）的直接作用，或者生物（如疟原虫、巴尔通体）入侵和破坏红细胞而引起溶血性贫血，或通过抗体产生（如EB病毒、支原体）。

（二）黄疸的发病机理

黄疸是由于各种原因引起血清胆红素升高，出现巩膜、黏膜和皮肤黄染，是临床上常见的症状和体征。黄疸的原因分为肝前黄疸、肝性黄疸和肝后黄疸。

1. 肝前黄疸　有时也称为溶血性黄疸。由于红细胞破坏增加导致肝脏结合和排泄胆红素的能力下降，胆红素释放到血浆中。可能原因包括：溶血细菌，包括牛的溶血梭菌和各种动物的钩端螺旋体、嗜血支原体；溶血性寄生虫，包括牛和狗的巴贝斯虫病等；对红细胞的免疫反应等，包括新生儿等红细胞溶解症，由母体产生抗体引起，这些初乳中的抗体被新生儿摄入并随后导致红细胞破坏。

2. 肝性黄疸　也称为中毒性黄疸。肝细胞损伤可能通过两种主要机制导致黄疸：在急性肝坏死和肝脂质沉积症中，受损细胞膨胀到一定程度以致胆小管中的胆汁流动受阻。因此，肝内阻塞和结合胆红素积聚在血液中。在慢性肝功能衰竭中，肝功能丧失以致红细胞不断更新产生的胆红素不能被吸收和结合，导致血液中未结合胆红素的积累。实际上，这些情况是同时发生的。血液中存在过量的未结合胆红素和结合胆红素。例如，狗的钩端螺旋体黄疸、裂谷热病毒、一些植物中毒（如马缨丹）、一些真菌感染（如黄曲霉病）。

3. 肝后黄疸　也称为阻塞性黄疸。这是由于胆道阻塞而发生的，胆道通常将胆汁从肝脏和胆囊运送到十二指肠。尿液中可发现结合胆红素，但在完全梗阻时，尿液中不含尿胆素原，粪便中不含粪胆素原。可能原因包括：腔内障碍物、腔外障碍物：阻塞性黄疸导致血液中胆红素水平最高，身体组织变色最严重。

（朱战波）

第四节 动物传染病综合防治措施和消灭规划

拓展阅读 1-1

动物传染病的发生和流行依赖于三个基本环节，即传染源、传播途径和易感动物。三个环节紧密相连，互为一体，缺少或切断其中任一环节，就能中止动物传染病的发生和流行，这是防控传染病的根本原理。因此，在制订动物传染病的防治措施时，需要在三个基本环节理论基础上，针对各种动物传染病的发生和流行特点，重点突破其薄弱环节，进行有效防控。2022 年 6 月 23 日农业农村部重新发布的《一、二、三类动物疫病病种名录》，根据疫病的发生特点、危害程度、危害对象，不同类别的动物疫病采取的措施不一。《中华人民共和国动物防疫法》规定，一旦暴发一类疫病，应采取以疫区封锁、扑杀和销毁动物为主的扑灭措施。发现二类疫病时，应根据需要采取必要的控制和扑灭措施，不排除采取与前述一类传染病的强制性措施。三类疫病应采取检疫净化的方法，并通过预防、改善环境条件和饲养管理等措施控制。

一、传染源的防控对策

传染源就是受感染的动物，包括患病动物和带菌（毒）动物，对人而言就是受感染的人。控制传染源的基本对策在于及时发现和有效控制。只有做到“早发现、早诊断、早报告、早隔离、早治疗”才能控制传染源，防止传染病的扩散、蔓延。具体措施如下。

（一）发现传染源

检查、监测、检疫是发现传染源的主要措施。

1. 检查 每天要对养殖场动物的饮食、行为、运动和精神等状况进行检查，发现病畜，及时隔离。临床检查分为动物群体检查和个体检查，这也是在动物疫病检疫过程中发现传染源的常用方法之一。

2. 监测 监测主要是指动物疾病和健康的监测。疾病监测一般分为日常健康监测和国家层面的重大动物疫病监测。日常健康监测包括疫苗免疫前后的抗体监测，定期或不定期的病原、抗体、血液生化检测等，也包括营养代谢疾病的监测、寄生虫病的监测等，如奶牛乳腺炎病原菌、肠道寄生虫、酮病检测等。重大动物疫病监测一般由国家有关部门发布文件指令，定期对重大动物疫病如口蹄疫、非洲猪瘟、高致病性蓝耳病、高致病性禽流感等进行监测。

有效的疾病监测系统对于在疾病蔓延、造成生命损失和变得难以控制之前快速发现疾病暴发至关重要。我国在国家层面建立了动物防疫体系、动物疫病监测预警体系、野生动物疫源疫病监测防控体系和全国动物卫生监测信息平台，农业农村部畜牧兽医局主管并负责组织制定国家动物疫病监测与流行病学调查计划，开展重大疫病的监测与流行病学调查，组织检查和考核实施情况，及时发布监测结果。各省制定并组织实施本地区的疫病监测和流行病学调查任务（具体见第一章第五节内容）。

《OIE 陆生动物卫生法典》提供了一些设计和评估监测系统的有用指南。联合国粮食及农业组织（FAO）、世界卫生组织（WHO）根据全球卫生安全议程（GHSA）非洲受益国的要求于 2017 年开发了监测评估工具（SET），该工具的目标是为各国提供详细的指导和建议，以改进其国家动物疾病监测系统。2006 年 FAO、WHO 和世界动物卫生组织（OIE，现英文缩写已改为 WOAH）启动了世界上第一个全球预警系统（Global Early Warning System，GLEWS），目前发展为 GLEWS+。GLEWS+的最终目标是通过对人类-动物-生态系统界面上的健康威胁和潜在关注事件的快速检测和风险评估，为预防和控制措施提供信息。

3．检疫　检疫一词源自拉丁文 *quarantum*，原意为“四十天”。检疫制度始行于 15 世纪时意大利的威尼斯港，要求入境的外来船舶和人员采取在进港前一律在锚地滞留、隔离 40d 的防范措施，被用于防止鼠疫。17 世纪末，欧洲各主要港口均设立了检疫机构，检疫对象也由人扩大到动物和植物。1851 年，在巴黎召开的首次国际卫生会议对检疫程序标准化做了初步讨论。“检疫”两字的内涵和应用也逐渐扩大。用于兽医预防动物危险性传染病的传播，称为“动物检疫”（animal quarantine）。

动物检疫是指依据国家的法律法规，由法定机构、法定人员根据法定的标准对有关的动物与产品及相关的设施或其他物品，按规定的程序对规定的项目进行科学的检验鉴定与处理的一项强制性技术措施。动物卫生监督机构依照《中华人民共和国动物防疫法》和国务院农业农村主管部门的规定对动物、动物产品实施检疫，出具检疫证明，加施检疫标志。我国实行动物检疫申报制度，并制定了《动物检疫管理办法》。

自 1924 年成立以来，世界动物卫生组织一直是负责收集、观察和分析世界各地动物疾病数据的国际组织。通过其当前的世界动物卫生信息系统（WAHIS），该组织通过收集、核实和发布官方动物卫生信息，确保及时传播有关潜在破坏性疫情的信息，并促进动物和动物产品国际贸易方面的决策，其成员必须遵守 WTO 的通报要求，通过安全的世界动物卫生信息系统（WAHIS）报告需要报告的疾病状况。2021 年，世界动物卫生组织启动了经过翻新的世界动物卫生信息系统。新平台将使各国更容易收集和报告信息，并从自己的数据库上传数据。使所有需要它的人更容易获得和使用有关动物健康的信息，并免费成为参考平台。

（二）控制传染源

1．隔离　隔离是控制传染源的重要方法，通过检疫将动物分成患病动物、可疑感染动物和假定健康动物。检出的与患病动物有密切接触的可疑动物或患病动物均要采取隔离、消毒和治疗等措施，防止自由活动或与其他健康动物接触。在无法采用密闭式管理时，必须对计划引进的动物进行检测与隔离。要避免引入正在排出病原体的动物，隔离时间应不少于 60d。为了将病原体传入降至最少，隔离设施与接收农场之间应有足够的距离（至少 300m），理想的隔离距离应为 3km。隔离检疫措施也普遍用于外来动物的引进，防止外来病的入侵。引种的动物到岸后应按法律规定，家畜隔离观察 45d，家禽隔离观察 30d，在隔离期间进行相应疫苗的免疫接种。

2．扑杀　扑杀是兽医防控传染病时的特有方法。我国对发生高致病性禽流感、口蹄疫、非洲猪瘟等疫病，均采取的是扑杀策略。某些新传入的动物传染病，对发病的疫点、疫区或受威胁区动物实行全群扑杀。新发动物传染病的初期，疫点不多，疫区不大，或在根除传染病的战斗接近尾声，疫情已缩小在几个孤立的疫点，此时常采取全群扑杀策略。在畜牧经济学上，对于一些饲养价值不大，而治疗费用很高并且具有传染性的疾病，对这些动物也常采取淘汰处理即扑杀策略。扑杀也适合于一些慢性疾病和垂直传播的传染病，如结核病和鸡沙门菌病，通过检疫，连续淘汰阳性动物而达到群体的净化。

3．治疗　对患病的动物进行隔离治疗也是减少传染源的方法之一。治疗取决于引起感染的病原微生物。大多数细菌性疾病可以用抗生素治疗，抗生素通常会杀死细菌以结束感染。真菌和寄生虫感染用抗真菌药和寄生虫药物治疗。动物的病毒感染通常使用特异性抗血清或卵黄抗体等进行治疗。无论何病，前提是要诊断正确，治在早期，并使剂量与疗程充足，才能收效明显。

二、传播途径的防控对策

每一种动物传染病有其各自的传播途径，但不同的传染病也有相同的传播途径。动物传染病的传播途径，与病原体从传染源排出的方式、入侵易感动物的门户有联系。只有通过临床观察和试验研究，明确其传播途径，才能制订相应的防控对策。我们研究传播途径的防控对策，就如突发一场森林大火，应研究如何建立隔离带，将着火面积降到最小，损失降到最低。

（一）水平传播的防控对策

1. 经呼吸道传播 患病动物通过咳嗽、喷嚏等方式形成含大量病原体的飞沫传染。动物由于规模化饲养发展迅速，群体数量大，密集度高，尤其是寒冷冬春季，气温低，密闭饲养时，这种传播方式易于使传染病在短时间内很快扩散开来。对于人的防控对策，可以实行隔离，少聚集，出门戴口罩。对于发病动物，除了实行隔离外，可以通过减少群体饲养的密度、喷雾消毒、适当通风换气等措施来解决。条件好的可以改自然通风为人工通洁净空气。

2. 经消化道传播 主要是动物采食了被污染的饲料和饮水，经消化道感染的一种疫病扩散方式，一些病原在肠道增殖，如大肠杆菌、轮状病毒排出的粪便中含有大量的病原体，再感染其他动物。有一部分全身性多系统感染的传染病也可经粪便排菌排毒（如禽流感、伪狂犬病、沙门菌病）。对于人消化道传染病而言，控制上强调饭前便后的洗手，加强食品的卫生消毒工作。对于动物来说，仅加强饲养环境卫生和消毒还远远不能解决问题，应该避免饲料和饮水被污染，还需要提高易感动物的抵抗力、消除动物体内的病原体，如幼龄动物腹泻的预防，常采取对妊娠母畜预防接种提高幼畜的免疫力。

3. 经密切接触性传播 主要通过病健动物的密切接触，如皮肤、结膜和黏膜。皮肤的完整性可形成对许多病原体的有效屏障，但钩端螺旋体及血吸虫、钩虫之类的寄生虫可以穿过皮肤屏障，引起全身感染。如果皮肤出现伤口，则容易发生各种病原体的感染。从局部感染的皮肤型炭疽、葡萄球菌、链球菌脓肿到全身感染的破伤风、狂犬病，也是经创伤或咬伤通过皮肤感染的。结膜感染可能引起牛传染性角膜结膜炎，猪瘟、新城疫等结膜炎则是感染向全身扩散的。有些疾病可通过性交传播，在医学称为性传播疾病，在动物这类病也有不少，是通过交配期间的密切性接触经生殖道黏膜传播的，如牛传染性鼻气管炎（生殖道感染型）、马传染性子宫炎。对这类传播方式，宜适当采取减少动物密度，预防皮肤创伤，改动物本交为人工授精。

4. 经土壤传播 这类传染病的病原一般是抵抗力很强的芽孢菌，能在土壤中长时间存在，如恶性水肿、气肿疽、炭疽、破伤风等。但发生流行仍需要其他条件，如洪水暴发、外伤等。防控这类传染病从源头要做好疫源地的消毒与消灭，此外，注意相应的助发因素，如防止外伤，一旦发生外伤后应严格消毒。

5. 经动物传播 老鼠、家畜、野生动物等可以作为活的媒介物进行疫病传播，许多节肢动物引起的虫媒病也可包括在其内。由于大量临时收购了未严格检疫的动物，不同来源的多头动物群居易激发某些处于潜伏期的动物发病，这类疾病传播力有限。某些条件性病原体，在长途运输等应激作用下，也易引发动物疫病。具体到每种传染病，媒介者可能均不一，如日本脑炎经蚊传播，非洲猪瘟经软蜱传播，蓝舌病经库蠓传播，绵羊是牛恶性卡他热的自然宿主和传播媒介。而有些传染病，如附红细胞体病多发生在雨水较多的夏秋季，正是吸血昆虫活动频繁的高峰时期。控制这类动物传播的传染病，重点在于加强动物管理，避免混养，杀虫灭鼠。在常发地区，对季节明显的传染病，可在传染高峰季节来临之前做好疫苗预防接种。

6．经人直接或间接传播　动物的饲喂管理离不开人的活动，其中包括一些人兽共患传染病，人可以直接传到动物（如结核病）。但更多的是人通过不适宜的工作方式引起间接传播。例如，消毒不严的注射器针头，特别是应用污染器械进行手术、阉割、断牙、断尾等生产操作，导致动物的感染。在人医，这类原因导致的疾病被称为“医源性”疾病。对人为因素引起的动物传染病，防控重点包括注意饲养管理人员的健康，防范和避免各种人为活动不认真、不规范造成的后果。

7．经风或跳跃式传播　这是一类难以防控的传播方式。业已证实，如口蹄疫可以经风长距离传播，猪传染性胸膜肺炎可以跳跃式传播。防控策略上，适当保持养殖场相互之间的距离，是一种有益的举措。

8．经交通要道或交通线传播　原因多是对感染的动物隔离、监察不力，被人为地通过运输进入他地，实际上造成了感染的动物沿交通线扩散。防控对策上，按照动物传染病防疫法，严厉打击贩卖患病动物的不法行为。

9．其他传播　动物传染病还可以通过养殖、运输、收购、加工和屠宰等环节被污染的车辆、设施、用具、衣物和场地等媒介传播。这类传播方式的防控，应加强市场和屠宰检疫和消毒。收购站仓库与屠宰场加工处应有适当的距离。

（二）垂直传播的防控对策

1．经胎盘传播　妊娠动物感染后，病原体通过胎盘屏障感染胎儿，可胎盘传播的传染病很多，仅猪就有猪瘟、猪伪狂犬病、猪细小病毒病、猪日本脑炎、猪繁殖与呼吸综合征等病毒病。预防这类疾病主要是做好妊娠动物的疫苗免疫接种，以保证幼龄动物健康。

2．经卵传播　由于卵细胞携带病原体，当卵细胞孵化发育时，造成胚胎的感染。这种情况多见于禽类，如禽白血病、禽腺病毒、禽传染性贫血、禽传染性脑脊髓炎、禽毒支原体病、禽沙门菌病等。防控这类疾病主要是通过检测，淘汰阳性动物群，净化禽场，改用清洁蛋进行孵化。

3．经产道传播　动物分娩时，病原体通过阴道经子宫颈口到达绒毛膜或胎盘，或胎盘无菌羊毛腔穿出后暴露于污染严重的产道而受到感染，如大肠杆菌病、沙门菌病、链球菌病。防控这类疾病，其措施是要做好产房的清洁消毒，动物分娩前对阴部消毒。

总之，动物传染病的传播方式多种多样。如今，规模化生产提高了效益，现代交通带来了便捷，贸易交往扩大促进了互通有无，但这些同时也带来疫病增多，易于流行和传播。

（三）针对传播途径的通用控制措施

1．消毒　消毒是采用各种方法杀灭或清除外界环境中的病原体，以切断传播途径，防止疫情的流行与发展。消毒方法很多，以化学消毒使用最普遍，且时常与物理消毒法联合应用。生物学消毒法多用于粪便、垃圾的无害化处理。除了环境、动物栏舍的消毒外，还可以用一些低毒高效的消毒药采用喷雾的方法直接喷在动物身上（带猪、带鸡消毒）和空气中。

2．生物安全体系构建 旨在为易感动物营造一个良好安全的生长环境，其中包括从建场地址选择，群体数量和饲养规模，畜舍划区及其周边环境到兽医公共卫生、引种隔离、检疫、杀虫、清洁、消毒、人员车辆限制与管理，废弃物无害化处理等方面，减少和防止外来病原体的入侵。生物安全体系的建立，也能最大限度地减少药物和疫苗的使用。

3．封锁 封锁是一项综合性的防疫措施，主要用于一些重大疫病或新传入动物传染病的防控。封锁是在疫区、受威胁区与安全区之间建立一道不可逾越的鸿沟，限制或切断疫区与周围地区的日常来往、人员和物质交流，在疫区内采取一系列综合措施，如隔离、消毒、扑杀、停止动物交易、紧急免疫接种等措施，防止疫情向周边扩散和蔓延，同时防止周围安全区动物误入疫区。封锁时要严格执行“早、快、严、小”的防疫原则，将疫区疫情控制在最小范围。

4．最少疾病法 除了上述隔离、消毒、饲养管理和兽医卫生防疫措施可以减少疾病外，规模化饲养场还可以通过剖腹产术和孵化未感染的禽蛋，并在屏障系统中饲养，生产出不感染的动物。这种最少疾病法已在养猪业和养禽业种畜禽生产中有广泛应用。有些种猪场利用此法消灭了猪气喘病，有些种禽公司培育出无白血病、支原体和鸡白痢沙门菌病的种鸡。还可以用以消灭猪萎缩性鼻炎、羊梅迪-维斯纳病。

三、易感动物的防控对策

动物传染病有些是新发，有些是再发或复发，有些是呈周期性的，一场传染病突袭而来时，动物群体均是易感的。易感动物对疫情而言，好比干柴与烈火。从易感动物方面，可采取的对策可以有哪些呢？

（一）生物安全

为了使群体饲养的家畜避免发生传染病，必须有适宜的生物安全措施。生物安全是预防病原体从感染动物传播至易感动物或避免将病原或感染动物引入疾病或病原未流行的地区或国家，而采取的一系列管理措施或系统化应用。有效的生物安全程序可以使动物健康状况和福利达到最优化、提高动物的生产性能、降低生产和投入成本。为了防止病原微生物的入侵，通过调整人、家畜、饲料、车辆、动物、水等的流动，能够防备病原微生物侵入场内，也能防止其在场内的传播和蔓延。野外放牧的动物可以避开正在流行疫病的地区（疫区）放牧，避开节肢动物的叮咬和感染。养猪场之间必须保持一定距离，采取限制车辆进入场内等生物安全措施。

（二）疫苗免疫接种

作为防控动物传染病一个手段，疫苗免疫接种后可以激发机体免疫系统，短时间内迅速产生抗体，起到杀菌、中和病毒的作用。类毒素免疫后具有中和毒素的作用。不可忽视的是免疫接种后2～3周发病病例有明显减少，这是诱导产生特异性抗体或干扰素产生的缘故。动物传染病种类多，养殖业规模化发展快，各类疫苗的免疫接种真正起到了保驾护航的作用。在疾病的净化和消灭过程中，疫苗也功不可没。但对疫苗作用应有一个正确全面认识，不能无限夸大，我们不能依靠一针解决所有问题。疫苗作用的发挥还有赖于其他综合防控措施的实施。疫苗也是一把双刃剑，疫苗使用后，后代获得的母源抗体会干扰主动免疫力的产生。使用活毒疫苗后使得区分疫苗接种动物和自然感染动物变得困难，有些疫苗还残存有部分毒力，孕畜使用后会危及胎儿。灭活苗虽比弱毒苗安全，研制周期短，但诱导局部黏膜免疫和细胞介导免疫的效果差。临床和生产中，在缺乏有效疫苗的特殊时机，有时采用强毒（自然野毒）或者组织脏器灭活苗进行免疫接种，如流行性腹泻时用返饲法，鸡传染性喉气管炎用泄殖腔涂擦法免疫。

（三）微生态制剂

微生物相互之间如果在同一领地，则可能存在竞争与拮抗。方定一等最早利用无致病性的大肠杆菌 NY-10 株培养物制成微生态制剂，成功地预防了仔猪黄痢。康白等用“促菌生”治疗人畜腹泻。何明清等用大肠杆菌预防仔猪黄痢，其后又用需氧芽孢杆菌制成“调痢生”，治疗多种动物的细菌性下痢。微生态制剂能调节动物机体的正常菌群，已经被广泛作为饲料添加剂用于防控多种动物的胃肠道疾病，起到保健和促生长的作用。

（四）风土驯化

为了预防某些传染病带来的损失，将一些新引进的外来动物与本地动物有意识地密切接触，特别是当地微生物菌群，以使新引入的动物获得免疫力。

（五）建立轻型感染

有些疾病均周期性发生，而且大多数呈轻型感染。为了缩短整个群体的自然流行时间，人为地采取群体感染的方法，快速在整个养殖场或区域建立相应的自然免疫力，如猪的传染性胃肠炎。

（六）养防并重

《黄帝内经》中有“正气存内，邪不可干”。易感动物的抗病力大小存在着个体差异，事关动物体质状况。应精心饲养，体现动物福利和关爱。提供营养均衡的饲料，做好夏季防暑降温，冬季防寒保暖工作。保证合理的饲养密度，减少应激。加强环境清洁卫生，防止粪尿污染，对污物和死淘动物做无害化处理。

（七）抗病育种

鉴于传染病流行过程中的个体抗病性的差异，从遗传本质上提高畜禽对传染病的抵抗力自然成为一种重要的选择，筛选和培育抗病动物的新品系就是其重要的发展领域。通过抗病育种可以降低一些传染病的发病率。已报道有遗传抗病力的传染病包括口蹄疫、结核病、绵羊痒病、猪布鲁氏菌病和钩端螺旋体病、新城疫、传染性支气管炎、马立克病，寄生虫病有鸡球虫病、牛锥虫病等。在 20 世纪 80 年代，美国科学家用转基因技术培育出对 A 型禽白血病病毒有完全抵抗力的转基因鸡，为抗病育种开辟了广阔的前景。

四、疫病消灭规划

动物疫病防控措施的等级可以被定义为控制、消除疾病、消除感染、根除和灭绝。动物疫病控制和消灭的程度反映出一个国家的兽医事业发展的水平，也代表一个国家的文明程度和经济发展实力。1949 年以来，我国在防控动物传染病方面还是取得了不少成绩。1956 年率先消灭了牛瘟，1996 年我国又消灭了牛肺疫，猪瘟、马传染性贫血等重大疫病得到了根本的控制，其他许多危害很大的常发传染病也基本得到控制，为我国畜牧业的高速发展保驾护航。但是应当看到，与世界发达国家相比，我国的动物传染病种类还很多，许多老病仍危害严重，近年来新传入的小反刍兽疫、非洲猪瘟，给我国畜牧业带来很大的危害。

一个国家或地区动物传染病的防治，应根据流行病学调查和研究的结果及不同病种的危害程度，在宏观经济分析的基础上制定长远规划和短期计划。我国制定了《国家中长期动物疫病防治规划（2012—2020 年）》《国家动物疫病监测与流行病学调查计划（2021—2025 年）》。在全面掌握疫病流行态势、分布规律的基础上，强化综合防治措施，有效控制重大动物疫病和主要人兽共患病，净化种畜禽重点疫病，有效防范重点外来动物疫病。根据动物疫病防治规划，有计划地控制、净化、消灭对畜牧业和公共卫生安全危害大的重点病种，推进重点病种从免疫临床发病向免疫临床无病例过渡，逐步清除动物机体和环境中存在的病原，为实现免疫无疫和非免疫无疫奠定基础。世界动物卫生组织制定了《动物疾病控制指南》，旨在帮助各国确定疾病控制规划的优先事项、目标和预期目标。制定疾病控制计划的目标可能包括从简单地减轻疾病影响到逐步控制或根除疾病。

消灭和根除是公共卫生的最终目标。牛瘟是继天花之后第二个被宣布消灭的传染病，科学家正在测序和销毁最后的牛瘟病毒样本。一些发达国家很多家畜传染病都已经得到控制，如北美和欧洲很多国家已消灭猪瘟。考虑到失败的潜在巨大成本，任何根除计划都应受到严格审查。2003 年世界动物卫生组织提出了动物疫病区域化政策的新理念——生物安全隔离区划（compartmentalization），并为成员在其领土内建立和维持具有特定健康状况的不同亚群提供了关于分区和区划（zoning and compartmentalization）原则的建议。我国自 1998 年开始实施无规定动物疫病区建设，取得了显著成效。国家无规定疫病区和国家强制免疫政策相继出台，根据现有疫病概况，对于那些危害严重的一、二类疫病，有计划地实施国家的疫病根除计划。根据世界各国疫病防控经验的总结，制定疫病的根除计划，必须要有立法准备，此外，必须要有兽医基础设施及技术条件的支持，还需要财政和公众的支持。疫病的根除规划要分阶段实施，世界动物卫生组织提出，将疾病的根除阶段分为：免疫无病、不免疫无病、地区性无病和全国性无病。我国的科研经费投入已位于世界第二，我国有经济实力按照有重点、分阶段的策略实施动物疫病根除计划，农业部（现为农业农村部）相继公布了《全国家禽 H7N9 流感剔除计划》（2014 年）、《马传染性贫血消灭工作实施方案》（2015 年）、《全国小反刍兽疫消灭计划（2016—2020 年）》（2015 年）。2021 年农业农村部发布《关于推进动物疫病净化工作的意见》，提出以种畜禽场为重点，扎实开展猪伪狂犬病、猪瘟、猪繁殖与呼吸综合征、禽白血病、禽沙门菌病等垂直传播性疫病净化，从源头提高畜禽健康安全水平。可以预见我国正在借鉴国际成功经验，进行疫病根除计划的弯路超车。

（罗满林）

第五节　国家和地区动物疫情监测和预警

动物疫病对国际贸易、公共卫生、生态环境、动物福利及人类健康均产生了较大影响，各国将动物疫病综合防治作为畜牧行业健康发展的重中之重，对高效的动物疫病监测系统的需求日益加大。动物疫病的预防与控制对于疫情防控的重要性可想而知，怎样提升动物疫情的防控能力已是需要不断深化解决的重要社会经济问题之一，提前做好动物疫病监测、预警则变得非常重要。现阶段，国内动物疫情呈现“老病尚存、新病多发”的形式，其中高致病性禽流感、口蹄疫疫病呈点状发生，非洲猪瘟、小反刍兽疫、牛结节性皮肤病在传入我国后迅速扩散，特别是近3年以来，全国已连续报告多起非洲猪瘟疫情。近5年，波兰、俄罗斯及乌克兰等地相继出现非洲猪瘟疫情；韩国发现O型口蹄疫2例；法国发现H5N1高致病性禽流感1例；H7N8高致病性禽流感在美国暴发，导致近4.4万家禽被扑杀。种种原因导致我国动物疫情防控态势严峻，国内的非洲猪瘟疫情仍有较大隐患及风险，同时口蹄疫等疫病免疫抗体水平参差不齐，国外动物疫情多发频发，我国与其他国家的动物及动物产品贸易密切，导致动物疫病境外传入压力较大。动物疫病发生概率大，同时防控工作难度增加。因此，做好动物疾病监测对于动物疫病流行动态、疫病防控科学指导意义重大。

疾病监测是指系统性地对疾病进行流行病学监测。这项工作始于20世纪40年代的美国疾病控制中心（Centers for Disease Control，CDC）。动物疾病监测主要是在一定的周期内对于特定动物的疫病情况实时跟踪与监测，其中包括疫病的流行情况、分布情况、流行的重要趋势等方面。动物疫情监测需要严格参照我国现行的法律法规、标准规范执行，在疫病流行地区采集样本，确定疫病种类，分析流行情况，为动物疫病防治提供必要的数据支撑。动物疫病监测是畜禽及畜禽产品质量安全的基本保障，由动物疫病防疫部门工作人员依照规定的检验程序、方法及标准进行。动物疫情监测体系是由畜禽样品采集处理、畜禽疫病监测记录、监测数据归纳汇总等程序组成，将监测到的数据进行分析发布，根据疫情的发展态势、数据情况，制定出防疫治疗方案并采取相应的措施。

为了确保畜禽养殖业持续发展，动物疫病可防可控，信息流通快速且能够监管到位，我国建立了国家动物疫病监测申报点、动物疫病监测信息管理系统、边境动物疫病监测站管理系统及风险预警监测信息平台等动物疫情监测及预警机制；同时农业农村部建立了重大动物疫病疫情应急指挥中心；省、市、县级农业部门设立疫情监测预警机构，并制定出禽流感、布鲁氏菌病、结核病、狂犬病等重要动物疫病的防控技术规程及规划。我国在动物疫情监测及预警方面取得了较好的成绩，但我们与世界发达国家相比仍然存在着一定的差距。尤其是近几十年来，随着我国畜禽养殖业呈“短、平、快”的形势蓬勃兴起，我国地域辽阔，动物饲养量日益庞大的同时，也存在着偏远地区配套政策缺失或滞后、监测预警等监管措施乏力等问题。

国家及地区疫情监测旨在充分利用我国各地区的养殖人才及大数据网络，整合资源，创建有效、良好的动物疫情监测体系，积极做好疫情的监测及预警工作，促进我国畜牧养殖行业平稳健康发展。着力于我国动物疫病监测，可以精准、有效地做好动物疫病的预防，降低因动物疫病的发生导致的人兽共患病所带来的威胁，保障我国公共卫生安全，保障养殖效益，促进我国养殖行业健康稳定发展。

一、动物疫病监测的对象和主要内容

（一）疫病监测的对象

动物疫病监测的对象主要包括重要的动物传染病和寄生虫病，尤其是危害严重的烈性传染病和人兽共患病。我国将各种法定报告的动物传染病和外来动物疫病作为重点监测对象。

为贯彻落实《农业农村部关于印发〈国家动物疫病监测与流行病学调查计划（2021—2025年）〉的通知》（农牧发〔2021〕11 号）要求，做好种畜禽场主要动物疫病监测工作，中国动物疫病预防控制中心制定了《2021 年种畜禽场主要动物疫病监测工作实施方案》，确定以下病种为重点监测对象。

原种猪场/种公猪站：非洲猪瘟、猪繁殖与呼吸综合征、猪瘟、伪狂犬病、猪圆环病毒病、猪细小病毒病等 6 种疫病。

种禽场：禽流感、禽白血病、鸡白痢等 3 种疫病。

种牛羊场：口蹄疫、布鲁氏菌病、小反刍兽疫等 3 种疫病。

（二）疫病监测的内容

对某种传染病进行监测时，应综合考虑疫病特点、预防措施和人力、物力、财力等实际条件，选择以下内容监测，包括病原体的型别、毒力和耐药性等；动物疫病的发病、死亡情况及其分布特征；野生动物、传播媒介及其种类、分布；疫病的流行规律；动物的群体特性及疫病发生和流行的社会影响因素；动物群的免疫水平；动物群的病原体携带状况；疫病的防治措施及其效果等。

二、动物疫病监测系统的建立和完善

（一）动物防疫体系网络建设

以市、县、乡三级动物防疫体系为主，以乡、村、社三级防疫网络建设为辅。整合职业兽医、乡村兽医及村级动物防疫员等专业技术体系，分点划区，对划分区域内的各养殖场及养殖户的饲养情况进行细致有效的摸底排查、询问记录，包括养殖过程中的免疫记录、健康状况等。掌握动物疫情的形势及流行情况，早发现、早处理，及时隔离、上报。

（二）动物疫情监测预警体系建设

积极引进先进的设施设备，加强科学的实验室检测，保障疫情监测的科学性及有效性。为了做好划分区域内的畜禽疫病监测，需要配备足够的监测点及齐全的疫病监测设备。通过开设疫情固定监测点，开展兽医技术合作服务，推进兽医社会化服务改革，实现高效动物疫情监测预警机制。

（三）动物防疫队伍建设

做好优质人才及技术的引进，优化改革工作人员结构，充分发挥基层防疫技术人员的作用。定期对辖区范围内的养殖场基层工作人员及养殖户进行防疫知识培训，讲解相关防疫知识技能、法律法规、标准规范等，提高防疫意识，共同推进动物疫病监测工作的有序进行。

（四）实施群体免疫和监测

定期进行免疫工作。在每年的固定时期，如春、秋季节，在划分区域内的规模化养殖场、养殖密度较大的地区、疫病频发的地区及畜禽产品交易市场，做好动物抗体监测及畜禽抽检。尤其是重点高发疫病的监测，如禽流感、猪瘟等。在监测过程中，一旦发现免疫失效的动物，要及时进行补针，保证畜禽群体的高免疫水平。

随着畜禽产品的广泛流通，以及新型疫病的出现，对于动物疫情监测及疫病防治的要求愈加严格，需要保证疫情监测的良好运行，同时做好动物疫病的预防及治疗，最大限度地降低疫病的发生概率及经济损失。解决疫情监测覆盖面少、早期发现能力不足等突出问题，监控与防治紧密结合，突出监测预警作用，实现“早、快、严、小”应急处置疫情，有利于基层动物防疫工作实践及改革创新。

三、动物疫病监测与流行病学调查计划

（一）监测计划制定与实施

为做好非洲猪瘟等动物疫病的防控，持续加强监测和流行病学调查工作，农业农村部组织制定了《国家动物疫病监测与流行病学调查计划（2021—2025年）》。内容包括：总体要求、基本原则、职责分工、结果报送和信息反馈、保障措施等，包括22个疫病监测计划、10个流行病学或专项调查方案及相关国家兽医参考（专业、区域）实验室名单。

按照相关病种防治和消灭计划要求，国家制定、修定优先防治病种和重点外来动物疫病监测和流行病学调查方案，并结合畜牧兽医工作要点，组织开展全国非洲猪瘟、口蹄疫、高致病性禽流感、布鲁氏菌病、马鼻疽和马传染性贫血等优先防治病种，以及非洲马瘟等重点外来动物疫病监测和流行病学调查工作。

各地要依据国家要求，结合辖区动物疫病防治和动物疫病区划管理实际，制定辖区优先防治病种和重点外来动物疫病监测和流行病学调查方案，持续组织在重点区域、重点场所、重点环节开展主要动物疫病监测和流行病学调查工作，掌握疫病在群间、空间和时间上的分布状况，分析疫病传播风险因素，研判疫病发展趋势，为科学决策提供可靠的技术支撑。

（二）预警预报

按照动物防疫工作“防重于治”的理念，在疫情发生前进行科学的预警预报，是防控工作的重要手段和决策依据。依据《中华人民共和国动物防疫法》《中华人民共和国进出境动植物检疫法》《重大动物疫情应急条例》《国家突发公共事件总体应急预案》《国家突发重大动物疫情应急预案》《全国高致病性禽流感应急预案》等有关法律法规和规定，制定了《口蹄疫防控应急预案》《高致病性禽流感疫情应急实施方案（2020年版）》《非洲猪瘟疫情应急实施方案（第五版）》等。我国根据重大动物疫病流行特点、危害程度和影响范围，将疫情应急响应分为四级：特别重大（Ⅰ级）、重大（Ⅱ级）、较大（Ⅲ级）和一般（Ⅳ级），并依次用红色、橙色、黄色和蓝色表示。省级人民政府或应急指挥机构要结合辖区内工作实际情况，科学制定和细化应急响应分级标准和响应措施，并指导市、县两级逐级明确和落实。原则上，地方制定的应急响应分级标准和响应措施，应不低于国家制定的标准和措施。省级在调低响应级别前，省级农业农村（畜牧兽医）主管部门应将有关情况报农业农村部备案。农业农村部根据疫情形势和防控实际，组织开展评估分析，及时提出调整响应级别或终止应急响应的建议或意见。由原启动响应机制的人民政府或应急指挥机构调整响应级别或终止应急响应。

我国现阶段的动物疫病监测预警系统对于把握疫病发生及预防控制情况尤为重要，尤其是对于具有传染性的疫病。而国家及地区动物疫病预警机制仍在逐渐完善，对于存在的疫情

系统不完善、资源数据资料共享性不强、疫情的反馈系统不健全等问题，仍需要及时改进。我国的畜牧养殖行业，是现代农业发展的支柱产业，也是目前我国的民生产业。及时地对疫病进行监测、预警，为广大养殖人员提供充分应对疫情的准备时间，以对抗疫病，最大程度上减少疫情对畜禽养殖生产带来的打击，降低养殖风险，保障养殖人员的经济利益。因此，对于我国养殖市场而言，构建科学、合理的监测预警系统尤为重要。

四、国外疫病监测体系建设和预警

新发和外来动物传染病是对全球公共卫生安全的重要威胁之一，尤其是人兽共患病和大流行潜在疫病。因此，疫病监测机构要积极主动地推进动物疫病的数据情报收集整合工作，包括早期发现、验证不同信息来源的疾病信号。动物预警监测系统必须及时提供数据，并捕捉和分析任何异常信息，快速跟踪流行病学调查。有效的动物疫病监测系统可以检测动物疾病，包括人兽共患病，并及时提供收集汇总相关信息。疫病监测数据可用于估计特定问题的严重程度、确定疾病的分布、描绘疫病发生史、评估控制措施及监测变化等方面。

全球预警系统（Global Early Warning System，GLEWS）是结合和协调世界动物卫生组织、联合国粮食及农业组织和世界卫生组织的警报和疾病情报机制的联合系统，通过信息共享、流行病学分析和联合风险评估，帮助预测、预防和控制动物疾病威胁（包括人兽共患病）。国外疫病监测体系建设和预警系统存在可取之处，同样存在一些弊端。坦桑尼亚的动物健康监测系统可将各种数据来源有效结合形成重要信息，从而强化动物疾病的早期发现和应对（疫情控制）。集成数据有助于产生新信息，如报告病例之间的关系，这些数据可能无法通过单一来源得知。例如，散养户中因不明原因造成的动物死亡可与屠宰场报告相关联并比对分析，检测和防控可能存在的动物传染病。同时，需要将这种集成的附加值与建立、运行和维护监测系统成本对比。大量的数据和数据源会导致巨大的集成成本，而低质量的数据会降低集成结果的质量。

尽管坦桑尼亚的动物健康监测系统有如此完善的组织结构，但仍存在一定缺点，包括数据收集和传输成本高、报告的延迟性、疫病情况漏报、反馈不及时及数据流通的基础设施受限等。为此该国推出了一项为期 5 年（2019～2024 年）的动物健康监测战略，详细阐述监测系统的变革理论。拟解决包括促进实时技术在监控中应用及不同来源数据与现有信息管理系统之间的可操作性等问题。至今该系统一直依赖来自养殖场户、畜禽贩卖市场及屠宰机构作为主要数据来源场所，数据整合技术仍有待提高。如何更好地利用现有数据源和未开发的数据源进行预警监测仍是该国需要重点解决的问题。

2011 年，法国动物卫生部门等多个相关组织共同建立了法国动物卫生监测平台（ESA 平台）。ESA 平台成员联合提高了该国动物疫病监测的数据收集、集中和传输等方面的水平。2013 年，ESA 平台建立了一个多学科团队共同监督的动物疫病情报系统（Veille Sanitaire Internationale，VSI），以确保对该国范围外出现的动物传染病信息的检测、验证和传输。目前 VSI 主要针对非洲猪瘟（ASF）、口蹄疫（FMD）、蓝舌病（BT）和禽流感（AI）[包括低致病性禽流感（LPAI）和高致病性禽流感（HPAI）] 等动物疫病。

VSI 团队专家基于指标和事件的监测系统中收集数据。该团队依靠来自世界动物卫生组织和欧盟委员会（EC）等来源的官方认证作为指标的组成部分，同时查阅有关动物疫病新闻网站及生物监测系统（如 ProMED）信息。此外，该团队还从实验室及区域和国际的疾病监测网络收集相关信息，同时整合验证 VSI 的情报信息，并发布在线报告。尽管该组织在人力及组织方面存在很大优势，但存在在众多新闻网站上进行人工咨询比较耗时等弊端。此外，VSI 团队的动物疫病监测系统主要涵盖公共卫生方向，因此对其他的疾病价值有限。

（单 虎）

第六节 动物传染病的防疫组织

动物传染病防控是确保公共卫生安全的关键，尤其是随着国际畜禽、畜产品流通的日益频繁，给畜禽传染病的预防和控制带来了新的挑战。我国现行的是涵盖行政管理体系、公益服务体系和执法监督体系三方面的兽医防疫管理体系。其中行政管理体系负责畜禽疫病的预防与控制、兽医医政和药政的管理、重大防疫工作的计划制定和实施等。公益服务体系负责畜禽疫病免疫、重大动物疫情的扑灭、动物疫情统计报告和技术推广服务等。执法监督体系负责畜禽检疫、防疫监督及兽药监管等工作。建设和完善我国动物防疫体系，提高动物疫病的预防及控制能力，是实现我国养殖业持续稳定发展的必要前提，是保障食品安全和公共卫生安全的必然要求。国际上对动物防疫工作十分重视，这在很大程度上保障了社会的稳定。很多经济发达程度较高的国家在动物防疫工作都采取垂直管理办法。

一、我国兽医社会化服务组织的发展及建设

农业部于 2017 年发布《关于推进兽医社会化服务发展的指导意见》，旨在全国范围内大部分省市响应政策积极发展动物疫病防疫组织建设，逐步建立起市级、县级兽医行政管理机构，乡级、镇级兽医技术支持体系及村级兽医服务组织的兽医管理与运行机制。农业农村部办公厅在 2018 年发布《关于做好 2018 年兽医社会化服务推进工作的通知》中指出关于推进社会化防疫组织服务发展的具体方向及举措，作为我国动物疫情防疫组织的中坚力量，必须加快对社会化服务组织的发展及建设。建设以点放射到面的防疫网，以县、镇级基层防疫组织为点，放射至乡、村级防疫组织，保障基层防疫组织全方位、无死角展开工作，不漏掉任何一户。由村、乡、镇、县、区、市联合构建的地方防疫组织网，严密封锁疫情，促进国家及地方防疫的稳步进行。由政府监督防疫组织，定期考核评审。建立监督管理循环网，达到层层监管的效果，及时发现防疫工作中的漏洞及问题，以最快的速度调整组织架构及工作重点。确保动物疫病防控组织工作有序进行，保障养殖户及养殖场免受疫情打击。

进一步推进我国动物防疫服务组织发展，旨在聚焦防疫工作需求，拓展防疫内容，充分发挥政府及防疫部门的领导作用，最大程度地提高专业技术人才团队提供动物防疫组织服务的积极性及创造性，促进国家及地方动物防疫组织服务工作的发展。同时壮大防疫组织力量，创新防疫工作，秉承专业性、市场化、创新性的原则，推进我国兽医等动物防疫组织的发展，充分发挥组织中防疫人员在基层畜禽疫病预防、控制、治疗中的作用。防疫工作的高效开展得益于良好的防疫服务组织作基础，构建防疫服务组织，是提升防疫水平及我国畜牧养殖行业经济效益的重点。防疫组织工作人员必须具备良好的动物防疫综合素质，以及处理基层防疫工作问题的能力，保障防疫工作的开展。为建设灵活的动物防疫组织社会化服务方式，秉持服务的基本原则，强化统一领导，建设各级防疫机构及动物疫病防治制度，以保障防疫组织稳步推进。调动防疫人员工作积极性，做好培训及技术指导以及综合性防疫措施。控制和杜绝动物疫病的暴发及传播蔓延，降低畜禽发病率和死亡率。

二、国外兽医社会化服务组织的发展及建设

（一）欧盟动物防疫组织

欧盟成员国中农业部主要主导动物疫病防疫工作，而畜禽疾病控制与预防中心、海关及兽药管理局等部门辅助参与动物疫病防疫工作，职责分工明确，提升疫病防控效率。且对于兽医的资格、责任及义务权利都有明确的法律及标准规范规定。兽医人员需要对动物从饲养、屠宰到销售全产业链进行监督，同时对动物疫病防疫中的科研、检疫机构进行监督，确保执法公正性和科学性。欧盟成员国对官方兽医实行垂直管理政策，国家设立首席兽医官，不受地方政府领导，直接领导官方兽医。并建立健全动物疫病报告系统，采用统一的代码进行信息传输，加快了信息的传递速度，避免因信息流通不畅导致疫情难控。

（二）澳大利亚动物防疫组织

澳大利亚动物传染病防疫组织将组织体系划分成联邦政府及州政府。其中联邦政府负责对畜禽防疫政策发布、动物疫病预防与治疗和动物及动物产品进出境检疫等。州政府负责畜禽疫病的监测、控制和扑灭等。该国动物防疫组织工作重点在于应对突发动物疫情的应急预案及紧急处理。其中制定的突发动物疫情的应急预案，对上级政府至基层养殖机构在应急状态下的防疫措施做出详细规定。同时设立专门的公司机构参与动物防疫工作。虽然我国与澳大利亚在气候环境、饲养状态、地理位置、养殖品种、防疫管理措施及疫病种类方面都存在着一定的差距，但该国可取的动物防疫管理举措及理念仍然值得我国借鉴。

（三）日本动物防疫组织

日本对于动物防疫及食品安全非常重视，并出台了相关法律法规，如《家畜传染病预防法》《食品卫生法》等，用以规范动物防疫及动物产品安全以及出入境畜禽的严格检疫及卫生防疫制度。日本的兽医管理制度与欧盟国家相同，均采取垂直管理政策，能够保障动物传染病防疫过程中的信息准确性、及时性及执法公正性。日本动物疫病防控参与组织有国家紧急事务管理局，共同制定疫情防控计划，自中央到地方政府自上到下启动动物疫情应急机制。同时建立具备动物疫病诊断能力的检测实验室。

（单　虎）

第七节　行政措施及相关法律法规提要

一、现阶段我国动物防疫相关的行政措施及相关法律法规

近些年，越来越多的新发传染病出现在世界各地，如禽流感、SARS（严重急性呼吸综合征）、埃博拉、中东呼吸综合征、尼帕病毒病等传染病的发生，都与动物相关。据研究统计发现，这些新型传染病病毒有超过 70%是源自动物体内的，因此如何控制动物疫病，控制因动物引起的新型传染病是现在研究人员普遍关注的重点，同时建立健全动物防疫法也尤为重要。

2012年5月20日，国务院办公厅印发《国家中长期动物疫病防治规划（2012—2020年）》（国办发〔2012〕31号）。这也是自新中国成立以来，国务院发布的第一个指导全国动物疫病防治工作的综合性规划，标志着动物疫病防治在国家政策上有了全新的总体部署。该规划确定了16种优先防治的国内动物疫病，主要是严重危害动物生产和威胁人类健康的动物疫病，包括一类动物疫病5种，二类动物疫病11种。其中，经济危害严重、政治影响较大的重大动物疫病（一类动物疫病）包括：口蹄疫（A型、亚洲Ⅰ型、O型）、高致病性禽流感、高致病性猪蓝耳病、猪瘟、新城疫。公共卫生影响较大的人兽共患病包括：布鲁氏菌病、奶牛结核病、狂犬病、血吸虫病、包虫病。已基本具备消灭条件的疫病包括：马鼻疽、马传染性贫血。对种用动物影响较大的垂直传播性疫病包括：猪繁殖与呼吸综合征、沙门菌病、禽白血病及猪伪狂犬病等。同时，在综合评估传入风险的基础上，确定了牛海绵状脑病和非洲猪瘟等13种当时重点防范的外来动物疫病。《国家中长期动物疫病防治规划（2012—2020年）》法规的实施，在我国动物疫病防控工作上取得了显著成效，达到全国范围内消灭马鼻疽，基本消灭马传贫、牛肺疫保持无疫状态、牛海绵状脑病风险可忽略水平得到了国际认可。

我国动物防疫工作过程中，相关法律法规是保障防疫各项工作的基本条件，是顺利开展动物防疫工作的法律准则。要保障新型传染病不发生、不传播，从根本上就要控制住传播源头，严格遵循防疫法规定，对于可食用及不可食用动物严格管理，控制不可食用动物的传播、流通、销售及食用。《中华人民共和国动物防疫法》中规定，参照是否适用于相应的屠宰检疫规程，将动物划分成允许饲养及食用的农场动物、允许饲养但不允许食用的伴侣动物及不允许饲养及食用的野生动物。《中华人民共和国动物防疫法》按照不同动物品种进行分类，对其做出不同的防疫规定要求，并区分出可食用及不可食用的各类动物品种。《中华人民共和国动物防疫法》中第三十三条指出，县级以上地方人民政府野生动物保护主管部门发现野生动物染疫或者疑似染疫的，应当及时处置并向本级人民政府农业农村主管部门通报。由农业部发布的《家禽屠宰检疫规程》《生猪屠宰检疫规程》《牛屠宰检疫规程》等规定允许饲养及食用的农场动物的相关法律法规，均对各类农场动物规定了屠宰检疫的规程。对于饲养的农场动物为何能够食用，主要是能够制定出屠宰检疫的规程，可以通过检验检疫来保障可食用肉类的食品及卫生安全，避免人兽共患病的发生。

我国动物防疫的行政措施及相关法律法规主要有《中华人民共和国动物防疫法》《动物检疫管理办法》《动物免疫标识管理办法》《病原微生物实验室生物安全管理条例》《兽药管理条例》《全国高致病性禽流感应急预案》等。现阶段，我国动物防疫相关的法律、法规、体系及标准规范、政策等均比较完善，现有的法律、行政法规、部门规章、规范性文件等已经能够达到全面、丰富、严谨的程度，实现动物防疫有法可依、有法可查。

对比国外部分国家在动物防疫方面相关的行政措施及相关法律法规等方面，美国、德国等发达国家的动物防疫法律法规立法历史久远，其具有系统性、科学性及可操作性强等优点，形成较为完整的动物防疫法律体系。其养殖业尤为重视动物防疫相关的法律体系构建，防疫法律法规体系包含面广，配套制度齐全，能够涵盖自饲养到食品的全链条产业，包含了从畜禽饲养到动物产品流通的全过程。除了世界动物卫生组织和联合国粮食及农业组织等国际性组织外，很多发达国家也形成了本国使用的完善的动物防疫体系。部分国家建立了由动物疫病监测体系、执业兽医制度、动物防疫法律体系、动物疫情应急机制和出入境检疫体系组成的动物防疫卫生体系。例如，2002年澳大利亚政府通过建立公司机构配合监督动物防疫体系建设；2006年加拿大发布政策建立动物健康体系；2007年美国建立动物可追溯系统、食品安全和动物健康体系。

二、《中华人民共和国动物防疫法》有关规定与解读

我国现行的《中华人民共和国动物防疫法》于 1997 年 7 月通过，2007 年 8 月进行了第一次修订，2013 年及 2015 年进行两次修正，2021 年 1 月 22 日进行了第二次修订，自 2021 年 5 月 1 日起施行。新修订的防疫法全文共十二章，一百一十三条。其在我国现行的动物防疫法律法规体系中起到纲领性作用。我国现行的《重大动物疫情应急条例》于 2005 年 11 月在国务院第 113 次常务会议上通过，《重大动物疫情应急条例》规定了发生重大动物疫情时，需要监测、上报、公布以及应急处理预案等方面的要求，是对于重大动物疫情出现时的紧急处理的基本政策制度支撑。

相对于现行防疫法规来说，我国的动物防疫部门存在较多的部门规章，多数是通过农业农村部发布的部门令形式，如现有的《动物检疫管理办法》《动物防疫条件审查办法》《畜禽标识和养殖档案管理办法》等。动物防疫相关的规范性文件，多数是通过通知公告形式发布的，具体在动物防疫工作中规范某方面的行为，涉及较多方面，包括当出现动物疫病时需要进行的疫情报告、公布及应急预案、动物疫病的防治技术标准规范、动物产地检疫规程、对于病死动物的无害化处理技术的标准规范，以及生猪、禽类、牛羊、兔等畜禽的屠宰检疫规程。

现阶段，我国的动物防疫法律法规均较为完备，但是社会发展及新型疫病的出现，给我国动物防疫法律法规带来很大的挑战及危机，因此要不断地与时俱进，逐步修订整合法律法规。同时做到法律法规宣传、培训，除了规模化养殖场，我国有较多散养户，大多数个体养殖户的防疫观念及公共安全意识比较淡薄，个体养殖户及个体贩卖户的动物防疫法律意识较弱，没有意识到疫情防控及食品公共安全的重要性，从而出现地区疫情防控漏洞。

根据《中华人民共和国动物防疫法》明确规定，动物防疫体系主要承担重大动物疫病强制免疫、动物疫病监测预警、动物疫情报告、动物疫情控制与扑灭、动物和动物产品检疫、动物防疫监督管理等多种职能。当前我国动物防疫体系主要存在以下问题：①防疫人员方面，现阶段基层动物防疫组织人员不足，部分工作人员偏老龄化、专业技术不够，对于基层防疫工作有一定的局限性。非洲猪瘟疫情发生后，农业农村部曾指出，当前基层防疫组织较普遍地存在“网破、线断、人散”情况。②设施设备方面，兽医系统实验室承担着动物疫病检测、诊断和监测等工作。其是动物防疫体系的重要技术支撑，对于实验室硬件和软件配置的需求较大。③信息化防控方面，为提高动物防疫管理效率、加强动物疫病防控及保障公共卫生安全，必须做好畜牧兽医信息化的提高。目前，全国与动物防疫相关的信息化平台主要包括中国动物疫病预防控制中心管理的全国动物疫病防控与动物卫生监督云平台，部分地方省市也有本地信息管理平台。④动物防疫法律体系、兽医管理体制方面，我国已基本构建以《中华人民共和国动物防疫法》为核心，《重大动物疫情应急条例》等法规为支撑的兽医法律体系。通过不断的运行及实施，《中华人民共和国动物防疫法》及其配套规章制度在部分立法、执法方面存在一定的问题，不能适应新形势下动物防疫工作的方面也将通过修订完善。

（张洪亮）

第八节 中华民族伟大的抗疫精神

在全国抗击新型冠状病毒肺炎疫情表彰大会上，习近平总书记的重要讲话中深刻指出："在这场同严重疫情的殊死较量中，中国人民和中华民族以敢于斗争、敢于胜利的大无畏气概，铸就了生命至上、举国同心、舍生忘死、尊重科学、命运与共的伟大抗疫精神。"伟大抗疫精神，同中华民族长期形成的特质禀赋和文化基因一脉相承，是爱国主义、集体主义、社会主义精神的传承和发展，是中国精神的生动诠释。在中华民族抗疫史上，涌现了无数可歌可泣的英雄人物，他们是伟大抗疫精神的践行者和优秀代表。

一、伍连德：我的大半生，属于古老的中国

重温英雄壮举、致敬抗疫先驱。2020 年以来我们一次次打赢了新型冠状病毒肺炎疫情防控阻击战。然而鲜为人知的是，从发明医用口罩到建立中国的防疫体系，都离不开一个人，他就是爱国侨胞、中国近现代医学先驱、中国检疫事业创始人伍连德博士。

伍连德出生于马来西亚北部的槟榔屿，是第一个拿到剑桥大学医学博士学位的华人。1907 年应聘回到祖国。1910 年 10 月，肺鼠疫由西伯利亚传入我国，在东北大流行。危急关头，他力挽狂澜，果敢决断，在傅家甸一间贫民窟里，进行了中国医生的第一例人体解剖，创造性地提出了一系列防控建议，并在科学史上第一次提出了鼠疫的分类。仅用 4 个多月时间就组织扑灭了这场震惊中外的鼠疫大流行，使人类免遭一次浩劫，因此被誉为"世界级鼠疫斗士"。他在防疫、检疫、兴办医院和医学教育，创建中华医学会，促进对外交流等诸多方面贡献卓越，无不展现出了这位现代医学先驱的科学创新、赤诚爱国、无私奉献精神。

二、屠呦呦：190 次失败之后的成功

20 世纪 60 年代，疟原虫对奎宁类药物产生抗药性，更是使得全世界 2 亿多疟疾患者面临无药可治的局面，死亡率急剧上升。此时，来自中国的科学家屠呦呦及其团队，结合我国中医药的优势，从我国中医古籍中着手，经过数百次实验，历经 190 次失败，克服了无数困难，研究发现了青蒿素，带来了一种全新的抗疟新药。以青蒿素类药物为基础的联合疗法，至今仍是世界卫生组织推荐的疟疾治疗方法，挽救了全球数百万人的生命。屠呦呦本人也因创制新型抗疟药——青蒿素和双氢青蒿素，荣获 2015 年诺贝尔生理学或医学奖。

钱学森、邓稼先、屠呦呦、袁隆平、黄大年……年代不同，领域不同，但在他们的身上有一种共性——科学家精神。他们爱国奉献、求实创新的精神值得我们大力学习和弘扬。

三、新型冠状病毒肺炎疫情中无惧无畏的"逆行者"

2020 年全国人大常委会决定授予在抗击新型冠状病毒肺炎疫情斗争中做出杰出贡献的人士国家勋章和国家荣誉称号。在抗击新型冠状病毒肺炎疫情斗争中涌现出一批杰出贡献的功勋模范人物。"逆行者"钟南山，"让大家别去武汉，自己却义无反顾地去了"；"把胆留在武汉"的张伯礼，主持研究制定中西医结合救治方案，指导中医药全过程介入新型冠状病毒肺炎救治，取得显著成效；身患渐冻症的张定宇，冲锋在前，身先士卒，带领金银潭医院干部职工共救治 2800 余名新型冠状病毒肺炎患者，为打赢湖北保卫战、武汉保卫战做出重大贡献；少将陈薇奔赴武汉执行科研攻关和防控指导任务，在基础研究、疫苗、防护药物研发等

方面取得重大成果。

广大医务工作者、科技工作者、志愿者等群体，为新型冠状肺炎疫情防控人民战争做出了重要贡献，表现出了忠诚、担当、奉献的崇高品质，充分彰显了伟大的抗疫精神。

四、新时代呼唤兽医人的“科学精神和工匠精神”

20世纪初叶，蔡无忌、程绍迥、罗清生等我国第一代兽医学家为中国家畜传染病学的发展奠定了扎实的基础。新中国成立后，陈凌风、袁庆志等研制牛瘟兔化弱毒、山羊化兔化弱毒和绵羊化兔化弱毒疫苗，1956年消灭牛瘟，其速度之快世界少见，为我国近代兽医史写上了光辉的一页。吴庭训等于1958年研制牛肺疫兔化弱毒菌苗、兔化绵羊适应菌苗，1996年消灭牛肺疫，这是我国疫病防控的又一个重要里程碑。研制的马传贫驴白细胞弱毒疫苗（沈荣显等）、中国系猪瘟兔化弱毒疫苗（1955～1956年，周泰冲等）免疫效果显著，得到了世界的公认。党的十九届四中全会《中共中央关于坚持和完善中国特色社会主义制度 推进国家治理体系和治理能力现代化若干重大问题的决定》提出“弘扬科学精神和工匠精神”，新时代需要更多的兽医人努力践行“科学精神和工匠精神”。

（朱战波）

第二章 多种动物重要共患病

第一节 口 蹄 疫

一、概述

口蹄疫（foot and mouth disease，FMD）是由口蹄疫病毒（foot and mouth disease virus，FMDV）感染引起的偶蹄动物的一种急性、热性、高度接触性传染病。感染对象是猪、牛、羊等主要畜种及其他家养和野生偶蹄动物，易感动物多达70余种。发病动物主要症状是精神沉郁、流涎、跛行、卧地，口、鼻、蹄和母畜乳头等部位发生水疱，或出现水疱破损后形成的溃疡、斑痂。FMD发病率高，但大部分成年家畜可以康复，幼畜常不出现典型症状而猝死，死亡率因毒株而异。FMD发生和流行可造成巨大经济损失和严重的社会影响。《中华人民共和国动物防疫法》和农业农村部发布的《动物病原微生物分类名录》（农业农村部令第53号）将FMDV列为一类动物病原微生物；《中华人民共和国进境动物一、二类传染病、寄生虫病名录》中将其列为进境动物须检疫的一类传染病；世界动物卫生组织（World Organization for Animal Health，WOAH）将其列为法定报告的动物传染病之一。

拓展阅读 2-1

FMD曾在世界各地分布，但已从北美和欧洲等一些地区根除。历史上FMD第一次较为确切的记载是1514年Hieronymus Fractastorius描述了牛发病情况，发生地点位于现在的意大利。17～18世纪欧洲曾多次流行FMD，1839年传入英国，但直到1880年FMD泛滥成灾时才引起科学家和官方重视，此后欧洲经历了漫长的FMD控制与消灭过程，直到1991年才基本消灭了FMD。1780年，Le Vaillant描述了一起在南非发生的疑似FMD疫情，但非洲正式报道的FMD流行出现于1892年。1903年南非再次暴发FMD，从1931年至今非洲FMD流行从未间断。美国1932年以前发生过9次FMD，加拿大1951～1952年西部发生FMD，墨西哥1946年和1954年发生过FMD，为此启动了北美联防计划，此后北美没有FMD发生。历史上南美的FMD流行与西欧同步，从1871年开始阿根廷、巴西、智利、乌拉圭等国先后发生FMD。澳大利亚1872年最后一次发生FMD，新西兰是世界上唯一一个从未发生过FMD的国家。亚洲与欧洲接壤，疫情互传，但早期正式记载资料较少，仅印度尼西亚确认1887年最早发生过FMD。FMD病毒不同血清型在流行地区分布不均。O型FMDV占全球FMD暴发大约70%。

二、病原学

（一）病原与分类

FMDV属小RNA病毒科（*Picornaviridae*）的口蹄疫病毒属（*Aphthovirus*），本病毒属包括乙型鼻病毒、马甲型鼻病毒、FMDV、牛甲型鼻病毒1型和牛甲型鼻病毒2型，FMDV为本病毒属典型代表，是人类最早确认的动物病毒。

（二）基因组结构与编码蛋白

FMDV 为单股正链 RNA，基因组长度为 7.9～8.1kb，由 5′非编码区（UTR）、一个大的开放阅读框（ORF）和 3′非编码区构成，其中 5′端连接一个由 23～24 个氨基酸组成的 VPg 蛋白。

5′-UTR：5′非编码区约有 1300 个核苷酸，由 5 个功能区组成，分别为 S 片段、poly（C）、3～4 个串联的假结（PK）、顺式复制元件（cre）和内部核糖体进入位点（IRES）。这些功能区在病毒蛋白翻译起始和病毒基因组复制中起重要作用。

FMDV 基因组中大的开放阅读框编码一个多聚蛋白，翻译过程中，由病毒自身蛋白酶和宿主细胞蛋白酶逐级降解，形成多种中间体及成熟的 12 种病毒蛋白，包括 VP4（1A）、VP2（1B）、VP3（1C）和 VP1（1D）4 种结构蛋白，L^{pro} 蛋白、2A、2B、2C、3A、3B、3C 和 3D 共 8 种非结构蛋白。

L^{pro} 蛋白：编码区有 2 个翻译起始密码，不同起始密码翻译出 2 个异构体即 Lab 和 Lb，L^{pro} 蛋白具有木瓜蛋白酶活性，能降解宿主细胞翻译起始因子 eIF4G，是 FMDV 重要的毒力因子之一。

VP4：由 84 个氨基酸组成，是最保守的 FMDV 结构蛋白，包括氨基端十四烷基化位点、T 细胞表位（1A20～35 位），具有增强膜通透性和病毒 RNA 释放功能。

VP2：是一个由 218 或 219 个氨基酸组成的结构蛋白，不同毒株之间比较保守，其含有三个 T 细胞表位（48～68 位氨基酸、114～132 位氨基酸、179～187 位氨基酸），在病毒粒子稳定和成熟中起关键作用。

VP3：是一个由 219～221 个氨基酸组成的结构蛋白，含有重要的构象型表位，在维持病毒衣壳稳定中起重要作用。

VP1：是一个由 213～221 个氨基酸组成的结构蛋白，VP1 与病毒吸附、侵入、保护性免疫应答及血清型特异性有关，是目前研究较为深入的结构蛋白，该基因容易发生变异。

2A：是由 18 个氨基酸组成的小肽，不同血清型病毒 2A 氨基酸序列同源性约 89%，其中有 14 个氨基酸在 98%的毒株稳定且保守，2A 不含蛋白酶基序，其解离效力较高，常被用作真核表达中融合蛋白解离元件。

2B：是由 154 个氨基酸组成的蛋白质，主要定位于囊泡中，其 120～140 位氨基酸是一个保守的跨膜决定簇；在其他小 RNA 病毒中，2B 具有提高膜透性、封闭蛋白质分泌通路、抑制细胞内钙平衡，导致细胞凋亡的功能。

2C：由 318 个氨基酸组成，为一种 ATP 酶，大约有 72%的氨基酸相对保守，2C 与宿主蛋白波形蛋白（vimentin）相互作用调节宿主细胞内环境，有利于病毒复制。

3A：是由 143～153 个氨基酸组成的非结构蛋白，FMDV3A 与病毒复制、毒力和宿主范围有关，是变异最大的非结构蛋白，3A 特异性与宿主细胞内细胞器转运相关蛋白 DCTN3 结合，进而影响病毒复制。

3B：FMDV 是小 RNA 病毒科中唯一表达 3 个 B 蛋白的病毒，3B1 含 22 个氨基酸，3B2 含 24 个氨基酸，3B3 含 24 个氨基酸，但 3B3 相对保守，是病毒存活所必需的，3B1 和 3B2 可能影响病毒的毒力和宿主范围。

3C：是由 213 个氨基酸组成的蛋白酶，是一种半胱氨酸蛋白酶，催化活性部位关键氨基

酸为 C163、H46 和 D84。3C 除降解病毒蛋白外，还具有解离 eIF4G 的功能，$3C^{pro}$ 能降解具有 RNA 解旋酶功能的帽结合复合物组成成分之一 eIF4A，在病毒感染的后期 $3C^{pro}$ 也可以降解 eIF4G。此外，$3C^{pro}$ 可能以某种机制作用于组蛋白 H3，影响宿主细胞转录功能。

3D：又称为病毒感染相关抗原（VIA），由 469 个氨基酸组成的聚合酶，也是 FMDV 最保守的蛋白，常用于 FMDV 感染抗体和疫苗抗体的鉴别诊断。

3′-UTR：位于病毒基因组 ORF 终止密码子开始至 poly（A）之间，二级结构呈 Y 形。

poly（A）：病毒基因组 poly（A）与细胞 mRNA 的 poly（A）相似，在病毒 RNA 翻译和复制中发挥重要作用，poly（A）可与一种 PABP 结合形成复合物，与 5′端的 3B-pU-pU 结合合成病毒负链 RNA。

（三）病原分子流行病学

FMDV 有 7 个血清型，即 O、A、C、SAT1、SAT2、SAT3 和 Asia1 型。O 型 FMDV 最早发现于法国 Osie 山谷地区，故以“O”命名。A 型 FMDV 最早发现于德国 Allemagne 地区，故以“A”命名。德国学者 Waldmann 和 Trautwein 在德国发现了第三个血清型，命名为“C”型，直到 1948 年分离鉴定出 SAT1 型、SAT2 型和 SAT3 型。1954 年英国学者 Brooksby 发现并命名 Asia1 型。7 种血清型中有 6 种出现在非洲（O、A、C、SAT1、SAT2、SAT3），4 种出现在亚洲（O、A、C、Asia1），3 种出现在南美洲（O、A、C）。自 2004 年以来，没有关于 C 型 FMDV 引发病例的报告。

O 型 FMDV 导致全球大约 70%的暴发。O 型 FMDV 核苷酸序列变异较大，以核苷酸序列差异 15%为标准，将 O 型 FMDV 分为 10 个拓扑型。A 型 FMDV 被认为是抗原谱最多的一个血清型，依据 VP1 序列分为 3 个具有地域局限性的拓扑型。C 型分为 8 个拓扑型。所有 Asia1 型病毒均属一个拓扑型，2003 年以后分离毒株进一步序列测定分析可以将 Asia1 型病毒分为 6 个群（group），我国曾出现Ⅱ群和Ⅴ群病毒。SAT1 型至少可以分为 13 个拓扑型，SAT2 型分为 14 个拓扑型，SAT3 型有 10 个拓扑型（表 2-1）。

表 2-1 FMDV 血清型及其拓扑型

病毒	拓扑型
O 型	欧洲-南美洲（Euro-SA）、中东-南亚（ME-SA）、东南亚（SEA）、古典中国（Cathay）、印度尼西亚-1（ISA-1）、印度尼西亚-2（ISA-2）、西非（WA）、东非-1（EA-1）、东非-2（EA-2）、东非-3（EA-3）、东非-4（EA-4）
A 型	非洲、亚洲和欧洲-南美洲（EURO-SA）
C 型	欧洲-南美洲（Euro-SA）、安哥拉（Angola）、菲律宾（Philippines）、中东-南亚（ME-SA）、斯里兰卡（Sri Lanka）、东非（EA）、塔吉克斯坦（Tadjikistan）和 C-菲律宾（C-Philippines）
Asia1 型	亚洲
SAT1 型	Ⅰ～XIII 拓扑型。SAT1 拓扑型Ⅰ也称为 NORTHWEST ZIMBABWE（NWZ），Ⅱ称为 SOUTHEAST ZIMBABWE（SEZ），Ⅲ称为 WESTERN ZIMBABWE（WZ），Ⅳ称为 EAST AFRICA 1（EA-1），Ⅶ称为 EAST AFRICA 2（EA-2）和Ⅷ作为东非 3（EA-3）
SAT2 型	Ⅰ～XIV 拓扑型
SAT3 型	Ⅰ～Ⅴ拓扑型。SAT3 拓扑型Ⅰ也称为 SOUTHEAST ZIMBABWE（SEZ），Ⅱ称为 WESTERN ZIMBABWE（WZ），Ⅲ称为 NORTHWEST ZIMBABWE（NWZ），Ⅴ称为 EAST AFRICA（EA）

近期非洲除O、A血清型外还有SAT1、SAT2和SAT3型。西亚和中亚是FMD流行严重地区，主要流行毒株有O型PanAsia-2、A型Iran-05、Asia1型Sindh-08等。监测数据显示目前我国存在O、A两个血清型的5个流行毒株，分别是O/Mya-98毒株、O/Ind-2001毒株、O/Cathay毒株、O/PanAsia毒株和A/Sea-97毒株。预计未来几年我国仍将以散发O型为主和零星A型散发，发生区域性大流行的可能性较低。疫情风险点主要在疫苗免疫密度较低的养殖场和活畜异地调运环节。除需要加强免疫和活畜移动监管外，还需要密切关注几个动向：一是O/Mya-98、O/Cathay等流行毒株的抗原变异；二是O/Ind-2001的流行与病原分布情况；三是猪A型毒株的间歇性反弹；四是境外流行毒株的突然侵入，尤其是Asia1型。

（四）感染与免疫

1. 病毒感染 FMDV感染和复制的主要部位是咽部黏膜。病毒也可能通过皮肤损伤或胃肠道进入。病毒在口腔、口吻、乳头、足部和受损皮肤区域（如猪的膝盖和飞节）的上皮细胞中大量复制并形成水疱。感染动物成为重要的传染源。

FMDV感染宿主细胞，识别细胞表面受体并侵入细胞是最为关键的一个环节，对FMDV而言，侵入路径取决于受体类型。FMDV利用宿主不同的整联蛋白、硫酸乙酰肝素或者第三路径作为受体（αvβ1，αvβ3，αvβ6，αvβ8）进行感染，受体在FMDV致病中起重要作用。

当FMDV进入机体后，为突破宿主免疫应答，FMDV通过自身编码的多种蛋白质拮抗宿主天然免疫和适应性免疫应答以达到免疫逃逸目的。

（1）*FMDV利用自身编码的非结构蛋白拮抗宿主免疫应答* L^{pro}切割真核翻译起始因子eIF4G，阻断宿主细胞的翻译，从而降低IFN的表达以利于FMDV的复制；趋化因子配体5（CCL5）具有抗病毒活性，L^{pro}在蛋白质水平抑制IRF3（干扰素调节因子3）和IRF7（干扰素调节因子7）的表达以降解NF-κB的p65/RelA亚基的方式抑制CCL5的转录；研究发现L^{pro}的去泛素化酶活性参与抑制Ⅰ型干扰素的产生过程，L^{pro}还能抑制RIG-Ⅰ/MDA5（视黄酸诱导基因-1/黑色素瘤分化相关基因5）介导的干扰素产生；L^{pro} SAP区域参与了FMDV调控UBE1从而增加病毒复制能力。FMDV 2B蛋白通过和RIG-Ⅰ互作抑制其表达从而抑制其抗病毒作用。2C蛋白和Beclin1互作抑制了Beclin1的抗病毒功能从而有利于FMDV的复制。3A蛋白能够抑制RIG-Ⅰ、MDA5和VISA（是一种RIG-Ⅰ/MDA5信号转导通路的重要信号转导分子）的转录从而破坏宿主的天然免疫应答。3C蛋白通过阻碍IRF3/IRF7的活化从而抑制IFN-β启动子的激活，3C蛋白还可以通过降解宿主KPNA1阻止STAT1/STAT2的核转运从而破坏干扰素的产生；3C蛋白酶通过溶酶体途径降解PKR（依赖双链RNA的蛋白激酶）从而有利于病毒的复制。

（2）*FMDV利用部分结构蛋白来拮抗宿主免疫应答* VP3蛋白和JAK1/JAK2互作抑制酪氨酸磷酸化，降解JAK1，抑制干扰素的产生，且VP3还能够抑制IRF3和VISA，从而破坏干扰素产生。FMDV VP1蛋白第154位氨基酸突变能增强病毒的复制和致病性，VP1蛋白介导宿主TPL2和RPSA蛋白抑制宿主天然免疫应答；研究还表明VP1蛋白通过与宿主细胞蛋白Sorcin的互作调控宿主细胞Ⅰ型干扰素的产生。宿主蛋白ESD增强了IRF3磷酸化促进Ⅰ型干扰素的产生，抑制FMDV复制。

机体的自然杀伤细胞（natural killer cell，NK cell）、树突状细胞（dendritic cell，DC）、T淋巴细胞、B淋巴细胞和骨髓来源的单核细胞衍生DC（monocyte-derived DC，MoDC）是行使先天性抗病毒应答的主要细胞。FMDV感染后能引起机体外周血淋巴细胞出现急性短暂性减少，并伴随有严重的病毒血症；在 FMDV 感染的急性期，外周血来源的 MoDC 分泌 IFN-α 的能力被短暂抑制；FMDV 感染 NK 细胞后，会导致 NK 细胞的功能异常。FMDV 感染猪，其 NK 细胞反应活性在感染的 2～3d 显著下降。

2．免疫应答　当 FMDV 突破机体天然免疫屏障后，动物机体会通过一系列机制产生特异性免疫应答，主要包括特异性细胞免疫、体液免疫和黏膜免疫应答。FMDV 侵入动物体后，其主要的抗原表位（epitope）经有效的抗原加工和呈递形成 TCR-CD3-MHC-epitope，在第二信号 CD28 和 B7 分子的共刺激作用下，迅速启动以 $CD4^+$、$CD8^+$为主的 T 细胞免疫应答和以 B 细胞介导体液免疫应答，同时也启动了 M 细胞介导的黏膜免疫应答。

自然感染 FMDV 的动物，3d 即可产生特异性抗体，此时抗体的主要类型为 IgM，具有较强的激发补体系统的能力。之后随着 B 细胞的进一步分化，伴随抗体的转型，在 10d 后主要以 IgG 的形式存在，为中和抗体的主要形式，在感染 21d 左右后达到峰值，之后维持较长时间，且具有免疫记忆。人工对动物免疫灭活 FMD 疫苗或者亚单位等疫苗后，大致在 7d 开始产生抗体，在 28d 左右达到峰值，一般能持续 4～6 个月。

三、诊断要点

（一）流行病学诊断

根据偶蹄动物 FMD 疫苗免疫状况、养殖区域 FMD 流行情况、近期动物调运情况及是否直接或者间接接触传染源的情况进行综合分析、研判，从而进行流行病学诊断。

（二）临床诊断

1．牛　临床表现较为明显，以口腔和蹄部出现水疱为主要特征，个别犊牛因急性心肌炎死亡。患病初期，病牛出现急性发热，体温升高至 40～41.5℃，稽留 1～4d，伴随精神沉郁、脉搏加快、结膜潮红、反刍减少和产奶量下降。蹄叉、蹄冠部皮肤，初期表现局部热感、红肿和疼痛，之后形成小水疱，继而融合为较大的水疱。水疱破溃排出水疱液，若继发感染则形成糜烂，最后形成结痂；若病程较长，严重继发或者混合感染时，蹄匣脱落。口腔症状，一般是在舌背面出现环形、粗糙白色隆起，随着液体的积聚，隆起增大，有时多个水疱相互融合，凸现于正常的舌面组织，使舌面凹凸不平。病牛流出大量泡沫样口涎，挂满口角和下唇。齿龈、鼻镜、唇内、鼻腔前端，水疱一般较小，破裂后形成局限性烂斑。母牛感染 FMDV，若在泌乳期，乳头皮肤有时会出现水疱。

亚洲水牛、牦牛和非洲水牛对 FMDV 的易感性和临床症状表现有很大的差异。亚洲水牛和牦牛对 FMDV 易感，其临床症状主要发生口腔和蹄部，非洲水牛感染 FMDV，通常不表现明显的临床症状。

2．猪　潜伏期一般为 2～14d。病猪急性发热，体温 40～41℃，食欲不振、精神沉郁。病猪蹄部病变为蹄叉、蹄冠部出现水疱，然后迅速扩展到蹄后部，继而延伸到蹄叉，水疱破裂后形成糜烂，严重时蹄壳脱落。病猪常因蹄部疼痛而跛行。病猪在鼻镜形成水疱。另外，FMDV 感染可导致母猪流产，患病母猪乳房皮肤有明显水疱性病变。个别仔猪因急性心肌炎而死亡，心室肌肉出现坏死，并呈现灰色或黄色斑纹，称为“虎斑心”。

3．羊　临床表现相对温和，偶见口腔黏膜、蹄部出现小水疱，很快消失。羊感染 FMDV，蹄部病变与牛相似，但表现较为轻微，水疱较小，不易被察觉。蹄部继发感染较为罕见。羊羔死亡率相对较高，怀孕羊发病偶尔发生流产。

4. 其他偶蹄动物 羚羊感染FMDV后，口腔黏膜、唇部、舌面、上颚、蹄等部位出现水疱，引起跛行，严重者蹄壳脱落。骆驼临床症状与牛相似，但一般不会出现蹄部的症状。幼驼感染后，病情严重，伴有胃肠炎和死亡。疣猪和野猪感染FMDV，临床症状与家养猪相似。鹿表现为口腔黏膜水疱，破溃后留下糜烂面；蹄部的水疱常见于蹄冠，常伴有跛行；1～2日龄幼鹿常无临床症状而急性死亡。

（三）病理诊断

病变初期，角质化的鳞状上皮发生气球样变，细胞质染色加深，真皮层细胞水肿。感染早期可见坏死细胞，随后可见单核细胞和粒细胞渗出，随后上皮部分与组织基质分离，分离部位填充渗出液，最后形成水疱。死于急性感染的幼畜表现为心肌炎，淋巴组织玻璃样变，心肌纤维坏死。

（四）鉴别诊断

本病应与猪塞内卡病、猪水疱病、猪水疱性疹、水疱性口炎、猪痘；牛瘟、牛恶性卡他热、牛腐蹄病和羊口疮等进行鉴别诊断。

FMD很难与猪塞内卡病、猪水疱病、猪水疱性疹、水疱性口炎相区别，需要依赖实验室诊断。猪痘常发生于1～2月龄的仔猪，成年猪发病较少。痘疹主要发生于下腹部、股内侧、背部或体侧。FMD主要是在口、蹄、乳房出现水疱和破溃、结痂。

牛瘟：牛瘟死亡率高；高热过后严重腹泻和脱水，蹄部无病变；剖检可见消化道黏膜严重炎症并坏死，但无虎斑心病变。

牛恶性卡他热：常散发；口腔及鼻黏膜有糜烂，但不形成水疱；常见角膜混浊，可与FMD区别。

牛腐蹄病：蹄冠皮肤充血，红肿，但不形成水疱。口腔、乳房无病理变化。

羊口疮：很少出现在蹄部，口唇部以溃烂和结痂为主。

四、实验室诊断技术

（一）病料采集与保存

用于病毒分离、鉴定和病毒核酸检测的首选病料是未破裂或刚破裂的水疱皮或者水疱液。在潜伏期、康复期或者疑似感染且没有临床症状的动物，可采集食道与咽部分泌物（OP液）或抗凝剂处理的全血。新发死亡动物，可采集扁桃体、淋巴结组织。病料冷藏或冷冻保藏。以上采集到的样品，应尽快安全运输到有相应病原检测资质的实验室进行检测。

（二）病原学诊断

进行病毒分离时，先将疑似病料用生理盐水或磷酸盐缓冲液制成5%～10%的组织悬液，然后接种乳鼠或敏感细胞，通过盲传的方法进行病毒分离。分离到的病毒用间接夹心ELISA（酶联免疫吸附测定）进行定型鉴定。

1. 病原分离与鉴定

（1）细胞培养 常用于FMDV分离的细胞有仓鼠肾细胞BHK-21和猪肾传代细胞

IBRS-2，连续盲传 3～5 代进行病毒分离，如连续传代后仍无典型细胞病变，则判为阴性。

（2）乳鼠接种　选取 3～4 日龄乳鼠，连续盲传 3～5 代，乳鼠出现四肢麻痹、呼吸衰竭死亡，采用间接夹心 ELISA、反向间接血凝试验等检测方法测定病毒血清型。

2．病毒抗原鉴定方法

（1）间接夹心 ELISA　目前该方法是 WOAH/FAO 国际 FMD 参考实验室推荐使用的鉴定口蹄疫病毒和血清型优先采用的方法。

（2）补体结合试验　目前补体结合试验只有少数国家使用。

（3）反向间接血凝试验　将 FMDV 型特异性抗体以化学方法偶联于醛化的绵羊红细胞，该方法简单、快捷，适合于基层使用，是我国口蹄疫病毒鉴定的行业标准之一。

（4）反转录聚合酶链反应（reverse transcription-PCR，RT-PCR）　该方法需要较高的实验设备和分子生物学技术，目前实验室用于口蹄疫病原诊断和检测。中国/WOAH 口蹄疫参考实验室建立的用于 FMDV 诊断方法有普通反转录聚合酶链反应（RT-PCR）和多重反转录聚合酶链反应（mRT-PCR）。扩增的基因片段，经序列测定后可用于基因型的比对和疫情溯源以及病毒遗传进化分析。

3．动物感染试验　分离鉴定到的 FMDV，感染猪、牛等易感动物。经 Reed-Muench 计算法，可以测定病毒对敏感动物的半数感染量（ID_{50}）。

（三）免疫学诊断

1．病毒中和试验　病毒中和试验（virus neutralization test，VNT）是一种经典的 FMD 血清学检测方法，可对抗体进行定量测定，也是 WOAH 推荐检测 FMDV 抗体的标准方法。该方法的敏感性高、特异性好，但费时费力，需要高级别生物安全实验室等相关设备，限制了其推广应用。

2．液相阻断 ELISA　液相阻断 ELISA（liquid phase blocking ELISA，LPBE）的敏感性高、特异性强、重复性好，是国际普遍认可的一种标准化诊断方法。

3．正向间接血凝试验　正向间接血凝试验是用纯化灭活的 FMDV 抗原包被于醛化绵羊红细胞，用于检测口蹄病毒的抗体。该方法血清型特异性较低，正逐步被液相阻断 ELISA 方法替代。

4．检测 3ABC 和 3AB 抗体的鉴别诊断 ELISA　FMDV 非结构蛋白（non-structural proteins，NSP）大多参与病毒的复制和装配相关，不参与病毒衣壳的组成，因此在现行的灭活疫苗中以极其微量的形式存在。免疫动物后不产生或者极少产生针对 NSP 的抗体。而自然感染动物体内有病毒大量增殖，相应产生大量 NSP，由此 NSP 刺激动物机体产生了相应较高的抗体水平。因而可利用 NSP 抗体来区分自然感染动物与疫苗免疫动物。由于感染动物 3ABC 抗体产生最早（感染后 3～4d），而且持续时间较长，因此 3ABC 抗体是衡量感染与免疫动物最可靠的一项指标，国内外已建立检测 3ABC 和 3AB 抗体的鉴别诊断 ELISA 方法。

五、防控措施

（一）综合防控措施

1．平时预防措施　国内一直按照“加强领导、密切配合、依靠科学、依法防制、群防群控、果断处置”的要求，坚持预防为主、免疫和扑杀相结合的综合防控措施，包括强制免疫、监测预警、检疫监管和无疫区评估、认证等内容。

2．发病时扑灭措施 严格落实疫情报告制度，明确养殖者和从业人员有疫情报告的义务。建立健全应急防控机制，强化应急准备，发生疫情后立即按照《口蹄疫防治技术规范》进行处置，按照“早、快、严、小”的原则封锁疫区，对病畜和同群畜进行扑杀和无害化处理。根据血清学监测结果，对受威胁区易感动物进行紧急免疫。建立完善扑杀和病死动物无害化处理补偿价格的评估机制，根据市场价格设定补偿基准价，进行合理补偿。开展紧急流行病学调查，对疫情进行追踪溯源和扩散风险评估。

（二）生物安全体系构建

从动物生产到市场流通环节的全过程，特别是在动物移动与交易地试行良好的生物安全措施，形成常规的卫生、清洁与消毒制度。养殖场应认真分析和确定生物安全风险点，采用相应的措施，完善生物安全体系，预防关键控制点。鼓励标准化和规范化养殖，完善动物及动物产品可追溯体系。加强家畜生产、销售各个环节中病死动物的监管，严格养殖场、屠宰场、活畜市场和兽用生物制品企业等场所的病死动物和废弃物无害化处理，严禁病死动物及其制品废弃物进入流通环节，由动物卫生监督机构监督其进行无害化处理。

（三）疫苗与免疫

目前国内外商品化的 FMD 疫苗主要是常规灭活疫苗和经反向遗传技术改造的灭活疫苗及合成肽疫苗，其他一些疫苗如活病毒载体疫苗、基因工程疫苗、DNA 疫苗等暂时还没有商业化推广应用。

1．猪用 FMD 疫苗 目前国内市场上用于预防猪 FMD 疫苗有猪 FMD O 型、A 型二价灭活疫苗（Re-O/MYA98/JSCZ/2013 株＋Re-A/WH/09 株），猪 FMD O 型灭活疫苗（O/MYA98/BY/2010 株、O/Mya98/XJ2010 株＋O/GX09-7 株、OZK/93 株及 OZK/93 株＋OR/80 株），猪 FMD O 型合成肽疫苗（多肽 2600＋2700＋2800、多肽 98＋93、多肽 TC98＋7309＋TC07、多肽 2570＋7309），猪 FMD O 型病毒 3A3B 表位缺失灭活疫苗（O/rV-1 株）。

2．牛、羊用 FMD 疫苗 目前国内市场上用于预防牛、羊的 FMD 疫苗有牛 FMD O 型、A 型二价灭活疫苗，FMD O 型、A 型二价灭活疫苗（O/MYA98/BY/2010 株＋Re-A/WH/09 株，O/HB/HK/99 株＋AF/72 株，OHM/02 株＋AKT-Ⅲ株），FMD（A 型）灭活疫苗（AF/72 株），FMD O 型灭活疫苗（OJMS 株、OS 株和 OHM/02 株）。

以上疫苗根据疫病流行情况，结合受威胁程度，一般每年免疫 2～3 次。

（四）药物与治疗

依据《中华人民共和国动物防疫法》规定一类动物疫病发病动物和受威胁扑杀的动物只能无害化处理，对其他易感动物进行疫苗紧急预防接种，因此对 FMD 患病动物不能进行治疗。

六、问题与展望

FMDV 不断变异是本病防控的难点，因此在基础理论上需要进一步阐明其流行、变异、致病和免疫等分子机制，深度挖掘宿主抗感染基因和病原免疫新抗原，深入解析抗原结构特征和宿主应答机制。开展疫苗应答效应的调控、长程记忆性免疫的分子机理研究，创新提升

安全、高效、速效和长效等疫苗设计的理论体系，为 FMD 防控及其产品设计与创制提供新理论。利用反向遗传操作、病毒样颗粒制备、基因编辑、单个 B 细胞抗体、表位设计、蛋白质高效表达和纯化等技术，设计创制高效疫苗，建立新型诊断技术。深入开展 FMD 疫苗大规模悬浮生产工艺研究，开展 FMD 疫苗佐剂和免疫增强剂研究，进一步提升疫苗质量，为我国 FMD 防控提供理论依据和技术支撑，进而为我国 FMD 防疫决策和净化措施的制定提供科学依据。

（张克山）

第二节　禽　流　感

一、概述

禽流感（avian influenza，AI）是由 A 型流感病毒（avian influenza virus，AIV）引起的家禽和野生禽类感染的高度接触性传染病，可呈无症状感染或不同程度的呼吸道症状、产蛋率下降，甚至脏器广泛出血和禽只严重死亡。流感病毒根据核蛋白（nucleoprotein，NP）和基质蛋白（matrix protein，MP）等抗原性的差异，分为 A、B 和 C 型。由于已多次证实 H5、H7、H9、H10 等不同亚型的禽流感病毒可以突破禽类-人类之间的种属屏障，由家禽直接感染人，引起人类的发病和死亡，所以本病具有重要的公共卫生意义，属于危害严重的人兽共患传染病之一。

拓展阅读 2-2

1878 年发生于意大利鸡群的“鸡瘟”，是有关禽流感的最早报道。1981 年，鉴于过去一般所称的“鸡瘟”一词常常造成鸡新城疫和禽流感之间的混淆，废除了“鸡瘟”这一名称，分别称为新城疫（亚洲鸡瘟）和禽流感（欧洲鸡瘟），并根据流感病毒对鸡的致病力高低将其分为高致病性禽流感和低致病性禽流感。

自从首次报道禽流感至今，世界大部分国家和地区均相继有发生禽流感的记录或报道。在过去的 40 多年里，高致病性禽流感大多由 H5 或 H7 亚型病毒引起，已发生高致病性禽流感的国家和地区有澳大利亚（1975 年）、英国（1979 年）、意大利（1980 年）、爱尔兰（1983 年）、美国（1983 年）、巴基斯坦（1994 年）、墨西哥（1995 年）、中国香港（1997 年）。我国 2004 年暴发 H5N1 亚型高致病性禽流感，死亡和扑杀家禽 2.9 亿只，仅政府用于补偿的费用就高达 30 亿元。

1997 年，中国香港报道了世界上首例 H5N1 亚型禽流感病毒直接感染人，引起人发病和死亡的病例。随后，在泰国、越南等国家又多次发生 H5N1、H5N6、H7N9、H10N8 等不同亚型禽流感病毒感染人的病例，迄今已超过 1500 人感染，数百余人患病死亡。因此，禽流感的公共卫生意义愈发受到各国政府和有关部门的高度重视和关注。

H5N*x*（包括 H5N1、H5N6 等）亚型禽流感（我国最早于 1996 年发生于广东的鹅群）和 H9N2 亚型禽流感（我国最早于 1992 年发生于广东的鸡群），近 20 年来一直严重威胁着我国的养禽业。另外，H7N9 亚型禽流感（我国于 2013 年新发生）也于 2017 年被纳入国家强制免疫范围，成为危害我国养禽业的重要疫病。

二、病原学

（一）病原与分类

病原为禽流感病毒（avian influenza virus，AIV），属于正黏病毒科（*Orthomyxoviridae*）A型流感病毒属（*Influenza virus A*，又称甲型流感病毒属）成员。病毒的基因组为单股负链分节段的RNA，能感染多种动物。病毒粒子直径80～120nm，平均为100nm。呈球形、杆状或长丝状。病毒表面有一层由双层脂质构成的囊膜，囊膜镶嵌着两种重要的纤突蛋白，分别为血凝素（hemagglutinin，HA）和神经氨酸酶（neuraminidase，NA），突出于囊膜表面。HA形如棒状，是一种糖蛋白多聚体。NA呈蘑菇状，也是一种糖蛋白多聚体。根据病毒表面纤突HA和NA的抗原性不同可将禽流感病毒划分为16个HA亚型和9个NA亚型。

（二）基因组结构与编码蛋白

由于流感病毒的基因组是负链RNA，所以单纯的RNA不具有感染性，从病毒RNA转录成mRNA需要依赖于病毒的RNA多聚酶。流感病毒至少编码11种蛋白多肽。一般认为：RNA1节段编码PB2蛋白；RNA2编码PB1蛋白；RNA3编码PA；RNA4编码HA；RNA5编码NP；RNA6编码NA；RNA7编码M1和M2；RNA8编码两个非结构蛋白（NS1和NS2）。

RNA1～3节段分别编码的三种蛋白质（PB2、PB1和PA）和RNA5节段编码的蛋白NP及病毒RNA（vRNA）共同组成核糖核蛋白（ribonucleoprotein，RNP）复合体，在基因组复制和表达中发挥重要作用。RNA1节段长度为2341bp，编码蛋白PB2，其功能是识别和结合宿主细胞mRNA的5′端帽子结构，切割后连接到病毒mRNA的5′端。RNA2节段长度也为2341bp，编码蛋白PB1，其功能是在病毒mRNA合成开始后催化合成新链的延伸反应。有些流感病毒的RNA2节段会编码分子质量较小的蛋白PB1-F2，已经证明其与病毒的毒力相关。RNA3节段长度为2233bp，编码蛋白PA，具有蛋白水解酶活性，参与RNP复合物的形成和基因组的复制。非结构蛋白PA-X是核糖体移码产物，由PA核酸内切酶结构域和C端结构域组成，可以抑制细胞蛋白的表达。RNA5节段长度为1565bp，编码蛋白NP，参与RNP的形成。

RNA4节段和RNA6节段分别编码蛋白HA和NA，属于流感病毒囊膜纤突蛋白重要的成分。HA分为两个部分：重链（HA1）和轻链（HA2）。两者之间由精氨酸连接，可以被蛋白酶水解，切割位点附近的氨基酸性质和数量是禽流感病毒的致病性评价标准之一。高致病性禽流感在两者裂解位点一般具有连续多个碱性氨基酸基序，而低致病性毒株则不存在此现象。未经水解HA（HA0），能够识别红细胞表面受体，发生凝集反应，也能识别宿主细胞表面受体，但不能与宿主细胞膜融合。只有裂解成HA1和HA2，HA2的N端融合肽暴露，细胞膜和囊膜发生融合，病毒才具有感染性。HA1分布着5个抗原决定簇区，诱导保护性中和抗体的产生。NA也是病毒主要的表面抗原，可以裂解唾液酸，将病毒从宿主细胞表面释放，避免病毒粒子聚集。

RNA7节段编码M1和M2两种蛋白，属于病毒的结构蛋白组分。M1是病毒形态结构组成蛋白，具有型特异性是流感病毒分型的依据之一，还在子代病毒粒子的组装方面发挥重要的作用。M2是一种跨膜蛋白，在HA合成过程作为离子通道，调节高尔基体内的pH，在病毒粒子脱壳过程中酸化其颗粒内部。

RNA8节段编码蛋白NS1和NS2等，属于病毒的非结构蛋白部分。NS1可抑制抗病毒蛋白的产生，有助于病毒的复制，且与流感病毒的致病性密切相关；核输出蛋白（nuclear export protein，NEP）NS2通过与M1蛋白协同作用介导vRNP复合体的核转出。

（三）病原分子流行病学

1．H5N1亚型禽流感病毒　自2005年以来，H5N1高致病性禽流感病毒对我国禽类养殖业造成巨大威胁。针对H5N1高致病性禽流感病毒分支（clade）的命名，WHO、FAO、WOAH联合将H5N1分成0～9共10个clade，其中clade2及clade7变异的速度和程度远超其他clade毒株，并且所造成的危害也最大。2011年，clade7在我国北方蛋鸡中大规模暴发，使得北方养殖业，尤其是蛋鸡养殖业遭受巨大损失，随着疫苗的广泛投入使用，目前clade7病毒已在我国全国范围内消失。2013年之后，在南方地区主要流行的clade2.3.2病毒相比前几年流行明显减弱，只能零星分离到，但在青海湖、三门峡等候鸟迁徙点中，其分支clade2.3.2.1病毒则常能被分离出来，提示候鸟迁徙会对公共卫生安全造成一定风险，需建立完善的系统进行监测。

当前，我国主要流行分支为clade2.3.4.4的H5重组病毒，包括H5N1、H5N6和H5N8等亚型，其中以H5N6最为突出，该亚型具有广泛的宿主嗜性，能感染禽类、野鸟、猪和人类等多种物种。

2．H9N2亚型禽流感病毒　自1994年我国分离到第一株H9N2以来，H9N2亚型禽流感病毒在我国家禽中的携带与感染率持续上升，现已成为我国家禽养殖业需要主要防治的病毒之一。我国H9亚型禽流感的流行分支从第h9.4.2.1分支、第h9.4.2.2分支和第h9.4.2.3分支，突变到h9.4.2.4分支，再分化成当前主要流行的第h9.4.2.5分支。

3．H7N9亚型禽流感病毒　在2013年新型H7N9亚型禽流感病毒暴发之前，我国仅在禽体内偶尔分离到H7亚型禽流感病毒。据报道，该新型H7N9禽流感病毒由鸭源H7亚型、鸡源或野鸟源N9亚型及本地源H9N2亚型三元重配形成。2011～2017年，本病毒在我国共形成了5次流行高峰，前4次均为低致病性禽流感，在禽上致死率不高，第5次则转变为高致病性禽流感，造成多起家禽疫情，禽类出现死亡。目前，基于HA和NA的进化关系，将H7N9划分为两大谱系：长三角谱系和珠三角谱系，其中在珠三角首次发现的高致病性H7N9也源于长三角地区。本病毒从长三角传入珠三角后，通过在HA蛋白裂解位点处插入“KRTA”4个氨基酸而突变为高致病性禽流感病毒。现在我国已经将人感染H7N9禽流感病毒的防疫工作转为常态防控，通过在禽上接种H5/H7双价疫苗，整体上在家禽中很少分离到H7亚型病毒，同时人感染H7N9病例也大幅下降。

4．其他亚型禽流感病毒　野鸟作为流感病毒的天然宿主库，几乎所有的禽流感病毒亚型均可在其中分离到。相反，在家禽中分离到的亚型较少。近年来家禽中监测到阳性频率较高的其他亚型包括H1、H3、H4、H6、H10和H11等。

（四）感染与免疫

1．病毒感染　流感病毒HA受体结合特异性与其宿主嗜性相关。一般情况下，人源和猪源流感病毒偏嗜结合α-2,6-连接唾液酸受体，而禽源病毒偏嗜结合α-2,3-连接唾液酸受体。禽类的呼吸道和肠道内皮细胞中含有大量类似胰酶的酶，可以切割病毒表面的血凝素蛋白，当禽吸入或者摄取具有感染活性的禽流感病毒后，病毒可以在呼吸道或肠道中复制并释放出具有感染性的病毒粒子。其中，鼻窦是禽流感病毒在家禽体内复制的最主要的起始位点。在临床上，禽流感病毒的感染发病和禽的种类、品种品系、日龄、健康情况及应激等因素有关。一般来说，低致病性禽流感病毒在呼吸道和肠道中的复制能力通常十分有限，以至于在某些被感染的动物上观察不到临床症状，但有的亚型也可以扩散到宿主全身，复制并导致肾小管、胰腺腺泡上皮和其他具有上皮细胞并且其中含有类似胰酶的蛋白酶的器官受损。而对于高致病性禽流感病毒，病毒颗粒可以突破黏液层，侵入黏膜下层进入毛细血管，在内皮细胞中复制并通过血液及淋巴循环扩散到内脏器官、脑和皮肤，感染各种细胞并在其中复制。人工感染低致病性 H9N2 亚型禽流感病毒后，鸡在感染后第 3 天达到排毒高峰，随后排毒逐渐下降，排毒持续约 9d，同时能从鸡的多种脏器中检测到病毒，其中肺脏含量最高。而分别人工感染 4 株 H6 亚型禽流感病毒后，鸡的排毒高峰出现在 3～5d，部分毒株在 9d 后仍然能从喉头及泄殖腔中检测到病毒，说明不同毒株的禽流感病毒在禽体内的感染规律虽有相似但不尽相同。

在细胞层面上，禽流感病毒感染宿主细胞的动力学包括以下几个步骤：①HA 识别唾液酸受体并吸附到宿主细胞表面；②病毒内吞及病毒内吞泡的运输；③病毒与内吞泡的膜融合；④病毒脱壳及其 RNA 的入核；⑤病毒 vRNA 互补链的合成与 mRNA 的合成；⑥子代流感病毒蛋白的合成；⑦子代病毒的装配和释放。最终完成一个感染的生命周期。禽流感病毒在感染的早期诱导天然免疫应答反应，研究发现禽流感病毒蛋白会通过与宿主免疫蛋白互作逃逸天然免疫反应。例如，PB2 是流感病毒毒力的重要决定因子，与线粒体抗病毒信号蛋白（MAVS）如 IPS-1、VISA 和 Cardif 相互作用，抑制 IFN-β 的生成。PB1-F2 与线粒体蛋白 VDAC1（voltage-dependent anion channel 1）和 ANT3（adenine nucleotide translocator 3）相互作用，发挥促凋亡的作用；可以在炎症反应时诱导免疫细胞浸润和细胞因子表达增加，引起感染小鼠的肺组织损伤。此外，PB1-F2 与 RIG-Ⅰ接头蛋白 MAVS 相互作用，能够降低线粒体的膜电位，拮抗 IFN 产生，抑制先天性免疫反应。NS1 的 dsRNA 结合功能域能够下调Ⅰ型干扰素和促炎细胞因子的产生，而且这种效应不存在毒株特异性。NS1 不仅通过经典的信号通路途径调节宿主的抗病毒免疫和病毒复制，还存在于非经典 NF-κB 信号通路途径。

2. 免疫应答 禽流感病毒感染后 5d 可产生全身性的 IgM 抗体，随后产生 IgG 抗体应答。HA 是流感病毒的主要保护性抗原，可以诱导产生中和抗体，保护免疫动物不出现临床症状和死亡。在动物体内，其保护性具有 HA 特异性，而且保护效力可以持续 35 周以上。针对内部蛋白的抗体不能有效抵抗禽流感病毒的感染，阻止免疫动物发病和死亡，但流感病毒的内部蛋白能帮助诱导细胞免疫的产生。H9N2 人工感染 SPF 鸡后，在第 5 天能检测到明显的血清抗体水平及 $CD8^{+}$T 细胞应答，与病毒的增殖曲线呈负相关，说明适应性免疫应答在对抗禽流感病毒感染的过程中发挥着重要的作用。

三、诊断要点

（一）流行病学诊断

禽流感一年四季均可流行，但以冬季和气温骤冷骤热的春季更易暴发，属于高度接触性传染病，可通过多种途径传播，被感染禽群的粪便，分泌物污染的饲料、饮水、空气中的尘埃，以及笼具、蛋品、种苗、衣物、运输工具都可以成为传播媒介。携带病毒的候鸟在迁徙过程中，沿途也可散播病毒，这是禽流感病毒长距离传播和大范围扩散的重要方式，也给禽流感防控带来了巨大挑战。观赏鸟、参赛的鸽子及其他参加展览的鸟类也可直接或间接将病毒散播到敏感禽群内。

1．高致病性禽流感 高致病性禽流感病毒以H5和H7血清亚型为主，其流行特征是传播速度快、潜伏期短、发病迅速、发病率和死亡率高。

2．低致病性禽流感 低致病性禽流感病毒感染禽后表现为高发病率和低死亡率，有的被感染禽无任何临床症状和病理变化，只有在检测抗体时才能进行诊断。

（二）临床诊断

1．高致病性禽流感 野鸟和水禽一般不产生明显的临床症状。对鸡来说，最急性型感染后没有任何临床症状突然死亡。急性型表现最为常见，病鸡在发病后体温迅速升高，头颈部水肿、发绀，表现出精神极度沉郁、颈部颤动、歪脖子等神经症状。呼吸道症状和低致病性禽流感相比不明显，但也会出现打喷嚏、甩头、咳嗽和呼吸啰音等症状。同时，病鸡会出现腹泻，拉黄白、黄绿或绿色粪便的消化道症状。产蛋鸡在感染后表现出产蛋量下降，典型特征为感染后6d内产蛋停止。

2．低致病性禽流感 和高致病性禽流感一样，低致病性禽流感病毒感染野鸟后一般不表现出明显的临床症状。感染鸡主要表现出呼吸道的症状，如咳嗽、流泪、打喷嚏和呼吸啰音，同时也伴有无明显特征的临床症状，包括扎堆、羽毛松乱、精神沉郁、食欲和饮水量下降及间歇性腹泻。产蛋鸡产蛋量下降，但不至于停止。

（三）病理诊断

1．高致病性禽流感 最急性型可能观察不到病变。一般病鸡会出现头颈部和腿部皮下水肿、出血。无毛处皮肤苍白、出血、坏死，尤其是肉髯和鸡冠。内脏器官的病变和病毒亚型、毒株、毒力等有关，但浆膜和黏膜表面出血及内脏器官出现坏死灶是共有的特征。心外膜、胸肌、腺胃和肌胃黏膜的出血尤为明显。其他主要病变还包括口腔、喉头、十二指肠黏膜等点状出血；肝、脾、肾、心脏等实质器官出血和坏死，其中肾可能还同时伴有尿酸盐沉积；气囊、腹腔、输卵管充满纤维素性渗出物；肺水肿、充血、出血，先在中部出现炎症，最后弥漫到整个肺部；法氏囊和胸腺萎缩；有时可见胰腺坏死。

2．低致病性禽流感 家禽的病变主要表现在呼吸道和生殖道内。呼吸道典型病理变化表现为卡他性、纤维蛋白性、浆液纤维素性、黏脓性或纤维素性脓性的炎症；鼻窦、眶下窦肿胀；气管黏膜充血水肿，偶尔出血，并有较多黏液和干酪样渗出物；肺病变不明显，严重病例会出现弥散性炎症。生殖系统病变主要表现为蛋鸡的卵泡出血、变性和坏死及其所引起的卵黄性腹膜炎；输卵管水肿，内有黏液和干酪样渗出物。

（四）鉴别诊断

禽流感在临床上应注意和新城疫、传染性喉气管炎、传染性支气管炎、鸡支原体病等呼吸道疾病相区别。尽管上述各种疾病的临床症状和病理变化有细微差异，但大体上依然非常相似，容易误诊，因此还需要借助实验室诊断做进一步血清抗体比较及病原学检测。

1．新城疫 和禽流感相比，新城疫较为典型的病理变化为腺胃乳头出血，直肠有条纹状出血，病禽拉绿色或深绿色粪便为主。

2．传染性支气管炎 传染性支气管炎感染的病禽盲肠扁桃体正常，且不出现明显神经症状，病禽拉白色粪便为主。

3．传染性喉气管炎 传染性喉气管炎感染的病禽盲肠扁桃体、肾和生殖道无明显病变。

四、实验室诊断技术

（一）病料采集与保存方法

若要进行病毒的分离和鉴定，可以采集活禽的喉头拭子或泄殖腔拭子。棉拭子在擦拭后，应置于含抗生素的无菌转移液中，转移液可选 Hank's 液、等渗磷酸盐缓冲液、pH 7.2～7.6 的肉汤或 25%～50%的甘油盐水。病死禽则可采集其气管、肺、肾、肝、泄殖腔等器官，分别放置于无菌的采样袋中。

如果样品在采集后 48h 内处理，则可放置在 4℃保存；如果样品需要长期贮存，则最好放置在－70℃，以液态氮或干冰储存运输较好，并避免反复冻融，否则会降低病毒的滴度。

若要进行血清学检测，可采集活禽血液，处理得到血清后置于－20℃保存。

（二）病原学诊断

1．病毒的分离与鉴定

（1）*病毒分离* 目前最常用的方法是取疑似发病禽的样品，研磨离心后取上清接种于 9～11 日龄的 SPF 鸡胚尿囊腔中，收取 24h 后死亡的鸡胚和第 5 天尚未死亡的鸡胚尿囊液。检测其对鸡红细胞的凝集效价［血凝（HA）试验］，如 HA 呈阳性反应，则分别用禽流感病毒的不同亚型标准血清、新城疫标准血清、减蛋综合征标准血清对被分离的病毒做血凝抑制（HI）鉴定，如被分离病毒的 HA 活性不能被新城疫抗血清、减蛋综合征抗血清所抑制，但能被禽流感阳性血清抑制，则证实分离的病毒为禽流感病毒。HA 试验阴性的样品连续盲传 2～3 代，若仍没有血凝活性，则判断为阴性。

将样品接种在犬肾细胞（MDCK）上也是分离病毒较常用的方法。37℃培养两星期，如果观察到细胞质内出现嗜碱性包涵体等细胞病变，后续可用红细胞吸附或免疫荧光来确定是否存在 AIV。确实后可收集细胞上清，内含 AIV。分离到的病毒应该贮存在－70℃，并避免反复冻融，同时要定期检测其感染能力。

（2）*分子鉴定方法* 主要包括反转录 PCR（RT-PCR）、实时荧光定量 PCR（RT-qPCR）、基因芯片等技术，其中 RT-qPCR 已被广泛使用在禽流感检测和鉴定中。近年来基于等温核酸扩增技术出现了不少新的鉴定方法，如环介导等温扩增检测（loop mediated isothermal amplification，LAMP）、核酸序列扩增技术（NASBA）、重组酶聚合酶介导等温扩增技术（RPA）、解旋酶依赖性等温扩增技术（HDA）等。目前在 AIV 的日常监测中普遍采用实时荧光定量 PCR（RT-qPCR）方法。另外，RT-PCR 结合基因测序也已成为禽流感病毒快速鉴定的常用方法。

2．动物感染试验 动物感染试验主要用于鉴定病毒是高致病性或是低致病性禽流感病毒，判定标准有两种，分别是世界动物卫生组织（World Organization for Animal Health，WOAH）分类标准和欧盟的静脉接种致病指数（intravenous pathogenicity index，IVPI）。

（三）免疫学诊断

针对 AIV 诊断的血清学实验主要包括：血凝和血凝抑制实验、神经氨酸酶抑制实验、琼脂扩散实验、免疫荧光技术、酶联免疫吸附测定（ELISA）和胶体金免疫层析技术等。其中前三者是我国针对高致病性禽流感的防治技术规范指定诊断方法。血凝和血凝抑制实验及神经氨酸酶抑制实验是最常用的鉴定病毒血清型的方法，其他方法多用于检测病毒的存在。

五、防控措施

（一）综合防控措施

1．平时的预防措施　加强饲养管理，制订严格的消毒制度，确保养殖场内的卫生条件符合要求；对水源和饲料进行严格的控制，避免粪便和污水对其造成污染；实行全进全出的饲养模式，车辆和人员进出需要进行严格的消毒；对周围环境加强控制，做好防护措施，禁止野生禽类及其排泄物进入养殖区，并建立有害生物防控制度。新引进的禽需要隔离 21d 以上，确定没有疫病方可混群饲养。

此外，高度重视禽群的 H5 和 H9 亚型流感的免疫，保持较高的抗体水平。另外，做好对新城疫、传染性支气管炎、传染性喉气管炎、马立克病等的免疫接种，尤其是使禽群保持较高水平的新城疫 HI 抗体滴度，定期用弱毒疫苗经滴眼、滴鼻或喷雾免疫以加强呼吸道局部的特异性或非特异性免疫力，对减轻禽流感的风险和损失有一定的作用。

2．发病时的扑灭措施　当出现高致病性禽流感疫情时，我国规定按照“早、快、严、小”的原则控制和扑灭禽流感。根据国家《高致病性禽流感疫情处置技术规范》说明，“早”即“早发现、早诊断、早报告、早确认”；“快”即健全应急反应机制，快速行动、及时处理；“严”是指规范疫情处置，做到坚决果断、全面彻底、严格处置；“小”即将疫情控制在最小范围内，避免扩散。

（二）生物安全体系构建

禽流感病毒主要通过呼吸道和消化道进行传播，因此切断传播途径是一重要举措。例如，养禽场在建设时应按照 WOAH 的规定与其他养殖场保持距离，远离公路并且建设围墙防止其他动物进入。同时，养禽场需要有一套排水和污水处理系统，避免其他污染物的感染。养禽场禁止外来人员随意进出，需要进出的人员和车辆必须经过严格的检疫和消毒。此外，养禽场要做好常规的卫生防疫工作，尤其是定期消毒。因为尽管已采取严格的预防措施，有时病毒还是可能通过流动的空气、飞鸟的粪便等进入禽场；但病毒的进入不等于疾病的暴发，任何一种微生物均需要有一定的量才能使敏感动物发病，经常消毒就可以将环境内可能存在的病毒消灭或降低到最低数量，避免或减少疾病的发生。最后还需要建立健全养殖场内的疫情监督机制，及时发现疫情，并上报相关部门。

（三）疫苗与免疫

疫苗是禽流感防控的最后一道防线，目前，禽流感疫苗的种类主要有基因工程疫苗、弱毒疫苗和灭活疫苗。由于禽流感病毒的高度变异性，所以一般都限制弱毒疫苗的使用，以免弱毒在使用中变异而使毒力返强，形成新的高致病性毒株。

灭活疫苗有组织灭活疫苗、蜂胶佐剂灭活疫苗、氢氧化铝佐剂灭活疫苗、油乳剂灭活疫苗等，其中以油乳剂灭活疫苗应用较多。我们国家批准使用的只有油乳剂疫苗。关于疫苗的接种时间和次数，没有一个固定的模式，科学的方式是定期监测抗体水平，制订合理的免疫程序。在生产中使用时，由于个体差异、操作失误、饲养管理条件、其他疾病及药物的影响等，实际保护时间要比试验条件下的保护时间短些，所以还是以每 3 个月接种一次为妥；对于饲养期较长的种禽和蛋禽，可在 5～15 日龄时接种一次，50～60 日龄时接种一次，开产前接种一次，以后每 3 个月再接种一次。灭活油乳剂疫苗的接种途径为肌肉或皮下注射，免疫接种量可以参考疫苗生产厂提供的使用说明。

疫苗接种虽然可以避免家禽的毁灭性死亡损失，但不能指望接种灭活疫苗后，就可以完全防止禽流感的发生。由于灭活疫苗虽能诱导机体产生较高的循环抗体，但免疫禽的呼吸道、消化道和生殖道的局部免疫力仍较弱，所以在接种疫苗后仍然可能会出现一些不同程度的呼吸道症状、产蛋量下降等。因此，在接种疫苗同时，必须继续加强禽场的饲养管理工作，才能切实避免禽流感的发生。

六、问题与展望

以美国和加拿大为代表的发达国家对禽流感不实行普免，而是通过建立健全的管理制度和疫病监测制度，落实扑杀发病群体等一系列措施达到控制禽流感流行的目的。但基于我国经济发展的需要和人口基数等问题，强制性疫苗免疫仍然是我国防控禽流感的最主要手段。然而，用于诱导抗体产生的疫苗需要反复多次接种，使易发生重组的禽流感病毒在免疫选择压力下不断变异，从而导致变异株的不断出现和已有疫苗无法诱导良好保护水平。因此，针对疫苗免疫的问题，未来研究通用性持久有效的疫苗显得尤为重要。另外，分散型养殖、养殖场生物防控不到位、活禽交易市场的广泛存在也是导致中国禽流感疫情不断发生的重要原因。在这种情况下，需要我国管理部门总结欧美等发达国家的防控经验，并结合国情，逐步改进我国防控禽流感的措施。与我国相比，发达国家更重视预测和模拟疫病对养殖业的影响，以此对真实疫情工作做出指导，避免更大的经济损失。而我国的研究多为疫情发生后的回顾性影响评估。因此，未来需要加强开展预测型的模拟研究，利用生物信息大数据预测分析未来可能流行的流感，以便提前防控。

（廖　明　代曼曼）

第三节　狂　犬　病

一、概述

狂犬病（rabies）是由狂犬病病毒（rabiesvirus，RABV）感染引起的以中枢神经系统症状为主要表现的人兽共患传染病，病死率几乎为 100%。狂犬病“*rabere*”在拉丁语中是“发疯”的意思。狂犬病的第一个正式文献出现在公元前 20 世纪巴比伦，直到 19 世纪 80 年代路易斯·巴斯德（Louis Pasteur）才将病毒确定为造成这种疾病的原因。

拓展阅读 2-3

二、病原学

（一）病原与分类

病原为狂犬病病毒。本病毒属于单股负链病毒目（*Mononegaviruses*）弹状病毒科（*Rhabdoviridae*）狂犬病病毒属（*Lyssavirus*）。其头部为半球形，尾部常为平端，形态呈典型的子弹状，长100～300nm，直径为75nm（Wunner et al.，1988；阳佑天，2015）。病毒由2个结构和功能单位组成，一是囊膜上镶嵌的G蛋白，它由三聚体组成刺状突起（长10nm），可识别易感细胞膜上特定的病毒受体；二是内含螺旋状排列的核衣壳（ribonucleocapsid），由与N蛋白、多聚酶L及其辅助因子P蛋白（原名M1）密切相连的RNA基因组组成。核衣壳确保基因组在胞质中的转录和复制。M蛋白占据了核衣壳和囊膜之间的位置，决定了病毒出芽及其子弹样的形态。

从发病动物中分离的狂犬病病毒称为“街毒”（street virus）。“街毒”在家兔脑或脊髓内连续传代后，对家兔的潜伏期变短，但对原宿主的毒力下降，这种具有固定特征的狂犬病病毒称为“固定毒”（fixed virus）。街毒与固定毒的主要区别是街毒接种后引起动物发病所需的潜伏期长，自脑外部位接种容易侵入脑组织，在感染的神经组织中易发现病毒包涵体。固定毒的潜伏期较短，主要引起麻痹，不侵犯唾液腺，对人和犬的毒力几乎完全消失。

狂犬病病毒在一些神经元胞质内形成本病毒特异的包涵体。此包涵体于1903年首先由Negri描述，故称为内基小体（Negri body），对狂犬病具有诊断意义。本病毒在70℃ 15min、100℃ 2min即可被杀死；干燥状态下可抵抗100℃ 2～3min。在50%甘油中可保持活力1年，4℃时，在脑组织中可存活几个月，在－70℃时几年内仍具有传染性。病毒对酸、碱、石炭酸、新洁尔灭等消毒剂敏感，在紫外线、X射线下迅速灭活。

根据狂犬病病毒来源的不同、病毒基因的差异，国际病毒分类委员会将狂犬病病毒属的病毒划分为16种（王传林和殷文武，2020）。

（二）基因组结构与编码蛋白

狂犬病病毒有一个约12kb长、不分节段的负链RNA基因组，从3′到5′分别编码5种结构蛋白，即核蛋白（N）、磷蛋白（P）、基质蛋白（M）、糖蛋白（G）和聚合酶（L）（William et al.，2013）。所有狂犬病病毒属中病毒的N、M和L蛋白具有相似的结构和长度。P蛋白和G蛋白胞质区的长度变化很大。RABV的每个基因由中间的开放阅读框（open reading frame，ORF）和两侧的非编码区组成（NCR），两侧有转录起始信号（TIS）和转录终止多腺苷酸信号（TTP）。TIS一致序列（3′-UUGURRnGA-5′）在所有狂犬病病毒属中严格保守。TTP一致序列（3′-A/U-CUUUUUUUG-5′）包含7个尿嘧啶残基，在下一个起始信号前，被RNA聚合酶反复拷贝以产生每个mRNA的多腺苷酸尾。在一些RABV毒株中，有两个抑制型的TTP分别为M和G单顺反子，这些序列调节了多聚酶在转录过程中的活性，但是在复制过程中不发挥作用。RABV的5个结构基因由保守的非转录的基因间区域（IGR）隔开。除了Mokola狂犬病病毒4个IGR由相同的GA二核苷酸组成和重组狂犬病病毒、Lagos蝙蝠狂犬病病毒的M～G（16个核苷）及所有的狂犬病病毒属的G/L区间（19～28个核苷）外，IGR都非常短（2～6个核苷酸）。

在狂犬病病毒基因组的3′端和5′端分别有两个短的NCR：3′端的前导序列和5′端的尾序

列，分别起始和终止基因组的转录和复制。前导序列和尾序列富含U和A核苷酸。前导序列在长度上严格保守（58nt）。在所有狂犬病病毒属中，开始的9个核苷酸完全一致。尾序列的长度和序列变化比较大（约70nt）。基因组的3′端和5′端的序列反向互补，这个互补性是单负链病毒的另一个经典特性。反向遗传试验已经证明末端包含了转录和复制的必需启动子序列和新合成的病毒RNA衣壳化的信号。

核蛋白（N蛋白）由450个氨基酸组成，每个病毒粒子含有1750个N蛋白分子，其序列在不同的毒株中高度保守，可作为病毒基因分型的主要依据。N蛋白是组成病毒复制和转录活化中心核糖核蛋白体（RNP）的主要蛋白。每个N启动子能与蛋白质完全包裹的9个核糖核苷酸精确结合，这代表了一个RNA的存储阶段，有助于病毒RNA躲避细胞脱氧核糖核酸酶（RNase）和因子对外源核苷酸的识别，阻止IFN的起始和产生。在这个阶段L蛋白不能与RNA结合，并且N蛋白构象的改变是RNA能够被转录和复制必需的。N蛋白在病毒转录和复制中发挥重要的作用，控制了病毒复制的起始，只有当N蛋白的表达达到某个阈值时，病毒才开始复制。其有3个主要的抗原位点，能刺激机体Th细胞和中和抗体的产生，诱导机体产生细胞免疫。另外有报道，狂犬病病毒强毒的N蛋白具有逃避RIG-Ⅰ活化的功能，从而逃避宿主IFN和化学趋化因子的诱导。

磷酸化蛋白（phosphoprotein，P蛋白）由292个氨基酸组成，是RNA聚合酶的催化因子，以细长的二聚体形式存在。P蛋白是病毒复制和逃避宿主IFN应答的重要必需元素。P蛋白与L蛋白形成的复合物与N蛋白包裹的正链RNA结合，启动病毒基因的转录。有研究表明，P蛋白缺失的RABV弱毒株对成年和哺乳小鼠没有致病性，甚至脑内接种也没有致病性，而且能够诱导成鼠高水平的抗病毒中和抗体，保护小鼠免受标准攻击病毒（CVS）毒株的致死性攻击。来自实验室适应株的RABV的P蛋白能干扰IFN信号级联中的下游元件，从而增强了固有免疫应答包含Ⅰ型IFN和趋化因子。而野生型RABV的P蛋白能通过不同的途径抑制IFN应答，帮助病毒逃避宿主的固有免疫。

基质蛋白（matrix protein，M蛋白）由202个氨基酸残基组成，是RABV中最小的结构蛋白，其紧紧围绕核衣壳，在核衣壳和病毒囊膜间形成一座桥梁。M蛋白不仅在RNP形成中发挥重要作用，还参与病毒粒子的装配和出芽。

糖蛋白（glycoprotein，G蛋白）以三聚体形式存在，其胞质内尾部与M蛋白相互作用，是唯一一个暴露于弹状病毒囊膜表面的蛋白，且是细胞受体的唯一配体。G蛋白能与宿主细胞受体结合，促使病毒粒子的内吞。胞内体的低pH促使了G蛋白介导的病毒囊膜和胞内体膜的融合，使病毒粒子的核衣壳释放到胞质内。在病毒合成晚期，G蛋白首先插入宿主膜上，尾部与核衣壳附近的M蛋白相互作用，促使病毒从宿主细胞膜出芽。G蛋白是RABV主要的致病性决定因子，其主要表现在3个方面：控制病毒吸收的速度和病毒在突触间的传播速度，以及调节病毒复制的速度。致病性RABV G-333、255和349位点氨基酸的突变，致病毒扩散速度减慢，病毒毒力减弱。G蛋白还是一个凋亡分子，携带两个G蛋白的RABV能够诱导产生更强烈的细胞凋亡及抗病毒反应。G蛋白是病毒中和抗体的靶蛋白，通常在野生型病毒感染的细胞中低水平表达。在感染过程中，G蛋白的低水平表达在某种程度上允许病毒逃避宿主的免疫识别。实验室减毒毒株一般高水平表达G蛋白，但有些反常的毒株细胞毒性更强。

依赖RNA的RNA聚合酶（RNA-dependent RNA polymerase，L蛋白），是L-P多聚体复合物中的酶成分，是病毒mRNA帽子结构合成所必需。L蛋白对于病毒传代过程中G蛋白

333 位点的稳定有重要作用，说明 L 蛋白与 G 蛋白有协同进化作用。L 蛋白中保守的 K-D-K-E 基序与病毒 mRNA 转录过程中的甲基化转移酶（MTase）活性相关，其 K1685 和 K1829 在致病性和免疫逃避方面发挥重大作用。另有研究显示宿主细胞微管的乙酰化和识别（MT）受 L 蛋白操纵，有助于病毒成分在胞内的有效转运。

（三）病原分子流行病学

根据遗传距离和血清学交叉反应，狂犬病病毒属中的 16 种病毒可被划分为三个不同的遗传谱系：谱系Ⅰ包括 RABV、DUVV、EBLV-1、EBLV-2、ABLV、KHUV、ARAV、IRKV、BBLV 和 GBLV；谱系Ⅱ包括 LBV、MOKV 和 SHIBV；谱系Ⅲ包括 WCBV、IKOV 和 LLEBV（WHO Expert Consulation on Rabies，2018）。

（四）感染与免疫

狂犬病病毒通过伤口进入体内，但病毒不能穿过没有损伤的皮肤和黏膜。病毒首先与宿主细胞乙酰胆碱受体、神经细胞黏附分子和 p75 神经营养素受体（p75NTR）等结合。在外周肌肉细胞中进行少量复制之后沿着外周神经，或直接进入周围神经，通过逆向轴浆流动到达中枢神经系统（CNS）。根据侵入的病毒量和侵入部位，潜伏期为 2 周到 6 年。病毒侵入部位越靠近中枢神经系统，潜伏期就可能越短。病毒移动的速度估计为 5～100mm/d。病毒然后从中枢神经系统通过顺向轴浆流动进入周围神经，导致邻近某些非神经组织（如唾液腺的分泌组织）的感染。

三、诊断要点

（一）流行病学诊断

狂犬病病毒几乎感染所有陆生哺乳动物，如犬、猫、猪、牛、羊、骆驼、狼、狐、豺、猴、浣熊、鹿、蝙蝠、獾、啮齿类动物，野生食肉动物、土拨鼠及蝙蝠是其主要的贮存宿主。

狂犬病的传播途径较特殊，主要通过接触感染，通常是患病动物咬伤或者抓伤易感动物，病毒随唾液进入伤口。近几年，肾移植发生狂犬病时有报道。

（二）临床诊断

狂犬病在所有病毒性脑炎中的病死率最高，患者一旦出现临床症状，病死率超过 99.9%，是目前人类病死率最高的传染病。人类感染狂犬病病毒后，可呈现严重的进行性脑、脊髓、神经根炎表现，典型的狂犬病发病过程可分为潜伏期、前驱期、急性神经症状期及麻痹期几个阶段，临床症状多样，根据进入急性神经症状期的临床表现又可分为狂躁型和麻痹型两种。

动物狂犬病的潜伏期因动物品种的不同而异，一般为 2～8 周，最短为 8d，长者可达数月或 1 年以上。各种动物的临诊表现都相似，一般可分为两类，即狂暴型和麻痹型，而吸血蝙蝠传播的狂犬病多表现为麻痹型。

1. 犬狂犬病 犬的狂暴型可分为前驱期或沉郁期、兴奋期或狂暴期和麻痹期。

前驱期或沉郁期：半天到 2d，病犬精神沉郁，常躲在暗处，不愿和人接近，或不听使唤，强行牵引则咬其主人。病犬食欲反常，喜食异物，喉头轻度麻痹，吞咽时颈部伸展，瞳散大，反射机能亢进，轻度刺激即易兴奋，有时望空捕咬。性欲亢进，唾液分泌增多。

兴奋期或狂暴期：2～4d，病犬高度兴奋，狂暴不安，常攻击人畜或咬伤自己，病犬常在野外游荡，多数不归。狂暴发作往往与沉郁交替出现。出现一种特殊的斜视和惶恐的表情，当再次受到外界刺激时，再度发作。随着病势的发展，陷于意识障碍，反射紊乱，狂咬，显著消瘦，吠声嘶哑，散瞳或缩瞳，下颌麻痹，流涎或夹尾等症状。

麻痹期：1～2d。麻痹急剧发展，表现为下颌下垂，舌脱出口外，大量流涎，不久后躯及四肢麻痹，卧地不起，吞咽困难，恐水。最后因呼吸中枢麻痹或衰竭而死。整个病程为6～8d，少数病例可延长到10d。

犬的麻痹型或沉郁型表现为兴奋期很短或轻微，以沉郁或麻痹为主，2～4d死亡。

2．其他动物狂犬病 牛、羊、鹿患病后呈现不安、兴奋、攻击和顶撞墙壁，大量流涎，最后麻痹死亡。马的临床症状与此相似，有时呈破伤风样临床症状。

3．野生动物狂犬病 自然感染见于大多数犬科动物和其他哺乳动物。人工感染的狐、臭鼬和浣熊的临床症状与犬的狂犬病症状相似，大多数表现为狂暴型。狐的病程持续2～4d，而臭鼬的病程可达4～9d。

（三）病理诊断

本病常无特征性肉眼病理变化。尸体消瘦，血液浓稠。胃内常有毛发、石块和玻璃碎片等异物。

内基小体是病毒复制部位，含有狂犬病病毒和某些细胞成分。因此显微检查内基小体具有重要诊断意义。内基小体分布于大脑海马回和大脑皮层的锥体细胞、小脑的浦肯野细胞、基底核、脑神经核、脊神经节及交感神经节等部位的神经细胞胞质内。

唾液腺腺泡上皮细胞变性，间质有单核细胞、淋巴细胞、浆细胞浸润。腺泡和腺管内有大量病毒粒子积聚。管腔侧细胞表面和管腔内也有出芽的病毒粒子。

（四）鉴别诊断

因狂犬病具有恐水、攻击人畜、流涎、麻痹等特征临床症状，不易与其他病混淆，但确诊需做病原检测。

四、实验室诊断技术

临床上，由于没有特征性症状，且动物个体间症状差异很大，确诊狂犬病的唯一可靠的方法是在实验室进行病毒鉴定或其特异性成分的鉴定。

（一）采样

狂犬病病毒失活很快，用于狂犬病诊断的样品必须在低温环境下迅速送往专业实验室。通常采集患病动物的丘脑、脑桥、脑干等组织。

（二）病原鉴定

1．内基小体检查 内基小体（Negri body）与病毒蛋白聚集相对应。用未经固定的组织直接压印片，以塞勒氏（Seller）方法染色，1h后得出诊断结果。只要发现胞质嗜酸体就可证明被感染，该方法的最大缺点是敏感性非常低。

2．荧光抗体试验（FAT） 荧光抗体试验是WHO和WOAH共同推荐的诊断狂犬病最常用的方法（Charles et al.，2018），它可直接检测压印片，也能用于检测细胞培养物或被接种的小鼠的脑组织中狂犬病病毒是否存在。对于新鲜病料，FAT 可在几小时内得出可靠结果，准确率达 95%～99%。FAT 敏感性取决于样品（如动物种类和自溶程度）、狂犬病病毒类型和操作人员的熟练程度。免疫动物样品的敏感度要低些，由于抗原局部化，被限定在脑干部。直接诊断狂犬病，可用脑组织压印片，包括脑干，以高质量的冷丙酮固定，用一滴特异的抗狂犬病病毒荧光抗体染色。

FAT 也适用于甘油保存的样品。如果样品是用福尔马林保存的，只有经酶处理后才能用于 FAT。然而，与新鲜样品相比，用福尔马林固定和吸收的样品，在用于 FAT 试验时的可信度降低，而且比较烦琐。

3．小鼠接种试验　用 DMEM 培养基将脑组织制成 10%的乳液，脑内接种 3～4 周龄（体重 12～14g），或一窝 3 日龄乳鼠。弃去 4d 内死亡的小鼠，其余观察 5～28d，如出现麻痹或死亡，再结合 FAT 检测法，可确诊。若是狐狸狂犬病街毒株，一般会在接种后 9d 开始死亡。为加快在乳鼠出结果，可以在乳鼠接种后 5d、7d、9d 和 11d 分别用 FAT 检测。

4．细胞培养试验　将病毒料接种 NA 或 BHK-21（或 BSR、BHK 的克隆株），于含 5% CO_2 的细胞培养箱 36℃中培养 18～48h，通过荧光抗体染色以鉴定病毒。该试验与小鼠接种试验敏感性相同，但比小鼠接种试验费用少，出结果快，可避免使用活的动物。

5．其他鉴定方法　还可以用单克隆抗体、核酸探针及聚合酶链反应（PCR），再辅以 DNA 测序对病毒定型，区别疫苗株和野毒株。

（三）血清学试验

由于街毒不激活树突状细胞（DC），加上患病动物存活率低，致使很难产生感染抗体。因此，血清学方法主要用于监测免疫后的人或动物的抗体水平。在细胞培养上做荧光抗体病毒中和试验（FAVN）效果最好。然而野外采集的血清质量低劣，细胞对毒素太敏感，可能产生假阳性。因此，可采用狂犬病病毒糖蛋白包被的间接 ELISA 试验，该方法与 FAVN 具有同样的特异性。

1．荧光抗体病毒中和试验（FAVN）　将一定量的血清与狂犬病病毒 CVS（适应细胞培养的标准攻毒毒株）在体外中和，然后接种对狂犬病病毒敏感的细胞，以 50%以上的细胞获得保护的血清稀释度为抗体最高滴度。按照 WHO 的推荐，当血清中的抗体滴度≥0.5 国际单位（IU/mL），表明该动物的抗体具有保护能力。

2．小鼠病毒中和试验　本试验的原理是用变量的被测血清在体内中和恒量狂犬病病毒（50LD_{50}/0.03mL（攻毒标准株 CVS））。将 37℃作用 90min 的狂犬病病毒-血清混合液接种到 3 周龄小鼠脑内（0.03mL/只）。血清滴度即血清-病毒混合液使 50%的小鼠（不中和时 100%致死）获保护的血清最高稀释度。这种滴度是将标准血清的中和稀释度在相同的试验条件下与之进行比较，并以国际单位表示。

3．酶联免疫吸附测定　直接 ELISA 可用于定性检测单个狗和猫疫苗接种后血清样品中的狂犬病抗体。按照 WHO 的推荐，每毫升中含有 0.6EU 抗狂犬病病毒抗体，被认为是能抵抗狂犬病病毒感染的最小免疫抗体量。尽管这种直接 ELISA 方法比 FAVN 或快速荧光斑点抑制试验（RFFIT）敏感性低，但可用于快速筛选试验（4h），不需要活的狂犬病病毒，也可用于测定犬和猫疫苗接种后的血清转变。由于该方法敏感性较低，阴性结果可用 FAVN 确定。

五、防控措施

（一）综合防控措施

由于人间狂犬病的来源主要是陆生动物，因此应加强犬、猫和野生动物的免疫和免疫效果的评估。强化狂犬病防控知识的普及，加强动物检疫、控制传染源。

（二）生物安全体系构建

WOAH和我国均将狂犬病列为Ⅱ类传染病，农业部在《动物病原微生物分类名录》（2005）中将狂犬病病毒列为Ⅱ类病原，而在卫生部制定的《人间传染的病原微生物名录》（2006）中，将狂犬病病毒街毒列为Ⅱ类病原、固定毒列为Ⅲ类病原。依上述两份病原微生物名录的要求，在进行Ⅱ类病原的分离培养、动物感染和未经培养的感染性材料实验时，需要生物安全三级实验室，而Ⅲ类病原仅需生物安全二级实验室。

（三）疫苗与免疫

WHO推荐，70%以上的犬、猫（包括流浪犬、猫）获得有效免疫，能阻止狂犬病的流行。高效、安全、经济的狂犬病灭活疫苗是狂犬病防控的首选。自1885年法国科学家巴斯德首次研制出狂犬病疫苗用于人体，狂犬病疫苗在不断地提高和革新。先后经历了神经组织疫苗、禽胚疫苗、细胞培养疫苗几个阶段。

神经组织疫苗不仅免疫原性弱，而且残留神经麻痹因子，易引起神经性麻痹和神经并发症，已被WHO建议限制和放弃生产。禽胚疫苗由于也会产生神经并发症大多已停用。细胞培养疫苗，跟前两者相比有其独特的优势，因此受到WHO大力提倡。

随着分子生物学技术和反向遗传操作系统的建立和发展，以及对狂犬病病毒基因与致病性的了解越来越多，出现了多种免疫原性更好的疫苗。我国科学家在狂犬病病毒HEP-Flury假基因处插入另一个糖蛋白基因（G基因），制备了一款狂犬病灭活疫苗（dG株），在国内犬中广泛应用，取得了良好的效果。

除了注射用灭活疫苗，科学家还将狂犬病病毒免疫原基因转入番茄和烟草，获得了可以稳定表达狂犬病糖蛋白的番茄植物和烟草植物，并证实口服狂犬病G蛋白能激发动物的保护性免疫，这些转基因植物为开发可食性口服疫苗奠定了基础。

对于野生动物和流浪犬，常规的注射免疫比较困难，所以需要一种更有效、更具成本效益的野生动物狂犬病控制策略。以狂犬病病毒弱毒SAG2株制备的口服疫苗是欧洲医学机构唯一的注册口服疫苗，在野生动物狂犬病的防疫中发挥了重要作用。一种表达狂犬病病毒糖蛋白基因（V-RG）的重组牛痘病毒载体口服弱毒疫苗（RABORAL V-RG）也获成功，并于1987年获生产许可。RABORAL V-RG的应用已消除比利时、法国和卢森堡的野生狂犬病，但该疫苗不适合臭鼬和犬。

六、问题与展望

狂犬病是一种重要的人兽共患传染病，发病后的死亡率为100%。目前，人用和兽用狂犬病灭活疫苗均高效安全，但发病后的高死亡率仍然是狂犬病防控的科学难题。为了践行同一地球同一健康的理念，WHO和WOAH提出了2030年在全球范围内消灭人间狂犬病的伟大愿望。只要人们保持良好的犬、猫饲养习惯，严格遵守国家的动物防疫法规，自觉为犬、猫注射狂犬疫苗，人间狂犬病一定会被消灭。

（郭霄峰）

第四节 伪狂犬病

一、概述

伪狂犬病（pseudorabies，PR）是由伪狂犬病病毒（pseudorabies virus，PRV）引起的家畜（猪、牛、绵羊、山羊）、宠物（犬、猫）、经济动物（狐狸、水貂）、野生动物（浣熊、狼）和实验动物（小鼠、家兔）等多种动物共患的传染病。本病对养猪业危害最大。感染野毒后，母猪可发生繁殖障碍、返情，公猪发生睾丸炎、睾丸肿大、精液质量下降；新生仔猪出现神经症状，如感染强毒株，可同时出现摩擦体表皮肤等奇痒症状；保育猪、生长猪和育肥猪可出现神经症状或呼吸道症状，或两种症状均可出现。猪伪狂犬病引起的致死率与感染猪日龄密切相关，日龄越小，致死率越高。除猪外，其他动物感染后，都出现奇痒症状，以死亡为结局，但为散发。人类已有感染发病的报道。

拓展阅读 2-4

本病于 1813 年首先报道发生于美国，牛群出现与狂犬病相似的神经症状。1902 年由匈牙利科学家 Aladar Aujeszky 在 1 头 2.5 岁发病死亡的牛观察到本病，并用牛脑脊液接种家兔、猫和犬，均复制出本病，但不能分离出病毒。1914 年，病理学家 Ratz 博士首次确诊猪伪狂犬病。1934 年 Sabin 和 Wright 确认病原为疱疹病毒。由于本病为 Aladar Aujeszky 首次报道，因此又称为 Aujeszky's disease（简称 AD）。

1960 年以前，本病主要发生在中欧及巴尔干半岛如匈牙利、保加利亚等国。1974～1984 年美国猪伪狂犬病病例数增加了 10 倍，达流行高峰。本病曾经分布于全球主要养猪国家。代表性毒株如 Rice 株、Kaplan 株、Becker 株、NIA-3 株、Troost 株等相继被分离。虽然欧美国家及亚洲的日本、泰国、韩国等在家猪中已经净化和根除了本病，但野猪仍然存在伪狂犬病病毒感染。

我国刘永纯于 1948 年首次报道了猫伪狂犬病，1956 年周圣文在国有宝泉岭农场、欧守杼在珠江机械农场报道了猪伪狂犬病；1980 年以后，本病发生的报道越来越多。也分离了一些代表性毒株，如 YN 株（王永贤，1984）、京 A 株（江焕贤，1993）、鄂 A 株（陈焕春，1998）、桂 A 株（黄伟坚，1998）和 SN 株（徐志文，2000）。自 2011 年以来，我国相继分离到猪源伪狂犬病病毒变异株，如 HNX 株、SMX 株、HeN1 株、ZL01 株和 TJ 株等。

国内外学者也相继报道了牛、羊、犬、水貂、狐狸等动物的伪狂犬病，分离到伪狂犬病病毒，如牛源伪狂犬病病毒 SDLY-China-2018 株。日本学者于 1987 年报道了与伪狂犬病阳性猪场相距 1km 的牛场发生牛伪狂犬病（Matsuoka et al.，1987）。

二、病原学

（一）分类与特征

伪狂犬病病毒属于疱疹病毒科 α-疱疹病毒亚科，核酸类型为双链 DNA。病毒形态为球形，成熟的伪狂犬病病毒（PRV）直径为150～180nm，病毒有4层结构，从内到外依次为病毒核心、核衣壳、被膜和囊膜。一些重要病毒糖蛋白如gE、gI、gD、gG、gL、gM、gH、gC、gB、gN和gK和脂蛋白如UL20、US9、UL24和UL43等均分布于囊膜上。

病毒只有一种血清型，但交叉中和试验发现，不同毒株的抗原性有明显差异。根据全基因组序列和*gB*、*gE*、*gC*等基因特征，国内分离毒株都属于基因Ⅰ型，国外毒株如Bartha株、Becker株和NIA-3毒株等属于基因Ⅱ型。病毒可在PK-15细胞、BHK-21细胞、IBRS细胞及鸡胚成纤维细胞中生长。病毒具有血凝性，能凝集小鼠红细胞。

病毒对热有抵抗力，55～60℃热处理30～50min才能灭活病毒，80℃ 3min可灭活病毒；尽管病毒耐热，但如保存在4～30℃下，病毒的感染力将下降至原来的1/10，因此病毒最适保存条件是在－70℃，最好冻干后保存。在液体中或固体表面至少存活7d，在猪舍内干草上夏季可存活30d、冬季可存活46d。在猪尿液、唾液、鼻液和猪舍污水中，可分别存活14d、4d、2d和1d。病毒在骨肉粉和颗粒饲料中分别存活5d和3d。病毒在环境中的存活时间与环境的有机物浓度、温度和相对湿度等因素相关。病毒对乙醚、氯仿等脂溶性有机溶剂等敏感。0.5%～1%氢氧化钠可迅速灭活病毒。

（二）基因组结构与蛋白质

1．基因组结构　PRV基因组大小为140～143kb，由于基因组的G＋C含量较高，其全基因组测序较为困难，直到2004年，Klupp等根据PRV Kaplan株（美国）、Becker株（美国）、Rice株（美国）、Indiana-Funkhauser（美国）、NIA-3株（英国）和TNL株（中国台湾）等6株已经公布的部分序列进行比对、拼接，才得到一个拼凑的PRV全基因组序列（NC_006151.1）。随着测序技术的发展，多株PRV全基因组序列得到确定，如Kaplan株（KJ717942）、Becker株（JF797219）和Bartha株（JF797217.1）。国内分离株如Ea株、HNX株和HNB株和其他毒株等的全基因组序列也得到确定，各分离株病毒的基因组大小不完全一致。

PRV基因组分为独特长（unique long，UL）区域和独特短（unique short，US）区域，UL和US之间有内部反向重复序列（internal repeat，IR）。伪狂犬病病毒与其他疱疹病毒相似，根据转录先后顺序，病毒基因分为3类：①α基因，又称为立即早期（immediate-early，IE）基因，为编码反式作用因子，调控病毒DNA复制和核苷酸代谢与宿主抗病毒免疫。*IE180*是PRV唯一的立即早期基因，是一种转录激活因子，不仅能激活病毒自身基因的表达，也能激活细胞中特定启动子（如β-球蛋白、HSP70）和其他病毒（如腺病毒、SV-40病毒）启动子的转录。②β基因，又称早期基因（early gene），编码许多非结构蛋白和较小的结构蛋白；*EP0*是PRV的早期基因，具有反式激活因子的特点，可激活PRV基因的启动子。③γ基因，又称为晚期基因（late gene），编码病毒的许多结构蛋白，与病毒粒子装配和释放有关。病毒基因的复制方式是瀑布式转录或转录级联反应。PRV感染细胞后，早期基因到晚期基因转录调控的详细机制尚未完全阐明。

在PRV基因组中存在复制必需基因和非必需基因。已知其中的*gE*、*TK*和*gG*基因等是病毒生长非必需基因。缺失、突变或失活非必需基因不影响病毒的复制，因此国内外基因缺失疫苗中大多缺失了这些基因，如Bartha株缺失了*gE*基因、HB-98株缺失了*TK*基因和*gG*基因、SA215株缺失了*TK*基因和*gE*基因。删除生长非必需基因后，在该区域中插入和表达外源基因但不影响PRV的复制，因此伪狂犬病病毒弱毒株被用于活载体疫苗研究。

不同病毒基因组之间是否发生重组及发生重组的条件，一直具有争议。Ben-Porat（1984）

在细胞培养中，发现伪狂犬病病毒之间发生基因交换而重组。Glazenburg（1997）报道了小鼠接种剂量均为 $10^{6.0}$ PFU 的 PRV *TK* 基因缺失毒株和 *RR* 基因缺失毒株的混合物，可在脑组织中分离到发生同源重组后恢复了野毒株基因组特征并具有毒力的强毒株，在同一部位间隔 2h 接种不同毒株，也可分离到重组后的毒株，但如接种不同部位及接种剂量为 $10^{4.0}$ PFU 和 $10^{2.0}$ PFU 的基因缺失毒株，则未能分离到重组毒株。Katz（1990）以 *TK* 基因和 *gX* 基因缺失毒株接种绵羊，分离到同源重组毒株；Christensen（1993）在家猪中接种 $10^{5.0}$ $TCID_{50}$ 的 2 个不同毒株（DK 301/85 和 DK′ 28/85），可分离到重组毒株，并可水平传播给同居感染试验的猪。Ye 等（2016）发现，我国伪狂犬病病毒 SC 株是国内流行毒株和 Bartha 样毒株发生重组的毒株，其重组区域是 46 065～52 308nt 和 54 707～64 950nt。我国 Bo 等（2021）报道了基于 Bartha 毒株的重组伪狂犬病病毒。

2．重要蛋白质的功能 伪狂犬病病毒基因组编码 70 多个蛋白质，较为重要的蛋白质及其功能简介如下。

胸苷激酶（TK）：由 *UL23* 基因（只存在于 α-疱疹病毒和 γ-疱疹病毒）编码，由 320 个氨基酸组成，分子质量为 34.95kDa。催化脱氧胸腺嘧啶核苷酸的磷酸化。宿主细胞也有胸苷激酶，但底物范围窄于 PRV 的胸苷激酶。TK 是 PRV 主要毒力因子之一，除了 Bartha 株疫苗外，全球使用的伪狂犬病基因缺失疫苗均缺失了 *TK* 基因。

gE 糖蛋白：由 *US8* 基因编码，由 579 个氨基酸组成，分子质量为 62.4kDa，属于 I 型膜蛋白，是病毒生长非必需蛋白，缺失后不影响病毒的复制能力，但降低释放效率。可引发病毒与细胞融合，促进伪狂犬病病毒在细胞之间传播，还介导病毒在中枢神经系统中传播。*gE* 基因缺失毒株只能在三叉神经节中分离到，而不能在嗅球和其他中枢神经系统部位中分离到。*gE* 基因缺失毒株对大鼠、家兔和仔猪的毒力大大下降。*gE* 基因与 *gI* 基因形成复合体。绝大多数基因缺失疫苗毒株均缺失 *gE* 基因。

gB 糖蛋白：由 *UL27* 基因编码，含 913 个氨基酸，是分子质量为 100.2kDa 的 I 型糖蛋白，为 PRV 主要的囊膜蛋白，参与病毒与细胞的融合过程，为病毒感染和在上皮细胞中的细胞间传播过程所必需，也是伪狂犬病病毒主要免疫原性蛋白。

gG 糖蛋白：分子质量为 54kDa，是病毒生长非必需结构蛋白，病毒感染后存在于细胞质中，但可分泌到细胞培养上清中。可结合人趋化因子 CL1、一些 CC 和 CXC 趋化因子，阻止趋化因子介导的细胞转移，是伪狂犬病病毒免疫逃避的重要机制。*gG* 基因缺失毒株可诱导较好的细胞免疫。

gC 糖蛋白：是病毒非必需蛋白，因糖基化程度不同而有两种蛋白形式，分子质量分别为 51.2kDa 和 74.92kDa。gC 与硫酸乙酰肝素受体结合，介导病毒与细胞结合，是病毒复制与细胞融合所必需的结构蛋白。gC 可诱导细胞免疫，是病毒激发中和抗体的重要抗原。gC 具有血凝活性，能凝集小鼠红细胞。gC 与 gE/gI 复合体，介导病毒的释放。在 Bartha 株中，该蛋白质编码基因（与 28K 片段基因一起）全部缺失。

gH 糖蛋白：由 *UL22* 基因编码，由 685 个氨基酸组成，分子质量为 71.9kDa，是病毒复制必需蛋白，参与病毒感染细胞、感染细胞之间融合。与 gL 糖蛋白形成复合体。

gD 糖蛋白：由 *US36* 编码，含 402 个氨基酸，分子质量为 44.3kDa，是 PRV 入侵过程的必需蛋白。病毒在细胞间传递，不需要 gD 糖蛋白的参与。gD 糖蛋白很保守，是重要的免疫原性蛋白，是制备亚单位疫苗的候选抗原。

IE180：其编码基因是 PRV 唯一的立即早期基因，其序列与 PRV 长潜伏感染转录复合物基因发生基因重叠，是病毒第一个被转录的基因。IE180 是病毒复制和早期基因转录所必需的，能激活 EP0、gG、gH、TK、UL12 和 VHS 的表达。针对 IE180 的反义 RNA 能显著抑制 PRV 复制。

（三）病原分子流行病学

自 2011 年以来，我国各地报道了 Bartha 株传统疫苗免疫后，临床上不能提供完整的保护力，并分离出伪狂犬病病毒。经过对 *gB*、*gC*、*gE*、*TK*、*gD* 等主要基因及全基因组序列分析，发现这些新分离毒株与 2010 年以前流行毒株有较多变异。同期也分离到了 HNX 株、SMX 株、HeN1 株、ZL01 株和 TJ 株等。系统发育分析显示，中国毒株和美国/欧洲毒株被分为两种不同的基因型。伪狂犬病变异毒株已经流行于我国大多数养猪省市，给生产带来严重经济损失，也延缓了我国伪狂犬病净化与根除计划的进展。

伪狂犬病病毒是否感染人类，一直没有确诊，或者存在争议。最早报道疑似病例可追溯至 1914 年，von Ratz 等报道了人因接触 PRV 感染的实验猫后出现伤口红肿和瘙痒。1940 年，Shukru-Aksel 报道了人员在处理确诊 PRV 感染死亡的狗后发生皮疹瘙痒等；1963 年，Hussel 等报道了在养猪场出现伪狂犬病疫情后，4 名具有接触史的工作人员出现了咽痛、下肢乏力的症状；Mravak 等分别在 1983 年及 1986 年报道了具有血清学阳性的 PRV 感染病例，但均缺乏病毒学依据。Ai（2018）在对出现发热和头痛、伴有进行性视力下降、接触猪场污水的患者，经过病眼玻璃体进行二代测序、PCR 鉴定和血清学检测（为阳性），证明感染了伪狂犬病病毒变异毒株。同年，赵伟丽等（2018）用二代测序技术结合临床症状，确诊了 4 名不明原因脑炎患者感染伪狂犬病病毒。刘青芸等从 4 名出现神经症状的急性脑炎患者的脑脊液中，采用宏基因组学和二代测序技术检测病毒核酸、用 ELISA 检测患者 gB 和 gE 抗体、测定中和抗体及病毒分离等方法，确诊患者感染 PRV 变异毒株并分离到病毒（hSD-1/2019 株），首次从病原学角度确认了伪狂犬病病毒可感染人（Liu et al.，2020）。

三、致病机理

（一）病毒感染途径

伪狂犬病病毒由呼吸道入侵后，开始在扁桃体和鼻咽上皮复制，随后通过淋巴液扩散至淋巴结，在其中复制。伪狂犬病病毒是嗜神经病毒，也可从原发感染部位的神经向中枢神经系统扩散，如沿三叉神经向髓质和脑桥扩散、沿嗅神经和吞咽神经向髓质扩散，在髓质和脑桥中复制，随后向其他脑组织扩散。

伪狂犬病病毒入侵宿主细胞由病毒糖蛋白介导。首先，gC 蛋白与硫酸乙酰肝素蛋白受体结合，随后 gD 与其受体结合。细胞上 gD 受体有 5 种，其编码基因分别是 *HveA*、*HveB*、*HveC*、*HveD* 和硫酸乙酰肝素编码基因。*HveC* 编码 Nectin-1，在猪和人类细胞中的相似度达 96%，被推测是 PRV 能跨种传播的原因之一。*HveA* 编码的 HveM 的重要性仅次于 Nectin-1。最后 gB、gH 和 gL 介导病毒囊膜与宿主细胞膜融合。膜融合需要能量和合适温度。

（二）引起细胞凋亡

急性感染时，伪狂犬病病毒可引起仔猪肾、淋巴结等多个组织发生细胞凋亡，是病毒杀死细胞的主要途径之一。李祥敏和金梅林等（2002）发现，用伪狂犬病病毒 Ea 株感染 MDBK

细胞后 36h，观察到细胞染色质固缩、凝集和核碎裂、DNA 片段化等特征，但不能诱导 IBRS-2、BHK-21 和 PK-15 细胞发生凋亡。石德时（2005）观察到感染猪扁桃体中的淋巴细胞发生凋亡，但大脑、小脑、嗅球和脊髓等神经组织未观察到细胞凋亡。

（三）神经系统损伤

PRV 经不同途径感染引起的病变不同。皮下接种引起严重的脊髓病变，鼻内接种引起嗅球和大脑皮质病变，口内接种引起三叉神经和脑干发生病变。中枢神经系统的这些微观病变主要是非化脓性脑脊髓炎和神经节炎。

仔猪感染后，可见明显的脑膜充血水肿，脑脊液增多。成年猪眼观病变轻微。

（四）潜伏感染

伪狂犬病病毒是典型的嗜神经病毒，但不同毒株沿神经传递的通路不同。野毒株可分布在一级、二级和三级神经元，但弱毒株只分布在一级和二级神经元。感染猪耐过后，病毒形成潜伏感染状态，存在于三叉神经节，PRV 基因组中只有潜伏感染相关转录复合物（latency-associated transcript，LAT）存在，此时没有病毒粒子。处于潜伏感染状态猪的 gE 抗体呈阳性，但临床健康。在免疫力低下、受到寒冷应激、大剂量使用地塞米松等情况下，病毒立即早期基因（*IE180*）被激活，*EP0* 基因（早期基因）随即编码 EP0 蛋白，启动其他中晚期基因复制转录，导致裂解性复制，产生有感染性的病毒粒子，引起猪发病和排毒。潜伏感染可持续终生，潜伏感染猪成为潜在的传染源，因此应该淘汰。体外试验发现，在培养基过程中添加 I 型干扰素，可使伪狂犬病病毒在三叉神经细胞中建立潜伏感染。潜伏感染状态与 LAT、IE180 和 EP0 三者互作的具体机制仍不清晰。目前如何清除潜伏感染尚未取得显著进展。

（五）免疫抑制

伪狂犬病病毒感染阻止 I 型干扰素信号转导和激活因子的转录而抑制干扰素应答基因，抑制宿主的天然免疫应答。此外，伪狂犬病病毒可抑制主要组织相容性复合体（MHC）I 类分子的表达（Mellencamp，1991），引起单核细胞、T 细胞的凋亡和猪肺泡巨噬细胞功能障碍（Fuentes，1986）。

（六）免疫逃避

趋化因子能吸引白细胞移行到感染部位，在先天免疫中发挥关键作用。伪狂犬病病毒 gG 蛋白可高亲和力结合 CCL1、CC 和 CXC 等趋化因子，抑制了趋化因子介导的细胞移行，在逃避天然免疫中发挥作用（Viejo-Borbolla，2010）。

在体内，伪狂犬病病毒可干扰细胞免疫和补体系统而发生免疫逃避。伪狂犬病可通过抑制 TAP 酶活性来降低细胞表面的 MHC I 类分子的表达（Ambagala et al.，2003）；伪狂犬病病毒编码的 UL49.5 蛋白使 PK-15 细胞表面的 MHC I 类分子的表达降低（Deruelle et al.，2009）。伪狂犬病病毒 gC 蛋白可结合补体而干扰补体级联系统的激活（Huemer et al.，1992）；伪狂犬病病毒的 gE/gI 复合物干扰补体激活系统（Favoreel et al.，1997），也使伪狂犬病病毒感染细胞逃避了补体介导的细胞裂解作用（van de Walle et al.，2003）。

四、诊断要点

（一）流行病学诊断

1. 传染源 病猪是主要传染源。猪感染PRV后8～17d从鼻拭子可分离到病毒，带毒量可到$10^{5.0}$～$10^{8.3}$ $TCID_{50}$，在18～25d后可从口咽拭子分离到病毒；12d内粪便中可检出病毒，但分离困难。公猪精液中带毒12d，如母猪在泌乳期感染，经乳汁排毒2～3d，偶尔经尿液排毒；感染后康复并处于潜伏感染状态的猪，成为“隐性”传染源，在本场内受应激而发病排毒，或通过引种而在猪场之间传播。啮齿动物可携带病毒，在猪场间传播。苍蝇可机械带毒，只在本场内传播，不能在场间传播。未见家禽或鸟类感染的报道。令人不解的是，发病羊和发病浣熊不能传播病原给同群的本动物。

2. 传播途径 本病有很多传播途径。可通过飞沫经呼吸道传播，飞沫传播的距离与猪舍的通风方式有关。1头感染猪在排毒高峰期于24h内能向空气中排出$10^{5.3}$ $TCID_{50}$的伪狂犬病病毒。也可通过病毒污染的饲料和猪内脏组织而经消化道感染，如饲喂了含伪狂犬病病毒的猪内脏，分别造成狐狸和水貂等经济动物感染（Liu et al.，2017；Jin et al.，2016）。给羊群注射了Bartha株疫苗也可引起羊群大量死亡（Kong et al.，2013）。也可发生胎盘传递，导致母猪流产和产死胎、产弱仔。脐带血可成为监控母猪繁殖障碍是否与伪狂犬病病毒感染有关的样品。感染病毒的公猪可通过精液传播，据报道，公猪经过鼻内感染PRV Iowa毒株，10～14d后，精子尾部异常，21d内精子畸形，50d内部分恢复。

本病常发生在寒冷季节。病毒有潜伏感染的特性，当猪受到应激，或者引进伪狂犬病抗体水平不合格及带毒的种猪时，潜伏病毒被激活，从而易于发病。猪日龄越小，发病率和死亡率越高；如病猪使用抗生素效果不佳，而饲料无霉变、黄曲霉毒素和玉米赤霉烯酮等含量不超标，就应该怀疑本病。

（二）临床诊断

潜伏期依感染动物日龄、免疫状况和病毒毒力高低有所不同。不同日龄猪出现不同的临床症状和临床经过。最为常见的症状是母猪不分胎次发生繁殖障碍，出现流产、产死胎、木乃伊胎和弱仔，甚至返情、屡配不孕。产房仔猪以神经症状为主，病猪表现转圈、尖叫、共济失调、死前四肢划动，偶见腹泻症状；日龄越小，发病率和死亡率越高，这是重要的流行病学特点。保育阶段和生长阶段猪，常出现神经症状和呼吸道症状。育肥阶段猪出现咳嗽、打喷嚏、流鼻液等症状，易与猪流感相混淆。公猪精液质量下降。除猪外，其他动物发病后出现狂躁和奇痒症状。

（三）病理诊断

发病仔猪常见脾脏和肝脏出现多个白色坏死灶，肺和肾脏表面出现密集针尖状出血点，脑膜充血出血、颅腔多量积液；慢性病例可见扁桃体化脓性坏死。保育阶段和生长阶段猪见脑膜脑炎或肺炎变化；返情母猪可见子宫内膜炎，公猪出现睾丸炎。

组织学病变主要是脾脏呈坏死性炎症，肝脏见局灶性坏死。肺脏见肺泡病变为主的出血性肺炎或卡他性支气管肺炎。扁桃体上皮细胞肿胀变性、淋巴细胞和单核细胞浸润；淋巴结可见坏死和中性粒细胞浸润、淋巴成分增生、周边出血和坏死性血管炎。中枢神经系统见弥

散性非化脓性脑膜脑炎及神经节炎，有明显的血管套及弥散性局部胶质细胞坏死。

（四）鉴别诊断

1．与引起母猪繁殖障碍的疾病相区分　这类疾病包括传染病、寄生虫病和非传染性疾病。首先应与猪细小病毒病、猪日本脑炎、猪繁殖与呼吸综合征、慢性型猪瘟和猪布鲁氏菌病等传染病和猪弓形体病相区分。这些疾病都有特征性的流行病学特点和病变特征，可初步与本病区分。确诊需通过使用单重或多重 PCR 技术检测病料中的病原。此外，其他非传染性因素也可引起母猪流产，如因饲料霉变引起的黄曲霉毒素和玉米赤霉烯酮中毒，常导致母猪妊娠早期流产，可通过检测这两种毒素含量是否超标和观察发病母猪或初生仔猪的外阴红肿等，加以鉴别。

2．与引起仔猪出现神经症状的疾病相区分　猪链球菌病可引起保育阶段猪出现转圈，猪群内可有败血症、关节肿大（跛行）的病猪等；妊娠母猪发生黄曲霉毒素中毒，新生仔猪可出现站立不稳、“八字腿”等临床表现。

3．与生长育肥猪的呼吸道疾病相区分　生长育肥阶段发生伪狂犬病，可出现轻微的流鼻液和打喷嚏，如无继发感染，一般不发生死亡。与猪流感相区分，可通过血清学检测伪狂犬病 gE 抗体或猪流感抗体。其他呼吸道传染病如猪传染性胸膜肺炎和猪格拉瑟病（曾称为副猪嗜血杆菌病），在肺脏具有明显的纤维素性炎症等特征性病变，或腹膜炎，可以区分。确诊依赖细菌分离鉴定结果。

4．与引起牛羊神经症状的疾病相区分　狂犬病可引起牛羊的神经症状，但为散发，且牛羊有被病犬咬伤的历史或可见伤口。确诊需实验室检测牛羊脑组织中狂犬病病毒包涵体。

五、实验室诊断技术

采集病猪的血液（分离血清）、鼻拭子、病猪（含流产的胎儿）有病变的内脏组织、三叉神经节等样品，用于实验室检测。具体操作步骤可参见相关的行业和国家标准，如《伪狂犬病诊断方法》(GB/T 18641—2018)。

1．抗体检测　通常情况下，首选抗体检测，采用酶联免疫吸附测定试验、乳胶凝集试验、中和试验、免疫荧光试验等方法或商品化试剂盒。诊断抗原分别是灭活的完整病毒、gB 蛋白、gE 蛋白或固定的 PRV 感染细胞。对于非免疫猪群，全病毒抗体、gB 抗体或 gE 抗体中，任何一种抗体阳性，均可认为感染了伪狂犬病病毒；但对于用 *gE* 基因缺失疫苗免疫的猪群，gE 抗体阳性才提示感染野毒。虽然 gG 和 gC 为抗原的检测方法也曾经有报道，但 gE-ELISA 是检测野毒感染的最常用试剂盒。如果免疫了非基因缺失灭活疫苗后发病猪群，则需要通过病原学检测才能确诊。gB-ELISA、中和试验和免疫荧光试验不能区分免疫抗体和野毒感染抗体。

2．病原学诊断　方法包括病原分离鉴定、免疫荧光试验、免疫组化方法和中和试验等鉴定病原。病猪的扁桃体、淋巴结、病变脾脏和脑组织是分离病毒的最适样品。由于病毒血症持续时间短，血液（血清）不宜作为病毒分离的样品。多种细胞可用于病毒分离，如 BHK-21、PK-15、IBRS 等传代细胞。鸡胚成纤维细胞也可增殖病毒，但不作为病毒分离的首选细胞。组织样品经匀浆、反复冻融、过滤除菌后，接种易感细胞，一般在接种后 36～72h，细胞出现变圆、拉网、脱落等病变。收获病变细胞培养物，反复冻融，取上清，用标准阳性血清孵化，再接种敏感细胞，逐日观察，如无病变，可鉴定分离病毒为伪狂犬病病毒。也可将 PRV 感染细胞用冷乙醇或丙酮固定后，用伪狂犬病多抗或 gB、gE 单抗做免疫荧光试验，应出现阳性信号，当 gE 单抗为阳性，可判为野毒感染。

3．分子检测方法 伪狂犬病病毒很多基因如 *TK* 基因、*gE* 基因、*gB* 基因、*gD* 基因、*gC* 基因或 *gH* 基因等均可作为 PCR 扩增的靶基因。对于非免疫猪群，从组织样品中扩增出任一基因（片段），即可确诊；对于免疫猪群，除了扩增 *gD* 基因外，应扩增出 *gE* 或（和）*TK* 基因，结合使用疫苗的基因缺失信息，比对后方可确诊是否为野毒，因为有的疫苗只缺失 *gE* 基因，而且缺失 *gE* 基因中不同的区段；有的疫苗同时缺失 *TK* 和 *gE* 基因。

4．动物感染试验 早期研究中，家兔接种试验常用于疑似病例或分离病毒的确诊。将组织样品匀浆、冻融后肌内接种颈部或后肢，一般在接种后 48h，家兔啃咬接种部位（奇痒表现），迅速死亡。小鼠接种仅用于已分离伪狂犬病病原的鉴定，不能用于病料匀浆后接种，因而不作为常规诊断方法。也可以将分离病毒接种伪狂犬病病毒抗体阴性仔猪，但由于费时费力，仔猪接种试验只作为科研用途，如评价毒株对本动物的致病性。

六、防控措施

（一）综合防控措施

1．消灭传染源 本病的传染源是指含有伪狂犬病病毒的动物机体，包括正在发病的动物和携带伪狂犬病病毒、处于潜伏感染状态的临床健康动物。对于发病动物（含流产胎儿、发现死亡的啮齿动物、野猫等），要采取无害化处理。无害化处理工艺包括高温发酵处理制成有机肥、堆肥发酵法或深埋法。无论采取哪种方式，要确保病毒完全被杀死。在处置过程中，避免病原污染猪舍和道路等，加强消毒，防止病原扩散。

2．切断传播途径

（1）防止病毒从场外传入 引种前，充分调查和了解种猪场的健康状况和伪狂犬病检测（监测）结果，确保种猪场无本病。建议从国家级和省级伪狂犬病净化创建场或示范场或信誉良好的种猪场中引种。用 gE-ELISA 方法，加强对引进种猪的抗体检测，对可疑猪只，可在 2 周后重新采样检测，应为阴性，以确保引入 gE 抗体阴性种猪，避免引入处于潜伏感染状态种猪或感染早期的种猪。对引进种猪，再隔离观察至少 2 周，无任何临床症状，方可入群。

注意监测外购精液中是否存在伪狂犬病病毒。不使用病毒污染的精液。

加强运输车辆清洗、消毒和烘干。车辆要求为伪狂犬病病毒或核酸阴性；运输过程中尽量避免与其他运猪车辆的接触，避免交叉感染。

猪场周围建设实体墙，猪舍周围铺碎石或其他光滑物体，阻挡鼠类进入，防止带毒鼠从其他猪场迁徙到本场。

（2）阻断病毒在场内的传播 要防止病毒经各种载体或媒介在猪舍（猪栏）之间传播。例如，监测本场公猪伪狂犬病感染状态和精液质量，防止病毒经精液传播；禁止场内工作人员在不同栋舍之间，尤其是发病猪舍（栋）与健康猪舍（栋）之间交叉工作；每栋猪舍门口要设立消毒器具，注重鞋底消毒；避免不同栋舍之间共用劳动工具。猪场布局和建设时，要净道与污道分开等。场内要定期灭鼠。这些措施在不同猪场侧重点不同，需加以制定个性化方案，以便取得更好效果。

（3）防止病毒传出场内 仅销售伪狂犬病阴性种猪；无害化处理伪狂犬病病猪，不得销售病猪及其肉品；粪污干湿分离后，经堆肥处理杀死病毒后，制备有机肥，避免病毒扩散。

3. 保护易感动物 免疫接种是预防本病的关键措施。伪狂犬病疫苗包括灭活疫苗（如伪狂犬病病毒鄂A株油乳剂灭活疫苗）、活疫苗、基因疫苗和活载体疫苗。一般地，灭活疫苗比活疫苗刺激产生更高滴度的抗体，但细胞免疫水平则不如活疫苗。活疫苗是目前主流疫苗，包括引进的*gE*基因缺失的Bartha株疫苗和基于国内分离毒株研制的*TK*/*gE*双基因缺失疫苗Fa株（牛源）、HB98株（猪源）、HB2000株（猪源）疫苗。Batha株疫苗可用于猪、牛、羊等，HB98株和HB2000株疫苗仅用于猪。灭活疫苗和弱毒疫苗（含基因缺失疫苗、活载体疫苗）的免疫途径通常是肌内注射。为了激发黏膜免疫产生局部分泌型免疫球蛋白A（sIgA），对产房仔猪实施滴鼻（喷鼻）免疫也较为常见。实验室条件下基因疫苗往往通过肌内注射和皮下免疫的方式接种，但尚未推广应用。

伪狂犬病的免疫程序因猪场规模、种猪还是商品猪、病毒是否为变异株及感染时间等有所不同。在伪狂犬病稳定猪场，常规的免疫预防是母猪产前21～28d免疫（跟胎免疫）或一年免疫3～4次，商品仔猪在60～70日龄免疫一次，即可维持至出栏上市。如果是种猪，需在4～5个月后，按照每年3～4次免疫，合理安排免疫时间。

当猪场正在发生伪狂犬病时，如有足够的生物安全措施，可只对特定目标群体（如母猪群、保育猪、生长阶段猪等）采取紧急免疫接种，否则，需对全场猪群接种。紧急接种可使发病群体迅速建立群体免疫，也能缩短发病猪的排毒期和降低排毒量。通常，采用活疫苗进行紧急接种。对于仔猪，尽可能采用滴鼻（喷鼻）免疫，其优点是不受母源抗体水平干扰，而且能建立局部黏膜免疫。已经证实，对发病仔猪，滴鼻免疫优于注射免疫。

自2012年以来，由于病毒发生变异，传统疫苗不能提供理想的保护力，国内开始研发以新毒株如HNX株、HeN1株、ZL01株和TJ株等为疫苗毒株的基因缺失灭活疫苗和弱毒疫苗，用于防控变异毒株引起的伪狂犬病。对于新型伪狂犬病发病猪群，间隔14d，先后交替使用基因缺失灭活疫苗和活疫苗，可提升体液免疫和细胞免疫，也可缩短排毒期和降低排毒量，效果优于只免疫2次灭活疫苗或2次活疫苗。

由于伪狂犬病弱毒株可刺激产生良好的细胞免疫，而且可在其基因组的非必需基因处插入外源基因。因此，以伪狂犬病弱毒株为载体，构建重组病毒，分别表达猪细小病毒VP2蛋白、口蹄疫病毒VP1蛋白、猪繁殖与呼吸综合征病毒N蛋白和GP5蛋白和猪圆环病毒2型Cap蛋白等，尚未商业化生产与应用。亚单位疫苗、基因（核酸）疫苗仅局限于实验室研究。

除猪外，通常情况下其他动物不需要接种伪狂犬病疫苗。

（二）疾病净化

伪狂犬病是我国优先防控和净化的疫病之一。基本策略是使用基因缺失标记疫苗免疫猪群，通过使用配套的gE-ELISA鉴别诊断方法检出野毒感染猪，并加以淘汰，以彻底消灭传染源，这也是全球防控并净化猪伪狂犬病的成功经验。自1999年开始，我国专家就建议启动猪伪狂犬病根除计划，其主要步骤是：开展本底调查，确定感染率；对感染低于30%，先开展强化免疫，使母猪群体稳定；对感染率高于30%，建议清群，再引种。对感染率低于20%，可检测、一次性淘汰野毒感染猪，补充抗体阴性的后备猪。猪群处于维持阶段1～2年，不出现野毒感染和伪狂犬病病例，即可认为净化成功。除了检疫淘汰外，引种安全和其他生物安全措施，可保障“净化状态”得到有效维持。目前建成了一批国家级和省级伪狂犬病净化示范猪场和创建场。

由于伪狂犬病往往继发或混合发生猪格拉瑟病（曾称为副猪嗜血杆菌病）和猪链球菌病（Yu et al.，2021），因此在防控和净化猪伪狂犬病时要注重细菌病防控。

由于野猪也可感染伪狂犬病病毒，野猪群体无法进行有效免疫防控和净化工作，因此感染 PRV 的野猪群体是欧美国家在完成家猪伪狂犬病净化后的主要传染源，这对我国伪狂犬病净化具有警示意义。

除猪外，其他动物没有必要开展伪狂犬病净化工作。

（三）药物与治疗

抗菌肽具有抗菌抗病毒和调节免疫力的作用。Hu 等（2019）发现抗菌肽 Piscidin 1 在体内外具有抑制伪狂犬病病毒增殖的作用，为本病的预防提供了新的思路。但目前尚未推广应用。

七、问题与展望

通过使用疫苗免疫、用鉴别诊断方法检出野毒，并淘汰野毒感染猪，建立阴性群体和净化场；结合生物安全管理和生猪调运控制，建立区域性净化示范区，进而实现在全国范围内根除伪狂犬病的目标。目前，该目标已经逐步实现，降低了本病发病率，提高了种猪健康水平。但是，在我国，由于养殖规模不同，饲养模式各异，生猪调运监管有难度，加上非洲猪瘟发生与常态化，伪狂犬病采样监测的频次有所减少，本病的净化之路将变得更加漫长，但必须坚持。

鉴于本病是多种动物共患病，而且具有人兽共患病的潜力，要有效防控和净化伪狂犬病，尚需深入研究包括但不限于以下科学问题：在免疫压力和自然选择下，伪狂犬病病毒变异、遗传演化及重组规律；病毒的嗜神经性和潜伏感染机制；病毒与宿主免疫系统互作机制；研发治疗性疫苗或生物治疗制剂，以清除体内感染的伪狂犬病病毒。研发适合于野猪免疫的诱饵疫苗，降低野猪源伪狂犬病的威胁。

（何启盖）

第五节　日 本 脑 炎

一、概述

日本脑炎（Japanese encephalitis，JE），是由日本脑炎病毒（Japanese encephalitis virus，JEV）引起的一种人兽共患病。本病是引起东南亚和西太平洋沿岸病毒性脑炎的最主要原因，每年约有6.8万人感染JEV，病死率接近25%，而存活下来的患者中多达 50%可能发展为永久性神经损伤疾病，如认知功能障碍和神经功能缺陷（Campbell et al.，2011）。人感染 JEV 后能引起严重的中枢神经系统疾病，包括发热、头痛综合征、脑膜炎等，病变主要发生在脑组织，可以在大脑皮质和脑干观察到血管周围炎性细胞浸润、小胶质细胞增生等症状。母猪感染 JEV 后表现为流产、死胎、畸形胎、木乃伊胎和弱仔，而公猪则患睾丸炎及少数仔猪呈现神经症状。JEV 通过蚊虫叮咬在猪

拓展阅读 2-5

和人之间传播。库蚊是其主要的传播媒介，野生鸟类是JEV主要的自然宿主，猪是JEV在自然界的主要增殖宿主，猪可产生病毒血症，影响蚊媒的病毒阳性率，从而促进病毒的感染与传播。日本脑炎是一种季节性发生的疾病，流行时间主要在每年6～10月。这几个月内，气温升高，蚊虫繁殖数量增多。在我国南北地区日本脑炎流行的季节有所差异，在北方，7～8月是高发期，但是在南方地区，一年四季气温持续较高，全年都有发生。

1953年，人们首次从日本一个死亡患者的大脑中分离出Nakayama病毒原型，随后在亚洲大部分地区都发现了这种病毒，但主要在东南亚的大部分地区流行，故在东南亚和西太平洋地区有更多的报道。然而近年来发现JEV的传播动态发生了新的变化，这引起了人们对JEV传播到全球易感地区在公共卫生方面的担忧。JEV的基因信息已经在意大利北部收集的蚊子和鸟类中得到确认。根据基因组序列的分子遗传学分析，将JEV分为5个基因型（GⅠ～GⅤ），每个基因型的地理分布模式不同。自21世纪以来，5个JEV基因型的地理分布发生了显著的变化（Gao et al.，2019）。已经生产了4种不同类型的疫苗来预防JEV感染。然而，目前还没有有效的抗病毒药物可用于治疗日本脑炎。

二、病原学

（一）病原与分类

日本脑炎病毒是黄病毒科（*Flaviviridae*）黄病毒属（*Flavivirus*）成员。而黄病毒属主要包括日本脑炎病毒、登革病毒、西尼罗河病毒和黄热病病毒等会导致人类发生严重疾病的病原。其中，日本脑炎病毒与西尼罗河病毒属于同一个血清群。病毒粒子呈球形，直径为30～40nm，从内到外分别为单股正链RNA、二十面体对称核衣壳及囊膜，囊膜外存在含糖蛋白的纤突，能凝集鹅、鸽、雏鸡、鸭、绵羊的红细胞，同时具有溶血活性，凝血特性可被特异性抗血清所中和，而本病毒减毒株则血凝活性基本丧失。

（二）基因组结构与编码蛋白

JEV基因组为单股正链RNA，其大小约为11kb，含有一个开放阅读框（open reading frame，ORF），编码一个单一多聚蛋白，随后被裂解为3个结构蛋白（C、prM、E）和7个非结构蛋白（NS1、NS2A、NS2B、NS3、NS4A、NS4B、NS5），5′端和3′端各有一个非编码区（noncoding region，NCR），它们对病毒基因组的复制、转录、翻译起着重要的调节作用，基因组RNA的5′端有帽子结构（m^7GpppAmp），3′端没有poly（A）尾结构。除了基因组RNA，一些短的亚基因组非编码RNA（subgenomic flavivirus RNA，sfRNA）也被发现广泛存在于感染JEV的不同细胞中，它们可以帮助病毒逃避宿主的免疫系统，从而引发相关疾病（Akiyama et al.，2016）。

病毒衣壳蛋白（C）相对较小，分子质量约为14kDa，含有约114个氨基酸。经过病毒NS2B-NS3蛋白酶裂解一个C端疏水序列后，呈现出一种包含大约100个残基的成熟形式。C蛋白的作用是在JEV基因组合成部位将新合成的病毒RNA暂时固定在宿主细胞的内质网膜上，通过与基因组相互作用形成核衣壳，从而保护基因组免受宿主细胞内核酸酶等其他因素的破坏。除了能与病毒RNA结合以外，衣壳蛋白还具有广泛的亚细胞分布，包括细胞质、内质网、脂滴和感染后细胞的核仁。衣壳蛋白被报道能与多种宿主蛋白相互作用，如与死亡结构域相关蛋白6（DAXX）互作诱导细胞凋亡，与核心组蛋白B23互作介导基因的转录等

（Poonsiri et al.，2019）。

病毒膜前体蛋白 prM，分子质量约为 18kDa，在病毒粒子成熟的过程中，prM 在宿主细胞反式高尔基网络中被弗林蛋白酶切割形成大约 8kDa 的跨膜糖蛋白 M。切割后形成的 M 蛋白，位于胞外域的 C 端，形成螺旋结构域有助于 prM/E 异二聚体的形成。prM 蛋白的另一个作用是作为支架防止 JEV 在宿主细胞内运输时过早发生融合，保证正常病毒粒子的产生。

病毒囊膜蛋白 E 蛋白是 JEV 最大的糖蛋白，分子质量约为 55kDa。E 蛋白包含受体结合位点和融合肽，在病毒的附着、入胞等生命过程中发挥着重要的作用。在 JEV 入侵的过程中，E 蛋白特异性识别宿主细胞膜上的受体，如 DC-SIGN 受体是一种四聚体 C 型凝集素受体，能够特异识别 E 蛋白上的碳水化合物结构，从而协助病毒入侵。JEV 侵入细胞以后，通过包膜 E 蛋白的帮助，以一种 pH 依赖的方式与核内体融合，从而将病毒基因组释放到细胞质中。因此，由于 E 蛋白在病毒侵入和膜融合中的重要作用，从而表明它是一个重要的抗病毒靶点（Yun and Lee，2018）。

NS1 蛋白分子质量约为 48kDa，是黄病毒中高度保守的蛋白质，以多种形式存在。细胞内呈单体形式在病毒复制中起主要作用，而膜结合二聚体形式（mNS1）和分泌六聚体形式（sNS1）在产生免疫应答中起重要作用。

NS1′蛋白是 NS1 蛋白的 C 端氨基酸的延伸，由核糖体-1 移码突变而成（Blitvich et al.，1999；Firth et al.，2009），有报道称西尼罗河病毒（WNV）和 JEV 中的 NS1′在神经侵袭性和先天性免疫中发挥重要作用，但其机制尚未阐明（Melian et al.，2010；Wang et al.，2015）。

NS2A 蛋白分子质量约为 17kDa，是一种小型疏水跨膜蛋白，参与病毒依赖的复制复合体的组装，它在 JEV 的具体作用机制尚不清楚，其他黄病毒研究表明，NS2A 在调节病毒组装和宿主干扰素（IFN）系统中发挥着重要作用，昆津病毒的 NS2A 可以和病毒 RNA 互作，还可以阻断干扰素的产生，黄热病毒和昆津病毒的 NS2A 也在病毒组装和病毒颗粒分泌中发挥着重要作用（Leung et al.，2008）。

NS2B 蛋白分子质量约为 15kDa，是分子质量比较小的膜蛋白，它包含一个保守的亲水性区域和三个疏水跨膜域，NS2B 的亲水性中部对 NS3 蛋白酶的激活是必要且充分的，其疏水跨膜区有助于 NS2B-NS3 复合物锚定到宿主内质网膜中，有效激活 NS3 蛋白酶。

NS3 蛋白分子质量约为 70kDa，是 JEV 最具特征性的非结构蛋白之一，它是一种具有三种不同活性的多功能蛋白，分别具有丝氨酸蛋白酶、RNA 解旋酶和三磷酸酶活性。除了酶的作用外，NS3 还在自噬、脂肪酸生物合成和肌动蛋白聚合中发挥非酶的作用，通过从多种细胞途径中募集宿主蛋白介导病毒 RNA 的复制。NS3 与病毒 RNA、病毒辅因子、宿主细胞辅因子一起作为中心，与 NS5 密切结合形成病毒复制复合体，聚集在细胞内膜上。虽然目前对 JEV NS3 的研究多集中在其蛋白酶、解旋酶和三磷酸酶活性方面，但也有部分研究开始阐明与 NS3 蛋白相互作用的宿主蛋白及其功能。有研究表明，在 JEV 感染期间，HSP70 与包括 NS3、NS5 在内的病毒复制酶复合物成分相关。EEF1A1 可以通过与 JEV 蛋白 NS3 和 NS5 相互作用来稳定病毒复制酶复合物的成分，从而促进病毒复制。

NS4A 蛋白分子质量约为 28kDa，被认为是黄病毒复制复合体的中心组织者，亲水性氨基端部分驻留在细胞质中，三个内部疏水区域与内质网膜相联系，C 端有一个跨膜结构域（2K），充当 NS4B 进入内质网腔的序列信号，其 N 端部分也被报道具有多种功能，如促进 NS4A 同质寡聚和细胞波形蛋白相互作用，以调节登革病毒（DENV）感染过程中的病毒复制。NS4A 还可以诱导内质网膜的重排，将病毒复制复合体锚定在 ER 膜上。

NS4B 蛋白分子质量约为 30kDa，是黄病毒最大的疏水非结构蛋白，包含两个疏水段，除了在病毒复制复合体的形成过程中发挥与 NS4A 类似的作用外，NS4B 被证实参与 IFN 信号抑制，有研究表明 NS4B 无论是在细胞中单独表达还是在感染 DENV 的细胞中表达，都可以以二聚体形式存在。

NS5 蛋白分子质量约为 103kDa，是黄病毒最大的蛋白，主要具有 RNA 依赖的 RNA 聚合酶活性和甲基转移酶活性。NS5 蛋白除了具有酶的功能以外，还具有其他功能。其可以协助病毒逃逸宿主先天性免疫，诱导宿主的炎症反应，调节细胞内复合物的剪接等。

（三）病原分子流行病学

JEV 虽然仅有一个血清型，但是可划分为 5 个基因型（genotype），即 GⅠ～GⅤ。JEV 基因分型大都依据全基因组或 E 基因的核苷酸序列差异，但基于 C/prM 核苷酸序列（第 456～695 位）的系统分析研究也可作为 JEV 分型的依据。有研究人员通过调查统计分析发现，不同基因型的 JEV 分布和当地的气候表现出密切的联系，即 GⅠ-a 毒株多分布于热带，GⅠ-b 毒株在温带地区更为常见，GⅡ型毒株更偏好于热带，GⅢ型毒株和温带地区联系更紧密一些，GⅣ型毒株仅局限在印度尼西亚地区，GⅤ型毒株现仅在马来西亚、中国（西藏）和韩国有报道。现在很多国家和地区都发生了 JEV 优势基因型转换的现象，即 GⅠ型毒株替代了 GⅢ型毒株，成为流行的病毒株，这一现象推测可能跟气候变化有密切的联系。对于未来 JEV 的流行和气候变化的关系，应该引发研究者进一步的思考与研究。

（四）感染与免疫

1. 病毒感染　在中国，JEV 的传播媒介主要为三带喙库蚊。蚊感染病毒后，中肠细胞为最初复制部位，经病毒血症侵犯唾液腺和神经组织，并再次复制，终身带毒并可经卵传代，成为传播媒介和贮存宿主。在热带和亚热带地区，蚊终年存在，蚊和动物宿主之间构成病毒持久循环。在温带地区，鸟类是自然界中的重要贮存宿主。病毒每年或通过候鸟的迁徙而传入，或在流行区存活过冬。有关病毒越冬的方式可为：①越冬蚊再感染鸟类，建立新的鸟—蚊—鸟循环。②病毒可在鸟、哺乳动物、节肢动物体潜伏越冬。实验表明，自然界中蚊与蝙蝠息息相关，蚊将日本脑炎病毒传给蝙蝠，受染蝙蝠在 10℃，不产生病毒血症，可持续存在达 3 个月之外，当蝙蝠返回室温环境 3d 后，出现病毒血症，构成蚊—蝙蝠—蚊的循环。③冷血脊椎动物为冬季贮存宿主（如蛇、蛙、蜥蜴等），可分离出病毒。家畜和家禽在流行季节感染日本脑炎病毒，一般为隐性感染，但病毒在其体内可增殖，侵入血流，引起短暂的病毒血症，成为 JEV 的暂时贮存宿主，经蚊叮咬反复传播，成为人类的传染源。特别是当年生仔猪最为重要，对 JEV 易感，构成猪—蚊—猪的传播环节，故在人群流行前检查猪的病毒血症和蚊带毒率，可预测当年人群的流行程度，并通过猪的免疫预防，可控制本病在猪及人群中的流行。

当带毒雌蚊叮咬人时，病毒随蚊虫唾液传入人体皮下。先在毛细血管内皮细胞及局部淋巴结等处的细胞中增殖，随后有少量病毒进入血流成为短暂的第一次病毒血症，此时病毒随血液循环散布到肝、脾等处的细胞中继续增殖，一般不出现明显症状或只发生轻微的前驱症状。经 4～7d 潜伏期后，在体内增殖的大量病毒，再侵入血流成为第二次病毒血症，引起发热、寒战及全身不适等症状，若不再继续发展，即成为顿挫感染，数日后可自愈；但少数患者（0.1%）体内的病毒可通过血脑屏障进入脑内增殖，引起脑膜及脑组织发炎，造成神经元细胞变性坏死、毛细血管栓塞、淋巴细胞浸润，甚至出现局灶性坏死和脑组织软化。临床上表现为高烧、意识障碍、抽搐、颅内压升高及脑膜刺激症。重症患者可能死于呼吸循环衰竭，部分患者病后遗留失语、强直性痉挛、精神失常等后遗症。

2．免疫应答 人受 JEV 感染后，大多数为隐性感染及部分顿挫感染，仅少数发生脑炎（0.1%），这与病毒的毒力、侵入机体内数量及感染者的免疫力有关。流行区成人大多数都有一定免疫力，多为隐性感染，10 岁以下儿童及非流行区成人缺乏免疫力，感染后容易发病。本病病后 4～5d 可出现血凝抑制抗体，2～4 周达高峰，可维持一年左右。补体结合抗体在发病 2～3 周后方可检出，约存在半年。中和抗体约在病后 1 周出现，于 5 年内维持高水平，甚至维持终生。流行区人群每年不断受到带病毒的蚊叮咬，逐渐增强免疫力，抗体阳性率常随年龄而增高，如北京市 20 岁以上成年人 90%血清中含有中和抗体。因此本病多见于 10 岁以下的儿童，但近些年来日本脑炎发病年龄有增高趋势，值得重视。

鼠脑纯化灭活疫苗、地鼠肾细胞灭活疫苗和地鼠肾细胞减毒活疫苗是目前国内外广泛应用的常规疫苗。鼠脑纯化灭活疫苗主要应用于国外，后两种在国内应用。日本于 1954 年研制出鼠脑纯化灭活疫苗，该疫苗是目前唯一获得 WHO 批准并可商品化的人用日本脑炎疫苗，该疫苗应用在泰国、印度、越南、朝鲜和马来西亚等日本脑炎高度流行的国家之后，感染率显著下降。该疫苗接种猪也能产生良好的保护作用，尤其是对青年妊娠母猪和公猪的安全性好，免疫接种后不会产生病毒血症、胎内感染等不良反应，对母猪感染猪日本脑炎后引起的繁殖障碍症状保护率高，但该疫苗也存在价格昂贵，免疫剂量大等缺陷。地鼠肾组织培养的灭活疫苗，目前仅在中国生产和使用。该疫苗毒株源于 Beijing-3 株，在我国的免疫保护率可达 85%，但该疫苗在临床应用中常出现一些不良反应，因此减毒活疫苗正逐步替代该疫苗。地鼠肾细胞减毒活疫苗采用减毒株 SA14-14-2，具有毒力低、抗原性强的优点，能激发较强的特异性免疫反应。初产母猪接种该疫苗后能抵抗 JEV 强毒的攻击，不产生病毒血症，对胎儿产生 100%的保护，对后备母猪也能产生良好的免疫保护作用。此外，研制成功的还有亚单位疫苗、核酸疫苗、重组活载体疫苗。

日本脑炎病毒从血液中进入中枢神经系统，并快速引发体液和细胞介导的免疫反应，患者的临床表现和预后取决于病毒的毒力和宿主免疫反应。研究发现，先天性和适应性免疫反应在减少病毒血症和清除病毒中都非常重要（Kumar et al.，2019）。

（1）先天免疫反应 小胶质细胞和星形胶质细胞是中枢神经系统的两种重要细胞，它们在 JEV 感染过程中有助于宿主产生先天免疫力。据报道，小胶质细胞和星形胶质细胞在病毒感染期间，可上调一系列趋化因子，如 CCL2（单核细胞趋化蛋白，MCP-1）、CCL5（RANTES）、CXCL10（干扰素 γ 诱导蛋白、IP-10）等。这些趋化因子能以自分泌的形式刺激中枢神经系统中其他白细胞迁移，从而增强其他可能具有神经毒性介质的分泌。作为先天免疫的一部分，IFN-α 是一种因病毒感染产生的糖蛋白细胞因子，它不直接对抗病毒，而是诱导宿主细胞中产生效应蛋白，从而抑制病毒的复制、组装或释放。

（2）适应性免疫反应

1）体液免疫。已有文献报道了体液免疫反应在调控日本脑炎病毒感染及其传播过程中的作用。患者血清和脑脊液中产生 IgM 抗体来对抗这种原发性感染。抗体可能在病毒免疫阶段（病毒越过血脑屏障到达中枢神经系统之前的阶段）限制病毒的复制来保护宿主。IgM 抗体水平高往往提示预后良好。另外，识别主要位于病毒 E 蛋白表位的中和抗体参与了这种体液免疫，这些抗体抑制病毒在细胞内的附着、内化和复制。有研究表明，针对 E 蛋白的单克隆抗体的被动转移可以保护小鼠免受病毒的侵害。此外，抗 NS1 和抗前体膜蛋白 prM 在介导针对日本脑炎病毒感染的保护性免疫中也发挥着重要作用。

2）细胞免疫。细胞免疫的作用机制目前尚不清楚。在一项小鼠的白细胞迁移抑制试验中观察到，小鼠 T 细胞的被动转移赋予了细胞终生免疫能力。在另一项研究中，用灭活的日本脑炎病毒疫苗免疫可在体内诱导 T 细胞活化。这表明灭活疫苗诱导的保护性免疫包括病毒特异性 T 细胞及具有多种生物学活性的抗体。以上关于日本脑炎的动物实验表明，细胞免疫限制了病毒复制并保护了中枢神经系统免受病毒入侵。从日本脑炎患者中分离出病毒特异的 $CD4^+$ T 细胞和 $CD8^+$ T 细胞，并发现它们可随着 JEV 的刺激而增殖，并且高质量的多功能 $CD4^+$ T 细胞反应提示与完全康复具有相关性。JEV 感染可抑制 $CD8^+$ T 细胞应答，可能会增加宿主的易感性。此外，DNA 或活疫苗诱导的最佳抗体反应完全取决于 $CD4^+$ Th 细胞的存在。对于感染日本脑炎病毒，不同个体临床反应和疾病进展具有差异，这可能与 T 细胞反应的遗传或种族差异有关，这将对于未来疫苗的研发起到重要的提示作用。T 细胞免疫球蛋白黏蛋白结构域 1（TIM-1）作为病毒入侵的辅助因子可促进日本脑炎病毒的感染。JEV 和 TIM-1 之间的相互作用可能直接影响免疫应答过程中的抗原提呈。

JEV 通过 MyD88 依赖性和非依赖性途径诱导树突状细胞功能损伤，继而导致较差的 $CD4^+$和 $CD8^+$ T 细胞反应，提高了病毒的存活率和在体内传播效率。TLR2-MyD88 和 MAPK 信号通路可能参与 JEV 介导的可溶性和细胞相关抗原交叉提呈的抑制。另一项小鼠模型研究表明，在感染期间，髓样抑制细胞（MDSC）的数量增加，这些细胞会抑制 T 滤泡辅助细胞介导的免疫反应，削弱免疫应答，从而促进疾病的进展（Chong et al.，2017）。

三、诊断要点

（一）流行病学诊断

很多动物可自然感染日本脑炎病毒，如人、羊、猪、犬、鸡、马属动物等。其中，马属动物的易感性高于其他动物，而猪主要作为病毒的储存器和散毒器。动物感染日本脑炎病毒后均可发生病毒血症。对日本脑炎病毒易感的动物均为日本脑炎的主要传染源，蚊子是 JEV 的贮存宿主，也是 JEV 的传播器，其中三带库蚊是 JEV 的主要传播者。因为 JEV 的流行与蚊子吸血有关，所以 JEV 的流行具有明显的季节性，在一年中的 7～9 月流行呈暴发趋势，热带地区在一年中均可流行。

（二）临床诊断

自然感染条件下，猪感染 JEV 后的潜伏期为 2～4d，患病猪一般呈隐性感染，有少数病例会出现发烧症状，稽留热可持续 2 周左右。患病猪精神沉郁、可视黏膜潮红、粪便干燥呈团块状、粪便表面有灰白色的黏液，尿液呈现深黄色。也有的病例出现神经症状、乱冲乱撞、视力障碍、后驱麻痹。怀孕的母猪会出现流产现象，但一般不会影响下一次的配种。公猪表现一般的临床症状为睾丸炎（一侧或双侧）。人感染 JEV 后主要表现为体温升高，伴疲倦、嗜睡、头痛、纳差、恶心、呕吐，随着症状加重，脑实质损伤症状凸显，出现高热、抽搐和呼吸衰竭等严重症状。

（三）病理诊断

JEV 主要引起脑实质广泛病变，以大脑皮质、脑干及基底核的病变最为明显，脑桥、小脑和延髓次之，脊髓病变最轻。肉眼可见软脑膜和脑皮质充血、水肿，部分病例可出现蛛网膜下腔出血，镜下观察可见脑实质中血管扩张充血，小血管内皮细胞肿胀、坏死、脱落，常伴有淋巴细胞为主的炎细胞围绕血管呈袖套状浸润。神经细胞广泛肿胀，细胞核结构模糊，胞质溶解，严重者神经细胞坏死。胶质细胞增生，增生的小胶质细胞若积聚成群而形成胶质细胞小结节，星形胶质细胞于急性期呈变性肿胀，晚期以增生为主。神经组织发生局灶性坏死液化，形成质地疏松、染色较淡的筛网状病灶，称为筛状软化灶，大小为 1mm 至数毫米，为本病特征性病变。部分患者脑水肿严重，颅内压升高或进一步导致脑疝。

（四）鉴别诊断

1．其他病毒性脑炎　仅凭临床症状、体征较难辨别，确诊有赖于血清学检查和病原学检查。部分病毒性脑炎有特殊的抗病毒治疗方法，如有条件应尽量完善病原学检查。

2．化脓性脑膜炎　以脑膜炎表现为主，脑炎表现不突出，脑脊液呈化脓性改变，脑脊液涂片或培养可得病原菌。流行性脑膜炎为呼吸道传染病，多见于冬春季，大多伴发皮下出血、黏膜下出血。早期治疗的化脓性脑膜炎，其脑脊液改变可酷似日本脑炎，应予注意。

3．结核性脑膜炎　起病较慢，病程长，脑膜刺激征明显，脑实质病变较轻，常合并颅神经损害，脑脊液蛋白显著升高、葡萄糖降低、氯化物显著降低，脑脊液薄膜涂片或培养常可得到结核分枝杆菌。胸片、眼底检查常可发现结核灶。

4．中毒性菌痢　也多见于夏秋季，10 岁以下儿童多发，且首发症状为高热、意识障碍、抽搐，故极易与日本脑炎混淆。中毒性菌痢起病更急，无脑膜刺激征，脑脊液多正常，循环衰竭出现较早（因感染性休克），可做肛拭子或生理盐水灌肠后查大便常规，有大量白细胞、脓细胞，细菌培养得痢疾志贺菌，借此鉴别。

5．上呼吸道感染　易与日本脑炎初期混淆。在日本脑炎流行季节遇到急性起病、发热、嗜睡、头痛、呕吐，而无明显上呼吸道感染征象者，应警惕日本脑炎。

根据妊娠母猪流产，流产胎儿的病理解剖和公猪睾丸炎的特征，与猪布鲁氏菌病、猪繁殖与呼吸障碍综合征、猪伪狂犬病、猪细小病毒病等进行鉴别诊断，结合脑组织检查（非化脓性脑炎），即可作为诊断的依据。

四、实验室诊断技术

（一）病料采集与保存方法

1．病料采集　在流行的早期和发病的早期（病毒血症阶段），无菌采取病畜的血液或脑脊液。采集动物的内脏组织时，若为已死亡的动物应尽快采集，夏天不应超过 2h，冬天不超过 6h（视具体温度而定）。采取脑组织（选大脑皮质、脑干、中脑、海马回及桥脑）数小块放于灭菌玻璃瓶。猪应采取流产死胎的脑组织，置冰盒内立即送检。不能立即检查者，应放−80～−20℃冰箱，或加 50%甘油生理盐水，4℃保存送检。

2．保存方法　血液应分离出血清或血浆，脑脊液可直接使用。脑组织应研磨成膏状，加入 0.5%水解乳蛋白 Hanks 液（或碱性肉汤或 10%脱脂奶生理盐水），制成 10%悬液，

3000r/min 离心 30min，吸取上清液，加入青霉素 50IU/mL 和链霉素 500g/mL，在 4℃处理 3～4h（无污染者可不加青、链霉素处理），即得接种样品。对疑似有污染的样品，也可用 0.45μm 微孔滤膜过滤法处理。

（二）病原学诊断

1. 病原分离与鉴定

（1）*病毒的分离和培养*　将采集的患病动物的组织病料置于乳钵中加入灭菌生理盐水反复磨细成 10%乳剂；−20℃反复冻融 3 次；7500r/min 离心 10min；取上清接种至 BHK-21（或 C6/36、Vero）细胞培养，3～4d 开始出现细胞病变效应（CPE）。病变的特点为：单层细胞出现变圆、膨大、聚集、脱落、单层松散、细胞之间出现空隙。若未出现 CPE 则将培养物脑内接种 9～12g 小鼠增殖病毒，采集 3～7d 死亡鼠脑接种 BHK-21 细胞，出现明显细胞病变后将培养物冻融收获。

（2）*病毒的鉴定*　在疾病的早期阶段通过提取脑脊液病毒 RNA，结合 RT-PCR 及测序技术对病毒进行检测和分子鉴定。

2. 动物感染试验　取 2～5 日龄乳鼠脑内接种处理好的且经鉴定为阳性的病毒悬浮上清液 30μL/只，对照组注射生理盐水 30μL/只，每天观察 2～3 次，接种后 24h 内死亡的乳鼠为非特异性死亡，应当弃掉，余下乳鼠连续观察 7～14d。一般 3～4d 时开始发病，出现离群、拒乳、抽搐、发热、消瘦，至 96～120h 出现毛耸、颤抖、强直、肢体痉挛、神经系统兴奋增强等症状。随着时间的推移，症状逐渐加剧，最终转为麻痹死亡，死亡率为 100%，综上情况即可做出诊断。

（三）免疫学诊断

1. 微量中和试验（固定病毒-稀释血清法）　人或动物感染 JEV 后，血清中可产生具有高度特异性的中和抗体。中和试验是利用观察病毒感染力而检测标本中 JEV 中和抗体水平的实验方法。其基本原理是先将病毒与标本进行中和反应，然后接种组织培养细胞或实验动物来测定病毒感染力。

2. IgM 捕获 ELISA 法　JEV 感染后机体首先产生 IgM 抗体，一般 IgM 抗体持续存在一个月左右。由于 JEV 的潜伏期为 4～21d，因此出现临床症状的患者，其血液中或脑脊液中即可检测到日本脑炎特异性 IgM 抗体。检测到病毒 IgM 抗体，尤其是在脑脊液中，结合症状即可诊断为日本脑炎。ELISA 是利用包被在聚苯乙烯板上抗人 M 链抗体，捕获感染者标本中抗日本脑炎病毒 IgM 抗体，感染者体内抗日本脑炎病毒 IgM 抗体随后能与日本脑炎病毒抗原特异性结合，再与标记有过氧化物酶的抗日本脑炎特异性单克隆抗体发生特异性结合，最终加底物显色而达到检测目的。

3. 间接 ELISA 法检测抗日本脑炎病毒抗体　利用包被在塑料板孔中日本脑炎病毒抗原可以特异性结合患者标本中抗日本脑炎病毒抗体，再通过酶标记的抗人 IgG 抗体结合人源 IgG 的特性，达到检测目的。一般用日本脑炎病毒全病毒作抗原，故检测到的不仅有日本脑炎中和抗体，还有日本脑炎非中和抗体。抗日本脑炎病毒 IgG 抗体阳性提示感染过日本脑炎病毒或接种过日本脑炎疫苗。

4．血凝抑制试验 抗体产生早，敏感性高、持续久，但特异性较差，有时出现假阳性，可用于诊断和流行病学调查。

5．补体结合试验 抗体阳性出现较晚，一般只用于回顾性诊断或隐性感染者的调查。

五、防控措施

（一）综合防控措施

目前本病尚无特效治疗方法，应提早做好预防工作，具体采取以下措施。

1．控制传染源 本病的传染源主要是家畜、家禽，尤其是猪为JEV的重要传播中间宿主，需要做好饲养场的环境卫生。夏季可用中草药如青蒿、桉树叶、辣蓼等烟熏驱蚊，每半月喷洒灭蚊药一次。有条件者可对母猪及其他家畜进行疫苗注射，尤其对没有经过流行季节的幼猪和马以及新进入疫区的家畜动物。控制蚊虫对家畜动物叮咬及JEV感染，降低JEV的携带率，从而控制JEV在人群中的传播流行。人感染JEV后，在病程早期传染性强，因此在流行季节应对疑似病例与早期患者做到早发现、早报告、早隔离和及时治疗。

2．切断传播途径 防蚊灭蚊，控制蚊虫叮咬，是切断JEV传播的重要途径。要控制蚊虫的滋生地，同时注意消灭幼虫。做好畜禽栏舍及周围的卫生，并定期喷洒具有滞留作用的灭蚊药物（如拟除虫菊酯、马拉硫磷等）。同时注意消除积水、填平洼地。发生日本脑炎疫病时，必须按照《中华人民共和国动物防疫法》有关规定，严格采取控制措施，防止疫情扩散。对患病猪、病死猪及流产胎儿、死胎、胎盘、羊水等生殖道分泌物均需进行无害化处理；同时，要特别重视和加强对仔猪或未经过夏秋季节的幼龄猪及从非疫区购进猪的管理，因为这些猪未曾感染过JEV，一旦感染，则容易产生病毒血症，成为传染源。

3．强化免疫接种 根据地区及猪场具体情况制订切实可行的免疫方案，定期适时接种疫苗。母猪和种猪通常是在蚊虫季节出现之前的20～30d接种（一般在3～4月）1次，然后间隔2～4周进行二免。后备公母猪应在配种前再免疫接种1次，以后按上述常规时间免疫。在日本脑炎重疫区，为提高免疫密度，切断传染链，对其他类型猪群也应进行预防接种；处于热带地区的猪场，必须坚持每半年1次的免疫制度。

（二）生物安全体系构建

1）及时发现并关注高发人群新特点，采取相应措施；重点地区开展紧急接种或查漏补种工作，特别是日本脑炎高发地区的成人补种疫苗，也是保护易感人群的新举措。

2）在养殖场应该建立有效的物理屏障，用物理或者机械屏障来防止外来人员、车辆、动物等的随意进入。猪场内部及环境应用生石灰、烧碱、醛类等进行消毒。建立清洗消中心，高压热水清洗，清洗后等待烘干消毒。运猪车是JEV的重要传播环节，建立车辆洗消站可有效切断JEV扩散传播。猪场内部须建立专职生物安全队伍，专门负责生物安全监督；员工的日常生物安全知识培训，须做到人人都懂生物安全知识与防控应急知识；专职生物安全队伍每月负责考核员工生物安全知识，检查员工生物安全措施是否到位和实施。加强对猪群与种猪精液的日常检测和排查，做到早发现、早诊断、早扑杀。若发现发烧猪只、流产母猪、厌食呕吐身体发红等不正常猪只，立即上报。死亡猪只必须到特定的隔离房间进行剖检，需要慎重对待，做好防护和消毒措施。

（三）疫苗与免疫

目前，国际上共有 4 种人用日本脑炎疫苗在使用。第一种是用 Nakayama/Beijing-1 毒株接种鼠脑生产的灭活疫苗；第二种是用 Beijing-1/SA14-14-2 毒株接种原代地鼠肾细胞（PHK）或非洲绿猴肾细胞（Vero）生产的灭活疫苗；第三种是用 SA14-14-2 毒株接种 PHK 细胞生产的减毒活疫苗；第四种为黄病毒-日本脑炎病毒嵌合病毒接种 VERO 细胞生产的嵌合减毒活疫苗。目前，已被大规模生产和使用的人用疫苗有 PHK 细胞灭活疫苗、PHK 细胞减毒活疫苗、Vero 细胞减毒活疫苗。其中，仅鼠脑组织灭活疫苗和 PHK 细胞减毒活疫苗两种疫苗获得国际许可。

1. 灭活疫苗　日本脑炎的灭活疫苗有两种，一种是用 Vero 细胞生产的灭活疫苗，另一种是用 PHK 细胞生产的灭活疫苗。Vero 细胞生产的灭活疫苗 2009 年在美国获得批准，接种程序为第 1 次免疫接种之后 28d 加强免疫 1 次，共接种 2 次，抗体阳性率可达到 97%。PHK 细胞灭活疫苗于 1968 年在我国生产，此疫苗是用 JEV 北京 P3 株接种地鼠肾原代细胞制作而成。在我国，PHK 细胞灭活疫苗基础免疫为 2 次，1 年后加强注射 1 次即可使抗体阳性率达到 90%，为了提高免疫效果、减少接种次数并降低副作用的发生，我国专家新研制了减毒活疫苗并逐步取代了灭活疫苗。

2. 减毒活疫苗　减毒活疫苗是我国自主研发的，此疫苗是用 JEV SA14-14-2 减毒株接种地鼠肾原代细胞（PHKC），经培养、收获病毒液，加适量明胶、蔗糖保护剂冻干制成。该疫苗所用的减毒株 SA14-14-2 是将 SA14 强毒株经地鼠肾原代细胞和乳鼠、小鼠脑内交替传代并经多次蚀斑纯化获得，减毒株缺失了与 JEV 神经侵袭力有关的基因，能诱导机体产生体液免疫和细胞免疫双重免疫应答。用减毒株制成的疫苗具有毒力小且保护力强等特点，与灭活疫苗相比接种次数少。减毒活疫苗基础免疫为 1 次，1 年后加强免疫 1 次。

3. 嵌合减毒疫苗　嵌合减毒疫苗是使用基因工程方法构建载体使之能表达 2 种及以上病原体抗原的新型疫苗，接种嵌合减毒疫苗可以预防多种疾病，减少了接种次数而且简化了免疫程序。黄热-日本脑炎嵌合减毒病毒是一种活的、减毒的基因工程病毒，通过把编码日本脑炎病毒减毒株 SA14-14-2 膜前体和囊膜的基因插入黄热病毒 17D 感染性克隆的 C 蛋白基因和非结构蛋白基因之间构建而成，该重组病毒所表达的膜前体和囊膜 E 蛋白包含 JEV 重要的抗原决定族，能有效激活机体的细胞免疫和体液免疫。作为新型疫苗，它结合了以上 2 种疫苗毒株的优点和特征，黄热-日本脑炎病毒嵌合减毒疫苗不仅安全有效，而且能诱导机体产生终生持久的免疫力。黄热病毒 17D 疫苗经几亿人使用被证明是安全有效的，只需接种 1 次就能达到快速持久的保护效果，而该嵌合减毒疫苗也保留了这个特点，只需接种 1 次后期不用加强免疫就能产生持久的免疫力，这使得嵌合减毒疫苗的免疫程序简单，成本低，不需花费大量时间提前计划，方便旅行人群安排出行。

4. 亚单位疫苗　JEV-E 蛋白具有良好的免疫原性，是基因工程疫苗研究的首选靶蛋白，日本脑炎病毒样颗粒疫苗在生产过程中可避免日本脑炎病毒的操作，避免了生物安全隐患，又具有良好的免疫原性，是一种较理想的疫苗形式。

（四）药物与治疗

目前对于日本脑炎，没有特异的抗病毒药物可用。口服/肠内米诺环素显示出一定的前景，需要进一步研究。以管理颅内压升高和控制惊厥形式的支持性护理是减少不良神经结果的重要措施。对昏迷病畜进行营养和良好的护理可改善预后。

目前，猪日本脑炎在临床上的治疗多以磺胺类药物和清热解毒类中药为主。有研究发现，大青叶 30g、生石膏 120g、芒硝 6g、黄芩 12g、栀子 10g、丹皮 10g、紫草 10g、鲜生地 60g 和黄连 3g 的水煎液与生石膏 120g、板蓝根 120g、大青叶 60g、生地 30g、紫草 30g、连翘 30g 和黄芩 18g 的水煎液再配合 20%的磺胺嘧啶钠和针疗时，分别对成年猪和仔猪的日本脑炎具有一定的治疗作用。此外，我国科研人员研究发现，乌本苷和地高辛能够有效抗日本脑炎病毒，这为研发日本脑炎抗病毒药物提供了重要理论参考。

六、问题与展望

日本脑炎的发病与流行一直是困扰我国及其他大多数亚洲国家的严重公共卫生问题。为了不断探索新的治疗方案，关于日本脑炎发病机理的研究一直以来既是热点也是难点，涉及病毒复制、免疫反应、血脑屏障破坏、神经炎症等方面，并提出了众多干预策略。虽然日本脑炎病毒疫苗的使用在一定程度上可减少日本脑炎的发病率，但目前仍缺乏针对日本脑炎病毒的特效药，相关药物的研发是目前亟待解决的科学问题。

（亓文宝）

第六节 大肠杆菌病

一、概述

大肠杆菌病（colibacillosis）是由大肠杆菌（*Escherichia coli*，*E. coli*）某些特定血清型致病性菌株引起的一类人兽共患疾病的总称。人类和多种动物均可感染大肠杆菌，其中幼龄动物最易感，多呈局部或全身性感染，临床常见腹泻、肠毒血症、乳腺炎、尿道感染、败血症和脑膜炎等症状，严重危害人类的健康和畜牧业的发展。部分大肠杆菌属于条件性致病菌，气候突变、通风不良及环境污染等因素能诱发本病；同时，机体受到其他病原体侵袭引起免疫力降低，也能造成大肠杆菌继发感染。大肠杆菌血清型较多，致病机理复杂多样，针对一种至几种血清型的疫苗往往不能取得较好的免疫效果；一般情况下，一些抗生素和抗菌药物治疗效果较好，但大肠杆菌易产生耐药性。近年来，由于抗菌药物不合理使用，大肠杆菌耐药性逐渐增强。因此，需要建立科学的生物安全体系，研发大肠杆菌广谱疫苗，从而有效防控大肠杆菌病。

拓展阅读 2-6

大肠杆菌广泛存在于自然界，自 1885 年被 Escherich 发现以来，人们普遍认为大肠杆菌属于无害的肠道共生菌。直到 20 世纪中叶，才确定一些特定血清型大肠杆菌对人和动物具有致病力。大肠杆菌病在世界各地均有发生，由于不同国家和地区经济、社会发展水平不同，动物养殖场的卫生条件和饲养管理水平参差不齐，大肠杆菌病的流行情况不尽相同。致病性大肠杆菌引起的肠道内感染呈地方流行性，大肠杆菌感染导致人或动物腹泻的情况时有发生。由致病性大肠杆菌引起的肠道外感染在全球均有发生，如高致病性 ST95 类群和耐药性 ST131 类群的大肠杆菌，引起人和动物肠外组织感染等。

二、病原学

（一）病原与分类

1．病原　大肠埃希菌俗称大肠杆菌，在生物学分类上属于细菌界变形菌门肠杆菌科埃希菌属大肠杆菌种。

大肠杆菌是革兰阴性无芽孢的短小杆菌，大小为（0.4～0.7）μm×（2～3）μm，两端钝圆，一般单独散在。本菌为需氧或兼性厌氧菌，最适生长温度为37～42℃，最适生长pH为7.2～7.4，在普通琼脂培养基中生长良好，形成表面光滑、边缘整齐、湿润、中心隆起、半透明的乳白色圆形菌落，菌落直径为2～3mm；在麦康凯培养基上形成中等大小、光滑、湿润的粉红色小菌落；在伊红-亚甲蓝琼脂培养基上形成带有金属光泽的黑色菌落；在SS琼脂培养基上生长不良或不生长。个别菌株在绵羊血平板上呈β溶血。

大肠杆菌抗原主要包括菌体（O）抗原、表面（K）抗原、鞭毛（H）抗原、菌毛（F）抗原、外膜蛋白抗原及分泌性抗原等。通常根据O、K、H抗原的不同，将细菌分为不同的血清型。O抗原特异性是血清学分类的基础。现已确定O抗原有196种，K抗原有103种，H抗原有64种。致病性大肠杆菌属于一些特定O血清型，如O2、O18、O35、O101和O157等。O抗原耐热，121℃处理2h不会被破坏。O抗原主要刺激机体产生IgM类抗体。K抗原是存在于荚膜、被膜或菌毛中的一种热不稳定性抗原，多数为多糖类物质，少数为蛋白质。H抗原，即鞭毛抗原，是一种不耐热的蛋白抗原，H抗原能刺激机体产生高效价凝集抗体。

正常情况下，大肠杆菌主要共生于人和动物肠道，不会引起疾病，但致病性大肠杆菌进入宿主肠道或侵袭至肠道外组织时，能引起感染和炎症反应。致病性大肠杆菌可在宿主肠道中大量繁殖，并通过粪便污染周围环境。因此，大肠杆菌数被作为饮水、食物或药物的卫生学标准指标之一。大肠杆菌在自然界中可存活数周甚至数月，对热的抵抗力比较强，55℃处理60min或60℃处理15min后，仍有部分大肠杆菌存活。

2．分类　通常将致病性大肠杆菌分为肠道致病性大肠杆菌（intestinal pathogenic *E. coli*，IPEC）和肠道外致病性大肠杆菌（extraintestinal pathogenic *E. coli*，ExPEC）。依据不同的肠道致病类型，IPEC又至少分为以下6个亚型：产肠毒素大肠杆菌（enterotoxigenic *E. coli*，ETEC）、产志贺毒素大肠杆菌（Shiga toxin-producing *E. coli*，STEC）、肠出血性大肠杆菌（enterohemorrhagic *E. coli*，EHEC）、肠致病性大肠杆菌（enteropathogenic *E. coli*，EPEC）、肠侵袭性大肠杆菌（enteroinvasive *E. coli*，EIEC）和肠聚集性大肠杆菌（enteroaggregative *E. coli*，EaggEC）等。ETEC、STEC和EPEC是引起人畜肠道疾病的主要致病型。肠道外致病性大肠杆菌包括禽致病性大肠杆菌（avian pathogenic *E. coli*，APEC）、尿道致病性大肠杆菌（uropathogenic *E. coli*，UPEC）、新生儿脑膜炎大肠杆菌（neonatal meningitis *E. coli*，NMEC）和败血症大肠杆菌（septicemic *E. coli*，SEPEC）等。

（二）基因组结构与编码蛋白

大肠杆菌基因组DNA为拟核中的1个环状分子，不同致病型大肠杆菌基因组大小不同，序列长度为4700～5100kb，编码4500～4700个基因。同时大肠杆菌可以含有多个环状大质粒DNA，大质粒碱基序列长度一般在31～210kb。

1．产肠毒素大肠杆菌（ETEC）和产志贺毒素大肠杆菌（STEC）致病相关蛋白　不同致病性大肠杆菌的基因组特征具有明显差异，携带的毒力基因呈现多样化。以 ETEC 为例，ETEC 菌株因携带不同种类的黏附素和肠毒素，从而导致不同类型仔猪腹泻。ETEC 主要毒力因子由大质粒编码，其菌株没有保守的染色体基因组特征，ETEC 菌株分布于不同的系统演化分群（phylogroups）。

菌毛和毒素是 ETEC 编码的特征性蛋白。ETEC 菌毛是由特定菌毛基因簇编码，含有 1 个或多个操纵子的基因簇，它们大多数位于 40～100kb 的大质粒上，菌毛基因簇由 3 种以上必需基因编码，分别编码结构蛋白、伴侣蛋白、顶端黏附素、推进蛋白及菌毛表达调控因子等。菌毛结构蛋白又分为主要亚基和小亚基，每种菌毛的黏附素抗原位点不同，可能是顶端黏附素亚基，也可能是菌毛结构蛋白主要亚基（F4 和 F5）。

ETEC 肠毒素（enterotoxins）分为热不稳定肠毒素（LT）和热稳定肠毒素（ST），ETEC 携带菌毛基因簇的大质粒，通常同时编码肠毒素基因。大质粒携带的菌毛基因紧挨肠毒素基因，形成 1 个毒力岛，包括了所有与腹泻症状有关的遗传学基因簇。LT 分为 LTⅠ和 LTⅡ两个亚型，二者之间的差异主要是由于 B 亚基不同，LTⅡ又包含 3 个抗原变体（LTⅡa、LTⅡb 和 LTⅡc）。ST 肠毒素分为 STa（或 STⅠ）和 STb（或 STⅡ）两个亚型，STa 由大约 2000Da 的单条肽链组成，主要作用于肠道上皮细胞鸟苷酸循环通路，引起电解质分泌失调。天然 STa 毒素免疫原性较差，同源和异源抗血清均可中和 STa 毒性。STb 包含 48 个氨基酸，分子质量为 5200Da，多数猪源 ETEC 能产生 STb 肠毒素，在断奶仔猪中，STb 被认为是最有效的肠毒素。

肽毒素 EAST1 是一种含 38 个氨基酸的耐热多肽，分子质量为 4100Da，EAST1 与 ETEC STa 肠毒素生物学特性相似。EAST1 在猪源 ETEC 中广泛存在。单独的 EAST1 介导大肠杆菌致病力较弱，但与 LT 一起可以有效地引起仔猪腹泻。

其他编码蛋白在 ETEC 致病机理中也发挥重要作用，如非菌毛黏附素 AIDA、Iha、TleA 和 EaeH，侵袭素 Tia 和 TibA 等。

STEC 对断奶仔猪具有高致病力，STEC 产生志贺毒素（Stx），最常见两个亚型是 Stx1 和 Stx2。猪具有对 Stx 敏感的血管受体，Stx2e 是最常见的 Stx2 变体，是引起猪水肿的关键毒力因子。

2．禽致病性大肠杆菌致病相关蛋白 APEC 与人源的 ExPEC 菌株演化关系较接近，它们均能感染多种模式动物。与其他大肠杆菌相比，APEC/ExPEC 基因组具有编码肠道外致病相关毒力因子的基因群，而这些毒力相关基因往往位于 APEC/ExPEC 基因岛中，一些肠道外感染相关毒力因子得以鉴定。

APEC 携带多种黏附素和侵袭素等毒力因子。APEC 黏附素包括菌毛和非菌毛黏附素，菌毛黏附素包括 F1 菌毛、P 菌毛和 S 菌毛等；非菌毛黏附素主要是自分泌具有作用的物质，如 AatA、AatB 和 TibA 等。侵袭素（如 IbeA、IbeB 和 Hcp 等）是 APEC 和 NMEC 共同的毒力因子，它们有助于 APEC 侵袭定殖。

APEC 携带多种血清存活因子，包括 OmpA、TraT 和 Iss 等，能有效抵抗 C3 补体在 APEC 膜表面的沉积，阻止膜攻击复合体的形成。另外，K1 荚膜也是 APEC 的一种重要的血清存活因子。

APEC 具有摄铁能力，有两类铁载体普遍分布于 APEC 强毒株中，包括 Aerobactin（氧肟酸铁载体）和 Salmochelin（肠菌素的糖基化衍生物）。Aerobactin 是一个关键的三价铁摄取系统，APEC *iucABCD* 基因簇编码 Aerobactin，其中 *iutA* 编码铁受体蛋白。Salmochelin 合成相关基因簇（*iroBCDEN*）分布于 ColV 或 ColBM 大质粒上。

转录调节因子参与调控 APEC 毒力基因的转录表达，包括单元调控因子（AcrA、FNR、PafR 和 TosR）和二元调控系统（KguS/KguR 和 PhoQ/PhoP）等。AcrA 能够调控 APEC 鞭毛基因 *motA*、*motB* 和代谢相关基因的表达，AcrA 能够影响 APEC 对禽脏器的侵袭、定殖能力。

（三）病原分子流行病学

1. 肠道内致病性大肠杆菌（IPEC）分子流行病学特征 IPEC 能引起家畜（猪、牛和羊等）致泻性大肠杆菌病，尤其产肠毒素大肠杆菌（ETEC）和产志贺毒素大肠杆菌（STEC）致病性危害最大。菌毛黏附素（F5、F6、F17 和 F41）与引起新生仔猪腹泻的 ETEC 紧密相关，F18 通常与引起断奶仔猪腹泻（PWD）的 ETEC 菌株有关，F4 菌毛与这两种类型的菌株都有关。ETEC 产生的肠毒素 STa，与新生仔猪腹泻密切相关。这些具有特定 F 抗原的猪源 ETEC 属于某些特定 O 血清群。

人源 STEC 菌株优势血清型包括 O157、O145、O111、O103 和 O26，但人源菌株通常不携带 *Stx2e* 基因。猪水肿病相关 STEC 菌株血清型，主要包含 O138、O139、O141 和 O147 等。STEC O157∶H7 是引起人溶血性尿毒症综合征的主要病原，但 O157∶H7 血清型在猪源 STEC 菌株中的分布率偏低。猪源 STEC 菌株普遍具有 F18ab 或 F18ac 菌毛。

2. 禽致病性大肠杆菌（APEC）分子流行病学特征 多种分子流行病学方法应用于 APEC/ExPEC 定型。在一定程度上，血清型分型方法适用于界定 APEC/ExPEC。系统演化分群方法（ECOR）将大肠杆菌分为 8 个演化群（A、B1、B2、C、D、E、F 和 clade Ⅰ）。大部分 APEC/ExPEC 分离株属于 ECOR B2、D 和 F 群，而 A、B1 和 E 群菌株通常是共生性或肠道内致病性大肠杆菌。多位点序列分群方法（MLST）将 APEC/ExPEC 分为若干 ST 类型，包括 ST95、ST131、ST48、ST117、ST162、ST501、ST648 和 ST2085 等。通常将血清型、ECOR 和 MLST 分型结合起来鉴定 ExPEC 遗传特征，如 APEC/ExPEC 典型的 O1:K1/O2:K1/O18:K1 分离株属于 ST95 类群、ECOR B2 群，ST95 类群的菌株普遍具有较高致病性，该类群常被用来研究 ExPEC 基因组特点和致病机理。O78 是 APEC 特有的一个流行强毒株，属于 ST23 和 ECOR B1 群。

（四）感染与免疫

1. ETEC、STEC 感染和免疫 菌毛黏附素是 ETEC 在仔猪肠道内定殖的关键毒力因子，F4 菌毛是最早发现的 ETEC 菌毛，最初被称为 K88，F4 菌毛抗原具有良好的免疫原性，用 F4 菌毛抗原免疫母猪后，新生仔猪可以通过母源抗体获得被动免疫，从而保护仔猪免受 ETEC 侵害。通常，ETEC 菌株携带两个或多个菌毛基因簇，每种菌毛至少对一类特异性宿主受体具有黏附功能。LT 是一种高度免疫原性分子，而 ST 的免疫原性很差，两者之间没有交叉免疫反应。实验室人工表达 STb 融合蛋白，可以获得 STb 免疫血清，抗 STb 免疫血清可以中和 STb 毒素，但不能中和 STa 毒素。ETEC 通过分泌肠毒素（LT 和 ST）引起仔猪肠道水和电解质分泌失调。LTⅡ抗原可以与宿主各种神经节苷脂结合，而 LTⅠ优先与神经节苷脂 GM1 结合。STb 的受体是硫酸脑苷脂，其通过多条信号途径引起电解质分泌失衡。

志贺毒素（Stx）由 STEC 基因组中 λ 前噬菌体基因编码，Stx 具有抑制宿主蛋白生物合成的酶活性 A 亚基，以及与乙二醇鞘脂受体结合的五聚体 B 亚基，形成非共价连接的 AB5 结构。Stx1 和 Stx2 具有相同的作用模式，Stx1a 是 Stx1 的一个亚型，Stx1a 可识别脂质筏相关转运蛋白Gb3和Gb4，而Stx2a（Stx2亚型）优先与Gb3结合，与Gb4结合的程度较小。在Stx与Gb3、Gb4结合后，Stx被递送至宿主细胞的胞质中，接着Stx的A亚基被弗林蛋白酶切割成活性的A1亚基，以及与B亚基五聚体连接A2片段。Stx的A1片段可结合核糖体亚基来抑制蛋白质合成。尽管抑制蛋白质合成本身不会杀死宿主细胞，但会触发核糖毒性应激反应，最终导致细胞凋亡。Stx1a和Stx2a的主要宿主细胞受体是Gb3受体，而Stx2e（Stx2亚型）的亲和受体不同于Stx1a和Stx2a，其主要受体是球四糖基神经酰胺（Gb4）。与Gb3相比，Stx2e与Gb4受体的亲和力更高。在猪水肿病的感染早期，STEC通过Stx2e引起猪脑内皮细胞坏死，导致猪脑血管内皮屏障的减弱和渗漏，从而引起严重的脑组织损伤。在体外感染模型中，Stx2e对单层内皮细胞显示出很强的细胞毒性，并能引起血脑屏障迅速瓦解，猪血脑屏障的跨上皮电阻快速下降是STEC引起猪严重脑损伤的关键反应，其导致猪水肿病的特征性症状——神经功能紊乱。

2. APEC感染和免疫 APEC强毒株能引起禽肺脏的严重病变和巨噬细胞凋亡，巨噬细胞是宿主免疫防御系统的重要组成部分。在巨噬细胞内存活（intracellular macrophage survival）是APEC致病的一个关键环节，在APEC感染过程中发挥重要作用。目前，多种APEC/ExPEC胞内存活因子被发现，如K1荚膜、HlyF、OmpA和乙酸摄取系统等，它们能提高APEC在巨噬细胞内的存活率。转录调节因子AutA和AutR能在APEC感染宿主时互惠型调控K1荚膜、黏附素和酸耐受系统的表达，以促进APEC在巨噬细胞内存活。二元系统PhoP/PhoQ通过调控毒力因子HlyF的表达，促进APEC在巨噬细胞吞噬溶酶体的逃匿。APEC能通过乙酸同化系统募集胞内营养物质，旨在促进其在巨噬细胞内存活。因此，APEC/ExPEC是一个兼性胞内致病菌（facultative intracellular bacterial pathogen）。

三、诊断要点

（一）流行病学诊断

多种幼龄畜禽对大肠杆菌病较易感。仔猪黄痢常发于出生后1周以内，以1～3日龄为主，发病率可达90%以上，病死率高。仔猪白痢多见于出生后10～30d，以10～20日龄居多，发病率可达30%～80%。猪水肿病和断乳仔猪腹泻主要见于断乳仔猪，发病率达30%～40%，水肿病的病死率在50%～90%。牛出生后10d内较易发病。羊出生后6d～6周多发，偶发于3～8月龄羊群。禽大肠杆菌病最为复杂多变，从胚胎到成年家禽均易感，以冬末春初较为常见，雏鸡发病率可达30%～60%，病死率可达90%。

病畜禽和带菌者是本病的主要传染源。禽类主要经呼吸道感染，牛可以经子宫内或脐带感染。初生动物未及时吸吮初乳、营养不良、气候剧变等均易诱发本病，具有呼吸道损伤、免疫抑制等作用的其他病原体感染易诱发大肠杆菌病。

（二）临床诊断

1. 猪大肠杆菌病 根据发病日龄和临床表现不同，将其分为仔猪黄痢、仔猪白痢和猪水肿病。

仔猪黄痢：潜伏期短，出生12h以内即可发病，长者也仅为1～3d。黄色水样腹泻，内含凝乳小块，精神沉郁，脱水，鼻盘、耳和腹部发绀，迅速消瘦，最终昏迷而死。最急者，不见下痢，倒地昏迷突然死亡。

仔猪白痢：以排乳白色或灰白色带有腥臭的糊状粪便为特征。病程 2～3d，长者 1 周左右，病猪突然腹泻，排出乳白或灰白色粪便，味腥臭，黏腻。死亡率较低，能自行康复，但影响正常生长发育，成为僵猪。

猪水肿病：病猪突然发病，口流白沫，心跳急促，步态不稳，起立困难。水肿是本病特殊临床症状，常见于脸部、眼睑、结膜、牙龈，有时波及颈部和腹部皮下。病程短，通常为 1～2d。以全身或局部麻痹、共济失调和眼睑水肿为特征。发病率不高，但死亡率很高。

2．禽大肠杆菌病　禽大肠杆菌病复杂多样，包括急性败血症、气囊炎、肉芽肿、肿头综合征、蜂窝组织炎、输卵管炎、腹膜炎、全眼球炎、滑膜炎、脑炎、脐炎及卵黄囊感染等病型。最常见的病型为急性败血症型、眼炎型和卵黄性腹膜炎型。

急性败血症型：最急性病例常见突然死亡；急性病例常见于雏鸡，体温升高，冠髯发绀，畏寒聚集，羽毛松乱，食欲减退或废绝，排黄白色稀粪，个别出现神经症状。发病率和死亡率均较高，危害最大。

眼炎型：常见于雏鸡，眼灰白色，结膜充血、出血，眼有脓性或干酪样分泌物，眼球极度突出。

卵黄性腹膜炎型：常发生于家禽产蛋中后期，输卵管及卵黄囊肿胀，管壁变薄，有干酪样渗出物，腹腔有大量卵黄团块。

3．牛大肠杆菌病　又称为犊牛白痢，以败血症型、肠毒血症型或肠炎型为主要特征。主要危害犊牛，发病率和死亡率较高。

败血症型：常见于出生后 7 日龄犊牛，表现为发热，体温高至 40℃，精神不振，腹泻，症状出现数小时后死亡，有时病犊未见腹泻即死亡。

肠毒血症型：病牛突然死亡，病程较长者有典型的中毒性神经症状，先兴奋不安，后沉郁昏迷，最终死亡。

肠炎型：多见于 7～10 日龄犊牛，病初体温升高，食欲下降，数小时后腹泻，粪便有气泡，呈灰白色水样，混有未消化的凝乳块，逐渐消瘦，甚至死亡。

4．羊大肠杆菌病　以肠炎型、败血症型为主要特征。

肠炎型：主要发生于 7 日龄以内的幼羔，病初体温升高至 40.1～41℃，随后腹泻，体温降至正常。粪便先呈半液状，由黄色变为灰色，病程较长者，粪便呈液状，含有气泡，混有血液和黏液，病死率为 15%～75%，有病羔羊发生化脓性或纤维素性关节炎。

败血症型：多发生于 14～42 日龄羔羊，病初体温高达 41.5～42℃，精神萎靡，结膜潮红，四肢僵硬，共济失调，视力障碍，角弓反张，肢体滑动，发病急，死亡快，发病后 4～12h 死亡。

（三）病理诊断

1．猪大肠杆菌病

（1）仔猪黄痢　病猪剖检发现脱水严重，小肠呈急性卡他性炎症，以十二指肠最严重。肠黏膜肿胀、充血、出血，肠壁变薄，肠内充满黄色液状内容物和气体；胃黏膜红肿，肠系淋巴结肿大；肝、肾有坏死灶。

（2）仔猪白痢　病猪外表苍白，体质消瘦，肠黏膜呈卡他性炎症，肠内容物呈黄白色糊状，有酸臭味，肠壁变薄且透明，肠系膜淋巴结肿大；胃内积食，胃黏膜潮红肿胀，以幽门部最明显。

（3）仔猪水肿病　病理变化主要表现为组织器官水肿。胃壁水肿，常见于大弯部和贲门部，黏膜层和肌层之间有胶冻样水肿，胃底有弥漫性出血；胆囊和喉头也常见水肿；小肠黏膜有弥漫性出血；淋巴结水肿出血；肺水肿。有些病例肾包膜增厚、水肿。心包和胸、腹腔有较多积液。

2．禽大肠杆菌病

（1）败血症型　病理变化主要为纤维素性心包炎、纤维素性肝周炎和纤维素性腹膜炎。表现为凝血不良，呈酱油状。气管和肺部出血，气囊混浊、肥厚，心肌、心冠脂肪有大量出血点或出血斑，心肌变薄。肝、脾、肾肿大，有出血点，肝呈紫色或铜绿色，表面有灰白色点状坏死灶和纤维素性渗出物。心包、肝表面及心包腔内有淡黄色纤维素性渗出物，包裹心脏和肝，俗称“包心”“包肝”。

（2）眼炎型　雏鸡常见，眼睛灰白色，眼结膜充血、出血，眼前房有脓性或干酪样分泌物，眼球极度突出。

（3）卵黄性腹膜炎型　产蛋母鸡患病引起卵泡坏死、破裂，腹腔有干酪样分泌物，腹腔积液增多，同时引起卵泡囊肿。

（4）滑膜炎型　肩、膝关节明显肿大，滑膜囊内有灰白色或淡红色纤维素性渗出物，关节周围组织充血水肿。

3．牛大肠杆菌病　败血症和肠毒血症急性死亡犊牛一般无明显病理变化。病程较长者呈急性胃肠炎，胃内有大量凝乳块，胃黏膜充血水肿；肠管松弛，缺乏弹性，肠内容物混有血液；小肠黏膜充血、出血，部分黏膜上皮脱落；肠淋巴结肿大；肝苍白，可见出血点。肠炎型主要以卡他性肠炎为主，真胃和肠黏膜充血、水肿，肠内容物呈水样，恶臭。

4．羊大肠杆菌病　败血症型病变不明显，主要体现在胸、腹腔和心包内可见有大量积液，内有纤维蛋白；有些病例出现关节炎，尤其是肘关节和腕关节肿大，内含纤维素性脓性分泌物；脑膜充血，存在小出血点。肠炎型病变主要在消化道，真胃及肠内容物呈黄灰色糊状，十二指肠和小肠中段呈严重充血、出血，肠系膜淋巴结肿大充血，病羊呈脱水状态。

（四）鉴别诊断

在诊断过程中，应注意相同病症和混合感染的鉴别诊断。例如，多种细菌或病毒都能引发猪腹泻，产肠毒素致泻性大肠杆菌主要引起仔猪黄痢和仔猪白痢；产志贺毒素大肠杆菌引发猪神经系统损伤，伴有神经症状，同时病猪呈现头、颈水肿病症。禽大肠杆菌病常常与其他疾病并发，支原体与大肠杆菌混合感染引发较严重的气囊炎；新城疫病毒和大肠杆菌混合感染引发鸡心包炎和肝周炎；传染性支气管炎病毒与大肠杆菌的混合感染引起鸡全身性败血症；沙门菌与大肠杆菌混合感染引发严重腹泻等。根据流行病学、临床症状和病理变化可做初步诊断，确诊需进行更多的实验室诊断。

四、实验室诊断技术

（一）病料采集与保存方法

采集病料应注意采集时间，夏季病料不应超过6h，冬季不应超过12h。在取材过程中应无菌操作，尽可能减少污染。对于腹泻症状的动物，活体采用直肠或粪便取样，死后可取小肠各段内容物或肠黏膜刮取物，尽可能采集新鲜病料；败血症动物可采集血液或病变器官；

水肿病应采集大肠内容物或者病变组织。病料 4℃可短期保存，长期保存需放置于－70℃。

（二）病原学诊断

1．病原分离与鉴定 麦康凯培养基鉴别大肠杆菌，大肠杆菌菌落呈中等大小、圆形、湿润、光滑、隆起、大小均一，菌落颜色为粉红色或砖红色，中央颜色稍深。伊红-亚甲蓝培养基培养的大肠杆菌，菌落呈现淡紫色或紫黑色、有绿色的金属光泽。利用三糖铁高层斜面培养基既能进行大肠杆菌纯培养，又可以做初步鉴别，大肠杆菌上层和斜面均为黄色，并在上层能观察到产气现象。生化试验鉴定大肠杆菌，吲哚实验阳性、MR 实验阳性、VP 实验阴性、H_2S 产生实验阴性、尿素酶阴性、柠檬酸盐利用阴性、乳糖实验阳性或阴性。

2．动物感染试验 动物感染试验可以鉴定大肠杆菌致病力，重复动物病变，实验动物最好选用幼龄动物，如禽致病性大肠杆菌应选用雏鸡、雏鸭；哺乳动物大肠杆菌可选用小白鼠。实验动物应选择得当，如果攻毒后动物死亡，从典型病变中分离出同种大肠杆菌，即可判定为致病性大肠杆菌。如果攻毒后不能引起动物致病或死亡，表明菌株毒力较弱。

（三）免疫学诊断

血清型检测是实验室常用的大肠杆菌免疫学诊断方法。

O 抗原鉴定：待检大肠杆菌培养物接种于普通琼脂斜面上，37℃培养 24h，用石炭酸生理盐水 2mL 洗下琼脂斜面培养的大肠杆菌，浓稠悬液置于试管中，121℃高压 2h 后以供玻板凝集试验使用。取 1 滴菌液与多价抗 O 血清进行玻片凝集试验，阳性菌液再与单因子抗血清进行玻片凝集试验。凝集效价达到标定效价时，即可判定相应的 O 血清型。

K 抗原鉴定：K 抗原鉴定时，不需将菌液进行加热处理，其方法与 O 抗原鉴定相同。

H 抗原鉴定：将细菌进行半固体培养，传 2 代以上，取 1 滴菌液在光学显微镜下观察，挑去游动最远的菌体接种肉汤培养基，37℃培养 20h，加含等量 0.21%～0.24%甲醛和 0.5% NaCl 溶液，37℃水浴 4～6h 后，其鉴定方法和标准与 O 抗原相同。

（四）分子生物学诊断

随着分子生物学技术发展，一些以分子生物学为基础的检测方法在大肠杆菌种属检测、血清型测定、毒力基因检测、耐药性检测及分子流行病学调查中得到应用。目前，主要根据大肠杆菌的保守基因、特定的毒力基因及耐药基因，如黏附素、菌毛、毒素编码基因等，建立 PCR 及实时 RT-PCR（real-time RT-PCR）检测方法，从而确定大肠杆菌的不同致病型、毒力及耐药性。以 PCR 为基础的 O 抗原快速检测方法，具有特异性强、敏感性高、操作简单、快速等优点，弥补了传统血清凝集试验方法的不足。

五、防控措施

（一）综合防控措施

1．预防措施 控制大肠杆菌病重在预防。主要措施包括：加强饲养管理，改善畜舍条件，做好卫生清理和消毒工作；减少环境对动物的应激；加强对其他病原尤其是造成免疫抑制病原的防控；接种疫苗，实行全进全出饲养制度等。

2．治疗措施 药物治疗是防治大肠杆菌病的主要手段，筛选高敏感性的抗菌药物是治疗大肠杆菌病的关键。常用的药物有青霉素类、头孢菌素类、中草药等。

（二）生物安全体系构建

建立健全的生物安全体系是预防大肠杆菌病及其他传染病的有效手段。消毒和灭菌既是控制传染源、切断传播途径、保护易感动物的有效手段，也是改善饲养环境的有效手段。

全进全出的饲养方式是预防大肠杆菌病的有效方法。保证同一饲养单元内的畜禽同批次、同品种、同日龄、同免疫情况，畜禽转栏或出栏后对养殖场进行彻底清洁消毒，空栏一段时间后再次消毒，方可用于下一次畜禽的饲养。养殖场应规范引种，引入的种猪或仔猪应隔离 3 周左右时间，证明健康后方可混群饲养。

（三）疫苗与免疫

仔猪大肠杆菌商品化疫苗主要有灭活疫苗和基因工程疫苗。灭活疫苗主要有仔猪大肠埃希菌病灭活疫苗、仔猪水肿病灭活疫苗及仔猪 C 型产气荚膜梭菌病等。基因工程疫苗包括 K88、LTB 双价基因工程活疫苗、仔猪腹泻基因工程 K88、K99 双价灭活疫苗及仔猪大肠杆菌病基因工程灭活疫苗（GE-3 株）。

禽大肠杆菌病商品化疫苗以灭活疫苗为主，为多价苗或与其他鸡病疫苗的联苗，即大肠埃希菌病灭活疫苗、鸡大肠杆菌病蜂胶灭活疫苗、APEC *aroA* 基因缺失弱毒疫苗、鸡多杀性巴氏杆菌病及大肠杆菌病二联蜂胶灭活疫苗（A 群 BZ 株＋O78 型 YT 株）等。

国内商品化的牛、羊大肠杆菌疫苗有羊大肠杆菌病灭活疫苗、绵羊大肠杆菌病活疫苗，以及犊牛、羔羊大肠埃希菌病灭活疫苗。

（四）药物与治疗

不同动物的治疗方法不尽相同。

仔猪黄白痢治疗原则是抗菌、补液。仔猪发病后应及时通过药敏试验筛选有效的抗生素，给予抗生素治疗 3～5d，如庆大霉素、新霉素、环丙沙星及磺胺甲基嘧啶等。同时应及时补液，配合止泻药如口服鞣酸蛋白或碳酸铋。猪水肿病治疗原则是抗菌解毒、消肿利尿。及时将病猪隔离饲养，对健康猪紧急注射猪水肿疫苗进行预防。筛选使用有效抗生素进行治疗。

治疗禽大肠杆菌病主要使用高效抗菌药，拌水饲喂或肌肉注射，连续给药 3～5d，可起到良好效果，常用药物有卡那霉素类、氟喹诺酮、氟苯尼考及硫酸阿米卡星复方制剂等。也可使用中药制剂治疗，如三黄汤（黄连、黄柏、大黄）、复方白头翁散（白头翁、秦皮、柯子、乌梅等）、泄康宁（白头翁、黄芪、黄连、秦皮、黄芩、苦参）等，均具有良好的治疗效果。

抗生素常用于犊牛和羔羊大肠杆菌病治疗，同时应用强心、补液等对症疗法。

六、问题与展望

致病性大肠杆菌严重威胁人和动物的健康，是重要的人兽共患病病原。大肠杆菌种类多，致病机理复杂。近年来，随着对大肠杆菌感染机制的深入研究，越来越多的毒力因子被发现，但对毒力因子与宿主相互作用的理解仍然有限，特别是大肠杆菌的多重耐药性越来越普遍，这些难题和挑战需要我们对大肠杆菌的致病机理进行更广泛更深入的研究。

（戴建君）

第七节　沙 门 菌 病

一、概述

拓展阅读 2-7

沙门菌病（salmonellosis）又名副伤寒（paratyphoid），是由沙门菌（*Salmonella*）引起的各种动物和人类疾病的总称。最常见的感染类型是隐性感染，临床疾病以全身性败血症（也称为伤寒）和肠炎为特征，其他症状包括流产、关节炎等，在一些地区造成严重危害。沙门菌作为重要的人兽共患食源性致病菌，具有广泛的宿主，对畜禽养殖业和人类的食品安全和生命健康造成了严重危害。

1885 年霍乱流行时，Daniel Elmer Salmon 成功分离到了猪霍乱沙门菌，故将其命名为沙门菌。据估计，全球每年有 990 万～2420 万伤寒沙门菌感染病例，其中死亡病例有 7.5 万～20.8 万例。目前我国各省市均有沙门菌病的分布，即使是西藏等高海拔地区也有沙门菌病的报道，我国主要流行的优势血清型有肠炎沙门菌、鼠伤寒沙门菌、德尔卑沙门菌和鸡白痢沙门菌等。欧美等发达国家的养殖场中也有沙门菌流行的报道，但血清型流行情况与我国较为不同，如鸡白痢沙门菌在欧美等发达国家已较为少见。东南亚和非洲地区的发展中国家由于气候环境、经济条件和管理水平等因素，沙门菌的流行情况也较为严重。

二、病原学

（一）病原与分类

沙门菌属是肠杆菌科中的重要成员，大多为（0.7～1.5）μm×（2.0～5.0）μm，是无荚膜的革兰阴性杆菌。本菌属包括肠道沙门菌（*Salmonella enterica*）和邦戈尔沙门菌（*Salmonella bongeri*）2 种，前者又分为 6 个亚种：肠道亚种（subsp. *enterica*）、萨拉姆亚种（subsp. *salamae*）、亚利桑那亚种（subsp. *arizonae*）、双相亚利桑那亚种（subsp. *diarizonae*）、浩敦亚种（subsp. *houtenae*）及因迪卡亚种（subsp. *indica*）。目前，本菌属包含 2600 多种血清型，其中只有 10 种以内的罕见血清型属于邦戈尔沙门菌，其余均属于肠道沙门菌。

（二）基因组结构与编码蛋白

第一株完成全基因组测序的沙门菌为鼠伤寒沙门菌 LT2（沙门菌模式菌株），其染色体基因组长度为 4 857 432bp。就目前所获得的全基因组序列菌株来看，沙门菌与大肠杆菌基因组的结构相似，有 7 个 rRNA 操纵子，所含基因个数为 4.6～4.9Mb，这与大肠杆菌基因组的组成非常相似。Ochman 和 Wilso 在 20 世纪 80 年代根据 RNA 序列和若干管家基因的蛋白质序列，推断沙门菌和大肠杆菌在 1.2 亿～1.6 亿年前分化。

细菌基因组从功能上分为核心基因组（core genome）和附属基因组（acessory genome）。核心基因组是沙门菌共有的基因组，这些基因序列高度保守，编码沙门菌的基本活动，如转译、代谢和结构等。附属基因是指某一谱系或多个谱系沙门菌含有的特异基因。附属基因主要包括基因岛（包括沙门菌毒力岛）、溶源噬菌体、插入序列等，这些基因参与细菌的非必需生命活动，帮助细菌适应多变环境。菌株之间的表型差异主要反映在附属基因上。毒力岛（pathogenicity island），又称致病岛，其上存在多种毒力基因，是典型的附属基因组成分，大小在几百碱基对到几千碱基对，两侧一般有重复序列和插入元件，通常位于细菌染色体 tRNA

位点内或其附近。毒力岛的 G+C 含量与宿主菌染色体的 G+C 含量有明显差异，表明它并不通过垂直遗传完成传递，而可能在进化过程中以水平迁移的方式获得。由于缺乏某些元件，毒力岛不存在单独水平迁移的能力，而是需要在辅助噬菌体的帮助下完成。毒力岛通常编码分泌性蛋白或表面蛋白等效应蛋白，因此毒力岛的迁入迁出有时可造成沙门菌强毒株和弱毒株的转变。目前，已报道的沙门菌毒力岛（*Salmonella* pathogenicity island，SPI）有 23 个，其中部分已被试验证实，部分仅为预测序列。有研究发现至少有 60 个负责侵袭及胞内存活的毒力基因位于沙门菌的多个毒力岛上，SPI-1 和 SPI-2 是沙门菌最重要的两个毒力岛，也是目前研究最彻底的两个毒力岛，其中 SPI-2 只存在于肠道沙门菌属中，在邦戈尔沙门菌属中缺失。

沙门菌内存在多种质粒，目前研究最广泛的为毒力质粒和耐药质粒。沙门菌毒力质粒携带的毒力基因与致病性直接相关，大部分毒力质粒主要由 3 个操纵子组成：*spv* 操纵子、*pef* 操纵子及 *tra* 操纵子。*spv* 操纵子结构保守，存在于所有沙门菌毒力质粒中，长度约为 8kb，内含 1 个调控基因 *spvR* 和 4 个效应基因 *spvABCD*，位于这 5 个基因之后还有 1 个功能尚未完全明确的 *orfE* 基因。在所有毒力质粒中，*spv* 基因编码的产物和细菌的毒力表型关系最为密切。与 *spv* 操纵子相比，*pef* 操纵子和 *tra* 操纵子的结构和大小变化较大。*pef* 操纵子内含 4 个效应基因 *pefABCD*，编码沙门菌的 pef 菌毛。*tra* 操纵子编码可移动元件，负责质粒的接合转移。所有毒力质粒的 *tra* 操纵子都不完整，各有缺失，因缺失部位不同造成质粒大小也各不相同。由于 *tra* 操纵子的不完整性，毒力质粒通常无法实现水平转移，所以毒力质粒或许会采取垂直遗传的方式。各血清型沙门菌都有固定大小的毒力质粒，这种现象支撑了毒力质粒垂直遗传的假说。

近年来，在蛋白质组学分析中，除了传统的电泳胶分离蛋白，新的多种分析手段应运而生，包括多路复用胶、双向电泳（2-DE）、质谱和蛋白阵列，已广泛应用于病原菌与宿主之间的相互作用研究。目前，2-DE 作为蛋白组学的有力分析工具，是检测经蛋白水解和转录后修饰的主要手段。但仍存在一些技术条件的限制，我们无法分离获得所有的蛋白质，如伤寒沙门菌的基因组包括 4319 个开放阅读框，在二维电泳胶上大约只能看到 1/4，而实际可鉴定的蛋白质更少。以质谱为基础的蛋白质组学在鉴定沙门菌处于不同条件下的蛋白质方面已获得许多成果，有约 233 个鼠伤寒沙门菌胞质蛋白通过 2-DE 和质谱整定出来，有 816 个鼠伤寒沙门菌蛋白为细菌在 LB 培养条件下表达的蛋白质。同时，新分析方法的建立也加速了沙门菌蛋白组学的发展，基于液相层析质谱的“otom up”方法鉴定出了 2343 个鼠伤寒沙门菌蛋白。Snock 等利用比较分析的方法对蛋白质组学的数据分析，比较了实验室培养和模仿体内环境条件下的蛋白表达情况，获得了 255 个差异表达蛋白。多种方法的联合使用能帮助我们更清楚地掌握细菌全蛋白组成分。

沙门菌的效应蛋白与其致病性相关，因此对效应蛋白作用机制的研究一直是该领域的热点。沙门菌蛋白质组学研究的最终目的，是了解沙门菌与宿主的作用机制。为了鉴定沙门菌在巨噬细胞内定殖相关的蛋白，Shi 等将鼠伤寒沙门菌感染巨噬细胞，然后利用“AMT（accurate massand time）”标签标记蛋白质组方法，检测不同感染时间点时蛋白质的丰度，获得了 315 个鼠伤寒沙门菌蛋白。其中感染过程中诱导表达的有 39 个，7 个是已知的毒力因子，包括 IHFx、IHFβ、MgtB、OmpR、SitA、SitB 和 SodCI。Rahman 等通过蛋白质组学分析方法对肠道沙门菌新型药物靶点进行分析，与 NCBI 数据库中 4473 个肠道沙门菌蛋白序列进行比对，共发现了 327 种与人类非同源的必需蛋白。在这些必需的蛋白质中，有 124 种参与了 19 个独特的代谢途径，其中 7 种细胞质蛋白可作为治疗的靶点。目前蛋白质组学的研究仍处于发展阶段，但随着技术的改进，其会进一步揭示沙门菌感染宿主的机制。

（三）病原分子流行病学

沙门菌通过侵入、附着和逃避肠道防御机制来定殖于宿主，许多毒力标记和决定因子在其致病过程中起着至关重要的作用。这些因子包括鞭毛、荚膜、质粒、黏附系统和沙门菌SPI-1和SPI-2编码的3型分泌系统（T3SS），以及其他SPI。而其他研究表明，肠道沙门菌和许多其他肠道病原菌一样，会产生多种毒力决定簇，其中一些是黏附系统的一部分，包括黏附素（革兰阴性菌中多为菌毛）、侵袭素、血凝素、外毒素和内毒素。内毒素与脂多糖的类脂A结构有关，而外毒素由肠毒素和细胞毒素组成，其功能与杀死哺乳动物细胞有关。沙门菌的另一个重要毒力因子是溶血素E（HylE）蛋白，它是*hylE*基因的产物。像许多其他成孔毒素一样，HylE毒素是包括沙门菌在内的大多数细菌的重要毒力因子，可能介导系统性沙门菌病的致病机理，最近已被用于亚血清型水平的分型。

特定致病性沙门菌的宿主特异性取决于血清型对宿主环境的适应能力。已证明存在一种特殊的机制能使一种血清型对特定的物种致病性强，而对另一物种的致病性弱，甚至是无致病性。这种现象被称为“血清型宿主特异性”或“血清型宿主适应”。依据血清学分型是沙门菌最常见的表型分型方法之一，而全基因组测序（whole genome sequencing，WGS）正迅速成为沙门菌分型的首选方法和金标准。使用从WGS数据中提取的传统多位点序列分型（muhilocus sequence typing，MLST）序列预测的血清型与常规血清分型的结果进行了比较，得到了7338个代表263个肠炎沙门菌Ⅰ亚型血清型的分离株。该肠炎沙门菌Ⅰ亚型中最常见的血清型有肠炎沙门菌、鼠伤寒沙门菌、婴儿沙门菌、纽波特沙门菌、维尔丘沙门菌、肯塔基沙门菌、斯坦利沙门菌、甲副伤寒沙门菌和爪哇沙门菌。WGS可以预测White-Kauffmann-Le Minor中描述的2577个血清型中的2389个。据报道WGS分型法准确率可达90%以上，而传统的沙门菌血清学分型的准确率为73%，这表明基于WGS的方法可能比传统的血清学分型法更可靠。然而，还需要进一步的实验研究来继续量化基于WGS方法识别沙门菌血清型的能力。

细菌的分类以其进化关系为基础，而进化树可以通过比较细菌16S rRNA或其他基因得出。水平基因转移通过引入大量的遗传变异来推动细菌进化，水平基因转移和顺式调控进化之间存在复杂的相互作用，并在促进细菌适应性变化中发挥明显作用。随着进化时间的推移，沙门菌的毒力已经通过获得毒力岛和噬菌体相关基因而形成，进一步使其从最接近的近亲大肠杆菌中分化，并产生新的宿主入侵和耐药机制。同时，沙门菌基因组发生了相当大的顺式调控变化，将水平获得的基因和祖先核心基因整合到新的调控通路中，以控制它们的表达。

目前，沙门菌对氟喹诺酮类、第三代头孢菌素等临床重要抗菌药的耐药性和多重耐药现象日益严重，已成为世界性的难题。自20世纪90年代后，出现了一个多重耐药的全球流行的鼠伤寒沙门菌DT104。现已发现其多重耐药区域位于沙门菌基因组岛1（SGI1）的染色体上，抗生素抗性基因定位于SGI1中，被称为MDR区的一个13kb的片段上。

（四）感染与免疫

消化道感染是沙门菌侵入机体的主要感染途径，沙门菌通过被其污染的食物或水进入消化道，并在胃酸作用下进入肠道上皮细胞。沙门菌通常通过派尔集合淋巴结（Peyer’s patches）

的 M 细胞或覆盖在肠淋巴组织上的 M 细胞侵入机体。另外，肠腔吞噬细胞的吞噬作用也是沙门菌侵入机体的途径。沙门菌突破肠道屏障后，定位在派尔集合淋巴结和孤立小肠淋巴组织等肠道淋巴组织和固有层，此外，沙门菌还可扩散到肠系膜淋巴结（MLN）和肠道外的淋巴器官，特别是脾和肝。当沙门菌黏附上皮细胞后，T3SS-1 被激活，在感染早期阶段，SPI-1 编码的效应蛋白 SipA 起关键作用，SipA 可直接与肌动蛋白结合，抑制肌动蛋白细丝的解聚，促进膜皱褶向外延伸和沙门菌的内吞。T3SS-1 还可运送其他效应分子，如 SopD（染色体编码）、SopA（染色体编码）及 IacP（SPI-1 编码），它们促进了沙门菌侵入细胞和肠道炎症的发生。沙门菌进入宿主细胞后，将定位于包裹沙门菌的液泡（*Salmonella* containing vacuole，SCV）中，随后沙门菌主要通过 T3SS-2 分泌系列效应分子，影响宿主细胞肌动蛋白骨架的组装，维持 SCV 的完整性，改变囊泡的运输途径，避免杀菌物质进入 SCV，保证沙门菌在胞内的生存和增殖。

沙门菌感染肠道上皮细胞后激活的多个天然模式受体信号通路在抵抗沙门菌感染中发挥了重要作用，在此过程中 TLR 和炎症小体的作用最为关键。细胞 TLR4 识别细菌 LPS 可以使这些细胞释放细胞因子和趋化因子，作为吞噬细胞募集的初始信号。在派尔集合淋巴结和肠系膜淋巴结引发的早期天然免疫应答涉及中性粒细胞和单核细胞的募集，有助于减缓沙门菌在全身组织中的扩散。研究表明中性粒细胞是鼠伤寒沙门菌感染急性期 IFN-γ 的关键细胞来源。然而，在沙门菌感染的早期阶段，中性粒细胞并不是 IFN-γ 的主要生产者。自然杀伤（NK）细胞也被证明可产生 IFN-γ，并可能有助于抵抗沙门菌的早期感染。在沙门菌感染初期，单核细胞迅速在感染小鼠的派尔集合淋巴结和肠系膜淋巴结中积聚，产生 iNOS、TNF-α 和 IL-1β 等促炎因子。另外，感染组织内的常驻巨噬细胞能够吞噬沙门菌，随后通过经由 NLRC4 内体复合体识别胞质鞭毛蛋白而产生 IL-1β 和 IL-18。常驻的树突状细胞（DC）也可以识别沙门菌脂多糖和鞭毛蛋白，从而诱导自身成熟，增强抗原提呈并诱导其迁移到各种淋巴组织的 T 细胞区域，从而启动获得性免疫应答。树突状细胞在抗沙门菌免疫中发挥着关键作用，树突状细胞关联着天然免疫与获得性免疫，在感染部位树突状细胞可直接识别并吞噬沙门菌，随后迁移到引流淋巴结，呈递细菌抗原并激活特异性 T 细胞。T 细胞在接受树突状细胞为代表的抗原呈递细胞呈递的多肽抗原后活化，增殖并分化成分泌不同效应因子和功能的效应 T 细胞。$CD4^+$ T 细胞可分化成分泌 IFN-γ 的 Th1 细胞、分泌 IL-4 的 Th2 细胞和分泌 IL-17 的 Th17 等；$CD8^+$ T 细胞可分化为具有杀伤功能的 CTL 细胞。研究发现，在沙门菌通过消化道感染小鼠后 3～6h，派尔集合淋巴结中沙门菌特异的 $CD4^+$ T 细胞被激活，该过程依赖于迅速募集的 $CCR6^+$DC。B 细胞是介导抗沙门菌感染的关键免疫细胞之一，是抗体应答的效应细胞。

三、诊断要点

（一）流行病学诊断

沙门菌宿主广泛，最常侵害幼年和青年动物，使之发生败血症及胃肠炎；怀孕母畜感染后可出现流产，在一定条件下呈暴发流行。除发病动物外，隐性感染者、康复带菌者均可以持续性或间歇性排菌；一些带菌的野鸟、啮齿动物及昆虫也是畜禽沙门菌病的传染源。沙门菌可在动物之间、动物与人之间、人与人之间传播，主要传播途径是消化道传播。卫生不良、过度拥挤、长途运输及发生其他病原感染等应激因素，均可增加患沙门菌病的概率。

（二）临床诊断

1．禽沙门菌病 禽沙门菌的主要感染宿主为鸡。在我国，鸡白痢沙门菌和肠炎沙门菌是规模化鸡场中主要流行的沙门菌血清型。

（1）鸡白痢 各品种的鸡均易感，2～3周龄雏鸡发病率与死亡率最高。成年鸡感染呈慢性或隐性经过。潜伏期为4～5d，出壳后感染的雏鸡，多在孵出后几天才出现明显临床症状。7～10d后病雏逐渐增多，在第二周达到高峰，第三周趋于平稳。最急性发病雏鸡常无临床症状突然死亡。稍缓者表现精神委顿，绒毛凌乱，缩颈闭眼，不愿走动。病初食欲减少，后停食，多出现软嗉症状。排白色糊状粪便，肛门周围绒毛被粪便污染。雏鸡因糊肛、排粪困难引起疼痛，故常发出尖锐叫声，最后因呼吸困难及心力衰竭而死。个别病雏出现眼盲或肢关节肿胀，呈跛行症状。耐过鸡生长发育不良，成为慢性或带菌者。

（2）禽伤寒 主要发生于成年禽类，多呈散发流行。急性病例常表现为突然停食，精神委顿，排黄绿色稀粪，迅速死亡。病程4～10d。亚急性或慢性病例常见鸡冠和肉髯苍白、贫血，排黄绿色稀粪，渐进性消瘦，病死率较低。

（3）禽副伤寒 主要危害幼禽，成年禽多呈隐性或慢性经过。临床上幼禽常呈急性或亚急性败血症经过，不出现症状迅速死亡。病程稍缓的表现厌食、水样下痢、畏寒、聚堆，很快死亡。

2．猪沙门菌病 又称猪副伤寒，各年龄段的猪都可发病，但易侵害20日龄～4月龄的小猪。健康猪可感染多种沙门菌，成为无症状或隐性感染者。急性型，呈败血症变化，表现为弥漫性纤维素性坏死性肠炎，临诊表现为下痢，有时发生卡他性或干酪性肺炎。

3．牛沙门菌病 牛沙门菌病主要由都柏林沙门菌引起。病牛初期有发热、食欲废绝、呼吸困难等症状，发病12～14h后开始腹泻，粪便稀软，带血块或纤维蛋白凝块。腹泻开始后体温降至正常或较正常略高。病牛可于发病后24h内死亡，多则于1～5d死亡。病程长的发生关节炎。孕母牛多数发生流产。

（三）病理诊断

1．禽沙门菌病

（1）鸡白痢 急性死亡雏鸡无明显病理变化，死雏多呈败血症变化。病程长的可见心肌、肺、肝、盲肠、肌胃等组织器官有大小不等的灰白色坏死灶或结节。育成阶段的鸡，突出变化是肝大，可达正常的2～3倍，呈暗红色或深紫色，有的略带土黄色，表面可见散在或弥漫性的小红点或黄白色的坏死灶，质脆易破，常见有内出血，腹腔内积有大量血水，肝表面有较大凝血块。

（2）禽伤寒 急性死亡病例，其病理变化不明显；亚急性或慢性成年病例血液稀薄，不易凝固，肝大，呈青铜色，肝表面和心肌常见灰白色粟粒状坏死灶，偶见心包炎和卵黄性腹膜炎，卵黄出血、变形和变色；公鸡发生睾丸炎。雏鸡病变与鸡白痢相似；雏鸭常呈卡他性肺炎和肠炎。

（3）禽副伤寒 最急性病例常无可见病变；病程稍长者可见雏体消瘦，卵黄凝固、吸收不良，肝、脾充血且有条纹状或针尖状出血及坏死灶，常见出血性肠炎病变；成年病鸡有的可见出血性或坏死性肠炎，伴发卵巢坏死和腹膜炎。

2．猪沙门菌病 急性病变主要为败血症变化。脾肿大，坚实似橡皮；肠系膜淋巴结索状肿大；肝、肾也有不同程度的肿大、充血和出血。亚急性和慢性特征性病理变化为坏死性肠炎。盲肠、结肠肠壁增厚，黏膜表面覆盖一层灰黄色或灰白色、弥漫性伪膜，剥开伪膜可见底部红色、黑色边缘不规则的溃疡面，此种病理变化有时波及回肠后段。

3．牛沙门菌病 犊牛急性病例在心内外膜、腹膜、真胃、小肠、结肠和膀胱黏膜有出血斑点，脾充血肿大，有时见出血点，肠系膜淋巴结水肿，有时出血。病程较长的肝和肾有时发现坏死灶。有时有肺炎病变，腱鞘和关节腔内含有胶样液体。

成年牛主要呈急性出血性肠炎。剖检可见肠黏膜潮红，常伴有出血，大肠黏膜脱落，有局限性坏死区；腺胃黏膜也可能表现炎性潮红；肠系膜淋巴结呈不同程度的水肿、出血；肝脂肪变性或灶性坏死；胆囊壁有时增厚，胆汁浑浊，呈黄褐色。病程长的病例可有肺炎区；脾常充血、肿大。

（四）鉴别诊断

1．禽沙门菌病 与禽沙门菌病症状相似的疾病有大肠杆菌病、曲霉菌病及禽出血性败血症等。禽大肠杆菌病表现为肝周炎、气囊炎、心包炎等病型，鸡白痢以白色下痢，心肌、肺、肝、盲肠等有大小不等的灰白色结节为特点。曲霉菌病的主要特征是病禽的肺和气囊有霉菌结节，出现神经症状和腹泻。禽出血性败血症表现为病禽体温升高，呼吸困难，心冠脂肪出血，肝坏死灶，本病为成年鸡易发生。

2．猪沙门菌病 与猪副伤寒症状相似的疾病主要有大肠杆菌病、仔猪红痢、猪痢疾、猪传染性胃肠炎等。大肠杆菌病是由大肠杆菌引起的仔猪的肠道传染性疾病。常见的有仔猪黄痢、仔猪白痢、仔猪水肿病 3 种。其中仔猪黄痢表现为仔猪排黄色液体内容物，十二指肠急性卡他性炎症；仔猪白痢临床上以仔猪排灰白色粥样稀便为主要特征；仔猪水肿病主要表现为断奶仔猪突然发病，共济失调，头部和胃壁水肿。仔猪红痢主要表现为红痢，仔猪的空肠黏膜出血坏死。猪痢疾主要表现为病猪腹泻，粪便混有大量黏液和血液，常呈胶冻状大肠出血、纤维素性、坏死性肠炎。猪传染性胃肠炎表现为呕吐，腹泻，胃肠卡他性炎症，肠壁菲薄。

3．牛沙门菌病 与牛沙门菌病症状相似的疾病主要为犊牛大肠杆菌病，其主要可分为败血型、肠毒型、肠炎型 3 种病型。败血型病例多数腹泻，粪便呈淡灰色，四肢无力；肠毒型病例可表现典型的中毒性神经症状，先兴奋后沉郁直至昏迷死亡；肠炎型病例主要表现为腹泻，全身衰弱，剖检主要呈现胃肠炎变化。

四、实验室诊断技术

（一）病料采集与保存方法

采集发病畜禽肝、肠道等病料，应在濒死时或病死后 6h 内采集。

（二）病原学诊断

1．病原分离与鉴定 无菌采集病料，接种于营养肉汤或增菌培养基中，培养 24h 后，划线接种于营养琼脂培养基中。沙门菌呈无色菌落，菌落大小中等，圆形。也可用选择性培养基，如 XLT4 培养基、BS 琼脂、HE 琼脂、XLD 琼脂、科玛嘉培养基等。在 XLT4 培养基中沙门菌疑似菌落呈圆形，中心黑色，周围有透明晕环；BS 琼脂中沙门菌疑似菌落呈黑色有金属光泽、棕褐色或灰色，有个别菌株呈现灰绿色菌落；HE 琼脂中沙门菌疑似菌落呈蓝绿色或蓝色，多数菌落中心黑色甚至全黑；XLD 培养基中呈粉红色菌落；科玛嘉培养基中呈紫红色菌落。选择符合上述特征的可疑菌落进行沙门菌生化鉴定。目前常使用 API-20E 或 Vitek GNI 选择性替代传统沙门菌生化鉴定方法。除亚利桑那菌均不能发酵乳糖外，大多数沙门菌 IMViC［用来测定细菌的生理生化特征的 4 个试验，分别为 I（吲哚试验）、M（甲基红试验）、V（Voges-Proskauer 试验）、C（柠檬酸试验）］的结果为－＋－＋；KIA（克氏双糖铁琼脂培养基试验）结果为 K/A（葡萄糖发酵，乳糖不发酵并产生硫化氢）、产气（＋/－）、H_2S（＋/－）；MIU（动力靛基质尿素酶试验）结果为动力＋、吲哚－、脲酶－。凡符合上述生化特征的菌株再以沙门菌多价血清做玻板凝集试验，进一步鉴定为沙门菌属。

2．动物感染试验　各年龄段动物均易感沙门菌，其中幼畜最易感。通常实验动物感染沙门菌后潜伏期为 6～72h，根据沙门菌血清型的不同，可能出现的主要症状有腹泻、呕吐、发热、寒颤。病程一般持续 1～2d 甚至更长，受感染动物在此期间会出现被毛粗乱、食欲废绝、体重下降等现象。通常在感染量为 15～20 个细菌时，死亡率为 1%～4%，致病性强的血清型可能更高。

（三）免疫学诊断

血清学鉴定是沙门菌诊断的重要方法，主要包括菌体抗原（O）鉴定、鞭毛抗原（H）鉴定和 vi 抗原鉴定。在沙门菌的实验室诊断过程中，首先应以生化试验鉴定为主，并在此基础上进行血清学鉴定。

目前已经建立的免疫学方法有：酶联免疫吸附测定（ELISA）、斑点酶联免疫吸附测定、免疫荧光试验及斑点免疫金渗滤试验等。ELISA 方法灵敏度高，特异性强，可避免人为因素造成的假阴性，适用于临床诊断与免疫学诊断使用。斑点酶联免疫吸附测定以硝酸纤维素薄膜（NC）作固相载体，代替了聚苯乙烯反应板，从而克服了 ELISA 方法中包被好的酶标板保存运送不便及检测需仪器等缺点，操作更加简便，更适合临床上大量样本诊断。

五、防控措施

（一）综合防控措施

为预防沙门菌病的流行，养殖场要加强饲养管理工作，尽量选择全进全出的饲养方式。在每批动物进场前、出场后对养殖舍及各种用具进行彻底清洁、消毒。种禽养殖场应重点做好检疫净化工作，同时要注意对孵化场的消毒，对质量合格的蛋要采用熏蒸消毒的方法。同时，应选择营养均衡的饲料进行动物的饲喂并注意饲料及饮水的质量状况，并确保干净卫生。

当发生沙门菌病疫情时，应根据具体情况采取相应措施。例如，鸡群感染沙门菌时，除药物治疗外，群体净化也是重要措施之一，及时切断传播途径可以缩小疾病传播范围从而获得良好的净化效果；病猪可使用复方新诺明或磺胺嘧啶进行药物治疗；病牛可以肌注庆大霉素或口服磺胺甲基嘧啶从而治疗沙门菌病，同时调整肠胃机能促使其尽快康复。

（二）生物安全体系构建

1．养殖场硬件安全体系建设　养殖场严格限制外来人员进出，保持整洁卫生并经常消毒。养殖场内地面坚实易于清洁，路面应保持整洁，不应出现任何粪便，防止污染运输工具。工作人员入场应消毒后更换养殖场提供的工作服和靴子。养殖场入口处和停车场建好消毒池，并配备消毒盆和刷子。严格管理出入车辆，汽车车轮及挡泥板应彻底清洗和消毒。散落饲料和鸡蛋碎片等及时清理，不得保留过夜。

2．养殖场软件安全体系建设 为了减少或避免沙门菌在不同养殖舍畜禽及不同批次畜禽之间的传播，养殖场必须保持良好的卫生环境，对于啮齿动物等有害生物的控制也尤为重要，还应确保养殖场内所有建筑（包括储藏室等）能够阻挡野鸟进入。

当饲料未经热处理时，使用有机酸类产品有助于保护饲料。饲料如果进行热处理，加热的时间和温度都应控制到位，保证最大限度地杀灭沙门菌。在饲料冷却、储存、搬运和运输过程中都应避免沙门菌污染。

饮水来源应当可靠，经过氯化消毒或其他方式做出杀菌处理，细菌学检测确保合格。饮水系统和水塔应当密封，防止灰尘污染。如果水源可疑，应通过其他可靠方式消除污染，如进行酸化处理或用过氧化物进行消毒（后者不能用于有机饲料企业）。应当注意的是，经氯化消毒或其他消毒剂处理的水可以使有些疫苗失效，采用饮水免疫时要特别注意。

（三）疫苗与免疫

疫苗免疫是沙门菌病较为常见的防控措施。现代养殖业使用的沙门菌疫苗通常被用来抑制排菌和减少在畜群中的持续性感染。早期研究发现灭活疫苗能更快速有效地对沙门菌进行防控，同时对亚单位疫苗的研究发现其不仅研发费用较高并且需多次免疫才能达到有效保护。利用现代 DNA 重组技术生产的沙门菌活疫苗能够达到更好的免疫效果，但其开发、测试和获得许可比非活疫苗更加烦琐。

近年来，鸡白痢沙门菌活疫苗的研究也成为热点，已有实验室通过自杀质粒介导同源重组的方法构建了鸡白痢沙门菌 S06004*ΔspiC* 突变株，为后期研究沙门菌减毒疫苗株 S06004*ΔspiC* 安全性及相关免疫学特性奠定了基础。在猪养殖业中，猪霍乱沙门菌疫苗株 C500 应用于仔猪副伤寒的防控已长达 50 多年。Springer 等应用 Eddicks 等研发的双营养缺陷型鼠伤寒活疫苗“Salmoporc STM”对 3～4 周龄的仔猪进行免疫，发现有显著性效果。在牛养殖业中，无论活苗还是灭活苗都曾用于沙门菌病的预防，并试图通过初乳中的母源抗体对犊牛提供主动或被动保护作用，目前批准用于成年牛和犊牛的灭活苗是用甲醛灭活的都柏林沙门菌和鼠伤寒沙门菌制成的。这种疫苗经临床试验和实验室检验证明可有效地诱导成年牛产生抗体，并可通过初乳传给犊牛。

（四）药物与治疗

恩诺沙星、环丙沙星和磺胺类（磺胺嘧啶和磺胺二甲基嘧啶）药物对沙门菌病有治疗效果，一般根据具体情况选择使用。微生态制剂和中草药因其绿色、可调节机体免疫力、无耐药性等优点，已被广泛用于沙门菌病防控中。

六、问题与展望

随着畜牧业的集约化发展和人们对健康要求的不断提高，由宿主泛嗜性沙门菌感染畜禽导致的公共卫生安全问题日益突出，成为全世界面临的共同挑战。20 世纪 80 年代以来，动物和人非伤寒沙门菌的流行发生了两个重大的变化和挑战，一是多重耐药鼠伤寒沙门菌的出现及其在食用动物群体中的传播；二是作为主要的蛋传病原菌-肠炎沙门菌新噬菌体型的出现及流行。我国畜禽养殖业正逐渐向高密集的集约化养殖转变，沙门菌的防控正面临着前所未有的挑战。我国正积极探索沙门菌的防控措施，沙门菌总体污染情况呈下降趋势。在疫苗防控方面也进行了诸多有益尝试，但目前安全高效的沙门菌疫苗仍亟待开发。

（潘志明）

第八节　巴氏杆菌病

一、概述

巴氏杆菌病（pasteurellosis）是由多杀性巴氏杆菌（*Pasteurella multocida*）引起的一类人和多种动物共患传染病的总称，把猪的感染称为猪肺疫、禽的感染称为禽霍乱，其他动物的感染统称为“出血性败血症”。本病可分为急性型和慢性型，急性型常表现为败血症和出血性炎症；慢性型表现为组织、脏器、胸腔和腹腔等的化脓性病变，常与其他细菌混合感染。多杀性巴氏杆菌广泛存在于自然界中，一般认为动物发病前已经带菌，常存在于动物的上呼吸道和消化道黏膜上。当出现冷热交替、气候剧变、闷热、潮湿等外界诱因时，机体抵抗力降低，多杀性巴氏杆菌可经呼吸道、消化道及损伤的皮肤或黏膜感染；也可进入血液发生内源性感染，引起畜禽发病。多杀性巴氏杆菌无宿主特异性，也可引起人的感染（Wilson and Ho，2013）。

拓展阅读 2-8

1881 年，法国科学家路易斯巴斯德首次描述禽霍乱、牛及其他动物的出血性败血症是由一类病原菌引起的。1920 年，科学家对分离的病原菌进行了较为可靠的鉴定，并报道其对多种畜禽，甚至人类有严重的致病性。1939 年，Rosenbasch 和 Merchant 考虑到本菌对多种动物致病，甚至致死，同时为纪念巴斯德的杰出工作与贡献，提出将本菌命名为多杀性巴氏杆菌，并沿用至今。

二、病原学

（一）病原与分类

1. 病原　多杀性巴氏杆菌属于巴氏杆菌科（*Pasteurellaceae*）巴氏杆菌属（*Pasteurella*），菌体两端钝圆，呈短杆状或球杆状，长 0.6～2.5μm，宽 0.2～0.4μm，无芽孢、无鞭毛，不运动，一般呈单个存在，较少成对或呈短链存在，革兰染色呈阴性，兼性厌氧。病料组织或体液制成的涂片用瑞氏、吉姆萨或亚甲蓝染色后镜检，菌体可见典型的两极浓染；但经多次传代后，本菌形态发生改变，多呈长杆状或细丝状，两极浓染现象不明显。用印度墨汁染色镜检，可见到发病动物新分离的强毒菌株有清晰的荚膜，但经过人工传代培养的弱毒株荚膜变窄或消失。部分从猪萎缩性鼻炎病例中分离到的多杀性巴氏杆菌含有周边菌毛。

本菌存在于病畜全身各组织、分泌物及排泄物里，只有少数慢性病例仅存在于肺脏的小病灶内。健康动物的鼻腔或扁桃体也常带菌。多杀性巴氏杆菌是畜禽出血性败血症的一种原发性病原，也常为其他传染病的继发病原。

本菌对物理和化学因素的抵抗力较弱，在紫外线或日光直射下迅速死亡；巴氏消毒法（65℃经 30min 或 70℃经 15min）可将其杀灭；常用消毒剂对本菌都有良好的杀灭作用，3%石炭酸和 0.1%升汞水在 1min 内可杀死本菌，10%石灰乳 5min 内可杀死本菌。

2．分类 根据抗原成分差异，本菌可分为多个血清型。用被动血凝试验对荚膜抗原（K抗原）分类，本菌可分为A、B、D、E、F共5个血清型；用凝集反应对菌体抗原（O抗原）分类，本菌可分为12个血清型；用琼脂扩散试验对热浸出菌体抗原分类，本菌可分为16个血清型（李浩等，2011）。K抗原用大写英文字母表示，O抗原和热浸出菌体抗原用阿拉伯数字表示，因此菌株的血清型可列式表示为5∶A，6∶B，2∶D等（O抗原∶K抗原），这是目前本菌血清型表示的标准方法；除此之外本菌血清型还可表示为A∶1，B∶2，D∶2等（K抗原∶热浸出菌体抗原）。以O抗原、K抗原鉴定分型，猪源以5∶A和6∶B为主，其次是8∶A和2∶D；牛羊源以6∶B最多；家兔源以7∶A为主，其次是5∶A；家禽源以5∶A最多，其次是8∶A。近年来，国内有人用耐热抗原作琼脂扩散试验，发现感染家禽的主要是1型，感染牛、羊的主要为2、5型，感染猪的主要为1型和2、5型，感染家兔的主要为1型和3型。

（二）基因组结构与编码蛋白

多杀性巴氏杆菌的基因组大小为2.2～2.5Mb，平均G+C含量为40.4%左右。多杀性巴氏杆菌含有多种与致病相关的毒力因子，包括毒素、荚膜多糖、脂多糖、外膜蛋白、透明质酸酶、唾液酸酶、铁调节蛋白和铁获取蛋白等（Peng et al.，2019）。

1．荚膜 多杀性巴氏杆菌可产生血清型特异的、带负电荷的荚膜多糖，其中A型、D型和F型的多杀性巴氏杆菌的荚膜成分与结构非常类似于哺乳动物的糖胺，其主要组成成分为透明质酸、肝素和脱硫酸软骨素，且编码这些荚膜的基因都位于细菌基因组的单一区域。目前多个实验已广泛证实，荚膜是多杀性巴氏杆菌的主要毒力因子之一，含有荚膜的多杀性巴氏杆菌比无荚膜的多杀性巴氏杆菌毒力更强；荚膜在多杀性巴氏杆菌的抗吞噬方面也起着重要作用，且抗吞噬程度与荚膜的厚度相关。

2．脂多糖 脂多糖是多杀性巴氏杆菌的主要毒力因子之一，它可以协助多杀性巴氏杆菌黏附嗜中性粒细胞，进而穿过上皮细胞，其在机体发病过程中起着重要作用。试验证明，缺失编码脂多糖基因的基因缺失株对小鼠和鸡的致病力明显减弱；脂多糖也可作为一类保护性抗原，刺激机体免疫反应，产生相关抗体；各血清型多杀性巴氏杆菌脂多糖的单克隆抗体有杀菌作用，能保护小鼠免受对应血清型多杀性巴氏杆菌感染，但不同血清型之间交叉保护力不佳。

3．黏附因子 黏附因子有助于多杀性巴氏杆菌对宿主细胞的黏附和在宿主细胞内定居。多杀性巴氏杆菌的黏附因子很多，对多杀性巴氏杆菌的全基因组分析中发现，其含有一些能编码菌毛和纤维蛋白等黏附因子的编码基因，主要包括*ptfA*、*fimA*、*flp1*，*flp2*、*hsf-1*、*hsf-2*等。

菌毛是一类重要的细菌表面黏附因子。有研究表明，有菌毛的A型多杀性巴氏杆菌能黏附于宿主的黏膜上皮细胞上，反之则不能发生黏附。Ruffolo从A型、B型和D型多杀性巴氏杆菌中分离出Ⅳ型菌毛，并证明其在细菌的黏附过程中起着重要作用，同时也与细菌毒力相关；另一类黏附因子是血细胞凝集素，其由两个亚单位组成，分别由*pfhaB1*和*pfhaB2*基因编码，该因子在百日咳杆菌中也存在，并参与百日咳杆菌对呼吸道的致病作用，对*pfhaB1*和*pfhaB2*基因进行诱导突变，将突变体对火鸡进行感染试验，结果显示突变的毒力显著减弱，进而说明血细胞凝集素在细菌的致病中起着重要作用。

4．皮肤坏死毒素 一般认为，只有能引起猪萎缩性鼻炎的A型与D型多杀性巴氏杆菌才能分泌皮肤坏死毒素，该毒素热稳定性差，70℃加热 30min 可灭活，甲醛、戊二醛等消毒剂也可使其失去活性；该毒素是一种分子质量为 146kDa 的蛋白质，由 *toxA* 基因编码，其 G+C 含量低于多杀性巴氏杆菌基因组平均 G+C 含量。

皮肤坏死毒素是一种丝裂原，可以促进多种细胞的有丝分裂，它是典型的 AB 毒素，由 N 端和 C 端两个结构域构成。N 端与细胞的结合和内吞作用相关，C 端是生物活性部分，C 端可进一步分为 C1、C2、C3 三个结构域。

（三）病原分子流行病学

感染猪的多杀性巴氏杆菌主要以血清型 A、B 和 D 型为主，部分产生皮肤坏死毒素的 A 型和 D 型菌株常与支气管败血性波氏杆菌协同作用，引起猪萎缩性鼻炎；非产毒素的 A 型和 D 型菌株可引起猪肺疫；B 型菌株感染相对 A 型和 D 型菌株较少，但 B 型菌株能引起急性败血症，导致猪迅速死亡。感染禽的多杀性巴氏杆菌一般为血清型 A 型，已知的 16 种菌体型种已有 9 种在禽霍乱中有相关报道，主要以 A∶1、A∶3 和 A∶4 型为主，其中 A∶1 型最为常见，其次是 A∶3 型，A∶4 型多与 A∶3 型混合感染。感染牛的多杀性巴氏杆菌主要为血清 B 型，可引起牛出血性败血症；但近几年来，由 A 型多杀性巴氏杆菌引起的牛纤维素性肺炎的病例逐渐增多。感染羊的主要为 B∶6 型菌株，兔为 A∶7 型，火鸡为 F 型。

（四）感染与免疫

多杀性巴氏杆菌的细胞壁表面有一层荚膜多糖，是细菌抗吞噬、抗溶菌酶、抗补体从而逃避机体防御系统的重要毒力因子，在细菌与宿主的相互作用中起到重要作用。多杀性巴氏杆菌的荚膜是由糖胺聚糖组成，其中组成 A、D、F 型多杀性巴氏杆菌荚膜的糖胺聚糖与哺乳动物细胞的糖胺聚糖结构十分相似，可以抵抗宿主免疫细胞的吞噬。荚膜与多杀性巴氏杆菌的致病力有关，科学家用分子生物学方法构建的无荚膜变异株，在毒性试验中证实变异株的毒力大大减弱，也不能在体内增殖，但以无荚膜变异株作疫苗却能刺激机体产生相关免疫保护性。

脂多糖是革兰阴性菌表面的主要成分，由多糖和脂质 A 组成，脂质 A 具有毒性，多糖包括多糖核心和 O 侧链，O 侧链为脂多糖的主要抗原成分。有研究表明，在部分多杀性巴氏杆菌菌株的脂多糖含有磷酸胆碱残基，该残基已被证实可与血小板活化因子受体直接结合而在黏附、侵入宿主细胞过程中起着关键作用。虽然目前对磷酸胆碱残基在多杀性巴氏杆菌的脂多糖的结构中的作用还不清楚，但对建立的牛模型研究显示，多杀性巴氏杆菌的脂多糖可以协助黏附嗜中性粒细胞，进而穿过上皮细胞。此外一项研究中发现，向水牛注入 B∶2 型多杀性巴氏杆菌的脂多糖可以复制牛出血性败血症的临床症状。

菌毛是促进多杀性巴氏杆菌黏附的重要毒力因子，在黏附到上呼吸道上皮中起重要作用，并与毒力相关，有研究构建了编码菌毛基因的基因缺失株，经鼻感染发现对火鸡的致病性显著降低，但静脉注入毒力下降不明显。有研究发现菌毛可以被巨噬细胞上表达的 TLR4 所识别，但对菌毛引起的免疫系统的反应机制尚不明确。

皮肤坏死毒素是一种促有丝分裂原，可与哺乳动物的细胞表面受体结合，通过胞吞作用进入细胞，激活许多细胞内信号通路，独自可启动 DNA 合成，导致细胞发生有丝分裂或细胞骨架重构，最终导致破骨细胞对骨细胞的裂解，引起猪鼻甲骨萎缩。皮肤坏死毒素的重吸收作用是双方面的，低剂量（1～25ng/mL）可促进骨的重吸收，大剂量（>25ng/mL）会抑制骨的重吸收。

三、诊断要点

（一）流行病学诊断

1．易感动物 本菌对人和多种动物均有致病性。家畜中以牛、猪、山羊、绵羊发病较多；兔、猫和狗也易感；鹿、骆驼和马也可发病，但较少见，禽类中鸡、鸭、火鸡最易感，鹅、鸽子次之，野鸭等野生水禽也可感染此病。此病感染主要以幼龄动物为主，且死亡率较高。

2．传染源 畜禽发生巴氏杆菌病时，往往查不出传染源，一般认为多杀性巴氏杆菌在环境和动物体内广泛存在，动物在发病前已经带菌。本病的发生与环境变化和机体的免疫力有关，家畜在寒冷、闷热、气候剧变、潮湿、拥挤、圈舍通风不良、阴雨连绵、营养缺乏、饲料突变、过度疲劳、长途运输、寄生虫感染等应激因素的作用下机体抵抗力降低时，病菌开始大量增殖，引起机体发病。

3．传播途径 病畜发病后通过排泄物、分泌物排出病菌，污染饲料、饮水、用具和外界环境，经消化道传染给健康家畜。吸血昆虫作为媒介也可传播本病。也可经皮肤、黏膜的伤口发生感染。人的感染多由动物抓、咬伤所致，也可经呼吸道感染。

不同畜、禽之间一般不易互相传染本病，但在个别情况下猪巴氏杆菌可传染给水牛。黄牛和水牛之间可互相传染本病，而禽和兽之间的相互传染则颇为少见。

本病的发生一般无明显的季节性，但以冷热交替、气候剧变、闷热、潮湿、多雨的时候发生较多。本病一般为散发性，在畜群中只有少数动物先后发病，但水牛、牦牛、猪有时可呈地方流行性，绵羊有时可暴发本病，家禽特别是鸭群发病时多呈流行性。

（二）临床诊断

1．猪巴氏杆菌病 又称猪肺疫，各个年龄段的猪都可发病，一般呈散发性和地方流行性，潜伏期为1～14d，临诊上一般分为最急性型、急性型和慢性型。

最急性型俗称“锁喉风”，突然发病，迅速死亡。表现体温升高（41～42℃），颈下咽喉等部位发热、红肿。病猪呼吸极度困难，常作犬坐姿势，口鼻流出泡沫，可视黏膜发绀，腹侧、耳根和四肢内侧皮肤出现红斑。病程1～2d，病死率为100%，未见自然康复的病例。急性型最常见，除具有败血症的一般临诊症状外，还表现急性胸膜肺炎。体温升高（40～41℃），初发生痉挛性干咳，呼吸困难，鼻流黏稠液，听诊有啰音和摩擦音；随病情发展，呼吸更加困难，可视黏膜蓝紫，常有黏脓性结膜炎；初便秘，后腹泻，多因窒息而死。病程 5～8d，不死的转为慢性。慢性型主要表现为慢性肺炎和慢性胃炎。多经过两周以上衰竭而死，病死率为60%～70%。

2．禽巴氏杆菌病 又名禽霍乱（fowl cholera），成年家禽易感，幼龄家禽不易感；鸡多为散发，鸭、鹅等水禽可大群发病。潜伏期一般为2～9d。

最急性型产蛋量高的鸡易发，常无明显症状突然倒地抽搐，几分钟内死亡。急性型最常见。病鸡持续高热，体温为43～44℃，排出黄色、绿色、灰白色稀粪；呼吸困难，口、鼻有黏性分泌物流出，不断吞咽、甩头；鸡冠发绀，肿胀；产蛋量下降；最后昏迷、死亡，病程为 1～3d，死亡率很高。慢性型由急性型转变而来，出现于流行后期，病例较少。以慢性肺炎、慢性呼吸道炎和慢性胃肠炎为主。

鸭鹅霍乱以病程短促的急性型为主，口鼻流出黏液，呼吸困难，张口呼吸并不时摇头，以甩出鼻腔和喉头黏液，故俗称“摇头瘟”；病程稍长者可见局部关节肿胀，跛行；排出腥臭的白色或铜绿色稀粪，有时混有血液，病死率可高达30%～40%。

3．牛巴氏杆菌病 又名牛出血性败血症。各年龄段牛都易感，潜伏期为2～5d，多散发，本病的病死率可达80%以上。按症状可分为败血型、浮肿型和肺炎型。

败血型病初高烧，可达41～42℃，几日后，患牛表现为精神沉郁，步态不稳，食欲废绝，反刍停止，腹痛，开始下痢；粪便初为粥状，后呈液状，其中混有黏液、黏膜片及血液，并伴有恶臭；有时鼻孔内出血和尿中带血；拉稀开始后，体温随之下降，迅速死亡。病程多为12～24h。浮肿型患牛体温升高，反刍停止，在颈部、咽喉部及胸前的皮下结缔组织还出现迅速扩展的炎性水肿；病畜呼吸高度困难，皮肤和黏膜普遍发绀，往往因窒息而死，病程多为12～36h。肺炎型主要表现为纤维素性胸膜肺炎。患牛呼吸困难，不停咳嗽，鼻腔最初流出卡他性鼻液，后来转为脓性鼻液；听诊明显有水泡音和胸膜摩擦音；初便秘，后腹泻；3～10d死亡，部分患牛转为慢性型，以慢性肺炎为主，病程1个月以上。

4．羊巴氏杆菌病 本病多发于羔羊，绵羊较山羊发病率高，潜伏期短促。可分为最急性型、急性型和慢性型三种。

最急性型见于流行初期，多见于哺乳羔羊，往往突然发病，呈现寒战、虚弱、呼吸困难等症状，可于数分钟至数小时内死亡。急性型最常见，病羊体温升高至41～42℃；呼吸急促、咳嗽、鼻孔常有出血，有时血液混杂于黏性分泌物中；眼结膜潮红，有黏性分泌物；初期便秘，后期腹泻，粪便伴有恶臭味，有时粪便全为血水；颈部、胸下部位发生水肿；病羊常在严重腹泻后脱水而死；病程为2～5d。慢性型表现消瘦，颈部和胸下部有时发生水肿，流黏脓性鼻液，咳嗽，呼吸困难；病羊腹泻，粪便恶臭，临死前极度虚弱，体温下降。

5．兔巴氏杆菌病 又名兔出血性败血症，是家兔主要的传染病之一。本病各年龄段、各品种的家兔都易感，2～6月龄仔兔发病率和病死率较高。潜伏期长短不一，一般从数小时至5d甚至更长，按临床症状可分为败血型、鼻炎型、地方流行性肺炎型、中耳炎型、结膜炎型、脓肿、子宫炎及睾丸炎型。败血型多突然发病死亡，鼻炎型病例较多见，有浆液性、黏液性或黏液脓性鼻液，喷嚏、咳嗽。

（三）病理诊断

1．猪巴氏杆菌病 最急性型全身黏膜、浆膜和皮下组织有大量出血点，尤以咽喉部及其周围结缔组织的出血性浆液浸润为主要特征。全身淋巴结出血，切面红色；心外膜和心包膜有小出血点；肺急性水肿；脾有出血，但不肿大；胃肠黏膜有出血性炎症变化；皮肤有红斑。急性型除了全身黏膜、浆膜、实质器官和淋巴结出血性病理变化外，特征性的病理变化为纤维素性肺炎。胸膜常有纤维素性附着物，严重的胸膜与肺粘连；支气管、气管内含有多量泡沫状黏液，黏膜发炎。慢性型极度消瘦，贫血；肺肝变区扩大并有黄色或灰色坏死灶。

2．禽巴氏杆菌病 最急性型死亡的病鸡无特殊病理变化，有时只能看见心外膜有少许出血点。急性型病理变化较为特征。病鸡的腹膜、皮下组织及腹部常见小点出血；心包变厚，心包内积有多量不透明液体，有的含纤维素性絮状液体，心外膜，心冠脂肪出血尤为明显；肺有充血和出血点；肝的病理变化具有特征性，肝稍肿，质变脆，呈棕色或棕黄色，肝表面散布有许多灰白色、针尖大小的坏死点；肠道尤其是十二指肠呈卡他性和出血性肠炎。慢性型：因侵害的器官不同而有差异。主要为呼吸道、消化道、关节、卵巢等的慢性炎症；公鸡的肉髯肿大，内有干酪样的渗出物；母鸡的卵巢明显出血，有干酪样物附着。鸭、鹅病理变化与鸡基本相似。

3．牛巴氏杆菌病 败血型内脏器官出血，在黏膜、浆膜及肺、舌、皮下组织和肌肉都有出血点；脾无变化或有小出血点；肝和肾实质变性；淋巴结显著水肿；胸腹腔内有大量渗出液。浮肿型咽喉部或颈部皮下，有时延及肢体部皮下有浆液浸润；切开水肿部流出深黄色液体，有时伴有出血。肺炎型主要表现胸膜炎和格鲁布性肺炎，有时有纤维素性心包炎和腹膜炎，心包与胸膜粘连，内含干酪样坏死物。

4．羊巴氏杆菌病 一般在皮下有液体浸润和小点出血；胸腔内有黄色渗出物；肺淤血，小点出血和肝变，偶见有黄豆至胡桃大的化脓灶；胃肠道有出血性炎症；其他器官水肿和淤血，间有小点出血但脾脏不肿大；病期较长者尸体消瘦，皮下胶样浸润，常有纤维素性胸膜肺炎，肝有坏死灶。

5．兔巴氏杆菌病 各种病型的变化不一致，但往往有两种或两种以上联合发生。鼻炎型病理变化与病程长短有关，鼻漏从浆液性向黏液性、黏脓性转化；鼻孔周围皮肤发炎，鼻窦和鼻旁窦内有分泌物，窦腔内层黏膜红肿。地方流行性肺炎型通常呈急性纤维素性肺炎变化。败血型因死亡十分迅速，大体或显微病理变化很少见到。中耳炎型主要是一侧或两侧鼓室有奶油状的白色渗出物。中耳或内耳感染如扩散到脑，可出现化脓性脑膜炎的病理变化。还可看到母兔的子宫炎和子宫积脓，公兔的睾丸炎、附睾炎、结膜炎，皮下或内脏器官的脓肿等。

四、实验室诊断技术

（一）病料采集与保存

病料采集时应确保无菌操作，避免杂菌污染。败血症病例可从心脏、肝、脾或体腔渗出物等部位取材，其他病型主要从病理变化组织与健康组织交界处、渗出物、脓汁等部位取材。病料运输采用4℃恒温箱，到实验室后尽快接种检测，如不能立即检测可在4℃进行短期保存，长期保存需放置于−80℃。

（二）病原学诊断

1．病原分离与鉴定 对病料涂片、革兰染色、镜检，巴氏杆菌为革兰阴性菌；瑞氏、吉姆萨或亚甲蓝染色，可见典型的两极着色球杆菌。用印度墨汁等染料染色，可见清晰的荚膜。

将病料分别接种营养肉汤、普通琼脂、鲜血琼脂和麦康凯琼脂培养基，37℃培养 24h，观察细菌的生长情况、菌落特征、溶血性等，并染色镜检挑取可疑菌落进行克隆、纯化培养。用纯化的可疑培养物做生化试验或PCR鉴定。

2．动物感染试验 致病性试验常用的动物是小鼠和家兔。分离自死亡动物的巴氏杆菌可在12h内致死小鼠。实验动物死亡后立即剖检取心血和实质脏器分离细菌，并涂片、染色镜检，见大量两极浓染的细菌即可确诊。

（三）分子生物学诊断

几年来，分子生物学发展迅速，多项分子生物学方法被应用于多杀性巴氏杆菌的种属、血清型、耐药性及毒力基因检测中。例如，针对编码多杀性巴氏杆菌的荚膜、菌毛等基因的PCR和RT-PCR检测方法，具有快速、准确的优点，并且该方法既可从病料中直接检测巴氏杆菌，也可对分离物进行鉴定，目前此方法已广泛在临床上获得应用。

除此之外，酶联免疫吸附试验（ELISA）、乳胶凝集试验、琼脂扩散试验、菌落原位杂交等方法也被应用于巴氏杆菌病的检测中。

五、防控措施

（一）综合防控措施

预防措施是控制巴氏杆菌病的关键。主要措施包括：改善日粮配方，提高自身免疫力；加强饲养管理，改善畜舍条件，定期进行彻底的卫生清理和消毒工作，圈舍内注意保温通风；按时接种相关疫苗，并定期进行抗体水平检测。

发生本病时，应将病畜（禽）隔离，及早确诊，及时治疗。病死畜（禽）尸体应深埋或焚烧，并严格消毒畜（禽）舍和用具。对于同群的假定健康畜（禽），可用高免血清、磺胺类药物或其他抗生素作紧急预防，隔离观察一周后如无新病例出现，可再注射疫苗。

（二）生物安全体系构建

建立完整的生物安全体系对防控巴氏杆菌病有重大意义。完整的生物安全体系应涉及养殖场的选址与环境、厂区布局、人员管理、消毒管理、生产群管理、车辆管理、污染物管理等方面，各方面缺一不可。饲养过程中应尽量做到全进全出，出栏一批后对圈舍和周边环境进行彻底消杀，空圈一段时间后再引入下一批；如果做不到全进全出，在引入新个体或群体时，应做好免疫检查，免疫检查合格的再隔离两周左右，无异常状况的才可与其他畜禽混群。

（三）疫苗与免疫

由于多杀性巴氏杆菌有多种血清型，各血清型之间多数无交叉免疫原性，所以应选用与当地常见的血清型相同的血清型菌株制成的疫苗进行预防接种（Mostaan et al.，2020）。

猪肺疫的预防可用猪肺疫氢氧化铝灭活苗、猪肺疫口服弱毒苗、猪丹毒-猪肺疫氢氧化铝二联灭活疫苗、猪瘟-猪丹毒-猪肺疫三联活疫苗，这 4 种疫苗免疫期均在半年以上。牛出血性败血症的预防可用牛出血性败血症氢氧化铝菌苗，免疫期可达 9 个月。兔巴氏杆菌病的预防可用兔巴氏杆菌-魏氏梭菌二联苗，兔、禽出血性败血症氢氧化铝灭活苗，免疫期均在半年以上。禽霍乱的预防可用禽霍乱 G190Ep 弱毒苗、禽霍乱油乳剂疫苗，前者的免疫期约 3 个月，后者约 6 个月。近年来，在多杀性巴氏杆菌的免疫预防方面，进行了包括多杀性巴氏杆菌亚单位疫苗和基因缺失弱毒苗在内的诸多研究并取得了一定的进展。

（四）药物与治疗

病畜（禽）发病初期用高免血清治疗，可收到良好的效果。用青霉素、链霉素、四环素族抗生素、磺胺类药物及有关抗菌药物进行治疗也有一定效果，如将抗生素和高免血清联用，则疗效更佳。鸡对链霉素敏感，用药时应慎重，以避免中毒。大群治疗时，可通过将药物投放在饮水或饲料中的方法进行给药。近年来由于抗生素的滥用，多杀性巴氏杆菌出现不同程度的耐药现象，针对以上情况可对分离株进行药敏试验，选用敏感性高的药物进行治疗。

六、问题与展望

巴氏杆菌病是人兽共患病，严重威胁着养殖业的发展和人类健康。多杀性巴氏杆菌作为本病的主要病原，其具有血清型多、引起疾病症状差异较大、疫苗交叉保护力不佳等特点，给防控本病带来比较大的难题。近年来多杀性巴氏杆菌耐药性问题越来越严重，也增加了治疗此病的难度和成本。

近年研究发现，除多杀性巴氏杆菌外，溶血曼氏杆菌（*Pasteurella haemolytica*）、鸡巴氏杆菌（*Pasteurella gallinarum*）和嗜肺巴氏杆菌（*Pasteurella pneumotropica*）等其他巴氏杆菌科的细菌也可成为巴氏杆菌病的病原菌。溶血曼氏杆菌能引起牛呼吸道疾病综合征、羊肺炎、新生羔羊急性败血症等疾病；鸡巴氏杆菌存在于家禽的上呼吸道，可参与禽的慢性呼吸道感染，偶见于牛羊上呼吸道，其致病力较弱；嗜肺巴氏杆菌是啮齿动物上呼吸道的常在菌，被认为是小鼠、大鼠和豚鼠等实验动物巴氏杆菌病的主要病原。以上众多问题势必会给巴氏杆菌病的防治带来巨大挑战，需要我们进行更加深入的探索和研究。

（杨增岐）

第九节　布鲁氏菌病

一、概述

拓展阅读 2-9

布鲁氏菌病（brucellosis）简称布病，又称地中海弛张热、马耳他热、波浪热或波状热，是由布鲁氏菌（*Brucella*）引起的一种变态反应性人兽共患传染病。至今已知有 60 多种家畜、家禽、野生动物是布鲁氏菌的宿主。与人类布病有关的传染源主要是患病的牛羊等动物。当患病母畜流产时，大量病原菌随着流产胎儿、胎衣和子宫分泌物一起排出，成为最危险的传染源。人类感染布鲁氏菌后，如不及时治疗，易转为慢性感染，病程长，反复发作，长期不愈，严重者丧失劳动力。布病严重阻碍了畜牧业持续健康发展，威胁公共卫生安全，至今仍是世界范围内严重流行的重要人兽共患传染病，一直备受医学和兽医学领域的高度重视。

自 1887 年英国军医 David Bruce 首次观察到本病原菌后，目前全世界 170 多个国家和地区先后报道 Brucellosis 的人兽流行情况，其中以亚洲、非洲、南美洲疫情较为严重，且亚洲国家和地区主要是重新流行为主。世界动物卫生组织统计数据显示，布病在牛羊养殖量较大的国家和地区普遍流行，高发地区主要集中在经济不发达的亚非地区和牛羊肉为主的中东地区等。其中，牛布病主要在亚洲、非洲东南部和南美洲北部流行；羊布病主要在亚洲、东北欧、中东和南美洲南部流行；猪布病主要在南美洲南部和北美洲局部流行。

我国自 1905 年首次在重庆报告两例布病以来，现已在全国 29 个省（自治区、直辖市）发现有不同程度的流行。根据我国布病流行趋势和防控策略，可人为将其分为 4 个阶段：20 世纪 50～70 年代为高发期，总体布病阳性率为 4.8%；八九十年代为基本控制期，该阶段确定以家畜免疫为主的综合性防治措施，对家畜进行大范围免疫；90 年代至 2000 年为稳定控制期，国家采取以“检疫＋淘汰”策略，家畜布病总体阳性率控制在 0.09%～0.28%；2000 年以后为反弹期，随着动物饲养量增加，市场交易频繁，疫情迅速反弹，并高位持续。

二、病原学

（一）病原与分类

布鲁氏菌是一种细胞内寄生的革兰染色阴性小球杆状菌，属于 α 变形菌门 α2 变形菌亚门布鲁氏菌科。布鲁氏菌属包括羊种布鲁氏菌（*B. melitensis*）、牛种布鲁氏菌（*B. abortus*）、猪种布鲁氏菌（*B. suis*）、绵羊附睾种布鲁氏菌（*B. ovis*）、犬种布鲁氏菌（*B. canis*）、沙林鼠种布鲁氏菌（*B. neotomae*）6 个经典种。1994 年以后，人们又陆续分离到鲸种布鲁氏菌（*B. ceti*）、鳍种布鲁氏菌（*B. pinnipedialis*）、田鼠种布鲁氏菌（*B. microti*）、新报道的人源布鲁氏菌（*B. inopinata*，又名意外布鲁氏菌）和狒狒种布鲁氏菌（*B. papionis*）。通过对 16S rRNA 和 *recA* 基因进行序列比对分析，所有布鲁氏菌属细菌均具有很高的相似性，但不同种布鲁氏菌的毒力、生物学性状、对宿主嗜性和流行病学也有明显区别。

根据布鲁氏菌对 CO_2 需求、H_2S 生成、脲酶分解速率、染料抑制性、单因子血清凝集性和噬菌体裂解能力等差异特征可对布鲁氏菌进行进一步的生物型分类。

（二）基因组结构与编码蛋白

自 2001 年 Verger 等首次完成羊种布鲁氏菌标准株 16M 全基因组序列测定后，其他种属布鲁氏菌序列测定也陆续完成。除猪种 3 型外，其余布鲁氏菌属均含有两条染色体（大小分别为 2.2Mb 与 1.1Mb），无质粒，约含有 3200 个开放阅读框。通过比较牛种、羊种和猪种布鲁氏菌基因组发现，这三种菌基因组高度相似。

布鲁氏菌编码的基因众多，2002 年，Wagner 将 2-DE 和质谱分析相结合，在羊种 16M 株上鉴定出 883 个明确的蛋白质点。现已发现的布鲁氏菌蛋白有上千种，其中外膜蛋白、Ⅳ型分泌系统相关蛋白及胞质蛋白等都是近年来研究的热点。目前为止，已发现的结构蛋白中重要毒力因子有脂多糖、二元调控系统、群体感应系统、Ⅳ型分泌系统等。

（1）脂多糖（LPS）　光滑型布鲁氏菌 LPS 是产生血清抗体的主要抗原成分，因此 LPS 被认为是布鲁氏菌的主要毒力因子。与肠道细菌如大肠杆菌相比，布鲁氏菌拥有一种特殊的非经典 LPS，该结构是其突破宿主先天性免疫防线，在宿主细胞内生存、复制并造成慢性感染的原因之一。

布鲁氏菌的 LPS 由 3 个保守的结构域组成，即类脂 A（内毒素性质）、核心寡聚糖和 O 抗原侧链。核心寡聚糖与类脂 A 相连，包括甘露糖、葡萄糖、葡糖胺、奎诺糠胺、3-脱氧-*D*-甘露-2-辛酮糖酸（KDO）和其他未研究清楚的糖残基。根据 LPS 是否含有 O 链，将布鲁氏菌的 LPS 分为光滑型（S）和粗糙型（R）。S 型 LPS 含有 O 链，是光滑型布鲁氏菌的主要表面抗原；R 型 LPS 缺少 O 链，毒力比光滑型弱。

（2）二元调控系统　二元调控系统是一种可以对环境信号进行感应、传递并做出相应适应性反应的调控系统。布鲁氏菌被吞噬细胞吞噬后，需要应对酸性环境、缺氧、活性氧介质、活性氮介质、营养匮乏等多种不利环境，迅速感应相应的环境信号并做出反应，这对于布鲁氏菌在巨噬细胞内的生存至关重要。根据布鲁氏菌基因组测序结果发现，布鲁氏菌存在 21 个基因假定编码二元调控系统相关蛋白，目前已有 7 组布鲁氏菌二元调控系统得到较为深入的研究。

（3）*群体感应系统*　这是一种根据细菌密度调控基因表达的信号传递系统。2005 年，Delrue 等发现了布鲁氏菌群体感应相关基因 *vjbR*。*vjbR* 基因与布鲁氏菌的Ⅳ型分泌系统（virB 操纵子）及鞭毛相关基因的表达相关。vjbR 直接结合到 virB 操纵子的启动子及 *virB1* 与 *virB2* 之间 18bp 的回文序列，从而调控Ⅳ型分泌系统。此外，vjbR 还直接调控Ⅳ型分泌系统分泌蛋白 vceC 的表达。

（4）*Ⅳ型分泌系统*　该系统由位于染色体Ⅱ上的 virB 操纵子编码。virB 操纵子由 12 个基因（*virB1*～*virB12*）组成，受 *virB1* 上游启动子调控，在不同种布鲁氏菌中 virB 操纵子高度保守。除 *virB1*、*virB7* 和 *virB12* 基因外，该操纵子的其他基因与布鲁氏菌的毒力密切相关。到目前为止，已经发现 15 个Ⅳ型分泌系统的效应因子，初步预测这些效应因子参与建立感染相关的生理过程，包括：①排出晚期内体或溶酶体的分子标志；②获得内质网的分子标记；③与分泌途径相互作用；④获得自噬体的分子标记；⑤抵御宿主细胞内的恶劣环境；⑥调节重要免疫途径的激活。Ⅳ型分泌系统的效应因子影响上述途径的机制尚未清楚。

（三）病原分子流行病学

1．耐药性与耐药基因　体外药物敏感性试验表明布鲁氏菌种间存在差异。犬种菌对头孢噻吩、氨苄西林和庆大霉素容易产生耐药，羊种菌对克拉霉素和阿奇霉素耐药，牛种菌对诺氟沙星、链霉素、红霉素、利福平和氯霉素敏感性降低，而在羊种菌和猪种菌中出现了利福平和氟喹诺酮类耐药的现象。

目前对布鲁氏菌耐药机制研究主要集中在：喹诺酮类耐药基因（*gyrA*、*gyrB*、*parC*、*parE* 和 *NorMI*），利福平和氟喹诺酮类耐药基因（*rpoB*），大环内酯类耐药基因（*erm* 和 *mef*），四环素类耐药基因（*tetM*、*tetO* 和 *tetX*），头孢菌素耐药基因（*penA* 和 *penB*），多重可传递耐药系统基因（*mtrR*、*mtrC*、*mtrD* 和 *mtrE*），可影响头孢菌素药物的敏感性的孔蛋白基因（*pilQ*、*gyrA* 和 *parC*），以及引起部分抗生素耐药的 16S rRNA 基因和 23S rRNA 基因突变。

2．血清型与基因分型

（1）*血清型*　布鲁氏菌含有 A、M、R 3 种抗原。A、M 抗原为光滑型菌体表面抗原。其中 A 抗原为牛种布鲁氏菌主要抗原，M 抗原为羊种布鲁氏菌主要抗原，猪种布鲁氏菌两者抗原比例几乎相等。粗糙型菌株含 R 抗原，不含 A 和 M 抗原。用 A、M、R 因子血清进行凝集试验对布鲁氏菌分型有一定意义。

（2）*基因分型*　根据表型差异建立的生化反应，虽然能够鉴定布鲁氏菌的种型，但是其鉴定步骤烦琐，周期长，需要技能熟练的人员直接操作活菌，存在生物安全风险。因此，基因分型方法成为人们鉴定布鲁氏菌种属的重要工具。通过分子分型，不仅能够快速获取布鲁氏菌不同生物型之间的遗传关系，还能够了解布鲁氏菌与其他细菌的进化关系，从而更加清楚地把握布鲁氏菌的进化和分类。布鲁氏菌基因分型的方法主要包括：PCR 种属鉴定、DNA 杂交技术、多重 PCR、单核苷酸多态性（SNP）、多位点可变串联重复序列分析（MLVA）及全基因组测序分析技术等。

基于世界各地 2747 株布鲁氏菌的 MLAV 分析结果，可归纳为两个大分支和 8 个群。第一分支包括 5 大群，群 1 为绵羊附睾种布鲁氏菌，群 2 为猪种布鲁氏菌（生物 1、2、3 和 4 型）和犬种布鲁氏菌，群 3 为鲸种布鲁氏菌，群 4 为鲸种、沙林鼠种、鳍种、田鼠种和人源种布鲁氏菌（*B. inopinata*），群 5 为猪种布鲁氏菌生物 5 型；第二分支包括 3 大群，群 6 为牛种布鲁氏菌，群 7 为羊种布鲁氏菌（生物 2 和 3 型），群 8 为羊种布鲁氏菌（生物 1 型）。

3．遗传变异与分子进化　布鲁氏菌的进化进程与其基因组中基因的缺失、获得和修饰等有关，插入序列（IS）是基因组不稳定性和多样性的重要原因之一，促进了布鲁氏菌的分子进化。基于布鲁氏菌全基因组进化分析显示，对人毒力比较强的牛种和羊种布鲁氏菌是分化程度较高的种。布鲁氏菌基因组不仅缺乏种内重组的依据，而且基因组中的部分差异区段具有外源 DNA 的特征，且差异区段在不同菌株中分布也不同。与基于看家基因的进化树相比，部分差异区段在不同种型间呈现规律性分布，而另外一些并未随进化关联而呈现获得与缺失的规律性变化，表明基因的获得与缺失可能与布鲁氏菌的适应性进化相关。

4．病原传播与分子流行规律　易感动物与布鲁氏菌的接触是传播过程的开始，其接触的后果取决于被接触动物对布鲁氏菌的易感性和感染细菌的数量。直接接触主要发生在同群动物之间。圈舍、牧场、集贸市场和运输车辆中健康动物与发病动物直接接触可受到感染。间接接触主要是由被细菌污染的圈舍、场地、水源、病畜鲜乳及乳制品等所造成的传播。

中国布鲁氏菌流行株主要是羊种，其次为牛种，主要来自北部以畜牧业为主的地区。猪种布鲁氏菌主要是猪种 1 和 3 型，分布于中国南部地区。犬种主要分离自犬类，我国的犬种布鲁氏菌与邻国韩国具有相同的基因型。

（四）感染与免疫

1．感染　布鲁氏菌首先通过黏膜或是皮肤感染家畜，然后通过淋巴与血液进入多个脏器。如果巨噬细胞及 T 淋巴效应细胞不能够彻底杀灭病菌，存活的病原菌就会在宿主细胞内大量复制、繁殖，并释放进入血液循环系统，引起菌血症，从而导致带菌牲畜体温大幅度上升。在病菌重复侵袭以后，牲畜的病情将会更加严重。布鲁氏菌增殖极快，一旦牛胎盘绒毛膜滋养层细胞受到感染，极易出现胎盘炎症，严重的还可能导致子宫内膜炎。在病菌增殖的过程中，胎盘绒毛会出现坏死，并渐进性增强，可致使母体和胎盘慢慢分离，最终引发流产。

2．免疫　布鲁氏菌侵入机体后，先天性免疫反应会首先阻止病原微生物的复制、消减其数量并逐渐清除病原微生物，为激活获得性免疫反应提供准备。感染早期对病原菌发挥抗感染作用的细胞和因子有中性粒细胞、巨噬细胞、树突状细胞、自然杀伤细胞、细胞因子及趋化因子等，机体通过模式识别受体（PRR）发挥作用，并伴随补体系统的激活。

细胞介导的免疫反应主要由 Th1 细胞产生，包括 T 细胞产生的 IFN-γ、B 细胞和细胞毒性 $CD8^+$ T 细胞产生的 IgG2。Th2 型细胞介导的免疫反应以 $CD4^+$亚群产生 IL-4、IL-5 和 IL-10 为特点，刺激免疫系统产生抗体分泌细胞（IgG1 和 IgE）和嗜酸性粒细胞增多，但这些均不能有效抵御布鲁氏菌在细胞内寄生引起的感染。布鲁氏菌抗原经过吞噬加工后，与主要组织相容性复合体（MHC Ⅰ、MHC Ⅱ）形成复合物，分别通过 $CD8^+$和 $CD4^+$进行抗原呈递。$CD4^+$细胞对细胞因子的分泌起到辅助作用，而细胞因子能够调节其他细胞的免疫响应或者产生细胞自分泌反应。IFN-γ 是发生布鲁氏菌感染时 T 细胞 $CD4^+$亚群分泌的主要细胞因子，在宿主抗感染过程中发挥重要作用。

布鲁氏菌 IgM 抗体是在急性感染过程中首先出现并逐渐上升的抗体亚型。与此相反，IgG 抗体在感染一段时间，通常一周之后才开始出现。据此，基于 LPS 进行血清学试验来区分宿主是否感染。

三、诊断要点

（一）流行病学诊断

布鲁氏菌是一种细胞内寄生的病原菌，主要侵害动物的淋巴系统和生殖系统。病畜主要通过流产物、精液和乳汁排菌，污染环境。羊、牛、猪的易感性最强。母畜比公畜，成年畜比幼年畜发病多。在母畜中，第一胎妊娠母畜发病较多。带菌动物，尤其是病畜的流产胎儿、胎衣、羊水是主要传染源。消化道、呼吸道、生殖道是主要的感染途径，也可通过损伤的皮肤、黏膜等感染。常呈地方性流行。

（二）临床诊断

潜伏期一般为14～180d。最显著症状是怀孕母畜发生流产，流产后可能发生胎衣滞留和子宫内膜炎，从阴道流出污秽不洁、恶臭的分泌物。新发病的畜群流产较多；老疫区畜群发生流产的较少，但发生子宫内膜炎、乳腺炎、关节炎、胎衣滞留、久配不孕的较多。公畜往往发生睾丸炎、附睾炎或关节炎。

（三）病理诊断

主要病变为生殖器官的炎性坏死，脾、淋巴结、肝、肾等器官形成特征性肉芽肿（布病结节）。有的可见关节炎。胎儿主要呈败血症病变，浆膜和黏膜有出血点和出血斑，皮下结缔组织发生浆液性、出血性炎症。

（四）鉴别诊断

1．牛布鲁氏菌病　牛感染布鲁氏菌后，最典型的临床表现为流产、早产，流产前体温一般不高，阴道流出灰白色或浅褐色黏液，有时混浊含有脓样絮片，恶臭。公牛感染布鲁氏菌常发生睾丸炎、附睾炎和关节肿炎。

要注意与牛沙门菌病、牛病毒性腹泻、牛疱疹病毒1型、蓝舌病、赤羽病等常见疾病引起的流产相区别。

2．羊布鲁氏菌病　多数病羊为隐性感染，不表现临床症状的妊娠母羊流产则是本病最主要症状，流产常发生在妊娠后的3～4个月，流产母羊多数胎衣不下，继发子宫内膜炎，影响下次受胎。公羊主要表现为睾丸炎、附睾炎和关节肿胀等。

要注意与羊沙门菌病、弓形体病、衣原体病、羊李氏杆菌病、羊钩端螺旋体病等常见疾病引起的流产相区别。

四、实验室诊断技术

（一）病料的采集与保存方法

布病是人兽共患病，采样操作人员需具备一定生物安全知识，做好生物安全防护，并防止病原微生物扩散和传播。

1．流产胎儿羊水、胃液、关节液的采集　用适宜的一次性注射器插入流产胎儿的羊水/胃/关节中，吸取羊水、胃液或关节液1～2mL装入灭菌的螺口离心管中，并用胶带封口，严防进水，放入内置冰袋的冷藏保温箱。

2．流产胎衣等组织采集　无菌方法剥离胎衣或组织，用剪刀剪取2g左右的胎衣块或组织，放入灭菌的螺口离心管中，用封口膜封好，放入内置冰袋的冷藏保温箱。

3．流产奶牛、羊的乳汁采集　用灭菌的50mL或10mL塑料螺口离心管取牛乳20～25mL或羊乳5～10mL（注：弃去头三把奶），盖好盖子，放入内置冰袋的冷藏保温箱。

4．阴道分泌物/精液采集　如阴道分泌物/精液较多，可用一次性注射器吸取1～2mL；如阴道分泌物/精液较少，可用长的灭菌棉棒，在阴道口或阴茎头旋转2～3次，将蘸有分泌液的棉棒头直接放入带盖的灭菌管或容器中。盖好盖子，用封口膜封好放入内置冰袋的冷藏保温箱。

5．病料样本的保存　采集的样本可放在4℃左右的容器中冷藏保存运输，在24h内送达实验室；对于不能在24h运输到实验室但不影响检测结果的样本，应以冷冻状态保存。样品的运输包装材料要符合传染性生物因子包装材料的要求，包装容器应严格密封，消毒处理。

（二）病原学诊断

1．涂片染色镜检　采集流产胎衣、绒毛膜水肿液、肝、脾、淋巴结、胎儿胃内容物等组织，制成抹片，用柯兹罗夫斯基染色法染色，镜检，布鲁氏菌为红色球杆状小杆菌，而其他菌为蓝色。

2．病原分离培养　病原分离培养是布病诊断的金标准，但操作存在风险。因此，病原分离需要在生物安全Ⅲ级（BSL-3）实验室进行。无菌采集的新鲜病料可用胰蛋白胨琼脂斜面、血琼脂斜面、肝汤琼脂斜面、3%甘油 0.5%葡萄糖肝汤琼脂斜面等培养；若为陈旧病料或污染病料，可用选择性培养基培养。培养时，一份在普通条件下，另一份放于含有5%～10%二氧化碳的环境中，37℃培养7～10d。

如病料被污染或含菌极少时，可将病料用生理盐水稀释5～10倍，腹腔注射健康豚鼠，0.1～0.3mL/只。如果病料腐败时，可接种于豚鼠的腹股沟皮下。接种后4～8周，将豚鼠扑杀，从肝、脾分离培养布鲁氏菌。

3．形态与生化鉴定　布鲁氏菌菌落呈圆形，直径为1～2mm，边缘光滑。透射光下，菌落呈浅黄色有光泽，半透明。从正面看，菌落微隆起，灰白色。随时间推移，菌落变大，颜色变暗。常用于布鲁氏菌生化鉴定的试验包括：对CO_2需求试验，H_2S试验，氧化酶试验，脲酶试验，对硫堇、复红染料敏感性试验，以及特异性血清凝集试验等。

4．PCR鉴定　《动物布鲁氏菌病诊断技术》（GB/T 18646—2018）及WOAH《陆生动物诊断试验和疫苗手册（2018版）》中推荐使用的布鲁氏菌PCR鉴定方法包括Bruce-Ladder检测方法、AMOS-PCR和实时荧光PCR方法，在实践中可以根据实验室条件和目的选择使用不同的方法。

基质辅助激光解吸电离飞行时间质谱（MALDI-TOF-MS）技术正在成为一些现代诊断实验室细菌鉴定的首选方法。全自动微生物鉴定仪也可以在物种水平上鉴定布鲁氏菌。

（三）免疫学诊断

1．血清学诊断　动物在感染布鲁氏菌7～15d可出现抗体，血清学方法检测血清中的抗体是布病诊断和检疫的主要手段。所有标准血清学检测均基于检测识别布鲁氏菌O抗原的脂多糖（LPS）抗体。

国内外常用虎红平板凝集试验（RBT）和竞争ELISA进行大群检疫，以间接ELSIA和补体结合试验（CFT）进行确诊。传统的布鲁氏菌试管凝集试验（SAT）由于其敏感性和特异性均不太理想，在国际贸易中已不被推荐。在国际比对试验中，SAT 主要用于测定效价，不作为判定阴阳性的方法。全乳环状试验（MRT）适用于对奶牛乳液的布病抗体检测，但不适用于检测患乳腺炎及其他乳房疾病母牛的乳、初乳、脱脂乳和煮沸过的乳，也不适用于检测腐败、变酸和冻结过的乳。

近几年，基于抗原抗体反应原理出现的胶体金免疫层析技术（gold immunochromatography assay，GICA）和荧光偏振试验（FPA）也逐步应用于布病诊断。

2．布鲁氏菌水解素皮试试验　布鲁氏菌水解素皮试试验（BST）为一种备选的免疫学方法，可用于未免疫牛群的筛查，前提是采用提纯的无光滑型 LPS 的标准抗原制品。BST 具有高特异性，BST 阳性而血清学阴性的非免疫动物可视作被感染的动物。BST 对幼龄反刍动物感染羊种布鲁氏菌和未接种疫苗动物的布病诊断具有较高灵敏度，被认为是最特异诊断方法之一。

五、防控措施

（一）综合防控措施

1．平时的预防措施　我国布病防控采用预防为主的方针，坚持依法防治、科学防治，建立和完善“政府领导、部门协作、全社会共同参与”的防治机制，采取“因地制宜、分区防控、人畜同步、区域联防、统筹推进”的防治策略，逐步控制和净化布病。

2016 年，农业部会同国家卫生计生委按人间报告发病率和畜间疫情未控制县数占总县数比例将全国划分为三类区域，一类地区采取以免疫接种为主的防控策略；二类地区采取以监测净化为主的防控策略；三类地区采取以风险防范为主的防控策略。另外，在全国范围内，种畜禁止免疫，实施监测净化；奶畜原则上不免疫，实施检测和扑杀为主的措施。

2．发病时的扑灭措施　发现疑似布病的，畜主应立即将动物隔离到规定隔离场、区分开饲养，限制移动，并按规定及时报告。确诊为布病的，县级或以上人民政府应组织有关部门采取扑杀、消毒、无害化处理等措施。布病暴发流行时，需启动相应应急预案。

（1）扑杀和无害化处理　对患病动物全部扑杀。患病动物及其胎儿、胎衣、排泄物、乳、乳制品及被污染的其他物品等，按照《病死及病害动物无害化处理技术规范》（农医发〔2017〕25 号）进行处理。实施疫情处置的人员必须穿工作服、胶靴，戴手套、口罩、护目镜等。工作结束后，应及时清洗和消毒。

（2）隔离　对受威胁的畜群（病畜的同群畜）实施隔离，可采用圈养和固定草场放牧两种方式隔离。隔离饲养用草场，不能靠近交通要道、居民点或人畜密集的地区。场地周围最好有自然屏障或人工栅栏。对疑似布病动物，要进行隔离饲养，隔离舍处在下风口，并与健康舍相隔 50m 以上。

（3）消毒　对患病动物污染的场所、用具、物品严格进行消毒。饲养场的饲料、垫料等可采取深埋、堆积发酵或焚烧等方法处理；粪便消毒采取堆积密封发酵方式；皮毛消毒采用熏蒸等方法。

（4）流行病学调查及检测　当发生布病疫情时，首先要开展流行病学调查和疫源追踪，包括调查动物的免疫情况、养殖场近期的引种情况、动物布病监测情况、养殖场内其他动物饲养情况、养殖场周边动物布病发生情况等；其次对同群动物（未免疫布病疫苗的动物）

进行检测。

（5）紧急免疫　根据布病疫情情况和畜群受布病威胁程度，兽医部门可对受威胁易感动物实施紧急免疫。

（二）生物安全体系构建

构建生物安全体系，加强饲养管理对布病防控尤为重要。针对布病流行的特点，结合传染病防控的基本原则，需要重点做好以下几方面的工作。

1．把控调运关口　推动规模化养殖，制定流通环节家畜布病防控管理办法，对规模场提倡自繁自养。加强产地检疫、流通检疫和屠宰检疫，调运前 30d 严格遵照“检疫-隔离-检疫”程序，隔离复检后阴性动物获得调入许可。

2．强化消毒灭源体系　养殖场必须建立相应的卫生消毒制度，严格划分生产区、生活区。饲养人员应进行隔离，减少人员流动对疫病的传播。消毒剂最好选用 2 种以上交替使用，强化消毒灭菌效果。建议每个养殖场设立 2 道门，在第二道门的门口设置车辆消毒池和人员消毒通道。日常消毒和规划消毒应同时进行，每周用 20%的生石灰对场地和圈舍进行消毒，挤奶前严格清洗消毒母畜乳头、挤奶用具，擦奶布不可重复使用，真正做到消除病原生存环境。

3．加强人员管理和宣传　加强人员管理，全面提升疫病防控、畜牧养殖、技术推广等管理人员专业化水平。加强宣传培训，定期开展布鲁氏菌病防控技术培训。

（三）疫苗与免疫

由于活疫苗可以激起有效的细胞免疫，产生良好的保护效果，因此迄今为止，绝大多数有效的疫苗都是弱毒活疫苗。

国际上广泛使用的布病疫苗包括牛种 S19 株活疫苗，牛种 RB51 株活疫苗（粗糙型），羊种 Rev.1 活疫苗株。其中 S19 是使用最广泛的牛用布病活疫苗，也是布病参考疫苗，供其他疫苗作比较。该疫苗通常用于 3～6 月龄小母牛，一次皮下注射（5～8）$\times 10^{10}$ 个活菌。自 1996 年起，牛种布鲁氏菌 RB51 疫苗成为部分国家预防牛布病的官方疫苗。然而，相对于 S19 疫苗产生的保护力，RB51 株的保护效果仍存在争议。羊种 Rev.1 活疫苗是预防绵羊和山羊布病应用最广泛的疫苗，尽管存在毒力偏强的缺点，仍作为其他疫苗的参考菌株。Rev.1 活疫苗一般给 3～5 月龄羊羔进行单次皮下或结膜接种。

目前国内批准使用的疫苗有猪种 S2 株活疫苗、羊种 M5 株活疫苗、牛种 A19 株活疫苗。这些均为弱毒疫苗，以 S2 株毒力最弱，口服接种可用于妊娠牛羊的免疫；M5 株毒力最强，主要用于羊；A19 株主要用于犊牛，毒力介于 S2 和 M5 之间，必要时可在配种前两个月减剂量加强免疫 1 次，但不能用于妊娠母畜，以免导致流产。我国目前使用的布病疫苗菌株均为光滑型菌株，而目前血清学检测方法主要检测针对光滑性菌株的脂多糖抗体，因此面临的最大的难题是免疫抗体干扰自然感染后的抗体，无法有效区分鉴别。

六、问题与展望

布病防控是一项艰巨的任务，事关畜牧业的健康发展和人类健康。我国布病整体疫情形势比较严峻，布病防控仍面临许多挑战。布鲁氏菌的抗生素耐药性正在布鲁氏菌病流行地区出现。猪种布鲁氏菌变种 1、2 和 3 导致家猪、牛、羊甚至人类的布鲁氏菌病。虽然其危害性低于羊种布鲁氏菌和牛种布鲁氏菌，但它引起不易发现的慢性感染，可能感染周围的牲畜和其他动物，增加了其感染和流行范围。我国虽然已经建立较为完善的动物布病诊断技术体系，但还没有得到广泛的推广应用。新的诊断和预后生物标志物的鉴定、有效疫苗的研发等是未来研究的主要方向。当前国际通行的布病防控策略可概括为：布病防控知识宣传及普及；对人群和动物群布病流行情况报告制度；流行区域和流行地区划分；布病群体检疫；感染动物隔离和扑杀补偿；疫区动物免疫接种；动物引种和转运的产地及途中检疫监管等措施。上述策略并不互相排斥，只有将上述元素与现场条件有机结合起来应用于布病的防控实践，才能取得理想的效果。

（丁家波）

第十节 结 核 病

一、概述

拓展阅读 2-10

结核病（tuberculosis）是一种由结核分枝杆菌复合群（*Mycobacterium tuberculosis* complex，MTBC）成员引起的多种动物和人共患的慢性消耗性传染病，是世界动物卫生组织（World Organization of Animal Health,WOAH）和各国规定的重要动物疫病之一。根据世界动物卫生组织在《陆生动物卫生法典》中的定义，动物结核病的病原菌包括牛分枝杆菌（*Mycobacterium bovis*）、山羊分枝杆菌（*Mycobacterium capricolum*）和结核分枝杆菌（*Mycobacterium tuberculosis*）。禽分枝杆菌归为非结核分枝杆菌。本病临床上不易诊断，但具有典型的病理学特征，在多种组织和器官形成肉眼可见的白色或黄白色结核结节，结节中央可为化脓性或干酪样坏死性内容物，也可能为钙化的结节。至今无有效疫苗和药物防治动物结核病，因此世界各国均采取“检测-扑杀”措施，检出感染阳性动物并扑杀。世界卫生组织（World Health Organization, WHO）于2015年提出了“终止结核病策略”（end-TB strategy），具体目标是到2035年将终止结核病在人间的流行。基于动物结核病是人结核病的重要传染源，动物结核病的控制和净化任务艰巨。我国自2015年开始进行种公牛站和规模化奶牛场结核病的净化和区域净化试点示范，并已取得成功。

1865年，法国军医Jean-Antoine Villemin证明了结核病具有传染性。1882年，德国科学家Robert Koch利用染色法首次发现该致病菌，进一步将培养物接种兔体可复制出结核病症状，将本菌命名为“结核杆菌”（tuberculosis bacillus）。1898年，Theobald Smith区分了人结核杆菌和牛结核杆菌。1911年英国皇家学会（Royal Commission）确定牛结核对人的危害，并建议将牛结核杆菌命名为牛分枝杆菌（*M. bovis*），但该命名直到1970年通过正式发表后才被认可。

1890年，Robert Koch利用结核分枝杆菌的甘油肉汤培养物经高压灭菌和细菌滤器过滤，制备出最原始的结核菌素，称为“旧结核菌素”（old tuberculin）。1890～1891年，丹麦Sanatorium和俄罗斯Gutmann将旧结核菌素用于结核病诊断。由于该制品具有较高的假阳性，Seibert利用三氯乙酸沉淀法提取结核分枝杆菌培养滤液中的蛋白质，于1949年制备出纯化蛋白衍生物（purified protein derivative，PPD），该制品实际上是一类包含了蛋白质、多肽和多糖的混合物。此后至今，结核菌素皮内变态反应（intradermal tuberculin test，简称“皮试法”）使用

PPD。1906年，Albert Calmette和Camille Guérin历经13年，将牛分枝杆菌在培养基上体外传代230代减毒，最终研制出牛分枝杆菌卡介苗(*Mycobacterium bovis* bacillus Calmette-Guérin，BCG)。BCG是临床上迄今用于预防人结核病的唯一疫苗。1917年美国首次启动州-联邦牛结核病根除计划，基本策略是检疫和扑杀阳性牛。

二、病原学

(一) 病原与分类

1．分类　人和动物结核病是由结核分枝杆菌复合群成员所致，各成员既有宿主偏好性，同时又可发生交叉感染，部分成员如牛分枝杆菌具有广泛的宿主谱，几乎能够感染人和所有的家养及野生哺乳动物。

结核分枝杆菌复合群属于放线菌目分枝杆菌科分枝杆菌属成员，是一组高度相关的分枝杆菌，主要包括结核分枝杆菌（*M. tb*）、牛分枝杆菌（*M. bovis*）、牛分枝杆菌卡介苗（*M. bovis* BCG）和山羊分枝杆菌（*M. caprae*），此外还包括非洲分枝杆菌（*M. africanum*）、田鼠分枝杆菌（*M. microti*）、海豹分枝杆菌（*M. pinnipedii*）及卡内蒂分枝杆菌（*M. canettii*）等。

2．形态特征与理化特性　本菌是一种细长而稍弯曲杆菌，大小为（1.5～4.0）μm×（0.2～0.5）μm，无鞭毛，无运动性，不形成芽孢，无荚膜，不产生经典毒素，革兰染色阳性但着色不良。本菌又称为抗酸杆菌，用抗酸染色法或齐-内（Ziehl-Neelsen）染色法可染成红色杆菌。

本菌为专性需氧菌，最适温度为37℃，在培养基上生长缓慢，每分裂1代需用时18～24h，需要特殊营养。常用固体培养基有罗氏培养基（Lowenstein-Jensen）、改良罗氏培养基、米氏系列改良培养基（MiddleBrook 7H10、7H11等）、丙酮酸培养基和小川培养基等。在固体培养基上，2～4周可见菌落生长，呈颗粒、结节或花菜状，乳白色或米黄色，不透明。常用液体培养基有米氏培养基MiddleBrook 7H9、7H12，苏通（Sauton）培养基等。在液体培养基中生长较为迅速。一般1～2周即可见明显生长。5%～10% CO_2和5%甘油可刺激结核分枝杆菌生长，但5%甘油对牛分枝杆菌生长有抑制作用。

由于分枝杆菌细胞壁富含类脂和蜡脂，因此对外界环境抵抗力强，对阴湿、干燥、低温、强酸、强碱具有抵抗力，如在阴湿处可生存5个月以上，在干燥痰内可存活6～8个月，3% HCl、6% H_2SO_4或4% NaOH处理15min不受影响；但本菌对乙醇、湿热和紫外线敏感，如75%乙醇接触2min，有水环境中60℃持续10～30min、85℃持续5min或90℃持续1min均可杀死。此外，有机物存在时影响消毒剂杀菌效果，如5%石炭酸在无痰时30min可杀死结核分枝杆菌，有痰时需要24h；5%来苏尔无痰时5min杀死结核分枝杆菌，有痰时需要1～2h。

(二) 基因组结构与编码蛋白

1．基因组结构　结核分枝杆菌复合群成员之间的基因组序列非常接近。结核分枝杆菌是各成员的祖先，其他成员的基因组在进化历程中不断出现不同程度的缺失。和结核分枝杆菌H37Rv菌株相比，牛分枝杆菌有11个差异区域（regions of difference，RD），也称为缺失区域（deleted regions），而卡介苗菌株相对于牛分枝杆菌而言，有5个RD区。这些差异区域与分枝杆菌的抗原变异及致病性有密切关系。

(1) 结核分枝杆菌H37Rv　基因组为dsDNA，4.4Mb，G+C含量高达65.6%，转录方向与复制叉移动方向相同，起始密码子主要是 ATG（61%），还有一些其他起始密码子，如 GTG（35%）和 ATC；翻译过程中可能存在移码突变；基因内部可能存在内含子序列，如 dnaB、recA 和 Rv1461。目前共发现 4411 个开放阅读框（open reading frame，ORF），其中 50 个 ORF 用于编码稳定的 RNA，40%编码有功能的蛋白质产物，44%编码与基因组其他信息有关的蛋白（如保守且功能假定的蛋白质），另外 16%编码的蛋白质则完全未知。编码的 4000 多个蛋白质中，10%为 PE 和 PPE 蛋白质家族；至少 8%为脂质代谢相关产物，大部分是脂质代谢相关酶类。结核分枝杆菌结构序列还包括重复序列，分为重复基因、插入序列（insertion sequence，IS）和分枝杆菌分散重复单位（*Mycobacterial* interspersed repetitive unit，MIRU）。

（2）牛分枝杆菌基因组　全长 4 345 492bp，G+C 含量为 65.63%，共有 3952 个 ORF、1 个原噬菌体和 42 个插入序列。与结核分枝杆菌 H37Rv 株比较，核苷酸同源性大于 99.95%，11 个 RD 区分别为：RD3～RD7、RD9～RD13 和 RD15，包括 91 个 ORF，缺失区序列长度为 1～12.7kb，最显著的差异在于编码细胞壁蛋白及分泌蛋白的基因，如 *MPB70* 和 *MPB83*。

与牛分枝杆菌相比，BCG 有 5 个 RD 区，分别为 RD1、RD2、RD8、RD14 和 RD16，包括 38 个 ORF。但 BCG 不同菌株间有细微差异。

2. 编码蛋白质功能

（1）与代谢相关的基因　主要参与脂肪酸的生物合成（如脂肪酸酶Ⅰ和脂肪酸酶Ⅱ系统）、脂肪酸的降解（如酰基辅酶 A 合成酶、FadA/FadBβ 氧化复合物）、聚酮化合物的合成（由操纵子 ppsABCDF 编码的Ⅰ型聚酮化合物合成酶系统）及镁、铁的摄取，如结核分枝杆菌参与脂肪代谢的酶有 250 余种，而大肠杆菌只有 50 种左右。

（2）毒力及耐药相关基因　携带分泌蛋白、细菌表面组分、细菌代谢酶及转录调节因子等 4 类毒力基因。此外，还具有多个耐药基因。

（3）免疫相关基因　结核分枝杆菌诱导的细胞免疫是主要的保护性免疫反应，其中分泌蛋白和细胞壁表面蛋白是主要的免疫保护性抗原。

（三）病原分子流行病学

由于分离培养结核分枝杆菌群成员技术难度高和生物安全防护要求严等原因，分子流行病学是致病菌快速定型和进一步确定结核病传播规律的主要手段，如使用分子标记包括插入序列、重复序列和特异性基因等方法。此外，全基因组测序技术能更全面地揭示序列多态性，有利于准确跟踪细菌传播和演化规律。

1. 多重 PCR 基因分型法　利用种属特异性基因设计多重 PCR，能简便快速地进行分枝杆菌复合群的鉴定。例如，针对 7 个靶位点，即 16S rRNA、*Rv0577*、IS1561（*Rv3349*）、*Rv1510*（RD4 区）、*Rv1970*（RD7 区）、*Rv3877/8*（RD1 区）和 *Rv3120*（RD12 区）的基因设计引物，进行多重 PCR 检测，可区别分枝杆菌属、结核分枝杆菌、牛分枝杆菌、BCG 等结核分枝杆菌复合群成员。

2. 间隔区寡核苷酸分型技术（spoligotyping）　是一种针对基因组中长度为 36bp 的保守直接重复区（direct repeat，DR）设计引物、用 PCR 扩增 43 个 DR 位点间的间隔区序列（长度为 35～41bp）而设计的基因分型方法。DR 上下游引物分别是：DRa：5′-GGTTTTGG GTCTGACGAC-3′，5′端用生物素或地高辛标记；DRb：5′-CCGAGAGGGGACGCAAAC-3′。DR 间隔区中有 6 个间隔区（33～38 位点）来自 BCG，余下 37 个来自结核分枝杆菌（*M. tb*）

H37Rv。设计 43 个寡核苷酸探针，固定在膜上，检测时用标记的 DR 引物 PCR 扩增间隔区序列，将扩增产物与膜上的 43 个寡核苷酸探针进行杂交反应，再通过 ECL 增强化学发光法检测。结核分枝杆菌北京家族菌株缺少 1～34 位点，而牛分枝杆菌和 BCG 均缺少 39～43 位点，但具有 33～38 位点。其图谱结果可转换成数字基因型，包括 43 位二进位编号系统（1 为有带、0 为无带）和 15 位八进制系统。例如，结核分枝杆菌北京型家族菌株的按 15 位八进制系统的 spoligotyping 型是 000000000003771。利用国际 spoligotyping 数据库（SpolDB4.0、SPOTCLUST、SITVIT2 等）可自动获取基因型数字编号。因此，该方法很容易区分牛分枝杆菌和其他分枝杆菌，也适合于 IS6110 低拷贝数的菌株分型，但不能区分牛分枝杆菌和 BCG。

3. 分枝杆菌多位点串联重复序列分型技术（MIRU-VNTR）　是根据结核分枝杆菌基因组中散在分布的不同位点上可变数目串联重复序列的拷贝数进行基因分型的一种方法。在结核分枝杆菌基因组中，在 41 个位点上分布着一些 40～100bp 分枝杆菌散在重复序列（MIRU）。因为这些位点以串联形式重复，且在重复的拷贝数上呈现多态性，称为可变数量串联重复（variable number tandem repeats，VNTR）。最经典的位点有 12 个，包括 MIRU-2、MIRU-4、MIRU-10、MIRU-16、MIRU-20、MIRU-23、MIRU-24、MIRU-26、MIRU-27、MIRU-31、MIRU-39 和 MIRU-40，针对其侧翼互补序列设计引物，利用 PCR 方法扩增重复序列，电泳检测扩增片段大小，进一步转换成特定位点重复序列拷贝数的数字，将各数字组合，获得特定菌株的 MIRU-VNTR 基因型。利用 Quantity One 等软件或在线工具进行分析，即可通过计算机自动对菌株进行基因型分型。该方法可靠性高，广泛用于结核病分子流行病学监测和研究。但 MIRU-VNTR 的进化速度慢于下述的 IS6110-RFLP，因此适合于较长期的分子流行病学分析，同时，对结核分枝杆菌北京株的分辨率较 IS6110-RFLP 弱。增加位点数目，如 15 位和 24 位 MIRU-VNTR，可将分辨率提高至 IS6110-RFLP 水平。

4. 限制性片段长度多态性　限制性片段长度多态性（restriction fragment length polymorphism，RFLP）是通过检测 DNA 在限制性内切酶酶切后形成的特定 DNA 片段的大小判断基因多态性的方法。IS6110-RFLP 被认为是结核分枝杆菌基因分型的金标准。该方法操作烦琐，需 DNA 量大（2～3μg 高质量完整 DNA 样本），不适合于牛分枝杆菌等低拷贝菌株（5 个拷贝以下），因此存在逐渐被基于 PCR 的其他基因分型方法取代的趋势。

5. 全基因组测序　随着测序技术的进步和成本降低，全基因组测序（whole genome sequencing，WGS）已能用于常规检测。WGS 基因分型方法的分辨率和检测效率高，且能提供更多的相关信息，如耐药性基因和毒力相关基因等，已在结核病分子流行病学监测、研究和暴发溯源中显示出优越性。

（四）感染与免疫

1. 感染过程　结核分枝杆菌感染引起的宿主反应过程可分为 4 个阶段，即起始期、T 细胞反应期、共生期及细胞外增殖传播期。起始期是肺泡巨噬细胞吞噬结核分枝杆菌的初级阶段。若结核分枝杆菌在出现显著的细菌增殖和宿主细胞反应之前即被非特异性防御机制清除，则不会发生感染。如果细菌在肺泡巨噬细胞内存活和复制，将扩散至邻近非活化的肺泡巨噬细胞，形成早期感染灶，进入 T 细胞反应期。该时期形成由 T 细胞介导的细胞免疫（cell mediated immunity，CMI）和迟发性过敏反应（delayed type hypersensitivity，DTH），对结核病的发生、演变及转归产生决定性影响。此后进入共生期，宿主仍产生免疫应答反应，而结核菌也持续存活，但不导致临床发病。共生期可以形成肉芽肿，肉芽肿具有防止结核分枝杆菌进一步扩散的作用。生活在流行区的多数感染者发展至T细胞反应期后，仅少数继续发展成原发性结核病，大部分感染者处于共生期。肉芽肿中心主要是坏死组织，与细胞膜紧密接触的多核巨噬细胞和上皮样细胞，外围由激活的巨噬细胞和$CD4^+$及$CD8^+$ T细胞构成。固体干酪样坏死灶一旦液化，即使是免疫功能健全的宿主，从液化干酪灶释放的结核分枝杆菌也可以大量增殖并突破局部免疫防御机制，引起传播。

2. 先天性免疫 其是抵抗结核分枝杆菌感染的第一道防线，对于早期的抗菌反应至关重要，并可进一步诱导获得性免疫反应。同时，结核分枝杆菌能利用多种策略抵抗先天性免疫反应以建立慢性感染。在先天性免疫反应中起重要作用的细胞有巨噬细胞、树突状细胞（DC）、中性粒细胞和自然杀伤（NK）细胞等，通过表达多种模式识别受体（pattern recognition receptor，PRR）如TLR、NLR和C型凝集素受体（C-type lectin receptors，CLR）等，参与结核分枝杆菌的识别和摄取。在感染结核分枝杆菌后，宿主通过PRR调节多个信号级联反应启动先天性反应，如激活吞噬、自噬、凋亡和炎症复合体等；另外，结核分枝杆菌具有各种巧妙的逃避策略，如形成肉芽肿等。巨噬细胞是早期和慢性感染期间结核分枝杆菌的主要宿主细胞，可以通过多种机制来清除胞内的结核分枝杆菌，包括ROS和RNS的毒性作用等。树突状细胞是连接先天免疫和获得性免疫的关键因素之一，感染的树突状细胞可诱导幼稚$CD4^+$ T细胞向Th17和Treg细胞分化。由单核细胞分化而来的人源DC通过表达甘露糖受体（mannose receptors，MR）和DC特异性ICAM捕获非整合素（DC-SIGN），与结核分枝杆菌配体如脂蛋白lprG和六甘露聚糖磷脂酰肌醇甘露糖苷（PIM）结合。NK细胞不仅可以激活巨噬细胞间接影响结核分枝杆菌的生长，还可以通过胞质颗粒的穿孔素和颗粒酶等直接发挥细胞毒性作用。

3. 获得性免疫反应 抗原特异性T细胞分泌的细胞因子和直接抗菌作用在抗结核免疫反应和控制细菌复制过程中发挥重要作用。同时，结核分枝杆菌也成功进化出了多种免疫抑制和逃避机制，包括抑制巨噬细胞摄取、吞噬小体酸化、吞噬溶酶体形成、巨噬细胞凋亡、干扰抗原呈递、激活调节性T细胞反应等，不仅影响了先天性免疫反应也限制了获得性免疫反应的发展。

结核分枝杆菌体液免疫的发现是19世纪巴斯德时代医学免疫学的重大成就，然而100多年以来尚未获得满意的结果。感染不同时期产生体液免疫应答的优势抗原可能有差异，如一般认为ESAT6和CFP10是结核分枝杆菌体液免疫反应的早期抗原，MPB70和MPB83是牛分枝杆菌的优势抗原。

三、诊断要点

（一）流行病学诊断

分子流行病学是确定结核分枝杆菌种和基因型以及溯源的重要手段。在常规流行病学诊断中，牛只引进和隔离检疫、养殖场人结核病状况、放牧地区野生动物结核病流行情况、牛结核日常检测、检测方法和阳性牛的处理等，都是重要风险因子。动物结核病可通过带菌气溶胶经呼吸道或饲用未经巴氏杀菌的带菌牛奶经消化道在同群动物间传播，也可以在牛、人和野生动物间传播。

（二）临床诊断

牛分枝杆菌引起牛和多种动物发生牛结核病。病初一般无明显临床症状，随着病程增加，症状逐渐显露，但无特异的典型症状。不同器官的结核可能表现出相应的功能障碍和临床表现，但肺结核是主要类型，肺外结核包括乳腺结核、肠结核、淋巴结核、生殖器结核等。

（三）病理诊断

结核结节是结核病的典型病理学特征，实际上是一个肉芽肿结构，外观为很多突起的白色或黄色结节，呈粟粒大至豌豆大，半透明，类似珍珠而称为“珍珠病”；内部呈干酪样坏死或形成钙化灶，切开时有砂砾感，有时因破溃流出浓汁（尤其是鹿科和骆驼科的动物）。对结核结节进行组织病学观察，可见包膜包裹的肉芽肿结构，由上皮样细胞、郎格罕细胞（一种多核巨细胞）加上外周局部集聚的淋巴细胞和少量反应性增生的成纤维细胞构成。

（四）鉴别诊断

结核病临床诊断时，应该与羊伪结核病和放线菌病鉴别开来。羊伪结核病是由伪结核棒状杆菌引起的绵羊和山羊的慢性化脓性传染病。其病理特征是淋巴结和内脏器官形成淡绿色干酪状脓肿，外有较厚的包囊，脓肿切面呈同心层结构。放线菌病是由牛放线菌和林氏放线菌引起的慢性人兽共患病，主要感染牛和羊。其病理特征是颌骨、头部皮肤与皮下以及舌、唇、淋巴结与肺等部位形成放线菌肿。放线菌肿常伴有化脓灶的形成，脓汁中有硫黄样颗粒。

非结核性肉芽肿在眼观上可能与结核结节难区分。干酪样坏死的结核结节中心干燥、坚硬，并被不同厚度的结缔组织包囊覆盖，病变范围可以小到肉眼不可见也可扩大至整个器官。剖检时，常需要对器官和组织进行连续切片，以检查结核结节的存在。在组织学上，结核结节通常含有极少量的细菌，所以当病因不清楚时，即使抗酸染色呈阴性，也不能排除结核病的可能。对于鹿科动物和一些外来物种，在没有特定病因的情况下观察到淋巴结有化脓或脓肿时，应首先考虑结核病。

四、实验室诊断技术

（一）病料采集与保存方法

如果可见类似结核结节的病变，则采集病变部位组织。如果无肉眼可见病变，则采集肺部淋巴结、纵膈淋巴结、下颌和咽后淋巴结。当怀疑呼吸道结核、乳腺结核、泌尿生殖道结核、肠结核时，则采集食道与咽部分泌物（OP 液）、乳、精液、子宫分泌物、尿和粪等作为细菌学检查的材料。

样本应按使用时间进行冷藏或冷冻，以延缓污染物的生长并保留分枝杆菌。在温暖环境下，当无法冷藏时，可以添加硼酸［终浓度 0.5%（*m*/*V*）］作为抑菌剂，但时间不超过 1 周。

（二）病原学诊断

1．病原分离与鉴定

（1）病原菌分离培养　结核分枝杆菌分离培养应在生物安全二级或三级负压实验室进行，且因为细菌生长缓慢，不适合于常规的临床诊断，但适合于屠宰场监测与病原学确诊和分子流行病学分析。将组织病料制成匀浆，使用去污剂如 0.375%～0.75%十六烷基吡啶氯（HPC）、强碱（4%氢氧化钠）或强酸（5%草酸或硫酸）处理以除去杂菌。样本与碱或酸按一定比例混合，室温震荡 10～15min，中和与离心后，沉淀用于培养和镜检。培养物在有或无二氧化碳的37℃下培养至少8周（最好是10～12周），每隔一段时间检查培养基斜面上肉眼可见的菌落增长情况。当有明显生长时，制作涂片，用Ziehl-Neelsen染色法进行抗酸染色。商业化液体培养系统，如BACTEC MGIT 960系统等，可将结核分枝杆菌培养时间缩短至8～17d，用辐射或荧光测量法早期和快速地判定细菌是否生长。

（2）培养和生化特性　牛分枝杆菌在适宜固体培养基上生长，呈灰白色或浅黄色光滑菌落。在37℃下生长缓慢，22℃或45℃下不生长。牛分枝杆菌对噻吩-2-羧酸酰肼（TCH）、异烟酸酰肼（INH）、对氨基水杨酸和链霉素等敏感。在酰胺酶测试中，牛分枝杆菌呈尿酶阳性，烟酰胺酶和吡嗪酰胺酶阴性。

（3）分子鉴定方法　可用多重PCR、spoligotyping、MIRU-VNTR等方法鉴定牛分枝杆菌分离株的基因型。IS6110-RFLP适合于结核分枝杆菌基因型鉴定。条件许可时，可用全基因组测序进行分子鉴定。

2．动物感染试验　需要在动物生物安全三级实验室进行，此方法很少使用。将处理过的病料1～3mL，皮下或肌内或腹腔内注射，每份病料至少接种2只同种动物。接种后30d左右，进行禽分枝杆菌PPD和牛分枝杆菌PPD皮内变态反应试验，如有阳性反应，可剖检其中的半数动物进行病理学观察、细菌培养和涂片镜检。阴性反应动物可进一步在40d和3个月按相似程序检测。

（三）免疫学诊断

免疫学检测方法是临床上常用的检测方法，包括皮试法、抗体法和γ-干扰素检测法，但都不能区分潜伏感染和活动性结核。常将两种方法使用以提高检测敏感性和特异性，如单皮试法和比较皮试法、皮试法和γ-干扰素检测法、皮试法和抗体法进行联合检测等，串联检测（serial test）是将两种方法均为阳性者判断为阳性，而平行检测（parallel test）则是将任一方法阳性判断为阳性。

结核分枝杆菌素皮内变态反应（intradermal tuberculin test）简称皮试法，是结核病检测的经典方法，WOAH《陆生动物卫生法典》和我国《动物结核病诊断技术》（GB/T 18645—2020）中规定了具体操作程序和判断标准。皮试法的优点是试剂成本低且敏感性高，但存在结果判断主观性强、劳动强度大、非特异性强、结果不可追溯等缺点。牛结核IFN-γ体外检测法是WOAH推荐的方法之一，我国也制定了国家标准《牛结核病诊断体外检测γ干扰素法》（GB/T 32945—2016），其敏感性高且特异性强，感染早期即可检出阳性，具有可追溯性，还可以批量检测，已被多个国家作为确诊方法。其原理是取外周血淋巴细胞，在体外用结核分枝杆菌素或特异性抗原刺激过夜，然后取刺激血浆进行IFN-γ检测，根据IFN-γ浓度定性或定量判断结核病阳性或阴性。血清或牛奶的结核病抗体检测法更适用于感染后期的检测，检测效率高，成本低，适合于批量筛查、监测与大样本流行病学调查。

五、防控措施

（一）综合防控措施

1．预防措施　按相关规定，动物结核病不免疫不治疗，主要通过定期检测、及时隔离淘汰和扑杀阳性动物等措施进行控制和净化，同时做好消毒和移动控制。一般情况下，每年进行春秋2次检疫。新引进动物应进行严格的隔离检疫，阴性方可并群。同时，应避免结核病人在养殖场工作。实施牛结核病净化时，按照净化目标、程序和净化阶段的要求，可增加检测频次。

2. 扑灭措施　动物结核病暴发流行时，按国家规定必须及时扑杀阳性动物，并做好隔离消毒和扑杀动物的无害化处理等措施，尽快消灭传染源，防止疫情传播。

（二）生物安全体系构建

围绕及时发现和隔离可疑病牛，及时确诊和淘汰阳性牛，定期环境消毒，确保人员无结核病，控制人员、动物、车辆、投入品的移动和消毒等方面，建立硬件和软件管理体系，及时分析评估风险因子，并不断改进完善生物安全体系。鼓励实施牛结核病净化计划。

（三）疫苗与免疫

目前尚无商业化疫苗。家养动物不进行免疫，在英国，允许卡介苗（BCG）免疫獾预防野生獾的结核病。

（四）药物与治疗

动物结核病不进行治疗。

六、问题与展望

在技术上，现有的临床诊断技术不能区分结核病感染和发病，缺乏有效药物和疫苗。需要加大动物结核病诊断发病技术的研究，开发早准快、适合不同动物检测的临床诊断技术；建立感染阳性牛的精细处理技术体系，包括定点扑杀、尸体复诊和区别处置潜伏感染牛与发病牛等；开发动物结核病有效药物和疫苗，以提高结核病的控制效果。同时，加强动物结核病流行病学监测，特别是屠宰场监控，并提高养殖企业和消费者对于牛结核病防控的认知和态度。

（郭爱珍，陈颖钰）

第十一节　链球菌病

一、概述

链球菌病（streptococcal disease）是链球菌属细菌引起的一种接触性传染性疾病的总称。链球菌广泛存在于自然界和人及动物粪便和健康人鼻咽部，大多数不致病。医学上重要的链球菌主要有化脓性链球菌、草绿色链球菌、肺炎链球菌、无乳链球菌等。链球菌感染宿主广泛，以人、猪、牛、羊、鸡较为常见，兔、牦牛、水貂、鸽、鸭、鹅和鱼类等也偶有发生。临床症状多种多样，主要包括猩红热、败血症、脓肿、肺炎、脑膜炎、咽炎、乳腺炎及关节炎等，严重时可导致死亡。肺炎链球菌（肺炎球菌）和A群链球菌（化脓性链球菌）严重威胁着人类的健康与安全，其引起的疾病是一种全球范围内重要的人兽共患病。化脓性链球菌（*Streptococcus pyogenes*）引起动物的化脓性疾病；无乳链球菌（*S. agalactiae*）引起牛的乳腺炎；停乳链球菌（*S. dysgalactiae*）

拓展阅读 2-11

引起牛乳腺炎及羔羊多发性关节炎；马腺疫链球菌马亚种（*S. equi* subsp. *equi*）引起马腺疫及母马生殖道感染；马腺疫链球菌兽疫亚种（*S. equi* subsp. *zooepidemicus*）引起牛、马子宫内膜炎、流产、牛乳腺炎、猪化脓性关节炎、败血症等；类马腺疫链球菌（*S. equisimilis*）引起马腺疫、生殖道感染、牛乳腺炎及其他动物的化脓性疾病：猪链球菌（*S. suis*）引起仔猪关节炎、败血症、脑膜炎、脑炎等；类猪链球菌（*S. porcinus*）引起猪颈淋巴结炎；肺炎链球菌（*S. pneumoniae*），引起豚鼠、大鼠的大叶性肺炎、心包炎、败血症及牛、羊的乳腺炎等。

链球菌病由来已久，且分布广泛。人链球菌病发病率最高者为猩红热，由化脓性链球菌感染所致。早在公元200年前后，汉末医学家张仲景所著的《金匮要略》便已对猩红热有所记载。1902年首次记载了本病在上海的严重流行。近年来，由于抗生素的广泛使用，猩红热的发病率及病死率已经显著下降。在动物中，以猪链球菌病、牛链球菌性乳腺炎、马腺疫和禽链球菌病最为常见。早在20世纪50年代就有猪群发生猪链球菌病的报道，六七十年代发病逐渐增加，80年代越来越严重，当时病原为马链球菌兽疫亚种。直到1993年，黄毓茂等对我国广东省1990～1992年分离于患败血症、脑膜炎及关节炎等病猪的病原鉴定为猪链球菌2型（SS2），这是我国的首次报道。之后，于1998年和2005年分别在江苏和四川暴发的两次人感染猪链球菌病疫情，其病原均为猪链球菌2型。

二、病原学

（一）病原与分类

链球菌为革兰阳性菌，呈球形或卵圆形，不形成芽孢，无鞭毛，无运动性，有荚膜，单个、成对或成链状排列，需氧或兼性厌氧。最适生长温度为37℃，最适pH为7.4～7.6。对糖类具有不同的发酵性，多数致病性链球菌在普通肉汤中生长不良，需添加血液、血清、葡萄糖等。在血液琼脂平板上可长成直径0.1～1mm、灰白色、边缘整齐且表面光滑的小菌落。可在自然界中长期存活，但易被各种常用消毒剂灭杀，不耐热，在60℃ 30min即可杀死。

根据其在血琼脂平板上生长时的溶血性，可分为3个类型，分别为α型溶血链球菌、β型溶血链球菌和γ型溶血链球菌。通常情况下，β型溶血链球菌的致病力最强，可引起人和动物的各种疾病；α型溶血链球菌的致病力较弱，多数为条件致病菌；γ型链球菌不溶血，对人类无致病作用。

单个种依据蓝氏（Lancefield）血清群和生理生化特性进行鉴定，无抗原群的种则依据生理生化特性进行鉴定。蓝氏血清血分类依据细胞壁主要碳水化合物物质即组分C的血清学差别可分为A～V（其中缺I、J）共20个群。一些血清群根据表面抗原的不同又可继续再分型。A、C及G群的型特异性抗原为M蛋白。A群化脓链球菌至少分60型。C群马链球菌分8型，马链球菌兽疫亚种分15型，停乳链球菌至少分3型，马链球菌马亚种只1型。B、D和E群的型特异性抗原为多糖质。B群无乳链球菌分5型（Ⅰa、Ⅰb、Ⅰc、Ⅱ、Ⅲ）。D群粪链球菌分11型，类粪链球菌分19型，牛链球菌分11型，猪链球菌至少有22型［1、2及15型分别等于穆尔（De Moor）的S、R及T血清群］。E群缓慢链球菌分5型（Ⅰ～Ⅴ）。人及动物的B群菌株以噬菌体分型结合血清分型达90个血清型。肺炎链球菌不属于蓝氏血清群，根据荚膜多糖抗原（荚膜肿胀反应）分48个群（丹麦）83个型（美国），不同的血清型毒力也不同。

近年来，随着生物学的不断发展，微生物的分类方法也得到了极大改善，许多新型的分类方法开始被使用，而按照最新的分类方法，链球菌可被分为有75个种及至少110个分类未定的种，其中与医学和兽医学相关的至少有18种，主要包括化脓链球菌、肺炎链球菌、猪链球菌、无乳链球菌、牛链球菌和海豚链球菌等。

（二）基因组结构与编码蛋白

链球菌属的细菌基因组大小为1.7～2.2Mb，编码蛋白质数量为1600～2100个。近年来，随着研究的不断深入，越来越多的基因功能被解析，其中尤以致病、免疫、耐药、生长等相关基因研究得最为频繁。

致病性链球菌基因组编码的毒力因子主要有：①菌毛，起黏附定居作用。②透明质酸荚膜（肺炎链球菌为多糖多聚体荚膜），抗吞噬。③胞壁M蛋白，与菌毛有关，黏附和抗吞噬。M蛋白是A群链球菌的主要致病因子，以二聚体形式存在，由2条多肽链复合成一条α螺旋固定在细胞表面，其外层围绕有脂磷壁酸，两者共同组成A群链球菌的菌毛结构。M蛋白与心肌、肾小球基层有共同的交叉抗原，可刺激机体产生特异性抗体，损害人体心血管等组织，与某些超敏性疾病有关。同时，M蛋白也是A群链球菌抗吞噬作用的主要决定因素，其机制主要是通过与补体调节蛋白相结合从而干预补体介导的调理吞噬作用。另外，由于M蛋白具有较好的免疫原性和免疫保护性，可刺激机体产生保护性抗体，是A群链球菌疫苗研制的重点对象。④脂磷壁酸，助黏附定居。⑤链球菌溶血素，具有溶解红细胞、破坏白细胞和血小板的作用。根据其抗原性与对氧的稳定性，可分为链球菌溶血素O（SLO）和链球菌溶血素S（SLS）。溶血素O（SLO）为蛋白抗原，具强细胞溶解和细胞毒性作用（尤其对红细胞），破坏白细胞，也对心肌有急性毒性作用，对氧敏感。溶血素S（SLS），是含糖的小分子肽，呈β溶血，细胞结合性无免疫原性肽，细胞溶解活性较弱，对氧稳定。肺炎链球菌只产生SLO。无乳链球菌产生的溶血素（cAMP因子）无抗原性，在金黄色葡萄球菌近邻生长时，能使后者对绵羊、牛血的部分溶血（β溶血素溶血）环强化为完全溶血（cAMP阳性）。⑥致热外毒素（SPE），又称为红疹毒素（ET），由A群菌释放的低分子质量单链蛋白，有致热、致红斑、细胞毒性、致死性休克等活性。C、G群的一些链球菌也可以产生。SPE能改变血脑屏障的通透性，直接作用于下丘脑引起发热。⑦酶类有透明质酸酶（溶解结缔组织基质，扩散感染）、链激酶（纤维蛋白溶解毒）、DNA酶（解聚DNA及液化黏性炎性渗出物，扩散感染）、NAD酶（水解辅酶NAD，有白细胞毒性）。⑧肽聚糖多糖复合物内毒素，致热、炎性反应、皮肤坏死，溶解红细胞及血小板。

（三）病原分子流行病学

1. A群链球菌（group A *streptococcus*，GAS）　据报道，全球每年有超过50万例患者死于链球菌感染引起的各种疾病，其中，死于链球菌侵袭性感染的患者约30%，而另外70%的患者则死于链球菌感染引起的风湿性心脏病、风湿热、急性肾小球肾炎等疾病。虽然，猩红热的发病率已经明显下降，但近年来，又出现了明显的反弹趋势。

根据M蛋白的抗原性，可将GAS分为150多个血清型。M蛋白的编码基因为*emm*，也可用于GAS的分型，目前利用该方法可将GAS分为223种型。特别是，由于GAS的*emm*型与M抗原血清型具有高度一致性，且分辨率更高，现已取代M血清分型成为GAS分型的金标准方法，应用于许多国家或地区的链球菌疾病监测。在欧洲侵袭性GAS疾病中*emm* 1、*emm* 3、*emm* 28和*emm* 89型最为常见；在美国，除了上述4个*emm*型之外，12型也是常见

emm 型之一；在我国，主要流行 *emm* 1 型和 *emm* 12 型，如 2011～2014 年北京暴发的猩红热疫情中，*emm* 12 和 *emm* 1 型分别占病例总数的 69.4%和 29.8%，其他型则仅为 0.8%。总体来说，GAS 在全球范围内的流行以 *emm* 1 和 *emm* 12 型为主，其他型在不同国家和地区存在着小范围的传播。另外，多位点序列分型（MLST）也是细菌分子流行病学研究中的一种重要手段，于多种细菌的流行病学监测和遗传进化研究中广泛应用。GAS 的 MLST 检测方法是基于对 GAS 7 个管家基因内部片段的序列分析，分别是 *gki*、*gtr*、*muri*、*muts*、*recP*、*xpt* 和 *yqil*。利用 MLST 方法对 2009～2016 年我国 7 省（自治区、直辖市）的 GAS 分离株进行分析，共获得 22 个 ST 型，其中 ST36 和 ST28 型是我国优势流行型。

随着抗生素的长期使用，细菌耐药现象也越来越普遍。GAS 作为一种人类常见致病菌，其对抗生素的耐药情况不容忽视。2013～2014 年分离自山东省的 72 株 GAS 对红霉素、克林霉素和四环素的耐药率分别为 100%、100%和 94.4%，其耐药基因 *ermB* 和 *tetM* 的携带率高达 100%和 99.4%。北京和重庆的类似研究显示 GAS 菌株红霉素耐药率为 96.8%；相比之下，GAS 对红霉素的耐药率在法国则仅为 3.2%，在韩国为 4.6%。2020 年在我收集的 114 株 GAS 临床菌株，除了对红霉素、克林霉素和四环素显示出高耐药率以外，对左旋氧氟沙星、氯霉素和复方新诺明也具有较高比例的耐药性，分别为 59.7%、64.9%和 65.8%。另外，虽然很多研究表明 GAS 仍然对青霉素、万古霉素和头孢噻肟等药物敏感，但也有研究者发现了针对这 3 种药物的 GAS 耐药菌株。

2．B 群链球菌（group B *streptococcus*，GBS） GBS 广泛存在于妇女的泌尿生殖道和直肠内，携带率可达 30%，主要造成新生儿肺炎、脑膜炎和败血症，严重的可导致死亡，是新生儿严重感染的重要病原菌。相反，GBS 对成人的侵袭力则较弱，主要引起肺炎、子宫内膜炎和肾盂肾炎等，对糖尿病和泌尿生殖系统疾病的患者较为易感。根据多糖型特异性抗原的不同，GBS 可分为 10 种血清型：Ⅰa、Ⅰb、Ⅱ、Ⅲ、Ⅳ、Ⅴ、Ⅵ、Ⅶ、Ⅷ和Ⅸ。在所有血清型中，Ⅰa、Ⅰb、Ⅱ、Ⅲ和Ⅴ型为主要致病类型，其中，Ⅲ型菌株因含脂磷壁酸和神经氨酸酶最多，毒力最强。在我国，怀孕 35～37 周的孕妇中，GBS 的携带率高达 7.1%，主要的血清型为Ⅰa、Ⅲ和Ⅴ型；相反，在发达国家，GBS 的主要致病血清型则为Ⅲ型，约占 60%。另外，基于 7 个管家基因建立的 MLST 分型方法也是目前 GBS 最为常用的分型方法之一。截至 2017 年，已经有超过 1100 个 GBS 的 ST 型被鉴定，流行最为广泛的序列型包括 ST-1、ST-17、ST-19 和 ST-23，其中，孕妇携带的 GBS 主要是 ST-19，而引起新生儿感染的则主要是 ST-17。

鉴于 GBS 的危害性，早在 20 世纪 90 年代，美国便已经制定针对 GBS 感染的预防策略，推荐妊娠 35～37 周的孕妇产前进行 GBS 筛查，并使用抗生素进行预防，推荐药物首选青霉素，对 β-内酰胺类过敏的孕妇则推荐使用大环内酯类药物或林可霉素类药物。然而，近年来，GBS 对红霉素和克林霉素的耐药率却出现了不同程度的升高。在美国，GBS 对红霉素和克林霉素的耐药率分别达到了 37%和 17%；而在我国，这一现象甚至出现了更为严重的趋势，GBS 对两种药物的耐药率分别为 56.7%和 47.8%，基于此，红霉素和克林霉素作为 GBS 预防的二线推荐药物已经引起了越来越多的争议。

3．猪链球菌（*Streptococcus suis*） 猪链球菌是全球范围内猪链球菌病最主要的病原，其分类也在不断完善：蓝氏分群方面，最初猪链球菌被归于 R、S、RS 和 T 群，目前公认的看法是猪链球菌属于 D、R 和 S 群。血清型方面，根据荚膜多糖抗原的差异，起初猪链球菌被分为 35 个血清型（1～34 和 1/2），后经证实，32 型和 34 型与其他血清型之间存在较大差异，被划成一个新种（鼠口腔链球菌），而最新的研究通过分析管家基因 *sodA* 和 *recN* 的同源性则建议，血清型 20、22、26 和 33 应该从猪链球菌中分离出来，其中血清型 20、22 和 26 属于同一个新种，而血清型 33 属于另一个新种。在所有血清型中，1、2、7、9 和 14 型是最主要的致病血清型，其中，2 型的分离率最高且致病力最强，是猪链球菌病造成损失的最主要原因。

近年来，世界范围内猪链球菌的耐药问题已经非常严峻。在欧洲，1998 年分离自丹麦的猪链球菌对红霉素的耐药率仅为 20.4%，而 2001 年比利时报道对红霉素的耐药率已经高达 71%，到 2013 年，虽然分离自比利时的猪链球菌对红霉素的耐药率变化不大，但四环素和泰乐菌素的耐药率则已高达 95%和 66%；在我国，有报道指出 159 株猪链球菌临床分离菌株对克林霉素和红霉素的耐药率均超过 90%，对替米考星、氯霉素和四环素的耐药率均超过 80%，对青霉素、卡那霉素和左氧氟沙星的耐药率均高于 60%，其中同时耐受 9 种抗菌药物的细菌多达 57 株。研究表明，猪链球菌耐受的药物正在快速增多且耐药率也在不断升高，有些药物的耐药率甚至已经高达 100%。尤其是近年来，猪链球菌多重耐药问题不断加重，对世界养猪业和人类健康无疑是一个巨大的威胁，已成为一个重要的公共卫生问题。

（四）感染与免疫

1. GAS 的感染与免疫机制

（1）GAS 的传播、黏附与组织嗜性　鼻咽部的黏膜和皮肤是 GAS 无症状定植的主要部位。GAS 表面的脂磷壁酸（LTA）和一些功能蛋白黏附于宿主细胞表面的过程中分为两个阶段，包括比较弱的相互作用或远程互作，随后是更特异及高亲和力的结合。LTA 是一种能够与生物膜结合的两亲性聚合物，通过在细菌细胞和宿主成分之间建立弱疏水相互作用，可能有助于 GAS 最初在宿主表面的黏附。GAS 的细胞表面包含许多蛋白黏附素，能够促进 GAS 与宿主细胞相互作用，进而加强定植，如菌毛、M 和 M 样蛋白、Ag Ⅰ/Ⅱ家族蛋白、纤连蛋白结合蛋白、胶原样蛋白、层粘连蛋白结合蛋白等。

研究发现，虽然 GAS 具有大量不同的黏附素，但大多数黏附素并不存在于所有 GAS 血清型中。在已知的黏附素中，只有 Fbp54、GAPDH、链球菌表面烯醇化酶和 Lbp 存在于所有的 GAS 菌株中。GAS 存在咽喉嗜性和皮肤嗜性的菌株。针对 GAS 组织嗜性问题，研究发现 GAS 的这种专门化的生态位可能与其特异性适应有关，相关基因主要聚集在 *emm* 区域本身和 FCT 区域。在具有组织嗜性的菌株中存在或缺失的基因主要包括：*cpa*（编码Ⅰ型胶原结合蛋白）、*prt*F1（编码融合蛋白 prtF1）、*sof*（编码血清不透明度因子，包含一个纤维连接蛋白结合域）、*prtf*（编码融合蛋白 prtf）、*mga*（众多毒力因子的全局转录调节因子）、*rof* A 和 *nra*（FCT 区域基因的互斥转录调控因子）、*ska*（编码纤溶酶原激活蛋白链激酶）。目前来看，组织特异性定植因子（如黏附素）表达和（或）调节水平的不同可能是不同 GAS 菌株对咽喉部或皮肤感染产生不同偏好性的原因，但 GAS 组织趋向性的确切机制还有待于更加深入确切的研究。

（2）GAS 对宿主免疫防御系统的抵抗机制　GAS 已经进化出了许多表面结合或分泌的毒力因子，形成了一系列自我保护机制。在 GAS 抗吞噬作用中起关键作用的毒力因子主要包括：补体抑制剂（M 蛋白、荚膜透明质酸和 SIC）、杀白细胞毒素（SLO 和 SLS）、免疫球蛋白（Ig）结合蛋白（PrtF1/SfbI、FbaA 和 Sib），以及 Ig 降解酶（IdeS、EndoS 和 SpeB）等。M 蛋白存在于所有 GAS 菌株表面，在 GAS 抵抗宿主吞噬细胞清除的过程中发挥了关键作用。

补体抑制蛋白，包括C4b结合蛋白（C4BP）、H因子和H因子样蛋白1（FHL-1）等，被M蛋白结合可以阻止补体沉积及其有效的调理吞噬作用。大多数GAS血清型的菌株被包裹在由透明质酸构成的荚膜内。透明质酸是一种表面屏蔽物，可进一步增强GAS对宿主调理吞噬作用的抵抗。另外，GAS的荚膜还可以阻碍抗体与其表面的抗原表位相结合，抑制补体沉积，提高自身在中性粒细胞胞外陷阱（NET）内的存活率。GAS也会表达一些胞外毒素去直接攻击宿主的免疫细胞或诱导有害物质的产生。例如，SLO是一种胆固醇依赖性和氧不稳定的溶血素，在血琼脂培养基表面有助于β溶血。它能够在宿主细胞膜上形成大的孔洞，通过破坏宿主细胞膜的完整性，诱导中性粒细胞、巨噬细胞和上皮细胞的快速凋亡，从而介导GAS对宿主免疫细胞吞噬杀伤的抵抗。除此之外，SLO还能够帮助超抗原穿透层状鳞状细胞黏膜，从而促进感染部位的组织损伤。

2．猪链球菌的感染与免疫机制

（1）猪链球菌的定植：对上皮细胞的黏附与入侵机制　尽管关于猪链球菌感染早期定植到宿主的实际机制仍然不清楚。扁桃体淋巴组织被黏膜上皮覆盖，内陷的淋巴组织形成了大量的分支隐窝。这样特殊的结构可能有助于猪链球菌躲避宿主的免疫识别，从而对扁桃体上皮细胞进行黏附和侵袭。猪链球菌可能通过破坏猪的上呼吸道黏膜上皮细胞完成对机体的进一步感染。在感染人类时，猪链球菌也可能与呼吸道或肠道（经口腔感染）上皮细胞表面相互作用，借以突破宿主的防线。

猪链球菌的纤维连接蛋白/纤维蛋白原结合蛋白（FBPS）、烯醇化酶（enolase）和二肽基肽酶（DPPIV）等能够与宿主细胞的胞外基质组分（如纤维连接蛋白和纤维蛋白溶酶原）相互作用，在其黏附过程中发挥了关键作用，是猪链球菌重要的黏附因子。另外，也有研究指出，猪链球菌的胶原蛋白酶能够与细胞表面的胶原蛋白相互作用，也是猪链球菌的一种重要黏附机制。研究指出，只有荚膜（CPS）阳性的猪链球菌才能够入侵上皮细胞，表明CPS是猪链球菌入侵上皮细胞的关键因子。另外，溶血素（SLY）是一种硫醇活化毒素，其靶标是真核细胞膜中的胆固醇，猪链球菌可以利用它裂解细胞膜，从而为其入侵奠定基础。

（2）猪链球菌在血液中的生存与散播　在完成对宿主上皮细胞的黏附和入侵后，猪链球菌将会进一步进入全身血液循环。一旦到达血液或深层组织，猪链球菌就会暴露于宿主的免疫系统中，成为吞噬细胞的目标。然而，在缺乏特异性抗体的情况下，猪链球菌却能够依赖于CPS有效地抵抗免疫细胞的吞噬，从而继续在血液中大量繁殖。不仅如此，CPS中还含有唾液酸分子，它能够帮助猪链球菌黏附于单核细胞。目前，CPS是唯一得到普遍认可的猪链球菌毒力因子，但一些弱毒菌株也拥有完整的CPS，暗示猪链球菌在血液中的存活可能并不只是依赖于CPS。有研究指出，猪链球菌可利用肽聚糖*N*-乙酰氨基葡萄糖脱乙酰酶A（PgdA）提高肽聚糖的*N*-脱乙酰化从而更好地抵抗中性粒细胞溶菌酶介导的杀伤。另外，*D*-丙氨酰化的猪链球菌脂磷壁酸也能够帮助猪链球菌抵抗中性粒细胞产生的阳离子抗菌肽的杀伤。

（3）猪链球菌致感染性休克机制　免疫系统的过度激活也会对宿主造成损伤，甚至引起感染性休克。在亚洲和欧洲暴发的人感染猪链球菌的疫情中，感染导致了中毒性休克综合征和败血性休克，研究者普遍认为导致这一现象产生的一个关键原因是全身性感染中促炎性因子的过度释放，包括TNF-α、IL-6、IL-12、IFN-γ、CCL2/MCP-1、CXCL1/KC、CCL5/RANTES等。

（4）猪链球菌致脑膜炎机制　猪链球菌感染宿主引起败血症或中毒性休克综合征，如果宿主并未因此而死亡，且血液中持续存在高水平的细菌载量，猪链球菌可能突破血脑屏障引起脑膜炎，研究人员发现猪链球菌能够黏附并入侵猪的传代 BMEC 细胞系，且在 BMEC 内最高可存活 7h，这对于猪链球菌突破血脑屏障至关重要。SLY 可以杀伤 BMEC 细胞，是猪链球菌突破血脑屏障的重要机制，但并不唯一，一些黏附或入侵相关的蛋白也发挥了重要作用，如 SrtA、Enolase、LTA 等。

三、诊断要点

（一）流行病学诊断

在自然条件下，链球菌可以感染的宿主类型非常广泛，不仅包括哺乳动物，还包括禽类和鱼类，普遍存在于人和动物的粪便及鼻咽部，可随粪便、痰液、乳汁等排出体外，对自然因素有一定的抵抗力，在外界环境中可长期存活。

链球菌病主要通过直接接触进行传播，污染的排泄物和环境是最主要的传染媒介。人类链球菌病与动物链球菌病的流行特征存在明显不同。人类链球菌病通常呈现明显的年龄分布和性别分布，以儿童和男性更为多发；相反，动物链球菌病的流行则不分品种、年龄、性别和身体状况的好坏，都容易感染。

（二）临床诊断

由于链球菌病的宿主广泛且病原菌种类多样，因此不同动物不同菌株感染链球菌病的临床表现也不尽相同。

1．人链球菌病　90%左右都是由 GAS 引起的，以往最常见的病症是猩红热，虽然近年来发病率已经明显下降，但其在 GAS 感染菌病中仍然占据重要地位；另外，化脓性炎症及关节炎等也是 GAS 感染的重要临床表现。人感染猪链球菌分为 4 个类型：普通型、休克型、脑膜炎型和混合型。

2．猪链球菌病　主要分为 3 种类型。最急性型：前期无任何症状，突然发病，体温 42℃以上，常于发病后 12～18h 死亡。急性型：又分为败血症型和脑膜炎型。败血症型病猪全身症状明显，全身皮肤发绀，呼吸短促或困难，常在发病后 1～2d 死亡，死亡率可达 80%以上。脑膜炎型病猪多见于仔猪，常呈现共济失调、四肢划水、转圈空嚼等神经症状。慢性型：主要表现关节炎、心内膜炎和淋巴结炎。

3．牛链球菌病　主要包括两种病症。①牛链球性肺炎：发病初期症状不明显，通常表现为体温快速升高，食欲不佳，精神委顿，随后反刍停止，食欲废绝，呼吸困难，淌涕咳嗽，伸颈摇头，卧地不起等，严重者病情持续恶化直至死亡。②牛链球菌性乳腺炎：一般呈急性或慢性经过，主要表现为乳腺炎或乳管炎。急性型：病牛体温升高，食欲下降，产奶量下降，乳房明显肿大，触感质地偏硬、发热，症状加重时，病牛常常卧地不起，发出呻吟声。慢性型：一般由急性乳腺炎转变而来，除产奶量下降外没有明显临床症状。病牛乳汁稀薄如水，带有咸味，眼观呈蓝白色，伴有凝乳块。触诊病牛乳房，可触摸到颗粒状局灶性或弥漫性肿块。

4．马腺疫　主要分为 3 种类型：一过型腺疫，体温稍高，鼻黏膜潮红，常见浆液性或黏液性鼻液流出，伴有颌下淋巴结轻度肿胀。典型腺疫，体温突然升高至 39～41℃，先期流出流水样浆液性鼻液，后转为黄白色脓性鼻液；颌下淋巴结呈急性化脓性肿胀，热痛明显，肿胀成熟后自行破溃，流出大量黄白色黏稠脓汁。病程2～3周，愈后一般良好。恶性型腺疫，由颌下淋巴结的化脓灶转移至其他淋巴结及内脏器官，造成全身性脓毒败血症导致动物死亡。

5．羊链球菌病 体温升高至41℃以上；精神不振，食欲减退或废绝；结膜充血，流泪或脓性分泌物；感染初期鼻液呈浆液性流出，后变为脓性；呼吸困难，颌下淋巴结肿大，病程短，一般2～3d死亡。

6．禽链球菌病 分为急性和亚急性两种类型。急性型主要表现为败血症病状，病禽食欲下降或废绝，精神委顿，羽毛松乱无光泽，初期腹泻，后期血便，病程为1～5d；亚急性病程较为缓慢，主要表现为食欲降低，精神不振，嗜睡，喜蹲伏，体重下降，头部震颤，有的病禽呈现结膜炎，流泪，重者甚至出现失明。

（三）病理诊断

1．猪链球菌病 ①急性败血型。以全身组织器官败血症病变为主，黏膜充血、出血，肺充血、肿胀，淋巴结肿大充血、出血，心包积液，心内膜出血。病程稍长的病例，见有纤维素性胸膜炎和腹膜炎，脾肿胀，边缘有出血性梗塞区。肾肿大、充血、出血。脑膜充血，间或出血。肿大的关节囊内积有黄色胶样或纤维素性脓样物。②脑膜脑炎型。脑膜充血、出血、溢血，脑实质小点出血，脊髓也有类似变化，其余病变和败血型相似。

2．牛肺炎链球菌病 剖检可见浆膜、黏膜、心包出血。胸腔渗出液明显增量并积有血液。脾脏呈充血性增生性肿大，脾髓呈黑红色，质韧如硬橡皮，即所谓“橡皮脾”，是本病证病特征。肝和肾充血、出血，有脓肿。成年牛感染则表现为子宫内膜炎和乳腺炎。

3．牛链球菌性乳腺炎 急性型者患病乳房组织浆液浸润，组织松弛。切面发炎部分明显膨起，小叶间呈黄白色，柔软有弹性。乳房淋巴结髓样肿胀，切面显著多汁，小点出血。乳池、乳管黏膜脱落、增厚，管腔为脓块和脓栓阻塞。慢性型则以增生性发炎和结缔组织硬化、部分肥大、部分萎缩为特征。

4．马腺疫 常见的是鼻黏膜和淋巴结的急性化脓性炎症。鼻咽部黏膜可见出血点和脓性分泌物，颌下淋巴结炎性充血，心脏、肝、脾、脑、肾等组织不时伴有大小不等的化脓性病灶和出血点。

5．羊链球菌病 大多数呈现败血症发病症状，鼻腔、咽喉、气管黏膜出血；肺水肿、出血；淋巴结肿大、出血；肝脏肿大，表面伴有少量出血点，胆囊肿大；肾肿大且质地变脆，膀胱内膜出血；肠系膜、大网膜存在出血点。

6．禽链球菌病 主要是败血症变化。皮下水肿、出血，尤以胸腹部最为严重，可见黄绿色胶冻样浸润物；心冠脂肪及心外膜有出血点，肺充血、出血，气囊混浊、增厚；脾、肾肿大，伴有出血点和坏死点；肝肿大，伴有出血点，严重者可见粟粒大小黄白色坏死灶；脑膜充血、出血；纤维素性心包炎、关节炎、卵黄性腹膜炎、卡他性肠炎等。

四、实验室诊断技术

（一）病料采集与保存方法

链球菌感染的患者可采集其血液、腹水、鼻咽拭子、脑脊液或尸检组织样本；发病或死亡的动物，可采集血液、肺、肝、脾、扁桃体样品。样品采集后应置于无菌的自封袋或EP管中并低温保存。

（二）病原学诊断

1．病原分离与鉴定　组织触片或血液涂片可直接进行革兰染色镜检，然后将样品直接接种于血琼脂平板培养后镜检做出初步鉴定。

鉴定试验：通常采用16S rRNA PCR检测进行鉴定，或检测特异性靶基因，如*cps2A*、*cps2J*、*epf*和*mrp*等。也可用链激酶试验、克里斯蒂-阿特金森-蒙克-彼得森试验（CAMP）、马尿酸钠水解试验和磺胺甲基异噁唑-甲氧苄氨嘧啶（SXT）敏感性试验等进行检验。在免疫学诊断方面，虽然目前尚未有标准化的检测方法，推荐细菌定型血清凝集试验、ELISA检测及胶体金试纸条等方法。

2．动物感染试验　将分离菌株在血琼脂平板上传代2次进行纯化，挑选纯化好的单个菌落接种于TSB（含5%新生牛血清）液体培养基中，于37℃培养至对数中期，收集细菌并计数，通过腹腔注射或皮下注射对小鼠进行感染，持续观察小鼠的症状并记录其存活情况。对死亡小鼠进行剖检，细菌分离和鉴定。

五、防控措施

（一）综合防控措施

人链球菌病的防控应该着重控制传染源、切断传播途径并加强个体预防。以猩红热为例，本病主要通过空气飞沫经呼吸道传播，因此应强调早期诊断住院隔离或居家隔离治疗，医护人员和护理人员可通过佩戴口罩进行个人防护。另外，除呼吸道传播外，猩红热也可通过消化道途径进行传播，对此可进行预防性消毒，对患者分泌物及其污染物品，应进行随时消毒。

动物和人感染猪链球菌病的防控措施应该以动物猪链球菌病的防控作为重点，主要包括：控制动物疫情，实行生猪集中屠宰制度，统一检疫，严禁屠宰病猪和死猪；加强市场管理，严禁出售病、死猪肉；加强生猪的疫苗接种，预防感染猪链球菌，一旦出现死猪，应就地深埋或焚烧；生猪宰杀或加工人员在工作时应穿戴手套，做好个人防护；对发生过猪链球菌病的猪舍及其污染的环境，应该进行彻底消毒。

（二）疫苗与免疫

链球菌病多联、多价苗是当前疫苗发展的重要方向。在国外，Oxford公司制备的猪嗜血杆菌、链球菌二联灭活疫苗，对每头猪肌肉注射2mL，3周后进行二次接种，可以同时预防猪副猪嗜血杆菌病和猪链球菌病；此外，该公司还利用支气管败血波氏杆菌、丹毒丝菌、多杀性巴氏杆菌和猪链球菌成功制备了四联灭活疫苗，对每头猪肌肉注射2mL，3周后进行二次接种，可以同时预防猪的萎缩性鼻炎、猪丹毒、猪肺疫及猪链球菌病。在我国已开发研制了系列多联灭活疫苗，可用于后备母猪产前免疫，以及仔猪和种公猪的免疫。目前注册的灭活疫苗有：猪链球菌病灭活疫苗（马链球菌兽疫亚种＋猪链球菌2型）、猪链球菌病灭活疫苗（马链球菌兽疫亚种＋猪链球菌2型＋猪链球菌7型）、猪链球菌病蜂胶灭活疫苗（马链球菌兽疫亚种＋猪链球菌2型）、猪链球菌-副猪嗜血杆菌病二联灭活疫苗（LT株＋MD0322株＋SH0165株）、羊败血性链球菌灭活疫苗。

目前注册的活疫苗：猪链球菌病活疫苗（SS2-RD株）、羊链球菌病活疫苗。

目前注册的亚单位疫苗：我国研制的一类新兽药猪链球菌病-副猪嗜血杆菌病二联亚单位

疫苗，可用于预防由猪链球菌 2 型、7 型感染引起的猪链球菌病和副猪嗜血杆菌 4 型、5 型感染引起的副猪嗜血杆菌病。

（三）药物与治疗

在隔离条件下，早期应用敏感药物治疗，同时配合对症疗法，可以治愈。常用药物多为青霉素、链霉素、庆大霉素等，最好进行药敏试验，增加药物治疗的有效性。为了降低耐药性的产生，在进行药物治疗时，应避免频繁连续使用同一种药物。另外，脑膜炎型病例建议使用磺胺类药物，用量为 0.2mg/kg，药剂加以稀释后进行肌内注射。

对于人的猪链球菌病，根据卫生部试行的治疗方案，应主要以抗生素治疗和抗休克治疗为主，同时依据病情严重程度及临床类型给予对症治疗，推荐使用第三代头孢菌素进行治疗，如头孢曲松钠或头孢噻肟等。

六、问题与展望

链球菌病是一种十分常见的细菌性疾病，若没能得到及时有效的治疗，往往会造成严重的危害。目前，抗生素仍然是治疗链球菌感染的主要手段。然而，随着抗生素的过度使用或常态化使用的不断加剧，链球菌的耐药问题也越来越严重，有些药物的耐药率甚至高达 100%。尤其是近年来，链球菌多重耐药的现象也在逐渐增多，同时耐受 10 种药物以上的多重耐药菌株更是屡见不鲜，这对人类健康和食物安全无疑是一个巨大的威胁。因此，在未来加强链球菌的生物防控，减缓其耐药性的产生，应该是链球菌疫病防治的重要方向。同时，在当前“减抗、限抗”的背景下，我国养殖业对于生物性预防与治疗制剂的需求正在急剧增加。特别是，由于链球菌存在血清型众多、耐药现象严重等问题，现存的疫苗或其他制剂往往不能起到很好的预防和治疗效果，因此，如何研制广谱、高效的疫苗或其他生物制剂是当前链球菌研究当中亟待解决的关键问题。

（金梅林，张　强）

第三章　猪的重要传染病

第一节　非 洲 猪 瘟

一、概述

拓展阅读 3-1

非洲猪瘟（African swine fever，ASF）是由非洲猪瘟病毒（African swine fever virus，ASFV）引起的猪的一种烈性传染病。本病在家猪中以接触传播为主并可引发高病死率，临床症状为皮肤变红、坏死性皮炎及内脏器官严重出血，在病程上可表现急性、亚急性、慢性及隐性感染。由于其临床症状和猪瘟、猪丹毒等疾病相似，常需要进行实验室检测才能进行鉴别。非洲猪瘟可感染所有猪科动物，包括野猪和家猪，非洲野生猪科动物和软蜱是病毒自然界中的储存宿主。

非洲猪瘟病毒于 1921 年首次在肯尼亚被发现，其后陆续在非洲大陆的其他地区暴发；1957 年本病在葡萄牙里斯本出现，这是首次在非洲大陆之外的地方发现。其后本病在西班牙及欧洲其他国家相继出现，后来除了非洲国家、葡萄牙、西班牙和意大利撒丁岛之外，其他国家都净化了非洲猪瘟，一直到 1995 年，西班牙、葡萄牙也净化了非洲猪瘟。2007 年，非洲猪瘟再次出现在非洲大陆以外的高加索地区，于 2017～2018 年蔓延至中欧和西欧。中国也于 2018 年 8 月首次通报了该疾病。在中国的传播，导致非洲猪瘟全球分布极大扩展。非洲猪瘟在撒哈拉以南 20 多个非洲国家呈地方性流行的状态。2007 年 6 月，非洲猪瘟在格鲁吉亚暴发，传入欧亚交界的高加索地区，这次暴发是由在非洲东南部流行的基因Ⅱ型毒株引起，为单一入侵，未发生分子的变异。2017 年，本病传播至俄罗斯远东地区。2018 年 8 月，我国在辽宁省沈阳市发现首例非洲猪瘟病例，随后迅速蔓延至全国 23 个省（自治区、直辖市），给养猪业造成严重的经济损失。目前非洲猪瘟主要在欧洲、亚洲和非洲流行。我国作为养猪大国，非洲猪瘟的入侵给相关产业和经济社会生活带来了巨大影响。由于目前尚无有效的商品化疫苗，因此执行严格的卫生检疫措施，建立更加完善的生物安全体系，成为目前预防和控制非洲猪瘟疫情的有效方法。

二、病原学

（一）病原与分类

非洲猪瘟病毒属于非洲猪瘟病毒科（*Asfarviridae*）非洲猪瘟病毒属（*Asfivirus*）。病毒粒子呈二十面体对称，直径约为 200nm，外包囊膜，内部含有 4 个共同轴心的同心圆结构和一层出芽获得的外囊膜。早期曾将本病毒归类到与其形态相似的虹彩病毒科，后因其 DNA 结构及病毒复制方式类似于痘病毒，将其划为痘病毒科，目前已将本病毒单独列为非洲猪瘟病毒科。

（二）基因组结构与编码蛋白

非洲猪瘟病毒为双股线性 DNA 病毒，基因组大小为 170～193kb，由于毒株的不同，其基因组大小可能存在差异。基因组中央部分约 125kb 是保守区域，该区域的一些基因（如 *p72* 基因）常作为 ASFV 基因分型的依据。末端为可变区域，由两个串联重复序列的多基因家族（multigene family，MGF）构成。MGF 基因拷贝数的增减导致不同毒株的基因组大小不同，这种毒株之间的显著差异也提示此区段或许与抗原变异和免疫逃逸机制相关。根据毒株不同，其基因组可分为 150～167 个排列紧密的开放阅读框。

非洲猪瘟具有复杂的病毒结构，在感染细胞内已被证实至少含有 28 种结构蛋白，其中外囊膜蛋白 CD2v、p24 位于病毒颗粒最外层。CD2v 是非洲猪瘟病毒目前已知的唯一一个糖蛋白，是一种细胞内 CD2 分子同系物，具有结合红细胞的作用。衣壳蛋白 p72、p49、p14.5 位于衣壳层，其中 p72 是主要的结构蛋白之一，占病毒总蛋白量的 1/3。囊膜蛋白 p12、p17、p22、p30、p49、p54 等位于内囊膜层，其中 p12、p30、p54 与病毒入侵过程中吸附与内化有关。多聚蛋白 pp220 和 pp62 位于病毒核心壳层，其中 pp220 可经蛋白酶水解为 p150、p37、p34、p14 和 p5，多聚蛋白 pp62 可被水解为 p35；p15、p8。病毒 DNA 结合蛋白 p10、pA104R 位于成熟病毒粒子类核中，可能在类核组装过程发挥作用。而在被感染的猪巨噬细胞内则含有 100 种以上的病毒诱导蛋白，其中至少有 50 种可与感染猪的血清发生反应，40 种可与病毒粒子相结合。其中，已知 p12、p30、p54、p72 具有良好的抗原性，能够应用于血清学诊断，但它们在诱导保护性免疫反应中的作用尚不清楚，病毒还编码多个多基因家族蛋白，包括 MGF100、MGF110、MGF300、MGF360 和 MGF505/530 等，其中 MGF360 和 MGF505/530 决定了 ASFV 的细胞嗜性，与病毒复制密切相关，也是 ASFV 的毒力决定因素之一。另外，MGF360 和 MGF505/530 还参与抑制宿主干扰素的产生和调控促炎性细胞因子表达，并通过延长感染细胞的存活时间来提高病毒在宿主细胞内的增殖效率和数量。除多基因家族外，非洲猪瘟病毒编码的其他蛋白质广泛参与免疫逃避，可通过抑制宿主抗病毒反应达到存活的目的。

非洲猪瘟病毒主要在感染猪的单核细胞及巨噬细胞中复制，在内皮细胞、肝细胞、肾上皮细胞中也能够复制，但不感染 T、B 淋巴细胞。本病毒也能够在 Vero、Cos-1 等传代细胞系上培养。本病毒在自然环境中抵抗力较强，血清室温放置 15 周或血液 4℃保存 18 个月后从中都能分离到病毒，在脂溶性消毒剂处理及 60℃经 30min 的条件下能够被灭活，在 pH 为 4～10 的无血清培养基中保持稳定，但在 pH 低于 4 或高于 11.5 时可在几分钟内灭活。

（三）病原分子流行病学

ASFV 是一种虫媒病毒，非洲钝缘蜱和游走性钝缘蜱是其保毒宿主和传播媒介。ASFV 主要通过易感动物与病毒污染物接触、摄入污染的猪肉或猪肉制品，以及软蜱的叮咬来感染并扩散。ASFV 传播和持续的方式各个地区不尽相同，如在撒哈拉以南非洲，非洲猪瘟具有地方流行性，其通过一个涉及家猪、非洲丛林猪、荒漠疣猪和钝缘软蜱的感染链条循环，主要有丛林传播循环、蜱-猪循环、家猪循环和野猪-栖息地循环 4 种方式。一旦 ASFV 在家猪群中存在，带毒猪就成为重要的传染源。ASFV 不仅通过接触传播，也能够通过血液、排泄物及污染的车辆、工具等传播。

目前无数据证明非洲猪瘟病毒能诱导完全中和性抗体，产生免疫反应，这也阻碍了血清分型的发展。然而根据高度保守的 *B646L* 基因部分区段微小差异，已将目前流行毒株分为 24 个基因型，并在撒哈拉以南非洲国家全部鉴定出来（Achenbach et al.，2017；Quembo et al.，2017）。2006 年以前，欧洲和西半球所鉴定毒株均为来自西非的基因 I 型。2007 年，欧洲整个高加索地区才出现来自非洲东南部的基因Ⅱ型毒株（EFSA，2010）。

非洲猪瘟已知的毒力基因主要有多基因家族（MGF）基因、*CD2v*、*9GL*、*DP148R* 和 *UK*，因此这些基因常被作为疫苗研究的重点。例如，MGF 基因在毒株间常发生增添或缺失而导致抗原性改变或毒力变化，与免疫逃避相关，常通过缺失该基因而减弱毒株毒力，达到免疫保护的目的；*CD2v* 编码 HA 血凝素蛋白，缺失该蛋白可延缓病毒血症的发展。此外，还有许多免疫调控基因，包括抑制干扰素表达的 *pI329L*，编码凋亡抑制蛋白的 *pA224L*、*pA179L*、*pEP153R*，其中 *pEP153R* 可降低细胞 MHC Ⅰ类分子的表达，影响抗原呈递过程，进而影响机体抗病毒免疫。然而仍存在大量未知功能基因，需要深入研究基因变化与毒株毒力之间的关系。

（四）感染与免疫

ASFV 可以通过多种途径感染猪，进入机体后主要于入侵部位附近的淋巴结中，在单核细胞和巨噬细胞中进行大量复制。然后经血液或淋巴液转移至机体的其他器官，如肝、脾、肾、骨髓、肺等。易感动物感染 ASFV 后，通常在 4～8d 出现病毒血症。非洲猪瘟是一种能够引发内脏器官严重出血的疾病，急性型非洲猪瘟病例中，其出血为病毒转移到内皮细胞进行复制后使得内皮细胞吞噬活性增强所导致的；亚急性型病例中，则主要是由于血管壁通透性升高而引起脏器出血。另外，ASFV 能够与红细胞膜和血小板相互作用，病毒感染细胞能够吸附红细胞，形成“玫瑰花”或“桑葚状”聚合体。

感染 ASFV 猪的淋巴器官中淋巴细胞大量减少，并且所有淋巴器官中都存在非典型的淋巴细胞，除此之外，未成熟的免疫细胞，特别是骨髓细胞的数量急剧增加，并在感染后第 7 天达到峰值（Galindo et al.，2015）。通过对血清中 TNF-α、IL-1β、IL-6 和 IL-8 的水平进行评估后发现，促进炎性的细胞因子在感染后增加，在感染后 7d 达到峰值，并会引起猪免疫系统的严重病理损伤（Gomez-Villamandos et al.，2013）。ASFV 感染的后期约有 50%的总白细胞被破坏，剩余的白细胞主要包括小淋巴细胞、反应性淋巴细胞和淋巴母细胞。ASFV 感染期间可诱导外周血细胞，特别是淋巴细胞和中性粒细胞的大量死亡。在感染结束时，死细胞的数量可达到所有细胞初始数量的 60%。病毒感染期间可观察到非典型淋巴细胞和淋巴母细胞的出现（Heuschele，1967），这些细胞大多数具有额外的细胞核。研究表明，ASFV 引发的临床症状及病理变化由毒株毒力和宿主的特性决定，但是病毒并不会直接导致组织细胞损伤。目前，普遍认为非洲猪瘟的大部分病理变化是由于病毒感染激活了单核细胞及巨噬细胞，进而触发了机体一系列的细胞因子所介导的免疫反应。

三、诊断要点

（一）流行病学诊断

非洲猪瘟的病程和临床表现随病毒毒力、感染途径和剂量的不同而表现出差异。野生非洲疣猪对本病有较强抵抗力，一般无明显临床病变特征，而家猪和欧洲野猪则会表现出从急性到慢性的各种临床症状。非洲猪瘟病毒在非洲大陆多引发急性型非洲猪瘟，感染猪病死率高；在欧洲则多引发地方流行性的亚急性或慢性型非洲猪瘟，病死率较急性型低。

非洲猪瘟病毒自然感染的潜伏期为 4～19d，在实验条件下随着接种剂量和接种途径改变，潜伏期缩短为 2～5d（Mebus et al.，1983）。临床表现取决于病毒分离物的毒力、暴露剂量和感染途径。高毒力分离株可造成90%～100%的死亡率，中等毒力分离株在成年动物中可造成20%～40%的死亡率，在幼年动物中可造成70%～80%的死亡率，低毒力分离株可造成10%～30%的死亡率。

（二）临床诊断

急性型非洲猪瘟病例，病猪通常表现持续高热（>41℃）、厌食、精神委顿、呼吸困难，体表皮肤出血发绀，尤其在耳部和腹肋部常见不规则出血斑和坏死。后期可能发生出血性肠炎，进而引起血便、腹泻，急性型病猪通常在症状出现后1～4d死亡，病死率高。亚急性型非洲猪瘟临床症状与急性型非洲猪瘟相似，只是病程更长，症状严重程度及病死率较急性型低。慢性型非洲猪瘟可见病猪表现不规则波动的发热，发生肺炎致呼吸改变，皮肤出现坏死和出血斑，母猪流产，病死率较低，多数感染猪均能康复但会终生带毒。隐性型非洲猪瘟多发生于非洲野猪，病程缓慢且无临床症状，这些动物机体中病毒含量很低甚至无法进行实验室确诊，是本病在非洲大陆流行的主要原因之一。

（三）病理诊断

急性型和亚急性型非洲猪瘟主要表现为严重的出血及淋巴结损伤，慢性型非洲猪瘟的病变则不典型。非洲猪瘟的主要病变表现在淋巴结、脾、肾及心脏等器官。淋巴结严重出血、水肿，切面可呈大理石样花纹，胃、肝、肾等器官的淋巴结尤为严重；脾严重充血、肿大，呈黑紫色，柔软质脆，切面凸起；肾可见大量的点状出血；心肌柔软，心内膜及外膜可见出血点甚至出血斑。严重病例还可观察到胃肠黏膜出血，膀胱黏膜出血，肝及胆囊充血肿大，肺部水肿、充血。

淋巴组织是非洲猪瘟病毒最先入侵的机体组织，具有最明显的显微病变，可见其皮质区、髓质区及间区出现固缩的细胞核，淋巴结触片可见单核细胞的核破碎。急性型非洲猪瘟常导致白血病，成熟形态的中性粒细胞显著增多，并随之出现淋巴细胞的减少（陈溥言，2016）。

（四）鉴别诊断

非洲猪瘟在临床症状及病理变化上与猪瘟、猪丹毒、沙门菌病等疾病相似，需要通过实验室检测方法才能确诊，如PCR、ELISA、红细胞吸附试验（hemadsorption test，HA）等。急性型非洲猪瘟往往比亚急性型和隐性型非洲猪瘟更容易诊断，而慢性型非洲猪瘟则经常通过血清学方法诊断。

四、实验室诊断技术

（一）病料采集与保存方法

1. 样品的采集

（1）*血液*　一般选取耳静脉或前腔静脉对病猪进行采血，使用EDTA抗凝血管保存血液，采集5mL血液，如条件允许，最好每份血液样品采集2管，作为备份样品保存。

（2）*实质器官*　在病理组织中检测非洲猪瘟病毒，首先选择脾，其次是淋巴结。解剖病猪时，无论其脾和淋巴结有无病理变化，都应在采集样品范围之内。采取淋巴结时可与周围脂肪整体采取。其他器官可选择病变明显的部位，以无菌器械采取宽度为1cm左右的组织样品，加入到含有100μg/mL青霉素和链霉素的PBS溶液中，4℃保存运输。或保存于含50%甘油的PBS溶液中，4℃保存运输。为保持病毒的感染性，样品送达实验室后，应立即放入−80℃低温冰箱内冷冻保存。

（3）鼻液　可以用灭菌棉拭子擦取鼻黏膜上的分泌物，保存于无菌容器内。

（4）粪便　用清洁的玻璃棒等，挑取新鲜粪便少许（1g左右），保存于无菌容器内；也可用棉拭子，在直肠内直接掏取。

（5）仔猪尸体和流产胎儿　应用灭菌纱布包裹后，装入能密封的塑料袋中，保持低温，一般建议−20℃以下最佳，并整体送检。

除此之外，非洲猪瘟比普通猪瘟造成的喉部与会厌部位瘀斑充血及出血更为严重，这些部位也可以作为病料采集。另外，蜱在非洲和欧洲很多国家是重要的生物虫媒，但是在中国还未见相关报道。对于蜱的采集一般使用手工方式，但比较费时费力。在非洲和欧洲一些国家采用二氧化碳诱捕法和真空抽吸等方法用于大规模的田间蜱样品采集。

2．血清学检测的样品采集　对于疑似非洲猪瘟的病猪进行血清学样品采集时，需要对患病猪、健康猪及处于不同发病阶段的猪，分别进行无菌采血。采集全血3～5mL于非抗凝血管中，室温放置一段时间凝血后，用离心机分离血清。收集的血清置于无菌器皿中，密封，标记后送检。

3．病理组织学检测的样品采集　解剖中若发现有典型病变的部位，连同附近的健康组织一起采集。一个组织器官上如有不同病变，应分别采集。取出的样品用清水冲洗血污后，立即放入固定液中。采集的样本应切成1～2cm大小。使用的固定液为10%甲醛，固定液的用量应为标本体积的10倍以上。

4．样品保存

（1）血液类样品　血清或抗凝全血送检应放置于4℃保存，冷藏送至检测实验室。到达实验室后应置于−20℃保存。如需要长时间保存应放置于−80℃超低温冰箱中。

（2）组织样品　脾和淋巴结等可在50%中性甘油溶液或含100μg/mL青霉素和链霉素的PBS溶液中4℃冷藏运输。到检测实验室后立即存放于−80℃超低温冰箱中。

5．注意事项　当怀疑病猪是非洲猪瘟时，应按照相关防控法规和文件的详细要求，进行病料采集，同时怀疑患有其他感染疾病时，应综合分析，尽量全面地采取检测样本。保存样品时所用到的保存液，需要充分灭活，要确保容器的密封性无误。保存时要把样品做好分类，填写相应的标签便于寻找和取用，要时刻有保持新鲜及避免污染的操作意识（陈峰等，2019）。

（二）病原学诊断

目前，非洲猪瘟的实验室诊断方法主要针对病毒的抗原、核酸或特异性抗体，最安全便捷的检测方法包括直接荧光抗体技术、红细胞吸附试验（HAD）及聚合酶链反应（PCR）。

病猪的淋巴结、脾、肾等组织通常有大量病毒存在，可利用这些组织制作触片或切片，用标记的非洲猪瘟病毒抗体来检测组织内的抗原。也可将这些组织作为病原分离物，通过无菌接种猪原代肺泡巨噬细胞或原代猪骨髓细胞（20～30日龄SPF猪分离），可分离出非洲猪瘟病毒。

体外培养的感染非洲猪瘟病毒的巨噬细胞能够吸附红细胞，形成“玫瑰花”或“桑葚状”结构，红细胞吸附试验是确诊非洲猪瘟的一个非常便捷的方法，其特异性和敏感性均较高，当其他诊断方法检测疑似样本为阴性时，还需要利用 HA 进行再次确认。

除此之外，非洲猪瘟病毒在其基因组中央区均含有一段高度保守区域，可利用该区域片段作为模板设计引物，利用 PCR 技术检测病毒 DNA。

抗原检测 ELISA 可以作为一种替代方法进行，但由于其灵敏度远低于 PCR 或红细胞吸附试验（HAD），因此不应将其用作唯一的病毒检测方法，并且应通过 PCR 或 HAD 确认结果。

（三）免疫学诊断

猪的红细胞会黏附在被非洲猪瘟病毒感染的猪单核细胞或巨噬细胞的表面，并且大多数病毒分离株具有 HAD 表型。荧光抗体检测技术（FAT）可以用作检测野外可疑动物组织或实验室中接种猪组织中抗原的另一种方法。阳性的 FAT 检测结果加上临床体征和适当的病变可提供非洲猪瘟的推测性诊断。它也可以用于检测未观察到 HAD 的白细胞培养物中的 ASFV 抗原，从而可以鉴定病毒的非血细胞吸附毒株。它还可以区分由非洲猪瘟病毒和其他病毒产生的细胞病变。但是，必须注意的是，在亚急性和慢性型疾病中，FAT 方法的敏感性显著降低。其原因可能由于感染猪组织中的抗原-抗体复合物，阻断了 ASFV 抗原与检测抗体结合物之间的相互作用（Sánchez-Vizcaíno，2012）。

目前还有使用非洲猪瘟基因组高度保守区域合成的引物开发的 PCR 检测技术，用以检测和鉴定属于所有已知病毒基因型的多种分离毒株，包括非血细胞吸附病毒和低毒力分离株。结果显示，所使用的 PCR 技术对于鉴定猪组织中的病毒核酸特别有效，在样品已经腐败，或者病毒在样品检测之前已经灭活等不适合进行病毒分离或抗原检测的情况下，均可使用此鉴定方法。由于其高敏感性和特异性，以及高通量应用的可能性，PCR 为作为筛选和确认可疑病例的推荐方法。

目前还没有安全有效的疫苗可用来预防本病，因此当检测到非洲猪瘟病毒抗体时，很可能说明动物已感染本病毒。西班牙根除非洲猪瘟的经验说明，对非洲猪瘟进行广泛的血清学检测、及时扑杀感染动物对本病的净化具有重要意义。

对非洲猪瘟的血清学调查，ELISA 是最为简便和有效的方法。近期的研究表明，基于重组的非洲猪瘟病毒 Morara 毒株 p30 蛋白所建立的 ELISA，能够准确检测各个地域、不同毒株的非洲猪瘟病毒抗体。如果非洲猪瘟呈地方流行性，则可以使用标准血清学检测（ELISA）结合其他血清学检测［间接免疫荧光抗体试验（IFAT）、间接免疫过氧化物酶试验（IPT）、免疫印迹试验（IBT）］和抗原检测检测来确定可疑疾病病例。在某些国家/地区，综合使用 IFAT 和 FAT 可以识别出超过 95%的阳性病例。应当指出，当猪被低毒力分离株感染时，血清学检测可能是检测被感染动物的唯一方法。

五、防控措施

（一）综合防控措施

1. 平时的预防措施

（1）及时发现和控制传染源　感染猪、野猪和软蜱是 ASFV 的自然宿主和重要传染源。加强非洲猪瘟疫情监测，做到全覆盖、无死角的采样和检测，及时发现、尽快采取措施，是防控非洲猪瘟最有效的措施。由于 ASFV 广泛存在于感染猪的各种组织脏器中，并随唾液、眼泪、尿液、粪便和生殖道分泌物等排出体外，进而污染环境并通过各种媒介传播，因此要定期对猪舍及周围环境进行消毒。任何情况下，发现有非洲猪瘟可疑感染猪，应该限制疫点或发病区域相关猪及猪产品的流动，并立即进行诊断。钝缘蜱虽可作为ASFV潜在的传染来源，但并不是欧洲野猪和家猪病毒传播的主要生物学媒介，且目前尚无证据证明软蜱与欧洲ASFV的传播有直接关系。我国一些养猪场内存在着大量的蚊蝇等节肢动物，是ASFV潜在的生物传播媒介，消灭蚊蝇也是预防非洲猪瘟传播的重要手段。

（2）切断传播途径　ASFV可通过直接接触传播，主要通过口鼻途径和破损的伤口进行传播，也可通过软蜱传播。传播方式主要为家猪与家猪之间传播、野猪与野猪之间传播、野猪与家猪之间传播和由于各种形式的人类活动导致的病毒传播。间接接触传播则是通过易感动物接触被病毒污染的饲料、猪肉及其制品、人员、车辆以及粪便，进而造成ASFV感染和传播。在非洲猪瘟呈地方流行的地区，ASFV还会感染钝缘蜱属的软蜱，从而传播到易感动物（家猪和野猪）。

（3）加强饲养管理　猪群管理坚持全进全出的生产方式，猪群转出后，对栏舍进行全面清洗、消毒，空栏15d后方可转入新猪群。尽量坚持自繁自养，引进外来猪群时应做好检疫和隔离工作，防止外来猪群携带疾病进入猪场，感染场内其他猪群。

2．发病时的扑灭措施　猪场内一旦发现有动物发病，首先应立即上报。对发病猪只进行焚烧深埋等方法进行无害化处理。

（二）生物安全体系的建立

建立有效的物理屏障，控制人流和物流，防止无关外来人员、车辆和动物等的进入。因地制宜建立有效隔离性围栏，环绕整个猪场、高度不低于1.5m、不设常开式出入门，周边无杂草和可供啮齿类小动物出入的漏洞。猪场内部及环境应用生石灰、烧碱、醛类等消毒，物资按照种类，分配房间进行熏蒸消毒。建立清洗消中心，高压热水清洗，清洗后进行烘干消毒，温度在72～75℃保持30min。运猪车是ASFV的重要传播环节，建立车辆洗消站可有效切断ASFV扩散传播。猪场内部须建立专职生物安全队伍，专门负责生物安全监督。加强员工的日常生物安全知识培训，须做到人人都懂生物安全知识与防控应急知识。专职生物安全队伍每月负责考核员工生物安全知识，检查员工生物安全措施是否落实。猪只与种猪精液进行日常检测，加强平时排查。早发现、早诊断、早扑杀。若发现发烧猪只、流产母猪、厌食呕吐身体发红等不正常猪只，立即上报并对动物进行隔离。死亡猪只必须到特定的隔离房间进行剖检，需要慎重对待，做好防护和消毒措施。

（三）疫苗与免疫

临床上ASFV耐过的猪对病毒再次感染时具有一定免疫力，表明ASFV疫苗研制存在可能性。众多科学家曾试制灭活疫苗、重组亚单位疫苗、核酸疫苗和病毒蛋白与核酸联合疫苗等，但效果不够理想甚至完全不具保护力。此外，其他的活病毒载体苗（尤其是腺病毒苗）保护效果也不理想，亚单位疫苗面对强毒株的攻击有部分保护。扈荣良等以SY18为亲本株构建了MGF和*CD2v*双基因缺失的ASFV缺失疫苗候选株，并对其安全性和免疫保护效果进行研究。结果显示，此双基因缺失株安全性良好，免疫猪能够100%抵抗亲本毒株SY18株的攻击，对照猪全部死亡，双基因缺失株能够对亲本毒株提供完全的保护作用，有希望成为我国ASFV疫苗候选毒株（Chen et al.，2020）。综上所述，非洲猪瘟减毒活疫苗可能成为理想的解决方案，尽管现在关于减毒苗有若干专利，但迄今为止仍未有成功的非洲猪瘟商业化疫苗上市。

（四）药物与治疗

非洲猪瘟病毒感染宿主后，首先吸附宿主细胞，然后内化进入细胞，在细胞内进行脱壳、蛋白质合成、复制、装配和释放等一系列复制过程，产生子代病毒，任何可影响病毒吸附内化或者复制过程的物质都有可能成为抗非洲猪瘟病毒的药物。

非洲猪瘟病毒黏附细胞后，通过内吞和胞饮作用进入细胞内。研究表明，在抑制网格蛋白介导的内吞作用药物（如氯丙嗪、pitstop2 和 dynasore）和抑制胞饮作用的药物，如阿米洛利（EIPA）、IPA-3（P21 激活激酶抑制剂）、细胞松弛素 D 存在的情况下，细胞对 ASFV 的吸收会大幅度降低（Andres，2017）。aUY11 和 cm1UY11，可以通过生物物理作用干扰 ASFV 囊膜和内体膜的融合，有效地抑制 ASFV 体外对绿猴肾细胞（Vero）和猪肺泡巨噬细胞（PAM）的感染（Arabyan et al.，2018）。在体外试验中染料木黄酮可通过干扰病毒核酸的合成而抑制 ASFV 的复制（Arabyan et al.，2018）。细菌拓扑异构酶抑制剂氟喹诺酮类药物可通过干扰 ASFV 拓扑异构酶 II 来干扰病毒的复制（Freitas et al.，2016）。来自植物次级代谢的多酚植物抗毒素类物质白藜芦醇、氧化白藜芦醇和类黄酮类物质芹菜素可抑制 ASFV 特定蛋白的合成和“病毒工厂”的形成以抑制 ASFV 的复制（Hakobyan et al.，2016）。

总之，目前已发现多种药物可在不同阶段阻断 ASFV 对宿主细胞的入侵，但是抗病毒药物研究多限于体外研究，缺乏在进一步的动物体内研究，且相关药物通常成本较高。

六、问题与展望

自 1921 年首次发现以来，非洲猪瘟已有百年历史。目前虽有包括缺失弱毒疫苗、灭活疫苗、重组病毒蛋白疫苗等多种疫苗在研制过程中，但是这些疫苗大部分无法产生有效保护力，少部分只能对同源毒株具有一定保护力。缺失活疫苗被认为是一种潜力较大的疫苗类型，但是仍然存在毒株重组和毒力返强的风险。由于疫苗研制的难度较大，且无稳定有效的疫苗被开发，以往多数国家均采取大规模扑杀动物配合严格生物安全管控的措施，实现在商业化猪群中净化非洲猪瘟的目标。从 2018 年我国首次出现非洲疫情后，非洲猪瘟在全球的分布格局变得更加复杂。这也说明我国及周边相关国家生物安全体系仍不完善，加强国家生物安全体系的建设尤为重要。同时，疫情也使非洲猪瘟病毒变成全球的研究热点，这将加速对病毒致病机理的研究及疫苗的开发进展。随着科学技术的快速发展，对非洲猪瘟病毒了解的不断深入，生物安全防控体系的不断完善，相信人类终将取得非洲猪瘟防控战争的最终胜利。

（张桂红）

第二节　猪　　瘟

一、概述

拓展阅读 3-2

猪瘟（classical swine fever，CSF）是由猪瘟病毒（classical swine fever virus，CSFV）引起的一种急性、热性、高度接触性传染病，临床上主要以高热稽留、广泛性出血和高死亡率为主要特征。本病被世界动物卫生组织列入必须通报的动物疫病名录，我国将其列为“二类动物疫病”。

CSF 自发现以来已有百余年的历史，许多国家都曾有过猪瘟的流行。本病呈世界范围内流行，对养猪业危害严重，造成了巨大的经济损失，是各国防控、检疫的重要传染病。世界动物卫生组织发布，美国、加拿大、澳大利亚和欧盟等部分地区已经成功根除 CSF。但本病仍持续对亚洲、东欧、中南美洲大部及加勒比海地区造成严重危害，尤其对发展中国家的食品安全和养猪业影响较大，一些无 CSF 国家也面临着本病传入的高风险，如日本在实现 CSF 净化后再次暴发 CSF 疫情。目前，CSF 三大流行区为中南美洲、欧洲和亚洲。其中，中南美洲为疫情稳定区，疫病流行逐年减少；东欧地区为流行活跃区；亚洲属于老疫区，由于控制措施不力，疫情仍然较严重。非洲除南非、马达加斯加和毛里求斯有 CSF 流行外，没有公开的疫情资料表明非洲大陆其他国家有本病的流行。

二、病原学

（一）病原与分类

CSFV 为黄病毒科（*Flaviviridae*）瘟病毒属（*Pestivirus*）成员，与其同属的病毒还有牛病毒性腹泻病毒 1 型（bovine viral diarrhea virus 1，BVDV-1）、牛病毒性腹泻病毒 2 型（bovine viral diarrhea virus 2，BVDV-2）、绵羊边界病病毒（border disease virus，BDV）和长颈鹿瘟病毒（pestivirus of giraffe）等。完整的猪瘟病毒粒子呈球形，直径为 30～70nm，病毒粒子表面含有 6～8nm 的纤突结构，具有脂质双层囊膜，核衣壳呈二十面体对称。

（二）基因组结构与编码蛋白

CSFV 为单股正链 RNA 病毒，基因组长约 12.3kb，两端为非编码区 5′-UTR（untranslated region，UTR）和 3′-UTR，中间为一个大的开放阅读框（open reading frame，ORF），基因组 5′端无甲基化的帽子结构，3′端无 poly（A）尾巴。ORF 翻译成一个含 3898 个氨基酸的多聚蛋白，分子质量约为 438kDa，此蛋白前体以共翻译和后翻译的形式在细胞蛋白酶和病毒特异性蛋白酶的作用下裂解为 4 种结构蛋白（C、E^{rns}、E1 和 E2）和 8 种非结构蛋白（N^{pro}、p7、NS2、NS3、NS4A、NS4B、NS5A 和 NS5B）。

1. CSFV 的非编码区结构及其功能　CSFV 的 5′-UTR 大小约为 375bp，可以启动不依赖帽子结构的翻译。5′-UTR 中的核糖体内部进入位点（internal ribosomal entry site，IRES）与核糖体结合后起始翻译。另外，IRES 中含有 NS3 和 NS5A 结合位点，可参与 RNA 的复制。

CSFV 的 3′-UTR 大小约为 232bp，与病毒的复制起始有关。3′-UTR 的一级结构和二级结构可影响病毒毒力，如猪瘟兔化弱毒疫苗 C 株的 3′-UTR 中 12 个碱基的插入可使 CSFV 毒力减弱。

2. CSFV 的结构蛋白及其功能　C 蛋白是 CSFV 的衣壳蛋白，大小约为 14.3kDa。C 蛋白在 N^{pro} 和宿主信号肽酶的裂解作用下从多聚蛋白释放。C 蛋白在病毒复制中发挥重要作用。研究证明，其第 11～12 位、26～30 位和 40～44 位氨基酸缺失对于子代病毒的产生至关重要，而第 1～70 位氨基酸缺失会导致不能产生子代病毒。除此之外，C 蛋白与多个宿主分子存在相互作用共同调节病毒的复制。C 蛋白能够特异性增强 CSFV 基因组的复制。

E^{rns} 蛋白是 CSFV 的囊膜糖蛋白，大小约为 44kDa，不具有跨膜区。E^{rns} 能够通过二硫键连接形成同源二聚体。同源二聚体中 *N*-连接的糖基化残基占到其分子质量的一半，而糖基化位点又与毒力相关，如 N269A/Q 突变移除 *N*-连接的糖基化位点后可以显著降低病毒毒力。E^{ms} 还具有核酸内切酶活性。E^{ms} 在病毒感染过程中发挥的作用主要包括：E^{ms} 与层粘连蛋白受体相互作用介导 CSFV 对细胞的吸附作用，但是这种吸附不具有物种特异性。细胞传代获得点 *S476R* 突变使病毒获得对硫酸乙酰肝素（heparan sulfate，HS）的吸附能力；CSFV 侵入细胞后，E^{ms} 能够拮抗双链 RNA 诱导的 IFN-β 产生。E^{ms} 作为 CSFV 的主要抗原之一，能够诱导中和抗体的产生。常将 E^{ms} 诱导产生的抗体作为鉴别诊断的靶标，并结合 E2 亚单位疫苗，以此来区分野毒感染猪与疫苗免疫猪。

E1 囊膜糖蛋白是 I 型跨膜蛋白，分子质量为 33kDa。E1 蛋白的氨基端是胞外域，羧基端疏水性锚定域可以将 E1 蛋白锚定在囊膜上。E1 可以和 E2 形成异源二聚体介导病毒的侵入。E1 蛋白是 CSFV 重要的毒力基因，将 E1 的糖基化位点突变后（单个点突变 N594A 或双突变 N500A/N513A）能使 Brescia 株毒力变弱，并能保护猪只抵抗强毒攻击。

E2 囊膜糖蛋白是最重要也是研究最多的 CSFV 结构蛋白，其分子质量约为 55kDa。E2 蛋白是 CSFV 重要的毒力因子，E2 点突变 M979K 可以降低病毒致病性。E2 蛋白与宿主分子动力激活蛋白 6（DCTN6）存在相互作用，影响病毒毒力，将与 DCTN6 相互作用的 E2 蛋白关键位点突变后病毒对猪体的致病性丧失；除了决定病毒毒力，E2 蛋白还是主要的抗原蛋白，能够诱导机体产生中和抗体。已有研究显示，腺病毒甲病毒复制子和昆虫细胞/杆状病毒表达的 E2 亚单位疫苗均能对猪只提供保护。E2 蛋白与多种宿主分子存在相互作用，并在 CSFV 感染过程中发挥重要功能。CSFV 通过 E2 蛋白与微囊蛋白和膜联蛋白 A2（annexin A2，ANXA2）介导的内吞作用侵入猪肺泡巨噬细胞。E2 蛋白的第 136～156 位残基对于 CSFV 在 SK6 细胞中复制至关重要。丝裂原激活蛋白激酶激酶 2（mitogen-activated protein kinase kinase 2，MEK2）和 E2 蛋白互作来调控 JAK-STAT 信号通路，从而促进 CSFV 复制。而宿主体内存在抗病毒分子，可以抵抗病毒的感染，其中宿主分子硫氧还蛋白 2（thioredoxin 2，Trx2）通过提高 NF-κB 启动子的活性抑制 CSFV 感染。E2 与蛋白磷酸酶 1 复合体（PP1）中的蛋白磷酸酶 1 催化亚基（PPP1CB）存在相互作用，激活 PP1 信号通路能够抑制病毒，但是抑制 PP1 信号通路或者下调 PPP1CB 对病毒复制均没有效果。

3．CSFV 的非结构蛋白及其功能 N^{pro} 是 CSFV 中一个特殊的蛋白分子，分子质量大约为 19kDa，包含一个半胱氨酸蛋白酶结构域和一个锌指结合结构域。N^{pro} 蛋白对于病毒在细胞中的复制不是必需的，但是其在病毒与宿主相互博弈中发挥重要作用。RIG-I 样受体能够识别 CSFV，触发天然免疫防御促进线粒体抗病毒信号蛋白（mitochondrial antiviral signaling protein，MAVS）的表达，MAVS 能够促进抗病毒反应，促炎性细胞因子的分泌和细胞凋亡。N^{pro} 蛋白可通过降解 IRF3，抑制宿主的天然抗病毒反应。

p7 是一个 6～7kDa 的二次跨膜蛋白，少量带电残基的两侧包围着疏水性氨基酸，可以形成胞质内环和两个跨膜螺旋，属于 II 型病毒孔蛋白。p7 依赖羧基端的胞内环和跨膜螺旋可以调节内质网膜的通透性，从而影响病毒毒力。

NS2 是 CSFV 中具有自身蛋白酶活性的非结构蛋白，能够裂解 NS2-3 蛋白。NS2-3 前体在病毒组装和基因组复制中发挥重要作用，对于病毒粒子的形成是必需的。NS2 的羧基端对于病毒 RNA 的复制至关重要，突变 D60A 和 N78K 后不能产生子代病毒，而突变 R100A 后使病毒滴度显著降低，通过连续传代后突变位点会发生回复性突变。NS2 与 CSFV 的致病性相关，NS2 能够拮抗 MG132 诱导的细胞凋亡，诱导 NF-κB 促进趋化因子和 IL-8 的表达。*NS2*

基因在区分病毒感染与疫苗接种中也发挥重要作用，通过分析 *NS2* 基因部分片段的荧光定量熔解曲线可以区分 Shimen 株和 C 株感染。

NS3 是一种研究较多、对其功能了解也比较清楚的非结构蛋白。它在病毒复制及病毒与细胞相互作用中扮演重要角色。NS3 蛋白是一种具有三种酶活性即丝氨酸蛋白酶活性、核苷三磷酸酶活性、RNA 解旋酶活性的多功能酶蛋白。

NS4A 蛋白分子质量约为 8kDa，其与 NS2-3 对于病毒粒子的形成至关重要。NS4A 可以通过 MAVS 信号通路促进 IL-8 的表达进而促进 CSFV 复制。

NS4B 是 38kDa 的跨膜蛋白，具有 NTP 酶活性。NS4B 氨基端的关键氨基酸影响 CSFV 在细胞内的复制和猪体内的致病性。宿主内的 GTP 酶 Rab5 与 NS4B 互作影响 NS3 和 NS5A 复合物的形成。宿主抗凋亡蛋白铁蛋白重链（ferritin heavy chain，FHC）能够抑制 CSFV 的复制，CSFV 感染或表达 NS4B 均可以上调 FHC 表达，而 FHC 可以抵消细胞内活性氧诱导的凋亡。

NS5A 是一种多功能的磷酸化蛋白，包含 497 个氨基酸，定位于内质网，能够干扰转录与翻译过程并调节多聚蛋白的组装。NS5A 缺失后会影响 CSFV RNA 复制，其氨基端的锌指结构域是病毒复制的关键结构域。3′-UTR 和 NS5B 调节病毒 RNA 的合成：NS5A 的量低时与 NS5B 相互作用，促进 RNA 复制，而 NS5A 的量高时与 3′-UTR 相互作用，抑制 RNA 复制。NS5A 与多种宿主分子存在相互作用，影响病毒的复制。葡萄糖调节蛋白 78（glucose-regulated protein 78，GRP78）是未折叠蛋白应答的重要监视分子，具有促进 CSFV 复制的作用。FKBP8 与 NS5A 发生相互作用可以促进 CSFV 的基因组复制。干扰素刺激基因（interferon-stimulated gene，ISG）编码的蝰蛇毒素（viperin）能够与 NS5A 互作抑制 CSFV 复制，可能的机制是 viperin 与 NS5B 竞争性结合 NS5A。NS5A 与鸟苷酸结合蛋白 1（guanylate-binding protein 1，GBP1）互作抑制了 GBP1 的 GTP 酶活性，导致 GBP1 抗 CSFV 的活性丧失。NS5A 可抑制由 poly（I:C）诱导的 NF-κB 调控的细胞因子的产生。

NS5B 是一种 RNA 依赖的 RNA 聚合酶（RNA-dependent RNA polymerase，RdRp），结合 3′-UTR 起始复制，对于病毒的复制至关重要。因此，NS5B 是抗 CSFV 的潜在靶点：CSFV 感染后，细胞内具有广谱抗病毒作用的 Mx 会通过破坏 NS5B 的 RdRp 活性发挥抗病毒作用；5-（4-溴苯基）-2 苯基-5H-咪唑并吡啶（BPIP）靶向 NS5B 抑制病毒复制。

（三）病原分子流行病学

CSFV 有 3 个基因型和 11 个基因亚型。基因 1 型主要分布在南美、亚洲和俄罗斯；基因 2 型主要分布于欧洲、亚洲等。目前，我国流行的 CSFV 以 2.1、2.2 和 1.1 基因亚型为主，偶有 2.3 和 3.4 亚型，其中 2.1 亚型占优势。

（四）感染与免疫

CSFV 常通过口鼻传播，早期主要在扁桃体复制，随后扩散到局部淋巴结，再通过外周血扩散到骨髓、脾、内脏淋巴结。病毒通常会在 6d 内扩散至猪体全身。

猪体内，CSFV 在单核巨噬细胞和血管内皮细胞中复制。本病毒感染会产生免疫抑制现象，且中和抗体在感染后 2～3 周才会出现。典型的早期临床表现是白细胞减少，特别是淋巴细胞减少。白细胞减少对不同白细胞亚群的影响不同，其中 B 淋巴细胞、辅助性 T 细胞和细胞毒性 T 细胞受到的影响最大。在通过 RT-PCR 检测到血清中病毒前，会出现短暂的白细胞亚群减少现象。

骨髓和外周血淋巴细胞的显著变化表明，病毒对未感染细胞的影响并非病毒或病毒蛋白的直接影响，而是通过间接诱导（如可溶性因子或细胞间接触）产生的。有研究表明，在体外条件下，高浓度的 E^{rns} 蛋白可诱导淋巴细胞凋亡，然而感染细胞的培养上清并不能诱导靶细胞的凋亡。虽然该现象的具体机制尚不明确，但这可能是导致细胞和体液免疫反应延迟的原因。

在细胞培养中，多数 CSFV 毒株不会产生细胞病变，也不诱导宿主细胞分泌干扰素-α（IFN-α）。事实上，CSFV 感染会使细胞获得较强的抗凋亡能力。这些现象证明了 CSFV 可拮抗宿主细胞的抗病毒活性。

CSFV 与单核巨噬细胞的结合会释放一些介质分子，进而加重病情。促炎性和抗病毒因子会破坏止血平衡状态，也是导致 CSFV 感染后引起血小板减少和出血现象的原因之一。CSFV 感染内皮细胞后会产生炎性细胞因子，它们可通过吸引单核细胞进而促进病毒传播，同时在免疫抑制中也发挥作用。有研究深入讨论了细胞因子在 CSFV 病原学中的作用。CSFV 感染后，当抑炎性细胞因子 TGF-β 减少时，天然免疫中的抗病毒因子 IFN-α 和获得性免疫反应中的抗病毒细胞因子 IL-12 会增多。研究表明，CSFV 可在树突状细胞中复制，这些高度活跃的细胞可将 CSFV 传播到体内各个部位，特别是淋巴组织。如果没有淋巴滤泡环境中的其他相互作用，仅仅是 CSFV 感染的树突状细胞与淋巴细胞之间的相互作用，是不足以诱导淋巴细胞减少的。

不同毒株间致病性差异是 CSFV 与宿主相互作用的结果。CSFV 对宿主天然免疫反应的逃避可以延缓获得性免疫的发生，并产生致病效应。比较微阵列分析的结果表明，CSFV 破坏了干扰素反应，导致淋巴细胞死亡和淋巴细胞凋亡，其致病性可能是由于宿主失去了对干扰素产生的控制。

三、诊断要点

（一）流行病学诊断

CSFV 的自然宿主是家猪和野猪。本病的主要传染源是发病猪和带毒猪，病毒主要通过消化道、呼吸道黏膜和眼结膜传染，也可以通过破损的皮肤感染。本病一年四季都可以发生，但以春秋两季最为严重。本病病程呈急性、亚急性或慢性经过。

猪是 CSFV 的易感宿主，也是唯一的易感宿主。CSFV 感染发病猪是最重要的传染源。猪只感染后，可通过粪便、尿液、唾液、分泌物等排毒，进而污染饮水、饲料和畜舍等，成为传染源。猪瘟的传播途径多种多样，但病原体在感染宿主时只有两种方式：①水平传播，是最常见最普通的传播方式，即病猪和健康猪之间通过直接或间接接触，在同一代猪之间的横向传播；②垂直传播，患病母猪的病原体经胎盘垂直传播给胎儿，引起感染。通过猪场的猪瘟疫苗免疫、抗体监测及周围猪瘟发生情况等流行病学调查可对猪瘟进行初步的诊断。

（二）临床诊断

CSF 有最急性型、急性型和亚急性型、慢性型或持续性感染等形式，这是由于不同毒力的病毒感染所致。然而，猪感染后的临床症状同时取决于猪的日龄、品种、健康状况和免疫状态。

1. 最急性型 在发生急性型 CSF 流行的初期，有时会发生猪感染 CSFV 后突然死亡的情况，在实验室攻毒感染时则有可能出现 24h 以内死亡的病例。主要表现为突然发病，全身痉挛，四肢抽搐，皮肤和黏膜发绀，倒卧，很快死亡。

2. 急性型和亚急性型 急性型 CSF 在自然感染情况下临床病例的潜伏期一般为 2～14d，平均约 7d。急性型和亚急性型 CSF 的临床症状类似，但后者发病较急性型缓和。急性型和亚急性型 CSF 发病急、死亡率高。急性型猪瘟的死亡率高达 90%，大多在 1～2 周死亡；体温通常升高至 41～42℃或以上，食欲下降或厌食、精神极度沉郁、表情呆滞；畏寒、拱背、扎堆；先便秘后腹泻，或便秘和腹泻交替出现；眼结膜和口腔黏膜可见出血点；腹部皮下、鼻镜、耳尖和四肢内侧均可出现紫色或大小不等的出血斑点，指压不褪色。公猪包皮炎、阴囊鞘积尿，用手挤压时，有恶臭、浑浊尿液流出；病后不久，病猪全身无力，走路不稳。

3. 慢性型 慢性型 CSF 多发生于猪瘟流行的老疫区或接种猪瘟疫苗但免疫水平不高的猪群，病程通常在一个月以上。表现为食欲减退或时好时坏；体温有时正常，或出现周期性发热；便秘与腹泻交替发生。皮肤呈现紫色出血斑、丘疹或坏死，以耳尖坏死最为明显。病猪难以完全康复，常成为僵猪。

4. 持续性感染 持续性感染 CSF 是指病毒逃逸免疫监视感染宿主动物，并在机体内持续增殖，可不断或间歇性地向外排毒，通常情况下不表现临床症状，呈隐性经过，发病慢而温和，死亡率低，其病程一般超过 1 个月，甚至长期存在。

（三）病理诊断

CSF 的病理变化因毒株致病力的强弱和动物机体抵抗力的不同而表现为典型和非典型病变。最急性型 CSF 剖检肉眼观察常无明显病变，只见皮肤和黏膜出现发绀或有出血，肾或有少量的出血点，淋巴结轻度肿胀，发红；急性型和亚急性型为猪瘟典型的病型，剖检眼观最突出的病变为全身多数组织和器官表现出血，包括肌肉、肺和心脏，比较典型的出血病变组织有脾、肾和淋巴结等；淋巴结的变化有一定特征，外表肿大，呈暗红色，切面呈弥漫性出血或周边性出血，红白相间呈大理石样，多见于腹腔内淋巴结和颌下淋巴结。肾颜色变淡，表层有小出血点，切开肾可见皮质、髓质和肾盂部有出血。脾边缘可见紫黑色突起的出血梗死灶。

慢性型 CSF 除有以上部分病变外，还可能在会厌和喉黏膜中观察到坏死灶，突出性的病变在胃肠道黏膜，特别是回盲瓣处可见不同程度的溃疡（扣状肿）。此外，肋软骨可发生钙化。持续性感染型猪瘟的猪一般不会有特征性的病理变化。

（四）鉴别诊断

CSF 有多种临床表现，急性型主要表现的皮肤出血很难与其他猪病相鉴别；慢性和持续性感染所表现的繁殖障碍特征也很难与其他猪病相鉴别。

与 CSF 表现的皮肤充血、出血症状相似的疫病主要有猪副伤寒、猪丹毒、猪链球菌病、猪肺疫、猪传染性胸膜肺炎、副猪嗜血杆菌病、非洲猪瘟、猪圆环病毒相关的皮炎肾病综合征、猪繁殖与呼吸综合征等。其中，猪副伤寒、猪丹毒、猪链球菌病、猪肺疫、猪传染性胸膜肺炎和副猪嗜血杆菌病等细菌性疫病也呈现败血症的表现，这些病与急性 CSF 相比较有如下共同特征：①体温更高，多在 41～42℃或以上，而急性猪瘟体温多为 41～42℃，其他型的 CSF 体温则多在 41℃以下；②细菌性疫病感染败血型多见脾肿大，而急性 CSF 则表现为脾梗死；③细菌性疫病感染如病程稍长，病猪的胸腔或胸腹腔多有纤维素性渗出；④除猪副伤寒外多有肺部的病变，呼吸困难多很严重，剖检表现为气管和支气管内有渗出物，多充满泡沫；⑤上述猪急性细菌病病程多较短，一般为1～2d，长则3～5d死亡，而CSF的病程多在10d以上；⑥上述细菌病用敏感抗生素治疗有效。

除上述细菌性感染的共同特征外，一些细菌病还有其各自的特征性临床表现。例如，感染猪丹毒的猪皮肤充血、发红、指压褪色，亚急性型猪丹毒有特征性的皮肤出血，有一定规则形状斑块；急性型传染性胸膜肺炎表现为出血性肺炎，肺部出血一般较CSF严重，多有鼻孔出血的现象。

非洲猪瘟病毒（ASFV）感染后，脾肿大。猪圆环病毒引起的皮炎肾病综合征（PNDS）体表出血红斑，是与CSF相似的地方，但PNDS体温一般不升高，死亡率很低，多在5%以内。高致病性猪繁殖与呼吸综合征从临床表现上不易与急性CSF相区分，但病理剖检可将两者区分开。高致病性猪繁殖与呼吸综合征的脾病变常常是脾边沿很窄的一长线、颜色呈紫色，类似CSF脾梗死灶的颜色，但质地不硬，也不突出于表面；而回盲瓣的溃疡常常面积较大，形状不规则，黏膜脱落，露出下层组织，颜色常呈墨绿色，这与CSF的“纽扣状”溃疡外观明显不同。

四、实验室诊断技术

CSF的临床症状或病理变化只能提出疑似诊断或初诊，临床上常有混合感染及临床病理不典型表现，因此需要结合实验室诊断方法予以确诊。CSFV、BVDV和BDV还具有相似或共同抗原，故需考虑对这3种病毒的区分。虽然非特异性瘟病毒诊断试验可用于筛选样品，但需通过CSFV特异性试验对阳性结果进行确认。检测CSFV可从病毒成分（抗原或核酸）或特异性抗体两方面入手。实时荧光定量PCR（RT-qPCR）技术已广泛应用于检测瘟病毒核酸。血清学试验中应用单克隆抗体可区分和鉴定不同的瘟病毒（如荧光抗体试验或ELISA对病毒分离物的鉴定）或用于血清学检测技术中，可以大大提高其特异性。

在疫情暴发时，需要根据实际情况和条件选择最适合的检测方法。为了控制疫病的流行，其关键是快速确诊以采取有针对性的防控措施，防止疫情在养殖场内及周围的蔓延和传播，基于诊断的灵敏度、特异性和快速三方面综合考虑，首选的检测方法是荧光定量PCR。由于病毒血症的持续时间极短，所以抗体检测法也非常实用，尤其是在临床症状已经出现2周以上的猪群。

（一）病原学诊断

基于毒株的毒力、检测方法和样品类型，可在感染后24h内检测到病毒。在添加肝素或EDTA的全血、血清、血浆和血沉棕黄层中可分离到病毒。病毒主要分布于扁桃体、脾、空肠、回肠、盲肠、肠系膜和咽后淋巴结等组织中。

病毒分离是确诊CSF的金标准，但耗时耗力，与CSF根除计划中防止病毒进一步扩散所需的快速应对措施不相符，不宜作为常规诊断方法。在参考实验室中常将病毒分离用于研究病毒特性和疫苗的研发，可应用猪肾细胞系PK-15或SK6进行CSFV的分离。首选组织样品是扁桃体、脾、回肠和淋巴结，肾样品不适用于此检测方法。所有细胞、培养基和试剂都必须事先确定没有瘟病毒或瘟病毒抗体污染。

目前，检测病毒RNA的首选方法是RT-qPCR，此方法具有高灵敏度（诊断和分析）和特异性，特别是基于探针的检测。在市场上已有 CSFV 特异性 RT-qPCR 试剂盒。该试剂盒是针对猪瘟兔化弱毒疫苗株 C 株基因组设计的。另外，也有可用于同时检测 CSFV 和 ASFV 基因组的试剂盒。RT-qPCR 适用于多种样品的检测，但用于诊断 CSF 的样品主要为全血、咽拭子和组织样品，除了全血，血清、血浆或白细胞也都可以使用。选择样品的首要条件是质量好且新鲜，但当样品中病毒失活或由于细菌污染或自溶（如野猪样本）无法进行病毒分离时，仍可进行病毒 RNA 的检测。RT-qPCR 检测不受抗体的影响。因此，适用于各个年龄的动物样品的检测。病毒 RNA 可在某些组织中长时间存在，如在 CSFV 感染后，猪只康复 9 周以上，在其扁桃体中仍可检测到病毒 RNA。

根据扩增的基因组区域，RT-qPCR 可用于区分不同的病毒种类（CSFV、BVDV 和 BDV）及不同的 CSFV 分离株。根据疫苗和待测样品的不同，RT-qPCR 可用于区分疫苗免疫猪和病毒感染猪（differentiating infected from vaccinate animals，DIVA）。开发的 C 株特异性 RT-qPCR 可用于检测疫苗免疫动物中是否存在弱毒（modified live virus，MLV）疫苗，但阳性结果不能排除感染野毒的可能性。结合针对疫苗毒或野毒的 PCR 检测方法和部分测序可用于检测或排除 CSFV 野毒感染。

RT-qPCR 的高灵敏度可用于混合样品的检测，且可显著提高检测效率。然而，也应该考虑准备样品所需时间和重新检测阳性样品等因素。为了避免灵敏度的丧失，在样品混合之前，需要详细了解检测方法的特点和灵敏性（如野毒感染和疫苗接种猪群的筛查）。一般来说，RT-qPCR 阴性结果可证明受检动物或组织样本对其他猪没有传染性。相反，RT-qPCR 阳性结果不一定意味着该动物具有传染性。

应用抗原捕获 ELISA 方法可对 CSFV 感染的活猪进行早期诊断。双抗体夹心 ELISA 是基于针对多种病毒蛋白的单克隆和（或）多克隆抗体建立的。利用此类检测方法可对血清、白细胞层、加入肝素或 EDTA 的全血或组织匀浆样品进行检测。该技术操作相对简单，不需要组织培养设备，适合于自动化，并可在 36h 内提供检测结果。然而，抗原捕获 ELISA 对 CSFV 的诊断具有局限性。此外，与成年猪或亚临床病例的样本相比，仔猪血液诊断灵敏度明显更高。为了弥补诊断灵敏度的不足，在疑似猪群中展现发热的所有猪都应该进行检测。同时，ELISA 检测的特异性也较低，可能会出现假阳性反应。鉴于以上因素，仅推荐将抗原捕获 ELISA 应用于 CSF 临床症状或病理病变相符合的动物样品的检测，以及疑似猪群的筛查。

尽管在冷冻切片上直接进行免疫荧光抗体试验（FAT）是检测病毒抗原的一种方法，但由于 RT-qPCR 具有高灵敏度、高效率和周期短等优势，FAT 法不会成为疫情暴发时的首选检测方法。

（二）免疫学诊断

病毒中和试验（VNT）是检测 CSFV 特异性抗体的参考方法，常通过终点滴定血清测定 CSFV 中和抗体水平。然而，VNT 对血清样本质量要求较高，且需要细胞培养系统，3～5d 才能出检测结果，耗时长，因此不宜作为常规大规模检测的首选方法。由于瘟病毒之间存在抗体交叉反应，该方法可用于此类病毒的鉴别诊断。在解除防控措施前，此方法常用于筛查疫区周围的邻近猪群。

检测抗 CSFV 抗体的 ELISA 可用于流行病学调查和对无 CSFV 地区的监测。竞争 ELISA 是基于抗 CSFV 血清抗体和针对病毒糖蛋白 E2（gp55）特异性单克隆抗体之间的竞争关系建立的。在竞争 ELISA 中，瘟病毒抗体的交叉反应性较低。该方法常用真核系统表达的重组 E2 蛋白作为抗原。在感染后 10～15d，可使用 ELISA 检测到抗体，与中和抗体出现的时间一致。

E^{rns}-ELISA 可用于 E2 亚单位疫苗免疫猪群的鉴别诊断。最近，已开发多种具有鉴别诊断潜力的 E^{rns}-ELISA，商品化后可推荐为猪瘟标记疫苗的配套鉴别诊断方法。

五、防控措施

（一）综合防控措施

在我国，CSF 防控一直坚持“预防为主”的方针。坚持控制和消灭传染源、切断传播途径、提高猪群抗病力的原则。具体措施：搞好免疫和坚持自繁自养的方针；平时加强饲养管理，做好清洁卫生和消毒工作；禁止将可能污染病毒的物品带进场内，不从市场购进猪肉及其制品。引种时做好检疫工作和预防接种。建立健全各项规章制度，严格遵守国家各项防疫法规和制度。采取免疫和扑杀相结合的方式，同时辅以监测、检疫、净化、强化生物安全措施等综合防控的模式。

（二）生物安全体系构建

生物安全体系是一项系统工程，是养猪生产中的一个重要环节。通过建立健全猪场和相关场所的各类生物安全措施，尽可能地减少引入致病性病原的可能性，并且从现有环境中去除病原体，切断传播途径。它是一种系统的、连续的管理方法，也是最有效、最经济的控制疫病发生和传播的方法。因此，猪场及相关场所必须建立良好的生物安全防控体系，保障猪群健康。猪场生物安全体系构建包括以下几部分。

1．猪场选址和布局 远离村镇、交通要道及其他畜牧场 3km 以上；远离屠宰场、化工厂及其他污染源；向阳避风、地势高燥、通风良好、水电充足、水质好、易于排水、交通便利等。三区式（生活管理区、生产配套区、生产区）；生产区三点式（繁殖、保育、育肥）；配种舍、怀孕舍、保育舍、生长舍、育肥（或育成）舍、装猪台，从上风向下风方向排列。

2．防疫环境与生物安全 猪场大门口需设消毒池并配备消毒机，入场的车辆、人员、物品要消毒，设车辆洗消房、人员消毒通道和物品熏蒸间；猪场周围禁止放牧，协助当地周围村镇的免疫工作；最好设围墙、防疫沟或防疫林。做好粪尿处理与环保工作。加强猪只的饲养管理和猪舍的环境管理。对猪场人员进行定期培训、考核。提高员工的责任心、执行力。

（三）疫苗与免疫

目前，在一些有 CSF 流行的国家和地区，猪瘟弱毒疫苗接种仍然是控制 CSF 的主要手段。中国猪瘟兔化弱毒疫苗（C 株）、细胞弱毒疫苗（日本 GPE 株和法国 Thiverval 株）和中国台湾的猪瘟兔化弱毒（经兔体传 800 代致弱）仍被广泛用于 CSF 的预防和控制。通过疫苗免疫等综合防治措施，许多欧美发达国家已经消灭了 CSF。在个别无 CSF 的西欧国家，对待偶尔暴发的 CSF 疫情，主要采用扑杀的方法来消灭疫情，但在野猪出没地区及一些易发生 CSF 的高风险地区，多采用 C 株制备的口服诱饵疫苗免疫野猪，防止野猪向家猪传播疫情。此外，一些欧洲国家在高风险地区有时也用亚单位疫苗进行家猪的免疫预防。我国仍是以疫苗接种为手段控制 CSF 的国家之一，弱毒疫苗的广泛使用对于防治 CSF 发挥了重要作用。

近年来，杆状病毒表达的 CSFV E2 蛋白亚单位疫苗也用于 CSF 的防控。

猪瘟疫苗的免疫，不同情况下免疫程序不同。

1．CSF 洁净区　种公猪、母猪：每年春、秋各免疫一次，3 头份/头。后备种公、母猪：选定后配种前免疫一次，3 头份/头。仔猪：20～25 日龄首免，60～65 日龄二免，各 2 头份/头。

2．CSF 污染区　种公猪：每年春、秋各免疫一次，3 头份/头。后备种公、母猪：配种前免疫一次，3 头份/头。经产母猪：产后 20d 和产前 30d 各免疫一次，3 头份/头。仔猪：新生仔猪超前免疫（零时免疫），即出生后接种 1 头份/头，隔 1～2h 后才可让其吃初乳；35～40 日龄加强免疫，2 头份/头。

3．CSF 暴发区　在受猪瘟威胁地区和猪瘟暴发区，采用紧急接种猪瘟疫苗的措施，可有效控制 CSF 的蔓延。在发生 CSF 的猪场对除哺乳仔猪外的所有猪只紧急接种，5～8 头份/头。在免疫后 3～5d 可能会出现部分猪只死亡，但 7～10d 后疫情可平息。对已确诊的病猪采取扑杀的方法，如有条件在疫情控制后进行普查，淘汰隐性带毒猪，控制传染源。

（四）药物与治疗

目前，尚无针对 CSF 的有效药物和治疗方法。

六、问题与展望

我国是世界养猪大国，但不是养猪强国。目前，CSF 仍然是危害我国养猪业的重要疫病。虽然猪瘟兔化弱毒疫苗 C 株在我国 CSF 的防控中发挥了重要作用，但时至今日我国仍没有净化 CSF。一方面是疫苗方面的原因，如 C 株疫苗的免疫应答受母源抗体的干扰，且不能够区分疫苗免疫猪和野毒感染猪等。另一方面是国情的原因，我国幅员辽阔，养猪模式多样，疫病监测和防疫系统不完善等。对于 CSF 的防控，疫苗免疫和生物安全防控体系建设是一种重要的措施。但从长远来看，要走净化和抗病育种的道路。因此，对于 CSF 的研究，当前应聚焦于标记疫苗和配套的鉴别诊断方法上，研制敏感、特异、适用于现地的抗原和抗体检测试剂盒。同时，也要加强病毒感染与致病机理、天然免疫反应、病毒与宿主相互作用等方面的研究，筛选用于抗病育种的分子靶标，培育抗 CSF 的猪只。

（孙　元，仇华吉）

第三节　猪繁殖与呼吸综合征

一、概述

拓展阅读 3-3

猪繁殖与呼吸综合征（porcine reproductive and respiratory syndrome，PRRS）是由猪繁殖与呼吸综合征病毒（porcine reproductive and respiratory syndrome virus，PRRSV）引起猪的一种繁殖系统和呼吸系统的高度接触性传染病，我国习惯称为“猪蓝耳病”。PRRSV 仅感染猪，持续性感染是 PRRSV 最重要的流行病学特征。PRRS 以妊娠母猪的繁殖障碍（流产、死胎、木乃伊胎、弱仔）及各种年龄猪特别是仔猪的呼吸道疾病为主要特征，但发病猪群的临床表现存在很大差异，从轻微亚临床表现到严重危害猪群健康，这与 PRRSV 毒株的毒力、猪只的易感性与免疫状态、其他病原共感染以及诸多饲养管理因素有关（杨汉春，2015）。

PRRS 是规模化猪场繁殖障碍和呼吸道疾病的主要疫病之一，对养猪生产危害很大。本病不但造成繁殖损失和影响母猪繁殖性能，而且严重影响猪群健康和生产性能，断奶、保育和生长育肥阶段的死淘率增加，而且因继发或合并感染其他病原导致猪群死亡率增高。PRRSV 不感染人，无公共卫生意义。

猪繁殖与呼吸综合征于 20 世纪 80 年代末首次暴发于美国，疫情以母猪的严重繁殖障碍、呼吸系统疾病、生长速度减慢和死亡率增加等为特征，并快速波及加拿大。其后 3 年，美国共 19 个州 1611 个猪场、加拿大 3 个省的 187 个猪场遭受本病的袭击，经济损失巨大，时称“神秘猪病”（mystery swine disease，MSD）。20 世纪 90 年代初，欧洲暴发与 MSD 临床症状相似的疫病，德国首先暴发，其后是荷兰、西班牙、比利时、英国、苏格兰、法国等养猪国家。短短数年间，疫情几乎席卷整个北美和欧洲大陆。1991 年，欧洲学者提出“猪繁殖与呼吸综合征”这一病名，并被世界动物卫生组织采用。1991～1992 年，欧洲和美国学者相继确定本病的病原为一种新的 RNA 病毒，命名为猪繁殖与呼吸综合征病毒。我国于 1995 年开始流行 PRRS；2006 年出现变异的高致病性 PRRSV 并广泛流行，给我国养猪业造成了巨大的经济损失（Tian et al.，2007）；其后，越南、老挝、泰国、菲律宾等亚洲其他国家相继出现疫情。2014 年左右，类 NADC30 毒株传入并大范围传播，成为近年来的优势流行毒株，危害很大。2010 年欧洲出现基因 1 型的高毒力 PRRSV 毒株，并造成较大范围的流行性疫情。2020 年 10 月以来，美国出现高致病性的毒株流行，母猪的死亡率达到 10%～20%，仔猪的死亡率最高可达 80%。目前，除澳大利亚、新西兰、瑞典等少数国家无疫情之外，PRRS 在全球养猪国家呈现地方性流行，并经常出现新发和再现疫情，对养猪业仍然构成威胁。

二、病原学

（一）病原与分类

猪繁殖与呼吸综合征的病原为猪繁殖与呼吸综合征病毒（PRRSV），其分类地位几经变更。最初，PRRSV 与马动脉炎病毒（equine arteritis virus，EAV）、小鼠乳酸脱氢酶增高症病毒（lactate dehydrogenase elevating virus of mice，LDV）和猴出血热病毒（simian hemorrhagic fever virus，SHFV）一同归于套式病毒目（*Nidovirales*）的动脉炎病毒科（*Arteriviridae*）动脉炎病毒属（*Arterivirus*）。国际病毒分类委员会（ICTV）最新（2020 年）的分类是将动脉炎病毒科分为 6 亚科 13 属，以希腊字母（α、β、γ、δ、ε、η、ζ、θ、ι、κ、λ、μ 和 ν）分别命名 13 属；PRRSV 被划到变异动脉炎病毒亚科（*Variarterivirinae*）乙型（β）动脉炎病毒属（*Betaarterivirus*），2 种分别称为猪乙型（β）动脉炎病毒 1 型（betaarterivirus suid 1）（PRRSV-1）和猪乙型（β）动脉炎病毒 2 型（betaarterivirus suid 2）（PRRSV-2），相应归于欧洲猪乙型动脉炎病毒亚属（*Eurpobartevirus*）和美洲猪乙型动脉炎病毒亚属（*Ampobartevirus*）。

PRRSV 是一种有囊膜的、单股正链 RNA 病毒。病毒粒子呈多形性的球状，直径为 50～70nm，表面有不明显的突起；核衣壳直径为 25～30nm，外绕一脂质双层膜，含有一个呈立体对称的、具有电子致密性的二十面体核衣壳，外面环绕一层含有 5 或 6 个结构蛋白的脂质囊膜（Dokland，2010）。感染性病毒颗粒在氯化铯中的浮密度为 1.18～1.22g/cm^3。PRRSV 在－70℃的培养基、血清和组织匀浆中稳定，但对环境的抵抗力不强；在中性 pH 条件下稳定，但在 pH 6 以下或 pH 7.5 以上时可被灭活；其囊膜破坏后会失去感染性，因此可被脂溶剂（氯仿和乙醚）灭活；在低浓度的离子或非离子去污剂中也极不稳定，可被常规消毒剂杀灭。

（二）基因组结构与编码蛋白

1. 基因组的结构特征 PRRSV 的基因组为单股、不分节段的正链 RNA，具有感染性，大小约为 15kb。基因组 5′端有帽子结构类似物，最前端为非编码区（UTR）；3′端有 poly（A）尾结构。基因组包含约 11 个开放阅读框（open reading frame，ORF），即 ORF1a、ORF1b、ORF2a、ORF2b、ORF3、ORF4、ORF5a、ORF5、ORF6、ORF7 和 1 个短的移码 ORF（ORF1a′-TF）（Lunney et al.，2016）。这一短的移码 ORF－1 与－2 程序性核糖体移码（programmed ribosomal frameshifting，PRF）位于 ORF1a 的中间区域。PRRSV 基因组中的每个 ORF 均由基因组或亚基因组 mRNA 表达。ORF1a 和 ORF1b 占基因组全长的 80%，编码具有切割、同源重组和 RNA 复制酶功能相关的非结构蛋白（nonstructural protein，Nsp）；位于 ORF1b 下游的基因组 3′端的 ORF2a、ORF2b、ORF3-7 和 ORF5a 编码病毒的结构蛋白（structural protein）。

2. 基因组编码的结构蛋白

（1）N 蛋白 N 蛋白是由 ORF7 编码的表达丰度最高的结构蛋白，是 PRRSV 的核衣壳蛋白，分子质量为 15kDa。N 蛋白在感染细胞中的表达水平很高，占病毒粒子总蛋白含量的 20%～40%；在感染性病毒粒子中主要以同源二聚体的形式存在，并形成二十面体结构，可与病毒 RNA 相互作用。N 蛋白是一种碱性蛋白，具有活跃的核穿梭功能且可定位于细胞核中；其近氨基端的半段含有 26%的碱性氨基酸，有利于 N 蛋白与基因组 RNA 的相互作用，富含碱性氨基酸的区域可能是核定位信号（NLS）基序。

N 蛋白是 PRRSV 的主要免疫原性结构蛋白；感染猪较早和主要产生针对 N 蛋白的抗体，并在感染猪体内持续很长时间，但无中和活性。PRRSV-2 型的 N 蛋白至少有 5 个抗原表位（4 个线性表位和 1 个构象表位），PRSSV-1 型的 N 蛋白有 4 个抗原表位（3 个线性表位和 1 个构象表位），两型（种）病毒都既有高度保守的抗原表位又有型特异性的抗原表位，因此可以用 N 蛋白的单克隆抗体识别和区分两型毒株。由于 N 蛋白丰富的表达量和良好的抗原性，是免疫诊断与监测的良好靶蛋白，检测 N 蛋白抗体可以作为 PRRSV 感染的诊断与监测指征。此外，N 蛋白具有抑制干扰素（IFN-β）产生的活性。

（2）M 蛋白与 GP5 M 蛋白与 GP5 是 PRRSV 的主要囊膜蛋白，M 蛋白是由 ORF6 编码的一种非糖基化基质（matrix）膜蛋白，分子质量为 18～19kDa。GP5 是由 ORF5 编码的糖基化蛋白，分子质量约为 25kDa，含有信号肽。M 蛋白缺乏信号肽序列并在内质网中积聚，GP5 与 M 蛋白形成由二硫键连接的异源二聚体（GP5/M），并整合到病毒粒子囊膜中。切除信号肽后，GP5 的胞外域大小约 30 个氨基酸，预测其含有 2～5 个 *N*-连接多糖。GP5/M 异源二聚体对于 PRRSV 粒子的形成至关重要，GP5 和 M 蛋白可能参与识别猪肺泡巨噬细胞（pulmonary alveolar macrophage，PAM）上的受体，但仅靠 GP5/M 并不能赋予病毒的感染性。此外，M 蛋白在病毒的装配和出芽过程中发挥重要作用。

M 蛋白具有很强的免疫原性，PRRSV 感染后 10d 即可检测到抗体反应。因此，检测 M 蛋白的抗体也可作为 PRRSV 感染的诊断与监测指征。PRRSV-1 型和-2 型的 M 蛋白具有共同抗原表位和特有表位，某些表位的单克隆抗体具有中和活性。GP5 蛋白是诱导中和抗体产生的主要结构蛋白，胞外区是最重要的中和表位所在，既有线性表位又有构象表位，其糖基化位点的改变可影响 PRRSV 刺激机体产生中和抗体的能力。此外，GP5 在体内外均能诱导细胞凋亡，其N端的118个氨基酸对于诱导细胞凋亡的活性必不可少。

（3）GP2a、E、GP3和GP4蛋白　它们是PRRSV的次要结构蛋白，分别由ORF2a、ORF2b、ORF3和ORF4编码，其中GP2a、GP3和GP4是糖基化蛋白，E蛋白是非糖基化的。GP2a、GP3、GP4的分子质量分别为29～30kDa、45～50kDa、31～35kDa，三者的表达量较低，共同形成一个三聚体囊膜蛋白复合物，并整合到病毒粒子中，是病毒感染性所必需的；三聚体结构本身或通过与GP5的相互作用可以介导病毒的感染。E蛋白的分子质量为10kDa，以多聚复合体整合到病毒粒子中，具有类离子通道的特性和功能，也是病毒感染性必需的（Lunney et al.，2016）。此外，GP4是病毒吸附蛋白，具有中和表位，但血清的中和抗体效价与GP4抗体的出现无相关性；GP3可以非病毒粒子结合的可溶性蛋白形式而分泌到细胞外。

3. 基因组编码的非结构蛋白　PRRSV的基因组RNA翻译成复制酶相关的2个大的多聚蛋白（polyprotein，pp），为pp1a和pp1ab，并进一步经蛋白质水解加工成14种非结构蛋白（Nsp1α、Nsp1β、Nsp2、Nsp3、Nsp4、Nsp5、Nsp6、Nsp7α、Nsp7β、Nsp8、Nsp9、Nsp10、Nsp11和Nsp12）。一些非结构蛋白可组装成复制转录复合体（replication and transcription complex，RTC），在病毒基因组复制和转录中发挥重要作用。ORF1a被翻译成分子质量为260～277kDa的pp1a，经蛋白质水解过程裂解成较小的活性蛋白，其中的4种蛋白酶（Nsp1α、Nsp1β、Nsp2和Nsp4）负责ORF1a和ORF1b编码的蛋白质的切割过程。ORF1a/1b重叠区的一个移码（transframe，TF）序列和一个特殊的RNA环状拟节结构引导ORF1b在翻译过程中进行-1程序性核糖体移码（programmed ribosomal frameshifting，PRF），产生一个分子质量为160～170kDa的多聚蛋白pp1ab。ORF1a中的蛋白酶水解多聚蛋白pp1ab的其余部分（pp1ab的ORF1b编码部分），产生Nsp9、Nsp10、Nsp11、Nsp12。此外，隐含在Nsp2编码区中的1个短的TFORF经-2PRF表达而产生Nsp2TF，而在相同移码位置经-1PRF产生1个截短的Nsp2突变体，即Nsp2N。

非结构蛋白参与PRRSV基因组的转录、复制和免疫调节过程。Nsp1α是一种锌指脂蛋白，含有木瓜蛋白酶样半胱氨酸蛋白酶α（papain-like cysteine protease，PLPα），可调节sgmRNA合成；Nsp1β含有PLPβ；Nsp1α/nsp1β可以直接抑制Ⅰ型干扰素的合成或者抑制Ⅰ型干扰素活化的信号通路，如干扰素调节因子3（IRF3）的活化、JAK/STAT信号通路、经溶酶体途径促进胆固醇羟化酶的降解，导致病毒的致病性增强。我国HP-PRRSV的Nsp1α可靶向并通过蛋白酶体途径降解PAMs的SLA Ⅰ类分子，可能是PRRSV逃逸细胞免疫的一种机制。

Nsp2为最大的非结构蛋白，属于跨膜蛋白，是一个多结构域、多功能的蛋白质，在PRRSV复制、调控宿主免疫应答、抵御宿主的天然抗病毒机制及病毒的演化等方面发挥重要功能。它含有PLP2，由N端的半胱氨酸蛋白酶/卵巢肿瘤蛋白酶超家族（CP/OTU）区域、中间的高变区、C端的跨膜区及高度保守的富含半胱氨基酸残基的功能区组成，参与复制复合体形成过程中的膜修饰、病毒RNA合成，具有去泛素化酶活性和拮抗Ⅰ型干扰素的活性，可抑制干扰素刺激基因（如ISG15）的抗病毒功能。此外，Nsp2具有免疫原性，含有丰富的B细胞表位及T细胞表位。

Nsp3是含有跨膜区的蛋白质，参与膜修饰和形成复制复合体、病毒RNA合成，参与诱导细胞自噬；Nsp4是主要的丝氨酸蛋白酶，可诱导细胞凋亡，具有拮抗Ⅰ型干扰素的活性，通过切割NF-κB必需调节蛋白NEMO、线粒体抗病毒信号蛋白VISA而抑制Ⅰ型干扰素的产生；Nsp5是一种跨膜蛋白，可能参与膜修饰，通过降解STAT3以抑制Ⅰ型干扰素的产生，参与诱导细胞自噬；Nsp7α有良好的抗原性，具有抑制干扰素信号传导的活性；Nsp8已被确认是 Nsp9 的氨基（N）端区域。

Nsp9 是 RNA 依赖的 RNA 聚合酶（RNA-dependent RNA polymerase，RdRp），是病毒 RNA 复制的关键蛋白；Nsp10 是解旋酶，含有推测的锌结合域（zinc-binding domain），具有 NTP 酶和解旋双链 RNA 的活性，参与病毒 RNA 复制，并在诱导细胞凋亡中有作用；Nsp11 是尿嘧啶核苷酸特异的核酸内切酶，具有拮抗干扰素的活性，可利用去泛素化酶活性抑制 NEMO 线性磷酸化、直接与 IRF9 作用或诱导 STAT2 的降解以抑制Ⅰ型干扰素的产生，也可通过溶酶体途径促进胆固醇羟化酶的降解以抑制Ⅰ型干扰素的产生，具有抑制炎症小体诱导的 IL-β 活性；Nsp12 的功能尚不明确，有研究显示它可招募 Hsp70 促进自身蛋白的稳定性，具有抑制干扰素信号通路的功能。

（三）病原分子流行病学

PRRSV 的起源仍不清楚，分别源于欧洲和北美的 2 个基因型被定为不同的种，其全基因组核苷酸序列的同源性为 55%～70%。目前，PRRSV-1 和 PRRSV-2 在世界范围内广泛分布，但前者主要分布于欧洲，后者则主要分布于美洲和亚洲。无论是 PRRSV-1，还是 PRRSV-2，均具有广泛的变异、重组、快速演化和毒株多样性特征。PRRSV 毒株的进一步划分主要基于编码主要囊膜结构蛋白 GP5 的 ORF5 的核苷酸序列差异，PRRSV-1 不同毒株的 ORF5 核苷酸序列变异率可达 30%，而 PRRSV-2 不同毒株之间的核苷酸变异率则超过 21%。

PRRSV-1 可以分为 4 个基因亚型，不同基因型具有地域分布特点。基于 ORF5 的遗传演化，可进一步将 PRRSV-1 分为 12 个不同的分化枝；PRRSV-2 可被划分为 9 个不同的谱系，其中主要流行于北美洲的有 7 个谱系的毒株，而亚洲流行的是其他 2 个谱系的毒株。目前，我国流行的毒株以 PRRSV-2 为主，主要有 2 个谱系（谱系 8 和谱系 1），但毒株的多样性很高，重组毒株不断增加（Han et al.，2017）。

此外，利用 3 种限制性内切酶（*Mlu* Ⅰ、*Hind* Ⅱ和 *Sac* Ⅱ），基于 ORF5 的限制性片段长度多态性（restriction fragment length polymorphism，RFLP），可对 PRRSV 毒株进行分型，但仅限用于北美毒株的分型，未被广泛采用。PRRSV 毒株的血清学分型难度很大，采用中和试验并不能确定毒株之间的血清学关系，会受到猪体免疫后体内中和抗体的多变性和不一致性的影响，而且血清学分型与基因分型并不完全一致。

PRRSV 已被公认为是最容易变异的病毒之一。因此，开展 PRRSV 的分子流行病学监测，分析其变异情况、演化趋势及毒株多样性，可以评估 PRRSV 的感染状况和预警新毒株的出现，对于 PRRS 的控制有意义。除了 ORF5 作为分子流行病学监测与分析的靶基因而外，PRRSV 基因组中变异最大的区域是 Nsp2 编码区，因它的高变区存在广泛的突变、缺失、插入，也是毒株间重组的热点区域，因此可以作为分析毒株变异和重组情况的靶基因。而且一些毒株的 Nsp2 编码区具有特征性的缺失标记，如美国的 MN-184、NADC30（氨基酸缺失模式为 111＋19＋1 的不连续缺失）和我国 2006 年出现的高致病性毒株（氨基酸缺失模式为 29＋1 的不连续缺失），尽管其缺失与毒株的毒力无关，但可以作为毒株的基因组分子标记（Zhou et al.，2009）。

（四）感染与免疫

1．感染与致病机理　PRRSV 可经呼吸道、消化道、阴道（如配种、人工授精）及伤口（如注射）感染猪。猪体内易感靶细胞主要是肺脏中的肺泡巨噬细胞（PAM），此外还有肺血管内巨噬细胞及淋巴组织中的单核细胞衍生的巨噬细胞（MDM）。PRRSV 在树突状细胞中的复制能力较差。巨噬细胞上的 CD163 是 PRRSV 吸附、内化和复制唯一的必需细胞受体（Lunney et al.，2016）。细胞表面的唾液酸黏附素（sialoadhesin，Sn/CD169）并非 PRRSV 的必需受体，但与 CD163 共表达时可促进病毒的内化。体外的研究表明，共表达 CD163 和 Sn 的非易感细胞系（PK-15 细胞）产生的 PRRSV 粒子数量是仅表达 CD163 细胞的 10～100 倍。

PRRSV 感染可分为急性感染期、持续性感染期和清除期三个阶段。急性期的特征是入侵病毒首先迅速扩散到肺和淋巴组织中的复制部位。一般而言，在感染后 6～48h 可检测到病毒血症，感染后 4～14d 出现病毒载量高峰，每毫升血清或每克肺组织中的病毒载量为 $1\times(10^2\sim10^5)$ $TCID_{50}$。研究表明，高致病性毒株的载量可≥10^8 $TCID_{50}$，与其较高的复制增殖能力和广泛的细胞嗜性有关。我国 HP-PRRSV 的高复制效率和增殖能力及致死性毒力是由 Nsp9＋Nsp10 决定的（Li et al.，2014），而且 Nsp9 的 586 位和 592 位的氨基酸起着关键作用。高致病性 PRRSV-1 毒株除了可在 $CD163^+Sn^+$的巨噬细胞中复制以外，还可在 $CD163^+Sn^-$表型的巨噬细胞中复制。一些 PRRSV 毒株还可表现出其他组织嗜性，如具有神经嗜性的毒株可在大脑 MDM 中复制。在急性感染早期，病毒滴度最高时可观察到感染猪的临床症状，达到峰值后猪血清中的病毒滴度会快速下降，大多数猪的病毒血症在感染后 21～28d 消失。感染猪的日龄会影响疾病的病程，与日龄较大的仔猪相比，幼龄仔猪的病毒滴度更高、病毒血症和排毒期更长。病毒血症结束即转为持续性感染阶段，该阶段无明显的临床症状，淋巴结、扁桃体中 PRRSV 复制及排毒量逐渐减少。清除期是从排毒结束至病毒被彻底清除时为止，一般可持续到感染后 250d，但持续时间长短在不同个体之间存在差异。

母猪和公猪发生急性 PRRS 时可导致繁殖障碍，临床表现和严重程度与毒株有关。急性感染期的公猪可从精液排毒，通过生殖道传播，病毒可直接穿过子宫内膜造成母猪感染。着床前的胚胎对 PRRSV 感染具有抵抗力，着床后的所有日龄的胚胎对 PRRSV 均易感，但 PRRSV 仅在妊娠晚期能高效地穿过胎盘屏障感染胎儿。我国的 HP-PRRSV 及其他少数毒株可在妊娠中期穿过胎盘并导致胎儿死亡。

PRRSV 的致病机理涉及多个方面（Zimmerman et al.，2019）。第一，PRRSV 感染可导致巨噬细胞坏死和凋亡，涉及半胱氨酸天冬氨酸蛋白酶的活化及线粒体介导的信号通路等。研究表明，PRRSV 感染组织中大多数凋亡的细胞并未感染病毒，而是因其他感染细胞的旁观者效应（bystander）引起的凋亡。肺中，因细胞凋亡旁观者效应死亡的细胞主要是巨噬细胞，淋巴细胞和肺泡细胞的比例较少，而在淋巴结和胸腺中则主要是淋巴细胞死亡，巨噬细胞死亡较少。经旁观者效应在不同的组织中引起高水平的细胞凋亡是 HP-PRRSV 的一个重要特征，如可引起胸腺中 $CD3^+$胸腺细胞发生细胞凋亡，其数量是 PRRSV-2 低致病性毒株的 5～40 倍。第二，PRRSV 感染可显著影响猪的先天性免疫功能及炎性细胞因子和免疫调节因子的产生等。PRRSV 感染的巨噬细胞分泌的 TNF-α、IL-1 和 IL-6 等促炎因子可促进白细胞浸润和活化，增加微血管通透性（引起肺水肿和间质性肺炎）等，并导致出现发热、食欲下降和精神沉郁等临床症状。HP-PRRSV 感染可引起“细胞因子风暴”，被认为是导致感染猪死亡的潜在因素。此外，PRRSV 感染可导致免疫调节因子改变及多种淋巴细胞亚群数量改变，从而影响机体的特异性免疫应答和造成免疫抑制，涉及中和抗体产生和细胞免疫应答的延迟。中和抗体应答的延迟造成了病毒血症持续时间延长，而 CMI 的延迟则是淋巴组织中长期带毒的原因。第三，PRRSV 感染导致细菌性继发感染，加重疾病的严重程度和感染猪死亡率增高。由于 PRRSV 感染导致巨噬细胞对细菌的吞噬和杀伤能力降低，从而抑制机体的免疫防御系统，因此 PRRSV 感染后易诱发猪链球菌、副猪格拉瑟菌（旧称副猪嗜血杆菌）、多杀性巴氏杆菌、支气管败血波氏菌等继发感染，以及诱发一些条件致病性病原建立感染，引起更加严重的慢性疾病（如细菌性肺炎）。HP-PRRSV 感染更易导致细菌性败血症及严重的细菌性支气管肺炎等并发症。革兰阴性菌的脂多糖（lipopolysaccharide，LPS）可加重病情，并可导致 IL-1、IL-6 和 TNF-α 等炎性细胞因子的水平升高 10～100 倍。研究表明，PRRSV 感染可通过上调 PAM 膜表面 LPS 受体 CD14 的表达，从而促进炎性细胞因子的分泌。此外，作为主要的呼吸道感染病原和猪呼吸道疾病综合征（porcine respiratory disease complex，PRDC）的共感染病原，与肺炎支原体、猪流感病毒、猪圆环病毒 2 型等共感染，可引发更严重的临床症状和病理损伤。

PRRSV 除了拮抗或抑制天然免疫而外，还能够调控 Th1 或 Th2 细胞应答的细胞因子，抑制 Th17 细胞应答，并可诱导调节性 T 细胞的活化和 Th3T 细胞相关细胞因子 IL-10 的分泌。Th17 细胞的抑制与 PRRSV 感染诱导的细菌性继发感染有一定的相关性。Tresg 在 PRRSV 感染过程中可能具有非常重要的作用，与 PRRSV 诱导的特异性免疫应答延迟及其持续性感染有关。

2．免疫应答 PRRSV 感染可诱导机体产生免疫应答，包括体液免疫、细胞免疫、母源免疫等。感染猪的抗体应答强度和产生动态与不同病毒蛋白的抗原性及个体差异有关。PRRSV 感染后 7～9d 可产生抗体应答，包括针对病毒结构蛋白和一些非结构蛋白的 IgM、IgG 抗体，但对 PRRSV 感染不具有免疫保护作用。N 蛋白抗体出现较早，并可存在很长时间，但不具中和活性，与免疫保护不相关。血清中和抗体产生较晚，初次感染时主要出现于病毒血症结束以后，一般要等到感染后 28d 以上。然而，中和抗体在控制 PRRSV 感染中发挥的作用仍有争议。中和抗体可以经被动传递，对于预防 PRRSV 的垂直传播（包括突破胎盘屏障和子宫内胎儿的感染）是有效的，但需要高滴度的中和抗体。自然感染仔猪血清中的高滴度、具有广谱中和活性的抗体能够提供对异源 PRRSV 毒株的交叉保护。诱导中和抗体的表位（中和表位）存在于次要囊膜糖蛋白（GP2、GP3、GP4）三聚体复合物中。研究表明，PRRSV 不需要 GP5 的参与即可感染巨噬细胞，并且针对 GP5 的抗体不能中和病毒感染。中和表位的变异、免疫优势表位的变异、糖基化掩盖及宿主免疫应答的差异等有可能影响病毒中和能力的个体间差异。

由于受到技术与试剂的限制，有关猪针对 PRRSV 的特异性细胞免疫的知识极其有限。虽然经酶联免疫斑点试验（ELISPOT）证实，在感染后 2 周可检测到体外培养白细胞在 PRRSV 刺激后的干扰素-γ（IFN-γ）分泌和 PRRSV 特异性 T 细胞，但组织中的病毒水平与 PRRSV 特异性 T 细胞数量并无明显的相关性，其意义仍不明确。虽然通常分泌 IFN-γ 的细胞数量随猪的日龄增加而增多，但与 PRRSV 感染的消除无关。由于仅仅在病毒清除后才能检测到抗 PRRSV 的靶向细胞毒性 T 细胞（CTL），因此有关控制 PRRSV 感染的效应性 CTL 仍不清楚。

猪对 PRRSV 感染的免疫保护机制并不清楚。单从猪只个体水平而言，PRRSV 的感染可以诱导宿主免疫应答以抵抗病毒的再次感染。免疫保护的前提是在初次感染引起的所有症状消失后，诱导产生的记忆性 B 细胞和 T 细胞依然存在。有研究表明：病毒血症消失之前针对 PRRSV 结构蛋白和非结构蛋白的记忆性 B 细胞已经出现，尽管记忆性 B 细胞的数量非常多，但对病毒感染并没有记忆应答效应，提示：PRRSV 的免疫保护机制可能并不完全依赖于记忆性淋巴细胞。尽管有研究发现小鼠抵抗乳酸脱氢酶增高症病毒（LDV）感染是由于体内易感的巨噬细胞消失，但并无证据显示猪可以利用相似的机制来抵抗 PRRSV 感染。

母源抗体对哺乳仔猪的免疫保护并不确实。尽管认为断奶仔猪发生 PRRSV 感染与母源抗体的消失有关，母源性保护的时限与中和抗体的滴度有关，但研究显示，经非免疫母猪哺乳的仔猪在 PRRSV 攻毒后的临床症状轻于经免疫母猪哺乳的仔猪，且病毒血症持续时间短。研究人员分析其原因，认为可能与仔猪发生子宫内感染或被免疫母猪乳汁中排出的病毒感染有关。也有研究认为，PRRSV-1 疫苗接种母猪的母源抗体会损害仔猪的体液和细胞免疫应答。

三、诊断要点

（一）流行病学诊断

猪繁殖与呼吸综合征是一种高度接触性传染病，潜伏期通常为 7～14d。

1．传播迅速 不同品种和各种日龄的猪均对 PRRSV 易感。猪场一旦受到感染，PRRSV 可在 3～7d 或稍长时间内迅速扩散到所有生产阶段的猪群，7～10d 或稍长时间内可传播至整个猪群。猪场内猪只的移动和猪场间猪只的调运是最常见的传播方式。

2．传染源与感染途径多样 病猪和带毒猪是主要传染源，PRRSV 既可经水平传播，也可通过胎盘垂直传播。感染猪可通过口腔和鼻腔分泌物、尿液、精液及粪便排毒，病毒可经受污染的饲料、饮水、设备、运输工具、物品（如扫把、工作服、水鞋）及气溶胶等间接传播或经饲养人员，以及节肢动物机械传播；主要感染途径包括呼吸道（鼻）、消化道（口）、生殖道（配种、人工授精）、肌肉（注射）及伤口（断尾、剪牙）。耐过猪可长期带毒和排毒。

3．持续性感染 PRRSV 可在猪群中持续传播和形成持续性感染，这是 PRRS 重要的流行病学特征。在呈地方流行性的猪场，妊娠母猪、保育猪和生长育肥猪会周期性出现 PRRS 疫情或临床病例；易感的后备母猪或替换的种公猪入群会受到感染，或者引入带毒种猪、新毒株传入、猪场出现变异毒株，均可引起猪群不稳定或发生疫情。

4．PRRSV 毒株的致病性存在差异 不同毒株引发的临床疾病的严重程度有所不同，但感染猪群均可继发猪链球菌、副猪嗜血杆菌、支气管败血波氏菌等细菌性疾病，以及与其他多种病原混合感染。高致病性毒株的感染率、猪群的发病率和病死率高于低致病性毒株。由于 PRRSV 基因组的广泛变异、频繁重组和突变，可导致周期性出现高致病性毒株或新毒株而引起疫情发生。

（二）临床诊断

如果猪场出现种猪繁殖障碍及各种日龄猪的呼吸道疾病，都应怀疑与 PRRS 有关。如发现猪群中有震颤、跛行或角弓反张等神经症状的猪只，也不应排除 PRRSV 感染的可能。分析和观察母猪群的繁殖生产记录和产仔情况（如配种率、流产、早产、产仔数、活仔率、死胎）、猪群的生产成绩（如仔猪断奶前死亡率、日增重、均匀度、死淘率等）对于 PRRS 的临床诊断十分重要。

1．流行性 PRRS 疫情 暴发初期呈现流行性，急性发病期可持续 2 周或者更长时间，波及各生长阶段的猪。

（1）*母猪和公猪* 临床上，妊娠母猪以繁殖障碍为主要特征，表现为流产、产死胎、弱仔、自溶性胎儿和木乃伊胎，5%～80%的母猪会在妊娠第 100～118d（妊娠晚期）呈现临床症状，分娩母猪群的死胎率可达 7%～35%。母猪还可表现出无乳症、运动失调、发情异常、空怀。一般而言，母猪的死亡率为 1%～4%，严重急性型 PRRS 的母猪的流产率为 10%～50%，死亡率可达 10%，并可出现共济失调、轻度瘫痪等神经症状。高致病性毒株（HP-PRRSV）可导致 40%～100%的母猪发生流产，而母猪死亡率≥10%。公猪可表现出食欲下降、精神沉郁、呼吸道症状以及性欲不强、精液质量下降等症状。

（2）哺乳仔猪　仔猪（特别是早产的仔猪）在断奶前的死亡率可达 60%。临床上可见精神萎靡、消瘦、食欲废绝、四肢外翻、呼吸急促、呼吸困难和结膜水肿等症状。HP-PRRSV 对哺乳仔猪的致死率可高达 100%。

（3）断奶仔猪和生长猪　保育猪、生长-育肥猪的最典型症状包括食欲下降、精神沉郁、皮肤充血、呼吸困难、咳嗽、被毛粗乱、平均日增重降低。一般而言，发病猪群的死亡率可达 12%～20%。如果 PRRSV 感染猪群继发或并发其他疾病，会加重病情，导致死亡率增高。HP-PRRSV 感染可致猪体温升高（40～42℃）并持续高热、皮肤发绀、呕吐、腹泻、便秘、震颤和结膜炎等临床症状，猪只体重迅速降低和高死亡率，保育猪的死亡率可达 50%以上。

2．地方流行性 PRRS　主要表现为母猪零星流产、不规律返情、空怀；妊娠母猪晚期繁殖障碍并产下异常胎儿；易感后备母猪、保育猪和生长育肥猪群不稳定，周性期或偶发小范围的 PRRS 疫情，死淘率可达 5%～20%；猪场的生产成绩达不到最佳状态。

（三）病理诊断

PRRSV 感染猪病理变化的严重程度及组织器官分布与毒株毒力有关。主要病理变化为间质性肺炎。肉眼可见：肺轻度或中度变硬，有弹性、呈橡胶样；病灶呈棕褐色到暗紫色，轻度到重度的肺水肿。较小的仔猪可出现眼周围水肿、阴囊水肿、皮下水肿。HP-PRRSV 感染猪的肺脏可见实变、出血、水肿，呈肝样肉变，多见于肺尖叶、心叶和膈叶的近心端；淋巴结肿大，偶见出血；皮肤、心外膜、肾皮质的多灶性出血，结膜水肿、结膜炎和胸腺萎缩；部分急性病例脾边缘或表面可见梗死灶。如继发某些细菌性感染，可见到胸膜炎、心包炎、腹膜炎、关节炎等病变。

病理组织学上，肺的病变主要有肺间隔增宽，巨噬细胞、淋巴细胞和浆细胞浸润，Ⅱ型肺泡上皮细胞增生，肺泡中有坏死的巨噬细胞、细胞碎片、浆液性液体等，淋巴细胞和浆细胞可在气管或血管周围形成管套，小叶间结缔组织增厚。淋巴结病变主要表现为早期的生发中心坏死和消失，晚期的淋巴结生发中心变大，内含受损的淋巴细胞。此外，可见脾动脉周围淋巴鞘、扁桃体淋巴滤泡和派尔集合淋巴结中的淋巴组织破坏及增生。HP-PRRSV 感染可造成肺小叶间结缔组织多灶性出血、肺组织结构紊乱、肺泡塌陷、后期肺脏弥散性纤维化，胸腺不同程度的淋巴样坏死甚至完全消失；此外，还可见到心外膜部分淋巴组织出现血管周围管套、心肌浦肯野纤维血管周围管套，间质性肾炎和非化脓性脑炎。

子宫肌膜和子宫内膜水肿，并伴有淋巴组织细胞的血管周围管套是妊娠母猪子宫的主要病变。妊娠晚期早产胎儿中可见临床正常猪、体型小或体型正常的弱仔、不同程度自溶的死胎和木乃伊胎，胎儿表面常包裹一层厚厚的胎粪和羊水。

（四）鉴别诊断

临床上，重点应与其他繁殖障碍和呼吸道疾病进行区别和鉴别诊断，包括猪瘟、猪伪狂犬病、猪流感、猪细小病毒感染、猪日本脑炎、猪圆环病毒相关疾病、猪肺疫、猪传染性胸膜肺炎、猪丹毒、猪附红细胞体病等。此外，还应与非洲猪瘟进行鉴别。非洲猪瘟传播慢、高热、多种组织器官出血、脾特征性肿大，病死率为 100%。急性型猪瘟表现为高热、皮肤充血或发绀、发病猪嗜睡和扎堆、站立困难、共济失调，脾梗死，膀胱和肾出血，高病死率。猪伪狂犬病可致繁殖障碍、仔猪神经症状和呼吸道症状，仔猪高死亡率。猪流感大多呈一过性经过，以呼吸道症状为主，妊娠母猪有流产，发病猪群死亡率低。猪细小病毒感染主要引起初产母猪繁殖障碍。猪日本脑炎引致繁殖障碍，不引起呼吸系统疾病，多发于夏季和秋季。猪圆环病毒相关病主要表现为断奶后多系统衰竭综合征（PWMS）和猪皮炎肾病综合征（PDNS），主要影响保育猪和育肥猪，发病率低。

猪肺疫、猪传染性胸膜肺炎主要发生于育肥猪，发病率低、病死率高，分别以肺出血和脓肿、纤维素性肺炎为病变特征，用敏感的抗生素治疗有效。急性猪丹毒以败血症为特征，主要见于母猪和育肥猪，炎热多雨季节多发，以皮肤出血性疹块病变为特征。猪附红细胞体病主要以出血性病变为主，表现为贫血，药物治疗有明显效果。

四、实验室诊断技术

（一）病料采集与保存方法

可采集发病猪（群）血清或全血、组织（肺、扁桃体和淋巴结等）、支气管肺泡灌洗液、公猪精液、个体或群体的口腔液（唾液）样本、流产胎儿或死胎的胸腺和肺等，用于实验室检测。也可在仔猪阉割或断尾时采集组织渗出液的混合样本。样本应在低温（4℃）下保存，样本运送可加冰袋、冰块或干冰；不及时进行检测的样本应保存于−20℃；用于 PRRSV 分离须于 24～48h 内将样本运送到检测实验室；用于免疫组化检测的组织样本应固定于甲醛或丙酮溶液中。

（二）病原学诊断

1．病原分离与鉴定 PRRSV 分离的成功率与样本类型有关，首选病猪死前的血清样本、病死猪的肺和淋巴组织用于 PRRSV 分离。猪原代肺泡巨噬细胞（PAM）、非洲绿猴肾细胞系 MA-104 及其衍生细胞（CL-2621、MARC-145）均可使用，但 PAM 比 MARC-145 更敏感。需要定期制备 PAM，不同批次的 PAM 对 PRRSV 的易感性有所不同。PRRSV 在细胞培养上可产生特征性的细胞病变，有的毒株需要进行盲传数代后才能产生细胞病变。

分离到 PRRSV 后，确认和鉴定可采用反转录 PCR 从细胞培养物中扩增 ORF7 或 ORF5，并结合对扩增产物进行序列测定。也可用 PRRSV 的 N 蛋白或 GP5 特异性单克隆抗体进行免疫荧光抗体（FA）染色或者免疫组织化学（IHC）染色（免疫过氧化物酶单层细胞试验），观察感染细胞胞质中的病毒抗原。必要时可采用负染电镜（EM）技术观察细胞培养物中的 PRRSV 粒子，或用 PRRSV 特异性抗血清对细胞培养物进行免疫电镜观察。

2．动物感染试验 可用分离的 PRRSV 毒株接种 4～6 周龄的健康易感仔猪或 SPF 仔猪，通过观察接种仔猪的临床症状（记分）、检测病毒血症和血清中的 PRRSV N 蛋白抗体、测定日增重、记录死亡率、观察肺或淋巴结的大体病变和显微病变、检测肺或淋巴结中的病毒抗原等，分析与评价分离毒株的致病性。

（三）免疫学诊断

1．抗原检测技术 IHC 和 FA 染色是检测 PRRSV 抗原的常用方法。用 10%甲醛缓冲液固定组织样本，组织切片用针对 PRRSV 核衣壳 N 蛋白的特异性抗体进行免疫酶 IHC 染色，经显微镜检查细胞胞质中的病毒抗原。冰冻组织切片经 FA 染色，可检测病毒抗原，该技术比 IHC 快速、成本低，但需要未固定的组织。检测 PRRSV 抗原的 IHC 和 FA 方法的敏感性低于病毒核酸检测方法。

2. 抗体检测技术 用于 PRRSV 抗体检测的常用方法包括免疫过氧化物酶单层细胞试验（IPMA）、间接免疫荧光抗体试验（IFAT）、酶联免疫吸附试验（ELISA）和病毒中和试验（VNT）。除血清样本而外，口腔液样本已逐渐应用于 PRRSV 抗体的常规监测和检测。

IPMA 和 IFAT 可在 PAM、MA-104、MARC-145 细胞上进行，但其检测结果会受到操作人员及用于方法的 PRRSV 毒株与野毒株之间的抗原差异等因素的影响。ELISA 是公认的敏感、特异且可批量化检测的技术，已商品化，应用广泛，并已取代 IPMA 和 IFAT。大多数商品化 ELISA 试剂盒可同时检测 PRRSV-1 和 PRRSV-2 的抗体，部分 ELISA 具有基因型特异性。新近报道一种联合检测口腔液中 IgM-IgA 的 ELISA 方法，可以排除母源 IgG 抗体对检测的干扰。由于 PRRSV 感染后中和抗体产生时间晚，加之不同毒株之间的抗原性差异，中和试验多用于实验室研究和分析，通常不用于常规诊断。此外，荧光免疫微球分析技术（FMIA）、胶体金试纸条是新近发展起来的技术，但目前应用有限。

作为猪群的诊断和监测，单一样本的检测不能作为 PRRSV 临床诊断的依据，应采集一定数量的血清样本进行 PRRSV 抗体检测。断奶仔猪中检测到的 PRRSV 抗体有可能是母源 IgG 抗体，应以猪群血清阳转或 PRRSV 特异性抗体水平升高作为诊断或追踪 PRRSV 感染的依据。此外，现有的抗体检测方法不能区分野毒感染和 PRRS MLV 疫苗免疫的抗体。

（四）分子生物学诊断

用于 PRRSV 核酸检测的方法主要有 RT-PCR、实时 RT-PCR、原位杂交（ISH）和环介导等温扩增检测（LAMP）。RT-PCR 主要基于 PRRSV 的 ORF7、ORF5 基因设计的，所有的临床样本均可用于 RT-PCR 检测，可结合对扩增产物进行序列测定，以分析临床野毒株的变异与演化情况。实时 RT-PCR 具有高敏感性和特异性以及与高通量检测兼容的优点，也可用于定量 PRRSV 的基因组拷贝数，已被广泛采用，并已商业化。ISH 主要用 PRRSV 特异性核酸探针检测细胞培养物和福尔马林固定的组织样本中的 PRRSV，但因其烦琐的操作并未应用于实验室诊断。LAMP 与 RT-PCR 相似，LAMP 操作简便，但其诊断灵敏性低于 RT-PCR，且样本易受到环境污染而出现假阳性。

五、防控措施

（一）综合防控措施

1. 平时的预防措施 坚持自养自繁，建立稳定的种猪群，不轻易引种。引种时，应逐头进行血清学检测，阴性猪方可引入，禁止引入阳性带毒猪。对购进的精液进行 PRRSV 核酸检测。种猪引入后必须进行 3～4 周隔离，开展临床监测和实验室检测，健康阴性者方可混群饲养。规模化猪场应彻底实现全进全出，采取 2～3 点式饲养方式。加强猪群的饲养管理，保证猪群的营养水平，以提高猪群对其他病原微生物的抵抗力，降低继发感染的发生率。

2. 发病时的控制措施 发病猪场应采取一定的防范措施，及时隔离、淘汰发病猪，对病死猪、流产的胎衣、死胎进行无害化处理，对产房、发病猪舍、猪场环境进行消毒，降低 PRRSV 在猪场的传播与循环，避免疫情扩散。对发病猪群，可在饲料或饮水中添加抗菌药物（如替米考星、氟苯尼考），或使用一些抗菌药物（如头孢类）注射剂，以控制猪群的细菌性继发感染。具有广谱中和活性和高中和抗体效价的免疫血清对病毒血症的控制是有效的，基于抗体的免疫治疗策略兴许能够在 PRRSV 的控制上发挥作用。

（二）生物安全体系构建

1. 生物安全风险控制关键点　猪场生物安全体系可以有效降低或杜绝将 PRRSV 引入阴性种群或者将新的 PRRSV 变异株引入阳性种群的风险。猪场应认真分析和确定生物安全风险点，采用相应的措施，完善生物安全体系，预防关键控制点。控制 PRRSV 传入的生物安全措施主要包括隔离设施、引种与精液检测、运输车辆和进场物资的洗消和干燥、饲料控制、人员进场清洁与淋浴、蚊虫控制与杀灭等。猪场内部的生物安全控制点主要包括断奶仔猪与保育猪转舍、清除淘汰动物、清除病死猪、垃圾清理、粪污清理、气溶胶、水源、猪场用具、人员流动等，这些因素均可造成 PRRSV 在猪场内的传播与循环。因此，猪场内环境的清洁消毒，避免人员和饲养员串舍，定期清洗消毒用具，净道与污道分开等措施十分重要。养殖规模和密度较大的猪场，可以采用空气过滤系统。

2. 净化与根除　从猪场、区域和国家层面净化或根除 PRRSV 是控制 PRRS 的方向和最佳策略。猪场 PRRSV 的净化将显著提高猪群健康水平和经济效益，欧美许多国家的种猪场实施了相应的净化措施，大多是 PRRS 阴性场。净化措施包括整体清群/再建群、部分清群、检测和淘汰及闭群。

闭群是净化种猪群中 PRRSV 最常采用的行之有效的策略。主要方案：猪场一次疫情暴发后，对全场种猪群进行 PRRSV 减毒活疫苗（MLV）免疫，在猪群建立群体免疫之前，停止向猪场中引入后备母猪，闭群 12～42 周。闭群结束后，在检测的基础上按计划扑杀感染动物，然后再引入替换的阴性后备母猪。

清群和再建群是一项成功的技术，就是把猪场所有猪全部清除，然后再重新进猪建群，但其成本昂贵。采取部分清群，结合检测和淘汰感染猪的方法也可达到净化目的，即通过抗体和核酸检测，确定种猪群中感染 PRRSV 的个体，实施淘汰处理，该项策略要比闭群花费更多的财力和精力。

（三）疫苗与免疫

国外商品化的猪繁殖与呼吸综合征疫苗以减毒活疫苗（modified live virus，MLV）为主，包括 7 种 PRRSV-1 型疫苗和 4 种 PRRSV-2 型疫苗，由不同的国际动物保护公司研发。国内有 8 种 MLV 疫苗，均是 PRRSV-2 型疫苗。此外，国内外均有商品化的灭活疫苗。灭活疫苗因效力不确实或有限，应用面不如 MLV 疫苗，但安全性没有问题。MLV 疫苗的免疫效力在于：①可以减轻野毒感染导致的临床症状和病理损伤，减少野毒的排毒量，缩短其排毒时间；②降低因野毒感染造成的生产成绩下降和经济损失；③可以提供对同源毒株感染的良好保护效果和对异源毒株一定的交叉保护效力。然而，MLV 疫苗不能诱导清除性免疫，被称为是有漏洞的疫苗，其安全性问题是猪繁殖与呼吸综合征免疫防控中的一道难题，主要包括：①MLV 在猪场循环与传播、变异与演化，产生新的毒株；②MLV 毒力返强，呈现致病性增强；③与猪场存在的 PRRSV 野毒的重组而产生新毒株（Zhou et al.，2021）。此外，面对猪场存在 PRRSV 毒株多样性、不同猪场的毒株不尽相同这一现实，MLV 的选择和使用很令养殖者困惑。

很显然，单纯依靠疫苗免疫的手段来控制 PRRSV 是不现实的。基于 PRRSV 的流行现状，科学合理使用 MLV 疫苗十分重要。MLV 使用的基本原则：①PRRSV MLV 疫苗适用于疫情发生猪场和不稳定猪场，稳定猪场不宜使用，种猪场和种公猪站应禁止使用；②选择安全性相对较好的 MLV 疫苗，推荐采取一次性免疫方式，即经产母猪在配种前接种，后备母猪在配种前 1～3 个月接种，仔猪于断奶前 1～2 周接种；③经产母猪群 ELISA 抗体阳性率超过 80%，不必要进行接种；④猪群生产成绩稳定后，可停止 MLV 疫苗免疫。

后备母猪驯化是养猪生产中经常采用的控制 PRRSV 的一种策略，基本方式：设置专门的后备母猪培育舍，后备母猪断奶或体重达到 25kg 以后，采用猪场流行的 PRRSV 活病毒接种（LVI）（通常是制备感染猪血清）或使用 MLV 活疫苗接种，以保证后备母猪有足够的时间（4～6 个月）产生保护性免疫。LVI 有造成猪群发病和损失的风险，因此实施之前应对猪场的 PRRSV 毒株的毒力、多样性及猪场饲养管理水平进行充分评估。对于高致病性毒株，不适宜采用 LVI 方式进行后备母猪驯化。

六、问题与展望

猪繁殖与呼吸综合征的控制是世界养猪业的一大难题，通过疫苗免疫手段实现对 PRRSV 的有效控制仍是巨大挑战。PRRSV 的快速变异与演化、毒株的多样性、变异新毒株的持续出现、MLV 疫苗的安全性问题，是 PRRS 预防与控制所面临的现实问题和难点。深入开展 PRRSV 致病与免疫、变异与演化的分子机制，彻底解析猪抵御 PRRSV 感染的免疫机制对于本病的控制具有重要的科学价值。采用疫苗研究新策略、新思路和新技术，研发安全、高效的新型疫苗是科学研究努力的方向。采用基因修饰或基因编辑技术培育抗 PRRSV 猪的新品种及其商业化的可行性值得进一步探索，路途仍然遥远。推动和实施种猪场净化，逐步走向区域控制与净化，最终迈向全国根除是控制 PRRS 的可为之路。

（杨汉春）

第四节　猪圆环病毒病

一、概述

拓展阅读 3-4

猪圆环病毒病（porcine circovirus disease，PCVD）又称为“猪圆环病毒相关病”（porcine circovirus associated disease，PCVAD），是由猪圆环病毒 2 型（porcine circovirus 2，PCV2）引起猪的多种疾病的总称，包括断奶仔猪多系统衰竭综合征（postweaning multisystemic wasting syndrome，PMWS）、猪皮炎肾病综合征（porcine dermatitis and nephropathy syndrome，PDNS）、PCV2 相关性繁殖障碍（PCV2-RD）、PCV2 相关性肠炎和仔猪先天震颤等，其中，PMWS 最为常见，以消瘦、贫血、黄疸、生长发育不良、腹泻、呼吸困难、全身淋巴结水肿和肾坏死等为特征。本病可导致猪群产生严重的免疫抑制，从而容易继发或并发其他传染病。

1982 年德国首先从 PK-15 细胞培养物中发现猪圆环病毒，对猪无致病性，命名为血清 1 型猪圆环病毒（PCV1）。1991 年加拿大首先发现 PMWS 病例，1997 年 PMWS 暴发流行，随后，很多欧洲和美洲国家相继报道，认定其与猪圆环病毒 2 型有关。21 世纪初，本病命名为“猪圆环病毒病”（PCVD），美国则将其命名为“猪圆环病毒相关病”（Allan et al.，2002b）。

本病在我国于2001年首次报道并广泛流行，造成严重经济损失。2006年后，各国开始使用PCV2疫苗，本病得到逐渐控制，经济损失显著减少。2016年，美国从临床发病母猪群中发现猪圆环病毒3型（PCV3）（Palinski et al.，2016；Phan et al.，2016），但其临床致病性尚不清楚。

二、病原学

（一）病原与分类

本病毒属于圆环病毒科（*Circoviridae*）圆环病毒属（*Circovirus*）。已发现4种PCV类型：PCV1、PCV2、PCV3和PCV4。PCV1对猪没有致病性，广泛存在于猪体内及猪源传代细胞系中。PCV2具有致病性，是本病的必需病原。PCV3和PCV4致病性尚不清楚（Rosario et al.，2017）。

PCV2能在PK-15细胞上生长，并形成胞质内包涵体，但不致细胞病变。PCV2也能在IPEC－J2和淋巴母细胞L35细胞系中复制，但不能在原代胎猪肾细胞、恒河猴肾细胞和BHK-21细胞上生长。PK-15细胞培养物中加入300mmol/L *D*-氨基葡萄糖-HCl可促进PCV2的复制。本病毒DNA复制依赖于细胞生长S期表达的相关细胞酶类分子或者细胞修复。

本病毒是迄今发现的一种最小的动物病毒，直径为12～23nm。核衣壳呈二十面体对称结构。无囊膜，无血凝性，病毒对外界环境抵抗力极强，耐氯仿，耐酸，在pH 3的环境下仍可存活，70℃环境中仍可稳定存活15min。一般消毒剂很难将其杀灭，氯苯双胍己烷、甲醛、碘酒和乙醇室温下作用10min，可部分杀灭病毒。

（二）基因组结构与编码蛋白

本病毒基因组为单股环状DNA（ssDNA），长度为1759bp（PCV1）、1767～1768bp（PCV2）和2000bp（PCV3）。病毒基因来源尚不清楚。本病毒感染细胞后，ssDNA转化为中间产物双链DNA（dsDNA），称为“复制体”（RF）。RF为双义链，包含编码链（正链）和互补链（负链）的基因。PCV2基因组含11个推测的开放阅读框（ORF）。ORF1位于正链上呈顺时针方向，编码非结构复制酶蛋白Rep和Rep′，长度分别为314个和178个氨基酸（aa）。ORF2呈逆时针方向位于互补链上，编码结构蛋白衣壳蛋白（Cap），长度为233～234aa。ORF3和ORF4位于互补链上呈逆时针方向。

PCV2 Cap蛋白具有重要免疫保护作用，目前已经揭示出6个重要抗原表位和关键结构域。PCV2 Cap早期免疫应答的关键抗原表位位于55-YTVKATTVRTPSWAVDMM-72、106-WPCSPITQGDRGVGSTAV-123和124-ILDDNFVTKATALTYDPY-141。PCV2中和抗体产生必须依靠抗原表位169-STIDYFQPNNKR-180。Cap蛋白N端15-PRSHLGQILRRRP-27（α-helix）和33-RHRYRWRRKN-42（NLS-B）及Cap蛋白羧基端29个氨基酸对Cap蛋白病毒样颗粒（VLP）组装和稳定十分重要，Cap蛋白羧基端氨基酸也影响PCV2入胞和繁育生长（Mo et al.，2019；Zhan et al.，2020）。PCV2 ORF3编码蛋白可诱导PK-15细胞凋亡。ORF4编码蛋白可抑制caspase活性，具有调控$CD4^+$和$CD8^+$ T淋巴细胞作用。PCV3 Cap蛋白也可以形成VLP，但其CD-loop（72～79aa）和EF-loop（109～131aa）结构域与PCV2 Cap蛋白不同（Bi et al.，2020）。

（三）病原分子流行病学

PCV2 流行毒株基因有一定差异，核苷酸序列同源性＞93%。目前已鉴定出 9 种基因型 PCV2，即 PCV2a～PCV2i，但只有一种血清型（Franzo et al.，2020）。不同时期，PCV2 存在基因漂移，如 1997～2000 年，PCV2a 是欧美国家临床感染猪中最流行的基因型。随后，病毒出现基因漂移，PCV2b 成为优势流行毒株，临床疾病更加严重。2007 年后全球 PCV2 疫苗逐渐广泛使用，临床疾病显著减少，但发病猪群中 PCV2d 逐渐增多（Franzo et al.，2016；Xiao et al.，2016）。我国 PCV2 流行毒株基因型与欧美国家相似，也出现了类似的 PCV2a～PCV2b 和 PCV2d 的基因漂移现象。目前，我国猪群中 PCV2a、PCV2b 和 PCV2d 都有存在，但以 PCV2b 和 PCV2d 为主。PCV2c 和 PCV2e 的临床意义尚不清楚。新基因型毒株的出现可能与不同毒株重组有关。

（四）感染与免疫

1. 感染　PCV2 人工感染后 7d 左右，出现 PCV2 病毒血症，感染后 14～21d 病毒血症达到高峰。PCV2 主要侵害机体的免疫系统，病毒感染可造成机体免疫抑制。PMWS 猪单核巨噬细胞中病毒含量最高，但体外培养的 PBMC 中支持 PCV2 复制的单核细胞主要是 T 淋巴细胞（$CD4^+$和 $CD8^+$）和少量 B 淋巴细胞。肾、呼吸道上皮细胞、内皮细胞、肠细胞、肝细胞、平滑肌细胞、胰腺腺泡和导管细胞中也存在病毒。

PCV2 感染发病可能与猪的来源、接种动物日龄、免疫状态、遗传易感性、PCV2 毒株、接种方式、感染剂量和给药途径有关。PMWS 人工发病模型最有效的方法是：3 周龄以下断奶仔猪，接种高剂量 PCV2b（$>10^5$ $TCID_{50}$/头），并混合接种其他病原，如猪流感病毒（SIV）、猪繁殖与呼吸综合征病毒（PRRSV）、猪细小病毒（PPV）、猪肺炎支原体和链球菌等。

PMWS 猪一般都会出现免疫抑制，表现特征为：①PCV2 感染猪中淋巴组织的大面积损伤（B 和 T 淋巴细胞的缺失）、巨噬细胞数量增加、细胞间树突状细胞减少。②PCV2 感染猪中 PBMC 亚群发生变化，淋巴细胞减少。T 细胞亚群的变化主要涉及 $CD4^+CD8^+$记忆性 T 细胞。但是，亚临床感染猪的细胞毒性（$CD4^-CD8^+$）和 γδ（$CD4^-CD8^-$）T 淋巴细胞数量明显增加，表明 PCV2 感染猪产生了主动免疫应答。③临床上存在多病原的混合感染。

猪胚胎易受 PCV2 感染，其易感性随发育阶段而增加。PCV2 可在无透明带的桑葚胚和囊胚中复制，导致胚胎死亡。妊娠中后期母猪人工感染试验证明，PCV2 可在胎儿中复制，胎儿心肌细胞出现炎性病变，心脏组织中病毒滴度和细胞感染比例最高。妊娠母猪鼻内接种 PCV2 或用含 PCV2 的精液进行人工授精，可引起胎儿、新生仔猪感染或繁殖障碍（流产、早产、死胎）。

2. 免疫　PCV2 感染可以调控免疫系统。肺泡巨噬细胞感染 PCV2，容易引起条件性和继发性肺部感染。PCV2 感染体外培养的骨髓源性树突状细胞，不影响树突状细胞成熟和呈递抗原能力，但损伤浆细胞样树突状细胞（天然干扰素产生细胞）对危险信号的应答能力。PCV2 亚临床感染猪可产生特异性体液免疫反应和 T 细胞免疫反应。PMWS 猪表现 B 和 T 淋巴细胞减少，尤其是 B 细胞和 $CD3^+$ $CD4^+$ $CD8^+$记忆/活化的 T 淋巴细胞耗竭。PMWS 人工发病猪血液中 SCOS3、TNF-α 和 IL-6 显著高于 PCV2 亚临床感染猪（Zhu et al.，2017）。

母源抗体对仔猪有保护作用，4 周龄以内仔猪很少发病。母猪初乳含有 PCV2 抗体，仔猪哺乳期逐渐下降。PCV2 血清抗体阳转通常发生在 7～12 周龄，并至少持续至 28 周龄。PCV2

感染猪群育肥阶段，PMWS 猪与健康猪血清 PCV2 抗体水平没有明显差异。

PCV2 感染可产生针对病毒 Cap 蛋白抗体和 Rep 蛋白抗体。目前 PCV2 商品疫苗均为灭活疫苗或 Cap 亚单位疫苗，都只产生 Cap 蛋白抗体。疫苗接种后 2～3 周产生 PCV2 特异性免疫反应。疫苗接种和感染都能诱发生成记忆/活化 T 细胞。PCV2 特异性 IFN－γ 或 TNF-α 的 $CD4^+$细胞在控制和清除 PCV2 感染中发挥重要作用（Koinig et al.，2015）。

三、诊断要点

（一）流行病学诊断

家猪和野猪是自然宿主。PCV1 和 PCV2 在家猪和野猪中普遍存在。野猪和家猪中均存在 PCV2a 和 PCV2b 基因型。2016 年新报道的 PCV3 存在于美国、中国、韩国、英国、西班牙和德国等很多国家（Collins et al.，2017；Franzo et al.，2018b；Fux et al.，2018；Ku et al.，2017；Li and Tian，2017），但其传播、病毒持续时间和其他流行病学资料尚不清楚。小鼠和大鼠可感染 PCV2，鼠可成为替代宿主或机械传播载体，其他物种不易感染 PCV2。

猪对 PCV2 具有较强的易感性，各种年龄均可感染，但仔猪感染后发病严重，呈现多种临床表现，包括断奶仔猪多系统衰竭综合征（PMWS）和猪皮炎肾病综合征（PDNS）等。感染猪可以通过鼻液和粪便排毒，经口腔、呼吸道途径传播。怀孕母猪感染 PCV2 后，也可经胎盘垂直传播感染仔猪，引起繁殖障碍。

PCV2 是致病的必要条件，但不是充分条件，必须在其他因素参与下才能导致明显临床病症。PMWS 诱发因素包括：猪舍温度不适、通风不良、不同日龄猪混群饲养、猪体免疫接种应激及其他重要病原体的混合感染。

本病毒传播途径有水平传播和垂直传播，但口鼻接触是主要的传播途径。PCV2 可存在于猪鼻腔、扁桃体、支气管和眼部分泌物、粪便、唾液、尿液、初乳、乳汁和精液中。PCV2 可经过污染的精液和胎盘感染，引起母猪繁殖障碍。母猪可通过呼吸道分泌物、初乳和乳汁将病毒传播给哺乳仔猪。

本病的发病率和死亡率变化很大，依猪群健康状况、饲养管理水平、环境条件及病毒类型等而定，病死率一般在 10%～20%。本病无明显的季节性。

（二）临床诊断与病理诊断

猪圆环病毒感染后潜伏期均较长，可以胚胎期或出生后早期感染，在断奶以后才陆续出现临床症状。本病临床上常见病症类型如下。

1. 断奶仔猪多系统衰竭综合征（PMWS） PCV2 感染普遍存在，大多数属于亚临床感染，仔猪感染后往往在断奶后才可以发病，一般集中在 2～4 月龄，尤其在 6～12 周龄最多见，表现淋巴系统疾病、渐进性消瘦、皮肤苍白、皮下淋巴结肿大、呼吸困难、腹泻，偶尔黄疸。发病率通常为 4%～30%（偶尔为 50%～60%），病死率为 4%～20%。发病率和病死率取决于猪场和猪舍条件，并发或继发细菌或病毒感染病死率会大大增加。

病死猪病理变化明显，淋巴结和肾有特征性病变。全身淋巴结，尤其是腹股沟、纵隔、肺门和肠系膜及颌下淋巴结显著肿大。肾肿胀，皮质表面出现灰白色坏死点。肺肿大，间质增宽，质度坚硬或似橡皮样，表面有大小不等的褐色实变区。脾、肝轻度肿胀。混合感染其他病原，病理变化更加严重，如出现副猪嗜血杆菌继发感染，常见胸腔积液、胸膜炎、心包炎、腹膜炎和关节炎。

病理组织学变化主要表现在淋巴结、扁桃体、胸腺和脾等淋巴组织器官，其特征是淋巴细胞减少，出现大量组织细胞和多核巨细胞浸润，组织细胞、多核巨细胞或树突状细胞可见胞内病毒包涵体。淋巴滤泡中心部有蜂窝状坏死和炎性肉芽肿，其他组织病变有肺间质性肺炎，肺泡间隔增厚，肺泡腔中有巨噬细胞和少量中性粒细胞。肝大面积细胞病变和炎症。肾组织出现淋巴细胞炎性浸润，肾小管上皮细胞和浸润的单核细胞中可能存在 PCV2 抗原。病猪不同器官组织常会出现血管炎和淋巴管炎。

2. 猪皮炎和肾病综合征（PDNS）　通常发生在 8～18 周龄猪，发病率为 0.15%～2%，有时达 7%。大于 3 月龄的猪病死率接近 100%，年幼猪中病死率约为 50%。严重、急性感染猪出现临床症状后几天内即可死亡。病猪表现为厌食、精神不振、不愿走动或步态僵硬，有时体温上升。皮肤出现不规则的红紫色斑点和丘疹，呈圆形或不规则的隆起，周围呈红色或紫色，中央形成黑色病灶，主要出现在后肢和会阴区。随着病程的推移，病灶会被黑色的结痂覆盖，逐渐消退，有时会留下疤痕。耐过猪常则在综合征开始后 7～10d 恢复，体重逐步增加。病理变化为出血性坏死性皮炎、动脉炎、渗出性肾小球性肾炎和间质性肾炎，胸水和心包积液。血清尿素氮和肌酐水平明显升高，提示存在急性肾功能衰竭。

3. PCV2 相关性繁殖障碍（PCV2-RD）　一般认为 PCV2 与母猪怀孕晚期流产和死胎有关。PCV2 感染可以造成繁殖障碍，导致母猪流产、死产、弱仔和木乃伊胎等。死胎或新生弱仔猪一般表现为慢性、被动性肝充血和心肌肥大及心肌多灶性变色。心脏组织病变主要为非化脓性、纤维素性或坏死性心肌炎。

4. PCV2 相关性肠炎　主要发生于 40～70 日龄猪，表现腹泻，生长迟缓。大肠和小肠的淋巴集结组织出现肉芽肿性炎症和淋巴细胞减少，肉芽肿性炎症的特点是上皮细胞和多核巨细胞浸润和嗜碱性包涵体形成。

5. PCV2 相关性先天性震颤　PCV2 可能与先天性震颤有关。患有先天性震颤的猪引起脑和脊髓的神经脱髓鞘，以不同程度的阵缩为特征，严重程度随时间下降，通常到 4 周龄自愈。感染猪的病死率可高达 50%，不能哺乳。

（三）鉴别诊断

临床上，本病应注意与猪瘟、猪繁殖与呼吸综合征、猪丹毒、葡萄球菌渗出性皮炎等鉴别诊断，并应考虑到与 PMWS 混合感染的其他疾病。

PMWS 诊断标准：①一定比例的猪出现生长迟缓、消瘦，常伴有呼吸困难和腹股沟淋巴结肿大，偶发黄疸。②淋巴组织中，出现中度到重度的组织病理变化特征。③感染猪病变的淋巴组织和其他组织内有中滴度到高滴度的 PCV2。临床上，呼吸道疾病较多，包括猪繁殖与呼吸综合征、流感、支原体肺炎和猪肺疫等，尤其出现混合感染时，病理变化比较复杂，应加以鉴别。

PCV2-RD 诊断标准：①晚期流产和死胎，有时可见胎儿心肌明显肥大；②心肌损伤，表现为大面积纤维素性或坏死性心肌炎；③在心肌损伤部位或其他胎儿组织中检测到大量的 PCV2。临床中，本病引起的妊娠晚期临床症状很难与其他猪病引起的晚期流产和死胎区分开，包括猪繁殖与呼吸综合征、伪狂犬病、猪瘟和布鲁氏菌病等。母猪细小病毒病引起的流产和木乃伊胎主要发生在母猪怀孕早期。妊娠早期 PCV2-RD 诊断标准：①定期二次发情；②二次发情后发生 PCV2 血清转化，或者二次发情后 PCV2 PCR 检测为阳性。但临床上母猪二次发情的病因较多，包括感染性因素或非感染性因素，应注意鉴别。

PDNS 诊断标准：由于引起 PDNS 的病原尚不清楚，PDNS 诊断主要依靠以下两个标准：①出血性和坏死性皮肤损伤，主要出现在后肢和会阴区，肾肿胀、苍白，皮质大面积淤血；②全身性坏死性血管炎和坏死性纤维素性肾小球肾炎。临床上应特别注意 PDNS 与慢性经典猪瘟（CSF）和慢性非洲猪瘟肉眼病变相似。

四、实验室诊断技术

（一）病料采集与保存方法

根据临床症状和病理变化，采集病猪相应内脏组织，包括淋巴结、肺、脾、肠道组织等，用于检测 PCV2 抗原或病毒核酸。发病猪的血清也存在病毒。实验室检测病原结果有时不一致，可能与检测方法和采集的病料组织有关。

（二）病毒学诊断

病毒检测方法主要有病毒分离鉴定、原位杂交、免疫组织化学法和荧光定量 PCR 方法等。国外采用原位杂交（ISH）和免疫组化（IHC）检测 PCV2。PCV2 核酸或抗原存在于病变淋巴结组织细胞、多核巨细胞、单核巨噬细胞。PMWS 猪淋巴结组织中 PCV2 含量与显微镜下观察到的淋巴组织病变的严重程度有很强的相关性，病变组织中 PCV2 含量在 PMWS 猪和 PCV2 亚临床感染猪之间也存在显著差异。因此，临床发病猪病变组织或血清中 PCV2 定量检测技术可用于本病诊断，如荧光定量 PCR 方法可用于病毒核酸定量检测，简便快速和特异性高。环境中 PCV2 普遍存在，普通 PCR 方法不能用于 PMWS 诊断。

（三）免疫学诊断

抗体检测方法主要有间接免疫荧光抗体试验（IFAT）和 ELISA 等。ELISA 方法灵敏、快速，适合用于大规模病毒抗体检测，包括竞争 ELISA、间接 ELISA、阻断 ELISA 和抗原捕获 ELISA 等。PCV2 阻断 ELISA 抗体检测方法为国家指定标准。由于 PCV2 普遍存在，PCV2 抗体血清学方法不能用于临床疾病诊断。

五、防控措施

（一）综合性措施

本病是多种因素引起的疾病，实践证明，疫苗接种可以有效预防和控制本病。综合预防控制措施重点是消除环境因素和感染性辅助因子及引起本病的诱因。第一，改进完善猪场传统的饲养管理方式，尽可能采用分段同步生产、两点式或三点式饲养方式，同时确保饲料具有良好的品质；第二，有效的环境卫生和消毒措施；第三，控制其他病原体共同感染或继发感染，如猪繁殖与呼吸综合征、细小病毒病、喘气病、副猪嗜血杆菌病、猪链球菌病和猪支原体病等，一方面安排合理免疫程序，另一方面饲料中定期添加预防保健类药物，如支原净、金霉素、阿莫西林等，有助于控制细菌混合感染或继发感染；第四，发病猪及时隔离饲养或淘汰，降低死亡率。本病发生后没有特效药物，主要治疗方法是控制细菌继发感染，减少发病淘汰和死亡。

（二）疫苗与免疫

疫苗接种是本病预防控制关键措施之一。我国批准的商品疫苗主要有 PCV2 灭活疫苗（SH、LG、DBN/98、WH 和 ZJ/2 株）、PCV2 Cap 蛋白重组杆状病毒灭活疫苗、PCV2 Cap 蛋白大肠杆菌亚单位疫苗和 PCV2 合成肽疫苗。进口疫苗主要有 PCV2 Cap 蛋白重组杆状病毒载体灭活疫苗、PCV2 灭活疫苗和 PCV1-2 嵌合体灭活疫苗。疫苗抗原大多来自 PCV2a 和 PCV2b 毒株，对 PCV2a、PCV2b 和 PCV2d 都有较好保护作用（Rose et al.，2016；Afghah et al.，2017）。PCV2 亚单位疫苗采用的 Cap 抗原应形成 VLP，VLP 稳定性对疫苗免疫保护作用非常重要。临床上一般免疫接种仔猪。2～3 周龄仔猪免疫 1～2 次，每次间隔 3 周，可以有效降低发病率和死淘率，提高肉猪生产水平。母猪接种疫苗有两个目的：①预防子代出现 PCVD；②防止出现 PCV2-RD。为预防子代出现 PCVD，妊娠后期接种疫苗。提高母猪免疫力和降低母猪分娩期病毒血症可降低仔猪 PMWS 发病率。如果目的是预防 PCV2-RD，可以在母猪驯化期、配种前、哺乳期或断奶时接种疫苗。母猪接种疫苗能提高产仔率、仔猪存活数、仔猪出生体重和每窝断奶仔猪数，但高水平母源抗体可干扰仔猪疫苗接种产生抗体。母猪免疫可能对仔猪 PCV2 疫苗效力产生干扰。

近年来，我国研制成功 PCV2-肺炎支原体二联灭活疫苗、PCV2-副猪嗜血杆菌二联灭活疫苗，并且已经商品化生产。实验性疫苗包括 PCV2a-PCV2b 嵌合体灭活疫苗（Bandrick et al.，2020）、PCV2d Cap 蛋白重组杆状病毒灭活疫苗（Kim et al.，2021）、PCV2b Cap 重组伪狂犬病毒基因缺失活疫苗（Wu et al.，2021）、PCV2-PRRSV-猪肺炎支原体灭活疫苗（Oh et al.，2019）。PCV2-PRRSV-猪肺炎支原体灭活疫苗可有效抵抗这三种病原的实验感染。

六、问题与展望

疫苗免疫对本病有效防控发挥了关键作用。PCV2Cap 蛋白 VLP 疫苗免疫仔猪可出现分泌 PCV2 特异性 IFN－γ 的细胞，证实其可诱导产生细胞免疫，但目前商品疫苗不能有效阻断 PCV2 感染。自疫苗在全球广泛使用以来，PCV2 临床毒株出现一些新的基因变异。因此，监测 PCV2 毒株基因变异、研究变异毒株生物学特性以及研制新型疫苗并清除 PCV2 感染，仍然是本病的重要研究方向。PCV3 虽然有分离鉴定的研究报道，但其感染和致病作用尚需进一步研究。

（姜　平）

第五节　猪传染性胃肠炎与流行性腹泻

一、概述

猪传染性胃肠炎（transmissible gastroenteritis，TGE）和猪流行性腹泻（porcine epidemic diarrhea，PED）是由冠状病毒引起猪的一类以呕吐、腹泻和高致死率为特征的消化道传染病。两种疾病病原分别是猪传染性胃肠炎病毒（transmissible gastroenteritis virus，TGEV）和猪流行性腹泻病毒（porcine epidemic diarrhea virus，PEDV），二者同属冠状病毒科成员。此类疾病的流行特点和临床表现十分相似，并多

拓展阅读 3-5

以混合感染。在疾病流行特点上，病毒通过粪-口经消化道传播是 PEDV 和 TGEV 的主要途径，但并非唯一的传播途径，也有人认为经呼吸道黏膜感染导致疾病的迅速传播。虽然各种年龄猪均易感，但 2 周龄仔猪，特别是 7 日龄以内的新生仔猪更敏感，其感染后死亡率几乎为 100%。该类疾病多发于气候寒冷、温差变化大、潮湿等季节，一般在早春和冬季发生较多，但在人工控制气候的集约化养猪场这些流行特点不明显；在临床表现上，呕吐和水样腹泻是 PED 和 TGE 突出的特征，呕吐物中夹杂很多黄白色的黏稠乳块和没有消化的食物，腹泻排出灰白色或淡绿色或者黄绿色的粪便，在粪便中夹杂很多没有消化的凝乳块，腹泻严重者脱水明显，被毛杂乱，机体衰竭死亡；主要的病变区域集中于小肠，小肠内充满大量黄色液体并膨胀，肠壁明显变薄，镜下观察，肠上皮细胞脱落，呈空泡化，肠绒毛明显变短。

PED 和 TGE 从 20 世纪 70 年代被发现以来，作为一类消化道常见病广泛存在于我国不同规模的养猪场，但在 2010 年以后，PED 在东亚、美洲及欧洲等多地呈毁灭性暴发，重新引起了各国关注，并造成了重大经济损失。在我国 2010 年之前，PED 一直呈现散发和局部流行态势，没有出现大规模暴发。2010 年 10 月开始，我国暴发 PED 疫情，以哺乳仔猪 100%发病、80%～100%致死为主要特征，此次疫情波及全国近 20 个省（自治区、直辖市），疫情蔓延迅速，给我国养猪业造成了巨大的经济损失。

1933 年美国的伊利诺伊州就有 TGE 的记载，在 1945 年 Doyle 等在美国确定了本病病原。1956 年在日本和 1957 年在英国相继报道了本病，此后多数欧洲国家、马来西亚、加拿大、我国台湾地区均有本病的发生。我国大陆从 20 世纪 60 年代末就有本病的报道。TGE 从发现到 20 世纪 90 年代之前，对世界各养猪国家造成了很大的经济损失，但在 20 世纪 90 年代初，随着猪呼吸道冠状病毒（porcine respiratory coronavirus，PCRV）在猪群中的流行，TGEV 造成的经济影响开始下降。因 PCRV 和 TGEV 在血清学上有很大的交叉，PCRV 在猪群中的流行，相当一部分猪获得免疫，所以猪对 TGEV 感染具有一定抵抗力，但是 PCRV 感染猪所产生的抗体，也混淆了对 TGEV 的血清学检测。

PED 最早在 1971 年暴发于英国的架子猪和育肥猪，之后蔓延至欧洲其他国家，如比利时、德国、法国、荷兰、瑞士、匈牙利、保加利亚。在亚洲，主要存在于中国、韩国、日本、印度东北部地区。1978 年，比利时首次分离鉴定出本病毒，命名为 CV777。我国最早于 1984 年确定了 PED 的病原。本病在欧洲和亚洲的存在以散发或地方流行性为主。但在 2010 以后，本病的流行强度、流行范围、病原毒力均发生明显改变。在流行强度和流行范围上，我国 20 余个省（自治区、直辖市）流行此病，各种年龄猪均可感染，仔猪的病死率几乎是 100%；此次流行在东亚、北美及欧洲也造成广泛流行，给世界养猪业造成严重经济损失。

二、病原学

（一）病原与分类

TGEV 和 PEDV 均属于冠状病毒科成员。冠状病毒科（*Coronaviridae*）是套式病毒目（*Nidovirales*）下属的一个病毒科，又可进一步分为冠状病毒亚科（*Coronavirinae*）和凸隆病毒亚科（*Torovirinae*）。由国际病毒分类委员会（International Committee on Taxonomy of Viruses，ICTV）在 2018 年出版的 ICTV 第十次病毒分类报告中，冠状病毒亚科被分为 α-冠状病毒、β-冠状病毒、γ-冠状病毒和 δ-冠状病毒 4 属，其中 α-和 β-这 2 属的冠状病毒主要感染哺乳动物。TGEV 和 PEDV 均属于 α-冠状病毒。

所有动物的冠状病毒形态特征非常相似，略呈球形，直径在 80～160nm，有囊膜，囊膜表面有纤突，纤突长 12～24nm，纤突末端呈球状，整个纤突呈花瓣状，纤突之间有较宽的距离，所以全部纤突排列于囊膜表面呈皇冠状特征，故称冠状病毒。

病毒粒子囊膜为脂质双层结构，在囊膜上存在有三种蛋白质，分别是 S 蛋白、M 蛋白及 sM 蛋白，这些蛋白质均为外部蛋白，在病毒内部由 N 蛋白与病毒核酸构成病毒的核衣壳。

（二）基因组结构与编码蛋白

冠状病毒属单股正链、不分节段的 RNA 病毒，也是 RNA 病毒中基因组最大的病毒。基因组全长因毒株的不同有所差别，在 27 000～33 000bp，相对分子质量为（6～8）$\times 10^6$。TGEV Purdue-115 株基因组大小为 28 579bp，PEDV CV777 大小为 28 033bp。TGEV 和 PEDV 基因组结构特征极其相似，TGEV 从 5′→3′各基因结构顺序为 5′-ORF1a-ORF1b-*S*-ORF3a-ORF3b-*sM*-*M*-*N*-ORF7-3′，而 PEDV 依次为 5′-UTR-ORF1-*S*-ORF3-*sM*-*M*-*N*-3′-UTR，所以 TGEV 有 7 个 ORF，PEDV 有 6 个 ORF。这些 ORF 编码不同的结构和非结构蛋白，TGEV 编码 4 个结构蛋白、3 个非结构蛋白，而 PEDV 编码 4 个结构蛋白、两个非结构蛋白。

1．ORF1　编码病毒的复制酶-转录酶，属于病毒的非结构蛋白。通过对 TGEV 聚合酶基因的研究表明，ORF1 由 ORF1a 和 ORF1b 两部分构成，其中 ORF1a 包括 12 051 个碱基，ORF1b 包括 8094 个碱基，编码多聚蛋白 pp1a 和 pp1ab，经过病毒的蛋白酶 nsp3 和 nsp5 切割，形成 16 个非结构蛋白（nsp1～nsp16），与宿主的一些蛋白因子组装成了病毒的转录复制复合体，病毒结构蛋白的基因通过转录复制复合体的加工，负链 RNA 转录成正链 RNA，组装入病毒粒子，再经核糖体翻译表达成病毒结构蛋白。

2．ORF2　编码病毒的囊膜蛋白，又叫纤突（spike，S）蛋白，属于病毒的结构蛋白。S 蛋白具有促进病毒囊膜与宿主细胞膜融合的作用，所以 S 蛋白与病毒的感染和致病性有关，同时 S 蛋白与病毒的组织嗜性有关。不同的毒株，编码 S 蛋白基因的大小略有差异。根据对 TGEV 的研究，S 蛋白贯穿于病毒粒子的囊膜中，分为膜外区、跨膜区及膜内区。位于病毒粒子的表面部分主要形成病毒外部的花瓣状纤突，分子质量大约为 200kDa。S 蛋白的羧基端构成纤突的柄及跨膜区和膜内区，膜外区上分布着主要的抗原位点，主要为 A、B、C、D 4 个位点。A、B 和 D 位点在不同毒株间具有高度的保守性，各个毒株的 C 位点具有少量的碱基突变。A 和 D 位点是 S 蛋白诱导机体产生中和抗体的主要作用位点，将 S 蛋白基因中的 A 和 D 位点序列进行缺失，则其编码的产物将失去诱导机体产生中和抗体的作用。PEDV S 蛋白由 1383 个氨基酸组成，属于 I 型糖蛋白，大小为 180～200kDa。S 蛋白包含 4 个部分，分别为信号肽区（1～18aa）、4 个中和表位（499～638aa、748～755aa、764～771aa 及 1368～1374aa）、1 个跨膜结构域（1334～1356aa）及 1 个短的胞质区（1357～1383aa）。

3．ORF3　一般认为 ORF3 编码病毒的非结构蛋白，由 ORF3a 和 ORF3b 组成，对 ORF3 的功能目前还不完全清楚，一般认为 ORF3 与毒力有关，特别是 ORF3a，因为 TGEV 变异株、猪呼吸道冠状病毒（PRCV）等毒力变弱的毒株及 PEDV 毒力减弱的毒株均缺失基因 ORF3a。

4．ORF4　编码病毒的小膜（small membran，sM）蛋白，属于病毒的结构蛋白，在病毒粒子上，sM 与囊膜结合，其 C 端经跨膜运输到膜外，N 端位于膜内，大约有 10kDa。其主要的功能不是十分清楚，推测 sM 是病毒有效复制所必需的，它在调控装配和（或）释放中起重要作用。在感染的猪血清中，可以检出抗 sM 的抗体，其在体液免疫和细胞免疫中的作用不清。

5. ORF5 编码病毒的膜（membran，M）蛋白，属于病毒的结构蛋白，M 蛋白位于病毒的表面囊膜中，M 蛋白从 N 端到 C 端可分为信号肽、膜外区、跨膜区、歧性区及突于病毒粒子内的 C 端区 5 个功能域。M 蛋白决定了病毒粒子的装配位点、病毒成熟及释放。流行性腹泻病毒的 *M* 基因编码 262 个氨基酸残基，分子质量为 28～31kDa。M 蛋白的氨基端存在干扰素的决定簇，具体位置为 6～22 个残基区，具有体外诱导干扰素-α 产生的功能。*M* 基因非常保守，因此也是常作为聚合酶链反应（PCR）中检测 PEDV 或者 TGEV 基因，用于实验室的快速诊断。

6. ORF6 编码病毒的核衣壳蛋白（nucleocapsid，N），属于病毒的结构蛋白。该蛋白质属于病毒的内部蛋白，与病毒的核酸结合在一起以核糖核蛋白复合体形式存在，构成病毒的核衣壳。TGEV *N* 基因为 1146bp，编码 382 个氨基酸残基的蛋白，分子质量约为 45kDa 的磷酸化的酸性蛋白，PEDV *N* 基因长达 1700bp，编码一个 441 个氨基酸残基的 N 蛋白，N 蛋白的抗血清可以抑制病毒基因组约 90%的复制率，说明 N 蛋白在病毒的复制转录过程中具有重要作用。对 TGEV 的研究发现，N 蛋白较强的抗原区域有 3 个，分别位于氨基酸残基的 46～60 位、272～286 位、321～335 位，其中 321～335 位区域的免疫原性最强。N 蛋白在病毒 RNA 的合成、复制、翻译等过程中及致病性等方面具有重要作用。无论是 TGEV 还是 PEDV，N 蛋白都相对保守，因此 N 蛋白也是进行快速检测的靶基因。

7. ORF7 编码一个分子质量约为 10kDa 的蛋白质，属于病毒的非结构蛋白，存在于细胞核中，其功能目前还不是很清楚，该基因存在于 TGEV 中，而 PEDV 没有该基因的存在。

（三）病原分子流行病学

冠状病毒因重组而发生高频率突变，突变后往往导致组织嗜性、传播途径和宿主特异性发生改变。从 20 世纪 40 年代确定 TGE 病原到现在，世界各地分离到多株病毒株，从全基因组测序情况看，世界各国流行的 TGEV 被分为 Miller 和 Purdue 两个不同的基因型。我国分离的毒株多数都属于 Miller 型，极少数为 Purdue 型。但目前为止，一致认为 TGEV 只有一个血清型。TGEV 变异主要集中于 *S* 基因和 ORF3。这两个基因决定了病毒的致病性和组织嗜性，如 TGEV 和呼吸道冠状病毒（PRCV）在组织嗜性上的差别就在于 TGEV 具有嗜肠性，而 PRCV 具有呼吸道嗜性，因此有人认为 PRCV 是 TGEV S 蛋白缺失了的 TGEV，S 蛋白的缺失导致了组织嗜性的改变；在致病性上，TGEV 可引起严重的消化道疾病，特别是 2 周龄以内的仔猪，但 PRCV 只引起轻微的呼吸道症状，几乎没有腹泻特征，致病性大大降低，从基因结构上看，相比于 TGEV，PRCV 在 *S* 基因的 5′端有一大段的缺失，以及 ORF3a 和 ORF3b 的缺失。最近的研究也表明，TGEV 强毒株由于基因重组现象出现了介于 Miller 和 Purdue 之间的一种毒株，即 *S* 基因序列分析为 Miller，而 *M*、*N* 和 *E* 基因序列及非结构基因测序结果更趋向于 Purdue 型。

PEDV 的全基因序列进化结果显示，PEDV 可以分为 GⅠ和 GⅡ两个群，其中 CV777 经典毒株和我国早些年分离毒株为 GⅠ群，GⅠ群为经典株，如 CV777，GⅡ群为变异株，分为 *S* 基因缺失的 S INDEL 和 *S* 基因未缺失的 non-S INDEL 两类，包括了我国近年来分离的变异株和欧美流行毒株。*S* 基因是 PEDV 重要的毒力基因，在 PEDV 遗传进化过程中起重要的作用。通过对不同时期流行毒株的 *S* 基因序列分析表明，近年来分离的 PEDV 流行毒株在 *S*

基因发生多处点突变、碱基插入和缺失，这些变化主要发生在 *S1* 基因上，不同程度地影响 *S* 基因的氨基酸表达，是产生新型突变株的主要原因，也是影响以经典毒株制备的疫苗免疫效果不佳的重要因素。有学者认为，PEDV ORF3 与病毒的适应性和毒力相关，近年来所分离到的 PEDV 变异株 ORF3 与 CV777 经典毒株的 ORF3 相比较同源性相差甚远。ORF3 遗传进化具有不稳定性。因此，ORF3 可作为 PEDV 流行病学研究的靶基因。

（四）感染与免疫

TGEV 与 PEDV 均属嗜肠性病毒，病毒感染主要通过口服途径肠道感染，也有报道经呼吸道感染的。小肠是病毒的靶器官，在空肠、十二指肠、肠系膜淋巴结的含毒量最高。肠上皮细胞是病毒主要的靶细胞。将 TGEV 人工感染仔猪后，病毒在肠道繁殖 58～60h 从粪便检出病毒，而通过口服途径人工感染 PEDV 后，仔猪最早可于感染后 48h 从粪便排毒。病毒在小肠上皮细胞感染，空肠和回肠的绒毛显著萎缩，影响小肠的消化和吸收功能，同时由于小肠黏膜功能性迅速破坏脱落，消化酶的分泌减少，机体乳糖水解和其他营养物质消化吸收障碍，引起渗透压增高，水分滞留，从而发生严重腹泻和脱水。

有关 TGEV 与 PEDV 免疫，各国学者做了大量工作。乳汁免疫在保护仔猪免受感染具有重要的意义。在妊娠母猪产前 20～40d 经口服免疫活疫苗或肌肉注射灭活疫苗，机体所产生的抗体通过乳腺分泌到乳汁中，新生仔猪通过乳汁即可产生被动免疫保护。主动免疫是仔猪断乳后抵抗 TGEV 与 PEDV 感染的重要防控策略。在主动免疫中，肠道黏膜免疫是阻止病原入侵机体的第一道防线，肠道黏膜表面 sIgA 分泌的量是决定疾病发生及严重程度的重要标志。弱毒活疫苗经口免疫比灭活疫苗经非口服免疫产生的免疫保护效果好。

我国现用包括 PED 和 TGE 在内的二联或三联细胞灭活疫苗免疫期一般均在 6 个月左右，以推荐剂量免疫仔猪，有效保护率为 85%以上；妊娠母猪临产前 20d 和产前 10d 免疫，可通过血清抗体和乳汁抗体对仔猪的被动免疫保护达 97%。采用弱毒活疫苗免疫效果会更佳。新生仔猪通过哺乳获得的初乳抗体为 IgG，这些免疫球蛋白仅能在仔猪出生后的 24～48h 通过小肠上皮转运，在接下来的 2～3d，初乳过渡至乳汁阶段，起主导作用的 sIgA 通过泌乳持续存在于乳汁中。

自然感染或者口服接种 TGEV 或 PEDV 的母猪和感染后康复母猪，乳汁中含有持续高水平的 sIgA 抗体，保护仔猪免受 TGEV 的感染。然而，使用灭活疫苗免疫母猪在血清和初乳中主要是 IgG 抗体，在乳汁中迅速下降，提供给仔猪很少的乳汁免疫。这也可能是现用的灭活疫苗被动免疫效果不够理想的一个原因。

目前为止还没有一种检测方法能够区别自然感染和人工免疫所产生的抗体。如果猪群中未接种过任何 TGE 和 PED 疫苗，而在血清中检测到了相应的抗体存在，说明猪群曾被病毒感染过。

三、诊断要点

由于 TGEV 与 PEDV 引起的病毒性腹泻在临床表现上非常相似。临床诊断主要依据流行病学、临床表现、病理学变化等进行综合诊断。

（一）流行病学诊断

TGE 与 PED 在疾病流行方面极为相似，如二者均感染猪，其他动物不感染；冬春寒冷季节多发；仔猪发病与死亡率较高等。TGE 初次发生呈现暴发式，以后发生多呈地方流行性，2 周龄以内感染的仔猪发病率高，年龄大的相对发病率低或不发病。PED 可感染各年龄段猪，且常年都可发生，发病率几乎达 100%，仔猪的死亡率最高，而断奶猪、育肥猪、成年母猪虽有腹泻，但往往呈良性经过，很少死亡。

（二）临床诊断

TGE 与 PED 发病猪的临床表现十分相似，二者均表现为呕吐、腹泻、脱水，开始时粪便黏稠，后成水样便，精神萎靡，厌食，消瘦并衰竭。1 周龄以内的仔猪常常在持续腹泻 3～4d 后因脱水死亡，未死亡仔猪 1 周左右恢复。在发生 PED 时，可表现为各种年龄猪均发生腹泻现象，但年龄较大的猪多数在 7～10d 后康复，死亡率仅 1%～3%。

（三）病理诊断

因 TGEV 与 PEDV 感染主要病变集中于胃和小肠。哺乳仔猪死亡胃内有多量黄白色的乳凝块，在其膈侧有小出血区。小肠内充满大量黄色液体，肠管鼓胀充满气体，肠壁菲薄，几乎透明。肠系膜充血，肠系膜淋巴结水肿。显微病变显示，肠黏膜肠上皮细胞变性、脱落，肠绒毛萎缩。

（四）鉴别诊断

TGE 与 PED 均由肠道冠状病毒感染引起的病毒性腹泻，在疾病的流行病学上，二者均发生于寒冷季节，但不同的是，PED 感染一年四季均可发生，TGE 主要发生于冬春季节；在易感动物方面，PEDV 可以感染各种年龄的猪，特别是哺乳仔猪发病和死亡高，而 TGEV 一般感染幼龄仔猪，年龄越大，抵抗力也大，所以成年猪或者断乳猪可以不发病，而 PED 可以全群发病，成年猪也表现为腹泻；在临床表现上和病理变化上，二者非常相似，很难区别，呕吐、腹泻、消瘦、脱水是最主要的临床特征，肠道变薄、肠绒毛变短和萎缩是主要的病理特征。本病依靠临床和病理变化无法对 TGE 与 PED 做出鉴别诊断，临床诊断主要在疾病流行强度、流行季节、猪只发病年龄等方面有所提示和鉴别。在病毒性腹泻中，轮状病毒感染也可引起仔猪腹泻，但轮状病毒病的发病率高，死亡率低，其发病年龄主要是 8 周龄以内的仔猪和成年猪均发生腹泻。在临床表现上与 TGE 和 PED 非常相似，所不同的是 TGE 多发生于 10 日龄内的仔猪，而成年猪常为隐性感染。

仔猪细菌性腹泻有大肠杆菌引起的仔猪白痢、仔猪黄痢及由产气荚膜梭菌引起仔猪红痢等，这些疾病仔猪腹泻粪便颜色呈现白色、黄色或者红色等不同颜色，而不是呈水泻样，且细菌性腹泻抗生素治疗有一定效果。

四、实验室诊断技术

TGE 与 PED 准确的病原学诊断主要通过病原分离鉴定、病原核酸检测、血清学检测、致病性诊断等手段确定，并进行鉴别。

（一）病料采集与保存方法

病料采集粪便样品和小肠组织含毒量最高，如进行病毒分离、核酸检测或抗原检测可将粪便样品和小肠组织冻结保存于－80℃。对小肠组织可进行匀浆破碎，如进行冰冻切片或免疫组化分析，最好取发病 2d 内的仔猪小肠。

（二）病原学诊断

1. 病原分离与鉴定　对 TGEV 或者 PEDV 进行分离，所用细胞分别用 ST 细胞和 Vero 细胞。将粪便样品或小肠内容物以无血清培养液进行 1∶5～1∶10 稀释，经冻融、无菌处理后接种细胞，并在细胞上盲传几代，直至细胞出现细胞病变，收集细胞培养物进行鉴定。

（1）电镜或免疫电镜检查　取疑似 TGE 或 PED 病猪粪便 10mL，以 0.01mol/L pH 7.6 PBS 做 1∶4 稀释，高速离心后取上清液滴于铜网上，用 2%磷钨酸负染后，在电镜下观察病毒粒子；粪便适当稀释或接种病毒的培养物经高速离心后，取上清与等量特异性抗 TGEV 或 PEDV 血清进行混合，在室温感作 30min，再保存在 4℃ 18h，然后以 31 000*g* 离心 1h，沉淀微粒以 1 滴蒸馏水悬浮。将此悬浮微粒与等量的 pH 7.0 3%磷钨酸混合，滴附在铜网上，在电镜下观察病毒粒子。

（2）免疫荧光　可用直接免疫荧光或间接免疫荧光进行鉴定。取腹泻早期病猪空肠和回肠刮削物做涂片或冰冻切片或接种病毒后的细胞刮取物。检测抗体可以是单克隆抗体，也可以是多抗。荧光素可以标记一抗，也可以利用荧光素标记的二抗进行直接免疫荧光或间接免疫荧光。该方法可在 2～3h 得到结果。

（3）病毒抗原或血清抗体的检测　以肠内容物、粪便、细胞培养物作为待检抗原，采用多克隆抗体或单克隆抗体建立的双抗体夹心 ELISA 进行病毒抗原的检测，也可用病毒抗原进行包被，建立间接 ELISA 测定猪血清抗体，进行疫苗免疫效果的评价和病原感染情况，进行病原感染的检测时，最好采用双份血清检测，如果血清抗体明显升高，说明是病毒的感染。

（4）病毒核酸检测　以病毒 N 基因或者 M 基因设计引物，通过 RT-PCR 或者荧光定量 PCR 检测粪便样品、肠内容物或者病毒培养物中病毒的核酸，可以对病毒感染做出快速检测。

2. 动物感染试验　取发病猪腹泻粪便、肠内容物、病毒培养物口服感染仔猪，感染后定期观察仔猪的临床表现，如果在 48h 后出现腹泻症状，可取粪便样品进行 RT-PCR 检测以鉴定病原。感染仔猪最好是无母源抗体存在。

五、防控措施

（一）综合防控措施

1. 平时的预防措施　TGE 与 PED 的发生十分相似，传染源的存在是疾病发生的首要条件，粪口感染是其重要的传播条件，猪舍潮湿、阴冷、通气不良是重要的诱发因素。因此，有效预防 PED 和 TGE 这两种疾病，要做到粪便及时清理，保持栏舍清洁干燥，控制环境温度和湿度。在夏季，加强猪舍的通风降温，而在冬春季节则需为母猪及仔猪做好相关防寒保暖工作，同时要适当对圈舍通风换气。加强饲料管理，防止饲料霉变，严格把控原料进料的质量，要合理控制玉米的水分，保证其低于 15%。将饲料及原料置于高于地面 15cm，远离墙壁 20～30cm 的区域，从而实现有效防潮。母乳中 IgA 是有效保护低日龄仔猪早期免于 TGEV 和 PEDV 感染的关键性抗体，为了使仔猪能获得有效的母源抗体，免疫的重点对象应为妊娠母猪。建议在产前 40d、20d 分别注射一次腹泻二联灭活苗。另外，对于后备猪、种公猪和 3 日龄内的仔猪也需加强免疫。

2. 发病时的扑灭措施　在暴发 PED 和 TGE 的猪场，首要的是隔离病猪群，封闭各幢猪舍，猪舍彻底消毒，病死猪无害化处理，对发病猪补盐补水，以防脱水，并适当选用抗生素及抗菌药，防止继发感染；禁止饲料和饮水污染和用具交叉使用，禁止不同猪舍管理人员往来，饲养人员进入仔猪舍要更衣，换工作鞋，踏消毒池，洗净双手，经消毒后方可进入猪舍工作。

（二）生物安全体系构建

在 PED 与 TGE 发生过程中。阻断传染源、传播途径和易感猪群这三个疾病流行环节的任一环节均可构建安全的防御体系。在切断传播途径方面，利用消毒剂进行猪舍环境消毒，可杀灭病原。研究表明 AHP 消毒剂可较好杀死粪便中 PEDV，将其稀释在 16～32 倍，－10℃条件下处理感染猪粪便 40～60min 可杀死其中的 PEDV。采用热碱时巴氏消毒法可有效杀灭存在于血浆中的 PEDV。有研究实践证明，堆肥是一种有效处理 PEDV 感染仔猪尸体的方法。堆肥过程中，尽管软组织不能完全分解，但可以降解病毒 RNA 和病毒蛋白，一般 36d 堆肥后，收集的材料采用实时 RT-PCR，检测不到病毒核酸。

（三）疫苗与免疫

TGE 和 PED 在病原特性、流行特征、临床表现及致病机理上极为相似，且二者多混合感染，所以在疫苗研制方面多以二者为联苗进行免疫接种，目前国际上主要以弱毒活疫苗和灭活疫苗为主，且均为非口途径接种。国内市售疫苗主要有以下几种。

1．猪传染性胃肠炎、猪流行性腹泻与猪轮状病毒三联活疫苗 该苗是由哈尔滨兽医研究所研制。疫苗含猪传染性胃肠炎病毒弱毒化毒株、猪流行性腹泻病毒弱毒 CV777 株和猪轮状病毒 NX 株，用于预防猪传染性胃肠炎、猪流行性腹泻与猪轮状病毒感染。主动免疫接种 7d 后产生免疫力，免疫期为 6 个月。仔猪被动免疫的免疫期至断奶后 7 日。妊娠母猪在产仔前 2～3 个月，在后海穴位（尾根与肛门中间凹陷的小窝部位，进针深度按猪龄大小为 0.5～4.0cm，3 日龄仔猪 0.5cm，随猪龄增大而加深，成猪 4cm，进针时保持与直肠平行或稍偏上）。免疫接种 5 头份；在产前 2～3 周进行二免 5 头份；免疫母猪所生仔猪 5～7 日龄接种 1 头份；未免疫母猪所产仔猪 1 日龄接种 1 头份；断奶仔猪断奶前 2～3d，免疫接种 2 头份。

2．猪传染性胃肠炎、猪流行性腹泻二联活疫苗（HB08 株＋ZJ08 株） 该疫苗由北京大北农科技集团股份有限公司等研制，在疫病流行区于 2008 年分离的强毒株，经多次传代致弱，猪传染性胃肠炎病毒 HB08 株在 148～165 代，猪流行性腹泻病毒 ZJ08 株在 125～145 代。疫苗可肌肉、后海穴注射，新生仔猪可口服免疫。在发生疫情时，种猪全群母猪每头免疫 2 头份，15d 后未分娩母猪加强免疫 2 头份，之后可转为常规免疫。出生仔猪乳前每头口服 0.5 头份，1～2h 后吃初乳；未发生疫情时进行常规免疫，后备母猪完成两次免疫，每次 1 头份，经产母猪产前 40d 和产前 20d 各免疫 1 次，每次 1 头份，发病季节全群母猪加强免疫 1 头份，种公猪半年免疫 1 次。

3．猪传染性胃肠炎、猪流行性腹泻二联灭活疫苗 该疫苗是 20 世纪 90 年代初由哈尔滨兽医研究所研制，疫苗含猪传染性胃肠炎病毒华毒株和猪流行性腹泻病毒 CV777 株，灭活前病毒含量均不少于 $1.0\times10^{7.0}$ $TCID_{50}$/mL，后海穴位注射。接种疫苗时妊娠母猪于产仔前 20～30d 每头 4mL，其所生仔猪于断奶后 7d 内接种 1mL。体重 25kg 以下仔猪 1mL，25～50kg 育成猪 2mL，50kg 以上成猪每头 4mL。

4．猪传染性胃肠炎、猪流行性腹泻二联灭活疫苗（SD/L 株＋LW/L 株） 该疫苗由山东齐鲁动物保健品有限公司研制，于 2018 年 9 月正式上市，本品含猪传染性胃肠炎病毒 SD/L 株和猪流行性腹泻病毒 LW/L 株，可针对 2010 年流行性腹泻病毒变异株。灭活前病毒含量均不少于 $1.0\times10^{5.0}$ $TCID_{50}$/mL，用于预防猪传染性胃肠炎和猪流行性腹泻，免疫期为 6 个月，妊娠母猪于产仔前 40 日左右接种 1 头份，20 日后二免 1 头份，其所生仔猪于断奶后 7～10 日接种疫苗 1 头份，间隔 14 日二免。

5. 猪传染性胃肠炎、猪流行性腹泻二联灭活疫苗（WH-1 株＋AJ1102 株） 该疫苗由华中农业大学研制，于 2016 年 12 月上市，疫苗灭活前 TEGV（WH-1 株）抗原含量≥$10^{8.0}$ $TCID_{50}$/mL；PEDV（AJ1102 株）抗原含量≥$10^{7.5}$ $TCID_{50}$/mL，采用肌肉注射或后海穴注射。其中 PEDV AJ1102 株为当前流行的变异株。主动免疫持续期为 3 个月，仔猪被动免疫持续期为断奶后 1 周。颈部肌肉注射，推荐免疫程序为母猪产前 4～5 周接种 1 头份（2.0mL）、新生仔猪于 3～5 日龄接种 0.5 头份（1.0mL）、其他日龄的猪每次接种 1 头份（2.0mL）。

在国际上有关猪传染性胃肠炎、猪流行性腹泻疫苗也有报道。在猪流行性腹泻方面，韩国 KPEDV-9 株在 Vero 细胞上传 93 代后对新生仔猪的致病性大大降低，对妊娠母猪安全，因而建议用该细胞适应毒株作为疫苗；在日本，使用一种 PEDV（P-5）活疫苗对母猪进行预防接种，认为是有效的。在欧洲认为是没有足够的经济意义研发 PEDV 疫苗。在猪传染性胃肠炎方面，20 世纪八九十年代猪传染性胃肠炎在欧美各国危害严重，也研制了猪传染性胃肠炎疫苗，包括灭活疫苗和弱毒苗，后在欧洲出现致病性较弱的呼吸道冠状病毒（PRCV）感染猪群，因 PRCV 可对 TGEV 提供部分免疫，TGEV 在这些国家的发生率和严重性因此而降低。曾有日本培育的弱毒 To-163 毒株对哺乳仔猪无病原性，给新生仔猪口服接种 10^7 $TCID_{50}$/mL 能使其产生一定程度的自动免疫性，但免疫效果受环境和初乳的影响较大。

六、问题与展望

由冠状病毒引起的 TGE 和 PED 是在我国流行已久的两个重要的猪病毒性腹泻病，对养猪业危害极大。这两个疾病一直没有得到很好的控制。特别是 2010 年以来，猪流行性腹泻在我国流行范围明显扩大，致病性也有增强趋势，成为当前猪病死亡的重要疾病之一。虽然我国现有多种灭活疫苗、活疫苗用于免疫预防，但总体效果未能如愿。这两种疾病的发病和免疫有两个重要特点：一是感染日龄小，仔猪是最易感的动物，特别是新生仔猪；二是消化道黏膜感染。针对此类疾病特点，仔猪特异性的乳汁被动免疫和特异性的肠道主动黏膜免疫对科学防治本病具有重要意义。在被动免疫方面，妊娠母猪临产前接种疫苗通过母源抗体传递到乳汁，再通过乳汁免疫达到在一定时期内仔猪不感染发病；在以疫苗主动免疫时，应针对如何提高肠道黏膜免疫功效设计疫苗，如遵循这一原则，则口服疫苗诱导的肠道黏膜免疫会更为理想。但要达到理想的肠道免疫，一是要疫苗抗原在胃酸、胆汁与小肠消化液中不被破坏，二是疫苗抗原要克服肠道黏膜的屏障作用，使抗原和肠道免疫细胞充分接触，诱导有效的黏膜免疫应答。因此今后将围绕如何设计黏膜疫苗，如何提高黏膜免疫功效及黏膜免疫分子间相互作用机理是科学防治本病的关键，也是今后对本病防控的研究方向。

（李一经）

第六节　猪支原体肺炎

一、概述

拓展阅读 3-6

猪支原体肺炎（mycoplasma pneumonia of swine，MPS）是由猪肺炎支原体（*Mycoplasma hyopneumoniae*，*Mhp*）感染引起的一种慢性接触性呼吸道传染病，俗称猪气喘病或地方流行性肺炎（enzootic pneumonia，EP）。本病发病率高、死亡率低。患病猪主要表现为咳嗽、气喘、生长迟缓和饲料转化率低，但体温基本正常。病理解剖以肺部病变为主，以两肺心叶，尖叶和中间叶出现胰样变和肉样变为特征。猪肺炎支原体引起的猪支原体肺炎对猪的危害极大，是目前造成国内外养猪业重大经济损失的疫病之一。

单纯由*Mhp*感染引起的疾病称为MPS，而由*Mhp*和其他致病菌如多杀性巴氏杆菌、猪链球菌、猪副嗜血杆菌或猪胸膜肺炎放线杆菌等上呼吸道共生菌引发的混合感染常用EP描述。*Mhp*还可通过抑制肺脏局部免疫应答，导致与猪繁殖与呼吸综合征病毒、猪圆环病毒2型及其他细菌性病原体混合感染，使感染的严重程度进一步提高，引发猪呼吸道疾病综合征（porcine respiratory disease complex，PRDC）。猪的致病性支原体还有猪鼻支原体（*M. hyorhinis*，*Mhr*）和猪滑液支原体（*M. hyosynoviae*，*Mhs*），前者可引起小猪多发性浆膜炎、关节炎和肺炎等，而后者常诱发育肥猪的关节炎。另外，可引起猪传染性贫血的猪附红细胞体（*Eperythrozoon suis*）因其物理特性和16S rRNA基因序列符合柔膜体纲（Mollicutes）家族成员特征，现改名为猪支原体（*Mycoplasma suis*）。此外，猪体内还分离鉴定出絮状支原体（*M. flocculare*）、猪腹支原体（*M. sualvi*）和无胆甾原体（acholeplasmas）等，但未表现致病性。

此病早期国外命名为猪病毒性肺炎，因土霉素有明显疗效，我国命名为猪气喘病。1965年，美国的Mare和Switzer及英国的Goodwin等几乎同时从病猪中分离鉴定出猪肺炎支原体。1974年上海农业科学院、江苏省农业科学院也分离鉴定成功。本病普遍存在于世界各地，全球发病率高达38%～100%。仅瑞士、丹麦等部分北欧国家实现了国家层面的净化。

二、病原学

（一）病原与分类

猪肺炎支原体属于原核生物界软壁菌门柔膜体纲支原体属。菌体大小不一，直径在300～800nm。由于缺乏细胞壁，因而常呈多种形态。液体培养物瑞氏染色后在油镜下可见球状、环状、丝状及点状的菌体形态。多以单个菌体存在，也有几个一起似长丝串联。*Mhp*的培养条件苛刻，是动物支原体中较难培养的支原体之一。目前常用的培养基有KM2培养基、牛心消化汤、猪肺消化汤和成品支原体肉汤，培养基中往往需要添加20%左右的健康猪血清和2%的酵母浸出液。培养基的pH一般调至7.6左右。培养温度通常为37℃，生长过程可以利用培养基中的葡萄糖产酸变色评判，培养3～7d后就可使培养基的pH从7.6变到6.8，酚红指示剂颜色也由红变黄。培养时间长的培养物可见到轻微的浑浊。野生株固体培养较难，培养条件需要含5%～10% CO_2和较高的湿度，培养物做适度稀释后接种固体平板，可获得疏密适中的单个菌落。*Mhp*的菌落很小，在100～300μm，典型的形态为圆形、边缘整齐、灰白色、半透明。通过扫描电镜和透射电镜可观察到菌体细胞膜由两层蛋白质中间夹一层类脂质构成的两暗一明的三层膜状的超微结构，厚度为 7.5～10nm。菌体内部含有数量不等密度较高的块状或空泡状的核糖体，丝状的脱氧核糖核酸链和小颗粒状的蛋白质，其很多分子生物学特性跟革兰阳性菌相近。

（二）基因组结构与编码蛋白

Mhp 基因组相对保守，大小在 0.8～1.0Mb，可编码 600 多个蛋白质，其基因组 DNA 的 G+C 含量很低，一般不到 30%。截至 2019 年，已有 10 株 *Mhp* 进行了全基因组完成图的测定和注释，其中 168 株与 168-L 株由我国公布。

以我国公布的猪肺炎支原体 168 菌株为例，其基因组 925 576bp，平均 G+C 含量 28.5%，共有 695 个基因，其中包含 30 个 tRNA、1 个 5S rRNA 和 1 个 16S rRNA-23S rRNA 操纵子。基因组编码区占 80.6%，平均编码长度为 357 个氨基酸。在 695 个基因中，功能已知的基因有 416 个，此外的 279 个基因功能未知，这部分基因主要由假定蛋白和保守的假定蛋白基因组成，占总基因数的 40.14%。*Mhp* 的碳源和能量主要来源于糖酵解途径，但为了适应寄生生活，支原体丢失了许多与代谢相关的基因，不能利用淀粉蔗糖代谢产生的 α-*D*-葡萄糖-1-磷酸，其碳源几乎全部来源于外源葡萄糖的摄取。与此对应，支原体需要许多转运系统，*Mhp* 有两套转运系统：一种是磷酸转移酶系统（PTS）；一种是三磷酸腺苷结合盒转运体（ABC transporter）转运系统。

与其他支原体基因组比较发现，*Mhp* 与滑液支原体（*M. synoviae*）基因组 WVU 1853T 存在不同程度的生物进化关联，基因组中一些特异性区域包括基因组重排、连接序列的变换及基因整合等与支原体的潜在致病性有关。支原体基因组大小与代谢途径的数量有关，基因组减小提示支原体的代谢途径可能减少，尽管如此，不同种支原体保持了各自的特异性代谢途径，如 *Mhp* 具有其特有的肌醇代谢途径，在猪鼻支原体和无致病性的猪絮状支原体中则不存在。

（三）病原分子流行病学

Mhp 定植于猪呼吸道并造成感染的重要前提是黏附并破坏呼吸道的纤毛上皮细胞。目前对 *Mhp* 毒力基因的研究主要集中于黏附因子。P97 最早被证实具有纤毛黏附作用，也是 *Mhp* 最重要的免疫原之一（Hsu et al.，1997）。*P102* 位于 *P97* 基因下游，其编码的 P102 同样定位于 *Mhp* 表面，具有结合纤连蛋白和向 *Mhp* 表面募集纤维蛋白原的功能，它不仅能够直接黏附宿主细胞还可以辅助其他黏附因子发挥作用。P146 为类纤毛黏附素，能内源性分解为 P50、P40 和 P85 三个蛋白质片段，这三个蛋白质均分布于 *Mhp* 细胞膜表面。其中，P50 和 P85 具有肝磷脂结合功能，P85 还能结合纤维蛋白原。P159 是 *Mhp* 表面一种重要的氨基葡聚糖结合黏附素，能水解成 P27、P52 和 P110 的三个蛋白质片段。其中，P110 和 P52 定位于 *Mhp* 表面，P52 还是主要的免疫活性部位，具有黏附功能。P216 为肝素黏附蛋白，同时可水解成 P120 和 P85 两个具有纤毛黏附能力的膜蛋白，能特异性结合纤毛和猪上皮样细胞。近几年通过强弱毒株的比较基因组学分析及功能蛋白组研究又发现了多种膜表面兼职蛋白具有黏附功能，包括微生物生命过程需要的基本蛋白及各种酶类等，如 EF-Tu 和 FBA 等可通过结合纤连蛋白黏附于猪气管上皮细胞，Enolase 通过多种结合活性发挥黏附作用。

不同于膜表面的黏附因子，P36 是一种细胞质蛋白，具有乳酸脱氢酶活性。P36 是 *Mhp*

特有的、高度保守的、具有种属特异性的蛋白质，是 *Mhp* 鉴别诊断的重要靶标。P46 为 *Mhp* 表面抗原，可引起宿主早期免疫应答反应，具有种特异性，也可用于 *Mhp* 诊断。P65 为 *Mhp* 表面脂蛋白，也是 *Mhp* 的重要免疫原之一，在 *Mhp* 感染过程中会损害和抑制肺组织的功能，促使肺部表面的液体张力增加，触发急性感染和肺脏损伤。

基于比较基因组学对猪肺炎支原体亲本强毒株（168）与传代致弱株（168L）的核苷酸碱基序列差异、代谢途径差异和氨基酸水平上的分泌系统、转运系统等分析表明（刘威等，2013），两个菌株存在 330 个遗传变异位点，而目前国际上已报道的猪肺炎支原体毒力相关基因（如 *P97*、*P102*、*P146*、*P159* 和 *P216* 等）和主要免疫原性基因（如 *P36*、*P46*、*P65* 等）几乎全部包含在这 330 个遗传变异位点内，还发现了一些兼职的黏附素、转运体、脂蛋白连接酶、核糖核酸酶及一些具有保守功能域的假想蛋白。从氨基酸水平上分析，有 70 个蛋白质在两菌株之间表达水平有显著差异。其中，168 亲本强毒株的 ABC 转运系统在传代过程中发生了突变，且在体内的表达也是上调的，提示转运蛋白的突变很可能影响支原体在宿主细胞内的生存和增殖；参与肌醇磷酸盐代谢的蛋白质显著上调，而一些参与核苷代谢的蛋白质在致弱株中下调。猪肺炎支原体菌株的黏附、免疫、代谢等功能基因发生不断地变异并积累，造成了基因功能的改变，最终导致了菌株毒力的差异。

近年来陆续出现 *Mhp* 对抗生素敏感性下降的报道，目前动物支原体尚没有建立明确的耐药标准，使得耐药相关的数据解释比较困难。在某些抗生素低敏感性 *Mhp* 菌株的 23S rDNA 中发现大环内酯类和林可酰胺类耐药性突变，在 DNA 拓扑异构酶Ⅳ的 ParC 喹诺酮耐药区（QRDR）中发现了点突变，在 ParC 的 QRDR 后发现了另一个点突变，可能与马波沙星耐药性的产生有关。在 *gyrA* 基因中也发现点突变可能导致恩诺沙星的 MIC 增加。

16S rRNA 基因常用于鉴定猪呼吸道常见支原体种类。关于猪肺炎支原体的基因分型方法有多位点序列分型（multilocus sequence typing，MLST）、多位点可变数目串联重复分析（multiple locus variable-number tandem repeat analysis，MLVA）、P146 测序等方法。MLVA 和 MLST 方法目前应用最为广泛，不需要分离菌株，只需要临床样本即可完成分型鉴定。MLST 方法通过对多个管家基因的 PCR 产物测序结果进行 cluster 分析，从而对菌株进行分型。用于 MLST 分型检测的基因有 *adk*、*rpoB*、*tpiA*、*efp*、*metG*、*pgiB*、*recA*，该方法目前在猪肺炎支原体的基因分型中较为多用；MLVA 是一种对多个可变数串联重复序列（VNTR）位点进行分析的方法，*Mhp* 的基因组中重复片段区很多，含有至少 22 个 VNTR 位点，因此较适合 MLVA 的方法。*Mhp* 的靶标基因包括 *P97*（R1/R2）、*P146*（P146R3）、*H4*、*P76*、*P216*、*P95*、*H1*、*H2*、*H3*、*H5RR2*，结合多个 VNTR 位点，其分辨率可以很高。但如果单用一个 VNTR 位点，则区分能力有限。基于单一 VNTR 位点的 *P146* 的测序 cluster 分析也比较多用，但由于仅针对一个基因，区分度相对有限。MLVA 是目前 *Mhp* 分型应用较多的方法，因此有利于不同的实验室进行比较。

支原体的分型研究主要根据形态学特征、培养特征、生理生化特征和核酸序列等表观分类学、基因组学指证，临床上能够鉴别致病性菌株的实验室方法仍然面临挑战。随着多相分类方法的广泛采用，化学分类和分子分类如脂肪酸组分型鉴定方法的应用，可能会克服基因分析方法的不足，在表型和功能上取得新发现。

Mhp 菌株在遗传学和抗原学上具有多样性。Minion 等最先完成了 *Mhp* 232 菌株基因组的测序，之后 J 株、7448 株等陆续被测序。Mayor 等使用多位点测序分析对遗传差异进行了评价，Madsen 等通过比较基因组杂交展现了美国中西部分离菌株的遗传多样性。通过脉冲场凝

胶电泳、扩增片段长度多态性技术（AFLP）、随机扩增多态性 DNA 技术（RAPD）、基因编码脂蛋白 P146 的限制性片段长度多态性分析（RFLP）及 P97 编码基因的可变数串联重复序列（VNTR）分析证实 *Mhp* 在基因水平上存在明显的变异。抗原多样性首先由 Frey 等（1992）鉴定发现。*Mhp* 表面抗原在跨膜易位过程中可被蛋白酶水解处理，导致不同野毒株之间表面蛋白存在变异。与多种其他支原体不同的是，*Mhp* 不包含可通过随机遗传改变而引起大小和相位发生转变的可变表面蛋白。*Mhp* 可能是通过蛋白水解酶使其表面蛋白发生改变，导致免疫印迹蛋白模式发生改变，进而混淆了免疫印迹对菌株亲缘关系的分析评价。但尚不清楚不同菌株间的毒力及遗传学和抗原学上差异的关联性。

通过对 *Mhp* 168 株等支原体科 20 株支原体的完整基因组序列进行核心基因组学分析，并绘制了支原体科的超级进化树，支原体的免疫与环境适应相关基因表现出较高的自然选择压力，发现了 *recA*、*recU*、*uvrA*、*uvrB*、*mutM* 等支原体赖以生存所必需的保守基因，也发现了与氨基酸合成、糖类运输和防御相关的功能基因在进化过程中丢失的趋势。

（四）感染与免疫

Mhp 的感染致病机理非常复杂，涉及在呼吸道上皮细胞的长期寄居、持续的炎症反应、先天性和适应性免疫抑制和调节及与其他病原的相互作用。有研究报道在非呼吸道组织，如心包膜、肝、脾、肾等中也可检测到 *Mhp* 的存在，这些组织的存在可能与 *Mhp* 的免疫逃逸及持续性感染有关。利用原代猪呼吸道上皮细胞气液培养技术建立了 *Mhp* 体外感染模型（王海燕等，2020），证实了 *Mhp* 可破坏黏膜上皮屏障，并通过细胞旁路途径侵入至黏膜下层，可能是 *Mhp* 向非呼吸道组织扩散的机制之一。也有研究证明 *Mhp* 可通过结合补体的负反馈调节因子来抑制补体的活化，从而逃避宿主的免疫系统。

Mhp 发挥致病性首先是与猪呼吸道纤毛上皮细胞结合，纤毛主要存在于气管和支气管的黏膜表面，而细支气管末端及肺泡内则少见。*Mhp* 通过黏附因子黏附于呼吸道纤毛上皮后，导致纤毛停滞和凝集，直至其脱落和杯状细胞的丧失。纤毛脱落后，清除异物的有效性显著下降，一方面有利于细菌与病毒的入侵，以及上呼吸道共生菌在呼吸道中定居增殖，引起继发与混合感染，促使 PRDC 的发生；另一方面导致进入呼吸道的异物及气管黏膜产生的分泌物无法排出而沉降到支气管末端及肺泡中，逐渐形成肺肉变或胰变，最终使肺功能遭到破坏，出现呼吸系统症状。

Mhp 也能调节先天性和获得性呼吸道免疫反应。当病菌在纤毛定植后，细支气管周围和邻近的血管周围结缔组织可见巨噬细胞和 T、B 淋巴细胞浸润。随着时间的推移，形成具有生发中心的淋巴小结。在该淋巴小结反应中，$CD4^+$ T 细胞较 $CD8^+$ T 细胞更为普遍。感染猪对 *Mhp* 抗原的细胞免疫应答主要发生在疾病的后期（感染后的 15～20 周）。事实上，*Mhp* 感染引起的组织损伤更多得是由于宿主的炎症反应所导致，而非支原体对细胞的直接作用。巨噬细胞是先天性免疫的第一道防线，*Mhp* 感染猪的吞噬细胞吞噬能力受损很可能是对 *Mhp* 及其他细菌病原的清除能力下降的主要原因之一。*Mhp* 感染也可诱导巨噬细胞产生促炎因子，包括白介素（IL-1、IL-6、IL-8）和肿瘤坏死因子 α。促炎细胞因子 IL-18 在 *Mhp* 感染后表达量也增加，然而由 IL-18 诱导分泌的干扰素-γ 的释放受到抑制，提示 *Mhp* 对细胞免疫应答也有广泛的抑制作用。这些促炎细胞因子能够刺激炎症反应的发生，反过来也会对肺组织造成损伤。*Mhp* 感染还可促进猪肺泡巨噬细胞分泌 IL-1，同时诱导猪肺泡巨噬细胞中自噬体生成增多，成熟的 IL-1 诱导进入自噬体后被转运到细胞膜完成释放，证明自噬体在 Mhp 感染引

起的 IL-1 的释放和炎症诱导中也发挥作用。*Mhp* 脂质相关膜蛋白在调节外周血单个核细胞及上皮细胞炎症、凋亡和相关信号通路中也起重要作用。

然而，并非所有由 *Mhp* 引起的呼吸道感染均能导致临床上肺炎的发生。在临床上，肺炎的发生取决于在呼吸道寄居的 *Mhp* 菌株的毒力、感染量、繁殖能力、感染时间及继发感染等。试验动物在接种后 7～14d 开始发病，出现咳嗽；而在自然感染状态下，很难预料其潜伏期且潜伏期通常较长。2 周龄就有本病发生的报道，但更为常见的临床疾病发生在 2～6 月龄。*Mhp* 可单独引起发病，也可与猪鼻支原体、副猪嗜血杆菌、巴氏杆菌等一起引起共感染，在实际情况下，大都是混合感染，包括支原体、细菌、病毒，有时还有线虫等。单纯的 *Mhp* 感染引起温和型慢性肺炎，但在结合其他病原时，通常引起更为严重的呼吸系统疾病。Thacker 等证实当 *Mhp* 与 PRRSV 同时存在时，由 PRRSV 诱导产生的病毒性肺炎的严重性和持续时间显著增加。同时 PRRSV 的存在能够引起严重的急性支原体肺炎。此外，猪伪狂犬病病毒(PRV)也能够促进支原体肺炎的发生。*Mhp* 能加重 PCV2 感染相关的肺和淋巴结病变的程度，并且增加 PCV2 抗原存在的数量，延长其存在时间；PCV2 也能够增加 *Mhp* 感染猪呼吸系统疾病的严重性。纤毛的破坏及 *Mhp* 的免疫抑制效应共同促进上述上呼吸道共生菌作为继发病原在肺泡中定居增殖。

目前 *Mhp* 参与黏附、定植、细胞毒性、逃避并调节呼吸道免疫系统的毒力因子尚不完全清楚，且其发病可能不是由单一因子而是多种因子共同作用的结果。

三、诊断要点

猪支原体肺炎的诊断应包括典型的临床体征、流行病学证据、典型的病变及猪肺炎支原体感染的确诊。对猪支原体肺炎进行初步诊断的依据是畜群典型的流行特点及病初广泛流行的干咳。在鉴别诊断过程中应当排除其他原因引起的咳嗽，尤其是流感病毒。确诊则需要证实具有典型病变的肺脏区域包括气管中存在 *Mhp*。

（一）流行病学诊断

猪支原体肺炎仅发生于猪，不同品种、年龄、性别的猪均能感染，我国二花脸等地方品种猪的易感性高于二元、三元杂种猪。本病一年四季均可发生，发病率高、死亡率低，潜伏期为数日至 1 个月以上。

带菌猪和病猪是本病的传染源，传播途径为直接接触或呼吸道传播，本病不会经胎盘垂直传播。发病猪或带菌猪通过咳嗽、喷嚏将含有病原菌的分泌物排出体外，在空气中形成气溶胶，健康猪吸入了带有病原菌的气溶胶而导致了感染。临床上一般存在三种感染模式：①直接由母猪传染给仔猪；②同一猪舍中，不同猪只间相互传染，在发病严重的猪舍空气中能分离出猪肺炎支原体；③连续生产系统中的大猪传染给小猪。*Mhp* 也可经空气和气溶胶在不同猪舍间传播。Scott 等发现，*Mhp* 可以通过气溶胶传播至 4.7km 以外的猪舍并发生感染。*Mhp* 缓慢的生长特性和苛刻的生长需求使得临床上猪群间的传播与发病过程较为缓慢，流行一般以慢性为主。

本病的潜伏期长，流行一般以慢性为主，在新疫区（场），开始可呈急性暴发或地区流行性；而后，特别是采取了治疗和改善管理措施后，常转为慢性。在老疫区，多呈慢性流行或隐性感染，病猪可能无明显症状。各种年龄的猪都可感染本病，早至 1 周龄仔猪即可分离到 *Mhp*，在大多数猪群中在断奶后开始在同伴间显著传播，大多到 6 周龄后才出现明显的临床症状，以 18 周龄左右临床症状表现最为明显。*Mhp* 能够感染较长时间，已从 119 日龄和 214 日龄猪的呼吸道中分离到病原。

（二）临床诊断

猪支原体肺炎主要的临床症状表现为慢性干咳和气喘，因动物个体不同，有的不咳嗽。疾病的发展是进行性的，感染的动物连续几周，甚至数月出现咳嗽。由于其他病原体的继发感染，动物可能会出现发热、食欲不振、呼吸困难及衰竭等症状。大多数猪支原体肺炎病猪并不表现不适，但显得沉郁，食欲下降。根据本病的经过和表现，主要症状大致可分为急性型、慢性型和隐性型，而以慢性和隐性经过为最多。在养殖场，出现咳嗽症状和（或）生长率下降时常常怀疑是 *Mhp* 感染。大数据记录量化咳嗽监测系统对疾病诊断有价值。

（三）病理诊断

病变主要在肺、肺门淋巴结及纵隔淋巴结。病变大多数是先从两侧肺的心叶开始发生，其次则为尖叶，然后波及中间叶和膈叶；开始多为点状或小片状，进而逐渐融合成大片病变。肺部病变部位的肉眼变化是结缔组织增生硬化，周围的组织膨胀不全或下陷于相邻正常的肺组织。切割时有肉感，切面湿润，平滑而致密，像鲜嫩的肌肉一样。气管中通常有卡他性分泌物，肺门淋巴结和隔淋巴结通常肿大，有时边缘轻度充血。继发感染细菌时，可引起肺和胸膜的纤维素性、化脓性和坏死性病变，还可见其他脏器的病变。

感染早期以间质性肺炎为主，气管周围及肺泡内可有少量多形核细胞积聚，在气管周围及小血管外膜有大量淋巴样细胞浸润，形成“袖套”状。肺泡壁增厚，肺泡中积聚大量水肿液，以后逐渐发展成支气管肺炎。表现为小支气管周肺泡扩张，许多小病灶融合成大片实变区。由于单核细胞增生，大量淋巴细胞积聚导致呼吸腔变窄，气管黏膜上皮增厚变硬，纤毛脱落，肺泡腔和支气管腔内的渗出物较多，主要是中性粒细胞，同时可能包含继发感染菌的聚集物。在发病末期，肺泡中的炎性渗出物逐渐被吸收，肺泡壁显著增宽，肺泡凹陷。

（四）鉴别诊断

许多传染病都有咳嗽与肺部损伤，引起这些疾病的病原有猪繁殖与呼吸综合征病毒、猪伪狂犬病病毒、猪流感病毒、猪链球菌、胸膜肺炎放线杆菌、多杀性巴氏杆菌、副猪嗜血杆菌、弓形体等，须注意鉴别诊断。

1．猪流行性感冒　主要为 A 型流感病毒引起。发病急，发病率高，传播迅速，症状明显。表现为体温升高、精神委顿、呼吸急促，病程较短，如无并发症，多数病猪可于 6～7d 后康复。

2．猪传染性胸膜肺炎　病原为胸膜肺炎放线杆菌。在感染的初期通常表现为最急性型和急性型临床症状。发病突然，往往是同圈或不同圈的许多头猪同时感染和发病，体温上升到 41℃左右。精神沉郁，呼吸困难，从口、鼻流出带血样的泡沫液体。部分最急性发病猪于发病后的 24～36h 死亡，少数急性病例可以转为亚急性和慢性。

3．猪肺疫　病原为多杀性巴氏杆菌。突然发病，体温升高到 41℃以上，呼吸困难、气喘、张口伸舌、口鼻流出泡沫或清液，颈部皮下高度红肿，如不及时治疗很快死亡。散发型多表现体温升高至 40～41℃，1～2 周后可引起死亡，剖呈大叶性肺炎症状。

4．肺丝虫病及蛔虫病　患病猪可出现气管炎、咳嗽等，检查可发现肺丝虫及蛔虫的幼虫，且炎症多出现在膈叶后端，做粪检时可见到虫卵或肺丝虫幼虫。

5．伪狂犬病　除有花斑样间质性肺炎外，还有肾的针尖状出血，扁桃体的伪膜与化脓坏死，脑膜充血水肿等症状。

通过临床特征进行鉴别非常重要，但肉眼可见的病理变化是非特异性的，必须用其他不同的方法确诊。对于 *Mhp* 的确诊，还需结合抗原与血清学检测。

四、实验室诊断技术

（一）病料采集与保存

病死猪或发病猪的肺组织和支气管肺泡灌洗液是理想的分离与鉴定样本。对于活体猪，采集血清、咽喉拭子与鼻拭子样品也可用于血清学诊断或分子诊断。对于肺组织样品，通常采集病肺中病变与正常区域连接处的肺组织，置于无菌密封容器中，于低温 24h 内运送至实验室。如样品不能及时送达，应置于－20℃以下冷冻保存。

（二）病原学诊断

虽然病原体的分离鉴定依然是诊断的“金标准”，但由于 *Mhp* 分离困难，分离鉴定不被推荐为诊断技术。PCR 检测敏感特异，已普遍用于 *Mhp* 感染的分子诊断。肺组织、支气管拭子及支气管肺泡灌洗液是最为有效的样本，咽喉拭子也可作为 PCR 检测的良好样本，而鼻拭子样本的检测结果不稳定。我国 *Mhp* 检测的国家标准使用 PCR 方法（GB/T 35909—2018）。为了提高检测敏感性，套式 PCR 与实时荧光 PCR 方法的应用也越来越广泛，能够检测到少至 4 个微生物，实时荧光 PCR 方法实现了对样本中 *Mhp* 的定量检测。

（三）免疫学诊断

血清学方法适于确定畜群的整体感染状态。酶联免疫吸附试验（ELISA）目前应用最普遍，常用的三种 ELISA 方法包括吐温-20 测定法、HerdCheck 猪肺炎支原体 ELISA 检测试剂盒（IDEXX 实验室，West-brook，ME）以及 Oxoid 猪肺炎支原体阻断 ELISA 检测试剂盒（oxoid limited basingstoke，UK）。上述三种检测方法具有较高的特异性，很少出现假阳性结果，但敏感性相对较低，检出率为 37%～49%。在接触病原 3～6 周后可首次检测到猪血清中的抗体，而且一些动物至少在一年时间内仍能检测到。但絮状支原体、猪鼻支原体与 *Mhp* 存在明显的抗原交叉性，因此猪场诊断必须考虑到临床样本的复杂性。同时，以上三种方法暂无法区分感染抗体、母源抗体与疫苗免疫抗体，因此对于哺乳猪群及 *Mhp* 疫苗接种猪群，现有的血清抗体 ELISA 检测方法无法对 *Mhp* 的感染做出准确的诊断。江苏省农业科学院研制的 *Mhp* 黏膜抗体检测试剂盒，将黏膜 sIgA 抗体作为诊断靶标，可实现 *Mhp* 活体感染抗体的特异检测，还可实现 *Mhp* 感染的早期诊断（白昀等，2018），具有较好的临床应用前景。

猪支原体肺炎诊断大多以畜群为依据，而不依靠个体病例。PCR 方法主要用于临床发病早期检测。我国农业行业标准《猪支原体肺炎诊断技术》（NY/T 1186—2017）对猪支原体肺炎的临床诊断方法、实验室的抗原检测与抗体检测等技术细节做了规定。

五、防控措施

（一）综合防控措施

控制 *Mhp* 感染和 PRDC 首先要改善环境、加强管理。为猪群提供最佳的生活环境，包括良好的空气质量、通风和室内温度及适当的饲养密度。猪群过分拥挤、饲料营养水平低、猪舍阴暗潮湿、通风不良、卫生条件差的猪场常易发病。气候变化也与本病的发生发展有密切关系，寒冷的冬季或猪舍有贼风，发病多且严重。环境的突然改变，如仔猪断奶、长途运输等造成猪应激，易使本病加重。采取全进/全出生产、适当后备母猪驯化、疫苗免疫、最佳饲养密度、预防其他呼吸道疾病等综合防控措施，能减少疾病传播和损失。

（二）净化

控制猪肺炎支原体感染的最有效方法是净化。猪肺炎支原体净化后猪的抗应激能力强，生产效率高，可适应全球的猪生产系统。瑞士、丹麦、瑞典和芬兰小型猪场实施不完全减群计划已获得成功，丹麦通过完全减群法结合早期断奶加药物技术，建立了阴性场，并形成系统的维持、运输、监测技术，目前超过一半的种猪为 SPF 猪。瑞士利用早期断奶加药技术（medicated early weaning，MEW）和三点式生产的方式，平均发病率可控制在 1%。美国用封群结合全群加药技术，或封群后全群注射托拉菌素能获得成功，但猪场保持阴性的时间均不长。

2015 年，美国报道了使用 *Mhp* 强毒暴露的方式驯化后备猪群，并通过长达 240d 的隔离饲养，成功培育了 *Mhp* 阴性的猪群。我国地方品种新淮猪对猪支原体肺炎非常易感，容易复发，使用 168 株活疫苗连续 2 年的免疫与驯化，临床上无可观测的咳嗽现象。母猪免疫、后备猪驯化和猪肺炎支原体净化是我国高密度大规模生猪养殖须重视的工作。

（三）疫苗与免疫

疫苗免疫广泛应用于控制猪肺炎支原体感染。商品化疫苗主要有活疫苗和全菌灭活疫苗。接种疫苗可提高日增重，缩短出栏时间，减少临床症状和肺部病变，降低治疗成本。一般认为血清抗体水平与免疫保护无关，疫苗接种对临床肺炎保护不完全，不能防止野毒的定植，但能减少呼吸道中的病原含量，并降低畜群的感染率。疫苗免疫的确切机制尚不完全清楚，研究表明与全身性细胞免疫有关。疫苗的保护在个体猪之间的差异很大。内源性细胞免疫和母源性细胞免疫都有助于产生初级和次级特异性细胞免疫反应。另外，由于 *Mhp* 以局部定植为主，呼吸道局部的黏膜免疫应答水平与抗感染有直接的相关性。

需根据猪群类型、管理方式、感染背景确定不同的免疫程序。仔猪在出生前几周内出现猪肺炎支原体的定植，最常用的方法是仔猪接种疫苗。使用灭活疫苗，哺乳仔猪 2～4 周龄接种效果较好，三点式饲养体系中也有选用 4～10 周龄保育猪和生长猪后期接种。两针免疫效果更佳，但单针注射因节省劳力而被普遍采用。7 日龄或 21 日龄单针免疫对育肥后期患有呼吸道疾病的猪群有效。母猪妊娠末期接种疫苗的做法不常见，但可以适当减少 *Mhp* 从母猪到仔猪的传播。

活疫苗免疫可模拟病原在体内的感染，并可激活呼吸道靶器官局部的黏膜免疫反应，免疫保护率显著提高。江苏省农业科学院通过无细胞培养和本动物回归交替致弱 300 余代次育成猪支原体肺炎活疫苗（168 株）。通过肺内 1 次注射，2 周可产生免疫力，平均保护率在 80% 以上。168 株活疫苗的气溶胶免疫被证明有效并进入临床试验。中国兽医药品监察所将 *Mhp* 强毒株在乳兔体内连传 700 多代，再转无细胞培养，育成 RM48 株，经喷鼻免疫可提供有效保护。2002 年，活疫苗的研究被国际支原体组织定为重要研发方向，并认为活苗免疫是防控最高效的方法之一。

灭活疫苗的种毒、抗原滴度和佐剂是决定疫苗效力的关键因素。油佐剂疫苗有较好的免疫效力，其应激副作用通过配方的改进已得到控制，大多数商业化疫苗使用含油佐剂。全水性佐剂因安全性更好是未来发展的重要方向。

Mhp 的致病与免疫机制仍缺乏系统与深入的了解，亚单位疫苗、基因工程活载体疫苗等基因工程疫苗的研发尚停留在实验室阶段。已通过组学方法发现猪肺炎支原体多个毒力相关基因，包括黏附素、表面蛋白、分泌蛋白等。目前的亚单位疫苗和活载体疫苗研究选择的抗原主要包括 P97、NrdF、P42 或 P102 等蛋白质中的一种或几种。P97 蛋白是猪肺炎支原体的一个重要的黏附因子，作为潜在的保护性抗原研究最多，但保护效果不如全菌疫苗。多个抗原联合重组表达，辅以 LTB 等佐剂，可以提高免疫保护效果。*Mhp* 活载体疫苗中常用的载体包括沙门菌载体、红斑丹毒丝菌载体、腺病毒载体等，通常经口腔和滴鼻免疫后大部分猪能够产生较强的黏膜免疫应答，并能减少肺损伤，但是相比商业疫苗，实验性疫苗的保护效力更低，表明目前试验的抗原诱导的免疫反应尚不能达到商品化灭活疫苗的保护效果。

（四）药物与治疗

由于 *Mhp* 缺乏细胞壁，通过干扰细胞壁合成的抗生素对之无效。传统认为，*Mhp* 敏感的药物主要包括四环素类、大环内酯类、林可酰胺类、截短侧耳素类、氟喹诺酮类、酰胺醇类和氨基糖苷类抗生素。由于 *Mhp* 定植于呼吸道纤毛上，因此对抗生素体内抗菌活性有时会出现与体外药敏试验不一样的结果。有效的抗菌药物，必须能在呼吸道黏液中达到显著水平。*Mhp* 耐药性目前尚未普遍存在，不足以构成治疗的主要问题。由于四环素分子在培养基中的不稳定性，出现高 MIC 值的原因值得商榷。泰妙菌素的敏感性在临床上已有所下降。

在病原体出现之前或早期采取给药策略有助于控制猪支原体肺炎的发生。在长期感染的畜群中，采用程序性和脉冲式给药可控制地方性肺炎。程序性给药是指在预计 EP 发病前几天开始服用 1～2 周治疗剂量的抗生素。脉冲式给药是指在猪的关键生产阶段间断性地添加抗生素来预防地方性肺炎。程序性和脉冲式给药会减少抗菌药物耐药性的产生和屠宰猪胴体中抗菌药物残留的风险。需要注意的是，药物治疗很难清除体内已经存在的 *Mhp*，也不能阻止再感染，停药后往往会出现复发。

总之，有效防控猪支原体肺炎需要采取综合防治办法。首先要改善环境，而疫苗是控制猪支原体肺炎最经济、最有效的工具，预防性投药等保健策略也必不可少。

六、问题与展望

支原体作为最小生命体，一直是合成生物学研究的重点，不仅可以用于致病机理研究，还可为药物制造、新能源开发和人造食品带来潜在价值。支原体在人类、动植物、昆虫中广泛分布并具有致病性，比较支原体学方法和技术，极大地促进了支原体学的发展，但尚有诸多问题亟待着重研究：①*Mhp* 的病原学与致病机理研究。进一步开展 *Mhp* 的分离鉴定和大数据分析，通过信息生物学、计算生物学方法，进行比较支原体学研究。通过开展全基因测序、基因结构与功能的研究，揭示致病基因、变异规律、致病机理及耐药机制，也为进一步深入研究支原体与宿主细胞相互作用所涉及的基因与蛋白质分子、信号转导途径、调控作用及其机制奠定了实验基础。这些将为支原体感染性疾病的诊断、预防和治疗提供科学依据。②新型药物的研究与开发。基因组学的发展揭示了潜在的药物靶标，除了继续研发化学治疗剂和抗生素，天然药物包括中草药、微生物的次级代谢产物、海洋生物中的活性物质等和生物制剂也是未来方向。3D 细胞平台和支原体遗传操作平台，对于支原体的新药筛选、致病机理研究意义重大。③下一代新型疫苗研发。微生物的免疫原变化多样，不单纯是蛋白质。支原体的有效免疫原性和结构决定抗原提呈、免疫应答调控，是支原体免疫分子机制研究的重要基础。亚单位疫苗、mRNA 疫苗是下一代安全高效疫苗的主要方向，需要用新的表位筛选技术获得核心免疫保护抗原，鉴定其正确折叠方式，同时筛选合适的佐剂与递送系统，特别是适合黏膜途径给药的递送系统，提高疫苗的免疫保护效力。CRISPR 基因编辑技术有潜力通过改变遗传密码制备新型 *Mhp* 疫苗。同时，研究气溶胶免疫、皮内免疫等新的免疫技术，研发多联多价疫苗。

（冯志新，邵国青）

第七节　猪传染性萎缩性鼻炎

一、概述

拓展阅读 3-7

猪传染性萎缩性鼻炎（swine infectious atrophic rhinitis，AR）又称慢性萎缩性鼻炎或萎缩性鼻炎，是由支气管败血波氏菌（*Bordetella bronchiseptica*，*Bb*）和（或）产毒素多杀性巴氏杆菌（toxigenic *Pasteurella multocida*，T^{+}*Pm*）引起的一种慢性呼吸道疾病。其主要特征是颜面部变形、鼻炎、鼻中隔扭曲、鼻甲骨尤其是鼻甲骨下卷曲发生萎缩和病猪生长迟缓。临床主要症状是打喷嚏、鼻塞、流鼻涕、鼻出血、形成“泪斑”，严重者出现颜面部变形或歪斜。多见于 2～5 月龄猪。根据病原及发病特点，可将本病分为两种形式：一种称为非进行性萎缩性鼻炎（non-progressive atrophic rhinitis，NPAR），由 *Bb* 单独感染引起，常表现为温和的一过性鼻炎症状，对猪群的生产和健康状况影响较小；另一种称为进行性萎缩性鼻炎（progressive atrophic rhinitis，PAR），由产毒 *Pm* 单独或者与 *Bb* 共同感染引起，患病猪可表现为鼻甲骨萎缩，同时伴随猪生长发育缓慢，严重者表现为“僵猪”，是对养猪生产与经济效益具有重要影响的传染病之一。我国将本病列为三类动物疫病。

1830 年德国学者 Franque 等首次发现本病，此后本病越来越引起人们的关注。20 世纪 30 年代开始，萎缩性鼻炎具有传染性相继被报道。1954 年学者 Braend 和 Flatla 报道，挪威普遍流行的 PAR 是由于进口种猪引起的；与该研究相似，学者 Anon 报道英国流行的 PAR 也是由于引进猪造成的，随后本病相继在英国、法国、美国、加拿大、俄罗斯和日本等国暴发流行，目前本病已遍布世界养猪业发达的各个国家和地区，且各猪群有 25%～50%受感染，其中美国本病血清学阳性率达 54%，已成为重要猪传染病之一。我国于 1964 年从英国进口“约克”种猪时发现本病，目前在我国各省（自治区、直辖市）有不同程度的流行，在某些大型集约化猪场 PAR 的阳性率可达 60%以上，是集约化养猪场常见的慢性呼吸道传染病。

二、病原学

（一）病原与分类

猪萎缩性鼻炎的主要病原包括支气管败血波氏菌和产毒素多杀性巴氏杆菌。*Bb* 为波氏菌属（*Bordetella*）重要成员，无明显的宿主特异性。该细菌是一种革兰阴性小杆菌或球杆菌，严格需氧，菌落大小为（0.2～0.3）μm×（0.5～1.0）μm，常呈两极着色，散在或成对排列，偶成链状，有的有荚膜，有周鞭毛，能运动，不形成芽孢。*Bb* 在各种普通培养基上均能生长，在血液琼脂平板上呈现 β 型溶血。根据毒力、生长特性和抗原性的不同可将 *Bb* 分为Ⅰ相菌、Ⅱ相菌和Ⅲ相菌，Ⅰ相菌株的毒力比Ⅱ相菌株和Ⅲ相菌株强，导致猪萎缩性鼻炎的一般也为Ⅰ相菌。体外培养 *Bb* 时，在鲍-姜氏培养基（Bordet-Gengou，BG）中加入 10%～20%脱纤绵羊血置于潮湿空气中培养可以维持 *Bb* Ⅰ相菌形态。在培养条件不适或多次传代后出现Ⅱ相或Ⅲ相菌，Ⅲ相菌菌落灰白、扁平、光滑、质地稀软、不溶血、大于Ⅰ相菌落。*Bb* 有 O_1 和 O_2 两种特定的 O 抗原血清型，两者间不发生交叉反应，已分离鉴定的 *Bb* 菌株都只是其中的一种血清型（Brockmeier et al.，2019）。

多杀性巴氏杆菌（*Pasteurella multocida*，*Pm*）是一种革兰阴性小杆菌，兼性厌氧，菌落大小为（0.3～1.0）μm×（1.0～2.0）μm，革兰染色或瑞氏染色常呈两极着色，散在或成对排列，一般有荚膜，不能运动，不形成芽孢，部分菌株可分泌产生一种大小约 146kDa 的毒素，称为多杀性巴氏杆菌毒素（*Pasteurella multocida* toxin，PMT）。依据荚膜抗原的不同，*Pm* 一般被分为 A、B、D、E、F 5 种血清型；依据脂多糖抗原的不同则将 *Pm* 分为 16 种血清型（血清型 1～16）。16 种脂多糖血清型按照脂多糖外核编码基因结构的不同又被分为 8 种基因型 L1～L8；其中脂多糖血清 1、14 型被分为 L1 型，脂多糖血清 2、5 型被分为 L2 型，脂多糖血清 3、4 型被分为 L3 型，脂多糖血清 6、7 型被分为 L4 型，脂多糖血清 9 型被分为 L5 型，脂多糖血清 10、11、12、15 型被分为 L6 型，脂多糖血清 8、13 型被分为 L7 型，脂多糖血清 16 型被分为 L8 型。此外，多序列位点分析（MLST）也是近年来 *Pm* 常用的分析方法。由于相同血清型的 *Pm* 可以感染不同的宿主引起相似或者不同的临床症状，而相同血清型的 *Pm* 也可引起同一宿主的不同疾病，基于单一的血清分型方法无法有效体现在不同宿主群体中流行和致病的 *Pm* 的差异。因此，最近有学者提出“荚膜：脂多糖：MLST”分型系统的方法代替已有的针对 *Pm* 的单一分型方法，以便更好地反映不同宿主中流行的 *Pm* 的差异（Peng et al.，2019）。引起猪萎缩性鼻炎的主要为 A 型（主要为荚膜：脂多糖：MLST-A：L6：ST11 型）和 D 型（主要为荚膜：脂多糖：MLST-D：L6：ST11 型）产毒素多杀性巴氏杆菌，其所分泌的 PMT 为导致 PAR 的主要毒力因子。PMT 具有较强的毒性，接种提纯的天然 PMT 即可直接引起猪鼻炎、鼻梁变形、鼻甲骨萎缩甚至消失，全身代谢障碍，生产性能下降，同时可诱发其他病原微生物感染，甚至导致死亡。

Bb 和 T^+*Pm* 对外界环境的抵抗力都不强，一般消毒剂均可将其杀死。

（二）基因组结构与编码蛋白

对 NCBI-GenBank 数据库中已公布的现有数据而言，*Bb* 和 *Pm* 的全基因组测序工作远远滞后于其他革兰阴性病原菌。根据已公布的数据显示，*Bb* 基因组大小平均在 5.23Mb，G+C 含量较高，达 68.16%左右。第一株完成测序并公布全基因组序列的 *Bb* 为 RB50（GenBank

登录号：NC_002927），其基因组大小为5.34Mb，平均G+C含量为68.1%，共编码4984个蛋白质、9个rRNA、56个tRNA及6个其他类型的RNA。在*Bb*基因组中最为重要的组分之一为由*bvgA*和*bvgS*组成的*bvgAS*基因簇，编码*Bb*的BvgAS双组分信号转导系统。该系统高度保守，参与调控*Bb*约10%的功能基因，与*Bb*的生长代谢和感染致病密切相关。此外，*Bb*基因组还编码多种毒力因子，包括百日咳毒素基因（*ptlABCDEFGHI*、*ptxABCDE*）、腺苷酸环化酶毒素基因（*cyaABCDE*）、百日咳杆菌黏附素基因（*prn*）、丝状血凝素基因（*fhaB*、*fhaC*）、菌毛基因（*fim2*、*fim3*、*fimA*、*fimB*、*fimC*、*fimD*、*fimX*）、皮肤坏死毒素基因（*dnt*）、Ⅲ型分泌系统相关基因（*bscCDEFWUTSRQPONLKJIXY*、*bcr4*、*bcrH2H1*、*bopBDN*、*orf4*、*brc22*、*bsp22*）等，这些毒力基因的表达也受到BvgAS双组分系统的调控。

*Pm*的基因组大小比*Bb*基因组小，其平均G+C含量也比*Bb*低。根据已公布的基因组数据，*Pm*的基因组平均大小约为2.3Mb，平均G+C含量为40%。不同*Pm*菌株共有的核心基因（core gene）主要参与核糖体合成、营养物质和能量的转运和代谢、细胞膜壁结构的合成等，非核心基因（dispensable gene）则主要为可移动元件、噬菌体及参与DNA修复和重组等功能（Peng et al.，2018）。尽管目前在NCBI数据库中已有超过200株*Pm*的基因组数据被公布，但仅有一株*Pm*（HN06，GenBank登录号：CP003313）是从猪萎缩性鼻炎病例的鼻拭子样品中分离得到，并且动物回归试验也已证实鼻腔接种本菌株后可以复制出猪萎缩性鼻炎病例。HN06基因组大小为2.4Mb，平均G+C含量为40.2%，编码2196个蛋白质。此外，在HN06的基因组中还含有一个大小约为5360bp，平均G+C含量为47.5%，含有7个开放阅读框的游离质粒。与众多不导致猪萎缩性鼻炎症状的非产毒*Pm*不同的是，在HN06的基因组除了含有众多与*Pm*已知毒力因子（荚膜、脂多糖、黏附因子、铁摄取相关蛋白、唾液酸代谢相关蛋白及外膜蛋白）合成相关的基因外，还含有编码导致猪萎缩性鼻炎的关键毒力因子——巴氏杆菌毒素（PMT）的*toxA*基因。该基因大小为3858bp，在HN06的基因组中位于一个大小为56kb的前噬菌体中（Peng et al.，2019）。该噬菌体属于长尾噬菌体科，已有的研究证实该噬菌体在实验室条件下可以被丝链霉素C诱导进入裂解循环，从而导致*Pm*的裂解和PMT的释放（Pullinger et al.，2004）。然而在自然感染状况下导致该过程发生的诱因还不清楚，相关的一个假设是在*Pm*感染宿主的过程中某种环境因素导致细菌SOS应答的启动，进而诱导携带有*toxA*的噬菌体进入裂解循环，最终介导了细菌的裂解和毒素的释放。

（三）病原分子流行病学

*Bb*在猪群中广泛存在，其分离率远超临床所见的萎缩性鼻炎病例及屠宰场所见的鼻甲骨萎缩的病例。无论是从患肺炎或者萎缩性鼻炎的病猪，还是从表面健康猪群中常能分离出*Bb*，但是只有从猪体内分离的Ⅰ相菌株才能导致猪萎缩性鼻炎。*Bb*主要通过空气飞沫传播，其毒力因子主要包括黏附素和毒素两大类：黏附素主要包括丝状血凝素（FHA）、百日咳杆菌黏附素（PRN）、气管定居因子（TCF）和菌毛；毒素则主要包括百日咳毒素、腺苷酸环化酶毒素、皮肤坏死毒素等。编码这些毒力因子的主要基因在临床分离株中均具有较高的检出率，但*Bb*携带毒力基因的数目与其毒力之间的关系还有待进一步明确。通常情况下，*Bb*临床分离株对绝大多数常见的抗生素如四环素类、氟喹诺酮类均较为敏感。在畜牧业中，四环素类抗生素是用于治疗*Bb*感染最常用的药物；超过90%的*Bb*分离株对四环素类抗生素敏感，只有约1%的分离株表现为四环素耐药。目前在*Bb*中发现的介导四环素抗性的基因包括*tet*（*A*）、*tet*

(*C*)和 *tet*(*31*)。此外，介导磺胺类(*sul1*、*sul2*)、甲氧苄啶(*dfrA1*、*dfrA7*、*dfrB1*)、氨基糖苷类(*strA*、*strB*)及酚类(*catB1*、*catB3*、*cmlB1*、*floR*)抗性的相关基因在 *Bb* 中也偶有报道。*Bb* 一般对 β-内酰胺类抗生素如氨苄西林等表现为抗性，这是因为在 *Bb* 中广泛存在 $bla_{BOR\text{-}1}$ 基因；其他 β-内酰胺类抗性基因如 $bla_{OXA\text{-}2}$ 在 *Bb* 中也有报道。需要特别指出的是，目前仅有少数几种药物有用于判断 *B*b 是否耐药的折点值，因此在临床上一般通过测定不同抗生素对 *Bb* 的最小抑菌浓度（MIC）来综合分析 *Bb* 的耐药情况。*Bb* 还具有一个与其他许多病原菌不同的特点，即在临床上目前还没有可以用于 *Bb* 菌株识别或评估种群多样性的血清型分类方法。尽管针对 *Bb* 已建立有 MLST 分型法，但是目前还未见猪 *Bb* 临床分离株的相关报道。

PMT 毒素是与萎缩性鼻炎相关的唯一重要的 *Pm* 毒力因子，由 *toxA* 基因编码。分离自猪萎缩性鼻炎病例的产毒 *Pm* 一般为荚膜 D 型，极少数为荚膜 A 型。尽管缺乏大规模的流行病学调查的数据，有研究显示 D 型产毒 *Pm* 一般编码 L6 型脂多糖；而利用 MLST 针对 D∶L6 型产毒 *Pm* 进行分析发现，所有的 D∶L6 型产毒 *Pm* 均为 ST11 型。*Pm* 偶尔能通过气溶胶传播，但鼻与鼻接触传播可能是常见的感染途径。此外，*Pm* 可经垂直传播引入猪群，种猪作为一个储存器可使其在血清阴性动物之间迅速传播，但是在养殖场内，常见的传播方式为水平传播。*Pm* 一般对红霉素、氯霉素、头孢唑啉、头孢噻吩、环丙沙星、氟苯尼考等抗生素敏感，对林可霉素、磺胺二甲嘧啶、阿莫西林、克林霉素、甲氧苄啶-磺胺甲恶唑、氯四环素和四环素耐药比较普遍，部分临床分离株对替米考星、阿米卡星、庆大霉素、卡那霉素、壮观霉素也表现一定程度的耐药。*Pm* 临床分离菌株也可携带多种耐药基因，目前在 *Pm* 中已被报道的耐药基因包括 *tet*(*A*)、*tet*(*B*)、*tet*(*C*)、*tet*(*G*)、*tet*(*H*)、*tet*(*L*)、*tet*(*M*)、*tet*(*O*)、$bla_{CMY\text{-}2}$、$bla_{OXA\text{-}2}$、$bla_{PSE\text{-}1}$、$bla_{ROB\text{-}1}$、$bla_{TEM\text{-}1}$、*strA*、*strB*、*aadA1*、*aadA14*、*aadA25*、*aphA1*、*aphA3*、*aacC2*、*aacC4*、*aadB*、*sul2*、*dfrA1*、*dfrA14*、*dfrA20*、*erm*(*T*)、*erm*(*A*)、*erm*(*C*)、*erm*(*42*)、*erm*(*T*)、*mrs*(*E*)*-mph*(*E*)、*catA1*、*catA3*、*catB2*、*floR*、*qnrA1*、*qnrB6*、*aac*(*6′*)*-Ib-cr*、*sat2* 等。

（四）感染与免疫

一般认为，猪萎缩性鼻炎是 *Bb* 单独作用或者 *Bb* 与产毒 *Pm* 共同作用的结果。尽管 *Bb* 和 *Pm* 能表达多种毒力因子，但由 *Bb* 分泌产生的皮肤坏死毒素 DNT 及由 *Pm* 分泌产生的 PMT 毒素（也属于皮肤坏死毒素）在猪萎缩性鼻炎的发病过程中发挥着核心作用。感染初期，*Bb* 可以在其分泌的多种黏附因子如 FHA、PRN、菌毛等的帮助下黏附于鼻黏膜上皮细胞并定植，进而引发 DNT 等相关毒素的表达。DNT 毒素可扩散到鼻甲骨，直接作用于成骨细胞或骨细胞，抑制鼻甲骨成骨细胞对钙的摄取，引起该类细胞的退行性变化，导致鼻甲骨软化、萎缩以至消失。需要说明的是，仅由 *Bb* 引起的猪萎缩性鼻炎常表现为一过性鼻炎症状，对猪群的生产和健康状况影响较小。此外，*Bb* 还可能帮助产毒 *Pm* 在鼻黏膜的定植。产毒 *Pm* 能产生分泌毒性较强的 PMT 毒素，该毒素能干扰 G 蛋白和 Rho 依赖的信号转导途径，并刺激有丝分裂的发生。正常状况下，骨组织内成骨细胞沉积新骨，并抑制破骨细胞的活动；破骨细胞负责消除骨代谢的产物以及为骨成形做必要的吸收，两者共同调节，决定骨的生长及形状。当 PMT 毒素侵入后，一方面破坏了骨组织内的成骨细胞和破骨细胞代谢的动态平衡，骨的吸收功能增强，于是成骨逐渐消失；另一方面毒素刺激间质组织不断增生，逐渐取代骨组织，在猪的鼻部表现为扭曲、变形等。这些增生的间质细胞可能是成骨细胞的前体，受毒素的作用产生持续生长和分裂效应，阻止其自身向成熟的成骨细胞转变，导致了成骨细胞减少及老化，甚至于功能下降。

三、诊断要点

（一）流行病学诊断

病猪和带菌猪是PAR的主要传染源，各年龄、性别的猪对本病都易感。带菌母猪通过接触，经呼吸道感染仔猪，不同月龄猪再通过水平传播扩大到整个猪群。随着养猪业的迅速发展，猪的跨国运输和种猪的引进对PAR在世界各地广泛流行起到了重要的促进作用。本病传播方式主要是飞沫传播，通过相互接触经呼吸道感染。本菌以仔猪的易感性最大，1周龄仔猪感染后可引起原发性肺炎，可导致全窝死亡。哺乳仔猪感染该类菌后，除引起鼻甲骨甚至鼻腔变形、萎缩或消失外，还可以引起全身钙代谢障碍，致使仔猪生长迟滞、发育迟缓、饲料利用率降低，生产性能下降，有时伴发急、慢性支气管炎，导致死亡。

（二）临床诊断

依据频繁喷嚏、呼吸困难，鼻炎、鼻塞、流泪和泪斑形成、生长停滞和鼻面部变形可做出现场诊断。结合病理解剖观察到本病的特征性病变鼻甲骨萎缩，即可确诊。

（三）病理诊断

一般在鼻黏膜、鼻甲骨等处可以发现典型的病理变化。其中腹侧和背侧鼻甲所发生不同程度的萎缩是进行性萎缩性鼻炎的标志性病变。剖检有两种方法：一是沿头部两侧下颌第一、二对前臼齿间的连线锯成横断面，观察鼻甲骨的形状和变化。在这个部位的横切面上，正常的鼻甲骨明显地分为上、下两个卷曲。上卷曲呈现两个完全的弯转，而下卷曲的弯转则较少，仅有一个或1/4弯转，有点像钝的鱼钩。上、下卷曲几乎占据整个鼻腔。下鼻道比中鼻道稍大，鼻中隔正直。当鼻甲骨萎缩时，卷曲变小而钝直，甚至消失形成空洞。但应注意，如果横切面锯得太前，因下鼻甲骨卷曲的形状不同，可能导致误诊。二是沿头部正中线纵锯，再用利剪刀把下鼻甲骨的侧连接剪断，取下鼻甲骨，从不同的水平作横断面，进行观察和比较。这种方法较为费时，但采集病料时不易污染。必要时可进行病原学和血清学诊断。

（四）鉴别诊断

应注意与传染性坏死性鼻炎、骨软病、猪传染性鼻炎、猪细胞巨化病毒感染等相鉴别。传染性坏死性鼻炎由坏死杆菌引起，主要发生于外伤后感染，引起软组织及骨组织坏死、腐臭，并形成溃疡或瘘管；骨软病表现头部肿大变形，但无喷嚏和流泪症状，有骨质疏松变化，鼻甲骨不萎缩。

四、实验室诊断技术

（一）病料采集与保存方法

鼻外部消毒后，用无菌棉拭子插出鼻腔中较深的部位，轻轻转动几次，使其沾上黏液或分泌物，立即放入装有肉汤的小试管中，塞紧管塞，送检。也可直接无菌采取鼻腔后部、支气管的分泌物及肺组织等。

（二）病原学诊断

1. 病原分离与鉴定 采集的病料应在4h内进行细菌分离培养。可应用改良马丁琼脂（含牛裂解血细胞液0.1%、牛血清2%、盐酸林可霉素1pg/mL，硫酸新霉素1.9μg/mL）平板和血红素痢特灵改良麦康凯琼脂平板，37℃培养18h分离*Pm*，培养44h分离*Bb*。

*Bb*分离株依据菌落特征和平板凝集反应加以鉴定，*Bb* 37℃培养24h，菌落呈针尖大小；48h菌落为2mm大，呈灰褐色、半透明状、隆起、光滑，有特殊霉臭味。涂片、革兰染色，可见到革兰阴性小杆菌或球杆菌，常呈两极着色，单个或成双排列。生化鉴定，*Bb*主要的生化特点是：有运动性，甲基红试验、VP试验均为阴性，不分解葡萄糖。分解尿素，能利用枸橼酸盐，过氧化氢酶和氧化酶试验均为阳性。

*Pm*分离时，先根据菌落形态和45°斜射光下荧光特点，挑取可疑菌液，然后按常规的细菌学技术鉴定。*Pm*分离株的荚膜型鉴定可采用透明质酸试验和吖黄素试验进行。透明质酸试验是在不加抗生素的改良马丁琼脂平板中间，竖划一条产生透明质酸酶的金黄色葡萄球菌ATCC25923株新鲜培养物生长线，再将*Pm*分离株于该线两侧成直角横划一条直线，37℃培养，定期观察至24h。A型株在邻近接金黄色葡萄球菌接种线处生长明显受到抑制，菌苔变薄，荧光消失，而远端不受影响，非A型株无此变化。叶黄素试验是将0.5mL *Pm*分离株菌液与1∶1000中性吖黄素水溶液在小试管内等量混合，室温静置观察。D型株在5min后自凝形成大块絮状沉淀，30min内上清透明，非D型株不形成或仅有微细沉淀，上清混浊。革兰染色或瑞氏染色常呈两极着色，散在或成对排列，一般有荚膜，不能运动，不形成芽孢。根据生化特性诊断：多杀性巴氏杆菌培养48h可分解半乳糖、葡萄糖、甘露糖、蔗糖、果糖且产酸不产气，触酶和氧化酶均为阳性，甲基红试验和VP试验均为阴性（陆承平，2007）。

2. 动物感染试验 *Bb*（JB5株）对昆明鼠的LD_{50}为4.4×10^5CFU左右。试验小鼠最早于第1天开始出现死亡现象，死亡高峰出现在2～7d，10d后停止死亡。取死亡小鼠的心血、肝、脾、肺和肾分离细菌，经生化鉴定和PCR鉴定为*Bb*。试验结束剖检剩余小鼠腹腔内渗出液增多变稠；肝、肠脏器出血、坏死，表面多附有一层伪膜，易剥离；肺有明显的坏死、出血。

产毒*Pm*对猪、小鼠的毒力一般低于导致肺炎或败血症的致病菌株，D型*Pm*（HN06株）对昆明鼠的LD_{50}为2.2×10^3CFU左右。*Pm*产毒能力检查可采用豚鼠皮肤坏死试验进行。用马丁肉汤37℃培养36h的菌液0.1mL注射于体重大于350g的健康豚鼠背部皮内，观察72h。皮肤出现直径大于0.5cm以上的坏死区为阳性反应（PMT＋），无反应或仅一过性红肿为阴性（PMT－）。丹麦DakoCytomation公司生产的检测PMT的ELISA试剂盒有许多国家使用，有较好的特异性和敏感性。

此外，还可以运用荧光抗体技术和PCR技术进行AR的诊断，PCR技术操作方便，灵敏度和特异性高，应用广泛。已有人报道，建立同时检测T^+*Pm*和*Bb*的双重PCR检测方法。

（三）免疫学诊断

猪血清中可检出*Bb*的凝集抗体，但其诊断价值很小，*Bb*在猪群中常广泛存在。猪感染本菌后2～4周，血清中即出现凝集抗体，至少维持4个月。但一般感染仔猪须在12周龄后才可以检出此种抗体。目前，还没有血清学试验能可靠地检出*Pm*的感染，原因是非产毒*Pm*和产毒*Pm*菌株间存在多种交叉反应抗原，一些动物感染产毒*Pm*后不产生抗毒素抗体，尽管存在一定的局限性，人们还是利用 PMT 抗体检测试剂盒对猪群中 PMT 抗体阳性猪进行检测与淘汰，以期实现对感染产毒 *Pm* 猪的剔除，降低 PAR 的发生率。

Bb 凝集试验可用每毫升含菌 2500 亿的 I 相菌，平板凝集试验使用抗原原液，被检血清不需灭活，两者等量混合后，在室温 2min 内出现“＋＋＋”以上的凝集者为阳性反应；试管凝集试验应将抗原稀释成 150 亿个/mL 菌，被检血清 56℃灭活 30min，进行系列稀释，两者等量混合后，于 37℃放置 18～20h，再于室温放置 2h 判定结果，1∶10 以上“＋＋”判为阳性反应。

五、防控措施

（一）综合防控措施

1．平时的预防措施　尽管 T^{+}*Pm* 和 *Bb* 在 AR 的发生过程中起重要作用，但其他因素如猪群生长环境、猪场生产管理、猪只营养供应、遗传因素也起着很重要的作用。因此必须综合考虑多方面因素，如科学的饲养管理措施、全价的营养供给、舒适的环境与良好卫生条件等，才能使 AR 得到确实而有效的控制。

加强饲养管理主要包括加强饲料营养的合理配置，改善猪群生长环境，严格实行定期检疫等监测手段，定期实施消毒措施，要控制好猪场内的鼠蝇之患、加强猪圈及周围环境卫生与消毒工作，强化猪场内部工作人员的卫生监督管理。配制不同阶段猪群的饲料，营养要全面，钙磷的搭配要合理，注意维生素的添加，以及其他微量元素的补充。适当降低猪舍中饲养猪群的密度，注重栏舍内部的环境卫生，注意除尘、改善通风等措施对预防猪萎缩性鼻炎都有积极作用。

当本病感染猪场里的猪群就很难清除，因此预防猪只感染本病显得十分重要。不要盲目地从其他猪场引入种猪，确实要引种时应该从经过专门检疫机关检疫为阴性的种猪场引种。种猪引进后必须进行隔离观察，在隔离期内要定期进行检测，确认无本病后方可合群。发现有猪只出现猪萎缩性鼻炎典型临床症状时，应将其及时进行隔离并淘汰。

2．发病时的控制措施

（1）药物控制　药物对 AR 病原有杀灭或抑制其生长等作用，可减轻或阻止病原菌对猪上呼吸道的侵害。临床上常用酰胺醇类（如氟苯尼考）、四环素类（如盐酸多西环素、土霉素）、大环内酯类（如泰乐菌素、替米考星）、截短侧耳类（如泰妙菌素）药物进行日常药物预防和治疗。临床上用抗生素治疗巴氏杆菌病的效果不甚理想，主要由于以下两点：①从病料中分离的某些多杀性巴氏杆菌对很多抗生素都具有耐药性，加大了治疗的难度。②由于多杀性巴氏杆菌引起主要的病变在肺，抗生素在发生病变的肺中很难达到抑菌浓度，从而导致用抗生素治疗肺炎型巴氏杆菌病费用较大，且难成功。因此，采用药物防治猪萎缩性鼻炎前最好采集患病猪鼻拭子样品接种含 5%胎牛血清的胰蛋白胨大豆琼脂（tryptic soy agar，TSA）固体培养基上，分离纯化 *Bb* 和 *Pm*（包括 T^{+}*Pm* 和 T^{-}*Pm*），通过药敏试验选择敏感药物，并对患病猪注射相应抗生素，同时在饲料中按疗程临时添加抗生素等方法来预防控制本病。长时间添加同类抗生素时会使病原菌对这类抗生素产生耐药性，因此要注意交叉用药和联合用药及休药期，防止相应的耐药菌株出现。

（2）PAR 的净化　猪进行性萎缩性鼻炎（PAR）对养猪行业带来巨大的经济损失，世界上一些国家已经开始启动 PAR 的根除计划。对 PAR 的净化研究，先后开发出了无特定病原猪生产技术（SPF 猪技术）、药物治疗性早期断奶技术（MEW 技术）及早期断奶隔离技术（SEW 技术）等，这些技术对一些国家某些时期的群体猪病净化工作起到很重要的作用。

SPF 猪技术是通过无菌剖腹产手术与人工接产技术将新出生的仔猪与刚分娩母猪完全隔离开，从而阻断分娩母猪体内的病原对新生仔猪的感染。MEW 技术的原理是对一个封闭猪群实施有效防疫措施后，生产母猪对许多猪场当前流行的传染病已经具有基础免疫力，而仔猪未出生前是无菌的，在其出生后几周的哺乳过程中，仔猪体内才能建立与成年母猪一样的比较完整的菌丛。因此，在仔猪出生后一段时间内继续药物预防，阻止其感染猪群中存在的一些病原，等生长到一周后，通过采食初乳获得一些被动免疫，以此来阻断母仔病原传递，获得健康状况最佳的仔猪。在成熟的 SPF 猪技术和 MEW 技术的基础上，美国又开始试行早期断奶隔离技术（SEW 技术）。其基本原理为：在产前对怀孕母猪进行有效的疫苗免疫，使母猪免疫力增强，阻止其携带病原体内增殖与排出，同时其初乳中保护性抗体含量增高，仔猪采食初乳后获得较高的被动免疫；在仔猪出生后 21d 内，多种病原的抗体在仔猪体内消失之前，将哺乳仔猪从母猪处提前断奶，并将仔猪放入无特定病原并有良好隔离条件的保育舍饲养，从而达到疾病净化的目的。这些技术方法，对于 PAR 流行的防控，以及提高种猪群的生产性能都起到了十分重要的作用。SEW 技术比较容易操作，现在已基本取代 MEW 技术，在一些大型规模化猪场中已经开始推广使用，SEW 技术不能彻底阻断由母猪传染的部分疾病，而且也存在重复感染的可能性。

研究表明：规模化猪场实施 PAR 的净化，要提高猪场自身管理水平，同时需要开发出有效的诊断、预防、监控等支撑技术。PAR 净化的具体措施为：首先对猪场猪群进行病原和血清流行病学调查；选定净化猪场，对该场全群种猪采集鼻拭子样品和血清样品，分别进行 PAM 毒素与其抗体检测；对检测出阳性的猪只采取淘汰措施，同时对其鼻拭子样品进行细菌分离与药敏试验，选择合适的敏感药物用于预防；加强饲养管理，严格限制猪只流动，引种时，应该加强检疫措施；对净化猪场定期进行抽样检测，直至多次种猪群抽检时，未检测出阳性病例即可确定为本病原已经净化。

（二）生物安全体系构建

严格卫生防疫制度，引进猪时做好检疫，必须严格隔离检疫，淘汰阳性猪，猪舍空舍时严格消毒。对阳性猪场实行严格检疫。有明显症状和可疑症状的猪应淘汰，头和肺高温处理，其他部分加工利用。应严格禁止阳性猪场出售种猪和苗猪，只能将其育肥供屠宰加工利用。良种母猪感染后，临产时消毒产房，分娩接产仔猪（或剖腹取胎），送健康母猪哺乳，培养健康猪群。在执行检疫、隔离和处理病猪过程中，要严格卫生消毒制度。

（三）疫苗与免疫

1．疫苗研制进展 目前猪萎缩性鼻炎疫苗主要有灭活疫苗、类毒素疫苗、亚单位疫苗和弱载体疫苗四类。

Bb 是猪萎缩性鼻炎的主要病原之一，也是导致 T^{+}*Pm* 感染的主要帮凶，最初灭活疫苗的制备主要是将 *Bb* 进行灭活后加入佐剂用于本病的预防，具有一定的效果；随后研究结果表明，T^{+}*Pm* 是引起猪鼻甲骨萎缩及 PAR 发生的主要病原菌。因此国内外用来预防猪萎缩性鼻炎的商品化全菌灭活苗多为 *Bb* 与 T^{+}*Pm* 和（或）其类毒素的联苗。国外已研制出添加有 T^{+}

Pm 及其类毒素的多联灭活疫苗。其中猪进行性萎缩性鼻炎的商品化 AR 疫苗多含有粗提 PMT 类毒素或纯化的类毒素。类毒素疫苗对猪进行性萎缩性鼻炎虽具有良好的保护效果，但这种疫苗也有一些弊端，如天然毒素的纯化过程是十分烦琐的，而且费时费力，对纯化设备要求较高、费用也比较昂贵，因此具有很大的局限性。此外由于 PMT 毒素具有很强毒力，灭活不彻底就会对猪机体产生毒害作用，尤其免疫猪时，存在一些副反应。

随着研究者对 T^+*Pm* 毒力因子在致病性和其产生的抗体对机体的免疫保护作用研究的不断深入，各国科研人员开始研究与毒力因子相关的疫苗，以期提高疫苗的保护效果。T^+*Pm* 的 *toxA* 基因分三段克隆表达，纯化后以一定比例与灭活 T^+*Pm* 全菌混合并进行乳化，制备的多联疫苗，免疫妊娠母猪与仔猪后，血清中和试验结果表明在猪血液中可以产生较高水平的抗毒素中和抗体。

国内预防本病的疫苗有猪传染性萎缩性鼻炎灭活疫苗（支气管败血性杆菌Ⅰ相菌株 JB5 株或 A50-4 株），支气管败血性波氏杆菌Ⅰ相菌株 G10 和产毒素 D 型多杀性巴氏杆菌株 Q13-1 制成的油佐剂二联灭活疫苗。国外也有多种单价或多价疫苗用于预防本病，如美国和日本生产的支气管败血性波氏杆菌单价苗；德国生产的支气管败血性波氏杆菌和多杀性巴氏杆菌二联苗等。通常情况下，二联苗优于单价苗。

2．免疫程序 疫苗可于母猪产仔前 8 周及 4 周分别接种，以提高母源抗体滴度，保护仔猪初生几周内不受本病感染。也可对 1～3 周龄仔猪，以三周间隔注射两次。

（四）药物与治疗

为了控制母仔链传染，应在母猪妊娠最后一个月内给予预防性药物。常用磺胺（100g/t 饲料）和土霉素（400g/t 饲料）。乳猪在出生 3 周内，最好注射敏感的抗生素 3～4 次，或鼻内喷雾，每周 1～2 次，每鼻孔 0.5mL，直到断乳为止。育成猪也可用磺胺或其他抗生素防治，连用 4～5 周，育肥猪宰前两个月应停药。

药物治疗包括：①每头每次肌注 30%安乃近 5mL，青霉素 G160 万 IU 和链霉素 100 万 IU，10%百热定 10mL，10%磺胺嘧啶钠 10mL；静脉或腹腔注射 10%葡萄糖生理盐水 1000mL，并加 10%维生素 C 4mL。②针灸承浆、人中、天门、百会穴，配以牙关、交巢穴。③外擦驱风药于鼻盘处，并调喂盐水。④对萎缩性鼻炎阳性母猪在前 2 周开始给含有 0.02%泰灭净的饲料，至仔猪 28 日龄离乳为止。仔猪出生后连续两天肌注 20%泰灭净注射液，剂量为 0.5mL/kg，每日 1 次；18 日龄起又连续肌注 3d，剂量为 0.4mL/kg。从 28 日龄离乳之日起，仔猪连续 8 周（56d）饲喂含 0.02%泰灭净的饲料。

日本大浦一显（1987）对繁殖母猪，于分娩预定日的 3d 前、分娩日、分娩 1 周后、2 周后、3 周后共 5 次向鼻孔喷雾卡那霉素（960mg/头）；同时，以异氰尿酸钾对猪舍每周进行两次消毒。结果，对断乳时 6 头试验母猪的 30 头仔猪鼻腔内进行细菌检查，未查出 *Bb*。同时，鼻甲骨的萎缩程度也比试验前的对照组减轻。

六、问题与展望

PAR 的发生给世界养猪业带来了明显的经济损失，其中中度至严重的暴发被认为能造成重大的经济损失。*Bb* 单纯感染也可引发仔猪鼻黏膜炎症和鼻甲骨萎缩并伴随对动物生长产生影响。但目前人们对本病的认识和重视程度及开展的工作均有待加强，应深入开展 *Bb* 和 *Pm* 这两种病原的致病机理研究，研发临床急需的检测方法和快速诊断方法，定期开展临床感染情况和带菌情况检测与风险评估，研发相应的疫苗并加强繁殖猪群强化免疫工作，降低 PAR 的发生率，提高养猪经济效益。在种猪群中优先开展 PAR 的净化工作，确保种源的健康和安全。

随着 *Bb* 和 *Pm* 基因组测序广泛开展，其可以帮助筛选候选抗原基因或毒力基因，了解它们的调控和转录因子，弄清对宿主的致病性。通过毒力基因之间的分析来确定致病性毒力基因的关联。我们相信随着近年来对于细菌外膜蛋白的了解越来越深入，许多蛋白质的功能已逐渐被揭示，有希望开发出优秀的细菌重组疫苗。同时，利用基因芯片可帮助更快地诊断。但是还需要进一步的努力，以补充外膜蛋白的结构，进而来描述每个蛋白质的功能，以期研发出理想的疫苗。

（吴　斌，彭　忠）

第八节　猪传染性胸膜肺炎

一、概述

猪传染性胸膜肺炎（porcine contagious pleuropneumonia，PCP）是由胸膜肺炎放线杆菌（*Actinobacillus pleuropneumoniae*，*APP*）感染猪引起的一种以急性纤维素性出血性胸膜肺炎、败血症，以及慢性纤维素坏死性胸膜肺炎为特征的严重呼吸道传染病。本病主要通过猪只的接触和空气传播，各种年龄猪均易感，急性期发病率和死亡率均较高，死亡率最高可达 100%。未发生本病的猪群，常由于引进带菌猪或慢性感染猪而引起暴发。一般情况下，主要发生在保育猪和育肥猪。本病是一种非常重要的猪传染病，由于死亡率高、生长发育受阻和治疗费用高等原因，对工厂化养猪带来巨大经济损失。在“蓝耳病”没出现之前，其在西方曾被列为危害现代养猪业五大疫病之一。目前本病几乎遍布所有养猪国家，其病原菌血清型较多，已经发现并鉴定出 18 个血清型。各血清之间交叉保护力不强或无，而且各国、各地区存在和流行的血清型不同，给免疫预防带来了很大困难。

拓展阅读 3-8

Pattison 等（1957）首次报道英国发生猪传染性胸膜肺炎病例，Biberstein 等（1961）和 Olander（1963）又相继报道由 V 因子（烟酰胺腺嘌呤二核苷酸，NAD）依赖、具有溶血性的嗜血杆菌引起猪胸膜肺炎。1964 年 Shope 报道了阿根廷猪群暴发急性胸膜肺炎，用生长因子依赖的分离菌株复制出了与自然感染相同的临床症状与病理变化，Shope 并建议将此菌更名为胸膜肺炎嗜血杆菌。之后，本病相继在瑞士（1966 年）、丹麦、英国和瑞典（1970 年）、挪威（1972 年）、澳大利亚和加拿大（1974 年）、德国和芬兰（1975 年）、中国台湾（1976 年）、苏格兰、荷兰、墨西哥和日本（1978 年）、法国（1979 年）和阿根廷（1980 年）发生。在我国大陆，1987 年确证猪群有传染性胸膜肺炎的存在与流行。

二、病原学

（一）病原与分类

APP 属于巴氏杆菌科（Pasteurellaceae）放线杆菌属（*Actinobacillus*）中的成员。根据溶血和生长 V 因子依赖特性，最初将此菌命名为副溶血嗜血杆菌（*Haemophilus paraha-*

emolyticus）。其实副溶血嗜血杆菌是人的口腔和咽部的正常菌丛，也能引起急性咽炎和化脓性口腔感染，偶尔引起心内膜炎。1978 年将猪体分离菌株从副溶血嗜血杆菌中独立出来，结合其致病变特点命名为胸膜肺炎嗜血杆菌（*Haemophilus pleuropneumoniae*）。1983 年 Phol 等应用 DNA 杂交技术，发现胸膜肺炎嗜血杆菌和 1987 年由瑞士学者 Bertsschinger 等从坏死性胸膜肺炎患猪分离的似溶血巴氏杆菌（*Pasteurella haemolytica*-like organism）均与李氏放线杆菌（*Actinobacillus lignieressi*）关系密切，因此建议更名为 *APP*，也就是现在使用的这个名称。该种下设两个生物型，生物Ⅰ型和生物Ⅱ型。生物Ⅰ型即依赖生长因子（NAD 或Ⅴ因子）菌株，生物Ⅱ型即不依赖生长因子菌株。现在将两个生物型整合在一起，目前共分为 1～18 个血清型。其中 1～12、15～18 型属于生物Ⅰ型，13 和 14 型为生物Ⅱ型。由于使用血清型特异性抗血清进行血清分型存在有限的重现性和交叉反应等问题，近年来开发了更可靠的分子遗传方法。

（二）基因组结构与编码蛋白

1．基因组结构　*APP* 基因组编码多种毒力因子，包括外膜、荚膜和重复毒素（repeats in toxin，RTX）蛋白、蛋白酶、黏附素、转铁蛋白结合蛋白和脂多糖。测试 9 个标准血清型菌株的全基因组序列，环形染色体长度为（2.19～2.33）$\times10^6$bp，平均 G+C 含量为 41%，与 *APP* 全基因组的 G+C 含量一致。每个菌株的编码蛋白序列中位数 2174 个，最高是血清型 4 型 M62 株 2223 个，最低是 12 型 1096 株 2096 个。有限的研究发现 *APP* 不同血清型菌株之间，存在着明显的 DNA 序列差异，可能是存在着致病性和免疫原性不同的原因。

2．编码 Apx 毒素的基因　造成传染性胸膜肺炎特征性出血坏死性病变的主要因子是属于重复毒素（RTX）家族的成孔外毒素。RTX 在革兰阴性菌广泛存在，有共有的结构功能特性，即一个特征性九肽的富含甘氨酸的重复基序、具有 C 端信号序列的特有分泌方式、翻译后激活并且通过成孔机制的细胞毒性。*APP* 中的 RTX 称作 Apx，分为 4 个类型。ApxⅠ为 105kDa 蛋白，具有强溶血和强细胞毒性；ApxⅡ为 103kDa 蛋白，具有弱的溶血活性和中等细胞毒性；ApxⅢ为 120kDa 蛋白，没有溶血活性只有强烈细胞毒性；ApxⅣ预测分子质量为 202kDa，有弱的溶血活性和弱的细胞毒性。不同血清型菌株分泌不同的 Apx，通常由以 *apxCABD* 顺序的 4 个连续基因构成的 *apx* 操纵子编码。*apxA* 基因编码毒素结构蛋白，*apxC* 基因编码通过酰化反应使毒素活化所需的蛋白，*apxB* 和 *apxD* 基因编码毒素分泌所需的蛋白质。

3．编码参与荚膜多糖（CPS）生物合成酶的基因　细菌多糖极具多样性，以不同的形式出现，在一种细菌的种内都有很大变化。细菌多糖包括 CPS、胞外多糖（EPS）和 O-抗原。CPS 是 *APP* 的毒力因子之一，其含量变化反映毒力差异。编码 CPS 生物合成相关基因具有血清型的多态性，而与 CPS 输出有关的基因比较保守。

根据化学成分和结构差异，将现有的 18 个血清型菌株的 CPS 分成 4 个类型：Ⅰ型由磷酸二酯键连接的磷壁酸多聚物组成，存在于血清型 2、3、6、7、8、9、11、13 和 17 型菌株中；Ⅱ型由通过磷酸键连接的寡糖多聚物组成，存在于 1、4、12、14、15 和 18 型菌株中；Ⅲ型为糖苷键连接的寡聚糖，存在于 5a、5b 和 10 型菌株中；Ⅳ型结构不明，只有血清型 16 型独有。

4．编码脂多糖（LPS）合成酶的基因　脂多糖是革兰阴性菌细胞膜必有的结构成分，也是毒力因子之一。由脂质 A、核心寡糖（含有 3-deoxy-*D*-manno-oct-2-ulosonic acid，KDO，并且是黏附宿主所必需）及O-抗原（由重复单糖组成的多糖）组成。在不同血清型菌株之间，编码O-抗原生物合成的基因序列变化大于编码脂质A和核心寡糖合成酶的基因。O-抗原区之间比较与*cps*操纵子相类似，也可以作为*APP*血清分型的标志物之一。

5. 编码黏附素的基因 菌毛（黏附素）由菌毛低分子蛋白（fimbrial low-molecular-weight protein，Flp）操纵子编码的蛋白质组装而成，可能在细菌黏附中起重要作用。一个14-基因的菌毛低分子蛋白操纵子（*flp1-flp2-tadV-rcpCAB-tadZABCDEFG*）广泛存在于嗜血杆菌、巴氏杆菌、耶尔森氏菌、柄杆菌、放线杆菌等多种细菌中，决定着Flp-菌毛产生、形成粗糙菌落、菌体自凝集和细菌生物被膜的生成。

生物被膜形成与*APP*的定植、致病和传播有关。在JL03菌株基因组上，存在编码含氨基己糖胞外多糖黏附素合成酶基因*pgaABCD*和编码*N*-乙酰-β-氨基己糖苷酶基因*dspB*的操纵子，这是细菌生物被膜生成所需基因。

6. 编码毒力相关酶的基因 尿素酶和蛋白酶在*APP*致病过程中起重要作用，一些呼吸道病原菌产生尿素酶，催化水解尿素产生氨和二氧化碳。在JL03株基因组中含有编码尿素酶结构单元的基因*ureABC*，以及编码尿素酶辅助单元的基因*ureEFGH*。它们也是流感嗜血杆菌*ure*操纵子上的同源基因。JL03株基因组中，有编码氨基肽酶N的基因*pepN*，它是以锌结合基序（aa294-303）为基础的金属蛋白酶。发现在死于胸膜肺炎猪的肺组织中表达这种蛋白酶。*APP*基因组含有厌氧呼吸酶的基因，如编码周质硝酸盐还原酶基因、天冬氨酸脱氨酶基因*aspA*和二甲基亚砜还原酶基因*dmsA*。*APP*的这些厌氧呼吸酶，是在呼吸道上皮细胞存在并在疾病发生上起到重要作用。

7. 编码铁的获取和利用的基因 铁为细菌生长所必需，又可作为环境信号调节许多毒力因子的表达。*APP*能够利用宿主的转铁蛋白、血红蛋白及各种外源微生物的铁载体，作为生长所需铁的来源。*APP*菌株能够表达猪血红素的受体和由真菌产生的高铁色素一种异羟肟酸铁载体的受体，还有转铁蛋白受体。TonB系统在许多革兰阴性菌的铁吸收中起关键作用，在*APP*中有两套TonB系统，编码TonB1和TonB2的基因紧密相连，即*tonb1*（246aa）-*exbB1-exbD1*和*exbB2-exbD2-tonB2*（244aa）。在生存环境铁不足情况下，诱导*APP*合成特殊的外膜蛋白，包括两种膜结合转铁蛋白特异受体，TbpA和TbpB。除了编码高铁血红素结合蛋白基因*tbpA*和一种外膜铁受体蛋白基因外，还有许多编码推测铁结合受体基因，如编码位于外膜上的血红蛋白结合蛋白的基因*hgbA*，由编码铁吸收调节子Fur的高度保守基因*fur*调控。在*hgbA*的上游，还有一个编码氯高铁血红素结合蛋白的序列，与类志贺邻单胞菌的HugZ同源。总之，*APP*完整进化了克服感染过程中铁短缺的元件。

（三）病原分子流行病学

由于*APP*不同血清型菌株间缺乏交叉免疫，不同血清型甚至同一血清型不同分离株之间的毒力也存在差异，因此调查不同国家或地区存在的*APP*血清型对于免疫防制非常重要。较早前的调查显示我国大陆存在多血清型感染，但以7型为主，4型次之，还分离到3、5和8型菌株，最近分离鉴定到9、10和11型；我国台湾存在1、2、3、5型，以1和5型为主。在匈牙利、比利时、丹麦和荷兰等欧洲国家，主要血清型为2型，而在英国为8型，在西班牙为7型。在澳大利亚，最常检测到的是15型，而在加拿大是5和7型，在韩国1和5型是最常见的。一般认为，1、5、9和11型毒力更强，2、3、4、6、7、8、12和15型中等毒力，10、13和14型毒力弱。在做血清学分型时，1、9和11型有交叉反应，4和7型有交叉反应，

3、6、8和15型有交叉反应。

现有的以抗体为基础的血清学分型方法，不能完全将*APP*所有分离菌株进行正确分型，常出现交叉反应。单纯基于特异性*cps*基因的PCR进行血清分型，能够鉴定出18个血清型的13个血清型菌株。已经建立两套多重PCR把所有18个血清型菌株进行正确血清型分型，其一是针对*cps*基因位点引物和*apxⅣ*及其间隔区序列的引物，可以鉴定1～12和5型；其二是针对*cps*基因位点的引物、*apxⅣ*及其间隔区序列的引物和与生长因子合成有关的*nad V*基因引物，能够鉴定13、14、16和18型。

除了血清型之外，*APP*分离株的毒力也有很大差异，前已叙及，构成*APP*毒力的因素包括毒素、荚膜多糖、脂多糖、转铁结合蛋白、蛋白酶、渗透因子、尿素酶等，其中具有细胞毒性和溶血活性毒素是决定本病原菌株致病性强弱的关键，也是病原分子流行病学的关注之一。用针对4种毒素基因*apx*的引物，以分离菌株DNA做模板进行毒素基因的分子鉴定，判定分离菌株的毒力大小。而且，毒素基因*apxⅣ*也是血清型分子鉴别分型的靶基因之一。但同型菌株间的毒力差异，目前用分子遗传学方法无法区分。

在*APP*中存在着耐药菌株，检测分离株的耐药基因也是菌株溯源的措施之一。在β-内酰胺类抗生素耐药的*APP*中发现编码β-内酰胺酶的$bla_{ROB\text{-}1}$基因；在四环素耐药菌株中，发现编码药物外排泵蛋白的*tetB*、*tetC*和*tetH*基因，以及编码核糖体保护蛋白的*tetL*和*tetO*基因。大环内酯类抗生素耐药菌株中，存在编码药物外排泵蛋白的*msrE*基因，引起核糖体靶位甲基化的*ermA*、*ermC*和*erm42*基因，以及编码磷酸化酶钝化酶的基因*mphE*。还在*APP*耐药菌株中发现对磺胺类药（Su）、链霉素（Sm）、氨苄青霉素（Amp）、氯霉素（Cm）的耐药质粒，而且表现为双重和多重抗药，以及质粒不同耐药谱却相同。

（四）感染与免疫

*APP*感染发病有三个阶段，即细菌的定植、避开宿主的清除和对宿主组织产生损伤。经口鼻接触或吸入后，*APP*首先在表面的上皮细胞上定植，然后在腭扁桃体的隐窝中定植（Chiers et al.，1999）。定植的上皮细胞呈空泡状和脱落，伴中性粒细胞转移，使扁桃体隐窝扩张。相比之下，*APP*不能很好地与气管或支气管的纤毛上皮结合（Bossé et al.，2002）。定殖依赖于细菌对细胞的黏附，当*APP*能够到达下呼吸道时，能够黏附在肺泡内的肺细胞，这是一个复杂的多因素过程(Bossé et al.，2002)。一般认为是由多糖和蛋白质介导的(van Overbeke et al.，2002)，LPS的寡糖核心也可能在宿主细胞的黏附中起着重要作用（Chiers et al.，2010）。

呼吸系统中的黏膜纤毛清除机制对于防止感染非常重要，没有被黏膜纤毛清除的细菌，仍有可能被吞噬细胞清除。肺泡巨噬细胞位于肺泡内空气-表面界面上，它首先接触吸入的细菌。肺血管内巨噬细胞黏附于血管内皮细胞上，可迅速被招募到*APP*感染的炎症区和坏死区。病原菌侵入后避开呼吸道的有效防御系统。*APP*能在吞噬细胞内存活90多分钟，此间释放出Apx使吞噬细胞裂解。ApxⅠ、ApxⅡ和ApxⅢ三种RTX能够对巨噬细胞和多形核白细胞的吞噬功能产生影响。此外细菌产生几种因子有助于在巨噬细胞内生存，包括荚膜和LPS、铜-锌过氧化物歧化酶、应激蛋白和氨。*APP*对正常和免疫血清的杀菌作用和补体介导的调理吞噬作用有抗性，对血清产生抵抗的主要因素是CPS和（或）LPS。

*APP*对宿主组织的损伤，产生胸膜肺炎病变归因于Apx，它通过刺激激活的吞噬细胞释放炎症因子，直接或间接地对各种类型细胞发挥细胞毒性作用。肺泡和血管内的巨噬细胞被激活主要是由于Apx和LPS，导致有毒氧代谢产物（包括过氧化物阴离子、过氧化氢和羟基

自由基）及蛋白酶和各种细胞因子的释放。*APP* 感染猪快速在局部产生促炎细胞因子 IL-1α、IL-β 和 IL-6，以及强效多形核白细胞趋化因子 IL-8，快速招募和活化多形核白细胞进一步释放毒性氧自由基。多形核白细胞除了比巨噬细胞释放更多的氧自由基和蛋白酶外，还释放髓过氧化物酶，此酶能将毒性相对较小的过氧化氢转变成次氯酸，次氯酸是嗜中性粒细胞炎症过程中产生的最强的细胞毒性氧化剂。*APP* 的 LPS 激活补体系统释放 C3a 和 C5a，这些补体成分吸引和激活多形核白细胞和巨噬细胞，并刺激环氧合酶依赖的炎症介质的释放，导致进一步的多形核白细胞和血小板激活、血管扩张和肺脏内气管的收缩。Apx 对内皮细胞的损伤，以及 LPS 对因子Ⅻ的直接激活，启动了凝血、溶纤和激肽系统。凝血途径的激活导致血小板激活和微血栓形成，致使局部缺血和随之的坏死，这是急性胸膜肺炎的特征。除了 Apx 和 LPS 外，*APP* 分泌的蛋白酶可能参与致病变作用。

实验感染或自然感染都能引起免疫反应，感染后 10～14d 就能检测到循环抗体，4～6 周抗体水平达到最高，可延续数月。某些亚临床感染猪，抗毒素抗体效价很低或无，用检测 ApxⅣ抗体的 ELISA 方法似乎比检测 LPS 抗体的敏感性更低，尤其是在无临床症状情况下。

三、诊断要点

根据流行病学、临床症状、病理变化可以做出初步诊断，确诊需要进行病原菌的分离鉴定或者从病理材料中检出病原菌的遗传物质，做出明确的诊断。

（一）流行病学诊断

APP 虽然分布广泛，但仅感染猪。许多康复的猪都是携带者，成为传染源，少数报道认为野猪也是携带者。主要是通过鼻对鼻接触或者短距离的飞沫传播，种公猪在本病的传播上也起重要作用。多发生在幼猪（≤6 月龄），但胸膜肺炎感染对成年猪也可能是致命的或导致母猪流产。

本病起病突然，病程短，发病率和死亡率高，新发病猪群最高死亡率可达 100%。多与气候骤变、养殖密度过高，室内空气污浊，湿度大、通风不良等诱因有关。有其他呼吸道病时，如传染性萎缩性鼻炎、猪地方流行性肺炎、蓝耳病、猪链球菌病、副猪嗜血杆菌感染等，都能加重临床症状，提高死亡率。

（二）临床诊断

根据猪只个体的免疫状态，不利环境应激程度及感染程度临床症状可分为最急性型、急性型、亚急性或慢性型。

1．最急性型　在同舍或者不同猪舍一头或几头猪突然发病，体温高达 41.5℃，沉郁厌食，并有短期的轻度腹泻和呕吐。没有明显的呼吸症状，卧地不起。后期有严重的呼吸困难，张口呼吸，呈犬坐姿势。在濒死期，往往体温降低，脉搏加快，循环衰竭。口、鼻、耳及四肢等机体末梢部皮肤发绀，并从口鼻中流出泡沫样血色分泌物。出现症状后 24～36h 死亡，也有无症状的突然死亡病例。

2．急性型　在同舍或不同猪舍多头猪发病，体温升高到 40.5～41.0℃，沉郁拒食。出现严重的呼吸困难，张嘴呼吸，这时多出现呼吸与血液循环衰竭。根据肺病变严重程度和治疗的及时与否病程有所不同，或以很快死亡或以转变成亚急性和慢性型为转归。

3．亚急性或慢性型　是在急性临床症状消失之后出现的临床表现。很少或者几乎无体温升高现象，有一过性或间歇性咳嗽，食欲减退，体温下降。强迫猪只运动几分钟后，可见到明显呼吸困难、咳嗽。在慢性感染猪群中常见到亚临床病例，由于感染了其他呼吸道传染病如支原体肺炎、巴氏杆菌肺炎或支气管败血波氏杆菌的感染而加重病情，很快死亡或者成为生长迟滞的僵猪逐渐消瘦死亡。个别病例可导致母猪流产，或者出现关节炎，心内膜炎以及不同部位脓肿。

（三）病理诊断

剖检病理变化集中在胸腔，其他器官没有特征性变化，尤其是慢性病例。

1．最急性型　主要集中在胸腔，胸腔严重积液，呈现血红色；心包液增多，呈血色或者黄红色。整个肺严重充血，膨大，柔软，失去正常的外观结构。气管、支气管有血液和分泌物。肺切面湿润多汁，有大量血色液体流出，间质红灰色胶冻样增宽。肺门淋巴结充出血、肿大。

2．急性型　如果是弥散坏死病变，病变多为双侧性的或者两侧病变程度有所不同，病变部位硬固，表面覆盖纤维素膜，与胸壁、心包、膈肌、肺叶之间广泛粘连。切开病变肺会发现，肺切面呈紫色暗红色肝样变化，见到弥散性的小坏死灶。气管和支气管充满血色泡沫样黏液物；肺门淋巴结出血，并伴有实质增生。胸液增量，呈淡黄或黄色，有时带有血色。

3．慢性型　以局灶性纤维素性坏死性胸膜肺炎为主，急性病例幸存猪肺为泛发性弥漫性坏死，呈暗红色硬固。原发慢性病例多为灶性坏死，外面有结缔组织形成的包囊，呈灰白色。间质由于结缔组织增生而增宽。坏死灶大小不一，小如花生粒，大到鸡蛋大小及拳头大小，多发生在膈叶上。坏死灶突出于肺表面或者在肺内部，坏死灶表面有纤维素附着，或与胸壁或与心包粘连，或与膈肌粘连，或者肺叶间互相粘连。坏死灶切开后有微黄色灰白色脓样半固状液流出。

组织病理学变化，主要为纤维素性出血坏死性肺炎和纤维素性增生性胸膜炎的变化。病变肺正常组织结构受到严重破坏，见不到固有的组织结构，偶尔见到为数不多的细支气管。病变中心为凝固性坏死，大部分为单核细胞浸润，凝固坏死区外面围绕着具有梭形特点的嗜碱性单核细胞，其厚度为十几个细胞层，最外面为结缔组织增生层，其间有时夹杂着一些淋巴样细胞。肺泡中很少见到嗜中性粒细胞，多为纺锤形或梭形的嗜碱性单核细胞，小叶间隔内也有大量的嗜碱性单核细胞浸润。在结缔组织边缘还有血栓形成。

（四）鉴别诊断

在临床上，本病要与猪巴氏杆菌肺炎、格拉瑟病及猪地方流行性肺炎相鉴别。

猪巴氏杆菌性肺炎是由A型巴氏杆菌感染所致，肺病变为小叶性肺炎，表现病变局部颜色变深，病变部可以康复。由B型巴氏杆菌感染所致的是猪肺疫或猪出败，其急性死亡剖检特征为纤维素性坏死性肺炎和浆液纤维素性胸膜炎与心包炎。肺炎灶多发生于肺间叶、中间叶、心叶和膈叶的前下缘，有时也发生于膈叶背部。剖检症状与胸膜肺炎不完全相同，结合全身其他器官的病理变化，完全做出正确诊断。

副猪嗜血杆菌感染引起的肺炎为小叶性肺炎，完全与胸膜肺炎不同，并且以浆液纤维素性渗出为主，为泛发性，有浆膜的地方都有渗出。

由猪肺炎支原体引起的地方流行性肺炎，其病变特征为炎症发展时期的肺脏膨大，不同程度的水肿和气肿。病变主要集中于心叶、尖叶、中间叶和膈叶的前缘，一般形容为肉样变，两侧肺病变大致对称。

四、实验室诊断技术

（一）病料的采集与保存方法

无菌采取病死猪的肺病变组织块或者急性死亡猪的心血、胸水及鼻腔血色分泌物，立即接种培养基；如不能立即接种应将病料放在无菌试管中，用低温冰瓶在12h内送达实验室。如需长途运输，可将病料－20℃冻结后低温转运。

（二）病原学诊断

1．病原的分离与鉴定

（1）分离培养　所使用的培养基有巧克力琼脂培养基、类胸膜肺炎微生物（PPLO）培养基、TSA培养基和改良TSA培养基，在后三种分离培养基中，需要加入生长因子烟酰胺腺嘌呤二核苷酸（NAD）100μg/mL和经56℃ 30min灭能马血清10%。

（2）形态特征与培养特性　在实体显微镜下以45°反射光观察菌落形态特征。*APP*典型菌落为黏液型菌落，圆整、中间凸起，直径为1～1.5mm，闪光不透明，呈鲜明的金红色边缘带蓝虹光，结构细致，底部陷入培养基表层（蚀刻性），不易刮下。黏液性降低的菌落，比前者稍大，圆整略扁平，透明度变大，以红色虹光为主，结构细致，对培养基的蚀刻性不强或无，为黏液型向光滑型过渡菌落。本菌在加生长因子和马血清的5%脱纤绵羊血的培养基上，37℃培养16～18h，呈β-溶血。

涂片染色镜检：*APP*为革兰染色阴性，两极着染略深的小球杆菌或小杆菌。*APP*对葡萄糖、麦芽糖、蔗糖和果糖发酵产酸，个别菌株对乳糖、甘露醇、木糖和伯胶糖发酵产酸，使反应管变黄。尿素酶试验呈阳性。CAMP试验为阳性。目前有多重PCR方法进行鉴定，可以鉴定到血清型。

2．动物感染试验　挑选外表健康的*APP*鼻腔检菌和血清抗体检测阴性的2月龄小猪，在喉结下部气管环间隙处用18～20号针头的注射器刺破气管后向下方气管内进入，分离注射器留置针头在气管内。用另一支带有9～12针头连接一支中空纤维管的注射器，将中空纤维管游离端通过留置针头进入下呼吸道，将待测培养物接种到下呼吸道。

（三）免疫学诊断

猪胸膜肺炎血清学检查是成本效益最划算的方法，已被广泛用于诊断、监测和清除毒力血清型，以及用于亚临床*APP*感染的检查。早期采用补体结合反应，试验敏感性低，有假阴性倾向，最近20年多用ELISA方法检测。基本上分为两种类型：血清型不做区分的*APP*感染检测和区分血清型或血清群的检测。两种都有市售商品ELISA检测试剂盒。现采用所有血清型菌株都有的共同抗原而其他细菌不具有此抗原，即ApxⅣ作抗原的ELISA试剂盒。只要做一次检测就得到完全可靠的结果，这种方法也有局限性，因不能区分血清型，故适合于初筛用。但有时也有假阴性出现，其原因可能是亚临床感染群（扁桃体带菌）不能导致产生高水平的毒素抗体。还有针对LPS的ELISA诊断方法问世，如果是特异性血清型或血清群进行诊断，此法可作为首选。除了血清作为*APP*血清学诊断的主要样本外，LPS-ELISA试验已经用从肌肉和初乳收集的液体进行实验。最近开发出四路荧光微球免疫试验，可同时检测4种Apx抗体。这种方法由于ApxⅠ和ApxⅡ抗体的交叉反应出现假阳性，而用ApxⅣ抗原检测可获得高敏感性。

我国已经批准的诊断试剂有间接血凝检测试剂和猪*APP* ApxⅣ-ELISA抗体检测试剂盒。间接血凝检测操作较为简便、具有一定的敏感性和特异性，但不适于大量的样本检测或血清学调查。在血清型流行背景复杂的情况下，以基因工程表达的ApxⅣ蛋白为抗原建立的ELISA方法具有方便、快捷、客观、可批量检测的特点，适用于胸膜肺炎感染猪诊断及区别胸膜肺炎感染猪和灭活疫苗免疫猪。

五、防控措施

（一）综合防控措施

1．平时的预防措施　猪场周边应有一定的绿色植被屏障或隔离区，搞好场区内部环境卫生，定期消毒；控制非必要的人员、车辆进入场区，运输车辆进出场区要严格消毒；减少猪场工作人员频繁进出场区，人员进出应有消毒措施，杜绝将生鲜猪肉带进场区。了解引种种源地的疫情，加强引种检疫，引进病原和抗体检测双阴性猪。引进种猪先进行隔离饲养，对新引进种猪进行免疫接种。按照现有疫苗的推荐免疫程序，对全群进行免疫预防等。

2．发病时扑灭措施　一旦发病，首先将发病猪舍进行场区内部隔离，避免疫情扩散。采取病料进行病原菌的分离鉴定，对分离到的*APP*菌株进行药物敏感性试验，确定敏感的治疗药物。将临床症状表现严重的猪进行淘汰处理，症状轻度的猪进行隔离治疗，表面健康同群猪进行预防性治疗。对分离菌株进行血清分型鉴定，选择与发病血清型相同的商品疫苗，进行全场猪的免疫接种。如果临床发病的*APP*血清型不包含在商品疫苗中，可选用本场分离菌株制备自家疫苗，免疫保护效果好。

（二）生物安全体系构建

*APP*在环境中不能持续生存，部分猪和感染未发病猪在鼻腔、扁桃体和肺病变部位带菌成为病原传播的携带者。最急性和急性感染猪通过鼻腔分泌物排菌，亚临床携带者在扁桃体带菌，携带菌株不仅有低毒力的也有高毒力的，在管理较好的猪群高毒力菌株有时长期存在而猪仍保持健康状态。环境应激或并发其他呼吸道病导致暴发猪胸膜肺炎。呼吸道感染是唯一感染途径。传播主要靠引进带菌种猪，通过鼻与鼻的直接接触和近距离的飞沫传播。曾经对猪场里的老鼠进行细菌分离培养，没有分离到*APP*，猪场内老鼠可能在本病传播上不起作用。鉴于此原因，生物安全体系构建应全方位。

物料进出场区要严格消毒，避免工作人员携带肉类食品或其他私人物品进入场区。人员进场要消毒、沐浴、更衣，进入某一饲养单元要再次更衣消毒。搞好环境卫生，猪舍内定期常规消毒；饲养密度不要过高，避免猪舍内温度波动过大，保持舍内干燥低湿；饲养单元之间要有隔离，避免通过人员物品传播病原。引种检疫阴性猪，进场后仍然隔离饲养，根据情况再决定混群。有条件猪场可采用全自动饲喂系统，能准确记录每个猪的采集量和体温变化，反映在计算机系统中，并提示工作人员处理，可实现有目标地采样检测。除了提示异常猪采样外，还应定期抽样检查猪的血液、鼻腔分泌物、扁桃体拭子样品，分别进行抗体监测、细菌分离鉴定和病原菌核酸检测。

清净群的建立及*APP*感染猪的清除，20世纪90年代开始，欧美等养猪发达国家应用早期断奶隔离技术，后来衍生出药物早期断奶隔离技术和改进的药物早期断奶隔离技术。该项技术能根除包括*APP*在内的多种病原体，如多杀性巴氏杆菌、猪肺炎支原体、副猪嗜血杆菌、产气荚膜梭菌、猪痢疾短螺旋体、支气管败血波氏杆菌、猪传染性胃肠炎病毒、伪狂犬病病毒、钩端螺旋体、细小病毒和流感病毒，还有体表的虱子和体内寄生虫。

（三）疫苗与免疫

国外猪胸膜肺炎商品苗种类包括全菌体灭活疫苗、菌体与三种主要毒素组合疫苗、三种毒素与42kDa外膜蛋白组合疫苗。例如，默沙东动物保健公司产品Porcilis APP®，为三种毒素与一种外膜蛋白组合疫苗。全菌体灭活疫苗主要是含有不同血清型抗原的多价疫苗，如含1、2、3、4和5血清型菌株的Serkel PleuroAP®，含有1、5和7血清型菌株的硕腾公司产Suvaxyn Respifed APP®，含有2、4和5型菌体的海博莱公司产Neumosuin®，以及含有2和6血清型菌株和多杀性巴氏杆菌的Aptovac®疫苗。

国内批准上市的猪胸膜肺炎灭活疫苗有3种，即猪传染性胸膜肺炎三价灭活疫苗（1、2、7型）、猪传染性胸膜肺炎二价蜂胶灭活疫苗（1型＋7型）、猪传染性胸膜肺炎二价灭活疫苗（1型＋7型）。目前在我国使用的灭活疫苗主要是猪传染性胸膜肺炎三价灭活疫苗，有效期为12个月。接种后2周产生免疫力，免疫期至少6个月。推荐免疫程序：仔猪35～40日龄进行第一次免疫接种1头份，首免后4周第二次免疫接种1头份。母猪在产前6周和2周各免疫注射一次。

亚单位疫苗，能提供一定的异型保护并在一定程度上阻止细菌定植。目前在我国上市的国外产品猪传染性胸膜肺炎亚单位灭活疫苗，由英特威国际有限公司生产。每头份2mL，内含600mg抗原浓缩液，其中ApxⅠ、ApxⅡ、ApxⅢ、OMP各50单位。该四价混合亚单位疫苗可以预防15种血清型菌株感染，具有交叉保护作用。免疫接种于耳后深部肌肉2mL，建议在6周龄首免，间隔4周进行第二次免疫。2～8℃保存，有效期24个月。

（四）药物治疗

药物治疗只是在发病早期有效，可以减少临床死亡。由于猪传染性胸膜肺炎病变部位有血栓形成严重影响血液循环，无论采取什么方式用药，药物很难在病变部位达到有效抑菌浓度，因此药物治疗临床症状明显，猪往往预后不良。有报道欧洲*APP*分离菌株，对阿莫西林、头孢喹肟、头孢噻呋、丹诺沙星、恩诺沙星、马波沙星、氟苯尼考、托拉菌素、泰妙菌素、替米考星、泰乐菌素、林可霉素、复方新诺明和壮观霉素很少有抗性。北美分离株对头孢噻呋、氟苯尼考、恩诺沙星、红霉素、克林霉素、复方新诺明和替米考星高度敏感。也有报道*APP*分离菌株对金霉素和土霉素高度抗药，对β-内酰胺类药物（青霉素、氨苄青霉素、阿莫西林）高度抗药。在实际应用中，资料报道的敏感药物仅做参考，药物选择一定要对分离菌株做药物敏感试验或最小抑菌浓度测定，确定首选药物。

六、问题与展望

面对目前的问题，一方面应该加强动物卫生监测服务体系建设，对病原菌进行耐药性监测，科学指导用药；另一方面进行有效疫苗的探索研究。

猪传染性胸膜肺炎病原菌的耐药性在不断增强，抗生素的盲目使用使耐药性更加复杂化。敏感药物应用也不能从带菌猪体完全清除病原菌，特别是病灶中的和寄生在扁桃体上的病原菌。现有的全菌体灭活疫苗缺乏血清型交叉保护，疫苗免疫也不能清除猪体所带的细菌。亚单位疫苗虽然有一定的交叉保护功能，尚缺乏实地应用的完美评价。

在疫苗研发方面，应该采取不同的策略全方位研究。根据病原菌感染发病机制和过程，病原菌黏附定植后，产生的各种毒力因子一定有个时序过程，要结合现代分子生物学技术，把病原菌在宿主体内产生的具有免疫原性和保护性抗原产生的时序弄清楚。制备疫苗首先选择具有黏附性表面抗原，其次选用体内最先表达的共同保护性抗原。现有的 *APP* 亚单位疫苗虽然有血清型交叉保护，但是还不能做到完全的抗病变保护的原因，可能就存在此类问题，值得深入探讨。

在开发新抗原的候选疫苗研究中，在免疫原性抗原筛选时，特别要注意保护性抗原的研究。已经发现 *APP* 从外膜上分泌的小泡（外膜囊泡）具有免疫增强的佐剂效应，在把它加入蛋白 Apfa 和外膜脂蛋白 VacJ 的新型疫苗的实验中，能够明显提高特异性 IgG 滴度，但是免疫动物攻毒保护失败。还发现灭活的痤疮丙酸杆菌全菌体或者用其抗原蛋白免疫小鼠，能够保护小鼠免受 *APP* 的攻击，有异源保护作用。重组的嵌合疫苗试验免疫猪能够对 *APP*、副猪嗜血杆菌和猪肺炎支原体攻击提供保护。利用细菌生物被膜形成过程中发现的混合物作为候选疫苗抗原已经开始研究，同菌毛衍生抗原作为疫苗候选抗原一样有着期望的前景。新一代测序工具的应用正在全面产生新的信息，将更好地诠释猪体疫苗实验的保护性免疫反应，设计开发新疫苗。借助计算机将会促进新佐剂发现，新型佐剂势必会提高胸膜肺炎疫苗的效力。另一个趋势是近几年很有吸引力的植物载体疫苗，用植物生产免疫抗原，作为可食性重组疫苗，很可能对今后的兽用疫苗产生很大影响。此外，基于纳米凝胶的 *APP* 局部黏膜免疫（鼻腔接种）疫苗，具有广阔的发展前景。

（杨旭夫）

第九节　格 拉 瑟 病

一、概述

格拉瑟病（Glässer’s disease），又称副猪嗜血杆菌病、猪多发性纤维素性浆膜炎和关节炎，是由副猪格拉瑟菌（*Glaesserella parasuis*，*GPS*）感染引起的猪的一种细菌性传染病。各种年龄的猪均可感染，但以断奶前后的仔猪最易感，感染率和发病率高。感染猪表现出体温升高，生长迟缓，被毛粗乱，有的猪还会出现黄疸等症状，剖检以多发性浆膜炎、关节炎和脑膜炎为主要特征，胸腔、腹腔和内脏器官表面出现纤维素性渗出物。死亡率为 5%～10%，与猪繁殖与呼吸综合征病毒、猪圆环病毒、猪链球菌等共感染或继发感染时，死亡率会显著升高。

拓展阅读 3-9

本病因德国学者 Glässer 于 1910 年最先报道而得名，但直到 1922 年，Schermer 和 Ehrlich 才分离到本病的病原菌。本菌发现近百年来，一直被认为是一种猪的条件性病原菌或猪上呼吸道常在菌，一般不引起严重的疾病。然而，20 世纪末以来，本病在世界主要养猪国家和地区广泛流行，特别是在规模化养猪场中的感染率和发病率显著升高。目前，在多数养猪国家和地区，副猪格拉瑟菌已经成为猪场感染率或带菌率最高的病原菌之一。

二、病原学

（一）病原与分类

副猪格拉瑟菌（*Glaesserella parasuis*，*GPS*），原名副猪嗜血杆菌（*Haemophilus parasuis*，*HPS*），过去一直被归在巴斯德菌科（Pasteurellaceae）的嗜血杆菌属（*Haemophilus*）。但从基因组进化来看，本菌在巴斯德菌科中处于一个独立的分支。因此，最近有学者建议将本菌列为一个新属——格拉瑟菌属（*Glaesserella*），将“副猪嗜血杆菌”更名为“副猪格拉瑟菌”（*Glaesserella parasuis*）（Dickerman et al.，2020）。

副猪格拉瑟菌是一种革兰阴性小杆菌，兼性厌氧，有荚膜，没有溶血活性。在感染猪组织涂片染色上呈现出多形性。本菌体外培养要求较高，常用 TSA/TSB 或 BHI 培养基进行体外培养。虽然本菌的生长不需要 V 因子和 X 因子，但在培养基中添加 NAD、牛血清或猪血清，本菌生长得更好。

（二）基因组结构与编码蛋白

我国学者率先开展了副猪格拉瑟菌的基因组学与蛋白质组学研究，揭示了本菌基因组与蛋白质组的基本特征。本菌的基因组大小为 2.2～2.4Mb，平均 G+C 含量为 40%，比其他嗜血杆菌的 G+C 含量略高。本菌基因组编码 2200～2500 个 ORF，很多 ORF 的功能尚属未知。从全基因组进化树分析来看，副猪格拉瑟菌与胸膜肺炎放线杆菌的亲缘关系较近，而与其他同属的嗜血杆菌亲缘关系较远。因此，有学者建议将本菌从嗜血杆菌属中独立出来，成立一个新属。根据基因组序列可以预测出荚膜和脂多糖合成基因簇，以及铁利用、黏附等相关毒力基因。目前，已经鉴定的本菌毒力因子有荚膜、菌毛、神经氨酸酶、脂寡糖（lipooligosaccharide，LOS）、细胞肿胀毒素、转铁结合蛋白、三聚体自转运子蛋白、IgA 蛋白酶等。

目前的蛋白质组学研究只鉴定出副猪格拉瑟菌血清 5 型强毒株 SH0165 的 317 种蛋白质，约占本菌蛋白质总数的 13%。用免疫蛋白质组学方法鉴定出 15 种外膜蛋白，其中 PalA、Omp2、D15 和 HPS 06257 蛋白具有良好的免疫原性。

（三）病原分子流行病学

根据荚膜抗原的差异，可用琼脂扩散实验或/和间接血凝实验将本菌分为至少 15 种血清型（serotype，用 1～15 来表示），但仍有超过 20%的临床分离株尚不能被这种方法定型，可能存在更多的血清型。不同国家、地区和猪场流行菌株的血清型不尽相同。例如，澳大利亚以血清 4 和 13 型为主，欧洲和北美地区以血清 4 和 5 型为主，越南以血清 5、4 和 2 型为主，我国以血清 4 和 5 型为主，血清 13 型也比较常见。但是，我国幅员辽阔，养猪规模庞大，不同地区猪场流行的优势血清型也不尽相同。有学者曾用一套参考菌株进行猪感染试验，认为血清 1、5、10、12、13 和 14 型为高致病型，血清 2、4 和 15 型为中等致病性型，血清 8 型为低致病型，血清 3、6、7、9 和 11 型为非致病型。但这一结论只适用于这一套参考菌株。

随着比较基因组学和功能基因组学研究的深入，现在可以用多重 PCR 方法快速区分除血清 5 和 12 型以外的所有血清型（Howell et al.，2015）；根据已知毒力基因（*lgsB*、*capD*、*wza*、*HPM-1371*、*HPM-1372*、*HPM-1373*、*vta1*、*vta2* 和 *vta3*）的差异，可以用多重 PCR 方法将本菌临床分离株分为不同的“致病型”（pathotype）：高致病型、中等致病型和低致病型（Howell et al.，2017）。有学者将毒力相关的三聚体自转运蛋白基因（*vtaA*）前导序列的 PCR 用于预测菌株的毒力，但需要对更多的田间菌株的分析进一步验证（Galofré-Milà et al.，2017）。

（四）感染与免疫

副猪格拉瑟菌作为常在菌，主要定植在猪的上呼吸道。仔猪通常在出生后通过接触母猪而发生早期感染，是否引起疾病通常主要取决于两个因素：感染菌株的毒力和猪的应激。强毒力菌株常常引起急性全身感染和疾病；中等毒力菌株常导致慢性感染，表现为浆膜炎和关节炎；低毒力菌株感染一般表现出轻微的临床症状或不表现出临床症状。有的菌株可以突破猪的血脑屏障，进入中枢神经系统，引起细菌性脑膜炎。应激包括仔猪断奶，环境改变，蓝耳病病毒、猪圆环病毒等免疫抑制性病毒感染等。定植在猪上呼吸道，特别是扁桃体和鼻腔中的细菌，通常不引起严重的疾病和强烈的免疫反应。在应激等情况下，某些毒力较强的菌株可以扩散到肺部，引起肺炎，或者发生全身性感染，引起多发性浆膜炎、关节炎和脑膜炎。发生肺炎或全身性感染时，本病原菌可以诱导保护性免疫反应，但不同血清型菌株间的交叉免疫保护率低。

三、诊断要点

（一）流行病学诊断

本病只感染猪，主要发生在 4～8 周龄的断奶仔猪，但较大年龄的猪也会感染发生，特别是在其他病原共感染或继发感染时。潜伏期为 24h～5d，主要与感染菌株的毒力、母源抗体水平等有关。

（二）临床诊断

本病的急性型主要表现为高热（41.5℃）、咳嗽、腹式呼吸、关节肿胀伴跛行和中枢神经症状（如侧卧、划水和颤抖），这些症状可以共同或独立出现。同一猪群中不同猪只的临床症状可能差异较大。有些轻微到中度症状的猪能在疾病的急性期存活下来，并发展成以被毛粗乱、生长迟缓和跛足为特征的慢性期，有时伴有呼吸困难和咳嗽。本病的发病率和死亡率在不同的猪场变化较大，通常在 5%～10%，主要影响因素包括应激和其他病原（猪繁殖与呼吸综合征病毒、猪圆环病毒、猪链球菌等）的共感染或继发感染。

（三）病理诊断

本病在病理学上主要表现为纤维素性和（或）化脓性的多发性浆膜炎、关节炎和脑膜炎。纤维素性渗出物主要出现在胸膜、心包、腹膜、滑膜、脑膜和内脏器官表面，通常伴有液体增多。纤维素性胸膜炎可伴有卡他性化脓性支气管肺炎。在一些有神经症状的猪，常观察不到特征性的大体病变。组织病理学检查除化脓性脑膜炎外，一般无更多特征性病变信息。

（四）鉴别诊断

上述临床症状和病理变化具有诊断意义，但并不是格拉瑟病所独有的。临床上，需要与猪传染性胸膜肺炎、猪链球菌病、大肠杆菌病等疾病相区分。

猪传染性胸膜肺炎：也表现出明显的纤维素性炎症，但病变仅局限于猪的胸腔（胸膜和肺），表现为出血性、纤维素性和化脓性的胸膜炎和肺炎，而且猪传染性胸膜肺炎主要发生在育肥猪。

猪链球菌病：与格拉瑟病都可出现脑膜炎和关节炎，但猪链球菌病常表现出出血和败血症，较少出现纤维素性炎症。此外，猪丹毒和猪滑液支原体感染也可出现关节炎，但通常表现为育肥猪的慢性非化脓性关节炎。

大肠杆菌病：非溶血性大肠杆菌感染的哺乳仔猪也可以出现多发性浆膜炎，β-溶血志贺毒素 2e 阳性大肠杆菌感染导致的断奶仔猪水肿病也会出现神经症状，但这些猪都不会发展成典型的纤维素性和化脓性脑膜炎。

四、实验室诊断技术

（一）病料采集与保存方法

本病的病原学检测与诊断的病料主要是采集发病猪的脑、肺、心脏等组织，关节液、心包液和纤维素渗出物等。建议每头猪采集多个不同样本；病料尽可能新鲜，建议现场采样接种合适的培养基平板，或低温下尽快运至实验室进行处理。死亡超过 8～12h 猪的病料通常没有诊断价值。抗体检测按照常规方法采样、运输和保存。

（二）病原学诊断

1．病原分离与鉴定 本菌分离培养常用含 0.1% NAD 的 TSA、BHI 琼脂或巧克力琼脂培养基。在 TSA 和 BHI 培养基中添加 10%的牛血清有利于本菌的生长。本菌生长比较慢，初代培养和传代培养一般在 37℃培养 48h，取 TSA 平板上针尖大小的白色半透明小菌落或巧克力琼脂上白色圆滑小菌落进行革兰染色、生化特性和 PCR 鉴定。PCR 鉴定一般用靶向本菌 16S rRNA 基因的特异性引物。可以用琼脂扩散实验、间接血凝实验或多重 PCR 方法进行血清型分型，也可以用多重 PCR 方法区分致病型。

2．动物感染试验 小鼠和家兔都不是本病合适的实验动物，高剂量感染后可死亡，但不表现出本病的症状和病理变化。豚鼠可用于本菌的感染试验，可以引起豚鼠死亡和纤维素性浆膜炎。剖腹产仔猪或未吃初乳的仔猪被认为最适合用于本菌的动物感染试验，本病抗原和母源抗体双阴性的断奶仔猪也可用于感染试验。

（三）免疫学诊断

琼脂扩散实验是本病血清学诊断方法的金标准，间接血凝实验也可用于本病的诊断，这两种血清学方法也可用于本菌的血清学分型。有学者基于本菌的荚膜多糖、细胞膨胀毒素、外膜蛋白等抗原建立了 ELISA 抗体检测方法。

五、防控措施

（一）综合防控措施

本病是猪场最常见的细菌性传染病，感染率和发病率高，其综合防控措施主要包括加强饲养管理，实施严格的生物安全措施，控制好猪繁殖与呼吸综合征、猪圆环病毒感染及其他呼吸道疾病，提前断奶，减少猪群流动，杜绝不同生产阶段的猪混养等。

（二）疫苗与免疫

目前国内外市售的格拉瑟病疫苗是灭活菌苗和亚单位疫苗，总体而言，对所有致病血清型的交叉保护不高。由于不同国家和地区流行的优势血清型不尽相同，所以这些灭活菌苗所含菌株的血清型也不尽相同，多以血清 4 和 5 型为主。一些商业疫苗在配方中包含一种以上的血清型以增强交叉保护。此外，佐剂的选择对于提高免疫功效很重要。尽管如此，当使用灭活疫苗时，猪需要多次免疫才能产生长期保护。国内开发出了副猪嗜血杆菌病灭活疫苗（单价）、副猪嗜血杆菌病二价灭活疫苗、副猪嗜血杆菌病三价灭活疫苗、副猪嗜血杆菌病四价蜂胶灭活疫苗、猪圆环病毒 2 型-副猪嗜血杆菌病二联亚单位疫苗、猪链球菌病-副猪嗜血杆菌病二联亚单位疫苗等。本菌的外膜囊泡疫苗和基因缺失活疫苗还处在实验室研究阶段。本病疫苗通常在 14～16 日龄首免，35～40 日龄加强免疫一次。母猪在产前一个月免疫一次，有助于保护初生仔猪。

（三）药物与治疗

本病的治疗以抗菌消炎为主，使用敏感的抗菌药物，辅以抗炎药。抗菌药物的选择最好基于细菌药敏实验进行，同时注意不同药物的休药期。目前最常用的抗菌药有氟苯尼考和替米考星（混饲或混饮）、复方阿莫西林和泰地罗新（肌注）等。泰地罗新注射液为长效大环内酯类抗菌药，常用于仔猪断奶时注射以阻断副猪格拉瑟菌等病原菌从母猪到仔猪的感染。抗炎药物主要有卡巴匹林钙和氟尼辛葡甲胺。

六、问题与展望

副猪格拉瑟菌血清型众多，感染率和发病率高，防治难度大。在耐药性问题和抗生素限用的新形势下，开发更安全有效的药物和疫苗是控制乃至根除该病的重要方向，这有赖于对该病原菌生长、代谢和毒力调控机制及血清多样性的遗传基础和交叉免疫保护机制的深入理解。

（周　锐）

第四章　反刍动物重要传染病

第一节　牛 流 行 热

一、概述

拓展阅读 4-1

牛流行热（bovine ephemeral fever，BEF）又称三日热或暂时热，是由牛流行热病毒（bovine ephemeral fever virus，BEFV）引起的牛的一种急性、热性传染病，其特征是病牛高热，呼吸困难，流泪，流涎，流鼻汁，四肢关节疼痛和跛行，产奶量下降，消化道和呼吸道呈严重的卡他性炎症等。BEF 是一种虫媒传播性疾病，蚊子和库蠓等吸血昆虫是重要的传播媒介，本病的发生有明显的季节性和周期性，以高温炎热、多雨潮湿、蚊虫多生的夏末秋初季节高发。本病主要侵害奶牛、肉牛、黄牛和水牛，发病率以奶牛最高。本病流行面广、传播迅速，流行或大流行时，发病率可能很高（接近 100%），通常死亡率较低（＜1%）。本病能明显降低乳牛的产乳量，使种公牛精液质量受损，部分病牛常因瘫痪而淘汰，给养牛业造成重大经济损失，国家将其定为三类动物疫病。消灭媒介昆虫和疫苗免疫是预防和控制本病的关键措施。

BEF 最早在 1867 年于东非 Schweinfurth 首次报道，随后从非洲南端到尼罗河三角洲，横跨中东，经过南亚和东南亚，进入澳大利亚北部和东部，以及中国，后延伸到朝鲜半岛和日本南部。中国在 1934 年于江苏省首次报道 BEF 发生和流行。随后本病在 1954 年、1966 年、1967 年、1976 年、1983 年、1989 年、1996 年、1999 年、2001 年及 2002 年于 22 个省（自治区、直辖市）先后出现多次大流行。近年来，BEF 在我国绝大多数地区频繁发生，通常从 6 月开始，一直持续到 11 月，部分地区的阳性率高达 81%。

二、病原学

（一）病原与分类

牛流行热病毒是引起牛流行热的病原体，在病毒的分类上与狂犬病病毒、水疱性口炎病毒同属于弹状病毒科（*Rhabdoviridae*），是暂时热病毒属成员。

（二）基因组结构与编码蛋白

本病毒核酸结构是一条单股负链不分节段的 RNA，基因组大小约为 14 900 个核苷酸，3′→5′端的顺序依次为 3′-*N-P-M-G-Gns-α1-α2-α3-β-γ-L*-5′，转录合成的 mRNA 在 5′端有帽子结构，各基因起始序列为-AACAGG-，终止序列为 CNTG（A）$_{6\text{-}7}$。共编码 5 个结构蛋白（核蛋白 N、磷蛋白 P、基质蛋白 M、糖蛋白 G、RNA 依赖的 RNA 聚合酶蛋白 L）和 6 个非结构蛋白（G 蛋白 Gns、α1、α2、α3、β、γ）。BEFV 基因组的转录是梯度式转录，越靠近基因组 5′端的基因转录效率越低。

N 基因含有 1328 个核苷酸，氨基酸序列与水疱性口炎病毒相近。编码的 N 蛋白是转录-

复制复合物的主要蛋白，能与负链 RNA 结合，识别转录终止信号及 poly（A）信号，调控基因转录和复制。虽然在小鼠和牛体内 N 蛋白具有一定的免疫原性，但它不能诱导病毒的中和抗体，可在牛体内诱导 T 细胞增殖反应。

P 基因含有 858 个核苷酸，是病毒多聚酶主要成分之一，以可溶性成分存在于病毒感染细胞的细胞质中，可阻止 N 蛋白的自身凝集，协助 N 蛋白脱离核衣壳并与 RNA 分离，同时刺激机体产生细胞免疫。

M 基因位于 G 蛋白基因上游，是病毒核衣壳的重要组成成分，是一种可溶性蛋白，可能具有调控 RNA 转录的作用。在病毒复制周期中，M 蛋白的 N 端 20 个富含带正电荷的氨基酸残基，可能与宿主细胞膜的细胞质面含有负电荷磷脂膜蛋白相互作用，参与病毒的组装。另外，M 蛋白还参与病毒诱导的细胞自噬和细胞凋亡。

G 基因编码分子质量为 81kDa 的糖蛋白，属于 I 类跨膜糖蛋白，位于 BEFV 粒子囊膜表面，结构上与弹状病毒科的其他 G 蛋白相似，其表面有特异性中和抗原位点，具有免疫保护原性，是 BEFV 的主要免疫原性蛋白之一。G 蛋白表面有 4 个主要抗原位点：G1、G2、G3 和 G4。其中，G1 是线性表位，位于 G 蛋白功能区 C 端，氨基酸残基的 487～503 位，包含两个 B 细胞抗原表位，该位点只与抗 BEFV 的抗体发生反应。G2 是一个非线性构象位点，位于两个高度保守的半胱氨酸残基附近的融合域中，氨基酸残基位于 168～189 位。G3 是一个复杂的构象化表位，由 G3a 和 G3b 组成。G3 位于 G 蛋白富含半胱氨酸的“头部”，氨基酸残基的 49～63 位、215～231 位和 262～271 位，而 G2 和 G3 的抗原位点可与同科的相关病毒具有血清交叉性。G 蛋白也与 BEFV 的出芽和成熟有关。而 G4 抗原位点的定位目前尚不明确。另外，G 蛋白含有 5 个糖基化位点，其糖链构象影响着 G 蛋白在病毒粒子表面囊膜上的组装。此外，G 蛋白的翻译后修饰过程可影响蛋白质的空间构象，高尔基体的糖基化修饰与 G 蛋白上抗原决定簇的形成及翻译后修饰密切相关。

Gns 基因紧邻 *G* 基因下游，其编码的蛋白质属于 I 类跨膜糖蛋白，结构上与 G 蛋白相似，包括一个信号肽区、疏水跨膜区和 8 个 *N*-糖基化位点等特征，可能是由基因复制产生的。Gns 蛋白可在病毒感染的细胞中表达，但不整合到病毒粒子中，与 G 蛋白不同，在低 pH 时可能不具有细胞膜融合特性，其功能目前尚不清楚。

在 BEFV *Gns* 基因与聚合酶基因 *L* 之间存在约 1622 个核苷酸片段，这段基因变异很大，含有多个阅读框，编码 α、β 和 γ 蛋白，每个基因均含有典型的保守序列（AACAGG）和 CATG（A）$_7$ 结束序列。α 区含有 α1、α2、α3 三个阅读框，其中，*α1* 基因编码一种 10.5kDa 跨膜蛋白，可在 BEFV 感染细胞中表达，结构上由一个中心跨膜结构域、富含芳香残基的 N 端结构域和高度碱性的 C 端结构域组成，是一个病毒穿孔样（viroporin-like）蛋白，具有 viroporin 的结构和功能特性。同时，α1 蛋白可定位在高尔基复合体上，具有抑制细胞生长，增加细胞膜的通透性等特性。此外，α1 蛋白可与输入蛋白 β1（importin β1）和输入蛋白 7（importin 7）相互作用，可能在调节核质转运信号通路中发挥作用。*α2*、*α3*、*β* 及 *γ* 基因分别编码大小为 13.7kDa、5.7kDa、12.2kDa 和 13.4kDa 蛋白质，目前，这些蛋白质的功能尚不清楚。

L 基因编码约 2144 个氨基酸，具有 RNA 依赖的 RNA 多聚酶活性，对基因的转录和复制具有调控作用。此外，L 蛋白具有 mRNA 的 5′端加帽和甲基化的特性。通过分析弹状病毒科成员 L 基因的序列同源性，发现 BEFV *L* 基因与水疱性口炎病毒属的同源性较高。

（三）病原分子流行病学

通过宏基因组学对不同 BEFV 毒株 *G* 基因序列进行比较分析，可将中国、土耳其、日本、以色列和澳大利亚分离毒株划分为东亚、中东和澳大利亚三种进化谱系，并且表明这些分离株的进化关系相当近。在亚洲，基因型 I 包括 1984 年从中国台湾和 1988～1989 年从日本流行动物样本上的分离株，基因型 II 包括 1996～2004 年中国台湾和 2001～2004 年日本的分离株，基因型III的典型代表毒株是 1966 年日本（Yamaguchi）疫苗株。2000 年土耳其和 2008 年以色列样本分离株则形成一个独立的谱系，所有这些谱系都不同于澳大利亚 BEFV 分离株。事实上，抗原位点 G1 和 G3 的多个氨基酸是否被取代，包括两个常见的潜在 *N*-糖基化位点的突变，可区分澳大利亚和东亚谱系。根据同源重组和贝叶斯统计，对三个 BEFV 谱系起源地进行分析，推测这三个谱系可能起源于非洲地区，并通过中东蔓延到亚洲和澳大利亚。但交叉中和试验等血清学试验表明，不同毒株之间血清学上没有明显差异，目前 BEFV 只有一个血清型。我国学者根据 BEFV 的 *G* 基因序列，对东亚谱系病毒株的进化进行了研究，发现病毒重组是山东分离株重要的进化机制之一。

（四）感染与免疫

1．病毒入侵和复制调控 病毒附着于宿主细胞的表面，随后经过侵入，脱衣壳，生物大分子的合成、组装和释放，完成病毒复制周期。病毒初始吸附到细胞膜表面受体之后，通常可以从质膜直接内化或利用内吞作用进入宿主细胞。BEFV 的受体尚不清楚，其入侵宿主细胞是在酸性环境中由网格蛋白（clathrin），以及由动力蛋白 2（dynamin 2）依赖的内吞作用所介导。此外，微管可能在内体介导病毒胞内转运方面发挥重要作用，病毒粒子被细胞内吞进入细胞质，需要通过早期内体和晚期内体 Rab5 或 Rab7a 的转运，才能从内吞途径中融合并将病毒基因组释放到细胞质中。因此，内体酸化的各种抑制剂对 BEFV 感染有强烈的阻碍作用。同时，BEFV 囊膜表面 G 蛋白与宿主细胞表面受体结合之后，诱导细胞内吞信号的转导，引起病毒颗粒与受体结合复合物的内陷，进一步触发 Cox-2 催化的前列腺素 E2（prostaglandin E2，PGE2）的合成，并上调 G 蛋白偶联的 E-前列腺素（E-prostanoid，EP）类受体 2 和 4 的表达，从而放大 Src/JNK/AP1 和 PI3K/Akt/NF-κB 信号级联反应，并进一步提高网格蛋白和动力蛋白 2 等蛋白质的表达，使 BEFV 易于侵入细胞。针对 BEFV *G* 基因设计的 siRNA，可有效抑制病毒的增殖。BEFV 进入细胞后的复制过程及其机制尚不清楚。

2．细胞凋亡 细胞凋亡是 BEFV 感染的重要致病机理之一。研究报道证实 BEFV 感染能诱导 Vero、MDBK、BHK-21、L929 细胞等多种易感细胞的细胞核 DNA 凝聚和断裂、凋亡小体的形成和质膜空泡化，最终导致细胞凋亡的发生。BEFV 感染可激活 caspase-2、caspase-3、caspase-4、caspase-6、caspase-8、caspase-9 和 caspase-10 等分子，而利用 caspase 抑制剂（Z-VAD-fmk）处理，可以减缓 BEFV 所诱发的细胞凋亡。在 BEFV 感染 BHK-21 细胞时，病毒诱导细胞凋亡发生的必要条件是病毒粒子的脱衣壳和病毒基因的复制和表达。病毒感染激活 caspase-8，剪切 Bid，tBid 蛋白移位到线粒体上进而激活内源性线粒体凋亡信号途径，使线粒体释放细胞色素 c 到细胞质，与 Apaf-1 等分子相互作用形成凋亡小体，进而激活 caspase-9，被激活的 caspase-9 进一步激活 caspase-3，导致细胞凋亡的发生。然而，在 Vero 和 MDBK 感染的细胞中，BEFV 通过直接激活 Src（tyrosine-418）和 JNK 磷酸化和激酶活性，通过 Src/JNK 信号转导通路，引发下游 caspase 系列活化，随后对聚 ADP-核糖聚合酶（ICAD）和 DNA 断裂因子 45（DFF45）进行剪切。

3. 炎症反应 BEFV 主要感染肺、淋巴结的网状内皮细胞等。发病期间，病牛白细胞，特别是嗜中性白细胞幼稚型和杆状核细胞以及血浆纤维蛋白剧增最为明显，呈显著的核左移现象，血浆纤维蛋白含量超出正常值的 1～3 倍，血钙含量下降 20%～35%。发病高热期重症牛血浆碱性磷酸酶下降，同时肌酸激酶水平升高。病牛剖检时在滑膜腔、胸腔与腹腔均可见纤维素性浆膜炎与水肿；组织病理学检查发现，血管并无明显伤害，但中性粒细胞数目增加。推测可能是由于中性粒细胞吞噬病毒的作用，诱发血管活性胺释放，造成血管通透性增加，导致纤维素与血浆渗出。BEFV 刺激网状内皮细胞释放细胞因子与宿主的炎症反应有关，包括 α-干扰素（α-interferon，IFN-α）、白细胞介素 1（interleukin-1，IL-1）和组织坏死因子（tissue necrotic factor，TNF），造成宿主血浆中钙离子与纤维素原的下降，导致急性炎症反应及发热等症状。另外，血浆中的 IL-6 和 IL-10 可能通过 B 细胞活化和分化等机制有助于体液免疫反应。

三、诊断要点

（一）流行病学诊断

以 3～5 岁壮年牛多发，奶牛易感性最强。本病传染力强，传播迅速，呈流行性或大流行性，有明显的季节性和周期性；媒介昆虫叮咬而导致传播扩散，以高温炎热、多雨潮湿、蚊虫多生的夏末秋初季节高发。流行周期为 3～5 年一次。有时疫区与非疫区交错相嵌，呈跳跃式流行。发病率高，但多取良性经过。

（二）临床诊断

病牛突然高热，体温 39.5～42.5℃，持续 2～3d；呼吸急促、困难；流泪、畏光，眼结膜充血；口腔发炎、流涎、口角处有大量泡沫、张口吐舌；流鼻液、有浆液性鼻漏；高热期病牛食欲废绝，反刍停止，瘤胃肿胀、蠕动停止，便秘或腹泻，病牛腹痛不安，时起时卧；妊娠母牛可发生流产、死胎；乳牛的产乳量明显降低，甚至停止；后肢无力，肌肉颤抖，四肢关节肿大疼痛，站立时四肢僵硬，跛行，后肢麻痹，卧地不起。

（三）病理诊断

剖检可见上呼吸道黏膜充血和点状出血，黏膜肿胀，叶间结缔组织和肋膜下组织充满气体，气管内有大量泡沫黏液。主要病变在肺部，肺显著肿大，有不同程度的水肿和间质气肿，压之伴有捻发音。病程较长，牛肺部出现大面积感染区，且随着病程的延长，分别呈棕红色、微黄色和灰白色，质地硬实。肺部淋巴结充血、肿大，并有出血点。实质器官发生肿胀，心内外膜、肾皮质、膀胱稍微充血。右心室明显扩张，存在凝血块。真胃、小肠及盲肠出现卡他性炎症和渗出性出血。全身关节有不同程度的肿胀，关节液增多。

（四）鉴别诊断

本病主要与牛副流行性感冒、牛传染性鼻气管炎、牛茨城病、牛病毒性腹泻-黏膜病、牛传染性胸膜肺炎和牛气肿疽等相区别。

1．牛副流行性感冒　由副黏病毒属中3型副流感病毒引起，在正常情况下牛不发病，当在某些诱因作用下，抵抗力降低时而致病，常见于长途运输后，多发生于成年牛，表现为明显的呼吸道大叶性肺炎症状，母牛还有可能出现乳腺炎。巴氏杆菌病常为继发入侵者，四环素和磺胺类药物疗效很好。本病的发生没有明显的季节性。

2．牛传染性鼻气管炎　由牛疱疹病毒1型引起，发生于较冷季节，以育肥牛多见，多数病例表现鼻黏膜发炎，形成溃疡，鼻翼和鼻镜部坏死（又称红鼻病），部分表现为脓包性外阴及阴道炎、结膜炎，甚至出现流产和脑炎等症状。

3．牛茨城病　是由环状病毒属的病毒所引起的一种急性传染病。病牛表现为高热、吞咽困难及关节肿痛等症状。本病又称牛类蓝舌病，有明显的流行性，表现出的临床症状与牛流行热类似。但患有牛茨城病的牛会在体温明显升高后出现舌、咽喉、食管明显麻痹，其在低头时会通过口、鼻将瘤胃内容物逆流出来，进而引起咳嗽。

4．牛病毒性腹泻-黏膜病　由牛病毒性腹泻病毒引起，特征为发热，腹泻，黏膜发炎、糜烂、溃疡，白细胞减少，持续性感染，免疫抑制，怀孕母牛流产，产死胎和畸形胎或致死性黏膜病。有些病牛有蹄叶炎及趾间皮肤糜烂坏死，本病通常呈隐性感染，发病率较低，若发现黏膜坏死症状，则死亡率能高达100%，通常呈地方性流行，且任何季节都能够发生。

5．牛传染性胸膜肺炎　是由丝状支原体感染引起的一种高度接触性传染病，属于国家一类传染性疾病。发病后患病牛体温升高到41℃以上，呼吸极度困难，咳嗽，不存在啰音和摩擦音。叩诊大面积的浊音，胸腔疼痛，拒绝触碰。

6．牛气肿疽　由气肿疽梭菌感染引起，病牛肌肉丰满的腿部形成气肿，触摸气肿部位有捻发音，从而出现跛行，而牛流行热会导致病牛关节和四肢出现炎症，从而发生跛行。

四、实验室诊断技术

（一）病料采集与保存方法

1．急性高热期血液　选择处于发热期（体温高达39.5～42.5℃）的活牛采集样品，从其颈静脉无菌采集2管肝素抗凝血，每管5～6mL，再采集5～6mL血液收集到血清管中，用于分离血清。样品采集后，置于冰上冷藏送至实验室；2管肝素抗凝血，置于4℃冷藏；将血清管稍倾斜放于37℃温箱，保温2h，然后3000r/min离心10min。吸取血清，并转移到另外的无菌1.5mL离心管中，冻存于－20℃。

2．鼻、咽拭子　将拭子头轻轻擦拭病牛鼻、咽分泌物，将拭子头浸入含3mL病毒保存液（也可使用等渗盐溶液、组织培养液或磷酸盐缓冲液）的管中，尾部弃去，旋紧盖管。

3．组织样本　采集解剖病牛的组织样本（喉头、肺、气管、淋巴结等），采集时用自封口袋分别放置并标记，置于冰上冷藏送至实验室，冻存于－80℃。

（二）病原学诊断

1．病原分离与鉴定　取高热期病牛血液接种于仓鼠肾（BHK-21）传代细胞进行病毒分离，本病毒也可在仓鼠肺细胞（Hmlu-1）、牛肾、牛睾丸及胎牛肾细胞上繁殖，并产生细胞病变。病毒在非洲绿猴肾（Vero）传代细胞上不但能增殖并产生致细胞病变效应（CPE），还能形成蚀斑。为了达到早期诊断的目的，也可利用分离的白细胞进行负染，做电镜检查，观察子弹状病毒粒子以进行确诊。

针对病毒糖蛋白 *G* 基因设计特异性引物，对发热前期或初期的抗凝血液，病牛的鼻、咽拭子，组织样本进行常规 RT-PCR 诊断或实时 RT-PCR 诊断，后者具有更高的灵敏性和特异性。检测 BEFV 的反转录环介导等温扩增技术、重组酶聚合酶扩增技术耗时较短，且简便易行。结合核酸复制及信号放大的原理，应用巢式 PCR 和磁珠核酸探针方法建立的生物活性增幅杂合反应（bioactive amplification with probing，BAP）诊断方法，可用于血液、病理切片组织等检测和定量 G 蛋白。

2. 动物感染试验　采集病牛急性高热期抗凝血液或血液中的白细胞层，脑内接种 1～3 日龄 BALB/c 的乳鼠、乳仓鼠，常能分离到病毒。连续传代常可使本病潜伏期不断缩短，分离到鼠脑适应毒株。死亡前小鼠主要表现为神经症状，颤抖，后肢麻痹，步态不稳，常倒向一侧，皮肤痉挛性收缩，多数经 1～2d 死亡。

（三）免疫学诊断

采集发热初期和恢复期双份血清进行中和试验和补体结合试验，是较早使用的特异性血清学检测方法，也可应用琼脂凝胶扩散试验和间接免疫荧光试验进行检测。根据 2002 年 8 月 27 日我国颁布的农业生产标准，将微量中和试验定为 BEFV 的血清学标准诊断方法（中华人民共和国农业行业标准 NY/T 543—2002）。

针对 BEFV G1 蛋白抗原位点的单克隆抗体，建立了检测 BEFV 特异性抗体的阻断 ELISA 法，是目前诊断及临床检测 BEF 的常用方法之一。随着免疫学技术的发展，实时测定 BEFV 的流式石英晶体微天平（QCM）免疫敏感器已用于 BEF 的诊断，该方法是一种可视化酶联免疫吸附试验，检测结果在几分钟内直接获得，具有较高的灵敏度。

五、防控措施

（一）综合防控措施

1. 平时的预防措施

（1）加强饲养管理　在日常养殖过程中，增加易消化且有优质蛋白、能量充足、多汁青绿饲料来增强牛的体质。为牛提供充足的水资源，保障其饮水需求。加强牛舍的通风换气，保证牛舍的温度和湿度适宜，要经常清洁牛栏，使其处于干燥、通风凉爽的环境中。

（2）规范的消毒制度　牛舍加强消毒，尤其本病的多发季节更要加强隔离消毒，在场门、生产区入口处设置消毒池，定期更换消毒池内的消毒液（可用 2%的氢氧化钠液）。对于进出牛场的车辆、外来人员必须进行严格消毒，杜绝携带病原的人员、牛只、车辆或被污染的饲料进入牛场。对各个牛舍的使用工具和饲养员进行严格消毒，并对牛舍及其周围环境定期消毒，运动场用草木灰或石灰水喷洒，及时清理垃圾粪便并进行无害化处理，污染的垫草、饲料等焚烧处理，确保牛舍清洁卫生。

（3）定期除虫　吸血昆虫的叮咬是本病传播方式之一，故积极除虫能够有效预防本病的发生。每周 2 次使用 5%敌百虫液喷洒牛舍和周围的排粪沟，对杀灭蚊蠓有很好的效果。

2. 发病时的扑灭措施　具体如下：①本病确诊后，应及时向当地畜牧兽医局上报疫情，业务部门对牛群疫情进行密切监控，封闭牛场，严禁流通，并对牛场内外进行全面严格的消毒。②及时对病死牛进行无害化销毁处理，每日 2 次对牛舍、水槽、料槽进行全面彻底消毒，不留死角。③设置病牛隔离栏，密切关注牛群状况，每日对全群牛进行体温测量，一旦发现有咳嗽气喘及体温升高的牛及时隔离观察。④加强防疫警戒，增加牛舍巡查人力，加强牛舍巡查力度，重点牛舍专人巡查，在及时治疗病牛的同时，继续加强场地消毒、环境杀虫、治理牛舍周边环境等措施，以减少传播媒介，降低牛群发病率。⑤对未发病的健康家畜严格隔离饲养，限制其活动，对未发病牛用流行热灭活疫苗进行紧急免疫。

（二）生物安全体系构建

首先，要建立自繁自养的饲养制度，疫病的发生多因奶牛频繁不规范的调运。其次，应加强隔离消毒和环境卫生，坚持每周 2 次使用 5%的敌百虫溶液对牛舍周围和化粪池周围进行消毒，杀灭蚊蠓，以切断疫病传播；同时定期做好牛体表寄生虫驱虫工作，保障牛体表健康。第三，做好防暑降温工作，保持牛舍舒适，供给优质饲料，确保奶牛机体正常免疫力。第四，加强防疫检疫制度，杜绝频繁不规范买卖奶牛。第五，疫区要定期做好 BEF 疫苗的免疫接种工作。

（三）疫苗与免疫

BEF 疫苗主要有弱毒苗、灭活苗和重组苗，但它们的保护效率和持续性差异很大。国外利用蚀斑纯化的 YHL 毒株制备了 BEFV 弱毒冻干苗和氢氧化铝福尔马林灭活疫苗。国内也开展了鼠脑弱毒疫苗、油佐剂灭活疫苗、结晶紫灭活疫苗、甲醛氢氧化铝灭活苗、β-丙内酯灭活苗和亚单位疫苗的研制工作。目前，油佐剂灭活疫苗已应用于临床，在流行地区每年采用 BEF 灭活苗对健康牛进行免疫，推荐免疫程序：1～3 月龄的哺乳犊牛由于没有形成完善的免疫系统，加之通过吮吸母乳获得抗体，不建议接种疫苗；4～12 月龄的牛先进行 2 次正常的免疫，经过 2～3 个月再进行 1 次加强免疫，每头每次注射 3mL（$10^{6.0}$ $TCID_{50}$/mL）；大于 12 月龄的牛，每头颈部皮下注射 4mL（$10^{6.0}$ $TCID_{50}$/mL），间隔 21d 进行第 2 次接种。如果已经进行过疫苗免疫的牛，坚持每年接种 1 次疫苗即可有效预防 BEF。

（四）药物与治疗

本病无特效药物治疗，一般采取对症治疗和加强护理，病初可根据具体情况酌用退热药及补糖、补液等。对重症病例，在加强护理的同时，可采取综合疗法，如解热、抗炎、强心、补液，有呼吸迫促的症状时，可使用平喘类药，使病牛气喘得到暂时缓解，也可进行输氧。停食时间长可适当补充生理盐水及葡萄糖溶液。用抗生素等抗菌药物防止并发症和继发感染。

1．西药治疗 5%～10%葡萄糖生理盐水 5000mL，内加四环素 1～2g，静脉注射，防继发感染。配合应用解热镇痛药，如肌肉注射复方氨基比林 20～50mL，或内服安乃近 6～12g，每天 2 次。针对以呼吸道为主要症状的病牛，采用 30%安乃近注射液 30mL、普鲁卡因青霉素 300 万～400 万 IU 肌肉注射，每天 1～2 次。对以瘫痪为主要症状的病牛，每天可注射 1g 盐酸硫胺，或呋喃硫胺注射液 0.2～0.3g 肌注，并静注 10%葡萄糖酸钙注射液 500～1000mL，同时补充 10%氯化钾溶液 100mL。

2．中药治疗 柴胡 40g，黄芩 30g，半夏 30g，人参 15g，甘草 15g，生姜 10g，大枣 30g，桂枝 30g，白术 25g。水煎放温，用胃导管服药。每天 1 剂。或天竹黄 60g，郁金 30g，黄连 30g，大黄 30g，枝子 30g，生地 30g，茯神 45g，防风 30g，柏子仁 90g，酸枣仁 90g，远志 30g，甘草 20g，菊花 30g，二花 30g，研为细末，候温灌服。

六、问题与展望

近年来，本病流行范围越来越大，流行周期逐步缩短，临床症状逐渐加重，病死率升高。目前，尚未有针对本病的特效药，深入探讨病毒复制的分子机理，发现影响病毒复制的关键病毒基因和宿主基因，揭示病毒致病的分子机制，为抗病毒研究提供靶标分子和新思路，并在此基础上研发抗病毒特效药物；建立灵敏、快速的诊断方法，用于疫病诊断及疫情监控，为科学防控提供关键技术支撑；研制稳定高效的新型疫苗，为免疫预防提供物质保障；在理论创新、关键技术攻关、生物制品研制的基础上，集成建立 BEF 综合防控技术，有效防控 BEF，保障养牛业的持续健康发展。

（侯佩莉，何洪彬）

第二节　牛病毒性腹泻-黏膜病

一、概述

拓展阅读 4-2

牛病毒性腹泻-黏膜病（bovine viral diarrhea-mucosal disease，BVD-MD）又称为牛病毒性腹泻（bovine viral diarrhea，BVD）或黏膜病（mucosal disease，MD），是由牛病毒性腹泻病毒（bovine viral diarrhea virus，BVDV）引起的一种急性或慢性传染病。多数呈隐性感染，临床病例以高热、白细胞减少、腹泻、口腔及消化道黏膜糜烂和坏死、妊娠母牛流产或产畸形胎儿、新生犊牛持续性感染等为特征。易感动物主要是牛和猪，对绵羊、鹿、骆驼及其他野生动物也具有一定感染性。多呈地方性流行和季节性流行，在封闭集约化养殖场多以暴发式发病。本病在新疫区急性感染多，发病率不高，病死率高；老疫区很少发生，多呈隐性感染，发病率和病死率很低。一年四季均可发生，但在冬末和春季多发。目前，世界动物卫生组织（WOAH）将其列为必须报告的动物疫病及国际动物胚胎交流病原名录三类疫病。我国农业农村部将其定为三类动物疫病。

本病最早于 1946 年由 Olafson 首次在美国纽约牛群发现，随后世界各地均开始出现相关报道，尤其在美国和欧洲等畜牧业发达的国家和地区。1953 年，在艾奥瓦州牛群又发现类似的疾病，以口腔溃疡和出血性肠炎为特征，称为黏膜病。1957 年，Lee 分离到病原，命名为牛病毒性腹泻病毒。1971 年，美国兽医协会统一将牛病毒性腹泻和黏膜病命名为牛病毒性腹泻-黏膜病。在我国，BVDV 是由李佑民团队在 1983 年首次发现的，病毒株分离自国外进口的流产牛胎儿的脾。目前，许多省（自治区、直辖市）已分离鉴定出牛病毒性腹泻病毒或检测出了血清抗体。本病广泛分布于世界各地的养牛国家，是养牛场和国际贸易中重点检疫的传染病，给全世界养牛业造成了巨大经济损失。

二、病原学

（一）病原与分类

牛病毒性腹泻病毒（bovine viral diarrhea virus，BVDV），又名黏膜病病毒（mucosal disease virus，MDV），是黄病毒科（*Flaviviridae*）瘟病毒属（*Pestivirus*）的成员。根据第十次 ICTV 报告，瘟病毒已被归类为 11 种（瘟病毒 A～K），其中牛为宿主的瘟病毒已被归类为瘟病毒

A（BVDV-1）、瘟病毒B（BVDV-2）和瘟病毒H（HoBi样瘟病毒、非典型反刍动物瘟病毒，也称为BVDV-3）。同科成员还包括丙型肝炎（hepatitis C virus，HCV）、黄热病毒（yellow fever virus，YFV）、西尼罗河病毒（west Nile virus，WNV）、日本脑炎病毒（Japanese encephalitis virus，JEV）、登革病毒（dengue virus，DV）、猪瘟病毒（classical swine fever virus，CSFV）和边界病病毒（border disease virus，BDV）等。需强调的是，BVDV、CSFV和BDV这三种病毒均为重要的动物致病病毒，在兽医学上有重要意义。尽管这三种病毒有明显的自然感染宿主，但试验表明，CSFV可实验感染于牛，BVDV也可人工感染于猪、羊和其他反刍动物。基因测序证实，三种病毒基因有很高的同源性。血清学试验表明，BVDV与同属的CSFV和BDV具有密切的抗原关系。BVDV的一些毒株接种于猪可以产生抗病毒性腹泻-黏膜病的抗体，被接种猪可以抵抗猪瘟病毒的攻击。

BVDV病毒粒子为直径40～60nm的有囊膜的球形颗粒，其内含直径约30nm的电子致密内核，囊膜表面有10～12nm的环形亚单位。病毒粒子在蔗糖密度梯度中的浮密度是1.13～1.14g/mL，沉降系数为80～90S，对乙醚、氯仿、胰酶等敏感，pH 3以下易被破坏；50℃氯化镁中不稳定；56℃很快被灭活；血液和组织中的病毒在－70℃可存活多年。在低温下稳定，冻干状态下可存活多年。BVDV主要分布在血液、精液、脾、骨髓、肠、淋巴结、妊娠动物的胎盘等组织，以及呼吸道、眼、鼻的分泌物中。能在胎牛肾、睾丸、脾、肺、皮肤、肌肉、气管、鼻甲、胎羊睾丸、猪肾等细胞培养物中增殖传代。常用胎牛肾细胞株MDBK细胞进行培养，牛鼻甲骨细胞、睾丸细胞也用于增殖本病毒及疫苗制备。

（二）基因组结构与编码蛋白

1. 基因组结构 BVDV病毒的基因组（genome）为单股正链RNA，长度为12.3～12.5kb，由一个单一的开放阅读框（ORF）组成，两侧是5′非翻译区（untranslated region，UTR）和3′非翻译区。5′端的帽子到起始密码子AUG之间的序列称为5′-UTR，位于5′-UTR内的内部核糖体进入位点（internalribosom entrysite，IRES）通过与帽无关的核糖体及起始密码子的连接来促进翻译起始，IRES由3个螺旋组成，其中包含两个高度可变的区域；3′-UTR包含保守的茎环而不是poly（A）尾，并且具有结合多种宿主细胞microRNA的位点。ORF可被靶细胞核糖体转录翻译成一个大约4000个氨基酸残基的多聚蛋白，多聚蛋白被细胞和病毒蛋白酶共翻译和翻译后切割，产生成熟的4种结构蛋白（C、E^{rns}、E1和E2）和8种非结构蛋白（N^{pro}、p7、NS2、NS3、NS4A、NS4B、NS5A、NS5B）。基因组的组成顺序为（NH_2-*N^{pro}-C-E^{rns}-E1-E2-p7-NS2-NS3-NS4A-NS4B-NS5A-NS5B*-COOH）（Al-Kubati et al.，2021）。结构蛋白由细胞信号肽酶加工，而非结构蛋白由病毒丝氨酸蛋白酶加工。病毒在细胞的内质网和高尔基体中组装和成熟，通过胞吐作用释放，其中病毒蛋白不暴露在细胞表面。

2. 编码蛋白

（1）结构蛋白 结构蛋白位于基因组的N端，前体蛋白Prgp140经蛋白水解酶的切割和糖基化酶的修饰，被加工成为4种成熟的病毒结构蛋白，即C、E^{rns}、E1和E2，后3种是病毒的囊膜蛋白。BVDV感染时，在E^{rns}与硫酸乙酰肝素初始相互作用后进入宿主细胞，随后E2与其细胞受体牛CD46结合，通过网格蛋白介导的内吞作用并在内体酸化后发生融合。

C（p14）：BVDV的第一个结构蛋白，位于ORF的505～810nt，由102个氨基酸残基构成，分子质量为14kDa，属于非糖基化蛋白，具有免疫原性，并且带有高电荷。C蛋白是BVDV基因组RNA的重要组成部分，周围有一个脂质双层外膜，在膜上插入了病毒编码的糖蛋白，由于脂膜对热、洗涤剂和有机溶剂具有敏感度，因此本病毒相对容易灭活。C 蛋白疏水性较强，其 N 端和 C 端分别由 N^{pro} 水解及宿主细胞的信号肽切割产生，并且与 E^{nrs} 之间存在 1 个与糖蛋白转位信号序列有关的疏水侧链。

E^{rns}（E0/gp48）：是分子质量为 42～48kDa 的糖蛋白，位于 ORF 的 811～1491nt，由 227 个氨基酸组成，有 8 个糖基化位点，可形成约 90kDa 的同源二聚体，存在于病毒粒子表面。E^{rns} 同 E1 和 E2 均属于暴露在病毒衣壳周围脂质膜上的糖基化囊膜蛋白，这三种囊膜蛋白都是产生感染性病毒颗粒所必需的。研究表明，E^{rns} 蛋白有抗蠕虫、神经毒性和免疫抑制活性，还在病毒入侵细胞时发挥作用，具有核糖核酸酶（RNase）活性。BVDV E^{rns} 的 RNase 活性是阻断牛细胞中单链 RNA（ss RNA）和双链 RNA（ds RNA）诱导的Ⅰ型 IFN 合成所必需的糖蛋白。E^{rns} 可优先降解细胞及病毒中的单链 RNA，同时也可裂解双链 RNA，但活性较低，并且可在保持 RNase 活性的同时分泌到细胞外，通过双链 RNA 抑制外来Ⅰ型 IFN 对感染的应答，也可在 RNase 和同源二聚体的形成过程中置换重要氨基酸的突变体。E^{rns} 的保守性较高，并具有中和表位，可产生 BVDV 和 CSFV 的中和抗体，在检测抗原和疫苗研究方面发挥着重要作用。

E1（gp25）：分子质量约为 25kDa，位于 ORF 的 1492～2076nt，由 195 个氨基酸构成，属于Ⅰ型跨膜蛋白。E1 存在于病毒囊膜内部，包含 3 个糖基化位点和 2 个疏水性跨膜区域，其 N 端固定在胞外区域，C 端锚定在 BVDV 囊膜的表面。此外 E1 和 E2 还可组成异源二聚体（E1-E2），而胱氨酸突变可能会影响 E1-E2 的形成，在疏水残基的作用下，E1 可通过自身含有的膜锚蛋白使其与 E1-E2 相互作用。目前对于 E1 蛋白的功能研究还不够全面，根据对其他黄病毒科 E1 蛋白作用的研究可以推断，BVDV E1 蛋白可能是 E2 的伴侣蛋白，需要与 E2 蛋白结合共同发挥作用。

E2（gp53）：位于 ORF 的 2077～3198nt，由 373 个氨基酸残基组成，分子质量为 55kDa，可单独形成同源二聚体，属于Ⅰ型跨膜蛋白，具有 N 端的胞外区和 C 端的疏水锚定。E2 蛋白含有 17 个半胱氨酸和 4 个糖基化位点，研究人员将其分为 4 个功能区（domain），即 DA、DB、DC 和 DD 功能区，其中 DD 功能区在瘟病毒的成员中最具保守性。同时 E2 蛋白的 N 端含有主要的抗原决定簇，而 E2 蛋白的 C 端则含有与细胞受体结合及与细胞膜融合的重要功能区。两种包膜糖蛋白 E1 和 E2 通过与细胞表面受体 CD46 和 LDL-R 结合来识别宿主细胞，并且是膜融合和细胞进入所必需的，但 CD46 本身不足以介导感染。一些研究表明，BVDV 的 NADL 株能够通过不依赖 CD46 的机制从感染细胞传播到易感细胞（Maurer et al.，2004）。尽管频繁关联，但 BVDV-E2 与 CD46 受体的结合并不是 BVDV 摄取所必需的，这表明有其他细胞蛋白参与（Riedel et al.，2020）。E2 可作为补体调节蛋白抑制细胞裂解和 DNA 链的断裂，这使得 BVDV 可避开机体的先天免疫系统，并通过其对机体产生的适应性及免疫耐受能力而持续存在于宿主体内。为对 E2 所在位置及含有的拓扑结构进行分析，2017 年 Radtke 等以 BVDV CP7 株 E2 蛋白为研究对象，发现其位于内质网上，成熟后具有一个单跨膜锚，单独表达时会形成一个跨膜的拓扑结构，E2 蛋白通过谷氨酰胺 370 对细胞内滞留起到调节作用。另外，E2 糖蛋白是瘟病毒中最具免疫优势的病毒蛋白，包含被特异性抗体识别的主要类型特异性表位。这种蛋白质由抗原呈递细胞呈递，并被确定为细胞毒性 T 细胞的靶点，能够在感染或接种疫苗后引发高滴度的 BVDV 中和抗体。E2 蛋白具有很高的变异率，可引起对抗体的中和逃逸，这也是导致传统疫苗无法完全保护的主要原因。

（2）非结构蛋白　BVDV 编码 8 种非结构蛋白：N^{pro}（p20）、p7、NS2（p54）、NS3（p80）、

NS4A（p10）、NS4B（p30）、NS5A（p58）、NS5B（p75），其中 NS3、NS4A、NS4B、NS5A 和 NS5B 共同形成复制复合体，在病毒复制过程中是必须参与的，其余 3 种，即 N^{pro}、p7 和 NS2 是非必需的。

N^{pro}：由 168 个氨基酸残基组成，分子质量为 23kDa。N^{pro} 是 BVDV ORF 编码的第一多聚蛋白，具有自身蛋白水解酶活性，能催化自身从正在翻译的多聚蛋白的第 168 位氨基酸残基（Cys）和第 169 位氨基酸残基（Ser）构成的裂解位点处裂解下来，成为病毒复制过程中第一个具有生物学活性的病毒蛋白产物。此外，N^{pro} 随着自身从多聚蛋白上的解离，其蛋白水解酶活性丧失。通过瘟病毒属成员氨基酸序列比对发现，N^{pro} 的同源性较高，其中 E22-H29-C69 基序高度保守，构成了酶学活性中心。通过对 N^{pro} 蛋白结构的研究发现，H29-C69 构成了酶的催化中心，而 E22 位于酶催化中心之外，不参与酶催化反应。N^{pro} 裂解位点位于 C168-S169，并且这一裂解位点基序在所有瘟病毒属成员中均十分保守。这暗示了瘟病毒属不同种类病毒的 N^{pro} 蛋白在生物学功能上具有一定的相似性。N^{pro} 对于病毒的复制不是必需的，但在病毒的增殖及病毒抗宿主天然免疫方面起着重要的作用。研究表明，瘟病毒属病毒 N^{pro} 可以诱导细胞内蛋白酶降解干扰素调节因子 3（interferon regulatory factor 3，IRF-3），从而阻止干扰素刺激基因的转录活化。此外，BVDV 可以与细胞 S100A9 蛋白结合，BVDV N^{pro} 蛋白降低了感染细胞中 S100A9 蛋白的可用性/活性，导致 I 型干扰素的产生减少。BVDV 感染细胞后，N^{pro} 与抗凋亡蛋白结合后抑制感染细胞发生凋亡，这在一定程度上提高了病毒增殖的效率。

p7 蛋白：位于 E2 蛋白与 NS2 蛋白之间，分子质量只有 6～7kDa，是由疏水性氨基酸构成的一个小分子蛋白肽，这种蛋白小肽并非病毒粒子的主要结构组分。p7 蛋白是一种病毒孔蛋白，参与病毒复制周期的包含膜通透性修饰和促进病毒释放的蛋白，是最小的内膜蛋白，在病毒的装配和促进透化作用上起作用。p7 的产生由宿主信号肽酶介导，该蛋白不能通过细胞信号肽酶从 E2 蛋白中分解，存在于被感染的细胞中（Tautz et al.，1996）。BVDV 基因组可以编码 E2-p7 蛋白，这种复合形式说明了 p7 蛋白参与 BVDV 形成感染性子代病毒，但其并不影响 RNA 的复制（Harada et al.，2000），E2-p7 的合成对于感染性病毒体的产生不是必需的。构成其中的氨基酸主要是疏水性氨基酸残基，有两个疏水区，其编码基因能将 E2、NS2 的基因分开。p7 蛋白能调节细胞膜的通透性，从而协助病毒进入宿主细胞及后期病毒的组装释放。虽然 p7 蛋白不参与病毒的复制过程，但是在病毒的侵染性及病毒侵染性颗粒形成中发挥重要作用。如果利用离子通道阻断剂来处理受感染细胞，则通过抑制 p7 蛋白作为离子通道的生物活性来干扰子代病毒的释放。

NS2：在感染 CP 型 BVDV 的细胞中，非结构蛋白 NS2-3（p125）在表达后立即被加工成蛋白 NS2（p54）和蛋白 NS3（p80），而在感染 NCP 型 BVDV 的细胞中，只能检测蛋白质 NS2-3，这也是区分 CP 型和 NCP 型 BVDV 的依据。NS2-3（120kDa）是一种多功能蛋白质，在不同 BVDV 中高度保守。N 端 40%（NS2）是疏水的，包含一个锌指基序，用于结合二价金属离子。NS2（40kDa）是一种半胱氨酸蛋白酶，负责加工 NS2-3 以产生 NS2 和 NS3。

NS3：分子质量为 80kDa，是一种与胰蛋白酶有远亲关系的内肽酶，是 BVDV 的重要调节蛋白，具有多种酶活性，是病毒复制酶的核心组分。随着其加工及结构变化，病毒的生物学表型也出现明显不同。因而它在病毒分型、病毒生命周期及免疫预防方面均有重大价值。NS3 携带有氨基酸序列域，推测有三种酶活性，即丝蛋白酶、核苷三磷酸酶和 RNA 解旋酶活性。NS3 区的蛋白酶活性是所有病毒非结构蛋白加工所必需的，与 NS4A、NS4B、NS5A

和 NS5B 释放有关，但并不是 NS 加工的全部蛋白酶。Tautz 等研究发现，NS3 最小活性域包含约 209 个氨基酸。H1658、D1686 和 S1752 是其催化活性三要点，但将 S1752 置换为苏氨酸仍有残留活性。NS3 要发挥功能活性，必须与 NS4A 形成复合物，这取决于 NS3 的 6 个 N 端残基。N 端缺失 6 个氨基酸明显降低了在 NS4A/4B 位的裂解效率，大片段 N 端缺失将损害对更多裂解位点的酶活性。NS3 蛋白酶需要 NS4A 的辅酶作用，后者与 NS3 的 N 端区发生反应。

在 BVDV NS3 区已确认存在 6 个可被抗体识别的 B 细胞位点。接种灭活的 BVD 疫苗后，NS3-特异性抗体滴度低或检测不到，接种灭活疫苗也不干扰以后野毒感染产生 NS3 抗体。但在强化免疫时，血清中可出现短期抗-NS3 抗体，乳液也会在短期有抗体活性。因而 NS3 可作为鉴别免疫牛与野毒感染牛的诊断抗原。而 NS3 解旋酶活性域是有效的诊断抗原片段之一。

NS4A：分子质量为 7kDa，作为 NS3 丝氨酸蛋白酶的一个辅助因子，由 63 个氨基酸组成，在瘟病毒属中具有高度保守性，参与其他非结构蛋白加工的催化切割等（Mendez et al.，1997）。丝氨酸蛋白酶的活性需要疏水区蛋白与 NS3 蛋白的 N 端相互作用（Isken et al.，1999；Kaiser et al.，2000），如 NS3 裂解 NS4A 和 NS4B、NS5A 与 NS5B，都需要 NS4A 的参与。

NS4B：有约 345 个氨基酸，分子质量为 33kDa。其被证明在高尔基体中为一种完整的膜蛋白，参与 RNA 复制，在细胞感染中参与细胞囊膜的重组（Aligo et al.，2009）。另外，Qu 等（2001）发现 NS4B 的第 15 位氨基酸残基的改变 Y2441C，可减弱 CP 型病毒的毒性，说明其在细胞病变中起到作用。另外，其还参与 NS2-3 蛋白的分裂。NS4B 内部含有多个疏水结构域，通过对 NS4B 拓扑结构分析后发现，NS4B 的功能严格受到其蛋白质结构正确性的影响。当其自身氨基酸发生突变导致蛋白质高构象发生改变的时候，变构的 NS4B 蛋白无法与其他病毒蛋白或者细胞蛋白质互作来指导病毒的自我复制。

NS5A：由 496～497 个氨基酸组成，分子质量为 58kDa，是一种磷酸化酶，可以与多种宿主细胞蛋白作用，同时也是病毒复制子的重要组分。NS5A 定位于内质网，可以结合到病毒 IRES 元件上并下调 IRES 介导的病毒基因翻译过程。此外，NS5A 还可以结合到病毒 5′-UTR，并与 3′-UTR 互作诱发氧化应激，从而调节病毒基因组的复制。在 NS5A 与宿主体蛋白的互作研究方面，NS5A 通过阻止 κB 激酶抑制物的磷酸化来调节 NF-κB 的活性，从而控制病毒对宿主的致病性。研究人员通过分析 BVDV 在牛骨髓瘤细胞中展现出来致病性的过程发现，巨噬细胞通过降低 MyD88 分子的表达水平来实现单核细胞对病毒感染后细胞因子的高水平表达，而 NS5A 与 MyD88 分子的互作是 BVDV 病毒致病性的一个重要层面，后者表达水平的降低使得 NS5A 在毒力调控方面失去了调控作用。

NS5B：分子质量为 75kDa，是病毒复制必不可少的关键酶，编码基因位于病毒基因组的 3′端，该蛋白质在黄病毒科所有成员中均具有依赖 RNA 的 RNA 聚合酶（RdRp）活性。与大多数 RNA 病毒所具有的 RNA 聚合酶一样，BVDV 所在的瘟病毒属成员的 NS5B 蛋白同样在其酶学活性中心周围存在着类似"人右手的手掌以及手指将酶学活性中心抓握在中间的结构"。对于所有 RNA 病毒的 RNA 聚合酶具有 7 处高度保守的氨基酸残基位点，虽然这 7 处氨基酸残基位点在不同种类的病毒之间存在一点差异，但是它们对应在蛋白酶空间结构上是具有高度的结构保守性。丝氨酸在 NS5B 的保守结构域中是十分特殊的一类极性氨基酸，当利用一些核酸模拟物来对病毒进行刺激后，其 NS5B 保守的丝氨酸位点偶尔会被苏氨酸替换，这样有助于病毒产生耐药性。

（三）病原分子流行病学

目前，根据每种生物型对细胞培养的影响，BVDV 在体外可分为致细胞病变（CP 型）与非致细胞病变（NCP 型）两种生物型。CP 型 BVDV 在接种细胞并培养几天后会引起某些细胞系的空泡化和死亡，而将 NCP 型 BVDV 接种细胞培养后仅会导致不适当的感染。NCP-BVDV 是牛中最普遍的生物型。它是亲本病毒，经基因重组后可产生 CP-BVDV，且上述两种生物型间呈现较大异质性。基于病毒基因组的基因差异，又可将 BVDV 分为基因 1 型（BVDV-1）、2 型（BVDV-2）和 3 型（BVDV-3）。根据 BVDV 基因组 5′-UTR、N^{pro} 和 E2 区编码序列将 BVDV-1 分为 22 个基因亚型（1a～1v）。根据 5′-UTR 二级结构差异可将 BVDV-2 划分为 4 个基因亚型（2a～2d），BVDV-3 分为 3a～3d。其中 BVDV-1 型病毒流行范围远高于 BVDV-2 型，但 BVDV-2 型病毒致病力更强。已公开的序列表明，BVDV-1（88.2%）分离毒株的数量远高于 BVDV-2（11.8%）。最常报告的 BVDV-1 亚基因型是 1b，其次是 1a 和 1c。BVDV-2 型多见于美国和日本，主要是 BVDV-2a；澳大利亚则以 BVDV-1c 为主。我国以 BVDV-1b、BVDV-1m 和 BVDV-1u 为主。BVDV-1、BVDV-2 均有 CP 和 NCP 两种生物型，感染早期和持续性感染的犊牛分离的是 NCP 型，但在发生黏膜病的病牛两种生物型均可分离到。由于 RNA 病毒的高突变性及频繁的国际交流，一定地区内的 BVDV 基因新亚型还在不断出现。

BVD-MD 已对全球养牛业的健康、高效、快速发展造成的巨大影响和威胁。早在 1995 年南美洲 BVD 发病率就高达 50%以上，而北美洲更高，达到 80%以上。2005 年美国和加拿大牛血清样品 BVDV 抗体阳性率为 50%以上，最高可达 85%；欧洲国家为 10%以上，最高可达 90%；而南美洲许多国家高达 80%以上。2008 年韩国部分地区 BVDV 血清抗体阳性率达到 50%以上。2010～2014 年西班牙西北部部分地区 BVDV 血清抗体阳性率为 59.4%。2015 年土耳其 BVDV 血清抗体阳性率为 71%。2018 年爱尔兰部分肉牛场 BVDV 血清抗体阳性率高达 100%，流行率为 77%。

据统计，我国 BVD-MD 已广泛流行于 20 多个省（自治区、直辖市）。2008 年福建省部分地区规模化养牛场 BVDV 血清抗体阳性率为 80%，2011 年河南省部分地区牛场 BVDV 血清抗体阳性率为 54%，2013～2014 年我国西北地区牦牛血清 BVDV 血清抗体阳性率为 37.56%，2013 年内蒙古部分地区 BVDV 血清抗体阳性率为 59%，2018 年黑龙江省部分地区进口荷斯坦奶牛 BVDV 血清抗体阳性率为 64.35%。

在全球牛群中，总共对 650 万头动物和 310 548 头牛进行了 BVDV 病原检测。动物水平的全球汇总 PI 患病率范围从低［≤0.8%（欧洲、北美洲、澳大利亚）］、中［0.8%～1.6%（东亚）］到高［>1.6%（西亚）］。BVDV 持续性感染牛的患病率相对较低（0.4%～2%），大多数 PI 动物在 2 岁时死亡，但有些会存活数年并在其一生中不断排出 BVDV。它们将病毒传播给其他动物的能力非常强大，这使它们对畜群健康构成威胁。世界各国均已采取诸多针对 BVD-MD 的防控方案，如定期的抗原抗体检测、疫苗免疫防控及疾病净化方案等，在很大程度上缓解了 BVDV 对养牛业的威胁。但上述 BVD-MD 流行情况的数据表明，BVD-MD 在各国牛群中仍然具有极高的发病率，BVD-MD 净化与防控仍然任重道远。

（四）感染与免疫

1．感染机制 BVDV 首先侵入牛的呼吸道及消化道黏膜上皮细胞进行复制，然后进入血液形成病毒血症，再经血液和淋巴管进入淋巴组织。导致循环系统中的淋巴细胞坏死，继而脾、淋巴结生发中心和集合淋巴结等淋巴组织受损。病毒在黏膜上皮细胞内复制，使其变性和坏死，引起黏膜糜烂。怀孕牛的 BVDV 感染可能导致多种综合征，包括早期胚胎死亡、对胎儿的致畸作用及持续性感染（persistent infection，PI）。

（1）*白细胞减少症和免疫抑制*　犊牛出生后大多数原发性 BVDV 感染的表现仅以轻度发热、白细胞减少和偶尔腹泻为特征。病毒可以感染淋巴细胞和巨噬细胞，引起 B 和 T 淋巴细胞、T 淋巴细胞亚群的百分比和中性粒细胞减少为特征的暂时性白细胞减少症，抑制了抗体和干扰素的产生，受感染动物中出现 7～14d 或直至恢复的免疫抑制，进而可能导致严重的呼吸道和胃肠道等继发感染。一些分离株能够引起间质性和支气管肺炎及气管炎的原发性呼吸道病变。

（2）*繁殖障碍和持续性感染*　BVDV 可以通过胎盘垂直感染胎儿，引起的胎儿损伤随感染时的胎龄不同而异。大多数（但不是全部）NCP 型分离株病毒（包括用于疫苗的分离株）在卵巢中复制，因此存在卵巢功能障碍和生殖受损的可能性。妊娠早期（40d 前）可使胎儿死亡，引发流产或造成木乃伊胎。幸存胎牛可终身感染，成为危险的传染源，或发展为临床疾病。母牛妊娠第 30～125d 感染 NCP 型 BVDV，产出胎儿为持续性感染（PI）牛，是非常危险的传染源。NCP 型 BVDV 抑制胎儿对病毒感染诱导的正常 I 型干扰素应答的能力是导致 PI 状态的原因之一。当 NCP 型 BVDV 感染的 PI 牛被 CP 型 BVDV 感染后导致黏膜病的发生。持续性感染牛体内缺乏抗 BVDV 的抗体，处于免疫耐受状态，但这种持续性感染动物的免疫耐受是高度特异的，当再次感染抗原性不同的 BVDV 可产生免疫应答。在妊娠 80～150d 暴露于 NCP 型 BVDV 株的胎儿也可能发生先天性异常，如小脑发育不全、眼部病变和许多其他问题。

（3）*血小板减少症和出血性综合征*　BVDV-1 和 BVDV-2 感染均能引起血小板减少和出血性综合征，其中 BVDV-2 能引起严重的急性出血综合征。在某些情况下，受感染的动物表现出大量出血，这是严重血小板减少症的结果。BVDV 致死的原因（PI 动物的过度感染除外）可能是 BVDV 诱发的血小板减少症，以及随后的出血及严重的腹泻等。然而，最常见的是 BVDV 病毒血症期间的继发感染。一般认为 BVDV 感染引起血小板减少症是由于外周循环中血小板受损程度增加和骨髓生成血小板的能力下降造成的，血小板减少症的程度差异很大。

2．免疫应答　BVDV 可能导致短暂和持续的感染，这在宿主的抗病毒免疫反应方面存在根本差异。短暂性感染可能是由于 BVDV 的细胞病变和非细胞病变生物型造成的，并导致特定的免疫反应。相比之下，只有非细胞病变性 BVD 病毒才能在胚胎发育早期感染持续感染。持续感染的特征在于对感染病毒株具有特异性的免疫耐受性。BVDV 可以感染不同类型的细胞影响免疫系统和先天性免疫信号通路。BVDV 引起的免疫抑制作用包括免疫细胞组成的变化、白细胞免疫表型的改变及免疫细胞功能的一些缺陷，导致其他病原体继发感染的疾病严重程度增加。BVDV 影响骨髓和淋巴细胞的功能。BVDV 可在发育中的胎儿中建立持续性感染，并具有抑制 I 型干扰素产生的能力。与健康动物的中性粒细胞相比，PI 动物的中性粒细胞功能分析显示吞噬能力降低，活性氧（ROS）产生减少。BVDV 感染的牛巨噬细胞触发 IL-1β 激活的半胱天冬酶 1 依赖性途径，并且该激活增加病毒复制。BVDV 还显示出对几种适应性免疫细胞功能的抑制作用。最近的体外感染模型报告了 BVDV 对牛外周血单核细胞（PBMC）的免疫抑制能力。虽然感染 CP-BVDV 导致早期（第 7 天）中和抗体水平和白细胞数量下降，但感染 NCP-BVDV 会诱导免疫反应向 Th1 反应极化，产生更多 IgG2 同种型抗体。

2006 年 Louise 等报道 BVDV N^{pro} 蛋白通过与 IRF3 作用，并促使 IRF3 降解，抑制 I 型干扰素的产生。2014 年 Peterhans 等报道 NCP 型 BVDV 与宿主细胞的相互作用不仅通过诱导免疫耐受而破坏适应性免疫，还破坏了先天性免疫。此外 E^{rns} 在未感染的细胞中也扮演着酶活性诱饵受体的作用，能够阻止细胞外和内体病毒 RNA 诱导的 IFN 合成。2018 年 Mahmoud 等研究表明 NCP 型 BVDV-2a 1373 毒株基因组编码的 N^{pro} 蛋白与细胞内 S100A9 蛋白相互作用，导致免疫抑制。2021 年 Yue 等研究发现 CP 型 BVDV NADL 株基因组中 NS4B 蛋白通过与 MDA5 结构域中的 2CARD 区域相互作用来逃避宿主的免疫防御进而抑制 I 型干扰素的产生。此外，TLR7 或 IRF7 信号通路在 BVDV 逃避宿主先天性免疫应答中也起着重要作用。

BVDV 自然感染后保护性免疫的特征在于激活病毒特异性体液和细胞免疫反应。免疫应答正常的动物在病毒侵入机体后 2～3 周，即可产生足够的抗体将病毒清除，并获得终身免疫力。持续性感染和免疫抑制是 BVDV 感染的两个主要后果（Walzet al.，2020），BVDV 急性感染引起的免疫抑制与淋巴细胞耗竭、白细胞减少和白细胞功能受损有关。外周血单核细胞（PBMC）是 BVDV 感染的主要目标，BVDV 感染淋巴细胞和单核细胞导致 B 细胞、T 辅助细胞、细胞毒性 T 细胞和 γ-δ T 细胞的淋巴耗竭。与 $CD8^{+}$ T 细胞的耗竭相反，$CD4^{+}$ T 辅助细胞的耗竭与更高的血液病毒载量、延长的病毒血症和通过鼻腔途径分泌病毒有关。$CD4^{+}$ T 辅助细胞主要靶向 NS3 和 E2 蛋白，是针对病毒的保护性免疫反应的关键参与者。亚临床感染或轻度疾病的动物可能在初次感染后 4～15d 出现病毒血症，并在接触后 2～4 周产生循环中的 BVDV 抗体。最有效的中和抗体主要针对表面蛋白 E2，而对 E^{rns} 特异的抗体具有较低的中和活性。虽然一些抗体靶向 E1，但 BVDV 的主要结构蛋白（C）不会诱导 B 细胞活化和抗体产生。此外，非结构蛋白 NS2-3 诱导强烈的抗体反应。有研究表明，NCP 型 BVDV 诱导体液免疫，而感染 CP 型 BVDV 导致了更好的细胞免疫。

三、诊断要点

（一）流行病学诊断

病牛和隐性感染牛是主要传染源，持续性感染牛及康复后牛（可带毒 6 个月）可带毒排毒，绵羊、山羊、猪、鹿、水牛、牦牛等多为隐性感染，也可成为传染源。

直接或间接接触均可传染本病，BVDV 可以通过宿主的唾液、鼻液、粪便、尿、乳汁和精液等分泌物排出体外，主要经消化道和呼吸道感染，也可通过胎盘垂直感染。

本病易感动物有黄牛、奶牛、水牛、牦牛、绵羊、山羊、猪、鹿、羊驼、家兔及小袋鼠等。各年龄段的牛对本病毒均易感，无论是放牧牛或是舍饲牛，以 6～18 月龄者居多。本病呈地方流行性，常年均可发生，但多见于冬末和春季。新疫区急性病例多，伴发黏膜病的发病率低于 10%，但病死率高达 100%；老疫区则急性病例很少，发病率和病死率均很低，而隐性感染率在 50%以上。

（二）临床诊断

本病潜伏期为 7～14d。在牛群中仅见少数轻型病例，多呈隐性感染。

急性感染发病突然，6～10 个月大的小母牛中最常见。免疫应答正常牛表现为一过性症状，出现伴有白细胞减少的一过性体温升高，沉郁和腹泻。体温最初为 40～42℃，多呈双相热，在几天内逐渐降低，5～10d 后再次升高。随体温升高，白细胞减少，持续 1～6d。继而恢复或稍增多，有的可发生第二次白细胞减少。在第二次发烧高峰期间或之后可能会出现腹泻和胃肠道糜烂，或者产生抗体而康复。病牛精神沉郁，厌食，眼鼻有浆液性分泌物，呼吸促迫，泌乳减少，白细胞减少，可能被误诊为“病毒性肺炎”。仅 30%～50%的感染牛会出现鼻镜及口腔黏膜表面糜烂，舌面上皮坏死，流涎增多，呼气恶臭。通常在口内损害之后发生严重腹泻，开始水泻，以后带有黏液和血液。有些病牛常有蹄叶炎及趾间皮肤糜烂坏死，从而导致跛行。感染后 2 周内可诱导免疫抑制，导致继发感染而加重病情。通常发病后 1～2 周死亡，少数转为慢性。

慢性病例较少见，发热症状不明显，可能有高于正常的波动。常出现鼻镜糜烂，可连成一片。口腔内很少有糜烂，但门齿齿龈通常发红。眼常有浆液性的分泌物。由于蹄叶炎及趾间皮肤糜烂坏死而致的跛行是最明显的临床症状。通常皮肤呈皮屑状，在鬐甲、颈部及耳后最明显。腹泻有无不定，病牛消瘦，虚弱，多于 2～6 个月死亡，也有些可拖延到 1 年以上。

母牛在妊娠期感染本病时常发生流产或产下木乃伊胎儿、先天性缺陷和持续性感染犊牛。最常见的缺陷是小脑发育不全。患犊可能只呈现轻度共济失调或完全缺乏协调和站立的能力，有的可能盲目。持续性病毒血症病牛可产出弱犊或临床健康犊而不易被发现。

（三）病理诊断

本病主要病理变化在消化道和淋巴组织。鼻镜、鼻孔及口腔黏膜有糜烂及浅溃疡。严重病例在咽、喉头黏膜有溃疡及弥散性坏死。特征性损害是食道黏膜糜烂，大小不等，呈直线排列。瘤胃黏膜偶见出血和糜烂，皱胃炎性水肿和糜烂。肠壁因水肿增厚，肠淋巴结肿大，小肠急性卡他性炎症，空肠、回肠较为严重，盲肠、结肠、直肠有卡他性、出血性、溃疡性及坏死性等不同程度的炎症。在流产胎儿的口腔、食道、皱胃及气管内可能有出血斑及溃疡。运动失调的新生犊牛，有严重的小脑发育不全及两侧脑室积水。蹄部的损害是在趾间皮肤及全蹄冠有急性糜烂性炎症，以致发展为溃疡及坏死。

组织学变化为细胞变性、坏死，可见鳞状上皮细胞呈空泡变性、肿胀、坏死。真胃黏膜的上皮细胞坏死，腺腔出血并扩张，固有层黏膜下水肿，有白细胞浸润和出血。小肠黏膜的上皮细胞坏死，腺体形成囊腔；淋巴组织生发中心坏死，成熟的淋巴细胞消失，并有出血。

（四）鉴别诊断

本病在临床症状和病理变化上应与牛瘟、口蹄疫、水疱性口炎、恶性卡他热、牛传染性鼻气管炎、蓝舌病、赤羽病等相区别，其区别要点如下。

1．牛瘟　口腔黏膜有坏死性病变，有腹泻，这一点与黏膜病相似，但牛瘟腹泻剧烈，小肠黏膜有坏死性炎症，病死率更高。而黏膜病腹泻粪便从水样逐步变为黏稠，小肠黏膜主要是卡他性炎症，肠淋巴结肿大，病程比牛瘟长。

2．口蹄疫　在口腔唇内面、齿龈、颊部黏膜及蹄冠皮肤、趾间、乳头等处出现水疱，病死率低，传染性强。而黏膜病口腔黏膜虽有糜烂病灶，但无明显水疱过程，此外，黏膜病病牛会发生严重的腹泻，腹泻可呈持续性，病程长，有一定的病死率。

3．水疱性口炎 口腔有水疱及糜烂面，而黏膜病口腔黏膜虽也会有糜烂病灶，但无明显水疱过程，而且水疱性口炎除可感染偶蹄兽外，还可感染单蹄兽，且在自然情况下发病率低，死亡率极低，也没有腹泻症状。

4．恶性卡他热 特征是持续发热，口、鼻流出黏脓性鼻液，眼黏膜发炎，角膜混浊，并有脑炎症状，病死率很高。而黏膜病在口腔黏膜也有糜烂，鼻黏膜和鼻镜有坏死病变，但无结膜炎、角膜炎和流泪等症状。

5．牛传染性鼻气管炎 鼻黏膜高度充血及出现浅表性溃疡和坏死，此点与黏膜病的鼻镜与口腔黏膜表面糜烂，有时易于混淆。但牛传染性鼻气管炎除呼吸道型外，还有结膜炎型、生殖道型和脑膜炎型等临床病型。

6．蓝舌病 本病牛多呈隐性感染，病牛在口唇出现水肿，以及硬腭、唇、舌、颊部与鼻镜有轻微糜烂，而黏膜病糜烂明显，有腹泻等症状。

7．赤羽病 以流产、早产、死胎、畸形产为特征。成年牛多呈隐性感染，孕牛偶尔可见异常分娩，因胎儿体形异常（关节弯曲症、脊柱弯曲症和歪脖等）而发生难产，胎儿大脑缺损、脑形成囊泡状空腔等。BVDV 原发性感染表现白细胞减少、腹泻和黏膜病等，母牛妊娠早期感染更有可能导致流产，在妊娠 60～150d 感染的胎儿可能会出现先天性缺陷，包括小脑发育不全（区别赤羽病）、小脑畸形、关节弯曲、眼部疾病、生长迟缓等。脑部异常的小牛难以站立和移动。

四、实验室诊断技术

（一）病毒分离鉴定

可以利用血液、尿和内脏器官制成的乳剂等病料进行病毒分离，常用多种牛源单层细胞培养，包括牛肾细胞（MDBK）、睾丸细胞、鼻甲细胞、肺细胞等，两种生物型的牛病毒性腹泻病毒在上述细胞通常都能良好生长。持续性感染动物通过培养细胞从血液或者血清样本中分离 NCP 型 BVDV，可以用免疫组化法、免疫酶或荧光标记法、RT-PCR 方法检测细胞培养物中的 NCP 型病毒株。摄入初乳的持续性感染新生犊牛，在 2 月龄内因存在母源抗体干扰，有时病毒分离可能呈阴性。

（二）血清学诊断

急性感染的具有免疫能力的动物一般在感染后 2～4 周发生血清转化和清除病毒，可以采集发病动物急性期和康复期血清样本，间隔 21d，康复期抗体滴度比急性期高 4 倍以上者为阳性。目前被广泛使用的方法是 ELISA 和病毒中和试验。间接 ELISA 可用于监测牛群中 BVDV 抗体水平及确定是否为污染群体。抗原捕获 ELISA（AC-ELISA）可用于成年和 6 个月以上的犊牛来检测血清、牛奶或组织样本中的病毒。常用于牛群检疫净化时耳组织抗原的检测。

（三）分子生物学诊断

目前，利用死亡前后样本进行肠道和呼吸道疾病调查时，通常采用 PCR 方法进行 BVDV 等病原的相关疾病检测，以确定更广泛的病因。可以通过 RT-PCR 成功检测各种样品，包括全血、血清、牛奶、精液、气管液、卵泡液和组织样品。来自病毒基因组 5′非翻译区的引物可用于鉴定1型或2型BVDV菌株，该检测可用于PI牛或急性感染牛；初始PCR阳性结果至少4周后应进行重复测试，以确认是否为PI感染。然而，单个时间点样品上定量的高病毒血症高度提示为PI。混合的耳部切口组织样品或全血样本已被用于qPCR的检测，以便进行快速的检疫。

五、防控措施

（一）综合防控措施

1. 平时的预防措施 加强口岸检疫，严禁从疫区国家引进种牛、种羊等动物。引种时必须进行血清学检查，并隔离观察，避免引入带毒牛羊。国内牛羊调拨或转运时，也应进行严格检疫，防止本病的发生和传播。定期的免疫接种可以预防本病的发生。自然康复牛和免疫接种牛，一般能产生坚强的免疫力，免疫期在1年以上。流行区和受威胁区，可用牛病毒性腹泻-黏膜病弱毒疫苗或灭活疫苗进行免疫接种。

2. 发病时的扑灭措施 发生本病时，对病牛要进行隔离治疗或紧急扑杀，消毒污染环境、用具。对未发病牛群进行保护性限制活动措施。通过牛群筛选检测出持续性感染牛，并进行淘汰。本病目前尚无有效治疗方法，但用消化道收敛剂及胃肠外输入电解质溶液的支持疗法，可缩短病程，防止脱水，促进病牛康复。使用抗生素和磺胺类药物等可防止细菌性继发感染。发生大量水样腹泻的患畜及口蹄损害严重的重症病例，预后多不良，以淘汰处理为宜。

（二）生物安全体系构建

通过持续性感染牛的筛查可以进行BVD的成功防控乃至根除。近年来，越来越多的国家进行了大规模的检疫和净化，证明根除是可以实现的。一些国家通过严格的畜群水平测试和清除阳性PI动物，PI动物的患病率降低到不足0.5%。由于疫苗接种及PI犊牛的早期发现和消除，急性BVD临床疾病的发生率似乎已明显下降。有效控制奶牛BVDV感染需要采取4项措施：①通过免疫提高牛群免疫力；②鉴定并清除牛群内的PI动物；③在引入畜群之前，对新动物进行PI状况筛查；④实施生物安全措施以防止胎儿接触BVDV。

畜群全面筛查最通用的手段是对全血、血清、牛奶或耳组织进行RT-PCR或实时RT-PCR检测，血液或牛奶的AC-ELISA和IHC进行皮肤活检。由于初乳中的抗体干扰，AC-ELISA不得用于6个月以下的犊牛。阳性样本间隔3～4周（对于有价值的动物则是30～40d）重复测试以区分急性感染和PI牛。对小于3月龄犊牛超过3个月以后再进行1次检疫。全面筛检并淘汰PI动物后，应将测试重点放在新出生和新引进的牛身上。引进牛需要隔离4～6周，对引进牛及其后代进行检测，阳性牛淘汰。

筛检阴性牛用灭活疫苗或者活疫苗进行免疫，要保证100%的免疫率。在牛群生物安全计划中，保护怀孕的母牛和小母牛不受病毒感染是BVDV控制的关键。所有购买的动物在运送到牛场之前要进行持续性感染检测，这是最根本的生物安全标准，避免将本病原引入阴性牛群。由于当前建立的方法不能评估子宫内胎儿感染的状态，因此小牛出生以后与母牛隔离，立即检测犊牛的持续性感染状态非常重要。急性感染或PI公牛、胚胎供体和胚胎受体也是BVDV的潜在传染来源，因此有必要对相关动物进行BVDV检测。感染BVDV的公牛可能会因精子异常而暂时不育，可能会持续数月通过精液排出病毒，从而有可能在交配期间将

BVDV 传播给易感奶牛，通过 PCR 或病毒分离进行精液检测被认为是最佳方法。另外，还要注意防控除了牛以外的动物，像鹿和羊等可以传播本病原。孕早期的母牛和小母牛应被认为最容易产生胎儿 PI 状态。这些动物应放在农场中，受到最大程度的保护，以免与外界牛群接触而引入感染牛。

（三）疫苗与免疫

BVDV 疫苗包括常规疫苗和新型疫苗，而常规疫苗又分为弱毒苗、灭活苗和联合疫苗，新型疫苗又分为亚单位疫苗、DNA 疫苗和利用卡介苗作为载体的疫苗等。虽然活病毒疫苗比死疫苗诱导更持久的免疫力，但弱毒苗存在一个安全性的问题，因为弱毒苗需要考虑其恢复致病力的可能性。研究发现接种活疫苗可以实现胎儿保护，中和抗体至少持续 18 个月，但由于现场分离株的毒株变异可能无法在所有情况下实现 100%的保护。使用灭活的完整病毒或病毒的亚基产物无法实现对 BVDV 的有效的广泛交叉反应免疫。弱毒疫苗的使用应慎重，存在潜在的暂时性免疫抑制及对孕牛免疫可能不安全等缺点。灭活疫苗使用安全，主要激活体液免疫反应，免疫时间较短，需要进行强化免疫接种。实践证明，针对不同基因型的多价疫苗可更有效地预防流产和胎儿感染。

目前国内研制的牛病毒性腹泻-黏膜病灭活疫苗（1 型，NM01 株），牛病毒性腹泻-黏膜病、传染性鼻气管炎二联灭活疫苗（NMG 株+LY 株）已经在牛场应用。三个月以下的小牛通常不接种疫苗，因为可能存在与母源抗体相关的疫苗接种失败。因此，一般只对 4 月龄至 2 岁牛进行预防接种。肉用牛应在 6～8 月龄进行预防接种，最好在断奶前后的数周内。对威胁较大的牛群应每隔 3～5 年接种 1 次。育成母牛和种公牛于配种前 30～60d 重新接种疫苗，以减少胎儿感染的机会。怀孕母牛一般不进行弱毒疫苗免疫接种，以免引起流产。

（四）药物与治疗

本病尚无有效的疗法。通过牛群筛选检测出的持续性感染牛需要进行淘汰。确实需要治疗的病牛，应该隔离的条件下对症治疗，对污染环境、用具严格消毒，对未发病牛群进行免疫接种。急性感染的轻度症状发病牛不需要特殊的治疗，但应提供新鲜的饲料和饮水，加强饲养管理，减少应激。有血小板减少症引起临床出血的病牛，可以采用新鲜全血输血治疗。由于黏膜病可导致整个消化道黏膜溃疡或者坏死，造成饮食困难、腹泻等症状，因此持续腹泻或厌食症而导致脱水的病牛可能需要口服或静脉输液，强心、补液和补充电解质，同时应用抗生素防止继发感染等对症疗法。选择复方氯化钠液或生理盐水补液为宜，还可输注 5%葡萄糖生理盐水，或输一定量的 10%低分子右旋糖酐液。通常应用 5%碳酸氢钠液 300～600mL，或 11.2%乳酸钠缓解酸中毒。在补液时适当选用西地兰、洋地黄毒苷、毒毛旋花苷 K 等强心剂。止泻使用的收敛剂最好用碱式硝酸铋 15～30g，能够形成一层薄膜保护肠壁作用。防止细菌继发感染可使用广谱抗生素喹诺酮类、氨基糖苷类、头孢类抗生素和磺胺类药物。患急性 BVDV 感染的牛禁忌使用皮质类固醇和非甾体抗炎药。

六、问题与展望

目前我国 BVD 感染呈快速上升趋势，意味着现在及未来会有更多牛群感染，而病毒基因亚型的增加则意味着防控难度增大。然而 BVD 在我国的受重视程度还有待提高，应当通过加强宣传、出台行业规范、建立示范基地、制订 BVD 控制计划，以提高对 BVD 的认知。

越来越多的国家实施了 BVD 控制计划。重点在于发现和清除持续性感染的牛。综合国内外的成功经验，可采用检疫监测和净化、淘汰持续性感染动物，疫苗接种，严格的生物安全及对症治疗，提高饲养管理水平等防治措施进行综合防控，实现彻底控制 BVD 的目标。

牛病毒性腹泻病毒感染主要影响生殖、呼吸和免疫抑制，引起白细胞减少、腹泻、消化道黏膜糜烂和坏死、妊娠母牛流产或产畸形胎儿、新生犊牛持续性感染等，甚至引起严重的全身性出血综合征，其发病机制尚不完全清楚，仍是当前的研究热点。BVDV 容易变异，流行毒株种类多样，对于疫苗研究带来挑战。目前商品化 BVDV 疫苗种类比较多，但是灭活疫苗对 BVDV 胎儿感染的保护能力在市售产品中差异很大，致弱的活病毒疫苗其优点包括可激发更长的免疫时间和减少重复使用疫苗，但活病毒可能引起免疫抑制，以及潜在的严重胎儿异常和疾病的可能性。针对不同基因型的多价疫苗可有效预防流产和胎儿感染，也是未来的研究重点。

（朱战波）

第三节　牛传染性鼻气管炎

一、概述

拓展阅读 4-3

牛传染性鼻气管炎（infectious bovine rhinotracheitis，IBR）或称传染性脓疱性外阴阴道炎（infectious pustular vulvovaginitis，IPV），是由牛传染性鼻气管炎病毒（infectious bovine rhinotracheitis virus，IBRV）引起的牛的一种急性接触性传染病，主要以上呼吸道炎症为特征，发病牛鼻黏膜高度充血、溃疡，鼻窦及鼻镜因组织高度发炎而被称为“红鼻子”（red nose）病，为二类动物疫病。本病在临床上表现为多种病型，如上呼吸道黏膜炎症、结膜炎、脓疱性外阴阴道炎或龟头包皮炎、乳腺炎、流产和幼牛脑膜脑炎等，可认定为由同一种病原引起多种病症的疫病。育肥牛通常比放牧牛和奶牛的发病率高，病情较重，病死率也高。本病引起的经济损失主要在于育肥牛生长和增重延缓，奶牛产乳量与生殖力下降、流产，以及牛群淘汰率和死亡率增高等。IBRV 是牛呼吸道疾病综合征的重要病原之一，由其引发的牛呼吸道疾病在美国每年可造成 5 亿美元的经济损失，在北美则高达 10 亿美元。

1953 年在美国加利福尼亚州的奶牛中发现 IBR 并首次报道，其后引起了全球的重视。IBR 的病原 IBRV 又称为牛疱疹病毒 1 型（bovine herpesvirus 1，BoHV-1），在 20 世纪 50 年代母牛的感染主要表现为 IPV，公牛则表现为传染性脓疱龟头包皮炎（IPB）。1956 年 Madin 等首次分离到病毒，1958 年 Tousimis 等做了进一步鉴定，1961 年 Armstrong 等建议将其划归疱疹病毒群。IBR 为世界性分布，对养牛业危害极大。1980 年 3 月广东光明农场从新西兰进口的黑白花奶牛在隔离饲养期间，陆续出现了不同程度的呼吸道及流产、乳腺炎等症状。病毒中和试验在采集的牛血清中检测到了 IBRV 的中和抗体，阳性率达 50%以上，证实了该奶牛群中存在 IBRV 的感染。随后从该牛群采集了 26 份样品，从其中 1 份鼻拭子和 1 份阴道拭子中分离到 2 株病毒，病毒中和试验证实了分离毒株为 IBRV，这是我国首次从进口奶牛中分离到 IBR 病原，之前国内尚未见到 IBRV 分离的报道。我国自 1980 年从新西兰进口牛中首次检测到 IBRV 的中和抗体以来，一些血清学流行病学调查表明目前我国绝大部分省（自治区、直辖市）都有IBR，血清平均阳性率为35.8%。

二、病原学

（一）病原与分类

病原为牛传染性鼻气管炎病毒（infectious bovine rhinotracheitis virus，IBRV），又称为牛疱疹病毒1型（bovine herpesvirus 1），属于疱疹病毒科（*Herpesviridae*）α疱疹病毒亚科（*Alphaherpesvirinae*）水痘病毒属（*Varicellovirus*）。病毒粒子呈圆形，由162个壳粒组成正二十面体，直径为100～200nm，由核芯、衣壳和囊膜组成。

（二）基因组结构与编码蛋白

IBRV基因组核酸为线性双股DNA，基因组全长为135 301nt，G+C含量为72%，编码区占84%。病毒DNA分子被两个重复序列单位（Rs，一个在内、一个在末端，各11kb）分割成一个独特长区（UL，103kb）和一个独特短区（US，10kb），US区两侧的两个重复序列与US区可以沿轴旋转180°，这样使病毒基因组存在两种异构体。病毒含有73个开放阅读框，现已确认33种结构蛋白和15种以上的非结构蛋白。IBRV的绝大多数基因被鉴定并定位，由病毒基因组编码的涉及病毒核酸代谢、DNA合成和蛋白质加工等过程的有69种蛋白质。

IBRV编码的糖蛋白分别被命名为gB、gC、gD、gE、gG、gH、gI、gK、gL和gM，其中gB、gC、gH、gK、gL和gM 6个糖蛋白的基因位于病毒基因组的独特长区（UL），其余gG、gD、gI和gE 4种糖蛋白的基因簇集于独特短区（US）。病毒糖蛋白能刺激机体产生中和抗体，在补体的存在下可使感染细胞裂解，与病毒的致病性和机体免疫力密切相关。

值得注意的是，IBRV编码至少3种可以抑制宿主免疫系统的蛋白，其中bICP0抑制干扰素依赖性转录；UL41.5蛋白通过抑制多肽运输到细胞表面，从而抑制$CD8^+$ T细胞识别被感染细胞；糖蛋白G是一种趋化因子结合蛋白，可与机体趋化因子结合而破坏其梯度，从而发挥其控制被感染细胞周围环境的功能。

（三）病原分子流行病学

限制性酶切分析表明IBRV可分为2个亚型，即1.1和1.2亚型，1.2亚型又可分为1.2a和1.2b亚型，其中1.2亚型的毒力比1.1亚型弱。IBRV仅有一个血清型。最近一些研究表明利用IBRV*gC*基因的部分核苷酸序列进行基因进化树分析，也可以区分IBRV的1.1和1.2亚型。IBRV的1.1亚型可引起IBR，可在呼吸道和流产胎儿中检测到，流行于欧洲、北美和南美；1.2a亚型主要感染呼吸道和生殖道，可引起IBR、IPV或IPB及流产，流行于巴西和20世纪70年代之前的欧洲；1.2b亚型可引起呼吸道疾病及IPV或IPB，但不引起流产，流行于澳大利亚和欧洲。对2016～2019年国内分离的IBRV毒株的基因分型表明，我国流行的IBRV主要以1.2b亚型为主。

（四）感染与免疫

病毒感染宿主的不同器官而引发各种病型。病毒侵入呼吸道器官后进入上皮细胞，在细胞核内复制，并进入血液。呼吸道黏膜首先受到损伤，引起肿胀，产生大量渗出液，积聚于黏膜表面，阻碍空气流通。部分病例，病毒侵入肺，促使溶血性曼氏杆菌增殖，导致纤维素性肺炎。病毒侵入眼内时引起急性结膜炎，混入眼泪中的病毒通过鼻泪管进入鼻腔。病毒侵入生殖道时，可导致脓疱形成，引起脓疱性外阴阴道炎或龟头包皮炎。病毒侵入血液中引起败血症，但在病程较短的病例中只发生暂时性的败血症。在形成病毒血症时，病毒能穿越胎盘而感染胎儿引起流产。部分病例，病毒沿着嗅觉神经和三叉神经侵入脑和脑膜，而导致脑膜脑炎的发生。在临床康复过程中，病毒定居于未知细胞中而呈隐性感染，即使抗体形成，病毒仍能使宿主持续性感染终生。

在病毒感染过程中有干扰素形成，并出现于感染黏膜分泌液中。IBRV 通常在感染后的 7～10d 诱生体液免疫应答和细胞免疫应答反应，这种免疫应答反应可持续终身，但有时可降至难以检出的水平。一般在感染后 9d 形成体液性抗体，并积聚于感染黏膜和血浆中。感染后诱发的保护性免疫不是终身的，牛还可发生重复感染。自然感染康复的牛可以获得免疫力，能抵抗强毒的攻击。母源抗体可经初乳传给犊牛，对犊牛产生保护作用。母源抗体的生物学半衰期约为 3 周，但有时在 6 月龄犊牛中还可测到，但 6 月龄以上则很少能测到。

此外，IBRV 感染能降低Ⅰ型主要组织相容性复合体（MHC）分子细胞表面的表达水平，引发 CD4 阳性 T 淋巴细胞、B 细胞和单核细胞等牛白细胞亚类的凋亡，导致机体出现免疫抑制。

三、诊断要点

（一）流行病学诊断

牛是本病的主要宿主，各年龄段及不同品种的牛均可感染。秋季和寒冷的冬季较易流行，舍饲的大群奶牛在过分拥挤和密切接触下易于迅速传播。新生小犊牛（小于 2 周岁）的病死率高于成年牛。一些应激因素，如长途运输和分娩可激活牛体内潜伏感染的病毒，发生间歇性排毒而引发牛的感染。有新购入牛只被引入牛群后突发 IBR 感染相关的症状。当上述异常情况出现时，可做出 IBR 的初步诊断。

（二）临床诊断

潜伏期一般为 4～6d，有时可达 20d 以上，人工滴鼻或气管内接种可缩短到 18～72h。本病可表现多种类型，主要如下。

呼吸道型：急性病例可侵害整个呼吸道，病初发高热，为 39.5～42℃，极度沉郁，拒食，有多量黏液脓性鼻漏，鼻黏膜高度充血，出现浅溃疡，鼻窦及鼻镜因组织高度发炎而称为“红鼻子”。有结膜炎及流泪。常因炎性渗出物阻塞而发生呼吸困难及张口呼吸。因鼻黏膜的坏死，呼气中常有臭味。呼吸数常加快，常有深部支气管性咳嗽。有时可见带血腹泻。乳牛病初产乳量即大减，后完全停止，病程如不延长（5～7d）则可恢复产量。

生殖道感染型：由配种传染。潜伏期为 1～3d，可发生于母牛及公牛。病初发热，沉郁，无食欲。频尿，有痛感。产乳稍降。阴户联合下流黏液线条，污染附近皮肤，阴门、阴道发炎充血，阴道底面上有不等量黏稠无臭的黏液性分泌物。阴门黏膜上出现小的白色病灶，可发展成脓疱，大量小脓疱使阴户前庭及阴道壁形成广泛的灰色坏死膜。生殖道黏膜充血，轻症 1～2d 后消退，继则恢复；严重的病例发热，包皮、阴茎上发生脓疱，随即包皮肿胀及水肿。公牛可不表现症状而带毒，从精液中可分离出病毒。

脑膜脑炎型：主要发生于犊牛。体温升高达 40℃以上。病犊共济失调，沉郁，随后兴奋、惊厥，口吐白沫，最终倒地，角弓反张，磨牙，四肢划动，病程短促，多归于死亡。

眼结膜炎型：一般无明显全身反应，有时也可伴随呼吸型一同出现。主要症状是结膜角膜炎。表现结膜充血、水肿，并可形成粒状灰色的坏死膜。角膜轻度混浊，但不出现溃疡。眼、鼻流浆液脓性分泌物。很少引起死亡。

流产型：一般认为是病毒经呼吸道感染后，从血液循环进入胎膜、胎儿所致。胎儿感染为急性过程，7～10d后以死亡告终，再经24～48h排出体外。因组织自溶，难以证明有包涵体。

（三）病理诊断

IBRV 不同感染型的病理变化也有所不同。呼吸道感染型病牛的鼻、喉、气管黏膜呈卡他性炎症，常见黏膜中有浅表白色烂斑和溃疡，或气管出血；皱胃黏膜发炎或形成溃疡，大小肠可见卡他性肠炎。慢性病例的肺和肝有的形成脓肿，在肺见到化脓性卡他性肺炎，在器官的实质组织中呈病灶性坏死为典型病变。急性病死的犊牛，全肺气肿，有轻度支气管肺炎和呼吸道黏膜潮红、脓胀。组织学检查在黏膜下层可见淋巴细胞、巨噬细胞和浆细胞浸润，坏死的表皮黏膜含有大量中性粒细胞和细菌集团，核内包涵体出现在上皮细胞中。

眼结膜炎型肉眼可见病变同临床所见。组织学变化可见到滤泡性结膜炎病变，结膜基质能见到淋巴样小结，在小结附近有淋巴细胞和浆细胞浸润。

生殖道感染型轻症的无任何病变，但在引起黏膜炎时，所见的肉眼变化与临床所见表现基本相同或相似。组织学检查主要可见坏死性变化，在坏死灶聚集大量的中性粒细胞，周围组织有淋巴细胞浸润，能检出核内包涵体。

脑膜脑炎型可见脑膜轻度充血。组织学变化可见脑膜脑炎和非化脓性淋巴细胞脑炎，后者多存在于白质或灰质中。核内包涵体出现于星状细胞和神经细胞中。脑的末梢血管水肿并形成血管套。

流产型在流产胎儿中的肝等不同的器官和组织中有坏死性病灶。组织学检查可在肝、肺、脾、胸腺、淋巴结和肾等器官组织中发现弥漫性灶状坏死，流产胎儿因自溶作用，其包涵体多已消失，很难检出。

可根据上述病变和组织学检查结果，初步判定为IBR。

（四）鉴别诊断

临床上主要表现为呼吸道型、眼结膜炎型、生殖道感染型、脑膜脑炎型和流产型5型，剖检时表现出相应的病理变化。依据上述发病特点，可初步诊断为IBR。同时应注意与表现为相似症状牛病的鉴别诊断。

首先本病应注意与巴氏杆菌病和犊牛白喉等细菌感染的鉴别。巴氏杆菌病多见于气候突变、长途运输、饲养管理不当的情况下，病畜呈纤维素性肺炎。犊牛白喉的发病率较低，病畜在呼吸中发出呼噜声，可通过外科手术除去喉头部损害部分。此外，本病要与牛流行热、牛副流行性感冒、牛病毒性腹泻和牛呼吸道合胞体病毒感染等牛的病毒性传染病进行鉴别。

四、实验室诊断技术

（一）病料采集与保存方法

根据临床症状的不同，采集不同的样品：牛发生鼻气管炎时应以棉拭子采取处于发热期的鼻液和眼分泌物；母牛患外阴阴道炎时采集外阴部黏膜和阴道分泌物，公牛则采集精液和包皮的生理盐水冲洗物；有流产胎儿时，采集胎儿胸水、心包液、心血及肺等实质脏器样品；脑炎时采集脑组织；泌乳牛发生乳腺炎时，可以采集鼻液和眼分泌物。采样后，立即放入含4%犊牛血清的MEM培养液内（每mL含有青链霉素各1000IU），在冷藏状态下尽快送到实验室。

（二）病原学诊断

1. 病原分离与鉴定 最常用于病毒分离的细胞有牛肾、肺或睾丸的原代和次代细胞、胎牛肺或气管继代细胞及牛肾传代细胞系 MDBK。病毒复制的隐蔽期为3h，细胞病变通常于接种后3d内出现。如果接种后7d内不出现病变，必须盲传1～2代。可将细胞培养物冻融后离心收集上清，然后接种新鲜的细胞单层。用精液分离病毒时，应注意避免精液本身对细胞的毒性反应。

用感染的单层细胞涂片，通过 Lendrum 包涵体染色法染色，镜检细胞核内包涵体，细胞核染成蓝色，包涵体染成红色，胶原为黄色。也可采集病牛病变部的上皮组织（上呼吸道、眼结膜、角膜等组织）制作切片后染色观察。可见到病毒特有的Cowdry A型核内包涵体。

因BHV-1只有一个血清型，用一个已知标准毒株的免疫血清，通过在敏感细胞培养物进行病毒中和试验，即可对分离毒做出鉴定。此外，PCR检测结合DNA测序技术也可以用于IBRV分离毒株的快速鉴定。值得注意的是，IBRV基因组DNA的G+C含量高达72%，PCR扩增效率比较低，应注意排除假阴性结果。

2. 动物感染试验 可以用分离培养的病毒经鼻腔接种IBRV中和抗体阴性的犊牛，接毒犊牛会出现相应的IBR感染的呼吸道症状，接毒24h后可以采集牛鼻腔棉拭子，接种MDBK细胞培养后分离病毒。感染实验动物雪貂和家兔，也可引发与牛相似的症状。

（三）免疫学诊断

免疫学诊断方法主要包括免疫荧光抗体试验、间接血凝试验、病毒中和试验和酶联免疫吸附试验（ELISA）等血清学方法，可检测感染动物体内的IBRV特异性抗体。血清学方法可检测急性感染的病例，如发现同一个动物的急性感染期和恢复期的血清样品由阴性转为阳性或抗体滴度升高4倍及以上时，即可认为机体发生了感染。此外，还可用于国际贸易检测、血清流行病学调查、根除和监测措施的实施及注苗和攻毒后抗体应答反应的评价。

病毒中和试验和ELISA方法可检测血清中的抗体，还可用间接免疫荧光抗体试验。由于潜伏感染是IBRV感染的正常结果，血清学反应阳性动物的确认可反映机体的感染状态。任何产生针对病毒抗体的动物都是带毒者，是潜在的间歇性排毒者，但带母源抗体的犊牛及接种灭活苗的未感染牛则例外。下面具体介绍常用的血清学方法。

病毒中和试验为国际贸易指定试验。用牛肾单层细胞培养物进行病毒中和试验是IBR最常用的血清学诊断方法。被检血清经56℃灭活30min。检测时将被检血清与等量的内含100 $TCID_{50}$病毒量的抗原混合，37℃孵育1h后接种4管细胞培养物，室温吸附1h，再加入细胞维持液，置37℃培养，72h后判定。当未稀释血清能抑制50%或以上细胞管出现细胞病变（CPE）者判为阳性。实验时必须做病毒抗原、标准阳性血清及阴性血清对照。

ELISA为国际贸易指定试验。本法已表现出逐渐取代病毒中和试验的趋势。现在有几种

ELISA 可供选用，有间接和阻断 ELISA，其中间接 ELISA 更为常用。目前还没有一套标准的 ELISA 程序。国外已有不同的商业化 ELISA 试剂盒出售，其中大部分可检测奶样的抗体。在使用前应对试剂盒进行标化试验。在进行 ELISA 之前，应检测一系列的强阳性、弱阳性和阴性血清样品，以确定其敏感性、特异性和可重复性。值得注意的是，对奶样的检测不能完全反映牛群的真实情况，只能估计 IBRV 感染的流行情况，需要确认牛群的感染情况时，还应同时检测牛血清样品。

综上所述，在实验室诊断中，当分离到病毒后并不意味着疾病的暴发，发病也可能是因应激因素重新激活潜伏病毒的结果，因此应结合血清学检测结果进行综合判定。

五、防控措施

（一）综合防控措施

IBRV 经眼结膜或口腔和鼻腔感染后可在三叉神经节或咽部扁桃体建立潜伏感染，如经生殖道感染则在腰荐神经节建立潜伏感染。潜伏感染牛是本病潜在的传染源，其体内潜伏的病毒可在分娩、运输、混群、气候突变、协同感染、营养不良、过分拥挤及用皮质醇治疗等应激条件下激活而向周围环境排出病毒，从而感染易感动物，对本病的传播流行起着重要的作用。由于大多数具有抗体的牛都呈隐性感染，形成潜在的传染源，给本病的防治带来许多困难。在防治本病时，首先应加强兽医防疫卫生措施和牛群的饲养管理，强化冷冻精液检疫、管理及检疫制度，不从疫区或有本病的国家引进牛只或其精液，必须引进时需经过隔离观察和严格的病原学或血清学检查，证明未被感染或精液未被污染方可使用。严格对移入牛的检疫，并施行 90d 的隔离观察，无血清阳性牛时再混群。应定期对牛群进行血清学监测，发现阳性感染牛应及时淘汰或进行严格的隔离饲养措施。

由于本病缺乏特效的药物治疗，一旦发生本病应根据当地疫情的具体情况，采取封锁、检疫、剖杀病牛或感染牛，并结合消毒等综合性措施扑灭本病。在老疫区，则可通过隔离病牛，消毒污染牛棚。应用广谱抗生素治疗，以防止细菌继发感染，再配合对症治疗等方法来促进病牛的痊愈。对疫区或受威胁牛群，可对未被感染牛进行弱毒疫苗或油佐剂灭活疫苗的免疫接种，或采用基因缺失疫苗进行免疫接种。在时机成熟时，可以实施使用基因缺失疫苗和配套鉴别诊断试剂的牛传染性鼻气管炎根除计划。

（二）生物安全体系构建

对发病场（户）实施隔离、监控，禁止牛、牛产品、饲料及有关物品移动，并对其内、外环境进行严格消毒。必要时，采取封锁、扑杀等措施。对疫情发生前 30d 内，所有引入疫点的易感牛、相关产品来源及运输工具进行追溯性调查，分析疫情来源。对疫情发生前 21d 及采取隔离措施前，从疫点输出的易感牛、相关产品、运输车辆的去向进行跟踪调查，分析疫情扩散风险。

目前在 IBR 防控方面，欧洲的防控经验最为成熟。欧洲各国用于控制 IBR 的措施也有所不同，一些国家采取检疫和扑杀的政策，也有一些国家用疫苗来控制本病，一些国家则禁止接种疫苗。现在只有欧洲启动了 IBR 的根除计划，且在 IBR 控制方面成绩显著，其中奥地利、丹麦、芬兰、瑞典、瑞士、挪威、意大利的波尔扎诺省及德国的巴伐利亚自由州的部分地区已根除了 IBR。

（三）疫苗与免疫

由于IBRV的常规疫苗都存在无法区别野毒感染牛与疫苗免疫牛的问题，欧洲于1995年研发了IBRV的*gE*基因缺失疫苗，配合使用gE阻断ELISA可以区分野毒感染牛与疫苗免疫牛。目前该疫苗已广泛用于欧洲的荷兰、比利时及德国的部分地区，取得了较好的防控效果。我国也开展了IBR疫苗的研究，2016年7月由中国兽医药品监察所等单位联合研制的牛病毒性腹泻/黏膜病、传染性鼻气管炎二联灭活疫苗获得注册，为我国第一个IBR灭活疫苗。免疫程序为2月龄以上牛肌肉注射，每头2.0mL，首免后21d加强免疫1次，之后每隔4个月免疫1次，每头牛接种2.0mL。该疫苗仅接种健康牛，病畜、瘦弱、怀孕后期母畜及断奶前幼畜慎用。2019年8月由北京生泰尔股份有限公司等单位研发的IBR灭活疫苗也获注册，免疫期为6个月，病牛和临产母牛不宜接种。由于我国注册的IBRV疫苗是常规疫苗，无法区别疫苗免疫牛与自然感染牛，仍需进一步研发基因缺失疫苗及配套使用的鉴别诊断方法。

（四）药物与治疗

对本病的治疗目前尚无特效药物，主要是控制并发症。可用抗生素或磺胺类药物，防止细菌的继发感染。对某些病畜可采取必要的对症治疗，来促进病牛的痊愈。

六、问题与展望

潜伏感染是IBRV感染的正常结果，牛群一旦感染就很难清除。我国养牛业的整体发展水平不高，每年都从澳大利亚和新西兰等国进口数量可观的奶牛，这样不可避免地引进IBR血清抗体阳性牛。最近一项研究报告表明澳大利亚出口的活牛的IBR血清阳性率为39%，接近我国IBR的平均血清阳性率。目前全球只有欧洲启动了IBR的根除计划，欧洲在检测IBRV的gB和gE抗体时，发现仍存在一些问题，对IBR的防控不利，有待进一步改进。尽管欧洲的一些国家通过禁止接种、扑杀阳性牛等措施而根除了IBR，但也付出了沉重的代价。由于采取扑杀阳性牛的方法耗资巨大，对拥有大量牛群的发展中国家来说是不现实的，因此强化检疫并结合接种疫苗成为多数国家控制本病的措施。鉴于此，我国也应根据国内IBR的流行情况，在不同省市或地区采取不同的防控策略。通过借鉴欧洲一些国家使用IBR基因缺失标记疫苗控制本病的成功经验，试用IBR基因缺失标记疫苗及配套使用的鉴别诊断试剂，通过检出和淘汰IBRV自然感染牛，从而逐步控制并最终消灭本病。

（薛　飞）

第四节　小反刍兽疫

一、概述

小反刍兽疫（peste des petits ruminants，PPR），俗称羊瘟，又名小反刍兽假性牛瘟（pseudorinderpest）、肺肠炎（pneumoenteritis）、口炎肺肠炎复合症（stomatitis-pneumoenteritis complex），是由小反刍兽疫病毒（peste des petits ruminants virus，PPRV）引起的一种急性病毒性传染病，主要感染小反刍动物，

拓展阅读4-4

以发热、口炎、腹泻、肺炎为特征（Baron et al.，2016；Njeumi et al.，2020）。世界动物卫生组织（World Organization for Animal Health，WOAH）将 PPR 列为法定报告的动物疫病，我国将 PPR 归为一类动物疫病，在《国家中长期动物疫病防治规划（2012—2020）》中将其列为优先防治的动物疫病。

1942 年，小反刍兽疫首次在非洲的象牙海岸发现，其后，非洲的塞内加尔、加纳、多哥、贝宁、尼日利亚等地有本病报道，并造成了重大损失。亚洲的一些国家也报道了本病，根据世界动物卫生组织 1993 年报道，孟加拉国的山羊有本病发生，印度安德拉邦和马哈拉施特拉邦的部分地区绵羊中发生了类似牛瘟的疾病，最后确诊为小反刍兽疫，此后，泰米尔纳德邦也有感染报道。当前，小反刍兽疫仍然在非洲、亚洲等国家和地区流行。2007～2008 年，我国紧邻印度的西藏地区首次暴发小反刍兽疫。2013 年底，小反刍兽疫在紧邻哈萨克斯坦的新疆伊犁地区暴发，2014 年传遍全国。小反刍兽疫传入我国的主要途径是边界放牧。目前，小反刍兽疫在我国呈现散发流行（Liu et al.，2018）。

二、病原学

（一）病原与分类

小反刍兽疫病毒（peste des petits ruminants virus，PPRV），属于副黏病毒科（*Paramyxoviridae*）的麻疹病毒属（*Morbillivirus*）。与牛瘟病毒有相似的理化及免疫学特性。病毒呈多形性，通常为粗糙的球形。病毒颗粒较牛瘟病毒大，核衣壳为螺旋中空杆状并有特征性的亚单位，有囊膜。病毒可在胎绵羊肾、胎羊及新生羊的睾丸细胞、Vero 细胞上增殖，并产生细胞病变（CPE），形成合胞体。

PPRV 的体外细胞培养通常采用胎羊及新生羊的睾丸细胞、Vero 细胞等敏感细胞，一般毒力较强的毒株均能使敏感细胞产生明显的细胞病变，且不同毒力的毒株往往表现不同的培养特性。一般在接种后 6～15d 出现 CPE，其特点是出现多核细胞，细胞中央为一团细胞质，中间有折光环，呈“钟面”。

PPRV 对外界环境抵抗力弱，在低温环境下存活时间较长，但对热敏感，一般在 37℃大约可存活 2h，50℃加热 60min 即可灭活，当环境 pH 低于 4.0 或高于 11.0 时即可失活，同时紫外线等经过一段时间均可以将其杀死。对化学消毒剂的抵抗能力较弱，一般常用的消毒剂，如 10%氢氧化钠溶液、3%来苏尔溶液、1%福尔马林溶液、1%过氧乙酸溶液和 10%漂白粉溶液，即可产生杀灭作用。

（二）基因组结构与编码蛋白

PPRV 基因组是由 1 条单股负链 RNA 组成，长度通常为 15 948bp，遵循“六碱基原则”。但 2013 年我国出现毒株的基因组为 15 954bp，主要区别在于 *M* 与 *F* 基因之间的非编码区插入了 6 个核苷酸（TCCCTC）（Li et al.，2015）。基因组 3′端为基因组启动子区，5′端为反向基因组启动子区，6 个基因排列顺序为 3′-*N*-*P*-*M*-*F*-*HL*-5′，依次编码的 6 个结构蛋白为核衣壳蛋白（N）、磷蛋白（P）、基质蛋白（M）、融合蛋白（F）、血凝蛋白（H）和大蛋白（L），*P* 基因还编码两个非结构蛋白 C 和 V。

N 基因有 1578 个核苷酸，编码 525 个氨基酸，N 蛋白分子质量约为 57.75kDa。N 蛋白包裹着核酸，主要作用是保护病毒核酸以免被核糖核酸酶降解，并可以增强 F 蛋白和 H 蛋白

诱导的免疫力，参与病毒的转录过程。N 蛋白组成病毒的核衣壳，在病毒感染初期，针对病毒 N 蛋白产生抗体含量虽然最多，但是却不能中和病毒。由于 N 蛋白具有反应原性强的特点，故在临床实践中 N 蛋白已被用于研发诊断检测方法。

P 基因有 1530 个核苷酸，编码 509 个氨基酸，P 蛋白大小约为 54kDa。但是在加工过程中 P 蛋白容易被磷酸化，所以 SDS-PAGE（polyacrylamide gelelectrophoresis）显示其分子质量约为 79kDa。*P* 基因含有三个开放阅读框，分别编码 P、V、C。其中 P 为结构蛋白，P 蛋白拥有最大的变异性，主要是连接 N 蛋白和 L 蛋白，增强 N 蛋白及 L 蛋白的作用。V、C 蛋白是非结构蛋白，C 蛋白编码 186 个氨基酸；V 蛋白在病毒转录中也有很重要的生物学功能。

M 基因有 1008 个核苷酸，编码 335 个氨基酸，M 蛋白大小约为 37.8kDa，并且在 3 个开放阅读框中包含许多个始密码子（AUG）。*M* 基因除内含子区外，编码区高度保守。弱毒疫苗株 Nigeria75/1 与其他 PPRV 的 M 蛋白的同源性为 97.0%～98.2%。M 蛋白位于病毒囊膜的内层，在复制形成新一代病毒的过程中起着关键性作用，一旦 M 蛋白缺损，病毒粒子的复制就无法完成，新一代的病毒就无法形成。M 蛋白对病毒的 H、F 蛋白作用发挥有重要意义。

F 基因有 1641 个核苷酸，编码 546 个氨基酸，该基因具有 poly（A）尾、富含 G/C 特点。*F* 基因高度保守，有研究者利用其相对保守的特性把 PPRV 划分成 4 个系（Ⅰ～Ⅳ）。F 蛋白称为融合蛋白，与病毒的感染有关，在 pH 为中性下，一旦病毒感染宿主，其与细胞受体结合，F 蛋白促进病毒囊膜和宿主细胞膜相互融合，病毒粒子在细胞复制、转录、翻译等。F 蛋白促使细胞融合这种功能需要 H 蛋白和膜磷脂的协助，膜磷脂和 H 蛋白在促进病毒与宿主细胞融合发挥不同的作用。

H 基因有 1830 个核苷酸，编码 609 个氨基酸。H 蛋白属于病毒表面的糖蛋白，分子质量为 70kDa，是病毒的一种纤突，在宿主细胞和病毒连接中有重要作用。H 蛋白也是 PPRV 的主要抗原蛋白，产生的中和抗体能中和血液中的病毒，H 蛋白是保守性最差的蛋白质，这种差异可能决定着病毒的宿主特异性和组织嗜性，其可能为长期免疫压力选择的结果。虽然 PPRV 不含神经氨酸酶，但 PPRV 的 H 蛋白同时具有神经氨酸酶活性和血凝素活性，可能与宿主细胞特异性有关。PPRV 对不同动物的红细胞凝集程度有所差异。

L 基因有 6552 个核苷酸，编码 2183 个氨基酸，在麻疹病毒属是最长的一个基因。相对于其他的蛋白质而言，L 蛋白是一个多功能蛋白，在病毒感染细胞过程中起到重要作用，主要包括启动、延长、终止、加帽、甲基化及多聚 A 化。当 L 蛋白与 P 蛋白结合之后，才能发挥 RNA 聚合酶活性。此外，L 蛋白是由两个铰链分开的 3 个高度保守的区域组成（A、B、C），被两个变异程度较高的铰链区分开。

（三）病原分子流行病学

PPRV 只有 1 个血清型，根据 *N* 基因或 *F* 基因序列可将其分为 4 个谱系，其中谱系Ⅰ、Ⅱ、Ⅲ起源于非洲，谱系Ⅳ来源于亚洲。谱系Ⅳ分布最广，主要分布在整个非洲、中东、亚洲西部等地，谱系Ⅳ正逐渐取代其他谱系，成为 PPR 流行国家的优势谱系。

三、诊断要点

（一）流行病学诊断

易感动物是反刍动物，其中以山羊和绵羊更易感。山羊的易感性高于绵羊，羔羊的易感性和病死率高于成年羊。PPR四季均可发生，较易流行于多雨和干燥寒冷的季节，呈散发性和地方性流行。

传染源主要为患病动物或隐性带毒动物，主要通过直接或间接接触，经呼吸道和消化道传播。在同圈的羊群中，健康羊可以通过直接接触病羊或间接接触病羊的分泌物、排泄物、被污染的饲料、草料及饮用水等周围污染的环境而患病，同时病羊也可以通过咳嗽、打喷嚏、飞沫近距离进行传播，甚至可以通过空气把此病传播给相距10km以外的易感动物。在不同养殖场中，本病主要是通过引入病羊或隐性带毒羊进行扩散。

（二）临床诊断

小反刍兽疫潜伏期为4～5d，最长为21d。自然发病仅见于山羊和绵羊。山羊发病严重，绵羊也偶有严重病例发生。一些康复山羊的唇部形成口疮样病变。感染动物临诊症状与牛瘟病牛相似。急性型体温可上升至41℃，并持续3～5d。感染动物烦躁不安，背毛无光，口鼻干燥，食欲减退。流黏液脓性鼻漏，呼出恶臭气体。在发热的前4d，口腔黏膜充血，颊黏膜进行性广泛性损害、导致多涎，随后出现坏死性病灶，口腔黏膜开始出现小的粗糙的红色浅表坏死病灶，后变成粉红色，感染部位包括下唇、下齿龈等处。严重病例可见坏死病灶波及齿垫、腭、颊部及乳头、舌头等处。后期出现带血水样腹泻，严重脱水，消瘦，随之体温下降。出现咳嗽、呼吸异常。发病率高达100%，在严重暴发时，死亡率为100%，在轻度发生时，死亡率不超过50%。

（三）病理诊断

剖检病变与牛瘟病牛相似。病变从口腔直到瘤胃、网胃。患畜可见结膜炎、坏死性口炎等病变，严重病例可蔓延到硬腭及咽喉部。皱胃常出现病变，而瘤胃、网胃、瓣胃很少出现病变，病变部常出现有规则、有轮廓的糜烂，创面红色、出血。肠可见糜烂或出血，大肠常见特征性出血或斑马条纹，特别在结肠直肠结合处。淋巴结肿大，脾有坏死性病变。在鼻甲、喉、气管等处有出血斑。还可见支气管肺炎的典型病变。

因本病毒对胃肠道淋巴细胞及上皮细胞具有特殊的亲和力，故能引起特征性病变。一般在感染细胞中出现嗜酸性胞质包涵体及多核巨细胞。在淋巴组织中，小反刍兽疫病毒可引起淋巴细胞坏死。脾、扁桃体、淋巴结细胞被破坏。含嗜酸性胞质包涵体的多核巨细胞出现，极少有核内包涵体。在消化系统，病毒引起马尔基氏层深部的上皮细胞发生坏死，感染细胞产生核固缩和核破裂，在表皮生发层形成含有嗜酸性胞质包涵体的多核巨细胞。

（四）鉴别诊断

PPR与羊痘、羊脓疱性口炎、羊传染性胸膜肺炎、蓝舌病、口蹄疫等的临床症状存在相似之处，应当注意区分。

1. 羊痘

（1）相似处　为高度接触性传染病，病羊体温急剧上升，可达到41～42℃，呼吸困难，鼻腔流浆液、黏液或脓性分泌物，眼结膜红肿，有腹泻和小叶性肺炎。

（2）不同处　病原为羊痘病毒，病羊精神沉郁，呈现的痘疹表现为全身性，主要生长在眼周围、唇、鼻、乳房、外生殖器、四肢和尾内侧等无毛或少毛区域，先是出现小丘疹，随后逐渐变软形成水疱，几天后形成脓疱，最后形成棕色的结痂，病羊口腔很少会出现痘疹，胃黏膜上形成大小不均匀的单个或多个融合的圆形、半球形的坚实结节，有的病例会形成糜烂或溃疡。

2．羊脓疱性口炎

（1）相似处　为接触性传染病，在口腔内部有脓疱或溃疡。

（2）不同处　为人兽共患传染病，病原为羊口疮病毒，发病初期会从病羊的口腔中流出大量的水，口角周围出现肿胀，整个头部出现肿胀。除了口腔内部，在唇部、鼻孔周围、尾根等处也会有脓疱或溃疡，且形成过程不一样，先出现红色斑点，随后形成脓疱，最后皮肤脓疱破溃形成灰褐色结痂，甚至形成大面积的坚硬痂皮。

3．羊传染性胸膜肺炎

（1）相似处　为高度接触性传染病，主要通过直接接触或间接接触，经呼吸道传播，较易发生于阴雨和寒冷季节，表现为咳嗽、腹泻、发热，体温可达41～42℃，眼睑肿胀、流泪，且眼有黏液脓性分泌物，流黏液脓性鼻漏，口腔有溃疡，口半开张，流泡沫状唾液。

（2）不同处　病原为丝状支原体，有胸膜炎及纤维性肺炎，唇、乳房等部皮肤发疹。

4．蓝舌病

（1）相似处　有传染性，体温升高可达41～42℃，口腔黏膜出血和糜烂，舌头溃疡，眼睑红肿，鼻腔流黏液脓性液体，呼吸困难，有肺炎和肠炎。

（2）不同处　由蓝舌病毒引起的传染病，病畜嘴唇水肿，并蔓延到面部、耳，以及颈部和腋下，严重充血、水肿的舌头伸出口外，严重情况下发绀，发生溃疡、糜烂，致使吞咽困难，鼻液常带血，并结痂于鼻孔四周，鼻黏膜和鼻镜糜烂出血。有的蹄冠和蹄叶发炎，呈现跛行。

5．口蹄疫

（1）相似处　为一种病毒性传染性疾病，主要通过直接接触或间接接触，经呼吸道传播，在短时间内快速蔓延到整个羊群，体温升高，口腔内有溃疡，有出血性肠炎。

（2）不同处　由羊口蹄疫病毒感染引起的人兽共患传染病，除了口腔黏膜，在乳房和蹄部皮肤处形成水疱，舌上很少出现水疱，后期水疱逐渐融合破溃形成烂斑，食道和瘤胃黏膜也存在水疱和烂斑，肺部呈浆液性浸润，很容易继发感染心肌炎，出现跛行。

四、实验室诊断技术

（一）病料采集与保存

采集羊口腔、鼻腔或结膜分泌物等拭子样品，或淋巴结、脾、肠、肺等炎症组织样品2～5g，均置于5～10mL无菌PBS或生理盐水中，或无菌采集抗凝血样品5mL。样品在2～8℃保存，且不应超过24h，－70℃条件下可长期保存，避免反复冻融。

（二）病原学诊断

1．病原分离培养　将口腔、结膜和鼻腔拭子或病料组织经双抗处理后，接种合适的细胞进行培养，如绵羊或山羊胎肾、Vero细胞等。放置于37℃恒温培养箱培养并观察其细胞病变。一般于接种后6～15d出现病变，可初步鉴定。

2．电镜观察　电镜下观察，PPRV病毒粒子呈多形性，多为粗糙的球形，平均直径为400～500nm，有时可见更大的畸形粒子和长达数微米的长丝状病毒。有囊膜，其厚度为815～

1415nm 的双层脂质，囊膜上有两种糖蛋白突起，长度为 8.5～14.5nm。核衣壳总长度为 1000nm，呈螺旋状对称，螺旋直径约 18nm，螺距 5～6nm，卷曲在脂质囊膜内，直径为 14～23nm。

3．动物感染试验 将病料组织悬液或细胞培养物，接种于易感动物山羊或绵羊，然后进一步根据临床症状、病理变化和实验室诊断进行确诊。

（三）免疫学诊断

免疫学诊断技术是以免疫学理论为基础的实验操作技术，广泛应用于各种动物传染病的诊断。包括琼脂免疫扩散实验、对流免疫电泳、病毒中和试验、酶联免疫吸附试验（ELISA）、间接荧光抗体试验和胶体金试纸法等免疫学方法。其中酶联免疫吸附试验（ELISA）应用最广，胶体金试纸法是本病快速诊断的方法之一。胶体金试纸法不仅能缩短检测时间，还可以降低检测的成本，对环境的要求也不高，具有较高的准确性，也是目前应用最多的方法之一。最终进行羊小反刍兽疫确诊。

五、防控措施

（一）综合防控措施

1．平时的预防措施 完善生物安全措施，采取严格的生物安全措施，坚持自繁自养，在必须引种时严格把控引种工作，不从疫区引进存在传染性疾病的羊群，杜绝未检疫、染疫羊只进入，严格执行引入动物隔离制度，做好消毒和隔离观察，且新引进的羊群必须进行 45d 以上的隔离观察，并经临床诊断和血清学检查等措施确认健康无病，方可混群饲养。

加强养殖管理，建立严格的消毒制度，注意圈舍卫生，要及时清理羊的排泄物和更换垫料，并对饲料、饮水进行严格的控制，控制应激因素，提高羊群抗病力，减少疫病的发生；做好疫苗接种工作，养羊场要根据当地的疫病流行规律和本场的具体养殖生产情况，选择优质疫苗，制定科学的免疫程序，确保每只羊都能够得到有效的免疫接种。

2．发病时的扑灭措施 任何单位和个人发现疑似疫情，立即将该养殖场隔离，并限制其移动，按程序向当地动物防疫监督机构报告，同时必须及时采样送实验室检测，并对内、外环境进行严格消毒。

疫情一旦确诊，由相关部门立即划定疫点、疫区、受威胁区，限制疫区与周边羊的交易活动，实行严格隔离封锁，并采取相应的紧急防控措施。立即隔离病羊，迅速对疫点内所有发病及同群羊扑杀，同时对所有死淘羊和羊肉、乳及乳制品、动物排泄物及分泌物、污染的饲料、垫料、污水进行无害化处理，并对污染的环境、羊舍、物品、交通工具及器械进行彻底清洗消毒。对疫区和受威胁区的假定健康的羊群要进行紧急接种，控制疫情的发展。免疫接种之后，应定期做好免疫抗体监测，针对多次免疫仍然不达标的羊，直接扑杀，进行无害化处理。同时，开展紧急流行病学调查，对疫情进行溯源。疫区解除封锁要严格按照法定程序进行。

（二）生物安全体系构建与疫病净化

针对传染源病原特性，应交替使用不同的消毒剂对羊舍及饲养工具等进行定期消毒、驱虫、杀灭蚊蝇，且消毒频率应控制在每周 1 次，尤其是在疫病的高发期，应每天消毒 1 次，以随时杀灭病原体。在养殖场周边铺撒生石灰，对养殖场进出车辆也要进行全面彻底的消毒，尤其在疫情高发期，需要对养殖场所进行封闭化管理，禁止外来人员及车辆随意出入，以切断小反刍兽疫传播途径。

各地要持续开展疫情监测工作，加大病原学监测力度，及时准确掌握病原遗传演化规律、病原分布和疫情动态，科学评估 PPR 发生风险和疫苗免疫效果，及时发布预警信息。要选择一定数量的养殖场户、屠宰场和交易市场作为固定监测点，开展监测工作。严禁活羊由高风险疫区向低风险区调运，及时扑杀野毒感染动物和病死羊，逐步实现净化目标。养殖场要按照“一病一案、一场一策”要求，根据本场实际，制订切实可行的净化方案，有计划地实施监测净化。

（三）疫苗与免疫

目前，世界各国对本病尚无有效的治疗方法。接种疫苗是小反刍兽疫防治的重要手段。目前世界上应用较广的是 PPRV 弱毒疫苗，包括 Nigeria75/1 弱毒疫苗和 Sungri/96 弱毒疫苗，无论是羔羊还是怀孕羊，均可接种。这些弱毒活疫苗无任何副作用，能交叉保护其各个亚群毒株的攻击感染，但其热稳定性差，需要冷链运输，同时存在毒力返强风险，而且使用弱毒苗不能区分自然感染与人工免疫的动物。

目前，我国用于防控 PPR 的疫苗为弱毒活疫苗，生产用毒株为 Nigeria75/1 毒株的克隆株（Clone9 株）（属于 PPRV 基因Ⅰ型）。PPR 弱毒活疫苗一般为 100 头份/瓶，需要时按照 1 头份/mL 的标准用经过灭菌的生理盐水进行稀释处理。对大于 1 个月龄的羊都要接种，每只羊颈部注射 1mL。虽然疫苗的保护期可达 3 年，但在生产实践中通常提倡每年仍接种 1 次 PPR 疫苗，这样可以保证免疫抗体合格率保持在较高水平，达到 90%以上，可对羊群产生较好的免疫保护作用。

六、问题与展望

近年来，小反刍兽疫在全球范围内蔓延，我国部分地区也暴发了 PPR，给我国养羊业造成巨大的经济损失。虽然我国有好的弱毒疫苗上市，但防控形势不容乐观。主要表现在中小规模养殖户疫苗免疫意识不到位，除羊之外的宿主比较多且复杂，我国边境地区野生动物管理不到位，随时有再传入的风险（Agga et al.，2019；Aziz-Ul-Rahman et al.，2018；Prajapati et al.，2021；Rahman et al.，2020）。在今后的 PRR 防控中，应进一步加强宣传培训，评估非羊宿主的传播风险，推动全球范围内消灭小反刍兽疫。

（翟少伦）

第五节 蓝 舌 病

一、概述

拓展阅读 4-5

蓝舌病（bluetongue，BT）是由蓝舌病毒（blue tongue vires，BTV）引起的反刍动物的一种急性、热性传染病。临床表现为高热、体消瘦、口唇充血肿胀及糜烂、鼻腔和胃肠黏膜出血性溃疡、蹄冠病变导致脱落引起跛行等，感染妊娠母畜会导致流产、死产、难产等，对动物的生产性能危害严重。流行范围遍及温带、亚热带及热带的许多国家及地区。世界动物卫生组织将 BT 列为法定报告的动物疫病，我国将其列为二类动物疫病。

关于蓝舌病最早的记录出现在 18 世纪末的南非，当时有一头细毛羊从欧洲被引进到南非。起初，这种病被认为是羊疟疾性卡他热（malarial catarrhal fever）或者流行性恶性卡他热（epizootic malignant catarrhal fever）。1933 年，首次在牛中发现本病。由于其症状同口蹄疫类似，因此当时把它称作伪口蹄疫（pseudo foot and mouth）。现在所用的“蓝舌”名称来源于南非荷兰语“bloutong”，当时南非的农民发现患病严重的动物舌头有发绀现象，于是取名“蓝舌”。一般认为本病分布范围在北纬 40°～南纬 35°，这刚好是传播媒介——某些种的库蠓的分布地域。但在美国和中国，本病的分布范围可以一直扩展至北纬 50°附近。1940 年以前，本病的发生地仅限于南非；1943 年发病地区首次扩展到非洲大陆以外；1948 年，美国得克萨斯州报道了一例蓝舌病；1956～1957 年伊比利亚半岛发生了蓝舌病较大规模的流行；不久，在中东、亚洲及南欧地区也陆续发现了蓝舌病；澳大利亚最早于 1977 年发现有蓝舌病；南美地区于 20 世纪 80 年代起陆续有蓝舌病病例的报道；此外，本病还存在于中美洲，墨西哥、巴布亚新几内亚、泰国、中国、日本等。

我国于 1979 年 5 月由张念祖教授等在云南省师宗县首次发现类似蓝舌病的疫病流行，随后湖北、安徽、四川、山西也相继报道本病。这 5 个地区的个别绵羊饲养场发现临床病例，其地理位置为北纬 35°～37°及以南的局部孤立地区，特别是山西省两个地区绵羊、山羊蓝舌病的暴发与流行，将本病发病范围首次突破了长江防线，进入黄河以北的华北地区。同时，广东、广西、内蒙古、河北、江苏、天津、新疆、甘肃、辽宁、吉林等省（自治区、直辖市）均呈蓝舌病血清学阳性。至此，本病分布于全球大多数热带地区，并散发于亚热带、温带地区，成为名副其实的世界性危害的虫媒传染病。

二、病原学

（一）病原与分类

蓝舌病毒属于呼肠孤病毒科（*Reoviridae*）环状病毒属（*Orbivirus*）。其形态同其他环状病毒属的病毒诸如流行性出血热病毒（epizootic hemorrhagic disease virus）、非洲马瘟病毒（African horse sickness virus）等相似。病毒粒子无囊膜，直径约 90nm，有三层的二十面体衣壳蛋白。迄今已得到确认的血清型共有 24 种，分别命名为 BTV-1～BTV-24。另外，在瑞士和科威特的 BTV-25 和 BTV-26 尚存在争议。

（二）基因组结构与编码蛋白

BTV 基因组为分节段的双股 RNA，共有 10 个节段，包括 3 个大片段（L1～L3）、3 个中片段（M4～M6）和 4 个小片段（S7～S10），核酸 SDS-PAGE 电泳可形成 3-3-3-1 带形。基因组分别编码 7 种结构多肽（VP1～VP7）和 4 种非结构多肽（NS1、NS2、NS3a、NS3b）。BTV 颗粒由介导细胞附着和进入的 VP2 和 VP5 蛋白形成的外衣壳和由 VP7 和 VP3 蛋白形成的内衣壳（核心）组成，后者包裹着遗传物质及 RNA 聚合酶 VP1，即 RNA 加帽酶和甲基转移酶 VP4，以及 RNA 解旋酶 VP6（Roy，2005，2017）。本病毒还编码至少 4 种称为 NS1～NS4 的非结构蛋白。NS1 在细胞质中形成管状结构并通过一种机制促进病毒蛋白表达，该机制涉及从 NS1 管状形式转变为活性非管状形式（Boyce et al.，2012；Kerviel et al.，2019）。

NS2是一种RNA结合蛋白，它是病毒包涵体（VIB）的主要成分，在内核形成中起关键作用（Kar et al.，2007）。NS3及由框内交替ORF编码的较短同种型NS3a参与病毒粒子排出（Han and Harty，2004；Wirblich et al.，2006；Celma and Roy，2009；Labadie et al.，2019），NS3也被确定为IFN反应的拮抗剂（Chauveau et al.，2013；Avia et al.，2019）。

（三）病原分子流行病学

1999年之前，美国的BTV血清型有2、19、11、13、17型。1999年以后1、3、5、6、9、12、14、19、22和24型陆续被分离到。在澳大利亚，2007年和2008年分别分离到了BTV-2和BTV-7。以色列的情况与此类似，除了以往有记录的2、4、6、10和16血清型的BTV外，2006年后陆续分离到了BTV-8、BTV-15和BTV-24。目前，我国共分离出12种血清型的BTV（BTV-1、BTV-2、BTV-3、BTV-4、BTV-5、BTV-7、BTV-9、BTV-12、BTV-15、BTV-16、BTV-21、BTV-24），流行区域包括云南、广西、广东、江苏、湖南与新疆等地。

（四）感染与免疫

通过感染BTV的库蠓叮咬之后，病毒从宿主皮肤表面的树突状细胞传递到了病毒起初复制的部位-淋巴结。接着，病毒通过血液循环传播，引起早期病毒血症。病毒在血管内皮细胞、巨噬细胞及淋巴细胞内复制。早期病毒血症开始时，病毒存在于血液任何组成成分中，后来主要存在于红细胞中。病毒内嵌在红细胞膜中，这也使得在中和抗体存在的情况下仍然可以使病毒血症的时间延长。感染初期可以在血浆中检测到较低滴度病毒的存在。感染BTV后可以引起细胞坏死及凋亡，通过活化p38MAP激酶，病毒可以增加血管的通透性。此外，病毒能够引起TNF-α、IL-1、IL-8、IL-6、IFN-α和COX-2的产生，提高前列环素和血栓素的血药浓度，这往往可以导致过度的炎症反应产生，从而导致患病动物的细胞组织损伤。蓝舌病发病机制总的特征为靶组织的小血管损伤导致血管闭塞及组织梗死。血小板、树突状细胞及BTV感染的内皮细胞可以增加对血管内皮细胞的损害，干扰其功能及增加血管通透性，这也可以导致水肿的形成。

受感染动物的病毒血症往往会有一个较长的过程，但并不是持久存在的，其持续时间与病毒侵入的红细胞寿命有关。不同种类动物的病毒血症持续时间也有所不同，绵羊在14～54d，山羊为19～55d，牛的持续时间可达60d以上，甚至100d，这也使牛成为流行病学上的一个重要宿主。感染动物与BTV的作用表现为产生干扰素，体液及细胞介导的免疫应答。针对VP2蛋白的血清型特异性的中和抗体对于同源毒株再次感染具有保护作用。VP5蛋白也能在一定程度上诱导中和抗体的产生。感染病毒的反刍动物的血清中也包含有由VP7蛋白诱导的血清型特异性抗体及针对其他结构和非结构蛋白的抗体。对于BTV感染引起的细胞介导的免疫反应可以在早期感染时减少病毒的传播，但并不能完全消除病毒。$CD8^+$ T淋巴细胞在感染细胞产生细胞毒性作用时起着最为重要的作用。

三、诊断要点

（一）流行病学诊断

牛、山羊和其他反刍动物隐性带毒，是本病的重要传染源之一。只能经过库蠓和伊蚊叮咬传播。病畜与健畜直接接触不传染，但是胎儿在母畜子宫内可被直接感染。病毒主要存在于动物的红细胞内，并能从精液排毒。

蓝舌病可感染多种反刍动物，只有绵羊表现出特殊症状，所有品种的绵羊都对 BTV 易感，但不同品种和个体感染后有完全不同的临诊表现，美利奴和欧洲肉羊等高度易感品种多发生死亡，非洲土种绵羊等有一定的抵抗力，一般只出现轻度的体温升高。

动物的死亡率与许多因素有关，一般为2%～30%，如果发生在阴冷、湿润的深秋季节，死亡率要高得多。本病有严格的季节性。其发生和分布与库蠓的分布、习性和生活史有密切关系。一般发生于 5～10 月，多发生于湿热的夏季和秋季，特别是池塘、河流较多的低洼地区。

（二）临床诊断

羊的典型病例表现体温升高至 40.5～41.4℃，大量流涎，呕吐、下痢、胃肠道黏膜卡他性炎症，口腔黏膜发绀充血，有的呈蓝紫色糜烂，蓝舌病即由此得名。母畜妊娠期感染蓝舌病毒，胎儿会发生脑积水或先天畸形。

人工感染蓝舌病的潜伏期平均 4～7d，表现体温升高，在第 8 天达到高峰，超过 41℃甚或 42℃，发热持续期平均为 6d，大多病例在体温升高期出现症状。体温升高 1～2d 后，症状开始出现：口、鼻、嘴唇和口腔黏膜充血，嘴唇、面部、眼睑、耳水肿，水肿可延伸到颈部和腋下。口、鼻和口腔黏膜有出血点或浅表性糜烂，有的动物颈部和舌面出现糜烂。舌头充血、点状出血、肿大，严重的病例舌头发绀表现出蓝舌病的特征症状。

牛比绵羊更容易感染蓝舌病毒，但通常无明显的临床症状，即使有也比绵羊的轻得多。牛的症状通常被认为是 IgE 抗体介导的超敏反应，表现为体温升高到 40～41℃，肢体僵直或跛行，呼吸加快，流泪、唾液增多，嘴唇和舌肿胀，口腔黏膜溃疡。白尾鹿感染的症状与鹿的流行性出血热病相似，遍及全身的广泛出血，头和颈部出现不同程度的肿胀，鼻腔有大量血量性分泌和出血性腹泻，死亡率高。

（三）病理诊断

剖检可见头部皮下组织充满凝胶状液体，肺动脉及主动脉充血，口腔黏膜有瘀点和瘀斑；唇内侧、牙床、舌侧、舌尖、舌面表皮脱落；瘤胃以网胃有暗红色区。脾、淋巴结、扁桃体肿大，被膜下有出血点，外观苍白，偶尔会有瘀斑。舌根、心包囊、肾、肠道及皮下组织有瘀斑。骨骼肌和心肌严重变性和坏死，肌间有清亮液体浸润，呈胶样外观。此外，还有上呼吸道炎症、肺水肿、胸膜炎、心包炎、肠炎等病变。组织学观察可见毛细血管内皮肥大，血管周围水肿，骨骼肌及心肌浸润有巨噬细胞、淋巴细胞，血管阻塞导致上皮组织缺氧，细胞脱落。急性病例中，心肌和骨骼肌出血、坏死。慢性病例中，单核细胞浸润及纤维化。

四、实验室诊断技术

（一）病料采集与保存

根据流行病学、临床症状和病变可做出初步诊断，确诊须依靠病毒分离和血清学试验。本病毒对热不稳定，60℃ 30min 即失活，继续升温处理则会瞬间灭活。用于实验室诊断的样品有抗凝的血液、血清及脾脏淋巴结、肺、肝和骨髓等组织样品，必要时也可采集动物心肌及骨骼肌样品，若采集脑组织最好采集胎儿的。血清样品在运输过程中最好在－20℃以下保存，组织器官样品保存温度为0℃。全血样品可在4℃保存较长的时间，用于分离病毒的血细胞应该使用10%二甲基亚砜在－70℃保存。

（二）病原学诊断

1. 病原分离　用于病毒分离所用的方法有3种：①接种易感动物绵羊；②接种鸡胚；③接种敏感细胞（BHK21、Vero、CPAE等）。第一种方法虽有高度的敏感性，但由于需要较好的隔离条件和较高的试验成本，不宜进行大群检测。第二种方法包括静脉接种法或卵黄囊接种法，静脉接种法与接种易感动物同样敏感，比卵黄囊接种敏感性高100倍，所以是首选的分离病毒方法，其特点是实验周期较长。第三种方法比较简便，缺乏敏感性，所以不单独用于检疫工作。鸡胚接种和细胞培养相结合是分离BTV最敏感的方法，由于感染动物血液中BTV主要更紧密地与红细胞结合在一起，而较少存在于其他成分中，在流行病学研究和进出口检疫中，通常采用BTV感染动物的肝素抗凝全血，经洗涤后，红细胞经生理盐水悬浮、超声波裂解后，用作BTV分离用样品，静脉接种培养10～12日龄的鸡胚，先适应C6/36细胞后，再进行BHK细胞传代培养。由云南省热带亚热带动物病毒病重点实验室（YTSAVDL）制定的我国现行BTV分离鉴定的方法基本程序为:病料的采集—接种材料的准备—鸡胚静脉接种—适应C6/36细胞—BHK细胞盲传2～3代—鉴定、定型。

2. 病原鉴定　方法主要有两种：一是用病毒接种易感动物，然后进行抗体分析；二是用荧光抗体技术，检疫工作中只使用后一种方法。动物感染BTV后，一般会在第7～10天产生群特异性和型特异性抗体，因此可通过抗体检测来证明动物是否感染过BTV。

（三）血清学诊断

群特异抗体检测方法有改良补体结合试验（MCFT）、间接酶联免疫吸附试验（I-ELISA）、琼脂凝胶免疫扩散试验（AGIDT）及竞争或阻断酶联免疫吸附试验（C-ELISA或B-ELISA）等。MCFT因操作复杂、重复性差，基本不再使用。I-ELISA因敏感性不高和有非特异性等问题而未被广泛应用。AGIDT操作简便、敏感性高、成本低，是最早得到广泛推广应用的一种抗体检测方法，也是迄今WOAH推荐的方法之一，其缺点是与相关病毒如EHD病毒群、Palyam病毒群等有交叉反应。C-ELISA是最敏感的BTV抗体检测技术，它能将蓝舌病与相关的疾病区别，是WOAH推荐的方法之一，其缺点是试剂不易获得，因试验中需要所有可疑BTV血清型的抗体。

型特异性抗体检测技术有血清中和试验、蚀斑减数试验等，由于蓝舌病血清型多，所以它们很难在检疫工作中应用，只用于血清型的鉴定。

我国蓝舌病诊断监测技术研究与WOAH标准接轨，建立了琼脂免疫扩散、间接ELISA、竞争性ELISA、微量中和试验等抗体监测诊断体系，以及免疫荧光、免疫酶染色、抗原捕捉ELISA、病毒分离及核酸电泳、RT-PCR等病原或病毒核酸诊断、监测技术体系。

五、防控措施

（一）综合防控措施

1. 平时的预防措施　加强海关检疫和运输检疫，无本病发生的地区严禁从有疫情的国家和地区购进牛羊或冻精，特别是库蠓活动季节。避免畜群在媒介昆虫活跃的时间内放牧。夏季应选择高地放牧，夜间不在野外低洼地区过夜。加强冷冻精液的管理，严禁用带毒精液进行人工授精。疫苗免疫接种预防是蓝舌病防控较为有效的方法，接种时间应选择在每年的蚊虫活动之前。由于蓝舌病毒有24个血清型，型与型之间无交叉免疫保护，免疫接种时应选择当地流行的血清型疫苗，才能获得满意的免疫效果。库蠓是蓝舌病的主要传播媒介，随着全球气候变暖，库蠓活动季节延长，活动范围扩大，在自然界中彻底消除库蠓可能性不大，但可以尽量降低库蠓的数量。加强防虫、杀虫措施，防止媒介昆虫对易感动物的侵袭，在库蠓活动频繁的季节里，喷洒灭蚊（蠓）药品或是雾熏，控制和消灭媒介昆虫。此外，通过改进蓄水和排水能力，诱捕虫灯诱杀都能有效降低库蠓的种群数量。

2．发病时的扑灭措施　一旦有本病传入时，应按《中华人民共和国动物防疫法》规定，采取紧急、强制性的控制和扑灭措施，扑杀所有感染动物。禁止从疫区引进易感动物。发生本病的地区，应扑杀病畜清除疫源，消灭昆虫媒介，必要时疫区及受威胁区的动物进行紧急预防接种。用于预防的疫苗有弱毒活疫苗和灭活疫苗等。

由于本病目前尚无有效治疗方法。发病初期对病羊应加强营养，精心护理，对症治疗。口腔用清水、食醋或0.1%的高锰酸钾液冲洗；再用1%～3%硫酸铜、1%～2%明矾或碘甘油，涂糜烂面；或用冰硼散外用治疗。蹄部患病时可先用3%来苏尔洗涤，再用木焦油凡士林（1：1）、碘甘油或土霉素软膏涂拭，以绷带包扎。

羊感染上后很容易死亡，但不会传染给人。人也不会因食用带有这种病毒的羊肉或羊奶而使健康受到威胁。

（二）疫苗与免疫

有效的疫苗不仅可用来阻止传染疾病发生，也被用来制备抗传染动物屏障群和降低易感动物的数量群。蓝舌病毒抵抗力较强，具有多个血清型，且各型之间交叉免疫性差，故只有制成多价疫苗，才能获得可靠的保护作用。理想的BTV疫苗应该能阻止本地区所有血清型的BTV，而对接种动物和胎儿没有致病作用、不会发生毒力回升、不与野毒株重组、性能稳定、价格低廉。用于BTV的预防有很多类型的疫苗，包括弱毒苗、灭活疫苗、重组疫苗和重组病毒样颗粒（VLP）。

1．弱毒苗　弱毒苗是将分离自牛、羊的野毒株通过体外组织细胞或鸡胚连续传代后获得，弱毒苗虽在某些情况下也有交叉反应，但弱毒苗、灭活苗和重组疫苗基本都有血清型特异性，而且只有弱毒苗被商业化在几个国家被有效使用。

在南非，弱毒苗已被使用近半个世纪，并产生了有效和持久的免疫效果，南非BTV疫苗株通过细胞传50代，传代后经噬斑纯化、克隆和筛选，注射后仅引起绵羊轻微的发热反应，毒血症期血中含量不超过10^3PFU/mL，能诱导中和抗体的毒株用于疫苗生产；目前，南非还有3种五价弱毒苗被用来接种羊，3种苗包含有BTV的15个不同血清型，每间隔2～3周接种一种苗；羊群通过3次免疫后，大多数羊对这15个血清型就有了免疫力，研究还发现，这3种疫苗单独接种比同时接种（疫苗中同时含有14个血清型的混合物）免疫效果好，这可能是被称为抗原竞争的免疫现象的结果。在美国使用的是牛肾细胞传代的BTV-10弱毒苗；后备苗是BTV-10、BTV-11、BTV-13和BTV-17细胞苗。澳大利亚利用8个血清型BTV通过BHK21传代22代，制备初级疫苗种子，可用于紧急制备疫苗。我国云南、四川使用的是BTV-1、BTV-16型双价鸡胚弱毒疫苗，保护率大于80%，免疫期一年以上。

弱毒苗通过来自牛或羊的野毒在鸡胚或细胞中传代，然后在适合的组织培养系统中生产。目前还没有BTV各个血清型需驯化多少代的准确研究报道，一般来说，病毒在细胞或鸡胚中传代20～100代便被致弱。BTV的毒力及氨基酸序列和基因组序列之间的变异差异关系还不清楚，病毒蛋白和基因组变异在致弱方面的作用效果也不清楚，一个研究显示BTV的致弱与编码VP2及VP5蛋白的L2和M5基因片段变异有关。Gould（1990）研究澳大利亚BTV-1型在细胞中传代20代导致病毒致弱，同时其VP2的氨基酸序列也发生了变化，然而在个别的试验中，BTV-1毒力株在组织培养中传代致弱后，其VP2蛋白基因的核苷酸序列并未发生变异。在有效疫苗被构建以前，进一步了解清楚致弱毒BTV毒株的毒力与BTV核苷酸序列及氨基酸序列变异的关系是很必要的。

弱毒疫苗在控制地方流行性BT暴发方面很有效，而且仅需单个剂量。但BTV弱毒苗具有致畸作用，注射后及病毒血症期间有通过公羊和公牛精液排毒的可能，库蠓能像传播野毒一样将具有致畸作用的弱毒从免疫动物传播给未注苗动物，弱毒株可能与野毒株重组产生新的基因型毒株而改变其生物学特性。这些都是弱毒株与灭活疫苗株相比的不足之处。

2．灭活疫苗 由于弱毒苗的一些缺点，20世纪七八十年代对灭活疫苗进行了大量研究，采用的化学灭活方法有二乙烯亚胺（BEI）、β-丙内酯（BPL）、二氧化氯，物理灭活方法如β射线等。但是这些灭活苗效果都不好，均未进行商业化生产。

Parker（1975）证明用细胞培养的BTV毒株，经BPL灭活和用双重油乳剂佐剂乳化后免疫Cypriot羊后能产生高水平的中和抗体，并维持至少半年。在再次接种后，也观察到了第二次免疫应答，双价疫苗也能诱导对所用两个血清型的应答，但攻毒试验并不能抵抗强毒的攻击。Stott（1979）用BEI灭活的BTV培养细胞苗加弗氏不完全佐剂（FIA）和二乙氨葡聚糖后免疫羊，结果显示用FIA制备的单价苗免疫羊能产生很好的细胞免疫应答，虽没有可检出的中和抗体存在，也能免受强毒攻击，在他们的另一项研究中，显示用FIA制备的单价苗免疫能使羊产生群特异性非中和抗体。Stott（1985）研究证明不同品种羊对灭活BTV苗应答有品种差异，Warhill羊比Suffolk杂交羊免疫后用强毒攻击有较好的保护效果。这种差异也被Berry（1982）所证明。Mahrt（1986）用二氧化氯灭活BTV-17细胞苗，免疫羊后，能检测到沉淀型特异性抗体，但测不到型特异性中和抗体，也测不到对BTV的细胞免疫应答（淋巴细胞转化）。Campbell（1985）用小鼠脑传代及浓缩细胞传代的BTV-17，经β射线灭活和FIA乳化后免疫羊和小鼠，可在羊及小鼠产生中和抗体，在小鼠中产生细胞免疫应答，在羊产生保护性免疫，但未进一步做攻毒试验。

我国研制的BTV-1、BTV-16型灭活疫苗，免疫后205d，保护率达75%以上，这为我国建立以免疫监测为主的综合防制技术打下坚实的基础。

3．重组疫苗 随着分子生物学及免疫学的发展，几种重组技术已被用于BTV疫苗的研究，不过这些重组疫苗在BTV的传染防御上总的来说还是无效的，因此目前仍未用大量生产。

杆状病毒重组表达疫苗：杆状病毒表达系统利用的是苜蓿银纹夜蛾核型多角体病毒（*Autographa californica* nuclear polyhedrosis virus，AcNPV）中的多角基因启动子，用外源基因替代多角基因表达外源蛋白，基于AcNPV的载体能插入几个外源基因，在草地贪夜蛾（*Spodoptera frugiperda*，*Sf*）昆虫细胞中同时表达几种外源蛋白，利用这些载体，含有BTV的10个基因不同片段的载体已被构建，并进行了单、双、三或四片段融合表达，然而只是对这些表达蛋白用作 BTV 疫苗的结构特性和功能属性进行了一些研究，尚未进行实际应用。Johnson 等（1995）用杆状病毒表达 BTV 蛋白作为疫苗，在美利奴绵羊上进行试验，表明衣壳蛋白 VP2 和 VP5 单独或联合应用均不产生中和抗体，几乎无保护作用。在合适条件下，BTV-2 型的 VP2 和 VP5 及核心蛋白 VP3 和 VP7 一起表达，形成的病毒样颗粒（VLP）能产生有效的中和抗体，具有同型保护作用，但对异型的 BTV-23 攻击没有保护作用。仅含有 VP3 和 VP7 的核心样颗粒（CLP'S）能产生高滴度的群特异性抗体，但没有中和抗体，用 CLP'S 免疫的绵羊，在用 BTV-16 和 BTV-23 攻击时，不表现临床症状和死亡，表明存在一定交叉保护作用。

重组痘苗病毒疫苗：Lobato（1997）用重组痘苗病毒单独或融合表达澳大利亚 BTV-1 的衣壳蛋白 VP2 和 VP5，并用于免疫羊，在第二次免疫后 15d，用 0.8mL 滴度为 10^6 半数鸡胚胎感染剂量（median chicken embryo infections dose，$CEID_{50}$）/mL 的 BTV-1 感染羊血攻毒，在 VP2、VP5 或 VP2＋VP5 免疫羊均得到了保护，VP2＋VP5 免疫保护效果较稳定。Zelia（1997）用重组痘苗病毒单独表达或融合表达外膜蛋白 VP2 或 VP5，或者与核心蛋白 VP7 三重组体表达，接种羊和兔观察比较其免疫效果，结果每种重组疫苗都能刺激羊和兔产生抗 BTV 抗体应答，只是在应答水平上有差异，VP2 免疫性差，尤其是在兔，VP5 在羊和兔都能刺激产生高滴度的 ELISA 抗体和抗 BTV 中和抗体。用羊测定其保护性效果，重组苗表达的 VP2、VP5 和 VP2＋VP5 都具有保护性，其中 VP2＋VP5 保护效果最好。

重组山羊痘病毒：Evans（1996）构建了含有南非 BTV1 S7 片段 cDNA 的重组山羊痘病毒(CPV)，在感染的羔羊睾丸细胞中表达 VP7 蛋白，免疫羊 21d 后，可检测到对 VP7 的 ELISA 抗体，但没有对 BTV 血清型的同源或异源抗体，第二次免疫后两周用南非 BTV-3 攻毒，所有羊均发病，体温上升到 41℃，免疫 8 只羊的 6 只发病后恢复健康，而对照组攻毒后全部死亡，这是用包含有 BTV 核芯蛋白基因重组病毒疫苗用于免疫羊后，用异源血清型 BTV 攻毒获得交叉保护的首次报道。这说明 VP7 在免疫保护中起着重要作用。

4．重组病毒样颗粒（VLP）或核心样颗粒（CLP）疫苗 VLP 是通过基因工程技术生产，是由一个或多个病毒结构蛋白组装而成的空心病毒样颗粒，缺乏遗传物质，无致病性，可用于绵羊保护性免疫。VLP 包括外衣壳 BTV 蛋白 VP2 和 VP5，以及核心蛋白 VP3 和 VP7。在感染重组杆状病毒表达的 BTV 蛋白昆虫细胞中，重组蛋白结合形成形状、大小类似于病毒的颗粒。VLP 不含病毒遗传物质，它既不能在绵羊体内复制，也不能通过昆虫传播给未免疫的动物。VLP 表面的构象类似于感染性病毒。VP2 携带有特异血清型决定基，能激发绵羊产生保护性抗体。同样在 VP2 上发现有辅助 T 细胞决定簇，虽然也能有部分异源保护，但 VLP 免疫一般是血清型特异的。VLP 疫苗是一个具有前景的选择，但要求的技术新而复杂，发展商业应用 VLP 目前困难较大。单独使用昆虫细胞粗裂解物 VP2 已成功应用于免疫羊，虽比以 VLP 形式应用时用量稍多，但在商业应用上生产杆状病毒表达的重组 VP2 蛋白将比 VLP 容易得多。

CLP 仅含有 VP3 和 VP7 蛋白能诱导绵羊的免疫应答，产生部分同源和异源保护，保护期尚不清楚，但第二次免疫后不超过 11 周，含 VP2 的 CLP 疫苗免疫产生部分保护是由细胞介导免疫引起的，VP3 和 VP7 含有部分绵羊识别的细胞毒性 T 细胞抗原决定簇。虽然 CLP 诱导的免疫是组成非血清特异免疫的主要因素，但仍需大量试验来证实，以便了解免疫持续时间及同源保护的范围。

除上述疫苗外，还有 DNA 疫苗、亚单位疫苗、血清型改良活疫苗、复制及非复制疫苗等；低效递送使得DNA疫苗的可靠性和有效性降低，使用有限。

六、问题与展望

针对BTV的疫苗免疫，灭活疫苗和弱毒疫苗成为各国预防蓝舌病的商品化疫苗。然而，灭活疫苗的免疫效应很差，只能诱导产生很短暂的免疫中和效应，通常它的免疫效应一般只有几个月，只能不断通过多次注射来进行弥补；而最近几年重组疫苗成为蓝舌病疫苗的热门研究点，从痘病毒到疱疹病毒上看，成果显著，但相对于目前的实际应用上还有待发展。

BTV血清型众多，目前已发现至少24个血清型，动物感染BTV不同血清型后缺乏交叉免疫保护，只有制成多价疫苗才能预防本病，给疫病的防控带来了极大挑战。对于多种BTV血清型交叉保护的重组疫苗在BT疫苗预防种具有巨大潜力。

目前BTV血清型鉴定方法主要包括血清学检测方法及基于BTV *Seg-2*基因的核酸检测方法。其中，血清中和试验（serum neutralization test，SNT）和病毒中和试验（virus neutralization test，VNT）是BTV血清型鉴定的经典方法。然而，SNT及VNT在实际应用过程中仍存在诸多不足。

（柴　俊，张以芳）

第六节　牛结节性皮肤病

一、概述

拓展阅读4-6

牛结节性皮肤病（lumpy skin disease，LSD）又称为牛结节性皮炎，习惯上称为牛疙瘩皮肤病，是由牛结节性皮肤病病毒（lumpy skin disease virus，LSDV）引起牛和水牛的一种传染性、暴发性、偶尔致命的疾病。病牛发热、消瘦，淋巴结肿大，以局部皮肤、黏膜、器官表面形成广泛性结节或溃疡为主要特征。继发感染可促使病情恶化，严重时导致病牛死亡。本病在奶牛泌乳高峰期发病最为严重，并因病毒感染和继发的细菌性乳腺炎造成奶牛产乳量下降。公牛暂时或永久性不育。肉牛因感染动物的恶病质和持续几个月的恢复期可造成生长率降低。深层的皮肤损伤形成的疤痕使动物皮毛的价值降低。因全球贸易对活动物和动物产品的限制、本病高代价的控制和根除措施及限制动物流动的间接费用，都对经济发展造成巨大的损失。世界动物卫生组织将本病纳入通报性疾病，《中华人民共和国进境动物检疫疫病名录》将其列为一类传染病，澳大利亚、加拿大、美国、欧盟均将本病列为通报性疾病。

本病于1929年在赞比亚首次发生。1943年传播至博茨瓦纳，后传入南非，曾引起800余万牛只发病，造成了重大的经济损失。1977年毛里塔尼亚、加纳、利比里亚均有本病发生流行的报道。1981～1986年，坦桑尼亚、肯尼亚、津巴布韦、索马里、喀麦隆等地均发生本病。1989年在以色列暴发流行。2010年以来，确认在此期间曾发生或正在发生本病的国家多达43个，分布于非、亚、欧三大洲，其中非洲疫情尤为严重。2016年以来，俄罗斯、保加利亚、哈萨克斯坦和土耳其等国家均有疫情报告。我国于1987年在河南省发现有本病存在，

1989 年正式报道分离出病毒。2019 年，又在新疆伊犁州发生牛结节性皮肤病疫情。

二、病原学

（一）病原与分类

LSDV 为双股 DNA 病毒，分类上属于痘病毒科（*Poxviridae*）山羊痘病毒属（*Capripoxvirus*）。LSDV 只有 1 个血清型，代表毒株是南非分离的 Naethling 株。LSDV 与绵羊痘病毒（sheep pox virus，SPV）和山羊痘病毒（goat pox virus，GPV）具有血清学交叉反应。病毒的形态与痘苗病毒相似，大小约 350nm×300nm；负染观察，病毒表面构造不规则，是由复杂交织的网带状结构组成。

牛结节性皮肤病病毒可在鸡胚绒毛尿囊膜上增殖，并引起痘斑，一般不致死鸡胚。接种 5 日龄的鸡胚，于 6d 后收毒，能获得较高的病毒量。对鸡胚细胞培养物的感染滴度可达 10^4。若在 33.5℃培养，则不产生痘斑，但毒价不降低。病毒可在犊牛、羔羊肾、睾丸、肾上腺和甲状腺等细胞中增殖；也可在 AVK58、BEK 及 BHK-21 细胞系培养物中增殖，在接种后 10d 左右产生细胞病变。提高生长液中的乳白蛋白水解物含量至 2%，可使病变提前到接种后 3d 出现。感染细胞出现胞质内包涵体，用免疫荧光抗体技术检测，可在包涵体内发现病毒抗原。

本病毒在 pH 6.6～8.6 可长期存活，在 4℃甘油盐水或细胞培养液中可存活 4～6 个月，在干燥的痂皮中可存活 1 个月以上，－80℃下保存在病变皮肤结节或组织培养液中的病毒可存活 10 年。病毒对氯仿和乙醚敏感，十二烷基硅酸钠溶液能很快将其灭活，甲醛等消毒剂可杀灭本病毒。

（二）基因组结构与编码蛋白

2001 年完成 LSDV 全基因组测序，基因组全长约 151kb，推测有 156 个开放阅读框（ORF），基因编码效率高。LSDV 基因组是由 145～152kb 核苷酸组成的一个连续序列，基因组中没有发卡环结构。LSDV 基因组包含一个核心编码区，两端有两个相同的反向末端重复序列区，大小约为 2418bp。

LSDV 有 156 个开放阅读框，编码蛋白质的大小为 53～2025 个氨基酸。与其他痘病毒相似，LSDV 中有 41 个假定的早期基因，多数是基因家族或宿主范围的成员；有 46 个与病毒粒子有关的痘病毒保守基因，其中有痘苗病毒（vaccinia virus，VV）晚期启动子序列 TAAATG。LSDV 含有大多数保守的痘病毒基因，包括与复制有关的基因和指导转录后病毒 mRNA 加工酶的基因。在 LSDV 中有 7 个与脊椎动物痘病毒必需基因和 DNA 复制基因同源的基因，包括 *LSDV039*、*LSDV077*、*LSDV082*、*LSDV083*、*LSDV112*、*LSDV133* 和 *LSDV139*。LSDV 与兔痘病毒一样，缺乏一个核糖核苷酸还原酶大亚单位。LSDV 编码 6 个与其他痘病毒蛋白同源的蛋白质，包括已知与病毒毒力、病毒在特异细胞类型中生长及细胞凋亡反应有关的蛋白质。LSDV 也编码 5 个含有锚蛋白重复序列模体的蛋白质，其中 *LSDV145* 和 *LSDV147* 根据基因组位置、氨基酸相似性、系统发生树分析，发现有可能与兔痘病毒和羊痘病毒中编码相关蛋白的基因同源。痘病毒锚蛋白重复基因在牛痘病毒、痘苗病毒与宿主功能有关系，也可能阻止病毒介导的细胞凋亡。锚蛋白重复基因的特异补体对痘病毒宿主范围有作用，这同样有可能适用于LSDV。

（三）病原分子流行病学

SPV、GPV和LSDV三者之间关系紧密，同源性高。三者的基因组都包含有一个保守的、编码脊椎动物痘病毒复制的基因，一个编码致病力的基因和一个编码选择宿主范围的基因。为了确定山羊痘病毒属毒株的亲缘关系，Stram等（2017）将分离的各株LSDV、GPV、SPV病毒基因组的774～1237位片段进行同源分析，系统进化树表明LDSV、GPV和SPV各为单独的一支，且LSDV与山羊痘病毒的关系更为密切，而不是以往认为的绵羊痘病毒。

（四）感染与免疫

病毒主要通过吸血昆虫叮咬传播，节肢动物媒介主要有蚊、蝇、蠓、虻、蜱等。Haegeman等（2019）证实了厩螯蝇和马蝇具有传播作用，家蝇也可能在病毒传播中起重要作用；易感动物也可通过接触污染的饲料、饮水和用具及共用针头等导致感染；也有报道称病毒可通过母牛的乳汁、损伤的乳房和乳头传播。感染公牛的精液带毒，可通过自然交配或人工授精传播。早期试验研究和临床研究证据表明，LSDV似乎并不通过病牛和健康牛的直接接触而产生有效的传播，有人将发病牛和健康牛混养，直接接触传播的现象并不明显。但山羊痘病毒属的另外两个成员山羊痘病毒和绵羊痘病毒的主要传播方式却是直接接触。近期的观点认为，LSDV的直接接触传播可能只是引起一些比较轻微的亚临床症状，还需要有足够数量的试验动物和更敏感的检测方法进一步验证。

动物感染本病后，病毒主要存在于皮肤、皮肤损伤病灶及皮肤结痂内。在这些部位，感染后35d能分离到病毒；3个月内能够通过PCR检测到病毒核酸。病毒还存在于唾液、眼鼻分泌物、奶和精液中。若结节出现在眼、鼻、口腔、直肠等黏膜组织及乳房和生殖器上，结节溃烂时的分泌物中也含有病毒。精液排毒期较长，有些公牛在感染后5个月仍能在其精液中检出病毒DNA。

耐过本病的牛具有较高滴度的中和抗体，并可持续数年。LSDV与SPV、GPV存在抗原同源性。因此，所有山羊痘病毒属的毒株，无论源于牛、绵羊还是山羊，均具有交叉免疫力。新生犊牛可通过吸吮耐过牛的初乳而获得一定时间的保护力。

三、诊断要点

（一）流行病学诊断

本病的自然宿主主要是牛，且不分年龄和性别，都对本病易感。水牛、绵羊、山羊、家兔、长颈鹿和黑羚羊等也可感染。患病牛是主要传染源，病畜皮肤结节、唾液、乳汁、血液、肌肉、淋巴结、内脏、鼻腔分泌物及精液内都有病毒存在。Annandale等（2014）研究表明，病毒存在于公牛睾丸和附睾中，致使精液中长期带毒。病牛恢复后可带毒3周以上。在LSDV的传播中，蚊子等吸血昆虫起着重要作用。库蚊属、伊蚊属和厩螯蝇等都可成为传播媒介。哺乳犊牛可通过牛奶或吸吮而感染；污染的针头可引起医源性传播；自然交配或人工授精也可引发传播，也可通过胎盘垂直传播。感染动物或动物产品的随意调运等可导致远距离传播。本病也可通过污染的饮水、饲料而传播。常发生在蚊虫肆虐的夏季，但冬季也可发生。流行本病的地区发病率差异较大，即使在同一疫区的不同农场中发病率也不一样，通常为

2%～20%，个别地区达 80%以上；死亡率通常为 10%～20%，有时达 40%～75%。在同一条件下的牛群，有隐性感染到死亡的临床表现差异，这可能与动物免疫情况和传播媒介的状况有关。

（二）临床诊断

本病临床表现从隐性感染到发病死亡不一，死亡率变化也较大。病牛初期发热达 41℃，呈稽留热型，持续 1 周左右，出现鼻内膜炎、结膜炎、角膜炎等。4～12d 后体表皮肤出现硬实、圆形隆起、直径 2～5cm 或更大的结节，触摸有痛感，尤其是头部、颈部、胸部、会阴、乳房和四肢。皮肤结节位于表皮和真皮，大小不等，可聚集成不规则的肿块；2 周后发生浆液性坏死、结痂，结节性病变常因摩擦而痂皮脱落，形成空洞。硬固的皮肤病变可能持续存在几个月甚至几年。

病牛体表淋巴结肿大，以肩前、腹股沟外、股前、后肢和耳下淋巴结最为突出；胸下部、乳房、阴部常出现水肿，四肢部肿大明显。眼结膜、口腔黏膜、鼻黏膜、气管黏膜发生溃疡，出现流泪、流涎和流鼻汁等症状，分泌物中往往含有病毒。此外，肺、皱胃及直肠黏膜、乳房、外生殖器等处发生溃疡。个别病例，可出现原发性和继发性肺炎。由于淋巴液的聚集和渗出，可引起皮炎、肌炎及淋巴炎，并通过感染淋巴结使淋巴液回流受阻，引起一肢或多肢及前腹壁肿胀，患牛四肢因患滑膜炎、腱鞘炎而跛行。乳牛产奶量急剧下降，约 1/4 的乳牛失去泌乳能力。患病母牛流产，并发子宫内膜炎，流产胎儿皮肤也可出现结节性病变。公牛病后 4～6 周不育，若发生睾丸炎则可出现永久性不育。

（三）病理诊断

剖检病变主要表现在消化道、呼吸道和泌尿生殖道等处黏膜，尤以口、鼻、咽、气管、支气管、肺部、皱胃、包皮、阴道、子宫壁等处的病变明显。结节处的皮肤、皮下组织及邻近的肌肉组织充血、出血、水肿、坏死及血管内膜炎。结节一般为易被触摸的灰白微黄、坚硬球体病灶，直径为 1～2cm。随后几天皮肤表面的小瘤状结节发黑坏死，中间无凹陷，最后坏死组织脱落。有时可伴有脓肿、脓性渗出物和特殊的溃疡，痊愈后会留下大范围的瘢痕组织。淋巴结增生性肿大、充血和出血；口腔、鼻腔黏膜溃疡，溃疡也可见于咽喉、会咽部及呼吸道。肺小叶膨胀，舒张不全，重症者因纵膈淋巴结感染而引起胸膜炎。滑膜炎、腱鞘炎患牛，可见关节液内有纤维蛋白渗出物。睾丸和膀胱也可能有病理损伤。病牛数星期后可痊愈。

皮肤最初病变表现为上皮样细胞浸润、水肿和表皮增生，随后出现成纤维细胞、浆细胞及淋巴细胞浸润。真皮和皮下组织的淋巴管及血管形成栓塞，表现出淋巴管炎、血管周围炎及血管炎，位于血管四周的细胞聚集成为套状。病变组织可观察到嗜伊红染色的胞质内包涵体，为圆形或卵圆形。胞质内包涵体主要位于浸润的巨噬细胞和淋巴细胞、平滑肌细胞、上皮细胞、皮腺细胞中。

（四）鉴别诊断

牛结节性皮肤病典型病例的特征较为明显，临床上不难判断。轻度感染时，临床上须与其他痘病毒引起的疾病或感染如牛痘、伪牛痘、牛丘疹性口炎等进行区别，也要与牛溃疡性乳头炎、牛嗜皮菌病等疾病做鉴别判断。

1．与其他痘病毒引起的疾病或感染的鉴别

（1）与牛痘的鉴别　牛痘感染牛乳房或乳头上局部痘疹及全身症状较为特征。反刍停止，挤乳时乳头或乳房敏感，不久在乳房和乳头（公牛在睾丸皮肤）出现红色丘疹，1～2d后形成豌豆大小的圆形或卵圆形水疱，疱上有一凹窝，内含透明液体，形成脓疱后结痂。10～15d痊愈。若病毒侵入乳房内部，可引起乳腺炎。

（2）与伪牛痘的鉴别　伪牛痘在临床上与牛痘相似，在泌乳母牛的乳房和乳头上引起增生性病变。病牛常无全身症状。

（3）与牛丘疹性口炎的鉴别　牛丘疹性口炎在口腔黏膜、鼻镜、鼻孔的上皮出现病变，引起火山口样溃疡，直径达1cm；鼻镜和鼻孔周围出现突起而粗糙的棕色斑。通常在几周内痊愈。

2．与牛溃疡性乳头炎的鉴别　牛溃疡性乳头炎又称牛疱疹性乳头炎、伪皮肤疙瘩病，引起乳头和乳房皮肤的传染性溃疡性皮炎，以奶牛乳头及乳房皮肤形成局限性红斑、水疱和溃疡为特征。感染奶牛非常疼痛，常不能挤奶。若继发细菌感染，则会发展为乳腺炎。病牛恢复后能产生坚强的免疫力。

3．与牛嗜皮菌病的鉴别　牛嗜皮菌病是由嗜皮菌属的刚果嗜皮菌（*Dermatophilus congolensis*）感染引起的牛、羊等动物的皮肤性传染病，以浅表渗出性、脓疱性皮炎，局限性、痂块性和脱屑性皮疹及痂皮坏死为特征。当皮肤擦伤、撕裂或被蝇、虱等吸血昆虫叮咬，甚至皮肤潮湿时，病菌即可侵入皮肤而引起感染发病。本病常呈地方性流行，有一定季节性，尤其是吸血昆虫较多的季节多发。确诊可取痂皮或渗出物进行细菌学检查，压片革兰染色，观察菌丝中球杆状、卵圆状孢子，呈G^+，单个、双个、四联、八叠或数目不等。

四、实验室检测技术

（一）病料采集与保存

采集病牛皮肤、黏膜结节、口鼻拭子、血液等材料作为病料；死亡动物可采集肺、心脏、肝和肾等组织材料。进行病毒DNA检测时，将皮肤样品置于磷酸盐缓冲液中1h；组织病料（心脏、肺、肝、肾等）切成小块（约$1.3cm^3$），并汇集磷酸盐缓冲液中。将样品（皮肤或合并的内部器官）匀浆，以8000r/min离心10min，所得上清液用于DNA检测。试剂盒还可用于从血液样本中提取DNA。

（二）病原学诊断

1．病毒观察和包涵体检查　用电镜观察砖形的病毒粒子。可采集新鲜结节制成切片，染色、镜检胞质内嗜酸性包涵体，用免疫荧光抗体技术检查包涵体内的病毒抗原。

2．病毒分离鉴定　病料接种于敏感细胞培养物中，观察细胞病变，用病毒中和试验或间接免疫荧光试验鉴定病毒。LSDV常用牛、山羊及绵羊的原代及传代细胞进行培养，一般认为从绵羊体内分离得到的病原在羔羊睾丸的原代及继代细胞培养最为敏感。

3．病毒核酸检测　实时荧光PCR与普通PCR适用于个体动物移动前的无感染证明、临床病例确诊和监测感染流行率，具体操作可参考《牛结节性皮肤病诊断技术》（GB/T 39602—2020）中的相关内容。

4．动物感染试验　取病牛新鲜结节，做成乳剂，皮内或皮下接种于易感牛，4～7d接种部位发生坚硬、疼痛性肿胀、局部淋巴结肿大，此时可在肿胀物及其下层肌肉，以及唾液、血液和脾中分离病毒。人工感染牛较少发生全身性病理变化。

（三）免疫学试验

免疫学试验一般包括酶联免疫吸附实验、琼脂凝胶免疫扩散试验、免疫荧光抗体试验和蛋白印迹分析法等。

用ELISA方法检测的样本应在出现临床症状的第1周，也就是在中和抗体产生之前采集。病毒中和试验常用且有效，但由于LSD感染主要引起细胞免疫，因此对于再次感染或中和抗体水平低的动物，该方法较难确诊。琼脂凝胶免疫扩散试验和免疫荧光抗体试验特异性较低，这是因为本病抗体与其他痘病毒引起的牛丘疹性口炎、伪LSD等之间存在交叉反应。蛋白印迹分析法用于检测LSDV的P32抗原具有很好的敏感性和特异性，但由于耗费较大和操作困难使其应用上有一定的局限性。将P32抗原在适当的载体上表达，制成单克隆抗体用于ELISA检测具有较高的特异性，给血清型检测带来了广阔的应用前景。

五、防控措施

（一）综合防控措施

1．平时的预防措施 加强饲养管理工作，强化动物福利意识，搞好动物环境卫生，规范养殖过程，消除各种应激因素，提高动物免疫力，这是防疫工作的坚实基础。“养、防、检、治”的综合性防疫措施，将饲养放在首位，正是饲养环节在整个动物防疫工作中重要性的具体体现。牛舍、运动场所及周围环境严格消毒，做好预防性消毒、随时消毒和终末消毒的有机结合。注重动物圈舍的通风排气工作，及时排出氨气、硫化氢、二氧化碳等有害气体。粪尿清除有专门设备，定时清理粪便、尿液。严格执行染疫动物尸体、污染动物产品、分泌物、排泄物、残余饲料、垫草、器具等污染物的无害化处理。

2．发病时的扑灭措施 发生疫情后应采取隔离措施并禁止动物移运，扑杀所有患病或感染动物，妥善处理动物尸体，对养殖场所进行清洁和消毒处理。发生牛结节性皮肤病的圈舍、病牛接触过的用具，可用碱类消毒药、漂白粉等消毒。

（二）生物安全体系构建

1．增强生物安全意识，加强生物安全培训 建立牛场卫生、清洗、消毒制度及生物安全措施落实方案，并制订有效的考核管理办法。严格员工管理制度和外来人员的生物安全要求。

2．养牛场场址的选择 要有周密考虑、通盘安排，须与农牧业发展规划、农田基本建设规划及新农村建设规划、城镇建设规划等结合起来，须适应现代养牛业的需要。牛场选址应选择地势高燥、背风向阳、交通方便、水源充足且水质好、用电方便、草料资源丰富的地方。

3．牛场区布局 规模养牛场周围要建围墙，围墙用砖砌成，高度至少2m，距离牛舍至少20m。围墙外最好设有排水防疫沟。规模养牛场内应根据场地实际情况进行合理布局，一般分为生活区、生产区、生产辅助区和外来车辆消毒区。各区之间要严格分开、界限分明。各区排列顺序按主导风向、地势高低、水流方向依次排列。

4．严格动物检疫 从无本病的国家或地区进口相关活动物、动物胴体、皮、毛和精液等时检验家畜、病尸、皮张和精液等；港口和国际机场等重要关口要严加防范；严禁高疫病风险区的动物、产品及物具向一般风险区流动，防止将染疫动物或产品引入无病畜群或无病区域；对养殖场所和牛群采取生物媒介控制措施舍饲管理，防止蚊、蝇、蠓、虻、蜱等生物性媒介进入舍内，并要做好环境害虫的药物驱杀。

（三）疫苗与免疫

本病病愈牛含有较高滴度的中和抗体，可持续数年，对再感染的免疫力可在6个月以上。新生犊牛从初乳中获得母源抗体，也可持续6个月。所有山羊痘病毒毒株，无论来自牛、绵羊还是山羊，均具有共同的免疫抗原，因此致弱的牛源毒株及来自绵羊和山羊的毒株已被用作活疫苗。常用的有Naethling株同源弱毒苗，免疫力可持续3年；另一种则是异源的绵羊痘弱毒苗或山羊痘弱毒苗，有研究认为山羊痘减毒活疫苗的效果优于绵羊痘减毒活疫苗。两种异源疫苗会在接种部位引起局部反应，有时甚至较为严重，且不建议在无绵羊痘和山羊痘的国家使用这种疫苗。近年来，应用本病毒的鸡胚化弱毒苗也有一定的效果。

感染本病的地区应开展统一的免疫接种，以提供全面的保护。未免疫接种母牛所生犊牛可以在任何年龄接种疫苗，但已实施免疫接种或自然感染过LSDV的母牛所生的犊牛应在3～6月龄接种疫苗。在牛群大规模移动之前或季节性放牧开始之前进行免疫接种效果更佳。

由于动物痘病毒结构的复杂性及生物学和免疫学的特殊性，其疫苗研发主要侧重于减毒活疫苗研究，但越来越多的研究证明使用减毒活疫苗存在毒株重组的风险。研究人员在俄罗斯库尔干州发现了减毒活疫苗南非KSGP O240毒株和野毒毒株NI-2490株的重组新毒株。目前灭活疫苗的研究较少，Hamdia等（2020）进行了灭活疫苗研究的报道，但当前还没有可供临床使用的灭活疫苗。一般认为，减毒活疫苗比灭活疫苗能产生更强的特异性免疫力，保护力也较持久。用SPV减毒活疫苗和GPV减毒活疫苗来预防LSD，需要更大剂量，同时要对疫苗防控效果进行评价。

（四）药物与治疗

目前没有针对本病的特异性疗法，为了防止并发症或继发感染，可使用抗生素和磺胺类药物。对常发区的病牛进行隔离治疗，已破溃的疙瘩要彻底清创，注入抗菌消炎药物或用1%明矾溶液、0.1%高锰酸钾溶液冲洗，溃疡面涂擦碘甘油。

六、问题与展望

本病进入我国时间不长，应当引起高度重视，防止疫情蔓延。加强对本病的宣传，提高从业人员对本病的认知度。无本病的地区要严格动物检疫，严防本病的侵入；严禁从疫情国家进口活牛及其产品，重点关注动物进口检疫和长距离运输后的隔离检疫。对发生疑似或确诊病例的地区，要按照“早、快、严、小”的原则，坚决实行封锁、隔离和扑杀措施。常发病地区，可开展易感牛群的免疫接种。用绵羊痘减毒活疫苗和山羊痘减毒活疫苗接种牛，会引起局部反应，使一些饲养者难以接受，即使LSD会引起相当严重的经济损失，很多饲养者也不愿使用疫苗。因此，新型疫苗的研发值得期待。

（胡永浩）

第七节 羊传染性脓疱

一、概述

羊传染性脓疱（contagious ecthyma，CE），又称为羊口疮（orf）、羊传染性脓疱皮炎，是由羊口疮病毒（orf virus，Orfv）引起的一种接触性传播的人兽共患病。主要引起山羊、绵羊、牛、骆驼等动物的口唇、鼻腔黏膜等部位出现丘疹、脓疮、溃疡和结痂。羊口疮一年四季均可流行，其中在春秋季节最为严重。成年羊患羊口疮之后，无法正常地觅食并获得足量的所需营养，从而影响其生产效率。而对于新生的羔羊来说，患病后母乳的摄取量明显下降，羔羊得不到足够的营养，其生长发育迟缓，严重的甚至会死亡。

拓展阅读 4-7

1787 年英国就有关于羊口疮的记载，1884 年比利时首次描述了本病，并将其命名为“丘疹或乳头瘤样口腔炎”。我国早在 1955 年有了关于本病的记载。最早在我国甘肃、宁夏、四川和云南等地发现并流行，现今本病的流行趋势已遍布全国大部分地区。目前世界养羊的地区都有本病，因此各国都高度重视本病的防治工作。

二、病原学

（一）病原与分类

羊口疮病毒为痘病毒科（*Poxviridae*）副痘病毒属（*Parapoxvirus*）的代表之一，与副痘病毒属其他成员在形态、抗原性和基因排列上有较大的相似性。经 1%磷钨酸负染后，通过电镜观察，病毒粒子多数为椭圆形，少数为梭形，大小为（250～280）nm×（170～200）nm。病毒粒子核心中含双链 DNA，外周有囊膜包被，表面呈“8”字形螺旋状结构。病毒粒子有两种外形可以互变的颗粒：M 型和 C 型。由于这种独特的形态，可作为与其他痘病毒区分的依据。

羊口疮病毒对干燥有很高的抵抗力，干燥痂皮中存在的病毒在室温条件下能够存活数月甚至数年之久，在－80℃条件下保存的病毒其活力可以维持 15 年之久。羊口疮病毒在潮湿的环境里抵抗力较差，痂皮用 1%石炭酸溶液、10%的石灰乳或 2%甲醛溶液浸泡 30min 可使病毒灭活。羊口疮病毒不耐热，60℃ 30min 或者煮沸 3min，可使病毒灭活，痂皮内的病毒暴晒 30～60d，也会丧失致病力。病毒对乙醚和氯仿敏感。

（二）基因组结构与编码蛋白

羊口疮病毒全基因组大小为 135～139kb，为双链线性 DNA 病毒。相比于其他副痘病毒属的 DNA，羊口疮病毒基因组 DNA 中 G＋C 含量相对较高，高达 63%～64%，但终止密码子偏少，共产生以甲硫氨酸为开头的 300 个左右的开放阅读框。其基因组由一个中部的核心基因区和两个相同的呈共价闭合发卡结构的反向末端重复区（inverted terminal repeat，ITR）组成，即由中央编码区基因和两端约 3kb 长度的反向末端重复序列构成，在末端重复序列中存在小段的变异片段，有研究证实其长度为 0.5～1kb。

ITR 区域通常会表现出一定的差异，在病毒复制传代过程中会发生重排的现象，区域的基因能翻译表达很多毒力因子和免疫原蛋白，如 IL-10、VIR、VEGF-E、CBP、GIF 等，是病毒必不可少的附属元件，与病毒的毒力和免疫调节功能有关。在编码区内，ORF001～ORF008 和 ORF112～ORF134 为变异区域，约占整个病毒基因组的 18%，这些基因主要与羊口疮病毒致病机理有关，如宿主选择、免疫因子调节、免疫逃避和抗病毒等。ORF009～ORF111 为较固定的中心保守区域，主要负责病毒本身的生理调节，如病毒的形态结构、病毒的组装、复制及释放等。*B2L* 基因位于中央编码区的左端，病毒在宿主细胞内增殖时，此基因在病毒的 DNA 尚未开始复制时便大量转录翻译 42kDa 大小的蛋白质，该蛋白质是羊口疮病毒外表囊膜的主要组成成分，可强烈刺激宿主免疫系统产生免疫应答。*F1L* 基因也位于该区域，此基因可以编码与宿主细胞产生的肝素相结合的活性蛋白，该蛋白质大小为 39kDa，该蛋白质是羊口疮病毒表面微管极其重要的构成部分，能诱导宿主产生中和抗体。

（三）病原分子流行病学

羊口疮病毒具有一定的免疫刺激和免疫调节能力。为了逃避宿主的免疫防御，病毒能够利用自身基因编码产生多种免疫调节蛋白对宿主体内的免疫应答水平进行调节，进而发生免疫逃避。通过序列分析发现，不同羊口疮病毒毒株间的同源性相对较高，即羊口疮病毒相对保守。但是，在基因组的末端区域有许多免疫调节基因和毒力基因，羊口疮病毒同一物种的不同毒株之间呈现相对较高的变异率。基因的重组将会使羊口疮病毒基因组末端区域的片段相互换位，羊口疮病毒产生新毒株通过获得宿主基因或缺少非必需基因。在我国福建省的 4 种毒株（OV-GO、OV-YX、OV-NP 和 OV-SJ1）的基因组分析和从我国吉林省分离出的 NA1/11 毒株已有报道。福建省的 4 株羊口疮病毒株分析表明，基因缺失可能导致羊口疮病毒减毒，并且可以轻易地区分 132 个基因中的 47 个基因是源自绵羊或山羊。系统发育分析表明，NA1/11 菌株与新疆和甘肃毒株密切相关。基于 NA1/11 和副痘病毒参考毒株的非度量多维尺度分析（NMDS）表明，地理位置和动物宿主可能是导致羊口疮病毒株之间遗传差异的主要因素。

2014 年刘方通过对陕西杨凌地区分离到的羊口疮病毒 FX0910 强毒株（vORFV）和该株弱化的弱毒株（lvORFV）进行亲缘分析显示本病毒与羊口疮病毒印度株和希腊株亲缘关系较近，表明本毒株可能是由动物贸易传入国内的，也可能是病毒自身基因突变的原因造成的。对 vORFV 和 lvORFV 之间 ORFV121 基因和 *vIL-10* 基因进行生物信息学分析发现存在差异，这些基因差异导致蛋白质的亲水性、二级结构和抗原性发生改变，为进一步阐明羊口疮病毒免疫逃逸机制和研制高免疫保护率的基因工程疫苗提供了相关的理论依据。2016 年 Maganga 等通过使用针对主要包膜蛋白基因（*B2L*）和羊口疮病毒干扰素抗性基因（*VIR*）的特异性 PCR，在非洲加蓬分离到羊口疮病毒株，基于 *B2L* 和 *VIR* 基因的系统分析表明加蓬株与亚洲株特别是韩国株密切相关，它是从共同原始毒株进化而来的。2017 年 Andreani 等从法国一位患羊口疮的妇女身上分离到了一株羊口疮病毒（IHUMI-1），经过生物学分析 *vIL-10* 基因与其他羊口疮病毒株的核苷酸序列同源性为 99%，与绵羊和山羊的同源性为 79%，该基因显示羊口疮病毒许多同义突变和适应性，亲缘分析显示 IHUMI-1 与 B029 株亲缘关系较近，这两个菌株是从绵羊身上感染后获得的人分离株。通过生物学分析发现 IHUMI-1 株缺失 *119* 基因，但是该基因的缺失并没有影响病毒的周期和毒株的毒力。2020 年丁学东通过对山东青岛羊场分离到的羊口疮病料及内蒙古阿拉善盟分离到的骆驼羊口疮病料进行亲缘分析，发现青岛分离株与福建株相近，而阿拉善骆驼株则单独为一分支。进一步研究发现羊口疮病毒在感染不同宿主时为适应宿主可能引起基因序列改变，尤其 *F1L* 基因可能在感染不同宿主时其变化有某种规律可循，而 *B2L* 和 *VIR* 基因发生多个氨基酸位点的变化，可能与感染不同宿主有关。而在同一株病毒的强弱病毒之间，*B2L*、*F1L* 和 *VIR* 基因没有较大的差异出现。这些基因在病毒致弱的过程中与适应不同宿主的过程中发挥的相应作用还有待进一步研究，尤其 *F1L* 基因在感染不同宿主时所发生的变化可能对未来针对不同物种研制相应疫苗的研究奠定理论基础。

（四）感染与免疫

当羊只采食时，过硬带刺的植物和草料可能会导致羊只嘴唇皮肤和黏膜破损，羊口疮病毒通过破损的皮肤侵入动物机体内，在羊口疮病毒感染的初期，病毒会在表皮细胞层复制，感染 3d 左右，细胞出现核破碎和消失，胞质空泡化现象严重，细胞逐渐坏死脱落，很快临床症状表现为感染部位出现红色丘疹和水肿，紧接着会出现小泡，之后发展成为脓疱。多形核的嗜中性粒细胞大量的渗透浸润是脓疱形成的主要原因，表皮细胞不断增生，开始出现化脓现象，随着病情的推移，细胞增生更加明显，化脓现象更加严重，脓疱逐渐扩散，相邻脓疱发生融合，形成的细胞碎片、坏死物质和炎性渗出物混合最后形成结痂。结痂处真皮层会出现水肿和增生，损伤表面出现肉芽肿外观，掀去痂皮会有血液渗出，病变开始损伤一般 5 周左右消退。动物机体感染羊口疮后的病变过程及其致病机理并不复杂，但是由于继发感染就会使病变过程变得较为复杂，主要继发感染的病原菌有葡萄球菌、大肠杆菌、链球菌等。

当病毒侵染宿主时，宿主为了能够抵抗病毒的侵染会产生抗病毒的免疫防御机制，在羊口疮病毒感染的过程中机体的天然免疫和特异性免疫都能够发挥防御作用。羊口疮病毒的第一次感染与表皮增生有关，病毒粒子定位于表皮细胞增生处。$CD4^+$ T 细胞在 ORFV 感染期间在病毒复制的调节中起重要作用。在感染的 48h 内出现早期中性粒细胞，其次是 $CD4^+$ T 细胞、$CD8^+$ T 细胞、B 细胞和 MHC Ⅱ类树突状细胞聚集，感染部位皮肤中丝氨酸酯酶的表达水平直接影响 $CD8^+$ T 淋巴细胞的活化。在 ORFV 感染的早期阶段，白细胞向受感染部位的迁移是由免疫反应介导的，并且释放 GM-CSF，导致组织损伤；ORFV 感染 72h，感染部位可检出大量树突状细胞，树突状细胞在感染早期发挥重要作用。利用 qPCR 检测感染 ORFV 羔羊的 9 个组织中 Th1/Th2 Toll 样受体 mRNA 的转录水平，发现羔羊的唇和舌中 TNF-α、IFN-γ 和 IL-2 表达水平相对较高，肾和小肠也引起较强的细胞免疫应答，脾和淋巴结是主要免疫器官，细胞免疫反应强烈。

病毒基因组的中心包含了病毒复制和维持病毒形态所需的基因，两端则是负责病毒毒力和致病性的基因，毒力基因参与调节宿主的免疫应答反应，具有减轻病毒在感染过程中宿主免疫系统清除的能力，提高了病毒的存活率，进而为病毒成功在宿主细胞内增殖创造了条件。研究发现，由本病毒编码的几种免疫调节因子可抑制机体的免疫反应从而使宿主发生再感染，这些免疫调节因子主要包括 CBP、VIL-10、血管内皮生长因子（VEGF）和 GM-CSF 抑制因子（GIF）。它们能够聚集在一起抑制炎症反应和天然免疫，并延迟获得性免疫的产生，从而使宿主发生再感染。由于免疫逃避的存在，到目前为止，还没有可供人类使用的保护性疫苗。

三、诊断要点

（一）流行病学诊断

羊口疮病毒主要感染羊，也可感染犬猫、海豹等野生动物和人。羊口疮病毒具有高度的嗜上皮性，主要侵害 3～6 月龄羔羊，感染羔羊的死亡率可达 93%。常呈群发性流行，成年羊也可感染，但发病较少，呈散发性传染。在干燥季节羊口疮呈多发现象，由于在干燥季节牧草的干燥纤维化导致羊在采食时口腔黏膜受到损伤，使病毒容易侵入，也有报道称阴冷潮湿季节易发此病。

（二）临床诊断

羊口疮临床上以口舌、鼻、乳房等部位形成水疱、脓疱、结痂为特征。根据临床病变可分为唇型、蹄型和外阴型，潜伏期为3～8d。

1．唇型　是最常见的病型，病羊首先在口角、上唇或鼻镜上出现散在的小红斑，逐渐变为丘疹或小结节，继而形成水疱或脓疱，破溃后形成黄色或棕色的疣状痂；由于有渗出物继续渗出，痂垢逐渐扩大、加厚。若为良性经过时，1～2周干燥、脱落而恢复正常。在严重病例，患部继续发生丘疹、水疱、脓疱、痂垢，并互相融合，波及整个口唇周围及眼睑和耳廓等部位，形成大面积的痂垢。痂垢不断增厚，伴有肉芽组织增生，整个嘴唇肿大外翻呈桑葚状隆起。唇部肿大影响采食，病羊日趋衰弱而死亡。病程可长达2～3周。部分病例常伴有化脓菌和坏死杆菌等继发感染，引起深部组织的化脓和坏死，致使病情恶化。有些病例病变常蔓延到口腔黏膜，则可见黏膜潮红、增温，在唇内面、齿龈、颊部、舌和软腭黏膜发生水疱或脓疱，破裂后为红色糜烂面。病羊采食、咀嚼和吞咽困难，流涎。病情的发展或愈合康复，或恶化形成大面积，且往往有坏死杆菌等继发感染。少数病例因继发肺炎而死亡。继发性感染也可蔓延至喉、肺及第四胃。

2．蹄型　蹄型几乎仅侵害绵羊，多单独发生，仅在例外情况下和唇型同时发生。多为一肢患病，但也可能同时或相继侵害多数甚至全部肢端。常在蹄叉、蹄冠或系部皮肤上形成水疱，后变为脓疱，破裂后形成由脓液覆盖的溃疡。如有继发感染则化脓坏死变化可能波及基部或蹄骨，甚至腱和关节。病羊跛行，长期卧地，衰竭而死，或因败血症而死亡。间或在肺、肝和乳房中发生转移性病灶。

3．外阴型　患病母羊阴唇肿胀并有溃疡，乳房发生脓疱。公羊表现为阴茎肿胀并有小脓疱和溃疡。此型少见，单纯的外阴型很少死亡。

（三）病理诊断

病死羊骨瘦如柴，嘴唇有黑色结痂，口腔内黏膜出现水疱样病变，有溃疡和糜烂，面部皮下有血斑；口角、唇、舌面等组织出现结痂溃疡；气管出现环状出血、充血情况；肺出现充血、肿胀，色泽偏暗等病变；心肌及心外膜出现点状出血现象；小肠壁厚度减弱，还伴随有较低程度的出血。

（四）类症诊断

羊口疮与羊坏死杆菌病、蓝舌病、羊痘、口蹄疫的临床症状也极为相似，须注意区分。

1．羊坏死杆菌病　绵羊患病多于山羊，常侵害蹄部，引起腐蹄病。病初呈跛行，多为一肢患病，蹄间隙、蹄和蹄冠出现红肿、热痛，而后溃烂，挤压肿烂部有发臭的脓样液体流出。

2．蓝舌病　典型症状为体温升高和白细胞显著减少。病畜体温升高至40～42℃，稽留2～6d。在体温升高后表现厌食，精神沉郁。上唇肿胀、水肿可延至面耳部，口流涎，口腔黏膜充血、呈青紫色。

3．羊痘 痘疹为全身性，初期体温升高。病灶多见于无毛少毛的体表，出现典型的发痘过程，很少见于口腔黏膜。

4．口蹄疫 病羊体温升高，常损害唇内面、齿龈、舌黏膜等口腔内部，发生水疱和糜烂。出现泡沫样流涎。

四、实验室诊断技术

（一）病料采集与保存方法

采集干燥痂皮进行病毒的分离鉴定。在实验室冰箱内保存，活力可维持15年之久。

（二）病原学诊断

1．病原分离培养 本病毒可在多种细胞培养物上生长并出现细胞病变，如羊皮肤成纤维细胞、牛和羊的睾丸细胞、羊胎儿鼻甲骨细胞、HeLa细胞等。原代犊牛、羊睾丸细胞是传染性脓疱病毒最敏感的细胞。分离水疱皮、水疱液、脓疱、痂垢等组织病料，将病料处理后接种于上述细胞，一般在接种后48～60h细胞开始变圆、聚集，最后破碎、脱落。

2．PCR诊断 羊口疮病毒的抗原基因主要包括*B2L*、*F1L*、*H3L*、*VIR*等，根据这些囊膜蛋白的基因建立的PCR方法现已广泛被用于本病的鉴别诊断。基于羊口疮病毒*B2L*基因建立的半巢式PCR方法可以高效、准确地检测临床上低拷贝量病毒粒子，此方法极大地提高了检测羊口疮病毒的灵敏度和特异性。

3．电镜观察 采集水疱液、水疱皮和溃疡面组织，制成悬浮液，离心后取上清液进行负染色，对其沉淀物进行快速包埋切片，在电子显微镜下观察病毒粒子特征，病毒呈椭圆形，其表面有绳索样结构，相互交叉排列，可确定本病毒。

4．组织病理学检查 根据患病羊病变处典型病理学特性诊断，病变组织经HE染色，于显微镜下观察可见表皮角质层增生、退化，细胞空泡样变性。感染细胞的细胞质中出现嗜酸性包涵体。真皮组织中有大量的淋巴细胞、巨噬细胞和嗜酸性粒细胞渗出，继发性感染时，常伴有嗜中性粒细胞的渗透。

5．动物感染试验 取产生稳定病变的细胞培养物病毒液，人工穿刺接种健羊的口腔、齿龈黏膜或皮肤划痕。发病经过和临床症状与自然病例相似。成年羊症状较轻，接种部位发生炎性浸润。取病毒材料划线接种于兔唇部或肘内、股内等少毛部位，接种部位出现红肿发炎、水疱和痂皮等症状。

（三）免疫学诊断

1．中和试验 在羊口疮检测中，如果血清中和滴度大于或者等于8，即判为阳性，否则为疑似或阴性。

2．ELISA方法 1999年，Inoshima等使用经过纯化的病毒作为包被抗原，过氧化物酶结合蛋白A、G或复合体G/A作为酶标二抗，建立了检测羊口疮病毒的间接ELISA方法，可检测感染动物的抗体水平。该方法现在已经被广泛运用于对羊只、骆驼和人感染羊口疮病毒的实验室诊断。

3．免疫印迹法 运用免疫印迹法（Western blotting）也可检测羊口疮病毒。使用该方法，已从感染羊口疮病毒动物血清中发现了羊口疮病毒的一个40kDa免疫蛋白，此后还陆续发现了22kDa和20kDa两个免疫原性蛋白。由于免疫印迹法结果所获得的条带有时会不易被分辨，故该方法存在一定的局限性。

用已知抗原做补体结合试验、琼脂扩散试验、反向间接血凝试验等，检测血清抗体，以进行追溯性诊断。

（四）分子生物学诊断

1．实时PCR（real-time PCR）鉴定　Gallina等在2006年建立了可鉴别诊断副痘病毒属中各个成员的real-time PCR检测技术。该方法针对衣壳蛋白基因*B2L*设计引物，运用real-time PCR特异性扩增出95bp的目的片段。此方法不仅可以以目的病毒DNA为模板扩增出特异性片段，对样品中的羊口疮病毒量进行定量分析，还可以准确鉴别海豹副痘病毒、伪牛痘病毒、羊口疮病毒和牛丘疹性口炎病毒。

2．LAMP检测　LAMP试验技术即环介导等温扩增技术，是一种恒温的核酸扩增技术，通过设计4对特异性引物，扩增出靶基因片段上6个特定的区域。2009年，Chan基于羊口疮病毒的*B2L*基因建立了针对本病毒的LAMP检测方法，并和普通PCR、巢式PCR进行了比较，结果发现敏感性是普通PCR的100倍、巢式的10倍，且操作更简单、效率更高。

3．长度多态性分析检测　基因组片段RELP分析（长度多态性分析）能够很好地研究副痘病毒的分子特征，能够从副痘病毒众成员中区分出羊口疮病毒。利用差速离心法从培养物或痂皮研磨液中获取病毒，用酚-氯仿法提取病毒整个基因组DNA。然后通过*Kpn* Ⅰ酶处理病毒DNA以区分病毒的异质性。Mazur等利用*Dra* Ⅰ酶成功地对羊口疮病毒不同分离株进行了基因组的分型。目前市场上已有多种随机扩增多态性DNA试剂盒出售，用以区分不同的病毒株。

五、防控措施

（一）综合防控措施

1．平时的预防措施　本病主要通过受伤的皮肤黏膜接触性感染，故为了避免本病的传播与流行，尽量给羊只饲喂易消化、柔软的饲料，减少野外放牧，防止尖锐物划伤动物的皮肤及黏膜。除给羊只提供优质的饲料外，还应合理地规划羊舍的面积，留出足够的运动场地，确保每日足够的运动量，从而增强免疫力。做好羊舍的保温、通风、防潮工作，及时清理羊圈的粪便、残料和其他异物，保持饲养环境的清洁与卫生，定期对饮水设施、过道、地面等进行彻底消毒。引种前做好充分的检疫工作，不从疫区引种，引种时严格检疫和隔离观察。有条件的牧场应做到全进全出，在源头上杜绝羊口疮的发生与流行。疫苗接种预防是控制羊口疮发生的最有效方式。

2．发病时的扑灭措施　及时发现、诊断并通知邻近单位做好预防工作。发病及感染羊迅速隔离治疗，及时消毒污染场所及用具。对未感染羊紧急免疫，病死羊无害化处理。处理感染动物时应穿戴防护服和手套，皮肤划破或有伤口的人员应该避免处理感染动物。

（二）生物安全体系构建

羊口疮几乎分布于世界所有养羊国家，羊口疮病毒对外界环境的抵抗力强，也可感染人，但大多数感染患者有患病动物接触史，如屠宰厂工人、兽医和剪毛工通常在动物处理、畜产品生产加工、疫苗接种时感染本病。羊口疮常在干燥季节多发，因为干燥季节牧草干燥纤维化，导致羊采食时口腔磨损，病毒易侵入。因此，对羊群周围环境及用具用强消毒剂进行消毒，给羊只饲喂易消化、柔软的饲料防止尖锐物划伤动物的皮肤及黏膜，与羊接触的人员穿戴口罩、手套及防护服，包扎处理体表伤口，病羊及感染羊只严格隔离。由于国内还没有免疫效果好的疫苗，应采取控制、消灭传染源和切断传播途径为主的措施。

（三）疫苗与免疫

羊口疮在幼龄羊发病比较严重，因此预防本病最有效的措施是防止羔羊口腔等处的皮肤和黏膜出现创伤，并且定期进行免疫接种。本病之所以难控制主要是因为同一个体可以再次感染且疫苗不能提供完全的保护，也无治疗的特效药。当前国内外主要是使用常规的弱毒疫苗和灭活疫苗对本病进行免疫防治。这些疫苗能在一定程度上降低感染率，被证实较为有效，然而病毒变异株、毒力返强及活病毒逃逸等不安全因素的出现可能会导致免疫效果差甚至免疫失败。因此，通过基因工程手段研制新型羊口疮疫苗成为防治本病的热点之一。

1．灭活疫苗 灭活疫苗能够激活机体的体液免疫，提高机体的抗体。其适用于孕体，能使新生个体获得母源抗体，抵抗病毒的感染。1930 年，Boughton 等在得克萨斯农业研究所从发病绵羊体内分离到羊口疮病毒，并首次研制出羊口疮灭活疫苗，然而山羊野毒株攻毒试验效果并不理想。1984 年，Buddle 研究发现新生羔羊可以通过吃初乳从免疫过羊口疮病毒灭活疫苗的孕羊获得一定的免疫保护力，这为以后羊口疮疫苗的免疫方法和免疫程序的研究做了铺垫。2013 年，田婷婷等成功地研制出了羊口疮 FX0910 毒株灭活疫苗，该灭活疫苗能有效诱导机体启动体液免疫，产生中和抗体，对羔羊的保护率为 60.1%，传代弱化后获得的对羔羊免疫保护率达到了 98%以上的羊口疮弱毒株（FX0910 弱毒株）。

2．弱毒疫苗 弱毒疫苗能刺激机体发生强烈的全面的免疫反应，既能刺激机体产生体液免疫，也能刺激细胞免疫，因此弱毒疫苗是一种非常好的生物制剂。国外研究者 Mayr 等将 ORFV-D1701 株经 Vero 细胞或胎牛肺细胞进行传代致弱后用于 ORFV 细胞弱毒疫苗的研制，此疫苗适用于划痕导致的低水平擦伤，能够提供 120～180d 的免疫保护力，实验证实 ORFV-D1701 致病水平下降的原因是其缺失了 3 个基因。2008 年，Musser 等应用来源于发病山羊的 ORFV-47CE 毒株制备的疫苗并进行了免疫学评价，具有良好的免疫原性。目前，我国主要应用犊牛睾丸细胞增殖羊口疮病毒，临床分离的弱毒株作为疫苗能起到非常好的免疫效果。

3．DNA 疫苗 DNA 疫苗在接种后既能产生细胞免疫又能引起机体的体液免疫。2011 年赵魁等成功研制了羊口疮 pcDNA3.1-ORFV011/ORFV059 DNA 疫苗，发现 DNA 疫苗不仅可以产生高滴度的中和抗体，还可以刺激机体的细胞免疫，是一种新型有效安全的疫苗。2016 年白彩霞等将 *B2L* 基因克隆至自杀性 DNA 疫苗载体 pSCA1 中，构建重组真核表达质粒 pSCA-*B2L*。IFAT 和 Western blotting 结果表明，B2L 蛋白在体外能够正常表达，且具有良好的反应原性。

4．亚单位疫苗 羊口疮病毒编码产生的一些蛋白产物具有良好的免疫原性，因此可将编码这些蛋白质的免疫原性基因在细菌、酵母和真核表达系统中进行表达，进而表达出相应的目的蛋白用作候选的保护性抗原，其中研究最多的是 42kDa、39kDa、37kDa 和 35kDa 蛋白等主要的囊膜蛋白，这是由于这些蛋白质暴露于病毒颗粒表面，对宿主的免疫系统而言是很强的刺激原。1988 年左玉婷等用蔗糖密度梯度差速离心将羊口疮病毒纯化，后用中性无

离子去污剂 Triton X-100 及二巯基乙醇将羊口疮病毒裂解，获得大量不同分子质量的病毒的囊膜表面糖蛋白，然后将这些病毒表面囊膜蛋白与弗氏佐剂混合后免疫羔羊，能有效地激发机体产生抗全病毒抗体，而且还能诱导部分羊只发生细胞免疫反应，证明这种亚单位制剂对羊只具有免疫原性。

5. 羊口疮病毒作为疫苗载体　随着对羊口疮的深入研究，发现羊口疮不仅仅可以用于羊口疮疫苗的研制，用于预防和治疗羊口疮疾病，还可以用于小动物及人医治疗疾病及疫苗研发。在国外，一些研究者用高度致弱的 ORFV-D1701 株作为病毒载体表达多种外源基因，目前已有成功应用于表达猪瘟病毒 E2 糖蛋白基因、猪伪狂犬病病毒 *gC* 基因和 *gD* 基因、博尔纳病毒 p40 蛋白基因的报道。

（四）药物与治疗

目前，国内市场上尚无治疗羊口疮的特效药物，在临床上以消炎收敛为最基本的原则，并辅助使用抗生素控制继发性感染。近年来，国外有研究者发现一些抗病毒药物可以有效地缓解动物和人感染羊口疮病毒的症状，如腺嘌呤衍生物［(*S*) -HPMPA］、无环核苷膦酸酯，尤其是无环核苷类似物西多福韦最为有效。临床试验证实包含硫酸铝和西多福韦的胶体也具有较好的抗病毒能力，这种胶体被制作成喷雾形式可比较方便地用于养殖场受感染动物的治疗。由于羊口疮病变通常是局部的，治疗常为对症治疗，通常用防腐剂和抗生素控制继发感染。

六、问题与展望

随着世界养殖业的迅速发展，活畜运输、流通及各国之间交流逐渐频繁，动物疾病尤其是多种动物共患病和人兽共患病的防控也变得越来越重要，而羊口疮对全世界养羊业带来的巨大经济损失也逐渐受到人们重视。当前，羊口疮广泛流行于世界各养殖国家或地区，且发生的频率和流行的范围呈逐年上升的趋势。而且近几年全世界及我国不断有骆驼等其他动物患此病的报道，表明本病已经有向其他动物蔓延的趋势，急需预防本病的疫苗和特效药物来控制此病的进一步发展。但到目前为止还没有一个安全有效的疫苗出现，而且也没有快速、准确的诊断方法。这些问题严重制约了养羊业的健康发展，也为羊口疮的安全防控提升了难度。因此开发能表达免疫原性基因且代替非必需基因的基因工程疫苗成为新热点。

（张七斤）

第八节　羊梭菌性疾病

一、概述

羊梭菌性疾病（clostridiosis of sheep）是由梭状芽孢杆菌引起羊的一组消化道传染病，包括羊快疫（braxy，bradsor）、羊肠毒血症（enterotoxaemia）、羊猝疽（struck）、羊黑疫（black disease）、羔羊痢疾（lamb dysentery）等，这些疾病在临床上有不少相似之处，因此容易混淆。其特点是发病快，病程短，死亡

拓展阅读 4-8

率高，对羊的危害大。羊梭菌性疾病具有较高的传染性，严重影响畜牧养殖生产。羊梭菌性疾病易感动物为绵羊，一般在季节交替时出现，与其他疫病不同的是，感染羊梭菌性疾病的羊自身营养水平较高，感染前身体特征较为稳定，初期感染症状主要表现在消化道，具有一定隐蔽性。羊梭菌性疾病具有暴发速度快的特点，急性感染病例可在感染症状出现前死亡，慢性感染病例主要表现为肢体协调性降低，腹部膨胀并伴有病痛，部分感染病例出现体温快速升高症状。

产气荚膜梭菌（*Clostridium perfringens*）是一种厌氧杆菌，革兰染色呈阳性。起初是由美国病理学家 Welchii 等从一具高度腐烂的尸体血管组织中分离获得，被称为魏氏梭菌。后来因国际细菌命名规则的变动其学名历经多次修订，并最终更名为产气荚膜梭菌。致病性梭状芽孢杆菌广泛存在于自然界，由其引起的羊梭菌性疾病也广泛分布于各养羊国家与地区。早在 1914 年第一次世界大战爆发期间，就曾有报道称部分受伤士兵出现不明原因的组织坏死而导致截肢甚至死亡。直至 1917 年，才发现由本菌分泌的物质中含有可溶性蛋白，可以引起组织坏死，并能够被相应的特异性抗体中和。而后人们陆续发现本菌还是引起人类食物中毒、腹泻和肠毒血症的元凶。至此，人们对于产气荚膜梭菌的认识也越清晰。

二、病原学

（一）病原与分类

1．分类　病原为芽孢杆菌科梭菌属（*Clostridium*）成员，梭菌属又被称为梭状芽孢杆菌属或者厌氧芽孢杆菌属，是一类能产生内生孢子的革兰阳性厌氧菌。本属有大约 250 种梭菌，其中有近 10 种具有强致病性，弱致病性的大约为 30 种。部分种类的细菌也是可以引起人兽共患的病原菌，由这部分具有致病性的细菌所引起的疾病，被统称为梭菌病。常见的致病菌包括破伤风梭菌（*C. tetani*）、腐败梭菌（*C. septicum*）、产气荚膜梭菌（*C. perfringens*）、肉毒梭菌（*C. botulinum*）及气肿疽梭菌（*C. chauvoei*）等，尤其以产气荚膜梭菌、腐败梭菌对我国养殖业具有较大危害。

该属细菌在自然界的分布极其广泛，在土壤、生活污水、腐败物、脊椎动物的肠道、伤口及软组织的病灶处及被污染的食物中均能发现，且在土壤中存在最多。菌体多呈现杆状或梭状，并以单在、成双或链状等方式排列。部分梭菌在菌体周围存在鞭毛，具有运动能力。通常细菌为抵御恶劣环境，常在菌体中央形成比菌体自身大的芽孢，使得菌体发生膨胀形似梭状。大多数梭菌专性厌氧，而不同物种间对于氧气的耐受性也存在较大的差异。本属细菌通常可以在 30～37℃和 pH 6.5～7.0 的环境中迅速生长，繁殖过程会消耗大量糖、蛋白胨等物质，产生有机酸、有机醇等物质，但都不能将硫酸盐还原成硫化物。

2．病原特性

（1）羊快疫　病原腐败梭菌，革兰阳性的厌氧大杆菌，两端钝圆。在培养基中单在或成链状。菌体宽 0.6～0.8μm，长 2～4μm，有鞭毛，能运动，在动物体内外均能产生芽孢，不形成荚膜。用死亡羊的脏器，特别是肝被膜触片染色后镜检，常见到无关节的长丝状菌体，这一特征对诊断本病有重要价值。

本菌为一种严格厌氧菌。高层琼脂中呈绒毛状生长，血琼脂上菌落周围有微弱的溶血区，能液化明胶，肉肝汤中培养有脂肪酸腐败的气味。能发酵水杨苷，产酸、产气，但不发酵蔗糖，这是与气肿疽梭菌的区别之一。实验动物中以豚鼠和小鼠最易感。

本菌可产生α、β、γ和δ毒素，以及蛋白酶和神经氨酸酶。其中α毒素具有致死、溶血和坏死活性，β毒素（脱氧核糖核酸酶）具有酶活性，γ毒素也是一种酶，δ毒素具有坏死活性。一般消毒药物均能杀死本菌繁殖体，但芽孢抵抗力较强，在土壤中能存活许多年，95℃ 2.5h方可杀死。

（2）羊肠毒血症、羊猝疽、羔羊痢疾　病原产气荚膜梭菌，旧名魏氏梭菌（*Clostridium welchii*）。羊肠毒血症由D型产气荚膜梭菌引起，羊猝疽由C型产气荚膜梭菌引起，羔羊痢疾由B型产气荚膜梭菌引起。本菌为革兰阳性的厌氧粗大杆菌。菌体宽1～1.5μm，长2～8μm，多为单个，有时为短链状或成对，无鞭毛，不能运动。在动物体内可形成芽孢。在牛乳培养基中6～8h，呈现出"爆裂发酵"。这是一类病程极短的急性致死性传染病，在肠道内产生毒素，细菌不一定侵入体内，故微生物学诊断主要依靠肠内容物的毒素检查。

产气荚膜梭菌是一种重要的人兽共患细菌性传染病病原，广泛存在于土壤、污水、食物等自然环境，以及动物与人类的肠道中。作为条件致病菌，能引起多种动物，包括绵羊、山羊、牛、猪、禽类、犬、家兔、驯鹿、羊驼等坏死性肠炎、肠毒血症，并能导致人的气性坏疽和食物中毒。常可从土壤、饲料、动物肠道及粪便中分离到。芽孢抵抗力较强，在95℃下需2.5h方可杀死，其繁殖体在60℃时15min即可被杀死。3%甲醛溶液30min可杀死芽孢，一般消毒剂均易杀死其繁殖体。

（3）羊黑疫　病原诺维氏梭菌（*Clostridium novyi*），又称水肿梭菌（*Cl. oedemariens*），为革兰阳性大杆菌，大小为（0.8～1.5）μm×（5～10）μm，但大小不均匀，呈单个或短链排列。有周身鞭毛能运动，无荚膜。较易形成芽孢，通常在生长24h后即可看到，芽孢呈卵圆形，较菌体略宽，位于菌体的近端。

本菌是严格的厌氧菌，须有良好的厌氧条件才能生长。根据产生的毒素不同将本菌分为A、B、C、D 4个菌型。A型能产生α、γ、ε、δ 4种外毒素，B型菌能产生α、β、ζ、η 4种外毒素，C型不产生外毒素，D型产生β、ζ、η、θ 4种外毒素。

本菌的抵抗力与一般致病梭菌相似，有的芽孢能耐100℃ 5min。

（二）基因组结构与编码蛋白

1．基因组结构　腐败梭菌染色体基因组由3.2Mb和一个32kb的质粒组成。*C. septicum* 菌株CSUR P1044的G+C含量为27.5%，由3125个蛋白质编码基因和103个RNA基因组成，其中rRNA基因22个。

产气荚膜梭菌具有由大约3.6Mb组成的单个圆形染色体，G+C含量为24%～55%。与大多数革兰阳性菌相比，产气荚膜梭菌的G+C含量相对较低。染色体包含10个rRNA基因和96个tRNA基因。产气荚膜梭菌基因组最显著的特征是存在毒力相关基因，可产生超过20种的外毒素。基因组也包含编码各种转运蛋白的基因，这些转运蛋白转运"氨基酸、阳离子/阴离子、碳水化合物和核苷/核苷酸"。

诺维氏梭菌由单条环状染色体组成，其长度为2.5Mb，其G+C含量为28.9%。

2．产气荚膜梭菌基因组编码的一些重要毒素蛋白　产气荚膜梭菌产生的主要毒素包括α毒素、β毒素、ι毒素和ε毒素，用于将本病原体分为不同的毒素型，这些毒素及其他毒素（如β2毒素和perfringolysin O），可能通过成孔和细胞溶解启动发病机制。α毒素基因（*plc*）、α梭菌蛋白酶基因（*ccp*）和微生物胶原酶基因（*colA*）在所有分离株中都是保守的。

（1）α毒素（CPA）　CPA由染色体基因编码，每种血清型的产气荚膜梭菌都有该基因存在，且在 A 型产气荚膜梭菌中表达水平最高。CPA 具有鞘磷脂酶和凝集素酶活性，分子质量约为 41kDa，CPA 能引起血管内溶血、血小板聚集和毛细血管损伤，进而阻止白细胞和氧气进入感染部位，从而创造有利于产气荚膜梭菌增殖的环境。在气体性坏疽病例中，CPA 通过干扰中性粒细胞向受感染的组织迁移，减少骨髓中成熟细胞的数量，导致中性粒细胞在邻近血管中积聚，有助于免疫逃避机制的发生。CPA 可在数小时内导致周围组织坏死，并产生产气荚膜梭菌病特征性的恶臭味和气泡（坏疽性气体）。染病动物死亡率 24h 内可达 67%以上，常采用适当的抗生素、外科清创术或截肢术治疗。CPA 与羔羊肠毒素血症，牛、猪、马、鸡和山羊的肠炎或肠毒血症密切相关。

（2）β_2 毒素（CPB2） CPB2 由质粒编码基因 *CPB2* 编码，可形成一个具有 336 个氨基酸的原生质体。CPB2 是七聚体蛋白家族的一员，该家族被称为 β 成孔毒素（BPFT）。当 CPB2 分泌时会去除 27 个氨基酸信号肽，并产生分子质量约为 32kDa 的活性毒素，该毒素具有形成寡聚体的能力，可在磷脂膜和胆固醇组成的脂质微域内形成分子质量约为 228kDa，直径为 1.2nm 的阳离子选择性通道。β_2 毒素对小鼠的半数致死量（LD_{50}）为 0.4μg/kg，可导致无溶血性致死性坏死。β_2 毒素对胰蛋白酶敏感，胰蛋白酶能够抑制其活性，然而新生动物机体中胰蛋白酶含量很低，初乳中也含有胰蛋白酶抑制剂，因此新生动物被 β_2 毒素介导的疾病感染的风险很高。产气荚膜梭菌 β_2 毒素是坏死性小肠结肠炎和肠毒血症的重要介质。

（3）ε 毒素（ETX） ε 毒素是一种强有力的穿孔毒素，可导致血脑屏障功能障碍和蛋白质损伤，最终引起反刍动物中枢神经系统疾病。毒素是 B 型和 D 型产气荚膜梭菌分泌到细菌菌体之外的外毒素，能够与细胞膜结合形成不能被蛋白质变性剂分解的复合物，最终使细胞发生穿孔并裂解死亡。ε 毒素和细胞膜上的解调参考信号相互结合，形成毒素七聚体，这是该毒素发挥作用的先决条件。酪氨酸残基、色氨酸残基和组氨酸残基是 ε 毒素的主要毒力因子。ε 毒素能够增加细胞膜通透性，促进去甲肾上腺素释放，使其与血管上皮细胞受体结合，导致机体血压升高。毒素可以被肠道中蛋白水解酶活化，成为有活性的成熟肽，随血液循环到组织脏器中，引起多种组织器官水肿和充血。毒素能够破坏血脑屏障的完整性，与血脑屏障内血管和肺部血管上的受体相结合，引起血管通透性增高，因此形成的孔道可以使 ε 毒素及一些大分子物质如辣根过氧化酶、血清白蛋白等能够通过，导致脑功能紊乱。综上所述，ε 毒素对机体神经系统具有严重危害。

（三）病原分子流行病学

产气荚膜梭菌菌体自身不致病，依靠其分泌的外毒素造成机体损害，主要分泌 α、β、ε、ι 4 种外毒素，此外还有 CPE、Net B、PFO、Tpe L 等其他毒素，而根据毒素产生种类的不同，本菌可分为 A、B、C、D、E、F、G 7 型。其中 A 型菌主要分泌 α 毒素，可导致人类气性坏疽和食物中毒，也可引发动物气性坏疽和肠毒血症；B 型菌主要分泌 α、β 和 ε 毒素，是羔羊痢疾和其他反刍动物坏死性肠炎的罪魁祸首；C 型菌主要分泌 α 和 β 毒素，是绵羊猝疽的病原；D 型菌主要分泌 α 和 ε 毒素，可引发动物肠毒血症；E 型菌在各型中较少见，主要分泌 α 和 ι 毒素，可致犊牛、羔羊肠毒血症；F 型菌主要分泌 CPE 毒素，可致人类食物中毒和抗生素相关性腹泻；G 型菌分泌 Net B 毒素，主要引起鸡坏死性肠炎。所有外毒素中 ε 毒素毒力最强，对小鼠的 LD_{50} 可达 100ng/kg。

（四）感染和免疫

梭菌属细菌在繁殖过程中，可以向外界环境释放大量外毒素，引发人和动物多种病理变化。梭菌属的细菌一般可以通过误食被其芽孢所污染的食物和饮水进入肠道引发感染，也可以经受损伤口进入深层组织导致感染。但前提是存在有非开放性的伤口、深层组织发生坏死或缺血、多种厌氧菌混合感染等情况为其生长提供厌氧环境。

研究表明，与使用类似梭菌疫苗的绵羊和牛相比，山羊的保护性免疫持续时间要短得多。山羊可能需要每隔 3～4 个月接种一次疫苗，以使用当前可用的梭菌疫苗对肠毒血症保持足够的保护。山羊至少应按照适当的初级疫苗接种计划每年和最好每半年（每 6 个月）接种一次疫苗，尤其是在认为疾病压力或风险很高的情况下。首次接种疫苗后必须在 3～4 周后进行加强接种。

三、诊断要点

（一）羊快疫

羊快疫是由腐败梭菌引起羊的一种急性传染病，临床特征是发病突然、病程短促，真胃黏膜呈出血性、坏死性炎症。

1．流行病学诊断 本病主要发生于绵羊，尤其是 6～18 月龄、营养中等以上的绵羊多发；山羊也感染，但较少；鹿也可感染本病。腐败梭菌常以芽孢形式分布于自然界，尤其是潮湿、低洼及沼泽地带。羊只采食污染的饲料和饮水后，芽孢进入羊的消化道。许多羊的消化道平时就有这种细菌存在，但并不发病；当存在不良的外界诱因，特别是在秋、冬和初春气候骤变、阴雨连绵之际，羊只受寒感冒或采食了冰冻带霜的草料，机体遭受刺激抵抗力降低时，腐败梭菌即大量繁殖产生外毒素，引起发病死亡。本病具有明显的地方性特点。

2．临床诊断 发病突然，病羊往往未见临床症状即突然死亡，常见在放牧时死于牧场或早晨发现死于圈内。有的病羊离群独居、卧地、不愿走动，强迫行走时表现虚弱和运动失调。腹部膨胀，有腹痛症状；排粪困难、里急后重，排黑色软粪或稀粪，混杂有黏液或脱落黏膜，间或带有血丝。体温表现不一，有的正常，有的升高到 41.5℃。病羊最后极度衰竭、昏迷，口流带血泡沫，通常经数分钟到几小时死亡。

3．病理诊断 尸体迅速腐败膨胀，黏膜充血呈暗紫色。真胃及十二指肠黏膜有明显的充血、出血，黏膜下组织水肿甚至形成溃疡具有一定的诊断意义。胸腔、腹腔、心包大量积液，暴露于空气易于凝固。心内膜（特别是左心室）和心外膜有点状出血。肝肿大、质脆，呈煮熟状；胆囊胀大，充满胆汁。

（二）羊肠毒血症

羊肠毒血症又称软肾病、类快疫，是由 D 型产气荚膜梭菌在羊肠道内大量繁殖产生毒素所引起的一种急性传染病，临床特征为腹泻、惊厥、麻痹和突然死亡，死后肾多软化如泥。

1．流行病学诊断 各品种、年龄段的羊都可感染发病，但绵羊多发，山羊较少，鹿也可以感染。本病通常以 2～12 月龄、膘情好的羊多发。本菌为土壤常在菌，也存在于污水中，羊只采食病原菌芽孢污染的饲料与饮水而感染。牧区以春夏之交、抢青时和秋季牧草结籽后的一段时间发病较多，农区则多见于收割抢茬季节或食入大量蛋白饲料时，具有明显的地方性流行。

2. 临床诊断 本病突然发生，很快死亡，很少能见到症状。临床上可分为两种类型：一类以抽搐为特征，在倒毙前四肢出现强烈的划动，肌肉颤搐，眼球转动，磨牙，口水过多，随后头颈显著抽搐，往往在2～4h死亡；另一类以昏迷和静静地死亡为特征，病程不太急，早期症状为步态不稳，以后倒地，并有感觉过敏、流涎、上下颌“咯咯”作响，继而昏迷，角膜反射消失，有的病羊发生腹泻，通常在3～4h静静地死去。体温一般不高。血、尿常规检查常有血糖、尿糖升高现象。

3. 病理诊断 肠道（尤其是小肠）黏膜充血、出血，严重者整个肠壁呈血红色，有时出现溃疡。胸腔、腹腔、心包有多量渗出液，易凝固。心内外膜、腹膜、隔膜有出血点。肺脏充血、水肿，肝肿大，胆囊增大1～3倍。胸腺有出血点。全身淋巴结肿大、出血。肾脏软化如泥样，稍加触压即碎烂。

（三）羊猝疽

羊猝疽是由C型产气荚膜梭菌引起的一种毒血症，以急性死亡、腹膜炎和溃疡性肠炎为特征。

1. 流行病学诊断 本病发生于成年绵羊，以1～2岁的绵羊发病较多。常流行于低洼、沼泽地区。多发生于冬春季节。主要经消化道感染，常呈地方性流行。

2. 临床诊断 病程短促，常未见到症状即突然死亡。有时发现病羊掉队、卧地，表现不安、衰弱和痉挛，在数小时内死亡。

3. 病理诊断 主要见于消化道和循环系统。十二指肠和空肠黏膜严重充血、糜烂，有的区段可见大小不等的溃疡。胸腔、腹腔和心包大量积液，暴露于空气后可形成纤维素絮块。浆膜上有小点出血。死亡后骨骼肌出现气肿和严重出血。

（四）羊黑疫

羊黑疫又名传染性坏死性肝炎（infectious necrotic hepatitis），是由B型诺维氏梭菌引起的一种急性高度致死性毒血症，其特征是肝实质发生坏死性病灶。

1. 流行病学 本菌能使1岁以上的绵羊感染，以2～4岁的肥胖绵羊发生最多；牛和山羊也可感染。实验动物中以豚鼠最敏感，家兔、小白鼠易感性较低。诺维氏梭菌广泛存在于土壤中，羊采食被此菌芽孢污染的饲料而感染。本病主要在春夏发生于肝片吸虫流行的低洼潮湿地区。

2. 临床诊断 病程急促，绝大多数病例未见病症而突然死亡。少数病例病程稍长，可拖延1～2d，但一般不会超过3d。病羊精神不振，掉队，不食，呼吸困难，流涎，体温41.5℃左右，呈昏睡俯卧状态而死亡。

3. 病理诊断 病羊尸体皮下静脉显著充血，皮肤呈暗黑色外观（黑疫之名由此而来）。胸部皮下组织常见水肿，胸腔、腹腔、心包腔积液。左心室心内膜下常出血。真胃幽门部和小肠充血、出血。肝充血肿胀，表面有一到多个灰黄色、不规则形的凝固性坏死灶，其周围常为一鲜红色的充血带围绕，坏死灶直径可达2～3cm，切面呈半圆形。羊黑疫肝的这种坏死变化具有诊断意义。这种病变与未成熟肝片吸虫通过肝脏所造成的病变不同，后者为黄绿色、弯曲似虫样的带状病痕。

（五）羔羊痢疾

羔羊痢疾是由B型产气荚膜梭菌引起初生羔羊的一种急性毒血症，以剧烈腹泻和小肠发生溃疡为特征。常引起羔羊大批死亡，本病给养羊业造成重大的经济损失。

1．流行病学诊断 本病主要发生于7日龄以内羔羊，尤以2～3日龄羔羊发病最多，7日龄以上的羔羊很少患病。主要经过消化道感染，也可通过脐带或创伤感染。当母羊孕期营养不良，羔羊体质瘦弱，加之气候骤变、寒冷袭击、哺乳不当、饥饱不匀或卫生不良时容易诱发。本病呈地方性流行。

2．临床诊断 潜伏期为1～2d。病初精神委顿，低头拱背，不想吃奶，不久即发生腹泻，粪便恶臭，有的稠如面糊，有的稀薄如水，粪便呈黄绿色、黄白色甚至灰白色。后期粪便带血并含有黏液和气泡；肛门失禁、严重脱水、卧地不起，呼吸急促，口吐白沫，最后昏迷，头向后仰，体温下降至常温以下，于数小时至十几小时内死亡。

3．病理诊断 尸体严重脱水，尾部沾有稀粪痕迹。真胃内有未消化的乳凝块。小肠（尤其是回肠）黏膜充血发红，常可见直径1～2mm溃疡，其周围有一充血带环绕，肠内物呈血色。肠系膜淋巴结肿胀充血或出血。心包积液，心内膜可见出血点。肺常有充血区和瘀斑。

（六）鉴别诊断

应与以下疾病鉴别。

1．败血型巴氏杆菌病 咳嗽，呻吟，腹泻，粪便恶臭。拉稀后体温下降，迅速死亡。肺炎型，流鼻液，叩诊胸部疼痛。咽部肿胀，有热痛，流涎。

2．氢氰酸中毒 多有吃入高粱、玉米苗及桃叶、枇杷叶、杏叶病因。不具传染性。结膜鲜红，血液鲜红，内脏内容物含有杏仁味。

3．羊炭疽 可视黏膜蓝紫色，死后天然孔出血，血液呈煤焦油状，可镜检出炭疽杆菌。

四、实验室诊断技术

根据流行病学、临诊症状和病理变化做出初步诊断，确诊需进行实验室检查，鉴定病原菌及其毒素。

（一）染色镜检

无菌操作取病死羔羊的肝、脾及小肠（回肠段）内容物，经脏器涂片，革兰染色、亚甲蓝染色后镜检，见到两端钝圆、短粗的革兰阳性杆菌，呈单个或成双排列，具有荚膜，少数有芽孢。

（二）毒素检查

为了鉴别由B型、C型、D型产气荚膜梭菌所致的肠毒血症，有必要对分离的病原进行定型。其最为简单的办法是采集剖检病尸的小肠内容物，过滤、离心取上清，分成3份，每份不少于0.3mL，然后以1∶2或1∶3的比例加入不同的抗生素，分别从尾静脉注入3组小白鼠，哪一组小白鼠存活即可得知是哪一种毒型，然后实施对症治疗可收到事半功倍的效果。如果有2组小白鼠存活或全部死亡，则证明有混合感染，需要进行交叉中和试验。

（三）PCR 检测

对不同病原菌毒素基因保守序列设计引物，PCR 扩增检测。

五、防控措施

（一）平时的预防措施

加强饲养管理，防止受寒感冒，避免采食冰冻饲料。在本病常发地区，每年定期注射羊快疫-猝疽-羔羊痢疾-肠毒血症三联四防灭活疫苗或羊快疫-猝疽-肠毒血症-羔羊痢疾-羊肠毒血症、肉毒梭菌（C 型）中毒症五联干粉灭活疫苗。对未发病羊只，应转移到高燥地区放牧，加强饲养管理同时用菌苗紧急接种。农区、牧区春夏之际避免抢青、抢茬，秋季避免吃过量结籽饲料，精、粗、青料要搭配合理。控制肝片吸虫的感染。

（二）发病时的扑灭措施

发生本病后隔离病羊，对病程较长的病羊用青霉素、磺胺嘧啶、环丙沙星、链霉素等抗菌药物进行治疗。还应针对其他症状进行对症治疗，也可使用中药治疗。羊黑疫可对病羊用抗诺维氏梭菌血清治疗。

六、问题与展望

当前，产气荚膜梭菌病的防控形势依然严峻，而疫苗是预防本病的重要手段。鉴于传统疫苗缺陷较多，产气荚膜梭菌基因工程亚单位疫苗成为现今的研究热点。由于 ε 毒素毒力强，在相关联苗的研制中往往成为不可或缺的组分。可喜的是，近些年的研究中诞生了许多兼具免疫原性和无毒性的优秀重组蛋白，这将是未来潜在的制苗株，有助于我国产气荚膜梭菌防控水平登上新台阶。

（杨瑞梅）

第九节 副结核病

一、概述

副结核病（paratuberculosis）是由副结核分枝杆菌（*Mycobacterium avium* subsp. *paratuberculosis*，*MAP*）引起的反刍动物为主的一种慢性消耗性传染病，以顽固性腹泻、极度消瘦、慢性卡他性肠炎、肠黏膜增厚及形成皱襞为特征。病牛或带菌牛是主要的传染源，可经消化道感染，也可经子宫垂直感染。奶牛和肉牛最易感，6 月龄以内的犊牛感染后发病风险高，多呈散发或地方性流行。

拓展阅读 4-9

1881 年，Hansen 和 Nielsen 首次观察到因肠炎死亡牛肠黏膜增厚和脑回状的病理变化。1895 年，Johne 和 Frothingham 首先描述此病，并证明了在患病牛肠段中存在抗酸菌，因此副结核病又称为约内氏病（Johne’s disease，JD）。1910 年，Twort 首次分离出 *MAP*。1953 年，我国首次报道本病的存在。自 1972 年以来，一些地区的奶牛场、种牛场等均有本病发生。1975

年，我国首次在内蒙古的病牛中分离到 *MAP*。目前，副结核病呈世界性分布，给世界范围内的养牛业造成了重大的经济损失，严重危害养牛业的健康发展，因此采取有效的防控措施势在必行。

二、病原学

（一）病原与分类

结核分枝杆菌复合群（*Mycobacterium tuberculosis* complex，*MTBC*）和鸟分枝杆菌复合群（*Mycobacterium avium* complex，*MAC*）是分枝杆菌属中 2 个非常重要的复合群，*MTBC* 与 *MAC* 成员有 40%的核苷酸序列相似性。根据 16～23S 核糖体 RNA 内部转录间隔区差异，*MAC* 包括鸟分枝杆菌（*Mycobacterium avium*，*MA*）及其亚种［鸟分枝杆菌副结核亚种，即副结核分枝杆菌（*Mycobacterium avium* subsp. *paratuberculosis*，*MAP*）、鸟分枝杆菌禽亚种（*Mycobacterium avium* subsp. *avium*，*MAA*）、鸟分枝杆菌林鸽亚种（*Mycobacterium avium* subsp. *silvaticum*，*MAS*）、鸟分枝杆菌猪亚种（*Mycobacterium avium* subsp. *hominissuis*，*MAH*）］和胞内分枝杆菌（*Mycobacterium intracellulare*，*MI*）（Busatto et al.，2019）。通过对完整基因组 DNA 序列的系统进化分析表明，鸟分枝杆菌各亚种间的核苷酸序列同一性超过 95%，而鸟分枝杆菌各亚种与胞内分枝杆菌的核苷酸同一性在 80%～94%。

MAP 长为 0.5～1.5μm，宽为 0.3～0.5μm。革兰阳性短杆菌，抗酸染色阳性（经染色镜检为红色成丛或成堆的两端钝圆的中小杆菌）。*MAP* 最佳生长温度为 38～40℃，*MAP* 在组织或粪便中成团或成丛存在，体外条件下不易分离培养，需要添加分枝杆菌素才能生长，且生长缓慢，繁殖周期需要 20h 以上，常需 6～8 周或更长时间才能长出小菌落，长者可达 6 个月。Herrold 卵黄培养基、小川氏培养基是分离 *MAP* 的常用培养基。在 Herrold 卵黄培养基中，*MAP* 最初菌落直径为 1mm，无色、透明、呈半球状、边缘圆而平、表面光滑；继续培养，菌落可增大至 4～5mm，颜色呈米黄色、表面粗糙、干燥，有突起状的索状经脉结构，形似菜花样（Lombard，2011）。

MAP 细胞壁富含海藻糖、磷脂酰肌醇甘露糖苷（PIM）及其糖基化衍生物、脂质体（LM）和脂阿拉伯甘露聚糖（LAM）等组分，导致 *MAP* 具有耐酸和耐醇能力，使 *MAP* 在合适的温度和湿度条件下，具有长达 55 周的生存能力；而在不利生存条件时，*MAP* 则能形成芽孢样结构，可长期存在于土壤和水源中（Kaur et al.，2006）。研究表明，相较于结核分枝杆菌（*Mycobacterium tuberculosis*，*MTB*），*MAP* 能够在巴氏杀菌奶中存活下来。

MAP 对自然环境抵抗力较强，河水中可存活 163d，池塘水中可存活 270d，粪便和土壤中可存活 11 个月，－14℃冷冻条件下至少存活 1 年，而在尿中仅能存活 7d。*MAP* 对热敏感，63℃ 30min、70℃ 20min 或 80℃ 5min 即可被杀灭。3%来苏尔、3%福尔马林、2%次氯酸钙和 2.5%苯酚等消毒剂可在 10min 内有效杀死 *MAP*。

（二）基因组结构与编码蛋白

2005 年，Li 等完成 *MAP* 参考株 K-10 的全基因测序和注释，*MAP* K-10 株基因组为 4 829 781bp，含有约 4350 个开放阅读框（ORF），长度为 114～19 155bp，占基因组的 91.5%；含有 45 个 tRNA 和 1 个 rRNA 操纵子；基因组 G＋C 的含量为 69.30%（Li et al.，2005）。在 *MAP* K-10 株基因组中，含插入序列、多基因家族和重复保守序列等的 DNA 重复序列，占碱基总数的 1.5%。由于基因具有重复性，特别是参与脂质代谢和氧化还原的基因，导致该基因组具有较高的冗余率。进一步分析发现，*MAP* K-10 株存在 196 个不同的插入序列，其中 IS900 插入序列有 17 个拷贝、IS1311 有 7 个拷贝、ISMav2 有 3 个拷贝。到目前为止，还没有在其他分枝杆菌中发现 6 个拷贝的 ISMAP01 和 4 个拷贝的 ISMAP02 基因序列。

IS900 包含了 1451 个碱基，其中 2/3 为鸟嘌呤（G）和胞嘧啶（C），IS900 没有末端反向重复序列，该插入序列在 *MAP* 基因组中有 15～20 个拷贝，而且证实 IS900 具有菌种的特异性，可以与结核分枝杆菌（*MTB*）等其他分枝杆菌加以区分，为 *MAP* 的一个高清晰度的生物标志，成为与其他分枝杆菌相区别的金标准。因此，IS900 已成为研究 *MAP* 的一个焦点。

（三）病原分子流行病学

目前常用的 *MAP* 基因分型方法包括：随机扩增多态性 DNA（RAPD）、扩增片段长度多态性（AFLP）、脉冲场凝胶电泳（PFGE）、IS900-限制性片段长度多态性（IS900-RFLP）、分枝杆菌散在分布的重复单元（MIRU）、数目可变的串联重复序列（VNTR）、单核苷酸多态性及全基因组测序等（Fawzy et al.，2018）。基于流行病学和表型特征，将 *MAP* 分为 I 型、II 型和III型 3 种类型：I 型即 S 型，最初从绵羊中分离得到；II 型即 C 型，最初从牛体内分离得到；III型又称为生物中间型，是从 I 型菌株中分出的一个亚型。但是，最近一项基于全基因组测序的研究表明，I 型和III型这两种类型都是 S 型的亚型。基于插入元件 IS1311 的 223 位点的 SNP，美国蒙大拿州的野牛中分离到的 *MAP* 存在新的亚型，称为“B 型”或者“美国野牛型”。而印度野牛中分离到 B 型 *MAP* 由于与美国分离的 *MAP* 存在差异，被命名为“印第安野牛型”。全基因组测序结果表明，B 型是 C 型的一个亚型（Möbius et al.，2017）。

（四）感染与免疫

MAP 入侵机体主要分为两个阶段：①*MAP* 入侵肠道；②*MAP* 感染并存活于巨噬细胞中。在每个阶段，*MAP* 都会遇到多种宿主防御系统的抵抗，它必须破坏或逃脱这些防御系统才能建立感染。*MAP* 经口摄入后，首先感染扁桃体隐窝，经消化道和血液循环后抵达小肠和肠系膜淋巴结。*MAP* 经过机体的消化系统时，激活了细胞壁成纤维细胞活化蛋白（FAP），从而促进了纤维连接蛋白的调理作用。纤维连接蛋白通过纤维连接蛋白受体将 *MAP* 递呈到 M 细胞的管腔表面，然后这些细胞将 *MAP* 从肠腔转移到小肠黏膜下层，小肠黏膜下层的 *MAP* 通过识别巨噬细胞表面特异性受体，从而进入巨噬细胞中。随后，巨噬细胞内的吞噬体发生酸化，与溶酶体融合形成吞噬溶酶体，进而发展成为成熟的吞噬溶酶体，通过降解 *MAP* 的细胞壁和蛋白质，破坏细胞内的 *MAP*。巨噬细胞的吞噬作用还能诱导 NADPH 氧化酶复合物在吞噬体膜上的组装，从而催化产生超氧化物和一氧化氮等一系列高毒性的氧衍生物，发挥杀菌能力。活化的巨噬细胞也能分泌 IL-1、IL-6 及 IL-12 等多种细胞因子，刺激 T 细胞、B 细胞和巨噬细胞的产生及活化，诱导广泛的免疫反应，以控制 *MAP* 的感染。

而 *MAP* 为了逃脱吞噬溶酶体的水解和氧化作用，也进化出相应的防御措施，如通过阻止吞噬体的酸化、抑制吞噬溶酶体的融合等存活于巨噬细胞之中，而此时的巨噬细胞则为 *MAP* 持留提供了天然的保护所，帮助 *MAP* 存活、繁殖以及扩散。随着时间的推移，*MAP* 还会诱导强烈的黏膜免疫反应，进而引起肠道的损害，并由小肠向盲肠和结肠扩散，引起肠壁组织增生增厚，造成肠黏膜腺体萎缩，阻碍牛的消化和吸收功能，导致肠道机能丧失和血液中的蛋白质丢失。在肠道内形成的免疫复合物，可能是导致肠蠕动亢进并出现下痢的主要原因之一。

机体感染 *MAP* 后最初引起细胞免疫应答，随后产生体液免疫，且二者发生时间呈分离现象，细胞免疫随病情的康复而增强；反之，体液免疫随病情的加重而增强。在感染初期，Th1 型细胞介导的免疫应答首先发挥作用，在此阶段动物机体会出现少量排菌现象，可采用细菌分离培养手段进行检测；而在 2～5 年的长期亚临床阶段，细胞免疫应答与体液免疫应答均不明显，同时动物机体排菌量下降，而处于此阶段的亚临床病牛则无有效的检测方法；在感染后期，体液免疫增强，此时机体的抗体水平与排菌量均显著增高。机体感染 *MAP* 后在不同的时期会表现出不同的病理生理状态和免疫状态，同时结合年龄这一指标，将有助于提高副结核病的临床检出率。

三、诊断要点

（一）流行病学诊断

副结核病无明显的季节性，但春秋两季多发，主要呈散发性，有时也呈地方性流行。副结核病的感染是一个漫长的过程，潜伏期通常为 2～5 年，最早的 4 个月犊牛表现出临床症状，长的可达 15 年。反刍动物对 *MAP* 易感，其中奶牛最易感。母牛在妊娠、生产及泌乳期间、气候剧变或其他应激情况都可引起发病，主要以奶牛业和肉牛业发达的国家和地区发病最为严重。

（二）临床诊断

牛副结核病以体温不升高、顽固性腹泻、高度消瘦为临床特征。病初出现轻微腹泻，粪便稀软、恶臭、带泡沫、黏液或血液凝块。排粪次数增多，并伴有消化不良和轻微的食欲不振。随着病情的发展，腹泻加重，呈喷射状的水样腹泻，并带有气泡。由于腹泻使得尾巴、会阴和后肢被粪便污染，尾巴将粪便甩到腹肋部和臀部而污染后躯。随着病程进展，病牛食欲不振，体重明显下降、消瘦、眼窝下陷，经常躺卧，伴随腹泻可出现短暂的发热、泌乳量减少，高度营养不良，皮肤粗糙、被毛松乱、干涩无光，许多牛发病后，高度渴感而大量饮水，下颌间隙和胸部等处出现不同程度的浮肿，肿胀面积大小不一、无热、无痛。病程可持续半年或更长一段时间，最后因全身极度衰竭而死亡，病死率可达 10%。

本病为典型的慢性传染病，有反复加重和缓解的过程。病初不表现任何症状，只有变态反应才能检出，但仅有 30%～50%的病牛能排菌。

绵羊和山羊的症状与牛相似。潜伏期数月至数年。病羊表现间断性或持续性腹泻，但有的病羊排泄物较软。保持食欲，体温正常或略有升高，病羊体重逐渐减轻。发病数月以后，病羊表现消瘦、衰弱、脱毛、卧地。病末期可并发肺炎。羊群的发病率为 1%～10%，多数归于死亡。

（三）病理诊断

病死牛尸体外观呈现极度消瘦、营养不良，剖检可见主要是肠系膜淋巴结和消化道发生病变。消化道的病变局限于结肠前段、回肠和空肠，其中最明显的是回肠。肠内含有非常少的内容物，有时肠外观没有出现明显变化，但淋巴结发生肿大，肠壁往往增厚，肠黏膜一般可增厚至 3～20 倍，形成弯曲且硬的皱襞。黏膜呈灰黄色或者黄白色，皱褶突起部位充血，黏膜表面附着混浊且黏稠的黏液，无结节、坏死及溃疡等病变。肠系膜和浆膜出现明显水肿，浆膜下淋巴结及肠系膜淋巴结一般呈索状肿大，质地变软，切面湿润并存在黄白色的病灶，无干酪样病变。

组织学病变为肠黏膜下层和固有层有大量的上皮样细胞和淋巴细胞增生。小肠轻度病变时，黏膜固有层淋巴细胞以增生为主，另有少量的上皮样细胞增生；小肠严重病变时，在黏膜固有层、黏膜下层以上皮样细胞增生为主，另在肌层有少量淋巴细胞增生，其中上皮样细胞呈非常紧密的排列，有时会存在巨噬细胞。另外，在浆膜层和肌层血管的外围，也会浸润有不同数量的上皮样细胞和淋巴细胞。肠绒毛粗大，呈棒状，或完全消失。肠腺由于受压发生萎缩、变性或完全消失。黏膜下层及肌层发生水肿，实质结构呈疏松状排列，这是由于积聚水肿液而形成很多空隙。大肠的病变情况基本与小肠类似。

（四）鉴别诊断

临床上无特异性症状，仅凭临床症状是难以做出准确的诊断。以水样或糊状腹泻症状为主的牛传染病包括牛病毒性腹泻、牛轮状病毒病、牛冠状病毒病、牛产肠毒素性大肠杆菌病、牛沙门菌病、牛副结核病、牛空肠弯曲菌病等，因此应该注意区别。

牛病毒性腹泻：又称牛病毒性腹泻-黏膜病，以 6～18 月龄更易感，其他月龄也发，发病率高，病死率高。主要是水样腹泻，内含黏液、纤维素絮状血液，眼鼻黏液性分泌物、流涎增多，呼出恶臭气体，有的跛行，妊娠母牛流产。

牛轮状病毒病：病原为轮状病毒，主要发生于 1 周以内的新生犊牛，发病率较高。主要表现为排黄白绿色粪便，有时带有黏液和血液，腹泻延长时脱水明显。

牛冠状病毒病：病原为冠状病毒，犊牛和成年牛都可发生，主要为 3 月龄以内，一年四季均有发生，发病率较低。表现为排水样粪便或者血样粪便，奶牛产奶量下降，个别伴有肺炎症状，犊牛死亡率较高，成年牛群发病但致病力较低，对症治疗可痊愈。

牛产肠毒素性大肠杆菌病：病原主要为产肠毒素性大肠杆菌，牛发病主要为 2 周龄以内，特别是 3 日龄发病率较高，发病牛体温不高，排灰白色粥样下痢便，经一段时间后呈现水样，粪便中混有泡沫或者血凝块，有酸臭味。

牛沙门菌病：病原为多种血清型沙门菌，主要发生于 6 月龄以内，特别是 4 周龄感染后表现严重的腹泻，死亡率较高，发病率较高，病牛体温升高，排恶臭的黄色下痢便、黏液、血液便，时而表现肺炎症状，急性病例数日死亡于败血症，慢性病例有时出现关节肿胀或者神经症状。

牛副结核病：病原为牛副结核分枝杆菌，主要发生于 4～6 月龄犊牛，以体温不升高、顽固性腹泻、高度消瘦为临床特征。病初出现轻微腹泻，粪便稀软，恶臭，带泡沫、黏液或血液凝块。随着病情的发展，腹泻加重，呈喷射状的水样腹泻，并带有气泡。

牛空肠弯曲菌病：病原为空肠弯曲菌，不同日龄牛都可以发病，有明显的冬季发病特点，又称为冬痢，发病率较低。主要表现为体温正常，排水样粪便，粪便棕色带有血液、恶臭，可做出初步诊断。

四、实验室诊断技术

依据典型的临床症状和病理变化可对本病做出初步诊断，但确诊需要进行实验室诊断。副结核分枝杆菌感染后机体的免疫反应较为复杂，需要结合不同感染阶段的特征及牛群年龄的情况灵活使用几种检测方法进行持续追踪，寻找到适合不同感染时期的检测方法。例如，副结核分枝杆菌感染的育成牛通常处于早期感染阶段，应该重点考虑采用针对细胞免疫反应的检测方法，可采用皮内变态反应与γ干扰素释放试验进行检测，并结合抗体检测及细菌分离培养。对于2岁以上的疑似感染牛，应重点考虑针对体液免疫的检测方法，如ELISA方法、琼脂扩散试验检测血清中*MAP*的抗体水平，同时结合PCR方法及细菌分离培养方法检测粪便中的排菌情况，并辅以皮内变态反应（SDTH）检测与γ干扰素释放试验。

（一）病原学诊断

细菌学检测分为细菌培养和细菌镜检两种方法。应用于细菌学检测的样品主要为采集的牛粪便与病死牛剖检时具有明显病变的肠段及淋巴结。

1．细菌培养　*MAP*细菌分离培养具有很高的特异性，被作为诊断副结核病的金标准。对疑似病牛，生前取粪便或死后采回肠末端与附近肠系膜淋巴结做成乳剂，离心后取沉淀物接种于改良小川固体培养基进行培养。这种方法虽可靠，但检测成本高，初代分离极为困难，周期过长，约需7周才能长出小菌落。

2．细菌镜检　即抗酸染色法。由于*MAP*属于分枝杆菌属成员，细胞壁中含有大量的糖脂，普通的染色方法很难使其着色，需要采用抗酸染色法进行染色，抗酸菌呈特征性的红色，而其他细菌和细胞呈蓝色。取临床症状病牛粪便中的黏液、血丝，加3倍量的0.5%氢氧化钠液，混匀，55℃水浴乳化30min，以4层纱布滤过，滤液以1000r/min离心5min后去沉渣，再以3000～4000r/min离心30min，去上清液取沉淀物涂片，经干燥、固定后，用抗酸染色法染色、镜检。*MAP*在显微镜下呈红色短棒状或球杆状，成丛或成团存在，背景为蓝色。由于肠道中的其他腐生性抗酸菌经抗酸染色后也呈红色，在应用细菌镜检时要求待检样品中含有一定量的*MAP*，同时也要求检测人员具有丰富的经验。

（二）变态反应诊断

皮内变态反应（SDTH）：对没有临床症状或症状不明显的牛，可以用副结核分枝杆菌素或禽分枝杆菌素（PPD）做皮内变态反应试验。将提纯的副结核分枝杆菌素或禽分枝杆菌素（PPD）（2000IU，0.1mL）皮内注射于牛左侧颈中部上1/3处，72h后观察反应，检查注射部位的红、肿、热、痛等炎性变化，并再次测量皮厚并统计注射前后皮厚差。例如，皮厚差≥4mm则判为阳性、2.1～3.9mm则为可疑、皮厚差≤2.0mm则为阴性。

本方法能检测出处于感染早期的牛，对感染中后期的牛敏感性有所下降。在感染后3～9个月反应良好，但至15～24个月反应下降，此时大部分排菌牛及一部分感染牛均呈阴性反应，即许多牛只在疾病末期表现耐受性或无反应状态。如果临床症状加剧的病牛，变态反应可能消失，因此在检查时应注意。变态反应能检出大部分潜伏感染病畜（副结核分枝杆菌素检出率为94%，禽分枝杆菌素为80%），这些潜伏型病畜，尽管不显临床症状，但其中部分病畜（30%～50%）可能已排菌。由于该方法在实际检验中操作烦琐，敏感性和特异性都很低，目前很多国家已不再使用这一方法。

（三）血清学诊断

1．补体结合试验（CFT）　补体结合试验是最早用于本病的诊断方法，能更有效地检测出早期感染病牛，具有较好的敏感性与特异性，为国际上诊断牛副结核病常用的血清学方法。与皮内变态反应一样，病牛在出现临床症状之前即对补体结合反应呈阳性反应，但其消失比变态反应迟。CFT 反应强度与病原菌在粪便中排泄量有关，即补体结合阳性牛就是排菌量大的病牛，故 CFT 特别适用于临床发病牛，敏感性和特异性达 90%以上。缺点是存在非特异性反应，对有些未感染牛可出现假阳性反应；对潜伏感染病例效果不佳，不适用于大规模筛查和亚临床感染病牛的检测。因此，2021 年世界动物卫生组织已将 CFT 从《OIE 陆生动物诊断试验和疫苗手册》“副结核病诊断技术”中删除。

2．琼脂凝胶免疫扩散试验（AGIDT） AGIDT 是一种经典的免疫学实验方法，具有操作简便、特异性好、结果判读容易等优点。但诊断牛副结核病时敏感性低，容易出现假阳性。不适宜作筛选和鉴定亚临床感染病牛。由于缺少标准抗原提取规程，目前还难以进入临床应用，而且国内外关于牛副结核分枝杆菌琼脂抗原的报道也非常少。

3．酶联免疫吸附试验（ELISA） ELISA 是目前针对血清中副结核分枝杆菌特异性抗体最常用的检测方法。目前商品化 ELISA 试剂盒主要检测牛血清及牛奶中的副结核抗体。ELISA 与 CFT 同属于检测血清抗体的方法，但 ELISA 的敏感性和特异性均优于 CFT。适用于检测无临床症状的带菌牛和临床症状出现前补体结合反应阴性牛。ELISA 因可替代补体结合反应而获得广泛使用，也是 WOAH 在副结核病诊断中首选推荐的方法。

此外，还有 γ 干扰素释放试验、免疫斑点试验、间接血凝试验、免疫荧光抗体及对流免疫电泳等检测方法均可用于本病诊断。

（四）分子生物学诊断

1．DNA 探针 应用克隆方法所获得的 DNA 探针具有很好的特异性和敏感性。将 *MAP* 基因组中的插入序列 IS900 标记成 DNA 探针，快速检出牛粪便中的 *MAP* DNA 片段，使从粪便中检测 *MAP* 的 7 周时间缩短到 24h 以内完成。此方法操作简单，具有较强的敏感性和特异性；且比其他免疫学方法特异性强，除了与禽分枝杆菌Ⅱ型有交叉外，可以与其他分枝杆菌区别开来。

2．聚合酶链反应（PCR） 目前，针对 *MAP* 特异性片段 IS900 的 PCR 检测方法已经被作为确诊副结核病的检测技术，具有快速、灵敏度高等优点。以 IS900 的序列为引物建立的 PCR 方法，不仅能够检测粪便和组织中 *MAP* 的带菌情况，也可以从奶样、血样及淋巴液中进行病原菌检测。据报道，PCR 方法检测不同来源的样品中 *MAP* 阳性率比涂片镜检高 0%～42.3%，绝大多数高出 10%，比常规的细菌培养高 0%～31.7%，多数高出 6%。由此可见，PCR 方法比病原学方法具有更高的检出率且快速，已成为副结核病的一种实用而可靠的检测方法。

五、防控措施

（一）综合防控措施

目前对于牛副结核病的综合防控措施主要是检疫和淘汰副结核感染病牛，做好粪便处理和圈舍的日常清洁消毒工作，防止饮水、饲料被污染。

1．平时的预防措施 平时应加强检疫，禁止从疫区引进新牛，如必须引进时，应在严格隔离的条件下用皮内变态反应进行检疫，确认健康后方可混群。同时，应做好日常清洁消毒工作。

对于疑似出现副结核感染牛场应定期采用 PCR 检测法及细菌镜检来检测牛群乳汁及粪

便中的带菌情况，一经发现处于排菌期的阳性牛，应立即进行隔离、淘汰及消毒。对于曾发生过本病的牛群，每年实行 4 次检疫，如 3 次以上无阳性牛，可视为健康牛群。

2．发病时的扑灭措施　对暴发疫情后的牛群应该及时进行隔离和淘汰，逐步建立清净牛群，并且对牛群所处的环境及器具等物品用来苏尔、生石灰、漂白粉、氢氧化钠、石炭酸等消毒药进行严格消毒，粪便发酵处理。牛舍在消毒后的 1 年内不能饲养。

在检疫中发现有明显症状，同时粪便抗酸染色检查阳性的牛应及时扑杀处理。皮内变态反应阳性牛应集中隔离，分批淘汰。对变态反应阳性母牛、病牛或粪菌检测阳性母牛所生犊牛应立即与母牛分开，人工哺喂健康母牛初乳 3d 后，集中隔离饲养，待 1 月龄、3 月龄、6 月龄时各做 1 次变态反应检查，如均为阴性，可按健康牛处理。对变态反应疑似牛每隔 15～30d 检疫 1 次，连续 3 次呈疑似的牛，应酌情处理。

（二）生物安全体系构建

防止犊牛接触到病牛粪便，检疫、隔离和淘汰副结核病阳性牛是预防和控制牛副结核病感染、传播和流行的重要防控措施，快速准确检测、甄别和淘汰潜伏感染牛、亚临床病牛和临床副结核病牛，及时控制和消灭传染源，切断传播途径，结合有效的消毒措施，构建防控副结核病生物安全体系。

（三）疫苗与免疫

预防用牛副结核病的疫苗主要有3种，包括菌体成分苗、灭活全菌苗和弱毒活疫苗。Larsen 等用各种菌苗在被感染牛群中进行了长达 6 年的免疫比较试验，证实 3 种菌苗都可减少本病造成的损失，而以“全菌灭活苗”为优。20 世纪五六十年代，英国出现副结核病大流行时，在污染地区应用弱毒活疫苗，成功地使发病率由 11%降到 1%以下；美国威斯康星州等副结核病污染严重地区用灭活疫苗进行净化，使临床发病率显著下降；我国吉林省兽医科学研究所于 1990 年成功研制出牛副结核灭活疫苗，其保护率和免疫期均高于国外同类疫苗，在吉林、辽宁、黑龙江等地多个牛场中应用，已取得良好的效果，使部分牛场的副结核病得到净化。尽管有这些成功的事例，但疫苗接种仅在特定国家被限制性使用，这是由于副结核病是在幼龄期感染（1 月龄前最易感），并存在较高的垂直感染风险，因此仅靠主动免疫阻止感染较为困难，实际应用中副结核苗只是阻止临床发病，不能彻底清除排菌牛。由于副结核病为潜在的人兽共患病，可能直接危害人的健康，必须优先考虑。虽然有许多国家（如法国、英国等）认为疫苗免疫是保护畜群的最好方法，但从我国具体情况出发，应该慎重地、有区别、有选择地应用副结核病疫苗，通过多种方法定期检测种群状态，及时淘汰阳性牛，控制本病发生发展。

（四）药物与治疗

目前，副结核病的防治仍无特效的预防和治疗药物。多年来，各国试验了多种抗分枝杆菌的药物，如链霉素、氨苯砜、异烟肼等，对本病治疗均未获得满意疗效。有人对病牛做过药物治疗试验，用链霉素、异烟肼等治疗药物大量投入，结果仅使症状暂时减轻，不能使排菌停止。有人用硫酸链霉素给山羊连续投服 1 个月，排菌量仅降 1%，但停药后又重新回到治疗前的水平，而且每天要消耗大量的药物费用。氯苯吩嗪已被成功地用于缓解自然感染牛的临床症状，但该药不能阻止病牛粪便排菌，不能治愈感染，要使病牛不再出现临床症状，必须长期用药。异烟肼可以单用，20mg/kg，口服，每天1次，也可将利福平（20mg/kg，口服，每天1次）和氨基羟丁基卡那霉素A（18mg/kg，分点注射，每天2次）联合使用，已获得相似的临床效果，但和氯苯吩嗪一样，感染仅被抑制，并没有治愈，尽管临床症状好转，但仍能从粪便中排菌。异烟肼是最经济的药物，但是若想取得临床效果需要暂时或一直与利福平或氨基糖苷类药物合用。利福平不应单独使用，因为很容易造成耐药性。治疗副结核病的所有用药方法都会超标用药且用药时间较长，病牛不能用于产奶和屠宰食用，并且治疗费用昂贵。因此，用药物治疗这种方法还有待进一步的研究。

鉴于本病的传染危害，如果不能尽快处理临床病例，将很难将其净化。因此，大多数学者认为本病不应进行治疗。

（五）公共卫生安全

已有越来越多的证据支持*MAP*可能与人的克罗恩病（Crohn disease，CD）病原学有关。据报道，从克罗恩病患者的肠道病变部位或血液中分离出*MAP*，能够扩增到相应的特异性基因片段。许多研究显示，用针对*MAP*的抗生素治疗CD有一定效果。例如，英国Douglasl等用Clofazamine（氯苯吩嗪）、Clarithromycin（克拉霉素）和Rifabutin（利福布丁）治疗30例难治性CD患者，结果对2/3的患者有效，显示*MAP*与CD的相关性。此外，*MAP*还能诱发人的Ⅰ型糖尿病（type 1 diabetes，T1D）、风湿性关节炎、桥本甲状腺炎、多发性硬化症和自闭症等多种自身免疫性疾病。

六、问题与展望

副结核病不仅严重危害畜牧业的健康发展，而且*MAP*还可通过污染乳、肉制品对人的健康造成潜在危害，因而具有较严重的食品安全和公共卫生安全风险。因此，加强对副结核病的防控意义重大，但目前对副结核病的防控工作中仍然存在许多突出的问题，集中表现在副结核病的流行病学背景不清、缺乏安全有效的疫苗、诊断方法敏感性和特异性不高、有效的综合防控措施不完善等。

因此，建议开展系统性的副结核病流行病学研究，阐明副结核病的流行特点、生态分布规律、宿主范围及影响流行传播的因素，建立副结核病的流行病学数据库；突破副结核病诊断试剂产业化关键技术与工艺瓶颈，完善、研究和开发副结核病特异敏感的诊断技术，以期解决制约我国畜牧业快速发展的瓶颈问题；加大疫苗的研发力度，创制可区分感染和免疫的新型疫苗，以预防副结核病，包括灭活疫苗、多组分亚单位疫苗、以腺病毒为载体的重组疫苗及基因缺失疫苗等；制订国家或区域性副结核病防控策略和规划，为副结核病的防控提供必要的技术支撑。

（刘思国）

第十节　乏质体病

一、概述

拓展阅读 4-10

乏质体病又称无浆体病（anaplasmosis），是一种主要由边缘乏质体经蜱传播后引起牛的急性传染性贫血性疾病，临床特征为高热、贫血、黄疸和猝死，也可引起奶牛产量和体重迅速下降。可以通过蜱叮咬传播给人。牛、绵羊、山羊、鹿、羚羊、长颈鹿和水牛可能被感染。边缘乏质体是牛和野生反刍动物及绵羊和山羊中绵羊乏质体的病原体。中央乏质体引起牛的轻度乏质体病。被世界动物卫生组织列为必须通报的动物疫病。

乏质体病最早由 Theiler 在 1910 年于北非牛群中发现。当时 Theiler 发现，引起牛病的生物体可以引出牛的溶血、贫血等症状，并因其通过革兰染色不理想，而用瑞氏染色效果更好，细胞形态模糊不可见，显微镜下观察病原体常分布在细胞边缘且缺乏细胞质，将其命名为边缘乏质体。Schellhase 和 Bevan 于 1912 年报道了东非的羊乏质体病例。乏质体病呈全球性分布，广泛分布于热带和亚热带地区，整个非洲、美洲、欧洲、地中海沿岸、中亚、东南亚等地区，以及澳大利亚、中东地区、朝鲜半岛和日本等国家都有分布和流行。在我国 20 世纪 80 年代首次发现绒山羊乏质体病，目前本病广泛分布于北京、上海、广东、贵州、湖南、湖北、四川、河南、河北、吉林、黑龙江、甘肃、新疆、内蒙古等地，一般零星散发或呈地方性流行，尤其是在春末至秋初，温度较高时多发。在我国，乏质体病在上述地区中有高达 79.31%的感染率，死亡率甚至可达 80%。乏质体病给牛羊养殖业造成了严重的经济损失。尽管分布广泛且损失严重，但在大多数受影响地区尚未在可持续的基础上实现对乏质体病的有效控制。

二、病原学

（一）病原与分类

边缘乏质体（*Anaplasma marginale*）属于立克次体目（Rickettsiales）艾立希体科（Ehrlichiaceae）乏质体属（*Anaplasma*）。立克次体目（*Rickettsiales*）包括立克次体科（Rickettsiaceae）和艾立希体科，后者旧称乏质体科（Anaplasmataceae）。目前，依据生物学特征、16S rRNA 基因的遗传分析、groESL 和表面蛋白基因将立克次体目的生物体重新分类（Dumler et al.，2001）。其中艾立希体科分成 4 个不同的属：乏质体属、艾立希体属（*Ehrlichia*）、新立克次体属（*Neorickettsia*）及沃尔巴克（氏）体属（*Wolbachia*）。埃及小体属（*Aegyptianella*）在艾立希体科中列为仍未确定属。艾立希体科的生物体专性胞内寄生，它们仅能在宿主细胞质内的膜结合空泡内生长，几乎所有的艾立希体科成员都能在脊椎动物和无脊椎动物（蜱和吸虫）体内繁殖。

乏质体属主要包括 7 种，即边缘乏质体（*Anaplasma marginale*）、中央乏质体（*Anaplasma centrale*）、羊乏质体（*Anaplasma ovis*）、尾型乏质体（*Anaplasma caudatum*）、嗜吞噬细胞乏质体（*Anaplasma phagocytophilum*）、牛乏质体（*Anaplasma bovis*）和血小板乏质体（*Anaplasma platys*）等。乏质体属的成员存在于骨髓细胞外周血的嗜中性粒细胞和红细胞的胞质空泡内。菌体多单在，但包涵体样的桑葚体更为常见。目前，世界上研究最多的乏质体种为前 3 种，而具有致病性的主要有 4 种，分别为：①边缘乏质体，主要感染牛，引起严重的贫血、黄疸或者猝死等。②中央乏质体，致病性较弱，引起较轻微症状，在以色列、南非、南美和澳大利亚被用作活疫苗使用。③羊乏质体，是羊乏质体病的病原，可能引起绵羊、鹿和山羊不同程度的传染病，但是对牛没有感染性，也能寄生于马鹿、白尾鹿、羚羊和大角羊等反刍动物的体内。④尾型乏质体，主要感染牛，常与边缘乏质体混合感染，但对鹿和绵羊不感染。

嗜吞噬细胞乏质体与边缘乏质体的主要表面蛋白氨基酸序列分析结果表明，两者具有很大的相似性。目前，嗜吞噬细胞乏质体在世界范围内流行，但是只有在欧洲嗜吞噬细胞乏质体引起家畜和野生反刍动物的疾病被叫作“蜱传热”。牛乏质体也可以感染牛，但是不产生临床症状。

（二）基因组结构与编码蛋白

边缘乏质体具有一个完整的环形基因组，为1.2～1.6Mb，G+C含量为49.8%，G+C含量比立克次体目的其他成员高（平均31%）。基因组具有较高的编码密度（86%），有949个编码序列（coding sequence，CDS），平均每一个CDS是1077bp。基因组包含一个独立的rRNA操纵子基因，这也是立克次体目特征。边缘乏质体的主要膜表面蛋白（MSP）包括MSP1、MSP2、MSP3、MSP4和MSP5等6种。其中MSP1α、MSP4和MSP5是由单基因编码，而MSP1β、MSP2和MSP3由多基因编码。目前已经证实的有，MSP1超家族有6个成员，MSP2超家族有54个成员，包括8个MSP2、8个MSP3、1个MSP4、3个OPAG、15个OMP-1、12个ORFX和7个ORFY。

MSP1复合体由两种结构无关的多肽异二聚体组成，命名为MSP1α和MSP1β。MSP1α是单拷贝基因，其分子质量在不同的地理分离株之间有差异，在N端还有86～89bp可变的串联重复序列，因此MSP1α基因具有种特异性，被用作识别不同边缘乏质体分离株的一个稳定的遗传标记。MSP1α也是牛红细胞和蜱细胞的黏附素，在N端重复区域包含牛红细胞和蜱细胞的黏附结构域，这对于宿主细胞的入侵和边缘乏质体的传播是必不可少的。MSP1α可变区域包含形成保护性免疫反应所需的T细胞和B细胞表位。用MSP1免疫的牛能免受同源和异源菌株的攻击，已将MSP1α纳入乏质体病新型疫苗研制。MSP1β是由5个基因组成的多基因家族，其中MSP1β1和MSP1β2在边缘乏质体的不同地理分离株之间呈多形性，在牛和蜱体内进行生命循环期间，蛋白质序列仅仅发生微小的变化。MSP1β与MSP1α形成一种复合物，是牛红细胞的黏附素，MSP1β只对牛红细胞有黏附作用，而对蜱细胞没有黏附作用。

MSP2超家族是一个3.5kb开放阅读框架的多顺反子mRNA以5′→3′方向表达的蛋白。主要包括MSP2、MSP3和MSP4，均为免疫显性蛋白，是位于具有表面暴露区的外膜蛋白。MSP2和MSP3的抗原性容易发生变异，有助于边缘乏质体逃避宿主免疫反应在牛体内产生持续性感染。MSP2的抗原变异发生在牛和蜱体内持续性感染期间。另外，MSP2、MSP3和MSP4共同拥有1个表位基因，MSP2和MSP3还各自拥有7个功能性假基因。其中MSP2和MSP3的4个功能性假基因尾-尾紧密连接被称作“拟基因复合物”。多顺反子mRNA编码了MSP2蛋白，*msp2*基因具有多形性。*msp2*是4个操纵子基因之一，剩余的3个基因（*opag1*、*opag2*和*opag3*）称为操纵子联合基因，也属于这个家族，也可能编码边缘乏质体表面蛋白。

MSP3是一个位于立克次体表面的86kDa的免疫原性蛋白，不同菌株之间的多肽具有多样性，因此多用于不同分离株间多态性的研究。在已接种牛中MSP2和MSP3具有能够被$CD4^+$细胞识别的共同表位。即使MSP3能诱导机体产生大量抗体，MSP2和MSP3变异体在持续性感染牛体内能产生消极的免疫保护作用。另外，MSP3与其他的立克次体普遍存在交叉反应，这就限制了MSP3在边缘乏质体血清学诊断上的应用。

MSP4是由单拷贝基因编码的31kDa的高度保守蛋白，其功能不清楚。MSP4能够诱导免疫保护，与边缘乏质体对红细胞的黏附和侵袭有关。MSP4序列有168bp存在可变性，其中 39bp 可用来对不同分离株进行差异性分析，此外 MSP4 侧翼也具有重复序列，所以目前作为菌种系统发育研究的对象。最近的一项研究表明，边缘乏质体在蜱体内感染过程中，GroEL（一种热休克蛋白）与 MSP4 和 HSP70 蛋白可以相互作用并与蜱细胞结合，从而在立克次体-蜱相互作用中发挥作用。

MSP5 是由 633bp 单拷贝基因编码的高度保守的 19kDa 的蛋白质。在边缘乏质体、中央乏质体和绵羊乏质体中都高度保守。在急性和慢性感染过程中，均有表达，所以可以作为一种有效的诊断性抗原，目前，已经成功地应用 MSP5 建立了 ELISA 诊断方法，具有很好的检测效果。基于 MSP5 的高度保守性建立了一系列 PCR 诊断方法。MSP5 免疫动物能够诱导大量没有保护作用的抗体，所以 MSP5 不适合用来做疫苗。

（三）病原分子流行病学

边缘乏质体具有宿主特异性，只感染反刍动物，但它具有基因多样性，已鉴定出 100 多种不同基因型的菌株。世界各地都存在着边缘乏质体菌株的多样性，特别是在牛只活动广泛的地区。MSP1α 能作为菌株鉴定的稳定标识，但是 MSP1α 的系统发育分析不能提供有关地理来源的信息。而 MSP4 序列分析能够提供菌株鉴定和地理信息。边缘乏质体菌株的多样性增加使本病的控制策略变得更加复杂，由于用疫苗防控时种类繁多的菌株之间可能没有很好的交叉保护作用，另外不同的边缘乏质体菌株对抗菌药物可能不具有相同的易感性。边缘乏质体在自然界中可以保持不同的基因型，除了与菌株多样性有关外，也与牛和蜱体内存在“感染-排斥”机制有关。感染-排斥是指一种基因型边缘乏质体先感染细胞后，阻止了第二种基因型边缘乏质体的感染。但是，极少数的牛也可能会感染多种基因型的边缘乏质体菌株，而且这些菌株的亲缘关系较远。

Lew 等通过 16S rRNA 基因序列的比较，对非洲、日本、澳大利亚、以色列、乌拉圭、赞比亚和美国等地域的 23 株边缘乏质体、3 株中央乏质体、2 株绵羊乏质体和 2 株未知乏质体进行了分类学研究，并绘制了系统发生树，这种方法区分了所有的中央乏质体与边缘乏质体，但来自非洲和美国的两株绵羊乏质体在进化树上的距离较远。刘志杰等利用 16S rRNA 基因序列对我国的 4 株绵羊乏质体和 1 株边缘乏质体与国外的 3 株绵羊乏质体、4 株中央乏质体和 12 株边缘乏质体进行了分类学研究，结果表明在我国北部反刍动物中至少存在 2 种乏质体，即边缘乏质体和绵羊乏质体感染。除此之外，Fuente 等对 17 个不同地域的边缘乏质体 *msp4* 基因比较时，分出了拉丁美洲进化枝，在该枝上又分出了墨西哥枝和北美枝，将美国的新种分为了南部枝和中西部枝。而且基于 *msp1α* 基因序列分析发现，在同一地区多基因型的边缘乏质体存在主要是因为感染牛的转移，而不是由于蜱的运动导致。Kano 等（2003）根据不同的边缘乏质体种之间抗原性的特点，采用了单克隆抗体对巴西株与佛罗里达地区的菌株的进化关系进行了分析，结果发现编码巴西株和佛罗里达株 MSP1α 和 MSP5 的基因具有很强的保守性，且在分类关系上属于同一来源，具有较高的同源性，分析结果表明这两种菌株之间的亲缘关系相对较近。

（四）感染与免疫

1．边缘乏质体感染周期与疾病发展的关系　边缘乏质体在牛和蜱体内生活史与蜱的采食周期一致。蜱采食感染的红细胞后，边缘乏质体在肠细胞中增殖，然后扩散感染其他组织，尤其是蜱唾液腺内含有大量病原，它们便成为边缘乏质体的有效生物放大器。当蜱采食时，发育成具有感染能力的边缘乏质体，经唾液腺传播给牛。边缘乏质体从最初感染到整个孵育期需要7～60d，其侵入红细胞后经历一个复制周期，然后感染的红细胞被网状内皮细胞清除，接下来红细胞复位。

乏质体病的发生发展可分为4个阶段：潜伏期、发展期、康复期和带虫期。

（1）*潜伏期* 从边缘乏质体侵入易感动物到1%红细胞感染。在自然感染条件下潜伏期为3～8周，该期长短与侵入动物机体的边缘乏质体的数量有关。动物机体第一次体温升高作为该期结束的分界线。

（2）*发展期* 是指典型的贫血期，时间为4～9d。该期开始于1%红细胞感染，结束于外周循环系统出现网状细胞。感染动物最初的临床症状出现在发展期的中期，即发展期的第3～5d。在这个时期表现出严重的溶血性贫血，红细胞感染率可从10%上升到75%。

（3）*康复期* 从网状细胞出现到各种血液指数恢复到正常水平。康复期为几周到几个月。发展期与康复期的不同之处在于红细胞数量的不同：发展期红细胞减少，康复期红细胞增加。乏质体病引起的死亡主要发生在发展期的后期或康复期的早期。在发展期和康复期，很容易观察边缘乏质体虫体。

（4）*带虫期* 通常是指可见的边缘乏质体消失，即从康复期结束到动物死亡。动物在带虫期，不能检测出边缘乏质体。

2．持续性感染机制 牛一旦感染边缘乏质体，无论感染期间年龄大小还是是否产生临床症状，都将产生持续性感染者终生携带边缘乏质体。牛红细胞的平均寿命是160d，新的红细胞不断产生。在每一个生命周期中都会出现一个或者多个表达特异性MSP2和MSP3超变区（HVR）的无性繁殖体，称为“变异株”，它们不能被原菌株产生的抗体识别，但可以被抗MSP2和MSP3超变区（HVR）的IgG2清除。这种出现和清除不断更替，保持低水平的边缘乏质体血症导致边缘乏质体持续性感染。持续性感染牛携带的边缘乏质体数量有相对稳定的循环周期，被边缘乏质体感染的循环红细胞数量，每10～14d出现一次起伏，每毫升血液中被感染的红细胞一般为10^3～10^5个。

3．免疫病理学机制 乏质体病能够导致不同程度的贫血和黄疸症状，而不会产生血红蛋白血症和血红蛋白尿，主要由于牛的网状内皮系统具有较强的吞噬作用，能够及时地将被感染的红细胞清除掉。抗边缘乏质体表面抗原决定簇的特异性抗体结合活化的巨噬细胞，可以增强吞噬和杀伤作用，通过这种作用可以有效地清除病原体。$CD4^+$ T淋巴细胞通过表达IFN-γ来调控IgG2合成，进一步活化巨噬细胞增强受体表达、吞噬（作用）、吞噬溶酶体融合作用和立克次体氧化亚氮的释放等，在控制边缘乏质体感染过程中起重要作用。

4．病原与宿主细胞相互作用的机制 边缘乏质体侵入红细胞繁殖，通过调整自身的生长速度，防止对宿主细胞造成致死性的损伤。边缘乏质体的初始体以一种不损伤宿主细胞膜的方式在红细胞之间移动，由于病原体很少在细胞外被观察到，据此推测边缘乏质体可能是通过细胞内的组织桥梁传播。边缘乏质体与红细胞的黏附过程中，主要表面蛋白MSP1α、MSP1β、MSP2和MSP4起重要作用，边缘乏质体先黏附在红细胞上再侵入红细胞。

乏质体病的保护性免疫需要体液免疫和细胞介导的免疫应答共同作用，但细胞介导的免疫应答起着主导的作用。另外，在已感染的红细胞中果糖磷酸激酶活性比在正常红细胞中增加了300%，在已感染的红细胞中ATP浓度比在正常红细胞中降低了40%，也就是说疾病发展过程中的贫血症状可能是因为病原要维持自身的新陈代谢，而竞争性掠夺了大量的ATP，导致红细胞没有足够的能量来维持自身的需要而变形，直至破裂而消亡。

三、诊断要点

乏质体病的流行要有病原、硬蜱和易感动物三种因素，缺一不可。所以在诊断时，要查看有无流行病史，有无传播媒介，有无易感动物，再结合其临床症状以高热、贫血和黄疸为特征可对其进行初步诊断。

（一）流行病学诊断

主要传染源是病牛和康复后带毒牛及野生鹿。主要易感动物是牛和鹿，不分年龄均可感染，但随年龄增长，其易感性也增强。水牛、野牛、长颈鹿、骆驼、绵羊和山羊等也可感染发病。传播方式有 3 种：①生物学传播，主要传播媒介是革蜱，目前已知多达 20 种不同的蜱可以作为传播媒介；②机械性传播，包括吸血蝇、蚊叮咬，手术，去势，采血时传播；③垂直传播，被感染红细胞在子宫内经过胎盘转移给胎儿。来自不同地区的牛混群、野生动物携带者的迁移和媒介活动的季节性增加也可以促进传播，尤其是在温带气候中。

蜱作为媒介传播本病时，常与巴贝斯虫或泰勒虫混合感染。当牛边缘乏质体亚种与泰勒虫混合感染时受抑制，并诱发巴贝斯虫或泰勒虫病。幼畜对本病具有较强的抵抗力。本病多发于夏季和秋季，一般 6 月出现，8～10 月达到高峰，11 月有个别病例发生。

（二）临床诊断

牛边缘乏质体感染的主要症状，感染红细胞和非感染红细胞破坏后导致的进行性贫血。红细胞数量、红细胞压积和血红蛋白值都显著降低。疾病后期，出现网织红细胞，呈现巨红细胞贫血及黄疸。1 岁以内的牛有轻微的症状，1～3 岁的牛呈现急性症状，3 岁以上的牛呈最急性症状。牛乏质体边缘亚种感染时，潜伏期为 3～6 周。最急性型多发于纯种高产奶牛，表现贫血、泌乳停止、流产、呼吸促迫、神经症状等，死亡率高。急性型体温升高达 40～42℃，出现食欲不振、贫血、黄疸、便秘、衰竭、脱水和流产等症状。有时无前驱症状突然发病。公牛发病时暂时失去生殖机能，死亡率较高。当牛感染乏质体中央亚种时，症状轻微，预后良好。牛一旦感染乏质体可终身携带病原，并具有较强的免疫力，可抵抗再次感染。尿呈茶色与巴贝斯虫病不同的是见不到血尿。

（三）病理诊断

主要病变为可视黏膜贫血，乳房皮肤有点状出血，皮下组织胶冻样浸润和黄疸，肩前淋巴结肿大，大网膜和肠系膜黄染，肝轻度肿胀、黄染，表面有黄色至橙色的斑点。胆囊肿大，充满茶色或绿色的黏稠胆汁。脾肿大，髓质呈暗红色，变软，滤泡隆起，肾呈黄褐色。心内外膜有点状出血，质脆并褪色。

组织学病变为在网状内皮系统中可见大量吞噬红细胞的吞噬细胞。急性死亡病例的红细胞中可检出大量的病原体。

（四）鉴别诊断

以高热、贫血和黄疸症状为主的牛传染病还包括钩端螺旋体病、细菌性血红蛋白尿症和牛嗜血支原体病；寄生虫病主要包括牛环形泰勒虫病、牛双芽巴贝斯虫病、牛巴贝斯虫病和伊氏锥虫病。因此，诊断时注意鉴别。

乏质体病：需要蜱作为传播媒介，牛随年龄增长，其易感性也增强。除表现贫血、黄疸和发热外，最急性和急性型有全身衰竭、脱水、流产及神经症状等，并且病死率较高。可视黏膜贫血，皮下组织胶冻样浸润和黄疸，心内外膜点状出血，肝轻度肿胀，肝表面有黄褐色斑点。

钩端螺旋体病：犊牛发病率较高。7～10月为流行高峰期。犊牛出现急性败血症、高热。成年牛出现血红蛋白尿和流产。急性病例在皮下黏膜和脏器中可见黄疸和点状或斑状出血，慢性病例只局限于肾皮质有小白斑。

细菌性血红蛋白尿症：主要发生于成年牛，肝吸虫是主要诱发因素。有明显的腹痛症状。肝有大块的贫血性梗死区。

牛嗜血支原体病（牛附红细胞体病）：吸血昆虫可能是传播本病的重要媒介。多数呈隐性经过，在少数情况下受应激因素刺激仅出现发热、贫血、黄疸症状，一般预后良好。

牛环形泰勒虫病：体温升高到40～42℃，稽留热。体表淋巴结（肩前和腹股沟）肿大，触之有痛；血液稀薄、眼睑、尾根有溢血斑。皱胃黏膜有溃疡斑，全身性出血和全身淋巴结肿大。

牛双芽巴贝斯虫病与牛巴贝斯虫病特征相似：以2岁以下牛多发。体温升高到40～42℃，稽留热；贫血、黄疸和血红蛋白尿。主要病变为脾肿大2～3倍，膀胱内充满血红蛋白尿。

伊氏锥虫病：传播媒介为虻和厩螫蝇。慢性病牛皮肤龟裂，脱毛，结膜有出血点或出血斑；体表淋巴结肿胀。耳部和尾部发生干性坏死。皮下水肿和胶样变性；胸腹腔大量积液；骨骼肌混浊肿胀，呈煮肉样；脾肿大1.5～3倍；三、四胃黏膜有出血斑。

四、实验室诊断技术

（一）病料采集与保存方法

乏质体病实验室诊断时主要通过检查血液中的病原和抗体，因此病料以抗凝血（EDTA抗凝剂）和血清为主。制备血涂片时采集颈静脉或者尾根静脉血（牛巴贝斯虫检测取耳尖血）直接制备薄层血涂片（牛巴贝斯虫检测用厚层血涂片）或者鲜血压片进行检查效果最好，保持载玻片清洁。血涂片室温能够保存1周以上，抗凝血要求4℃保存和运输，进行显微镜检查时在2h以内使用效果较好。血清学检测可以采集颈静脉或者尾根部静脉血制备血清，－20℃保存。死亡动物采集来自肝、肾、心脏和肺及外周血管内的血液，用于制备风干薄层涂片。脑涂片对于牛巴贝斯虫病诊断有意义，对于乏质体病诊断没有价值。

（二）病原学诊断

1．显微镜检查 乏质体体外分离培养困难，临床常用血液涂片吉姆萨染色和镜检法诊断，该方法适用于急性感染病例。油镜检查边缘乏质体表现为致密、圆形和深蓝色位于红细胞内的小体，直径为0.3～1.0μm。这些小体大多位于红细胞边缘或附近，大多数情况每个红细胞中感染1个乏质体。这一特征可以区分边缘乏质体和中央乏质体，因为在后者常位于红细胞中央。另外，牛嗜血支原体在红细胞、血小板和血浆内均可检出，而牛乏质体仅限于红细胞中检出病原体。

2．聚合酶链反应 可采用nPCR方法对全血中的乏质体进行快速诊断，*msp5*基因比较保守常作为PCR检测的目的基因。

（三）免疫学诊断

常用的血清学方法有竞争性酶联免疫吸附试验（C-ELISA）、间接 ELISA（I-ELISA）或卡片凝集试验（CAT），除了处于感染的早期阶段（＜14d）或者经过治疗后的病例均适用上述方法，尤其可用于检测持续性感染的动物。

C-ELISA 是目前最准确的可用于鉴别牛乏质体感染的血清学检测方法。使用 MSP5 表面蛋白特异性单克隆抗体（MAb）测血清抗体，对检测乏质体感染的动物非常敏感和特异。C-ELISA 有三个主要的缺陷：①对早期感染的检测灵敏度低；②与其他乏质体病原的交叉反应性；③识别真实阴性牛的特异性。

卡片凝集试验敏感性较高，可在实验室或现场进行，并在 30min 内出结果。但是容易出现非特异性反应，而且抗原制备困难。

五、防控措施

（一）综合防控措施

1．平时的预防措施　根据蜱出现的季节和活动规律，实施有计划灭蜱措施：①应用 0.05%辛硫磷混悬液，喷洒牛圈舍，每 10～15d 喷洒 1 次。②应用 1%敌百虫溶液喷洒牛体，每 10～15d 喷洒 1 次。③应用伊维菌素注射液（伊维菌素、甘油甲缩醛），按 0.02mL/kg 体重，皮下注射。注意器械消毒，做到一牛一针头，防止人为的机械性传播。尽量减少应激，不要把非流行区域的牛引进感染群或者把感染牛引入非感染群。国外采用牛乏质体中央亚种作为弱毒疫苗免疫牛群，但存在感染未知病原的风险。

2．发病时的扑灭措施　病牛应在严格隔离的条件下进行治疗，必要时对重症牛予以扑杀。

（二）生物安全体系构建

在非流行地区，可以使用运动控制、血清学检测和剔除或治疗携带者及媒介控制来确保无本病。首先建立无虫牛群，对于牛群每年要检疫 2～3 次，淘汰阳性牛，引种时混群以前要隔离大约 3 周，对动物进行两次检测均为阴性动物可以混群。其次控制传播媒介蜱，有蜱的地区应定期灭蜱，牛舍内 1m 以下的墙壁，要用杀虫药涂抹，杀灭残留蜱，对牛体表的蜱要定期喷药或药浴。如果到有蜱的牧场放牧，于发病季节前，定期药物预防。使用化学制剂灭蜱可有效控制寄生在宿主阶段的病原体。常用的化学杀虫剂是有机磷酸酯、拟除虫菊酯、甲酰胺和大环内酯。最后，在打耳标、采血、免疫注射和治疗过程中对所用器械注意消毒，做到一牛一针头，防止人为的机械性传播。

（三）疫苗与免疫

在许多乏质体病流行的国家，已经使用多种疫苗用于预防本病，但到目前为止还没有一种理想的疫苗。目前所有的疫苗都来自受感染牛的血液，导致生产成本高，标准化困难。目前常用的疫苗是使用低致病性中央乏质体制成的活疫苗，能刺激动物机体产生相当强的免疫力，从而避免动物感染强毒力的边缘乏质体。因此，中央乏质体就成了最早的活疫苗被广泛应用，目前在澳大利亚、以色列在内的几个非洲、南美洲和中东国家使用。但是，活疫苗和灭活疫苗都不能阻止牛持续性感染或成为感染源。传统的中央乏质体活疫苗是通过感染摘除脾的小牛，收集血液红细胞后经裂解和冻干等工艺制成的，存在抗原量高、免疫原性好等优点，但是也有传播血源性病原体如牛白血病病毒或未知病原体及疫苗菌株本身引起疾病的潜在风险。

国外有牛边虫-牛巴贝斯虫二联疫苗，成牛和两个月以上小牛免疫剂量为3mL，肌肉注射，保护期为2年，免疫牛可获得较高的免疫力。2个月以下犊牛、临产孕牛不能注射。在国内，为防止牛进入疫区大批发病，用含有中央乏质体的新鲜脱纤血液皮下注射5mL，在3～6周牛出现轻微反应，同时牛体产生抵抗力。对犊牛在冬季接种1～2mL，一般接种后17～48d发生反应，愈后可产生带菌免疫。虽然用中央乏质体预防边缘亚种的感染有一定效果，但接种牛有成为传染源的危险，因此，常用乏质体边缘亚种作灭活疫苗接种牛群，第一年间隔4～6周免疫2次，次年免疫1次，效果较好。

（四）药物与治疗

乏质体敏感药物主要有血虫净（贝尼尔、三氮脒）、黄色素（吖啶黄）、四环素、台盼蓝和“914”等药物。

治疗时，抑制病原体在体内增殖，必须2种以上药品交替使用。防止继发感染，补充营养，制止渗出。重症需强心、保肝、补液、止血、补血。

血虫净：一次量为5～6mg/kg体重，用生理盐水配成5%的溶液，肌肉注射，1次/d，连用2～3d。

0.5%黄色素注射液：成母牛一次量3mg/kg体重，5%葡萄糖注射液500mL，缓慢静脉注射，间隔24h再注射一次。育成牛、犊牛一次用量为2mg/kg体重，用法同上。

四环素：成母牛一次用量5～6g，5%葡萄糖注射液500mL×2，静脉注射，1次/d，连用3～4d。育成牛、犊牛一次用量5mg/kg体重，5%葡萄糖注射液300～500mL，用法同上。

对症治疗主要根据发病牛情况采取补液、健胃、轻泻、补血或止血等措施。贫血严重的输健康牛血1500～2000mL，间隔1～2d使用1次，连用3～5次。

六、问题与展望

牛边缘乏质体病是一种蜱媒血液传染病，呈世界性分布，在我国也广泛流行，给国内外养牛生产带来巨大的经济损失。目前，本病已被世界动物卫生组织和我国农业农村部列为动物检疫的主要对象之一。我国对本病的研究尚处于起步阶段，对其病原学特性、致病机理以及疫苗的研究还需加大研究力度，尤其是在安全高效的新型疫苗的研究方面，还有很多工作要做，相信随着对本病研究的深入，在其防控、致病机理以及新型疫苗研制等方面将取得突破性的进展。

（周玉龙）

第十一节　牛支原体感染

一、概述

支原体感染引起牛的主要疾病包括牛传染性胸膜肺炎、牛支原体病。

拓展阅读4-11

牛传染性胸膜肺炎（contagious bovine pleuropneumonia，CBPP），又称牛肺疫，是由丝状支原体丝状亚种（*Mycoplasma mycoides* subsp. *mycoides*，*Mmm*）引起的一种对牛危害严重的高度接触性传染病。以高热、呼吸困难、咳嗽、肺小叶间淋巴管浆液-渗出性纤维素性炎和浆液纤维素性胸膜炎为特征。

牛支原体病（mycoplasma bovis disease）是由牛支原体（*Mycoplasma bovis*）引起的一种牛属动物传染病，主要表现为肺炎、乳腺炎和关节炎、角膜结膜炎和其他疾病。泌乳奶牛和哺乳母牛主要表现为牛支原体乳腺炎，其初生犊牛可经吸吮乳汁感染牛支原体，患牛支原体肺炎和关节炎。

牛传染性胸膜肺炎是一种非常古老的疾病，在 16 世纪只局限于阿尔卑斯山和比利牛斯山，之后传遍欧洲各国。19 世纪传入美国、澳大利亚及非洲。20 世纪传入亚洲。目前本病在非洲撒哈拉地区呈现地区性流行。我国最早于 1910 年在内蒙古西林河上游一带发现本病，推测是由俄国西伯利亚贝加尔湖地区传入的，之后 1919 年在上海由澳大利亚进口奶牛传入本病。本病在我国流行达 70 年之久，给国民经济造成巨大损失。根据最新研究结果显示，在我国流行的牛传染性胸膜肺炎病原体的分子特征与非洲和澳大利亚株非常接近，由此可以认为我国的牛传染性胸膜肺炎是由澳大利亚传入的。由于我国研制了有效的弱毒疫苗，结合严格的防治措施，自 1989 年后再也没有发现临床病例，2011 年获得世界动物卫生组织（WOAH）颁发的牛传染性胸膜肺炎无疫认证证书。

牛支原体最初于 1961 年在美国报道，随后世界各国陆续发现本病，牛和牛产品（如精液）的国际贸易使其悄无声息地蔓延到饲养牛的所有大陆。目前在加拿大、英国等 19 个国家相继报道本病的流行。新西兰于 2018 年暴发牛支原体感染，通过扑杀进而消灭牛支原体感染。我国于 1983 年首次从乳腺炎患牛的奶中分离到牛支原体，2008 年首次报道牛支原体肺炎在肉牛群暴发，目前本病在我国大部分地区流行。

二、病原学

（一）病原与分类

支原体是一种细小、多形性的微生物，呈球形、环形、丝状或分枝状，最常见的为球状颗粒。本菌一般染色法着色较差，革兰染色阴性，吉姆萨染色效果较好，陈旧菌体瑞氏染液过夜着色效果最佳。

牛传染性胸膜肺炎病原和牛支原体在分类上都属于柔膜体纲支原体目支原体科支原体属的成员。其中牛传染性胸膜肺炎的病原根据最新的分类法和命名原则修改为丝状支原体丝状亚种，之前使用的病原体名称是丝状支原体丝状亚种 SC 型（*Mycoplasma mycoides* subsp. *mycoides* small colony，*Mmm* SC）。

（二）基因组结构与编码蛋白

Mmm 基因组鸟嘌呤和胞嘧啶（G+C）含量低，一般低于 30%，各个菌株基因组大小并不完全一致，以其代表株 PG1 为例，基因组为单股环状 DNA，大小为 1211kb，G+C 含量为 24%，包含 985 个假定基因，其中 72 个基因是插入序列的一部分并编码转座酶蛋白。蛋白质的毒力差异很大，包括基因编码的假定表面蛋白、酶和转运蛋白。目前 *Mmm* 的脂蛋白是研究热点，它们大多具有一定的抗原性且能够与感染牛血液中的抗体相结合。LppA 是

Mmm 的一个脂蛋白，是 *Mmm* 感染后早期产生 $CD4^+$ T 细胞的重要靶标，并可以持续地存在于转归期牛的淋巴结中，在激发 T 细胞免疫的功能中发挥至关重要的作用。LppB 是仅存在于非洲株、澳大利亚株和丝状支原体属中的一种脂蛋白中。LppC 在已知所有丝状支原体中均有表达，研究表明其具有较强的抗原性。LppQ N 端暴露在支原体膜外侧并具有很强的抗原性。研究结果显示其在自然感染牛和试验感染牛体内都能较早地出现特异性免疫反应，抗体滴度高且持续较长时间。同时该蛋白质仅存在于丝状支原体丝状亚种各株，所以 LppQ 的 N 端有作为诊断抗原建立检测方法的潜能。目前已经有研究人员利用 LppQ 建立了 ELISA 方法，但都未见后续临床应用的相关报道。

M. bovis 基因组很小，约为 1Mb，G+C 含量低，在 29%左右。基因组中编码序列的比例占 84%左右，编码序列（CDS）长度约为 1kb。推算的牛支原体蛋白编码基因数量有 760 余个，且所编码的大部分蛋白质为功能未知的假想蛋白。此外，基因组中含有丰富的插入序列与其他可移动元件，这可能是牛支原体发生基因水平转移和适应环境的分子遗传学基础。*M. bovis* 的表面可变脂蛋白（variable surface lipoprotein，VSP）对表面抗原的多样性具有重要作用。VSP 家族由 13 种脂蛋白组成，各蛋白质的编码基因组成 *vsp* 基因簇。牛支原体每次只表达其中的少数几种蛋白，而其余的基因处于关闭状态。甚至在牛支原体的不同感染阶段，所表达的 VSP 数量和种类也是不一样的。此外，还有一些膜表面脂蛋白质和胞质蛋白质已被证实为抗原蛋白，如膜脂蛋白 P26、P27、P48、MbovP579（P81）、Mbov730、α-enolase 和 GAPDH 等，胞质蛋白 NADH oxidase（NOX）、TrmFO 和果糖-1,6-二磷酸醛缩酶（fructose-1,6-bisphosphatealdolase，FBA）等。

（三）病原分子流行病学

通过对 *Mmm* 的 5 个有代表性的菌株（Ben-1、Ben-50、Ben-182、Ben-326、Ben-468）进行了全基因组分析发现基因突变率在 4 个不同的繁殖阶段差异很大，Ben-468 传代株发生的变异可能是其毒力变化的重要原因。明确了与宿主适应性相关的 18 个基因，其中 6 个基因与致病性相关，35 个基因与免疫保护相关。

M. bovis 各国流行的分离株基因组间存在差异，如美国株 PG45 与中国株 HB0801 间存在一个 580kb 片段的倒位，其生物学意义尚不清楚。在不同国家分离的牛支原体，其 *vsp* 基因簇的基因数量可能不一样，如美国株 PG45 有 13 个 *vsp* 基因，而中国分离株 HB0801 只有 6 个 *vsp* 基因。在 13 个 VSP 蛋白中，VSPA、VSPB 和 VSPC 的免疫原性最强。目前用于鉴别牛支原体的分型方法主要为基因分型方法包括多位点序列分型法（multilocus sequence typing，MLST）和经典的脉冲场凝胶电泳法（pulsed field gel electrophoresis，PFGE）。利用 MLST 方法对各个国家流行的牛支原体分离株进行基因分型与分子流行病学分析，发现各国流行的优势基因型不一。美国报道牛支原体最早，拥有最为丰富的 ST 型。其他国家均能找到与美国株相同的 ST 型，如中国、澳大利亚、以色列的优势型 ST-10 型和美国株 ST-10 型共同聚在 CC3 簇上。因此认为，牛支原体最初来源于美国。

（四）感染与免疫

Mmm 经呼吸道侵入动物体后一般经两种途径扩散，一种是沿细支气管蔓延，引起肺小叶细胞和（或）肺泡细支气管内浆液细胞性炎症和部分的坏死，进一步扩展到邻近小叶的相应部分。由于肺炎进展阶段的不同，可出现红色、黄色和灰色的肝变。另一种是沿细支气管

周围发展（淋巴源性）扩散，侵入肺小叶间的结缔组织和淋巴间隙中，引起小叶间结缔组织广泛而急剧的炎性水肿、淋巴管扩张、淋巴液增加。病原菌的繁殖与淋巴液的渗出互相促进，造成血液和淋巴循环系统的堵塞，小叶间质组织显著增宽，其中含有大量的淋巴液和炎性细胞，因而形成广泛坏死。这种质的变化与肺泡的各期肝变在一起而形成色彩不同的大理石样病变。若经皮下接种则只能发生皮下组织炎症或关节炎，静脉接种则发生关节炎而不发生胸膜炎或胸膜肺炎。

关于 *Mmm* 的致病分子机制在很多方面仍然是未知的。在黏附到特定宿主的组织、逃逸宿主的免疫应答、在感染动物体内定植和扩散并通过细胞毒性引起炎性反应和病理变化过程中，*Mmm* 具有独特的致病机理。对 *Mmm* 致病性分子机制的详细研究无论对疫病快速诊断还是疫苗研发都是很有必要的。

在自然情况下，CBPP 病愈牛不再发生二次感染。牛群发生 CBPP 后，如果不重新编群或不引进新牛疫病就会逐渐停息，没有再次发病的牛。牛患过牛肺疫之后对再次感染有抵抗力，并获得了免疫力。

整体说来，*M. bovis* 致病机理尚不清楚。但一些毒力相关的特性被陆续鉴定出来，如牛支原体能够在宿主黏膜表面定殖和持续存在，黏附、侵袭、抗原变异、免疫调节、生物膜形成和产生毒性代谢物等特性均可能在牛支原体发病机制中发挥重要作用。利用毒力因子预测数据库 VFDB 预测牛支原体有 72 个毒力相关蛋白，但有待深入验证。*M. bovis* 可诱导先天性免疫和适应性免疫，同时也可抑制免疫反应。一般认为，体液免疫不能产生充分的免疫保护作用，而细胞免疫主要承担免疫保护作用。

三、诊断要点

（一）流行病学诊断

Mmm 主要侵害牛类，以黄牛、奶牛、牦牛、犏牛最易感，水牛易感性较差。直接接触是本病最主要的传播方式。病牛在康复后 15 个月甚至 2～3 年后还能感染健康牛。本病也可以经呼吸道和消化道感染。集中放牧易传播发病，疫区牛群的流动和集散，往往造成本病的暴发和流行。

M. bovis 为条件性致病菌，致病往往与环境应激因素有关。*M. bovis* 可导致多种临床疾病，但以牛支原体肺炎、乳腺炎和关节炎为主。牛支原体可以感染任何年龄的牛，其中 0～6 月龄犊牛最易感。成年牛常呈隐性感染，即便发病，症状较轻，发病率和病死率低。牛支原体病的传染源主要为牛支原体携带牛和发病牛，主要传播途径为呼吸道，其次为消化道传播，也可经精液、母乳及生殖道传播。*M. bovis* 与牛病毒性腹泻病毒（bovine viral diarrhea virus，BVDV）、多杀性巴氏杆菌 A 型、溶血性曼氏杆菌等病原混合感染可以引发更加严重的临床症状，并大大增加死亡率。

（二）临床诊断

CBPP 潜伏期平均为 1～4 周，短则 7d，长则可达数月。按发病的经过分为急性型、亚急性型和慢性型。急性型症状明显，典型而有特征性。病牛体温升高到 40～42℃，呈稽留热，呼吸困难，呈腹式呼吸。可视黏膜发绀，胸部叩诊时患侧可有浊音或实音区。听诊患部有湿性啰音，肺泡音减弱甚至消失，有时有摩擦音。发病后期，心脏衰弱，脉搏细弱加快，每分钟可达 80～120 次。一般 8～10d 死亡，整个病程为 15～30d。亚急性型症状与急性型相似，但稍有缓和，病程稍长。慢性型多数是由急性型或亚急性型转变而来。体况消瘦，消化功能紊乱，食欲反复无常。若病变部位广泛，病牛则日益衰弱，预后不良。

牛支原体肺炎可以发生于任何年龄的牛。病牛表现为食欲下降，体温升高，流浆液性或脓性眼分泌物，流清亮或脓性鼻涕，咳嗽，呼吸加深加快，体重下降，听诊可发现肺部存在肺泡破裂音和呼吸加重音。牛支原体肺炎常伴发脓毒性关节炎及中耳炎。

（三）病理诊断

CBPP 特征性病理变化主要在肺和胸腔内。典型病理变化是大理石样和浆液纤维素性胸膜肺炎。病程初期以小叶性支气管肺炎为特征，主要部分在胸膜脏层下，且常在通气良好的部分。病程中期呈典型的浆液性纤维素胸膜肺炎，多发生在右侧，有时两侧。病变多发生在肺的膈叶，也可发生在心叶或后叶。切面呈奇特的图案色彩，如多色的大理石。在一些病例的胸腔内有淡黄透明或混浊的积液，多达 10 000～20 000mL。病程后期可见两种变化，一种是不完全自愈形态，局部病灶仍保留有坏死块组织；另一种是完全自愈形态，病灶完全瘢痕化。

组织学上在病程初期可见到典型的支气管肺炎。病程中期肺间质可见间质结缔组织的坏死及后期的机化。尚未坏死的支气管动脉小支常是这种机化的基点，称为“血管周围机化灶”，是本病在组织学诊断上很重要的特征。

牛支原体肺炎的病理变化表现为病牛肺和胸膜粘连，心包积液，肺发生程度不一的红色肉变，同时广泛分布的化脓性坏死灶和干酪样坏死性结节。化脓性和坏死性病变可能与混合感染其他病原菌有关。同时，关节炎患牛关节肿大，关节腔内有脓性液体和大量干酪样坏死物。病理组织学主要表现为干酪样坏死性支气管肺炎、有凝固性坏死灶的支气管肺炎。

（四）鉴别诊断

CBPP 在鉴别诊断中，应注意与下列疾病相区别。

1．牛巴氏杆菌病和大叶性肺炎　这两种病与急性型牛肺疫相似，但前者病程快，病肺肝变部色彩比较一致，且有不洁感染，小叶间质虽有轻微增生，但无淋巴管的扩张，而牛肺疫的肺组织的肝变则呈色彩不同的各期肝变和鲜艳的大理石样变化，肺小叶间质显著扩大和淋巴管高度扩张及淋巴液蓄积。

2．牛创伤性心包炎　在临床上有类似牛肺疫的胸壁知觉过敏和呼吸障碍。但心包炎只是在心脏部分过敏，故可听到鼓响音或拨水音、清水音。体温不升高，根据血清学、病理学的观察可做出判断。

3．牛结核和化脓性肺炎　此类病易与慢性牛肺疫相混，但前者咳嗽有力，有时可见胸前淋巴结硬肿，但无牛肺疫大面积实音区和支气管呼吸音及胸部知觉过敏。

4．牛支原体肺炎　典型的 CCPP 病变局限于胸腔，典型特征是肝变、粘连和胸水，组织病理特征为间质及间叶水肿。

由于牛传染性胸膜肺炎和牛支原体病在诊断上容易发生混淆，故将两种传染病诊断要点总结如下（表 4-1）。

表 4-1 牛传染性胸腺肺炎和牛支原体病的诊断要点

	牛传染性胸膜肺炎	牛支原体病
流行病学	牛属动物易感，带菌动物是传染源	犊牛易感，成年牛症状轻微，成为带菌者
临床症状	体温 40～42℃，呈稽留热，呼吸困难，呈腹式呼吸	发烧 39～40℃，干咳，喘，流黏性鼻汁。多发关节炎
病理学变化	肺大理石样外观、粘连和胸水，组织病理特征为间质及间叶水肿	肺前叶和中叶呈肝样变，混合感染后扩展到整个肺组织
病原学诊断	病原分离鉴定是金标准，PCR 和免疫学技术可以提供参考	病原分离鉴定是金标准，PCR 和免疫学技术可以提供参考
血清学诊断	C-ELISA 方法可用于群体监测	间接 ELISA 方法可用于群体监测
防控措施	我国已是无疫国家，不允许接种疫苗和治疗，如发现病例需按照相关应急预案实施扑杀	早期和及时治疗有效，否则预后不良暂无商品化疫苗

四、实验室诊断技术

（一）病原学诊断

Mmm 可以从活体或尸体解剖采集的样品中分离。从活体采集的样品有鼻拭子或鼻分泌物，支气管肺泡灌洗液或气管冲洗液，胸腔积液可在第 7 肋和第 8 肋之间于胸腔下半部无菌穿刺采集。血液也可以用于培养分离病原。尸体解剖采集的样品有肺部病变组织、胸液和淋巴结，有关节炎动物的关节滑液。样品要在病变组织和正常组织的分界面上从病变中采集。

培养 *Mmm* 需要适当的培养基盲传 2～3 代。该培养基需要含有一种基础培养基（如脑心浸液或蛋白胨），以及优质酵母浸膏（新鲜的）及 10%马血清。还可加入其他成分，如葡萄糖、甘油、DNA、脂肪酸，但其作用因菌株不同而异。为了防止其他杂菌生长，培养基需加抑制剂，如青霉素、黏菌素或乙酸铊。液体培养基经 3～4d 培养可出现均匀混浊，摇动可见旋转物。在琼脂平板上可见小的（直径 1mm）中心致密的“煎蛋”样典型菌落。

已建立专用于丝状支原体（*M. mycoides*）簇和 *Mmm* 的特异引物，并建立了 PCR 检验程序包括可对 TI 疫苗株进行特异性鉴定的新技术。对肺渗出液一类的样品，可经煮沸变性后直接用 PCR 鉴定，不需要做 DNA 提取。但是煮沸样品的敏感性比 DNA 抽提法低，不应作为常规技术。PCR 技术的主要优点是可以检测污染样品或因经抗生素治疗而完全死亡的支原体。PCR 已成为鉴定和鉴别丝状支原体簇各成员与 *Mmm* 的重要方法。

鼻拭子或喉气管拭子常用于牛支原体分离培养，将采集的鼻拭子或喉拭子投入含 2mL 灭菌生理盐水的离心管中，用涡旋仪涡旋 10min 以洗脱拭子上的鼻或喉气管分泌物，用 0.45μm 滤膜过滤后，涂于 PPLO 固体培养基表面，于含 5% CO_2 的细胞培养箱培养；或者滴入 PPLO 液体培养基中，按上述方法培养和观察。2～3d 后，用光学显微镜低倍观察固体培养基上的菌落形态。牛支原体具有典型的“煎荷包蛋样”菌落。

牛支原体核酸检测常用 16S rRNA 通用引物对基因组模板进行 PCR 扩增，通过 PCR 产物的序列测定结果进行判断；或用针对牛支原体特异性基因 *uvrC* 的引物进行 PCR 扩增，结合产物测序结果进行判断。近年来我国制定了牛支原体 PCR 诊断技术标准，可最低检测出 10^3CFU/mL 菌液中的 DNA，且不与其他支原体亚种 DNA 发生交叉反应。通过对临床样品的检测，证明该方法与病原分离试验的符合率为 100%。

（二）免疫学诊断

CBPP 的免疫学诊断方法包括间接荧光抗体试验（IFAT）、荧光抗体试验（FAT）、滤膜斑点免疫结合（MF dot）试验、免疫组织化学试验等。其中 IFAT 可使用高免牛血清，但可能存在交叉反应抗体。用于检查胸液涂片结果令人满意，而对于肺涂片结果不理想，因为有非特异性荧光存在。FAT 可用普通肉汤和琼脂培养物进行，其特异性比 IFAT 差。MF dot 试验可作为实验室常规检验。该技术可以用多克隆抗血清，进行定量试验，但丝状支原体簇内可能发生交叉反应。使用单克隆抗体可解决这一问题。免疫组织化学试验用于检测石蜡包埋肺病变组织切片，该试验只作为 CBPP 辅助诊断，阴性结果不能做出定论。

血清学试验仅用于 CBPP 的群体检测。目前，世界动物卫生组织推荐补体结合试验（CFT）和竞争 ELISA（C-ELISA），这两种方法都是国际贸易指定试验。补体结合试验的操作比较烦琐。C-ELISA 是基于特异性的单克隆抗体建立的一种快速检测手段，该试剂盒已经商品化，被广泛用于多个国家的 *Mmm* 血清抗体检测。

牛支原体血清学检测方法主要用于流行病学调查，目前我国已经研制成功牛支原体 ELISA 抗体检测试剂盒并商品化。

五、防控措施

1．平时的预防措施 加强牛场日常管理，认真做好防疫卫生和消毒工作。牛群密度要适中，保证牛舍的通风、干燥和清洁。做好口蹄疫、牛出败等疫病的疫苗接种。初生犊牛应与母牛分离饲养，给犊牛喂食巴氏消毒的初乳和常乳。保持奶瓶、奶嘴、奶桶等饲喂工具的清洁，定时消毒，最好不共用这些喂奶工具。

坚持自繁自养，如需引进要进行严格检疫。需要引进牛时，要进行两次血清学检测，均为阴性者方可引进。引进后须隔离观察 3 个月，只有当确认为健康牛时才能与原牛群合群。

抗运输应激。做好牛群运输前、运输途中和运输后 1 月内的抗应激工作。购牛前做好牛舍的消毒、抗应激饲料、优质粗饲料和必需药品的准备。犊牛至少在运输前 30d 断奶，并已适应粗饲料与精饲料喂养。

2．发病后的扑灭措施 在发生牛肺疫的地区，应划定疫区，控制牛只流动；对疫区的牛进行临床及血清学检验，分群隔离饲养，按照《中华人民共和国动物防疫法》要求扑杀发病牛并进行无害化处理，其余牛实行全部疫苗接种。不允许进行抗生素治疗。我国从 20 世纪 60 年代，使用牛肺疫兔化弱毒疫苗和牛肺疫兔化-绵羊化适应疫苗成功控制了牛肺疫的流行，该疫苗接种 6 月龄以上牛，免疫期可持续 28 个月以上。

一旦发生牛支原体病，应尽快将病牛隔离，并遵循“早发现，早治疗”基本原则。病死牛及其污染物应及时消毒和无害化处理。治疗牛支原体病的敏感药物宜选大环内酯类、四环素类、氨基糖苷类和氟喹诺酮类。早期应用抗菌药物治疗牛支原体病有一定效果，但是严重或慢性牛支原体肺炎和乳腺炎很难完全治愈。疫区内牛的饲养用具、畜舍、饲料和屠宰场及周围环境，用 3%苯酚或 20%～30%热草木灰水进行消毒。对病牛放牧的牧区在夏季封锁 1 个月，冬季应封锁 3 个月方可使用。

六、问题与展望

随着我国畜牧业产业化聚集程度的增加，支原体感染引起的呼吸道疾病越发严重，同时伴着其他呼吸道传染病的侵入，导致了更加严重的临床症状，对牛的安全养殖造成了非常大的威胁。我国早在 20 世纪 50 年代就开展了牛羊支原体的研究工作，具有代表性的是在 20 世纪 60 年代研制成功了牛传染性膜肺炎兔化-绵羊化弱毒疫苗并应用该疫苗控制了牛传染性膜肺炎在我国的流行，为 2011 年获得世界动物卫生组织无疫认证提供了坚实的基础。但与此同时，在牛支原体基础研究和应用研究等领域还存在着诸多问题，如支原体弱毒疫苗的免疫机制、支原体与其他呼吸道病原在宿主感染中协同作用机理、敏感特异的诊断技术、高效的免疫制剂等，所有这些问题都亟待我们去解决，为牛健康养殖保驾护航。

（辛九庆）

第十二节　羊支原体感染

一、概述

拓展阅读 4-12

羊支原体感染（mycoplasma infection in sheep and goat）是由支原体引起羊的几种主要传染病的总称，包括山羊传染性胸膜肺炎、绵羊支原体肺炎和传染性无乳症。

山羊传染性胸膜肺炎（contagious caprine pleuropneumonia，CCPP）是由山羊支原体山羊肺炎亚种（*M. capricolum* subsp. *capripneumonia*，*Mccp*）引起的一种严重疾病，病程多为急性或亚急性，主要侵害肺和胸膜，引起纤维素性肺炎和浆液纤维素性胸膜炎。

绵羊支原体肺炎（sheep mycoplasma pneumonia）又称绵羊传染性胸膜肺炎（infectious pleuropneumonia of sheep）是由绵羊肺炎支原体（*Mycoplasma ovipneumoniae*，*Mo*）引起的一种高度接触性、慢性非进行性传染病，能引起绵羊、山羊，尤其是 1～3 月龄羔羊的慢性增生性间质性肺炎。多呈亚临床感染。其临床特征为高热，咳嗽，胸和胸膜发生浆液性和纤维素性炎症，肺发生肝变、肉变，以尖叶、心叶最明显。

传染性无乳症（contagious agalactia，Ca）是一种绵羊和山羊的严重疾病综合征，也称为干奶病。以乳腺炎、关节炎和角膜结膜炎为特征，偶尔引起孕羊流产。本病主要由无乳支原体（*M. agalactiae*，*Ma*）引起，但是山羊支原体山羊亚种（*M. capricolum* subsp. *capricolum*，*Mcc*）、丝状支原体山羊亚种（*M. mycoides* subsp. *capri*，*Mmc*）及腐败支原体（*M. putrefaciens*，*Mp*）也可引起临床上相似的疾病，通常山羊可能伴发肺炎。

山羊传染性胸膜肺炎的病原最早在肯尼亚分离出来，并被确认是 CCPP 的病原，之后又在苏丹、突尼斯等 19 个国家分离到。我国在内蒙古及西北、华北的某些地区也曾发生过本病，曾得到较好控制，近年来病例报道增多，2012 年以来发生多起藏羚羊新疫情。绵羊支原体肺炎见于世界上许多国家，我国的甘肃、宁夏、四川、内蒙古、山东、新疆等饲养羊较多的地区较为多见。传染性无乳症主要发生于欧洲、西亚和北非，我国青海、宁夏、新疆等地有过少量临诊报道。

二、病原学

（一）病原与分类

上述三种羊支原体病病原在分类上都属于柔膜体纲支原体目支原体科支原体属的成员，染色特征和其他支原体相似。山羊传染性胸膜肺炎的病原为山羊支原体山羊肺炎亚种，模式株为 F38，与另外 2 种能感染羊的丝状支原体簇支原体关系十分密切：丝状支原体山羊亚种（*M. mycoides* subsp. *capri*，*Mmc*）和山羊支原体山羊亚种（*M. capricolum* subsp. *capricolum*，*Mcc*）。

（二）基因组结构与编码蛋白

Mccp 基因组大小约 1.01Mb，G+C 含量为 24%左右，编码 898 个开放阅读框（ORF），平均长度为 944bp。最新的研究结果显示已经鉴定出 58 个潜在的毒力基因包括可变表面脂蛋白、溶血素 A 和 P60 表面脂蛋白等。通过比较基因组分析发现了 8 个毒力基因和 4 个胞外基因在 5 个 *Mccp* 基因组中保持 40 年不变，如 *VmcA*、*TrkA* 可作为潜在的药物靶点开发和疫苗设计。

Mo 分离株 SC01 的基因组大小为 1Mb，其中 80.48%为编码序列，G+C 含量为 28.85%。该基因组包含 864 条假定 CDS，平均基因长度为 950bp。只有一个 16～23S rRNA 操纵子，5S rRNA 基因与 16～23S rRNA 操纵子是分离的。共鉴定出 30 个 tRNA 基因。SC01 株基因组的显著特征是经常使用 UUG 作为启动密码子。UUG 启动密码子高达 187 个，占全部启动密码子的 21.6%，是迄今为止支原体基因组序列中所占比例最高的。

Ma 的代表株 PG2 基因组大小为 877kb，其中 88%为编码序列，G+C 含量为 29.7%，目前共鉴定出 751 个 CDS，其中有 404 个（53.8%）具有预测功能。该基因组还包含 34 个 tRNA 基因和两组几乎相同的 rRNA 基因，分别带有两个 16～23S rRNA 操纵子（MAG16S1-MAG23S1 和 MAG16S2-MAG23S2），两个 5S rRNA 基因（MAG5S1 和 MAG5S2）聚集在两个位点上，距离约为 400kb。

（三）病原分子流行病学

在对 *Mccp* M1601 株的全基因组序列分析中没有发现基因岛和完整插入序列，有 26 个基因表达产物作为潜在毒力因子。此外，在 *Mccp* 基因组中观察到两个转运体系统和两个分泌系统。同线性分析显示，M1601 株与 F38 株具有良好的共线性关系。对 31 株支原体的 11 个单拷贝核心基因进行系统发育分析，发现 M1601 与山羊支原体山羊亚种（*Mcc*）具有良好的共线性关系。

（四）感染与免疫

Mccp 侵入机体后，经气管、支气管到达细支气管终末分支的黏膜，先引起支气管黏膜及肺泡的轻微炎性反应，肺泡、细支气管、小叶间隔和胸膜下结缔组织中性粒细胞浸润；继而穿过管壁顺着淋巴流转移，大量菌体在小叶间隔中繁殖，发病早期，可见间质炎性水肿及充血明显的淋巴管炎；邻近的肺膜也相应地有炎性渗出，并显著增厚和发生纤维素性沉积；肺泡壁的毛细血管扩张充血，肺泡中常有大量炎性渗出物，从而引起肝样变。肺小叶除见肝样

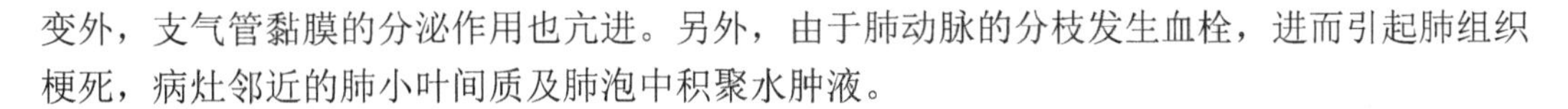

变外，支气管黏膜的分泌作用也亢进。另外，由于肺动脉的分枝发生血栓，进而引起肺组织梗死，病灶邻近的肺小叶间质及肺泡中积聚水肿液。

三、诊断要点

（一）流行病学诊断

CCPP 呈地方性流行，初次接触本病的易感羊群，发病率可高达 100%，死亡率达 80%。山羊不分年龄、性别均易感 *Mccp*，羔羊死亡率高。病羊是本病的主要传染源。近年来证实多种野生动物如藏羚羊、瞪羚、野山羊等可感染发病。CCPP 传播方式主要是接触传染，如吸入病羊的呼吸道飞沫而发病。人工感染绵羊、兔、豚鼠不发病。小反刍兽疫（PPR）和羊痘（CP）可导致 *Mccp* 继发感染，临床上常见与绵羊肺炎支原体（*M. ovi*）、溶血性曼氏杆菌（*Mannheimia haemolytica*，*Mh*）和多杀性巴氏杆菌（*Pasteurella multocida*，*Pm*）等混合感染，促进疾病发生和加重危害。

在自然条件下，绵羊肺炎支原体（*Mo*）既可感染绵羊，也可感染山羊和野生动物。病羊是主要传染源，经过呼吸道分泌物排菌。本病常呈地方流行性。本病发病常受气候、圈舍环境、管理、营养及健康状况的影响，发病率为 20%～30%，有的地区可高达 60%～80%。绵羊支原体肺炎常常伴随着其他细菌的混合感染，如羔羊发生口膜炎、羊痘、腹泻等疾病时发病率和死亡率大大增高。

由无乳支原体引起的传染性无乳症主要引起山羊感染，通常为散发。病羊是主要传染源。在自然条件下，主要经消化道传染，也可经创伤、乳腺传染。

（二）临床诊断

CCPP 潜伏期平均为 18～20d，最短为 3d，最长为 40d。根据病程和临床症状分为最急性型、急性型和慢性型三型。最急性型体温升高达 41～42℃，呼吸急促，咳嗽，伴有浆液带血鼻液；肺部叩诊呈浊音或实音，呼吸极度困难。黏膜明显充血、发绀。一般发病后 4～5d 病羊便可因高度呼吸困难而窒息死亡，严重的病例甚至不超过 24h。急性型常见体温升高，食欲减退，伴有短而湿的咳嗽，浆液性鼻漏。孕羊大部分流产（70%～80%），最后病羊卧倒，极度衰弱。该类型的病程较长，死亡率极高可达 60%～90%。慢性型多由急性病例转变而来。全身症状较轻或不明显，一般转归良好。

绵羊支原体肺炎潜伏期长短不一，短则 3～10d，长则可达 3～4 周。典型临床症状是咳嗽、气喘、流鼻涕等症状，渐进性消瘦，生长发育迟缓。病初期体温升高至 39.5～40.5℃，很少超过 41℃，怀孕母羊易发生流产。

传染性无乳症潜伏期为 6～30d，平均 11d。传染性无乳症的临床表现多样，分为乳腺炎型、眼型和关节型 3 种类型，有的呈混合型。绵羊羔，尤其是山羊，常呈急性病程，死亡率为 30%～50%。乳腺炎型乳房稍肿大，触诊热痛，乳头基部有硬团状结节，乳量逐渐减少，乳汁静止后产生灰白色的黏稠沉淀，其上聚有很薄的一层红细胞。以后乳腺逐渐萎缩至核桃大，泌乳停止。眼型公羊和还没有开始泌乳的母羊的症状主要是眼和关节的病症。眼型开始表现为结膜红肿、羞明流泪，分泌黏液，严重时角膜组织可发生崩解，晶状体脱出，有时连眼球也脱出来。关节型无论年龄和性别均可发生，可见 1 个或多个关节发炎，有时与其他病症同时发生。

（三）病理诊断

CCPP 病变局限于胸腔等内脏器官。多在单侧肺发生严重的浸润和明显的肝变，其肝变区凸出肺表面，颜色由红至灰，切面呈大理石状。胸腔常有淡黄色/稻草色液体，多者达 500～2000mL，暴露于空气后，可发生纤维蛋白凝块。胸膜变厚而粗糙，上有黄白色纤维蛋白层附着，肺胸膜、肋胸膜、心包膜发生粘连。

绵羊支原体肺炎病理变化表现为病死羊胸腔内常见胸腔积液，呈淡黄色或浅灰色纤维素样渗出液。肺发生肝变，界限明显，有凸出于肺表面的白色或黄色结节。病程较长者可见肺与胸膜粘连，肺有化脓灶与黄色干酪样结节分布。肺以增生性间质性肺炎为主要变化，肺泡间隔增宽，肺泡腔高度狭窄。

传染性无乳症首先发生乳腺炎，随后乳房 1～2 个小叶萎缩。腕关节和跗关节的关节囊水肿，纤维素性渗出。角膜水肿，或脓性角膜炎或角膜穿孔。此外，还可见有肺炎、胸膜炎的病理变化。

（四）鉴别诊断

典型的 CCPP 病变局限于胸腔，典型特征是肝变、粘连和胸水，组织病理特征为间质及间叶水肿，但羊呼吸道疾病临床感染具有复杂性，如混合或继发感染、疫区慢性感染等可导致临床表现多样，必须和其他具有相似临床表现的疾病区分开来，如小反刍兽疫、巴氏杆菌病。尤其与 *Mcc* 和 *Mmc* 引起的呼吸道症状不易区分，但二者还能引起乳腺炎、关节炎、角膜炎、肺炎和败血综合征等其他症状。只有病原分离鉴定是目前 WOAH 确认 CCPP 在某地区流行的主要依据。

由于山羊传染性胸膜肺炎、绵羊支原体肺炎和传染性无乳症在诊断上容易发生混淆，故将三种传染病诊断要点总结如表 4-2 所示。

表 4-2 山羊传染性胸膜肺炎、绵羊支原体肺炎和传染性无乳症的诊断要点

	山羊传染性胸膜肺炎	绵羊支原体肺炎	传染性无乳症
流行病学	山羊易感，发病率高；藏羚羊、瞪羚、野山羊也可感染	山羊和绵羊都易感，发病率最高 80%	主要是山羊感染，散发
临床症状	最急性型体温 41～42℃，呼吸困难，发病 4～5d 死亡；急性型体温升高，病程长，死亡率为 60%～90%	咳嗽、气喘，消瘦，初期体温 39.5～40.5℃	分为乳腺炎型、眼型和关节型。乳腺萎缩，泌乳停止；结膜红肿、流泪；关节炎
病理变化	变化局限于胸腔，肺肝变，有大量黄色液体渗出	肺肝变，有白色或黄色结节，胸腔积液	乳房小叶萎缩，关节水肿，角膜水肿
病原学诊断	分离鉴定，PCR	分离鉴定，PCR	分离鉴定，PCR
免疫学诊断	CFT、LAT、IHA 和 C-ELISA。IHA 是国标，C-ELISA 已有商品试剂盒	生长抑制试验、IHA 和 ELISA。C-ELISA 特异性更好	ELISA 比 CFT 敏感，已经商品化的 ELISA 试剂盒
防控措施	加强饲养管理，保持洁净；引进羊只需检疫隔离。发病后隔离患病羊，扑杀后无害化处理；紧急接种疫苗；抗生素治疗	加强饲养管理，保持洁净；引进羊只需检疫隔离。发病后隔离患病羊，扑杀后无害化处理；紧急接种疫苗；抗生素治疗	加强饲养管理，保持洁净；引进羊只需检疫隔离。发病后隔离患病羊，扑杀后无害化处理；抗生素治疗

四、实验室诊断技术

（一）病原学诊断

Mccp 分离鉴定是目前 WOAH 认可的病原确诊方法。最佳样品是富含支原体的胸水、病变区/非病变区交界处的肺组织。目前最常用的是《OIE 陆生动物诊断试验和疫苗手册》中推荐的 CCPP 培养基。培养基应尽量新鲜配制，并添加 2～8g/L 丙酮酸钠，有利于提高 *Mccp* 培养速度和产量。每份样品的培养物，包括一次盲传后至少观察 3 周后无生长，才可放弃。

聚合酶链反应（PCR）可用于新鲜或保存的临床病料如鼻液、肺组织、咽拭子、胸膜液等直接检测或培养物鉴定。第一种方法是先扩增丝状支原体簇 16S rRNA 基因片段保守区，然后将 PCR 产物通过 *Pst* Ⅰ酶切来分析检测扩增产物，只有 *Mccp* 可酶切出 3 个片段；第二种方法是以 *arcD* 基因为靶基因的特异性 PCR 方法，且相同的引物同样可用于 qPCR 检测。

分离 *Mo* 时可选取鼻拭子和鼻分泌物作为培养材料，在解剖尸体时，则以肺组织（在病变组织和健康组织的交界处）为理想的样品。体外培养 *Mo* 常用的培养基有改良 KM2 培养基、TSB-1 培养基和改良 Thiaucourt 氏培养基。通过培养液的颜色（由红变黄）变化单位（color change unit，CCU）来判定支原体的生长状况。初次液体培养一般需要 4～7d。固体培养基培养 3～5d，低倍镜下 *Mo* 菌落直径为 10～600μm、似针尖样大小、半透明隆起，典型的菌落呈圆形，边缘整齐，呈“乳头状”，无中心脐。出现典型菌落后切取单一菌落琼脂接种于液体培养基，以此经 2～3 次传代即可分离纯化病原。常用 Dienes 染色法对菌落进行染色，菌落中心呈深蓝色，30min 内不褪色。

PCR 不仅可用于 *Mo* 初次培养物的鉴定，还可直接对鼻拭子、肺组织、气管分泌物进行检测。根据 16S rRNA 基因序列来设计 *Mo* 特异性引物来检测样品中 *Mo* 的 DNA，最后经序列比对而确定。此外，使用双重 PCR 方法可同时检测 *Mo* 和丝状支原体山羊亚种（*M. mycoides* subsp. *capri*，*Mmc*）。PCR 技术仅能检测样本中的 *Mo* 核酸，并不能完全替代传统的支原体分离培养方法来确诊 *Mo* 的感染。

无乳支原体（*Ma*）分离培养时可选取乳汁、关节液、鼻拭子、鼻分泌物和结膜拭子作为材料。也可在急性期从血液、肝、肾和脾中分离支原体。在大多数支原体培养基中生长良好，并在 3～4d 可见中到大的菌落。临床样品通常含有 1 种以上的支原体，应对培养物进一步纯化。从固体培养基上挑选单个的代表性菌落，接种于液体培养基进行培养。培养物充分生长后，用孔径 0.22～0.45μm 的滤膜滤过。将滤过液接种于固体培养基上培养，如此重复 2 次。

已建立几种针对 *Ma* 特异的 PCR 方法。使用免疫磁捕获-PCR 方法检测奶样品中的 *Ma* 可能比细菌培养更快。等温 PCR 方法也可用于 *Ma* 的检测。此外，还可用多重 PCR 方法同时检测 *Ma*、*Mcc* 和 *Mmc*。如果 PCR 结果为阳性，特别是在以前没有传染性无乳症的地区，应使用标准程序对支原体进行分离和鉴定。

（二）免疫学诊断

CCPP 常用的血清学方法有以下几种：补体结合试验（CFT）、乳胶凝集试验（LAT）、间接血凝实验（IHA）和竞争酶联免疫吸附试验（C-ELISA）。CFT 是 CCPP 国际贸易指定检疫试验，但该方法敏感性差，能与感染羊的丝状支原体山羊亚种抗体可发生交叉反应，设备要求高，操作复杂，已较少使用。LAT 易于操作，适合于田间抗体筛查，可用于早期辅助诊断，阳性样品可用 C-ELISA 进一步确认。IHA 方法是我国国家标准中规定的方法，与 LAT 一样具有较好的特异性，可用于田间快速诊断。利用 *Mccp* 特异性单抗（Mab 4/52）建立的 C-ELISA 试剂盒已经商业化，该方法具有很好的特异性和敏感性。

Mo 检测的血清学方法包括生长抑制试验、IHA 和 ELISA。生长抑制试验具有较高的特异性，但操作过程较为烦琐、费时，仅用于 *Mo* 分离株的鉴定。IHA 试验操作方法简单，适合基层现场血清学调查。国际上利用单克隆抗体建立的 C-ELISA 方法具有很高的特异性。

免疫印迹试验（IBT）也适用于检测无乳支原体（*Ma*）。在无乳支原体血清学检测方法上，ELISA 比用 CFT 更敏感，已有很多商品化的 ELISA 试剂盒可供选择。

五、防控措施

1. 平时的预防措施 加强饲养管理，为羊只提供营养均衡的日粮，加强通风换气，降低饲养密度，避免氮气浓度过高；每日坚持对圈舍进行清洗；秋冬注意保暖，夏季注意防暑降温。防止引进或迁入病羊和带菌羊，新引进羊只必须隔离检疫 1 个月以上，确认健康时方可混入大群。

2. 发病后的扑灭措施 对病羊进行隔离治疗，治愈的羊放入治愈羊群中饲养，不能放入健康羊群中。若病羊数量较少，可屠杀病羊并进行无害化处理。对疫区的山羊或疫群均应进行疫苗接种，疫区周围的羊也应进行疫苗接种。我国研制的山羊传染性胸膜肺炎和绵羊肺炎支原体灭活疫苗具有一定的预防效果。病羊的畜舍、用具等用 3%克辽林、1%～2%苛性钠、10%漂白粉或 20%草木灰进行消毒，垫草须彻底清除或烧掉。有的病羊转为慢性，在其发病停止或治愈后，必须再隔离观察 2 个月左右，如果不再发现病羊可解除封锁。从外地移入的山羊则应进行检疫隔离 1 个月后方可混群。

治疗用抗生素的选择：羊传染性胸膜肺炎的病原（*Mccp*）对大环内酯类、四环素类、氯霉素类等广谱抗生素均敏感，可以用这类制剂进行治疗。但肺中的大理石样病变很难消除，且不易清除病原。常用泰乐菌素、氟苯尼考注射液联合用药。红霉素在体外对各种支原体都有较好的抑菌作用，但在动物体内作用不佳或根本没有作用。泰乐菌素、氟苯尼考、阿奇霉素、多西环素、恩诺沙星等对控制绵羊肺炎支原体感染具有一定疗效。但药物并不能彻底清除体内感染的支原体，停药一段时间后还会复发。此外不同地区的分离株对不同抗生素敏感性存在一定差异，不同分离株的药物敏感性只能作为临床选药的参考。治疗传染性无乳症可以使用喹诺酮类化学药物，其具有较强的抑菌治疗作用，但也有某些分离株对乙酰螺旋霉素和四环素类具有一定的抗性。

六、问题与展望

羊支原体感染已经成为规模化羊养殖业中最重要的呼吸道传染病，引起的经济损失日益严重，同时伴随其他细菌和病毒的感染，临床症状越来越复杂。目前国内已经有几种商品化灭活疫苗用于本病的防控，在生产实际中发挥了一定的作用。但在防控本病时也面临着一些严峻的挑战，如羊支原体引起致病或免疫作用的分子基础不明确，缺乏快速、有效的诊断试剂，传统的疫苗需要进一步改进优化等。随着研究工作的进一步深入，上述问题一定会在不远的将来得到解决，为羊养殖产业健康发展提供技术支撑。

（辛九庆）

第五章　禽的重要传染病

第一节　新　城　疫

一、概述

新城疫（Newcastle disease，ND）是由新城疫病毒（Newcastle disease virus，NDV）引起鸡和多种禽类的急性、高度接触性、致死性传染病，又被称为亚洲鸡瘟、伪鸡瘟。易感禽类感染后常呈败血症经过，主要特征是呼吸困难、下痢、精神紊乱，黏膜和浆膜出血。NDV 最常感染鸡，也能感染其他家禽，至少 27 个鸟目中的 240 多种鸟类都可以在自然条件或实验室条件下感染 NDV，水禽和海鸟普遍对 NDV 抵抗力较强，但可以作为 NDV 的携带者。ND 传播迅速，死亡率很高，是严重危害养禽业的重要疾病之一。世界动物卫生组织（World Organization for Animal Health，WOAH）将 ND 列为必须报告的动物疫病，我国将 ND 归为二类动物疫病，ND 是我国《国家中长期动物疫病防治规划（2012—2020）》中指出的优先防治的动物疫病。

拓展阅读 5-1

ND 最早于 1926 年在印度尼西亚的爪哇岛（Java）被首次发现；1927 年在英格兰的纽卡斯尔（Newcastle upon Tyne）被首次分离。在随后的数十年间，ND 在世界范围内造成多地大流行，这给全球养禽业造成了严重危害。自 1926 年以来，全球范围内共发生了 4 次 ND 大流行。第一次全球大流行（20 世纪 20～60 年代）起源于东南亚，危害的对象主要是鸡，水禽、鸟类等几乎不发病，限于当时养鸡规模和家禽贸易的落后，本次 ND 疫情传播速度相对缓慢，一直呈局部零星暴发。第二次全球大流行（20 世纪 60～70 年代）可能起源于中东，主要危害观赏鸟、笼养鸟等禽类。第三次全球大流行（20 世纪 70～80 年代）首先是由鸽子引起的，也可能起源于中东，然后传至欧洲，进而传遍全球。第四次全球大流行主要是由基因Ⅶ型 NDV 引起的，可能起源于亚洲。我国最早于 1928 年已有本病的记载，1935 年在我国部分地区流行，1946 年由梁英和马闻天等通过病毒分离首次证实了 ND 在我国的存在和流行。目前在我国的 ND 主要由基因Ⅶ型毒株引起，基因Ⅲ型、Ⅸ型及新发的Ⅻ型也偶有报道；另外，基因Ⅵ型主要在鸽群流行。

二、病原学

（一）病原与分类

NDV 属于正禽腮腺炎病毒属（*Orthoavulavirus*）禽正腮腺炎病毒种（avian orthoavulavirus 1）。NDV 血清型为禽副黏病毒Ⅰ型（avian paramyxovirus-1，APMV-1）。NDV 完整病毒粒子呈圆形，直径为 100～500nm，有囊膜，在囊膜的外面有呈放射状排列的纤突。病毒粒子内部为螺旋对称的卷曲的核衣壳。

（二）基因组结构与编码蛋白

NDV 基因组长度有 3 种，分别为 15 186nt、15 192nt 或 15 198nt，遵循“六碱基原则”。

根据遗传进化分析，将NDV分为class Ⅰ和class Ⅱ两大类。NDV基因组共编码6种结构蛋白，即核衣壳蛋白（nucleocapsid protein，NP蛋白）、磷蛋白（phosphate protein，P蛋白）、基质蛋白（matrix protein，M蛋白）、融合蛋白（fusion protein，F蛋白）、血凝素-神经氨酸酶蛋白（hemagglutinin neuraminidase protein，HN蛋白）、大分子量聚合酶蛋白（large protein，L蛋白）。其中*P*基因转录时在特定的编辑位点通过插入1个或2个G从而编码2种非结构蛋白V或W，P/V/W蛋白共用ORF的N端部分，分别含有独特的C端。

class Ⅰ和class Ⅱ中的Ⅰ～Ⅳ型NDV的*NP*基因全长为1747nt，class Ⅱ基因型的Ⅴ～Ⅸ型NDV的*NP*基因全长为1753nt，研究表明相差的6个碱基与病毒的毒力没有明显的关联，其确切功能目前尚不清楚。*NP*基因编码489个氨基酸，NP蛋白分子质量约为53kDa。*NP*基因与基因组RNA紧密连接，形成极易弯曲的螺旋状结构的核衣壳，这种结合能够防止基因组RNA被宿主的一些核酸酶降解。NP蛋白合成后具有自动组装的特性，形成鲱骨状结构。NP蛋白是病毒颗粒中含量最多的蛋白，主要调节RNA转录与复制。NP蛋白的结构域主要由高度保守的N端和C端组成。多项研究表明NP-RNA复合物的形成和自组装需要NP的N端，而C端的尾部主要负责NP-RNA复合物与P蛋白的相互作用。有研究报道，NP蛋白C端第402位谷氨酸在病毒RNA合成和致病性中起重要作用。

*P*基因主要有1451nt和1463nt两种长度，分别编码395个和399个氨基酸，class Ⅰ毒株相对于class Ⅱ毒株的*P*基因编码区165位氨基酸之后插入12个核苷酸（TGGGAGACGGGG），所对应编码的氨基酸为WETG。NDV的P蛋白与大多数副黏病毒不同，其mRNA仅编码P蛋白，不可编码C蛋白。P蛋白存在大量可被磷酸化的苏氨酸和丝氨酸位点，因此又被称为磷蛋白，但其只含有286位一个半胱氨酸，在形成二硫键相连的三聚体寡聚结构方面起重要作用。P蛋白S48、T111、S125和T271位点能被磷酸化且T111位点参与NP-P相互作用，该过程影响NDV复制和基因转录。P蛋白作为NP蛋白的分子伴侣，它能阻止NP蛋白在合成后自动组装及与细胞RNA的非特异性结合。NDV的P和NP蛋白可以通过内质网应激诱导自噬，该过程主要依赖于p-ERK和ATF6途径的激活。

NDV的V蛋白长249个氨基酸，分子质量为39kDa。与其他副黏病毒的V蛋白相似，NDV V蛋白有富含半胱氨酸的羧基端结构域，结合到两个锌分子上。研究表明，V蛋白能抑制干扰素应答，主要是通过V蛋白靶向降解磷酸化的STAT1抑制干扰素的信号转导及V蛋白直接与MDA5相互作用，抑制产生β干扰素。V蛋白还可以通过与MAVS相互作用诱导MAVS泛素化降解，以阻断MAVS参与的干扰素合成通路，从而抑制干扰素应答。已有研究报道了V蛋白能促进SOCS3的转录和蛋白质水平的表达从而促进病毒复制，该过程依赖于MEK/ERK信号通路。NDV V蛋白还能够通过与宿主蛋白CacyBP/SIP或TXNL1相互作用，调节细胞凋亡和病毒复制。NDV V蛋白的过表达能增强病毒增殖，而V蛋白缺失能显著抑制病毒在细胞和鸡胚中的生长并且病毒滴度显著降低。同时V蛋白还在病毒复制中作为毒力因子发挥直接作用。此外，V蛋白还在限制寄主范围方面起着重要作用。

*P*基因的编辑部位插入2个G残基即产生W mRNA，但是mRNA插入2个G残基相对很少发生，因此W蛋白表达量低，对其结构与功能研究甚少。不同毒株W蛋白序列长度各有不同，目前存在8种不同长度，分别为137aa、147aa、155aa、179aa、183aa、196aa、221aa和227aa。class Ⅰ毒株W蛋白均为183aa；在class Ⅱ中基因Ⅰ型毒株均为147aa，基因Ⅱ型弱毒株和基因Ⅴ型毒株均为179aa，基因Ⅱ型中强毒株均为221aa，基因Ⅲ、Ⅵ和Ⅶ型强毒株均为227aa，基因Ⅳ型毒株均为196aa，基因Ⅷ型毒株均为155aa，基因Ⅸ型毒株均为137aa。

除基因Ⅸ型强毒株 W 蛋白序列长度较短外，NDV 强毒株（包括中强毒）W 蛋白序列长度均较长，不同基因型毒株 W 蛋白长度差异与强、弱毒特征存在一定相关性。最新研究发现，确实可以检测到 NDV W 蛋白在感染细胞中表达，但是 W 蛋白对于病毒复制增殖是非必需的。

L 基因长约 6700nt，其编码基因的长度几乎占整个病毒基因组的一半，*L* 基因共编码 2204 个氨基酸，L 蛋白的分子质量约为 220kDa。L 蛋白是与 RNA 复制和转录过程密切相关的重要蛋白。L 蛋白和 P 蛋白共同参与病毒 RNA 依赖的 RNA 聚合酶（RNA dependent RNA polymerase，RdRp）催化病毒 RNA 的复制和转录。其中 P 蛋白作为聚合酶蛋白的辅助因子，只有在 P 蛋白的存在下，L 蛋白才有聚合酶活性。L 蛋白相对保守，其主要具有与 RNA 合成、转录后修饰和新合成 RNA 稳定性维持相关的各种功能，包括核苷酸聚合、mRNA 帽化、甲基化和 mRNA 聚腺苷酸化所需要的所有酶活性。已有研究证明 L 蛋白与病毒的毒力有关，这可能与其影响病毒的复制效率有关。

M 基因长度为 1095nt，其编码的 M 蛋白分子质量最小，约为 40kDa，是一种疏水不跨膜的碱性蛋白。M 蛋白在核衣壳周围形成一层外壳，构成了病毒囊膜和核衣壳之间的桥梁。M 蛋白在 NDV 的生命周期中起着至关重要的作用。M 蛋白的单独表达即可实现病毒样颗粒（virus-like particles，VLP）的释放，而 M 蛋白与 NP、F 及 HN 蛋白之间相互作用是形成完整 VLP 和促进 NDV 病毒粒子出芽的关键。在病毒感染后期，病毒颗粒的组装和出芽需要 M 蛋白和宿主细胞膜之间的相互作用，M 蛋白 C 端形成的两个 α 螺旋和两个反向平行的 β 折叠结构在此过程中起重要作用，并且该折叠结构与 M 蛋白序列中 266～280aa 保守结构域相对应。进一步研究发现，M 蛋白晚期结构域 FPIV 基序对病毒粒子组装和出芽也至关重要，并且 NDV 出芽需招募宿主空泡分选系统（vacuolar protein sorting，VPS）蛋白。与大多数副黏病毒 M 蛋白一样，NDV M 蛋白是一种核质穿梭蛋白。在感染早期通过靶向细胞核磷蛋白 B23 来促进 NDV 复制。进一步研究表明 NDV M 蛋白核输入需要转运受体 importinβ1 和 RanGTP，而 importinβ1 参与的 NDV 复制和致病性受到 importinα5 的负调控。另有研究表明 NDV 的 M 蛋白与禽类 ESCRT-III/CHMP4s 存在相互作用，这种相互作用可能在 NDV 复制过程中起关键作用。

NDV 进入宿主细胞是由 F 蛋白与 HN 蛋白介导的。HN 蛋白主要参与宿主细胞受体的黏附和病毒的释放，而 F 蛋白介导病毒囊膜与宿主细胞膜的融合。

F 基因长度为 1662nt，共编码 553 个氨基酸，F 蛋白分子质量为 59.6kDa，它与多种生物学活性有关，主要负责病毒囊膜和宿主细胞膜之间的融合，确保病毒核衣壳通过细胞膜进入细胞内，是 NDV 感染细胞所必需的。F 蛋白的结构包含有信号肽、裂解位点、融合肽、七肽重复区 A 和 B、跨膜区及胞质尾区等多个结构域。F 蛋白以无活性的前体 F0 存在，该前体通过蛋白酶切割产生两个二硫键连接的 F1 和 F2 亚基从而得到活化，但仅裂解前体 F0 不足以进行融合，HN 蛋白对于有效的融合过程也是必需的。由于 F 和 HN 蛋白是 NDV 感染的基础，因此它们在病毒毒力和组织嗜性中起着重要作用。F 蛋白切割位点的氨基酸序列决定了底物对不同类型细胞蛋白酶的特异性。临床上致病力表现为速发或中发型的 NDV 毒株的 F 蛋白裂解位点处基序大都为 ^{112}R/K-R-Q-K/R-R-F^{117}，因有多个碱性氨基酸位点的存在，该位点可被广泛分布于宿主各种细胞中多种蛋白酶修饰。相比之下，临床上致病力表现为缓发或无症状型的 NDV 毒株的 F 蛋白裂解位点处基序为 ^{112}G/E-K/R-Q-G/E-R-L^{117}，其 112 位和 115 位的碱性氨基酸精氨酸（R）被中性氨基酸所替代，所以该位点仅能被存在于肠道和呼吸道的胰蛋白酶样蛋白酶所水解。因此，NDV 强毒株的感染能够引起全身性症状，而弱毒株的感

染通常局限于呼吸系统和消化系统。另有研究指出，F 和 HN 蛋白都是 NDV 热稳定性的决定因素并且病毒其他生物学活性随病毒的热稳定性而变化，这些发现有利于开发有效的热稳定疫苗。

HN 基因序列长度为 2031nt，其编码氨基酸数量与毒株特性相关，为 570～620 个氨基酸，HN 蛋白分子大小约为 63kDa。HN 蛋白是Ⅱ型四聚体糖蛋白，由 C 端球状头部、颈部、亲水性尾部和 N 端疏水性跨膜区四部分组成。HN 蛋白参与宿主细胞受体的附着和病毒的释放。HN 蛋白球状头部主要负责结合唾液酸的受体，是其主要功能区。另外，HN 蛋白通过去除子代病毒中的唾液酸分子来防止自聚集，从而起到神经氨酸酶的作用。目前有较多研究报道了 HN 蛋白 C 端的延伸对病毒毒力的影响。在 LaSota 毒株 HN 蛋白 C 端延伸 45 个氨基酸的重组病毒对鸡胚致病性减弱，表明 HN 蛋白 C 端延伸可能导致一些低毒力 NDV 毒株的毒力降低。另一项研究也发现通过移除终止密码子使 HN 蛋白延长能降低对 1 日龄和 3 周龄鸡的致病性，且第 596 位半胱氨酸发挥了重要作用。HN 蛋白能通过磷脂酰丝氨酸的易位、半胱氨酸蛋白酶的活化及 DNA 片段化诱导 HeLa 细胞凋亡，该过程依赖于 SAPK/JNK 上调导致 c-Jun 反式激活的途径。在 CEF 细胞中，HN 蛋白的表达能够引起 caspase-9、caspase-8、caspase-3 和 caspase-1 的上调，导致线粒体跨膜电位的丧失和氧化应激的增加从而诱导细胞凋亡。

（三）病原分子流行病学

NDV 的毒力基因主要是 *F* 基因，因此 NDV 谱系分类方法和基因型分类以 *F* 基因为主要参考基因，该类方法已经成为目前被国内外广为接受的 NDV 分型方法。根据基因型（genotype）分型法，NDV 分为 class Ⅰ和 class Ⅱ两大类群，最新研究发现，class Ⅰ仅包含 1 个基因型，其中有 1.2、1.1.2 和 1.1.1 三个基因亚型；而 class Ⅱ包含 21 个基因型（Ⅰ～ⅩⅪ，其中ⅩⅤ型为重组病毒，分型时被排除），有些基因型又被分为多个基因亚型。

目前普遍认为自 1926 年 ND 确定以来，NDV 流行毒株的基因型随时间变化有所不同。20 世纪 60 年代之前，基因Ⅱ型、基因Ⅲ型及基因Ⅳ型为主要流行基因型。20 世纪 70 年代，基因Ⅴ型及Ⅵ型为主要流行基因型，且以基因Ⅴ型为优势流行基因型。20 世纪 80 年代，分离自鸽子的基因Ⅵ型为主要流行基因型。1985 年之后，基因Ⅶ型 NDV 在亚洲、非洲及中东等世界多个国家和地区流行，逐渐成为优势毒株。

NDV 在我国最早于 1946 年被分离得到，至今在中国已经存在了 70 多年。已有许多学者对不同地区、不同时期的 NDV 分离株进行系统进化分析，大量流行病学资料证实，我国家禽中 NDV 基因型的分布呈多样性，强毒主要是 class Ⅱ中的基因Ⅶ型毒株，但也存在基因Ⅲ、Ⅵ和Ⅸ型的散发流行，新发的Ⅻ型也偶有报道；弱毒株除类似常用的弱毒疫苗 La Sota（基因Ⅱ型）和 V4（基因Ⅰ型）的毒株外，主要是 class Ⅰ毒株。

（四）感染与免疫

易感禽主要通过呼吸或者采食感染 NDV，主要是易感禽吸入了小的气溶胶或者大的雾滴而导致感染。禽类之间还可以通过直接接触感染病毒。NDV 感染后主要在呼吸道增殖，感染禽排出含有病毒粒子的雾滴，污染空气及环境物品，大多数禽类在感染 NDV 的过程中还会在粪便中排出大量病毒粒子，易感禽若食入粪便也有可能导致感染。

不同 NDV 毒株在毒力方面差异很大，主要取决于 F 蛋白的可切割性和活性。病毒最初在上呼吸道和肠道的黏膜上皮中复制，以气囊炎最为突出。致病性病毒迅速通过血液传播到脾和骨髓，产生继发性病毒血症，导致肺、肠和中枢神经系统等靶器官感染。呼吸困难是由肺部充血及大脑呼吸中枢受损引起的。剖检可见喉、气管、食道和整个肠道的瘀斑出血。最突出的组织学病变是肠黏膜坏死灶，特别是派尔集合淋巴结和盲肠扁桃体等淋巴组织相关的坏死灶，以及包括大脑在内的大多数器官的全身血管充血。强毒株速发型引起明显的出血，特别是在食道、腺胃乳头及小肠的后半部分。严重情况下，皮下组织、肌肉、喉、气管、食道、肺、气囊、心包和心肌中也存在出血。在成年母鸡中，卵泡中存在出血。在中枢神经系统中，病变是伴有神经元坏死的脑脊髓炎（Swayue，2020）。

当NDV感染宿主时，宿主抵抗其入侵会产生系列抗病毒免疫防御机制，NDV感染过程中机体的天然免疫和特异性免疫都能够发挥防御作用。主要是通过先天性免疫起第一道防线的作用以及通过疫苗免疫产生的特异性抗体作为第二道防线发挥作用。研究表明，NDV感染鸡（Zhang et al.，2019）及鹅后，脾等组织中的多种TLR受体表达量显著增加，如TLR3和TLR15，表明TLR，尤其是TLR2、TLR3和TLR15可能在控制NDV感染方面发挥重要的作用（Xu et al.，2016；Zhang et al.，2019）。此外，研究发现IFN-γ及多种促炎因子和趋化因子参与了鸡、鸭和鹅抗NDV感染的过程（Xu et al.，2015；Kang et al.，2015；Zhang et al.，2019）。

三、诊断要点

（一）流行病学诊断

鸡、火鸡、鸽、鹌鹑、珠鸡及野鸡对本病都有易感性，以鸡最易感。水禽对本病有抵抗力，但可从体内分离到NDV。以幼雏和中雏（7～14周龄）易感性最高。ND四季均可发生，以冬春寒冷季较易流行。不同年龄、品种和性别的鸡均能感染，但幼雏的发病率和死亡率明显高于成年鸡。纯种鸡比杂交鸡易感，死亡率也高。免疫失败现象普遍、宿主范围不断扩大、混合感染情况严重为NDV新的流行特点。

（二）临床诊断

临床上发生的ND有两种，分别是典型ND和非典型ND，两者在临床症状的表现上不相同。

典型ND主要表现为：发病急，死亡率高、体温升高、精神极度沉郁、呼吸困难、嗉囊充满液体或气体、冠呈现暗红或黑紫色、粪便稀薄呈黄绿色；发病后期出现神经症状，如扭颈、角弓反张。产蛋鸡会出现产蛋量下降或停产，劣质蛋增多，卵泡变形，卵泡血管充血、出血。

非典型ND主要在免疫鸡群中发生，其发病率和死亡率较低，表现为呼吸、消化道症状和产蛋量下降。

（三）病理诊断

典型ND表现为全身黏膜和浆膜出血，脑膜充血或出血，淋巴系统肿胀、出血和坏死，尤其以消化道和呼吸道最为明显。嗉囊充满酸臭味的液体和气体。腺胃黏膜水肿，腺胃乳头或乳头间有鲜明的出血点，或有溃疡和坏死，肌胃角质层下也常见有出血点。由小肠到直肠黏膜有大小不等的出血点，肠黏膜上纤维素性坏死性病变，有的形成假膜，脱落后即成溃疡。

盲肠扁桃体常见肿大、出血性坏死。气管出血或坏死，周围组织水肿；肺淤血或水肿。心冠脂肪有细小如针尖大小的出血点。产蛋母鸡的卵泡和输卵管显著充血；泄殖腔弥漫性出血。

非典型ND多数可见黏膜有卡他性炎症，喉头充血、有多量黏液，气管内也有多量黏液，黏膜充血。一般不出现腺胃乳头出血，但可见腺胃胃壁水肿，挤压时，从乳头孔流出多量乳糜样胃液。在回肠壁可见黏膜面有枣核样突起。直肠和泄殖腔黏膜水肿和出血。

（四）鉴别诊断

ND与禽流感、鸡传染性法氏囊病、鸡马立克病、鸡传染性喉气管炎、禽巴氏杆菌病的临床症状存在相似之处，应当注意区分。

1．禽流感

（1）相似处　有传染性，病鸡体温高，萎靡不食，羽毛松乱，头、翅下垂，冠髯暗红，鼻有渗出物，呼吸困难，发出“咯咯”声，腹泻，后期出现后腿麻痹。剖检可见腺胃、肌胃角质膜下出血，卵巢出血，脑充血，心冠有出血点。

（2）不同处　禽流感病原为禽流感病毒。高致病性禽流感死亡率高，眼结膜充血、肿胀，分泌物增多。头、颈、咽喉水肿，胰坏死、出血，鸡冠和腿部鳞片出血。剖检可见比新城疫更严重的出血病变。H9亚型禽流感引起卵泡充出血，产蛋率降低。

2．鸡传染性法氏囊病

（1）相似处　有传染性，病鸡腹泻，头、翅下垂，闭目昏睡，体温升高，白色下痢便。

（2）不同处　病原为传染性法氏囊病病毒。病鸡病初自己啄肛，随后腹泻，粪便呈水样或白色黏稠状，因脱水趾爪干燥，眼窝凹陷。剖检可见腺胃和肌胃交界处黏膜条带状出血，法氏囊肿大，有时出血，严重的似紫葡萄样；腿肌、胸肌出血；肾肿胀、苍白，尿酸盐沉积。

3．鸡马立克病

（1）相似处　有传染性，病鸡翅膀麻痹，运动失调，嗉囊扩张，采食困难，拉稀，精神委顿。

（2）不同处　病原是马立克病病毒。神经型翅肢一侧或两侧麻痹，蹲伏时一腿向前伸，一腿向后伸。内脏型鸡大多精神萎靡，几天后部分共济失调，迅速消瘦，触诊腹部有硬块；剖检可见肝、腺胃等脏器有大量的灰白色肿瘤。眼型虹膜失去正常色素，瞳孔边缘不整齐。

4．鸡传染性喉气管炎

（1）相似处　有传染性，病鸡冠髯发紫，流鼻液，张口呼吸，发出“咯咯”声，排绿稀粪。

（2）不同处　病原为鸡传染性喉气管炎病毒。病鸡有结膜炎、流泪。吸气时头向后仰，张口吸气，病情严重时有痉挛性咳嗽，咳出带血黏液并溅于鸡身、墙壁、垫草上。剖检喉头、气管黏膜出血，有干酪样假膜和栓塞。

5．禽巴氏杆菌病

（1）相似处　有传染性，病鸡体温高，闭目，垂翅，冠髯紫红，口鼻分泌物增多，呼吸困难，拉稀并混有血液。剖检可见全身黏膜、浆膜出血，心冠脂肪有出血点。

（2）不同处　病原为巴氏杆菌。除鸡外，鸭、鹅也可感染。急性型肝肿胀、充血，呈深紫色或黄红色，有大量散在的针尖或小脏米大的黄色坏死点。慢性型冠髯水肿，甚至坏死。不出现翅肢麻痹。亚急性型关节发炎肿胀，一般病程为1～3d。多种抗生素治疗均有效果。

四、实验室诊断技术

（一）病料采集与保存方法

从发病活禽采集样品，应选择发病初期的病禽，采集口咽和泄殖腔拭子、脑、肺、心脏、脾、肾和肝等组织样品。病料需要进行研磨处理。加入含抗生素的磷酸盐缓冲液（PBS）（pH 7.0～7.4），制成 10%～20%（*m/V*）的悬浮液。抗生素的浓度根据实际情况决定，如处理好的组织样品中应含有青霉素（2000U/mL）、链霉素（2mg/mL），而粪便和泄殖腔拭子保存液抗生素的浓度应该提高 5 倍。

（二）病原学诊断

1．病原分离培养　将使用抗生素处理过的组织样品等 4℃离心后，吸取上清液 0.2mL 经尿囊腔接种 9～11 日龄 SPF 鸡胚。接种后，37℃孵育 3～4d，每天照蛋 1 次。收集死胚、濒死鸡胚和结束时存活的鸡胚，首先置于 4℃制冷，随后收获尿囊液测定其血凝（HA）活性。HA 阳性的样品，需做血凝抑制（HI）试验进行病毒鉴定；HA 阴性的样品至少盲传 3 代。

2．电镜观察　电镜下观察，NDV 病毒颗粒多形性，近似球形，直径为 100～500nm。有囊膜及纤突，病毒囊膜表面覆盖 8nm 长的纤突，病毒粒子内部为一直径约 17nm 的卷曲的核衣壳，纤突长 8～20nm，核衣壳螺旋对称，即可确定本病毒。

3．培养特性　NDV 的体外细胞培养通常采用 CEF 细胞，一般毒力较强的毒株均能使 CEF 细胞产生明显的细胞病变，且不同毒力的毒株往往表现不同的培养特性。NDV 强毒株在 CEF 上接种 48h 后，开始引起典型的细胞病变，细胞变圆、聚集、脱落，残留的细胞呈拉网状结构，细胞病变达 90%以上，96h 后细胞病变达到 95%以上，或整个单层细胞脱落。

4．动物感染试验　取产生稳定病变的细胞培养物病毒液，人工点眼或滴鼻对健康鸡进行病毒接种。观察感染鸡发病经过和临床症状与自然病例相似。

（三）免疫学诊断

目前国家规定的诊断方法有：HA 试验、HI 试验、反转录聚合酶链反应（RT-PCR）。对临床症状的判断符合 ND 的临床症状及病理变化的病禽，应进行血凝试验。对于 HA 试验呈阳性的样品采用 ND 标准阳性血清进一步进行 HI 试验。如果没有血凝活性或血凝效价很低，则采用 SPF 鸡胚用初代分离的尿囊液继续传两代，若仍为阴性，则认为 NDV 分离阴性。

五、防控措施

（一）综合防控措施

1．平时的预防措施　我国目前对于 ND 的基本防控策略是以“预防免疫为主，免疫和扑杀相结合”的综合防控策略。具体的防控措施如下。

完善生物安全措施，采取严格的生物安全措施，做好调入鸡苗前的检疫工作，不从疫区引进种蛋和雏鸡，做好消毒和隔离饲养，防止 NDV 进入禽群，造成 ND 的全面扩散。养殖场需要建立在远离人口聚集的地方，粪便、死禽定点堆放，及时消毒。做好养殖场、养殖小区及周边的环境保护，杜绝污染源，定时消毒。ND 一经发现，及时处理好病死禽类，全群紧急免疫。

加强养殖管理，建立严格的防疫制度，鸡场进出人员和车辆必须消毒。鸡舍内保持清洁卫生，尤其是清出的鸡舍在转入鸡苗前必须经过一次全面清扫消毒，并经过一段时间的空置。鸡舍内的温度和湿度控制在适宜范围内，确保饲养环境安静，并注意舍内空气新鲜，适当通风。生产中要合理搭配日粮，确保含有足够的蛋白质、维生素及微量元素，还要添加适量的油脂。

选择优质疫苗，制订合理的免疫程序。ND 免疫程序的制订，应根据该地域的疫病流行情况、环境条件、鸡群免疫状态、疫苗种类、免疫方法及母源抗体水平的高低等来决定。采用 ND 疫苗注射法可使血液中产生较多的循环抗体，而呼吸道局部黏膜抗体较少；采用喷雾、点眼、滴鼻可使呼吸道产生较多的黏膜抗体。因此，可用点眼、滴鼻和注射同时进行或滴鼻、点眼与注射间隔进行，来保持鸡有较高的循环抗体与呼吸道黏膜抗体。

建立免疫监测制度，为了保证每次免疫接种获得良好的免疫效果，避免免疫接种的盲目性，必须通过免疫监测的方法，监测免疫鸡群中的 HI 抗体，一般采取抽检的方式，比例一般按照 0.2%。规模化鸡场建议在免疫之后的 2～3 周进行抗体的检测，如果出现免疫失败，抗体滴度不达标，则必须进行补免。

2. 发病时的扑灭措施 任何单位和个人发现患有 ND 或疑似本病的禽类，立即将病禽（场）隔离，并限制其移动，同时立即向当地动物防疫监督机构报告。疫情一旦确诊，由相关部门立即划定疫点、疫区、受威胁区，并采取相应的紧急防控措施，包括立即隔离感染家禽，迅速进行无害化处理，同时控制或扑杀其他可能感染或传播本病的动物或禽类，对感染疫点进行彻底的消毒和无害化处理，感染家禽和污染的相关材料必须进行封锁，防止疫情扩散。

紧急免疫接种：对发病鸡群和不同场鸡群可采用 4 倍剂量的Ⅳ系疫苗进行紧急接种。接种方法以点眼滴鼻法最好，产蛋鸡可以采用喷雾法。注射抗鸡 NDV 卵黄抗体也可以起到比较明显的效果。

（二）生物安全体系构建

针对传染源病原特性，NDV 对热敏感，一般在 55℃ 45min，60℃ 30min，直射阳光下 30min 均可灭活病毒。病毒对化学消毒剂的抵抗力不强，一般常用的消毒剂，如 2%氢氧化钠、福尔马林、5%漂白粉、1%来苏尔在几分钟内就能将病毒灭活。

针对易感动物，各地要持续开展疫情监测工作，加大病原学监测力度，及时准确掌握病原遗传演化规律、病原分布和疫情动态，科学评估 ND 发生风险和疫苗免疫效果，及时发布预警信息。要选择一定数量的养殖场户、屠宰场和交易市场作为固定监测点，开展监测工作。及时扑杀野毒感染种禽，培育健康种禽群和后备禽群，逐步实现净化目标。

养殖场要按照“一病一案、一场一策”要求，根据本场实际，制订切实可行的净化方案，有计划地实施监测净化。

（三）疫苗与免疫

常用的新城疫疫苗主要分为活疫苗和灭活疫苗。常见的活疫苗有Ⅰ系（Mukteswar 株，我国于 2017 年 1 月 1 日起全面停止使用）、Ⅱ系（HitchnerB1 株）、Ⅲ系（F 株）和Ⅳ系（La Sota 株）苗等，因疫苗的特性差异，在使用方法上也存在不同，故生产临床需合理使用现有疫苗。此外，还有 V4、Clone30、ZM10 等常见弱毒疫苗。灭活疫苗依据佐剂的不同，可分为油乳剂苗、铝胶苗和蜂胶苗，目前最常使用的为油乳剂苗。用于制备油乳剂灭活苗的毒株包括 La Sota 株、Ulster2C 株、A-Ⅶ等。

NDV 主要经消化道、呼吸道和眼结膜等途径感染禽类，因此在局部建立有效的黏膜免疫对于 NDV 早期感染的控制意义重大。活疫苗通过点眼、滴鼻或饮水、喷雾等方式免疫后，诱导消化道和呼吸道产生黏膜免疫反应，诱导局部合成和分泌抗体并激发机体的细胞免疫途径，还可引起全身性的体液免疫应答，但容易受母源抗体的干扰，且与免疫日龄存在相关性，较小日龄时不能诱导消化道黏膜产生抗体。体液免疫与细胞免疫协同发挥作用，在 ND 的免疫和感染中的作用十分重要。雏鸡初免后一段时间，再进行二次免疫，能出现强烈的免疫应答反应，抗体水平也显著提升，二次免疫可选用毒力相对较强的疫苗毒株，免疫反应相应地会更强。

新城疫灭活疫苗主要激发体液免疫，接种后产生抗体比活疫苗慢，但抗体高峰持续的时间较活疫苗长。对于已免疫过活疫苗的鸡群，再接种灭活疫苗，可显著提高抗体水平。

（四）药物与治疗

对禽群中没有症状的个体进行免疫接种，用新城疫Ⅳ系疫苗肌肉注射接种，每只注射 4 羽份。或用血清或卵黄抗体肌肉注射，还可配合使用抗生素类药物来治疗呼吸道或者消化道的并发症。常用药物包括青霉素、链霉素、泰乐菌素、阿奇霉素等。同时，在饮水或者饲料中加入多种维生素及清瘟败毒散（由黄连、连翘、地黄、黄芩、玄参、赤芍、栀子、牡丹皮、知母、桔梗、水牛角、淡竹叶、石膏、甘草组成），有利于机体加速康复。

六、问题与展望

目前，全国各地的养殖水平不一，对鸡的免疫还存在较多的误区（如疫苗剂量越大越好，免疫次数越多越好等），致使各地的免疫程序相当混乱，这也是 ND 在现阶段流行的一个主要原因。疫苗的质量和鸡的免疫体质是免疫效果好坏的两个重要因素，疫苗质量是不可控的，而鸡的免疫体质是可通过饲养管理来调控的，因此免疫程序应围绕鸡的免疫能力而制订，尽可能避免和消除妨碍免疫应答的不利因素，使疫苗的效力能够得到充分发挥。新城疫免疫程序的制订，应根据该地域的疫病流行情况、环境条件、鸡群免疫状态、疫苗种类、免疫方法及母源抗体水平的高低等来决定。在免疫的过程中，既要使鸡保持高水平的循环抗体，又要有高水平的呼吸道局部抗体。因此对养殖户普及科学合理的免疫程序的制订是新城疫疾病净化基础而又非常重要的一步。

（任　涛）

第二节　禽腺病毒病

一、概述

禽腺病毒病是由禽腺病毒（fowl adenovirus，FAdV）感染引起的一类疾病的总称。禽腺病毒是一种无囊膜、线性双链 DNA 病毒，根据群特异性抗原的不同分为Ⅰ、Ⅱ、Ⅲ三个亚群。Ⅰ群禽腺病毒能引起包涵体肝炎（inclusion body hepatitis，IBH）、心包积液-肝炎综合征（hydropericardium hepatitis syndrome，HHS）、肌胃糜烂（gizzard erosion，GE）和鹌鹑支气管炎等多种临床疾病，这些病毒具有共同的群特异性抗

拓展阅读 5-2

原。Ⅱ群禽腺病毒包括火鸡出血性肠炎病毒、雉鸡大理石脾病病毒和禽类脾肿大病毒，这些病毒与Ⅰ群禽腺病毒具有不同的群特异性抗原。减蛋综合征病毒（egg drop syndromevirus，EDSV）是Ⅲ群禽腺病毒唯一的成员，能引起鸡和鸭产蛋下降，产薄壳蛋、软壳蛋和无壳蛋等产蛋下降综合征，本病毒仅含有部分Ⅰ群禽腺病毒的群特异性抗原。在禽腺病毒感染中，Ⅰ群禽腺病毒可在健康禽体内复制，症状轻微或不表现感染症状，虽然腺病毒与很多临床症状有关，但它们是否作为原发病原仍有争议。目前，鸡心包积液-肝炎综合征、包涵体肝炎和减蛋综合征这几种疾病呈世界性分布，给养禽业造成了严重的经济损失。

1949 年，第一株禽腺病毒分离自接种了牛结节性皮肤病病料的鸡胚，目前Ⅰ群禽腺病毒呈世界性分布，各年龄段家禽均是易感动物。由血清 4 型禽腺病毒引起的心包积液-肝炎综合征于 1987 年在巴基斯坦的安卡拉地区首次报道，因此也叫“安卡拉病”，当时本病在巴基斯坦全国的肉鸡群中普遍暴发，造成了重大经济损失，之后在匈牙利、日本、韩国、美国、波兰、印度、智利、澳大利亚、墨西哥和苏联等国家或地区流行。在我国，2006～2014 年本病呈散发性分布，2015 年 6 月后，在我国大面积暴发流行，给养禽业造成巨大经济损失。1963 年，包涵体肝炎在美国发生传播，1976 年我国台湾首次报道了本病的发生，随后本病在全国各地蔓延，呈常态化流行。1993 年日本暴发多起由腺病毒引起的肌胃糜烂，随后在韩国、美国、欧洲等多个国家或地区都有报道。1976 年荷兰学者报道了产蛋母鸡产蛋下降的一种病，后分离到血凝型腺病毒，后面证实是 EDSV，自首次报道以来，EDSV 变成了世界范围内引起产蛋量下降的一个主要原因。鹌鹑支气管炎是由腺病毒引起的鹌鹑的一种急性高度传染性和造成支气管等呼吸道卡他性炎症的疾病，1950 年在美国由 Klson 首先发现。1972 年首次在美国明尼苏达州观察到了出血性肠炎，1966 年首次报道了大理石脾病，1979 年首次报道了禽类脾肿大病，这三种疾病只是区域性流行。

二、病原学

（一）病原与分类

禽腺病毒在分类上属于腺病毒科禽腺病毒属。近年来，国际病毒分类委员会将腺病毒科（*Adenoviridae*）分为哺乳动物属（*Mastadenovirus*）、禽腺病毒属（*Aviadenovirus*）、富 AT 腺病毒属（*Atadenovirus*）、唾液酸酶腺病毒属（*Siadenovirus*）和鱼腺病毒（*Ichtadenovirus*）5 属，到目前为止已有 38 种，共 122 个血清型。Ⅰ群禽腺病毒属于禽腺病毒属，根据限制性片段长度多态性和血清交叉中和反应分为 A、B、C、D、E 5 个基因型和 12 个血清型（血清型 1～7、8a、8b、9～11）。Ⅱ群禽腺病毒和分离于蛙的病毒组成了唾液酸酶腺病毒属，该属含有编码唾液酸酶的基因。减蛋综合征病毒及某些相关的反刍动物腺病毒、有袋动物腺病毒和爬行动物腺病毒被归为富 AT 腺病毒属，该属富含腺嘌呤-胸腺嘧啶（AT）。

（二）基因组结构与编码蛋白

1. 基因组结构　禽腺病毒基因组全长 40～45kb，G+C 含量为 53%～59%，约编码 40 种蛋白质。基因组两端具有一段 40～200bp 的末端倒置重复序列（ITR），在病毒复制中起重要作用。基因组 5′端区域较为保守，包装信号位于基因组 100～500bp，与 ITR 是病毒复制和包装必不可少的顺式作用元件。基因组核心区域主要编码结构蛋白，参与病毒感染和复制过程。基因组 3′端主要编码非结构蛋白，目前大部分基因结构功能未知。

2．编码蛋白及其功能　禽腺病毒的蛋白主要包括结构蛋白（衣壳蛋白和核蛋白）和非结构蛋白，各种病毒蛋白协同调控病毒复制、侵染及病毒粒子的装配成熟等生理活动。

（1）结构蛋白　六邻体蛋白（hexon）是禽腺病毒主要的核衣壳蛋白，具有属、型、群和亚群特异性抗原决定簇，可以产生中和反应。六邻体蛋白是由 3 个同源的六邻体多肽构成，大小约 109kDa，包括保守性较高的基底区 P1、P2 及 4 个高变环 L1、L2、L3 和 L4。L3 位于蛋白质内部，L1、L2 和 L4 位于蛋白质表面，可以与宿主的免疫系统相互作用。hexon 蛋白 188 处氨基酸与新型 FAdV-4 的毒力有关。

五邻体蛋白（penton）是由 5 个五邻体多肽组成，大小约 63kDa，分布在腺病毒核衣壳的 12 个顶点处。penton 上连接有纤突蛋白（fiber），当 fiber 太短时，penton 代替 fiber 和细胞表面的整合蛋白相互作用，促进病毒对宿主细胞的侵入和内化引发感染。penton 又可与宿主细胞相互作用产生抗体，抗体能通过阻断病毒体从酸性的核内质进入细胞从而发挥中和作用。

fiber 包括尾、柄及顶端球形区 3 个部分。尾部与 penton 基底蛋白结合；柄端可能与亚单位不同血清型的抗原特异性有关；顶端可与宿主细胞受体结合，介导病毒侵染宿主细胞。据研究，fiber 具有型和亚群特异性抗原决定簇。血清 4 型和 10 型禽腺病毒有两条 fiber，并且两条 fiber 具有不同的受体，一条用于吸附宿主细胞，另一条用于病毒内化。fiber 上有影响病毒毒力的表位、细胞受体结合位点及组织嗜性的受体，通过与细胞表面的受体结合使病毒吸附到宿主细胞表面。最新研究表明，fiber1 是 FAdV-4 病毒吸附必不可少的部分，而 fiber2 对病毒毒力的作用尚有争议。

（2）核蛋白　核蛋白主要包括 pⅤ、pⅦ、PⅩ、u 和末端蛋白（TP）。pⅤ属于次要核蛋白，起到连接 penton 基底和基因组 DNA 的作用。pⅦ是主要核蛋白大小约为 22kDa，原本呈“组蛋白”样，但与 DNA 非共价结合后，可形成“染色体”样结构。最新研究表明 FAdV-4 感染 LMH 细胞时，PⅩ可以诱导细胞凋亡，可能是 FAdV-4 的一个毒力因子。u 具体位置及功能尚不清楚。TP 大小为 55kDa，是通过一个 80kDa 的前体末端蛋白（pTP）水解去除 N 端而成，在 DNA 复制过程中可以充当引物作用。此外，TP 还可以促进 DNA 聚合酶（pol）在宿主细胞内的核定位。

（3）非结构蛋白　禽腺病毒非结构蛋白主要包括 E1A、E1B、E4、ADP、DBP、pⅣaⅡ、EP、100K、33K 等。其中 E1A 蛋白可激活其他早期基因，可拮抗干扰素，还可诱导细胞对 TNF 介导的细胞杀伤作用敏感性增加。E1B 和 E4 蛋白则可以阻断宿主细胞 mRNA 的转录和翻译。ADP 蛋白能加速被感染细胞的死亡。DBP 参与病毒宿主范围的决定及病毒基因的转录和调控。pⅣaⅡ也是一种 DBP，在晚期基因表达中起转录激活作用，可与 52/55K 蛋白特异性结合，参与病毒组装过程中病毒 DNA 与壳粒的识别作用。EP 在腺病毒中较为保守，对病毒粒子的成熟和病毒感染细胞的过程至关重要。100K 蛋白在病毒复制过程中对病毒蛋白的转运起重要作用，可协助六邻体多肽进行核定位和形成三聚体。33K 蛋白参与核衣壳形成的过程，是空壳粒子的组成成分。

（三）病原分子流行病学

我国当前流行的高毒力 FAdV-4 基因组序列与国外流行的 FAdV-4 相比，基因组中存在不同程度的突变和缺失，其中差异主要存在于基因组 3′端。基因组中主要结构基因 fiber2 和 hexon 中含有各种基因组缺失和多个不同的突变，与非毒性 FAdV-C 菌株相比，fiber2 的氨基酸分析显示存在超过 20 个突变。中国流行的 FAdV-4 病毒基因组 3′端存在大段基因 1966bp 序列（与加拿大分离株 ON1 和奥地利分离株 KR5 相比）或 1964bp 序列（与墨西哥 MX-SHP95 强毒株相比）的缺失，在 HN/151025 毒株中，该缺失位于基因组的 35 430～35 431 位点，缺失的片段中包含 ORF19 和 ORF27，其中弱毒株 ON1 和 KR5 毒株具有完整的 ORF19 基因，强毒株 MX-SHP95 不具有 ORF19 基因，而弱毒株 ON1、KR5 和强毒株 MX-SHP95 均包含 ORF27 基因。由目前公布的毒株可以看出无致病性的毒株具有完整 ORF19 基因，而高致病性毒株不具有完整 ORF19 基因。同时 ORF19 基因编码 lipase 同系物，是马立克病病毒的毒力因子，中国此次流行的高致病 FAdV-4 是否是因为 ORF19 基因的缺失导致还需进一步研究。

2015 年后中国 FAdV-4 分离株 ORF29 基因与 ON1 毒株相比缺失 66bp，与 KR5 和 MX-SHP95 相比缺失 33bp，可能说明这些毒株更好地适应了中国的宿主和环境。除此以外，中国分离株的重复区域中还存在缺失，其中 FAdV-4 中国分离株 JSJ13，缺失 TR-1 和 TR-2。在基因组 3′端的 ORF17 基因，强毒和弱毒存在多个位点的差异，可能与毒力有关。

FAdV-4 的毒力决定因子和 IBH、HPS 发病机制的分子基础尚不清楚。先前的研究推测 fiber2、hexon、ORF19、ORF27 和串联重复区 E（TR-E）区域分别作为 FAdV-8 和 FAdV-4 的潜在毒力决定因子，具体毒力相关基因有待探索。

（四）感染与免疫

禽腺病毒对肝细胞、淋巴细胞及内皮细胞等具有亲嗜性。禽腺病毒在细胞核内进行复制，并通过被感染宿主的免疫应答调节来复制，分为细胞黏附、侵入细胞并释放 DNA、病毒 DNA 胞内转录和复制及病毒 DNA 成熟并释放 4 个过程。首先病毒纤突蛋白的头节部靠近易感细胞膜上的柯萨奇病毒-腺病毒受体（coxsackievirus and adenovirus receptor，CAR），并与其表面域结合形成高度亲和的复合物，完成病毒的吸附过程。病毒粒子衣壳表面的五邻体蛋白与宿主细胞表面受体整合素相互作用，形成小泡后以内吞途径进入细胞，在内吞小泡的保护下，病毒粒子不会被宿主细胞的溶酶体降解。也有研究表明，FAdV-4 病毒粒子是在宿主细胞小窝蛋白的帮助下，以内吞途径和巨胞饮途径进入 LMH 细胞的。病毒吸附到易感细胞上后，与质膜相互作用可激活很多信号通路，FAdV-4 感染 LMH 细胞 12h、24h 和 48h 后，激活了包括 Toll 样受体信号通路和细胞因子相互作用信号通路在内的与免疫反应相关的信号通路，MyD88 介导了 FAdV-4 引起的炎症反应。

侵入机体后，内吞小泡中的 pH 下降，病毒粒子外表面的衣壳蛋白在酸性作用下发生结构变化，使病毒纤维蛋白脱落，五邻体的基底结构逐渐分解，随后，病毒粒子外壳解体，病毒 DNA 释放到宿主细胞质内，细胞微丝作为轨道，在动力蛋白的引导下 DNA 经由核孔进入细胞核，进行转录和复制。刚开始病毒侵入宿主细胞核，进行编码病毒结构蛋白的早期基因转录和翻译过程，此时基因编码的蛋白质负责调整细胞的功能，便于 DNA 复制和编码病毒结构蛋白的晚期基因的转录和翻译。FAdV-4 感染后期，差异表达基因主要富集在 PPAR 和 Notch 信号通路及 Toll 样受体信号通路。病毒 DNA 在复制完成后于细胞核内形成原衣壳，形成完整的新病毒粒子，随着宿主细胞凋亡，核膜破裂，细胞破坏而释放出来。

腺病毒对法氏囊、脾及胸腺等免疫器官也具有亲嗜性，当病毒侵害这些器官时，导致机体免疫力下降，引起心包积液和肝、肾功能衰竭。此外，病毒感染后大部分鸡只不会表现出临床症状，呈隐形感染，当鸡体发生应激或与其他病毒混合感染时，可引起发病。

本病的致病机理尚不明确，病毒除了可以直接导致肝和心脏损伤以外，所诱发的免疫应答性炎症反应可能也是导致组织损伤的主要原因，其中产生的大量炎性细胞因子被认为是介导炎症免疫应答的重要因素。

三、诊断要点

（一）流行病学诊断

1．包涵体肝炎 Ⅰ群 FAdV 各型均可引起禽包涵体肝炎，目前中国主要流行 FAdV-2、FAdV-11、FAdV-8a 及 FAdV-8b 等型。1963 年第一例 IBH 在美国发现，随后在加拿大、墨西哥、新西兰、中国、印度、澳大利亚等多个国家均有本病的报道。各日龄各品种均可发生 IBH，但 3～15 周龄肉鸡是主要的发病群体。鸡群死亡率可达 2%～30%，易与鸡传染性法氏囊病、新城疫及鸡传染性贫血等混合感染，增加感染鸡群发病率和死亡率。

2．心包积液-肝炎综合征 FAdV-4 感染是 HHS 产生的主要原因，1987 年在巴基斯坦安卡拉地区首次发现，之后在墨西哥、南美洲、中美洲、韩国、中国等地也出现本病流行。本病的死亡率达 20%～80%，给我国养禽业带来了严重的经济损失。

3．肌胃糜烂 GE 主要与 FAdV-1 感染有关，日本是暴发本病最多的国家，之后在奥地利、波兰和韩国等国家也有报道。FAdV-1 感染除肌胃糜烂外，还观察到胰腺炎、胆囊炎及包涵体肝炎等临床症状。

4．鹌鹑支气管炎 本病病原属于Ⅰ群禽腺病毒属，与鸡胚致死胎儿病毒和家禽腺病毒关联病毒等被认为是相同的病毒，这 3 种病毒均能致死鸡胚，使鸡胚矮化、尿囊膜增厚、肝坏死和肾尿酸盐沉积。鹌鹑及珍珠鸡对本病毒易感而发病，鸡和火鸡虽可感染但不发病或仅表现轻微呼吸道症状。本病为高度接触性传染病，空气传染为主要传播途径，传染性强，传播快。

5．产蛋下降综合征 易感动物主要是鸡，但不同品种的鸡对病毒易感性有差异，以产褐色蛋鸡最易感。任何年龄的鸡均可感染，但以 26～35 周龄的鸡最易发病。可水平传播也可垂直传播，被病毒污染的种蛋和精液是垂直传播的主要因素。感染鸡可通过泄殖腔、鼻腔排出的病毒或者带有病毒的鸡蛋污染蛋盘，从而引起本病的传播。此外，鸭、鹅体内普遍存在抗体，可能是本病毒的自然宿主。

（二）临床诊断

1．包涵体肝炎、心包积液-肝炎综合征和肌胃糜烂 该类疾病的感染潜伏期多为 1～2d，一般在 3～4d 时鸡群突然出现死亡高峰，很快停止，有时也可持续 2～3 周。病鸡表现精神沉郁，食欲减退或不食，翅膀下垂，羽毛蓬乱，呈现卷曲姿势，冠髯苍白，表现出贫血或黄疸症状，临死前有的发出鸣叫声，并出现角弓反张等神经症状。成年蛋鸡感染时，可能会出现产蛋量或蛋壳质量下降。

2．鹌鹑支气管炎 本病潜伏期为 2～7d，病鹌鹑表现为支气管啰音、咳嗽、流鼻涕、精神不振及挤堆，有时出现流泪和结膜炎症状。病程为 1～3 周，发病率为 100%。幼鹌鹑死亡率为 10%～100%，成年鹌鹑死亡率较低。

3．产蛋下降综合征 人工感染时潜伏期一般为 7～9d，病鸡通常无明显的临床症状，主要表现为突然性群体产蛋下降，发病初期蛋壳色泽消失，紧接着产生薄壳、软壳或无壳蛋。发病一般持续 4～10 周，其间产蛋率下降 30%～50%。

（三）病理诊断

1．包涵体肝炎、心包积液-肝炎综合征和肌胃糜烂 IBH的主要症状集中在肝，肝肿大、边缘变钝，质地脆弱，呈黄褐色，有大小不等的出血点或出血斑，肝细胞出现变性、坏死，胞内出现大量嗜酸性或嗜碱性包涵体；肾苍白、肿胀、严重的出现尿素炎沉积等症状，肾出现大量液泡坏死、变性和充血；脾常见灰白色斑点，脾细胞减少、坏死等病理变化，胸腺、法氏囊和肠道等有时也会出现病变。HHS除出现包涵体肝炎症状外，心包内有大量淡黄色积液，心肌纤维中间出现大量的淋巴细胞和血细胞浸润。GE主要症状表现为肌胃糜烂，有明显的出血点，肠道出现肠黏膜变色，黏膜下层出血、糜烂等症状。

2．鹌鹑支气管炎 发病鹌鹑气管和支气管内黏液增多，气囊混浊，角膜混浊，结膜发炎，鼻道及鼻窦充血。珍珠鸡除有呼吸道及眼部病变外，还可见脾呈大理石样，肝及胰腺发炎。组织病理学表现为病变组织细胞中可见核内包涵体。

3．产蛋下降综合征 本病没有特征性的病理变化，自然感染鸡可见卵巢静止、不发育，输卵管萎缩，有时可见子宫水肿。试验感染后，9～14d出现子宫皱褶水肿及蛋壳分泌腺处有渗出物，脾轻度肿胀，卵泡无弹性，腹腔中有各种发育阶段的卵。病理组织学表现为输卵管蛋壳分泌腺，从感染后的第7天开始，病毒在上皮细胞的核内复制，产生核内包涵体，大量被感染的细胞脱落到管腔中，出现炎症，基底膜和上皮可见巨噬细胞、浆细胞、淋巴细胞及异嗜性细胞浸润。

（四）鉴别诊断

IBH诊断时应与传染性法氏囊病、脂肪肝综合征及弯杆菌性肝炎进行鉴别诊断。传染性法氏囊病有相似的肌肉出血，但法氏囊具有肿胀或萎缩等特异性病变。脂肪肝综合征多为零星发生，无传染性。弯杆菌性肝炎肝被膜下有大的血泡，并常破裂发生腹腔积血。HHS与IBH、贫血综合征和氨气中毒很相似。HHS与IBH的鉴别主要在心包积液症状。贫血综合征死亡过程一般不会很突然，并且死鸡体型以中、小体型为主。氨气中毒症状表现为一个渐进发展的过程。

产蛋下降综合征必须与传染性支气管炎、非典型新城疫等病及饲养管理不当造成的产蛋减少做鉴别诊断。感染IB病毒的鸡产畸形蛋、纺锤形蛋和粗壳蛋，蛋的质量变差，如蛋白稀薄水样，蛋黄和蛋白分离以及蛋白黏着于蛋壳膜表面等。产蛋母鸡的腹腔内发现液状的卵黄物质，卵泡充血、出血、变形。检查呼吸系统可见病变。

四、实验室诊断技术

（一）病料采集与保存方法

无菌条件下取症状明显的病鸡肝脏研磨，加入含1%双抗的生理盐水匀浆，反复冻融3次后离心，取上清液，经0.22μm滤器过滤除菌，放入－20℃保存备用。

（二）病原学诊断

禽腺病毒主要通过鸡细胞两种方法进行分离培养。鸡胚培养方法主要是将过滤除菌的病毒上清液，采用绒毛尿囊膜或卵黄囊的方法接种9～10日龄SPF鸡胚，0.2mL/只，设未接种组为阴性对照，置37℃温箱孵育24h后观察，剔除死胚，每天照蛋2次，温育至96h以上，接种 5～7d 后出现死亡高峰，死亡鸡胚主要表现为全身出血，胚胎发育不良，肝脏肿胀等症状，把死胚全部放置 4℃ 4h，收获尿囊液。细胞培养方法主要是将过滤除菌的病毒上清液接种到易感细胞中繁殖，如鸡胚肝细胞、鸡胚肝癌细胞、鸡胚肾细胞等，易感细胞被适量滴度的 FAdV 毒株感染 3～7d 后，可产生明显的细胞病变效应，如细胞脱落、变圆、细胞界限模糊不清及集聚成不规则的葡萄串状等。

病毒分离后，可通过 PCR、测序、电镜观察等方法对细胞及组织中的 FAdV 进行检测。

（三）免疫学诊断

血清学诊断是指在体外相应的抗原与抗体进行结合所发生的反应，可以用于定性和定量。因为抗体主要在血清中，所以一般选择血清当作实验材料。因抗原、抗体具有高度的特异性，所以通过已知的抗原或抗体类测定未知的抗体或抗原。

1．间接免疫荧光抗体试验　间接免疫荧光抗体试验（indirect immunofluorescence antibody test，IFAT）是指将待检样品接种易感细胞，将 FAdV 单抗或多抗作为一抗，并结合一抗相应种属特异性的荧光素标记的二抗进行定性或定量的检测方法，可对 FAdV 进行检测和鉴定。FAdV 多抗包含针对 FAdV 的多种抗原决定簇；FAdV 单抗可以针对特定的抗原表位进行检测，可进行 FAdV 通用性或特异性的血清学检测，可以根据检测需求选择不同的一抗进行 IFAT 检测。本法比直接免疫荧光试验法敏感度提高 5～10 倍，缺点是易产生非特异性荧光。

2．病毒中和试验　病毒中和试验是指病毒或毒素与相应的抗体结合后，失去对易感动物的致病力的试验方法。用易感动物进行中和试验主要观察抗体能否保护易感动物免于死亡、发病等；用易感细胞进行中和试验主要观察抗体是否抑制病毒形成 CPE；用鸡胚接种法进行中和试验主要观察抗体是否降低感染病毒的滴度。该方法可用于 FAdV 的抗体检测及 FAdV 毒株的分型和分群，该方法有较高的特异性和敏感性。

3．酶联免疫吸附试验　酶联免疫吸附试验（enzyme linked immunosorbent assay，ELISA）是指将可溶的抗原或抗体结合到聚苯乙烯等固相载体上，结合特殊标记物对抗原或抗体进行定性或定量分析的检测方法，可用于测定血清中 FAdV 的抗体或抗原水平。这种方法既不会影响抗体免疫学的特性，也不会改变酶生物学的活性。相对于间接免疫荧光、中和试验等检测方法，ELISA 检测方法更加灵敏、快速、简便，大量的血清学研究更适合用该方法。对临床样品进行 ELISA 检测时，需要根据实际需求选择合适的包被抗原或抗体。

4．琼脂扩散试验　琼脂扩散试验的原理是当抗原与抗体发生特异性结合时，形成的抗原-抗体复合物分子质量的大小影响在琼脂凝胶中扩散的速度甚至不再扩散，便会形成清晰可见的白色沉淀线。本检测方法的优点是成本低、快捷，但是本方法的敏感性相对较差。

五、防控措施

（一）综合防控措施

目前对本病没有特效的治疗方案，主要依靠综合防治及疫苗免疫措施进行防控。因本病毒传播途径较多，所以必须加强卫生管理，降低饲养密度，搞好鸡舍环境卫生，加强通风，减少应激等诱发因素，加强饲养管理，不饲喂霉变饲料，定期添加微量元素和维生素 B、维生素 C 及鱼肝油等，提高鸡群免疫力，引种时加强检查，淘汰阳性鸡。做好混合感染病原如鸡传染性法氏囊和鸡传染性贫血病等的免疫预防工作。

（二）生物安全体系构建

禽腺病毒感染的同时会有大量的免疫抑制病原感染，导致鸡群的死亡率大大增加，因此首先必须要控制和消灭免疫抑制病的病原感染。腺病毒具有较强的抵抗力，对于可控的环境是有可能将病毒消灭，但清除商品鸡群腺病毒感染极其困难。因为病毒可以通过种蛋垂直传播给下一代鸡群，所以控制病毒只能从种鸡开始。

（三）疫苗与免疫

1．灭活疫苗 灭活疫苗是利用加热或甲醛处理等理化方法将病毒灭活，并结合相应佐剂而制成的疫苗。目前已有很多针对 FAdV 灭活疫苗的文献报道，研究结果表明不同血清型之间具有很好的交叉保护性，可以在机体内产生高水平的抗体，但在使用灭活苗的过程中如有灭活不充分等不当操作，容易导致应激等不良反应。关于 I 群 FAdV 的疫苗目前已有企业获得了 FAdV-4 的灭活疫苗新兽药证书。

国内外预防III群 FAdV 的疫苗主要是减蛋综合征灭活疫苗。建议选择正规厂家生产的疫苗，采取合理的免疫程序进行免疫接种。推荐产蛋鸡开产前 1 个月左右免疫 1 次，种鸡在 250 日龄时再接种 1 次。接种抗原含量高的灭活苗 15d 后可产生抵抗力，可在 4～5 个月持续存在。接种后加强饲养管理，增强免疫力，减少应激，对免疫用具、废弃疫苗等做无害化处理，以免污染环境。

2．弱毒活疫苗 弱毒活疫苗是指采用病毒毒力减弱但仍具有活力的毒株，即选择天然的弱毒株或通过对病毒进行传代培养使其毒力减弱制备的弱毒株，将其作为疫苗株对动物进行免疫的一种方式。目前尚未有商业化的 FAdV 弱毒疫苗，但有些学者已经在细胞或鸡胚上致弱 FAdV-4 获得毒力明显减弱的毒株，为弱毒疫苗的研制奠定了基础。利用 CRISPR/Cas9 基因编辑技术改造了 FAdV-4 的 fiber2，制备的弱毒疫苗，可有效抵御高毒力 FAdV-4 毒株攻击。

3．基因工程疫苗 基因工程疫苗是指使用 DNA 重组技术，对能够诱导机体产生特异性中和抗体的物质进行表达，并经纯化后结合疫苗佐剂而制成的疫苗。在禽腺病毒中，hexon、penton 及 fiber 都具有良好的免疫原性，是体液免疫的主要抗原成分，具有开发为亚单位疫苗的潜在价值。利用大肠杆菌表达系统、昆虫表达系统等表达的重组蛋白和重组质粒 DNA 及重组活载体疫苗等都对 FAdV 感染有良好的预防和保护作用，在未来具有良好的开发和应用前景。

（四）药物与治疗

在发病早期，可使用抗病毒药物 3～5d 以增强机体免疫力和抑制病毒复制。发病严重鸡群，为减少心脏、肝、肾及肺等重要脏器损伤而造成的高死淘率，可投放保肝护肾、强心宣肺类中药，如“荆防败毒散”“黄连解毒散”及“龙胆泻肝汤”等。也可使用利尿药和强心药物如呋塞米、牛磺酸、樟脑磺酸钠等，减轻心包积液、肝肾水肿症状、保持心脏功能正常，同时可配合葡萄糖、维生素 C 或复合多维片等保肝护肾类药物。没有细菌继发感染时不建议使用抗生素类药物，同时减少饲料中豆粕量，降低蛋白质含量，减少病鸡肝肾代谢负担。

六、问题与展望

近年来，国内外禽腺病毒感染的临床病例不断增加，给养禽业造成了巨大经济损失。由于腺病毒血清型较多，不同血清型致病力差异大，致病机理不清晰，诊断方法不统一，缺乏安全有效的商业化疫苗与诊断试剂盒等问题，如何有效预防和治疗禽腺病毒病仍是一大难题。目前防控的难点和重点是预防，预防的重点是建立健全家禽养殖生物安全防控技术体系，严格定期检查检测，并及早进行免疫预防。治疗的关键是早发现和早诊断，尽早进行抗体治疗，降低死亡率，越早诊断治疗效果越好。同时要加强饲养管理，注意通风、保温、降低饲养密度，做好卫生、消毒工作，增强机体免疫力，提高机体对病毒、细菌的抗感染能力。随着科技的发展，今后应加快针对本病诊断方法、疫苗研发和致病机理方面的研究，以全面解析和控制本病，如病毒与宿主的互作机制、对机体细胞因子的影响、与其他病原的互作、病毒的毒力因子、新型疫苗的开发及可有效对抗禽腺病毒药物的研发等。

（陈瑞爱）

第三节　传染性支气管炎

一、概述

拓展阅读 5-3

传染性支气管炎（infectious bronchitis，IB）又称为禽传染性支气管炎（avian infectious bronchitis），是由传染性支气管炎病毒（infectious bronchitis virus，IBV）引起的一种急性、高度接触性呼吸道传染病。鸡是自然宿主，也见于山鸡和孔雀；各个日龄的鸡均易感，病雏表现为咳嗽、打喷嚏、流鼻涕、气管啰音、呼吸困难、发育不良，死亡率较高，剖检可见肾肿大、尿酸盐沉积。成年蛋鸡表现产蛋下降、蛋的品质低劣。本病主要引起雏鸡的发病和死亡；易与支原体、细菌、其他呼吸道病原继发感染或混合感染，给养鸡业带来较大损失；引起蛋鸡产蛋数量和蛋品质的下降，给蛋、种鸡场带来不可逆转的经济损失。世界动物卫生组织将本病列为必须通报的动物疫病。我国农业农村部将其列为三类动物疫病。

自从 1930 年在美国达科他州发现鸡 IB 并于次年报道后，世界各国陆续出现报道。最初本病引起的主要临床症状包括呼吸困难、气管啰音、咳嗽、打喷嚏等呼吸系统症状，20 世纪 50 年代研究者发现，一些毒株感染也会导致生殖道损伤，引起产蛋鸡产蛋数量的减少和鸡蛋品质下降，随后 20 世纪 60 年代出现了引起肾病变的变异株，造成组织器官的尿酸盐沉积，表现典型的“花斑肾”症状。1985 年发现 IBV 还可以在肠道上皮增殖，感染鸡通常不出现临床症状，但是可从泄殖腔检测到病毒。1990 年英国从表现出呼吸道症状及胸部双侧肌肉苍白、肿胀的病鸡中分离到 793/B 株，该毒株也称为 4/91 株和 CR88 株，已存在于大多数欧洲国家，并先后在日本、印度、伊朗、伊拉克和中国等亚洲国家分离鉴定了该病毒。上述疾病表现给世界养禽业造成巨大的经济损失。

我国于 1972 年由邝荣禄等首次在广东报道本病。20 世纪 80 年代以前，大规模使用以 H120、H52 为代表的疫苗，并获得了很好的免疫效果，表明 IBV 突变株并没有造成严重的危害。但是到了 80 年代中期，情况发生了变化，许多已发表的研究结果都揭示了国内 IBV 流行毒株的多样性。1990 年李康然在广西分离到了一株肾致病性 IBV，刘胜旺等分析了 1995～2004 年国内不同地区鸡群肾、腺胃及卵巢中分离到的 23 株 IBV 分离株基因组，除 Massachusettes 类毒株之外，发现了 5 个中国所特有的基因类型。此外，其他一些文献报道了与韩国和我国台湾等亚洲国家或地区流行毒株同源性较高的 IBV 变异株，还发现了一些与欧洲 4/91 株类似的变异株。但所有这些毒株中最有代表性的是 1997 年王玉东、吴延功等从患腺胃肿大病鸡腺胃中分离的 QX 株，正是该基因型的毒株在随后的 20 多年成为国内流行的 IBV 绝对优势基因型毒株，并且在世界各地都分离到类似毒株。

二、病原学

（一）病原与分类

IBV 属于尼多病毒目（*Nidovirales*）冠状病毒科（*Coronaviridae*）冠状病毒属（*Coronavirus*）γ 冠状病毒群的代表株。冠状病毒科包括冠状病毒属和凸隆病毒属（*Torovirus*），根据遗传学和血清学的差异，可将冠状病毒分为 α、β、γ 和 δ 4 个群，可感染包括人类在内的多种动物。从禽类分离的冠状病毒有 γ 和 δ 群，γ 冠状病毒主要感染鸡、火鸡、鸭、鹅等禽类，δ 冠状病毒主要感染野禽和猪。

IBV 能在 10～11 日龄的鸡胚中生长。自然分离毒株初次接种鸡胚，多数鸡胚能存活，少数生长迟缓。但随着继代次数的增加，可增强对鸡胚的毒力，到第 10 代时，可在接种后的第 9 天引起 80%的鸡胚死亡。特征性变化是：胚体发育受阻、萎缩成小丸形，羊膜增厚，紧贴胚体，卵黄囊缩小，尿囊液增多等。感染鸡胚尿囊液不能直接凝集鸡红细胞，但经 1%胰酶或磷脂酶 C 处理后，则具有血凝性。利用该特性，有些实验室建立了鉴定 IBV 毒株或检测抗体水平的血凝抑制试验方法。

病毒还能在 15～18 日龄的鸡胚肾细胞（CEK）、肝细胞（CEL）和鸡肾细胞（CK）上生长，少数毒株（如 Beaudette 株）也能在非洲绿猴肾细胞株（Vero）中连续传代。但最常用的是鸡胚肾细胞，多次继代（6～10 代）后可产生细胞病理变化作用，使细胞出现蚀斑，表现为胞质融合，形成合胞体及细胞死亡。相应的抗血清能抑制病毒的致细胞病理变化作用。多数 IBV 新分离株不需要适应就能在气管环组织培养（TOC）上生长，可用于病毒分离、毒价测定和病毒血清分型。

病毒在 56℃ 15min 或 45℃ 90min 可被灭活，但在−30℃以下存活时间可长达 24 年。病毒在 pH 6.0～6.5 的环境中培养时最稳定，在室温中也能抵抗 1% 盐酸（pH 2）和 1% 氢氧化钠（pH 12）1h。IBV 对一般消毒剂敏感，在 1%来苏尔溶液、0.01%高锰酸钾溶液、1%甲醛溶液、2%氢氧化钠溶液及 70%乙醇中 3～5min 即被灭活。

（二）基因组结构与编码蛋白

IBV 是有囊膜的、不分节段的、单股正链 RNA 病毒，病毒粒子略呈球形，直径为 80～120nm，有时呈多形性。病毒粒子主要包括囊膜和核衣壳两个部分，囊膜来自宿主细胞的内膜高尔基体膜或粗面型内质网，为双层脂膜，囊膜上有许多梨状纤突，纤突长约 20nm，呈放射状排列，囊膜内含两种病毒糖蛋白——膜蛋白和纤突蛋白。核衣壳呈螺旋状、较长，直径为 9～16nm，由正链基因组和多分子磷酸化核衣壳蛋白组成。

IBV 基因组全长为 27.6kb，具有 5′端帽子结构和 3′端 poly（A）尾巴，基因组结构为

5′-UTR-*1a-1b-S-3a-3b-E-M-5a-5b-N*-UTR-3′。编码多蛋白 1a 和 1b（进一步加工成非结构蛋白 2～16）、4 种结构蛋白（S、E、M 和 N 蛋白）和几种辅助蛋白（3a、3b、5a 和 5b）。基因组有 10 个开放阅读框（ORF），能够转录出 6 种 3′端序列相同的 mRNA，又称为 3′共末端套式结构，6 种 mRNA 分别命名为 mRNA1～mRNA6。IBV 基因组 5′端有 64nt 的前导序列，一般认为，只有 mRNA 的 5′端独特区具有编码蛋白的功能。IBV 感染细胞后，5′端翻译出 RNA 聚合酶，正链 RNA 在 RNA 聚合酶的作用下转录出等长的负链 RNA，然后负链 RNA 转录出 6 种 mRNA（mRNA1～mRNA6）。mRNA1 与全基因大小一致，mRNA2、mRNA4 和 mRNA6 分别编码单顺反子结构的 S 蛋白、M 蛋白和 N 蛋白。mRNA3 包括 3 个 ORF，编码多顺反子结构的 3 种小蛋白：3a、3b 和 E。mRNA5 包括 2 个 ORF，编码多顺反子结构的 2 种小蛋白：5a 和 5b。

病毒包括 4 种主要结构蛋白，分别是纤突蛋白（spike protein，S 蛋白）、膜蛋白（membrane protein，M 蛋白）、核衣壳蛋白（nucleocapsid protein，N 蛋白）和小膜蛋白（envelope protein，E 蛋白）。S 蛋白是一种糖基化蛋白，位于病毒粒子囊膜上，在病毒粒子与细胞表面受体结合后通过膜融合侵入宿主细胞和感染宿主体内介导中和抗体产生的过程中发挥重要生物学作用。S 蛋白由 2 种糖多肽 S1 和 S2 构成，各有 2～3 个拷贝。S 蛋白含有 IBV 主要的保护性抗原表位，可刺激机体产生中和抗体，而且 S 蛋白还在病毒吸附细胞过程中发挥作用，因而在一定程度上决定了病毒的组织嗜性。M 蛋白是 IBV 粒子中含量最多的一种跨膜糖蛋白，在病毒复制中起关键作用，可靶向介导病毒粒子从粗面内质网和高尔基体膜出芽，并与 N 和 S 蛋白相互作用。M 蛋白在病毒装配时能够与核衣壳产生特异性相互作用，将核衣壳结合到病毒囊膜上。N 蛋白是 IBV 内部核衣壳的组成蛋白，与 ssRNA 基因组密切相关（参与形成核糖核蛋白 RPN），在病毒复制、组装中发挥作用。第 4 种蛋白，即小膜蛋白（E 蛋白），以很小的量结合在囊膜上，可能与病毒子形成有关。

（三）病原分子流行病学

IBV 鉴别和分类目前尚无统一的标准，常通过血清型和基因型来划分。IBV 的基因组易发生突变和高频重组，造成 IBV 的血清型众多；尤其是 *S1* 基因在 IBV 复制和进化过程中的高突变率在子代病毒中产生广泛的基因型、抗原性和致病性变异。由于缺少全套的标准血清和抗原，难以对分离毒株进行血清型鉴定，所以近年来多采用基于 *S1* 的基因分型方法。*S1* 基因序列差异越大，毒株间的交叉保护程度越低。但也存在同一 *S1* 基因型的毒株间属于不同血清型的可能。许多研究表明，IBV 的血清型和基因型的相关性较低。国内外亟须探索出一种、几种甚至一整套能被多数学者公认的切实可行的 IBV 分型方法，以便制订出 IBV 分型的规范程序，从而制订更有效的 IBV 防治措施。

周海生等收集 GenBank 中我国 2002～2016 年分离的 92 株 IBV *S1* 基因及 55 株 IBV 基因组序列，并对这些序列进行比对分析，IBV *S1* 基因序列分析结果表明，2002～2016 年我国流行的 92 株 IBV 可以分为 13 个基因型，包括 QX、4/91、Massachusetts、tl/CH/LDT3/03、CK/CH/LSC/991、TW-Ⅰ、TW-Ⅱ、TC07-2、Ck/CH/LDL/971、N1/62-associated、Arkansas、New-Ⅰ及一个新鉴定的基因分支 New-Ⅱ。对 55 株 IBV 基因组序列分析结果显示有 52 株 IBV 基因组存在重组事件，25 个 IBV 分离株基因组中发现有疫苗型（Massachusetts、tl/CH/LDT3/03 及 4/91 型等）病毒基因组片段的重组，证明流行于我国的 IBV 基因型众多，疫苗毒株基因频繁参与了 IBV 基因重组，导致 IBV 新的基因型或变异株出现，提示在防控 IB 时要注意合理使用 IBV 疫苗。

2016 年以来，多数研究聚焦于 S 蛋白的 S1 亚基，用于对 IBV 毒株进行基因分型、统一 IBV 分类和阐明 IBV 进化。Valastro 等使用了基于系统发育的分类系统，确定了 IBV 的 6 个基因型（GⅠ、GⅡ、GⅢ、GⅣ、GⅤ和 GⅥ）和 32 个不同的谱系，大多数 IBV 毒株属于 GⅠ基因型。该系统提供可靠的参考序列和谱系原型来指导病毒分类。然而，S1 序列分析的结果可能不足以解释观察到的 IBV 抗原性、组织嗜性和致病性的变化。近年来，多项研究指出，IBV 和其他冠状病毒中的病毒复制、致病性和免疫逃逸可能受到非结构性和辅助病毒蛋白的调节。根据系统发育研究报告，我国除了已经确立的谱系/基因型，如 GⅠ-1（Massachusetts）、GⅠ-7（TW）、GⅠ-13（793/B）、GⅠ-19（QX/LX4）、GⅠ-22（CK/CH/LSC/991）、GⅠ-28（LTD3）和 GⅥ-1 等外，许多新的 IBV 变种正不断分离获得。

（四）感染与免疫

IBV 感染易感动物细胞时，首先以其 S1 与宿主细胞上的受体（唾液酸）结合，进而通过膜融合或内吞作用进入细胞内，脱掉衣壳暴露出基因组 RNA。在宿主 RNA 聚合酶的作用下，首先翻译出早期的病毒特异性 RNA 聚合酶，然后合成病毒的互补负链 RNA，此负链 RNA 通过两个不同的晚期 RNA 聚合酶又转录出正链 RNA 和一套亚基因组 mRNA，后者编码 IBV 结构蛋白和非结构蛋白。IBV N 蛋白产生于细胞质核糖体上，新形成的基因组 RNA 与磷酸化的 N 蛋白相互作用，形成核衣壳；M 蛋白、S 蛋白均在粗面内质网结合的核糖体上合成，S 蛋白在高尔基体中发生乙酰化和细胞酶化作用，参与病毒粒子的合成；M 蛋白在粗面内质网形成，转运到高尔基体后糖基化。成熟的病毒粒子首先进入前高尔基体或顺式-高尔基体网腔内，获得病毒囊膜。然后以两种方式释放到胞外：一是病毒从死亡的感染细胞直接释放；二是病毒穿过高尔基体，经滑面内质网迁移到细胞边缘，并与胞质膜融合，释放到胞外。病毒通过融合释放时，不引起感染细胞的破裂死亡。

IBV 可在哈德腺、呼吸道、肠道、肾、输卵管和公鸡的睾丸等多种组织器官中复制。一般来说无论 IBV 分离株来自何种组织，它们都易感染鸡的呼吸道并在气管产生特征性病变，一些 IBV 毒株还会引起严重的呼吸道疾病并伴有死亡。少数的毒株（如澳大利亚 T 株）主要引起肾病变，且极少引起感染鸡的呼吸道炎性反应。但根据临床调查发现大多数毒株既能引起呼吸道症状也能引起肾的病变，而且随着环境条件、感染年龄等差异表现出的致病特点也存在差异。

在 IBV 感染初期，多数炎性细胞聚集于呼吸道浆液中，造成呼吸道炎症，以消灭侵入气管和支气管中的病毒，凝集素黏附于病毒囊膜表面并激活补体系统，发挥杀灭病毒的作用。在初次感染 IBV 中，呼吸道局部免疫起着至关重要的作用，接种弱毒疫苗产生免疫反应的机制之一就是在气管等局部产生以 IgA 为主的分泌型抗体。呼吸道的局部免疫是抵抗 IBV 感染的基础免疫，在感染鸡的气管环洗涤物中存在着 IBV 的特异性 IgA 和 IgG，气管部位也可见到特异性的抗体分泌细胞。IgG 是体液抗体中含量最多的免疫球蛋白，在抗全身性病原感染中起主要作用，在感染 4d 后可以检测到抗 IBV 特异性 IgG，在感染后 21d IgG 抗体效价达到最高峰，并可维持数周。而 IgM 则在感染后短暂出现，在感染后 8d 内出现一个效价高峰之后开始下降。IBV 的母源抗体持续时间较短，1 日龄鸡接种 IB 弱毒疫苗，并不受其母源抗体的干扰，可在气管的冲洗液中检到母源 IgG 抗体。体液免疫在预防全身感染和介导局部免疫应答中起重要作用，但试验证明，体液免疫并不是抵抗力的唯一来源，已发现 IBV 感染或疫苗免疫后，鸡 T 淋巴细胞增生与对 IBV 的抵抗呈正相关。接种弱毒疫苗或灭活疫苗后的淋巴细胞转化试验、细胞毒性淋巴细胞活性试验、迟发型超敏反应、自然杀伤细胞活性试验和IBV感染鸡的呼吸道和肾组织中出现明显的T细胞（CD^+细胞）浸润的组织学证据等都证实了细胞免疫的作用。T细胞亚类的功能分析结果表明，$CD4^+$和$CD8^+$两种亚类T细胞在IB的细胞免疫中起着重要作用。应用免疫组织化学和N蛋白特异的单克隆抗体检测，发现了T细胞介导的溶细胞作用。在病毒存在的肾和气管组织部位，$CD4^+$ T细胞可识别抗原并递呈到巨噬细胞表面而被激活。激活的$CD4^+$ T细胞既能决定与T、B细胞结合的辅助因子的分泌，又能与B细胞结合，激活B细胞导致体液免疫，还能与细胞毒性T细胞的前体结合产生细胞毒反应。试验证明，在IBV感染期间，气管和肾间质中T细胞和非淋巴细胞浸润，$CD8^+$ T细胞明显增多。当IBV进入气管和肾小球上皮细胞后，在T细胞介导下可引起局部的免疫反应。

三、诊断要点

（一）流行病学诊断

本病的传染源是病鸡和带毒鸡。主要通过呼吸道和泄殖腔排毒，经空气或污染的饲料、饮水等媒介进行传播。鸡是IBV的自然宿主，但不是唯一宿主。各日龄的鸡均易感，但以雏鸡和产蛋鸡发病较多，尤其40日龄以内的雏鸡发病最为严重，死亡率也高。IBV传染性较强，潜伏期也短。易感鸡可在24～48h出现症状，病鸡带毒时间长，康复后仍可排毒。应激是本病的重要诱因，过热、拥挤、温度过低或通风不良等因素都会促进本病的发生。本病一年四季流行，但以冬春寒冷季节最为严重。

（二）临床诊断

潜伏期为36h或更长，人工感染为18～36h。临床症状因病毒的毒力、并发感染（大肠杆菌、支气体等）及不良的饲养管理因素等而有较大差异。病鸡常观察不到前期临床症状，突然出现呼吸道的临床症状，产蛋鸡的产蛋率急剧下降，并迅速波及全群为本病主要特征。传染性支气管炎的临床表现比较复杂。根据病毒对组织的亲嗜性及其引起的临床表现，可分为呼吸道型、肾型和肌肉型等。这一方面与病毒本身变异快、血清型多有关，另一方面也与其他致病因子（如大肠杆菌、支原体等）有关。

呼吸道型：代表毒株为世界上最早分离的M41株。不同日龄的鸡都可发病，常突然发病，出现呼吸道症状，可迅速波及全群，病程为10～15d，突出症状为张口喘气，咳嗽，甩头，呼吸时有“咕噜”声（气管啰音）（尤以夜间寂静时更明显），重者呈犬坐姿势。精神萎靡，流鼻涕，有的流泪，偶有鼻窦肿胀。稍大日龄鸡呼吸道症状相同但较轻，通常无鼻涕。产蛋鸡症状较轻，如不在夜间处于安静的情况下倾心细听鸡群有轻微啰音，不留意很可能将此病忽略。有的毒株引起面部肿胀、气囊炎，并且在育成鸡和成年鸡群中死亡率也不同。

成年鸡感染IBV后的呼吸道症状较轻微，相比之下产蛋性能的变化更明显。主要表现为开产期推迟，产蛋量明显下降，降幅在25%～50%，可持续6～8周。同时畸形蛋、软壳蛋和粗壳蛋增多。蛋品质下降，蛋清稀薄如水，蛋黄与蛋清分离。康复后的蛋鸡产蛋量难以恢复到患病前的水平。

肾型：代表毒株为澳大利亚分离的T株。多发于20～90日龄，但育成鸡和蛋鸡也有发生。前期表现轻微的呼吸道症状，无并发症时病程较短，接着出现精神沉郁，羽毛松乱，采食减少至食欲废绝，饮水增多，排白色（含尿酸盐）或黄绿色稀便，在开始死亡时呼吸道症状减轻或消失，病鸡脱水，干瘪，死亡率高，最高可达30%以上。成鸡和产蛋鸡群并发尿石症时死亡大增。

近年来，有关传染性支气管炎病毒变异株引起肌肉、肠道，甚至腺胃等非呼吸、生殖和泌尿系统的组织、器官发生病变的报道不断出现。但有的尚待进一步证实，如“腺胃型”IB常伴有网状内皮组织增生症病毒或是禽白血病病毒的感染。并且现有的研究数据表明，除IBV毒株本身的致病作用外，一些诱因（如寒冷、饲料成分不当和多种病原混合感染等）对传染性支气管炎病变的表现形式和严重程度有较大影响。如果将异常的临床表现或病理变化都归于IBV毒株变异本身，则容易对诊断和防制工作带来不利的影响。

（三）病理诊断

不同的临床型有不同的病理变化特征。

呼吸道型：主要病变表现为鼻道、鼻窦、喉头、气管、支气管内有浆液性、卡他性和干酪样（后期）分泌物。鼻窦、喉头、气管黏膜充血和水肿，支气管周围肺组织发生小灶性肺炎。急性病例可见气囊混浊，增厚。产蛋鸡多表现为卵泡充血、出血、变形和破裂，甚至发生卵黄性腹膜炎。雏鸡感染过IB后可导致输卵管永久性病变。输卵管发育不全，长度不及正常的一半，管腔狭小、闭塞。呼吸系统的病理组织学变化可见气管、支气管黏膜水肿，纤毛脱落，上皮细胞变圆，脱落。黏膜固有层内出现不同程度的充血、水肿和炎症细胞浸润。早期主要为异嗜性白细胞，随后则以淋巴细胞和浆细胞为主。生殖系统的病理组织变化表现为输卵管黏膜水肿，纤维增生。上皮细胞纤毛变短或脱落，分泌细胞减少，淋巴细胞浸润等。子宫部壳腺细胞变形，固有层腺体增生。卵泡颗粒膜细胞呈树枝状增生，卵泡溶解。

肾型：主要病变表现为肾苍白、肿大和小叶突出。肾小管和输尿管扩张，沉积大量尿酸盐，俗称“花斑肾”。在严重病例中，白色尿酸盐还会沉积在其他组织器官表面，即出现所谓的内脏型“痛风”。发生尿石症的鸡除输尿管扩张，内有黄白色砂粒状结石外。病理组织学病变方面表现为肾小管上皮细胞肿胀，颗粒变性，空泡变性，甚至坏死脱落。管腔扩张，内含尿酸盐结晶。肾间质水肿，并有淋巴细胞、浆细胞和巨噬细胞浸润，有时还可见纤维组织增生。

四、实验室诊断技术

（一）病料采集与保存方法

气管是IBV的主要靶器官，因此是采样的首选部位。在感染5d后盲肠扁桃体内含毒量很高，发生肾型IB时在肾中含毒量也很高。可无菌采取数只急性期的病鸡气管渗出物、肺组织或病变的肾，制成悬浮液，也可采集感染初期的气管拭子或感染1周以上病鸡泄殖腔拭子，每毫升加青霉素和链霉素各1万单位，置4℃冰箱过夜，以抑制细菌污染。

（二）病原学诊断

1．病原分离与鉴定 病毒的分离：取经抗生素处理的病料悬浮液，离心后取上清经尿囊腔接种于10～11日龄的鸡胚。初代接种的鸡胚，孵化至19d，可使少数鸡胚发育受阻，而多数鸡胚能存活。若在鸡胚中连续传几代，则可使鸡胚呈现规律性死亡，并出现特征性病理变化。也可收集尿囊液再经气管内接种易感鸡，如有IBV存在，则被接种的鸡在18～36h后可出现临床症状，发生气管啰音。还可将尿囊液经1%胰蛋白酶37℃作用4h，再做血凝及血凝抑制试验进行初步鉴定。用IBV特异的多克隆或单克隆抗体对感染鸡胚的绒尿膜（CAM）切片，或尿囊液的细胞沉积物涂片做免疫荧光或免疫酶试验可以快速鉴定分离的病毒。也可取感染的气管黏膜或其他组织作切片，用免疫荧光或免疫酶试验直接检测IBV抗原。近年来已建立起直接检查感染鸡组织中IBV核酸的RT-PCR方法，扩增N蛋白基因或S1蛋白基因。采用单克隆抗体技术，金标记技术分别建立检测IBV的胶体金检测方法。

干扰试验：IBV在鸡胚内可干扰NDV-B1株（Ⅱ系苗）血凝素的产生，因此可利用这种方法对IBV进行诊断：取9～11日龄鸡胚10枚，分2组，一组先尿囊接种被检IBV鸡胚液；另一组作对照。10～18h后2组同时尿囊内接种NDV-B1，孵化36～48h后，鸡胚置于4℃ 8h，取鸡胚尿囊液作HA。如果为IBV，则试验组鸡胚液有50%以上HA滴度在1∶20以下，对照组90%以上鸡胚液HA滴度在1∶40以上。

气管环培养：利用18～20日龄的鸡胚，取1mm厚气管环做旋转培养，37℃ 24h，在倒置显微镜下可见气管环纤毛运动活泼。感染IBV，1～4d可见纤毛运动停止，继而上皮细胞脱落。此法可用作IBV分离、毒价滴定，若结合病毒中和试验则还可作血清分型。

2．血清学试验　常用于鉴定IBV的血清学方法包括血凝试验、病毒中和试验（VN）、ELISA试验和间接免疫荧光抗体（IFA）试验等。由于IBV的血清型很多，因此检测起来存在一定难度。ELISA试验具有群特异性，可在感染1周内检出抗体，加之已经有商品化的试剂盒供应，因此目前被广泛应用。

3．分子生物学试验　一般根据IBV基因组RNA的保守区段设计引物，通过RT-PCR或反转录巢式PCR（RT-nested PCR）、荧光定量PCR扩增特异的基因片段。此方法灵敏、快速和特异，能够较好地解决IBV血清型众多所造成的不便。另外，也有通过DNA指纹图谱分析、基因芯片技术、限制性酶切片段多肽性分析和环介导反转录等温扩增技术（RT-LAMP）等方法进行诊断的报道。

五、防控措施

（一）综合防控措施

本病的预防应主要从改善饲养管理和兽医卫生条件，在平时的饲养环节做好工作，鸡群密度不宜过大，时刻注意温度和湿度的变化，不能过冷或是过热。要做好通风，阻止有害气体刺激，从减少对鸡群不利应激因素，以及加强免疫接种等综合防治措施方面入手。

（二）生物安全体系构建

鸡传染性支气管炎是典型的呼吸道疾病，依靠直接接触进行传播，进行科学的消毒能够消灭传染源，切断传播途径，鸡舍内的饮水和喂料设备要常洗常换，定期消毒，鸡群出栏后要进行彻底的消毒才能安排新的鸡群进入。

（三）疫苗与免疫

对本病的预防控制，我国一直采用以疫苗免疫为主的手段，但由于本病的血清型多，有时免疫效果不理想。可采用Massachusetts血清型的H120和H52弱毒疫苗来控制IB。H120毒力较弱，主要用于免疫3～4周龄的雏鸡，H52则主要用于加强免疫。此外，我国已注册的IB疫苗如LDT3-A

株、28/86、Ma5 株、W93 株、与 4/91 类似的 NNA 株、FNO-E55 株，以及由 QX 流行毒株传代致弱的 QXL87 株等。因 IBV 变异很快，所以用疫苗前必须掌握当地流行的病毒血清型，使用与当地流行毒株抗原性一致的疫苗品系，这样才能达到有效的免疫预防目的。对 IB 弱毒疫苗新毒株和变异株的引进应十分慎重，因为一旦引入，就可能会面临疫苗毒和野毒重组产生新的血清型致病毒株，造成更大危害，因此对待新的“变异株”建议使用灭活的自体疫苗。

肉鸡可在 5～7 日龄时通过滴鼻点眼的方式接种 H120 弱毒疫苗，25～30 日龄时用 H52 弱毒苗或不同血清型的疫苗加强免疫 1 次。蛋鸡和种鸡群还应于开产前接种 1 次 IB 油乳剂灭活疫苗。本病高发地区或流行季节，可将首免提前到 1 日龄，二免改在 10～18 日龄进行，方法同上。对于饲养周期长的鸡群最好每隔 2～3 个月用 H52 苗喷雾或饮水免疫。

（四）药物与治疗

本病目前尚无特异性治疗方法。改善饲养管理条件，降低鸡群密度，加强鸡舍消毒，降低饲料中的蛋白含量，并适当补充 K^+和 Na^+，控制其他病原的继发感染或混合感染将有助于减少损失。由于 IBV 可造成生殖系统的永久损伤，因此对幼龄时发生过传染性支气管炎的种鸡或蛋鸡群需慎重处理，必要时及早淘汰。

对肾型 IB，为了消除肾炎和促进尿酸盐排除，可给予乌洛托品、复合无机盐，或含有柠檬酸盐或碳酸氢盐的复方药物。针对 IB 的发病机理和临诊症状可以自拟中药方（黄芪、党参、板蓝根、大青叶、黄芩、贝母、桔梗、金银花和连翘等），通过增强机体免疫功能，使鸡体产生较强的抗 IB 能力。

六、问题与展望

鸡传染性支气管炎病毒基因组 RNA 复制过程中具有不连续性及 RNA 聚合酶的不完全校对机制，使得 IBV 不同基因组间容易发生基因重组和点的突变、缺失、插入等，病毒的基因、结构蛋白等容易发生变化，出现不同的基因型、血清型。单一血清型只能对同血清型感染产生免疫，而对异型 IBV 只能产生部分保护或根本不保护，因此在生产中必须选用与流行毒株血清型一致的疫苗才能取得良好的免疫保护效果。不同血清型的 IBV 具有典型的地域性流行特征，因此即时调查我国 IBV 流行现状，了解我国鸡传染性支气管炎主要流行毒株的基因型、血清型及变化趋势，研究主要流行毒株与当前应用的疫苗血清学之间的关系，找到更匹配我国当前 IBV 主要流行血清型或基因型，且安全有效的疫苗毒株仍是未来长期应对的工作。

（吴延功）

第四节 传染性喉气管炎

一、概述

传染性喉气管炎（infectious laryngotracheitis，ILT）是由传染性喉气管炎病毒（infectious laryngotracheitis virus，ILTV）引起的一种急性、高度接触性上呼吸道传染病。临床上多以呼吸困难、咳嗽、气喘和咳出含有血样的渗出物为显著特征。剖检时可见喉部和气管黏膜肿胀、出血和糜烂。本病传播快，死亡率高，我国诸多地区发生和流行，

拓展阅读 5-4

对养鸡业发展造成不可忽视的危害。

1925 年 May 和 Tittster 首次报道在美国洛岛发现本病，当时称为“喉头-气管炎”，后分别以“传染性支气管炎”“禽白喉”“鸡传染性喉气管炎”等命名。1930 年 Beaudetta 首次证明喉气管炎的病原是一种滤过性病毒，并命名为鸡传染性喉气管炎病毒。在 1931 年美国兽医协会的禽病专门会议上，本病毒被统一命名为鸡传染性喉气管炎病毒。本病是第一个利用疫苗控制的家禽病毒性疾病。1963 年 Cruickshank 在电镜下观察负染标本，确定本病毒为疱疹病毒。1995 年国际病毒分类委员会第六次报告将 ILTV 划入 α-疱疹病毒亚科，其分类学名为禽疱疹病毒Ⅰ型（gallid herpesvirus 1）。

我国最早在 20 世纪 50 年代发生本病，1986 年检测到 ILTV 抗体阳性病例，之后在我国多地出现流行，1992 年呈地方性流行，并成功分离到病毒。2009 年以来，国内出现多地暴发，且呈上升趋势，是危害养鸡业的重要呼吸道传染病之一。

二、病原学

（一）病原与分类

ILTV 属于疱疹病毒科（*Herpesviridae*）α-疱疹病毒亚科（*Alphaherpesvirinae*）传染性喉气管炎病毒属（*Iltovirus*）。ILTV 有成熟完整的病毒粒子，球形，衣壳为正二十面体立体对称，正面观呈六边形，上有 162 个长形中空的壳粒组成，与单纯疱疹病毒结构相似。核衣壳直径为 80～125nm，位于中心或偏于一侧，核心缠有 DNA 的纤丝卷轴，纤丝末端固定于核衣壳下侧。外层有类脂双层膜，根据它们的颗粒大小分为大囊膜病毒和小囊膜病毒。未成熟的病毒颗粒直径约为 100nm。成熟的病毒颗粒有囊膜凸起，在囊膜表面与核衣壳之间有一层无定型被称为皮质的物质所填充，病毒直径为 195～250nm。

ILTV 基因组为线性双股 DNA 分子，浮密度为 1.704g/mL。其基因组有两种异构体。ILTV DNA 的 G＋C 含量为 45%，是疱疹病毒科 G＋C 含量最低的病毒。

本病毒宿主特异性较高，能够在鸡胚和许多禽类细胞上增殖。用病料接种于 10 日龄的鸡胚绒毛尿囊膜，经 2～12d 后可引起鸡胚死亡。病料接种的初代鸡胚往往不死亡，随着鸡胚传代次数的增加，鸡胚死亡时间缩短，并逐渐有规律地死亡。死亡胚体变小，在鸡胚绒毛尿囊膜上形成散在的边缘隆起、中心低陷的痘斑样坏死病灶。一般在鸡胚接种 2d 后就可观察到痘斑，以后逐渐增大。病毒适宜在鸡胚的肝细胞、肾细胞中生长繁殖，在实验室多用鸡胚肝细胞和鸡胚肾细胞，接种含病毒的材料后 4～6h 就开始出现细胞病变，12h 就可检出感染细胞的核内包涵体，48h 可见多核巨细胞（Hughes et al.，1988）。ILTV 对鸡和其他常用实验动物的红细胞无凝集特性。

病毒对外界环境的抵抗力不强，对氯仿、乙醚等敏感，不耐热，55℃存活 10～15min，37℃存活 22～24h，13～23℃能存活 10d，煮沸立即被灭活，低温情况下存活时间较长，在－60～－20℃病毒毒力不变；可在甘油盐水中保存；气管分泌物中的 ILTV 在暗光的鸡舍最多可存活 1 周；5%石炭酸、3%来苏尔或 1%苛性钠溶液等 1min 即可杀死病毒；在干燥的材料中可生存 1 年以上。

（二）基因组结构与编码蛋白

目前已经全部完成 ILTV 的基因组测序并且鉴定了许多蛋白质的编码基因。*gB*、*gC*、*gD*、*gE*、*TK*、*gJ*、*gG*、*UL0*、*ICP4* 等基因受到广泛的研究。ILTV 基因组为线性双股 DNA，长约

155kb，由两个相互联结的 UL 和 US 组成，在 US 端有一个末端重复序列，在 UL 和 US 之间有一个内部重复序列（Johnson，1991）。

（三）病原分子流行病学

迄今一般认为 ILTV 只有一个血清型。世界范围内所分离的各种野毒株的毒力有很大的差异，但利用特异性标准血清所做的病毒中和试验或免疫荧光试验发现，多种不同毒力毒株似乎具有广泛的抗原相似性，仅有微小的抗原漂变。根据 PCR-RFLP 分析，可将 ILTV 分为 9 个群，其中Ⅰ群和Ⅱ群包括美国农业部参考菌株和 TCO 疫苗菌株。Ⅳ群为 CEO 疫苗相近菌株。中国经典强毒株为王岗株（WG）。

美国每隔 7～10 年发生一次 ILT 疫情。Oldoni 等调查了美国 2006～2007 年的 46 株 ILTV 现场分离株，经过多重 PCR-RFLP 分析发现多少毒株与疫苗株 CEO 相似，很有可能来自疫苗逆转（Oldoni，2009）。

自 20 世纪 80 年代以来，ILT 逐渐成为我国的地方流行性疫情。自从 2017 年以来，本病在江苏、广东、山东等地发生普遍。山东 ILTV 流行毒株在 TCP4 基因与疫苗株 CEO、中国经典强毒株王岗株（WG）的核苷酸同源性为 100%。

（四）感染与免疫

本病毒的自然入侵门户是上呼吸道和眼结膜，传染源为病鸡、能排出 ILTV 的带毒家禽。ILTV 在呼吸道分泌物及禽体内能持续存在数周以至数月。因此在 ILT 的控制上对某个疫点采取严格的生物安全性措施是很关键的。病毒感染从吸附于细胞受体开始，然后病毒囊膜与细胞膜融合，将核衣壳释放到胞质中；病毒 DNA 从核衣壳中逸出后，通过核孔进入细胞核，并进行转录和复制。病毒增殖多局限于气管组织，很少形成病毒血症。

本病可长期潜伏感染，目前急性型 ILT 较为少见，而温和型的 ILT 开始普遍，在鸡场内散布发生，温和型 ILT 潜伏时间通常为 1～2 周，病程发展较缓慢，由起初的若干鸡只发展到整个鸡群，病毒的流行过程具备典型性。致死率较低，呼吸道症状不明显，多表现为眶下窦肿胀，结膜充血，消瘦。鸡群发病后可获得较强的保护力，但康复鸡的带毒和排毒可成为易感鸡群发生本病的主要传染源，应引起重视。

三、诊断要点

（一）流行病学诊断

能排出 ILTV 的病鸡及康复的带毒家禽是本病的主要传染源。病愈的鸡常为带毒者，有的病愈鸡可带毒 16 个月，因而也可污染外界环境，散播本病。本病以水平传播为主，主要经过呼吸道传播，咳出的血液和黏液或喷出的分泌物小滴都可使健康鸡感染，也可经消化道（吞入被污染的饲料和饮水等）而传播。受污染的垫料、饲料、饮水及用具均可成为本病的传播媒介，人和野生动物的活动也可造成机械传播。鸡是本病的主要易感动物，各年龄及品种的鸡均可感染，但以成年鸡最为严重，发病症状也最为典型。幼火鸡、野鸡、鹌鹑和孔雀也可感染，而其他禽类（如麻雀、乌鸦、野鸽、鸭、鸽、珍珠鸟）和实验动物有抵抗力，鸭、鹅等水禽不感染，哺乳动物不感染。

本病于全年任何季节均可发生，因病毒对高温不耐受，所以夏季较少发生，而多见于春、秋两季。鸡与雉均易感，鸡群感染率高达90%～100%，死亡率一般在10%～20%，但有时致死率高达15%～60%。各品种与年龄的鸡均有易感性，5～12月龄的幼鸡特别敏感，因而多发生于12月龄以下的鸡。研究表明，鸡随年龄增长对本病毒易感性和死亡率会有所降低。鸡群饲养管理不善，如鸡群拥挤、通风不良、维生素A缺乏、存在寄生虫感染等，均可促进本病的发生和传播。

（二）临床诊断

传染性喉气管炎在临床上可分为喉气管炎型（急性型）和结膜炎型（温和型）。发病初期患病鸡出现干咳气喘的症状，并且能从患病鸡听到呼吸道中呼出的啰音，然后在较短时间内，部分患病鸡流泪，鼻腔流出半透明的渗出物，并伴随眼结膜发炎的症状。患病鸡食欲下降，鸡冠发紫，并出现腹泻症状，排出黄绿色的粥样稀便。最急性型的患病鸡表现为突然死亡。急性型的患病鸡通常在发病3～5d后，因为咽喉部位被一层黄色的干酪样假膜堵塞窒息而死。蛋鸡发病初期产蛋率不会受到明显影响，只会出现轻微的产蛋率下降的趋势，死亡率不会超过5%，但如果没有及时采取措施进行诊断和治疗，很可能会诱发其他传染性疾病，加重发病率和死亡率，影响蛋鸡生产能力。患病鸡表现明显的是呼吸时伸长脖子并发出尖锐的鸣叫声。发病的中后期患病鸡咳出带有血液的渗出物，并且伴随眼睑眶下窦肿胀，生长发育不良，淘汰率显著升高。

1．喉气管炎型（急性型）　由高度致病性的ILTV毒株引起。发病初期，感染鸡鼻孔有分泌物，眼流泪，伴有结膜炎。特征性临床症状表现为极度的呼吸困难。病鸡可见伸颈张口吸气，闭眼呈痛苦状，蹲伏地面或栖架上。精神萎靡不振，食欲下降或废绝，迅速消瘦。鸡群中发出咳嗽声，呼吸时发出湿性啰音和喘鸣音，病鸡出现甩头症状。严重的病例表现出剧烈、痉挛性咳嗽，咳出带血的黏液或血凝块，在病鸡喙角、颜面及头部羽毛，鸡舍墙壁、垫料、鸡笼，鸡背羽毛或邻近鸡身上可见血痕。检查病鸡口腔时，可见喉部黏膜上有淡黄色或带血的黏液，或见干酪样渗出物，不易擦去。血液或纤维蛋白凝块堵塞喉头时，病鸡窒息死亡，死亡鸡的鸡冠、肉髯呈暗紫色。本病发生后很快在鸡群中出现死鸡。产蛋鸡群发病可导致产蛋量下降，本病的病程在15d左右，最急性病例于24h左右死亡，多数5～10d或更长。发病后10d左右鸡只死亡开始减少，鸡群状况开始好转，存活鸡在一周左右时间恢复，并成为带毒鸡。

2．结膜炎型（温和型）　往往由低致病性ILTV毒株引起，病情较轻，流行比较缓和，发病率、死亡率均较低。病鸡表现为生长迟缓，产蛋减少，眼结膜充血，眼睑肿胀，下眼睑被分泌物粘连，眶下窦肿胀，有的病鸡眼睛发炎导致失明。病程较长，绝大部分鸡可以耐过。如果有继发感染和应激因素存在，死亡率会有所增加。产蛋鸡产蛋率下降，畸形蛋增多，呼吸道症状较轻。

（三）病理诊断

临床症状不同，剖检病变异同。

1．剖检病变　病变见于结膜和整个呼吸道，但以喉部和气管最明显。气管和喉头的病变轻则表现为卡他性炎症，气管和喉头表面仅出现多量黏液；重则表现为出血性、纤维素-坏死性炎症，即在气管内形成凝血块，或在血液中混杂着黏液和坏死组织。有的黏膜表面覆以暗红色纤维素性假膜，有时含血的纤维素性干酪样物充满整个喉、气管腔。炎症可向下扩展到肺和气囊。有的病鸡眼部发炎造成失明，但多与喉头、气管病变合并发生。结膜炎分为浆液性炎和纤维素性炎两种，前者眼流泪，结膜充血、水肿，有时见点状出血；后者结膜囊内有大量纤维素性干酪样物，眼睑粘连，角膜浑浊。

2．病理组织学 随病程及病情的不同而异。喉、气管黏膜呈卡他性、纤维素性或出血-坏死性炎症。黏膜的早期病变为杯状细胞消失和炎性细胞浸润。随病程的发展，黏膜上皮细胞肿胀，纤毛丧失并出现水肿。随后，气管黏膜上皮细胞可形成合胞体，黏膜上皮细胞及含有核内包涵体的合体细胞坏死、脱落，在上皮细胞特别是脱落的上皮细胞内，可见核内有嗜酸性或嗜碱性包涵体。核内包涵体一般只在感染早期（1～5d）存在。在眼结膜上皮细胞核内同样可检出核内包涵体。喉气管黏膜固有层和黏膜下层严重出血，并见有大量淋巴细胞、异嗜性粒细胞、单核细胞和浆细胞浸润。

（四）鉴别诊断

本病应与鸡新城疫、禽流感、白喉型鸡痘及传染性支气管炎相鉴别。

鸡新城疫主要病变为消化道出血-坏死性炎症和非化脓性脑炎，本病病变主要集中在喉和气管，其他病变不明显或没有；禽流感的呼吸道及眼结膜与本病有类似病变，但禽流感还有面目水肿、出血坏死、腿部皮肤水肿出血，多器官的变性、坏死、炎症等病变；白喉性鸡痘发生于各种年龄的鸡和其他禽类，除口、咽、喉黏膜的纤维素-坏死性炎症外，还有皮肤痘疹病变，嗜酸性包涵体（Bollinger 小体）位于病变皮肤、黏膜的上皮细胞浆中，而本病主要发生于成年鸡，喉气管出血明显，包涵体位于病变黏膜上皮细胞核内；传染性支气管炎主要侵害 30 日龄的雏鸡和未成年鸡，细胞内无包涵体形成。

四、实验室诊断技术

（一）病原学诊断

根据本病流行特点和典型病变可做出初步诊断，确诊需要进行实验室诊断。

1．包涵体的检查 用吉姆萨染色法验证气管或结膜组织中是否有核内包涵体存在，此方法敏感度低于病毒分离法。石蜡包埋组织，切片和染色，在 3h 就能得出检测结果。

2．病毒分离鉴定 取发病鸡的气管分泌物、结膜分泌物或组织悬液，经处理后，以绒毛尿囊膜途径接种 9～10 日龄的 SPF 鸡胚，检查鸡胚病变情况，若在 3～5d 内形成特征性水肿及痘斑，并结合临床症状，排除如鸡痘等疾病，可以确诊为 ILTV。ILTV 也可用鸡胚肝细胞、鸡肾细胞和鸡胚肾细胞的分离。

（二）分子生物学诊断

应用 PCR 方法可以敏感检测出病毒的早期感染和潜伏感染，而且对细菌污染的原始病料同样敏感。目前 ILTV 流行毒株常与鸡胚源（chicken embryo origin，CEO）疫苗关系密切，常规方法难以区分。分子生物学手段区分疫苗与强毒已有报道，如 PCR-RFLP 和基因测序技术。通过感染细胞蛋白 4（ICP4）基因的 PCR-RFLP 分析可区分疫苗毒和非疫苗毒（Niraj，2015）。

（三）免疫学诊断

琼脂扩散试验方法可以快速、简便地检测 ILTV 的特异性抗体，不足之处是该法敏感性较低。同病毒中和试验一样，该方法对鸡痘病毒、新城疫及其他呼吸道传染病病原不发生交叉反应，是一种快速简便可靠的ILTV诊断方法。

荧光抗体技术也可快速特异地检出ILTV感染。感染后2～7d，喉气管黏膜和结膜上皮涂片和其切片标本中的病毒抗原，其检出率高于病毒分离法。

五、防控措施

（一）综合防控措施

熟悉本地区该疫病发生情况，采取全面的综合防治管理措施，一方面要加强饲养管理，定期清理打扫鸡舍卫生和饲喂工具的清洁消毒，建立运动场地，保持良好的通风，降低饲养密度；另一方面要实行严格的隔离措施，消除一切健康鸡与病愈鸡接触途径，严禁疫源地购进种鸡，新购进的鸡需做接触感染试验，隔离观察两周，易感鸡不发病，方可合群。鸡场内彻底根除ILTV必须使用标记疫苗，配合血清学方法来鉴别自然感染鸡和疫苗接种的鸡。

（二）疫苗与免疫

目前本病的主要防控技术是疫苗免疫。目前临床主要使用CEO疫苗和组织源（tissue culture origin，TCO）疫苗。虽然减毒活疫苗存在残留毒力，还可能与其他毒株发生病毒重组，但由于其反应迅速、免疫力强，它成为世界各地防控ILT的常规疫苗。CEO疫苗包括Cover毒株、Hudson毒株和TRVX毒株等，可通过滴眼、饮水或喷雾等途径免疫。TCO疫苗只能通过滴眼免疫。免疫程序方面，蛋鸡和肉种鸡，一般4～5周首次免疫，选用CEO疫苗或TCO疫苗；12～14周后进行二次免疫，选用CEO疫苗。也可以单独或联合新城疫和（或）传染性支气管炎等其他疫苗免疫。商品肉鸡通常不接种疫苗，除非周边地区疫情严峻。无本病流行的地区最好不进行免疫接种。接种疫苗需权衡以下问题，一是病毒持续性散播问题；二是疫苗接种可能导致饲料转化率不佳、肉质下降、诱发呼吸道疾病等问题。

随着养禽业的发展，传染性喉气管炎疫苗也在不断开发。第二代GaHV-1活载体疫苗为鸡痘病毒（FPV）和火鸡疱疹病毒（herpesvirus of turkey，HVT）GaHV-1重组病毒载体疫苗，可表达一种或多种GaHV-1免疫原蛋白。作为重组活载体疫苗，它被认为是更加安全的选择（García，2016）。ILT亚单位疫苗和DNA疫苗也在不断开发，其在安全性和效力方面均有其特点，但总体表现不够理想，因此限制了商业使用。

（三）药物与治疗

鸡舍内发现此病存在时必须马上清除传染源，保护易感鸡群。对急性型病鸡可采用镊子除去喉部和气管上端的干酪样渗出物，同时辅以抗生素治疗，防止继发性细菌感染。应用平喘药物盐酸麻黄素、氨茶碱饮水或拌料投服可缓解症状。结膜炎的鸡可用氯霉素眼药水点眼。发病初期可用弱毒疫苗点眼接种控制病情，同时用环丙沙星或多西环素饮水或拌料，防止继发细菌感染。耐过后鸡存在带毒及排毒风险，需要将其淘汰。

六、问题与展望

近年来，鸡传染性喉气管炎对养禽业的危害越来越大，传统疫苗毒力返强现象较为普遍。随着分子生物学和基因工程技术的发展，新型疫苗的研发取得长足进展。但是新型疫苗真正投入临床使用的路程依旧十分漫长，需要投入大量人力、物力、财力。希望在不远的将来，安全有效的传染性喉气管炎疫苗得以在临床应用，能有效控制并净化传染性喉气管炎，降低其经济损失。

（刘晓东）

第五节 马立克病

一、概述

马立克病（Marek's disease，MD）是由马立克病病毒（Marek's disease virus，MDV）引起的一种以T淋巴组织细胞增生为特征的高度接触性传染病，通常以外周神经和包括虹膜、皮肤在内的各种器官和组织单核性细胞浸润为特征。同时，本病在感染的早期主要引起鸡胸腺、法氏囊和脾等免疫器官的溶细胞损伤，导致免疫抑制，因此其也是一种常见的免疫抑制性传染病。鸡是MDV最重要的自然宿主，火鸡、山鸡和鹌鹑等也能感染发病，不同品种或品系鸡对发生MD肿瘤的抵抗力差异很大。本病传染性强，病鸡和带毒鸡脱落的羽毛囊皮屑是构成自然感染的主要媒介载体。病毒主要经气源传播，通过呼吸道、消化道进行感染。MD可表现为迥异的多种致病型，其危害程度取决于侵害毒株的类型、感染禽的日龄与品种、特异性和非特异性抵抗力状态等。

拓展阅读5-5

匈牙利兽医病理学家Jozsef Marek于1907年首次报道了本病病例，随后，陆续有诸多国家也发现了不同特征的此病病例，并开展了一系列深入研究，但在疾病名称上却极为混乱。为纪念Jozsef Marek的首发贡献，1961年Biggs等提议将本病命名为MD，并得到了公认而沿用至今。MD曾广泛存在于世界所有养禽国家和地区，随着养禽业的集约化，其危害也随之增大，受害禽群的损失为1%～30%，个别禽群可达50%以上。自MD疫苗问世以来，本病的损失虽已大大下降，但免疫失败现象仍时有发生。鉴于疫苗免疫仅能阻止发病而不能阻止感染和排毒，MDV污染严重，同时，MDV的毒力也在不断进行演化，尤其是超强毒力MDV的出现，给本病的防治又增添了新问题。

二、病原学

（一）病原与分类

MDV属于疱疹病毒科（*Herpesviridae*）α-疱疹病毒亚科（*Alphaherpesvirinae*）马立克病毒属（*Mardivirus*）。根据血清学反应，将MDV分三个血清型：血清1型，包括所有的致病性或致瘤性MDV及相应的致弱株；血清2型，是一些从临床健康鸡分离到的非致病性MDV；血清3型，是从火鸡分离到的非致病性病毒，又称为火鸡疱疹病毒（herpesvirus of turkey，HVT）。根据基因组结构，这三类病毒分属于马立克病病毒属的3种，即gallid herpesvirus type 2（GaHV-2）、GaHV-3、Meleagrid herpesvirus 1（MeHV-1）。

（二）基因组结构与编码蛋白

MDV基因组为双链DNA分子，其大小因毒株而异，一般为174～180kb。MDV基因组以游离型或环状结构的形式独立于宿主基因组。MDV基因组的结构排列与单纯疱疹病毒

（HSV）相同，所有 3 个血清型均具有典型的 α-疱疹病毒结构，都是由 6 个基本片段组成，即一独特长区域（UL）和一独特短区域（US），其两端都是反向重复序列，UL 两端的长末端重复序列（TRL）和长内部重复序列（IRL），US 两端的短内部重复序列（IRS）和短末端重复序列（TRS）。IRL 和 TRL 序列相同但以反向形式排列，IRS 与 TRS 序列也具有同样规律。在组成和线性排列上，马立克病病毒属的三种病毒基因组大体相同，但其大小及鸟嘌呤（G）和胞嘧啶（C）的含量存在一定差异。MDV 编码的大部分基因与 α-疱疹病毒亚科的其他成员具有高度同源性，尤其是人的单纯疱疹病毒 1 型（HSV-1）。通过基因的序列信息对比进行基因功能的预测，已经探究出很多 MDV 基因的功能，但是有些基因即使在序列信息和结构上具有同源性，其基因功能也可能不同。所以，在研究 MDV 基因功能的过程中，在推测出基因功能的基础上，还需要结合反向遗传技术对该基因功能进行深入的研究。细菌人工染色体技术（BAC）的出现，极大地提高了 MDV 基因功能研究的速度。

MDV 已知基因可以分为两大类，一类基因有 α-疱疹病毒同类物，另一类是 MDV 独特的基因。很多糖蛋白基因，如 *gB*、*gC*、*gD*、*gH*、*gI*、*gK*、*gL* 和 *gM* 等，都是属于单纯疱疹病毒同类物基因，因而采用了与 HSV 类似的命名。与 HSV 类似的一些基因，也可以采用以基因组片段 UL 或 US 加编号（如 UL1、US27）或用位于独特长片段、独特短片段中的阅读框架加编号（如 LORF1、SORF4）或用细胞内蛋白（ICP）加编号（如 ICP4）来命名。已发现和鉴定出 7 个血清 1 型 MDV 特异性的基因，如肿瘤基因 *meq*、*pp24*/*pp38* 磷蛋白基因、1.8kb 基因家族、潜在感染相关转录子基因（*LAT*）、病毒端粒酶 RNA 基因（*vTR*）、病毒脂酶（*vLP*）和 IL-8 基因（*vIL-8*）。鉴于 *vTR*、*vLP* 和 *vIL-8* 这 3 个基因实际上都是鸡染色体基因中存在的类似基因，因此在该基因的缩写前都添加一个小写“*v*”以表示病毒基因。在已经鉴定出的 MDV 基因中，大部分病毒基因都含开放阅读框（ORF），同时，该 3 种病毒也都有各自独特的基因，如 ORF-NR-13 编码的 *bcl-2* 基因同源物是 HVT 特有的，在 MDV 血清 1 型和 MDV 血清 2 型中没有发现该基因的同源物。通过对其进行基因组学分析，预测了大约 180 个开放阅读框，可能编码近百种病毒蛋白，但大部分蛋白质尚有待验证。MDV 的蛋白质基因可分为三大类，即糖蛋白基因、致癌相关基因及其他基因。

1．糖蛋白基因 MDV 的结构蛋白基因包括病毒囊膜糖蛋白基因，如 *gB*、*gC*、*gD*、*gE*、*gI*、*gP82* 等。

gB 基因是 MDV 结构基因中最保守的一个基因，其编码产物是一组由 gp100、gp60 和 gp49 组成并含有 8 个糖基化位点的复合物，主要参与病毒吸附、侵入细胞等过程，gB 蛋白分布于感染细胞膜表面和细胞质中，它能诱导中和抗体并在疫苗免疫中起重要作用。

gC 基因的编码产物是 57～65kDa 的可分泌型 MDV 囊膜糖蛋白，也是琼脂扩散沉淀（AGP）试验最易测到的抗原即 A 抗原，gC 蛋白既可作为膜结合蛋白促进 MDV 的传播，也可作为分泌蛋白而产生免疫逃逸，同时，gC 具有干扰其他糖蛋白、延迟和诱发肿瘤的功能。

gD 基因编码的 gD 蛋白在鸡体内表达而在感染 CEF 中不表达，推测 gD 蛋白可能与 MDV 的致病性相关。

gE 基因是 MDV 在体外感染细胞并复制的必需基因，主要是参与病毒在细胞间的传播。gE 蛋白是病毒表面的主要囊膜糖蛋白之一，其介导的免疫逃避能够增强 MDV 的毒力，同时，它也是宿主免疫系统识别的主要抗原，能够诱导产生抗 MDV 感染的中和抗体。

gI 蛋白对 MDV 体外培养并非必不可少，它可能与毒力作用有关，gE 和 gI 之间可相互作用，对病毒生长起重要作用，MDV 的 *gI* 和 *gE* 基因缺失毒株的传播力受到明显的抑制。

gp82 基因编码一种 O-linker 膜糖蛋白，它由 643 个氨基酸组成，功能与细胞融合过程有关。

2．MDV 致癌相关基因 *meq* 基因是与致肿瘤相关的基因，位于长重复区的 *RLORF7* 上，有 2 个拷贝。*meq* 基因编码 MDV 特有的致瘤蛋白 Meq，含有 339 个氨基酸，其 N 端为与宿主的细胞转录因子（c-Jun/c-Fos）类似的碱性亮氨酸拉链（bZIP）功能域，其 C 端为富含脯氨酸的反式转录激活功能域。Meq 蛋白可以与其他转录因子联合，通过改变宿主和病毒基因的表达，在 MDV 诱导的 T 淋巴细胞瘤的形成过程中发挥核心作用。Meq 蛋白在体内外常以二聚体的形式发挥生物学作用，N 端的 bZIP 是 Meq 形成二聚体的主要功能域，Meq 与宿主蛋白 c-Jun 常形成 Meq/c-Jun 异二聚体，这种二聚体形成后，结合到 AP-1 位点的启动子上，调控病毒转录相关基因和细胞抗凋亡因子的表达。Meq C 端功能域与 EBV Zta 蛋白及 HSV VP16 功能相似，都具有转录激活功能。它们的转录激活能力都依赖于富含脯氨酸基序。Meq 除了以二聚体的作用发挥生物学作用外，还与许多其他宿主蛋白的调控有关，Meq 的 bZIP 结构域与 p53 C 端相互作用，可抑制宿主 p53 介导的转录和凋亡活性，Meq 还与具有转录辅助抑制因子作用的细胞蛋白 C 结合蛋白（CtBP）相互作用。研究表明，CtBP 也能够与腺病毒致癌基因 E1A 相互作用，来拮抗 E1A 转录激活功能。Meq 还与 CDK2 共定位于卡哈尔体中，并发生相互作用，导致细胞周期调节紊乱。另外，Meq 不仅定位于细胞核中，在细胞周期的 S 期还定位于细胞质，在细胞质中 Meq 被 PKA、PKC 和 MAPK 等磷酸激酶磷酸化，但其功能尚待确定。

vTR 基因是 MDV 致瘤基因之一，仅存在于致瘤性 MDV 基因组中区，是编码病毒 RNA 端粒酶（vTR）亚基的特定基因。*vTR* 基因与宿主鸡末端重复序列（cTR）具有高达 88%的同源性，表明 *vTR* 来源于鸡基因组。vTR 能在异源细胞中与宿主细胞端粒酶相互作用重建端粒酶活性，与 cTR 相比，vTR 能更有效地与宿主端粒酶反转录酶（TERT）互作，导致端粒酶活性增强。突变或缺失 *vTR* 的特异性突变毒株，可以降低 vTR 与 TERT 的相互作用，使肿瘤发生率、肿瘤大小及肿瘤传播率显著降低。由于端粒酶能维持端粒在最小长度，这对转化细胞活跃增殖很重要，vTR 亚基可能通过延长宿主染色体末端端粒，抑制程序性细胞死亡，进而维持病毒致瘤性并转移转化细胞，但在缺乏端粒酶活性的情况下，vTR 表达也可引起淋巴瘤，表明 *vTR* 基因对鸡只致病可能起着辅助作用。

vIL-8 基因位于 MDV *RLORF2* 基因上的反转重复序列区（TRL/IRL）内，是由 3 个外显子组成的拼接基因，编码 134 个氨基酸的 CXC 趋化因子。*vIL-8* 是 MD 发病晚期表达的一种剪接基因产物，与宿主细胞的 IL-8 及 GROα 的基因具有高度的同源性，它可能通过干扰细胞的 IL-8 信号通路在细胞的免疫调节过程中发挥作用。vIL-8 能诱导 MDV 的易感 B 细胞、$CD4^+$ T 细胞和 $CD25^+$ T 细胞等 MDV 的靶细胞的趋化作用，促进感染细胞增多，从而加速 MDV 淋巴瘤的发生。MDV 缺失 *vIL-8* 后，虽然被感染鸡也出现肿瘤，但肿瘤发生率显著降低，推测可能是裂解感染细胞数量减少，从而降低感染细胞发生转化的概率。

pp38 基因（*RLORF14a*）位于 IRL-UL 连接处，其 5′端位于 UL 区。pp38 和 pp24 拥有共用的 N 端结构，两者形成异物二聚体，并以二聚体的形式发挥其生物活性，诱导 pp38-pp24/1.8kb mRNA 双向启动子的上调表达。活化的双向启动子参与病毒细胞间的传播、病毒潜伏感染等调控基因的启动表达，其编码的 14kDa 蛋白可以促进细胞周期中 G_1 期向 S 期的过渡，且能够增强病毒 DNA 的复制。该基因仅在 MDV 自然感染的溶细胞阶段表达，调节双向启动子的转录，与肿瘤转化有关，与 MD 的肿瘤发生有间接作用，是 MDV 致瘤的非必需基因。*pp38* 缺失的 Md5 病毒导致肿瘤发生率显著降低，这可能由病毒裂解性复制减少

而引起，*pp38* 基因为 MDV 在 B 细胞中建立溶细胞感染和产生足够潜伏感染 T 细胞及维持体内转化状态所必需。

在 MDV 基因组的 *Bam*H-H 或 D 片段内有一个 132bp 序列的同向重复区，该 132bp 重复序列基因是 MDV 特有的蛋白基因，其拷贝数与毒株的强弱程度及其在细胞上传代的次数相关。致瘤性强的 MDV 毒株具有 2～3 个拷贝，弱毒株通常具有 4～6 个或更多个拷贝，在 MDV 的毒力减弱过程中 132bp 重复序列的拷贝数会不断增加，已有研究证实当 MDV 在体外细胞中连续传代致弱培养 75 代后 132bp 重复序列的拷贝数增加到 10 个以上。

ICP4 基因是一个立即早期基因，与病毒感染早期的转录、潜伏和细胞转化密切相关，位于 MDV 基因组短重复区的 *Bam*H Ⅰ-A 片段。ICP4 蛋白是一个核磷蛋白，具有转录激活 MDV 许多早期和晚期基因表达的功能，同时，也是病毒复制期的反式激活因子，可以反式激活许多 MDV 基因的表达。缺失 *ICP4* 基因的 MDV 对其在感染的细胞中的潜伏和诱导细胞转化的能力均显著下降。

RLORF4 基因是与 MDV 毒力直接相关的基因，位于 MDV 基因组反转重复序列区（TRL/IRL）内，编码 142 个氨基酸。*RLORF4* 可能直接参与了 MDV 的传代致弱，在体外传代致弱过程中 *RLORF4* 可被有规律地删除。强毒 MDV 缺失 *RLORF4* 基因后，病毒在体外的复制能力增强，但在宿主体内的复制能力和致病能力则显著下降。该基因虽然增强病毒在体内的复制与致病性，但却不是导致细胞转化所必需的。

病毒胰脂肪酶（vLIP）与 vIL-8 相似，也在 MDV 的溶细胞复制过程中发挥作用，有助于 MDV 在宿主体内的裂解性复制。*vLIP* 基因也是影响 MDV 致瘤性的相关基因，尽管 vLIP 与宿主的脂肪酶具有较高同源性，该基因缺失后 MDV 感染早期宿主外周血液中病毒复制力下降，进而导致肿瘤发生率降低。

3. 其他基因　其他基因包括衣壳蛋白基因和非结构蛋白基因。由 *UL49* 基因编码的 VP22 蛋白，是一种可以在细胞裂解周期中大量表达 MDV 被膜蛋白的主要成分，它对病毒的复制及传播具有非常重要的作用，同时，它还具有独特的细胞间转运能力，能够将与病毒复制有关的蛋白质及核酸等物质转运到细胞中，并且能够通过抑制宿主细胞 DNA 受体（cGAS-STING）信号通路来帮助病毒逃避宿主的天然免疫屏障。UL14 蛋白作为一种被膜蛋白，与疱疹病毒家族中其他成员具有高度同源性，具有抗细胞凋亡的作用和热休克蛋白（HSP）的功能，可以调节病毒的复制。VP23 蛋白是疱疹病毒的完整衣壳蛋白，该蛋白同 VP19C 一起组成了衣壳的三聚体，该三聚体对于 MDV 粒子的组装及基因组 DNA 的复制是必不可少的。VP23 不仅在衣壳从开放到闭合状态的转化过程和衣壳稳定中发挥关键作用，还能通过阻断 cGAS-STING 信号通路拮抗 IFN-β 表达进而促进病毒复制，即 VP23 通过竞争性结合转录因子 IRF7，阻断蛋白激酶 TBK1 与 IRF7 的相互作用，IRF7 的磷酸化和二聚化受到抑制，最终阻断 IRF7 的入核及 IFN-β 的转录和表达。UL6 蛋白作为次要衣壳蛋白主要参与病毒 DNA 的包装等过程，*025* 基因编码的 UL13 蛋白主要与 MDV 的水平传播有关。在 MDV 编码的非结构蛋白中，UL42 是 MDV 病毒复制必需的 DNA 聚合酶，UL52 主要发挥 DNA 解旋酶的功能。

（三）病原分子流行病学

MDV 是严格的细胞结合性病毒，但在感染鸡体内，感染 MDV 的羽毛囊上皮细胞能产生大量游离囊膜病毒粒子，并随上皮细胞角质化脱落而成为具有强烈感染性的完全成熟 MDV 粒子，其释放到环境中，使病毒得以在鸡群中广泛传播。尽管 MDV 流行毒株的毒力一直不断演变，但在鸡养殖集约化尚未出现的自然情况下，MDV 的毒力进化情况并不十分突出，且其传播范围也因商业流通的限制而受到局限。随着 20 世纪 60 年代早期开始的养鸡集约化，病毒得以快速传播，有利于病毒朝着更强毒力快速进化，并导致温和型 MDV（mMDV）向强毒 MDV（vMDV）转变。伴随着 20 世纪 70 年代预防 MDV 疫苗的成功开发和接种免疫，特别是火鸡疱疹病毒（HVT）相关疫苗的普遍接种，在 MD 引起的损失大大降低的同时，MDV 毒力进化呈现出快速的显现，并于 20 世纪 80 年代出现了能够突破 HVT 疫苗保护的超强毒 MDV（vvMDV）。为有效应对 vvMDV，美国于 20 世纪 80 年代初开始使用血清 2 型+血清 3 型双价疫苗取代 HVT 疫苗，但 80 年代末至 90 年代初，又出现了双价疫苗也不能很好保护的所谓超(特)超强 MDV(vv$^+$MDV)，欧洲一些国家和地区在长期使用 CVI988/Rispens 1 型疫苗后也出现了 vv$^+$MDV，美国于 20 世纪 90 年代初引进血清 1 型疫苗 CVI998/Rispens 后，也在其免疫鸡群中发现毒力增强的毒株。这说明在自然界（人工饲养的鸡群）中存在 MDV 毒力增强的选择压。

目前的研究表明，MDV 毒力的变化与部分基因序列的变异密切相关，MDV 基因组 RL 区域两侧反向重复序列与肿瘤形成相关，该区域中研究较多的致瘤相关基因主要包括 *meq*、132bp 重复序列、*pp38*、*vIL-8*、*vLIP*、*RLORF4*、*RLORF12*、*ICP4*、*ppl4* 和 *p7* 等多个相关转录子及 *vTR*。这些基因中，有些与肿瘤的发生直接作用，有些则是通过裂解性复制而发挥间接作用，这些相关基因在 MDV 感染的不同时期的表达量也不尽相同。MDV 的致肿瘤作用与许多相关基因产物、调控元件及 RNA 的复杂结构之间有着密切的相互作用关系，同时，MDV 的复制相关基因与致病致瘤相关基因在感染宿主体内存在完全不同的表达模式，并与感染时间密切相关。可见，MD 的毒力及其致肿瘤作用并不是单因素改变的结果，而是多因素协同或综合的结果。

meq 基因作为 MDV 致瘤直接相关基因，其氨基酸变化与毒株毒力具有一定的关系。强毒株 *meq* 基因的 ORF 全长有 1020bp，编码 339 个氨基酸，但致弱毒株或温和型毒株的 *meq* 基因片段长度通常要长于强毒株，在 CVI988 的 *meq* 基因中就有一段 178bp 的插入序列，而某些 vvMDV 毒株在 194～252 位点则发生 58 个氨基酸的缺失，同时，CVI988 的插入序列使得编码富含脯氨酸结构域的阅读框架发生移位，并导致编码的氨基酸第 194 位一个脯氨酸的缺失。MDV 不同毒株在 *meq* 基因的第 71～80 位氨基酸处也有所差异，如疫苗株 CVI988 和 814 的氨基酸序列为 SRRRRREQTD，而国外大部分 vv 或 vv$^+$MDV 分离株的序列为 ARRRRRKQTD，以及国内分离株的绝大部分为 ARRRRREQTY。已有的研究表明，Meq 蛋白第 71 位、77 位、80 位、88 位、115 位、119 位、139 位、153 位、176 位、194 位和 217 位等多处位点均可能发生变化，其中的第 71 位、77 位、115 位、119 位、139 位、176 位、194 位和 217 位氨基酸突变和 MDV 毒株毒力具有一定的关系。由于该区域是多脯氨酸重复区，因此能够破坏多脯氨酸重复区的位点突变，则可导致 MDV 毒力增强，毒力越强发生突变的次数越多。强毒力毒株通常在 Meq 蛋白的脯氨酸重复区的第 77 位、80 位、115 位、139 位、176 位和 217 位有着相应的突变特征。

（四）感染与免疫

MDV 感染宿主后，其在体内与细胞之间的相互作用有 3 种形式。第一种是生产性感染，主要发生在非淋巴细胞，病毒 DNA 复制，抗原合成，产生病毒颗粒，且仅在鸡羽囊上皮细胞中进行完全生产性感染并产生完全成熟病毒粒子，但在有些淋巴细胞和上皮细胞及大多数培养细胞中，则是生产-限制性感染，即有抗原合成，但产生的大多数病毒粒子无囊膜，因而不具感染性。生产性感染可形成核内包涵体并导致细胞裂解，所以又称为溶细胞感染。第二种是潜伏感染，主要发生于激活的 $CD4^+$ T 细胞，但也可见于 $CD8^+$ T 细胞和 B 细胞。潜伏感染是非生产性的，仅有少量拷贝病毒基因组的存在但不表达。第三种是转化性感染，常伴随着病毒 DNA 整合进宿主细胞基因组，以基因组的有限表达为特征，该转化细胞表达非病毒抗原，如 MD 肿瘤相关表面抗原（MATSA）、CD30。转化性感染仅见于 T 细胞，且只有强毒的 1 型 MDV 能引起，这也是 MD 淋巴瘤中大多数转化细胞的特征。

MDV 的复制为典型的细胞结合病毒复制方式，感染方式是从细胞到细胞并通过形成细胞间桥来完成这种感染的传递。在自然状况下，雏鸡通过呼吸道吸入完全成熟病毒粒子而感染，随后 MDV 在宿主体内建立持续性感染并终身带毒，发病后期导致内脏多发性肿瘤。MDV 对易感宿主的致病过程顺次大体可分为 4 个阶段：早期增殖性-限制性感染、潜伏期感染、第二溶细胞性感染和淋巴瘤的形成，即所谓的“Cornell 模型”，这些顺次各阶段在开始与持续时间上，因不同毒力流行毒株的感染而可能存在明显的差异。MDV 通过呼吸道经肺上皮细胞和巨噬细胞或树突状细胞进入血流，进入次级淋巴组织（脾、胸腺、盲肠扁桃体、肠系膜淋巴结和哈德腺），感染其中的初级靶细胞 B 淋巴细胞和部分 $CD4^+$ T、$CD4^-$ T、$CD8^+$ T、$CD8^-$ T 细胞，被感染的 B 淋巴细胞的溶解诱导了 T 细胞活化，一般在感染后 3～7d MDV 的这种复制程度达到高峰，并伴随淋巴细胞溶解、炎症细胞坏死和浸润，同时宿主的法氏囊、胸腺等免疫器官发生萎缩，产生免疫抑制。感染后约 7d 建立潜伏感染，MDV 主要潜伏感染在 $CD4^+$ T 细胞中，Meq 封锁潜伏感染的 $CD4^+$ T 细胞的凋亡，并反式激活潜伏基因表达以维持潜伏感染，免疫细胞的一些细胞因子如 IL-γ、IL-6、IL-8 及 NO 的一些反应，对于 MDV 建立并维持这种潜伏状态具有一定的相关作用。感染后 14～21d，MDV 的复制能力被激活，易感鸡群中出现生产限制性感染和第二溶细胞复制，导致大量 T 淋巴细胞感染死亡，形成更加严重与持久的免疫抑制，同时在宿主羽囊上皮细胞内产生完全成熟的病毒粒子。在感染后 28d 左右，大量被 MDV 潜伏感染的 T 淋巴细胞和少量 B 淋巴细胞，逐渐迁移至内脏器官和外周神经，发生转化感染从而诱发淋巴肿瘤形成，同时被感染的淋巴细胞还可以通过血液和淋巴及非淋巴组织之间的循环系统进入内皮细胞诱发皮肤型肿瘤。MDV 也可能在体内并不发生转化感染，而是进行着周期性的反复溶细胞复制或长期生产性和/或限制性生产性感染，最终导致感染鸡只渐进性极度消瘦与衰竭。

MDV 感染后可诱发多种先天及适应性免疫应答。MDV 感染后可引起细胞免疫应答和体液免疫应答。由于 MDV 高度细胞结合性的特点，巨噬细胞、NK 细胞及参与细胞毒性的淋巴细胞的免疫应答尤为重要，因此针对 MD 的免疫主要是以细胞免疫应答为主。鸡感染 MDV 后 1～2 周即可检出抗体，且抗体可在鸡体内终生存在，母源抗体可以降低 MDV 感染与危害的程度。作为抵抗病原体感染的第一道防线的先天性免疫应答，在抵抗 MDV 感染过程中虽然起到了重要作用，如 I 型干扰素是一种非常重要的具有抗病毒作用和免疫调节功能的细胞因子，但对其在抗 MDV 的天然免疫机制方面却知之甚少。MD 疫苗免疫产生的作用包括抵抗早期抗病毒感染，特别是在其后阻止淋巴细胞的转化和增生，但 MD 疫苗免疫并不能完全阻止 MDV 的后继感染与排毒。鸡的遗传因素的差异影响不同鸡的品种或品系对 MDV 的易感性，已经有一些免疫基因被认为和某些鸡种抵抗 MDV 有关，如 MHC 位点、IL-6、I-18 或 IFNY 等位点。

三、诊断要点

（一）流行病学诊断

MD 主要危害鸡，但山鸡和鹌鹑等也可自然发病，近年来报道有些致病性很强的毒株可对火鸡造成较大损失。不同品种或品系的鸡均能感染 MDV，但 MDV 的致病性差异很大，且新生幼鸡对 MD 更加易感，随着年龄增长而易感性降低。病鸡和带毒鸡是主要的传染源，并可长期持续带毒排毒。因其羽毛囊上皮内存在大量成熟病毒粒子，随皮肤代谢脱落机体后污染环境，成为在自然条件下最主要的传染来源，并使污染鸡舍长时间内保持传染性，故在一般条件下 MDV 在鸡群中广泛传播，于性成熟时几乎全部感染。本病不发生垂直传播，主要通过直接或间接接触经气源传播，污染的饲料、饮水和人员也可带毒传播，因而孵房污染能明显增加刚出壳雏鸡的感染率。感染鸡群的发病率和死亡率受所感染的 MDV 毒力影响很大，同时，由于 MD 的免疫抑制作用，感染鸡群的易感性显著升高，对应激等环境因素及其他继发或并发感染十分敏感。

（二）临床症状与病理变化

因受到病毒的毒力、鸡的遗传品系、年龄、性别和饲养管理与免疫状态等的影响，自然感染 MD 的潜伏期、临床表现及发病率与致死率存在很大差异。本病的潜伏期难以确定，在鸡群感染的早期即溶细胞感染期间，常出现无明显特征性外观表现而突然死亡，即所谓的早期死亡综合征，并可能出现一波死亡高峰期，随后，感染鸡群则进入“零星”发病的长周期，但也可能不表现出较明显的死亡高峰现象，而是呈现出持续性的“零星”发病或死亡状态。MD 常发生于 3～4 周龄及以上的鸡只，多发于 12～30 周龄，种鸡和产蛋鸡常在性成熟后出现临床症状。在发病率和致死率上，肉鸡一般为 20%～30%，个别达 60%，产蛋鸡为 10%～15%，严重者可高达 50%以上，尤其是混合感染或多重感染，或感染了强大毒力的 MDV，其损失可达 70%以上。

经典 MD 的致病型有神经型、内脏型、眼型、皮肤型 4 种：神经型主要表现为肢体的非对称进行性麻痹，并因侵害的神经不同而表现不同的临床症状，最常见的是坐骨神经受侵害，表现一只腿或两只腿麻痹，步态失调或形成“劈叉”姿势，最后因行动、采食困难而衰竭或被踩踏而死，其剖检特征为神经增粗、横纹消失。内脏型又称急性型，该型最常见，除少数鸡呈不明显症状而突然死亡外，多数鸡则表现为脱水、进行性消瘦，最终衰竭而死，剖检主要表现为卵巢、肾、肝、脾、肺、心脏、胰、腺胃甚至肠道、肌肉等多种组织器官的肿瘤病灶，呈大小不等质地坚实的灰白色肿瘤块，或呈弥漫性浸润而使整个器官显著增大。眼型主要表现为一侧或两侧的瞳孔缩小，甚至呈针尖大小，虹膜呈斑点状或者环状，且边缘不整齐，逐渐从正常的橘红色变成弥漫性的灰白色，如同“鱼眼状”。皮肤型可见皮肤毛囊的小结节或者瘤状物。MD 也可致病鸡表现为极度消瘦，体重极轻，胸骨似刀锋。以上致病型既可以单独出现，也可以混合出现。在受到超强毒力毒株感染时，主要表现为内脏型而较少表现其他致病型。

（三）鉴别诊断

除 MD 外，可致鸡发生肿瘤的疫病尚有禽白血病（AL）和禽网状内皮组织增生病（RE）。

其主要区别是MD的肿瘤还可发生在羽毛囊、虹膜和外周神经等更多的组织器官上，法氏囊常萎缩。AL的肿瘤多呈弥漫性的白色小结节，无神经肿瘤，少见皮肤肿瘤，法氏囊不发生萎缩，其中的J-亚型白血病，在皮肤、脚掌、脚爪和内脏尤其是肝上，常见有血管瘤，并常有破溃出血现象。RE的肿瘤，除肝、脾等外，常见神经肿瘤，但较少出现皮肤、法氏囊肿瘤，但法氏囊、胸腺及其他淋巴器官常呈现不同程度的萎缩。

四、实验室诊断技术

（一）病料采集与保存方法

采集带有羽髓的羽毛根和血液用于血清学诊断，病原分离的样品应无菌采集活细胞样品，如血液淋巴细胞、肝素抗凝全血、脾细胞或分离的肿瘤细胞，也可以是羽髓组织。

（二）病原学诊断

1. 病原分离与鉴定　病毒的分离常用DEF和CK细胞（1型毒）或CEF（2、3型毒）。将血液淋巴细胞或淋巴组织的单细胞悬液或羽髓组织超声波匀浆后的滤液接种于易感的细胞上培养，接种后5～14d可出现典型的蚀斑，从蚀斑的形态可以区分病毒血清型，若结合特异性单抗做免疫荧光则更为准确。

2. 动物感染试验　鉴于MD的潜伏期、致病周期和发病情况等受多种因素的影响而不确定，一般不将动物感染试验作为MD病原学诊断的依据。但其对病毒的毒力鉴定具有重要价值，通常是将保持活性的血液淋巴细胞或细胞分离物，通过腹腔注射或皮下注射途径感染一定数量的1～14日龄SPF雏鸡，可同时设MD疫苗的免疫组，并分别置于负压隔离器中进行饲养管理与观察处理。

（三）免疫学诊断

病毒分离鉴定、血清学方法及MDV DNA检测等均可确诊MDV的感染，但即使是MDV强毒感染也不一定发病，MD的诊断应通过特征性临床检查（包括病史和疫苗接种情况）、病理组织学检查（包括肿瘤标记）和MDV强毒感染的实验室检测进行综合判定。病毒分离物用特异性单抗进行鉴定。病毒感染的检测可用IFA、AGP和ELISA等方法，也可用DNA探针或PCR。IFA、AGP和ELISA等方法还可用于血清中的MDV特异性抗体检查。但具有实用价值的MDV感染的实验室诊断方法，以AGP和PCR最为常用，其对流行病学监测和病毒特性研究具有重要意义。

五、防控措施

（一）综合防控措施

以防止早期感染和提供良好免疫应答为中心的综合防治措施并结合严格的养殖场生物安全控制体系，是最有效的平时预防措施。尤其要加强对孵化场及育雏期间的卫生消毒工作，采用全进全出的饲养方式，并确保每批动物进场前、出场后对孵化场、养殖舍及各种用具和出入人员的清洁、消毒，以杜绝外源性病原的传入和养殖场内病原的相互传播。定期进行MDV强毒感染的监测与无害化处理，高风险地区应尽早有效接种MD疫苗。有条件的原种鸡场，应注意MD遗传抗性品系的选育与替代。

当发生 MD 疫情时，应在严格执行生物安全管理并强化鸡群气雾消毒的同时，辅以使用提升鸡体免疫力的中药制剂或微生态制剂，并尽量避免使用活疫苗接种，可以减轻 MD 疫情的部分损失。同时，加强 MDV 强毒感染监测的频次，及时剔除阳性鸡只。若鉴定为特超强高致病力毒株，则感染鸡群应予以淘汰，并彻底消毒以净化养殖环境。

（二）生物安全体系的构建

养鸡场应按照标准化养殖园区的基本要求进行建设或改造，并不断加以完善。健全并严格落实养鸡场的日常管理制度。如实施“全进全出”的饲养管理制度，鸡场内应醒目标识出净道与污道及其行走路线，严格落实人员、饲料、物品、用具、废弃物、动物及动物产品、装载与转运工具等的出入管理、卫生防护与消毒的制度（包括其工作流程与操作规范），严格落实日常观察、生产饲养、卫生清洁与消毒、检测采样、免疫接种与用药、动物及动物产品转运等各种相关工作内容的工作程序与操作规范，并做到以上关键控制点工作的实时规范记录与备案等。

（三）疫苗与免疫

疫苗免疫是防制本病最为关键的措施之一。目前的疫苗包括血清 1 型的自然弱毒或人工致弱 MDV（如 CVI988、814）、血清 2 型 MDV（如 SB1、Z4）和血清 3 型 HVT（如 FC126）。除 HVT 疫苗可以冻干保存外，其他均为细胞结合性的，必须保存在液氮中。冻干 HVT 疫苗因其独特优点曾被广泛使用，但因其不能抵抗 vvMDV 的致病性和易受母源抗体的干扰，其应用逐渐减少。现广泛应用的血清 1 型疫苗，也不能完全抵御日益增强的 vv^{+}MDV 的致病性，因而可使用包含血清 1 型疫苗的 MD 多价疫苗。MD 多价疫苗主要由 MDV 血清 1 型、2 型和 3 型组成的二价苗（1+3、2+3）或三价苗（1+2+3）。MD 疫苗的免疫程序统一为出壳后即可进行皮下或肌肉注射免疫。疫苗稀释混匀后需在半小时内完成注射，同时，防止在出雏室和育雏室的 MDV 早期感染是疫苗免疫成功的关键。

（四）药物与治疗

本病尚无特效治疗药物。

六、问题与展望

作为首个可以通过疫苗控制的肿瘤病，MD 及其病原的研究广受预防兽医学、医学和生物学等领域的关注。除了深入研究 MDV 在疱疹病毒中的特殊生物学性状及其相关基因和基因产物，尤其是 MDV 致瘤相关的分子生物学机制外，在应用研究上，着重阐明 MDV 细胞结合性的分子机制，以研究出脱细胞游离病毒粒子并用于 MDV 疫苗的生产，同时，关注以 MDV 为载体的基因工程疫苗的研发。尽管 MD 疫苗有效接种是防制本病的关键，但鉴于 MD 疫苗仅能阻止发病而不能阻止 MDV 的感染，免疫感染鸡群始终存在着 MDV 毒力增强的选择压。因此，为有效预防 MDV 毒力进一步增强的变异株的出现与危害，其根本措施还是构建并执行严格的养殖场生物安全体系。此外，选育生产性能好的抗 MD 病品系鸡，也是防制 MD 的一个重要方向。

（张训海）

第六节　传染性法氏囊病

一、概述

传染性法氏囊病（infectious bursal disease，IBD）是由传染性法氏囊病病毒（infectious bursal disease virus，IBDV）引起的雏鸡的一种急性、高度接触性传染病。本病除了直接引起易感鸡发病死亡外，更重要的是破坏机体的免疫器官，特别是法氏囊，导致鸡群丧失对其他病原的免疫力。世界动物卫生组织将传染性法氏囊病列为必须通报的动物疫病。

拓展阅读 5-6

IBDV 通常感染 3～6 周龄青年鸡，感染鸡出现急性死亡，死亡率达 15%～50%。2 周龄以内幼龄鸡感染 IBDV 后，法氏囊淋巴组织受到侵害，产生深度免疫抑制，容易诱发继发感染。IBDV 超强毒株感染后，鸡的死亡率明显提高，有时可达 70%。发病日龄也有扩大趋势，早至 3 日龄雏鸡，晚至 180 日龄成年鸡都有感染的报道。大于 3 周龄鸡感染后的临床症状表现为肛门羽毛（鸡常吸食肛门羽毛）污染、腹泻、沉郁、厌食、颤抖、严重虚弱、脱水甚至死亡。感染鸡法氏囊水肿出血、胸肌和腿肌发生斑点状、刷状、条纹状的出血是本病的病理变化特征。由于变异株和超强毒株的出现，原本具有良好免疫效果的标准疫苗提供不了完全的保护，造成 IBDV 持续在全球范围内流行，仍然是引起全球养禽业经济损失的主要禽病病原之一。

本病最早由 Cosgrove 于 1957 年在美国特拉华州甘布罗镇（Gumboro）的肉鸡群中发现的，故又称甘布罗病（Calnek，1999）。目前本病已遍及世界绝大多数养鸡的国家和地区。我国自 1979 年在北京郊区鸡场发现本病，并于 1982 年分离出病毒以来，全国各地都有本病发生和流行的报道。1986 年 Rosenberger 等从美国特拉华州的免疫鸡场分离出 4 株病毒，称为变异株（variant），1987 年 Chettle 等在比利时分离到能突破母源抗体并造成高死亡率的超强毒株（vvIBDV），随后世界许多地区又陆续报道变异株或超强毒株的出现。2000 年之后，在美国和其他国家陆续发现超强毒 IBDV 和非超强毒 IBDV 重组的新毒株（祁小乐等，2016）。在中国，除了 vvIBDV，还存在着与美国变异株有明显差别的变异株。因此，目前 IBDV 流行毒株复杂化，出现了新的流行特点，60%～70%的 IBDV 分离株为 vvIBDV，对养鸡业造成严重的危害。

二、病原学

（一）病原与分类

传染性法氏囊病病毒（infectious bursal disease virus，IBDV）在分类上属于双 RNA 病毒科（*Binaviridae*）禽双 RNA 病毒属（*Avibirnavirus*）中的唯一成员。双 RNA 病毒科下设 4 属，即 IBDV 为代表的禽双 RNA 病毒属（*Avibirnavirus*）、鱼传染性胰腺坏死病病毒（infectious pancreatic necrosis virus，IPNV）为代表的水生双 RNA 病毒属（*Aquabirnavirus*）、果蝇 X 病毒（drosophila X virus，DXV）为代表的昆虫双 RNA 病毒属（*Entomobirnavirus*）及斑鳢病毒属（*Blosnavirus*）。双 RNA 病毒科所有成员均含有相似的双节段双股 RNA 基因组。

IBDV 无囊膜，表面无突起，直径为 55～65nm，呈二十面体对称。病毒颗粒有单层衣壳，表面含有 32 个壳粒，92 个形态亚单位，衣壳由衣壳蛋白 VP2 组成，呈斜形对称，三角形数 T=13，亚单位主要以三聚体形式呈串状排列。在感染的组织细胞内，病毒常呈晶格状排列。

完整的病毒粒子在氯化铯中浮密度为1.31～1.34g/mL，不完整病毒粒子的氯化铯浮密度值低于这个范围。核衣壳内的核酸为双股双节段RNA，其沉降系数为14S，在硫酸铯中的浮密度为1.62g/mL。基因组两个片段A和B的相对分子质量分别为2.5×10^6和2.2×10^6。

本病毒可在鸡胚和多种细胞培养物上增殖，如鸡B淋巴细胞系DT40、鸡胚成纤维细胞、腔上囊淋巴细胞、鸡胚肾细胞、火鸡和鸭胚细胞、兔肾细胞（RK-13）、猴肾细胞（Vero）等。IBDV的显著特点是抵抗力非常强，能抵抗酸（pH 3）、脂溶剂、各种消毒剂和热（60℃ 30min）的处理。即便是在紫外线和日光照射下，耐受力也非常强。有研究表明，从患病鸡舍中清理出来的粪便或者饲料等，在经过50d之后，依然具有传染性。

（二）基因组结构与编码蛋白

IBDV的基因组是由两个片段的双链RNA分子组成，其中，A基因片段长3200～3400bp，B基因片段长2800～2900bp。A片段主要包括1大1小的两个开放阅读框（ORF），小的ORF单独编码非结构蛋白VP5（17kDa）；大的ORF编码多聚蛋白前体（polyprotein），即pVP2-VP4-VP3，分子质量约110kDa，由1012个氨基酸组成，pVP2-VP4-VP3随后被共转译的VP4蛋白酶裂解为pVP2（48kDa）、VP3（28kDa）和VP4（32kDa）。B片段主要包括一个连续的ORF，编码一个由878个氨基酸组成的VP1蛋白（90kDa）。

基于现代分子生物学技术，研究者成功鉴定了IBDV基因组双节段非编码区（UTR）。A片段5′-UTR和3′-UTR分别含有96个和90个核苷酸，B片段5′-UTR和3′-UTR分别含有111个和82个核苷酸。A和B节段的UTR可能影响IBDV基因组的转录或翻译，还可能会形成发夹或茎环的二级结构，对RNA起稳定作用，并可能与病毒的复制、病毒RNA的识别、基因组RNA的组装、蛋白质-RNA和RNA-RNA之间的相互作用有关。

IBDV VP1由B片段单独编码，分子质量约为95kDa，是病毒总蛋白中分子质量最大但含量最低的病毒蛋白，仅占病毒蛋白总量的3%。VP1是一种RNA依赖的RNA聚合酶（RNA-dependent RNA polymerase，RdRp），负责病毒基因的复制。VP1通常以两种形式存在，一种是游离的VP1，另一种是与基因组结合的基因组连接蛋白（viral genome-linker protein，VPg），该蛋白使病毒基因组锚定于病毒粒子衣壳内部，防止其基因组的丢失。过去认为VP1与IBDV毒力无关。最近的分析发现，vvIBDV VP1蛋白存在多个保守位点，其中V4I的突变显著降低了IBDV在SPF鸡体内的复制能力，同时又极大增强了病毒在CEF细胞中的复制能力。

VP2是IBDV的主要结构蛋白，占病毒蛋白总量的51%。病毒衣壳由260个VP2三聚体组装形成。VP2蛋白首先从多聚蛋白pVP2-VP4-VP3中被VP4剪切下来形成前体pVP2，然后再经过一系列的加工，最终形成成熟的VP2。前体VP2蛋白在剪切形成成熟蛋白的过程中，还会产生4个结构小肽（pep46、pep7a、pep7b、pep11）。pVP2的剪切成熟机制是双RNA病毒科特有的。VP2是IBDV的主要宿主保护性抗原，存在中和抗原表位，可诱导产生中和活性的抗体，与病毒的细胞嗜性有关，并具有血清型特异性。VP2蛋白的206～350位氨基酸属于高变区，分别含有212～224氨基酸和314～324氨基酸位点的两个大亲水区，以及248～252氨基酸和279～290氨基酸位点的两个小亲水区，这4个亲水区影响病毒毒力及病毒与抗体结合。VP2的253位、279位和284位氨基酸被认为与细胞嗜性密切相关，而249位、253位、256位、284位氨基酸位点对病毒毒力有重要影响。pep46小肽促进病毒进入细胞时与细胞膜形成小孔，有利于病毒进入细胞。VP2可以诱导Vero细胞及鸡淋巴细胞等多种细胞凋亡，也可以参与自噬的激活。

VP3 作为 IBDV 的另外一个结构蛋白，占病毒蛋白总量的 43%。VP3 可以与 VP2 相互作用，在病毒衣壳的组装中起到脚手架的作用。此外，VP3 也可以和 VP1 及基因组双链 RNA（dsRNA）相互作用形成核糖核蛋白复合物（RNP）。病毒 VP3 蛋白与 VP1 蛋白的相互作用影响病毒粒子的包装，不仅将 VP1 整合到衣壳中，而且还激活了 VP1 的 RNA 聚合活性。VP3 羧基端的 24 个氨基酸残基对 VP2 三聚体及最终病毒样颗粒的形成有重要作用。VP3 与病毒 dsRNA 结合之后，可以减轻 dsRNA 对核酸酶的敏感性，对病毒粒子的稳定性有重要意义。研究发现 VP3 通过结合 IBDV 自身基因组 dsRNA 阻止鸡宿主模式识别受体 MDA5 识别 dsRNA，从而抑制 I 型干扰素的产生（Ye et al.，2014）。此外，有研究认为 VP3 也与毒力有关。血清 I 型 VP3 蛋白 C 端序列替换为血清Ⅱ型的 C 端序列，虽然没有改变重组病毒的嗜性，但病毒毒力显著下降，并且产生不同于野毒感染的血清型特异性抗体。

VP4 蛋白具有丝氨酸/赖氨酸蛋白酶活性，在病毒前体蛋白 pVP2-VP4-VP3 的切割中发挥重要作用。VP4 以磷酸化和非磷酸化两种形式存在。VP4 的氨基酸位点 Ser538、Tyr611 和 Thr674 可以发生磷酸化，且后两个位点的磷酸化影响其切割 VP4-VP3 蛋白复合物。VP4 还可促进 VP1 蛋白的合成，促进病毒复制。VP4 与糖皮质激素诱导的亮氨酸拉链蛋白（glucocorticoid-induced leucine zipper，GILZ）相互作用可以抑制 I 型干扰素的表达。

VP5 蛋白在 1995 年由 Mundt 等发现，是 IBDV 中较晚鉴定出来的蛋白。VP5 蛋白对 IBDV 的复制是非必需的，但是在病毒粒子的释放中发挥了重要作用。IBDV VP5 不是跨膜蛋白，而是膜结合蛋白，是 IBDV 的非结构蛋白。研究发现，在 IBDV 感染早期，VP5 抑制细胞凋亡为病毒复制争取足够的时间，而到感染后期则促进细胞凋亡，加速细胞崩解及子代病毒的释放，从而促进病毒复制（Li et al.，2012）。

（三）病原分子流行病学

IBDV 有两种血清型，分别是 I 型和Ⅱ型，对鸡有致病性的为 I 型血清型。血清Ⅱ型从火鸡中分离到，对鸡无致病性。I 型和Ⅱ型间无交叉免疫保护，可通过病毒中和试验或 VP2 型特异的单克隆抗体对两个血清型进行区分。根据交叉中和试验，I 型的 IBDV 又可以分为不同血清亚型。1992 年，朱爱国等将我国北京、广东、山东、浙江等省市分离的 13 株病毒株和 4 株国外参考毒株进行微量血清中和试验表明国内 13 株分离株分属 4 个血清亚型。

在过去的 50 多年里，IBDV 血清 I 型毒株发生过两次大的变异，使得除经典毒株之外，还存在 IBDV 的变异毒株（variant IBDV）和超强毒株（very virulent IBDV，vvIBDV）。20 世纪 90 年代以来，vvIBDV 呈世界性流行（Dey et al.，2019）。迄今尚未发现 IBDV 的自然弱毒株，IBD 防控使用的弱毒疫苗多是 vvIBDV 经体外传代获得。

IBDV *VP2* 基因是病毒变异的主要部位，也是研究本病毒分子流行病学的重要基因。国外学者基于 *VP2* 基因的研究表明，亚洲日本、欧洲和非洲的 vvIBDV 可能存在相同的来源。而我国学者对 IBDV 分离株研究结果表明，国内流行的 IBDV 毒株以 vvIBDV 为主，其亲缘关系与美国或欧洲的毒株比较接近。20 世纪八九十年代，我国从国外引进大量种鸡，国内 vvIBDV 很可能起源于欧美毒株。

IBDV 的遗传变异，其基因组 A、B 节段通常是同步的，即两个节段的基因特征属于同一亚群。然而，近来 IBDV 出现了一些非同步进化的现象，主要有超强 A 独特 B 型、超强 A 弱 B 型、弱 A 超强 B 型这几类（祁小乐等，2016）。中国 vvIBDV 参考株 Gx 株是强 A 独特 B 型的代表株，基因组 A 节段与 vvIBDV 同源性较高，但其 B 节段却属于一个既不同于超强毒株也不同于弱毒株的独特分支。这个重组类型的毒株在我国各地普遍存在。国外也分离到强 A 独特 B 型，如 02015.1 株，但 02015.1 株对 SPF 鸡致死率仅为 8%，远低于我国超强 A 独特 B 型毒株的 60%以上的死亡率，其具体的差异机制有待进一步研究。超强 A 弱 B 型毒株最早发现于上海（SH95 株），其 VP2 为超强毒而 VP1 为弱毒，此类型毒株在我国北方和赞比亚也有发现。2000 年和 2004 年，在浙江省蛋鸡场中分离到 2 株罕见的重组 IBDV（ZJ2000 株和 TL2004 株），其基因组 A 节段源于弱毒株而 B 节段源于超强毒株，即弱 A 超强 B 型。2013 年弱 A 超强 B 型毒株在河南省也被分离到（HN 毒株），该类型毒株致病性也相对较低，在 15%～25%。除了基因组节段间重组，IBDV 的基因内也会发生重组，呈现复杂的重组变异。

（四）感染与免疫

IBDV 通过消化道进入机体，先在肠道巨噬细胞和淋巴细胞中增殖，然后随血液扩散至肝和法氏囊，并在法氏囊中定居和繁殖。细胞表面表达 IgM 的 B 淋巴细胞（主要是未成熟的 B 淋巴细胞）是 IBDV 的主要靶细胞。IBDV 通过内吞作用侵入细胞。衣壳蛋白 VP2 的三聚体存在一个突起，这是介导病毒与宿主细胞表面黏附的关键。已发现介导 IBDV 入侵宿主细胞的受体有 HSP90、sIgM（膜表面免疫球蛋白）的 λ 链及 α4β1 整合素。

鸡的宿主天然免疫分子（MDA5）是 IBDV 感染细胞内的模式识别受体。MDA5 与病毒 dsRNA 结合启动先天性免疫应答。在病毒感染的早期，法氏囊中 MDA5 表达水平上升。但是后来又有研究表明，IBDV 复制过程中产生的 dsRNA 可以与病毒的 VP3 蛋白结合，而该作用抑制了 MDA5 对 dsRNA 的识别，从而抑制 MDA5 介导的天然免疫通路的活化，有利于病毒的复制（Ye et al.，2014）。

中等毒力和中等毒力偏强毒株疫苗的使用，在一定程度上造成法氏囊的损伤。中等毒力疫苗株在免疫后 21～35d 造成法氏囊损伤，中等毒力偏强疫苗株造成法氏囊损伤则可提前至免疫后的 7d。法氏囊组织损伤程度与保护性抗体的产生有相关性。Killian 等的研究表明，中等毒力疫苗株引起的法氏囊损伤是由凋亡引起的。

IBDV 感染后出现免疫抑制主要是由于感染鸡的法氏囊、脾和淋巴结中 B 细胞减少，导致先天性免疫和体液免疫受到影响。IBDV 感染引起 B 淋巴细胞凋亡。在感染早期，VP5 抑制细胞凋亡，感染后期，VP5 和 VP2 促进细胞凋亡（Li et al.，2012）。IBDV 诱导细胞凋亡是其引起免疫抑制的部分原因。

在获得性免疫方面，鸡感染 IBDV 后第 9 天可以检测到抗 IBDV 的 IgY 抗体，这个抗体对存活鸡清除病毒具有重要作用。病毒感染或疫苗免疫后也可以引起 T 细胞的免疫保护。经典疫苗株、中等毒力疫苗株、中等偏强毒力疫苗株广泛应用于 IBDV 的预防，对特定的毒株可以提供有效的免疫保护，为 IBD 的防控提供了重要手段。

三、诊断要点

（一）流行病学诊断

IBDV 主要感染雏鸡，此外，还可感染火鸡、鸭、某些家养和野生鸟类等。一般认为，3～12 周龄的鸡对 IBDV 易感，3 周龄以下的雏鸡受感染后无临床表现，仅引起严重的免疫抑制。但近年来发现本病的发病年龄段明显变宽，早到 3 日龄，晚到 200 日龄的产蛋鸡均可感染发病。

病鸡和带毒鸡是主要传染源。本病是高度接触性传染病，可通过直接接触和被污染的饲料、饮水、垫料、粪便、尘土、鸡舍用具、人员衣服、昆虫等间接接触途径而传播。在易感鸡群中，感染率极高，几乎达到100%，发病率为7%～10%，有时高达70%，由于各地流行的IBDV毒株毒力及抗原上的差异，以及因鸡的品种、日龄、母源抗体、饲养管理、营养状况、应急因素、发病后采取的措施等不同，鸡群发病后死亡率差异很大，有的仅1%～5%，多数地区为15%～20%，严重发病鸡群死亡率可达50%～100%。本病的主要特点是发病迅速、发病率高，会出现明显的尖峰式死亡曲线，且快速康复。

（二）临床诊断

本病通常具有2～3d的潜伏期。发病开始时，部分鸡啄咬自己的泄殖腔，病鸡初期体温有所升高，一般可升高1～1.5℃，同时精神不振，采食减少，羽毛蓬乱，畏寒发抖，闭眼呆立，步态蹒跚。接着发生腹泻，排出黏稠或者水样的白色粪便。症状严重时，病鸡头部明显下垂，可碰到地面，闭眼陷入昏睡。发病后期，病鸡体温降低，机体脱水，眼睑凹陷，最终由于严重衰弱而死。

（三）病理诊断

病鸡的法氏囊在感染2～3d后发生水肿，颜色从正常的白色逐渐变成乳白色，浆膜表面存在黄色的胶冻状浸润，纹理清晰。感染第4天，法氏囊变圆，呈灰黄色，明显肿大，往往达到正常大小的2倍以上，浆膜出现小出血点，腔内存在脓样黏液或者凝乳状物，黏膜形成不均匀皱褶，严重肿胀，囊壁存在黄色的坏死点；严重时，黏膜明显出血，腔内存在小血块，整个法氏囊变成紫红色，如同紫葡萄。如果病鸡未死，法氏囊的体积通常在发病第5天恢复至正常大小，之后快速萎缩变小，呈灰色的长圆形或者纺锤形，囊壁变厚，有时存在坏死灶，或者黏膜表面发生点状出血或者淤血性出血，甚至法氏囊表面发生大面积出血。发病第8天，法氏囊通常只有正常大小的1/3。胸肌和腿肌发生斑点状、刷状、条纹状的出血；肌胃和腺胃相交处发生点状、带状或者片状出血；肝呈土黄色，或者存在深浅不同的条形出血带；肾发生肿大，肾小管和输尿管腔内含有大量的石灰浆状的尿酸盐。

（四）鉴别诊断

鉴别诊断主要考虑与鸡新城疫和传染性贫血相区别。鸡新城疫可见腺胃乳头及其他器官出血，但病程长，有呼吸道和神经症状，无法氏囊特征性病理变化。传染性贫血多发生于1～3周龄的雏鸡，病鸡骨髓黄染，翅膀或腹部皮下出血，胸腺、法氏囊萎缩。

四、实验室诊断技术

（一）病料采集与保存方法

无菌采取病死鸡或临床症状明显的发病鸡的病变法氏囊。新鲜样品直接用于后续的病原分离和鉴定，或－70℃长期保存。

（二）病原学诊断

1．病原分离与鉴定 无菌采集的法氏囊样品，加入适量灭菌PBS充分研磨后反复冻融3次，离心取上清液接种到9～11日龄SPF鸡胚的绒毛尿囊膜上，37℃孵育5～7d后观察结果。

受病毒感染的鸡胚在接种 3～5d 后陆续死亡，胚胎水肿明显，出血严重，鸡胚尿囊膜增厚。必要时可在鸡胚盲传 2～3 代，也可用鸡胚成纤维细胞、鸡胚法氏囊细胞等培养分离病毒。

以组织样品或鸡胚、细胞培养物抽提的核酸为模板，经 RT-PCR 方法扩增 *VP2* 特定的基因片段，是鉴定 IBDV 常用的分子鉴定方法。将 *VP2* 基因尤其是包含高变区的 *VP2* 基因扩增后测序分析可对 IBDV 进行诊断并判断所检测毒株的基因型。此外，RT-PCR 结合限制性内切酶酶切分析可以实现对不同群 IBDV 毒株的鉴别诊断。

RT-qPCR 方法可以用于检测感染鸡血液、组织中的病毒载量，还可以用于检测疫苗中抗原的含量。

2．动物感染试验 取病变法氏囊研磨制成的悬液或鸡胚分离培养物，经滴鼻和口服感染 21～35 日龄易感鸡，在感染后 48～72h 出现 IBD 临诊症状，死后剖检见法氏囊有特征性的病理变化。

（三）免疫学诊断

琼脂扩散沉淀（AGP）试验是用于检测 IBDV 抗原和抗体的传统方法。常用于评价疫苗免疫效果。具有特异、简便、经济、实用等特点，适用于基层生产单位，但其灵敏度较低。

ELISA 适合于大规模检测，是目前应用最广泛的血清学检测方法。应用单克隆抗体建立的 ELISA 检测方法可用于鉴别 IBDV 血清亚型。Sapats 等采用单链抗体建立的间接 ELISA 方法可检测 vvIBDV。基于 IBDV VP2 的 ELISA 抗体检测方法，敏感性高于其他血清学检测方法。

此外，血清中和试验也常用于 IBDV 感染的检测、疫苗免疫评估和 IBDV 毒株分型等。

五、防控措施

（一）综合防控措施

1．平时的预防措施 在防治本病时，首先要注意对环境的消毒，特别是育雏室。对环境、鸡舍、用具、笼具进行消毒，经 4～6h 后，彻底清扫和冲洗，然后再经 2～3 次消毒。雏鸡从疫苗接种到抗体产生需要一段时间，所以必须将免疫接种的雏鸡，放置在彻底消毒的育雏室内，以预防 IBDV 的早期感染。如果对 IBDV 污染的环境不采取严格、认真、彻底的消毒措施，环境中大量 IBDV 会先于疫苗发挥作用前侵害雏鸡的法氏囊，再好的疫苗也不能提供有效的免疫保护。

2．发病时的扑灭措施 发病时可注射 IBD 的高免蛋黄液即 IBD 卵黄抗体。卵黄抗体安全性好、见效快。在活疫苗的使用处于两难境地（毒力过弱，难以突破母源抗体的干扰；毒力过强，容易引起免疫抑制）、灭活疫苗见效慢的情况下，使用卵黄抗体可能成为紧急控制 IBD 急性感染的最有效途径。

（二）生物安全体系构建

严格执行卫生消毒措施，完善生物安全体系。IBDV 对各种理化因素有较强的抵抗力，患病鸡舍病毒可较长时间存在，因此清除饲养环境中的 IBDV 成为控制本病的关键措施。实行全进全出的饲养制度，科学处理病死鸡及鸡粪等排泄物，加强日常消毒。所用消毒药以次氯酸钠、福尔马林和含碘制剂效果较好。加强日常管理，提高鸡群健康状况，给鸡群创造适宜的环境，尽量减少应激，同时提供优质的全价饲料。

（三）疫苗与免疫

血清Ⅰ型IBDV毒株中存在抗原变异，选用合适的疫苗进行免疫是防控IBD的关键。用于防治IBD的疫苗有活疫苗、灭活疫苗和其他疫苗。其中活疫苗包括低毒力株活疫苗、中等毒力株活疫苗和中等毒力偏强株活疫苗（Jackwood，2017）。活疫苗是IBD防控应用最广泛的疫苗。中等偏强毒力株活疫苗对法氏囊损害较大，SPF鸡接种后有明显的免疫抑制作用，一般仅用于具有高水平母源抗体的肉鸡群。普遍使用的为中等毒力株活疫苗，即具有一定毒力，可突破一定水平的母源抗体，又不引起法氏囊不可逆的损伤。低毒力株活疫苗只用于较为洁净的鸡场，目前已经很少使用。活疫苗的接种途径包括喷雾、饮水、滴鼻、点眼等。

抗原抗体复合物疫苗是一类特殊的活疫苗，是用弱毒疫苗抗原与相应抗体血清按特定比例进行混合，加保护剂制成的冻干活疫苗。该疫苗已进口注册，国内也在进行类似产品的研发。该类疫苗既能用于低母源抗体水平鸡群，不产生安全问题，又能用于高母源抗体水平鸡群，不影响免疫效率，可满足不同母源抗体水平鸡群的IBD防治需要，因而具有较广阔的应用前景。

我国已批准上市的灭活疫苗包括多种单苗，以及与新城疫病毒、传染性支气管炎病毒、减蛋综合征病毒、呼肠孤病毒等组分配制的各种联苗。灭活疫苗主要在种鸡产蛋前进行皮下或肌肉注射，以提高子代的母源抗体水平。

除活疫苗和灭活疫苗外，我国市场上已经出现IBD活载体疫苗、基因工程亚单位疫苗等其他疫苗，为防治IBD提供了更多选择。IBDV VP2是主要的宿主保护型抗原，因此含有VP2蛋白的活载体疫苗或亚单位疫苗较常规疫苗有更广泛的适用性。

（四）药物与治疗

本病尚无特殊治疗方法，必要时在发病早期可注射高免血清或无病原体污染的卵黄抗体，同时配合使用抗生素，防止继发感染。

六、问题与展望

养鸡生产中大量使用中等或中等偏强毒力IBD活疫苗，导致免疫压力过大。由于免疫逃逸和抗原漂移使病毒快速变异，又反过来影响疫苗的免疫效果。因此，研究开发新型无毒力的具有良好免疫效果的疫苗是今后防治IBD的发展方向。IBDV抗原变异和毒力变化的分子基础仍然是研究的重点和热点。在免疫压力下，IBDV新型变异株不断出现，且具有完全不同的单克隆抗体反应谱特征。IBDV新型变异株的分子流行病学、遗传变异机制、免疫抑制机制及对疾病的有效防控措施亟须深入研究。

（廖　敏）

第七节　禽 白 血 病

一、概述

拓展阅读 5-7

禽白血病（avian leukosis）是指由一类禽反转录病毒引起的禽类多种肿瘤性疾病的总称。本病的病原为禽白血病/肉瘤病毒（avian leukosis/sarcoma virus，ALSV），常简称为禽白血病病毒（avian leukosis virus，ALV）。带病鸡群通常无特征性临床症状，可能出现消瘦、腹泻、生产性能降低、死淘率增加等症状。病理变化可见肝、脾、肾实质器官肿大，在肝、脾脏器中可见灰白色弥漫性肿瘤结节。不同亚群的 ALV 可诱发不同表现形式的肿瘤，J 亚群 ALV（subgroup J ALV，ALV-J）主要诱发的肿瘤以髓样细胞瘤为主，A/B 亚群 ALV（subgroup A/B ALV，ALV-A/B）主要诱发以淋巴白血病为主的疫病，感染鸡群也可发展为红细胞白血病、结缔组织肿瘤、肾瘤和肾胚细胞瘤、内皮性肿瘤和神经肿瘤等。此外，ALV 还可以引起鸡群的免疫抑制，造成疫苗免疫失败。由于 ALV 主要通过垂直方式传播，给本病的防控带来较大困难（崔治中，2012）。鉴于禽白血病造成的巨大经济损失，国务院发布的《国家中长期动物疫病防治规划（2012—2020 年）》将禽白血病列为 16 种优先防治的国内动物疫病之一。

自从 1868 年首次报道由 ALV-A/B 诱发的淋巴白血病以来，禽白血病已成为严重危害养禽业的重要禽病之一。1988 年，英国首先从白羽肉鸡中发现了致病性更强的 ALV-J。ALV-J 很快传入全世界几乎所有品系的白羽肉用型鸡的养殖国家或地区。1999 年，在我国山东和江苏两地具有疑似病变的种鸡及市场上出售的商品代白羽肉鸡中分离鉴定到 ALV-J。随后，ALV-J 进一步传入我国自主培育的黄羽肉鸡、地方品种鸡和蛋用型鸡。2008～2009 年，由 ALV-J 造成的髓样细胞瘤/血管瘤给我国蛋鸡业带来了极大损失。据保守估计，在全国饲养的 12 亿～15 亿产蛋鸡中，因 ALV-J 引起的肿瘤/血管瘤导致死亡的产蛋鸡一年至少 5000 万羽（崔治中，2012；Payne，2012）。

随着全球各个跨国育种公司先后对种鸡群实现了 ALV 净化，我国引进的白羽肉用型种鸡基本上不再带有 ALV，但这并不意味着可以放松针对进口白羽肉种鸡的监控。2018 年以来，在某个特定品系白羽肉鸡群中再次发生了禽白血病的暴发和流行。与此同时，我国自繁自养的蛋用型种鸡公司也开始持续实施严格的净化措施。2013 年之后，我国蛋鸡群中髓样细胞瘤/血管瘤少见报道。然而，在我国黄羽肉鸡和地方品种鸡群中，ALV 感染仍然普遍存在，特别是新发现的 K 亚群 ALV（subgroup K ALV，ALV-K）。

二、病原学

（一）病原与分类

ALV 属于反转录病毒科（*Retroviridae*）正反转录病毒亚科（*Orthoretrovirinae*）甲型反转录病毒属（*Alpharetrovirus*）的一类病毒。根据病毒血清中和试验、宿主范围及病毒囊膜糖蛋白的特性，ALV 可被分为 A～K 共 11 个亚群。其中，K 亚群是近年来在我国地方品系鸡中发现的新亚群。

（二）基因组结构与编码蛋白

ALV 基因组是单股正链 RNA，长度为 7～8kb，具有 5′端的帽子结构和 3′端的 poly（A）。在每个病毒粒子内有 2 条完全相同的单链 RNA 分子，在 5′端以非共价键连接在一起。ALV 基因组含有 3 个主要编码基因，即衣壳蛋白基因（*gag*）、聚合酶基因（*pol*）和囊膜蛋白基因（*env*），分别编码病毒群特异性蛋白抗原和蛋白酶、RNA 依赖性 DNA 聚合酶（反转录酶）和囊膜糖蛋白。此外，某些急性转化病毒还含有与致瘤转化有关的序列，如罗斯肉瘤病毒的结构基因为 5′-*gag*-*pol*-*env*-*src*-3′（Weiss，2011）。ALV 基因组两端为非编码区，由重复序列（R）、

5′端独特序列（U5）或3′端独特序列（U3）组成，这些序列具有启动子或增强子的活性。在通过反转录产生的前病毒DNA中，它们又形成了长末端重复序列（long terminal repeats，LTR）。

*gag*基因约2100bp，编码的初始产物是一个大的前体蛋白Pr76，在p15蛋白整合酶（PR）的作用下，加工成为3～6种非糖基化蛋白，分别为基质蛋白p19（MA）、衣壳蛋白p27（CA）、核衣壳蛋白p12（NC）、蛋白酶p15（PR）和一些多肽。其中，p27是ALV的主要特异性抗原，其编码基因是不同亚群之间一段高度保守的基因，p12参与RNA的加工和包装，p15与病毒基因组编码的蛋白质前体的裂解相关。*pol*基因约2600bp，编码产生两个酶蛋白，分别是反转录酶蛋白p68（RT）和整合酶蛋白p32（IN）。其中RT具有依赖RNA的聚合酶活性、依赖DNA的聚合酶活性，以及降解DNA-RNA杂交链中RNA链的核糖核酸酶H活性。IN的作用是将ALV前病毒DNA整合进宿主细胞染色体基因组中。*env*基因与病毒的抗原性、组织亲嗜性及毒力密切相关，其编码的囊膜糖蛋白由2条肽链组成，较小的肽链贯穿病毒的囊膜，称为跨膜蛋白（transmembrane protein，TM），由*gp37*基因编码；较大的肽链通过二硫键和氧链与TM相连，突出于囊膜之外，称为表面蛋白（surface protein，SU），由*gp85*基因编码。二者连在一起形成二聚体，即囊膜糖蛋白。其中SU决定ALV的亚群特异性，当SU与细胞膜表面特异性受体结合时，会导致TM的构型变化，从而使病毒的包膜与细胞膜发生融合，并最终导致病毒侵入细胞内。

（三）病原分子流行病学

1．ALV的亚群分型及其多样性　根据病毒血清中和试验、宿主范围及病毒囊膜糖蛋白的特性，ALV可被分为A～K共11个亚群。不同的鸟类可能感染不同亚群的ALV，但自然感染鸡群的只有A、B、C、D、E、J和K 7个亚群。其中，E亚群ALV广泛存在于鸡的染色体基因组上，是一种“内源性病毒”，它们大部分只是病毒基因组的不完全片段，偶尔产生的传染性病毒粒子致病性很弱或无致病性；ALV-J与其他亚群间的*gp85*同源性差异最大，其致病性和传染性最强；而ALV-K是我国地方品系鸡中长期存在着的特有的亚群，绝大部分ALV-K是从临床健康鸡或种蛋中分离到的。根据1999年以来对我国不同发病鸡群和临床健康鸡群病毒分离鉴定的结果发现，不同类型鸡群中引发禽白血病相关肿瘤的主要是J亚群，但也有A/B亚群。在某些鸡群特别是我国黄羽肉鸡和地方品系鸡中，存在同一群鸡同时感染ALV-J和ALV-A/B的现象。

2．ALV-J的变异与遗传演化规律　ALV的RNA聚合酶在RNA复制过程中的自我纠正功能较差，因此ALV极易发生突变。如前所述，*gag*基因和*pol*基因相对稳定，*env*基因编码的囊膜糖蛋白与中和反应密切相关，是最容易发生变异的基因，特别是位于病毒粒子表面的gp85更容易发生变异（崔治中，2016）。由于ALV-J是目前流行范围最广、致病性最强，也是最容易发生变异的亚群，因此以J亚群为例阐述其突变与遗传演化规律。

ALV-J于20世纪90年代初随引种进入我国鸡群后，在我国黄羽肉鸡、地方品种鸡和蛋用型鸡群中广泛发现。如果对1988年以来来自不同类型鸡群的100多株ALV-J *gp85*基因进行遗传进化树比较，可以发现大多数毒株*gp85*在遗传进化树中的分布与毒株来源鸡的类型密切相关。除了少数毒株外，来自同一类型鸡的毒株，往往都集中分布在一个区域。进一步对ALV-J gp85氨基酸序列的同源性进行分析，可以发现虽然ALV-J的gp85发生了很大变异，但这种变异也并不是向一个方向上越来越偏离原型毒株，而是在一定范围内向多方向变异。ALV-J的

gp85 基因的高频突变率使其具有跨种传播的潜力。研究人员将 ALV-J 先感染易感宿主禽（鸡、火鸡），然后过渡到抗性宿主禽（山鸡、鹌鹑和鸭），可实现对抗性宿主山鸡和鹌鹑的感染。

除了 *gp85* 基因之外，3′-UTR 是 ALV-J 另一个容易发生变异的区域。3′-UTR 不仅在不同亚群之间差别很大，即使在同一亚群的毒株之间同源性也有差异，这给 ALV-J 的遗传进化关系分析提供了科学依据。例如，对 1999～2005 年我国白羽肉鸡中分离出的 ALV-J 的 3′-UTR 分析发现，这些毒株在 E 元件有一个共同的 127bp 缺失突变，而这一突变恰好与 ALV-J 美国分离株“4817”株完全相同，提示我国 1999～2005 年分离到的 ALV-J 与美国的“4817”株有着非常密切的遗传关系。再如，对 2008 年以来我国 ALV-J 蛋鸡分离株的 3′-UTR 分析表明，89.5%的 ALV-J 蛋鸡分离株的 3′-UTR 存在 205bp 的缺失，这与 ALV-J 肉鸡分离株明显不同。进一步研究表明，缺失 205bp 的 ALV-J 在鸡血管内皮细胞上具有更高的复制效率，这也提示 ALV-J 的 3′-UTR 在病毒致病过程中发挥了一定作用。

3．ALV 基因组的重组 ALV 重组能够发生在外源性病毒之间、外源性病毒和内源性病毒之间及外源性病毒和非同源的细胞基因组之间。近几年发生在不同亚群 ALV 间的重组事件不断被报道。例如，Silva 等（2007）报道了在美国几种马立克病疫苗中分离到的外源性 ALV-A 毒株，本病毒是含有 ALV-A 的 *gp85* 和内源性病毒序列的重组病毒。Cai 等（2013）在中国感染鸡群中分离到一株重组的 ALV 毒株，该毒株是由 ALV-C 的 *gp85*、ALV-E 的 *gp37* 和 ALV-J 的 LTR 重组而成的。张青禅（2010）在中国地方品系鸡中分离到一株 ALV-A，该毒株的 LTR 中携带了部分 ALV-E 序列成分。这些发生在不同亚群禽白血病病毒之间的重组可能会引起病毒特性的改变，尤其是带有内源性 LTR 的重组外源性病毒，它可诱导低水平的 p27 抗原表达，从而使感染重组外源性病毒的鸡逃逸检测而造成广泛传播。

（四）感染与免疫

1．ALV 的复制和生活史 ALV 是一种反转录病毒，在复制过程中要经历反转录过程，同样包括吸附、穿入与脱壳、前病毒 cDNA 的形成及整合、病毒 RNA 的转录和蛋白质的转译、病毒粒子的组装和释放等步骤。

ALV 的 SU 蛋白与其受体的结合开启了 ALV 复制的第一步，不同亚群 ALV 需要结合细胞膜上的特异性受体蛋白。ALV-A 的细胞膜上的受体为 TVA，是一种低密度脂蛋白。ALV-B/D/E 的细胞受体称为 TVB^{s3} 和 TVB^{s1}，它们属于肿瘤坏死因子超家族蛋白。ALV-J 的细胞受体则是 chNHE1 及新发现的新受体 chANXA2。SU 蛋白与受体结合后，引起 TM 蛋白的构象变化，导致病毒囊膜与细胞膜发生融合。病毒进入细胞后，其正链单股 RNA 基因组在病毒粒子的反转录酶的作用下反转录为 cDNA，前病毒 DNA 进入细胞核在整合酶的作用下随机整合进入宿主基因组。前病毒 DNA 转录得到新的病毒基因组 RNA，新的病毒基因组 RNA 随后被输送到细胞质中，翻译产生衣壳蛋白、反转录酶和整合酶及囊膜蛋白等各种病毒蛋白质，组装成为新的病毒粒子，并以出芽的方式从细胞释放出去。

2．ALV 的感染与致病机理 ALV 对鸡群的致病性主要表现为两个方面：一是诱发肿瘤导致死亡，二是 ALV 感染所诱发的生产性能下降、对免疫疫苗的应答水平降低等亚临床症状。ALV 致病的严重程度既取决于不同亚群、不同毒株的致病性，还与宿主遗传易感性和许多其他因素如传播途径和剂量相关。

根据是否携带肿瘤基因，ALV 可分为慢性致肿瘤 ALV 和急性致肿瘤 ALV。慢性致肿瘤 ALV 通常需要几个月的潜伏期才会诱发肿瘤，“插入激活”是这类病毒致肿瘤的主要机制。

整合进宿主细胞染色体的前病毒 DNA 往往插入细胞原癌基因上游，由于 ALV 前病毒 DNA 中的 LTR 具有启动子和增强子活性，激活了相关原癌基因产物的表达，改变了细胞生长或分化活性，从而使之转化为肿瘤细胞。ALV-J 前病毒 DNA 对 *myc*、端粒酶基因（*TERT*）和 *ZIC1* 基因上游具有更高的偏好，而 ALV-A/B 前病毒 DNA 则更倾向于插入 *NFRSF1A*、*MEF2C*、*CTDSPL*、*TAB2*、*RUNX1*、*MLL5*、*CXorf57* 和 *BACH2* 基因的上游，这些基因与淋巴细胞瘤的发生发展具有重要关系。此外，肿瘤的发生是一个多步骤的复杂过程，其中会涉及一些信号通路的激活与调控。目前已经明确的与 ALV-J 致肿瘤有关的信号通路主要包括 VEGF 及其受体相关信号通路、PI3K/Akt 信号转导通路、MAPK 信号转导通路等。

近年来，研究人员从更多角度对 ALV 诱发肿瘤的机制进行了探索。其中，非编码 RNA 特别是 microRNA（miRNA）逐渐成为研究热点。miRNA 是真核生物中一类内源性的、具有调控功能的非编码 RNA，长 20～25nt。研究表明，ALV 感染诱发了宿主 miR-155 的过量表达，miR-155 与 *c-myc* 基因共同促进 B 淋巴细胞瘤的发生发展。gga-miR-221 和 gga-miR-222 通过促进细胞的增殖、迁移，抑制细胞凋亡，促进 ALV-J 诱发肿瘤的发展。gga-miR-375 能够靶向调控肿瘤基因 *YAP1*，作为抑癌基因发挥作用。宿主来源的 microRNA 不仅参与了肿瘤的发生发展过程，还参与了与病毒的相互作用。有研究表明，宿主 microRNA-23b 可以通过靶向 IRF1 促进 ALV-J 的复制。gga-miR-1650 可以通过与 ALV-J 的 5′-UTR 相互作用，降低 Gag 蛋白的表达，抑制 ALV-J 的复制。ALV-J 感染鸡骨髓树突状细胞后，可以通过改变与细胞代谢调控相关的 miRNA 表达，从而影响细胞分化、导致细胞凋亡。

3. ALV 的免疫应答机制　ALV 的感染在成年鸡中存在 4 种类型，即无病毒血症无抗体（V－A－）、有病毒血症有抗体（V＋A＋）、无病毒血症有抗体（V－A＋）和有病毒血症无抗体（V＋A－）。鸡对 ALV 感染的抗体反应强度与感染鸡年龄密切相关，越是早期感染，越不容易诱发抗体的产生。胚胎垂直感染 ALV 或 1 日龄雏鸡感染 ALV 很容易诱发免疫耐受性，这不仅抑制感染鸡对其他疫苗或抗原的抗体反应，更是显著抑制感染鸡对 ALV 自身的免疫反应。随着年龄的增长，鸡只的免疫功能逐渐成熟，鸡只对 ALV 的抵抗力随年龄逐渐增强，成年鸡感染 ALV 后大多数鸡均能逐渐产生抗体反应。但血清抗体反应的强度和持续的时间，不同的个体差异很大。鸡对 ALV 感染易形成免疫耐受性或免疫反应较弱的原因可能与内源性 ALV 有关，内源性 ALV 在胚胎期的表达诱发了鸡的免疫耐受，从而在外源性 ALV 感染后不易产生相应特异性抗体。

近年来，研究人员针对 ALV 的先天免疫识别机制进行了研究（Feng et al.，2016）。一般认为，ALV 进入细胞后，可以被宿主的 Toll 样受体 7 和黑色素瘤分化相关基因 5（MDA5）所识别，进而激活先天免疫，诱导干扰素及干扰素刺激基因的表达。ALV-J 感染 DF-1 细胞或 HD11 细胞可以抑制 poly（I:C）诱导的先天免疫反应，其机制与抑制 IRF3 的磷酸化有关，并且可能 p27 蛋白也参与其中。ALV-J 感染 SPF 鸡后，其肝中的 caspase-1、NLRP3、IL-1β 和 IL-18 表达水平上调，ALV-J 感染 HD11，可显著改变编码 *L-1β*、*IL-6*、*ISG12-1* 和 *Mx* 等基因的表达模式。这些研究都为深入了解 ALV 与宿主先天免疫的相互作用提供了依据。

三、诊断要点

（一）流行病学诊断

所有品系的鸡均可感染 ALV，日龄越小越易感，特别是鸡胚垂直感染可以造成鸡对 ALV

的免疫耐受。ALV 诱发肿瘤的潜伏期较长，肿瘤多见于青年鸡和成年鸡，发病的高峰在开产前后，特别是产蛋高峰期，少数病例可持续到 30～35 周龄甚至更晚。通常 ALV 感染发病率不高，其死亡率在 1%～2%，偶尔可达到 20%甚至更高。

（二）临床诊断

鸡在感染 ALV 后，大部分表现为亚临床感染，仅出现一些非特异性症状如食欲减少、瘦弱、腹泻、生产性能下降等。在淋巴白血病时，有时可见腹部膨大，鸡冠苍白、发绀。在发生成红细胞增多症白血病或成髓细胞瘤白血病时，可见羽毛囊孔出血。当一部分感染鸡或病鸡有特定的肿瘤发生发展时，就会出现一些特征性的临床表现。发生骨髓细胞瘤白血病时，可在头部、胸部、小腿形成结节性突起。如果髓细胞瘤发生在眼眶，则可造成出血或失明。此外，在皮肤上还会出现血泡样的血管瘤，当这些血泡破裂时会引起出血。发生肾瘤时有可能压迫坐骨神经导致脚麻痹。在皮肤和肌肉中还会发现可触及的肉瘤或其他结缔组织瘤。

（三）病理诊断

ALV 感染可引起鸡群中多种病理变化，病变严重程度与不同毒株的致病性、宿主遗传易感性和许多其他因素如传播途径和剂量相关。鸡的肝、脾、肾、心脏、卵巢都是常见的发病器官，此外法氏囊、胸腺、皮肤、肌肉、骨膜等也会发生肿瘤。不同亚群 ALV 引发不同的肿瘤类型。一般来说，A/B 亚群多引发淋巴细胞肿瘤，且形成较大的肿瘤块；J 亚群多引起髓细胞样肿瘤，一般在肿大的肝中呈现大量弥漫性分布的白色细小的肿瘤结节，在其他脏器也会引发形状不规则的肿瘤。淋巴细胞肿瘤是由形态较大的淋巴样细胞聚集组成的，这些细胞的质膜界限不清晰，多数细胞的细胞质嗜碱性，细胞核呈空泡状，其染色质凝聚并偏向边缘，还有 1～2 个很明显的嗜酸性的核仁。这些肿瘤细胞具有 B 细胞抗原标志，能产生并带有表面 IgM。髓样细胞瘤由大量形态一致的分化完全的髓细胞组成，细胞核大呈多孔状，位于细胞中央，有一个界限清楚的核仁。在细胞质中聚集有嗜酸性颗粒，颗粒多为圆形。

（四）鉴别诊断

除 ALV 以外，鸡马立克病病毒（Marek’s disease virus，MDV）和禽网状内皮增生病病毒（reticuloendotheliosis virus，REV）也可以诱发鸡的肿瘤疾病。对不同病毒诱发的肿瘤病进行鉴别诊断难度较大。一方面，在我国很多鸡群存在多种肿瘤性病原的共感染；另一方面，这 3 种病毒引发的肿瘤都存在着多样性，而且一些表现非常相似。对鸡肿瘤病的鉴别诊断不仅要通过临床表现和病理变化来对每只鸡进行诊断，也要根据鸡群发病的流行病学、血清学和病原学研究对整个鸡群的感染和发病状态做出判断。

从发病症状上看，MDV 除了诱发肿瘤，往往能够引起鸡的神经症状，且 MDV 诱发肿瘤多集中于 1 月龄后的青年鸡，这可以与 ALV 诱发的慢性肿瘤相鉴别。MDV 和 REV 分别引起鸡的 T 淋巴细胞瘤和 B 淋巴细胞瘤，虽然大体病变上与 ALV-J 引起的髓细胞瘤类似，但组织学检查可以加以鉴别。此外，还有一些其他病毒感染也会诱发肝、脾、肾等器官的肿胀、炎症、变性，有时是很容易将其与肿瘤混淆的。例如，鸡群中发生鸡戊肝病毒（avian hepatitis E virus，aHEV）感染时，有时会从开产前后开始，持续性发生产蛋鸡的零星死亡，主要病理表现为肝和脾的炎性肿大、变性，常被误诊为肿瘤病。

四、实验室诊断技术

通过流行病学、临床症状和病理变化可以对ALV进行初步诊断，但要进行ALV的确诊，还需要通过病毒学方法、免疫学方法或分子生物学方法进行病毒鉴定。目前，我国已制定禽白血病诊断与净化检测相关的两项国家标准，分别为《禽白血病诊断技术》（GB/T 26436—2010）和《原种鸡群禽白血病净化检测规程》（GB/T 36873—2018）。需要注意的是，应该运用两种及两种以上不同的检测方法对其进行诊断，以避免出现假阳性或假阴性结果。

（一）病原学诊断

1．病原的分离与鉴定　病毒的分离与鉴定被认为是诊断禽白血病的“金标准”。病毒分离最常用的样品为全血、血浆、血清、疑似感染鸡的脏器（如肝、脾和肾等）、肿瘤病灶、刚产蛋的蛋清和精液等，病料采集时需尽量做到无菌操作，病毒分离一般在DF-1细胞或原代鸡胚成纤维细胞上进行。由于ALV在细胞培养上通常不产生细胞病变，必须在接种后5～7d用特异性抗原检测或核酸检测法来鉴定所分离到的病毒。可用ALV-p27抗原的ELISA检测试剂盒、ALV特异性单克隆抗体进行间接免疫荧光检测（indirect immunofluorescence assay，IFA），或者RT-PCR加特异性核酸探针斑点杂交检测病毒的存在或初步鉴定亚群，最后可再使用特异性引物以细胞基因组DNA为模板扩增病毒*env*基因，在测序后最终确定亚群。由于ALV在细胞上培养复制较慢，特别是当待检病料中病毒含量很低时，在接种细胞后5～7d仍然不一定能发现或检测出病毒的存在。这时，建议将已接种培养的细胞（通常培养时间不宜超过7d）单层消化后，将离心沉淀的细胞重新悬浮于新鲜培养液中分别放置于2块培养皿中再培养5～7d后检测。

2．蛋清中ALV群特异性抗原p27的检测　对种鸡和蛋用型鸡群，用ALV p27抗原ELISA检测试剂盒检测蛋清的p27也可用于对鸡群ALV感染状态的流行病学研究。如果在蛋清中检测出ALV的p27抗原，特别是阴阳性临界值（*S*/*P*值）较高时，就基本可以判定相应的鸡不仅处在感染和带毒状态，而且还在排毒。该方法不仅可以作为群体检测方法，也可用于核心种鸡群ALV的净化。这种方法偶尔也能检测内源性ALV，但通常比例很低，ELISA的*S*/*P*值一般较低，往往只勉强高于判定阳性的临界值。

3．病原的核酸检测　为了确定病料中是否有ALV，可以直接检测ALV的基因组RNA或整合进感染细胞基因组中的前病毒DNA。需要注意的是，由于鸡基因组中存在大量内源性ALV序列，这些序列与外源性ALV的*env*基因或其他片段的核苷酸序列同源性高达80%以上。如果不进行系统的序列比较分析，很难避免来自内源性ALV序列的干扰。为此，可以采用PCR或RT-PCR结合特异性核酸探针杂交的方法来检测外源性ALV。这一技术的核心是利用PCR（RT-PCR）提高灵敏度，再用A/B或J亚群ALV特异性的核酸探针做斑点分子杂交来确定其特异性。这一方法既可用作为检测肿瘤病料或疫苗中的外源性ALV，也可用于大量样品的检测。

4．其他核酸技术在检测外源性ALV感染中的应用　目前已有基于不同PCR（RT-PCR）检测外源性ALV核酸的报道，如荧光定量PCR（RT-PCR）、免疫PCR、环介导等温扩增检测（LAMP）等。但这些方法仍然还是处在实验室研发阶段，未有商业化的试剂盒推广使用。这些方法如果不用特定的实验来验证，也会出现很高的非特异性结果，即假阳性。

（二）免疫学诊断

目前，市场上已有多种用于检测 ALV-A/B 抗体和 ALV-J 抗体的 ELISA 试剂盒出售，并被广泛应用于 ALV 的血清学流行病学调查。但是，有些生产批号的试剂盒有时也会产生一些假阳性反应。研究人员系统比较了检测鸡血清抗体的 ELISA 和 IFA 的相关性发现，ELISA 检测鸡血清中 ALV-A/B 抗体的 *S/P* 值与 IFA 检测 ALV-A/B 的血清效价之间具有显著相关性。这为在必要的情况下利用 IFA 来代替 ELISA 提供了科学依据，特别是当待检血清样品数量较少时或对特定厂商特定批次的试剂盒的质量有疑问时。

五、防控措施

（一）综合防控措施

1．平时的预防措施 ALV 具备一定的横向传播能力，特别是致病性较强的 ALV-J。因此，无论是祖代还是父母代鸡场，一定要严格实施全进全出制度，同一个鸡场在同一时期只能饲养同一批来源的鸡。特别是不同代次、批次的种鸡决不可共用孵化厅，因为刚出壳的雏鸡更易发生水平感染。此外，对饲养祖代及其以下代次的鸡场来说，为了预防鸡白血病，必须从无外源性 ALV 感染的育种公司选择和购入雏鸡。

2．发病时的扑灭措施 垂直传播是 ALV 的主要传播方式，因此加强对种鸡群的日常监测并及时淘汰阳性个体极为重要。一旦种鸡群发生禽白血病的暴发，及时淘汰该鸡群或转为商品代蛋鸡，并做好消毒工作。

（二）生物安全体系构建

目前，对于尚未进行净化的种鸡群或地方品系保种鸡群，采取严格的净化措施是防控 ALV 最为有效、彻底的方法。对于核心种鸡群，国际上的跨国育种企业总结出一套血浆分离病毒与胎粪棉拭子检测 ALV-p27 相结合的可靠方法。将每只核心鸡群的种鸡血浆无菌采集后接种于 DF-1 细胞，1d 后换液，继续培养该细胞 9d 后收集细胞上清液，使用检测 ALV-p27 抗原的 ELISA 试剂盒检测有无外源性 ALV 的感染。我国科学家在借鉴发达国家净化经验基础上，利用鸡金字塔式数万倍放大的高繁殖特性，以塔尖的原种鸡群为净化对象，选择了出雏期、育雏结束、初产时和留种前等净化关键检测节点，分别采用血浆和精液病毒分离、胎粪和蛋清禽白血病抗原检测等技术组合检出并淘汰感染鸡只以阻断垂直传播，配合出雏期纸袋孵化、育雏期隔板阻挡等系统创新措施降低水平传播，形成了符合我国国情具有可操作性的原种鸡场禽白血病净化技术方案（具体流程参见国家标准《原种鸡群禽白血病净化检测规程》）。近年来，随着我国的各科研团队对 ALV 的深入研究，提出建议从以下方面改进其检测技术：①采用特异性抗体通过 IFA 方式检测 ALV 分离培养后的 DF-1 细胞；②选择最灵敏的 ALV 特异性抗原 p27 检测试剂盒；③RT-PCR 结合特异性的核酸探针进行分子斑点杂交试验，或者对外源性 ALV 直接从血浆中检测。此外，为了避免使用可能被 ALV 所污染的活疫苗，通常还应该严格地进行疫苗中 ALV 的检测。通常，凡是用鸡胚或其细胞作为原料的疫苗都有被污染的可能。常用的方法包括鸡体检查法、细胞接种法、RT-PCR 结合分子斑点杂交等。另外，蚊蝇在内的某些昆虫对于水平传播较弱的 ALV 也可能起到传染的作用，种鸡场做好防蚊防虫工作十分必要。

（三）疫苗与免疫

目前，市场上并没有有效的ALV疫苗应用于商业生产。早在20年前，欧美国家就有学者对ALV疫苗进行研究，但没有成功。最近，我国学者研究发现，在使用合适佐剂的基础上，灭活疫苗可以对某些亚群ALV起到一定保护作用。特别是免疫灭活疫苗的种鸡母源抗体能转移到种蛋卵黄中，由此产生的母源抗体可为雏鸡提供一定的保护作用，有助于预防或减少横向感染。加强对本病的监测和净化是主要防控措施，不应对疫苗免疫效果的期待值过高，疫苗只能作为核心种鸡群净化的一种辅助手段。

（四）药物与治疗

对已患病鸡而言，药物治疗是没有意义的。但是，对于有待净化的原种鸡场来说，特别是ALV感染严重且正处在净化初期阶段的原种鸡场来说，可考虑对雏鸡群选用适当的抗白血病毒药物，用以减少病毒在雏鸡群中的横向传播或降低感染率，从而提高净化效率、加快净化进程。例如，笃斯越橘花色苷、金雀异黄素等植物提取物均能够抑制ALV在DF-1上的复制；针对ALV基因组设计shRNA，对ALV的抑制率可达29%～86%；也有研究表明，鸡的α-干扰素可在体外抑制ALV复制。但这些药物大部分仅停留在体外细胞的研究水平，临床实际应用效果有待进一步验证。此外，由于禽白血病毒是一类反转录病毒，可以参照用于治疗人的艾滋病的抗病毒药物，这些药物具有抗反转录酶或抗蛋白酶活性从而发挥其抑制反转录病毒复制作用。

（五）抗病育种

随着分子遗传学理论和CRISPR/Cas9基因编辑技术的发展，遗传抗病性成为畜牧生产中防控传染病的新的有效途径，筛选培育抗病品种逐渐成为畜禽养殖业未来的发展趋势。研究发现与抗病性状、免疫关联密切的基因和位点，是抗病育种的关键内容。研究证实，编码对外源性ALV感染的细胞易感性和抵抗力的等位基因频率，在不同品系鸡群中差异很大。曾有报道，TVA受体基因两个等位基因*TVA*(*R5*)和*TVA*(*R6*)的突变使得中国某地方品系鸡获得了对ALV-A的遗传抵抗力；而TVB受体基因的移码突变则使得鸡体降低了对ALV-B/D/E的易感性。

六、问题与展望

内源性ALV序列广泛存在于鸡的基因组上，其在胚胎的表达极易造成免疫耐受，从而降低机体对外源性ALV的免疫应答作用。内源性ALV主要包括EAV（内源性禽白血病病毒）、ART-CH（鸡基因组的反转录转座子）和CR1（鸡重复序列）。这些序列存在的起源、生物学意义仍然知之甚少，但有一点是确定的，即ALV-J的发生与EAV-HP位点相关，即ALV-J可能来自某个外源性ALV与EAV-HP的重组。此外，中国家禽资源丰富。加强针对不同地方品系鸡对ALV遗传抗性的系统研究，充分挖掘地方品系鸡的抗病基因具有重要意义。

（赵　鹏，王一新）

第八节 鸭　瘟

一、概述

拓展阅读 5-8

鸭瘟（duck plague）是由鸭瘟病毒（duck plague virus，DPV）引起的鸭、鹅、天鹅、雁及其他雁形目禽类的急性、热性、败血性、接触性传染病。本病又称鸭病毒性肠炎（duck virus enteritis，DVE），在我国也称为“大头瘟”。患病鸭临床表现为高热稽留、排绿色稀粪、两脚麻痹、流泪和部分病鸭头颈肿大，眼部常因大量分泌浆液覆盖污物；DPV 感染的特征是引起血管损伤，组织出血，消化道黏膜某些特定部位有疹状损害，淋巴样器官出现特异性病变及实质器官退行性变化。食道黏膜有出血，常有灰黄色假膜覆盖或溃疡，泄殖腔黏膜充血、出血、水肿和假膜覆盖；肝有大小不等的出血点和灰白色坏死灶。本病呈全球性分布，发病率和病死率都很高，也可引起产蛋率、孵化率的严重下降，导致巨大的经济损失。

1923 年，Baudet 报道了在荷兰发生的家鸭暴发的急性、出血性疾病。1942 年，Bos 认为本病是由一种新的感染鸭的病毒性疾病引起，第一次提出“鸭瘟”这一名称。1949 年，Jansen 和 Kunst 等对本病原进行了一系列的研究，确认是一种新病毒，并在第 14 届世界兽医学会上建议将本病正式命名为“鸭瘟”。此后几十年间，法国、美国、印度、比利时、英国、泰国、加拿大和德国等国均有报道本病的发生。国内 1957 年在广东省发现大批种鸭的死亡，并证实本病由鸭瘟引起。随后 10 年间，我国武汉、上海、浙江、广西、江苏、湖南和福建等地陆续发现鸭瘟疫情。据统计，2006～2014 年，我国鸭瘟主要流行于长江流域以南，以东南沿海地区为主，尤其广东和广西两省（自治区），鸭瘟发病率较高。近年来，鸭瘟在广西、福建、山东、河北、江苏、河南、安徽、湖北等地仍有发生，以广西和福建报道较多。

二、病原学

（一）病原与分类

鸭瘟由鸭瘟病毒（duck plague virus，DPV）引起，鸭瘟病毒又被称为鸭肠炎病毒（duck enteritis virus，DEV）、水禽疱疹病毒 1 型（anatid herpesvirus 1，AnHV-1），国际病毒分类委员会（ICTV）将其划归为疱疹病毒目（*Herpesvirales*）疱疹病毒科（*Herpesvirales*）α-疱疹病毒亚科（*Alphaherpesvirinae*）中的马立克病病毒属（*Mardivirus*）。

（二）基因组结构与编码蛋白

1．基因组结构　鸭瘟病毒粒子中包含的基因组为线状双链 DNA，当它们从核衣壳中释放，进入被感染细胞的细胞核后，立即环化形成首尾相连的结构。鸭瘟病毒基因组的长度在不同毒株间略有差异，为 158～162kb，由独特长区域（UL）和独特短区域（US），以及位于独特短区域两侧的内部反向重复序列（internal reverse repeats，IR_S）和末端重复序列（terminal repeats，TR_S）组成，基因组的结构表示为 UL-IR_S-US-TR_S，这一结构不同于人单纯疱疹病毒 1 型和马立克病病毒基因组的 TRL-UL-IRL-IR_S-US-TR_S 结构。

以鸭瘟病毒中强毒株（DPV CHv，JQ647509）为例，基因组大小为 162 175bp，G+C 含量为 44.89%。该基因组含有 78 个编码蛋白的开放阅读框，UL 和 US 区域分别包含 65 个和

11 个开放阅读框，另有两个分别编码 ICP4 和 IE180 的开放阅读框分别位于 IR_S 和 TR_S 区域。与其他疱疹病毒基因组类似，鸭瘟病毒基因组中存在基因重叠现象。例如，基因组中同向的 *UL26* 和 *UL26.5* 基因，位于下游的 *UL26.5* 基因的启动子调控序列位于其上游的 *UL26* 基因内，*UL26.5* 基因从 *UL26* 内部的蛋氨酸起始翻译，二者共享 *UL26* 基因的 C 端序列且编码框相同，但二者编码的蛋白质功能却明显不同。除了重叠基因外，鸭瘟病毒基因组中还存在唯一的拼接基因，即 *UL15* 基因。*UL15* 基因的两个外显子被 *UL16* 和 *UL17* 基因分开，经转录后两个外显子拼接形成完整的 *UL15* 基因转录本（Wu et al.，2012）。

2．编码蛋白　鸭瘟病毒粒子由囊膜、皮层、衣壳和基因组四部分组成，其中囊膜、皮层及衣壳形成的蛋白为病毒的结构蛋白。病毒的非结构蛋白一般为参与病毒 DNA 复制和剪切包装的酶类。

（1）结构蛋白

1）囊膜蛋白。病毒囊膜主要由双层脂质膜及嵌合在其中的病毒糖蛋白（glycoprotein）组成。疱疹病毒囊膜中的糖蛋白至少有 11 种，每种糖蛋白在单个病毒粒子中的拷贝数可能超过 1000 个。糖蛋白在病毒粒子外膜上形成大量突起，这些突起比其他许多囊膜病毒表达的突起数量更多，长度更短。它们具有吸附、入侵细胞、融合细胞和细胞间传播的能力，同时携带了抗原决定簇，可诱导机体的免疫应答反应，造成组织病理损伤。糖蛋白的命名一般以 g 开头，后加一系列大写的英文字母，如 *UL27* 基因编码的糖蛋白 gB，*UL44* 基因编码的 gC 等。同时疱疹病毒囊膜中也至少包含两种非糖基化蛋白，如 *UL20* 和 *US9* 基因编码的蛋白。

在鸭瘟病毒中，糖蛋白 gC 与病毒的吸附有关且主要在病毒吸附的前期发挥作用，且其不通过与细胞表面 HS 结合而介导病毒吸附。在 gC 缺失时，很难产生游离的病毒颗粒，病毒主要通过细胞间进行传递，同时被本病毒感染的细胞易形成多核巨细胞，说明 gC 在细胞融合中发挥抑制作用。gC 上的中和抗原表位能够刺激机体产生细胞免疫。

疱疹病毒与宿主细胞融合过程中的必需糖蛋白有 gB、gH 和 gL，其中，gB 是融合剂，gH/gL 二聚体通过与 gB 直接相互作用来调节其活性，gH 和 gL 的互作在病毒入侵细胞中发挥了重要作用。经免疫荧光试验证实，鸭瘟病毒中的 gH 和 gL 共定位于共转染细胞的细胞质中，且二者之间具有相互作用。

糖蛋白 gJ 的缺失会对病毒在细胞之间的传递产生轻微的影响，同时通过电镜实验观察到，gJ 的缺失使病毒产生了大量的空衣壳，此外，观察到细胞质内大量的 gJ 缺失病毒是存在于囊泡外的，仅有少量病毒进入囊泡参与病毒的二次包被，推测 gJ 的缺失可能使病毒囊膜的包被受到阻碍，另外 gJ 具有一定抑制细胞凋亡的能力（You et al.，2018）。

2）皮层蛋白。在疱疹病毒中，位于囊膜底层与衣壳表面之间的空间称为皮层，与囊膜和衣壳这种具有固定结构形态的成分不同，皮层的结构是不定形的，由至少 18 种蛋白质组成。其中比较值得注意的几种蛋白，如病毒粒子宿主关闭蛋白 VHS，由 *UL41* 基因编码；*UL48* 基因编码的病毒粒子反式激活蛋白 VP16，也称 a-反式诱导因子或 aTIF；*UL49* 基因编码的 VP22，具有在细胞间扩散的能力；*UL36* 基因编码的 VP1/2，编码了病毒中最大的一种蛋白质，在病毒 DNA 经由核孔释放进入细胞核时发挥作用。其他皮层蛋白有 *UL14*、*UL17*、*UL46*（VP11/12）、*UL47*（VP13/14）、*US9*、*US10* 和 *US11* 等基因编码的蛋白质。

质谱分析表明 *UL41* 基因编码的蛋白质是病毒粒子的组成成分。该蛋白质分布于感染病毒的整个细胞中，但在瞬时表达时仅分布于细胞质，当它与 *UL47* 编码的蛋白质共表达时，其定位可被改变，分布于细胞核。鸭瘟病毒 UL41 蛋白具有宿主关闭活性，参与鸭瘟病毒基因的有序表达、DNA 复制、释放及病毒粒子在细胞间的传播（He et al.，2021）。

鸭瘟病毒可通过 *UL48* 基因编码的 VP16 明显下调鸭胚胎成纤维细胞中 IFN-β 的产生。VP16 的异位表达可降低鸭 IFN-β 启动子的激活并显著抑制 IFN-β 的 mRNA 转录。同时 VP16 还可以明显抑制干扰素刺激基因（ISG）的 mRNA 转录，如黏液病毒抗性蛋白（Mx）和干扰素诱导的寡腺苷酸合成酶样蛋白（OASL），并且发现 VP16 的 N 端（1～200aa）发挥了这种抗干扰素活性。根据免疫共沉淀分析和间接免疫荧光分析的结果，发现 VP16 能够直接与 duIRF7 结合，这使 VP16 可以通过 duIRF7 来抑制 duIFN-β 的激活。

鸭瘟病毒中 *UL49* 基因编码的 VP22 蛋白具有核定位功能，C 端的 165～253aa 能够独立作为核定位信号。原核表达鸭的 VP22 能够由培养基自主进入细胞内部，但不能够进入细胞核。RNA 干扰实验证明，在 *UL49* 基因转录被抑制时，编码糖蛋白 gB、gD 和 gE 的基因的转录也被抑制。

3）衣壳蛋白。疱疹病毒的衣壳一般为二十面体结构，人单纯疱疹病毒 1 型中，每个衣壳由 161 个主要的结构蛋白亚基组成，这些亚基又称为壳粒，包含构成二十面体边缘和面的 150 个六邻体以及位于衣壳 11 个顶点处的 11 个五邻体，第 12 个衣壳顶点由 *UL6* 基因编码的 12 聚体的门蛋白复合物形成。五聚体和六聚体分别由 5 个和 6 个 *UL19* 基因编码的主要衣壳蛋白 VP5 组成。六聚体中的每个 VP5 蛋白顶端都与一个 VP26 蛋白相连。衣壳中存在 320 个三联体，由 1 个 *UL38* 基因编码的 VP19C 和 2 个 *UL18* 基因编码的 VP23 组成，这个三联体起着连接壳粒的作用。同时衣壳中还存在 *UL17*、*UL25* 和 *UL36* 基因编码蛋白形成的衣壳顶点特异性复合物（CVSC），近年来也被称为衣壳相连皮层蛋白复合物（CATC），可以在 DNA 包装过程中及结束后稳定衣壳。在疱疹病毒复制过程中，衣壳中还包含有 *UL26* 基因编码的蛋白酶 VP24 和支架蛋白 VP21，以及 *UL26.5* 基因编码的 VP22a。在病毒 DNA 包装结束后，仅有 VP24 蛋白留在衣壳中。

根据疱疹病毒复制特点，衣壳蛋白均可以在感染细胞的细胞核中检测到。在鸭瘟病毒中，*UL6* 基因编码的门蛋白具有核定位信号，可以主动定位于细胞核。*UL38* 基因编码的 VP19C 同样能够主动定位于细胞核中，且鸭瘟病毒中的 VP19C 表达水平的降低可对病毒的复制产生一定抑制作用。在鸭瘟病毒中值得注意的是 *UL18* 基因编码的 VP23 在 DEV 感染后 36h 时，在细胞核周围可以检测到其明显的特异性荧光。*UL17* 和 *UL25* 基因编码的蛋白质产物在感染病毒的细胞内具有共定位现象，且二者具有相互作用。*UL26* 基因和 *UL26.5* 基因编码的产物同样定位于细胞核。

（2）非结构蛋白　疱疹病毒的非结构蛋白一般与病毒 DNA 复制、DNA 剪切及包装等相关。例如，参与病毒 DNA 复制的 *UL30*、*UL42*、*UL9*、*UL5*、*UL8*、*UL52* 和 *UL29* 基因编码的蛋白产物，参与病毒 DNA 剪切和包装的 *UL15*、*UL28* 和 *UL33* 基因编码的蛋白产物，*UL12* 基因编码的碱性核酸外切酶，*UL32* 基因编码的衣壳运输核蛋白，并且该蛋白可促进自身及 VP5 和 UL6 蛋白的二硫键的形成，以及由 *UL31* 和 *UL34* 基因编码的衣壳核输出复合物。

近年来发现 miRNA dev-miR-D13-5p 能与鸭瘟病毒中 *UL8*（ORF）或 *UL9* 的 3′-UTR 相互作用，并且 dev-miR-D13-5p 能抑制 *UL8* mRNA 水平，但对 *UL9* mRNA 水平影响不显著，同时 dev-miR-D13-5p 能抑制 DEV 在鸭胚成纤维细胞中的增殖。鸭瘟病毒中 *UL15*、*UL28* 和 *UL33* 基因编码的蛋白质形成复合物，三者在感染鸭瘟病毒的细胞内，均定位于细胞核，且 UL15 蛋白的入核依赖于 UL28 和 UL33 蛋白。UL31 和 UL34 蛋白在鸭瘟病毒感染的细胞中，都定位于细胞核的边缘，核膜附近，这可能与它们作为衣壳核输出复合物的功能相关。UL32 蛋白在感染病毒的细胞内同样定位于细胞核中，且在细胞核的特定区域聚集，这种聚集可能促进病毒 DNA 的壳体化。

（三）病原分子流行病学

鸭瘟病毒只有一个血清型，根据基因组的差异，有 CHv（强毒，中国，GenBank ID：JQ647509）、CV（强毒，中国，GenBank ID：JQ673560）、SD（强毒，中国，GenBank ID：MN518864）、CSC（强毒，中国，GenBank ID：JQ673560）、2085（强毒，德国，GenBank ID：JF999965）、VAC（弱毒，中国，GenBank ID：EU082088.2）、K（弱毒，中国，GenBank ID：KF487736）、C-KCE（弱毒，中国，GenBank ID：KF263690）等毒株。不同毒株间，来源于相近的地理位置及毒力相近的毒株间亲缘关系较近。不同地域、不同毒力的毒株基因组间存在着基因的插入或缺失、非同义替换、移码突变及重复序列间的差异。

（四）感染与免疫

鸭瘟主要感染雁形目禽类，因此水体是鸭瘟的自然传播媒介，感染一旦发生，所在水域或被感染的水禽对易感水禽均有传染性。人工感染鸭瘟可采用口服、滴鼻、点眼、滴泄殖腔、皮下和肌肉注射等方式。本病毒广泛分布于病鸭体内各组织、器官及口腔分泌物和粪便中，是一种泛嗜性的病毒。鸭瘟病毒分布到具体器官的速度与感染途径、鸭的解剖结构密切相关，其中皮下注射是鸭瘟病毒分布到各组织器官速度最快的途径。鸭瘟病毒经皮下、口服和滴鼻感染鸭后，能在 30min 内通过血液首先到达离感染部位最近的免疫器官繁殖，鸭免疫器官抗鸭瘟病毒感染的重要性依次是脾、胸腺、法氏囊和哈德腺。肠道尤其是盲肠和回盲处是鸭瘟病毒感染机体后期，病毒增殖最快的部位。鸭瘟病毒分布到免疫器官和肠道的速度和数量决定了鸭瘟病毒感染的潜伏期和疾病的严重程度。感染鸭瘟病毒且致死的鸭的法氏囊和肾是鸭瘟病毒 DNA 含量最高的实质器官。

除皮下攻毒外，可在口服和滴鼻感染鸭上呼吸道和消化道分泌液中检测到 sIgA，且抗体滴度最高，维持时间最长，sIgA 是鸭黏膜免疫系统（mucosal immune system，MIS）抗鸭瘟病毒感染的主要体液免疫因子，上呼吸道和消化道是鸭 MIS 的重要组成部分。IgM 在所有受检体液中检出时间最早，是机体抗鸭瘟病毒感染早期的主要抗体。IgG 在血清中的抗体滴度最高，维持时间较长，是系统免疫的主要体液免疫因子，鸭瘟病毒经呼吸道和消化道感染鸭后，能同时激活 MIS 和免疫系统。胆汁中抗鸭瘟病毒特异性 sIgA 的抗体滴度较呼吸道和消化道分泌液中 sIgA 的抗体滴度高（杨晓燕，2006）。

除了不能感染外周血淋巴细胞外，鸭瘟病毒可以感染鸭胚成纤维细胞（DEF）、神经元、星形胶质细胞、外周血单核细胞（PBMC）和单核细胞/巨噬细胞，在感染鸭原代细胞的过程中表现出了广泛的嗜性。鸭瘟弱毒和强毒在不同原代细胞中的复制水平不同，弱毒在 DEF、神经元、星形胶质细胞中的滴度和基因组拷贝数高于强毒。但在单核细胞/巨噬细胞中，弱毒株不能成功感染，而强毒株却可以持续性感染。同时在弱毒和强毒感染单核细胞/巨噬细胞时，分别产生了免疫激活和免疫抑制的现象，但是在 DEF、神经元或星形胶质细胞中均未诱导产生明显的先天免疫应答。

三、诊断要点

（一）流行病学诊断

在自然条件下，鸭瘟病毒只感染水禽，如鸭、鹅和天鹅，而非水禽类的鸡、鹌鹑及哺乳动物等不发病。自然条件下，雏鸭和成年鸭均可感染鸭瘟，在易感群体中呈现突然的高而持久的死亡率，产蛋率显著下降，在易感的成年鸭中通常更为严重。

（二）临床诊断

感染鸭瘟后，鸭的临床症状和病理变化会随着鸭的种类、免疫状态、年龄、性别及病毒的毒力不同而呈现不同的表现情况。病鸭的临床症状包括突然死亡、因眼睑部分粘连而畏光、嗜睡、食欲不振、羽毛杂乱无光泽、共济失调和流鼻液，同时伴有高热稽留，体温急剧升高至43℃，个别病鸭体温达44℃以上。病鸭腹泻严重，粪便呈草绿色或灰绿色，肛门黏膜红肿突起外翻，有出血点，病鸭脱水，体重减轻，且部分病鸭头颈肿大。鸭瘟的潜伏期通常为3～7d，出现明显症状后1～5d内死亡，也有个别症状延至1周及以上，极少数可康复痊愈。

（三）病理诊断

病鸭呈现全身性出血，皮肤上散在出血斑点，有的呈现紫红色，可视黏膜通常都有出血斑点。外翻肛门可见黏膜潮红，表面散布有出血点，气管充血、出血严重。肠道黏膜充血、出血，其中十二指肠最为严重，随着病程发展，有的肠道黏膜出现纽扣状溃疡灶。部分病例心外膜及心冠脂肪有出血点。肠道相关淋巴组织充血、出血，1月龄内雏鸭肠道外壁浆膜面及肠道黏膜形成环状出血带。口腔、食管黏膜有粗糙的呈纵向排列的黄绿色假膜覆盖，泄殖腔黏膜可出现同样病变。患鸭肝肿大、出血，伴有大量不规则坏死灶。

（四）鉴别诊断

1. 禽流感　鸭瘟的典型临床表现为病鸭食管及泄殖腔形成假膜，肠道有环状出血带。与鸭瘟相比，禽流感感染的鸭食管黏膜不形成假膜，泄殖腔黏膜通常也不形成假膜，肠道不形成环状出血带。

2. 鸭霍乱　鸭霍乱是由多杀性巴氏杆菌引起的鸭的一种急性败血性传染病，与鸭瘟相比，鸭霍乱一般无头颈肿大、流泪、两腿无法直立等鸭瘟的临床表现。剖检病理方面，鸭霍乱的特征是肝表面出现密集的灰色针尖大小坏死点，而鸭瘟病例的肝表面有出血斑及散在的不规则灰白色坏死灶。

3. 鸭病毒性肝炎　鸭病毒性肝炎的发病年龄多在30日龄内，青年鸭和成年鸭感染后无临床症状，但鸭瘟可使各年龄阶段的鸭发病，且成年鸭比雏鸭更为严重。鸭病毒性肝炎出现的肝肿大和出血并不伴随着坏死灶的出现，而鸭瘟病例的肝肿大和出血常伴有坏死灶的出现。患鸭病毒性肝炎的病鸭肠道浆膜面缺乏鸭瘟病例的环状出血带。

4. 鸭黄曲霉毒素中毒　黄曲霉毒素急性中毒的鸭不具有全身各器官广泛出血、肝肿大并有灰白色坏死灶、鸭食管和泄殖腔黏膜形成的假膜、肠道浆膜的环状出血带等特征性病变，且黄曲霉毒素中毒的病鸭，在及时更换新的不含黄曲霉毒素的饲料饮水后会逐渐康复。

5. 鸭传染性浆膜炎　鸭传染性浆膜炎的病原是鸭疫里氏杆菌，许多抗生素对其有较好的治疗效果，而抗生素对鸭瘟则无效。患鸭传染性浆膜炎的病鸭具有纤维素性肝周炎、纤维素性心包炎和纤维素性气囊炎等病理变化，这些是患鸭瘟病鸭所不具有的。患鸭瘟病鸭全身广泛出血，肝肿大有灰白色坏死灶，食管和泄殖腔黏膜形成假膜，肠道浆膜形成环状出血带等特征性症状在患鸭传染性浆膜炎的病鸭中是不具有的。

四、实验室诊断技术

（一）病料采集与保存方法

1．病料的采集　参照国家标准《鸭病毒性肠炎诊断技术》（GB/T 22332—2008）方法进行病料采集及保存。一般应在感染初期或发病急性期时从濒死期禽或活禽体内采集。濒死期禽采集肝、脾、脑等组织，活禽应取泄殖腔拭子。带有分泌物的棉拭子放入每毫升含有1000IU青霉素、1000μg链霉素，pH 7.2～7.6的磷酸盐缓冲液中，送检病料应置于50%甘油生理盐水中。

2．病料的保存　采集的样品若在48h内处理，可于4℃保存，长期应放－20℃以下保存（－70℃保存最好）。

3．病料的处理　将棉拭子充分捻动、拧干后除去拭子。样品液经3000r/min，4℃离心30min，取上清液作为接种材料。组织样品先用pH 7.2～7.6的PBS制成5～10倍乳剂，3000r/min，4℃离心30min，取上清液作为接种材料。为防止细菌污染，可在样品液中加入青霉素（1000IU/mL）、链霉素（1000μg/mL）及卡那霉素（1000μg/mL），37℃温箱中作用30min，进行无菌检验。

（二）病原学诊断

1．病原分离与鉴定

（1）*细胞培养*　细胞培养是分离鸭瘟病毒的首选方法，可以在原代鸭胚成纤维细胞（DEF）中进行分离培养。37℃培养DEF长至单层后，接种疑似含有鸭瘟病毒的匀浆，24～72h后观察细胞病变情况，DEF感染鸭瘟病毒后变圆，形成团块状，有合胞体形成，随着感染时间的加长，细胞形成空斑。

（2）*鸭胚培养*　可以通过接种9～14d的番鸭鸭胚的绒毛尿囊膜来分离鸭瘟病毒。接种后每天监测接种的鸭胚，并剔除掉72h内死亡的胚胎。鸭胚于4～10d内死亡并出现特征性的弥散性出血，肝有特征性的白色和灰黄色针尖大小的坏死点时可初步确认，若初代分离为阴性时，收获鸭胚绒毛尿囊膜均质化处理后盲传2～4代可产生病变。鸡胚对鸭瘟病毒临床分离株不是很敏感。

（3）*PCR检测*　2008年发布的国家标准《鸭病毒性肠炎诊断技术》（GB/T 22332—2008）中提出以PCR方法对鸭瘟病毒核酸进行检测。世界动物卫生组织发布的《陆生动物诊断试验和疫苗手册》中同样提出了检测鸭瘟病毒的PCR检测方法。PCR检测具有很高的特异性及敏感性，对于急性鸭瘟及隐性带毒禽类的检测具有重要意义。

（4）*其他分子生物学检测方法*　除了传统的PCR检测方法外，研究人员开发了多种不同的分子生物学检测方法以应对不同检测条件下的鸭瘟感染检测。例如，实时荧光定量PCR，包括染料法和探针法，相对于普通PCR检测方法更加灵敏，可以定量检测病毒模板。环介导等温扩增技术，最大的特点是将PCR结果可视化，反应快速，操作简便。同时还有核酸探针技术、原位杂交技术、原位PCR等检测方法。

2．动物感染试验　病毒的分离鉴定完成后，可以进行动物回归实验，对分离的病毒进行进一步检测，观察人工感染的动物是否出现本病的典型临床及病理症状。肌肉注射1日龄易感雏鸭（番鸭），3～12d后感染鸭发病死亡，观察临床症状，同时尸检观察典型病变，并结合攻毒保护试验、电镜观察及血清学诊断加以确诊。低毒力或非致病毒株可能不引起临床症状，此时应检测存活鸭体内的抗体水平。

（三）免疫学诊断

1．血清中和试验 可使用鸭胚成纤维细胞或鸡胚成纤维细胞、鸭胚、鸡胚等进行检测，该试验主要采用固定血清/稀释病毒法。该方法是鉴定鸭瘟最经典公认的方法，不仅可以用于鉴定鸭瘟病毒，还能利用不同时间段鸭群的血清监测鸭瘟病毒抗体中和效价的变化趋势。

2．琼脂扩散试验 是在琼脂糖凝胶中进行的抗原抗体免疫沉淀反应，该方法操作简单，但敏感性较差。

3．酶联免疫吸附试验 是将抗原或抗体吸附于固体载相，将相应抗体或抗原进行孵育，染色后用肉眼或分光光度计判断结果，该方法既可检测抗体，又可检测抗原，操作简单、快速、准确，且样品需要量少，易推广。

4．胶体金免疫层析试纸条法 操作简单、快速、特异，可大批量检测，不需要特殊设备和试剂，结果可视化。

5．其他 还有反向间接血凝试验、免疫荧光技术、免疫组化技术、微量固相放射免疫测定法等技术均可用于鸭瘟病毒的检测。在临床检测中，通常仅通过一种检测方法不能够确定是否为鸭瘟病毒感染，世界动物卫生组织提出临床样品的检测可使用不同方法进行组合检测。世界动物卫生组织根据不同的检测目的列出了各种检测方法的推荐指数，详细方法可参阅《陆生动物诊断试验和疫苗手册》。

五、防控措施

（一）综合防控措施

1．平时的预防措施

（1）环境安全 健康鸭群应该避免接触可能被鸭瘟病毒污染的各种用具、物品、运载工具等，避免健康鸭群到有鸭瘟流行地区和有野生水禽出没的水域放牧。严格执行科学合理卫生消毒制度，定期对鸭舍、运动场、饲养管理用具等进行清洁卫生，定期用1%～2%氢氧化钠、10%石灰乳、5%漂白粉等消毒效果好的消毒药物进行消毒。

（2）安全引种 鸭瘟康复鸭常会较长时间带毒，因此要做到不从疫区引进种鸭、鸭苗或种蛋。购买鸭运回后应隔离饲养2周。

（3）良好的饲养管理 良好的饲养管理，饲喂安全营养全价的饲料，使鸭群保持良好免疫力，防止疫病的发生。

（4）免疫接种 是预防和控制鸭瘟有效且经济的技术手段之一。免疫母鸭可使雏鸭产生被动免疫，但13日龄雏鸭体内母源抗体大多迅速消失。对没有母源抗体的雏鸭，1日龄首次免疫，20日龄加强免疫。有母源抗体的雏鸭，10日龄首次免疫，30日龄加强免疫。如果是产蛋种鸭，6月龄应加强免疫1次。

2．发病时的扑灭措施 鸭群一旦发生鸭瘟，必须迅速采取严格封锁、隔离、消毒、无害化处理措施，对无临床症状鸭进行鸭瘟弱毒疫苗的紧急免疫接种等综合性防疫措施。对无治疗价值的、有临床症状的患病鸭，通常采用扑杀和无害化处理。发生鸭瘟时，严格禁止病鸭上市出售或流通，自由散养或放牧的鸭群应停止放牧，防止疫情进一步扩大和蔓延。

（二）生物安全体系构建

生物安全体系构建可以切断疾病传入的大多数途径，避免疾病的蔓延传播。生物安全体系构建可以从以下几方面着手，如场址的选择以及场所的合理布局，建立合理的人员及养殖管理制度，构建完善的疫病防控体系，同时根据《中华人民共和国动物防疫法》和《中华人民共和国生物安全法》建立完善的疫病监测和疫情预警制度。

国家根据病原微生物的传染性、感染后对个体或者群体的危害程度，将病原微生物分为四类，在《动物病原微生物分类名录》中鸭瘟病毒被分为三类动物病原微生物。在生物安全体系构建过程中可结合鸭瘟病毒所处的分类采取相应的预防及控制措施。

（三）疫苗与免疫

鸭瘟疫苗在国内外以鸡胚弱化的减毒活疫苗为主，以某公司生产的鸭瘟活疫苗为例，生理盐水稀释后采用肌肉注射，成鸭注射用 1.0mL，雏鸭 0.25mL。接种后 3～4d 产生免疫力，2 月龄以上鸭的免疫期为 9 个月，初生鸭也可接种，免疫期为 1 个月。疫苗稀释后应放阴凉处，4h 内用完，接种时，应进行局部消毒处理，用过的疫苗瓶、器具和未用完的疫苗等进行无害化处理。除了鸡胚弱化的鸭瘟活疫苗外，也有通过细胞传代减毒的鸭瘟活疫苗及鸭瘟灭活疫苗。

（四）药物与治疗

目前鸭瘟尚无有效、实用的治疗方法。

六、问题与展望

自鸭瘟发现以来，普遍认为只有一个血清型，一种疫苗对不同毒株的防控效果良好。近些年来鸭瘟的整体发病呈下降趋势，由此可能导致了部分养殖场不进行免疫或者免疫次数不够，鸭群对鸭瘟的特异性免疫力缺失，一旦发生，发病率和死亡率都很高，这应该引起高度重视，按时对鸭进行免疫接种。我国水禽养殖水平需要进一步提高，加强养殖场的饲养管理，加强综合防控措施，以免新病未除老病又发。

对鸭瘟临床症状及病理剖检变化目前研究得较为透彻，但对其病原鸭瘟病毒的研究目前还不够深入及系统，对鸭瘟病毒的复制周期、致病机理及免疫学特点都应进一步深入研究，在鸭瘟病毒潜伏感染方面的研究目前还属空白。随着冷冻电镜技术的发展，结构解析时代来临，鸭瘟病毒的结构、蛋白质及相应功能的研究应逐步与其接轨，探索感染不同宿主的疱疹病毒的相同点和不同点。

目前尚缺乏区分鸭瘟弱毒苗免疫鸭与自然感染鸭的血清抗体的技术手段，开发标记疫苗及其配套检测技术，成为今后的重要发展方向。

（程安春，杨　乔）

第九节　鸭病毒性肝炎

一、概述

拓展阅读 5-9

鸭病毒性肝炎（duck viral hepatitis，DVH）是由鸭甲肝病毒（duck hepatitis A

virus，DHAV）和鸭星状病毒（duck astrovirus，DAstV）引起的雏鸭的一种传播迅速、高度致死的病毒性疾病。本病的主要特征是发病急、病程短、死亡率高，临床上有四肢痉挛、抽搐和角弓反张等神经症状，病理上以肝肿大和出血斑点为主要特征性病变。DHAV 作为 DVH 主要致病性抗原，在世界范围内给养鸭业造成严重经济损失。

1950 年 Levine 等首次报道用鸡胚分离到 DHAV。我国于 1963 年在上海首次报道了国内的鸭病毒性肝炎，随后在国内不同地区均检测到了本病毒。韩国和越南等其他亚洲主要养鸭国家也报道了本病的流行。目前，世界养鸭国家和地区均存在本病。鸭病毒性肝炎已成为危害养鸭业健康发展的重要传染病之一，应高度重视本病的防治工作。

二、病原学

（一）病原与分类

鸭肝炎病毒（DHV）新的分类来自国际病毒分类委员会（International Committee on Taxonomy of Viruses，ICTV）第十次病毒分类报告，该报告中 DHV-Ⅰ被命名为小 RNA 病毒科（*Picornaviridae*）禽肝病毒属（*Avihepatovirus*）的 DHAV，而原来的Ⅱ型（DHV-Ⅱ）和Ⅲ型（DHV-Ⅲ）被归于星状病毒科（*Astroviridae*）禽星状病毒属（*Avastrovirus*），分别命名为 DAstV-1（原 DHV-Ⅱ）和 DAstV-2（原 DHV-Ⅲ）。

DHAV 有三个基因型，即基因 A 型、B 型和 C 型，相当于历史上所称的 DHV-Ⅰ、2007 年发现于我国台湾的 DHV“台湾新型”和 2007 年发现于韩国的 DHV“韩国新型”。由于三个基因型 DHAV 之间的交叉保护力很差，所以将这三个基因型分别对应于三个血清型，即 DHAV-1 型、DHAV-2 型和 DHAV-3 型。目前研究发现，DHAV-1 和 DHAV-2 相互之间不能够发生交叉中和，而 DHAV-1 和 DHAV-3 之间也仅存在有限的交叉中和性。

DHAV 病毒核衣壳为二十面体的对称结构，无囊膜，核心为单股正链 RNA，病毒粒子为 20～40nm。DHAV 可耐受乙醚、氯仿、胰酶、30%甲醇或硫酸铵的处理；耐受 pH 3.0 的环境；对热也有较强的抵抗力，56℃ 60min 仍有部分病毒存活，62℃ 30min 可使其全部灭活；DHAV 对常用消毒剂有明显的抵抗力，20mL/L 来苏尔 37℃ 60min 或 1mL/L 甲醛溶液 37℃ 8h 均不能使其彻底灭活，但在 10mL/L 甲醛溶液或者 20g/L 氢氧化钠溶液中 15～20h 可使病毒完全灭活；病毒在阴凉处能存活 37d，4℃条件下可存活两年以上，−20℃则可存活 9 年。

DAstV 病毒粒子呈特征性的带有顶角的星形，大小为 28～30nm，核酸为单股正链 RNA。DAstV 可耐受氯仿、胰酶和 pH 3.0 处理，50℃ 60min 对病毒无影响。常规消毒措施和甲醛熏蒸消毒措施可以消除 DAstV-1 造成的房舍等环境污染。

（二）基因组结构与编码蛋白

DHAV 基因组是一条 7700bp 左右的单股正链 RNA。该 RNA 只含有一个大的开放阅读框（open-reading frame，ORF），阅读框的两端分别是 5′非编码区（untranslated region，UTR）、3′-UTR 和 poly（A）尾。5′-UTR 长约 626nt，含有 VPg 蛋白、功能未知区和内部核糖体进入位点（internal ribosome entry site，IRES）。ORF 长约 6750bp，编码一条完整的病毒多肽链。在蛋白质翻译的过程中，多聚蛋白在一系列蛋白酶的作用下水解成 P1、P2 和 P3 蛋白；接着 P1 蛋白继续酶解产生 VP0、VP1 和 VP3 三个终产物，是构成蛋白质衣壳的主要成分，P2 蛋白酶解产生 2A1、2A2、2A3、2B 和 2C 5 个终产物，P3 蛋白酶解产生 3A、3B、3C、3D 蛋白。其中 VP1 含有中和性抗原表位，能有效诱导保护性抗体的产生，2A2 蛋白具有 GTPase 活性，可以诱导细胞凋亡，3C 蛋白酶可介导聚腺苷酸结合蛋白的切割，3′-UTR 和 poly（A）除了保证基因组的稳定性外还可以与 IRES 元件互作增强病毒蛋白翻译能力。

DAstV 的基因组全长约为 7.7kb，是所有星状病毒中最长的，基因组包含 5′-UTR、三个不连续的开放阅读框 ORF1a、ORF1b、ORF2，3′-UTR 和一个 poly（A）尾（Chen et al.，2012）。ORF1a 编码 5 个可能的跨膜域，一个丝氨酸蛋白酶基序和一个核定位信号，ORF1b 编码 RNA 聚合酶，ORF2 编码病毒的衣壳蛋白。DAstV 的 ORF1a、ORF1b 位于两个不同的阅读框上，两个 ORF 之间存在 13～100nt 的碱基重叠区，在该保守区含有保守的核糖体移框信号，包括一个 7 个碱基的滑动序列 AAAAAAC 和其后的一个颈环结构序列 GGGGCCTGAAACATCATGGCCCC。通常将七碱基滑动序列 AAAAAAC 的第一个 A 作为 ORF1b 的起始点。ORF2 编码结构蛋白，ORF1b 与 ORF2 也不在两个连续的开放阅读框上，DAstV 的 ORF1b 与 ORF2 存在 13nt 重叠区。

（三）病原分子流行病学

DHAV-1 和 DHAV-3 是造成我国养鸭业中 DVH 发病和流行的主要病原，至今我国尚未见 DHAV-2 的报道。DHAV-1 和 DHAV-3 混合感染给养鸭业造成更加严重的危害。Huang 等对国内 2007～2011 年的疑似鸭肝炎的临床病料调查显示，42.1%为 DHAV-1 阳性，57.9%的病料为 DHAV-3 阳性。2013 年，Chen 等对山东、广东、四川与河南等地的临床病料进行了 RT-PCR 检测，DHAV-1 阳性率是 18.3%，而 DHAV-3 阳性率是 30%，其中二者混合感染的阳性率是 38.3%。Lin 等应用双重荧光定量 PCR 对 2012～2015 年送检的疑似鸭肝炎临床病料进行检测，DHAV-1 的阳性检出率为 41%，对 DHAV-3 的阳性检测率为 68.5%，混合感染阳性率为 12%。2008 年，江苏地区首次发现并分离到我国第一株 DAstV-1 C-NGB 株，此后相继报道了 DAstV-1 在其他地区的流行。目前，引起我国鸭群发生 DVH 的病原主要是以上三种，其中以 DHAV-1 和 DHAV-3 的单独感染或者混合感染为主。

自 2003 年起，中国开始使用 DHAV-1 活疫苗 A66 株和 CH60 株疫苗株免疫雏鸭，使得疫情得到一定程度的有效控制，但病毒变异和混合感染导致免疫失败状况频发。DHAV-1 感染也在临床上呈现出不同的致病性。例如，MPZJ1206 株胰腺炎型 DHAV-1 感染番鸭后没有典型肝出血症状，只是表现为出血性、黄色胰脏（傅光华等，2014）；在北京鸭体内分离到 VP1 蛋白缺失一个氨基酸的 DHAV-1 毒株，表现为经典鸭甲肝临床症状，在北京鸭中有很强致病性，但对其他品种鸭致病性不强，显示这一氨基酸缺失 DHAV-1 毒株致病性具有明显的品种选择性。DHAV-1 感染发病通常发生在 20 日龄以内的雏鸭，但自 2016 年 12 月开始，我国山东、江苏、安徽等地的部分种鸭群出现 DHAV-1 感染引起的产蛋下降，部分发病鸭临床表现为掉羽，翅膀边缘羽毛不整齐；剖检表现为卵巢萎缩，卵泡出血、坏死等（Zhang et al.，2018）。这一新的疾病至今仍然在北方很多省份种鸭群和蛋鸭群中流行。另外，最近几年，即使在 30 日龄以上肉鸭群中，DHAV-1 和 DHAV-3 单独感染或者混合感染的病例也在逐渐增多，显示出 DVH 新的流行病学特征。

（四）感染与免疫

有报道称 DHAV 也可感染鸽子并引起高死亡率。自然条件下，雏鸡、雏火鸡、雏雉、雏珠鸡和雏鹌鹑一般不感染本病毒，但 DHAV-1 可以感染雏鹅并引起相应的病毒性肝炎。本病主要通过消化道分泌物、排泄物排出病毒，污染饮水、陆地环境、水域，而使健康雏鸭经呼吸道、消化道感染。同一水塘、同一场地饲养的雏鸭群，其中个别鸭发病后，其余鸭一般难以幸免。同一场地，前一批鸭发病后，如清场消毒与场地空置时间较短，则后一批雏鸭也可感染发病。在自然感染 DHAV-1 种鸭的种蛋、鸭胚、雏鸭中检测到 DHAV-1，表明 DHAV-1 可经种蛋垂直传播（Zhang et al.，2021）。另外，鸭舍内的老鼠及水中的鱼类也可能带毒并成为传染源。

一般自然感染后康复的鸭子可以产生针对同种血清型 DHV 的高效特异性免疫力，但对其他血清型感染并不能提供有效保护。

三、诊断要点

（一）流行病学诊断

本病主要发生于 4～20 日龄雏鸭，成年鸭有抵抗力，鸡不能自然发病。病鸭和带毒鸭是主要传染源，主要通过消化道和呼吸道感染。饲养管理不良，缺乏维生素和矿物质，鸭舍潮湿、拥挤，均可促使本病发生。本病多发于孵化雏鸭的季节，一旦发生，在雏鸭群中传播很快，发病率可达 100%。成年鸭也存在感染带毒、散毒的可能性，有资料报道病愈康复鸭的粪便中可连续排毒 1～2 个月。

（二）临床诊断

鸭病毒性肝炎发生迅速，发病雏鸭一般在 2～4d 死亡。感染雏鸭发病初期表现为精神不振、行动迟缓、站立不稳，采食和饮水减少，眼睛半闭呈昏迷状；发病 1d 左右时，雏鸭出现运动失调、角弓反张等神经症状，身体倒向一侧，呈背脖姿势，数小时后死亡。

（三）病理诊断

鸭病毒性肝炎特征性的眼观病理变化为肝肿大、质地脆弱、出血或坏死；脾肿大至原来的 2～3 倍，呈弥漫性出血；肾质脆，表现为肿大和弥漫性出血；胰苍白，表面有灰白色坏死灶并伴有片状出血；心脏针尖状出血，并伴有淤血；胸腺和法氏囊轻微肿大。

病理组织学观察，肝细胞变性坏死，汇管区内出现小胆管及肝细胞增生。肝中央静脉与间质血管均发生扩张充血，周围有大量白细胞和淋巴细胞浸润，坏死的肝细胞间充满大量的红细胞。胰组织疏松，中央动脉内皮细胞肿胀，呈坏死性脾炎，脾窦扩张，鞘动脉壁增厚，网状细胞肿大变性、坏死，细胞核浓缩、碎裂甚至消失，红白髓结构模糊甚至消失。脑表现为典型的病毒性脑炎变化，其变化为血管充血，周围水肿，有些神经原细胞发生变性及坏死，胶质细胞局灶性或弥漫性增生。有时可见真、假神经原细胞现象，并伴有卫星现象和胶原细胞增生结节。

（四）鉴别诊断

1．鸭瘟　虽然各种日龄的鸭均可感染鸭瘟病毒发病，但 3 周龄以内的雏鸭较少发生死亡。而鸭病毒性肝炎对 1～2 周龄易感雏鸭有极高的发病率和致死率，超过 3 周龄雏鸭一般不发病。鸭瘟病鸭食管、泄殖腔和眼睑黏膜呈出血性溃疡和假膜为主要特征性病变，与鸭病毒性肝炎完全不同。

2. 鸭霍乱 各种年龄的鸭均能发生，常呈败血经过，缺乏神经症状。青年鸭、成年鸭比雏鸭更易感，尤其是3周龄以内的雏鸭很少发生。病鸭肝肿大，有灰白色针尖大的坏死灶和心冠沟脂肪组织有出血斑，心包积液，十二指肠黏膜严重出血等特征性病变，与鸭病毒性肝炎完全不同。肝触片、心血涂片，革兰染色或亚甲蓝染色见有许多两极染色的卵圆形小杆菌。

3. 鸭传染性浆膜炎 本病多发生在2～3周龄的雏鸭，病鸭眼，鼻分泌物增多，绿色下痢，运动失调，头颈发抖和昏睡，主要病变是纤维素性心包炎、纤维素性气囊炎和纤维素性肝周炎，脑血管扩张充血，脾肿胀呈斑驳状。不感染鸡和鹅。

四、实验室诊断技术

（一）病料采集与保存方法

无菌采集典型患病雏鸭肝脏病料，低温保存。

（二）病原学诊断

1. 病原分离

（1）雏鸭接种 将DVH病原分离株对1～7日龄雏鸭进行皮下或皮内注射，雏鸭会出现抽搐、角弓反张的典型临床症状，基本上于24h内死亡，病毒将于肝中重新被检测到。

（2）鸭胚或鸡胚尿囊腔接种 将梯度稀释的肝匀浆注入SPF鸭胚或鸡胚尿囊腔中，DHAV感染后的鸭胚在24～72h死亡，而感染后的鸡胚情况多变，无特定规律，通常在5～8d死亡。胚体死亡后尿囊液颜色呈乳白色或浅绿黄色。眼观病变可见胚胎蜷缩，发育不良，全身水肿，体表充血且头颈、背部等常有散在的针尖大小的出血点，胚体肝可能肿大、出血，出现坏死点。胚体死亡越慢，肝病变和胚体萎缩越明显。

（3）鸭胚成纤维细胞接种 将梯度稀释的肝匀浆接种于鸭胚成纤维细胞中，可出现明显的细胞病变效应（CPE），主要表现为细胞肿胀变圆、坏死。当加上1%琼脂糖孵育时，CPE会造成直径约1mm的蚀斑。

2. 病毒培养 尿囊腔接种定量DHAV-1到适当日龄鸡胚、鹅胚、鸭胚即可获得病毒液，经验证胚体含毒量最高，尿囊液次之，因尿囊液存储使用便捷，含毒量较高，因此使用最为广泛。死亡胚体较正常胚体小，发育滞后，胚体全身性出血严重。若将DHAV-1毒株在鸡胚连续传代，可在保持其免疫原性的前提下，丧失对雏鸭致病作用；若进行连续鸭胚传代，随着代数增加，在病毒拷贝数不变的前提下，鸭胚死亡时间逐渐延长；若在鹅胚传代，与上述两种胚体相比，鹅胚最为敏感，胚体死亡最快，一般为2～3d。

DHAV-1虽然可以进行细胞内增殖，但现阶段没有找到最适合DHAV-1增殖培养的细胞系，如鸭胚成纤维细胞（DEF）、鸭胚肝细胞（DEL）、鸡胚成纤维细胞（CEF）等细胞仅能保证病毒基本增殖。并且毒株不同、毒株本身毒力及适应力不同都会影响DHAV-1在细胞上的增殖，所以细胞病变也会根据毒株不同而呈现出不同程度，有的甚至不会导致细胞出现细胞病变。

3. 病理组织学检查 取病死鸭病变组织经HE染色，于显微镜下观察病变，肝细胞在感染初期呈空泡化，后期则出现病灶性坏死。中枢神经系统可能有管套现象。各毒株的毒力明显不同，可能有自然弱毒株的存在。

4．动物感染试验 取能产生稳定病变的病毒液，接种健康雏鸭，发病经过和临床症状与自然病例相似。

（三）免疫学诊断

1．中和试验 中和试验是用于 DHV 检测的经典权威的方法，被广泛应用于病毒分离株的鉴定、免疫后血清抗体效价的检测、测定实验动物血清中是否存在抗体及流行病学调查。目前常用于检测 DHV 的中和试验，主要有鸡胚、鸭胚、雏鸭或病毒适应细胞中和试验。

2．凝集试验 Golubnichi 等报道被动血凝试验检测 DHV 比中和试验更敏感，检测结果与中和试验的符合率为 90%。汪铭书等建立了 SPA 协同凝集试验（SPA-CoA），能够快速检测生产中病鸭体内和疫苗中的 DHV 抗原，对发病雏鸭肝、心脏、脾、脑组织的病毒检出率分别为 100%、83%、25%和 33%（汪铭书等，1996）。

3．酶联免疫吸附试验 很多学者采用纯化病毒作为包被抗原，建立了检测 DHAV 抗体的间接 ELISA 方法，该法具有很高的敏感性和特异性。但因病毒的纯化和 DHAV 阴性血清的制备等均存在一定难度，所以 ELISA 方法在 DHV 的检测诊断方面还未能得到广泛的应用。随着分子生物学技术发展，大量表达 DHAV 重组蛋白，筛选出抗原性较好的多肽片段作为包被抗原，可用于雏鸭母源抗体的检测及免疫后抗体消长规律的监控。目前，该方法存在的最大问题是检测的 ELISA 抗体效价不能够代表中和抗体滴度，因此在实际应用中并未得到认可。

4．免疫组化技术 应用免疫组化检测病死鸭组织或接种鸭胚，可以实现对 DHV 的快速、准确的诊断。但该方法由于操作烦琐和成本较高等原因，目前难以在实践中推广应用。

5.胶体金试纸条 使用胶体金标记技术研制的DHAV胶体金检测试纸条可用于DHAV的临床快速诊断。该技术最重要的是能够区分 DHAV-1 和 DHAV-3 的特异性抗体。Xue 等研制了能够特异性识别 DHAV-1 的纳米抗体，将有助于该技术在临床检测 DHAV 感染中的推广应用。

（四）分子生物学诊断

1．RT-PCR 鉴定 RT-PCR 对临床确诊为鸭肝炎的雏鸭肝病料的检出率及对人工感染后雏鸭脾、肺、脑病料的检出率显著（$P \leqslant 0.01$）高于病毒分离和斑点 ELISA（Dot-ELISA）。反转录套式 PCR 方法（RT-nested-PCR）第二次扩增的灵敏度比第一次高 105 倍，且对其他常见禽类病原无扩增，特异性更好。同一体系中同时鉴别诊断 DHAV-1 和 DHAV-3 的 RT-PCR 检测方法则更为快速、省时省力。检测 DHAV-1 和 DHAV-3 的反转录环介导等温扩增法比普通 RT-PCR 更为灵敏，更适合 DHAV 的早期临床诊断和监控。

2．实时荧光定量 PCR 张冰等用 SYBR Green Ⅰ染料法对 DHAV-3 在鸭胚原代肝细胞中的增殖规律进行了检测，绘制的病毒生长曲线与通过测定鸡胚半数致死量绘制的 DHAV A66 株基本一致。Huang 等建立了针对 2C 基因扩增的相对荧光定量 PCR 方法，并用该方法对 DHAV-3 在雏鸭体内动态分布规律进行了研究。Lin 等建立了一种能够同时检测 DHAV-1 与 DHAV-3 的双重荧光定量 PCR 方法，为快速准确诊断两种病毒提供了新的检测手段，并对两种病毒在鸭子体内各组织的病毒载量进行了研究，发现肝与脾中的病毒载量明显高于其他病理组织（Lin et al.，2015）。

五、防控措施

（一）综合防控措施

1．平时的预防措施　鸭病毒性肝炎对雏鸭具有很高的发病率和致死率，并且传播迅速，容易对养鸭业造成重大的经济损失。加强饲养管理，搞好环境消毒，强化生物安全措施，对健康鸭群实施严格隔离，尤其是在4周龄之前隔离，可有效防止发生DVH的发生和流行。另外，由于近年来DHAV-1对种鸭感染越来越普遍，并且可以垂直传播，控制雏鸭病毒性肝炎需要重视针对本病原的种源净化。

2．发病后的扑灭措施　一旦暴发本病，立即隔离病鸭，并对鸭舍或水域进行彻底消毒。对发病雏鸭群用标准高免卵黄抗体或高免血清注射治疗，1～1.5头份/只，同时注意控制继发感染。

（二）疫苗与免疫

目前对于DVH的预防用生物制品包括鸡胚化弱毒苗、灭活苗、高免血清和高免卵黄抗体等。由于DHV主要感染3周龄以下的雏鸭，新生雏鸭在1日龄免疫后需有一段时间才能形成较高的主动免疫力，故DVH流行地区应优先考虑种鸭的免疫，使雏鸭在易受害日龄内得到被动免疫保护。一般在产蛋母鸭开产前2～4周用弱毒疫苗进行基础免疫，肌肉注射0.5mL/羽，可在3周内使雏鸭获得母源抗体保护，所产鸭蛋中即含抗体。基础免疫一月后需用灭活疫苗加强免疫一次，肌肉注射0.5mL/羽。有试验证明，鸭胚灭活苗的免疫效果好于鸡胚灭活苗。高免血清和高免卵黄抗体等可用于雏鸭的紧急预防接种。

近年来，科学家进行了DHAV亚单位疫苗的研制。使用原核表达的VP1或VP3蛋白作为抗原，发现雏鸭免疫后的抗体水平明显呈上升趋势，攻毒后能够对雏鸭起到一定的免疫保护作用，但效果远低于常规疫苗。表达DHAV-1和DHAV-3 VP1蛋白的乳酸菌作为免疫微生态制剂给雏鸭饮用，发现能够产生有效免疫保护。

（三）药物与治疗

抗血清及卵黄抗体治疗是控制本病危害的有效措施，在发病初期越早进行注射治疗效果越好。此外，许多中药也具有抗病毒和抗细菌的双重作用，能够调节机体机能并提高免疫预防能力。现用于治疗的中草药主要有甘草、板蓝根、大青叶、金银花、黄连、夏枯草、栀子等。一般清热解毒、消炎保肝的中草药复方制剂效果较好，可用于感染DHAV强毒前后的预防和治疗。

六、问题与展望

我国是世界上水禽养殖数量最大的国家，2021年肉鸭出栏量在45亿只左右，鹅的出栏量也达到了6亿只。随着养禽业的不断发展，水禽饲养密度逐渐增大，特别是在北方地区水禽旱养模式导致病原微生物在鸭群中变异频率增加。一般认为DHAV只感染雏鸭（3周龄之内），对成年鸭不造成包括产蛋下降等在内的任何临床危害，也不垂直传播。但近年来发现，DHAV不仅感染宿主范围扩大到雏鹅，而且感染肉鸭日龄逐渐增大，30日龄以上肉鸭感染发病病例呈逐渐增多趋势。另外，DHAV-1感染种鸭引起产蛋下降开始呈地方流行趋势，有证据表明本病毒可以垂直传播，从而加重临床危害。

目前，生产中防控本病一般采用免疫种鸭提供母源抗体保护出壳雏鸭的方法，但母源抗体保护周期短，在 DHAV 致病日龄逐渐变大的情况下，研制早期免疫雏鸭能够快速产生有效保护的新型疫苗是防治本病的关键。另外，控制本病对种鸭群的危害及垂直传播也是需要重视的问题。

（姜世金，张瑞华）

第十节 鸭坦布苏病毒病

一、概述

拓展阅读 5-10

鸭坦布苏病毒病（duck Tembusu virus disease，DTMU）是由坦布苏病毒（DTMUV）引起的一种以种鸭采食量突然减少、产蛋严重下降和共济失调为主要特征的传染病。感染本病的种鸭通常会引起严重的产蛋率下降、共济失调，卵巢出血、发炎的现象，因此本病又被称为鸭出血性卵巢炎（duck hemorrhagic ovaritis，DHO）、鸭产蛋下降综合征（duck egg drop syndrome，DEDS）、鸭病毒性脑炎和鸭鹅脑炎卵巢综合征等。

早在 20 世纪 50 年代，通过分离马来西亚吉隆坡的蚊子得到坦布苏病毒（Tembusu virus，TMUV）之后，有诸多学者在东马来西亚及泰国等地的库蚊体内分离到本病毒。之后在火鸡体内也分离到，2000 年在马来西亚地区，从患病禽类体内鉴定的病毒被命名为坦布苏病毒。本病最早于 2010 年 4 月在中国东南部分地区的一些鸭场发生，并迅速蔓延至我国各主要养鸭省（自治区、直辖市），包括浙江、福建、广东、广西、江西、江苏、山东、河南、河北和北京等。该疫病影响包括绍兴鸭、金定鸭和麻鸭在内的多种产蛋鸭，以及北京鸭、樱桃谷等肉鸭种群。鸡和鹅也能感染发病，并出现腹泻、采食、产蛋量下降及神经症状。本病的发生给我国养禽业造成了严重的经济损失，引起广泛关注。

二、病原学

（一）病原与分类

坦布苏病毒（Tembusu virus）属于黄病毒科（*Flaviviridae*）黄病毒属（*Flavivirus*）。与西尼罗病毒、日本脑炎病毒、登革病毒同属黄病毒家族成员。该属中的大多数黄病毒可按照血清学的方法分为 8 个血清型，但深入研究发现，也有部分黄病毒（如黄热病毒）无法根据血清学进行分型。病毒呈球形，病毒粒子大小约 50nm，有脂质囊膜，内层为对称二十面体结构的核衣壳蛋白（直径约为 30nm）。

坦布苏病毒可以在鸭胚、鸡胚、鸭胚成纤维细胞及 Vero、BHK-21 等传代细胞系中繁殖。在鸭胚中病毒的增殖效果更好，获得的病毒滴度更高。经卵黄囊、尿囊膜接种 11 日龄鸭胚后 3～5d 可致死鸭胚，绒毛尿囊膜病毒含量最高，尿囊液和胚体中病毒滴度略低。病毒感染鸭成纤维细胞培养可引起明显的细胞病变，表现为细胞圆缩、脱落，感染细胞单层 HE 染色可见细胞破碎，并有大量红染颗粒。本病毒主要在感染细胞的胞质内复制。经过酸碱等有机溶剂处理后，具备血凝活性，可以凝集雏鸭、鹅和 1 日龄鸽子的红细胞。病毒对胰蛋白酶、氯仿、乙醚和去氧胆酸钠敏感，不耐高温高热、强酸强碱。56℃加热 15min，60℃水浴 15min

即可灭活。

（二）基因组结构及其编码蛋白

坦布苏病毒基因组为不分节段单股正链 RNA 病毒，大小约为 11kb，由 5′-UTR、3′-UTR 和中间的一个大的开放阅读框（ORF）组成，其编码一个含 3425 个氨基酸的多聚蛋白前体。多聚蛋白经宿主信号肽酶和病毒丝氨酸蛋白酶的水解催化，裂解为 3 种结构蛋白（核衣壳蛋白 C、膜蛋白 prM 和囊膜蛋白 E）和 7 种非结构蛋白（NS1、NS2A、NS2B、NS3、NS4A、NS4B 和 NS5）。基因组 5′端有一长 94nt 的非编码区，有 I 型 m^7GpppAmp 帽子结构，保守性差，在 RNA 复制过程中作为正链合成的起始位点。3′端有一长 618nt 非编码区，无 poly（A）结构。3′-UTR 编码区含有 76nt 的保守序列区域，包括 CS1（25nt）、CS2（23nt）和 CS3（28nt）。CS 保守序列的组分是区别黄病毒属传播媒介的重要凭证，含有 CS1 的黄病毒通常为蚊传播病毒。5′-UTR 和 3′-UTR 在病毒的复制、翻译和致病性等方面具有重要作用（Wang，2020）。

E 蛋白具有良好的免疫原性，是坦布苏病毒表面主要抗原蛋白，可诱导机体产生记忆 T 淋巴细胞和特异性中和抗体，与病毒对机体的吸附及侵入相关，在病毒的致病过程中发挥了主要作用。非结构蛋白 NS1 能影响病毒的复制、组装、释放及与细胞的相互作用，但不能诱导机体产生有效免疫应答，且不能诱导机体产生显著的特异性抗体，无抗病毒效应。NS2B 与 NS3 组成的蛋白酶复合物可对病毒进行切割加工，NS3 蛋白还具有解旋酶活性、丝氨酸蛋白酶活性等作用。NS5 蛋白是最大的非结构蛋白，本身具有甲基转移酶（Mtase）活性及 RNA 依赖的 RNA 聚合酶（RdRp）活性，其与 NS3 的结合主要参与病毒 RNA 的合成过程。

（三）病原分子流行病学

近年来鸭坦布苏病毒病在我国各地此起彼伏，时有发生。根据 ORF 核苷酸的遗传进化关系可将鸭坦布苏病毒病分为 3 个群，分别为 1 群、2 群和 3 群。中国目前主要流行 2.1 亚群、2.2 亚群和 3 群，泰国和马来西亚等地区主要流行 1 亚群和 2.1 亚群，目前尚无新的血清型的报道。通过地理系统分析发现，鸭坦布苏病毒可能从泰国和马来西亚等地向中国华南地区扩散，并进一步向北方地区扩散。野生鸟类中也发现鸭坦布苏病毒，候鸟迁徙过程中也可能扩散病毒。

病毒 *C*、*NS2b*、*NS3*、*NS4a* 和 *NS4b* 等基因近年来未发生明显变异，*E*、*NS1* 和 *NS5* 基因存在一定程度基因位点的变异。*E* 基因编码病毒的囊膜蛋白，为病毒重要的中和抗原表位，*NS1* 编码病毒补体依赖性中和表位，*NS5* 编码的蛋白质与病毒的复制有关，这些基因的变异表明本病毒在自然界的流行存在一定的免疫压力。

（四）感染与免疫

DTMUV 感染后可诱发多种先天及适应性免疫应答。DTMUV 感染 1 日龄樱桃谷鸭，脑和脾中 TLR3 转录水平显著上调，RIG-Ⅰ和 MDA5 也相继分别上调，表明 RIG-Ⅰ、MDA5、TLR3 介导的通路在感染不同时期均参与了宿主对 DTMUV 的天然免疫应答。体外研究发现，DTMUV 感染鸭胚成纤维细胞，TLR3 和 TLR5 转录水平显著上调，TLR7 显著下调。激活的 TLR3 和 TLR7 募集接头蛋白，分别诱导 TRAF6 和 MyD88，进一步诱导Ⅰ型干扰素的产生，抵御 DTMUV 的感染（Li et al.，2015）。此外，有研究利用 LC-MS/MS 对 DTMUV 感染鸭的卵泡蛋白组进行了定量分析，发现 RLR 信号通路参与了 DTMUV 的感染，RIG-Ⅰ、MDA5、

LGP2 和干扰素刺激物（STING）在感染过程中都显著增加。

DTMUV 同样进化出多种策略阻断 IFN-α 的产生，包括阻断病原的识别、操纵信号通路关键分子、调控 IFN-α 基因转录和翻译等。DTMUV 感染 DEF 细胞会下调 miR-148a-5p 的产生，继而上调 SOCS1 的表达，达到抑制 IFN-α 的产生的目的。同时还会上调 miR-221-3p 产生，下调 SOCS5 表达，同时 DTMUV 的 NS1 蛋白靶向 MAVS，阻断 RIG-Ⅰ/MDA5 和 MAVS 的结合，抑制 IFN-β 的表达（Guo et al.，2020）。

三、诊断要点

（一）流行病学诊断

感染鸭是主要传染源。在自然条件下，本病主要侵害鸭，不同日龄及品种鸭都可感染。鸡、鹅也能感染发病。此外，发病麻雀中也分离到 DTMUV。其中产蛋鸭和雏鸭的发病率最高，发病率可高达 100%，但死亡率较低。本病一年四季均可发生，夏季高温时节本病发病率高于其他时期。

有关本病的传播途径目前尚不完全清楚。鸭坦布苏病毒作为一种蚊虫传播的黄病毒，研究证明，病毒有空气传播、直接传播和垂直传播等传播途径。蚊媒在病毒传播中起重要作用但不是病毒传播的唯一途径。

（二）临床诊断

不同日龄鸭临床症状表现有所差异，鸭群发病主要表现为体温升高、精神沉郁、食欲下降，母鸭产蛋大幅下降，通常在 5～6d 产蛋率下降至 10%以下，甚至绝产。同时，种鸭也表现出明显的神经症状，特别是刚开产的年轻种鸭。发病后期伴有换羽行为，在发病周期 3～4 周后，产蛋量会自行恢复。雏鸭则主要表现为瘫痪、麻痹、共济失调等神经症状，死亡率在 10%～30%。相关病毒感染试验表明，不同日龄雏鸭对本病毒易感性不同，日龄越小越易感。部分患病鸭排绿色稀粪，趴卧或不愿行走，驱赶时出现共济失调。

青年鸭发病表现为体重降低、采食量下降，发热、软脚，排黄绿色粪便，后期消瘦出现瘫痪；部分鸭表现站立不稳、侧卧、瘫痪等神经症状；发病鸭因饮食困难造成衰竭而死亡。

本病病程约为一个月，可自行逐渐恢复。首先采食量在 15～20d 开始恢复，绿色粪便逐渐减少，产蛋率也缓慢上升，状况较好的鸭群，尤其是刚开产和产蛋高峰期鸭群，多数可恢复到发病前水平，但老鸭一般恢复缓慢且难以恢复到原来水平。

种鹅和蛋鸡感染后主要表现为发热、腹泻、产蛋急降或停止、采食减少或食欲废绝。雏鹅感染后食欲下降、精神沉郁，生长迟缓，体温升高、排青绿色或灰白色稀粪、共济失调、运动障碍，个别有转圈或摇头等神经症状。

（三）病理诊断

剖检病变主要表现为显著的卵巢、卵泡出血、卵巢炎和卵巢萎缩退化，病情严重的呈现卵黄膜腹膜炎，输卵管内有黏液；神经症状病鸭会伴随脑膜出血及脑水肿。心肌苍白，有的可见心内膜出血；肺淤血，并有大量炎性细胞渗出；有些病鸭还可见肝肿大，肝实质严重变性、坏死，颜色发黄；脾肿大、呈大理石样斑驳状；胰腺坏死性出血；腺胃肿胀，肌胃壁出血。肠道出血，有溃疡，小肠和泄殖腔出现弥散性点状出血。少数病鸭会出现心包积液，继发气囊炎症，气管黏液渗出，气囊浑浊。

组织病理学检查主要表现为急性出血性卵巢炎，卵泡膜充血、出血，大量炎性细胞浸润；肝细胞发生脂肪变性，血管周围呈现淋巴细胞和网状细胞的浸润与增生，毛细胆管扩张，血管周围有炎性细胞浸润，充满胆色素；脾淋巴细胞数量减少；部分病例脑部可见小胶质细胞浸润灶，蛛网膜下充血、炎性细胞浸润。

（四）鉴别诊断

临床上要注意与高致病性禽流感和鸭瘟等进行鉴别诊断。

1．高致病性禽流感　传播速度快，死亡率高，呼吸道症状明显，皮肤、胸腺出血，卵泡出血，产蛋量下降严重，胰腺出血、坏死，病原分离后，检测有血凝活性。

2．鸭瘟　主要表现为肿头流泪，两脚麻痹和排出绿色稀粪。剖检则见消化道黏膜充血、出血、水肿、坏死和假膜覆盖等。鸭坦布苏病毒病发病急，死亡率低，主要表现为头颈震颤、走路不稳、共济失调及瘫痪等神经症状。

四、实验室诊断技术

（一）病原学诊断

1．病毒的分离与鉴定　典型病料处理后，尿囊膜或卵黄囊途径接种鸭胚和 SPF 鸡胚是分离野毒的常用方法。接种后死亡时间相对集中，胚胎在 72～120h 死亡。可见死亡鸭胚的绒膜尿囊膜水肿，胚体水肿、出血，肝脏肿胀、有坏死灶。尿囊液含病毒。经过酸碱等有机溶剂处理后，具备血凝活性，可以凝集雏鸭、鹅和 1 日龄鸽子的红细胞。分离病毒能在鸭胚成纤维细胞及 Vero 和 BHK21 细胞上增殖并发生病变，表现为细胞的圆缩和脱落。分离的病毒可通过 RT-PCR 和基因测序鉴定。

2．电镜法　采取发病期病变明显部位病料接种鸭胚，收集死胚尿囊液，离心，取上清，再离心，离心沉淀用双蒸水进行悬浮，快速包埋切片，置于电镜下观察到有囊膜，直径为 30～50nm 球形包膜正链 RNA 病毒。电镜检查法需要前期进行病毒纯化，其纯化难度大，对操作人员的技术也有很高要求，不适合于临床诊断，仅用于研究。

3．组织病理学检查　光镜下观察，见肝细胞索受损严重，细胞排列紊乱，胞内结构破坏，着色性下降，异嗜性白细胞浸润，在变性坏死的肝细胞周围聚集多量含铁血黄素颗粒。电镜观察发现，肝细胞损伤严重并伴随肝细胞大量坏死，原生质外流、糖原外泄，细胞质充满肿胀的囊泡，线粒体肿胀变性；细胞核核膜破裂，核质外流，空泡化严重并出现大片的核内空白区。异嗜性白细胞、巨噬细胞和少量上皮样细胞数量增多。

（二）免疫学诊断

1．间接乳胶凝集试验　间接乳胶凝集试验（indirect latex agglutination test，ILA）具有简便、快速、特异等优点，万春和（2013）利用纯化的坦布苏抗原等将与特异性鸭坦布苏病毒阳性血清结合产生可见凝胶颗粒，建立了检测坦布苏病毒抗体的高特异性检测方法。

2．病毒中和试验　病毒中和试验（virus-neutralization test）是研究抗体与病毒的相互关系和病毒定性的非常经典的试验，结果准确可靠。原理是将感染后产生特异性的抗体与 DTMUV 特异性结合，DTMUV 在结合后无法吸附细胞，使其脱壳能力受到抑制，最终导致坦布苏病毒无法感染细胞。此法多用于实验室诊断，但耗时费力，周期长，特异性和敏感性都较低，无法适用于快速的批量检测。

3．酶联免疫吸附试验 酶联免疫吸附试验（enzyme-linked immunosorbent assay，ELISA）方法操作较为简便，灵敏度高，特异性强，但是ELISA检测法对于鸭坦布苏病毒病抗原的要求较高，所需的抗原需经过密度梯度离心提纯，不同批次之间的稳定性也有待提高，阴阳性的判定没有较为明确的标准。

（三）分子生物学诊断

应用RT-PCR、套式RT-PCR、荧光定量RT-PCR、RT-LAMP等技术可以直接检测鸭组织病料的病毒基因。可依据坦布苏病毒*NS5*基因或*E*基因进行引物设计。提取病毒RNA进行病毒特异基因扩增。该方法特异性强、敏感性好，其中最常使用的RT-PCR和荧光定量RT-PCR两种方法，已成为实验室常用的病原学检测手段。

1．RT-PCR RT-PCR检测操作简单，相对血清学诊断更为敏感。万春和等（2011）建立了检测引起鸭出血性卵巢炎病毒的RT-PCR方法。张帅等（2012）在对DTMUV序列的比对分析的基础上，建立DTMUV的RT-PCR一步检测方法。

2．套式RT-PCR 套式RT-PCR是先用外套引物进行扩增，再对扩增产物进行第二次扩增，与常规RT-PCR比，提高了检测特异性和敏感性。颜丕熙等（2011）根据鸭坦布苏病毒*E*基因序列，设计了2对重叠引物，建立了检测鸭坦布苏病毒的套式RT-PCR方法，该方法比一般PCR敏感性高10倍。

3．荧光定量RT-PCR 荧光定量RT-PCR是在反应体系中加入荧光基团，利用荧光信号累积实时监测整个PCR进程，最后通过标准曲线对未知模板进行定量分析的方法。荧光定量RT-PCR比常规RT-PCR迅速、灵敏，且定量准确。李庆阳等建立了快速检测DTMUV的实时荧光定量PCR方法。

4．RT-LAMP技术 LAMP技术通过两对引物，利用*Bst* DNA聚合酶的链置换活性提供反应的动力，在恒温条件下完成对核酸的扩增反应。该技术于恒温条件下几十分钟内即可完成，不需要昂贵的仪器设备，结果可肉眼直接观察，简便、快速、灵敏度高、特异性好。张伟等（2014）建立荧光显色LAMP体系，具有敏感性高、避免交叉污染等特点。

五、防控措施

本病目前尚无有效的治疗药物和方案。加强饲养管理防控和接种疫苗是预防本病最有效的措施。

（一）综合防控措施

养殖场应建立健全卫生消毒防疫制度，定期对鸭进行消毒，加强种蛋、用具及运输车辆等的消毒。在饲养管理过程中，定期驱蚊。注重确保厂内鸭群水源洁净，做好污水及其他废弃物的无害化处理，从而在夏季时减少蚊虫滋生。厂区外建立防护林，安装防鸟网。严禁从疫区或发生过本病的地区引种，做好厂区内生物安全措施，对病死鸭及废弃饲料、垫料进行严格的无害化处理。提供鸭群适宜的温度和饲养密度，减少应激因素，增强群体抵抗力。在鸭群管理方面，改善鸭舍的饲养环境，推进采用圈养模式或笼养模式饲养，降低饲养密度、保证鸭舍的温度、湿度和合理通风。

（二）药物预防与治疗

对发病鸭群可以采取适当的支持性治疗，可以在饮水中添加复合维生素和葡萄糖，以增强抵抗力。通过饮水给予适量的抗生素，防治鸭群细菌继发感染。重组禽类干扰素在发病早期应用有一定防治效果。发病前期采取中药防治效果明显（如清瘟败毒散/双黄连/白术板蓝根等）连续投喂10～15d，对病情缓解起到一定作用。

（三）疫苗与免疫

1．灭活疫苗 灭活疫苗是用甲醛、β-丙内酯等灭活剂对病毒液进行灭活，然后加入佐剂进行乳化制备而成。灭活疫苗主要诱导体液免疫从而刺激机体产生抗体而抵御病毒的入侵。目前商品化的鸭坦布苏病毒病灭活疫苗有HB株、DF株等，已广泛应用于临床中。2015年聂睿对基于DTMUV AH-F10株制备的油乳剂灭活疫苗进行免疫效力试验，疫苗免疫雏鸭后，能有效刺激雏鸭产生抗体，用DTMUV对雏鸭进行攻毒试验，攻毒保护率达100%，具有良好的保护作用。2018年何平有等对鸭坦布苏病毒病灭活疫苗（HB株）的临床安全和效力进行了评价，证明该疫苗株安全性、保护效果及免疫持续期良好。

2．弱毒疫苗 通过在细胞或禽胚上连续传代毒力致弱，或利用基因工程方法使病毒毒力基因缺失或者重组，是弱毒疫苗制作的两种方法。目前，鸭坦布苏病毒弱毒活疫苗可用于免疫接种，DTMUV WF100株弱毒活疫苗和鸭坦布苏病毒病活疫苗FX2010-180P株都已经成功实现疫苗商品化并应用于临床。

3．DNA疫苗 DNA疫苗作为一种新型高效疫苗近年来备受关注，将编码抗原蛋白的基因片段与真核表达载体利用DNA重组技术连接，构建重组真核表达质粒，导入动物机体后，在宿主细胞中进行转录，随后体内进行具有免疫原性的抗原蛋白的表达，刺激机体产生对该抗原蛋白的免疫保护反应，从而达到免疫保护目的。DNA疫苗能够同时刺激机体产生细胞免疫和体液免疫。Han等（2016）成功构建了含有TMUV B细胞表位和T细胞表位的多表位DNA疫苗，研究结果表明，所构建的DNA疫苗具有较高的免疫原性，可以诱导产生高水平的细胞免疫应答，刺激机体产生中和抗体。有研究将DTMUV的*C*基因克隆到p载体，经口服免疫后，可诱导体液和细胞免疫反应；进一步利用沙门菌SL7207株为载体口服递送，同样可为机体提供免疫保护（Huang et al.，2018）。

4．亚单位疫苗 亚单位疫苗是通过DNA重组技术，将编码病原微生物的保护性抗原的基因导入载体质粒，诱导其免疫原性蛋白进行高效表达，提取纯化的保护性抗原加入佐剂制备而成。该疫苗稳定性及安全性良好。亚单位疫苗制备选用免疫原性高的蛋白，E蛋白作为DTMUV的结构蛋白被广泛使用。余磊等对编码DTMUV E蛋白结构域Ⅲ核苷酸序列进行了优化，构建了重组质粒pCold-TF-optiEDⅢ，经鉴定，该蛋白质有良好的免疫原性。王善辉等（2014）将重组病毒感染Sf9昆虫细胞分泌表达重组的E蛋白作为抗原，纯化后进行免疫保护试验，取得了良好的免疫保护效果。基因工程疫苗在试验阶段也取得良好成果，为商品化疫苗使用奠定了基础。

六、问题与展望

鸭坦布苏病毒病作为一种新发急性、接触性传染病，传播速度快，传染范围广，温度的升高加快了黄病毒的传播发生，使其传播力度更大。在2010年于我国发生后短时间内已经给我国养鸭行业造成了极大的经济损失，给养殖业带来了难题。目前，鸭坦布苏病毒病的研究方面已经建立起相对完善的检测方法，但仍存在一些不足，为疾病的检测和诊断带来困难。疫苗应用方面也需要向新型疫苗研制方向发展，为预防鸭坦布苏病毒病建立更加坚实的堡垒。之后要建立更成熟的检测与诊断技术，实行有效的综合防治措施，为我国的养殖业发展提供有力的支撑。

（刘晓东）

第十一节　鸡毒支原体病

禽支原体病（avian mycoplasmosis）是指禽支原体感染引起一类疾病，由于其发病特征不典型，有的甚至不表现临床症状，所以国际上将这类疾病称为禽支原体感染（avian mycoplasma infection）。禽支原体病最早出现在火鸡，称为火鸡流行性肺炎。Delaplance 和 Stuart 从患有慢性呼吸道疾病的鸡和传染性窦炎的火鸡呼吸道分离鉴定出了支原体，Markhum 和 Wong 将患有慢性呼吸道疾病的鸡和患传染性窦炎火鸡的病菌接种支原体培养基，发现它们能在人工培养基中生长，其生长特征与 1898 年 Nocard 等首次从牛体内得到的类胸膜肺炎微生物非常相似，1956 年将其命名为支原体或霉形体（*Mycoplasma*）。1967 年，Edward 和 Freundt 正式提出将支原体目归属原核生物门，并根据其没有细胞膜的特征，在微生物分类中建立了一个新的独立的纲——柔膜体纲。禽支原体病在世界分布十分广泛，几乎所有国家和地区均可检测到支原体。到目前为止，已从禽体内分离鉴定出 28 种禽支原体，其中 24 种属于支原体，3 种属于无胆甾原体，1 种属于尿原体。

拓展阅读 5-11

在 28 种禽支原体中，根据对禽致病性强弱，大致可将其分为 3 类，第一类是可以单独引起禽类疾病，给禽类健康造成危害的支原体，此类支原体主要有鸡毒支原体、滑液支原体、火鸡支原体、模仿支原体和鸭支原体等；第二类是单独感染可以引起轻度疾病，与其他病原混合感染使病情明显加重的支原体，它们主要有鸡支原体、鹅支原体、衣阿华支原体和莱氏无胆甾原体等；最后一类是对禽类不致病，此类支原体占大多数。这里重点对严重危害禽类健康的最为常见的鸡毒支原体引起的禽支原体病进行描述。

一、概述

鸡毒支原体病（mycoplasma gallisepticum infection）也称为鸡慢性呼吸道病，火鸡称传染性窦炎，是由鸡毒支原体引起的一种疾病。临床上以呼吸症状为主，表现为流鼻涕，结膜炎，咳嗽，严重时张口呼吸，湿性啰音。剖检肉眼可见鼻道、气管卡他性渗出物和严重的气囊炎，电子显微镜检查感染鸡的气管纤毛脱落。对养鸡业的危害主要表现在幼雏的淘汰率上升和成年母鸡的产蛋率下降，感染鸡体质下降，病程长，发展慢，发病率高，死亡率通常不高，是造成养鸡业经济损失的疾病之一。

全世界几乎所有养鸡的国家均有鸡毒支原体病发生和流行。20 世纪 50 年代本病在一些国家引起重视，美国农业部于 1952 年成立调查委员会专门对本病进行调查研究，于 1962 年正式将此病确定为是由鸡毒支原体引起的慢性呼吸道病。1956 年日本与美国联合成立家禽支原体研究分会，对本病进行了较为广泛深入的调查研究。20 世纪 60 年代欧洲各国相继地开展了这方面的研究。我国对此病的研究始于 20 世纪 60 年代，随着我国养殖业的发展，本病对家禽业的危害也日趋引起重视。根据宁宜宝等（1988）对全国20个省（自治区、直辖市）的血清学调查发现，我国鸡个体阳性感染率为80%，几乎所有被调查地区的鸡群都为血清学阳性。由此可见，本病给我国养鸡业造成的经济损失不可低估。

二、病原学

（一）病原与分类

早期将支原体统称为类胸膜肺炎微生物，1956年才被正式命名为支原体。鸡毒支原体是Edward和Kanarek于1960年命名的，由于没有细胞膜，分类上将其归为柔膜体纲支原体目支原体科支原体属。随着分子生物学技术如16S rRNA PCR扩增和DNA序列分析的应用，支原体的遗传进化分析和分类方法得到了显著改进。

鸡毒支原体的菌体形态在高倍显微镜下为球状、短杆状为主的多形性，直径大小为250～500μm，吉姆萨、瑞氏染色着色良好，陈旧的瑞氏染液 4～10℃过夜着染效果最佳，革兰染色呈弱阴性。鸡毒支原体对培养基的需求相当苛刻，生长过程中都需要胆固醇、一些必需的氨基酸和核酸前体。鸡毒支原体在液体、半流体和固体培养基中均生长良好，在液体培养基中，由于鸡毒支原体能利用葡萄糖产酸，可使培养基pH从7.8下降到6.6以下；在半流体培养基中如果做穿刺培养，则鸡毒支原体首先沿穿刺线呈刷状放射性生长；在固体培养基上，在低倍显微镜下，可见到形似“荷包蛋”的菌落，直径不超过0.3mm。鸡毒支原体不水解精氨酸和尿素，磷酸酶活性阴性。本菌对外界的抵抗力不强，一般化学消毒剂能轻易地将其杀死。鸡毒支原体对温度比较敏感，44℃ 14h可将其灭活；37℃可存活48h，20℃可存活一周以上，4～10℃可存活1个月。

（二）基因组结构与编码蛋白

鸡毒支原体Rlow株的全基因组序列测序已于2003年完成，基因组全长996 422bp，G+C含量为31%，约含742个独立编码区，33个对应着所有密码子的tRNA基因被确定。另外，还有5种与细胞黏附相关的蛋白质表达产物，它们分别是膜相关的蛋白、转座酶、毒力相关蛋白和调节蛋白。

鸡毒支原体有两个基因家族，pMGA（或VihA）和PvpA家族编码的主要表面蛋白，主要是由脂蛋白和参与细胞黏附的一些蛋白质组成。pMGA多基因家族编码不同拷贝的分子质量为67kDa的主要细胞表面脂蛋白凝集素（p67），免疫杂交技术显示表面抗原p52和p67（pMGA）是鸡毒支原体的特异性抗原，pMGA基因家族至少占F株基因组的7.7%，占R株基因组的16%。该基因家族是鸡毒支原体基因家族的重要组成成分，与支原体的致病性和抗原变异密切相关；PvpA是一种膜内蛋白，蛋白质表达的阶段性变化频率高，增加了鸡毒支原体抗原变异的复杂性，鸡毒支原体各菌株PvpA蛋白大小为48～55kDa。通过电子显微镜观察，PvpA蛋白位于支原体末端结构顶部的表面。其他鉴定出来的鸡毒支原体黏附素还有CapA（或Mgc1）和Mgc2，与PvpA一样，鸡毒支原体的Mgc2黏附素也位于细胞表面的末端结构顶端。CapA是一种主要的细胞黏附素，它至少与一种细胞黏附相关蛋白如CrmA协同作用，在蛋白质表达的阶段性变化中发挥作用。鸡毒支原体的部分细胞黏附素基因和蛋白质与其他支原体种有同源性，其中包括使人致病的支原体，这意味着可广泛感染不同宿主的致病性支原体间细胞黏附素基因和蛋白质或许存在一定的保守型。

（三）病原分子流行病学

Yogew 等利用 rRNA 基因探针指纹技术研究表明，鸡毒支原体至少存在三种不同的基因型。Ferguson 等对来源于不同国家、宿主和时间的鸡毒支原体分离株利用 DNA 基因测序的比较研究表明：从美国分离到的菌株间及与疫苗株（6/85、TS-11 和 F）同源性很高，但与实验室以前保存的参考株同源性低。以色列的分离株之间同源性很高，但基因序列不同于美国株，与澳大利亚分离株也有较大差异，澳大利亚分离株与美国株同源性相近。结果显示：不同地区间的流行株基因结构存在差异，但这种差异和疫苗免疫保护之间没有明显关系。

毒力因子：Razin 等的研究发现，支原体致病因子的分子机制在很大程度上仍不清楚。从感染发病的临床表现看，本病导致的组织损伤是有宿主的免疫应答和炎性反应在一起的，而不是源于支原体细胞成分的毒性作用。鸡毒支原体的毒力与下列因素有关：细胞的运动力和黏附能力、使支原体具有免疫逃逸和为了适应宿主环境而改变细胞表面成分的能力及侵袭细胞的能力。Papazisi 等对鸡毒支原体 Rlow 株的全基因组进行测序后鉴定出了大量具有黏附作用和生物分子结合能力的毒力因子和热休克蛋白。而可以广泛筛选鸡毒支原体基因组以鉴别一个混合突变菌群中心毒力相关决定簇的信号序列突变法已被应用于鉴定编码二氢硫辛酰胺脱氢酶的毒力相关基因。

耐药基因与耐药性：鸡毒支原体对常用的抗生素可产生耐药性和交叉耐药性，吴惠明等的试验表明，将不耐药的鸡毒支原体分别在含有泰乐菌素和替米考星的培养基中连续传代诱导适应，会显著提高其对这两种抗生素的耐药性。即使不在含泰乐菌素培养基中诱导传代，由于对替米考星耐药，也会导致对泰乐菌素产生交叉耐药。因此，在临床上使用药物治疗时，须经常更换药物种类或几种药物同时使用。

血清型与基因分型：鸡毒支原体只有一个血清型，但不同菌株之间毒力、抗原性相差较大。近年来，随着 PCR 扩增和基因测序技术的快速发展，鸡毒支原体基因分型也取得了快速发展。现已发现，强毒与弱毒之间，不同国家、地区分离菌株之间，在基因结构上均存在明显差异。这些核苷酸的遗传变异可能会导致鸡毒支原体的毒力和药物敏感性的变化。

（四）感染与免疫

鸡毒支原体感染既可水平传播，又可垂直传播。在水平传播方面，鸡的上呼吸道和黏膜是鸡毒支原体感染侵袭的主要通道和部位。鸡毒支原体主要通过感染带菌病鸡或火鸡与易感的健康鸡接触通过气溶胶发生传播，也可以通过带菌的空气、尘埃或饲养人员等传播感染健康鸡群，如果鸡群饲养密度大，通风条件差，一旦在鸡群中有病鸡出现，很快就会导致全群感染，这种传播速度是很快的。在垂直传播方面，鸡毒支原体感染带菌种鸡可以将病原经卵垂直传给雏鸡。经卵传播率的高低与种鸡感染鸡毒支原体的早晚和严重程度有关，感染早期和程度较重的鸡传播率高，相反则低一些。感染的鸡毒支原体主要黏附在呼吸道和结膜的表面，引起局部或部位感染。鸡毒支原体对细胞表面的黏附作用强弱与致病性有直接的关系。试验表明，鸡毒支原体引起的气管上皮表面的病理变化主要包括黏液性颗粒的释放和对纤毛的蚕食，致病鸡毒支原体感染可以导致大面积的气管纤毛蚕食、脱落和炎性细胞浸润。

疫苗免疫鸡或感染康复鸡产生的抗体对病原再次感染可产生一定程度的免疫保护力，特别是呼吸道局部产生的分泌性抗体 IgA，对抵抗野毒感染具有明显的作用。在细胞免疫方面，鸡毒支原体野毒感染通常会通过抑制B、T淋巴细胞和细胞因子的产生来降低细胞免疫反应，而低毒力弱毒疫苗免疫则可通过刺激淋巴细胞和细胞因子产生来提高细胞免疫作用。鸡毒支原体感染鸡可以终身带菌，即使康复鸡体内有免疫抗体存在。

三、诊断要点

（一）流行病学诊断

火鸡和鸡均易发生本病，鹌鹑、鸽子、珍珠鸡、鸭、鹅和孔雀等也可感染。我国几乎所有规模化养鸡场均有本病发生和流行。

病禽和隐性感染禽是传染源。各种年龄的鸡和火鸡均可感染本病，但小鸡比成年鸡易感，病情也表现得严重些，感染小鸡生长缓慢，饲料转化率低，尽管死亡率不高，但幼雏淘汰率明显增加，肉鸡出栏上市时间延迟，蛋鸡产蛋率下降；本病一年四季均可发生，但寒冷潮湿的季节多发；卫生条件差，通风不良，过于拥挤，往往易激发鸡毒支原体病暴发，病情也趋严重。

大肠杆菌和呼吸道病毒混合感染会使鸡毒支原体病的发病率升高和病情加重。当鸡毒支原体在体内存在时，即使遇到病毒类弱毒活疫苗气雾免疫接种引起上呼吸道极其轻度的感染，都可造成呼吸道疾病的加重。

（二）临床诊断

感染鸡通常表现为呼吸道症状，咳嗽，气管啰音，在感染严重的雏鸡群，严重时伸直脖子张口呼吸，从鼻孔中流出鼻涕，到后期可从鼻孔中挤压出黏稠的脓样分泌物，严重阻塞一侧或两侧的鼻孔。也常见到流泪，眼睑肿胀，多表现为一侧，有时也可见到两侧肿胀，按压时有轻微的波动感，通常无热感，有时黏稠的炎性分泌物可使上下眼睑粘连，分泌物压迫眼球使其失明。病鸡食欲减退，被毛粗乱，精神不振，呼吸困难的鸡多伴有翅膀下垂、呆立，雏鸡生长缓慢，当遇到寒冷的气候或其他病原同时感染时就表现出明显的症状。蛋鸡多表现为持续性产蛋率下降，下降率在10%左右，肉鸡生长迟缓，造成上市时间延长，胴体等级下降。发展慢，病程持续的时间长是其主要特点。

（三）病理诊断

主要表现在鼻道、气管出现黏液性渗出物，在后期，鼻腔的分泌物多变得黏稠，部分鸡眼眶有干酪样渗出物，压迫眼球使其失明，此外，本病还引起特征性的气囊病变。在病情较轻时，感染发病鸡一侧或两侧胸气囊上出现一种露水珠样的沉着物，气囊轻度增厚；病情严重时，气囊上常布满灰黄色点状、片状或块状干酪样的物质，气囊变浊增厚，部分或全部失去弹性。在火鸡主要表现为窦炎，有时也可引起输卵管炎。

组织学病变：van Roekel等对感染鸡和火鸡做了显微病理检查，在感染了鸡毒支原体的组织黏膜上，由于单核细胞和黏液腺的增殖而显著增厚，在肺部，除发生肺炎和淋巴滤泡变化外，还能见到肉芽肿病变。Dykstra等采用电子显微镜技术研究了致病性鸡毒支原体接种气管环培养物后对其组织结构的影响，结果表明纤毛上皮细胞的脱落比细胞纤毛的丢失更为严重些。研究结果还表明，鸡毒支原体感染鸡的气管切片中，感染14d后轻度感染鸡出现气管纤毛蚕食，严重时上皮细胞和纤毛脱落。

（四）鉴别诊断

鸡毒支原体引起的呼吸道疾病，在临床上与传染性支气管炎、传染性喉气管炎、传染性鼻炎及禽曲霉菌病等引起的呼吸道疾病有许多相似之处，容易误诊，须注意做鉴别诊断。但呼吸道病往往会是几种病原混合感染，几种疾病同时存在，在临床上鉴别起来比较困难，需要有丰富的经验。

四、实验室诊断技术

（一）病料采集与保存方法

在进行鸡毒支原体分离时，可以无菌采集气管、气囊组织或用棉拭子无菌采取鼻腔、鼻窦的分泌物进行分离。采集的病料最好直接接种培养基，如果需要保存或运输，可将组织块或棉拭子放入加有脱脂奶的试管中，放入有冰块的保温箱中保存。

（二）病原学诊断

1．病原分离与鉴定 鸡毒支原体的分离培养相当困难，通常血清学阳性反应的鸡也不一定能分离到病原，一般情况下，在感染的初期和病变比较严重的鸡较易分离。在野外感染中，有可能是几种支原体同时感染，常常给鸡毒支原体菌株的分离纯化造成困难，尽管如此，在一些特殊情况下，仍使用病原分离培养来确诊。对分离物的鉴定通常用的方法有生长抑制、代谢抑制试验和免疫荧光技术，近几年建立的 PCR 扩增也常用于鉴定之中。

2．动物感染试验 由于鸡毒支原体发病慢，多数情况下症状不明显，因此很少有用动物感染试验来进行诊断。

（三）免疫学诊断

鸡在感染鸡毒支原体后，两周左右便可在血清中检测到 IgM 抗体，而 IgG 抗体出现则稍晚一些，一般需要 20d 以后才能检测到。快速血清凝集试验（RSA）通常检测感染后出现早的 IgM 抗体，血凝抑制（HI）试验主要检测 IgG 抗体。RSA 和间接 ELISA 试验由于快速，大通量，常作为群体抗体快速检测，而个体确诊感染的检测方法通常采用的是血凝抑制试验。这 3 种方法都是 WOAH 推荐的方法。

在进行血清学检测时，RSA 和 ELISA 由于存在某些非特异性反应，通常只作为群的诊断。HI 仍是目前认为最特异的方法，由于操作复杂，常作为 RSA 和 ELISA 检测后的阳性个体鸡的最后确诊用。

五、防控措施

（一）综合防控措施

因为鸡毒支原体病是一种慢性呼吸道病，感染带菌病鸡、空气洁净度和应激因素对疾病的发生和发展起着重要作用。因此，平时综合防控极为重要。

1．定期对鸡群进行鸡毒支原体血清抗体检测，保持鸡群的健康状态 对于商品肉鸡和蛋鸡来说，如果鸡群为鸡毒支原体血清阳性鸡群，就要使用鸡毒支原体疫苗免疫接种，或用抗生素进行预防性治疗，并及时淘汰发病鸡，防止带菌鸡将鸡毒支原体传播给健康鸡。

对种鸡而言，如果条件容许，尽量采用鸡毒支原体净化措施，确保种鸡群鸡毒支原体阴性。鸡毒支原体可以经卵垂直传播，只有保持种鸡群无支原体感染，才能切断其垂直传播给子鸡。由此可见，防止鸡群支原体病的关键是建立无鸡毒支原体感染的阴性种鸡群。

2．保持鸡舍空气洁净　鸡毒支原体可以经空气传播，因此只有保持空气和环境洁净，才能切断支原体经水平传染。

3．保持室内适当的温度　寒冷潮湿空气可诱发呼吸道疾病，因此在冬春寒冷季节，要注意鸡舍保温和控湿，通常情况下，鸡舍温度应维持在15℃以上。

4．减少应激因素的刺激　如果鸡群为鸡毒支原体感染阳性，要尽量减少新城疫和传染性支气管炎活疫苗的喷雾免疫，以免诱发呼吸道疾病。另外，长途运输、转群也会加剧本病的发生。

（二）疫苗与免疫

疫苗接种是预防本病的有效方法，我国已研究出鸡毒支原体弱毒活疫苗和油佐剂灭活疫苗，前者多年来已在全国各地推广应用于商品蛋鸡和肉鸡，也可用于已受鸡毒支原体感染的父母代种鸡，而后者则主要用于种鸡。

1．弱毒活疫苗　宁宜宝等对鸡毒支原体弱毒F株进行了全面深入的研究，经过进一步致弱传代，研究出了安全性好、免疫效力高的鸡毒支原体活疫苗（F-36株）。用该疫苗以10倍的免疫剂量点眼接种健康小鸡和SPF鸡均不引起临床症状和气囊损伤。用F-36株制作的疫苗免疫接种鸡，能有效地抵抗强毒菌株攻击，免疫保护率可达80%，疫苗免疫可明显降低雏鸡的死淘率，提高产蛋率10%左右，免疫鸡的体重增加明显高于非免疫对照组。免疫期可达半年以上。试验证明：对已发生疾病的鸡场，用疫苗紧急预防接种，可使患病鸡在10d左右症状明显减轻，一个月产蛋率恢复正常；澳大利亚和美国分别研究成功了鸡毒支原体弱毒活疫苗（TS-11株和6/85株），这两个弱毒株比F株毒力更弱，但免疫效果不如F-36株，特别是对产蛋鸡。

2．灭活疫苗　宁宜宝等研究成功了鸡毒支原体灭活疫苗。疫苗免疫保护率可达80%，免疫持续期可达半年以上。该疫苗自上市以来，在发病场使用后，有效地控制鸡毒支原体病，提高产蛋量，对各品种、各种日龄的接种鸡均无副作用，在提高产蛋率和控制鸡毒支原体垂直传播方面起到了很好的作用。

（三）药物与治疗

在治疗用抗生素的疗效方面，宁宜宝等经过大量的比较试验结果显示，对鸡毒支原体病治疗效果好的药物有泰乐菌素、泰妙菌素、多西环素，其次是利高霉素、壮观霉素、林可霉素、螺旋霉素、金霉素、土霉素、庆大霉素，也有一定的治疗作用，红霉素尽管在体外对鸡毒支原体抑菌作用很强，但在体内作用不理想或基本上没有作用，用量过大易使小鸡出现明显副反应。有些鸡毒支原体菌株对链霉素、泰乐菌素、庆大霉素有较高的耐受性，宁宜宝将从鸡体内分离到的11株鸡毒支原体进行了药敏试验，结果表明其中9个菌株对链霉素的耐受性达到1000μg/mL以上，2个在250μg/mL，高出对照株的250倍以上，对泰乐菌素、庆大霉素的耐受性也远高于对照株。这可能与野外长期用此类药物对鸡进行治疗使其产生耐药性有关。鸡毒支原体由于缺乏细胞壁，一些对革兰阳性菌有抑制作用的药物对其无效。药物治疗很难根除体内已经感染的支原体，一般的情况只适用于雏鸡的预防、治疗和成鸡的紧急治疗。

六、问题与展望

我国鸡毒支原体病防控面临的主要问题是种鸡毒支原体净化的问题，到目前为止，尚没有种鸡场支原体净化的成功先例，其主要原因是净化难度大，成本高，周期长，维持难。

种鸡可以从种蛋支原体清除开始，要消除种蛋中鸡毒支原体，目前使用的方法主要有两种：一是热处理法，二是药物处理法。宁宜宝等根据支原体对热敏感的原理，经过长时间研究发现：使用44.5℃ 14h处理鸡蛋，可以完全杀死鸡蛋中人工接种的鸡毒支原体，而对种蛋的孵化率没有明显影响，这就间接解决了支原体经种蛋垂直传播的难题。药物处理法是将鸡蛋浸泡于加有药物的溶液中，使药物进入鸡蛋内以杀死支原体。Fabricant等将温热的（37.8℃）孵化蛋浸泡于冰冷的（1.7～4.4℃）的抗生素溶液中15～20min，温度降低使得鸡蛋的蛋黄蛋清收缩，形成负压，便于外面的药液进入蛋中。后来Alls等使用压力系统，通过外部加压的方法使药物进入蛋内。这种方法可明显减少鸡蛋中的支原体，但不能完全消除。

（宁宜宝）

第十二节　滑液支原体感染

一、概述

滑液支原体感染（*Mycoplasma synoviae* infection）主要引起鸡滑膜囊炎和慢性呼吸道病，呈世界性分布，宁宜宝等（1986）的调查表明：滑液支原体普遍存于我国各地，全国各地鸡场血清阳性率平均为20.7%。滑液支原体感染在鸡和火鸡均呈现慢性病程，在全身感染时，能引起关节渗出性的滑膜囊及腱鞘滑膜炎症，导致行走和站立困难，肉鸡死亡淘汰率上升，种鸡繁殖性能下降。近几年，在我国东南大部分地区鸡场出现了以关节肿大、严重跛行的滑液支原体感染的病例，在种鸡和肉鸡中尤为严重，给养鸡业造成了严重的经济损失。由滑液支原体引起的呼吸道疾病主要表现为亚临床型，一般不易观察到，如果并发感染鸡新城疫和传染性支气管炎，则引起气囊病变，但严重程度远比鸡毒支原体感染引起的低。另外，滑液支原体常和鸡毒支原体混合感染，在病程上有协同加重的作用。

二、病原学

（一）病原与分类

Olson等（1964）首先报道了传染性滑膜囊炎，提出了与本病相关的滑液支原体这一名称，后来又证明它不同于其他支原体而定为一个独立的种。滑液支原体是可以人工培养的最小微生物，常用改良的Frey氏培养基，培养温度以37℃为宜，滑液支原体在培养时需要在培养基中加入0.01%烟酰胺腺嘌呤二核苷酸（NAD）和盐酸-半胱氨酸，培养基中常需加入15%左右的猪血清；在做固体培养时，需要在含5%左右CO_2的潮湿空气中培养，在低倍显微镜下，菌落呈“荷包蛋”样，培养时间过长，在菌落周边会形成膜斑。实验室常用的染色方法多采用吉姆萨和瑞氏染色，在高倍显微镜下菌体为以球状为主的多种形态；采用电镜观察，菌体细胞呈圆形或梨形，内含核糖体，无细胞壁，外包三层膜，直径在300～500nm。

滑液支原体对外界环境的抵抗力不强，多种消毒剂都能将其杀死，对酸敏感，在pH 6.6

以下易死亡，能在低温下长期存活，滑液支原体的致病力依菌株不同而异，经实验室反复传代后的菌株，对鸡很少产生疾病或不产生疾病。从病鸡气囊病变中新分离的滑液支原体菌株易引起鸡的气囊炎，而自关节滑膜中分离的菌株则较易引起滑膜炎。试验证明：滑液支原体只有一个血清型，经 DNA-DNA 杂交技术证实，不同的菌株之间几乎没有差异。

（二）基因组结构与编码蛋白

我国在这方面研究报道不多。Vasconcelos 等（2005）完成了滑液支原体的 53 株全基因组结构序列测定。其基因组全长为 799 476bp，G+C 含量为 28%，编码区共约 94 个，占全基因组的 91%。CDS 的平均长度为 529bp，已知的蛋白质有 464 种，保守性假定蛋白为 167 种，独特性假定蛋白为 63 种。有 16S、23S 和小核糖体 RNA（srRNA）各两个拷贝，tRNA 的数量为 34 个，插入序列中存在 ISMhp1，而没有 IS3 和 tMH，对比其他支原体，滑液支原体存在 4 种与其他支原体同源的黏附素，即 p1、p110、p5 和 Vaa。目前，对滑液支原体功能蛋白的研究工作还处于起步阶段，各蛋白质的功能有待进一步明确。

（三）病原分子流行病学

虽然目前对滑液支原体毒力因子和毒力基因研究不多，但血凝素似乎与致病性有密切关系。Narat 等（1998）试验表明，与血凝阴性的滑液支原体菌株相比，血凝阳性株更易引起传染性滑膜炎病变。

滑液支原体的 pMGA（或 VlhA）基因位于一个基因簇中，有两个膜蛋白 MSPA（50kDa）和 MSPB（47kDa），被认为是血凝素类似物。另外，还能检测到另一种 VlhA 蛋白 MSPC，可能是 MSPB 的降解产物。Noormhammadi 等指出，后者存在于滑液支原体的所有菌株中，但同源性存在一定差异，如 MS-H 弱毒株与经典株 WVU1853 有 86%的同源性。Bencina 等发现，MSPB 的 N 端存在 PRR 富集脯氨酸的区域，是高度保守区域，致病的滑液支原体 K1968 有毒株在 PRR 区有一段基因插入序列 DNPQNPN，而 F10-2AS、K2581、K3344 等缺失其中一个 19aaPRR 重复区。在 MS-H 株 MSPB 基因的 N 端 1～700bp，也发现核苷酸替换/缺失现象，如缺失一个“PGNPGN”的重复区，这一现象极有可能与滑液支原体的致病性有密切关系。

（四）感染与免疫

滑液支原体的主要易感动物是禽类，鸡、火鸡和珍珠鸡是自然宿主，鸭、鹅、鸽、鹌鹑也可发生感染。就其日龄来看，日龄小的鸡易感性比成年鸡高，一般情况下，3～16 周龄鸡和 10～24 周龄火鸡易发生急性感染，也有 1 周龄发生感染的报道。急性期一般持续时间短，多以慢性形式表现出来，有的感染从一开始就是慢性的，维持时间长，有的是终身的。

滑液支原体可经直接接触传播，带菌鸡是主要传染源，同舍不同鸡笼间的鸡能彼此互相传播疾病。但调查表明，滑液支原体的传播并不像鸡毒支原体那样快，其感染阳性率也没有那么高。除水平传播外，它还可以发生垂直传播，感染鸡或火鸡可以将支原体经过蛋传播给子代，感染初期的经卵传播率较高。宁宜宝等从感染阳性鸡所下的蛋中分离出了滑液支原体。滑液支原体感染的潜伏期一般为 11～21d，潜伏期长短依感染菌株的毒力强弱、感染量及环境因素的不同而有差异，而经卵垂直传播的鸡，最早曾见于 1 周龄。宁宜宝曾用滑液支原体培养物人工感染鸡的脚垫，在半月左右出现明显的脚垫和关节肿大、鸡冠缩小等症状，但用培养物做肌肉注射和点眼，则一直没有见到临床症状，解剖时也没见到气囊病变。但也有试验表明：以病鸡的关节渗出液和鸡胚卵黄囊培养物感染3～6周龄鸡，其潜伏期的顺序是脚垫感染2～10d，静脉注射7～10d，腹腔接种7～14d，脑内接种7～19d，窦内感染14～20d，结膜感染20d，气管内接种后早至4d便可引起气管及窦的感染。气溶胶感染气囊病变在17～21d为最重。

三、诊断要点

（一）流行病学诊断

根据滑液支原体可以感染各种日龄、各种品种的鸡，以感染种鸡和肉鸡为主，一年四季即可发生，发病慢，不易恢复的流行病学特点，可以做出初步诊断。

（二）临床诊断

由于全身感染引起滑膜囊炎导致的关节肿大、跛行的症状常可见到，特别是在肉鸡和种鸡，其中又以肉种鸡跗关节炎和脚垫肿胀更为严重，出现跛行和卧地不起，导致生产力下降，严重时由于行走困难，导致采食困难。滑膜囊炎也时常出现在一些蛋鸡和种公鸡群中，感染鸡可见关节肿大，跛行。除此之外，鸡冠开始苍白，后缩小，胸部常出现水疱，生长迟缓，部分鸡可见到大量尿酸盐的绿色排泄物，脱水和消瘦。火鸡：主要的症状是关节肿胀，有的肿大关节触之有波动感，跛行；经呼吸道感染的鸡呈现的主要是一种慢性亚临床型呼吸道疾病，通常症状不常见。如果伴有其他呼吸道疾病病原混合感染，则症状明显加重。

（三）病理诊断

从肉眼上看，主要表现为滑膜囊炎，关节或脚垫肿胀，在病情较轻时，只见到少量黏稠的渗出液，在严重的病例，可见到多量灰白色的渗出物，这些渗出物常存在于腱鞘和滑液囊膜。在人工感染的关节或脚垫部位，肿胀更为明显，切开常流出多量液体，有的可见到干酪样物质。在有呼吸道症状的病鸡中，有时可见到轻微的气囊炎。火鸡的关节肿胀不如鸡的常见，但切开跗关节常可见到纤维素性脓性分泌物。

在显微病变上，在发生滑膜囊炎的关节腔和腱鞘中可见到异嗜性白细胞和纤维素性浸润，滑液囊膜因绒毛形成、滑膜下层淋巴细胞和巨噬细胞浸润而增生。气囊的轻度病变包括水肿、毛细血管扩张和表面的异嗜性白细胞及坏死碎屑聚积，严重病变包括上皮细胞增生、单核细胞弥散性浸润和干酪样坏死。

（四）鉴别诊断

病毒性关节炎常引起鸡的关节肿胀和跛行，但在自然感染鸡主要表现在跖屈肌腱和跖伸肌腱肿胀，爪垫和跗关节一般不出现肿胀。但在感染早期有的鸡也可见到跗关节和跖关节腱鞘有明显水肿，在心肌常可见到大量的白细胞浸润。这些易与滑液支原体感染区别，另外，患病毒性关节炎鸡的血清与滑液支原体诊断抗原不发生反应。

四、实验室诊断技术

（一）病料采集与保存方法

在进行滑液支原体分离采样时，通常使用棉拭子无菌采集关节液，或直接使用注射器抽取关节液接种培养基进行支原体分离。如果需要将病料保存或运输到实验室，可将采样的棉拭子放入加有脱脂奶的试管中，在加有冰块的保温箱中保存。

（二）病原学诊断

1. 病原分离与鉴定　由于滑液支原体生长困难，一般不以病原分离作为最后的确诊标准，在感染的初期和病变比较严重的鸡较易分离。只有在一些特殊情况下才使用分离培养来确诊。

滑液支原体的鉴定主要依据菌落形态、生化特性、对 NAD 的特殊需要、特异的血清学反应及 16S rRNA 基因的 DNA 序列分析进行鉴定。血清学鉴定通常用的方法有生长抑制、代谢抑制试验和免疫荧光技术。

2. 核酸检测　PCR 扩增技术已用于滑液支原体病原检测，该方法灵敏、快速，即使有其他病原混合感染，也能检测到病原核酸。

（三）免疫学诊断

常用的血清学检测方法主要有快速血清凝集试验（RSA）、酶联免疫吸附试验（ELISA）和血凝抑制试验，RSA 和 ELISA 与鸡毒支原体抗体存在着少量非特异性交叉反应。宁宜宝等的试验证明：将滑液支原体血清平板凝集抗原检测鸡毒支原体阳性血清时，存在着轻微的交叉反应，但反应出现的时间晚，反应程度弱。血凝抑制试验由于其操作复杂，一般只用于平板凝集反应检测出来的鸡的确诊，被认为是特异性最强的血清学检测方法。ELISA 由于一次检测数量大、敏感性高，已被广泛应用。但由于其特异性问题，通常作为群体抗体监测。

五、防控措施

（一）综合防控措施

由于病原传播和发病特性相近，可以采取与鸡毒支原体相同的防控措施。最有效的方法是保持种鸡不受滑液支原体感染，从源头上切断传播链。另一种方法是对种蛋加热处理，除去垂直传播到种蛋的滑液支原体，或用抗生素对种蛋进行处理。具体办法见鸡毒支原体感染章节。在鸡群滑液支原体病平常的防控方面，必须采取严格的生物安全措施。

（二）疫苗与免疫

在活疫苗方面，澳大利亚通过对一田间分离株进行低温传代致弱，研制成功了温度敏感株疫苗（MS-H 株），应用证明，疫苗具有良好的安全性和免疫效力。该疫苗已在澳大利亚批准使用。我国近些年也已开展滑液支原体灭活疫苗研究，其中青岛易邦公司研制的滑液支原体灭活疫苗已获得批准注册，现已投放市场。

（三）药物与治疗

滑液支原体对许多药物都很敏感，其中包括泰乐菌素、泰妙菌素、利高霉素、北里霉素、多西环素、壮观霉素、螺旋霉素等抗生素和喹诺酮类药物，但由于长期使用药物治疗，使一些菌株对常用药物的耐药性明显增加。适当的药物治疗对预防本病是有益的，但对已出现病变的病鸡，药物治疗作用不明显，因有些病变是不可逆的，药物治疗也不能根除鸡体内的滑液支原体。

（宁宜宝）

第十三节　传染性鼻炎

一、概述

传染性鼻炎（infectious coryza，IC）是由副鸡禽杆菌引起的鸡的一种急性或亚急性呼吸道传染病。在早期的文献中，IC的临床症状被描述为鸡的流感、接触传染性或传染性卡他、伤风和无并发症鼻炎。因为具有传染性并且主要感染鼻道，所以被命名为传染性鼻炎。临床上IC表现为眶下窦肿胀、流鼻汁、流泪，排绿色或白色粪便。IC造成的最大危害是导致育成鸡生长不良和产蛋鸡产蛋量明显下降（10%～40%）。美国加利福尼亚州的一个蛋鸡场暴发IC，死亡率高达48%，三个星期之内产蛋率从75%下降到15.7%。在摩洛哥，10个蛋鸡场暴发IC，导致产蛋率下降17%～41%，死亡率达0.7%～10%。本病在发展中国家的鸡群中发生时，由于有其他病原和应激因子，所造成的经济损失明显高于发达国家。

拓展阅读 5-12

早在1920年，Beach就认为IC是一种独立的临床病症。由于本病经常与其他疫病混合感染而被掩盖，因此对本病发病因子的鉴定被耽误了几年。1932年，De Blieck分离到病原体，将其命名为鸡鼻炎嗜血红蛋白杆菌（*Bacillus hemoglobinophilus coryzae gallinarum*）。

鸡传染性鼻炎分布于世界各国。按照Page的分型方案，副鸡禽杆菌的血清型可分为A型、B型和C型。我国于1986年由冯文达在北京首次分离到副鸡禽杆菌，经鉴定为Page A型。1994年朱士盛等和1995年林毅等分别报道了Page C型副鸡禽杆菌分离株。2003年，张培君等在大连分离到一株副鸡禽杆菌，经鉴定为Page B型；2005年，孙惠玲等在北京分离到一株副鸡禽杆菌，经鉴定也为Page B型；其后陆续有分离到B型副鸡禽杆菌的报道。龚玉梅、张培君等于2012～2017年从北京、山东、安徽、贵州、河北和广西等省（自治区、直辖市）送检的125份可疑病料中，共分离到副鸡禽杆菌45株，经鉴定A型15株，B型30株。一项对泰国农村鸡群的研究表明，小于2月龄和大于6月龄鸡死亡的最常见原因是传染性鼻炎。只有在2～6月龄的鸡是由于其他疾病，如新城疫和禽霍乱造成比传染性鼻炎更多的鸡死亡。

二、病原学

（一）病原与分类

传染性鼻炎的致病菌是副鸡禽杆菌（*Avibacterium paragallinarum*），2005年以前被称为副鸡嗜血杆菌（*Haemophilus paragallinarum*，*Hpg*）。病原分类上的变化是由于副鸡禽杆菌随原巴氏杆菌属的细菌一并划归到禽杆菌属。

基于20世纪30年代所进行的研究，由于其生长需要X（血红素晶）和V（烟酰胺腺嘌呤二核苷酸，NAD）因子，IC的病原被划为鸡嗜血杆菌（*H. gallinarum*）。然而，到1962年，Page报道所有IC病例的分离株生长只需要V因子，于是提议将只需要V因子的细菌命名为一个新种——副鸡嗜血杆菌（*H. paragallinarum*），这一命名被广泛接受。在南非和墨西哥已从患鼻炎的病鸡中分离到不依赖V因子的副鸡禽杆菌菌株。

应用16S rRNA基因测序的方法可在巴氏杆菌科细菌中区分出一个特定群（包括副鸡禽杆菌和鸡巴氏杆菌），该群细菌的宿主是禽类。

副鸡禽杆菌为革兰阴性、两端钝圆的短小杆菌。长1～3μm，宽0.4～0.8μm，无芽孢，无运动性。强毒力的副鸡禽杆菌可带有荚膜。副鸡禽杆菌在合适的培养基上可形成直径约

0.3mm 细小的露滴样菌落。在斜射光线下，可观察到黏液型（光滑型）虹光和粗糙型无虹光及其他中间型的菌落形态。

副鸡禽杆菌兼性厌氧，在 5%～10% CO_2 环境中，于含鸡血清的鸡肉汤琼脂平板或者 TM/SN 平板等固体培养基上生长良好。大部分副鸡禽杆菌分离株的体外培养需要还原型 NAD（NADH），1.0%～1.5% NaCl 对副鸡禽杆菌的生长是必需的。一些菌株需要在培养基中加入 1%～3%的鸡血清或者牛血清。一些能分泌 V 因子的细菌可支持副鸡禽杆菌的生长，与葡萄球菌交叉接种，即使在无 CO_2 的条件下，在葡萄球菌菌落周围形成可见菌落，即"卫星现象"（satellitism）。

副鸡禽杆菌生长的最适温度是 34～42℃，通常培养于 37～38℃。副鸡禽杆菌在普通培养基上不生长。副鸡禽杆菌不能发酵半乳糖和海藻糖，并且没有过氧化氢酶，根据此特点可以将其与其他禽杆菌区分开。禽杆菌属的鉴别试验见表 5-1。

表 5-1　禽杆菌属的鉴别试验

分类	鸡禽杆菌	副鸡禽杆菌	沃尔安禽杆菌	禽禽杆菌	禽杆菌 A 亚种
过氧化氢酶	+	−	+	+	+
协同式生长	−	v	+	+	+
ONPG	v	−	+	−	v
与下列糖发酵产酸					
L-阿拉伯糖	−	−	−	−	+
D-半乳糖	+	−	+	+	+
麦芽糖	+	+	+	−	v
D-甘露醇	−	+	+	−	v
D-山梨醇	−	+	v	−	−
海藻糖	+	−	+	+	+
α-葡萄糖苷酶	+	−	+	+	+

注：所有种都是无运动性的革兰阴性菌。所有种的细菌都能分解硝酸，氧化酶阳性，能发酵葡萄糖。大部分副鸡禽杆菌需要空气中含有 5%～10%的二氧化碳，并且在培养基中加入 5%～10%的鸡血清能促进生长。ONPG. 邻硝基苯-β-半乳糖苷；+. 阳性，−. 阴性；v. 可变的

（二）基因组结构与编码蛋白

副鸡禽杆菌的致病性与多种因素有关。部分学者对 HA 抗原给予了大量关注。通过使用缺少 HA 活性的变异株，无论 Page 血清型 A 还是 C，都证明 HA 抗原在细菌定植过程中起关键作用。已有报道完成编码血凝素 *hag A* 基因的鉴定和全长测序工作。该基因编码的蛋白质与流感嗜血杆菌的 P5 蛋白密切相关，P5 蛋白是一种与呼吸道黏蛋白结合的黏附素。血凝素在副鸡禽杆菌感染时的作用机制有可能与该蛋白质相似。

荚膜也与细菌定植有关，并且认为是引起 IC 相关病变的主要因素。副鸡禽杆菌的荚膜可以保护细菌抵抗正常鸡血清的杀细菌活性。也有人提出有荚膜的细菌在体内增殖期间所释放的毒素与临床病症有关。副鸡禽杆菌荚膜转运基因位点已经全部测序，分析结果显示与其他已知的荚膜转运系统具有很高的同源性。副鸡禽杆菌能够从鸡或火鸡的转铁蛋白中获得铁离子，说明铁螯合可能并不是宿主一种充分的防御机制。从副鸡禽杆菌粗提的多糖对鸡有毒性，可能与使用菌苗后的副作用有关。还不知道这种成分在本病的自然发生方面有何作用。

其他假定的毒力因子也有报道。通过表型的方法鉴定了 RTX 样蛋白和金属蛋白酶。与此

同时，通过表型和基因型的方法确认了血凝素的作用。相对于 RTX 作为主要毒力因子的其他巴氏杆菌成员而言，测定副鸡禽杆菌中假定的 RTX 蛋白是一件有趣的事情。副鸡禽杆菌的血凝素对有溶血特征的副鸡禽杆菌亚型（*Gallibacterium anatis* bv. *haemolytica*）和部分多杀性巴氏杆菌有活性作用。副鸡禽杆菌的体外培养物检测到包含蛋白酶、假定 RTX 蛋白和血凝素的膜囊泡，该膜囊泡有可能与传染性鼻炎的发生有关。

（三）病原分子流行病学

已证实 DNA 限制性酶切指纹技术是一种合适的副鸡禽杆菌血清型分型技术。核糖体分型（ribotyping）是另一项有用的分子技术，通过该技术证实南非分离的 NAD 非依赖性副鸡禽杆菌间的内在联系、副鸡禽杆菌中国分离株间流行病学关系及鸡禽杆菌分离株间异质性和流行病学关系。ERIC-PCR，一种使用聚合酶链反应的 DNA 指纹技术，也可以对副鸡禽杆菌分离株进行分型。

（四）感染与免疫

副鸡禽杆菌主要通过直接接触而感染，流行病学研究认为副鸡禽杆菌可通过空气传播到附近的鸡场。其致病性可随生长状况、分离物的传代及宿主的状态而变化。龚玉梅、张培君等用 120 只 57 日龄 SPF 鸡进行 C-Hpg8（CVCC254，A 型）、BJ05 株（B 型）和 668 株（C 型）的致病力试验，攻毒剂量分别为每只鸡眶下内接种 $1.5\times10^4\sim4\times10^6$CFU/0.2mL，每个剂量攻击 5 只鸡，攻毒后观察 7 日，结果除攻击 B 血清型最大剂量组 1 只鸡没有发病外，119 只鸡均呈现典型的鸡传染性鼻炎症状。

有证据表明一些副鸡禽杆菌分离株存在着致病性的变异。Kume 血清型参考菌株 A-1、A-4、C-1、C-2 和 C-3 表现出比 A-2、A-3、B-1 和 C-4 更强的毒性。基于南非的田间观察，Horner 等指出，NAD 非依赖性分离株引起的气囊炎比经典的 NAD 依赖性副鸡禽杆菌分离株更常见。相反，感染试验表明南非 NAD 依赖性菌株较非依赖性分离物具有更强的毒性。NAD 依赖性的 C-3 分离株的毒力足以引起免疫后鸡只的临床症状，这也解释了南非有许多免疫鸡群仍暴发传染性鼻炎的原因。研究表明，将 C-3 NAD 依赖性血清型菌株转化为 NAD 非依赖性会显著降低转化子的毒性。也有同一血清型内毒力发生变异的报道——Yamaguchi 等发现血清 B 型副鸡禽杆菌的 4 个分离株中有一个就不产生临床症状。

鸡是副鸡禽杆菌的自然宿主。一些报告说明在亚洲的乡村土鸡与普通商业品种对传染性鼻炎具有相同的易感性。尽管 Yamamoto 对其他一些禽类品种感染副鸡禽杆菌引起 IC 的报道进行了综述，但对这些报告的解释应当谨慎。长期以来一直认为慢性和表面健康的带菌鸡是感染的主要储主。最近使用分子指纹技术已证明带菌鸡在 IC 传播中的作用。传染性鼻炎在秋季和冬季最常见。

感染康复鸡对再次感染有不同程度的免疫力。在育成期感染过 IC 的小母鸡一般可保持其以后的产蛋不下降。鸡经窦内感染后 2 周对再次感染即可产生抵抗力。实验感染鸡可产生血清型（Page 分型系统）交叉免疫力。菌苗只产生血清型特异性免疫，这说明交叉保护抗原只在体内表达，而在体外却不表达或表达水平很低。

三、诊断要点

（一）流行病学诊断

IC 发生于世界各地，多发生在冬季，是集约化养鸡中一个常见的问题。鸡是副鸡禽杆菌的自然宿主。火鸡、鸽子、麻雀、鸭子、乌鸦、家兔、豚鼠和小鼠对人工感染有抵抗力。慢性和表面健康的带菌鸡是感染的主要储主。

任何年龄的鸡对副鸡禽杆菌都易感，但幼鸡一般不太严重。成年鸡，特别是产蛋鸡，感染副鸡禽杆菌后，潜伏期缩短，病程延长。

（二）临床诊断

IC 的一个特征是潜伏期短，人工接种培养物或分泌物后 24～48h 即可发病。易感鸡与感染鸡接触后可在 24～72h 发病。如无并发感染，IC 的病程通常在 2～3 周，人工感染时病程为 5～7d。

IC 最明显的症状是鼻道和鼻窦的上呼吸道有浆液性或黏液性鼻分泌物流出、面部水肿和结膜炎，有的鸡只可出现一过性失明。公鸡肉垂可出现明显肿胀。下呼吸道感染的鸡可听到啰音。病鸡可出现腹泻，采食和饮水下降。

（三）病理诊断

副鸡禽杆菌可引起鼻道和鼻窦黏膜的急性卡他性炎症。经常出现卡他性结膜炎和面部及肉垂的皮下水肿。Fujiwara 和 Konno 对鸡经鼻腔接种后 12h～3 个月的病理组织学反应进行了研究。鼻腔、眶下窦和气管的主要变化包括黏膜和腺上皮脱落、崩解和增生，黏膜固有层水肿和充血并伴有异嗜细胞浸润。下呼吸道受侵害的鸡，可观察到急性卡他性支气管肺炎，并在第二和第三级支气管的管腔内充满异嗜细胞和细胞碎片；细支气管上皮细胞肿胀并增生。气囊的卡他性炎症以细胞的肿胀和增生为特征，并伴有大量的异嗜细胞浸润。另外，在鼻腔黏膜固有层可见显著的肥大细胞浸润。肥大细胞、异嗜细胞和巨噬细胞的产物可能与严重的血管变化和细胞损伤有关，并引发鼻炎。在肉鸡和产蛋鸡中也报道过一种与慢性禽霍乱相似的弥散性脓性纤维蛋白性蜂窝织炎。

（四）鉴别诊断

传染性鼻炎必须与慢性呼吸道病、禽霍乱、禽痘、鼻气管鸟杆菌病、肿头综合征和维生素 A 缺乏症等具有相似临床症状的疾病相区别。由于副鸡禽杆菌感染经常发生混合感染，应当考虑有其他细菌或病毒与 IC 并发的可能性，特别是死亡率高和病程延长时。

四、实验室诊断技术

（一）病料采集与保存方法

取疑似病鸡鸡头，冷冻后快递至有资质的相关实验室进行细菌分离和鉴定。鸡头可在 −20℃以下冷冻保存。

（二）病原学诊断

取 2～3 只处于急性发病期的病鸡鸡头或者养殖场冷冻保存寄送的鸡头，烧烙位于眼下的皮肤并用无菌剪刀剪开窦腔，将无菌棉拭子伸入窦腔深部（在这里最易取得纯净的细菌），将拭子划线接种鸡血清鸡肉汤琼脂平皿或者 TM/SN 平板，并将其置于 37℃ 5% CO_2 条件下培养 24～72h。所获得的分离株再用陈小玲等建立的 PCR 方法进行鉴定，该 PCR 方法被国际禽病界认定为 IC 诊断金标准。该试验快速，特异性为 100%，敏感性为可检出1pg的DNA，能检测出所有已知的副鸡禽杆菌，这种名为HP-2PCR的方法可以用来检测琼脂上的菌落或由活鸡鼻窦挤压获得的黏液。窦拭子在4℃或−20℃保存180d仍然可以保持PCR检测阳性。

日本学者Ryuichi于2011年建立了型特异性PCR诊断方法，可能由于他们实验室保存的菌株数量有限、检测的菌株数量太少，其他学者用较大量的菌株进行验证检测时，出现了与传统血清型不符的现象。

也可将上述分离到的可疑菌株，接种到加有NAD的鸡血清鸡肉汤或者加有NAD和鸡血清的半合成培养基中，37℃培养16～24h，取培养液眶下窦注射42～56日龄SPF鸡只2～3只，每只鸡注射0.2mL，如果注射后24～96h出现眶下窦肿胀、流鼻汁（不明显时可用手指轻轻按压），即可初步确诊。

（三）免疫学诊断

对于IC的诊断还没有完全合适的血清学检验方法。目前，最好的检验方法是HI试验。包括简单HI试验、浸提HI试验和处理HI试验。

简单HI试验用副鸡禽杆菌Page A血清型全细菌细胞和新鲜鸡红细胞。该方法只能检测A血清型的抗体。该方法已广泛用于感染鸡和免疫鸡的检测。

浸提HI试验采用KSCN（硫氰化钾）浸提和超声裂解的副鸡禽杆菌细胞及戊二醛固定的鸡红细胞。该试验方法现主要用于检测Page C血清型细菌的抗体。但该方法的一个主要缺点是在C血清型副鸡禽杆菌感染的鸡中，大部分鸡只仍然保持血清学阴性反应。这可能与鸡血清能够非特异性凝集1%戊二醛固定的鸡红细胞这一生物学特性有关。

处理HI试验用透明质酸酶处理的副鸡禽杆菌全细胞抗原和戊二醛固定的鸡红细胞进行。该试验方法没有被广泛使用或评价。它只能检测鸡只免疫Page血清型A、B、C疫苗后产生高滴度抗A和抗C型抗体。

除HI试验外，还可应用间接ELISA和单抗阻断ELISA进行诊断。间接ELISA具有种特异性，单抗阻断ELISA能够100%区分A血清型和C血清型（因为到目前为止还没有获得B血清型特异性单抗）。

五、防控措施

（一）综合防控措施

1．平时的预防措施 养殖场必须始终贯彻“预防为主、防重于治、养重于防”的12字方针，搞好健康养殖。因为康复带菌鸡是主要的传染源，所以不提倡从不明来源处购买种公鸡和开产鸡。除非知道鸡群来源于无IC鸡场，否则只应购买1日龄鸡作为后备。预防和控制本病的理想措施是远离老鸡群进行隔离饲养。要从鸡场中消除病原，必须首先清除感染鸡或康复鸡，因为在这类鸡群中有传染性储存宿主。对禽舍和设备进行清洗和消毒后，在重新饲养清洁鸡之前，禽舍应空闲2～3周。

最新研究显示在饮水中持续使用合适的消毒剂或日常喷雾消毒能够缩短IC病程和减轻临床症状。

2．发病时的扑灭措施 如果发现某栋鸡舍有可疑鸡传染性鼻炎病鸡时，应该立即淘汰这些可疑病鸡，并进行紧急预防接种。

（二）生物安全体系构建

鉴于鸡传染性鼻炎不是重大传染病，在生物安全体系构建方面，只需要做到“健康养殖全进全出”、彻底清洁消毒后再空栏 2～3 周即可。

（三）疫苗与免疫

防治 IC 最有效的办法是接种疫苗。为有效预防 IC，龚玉梅、张培君等利用国内分离到的 A 型和 B 型菌株，加上 C 型 668 菌株，研制成功 IC 三价（A 型＋B 型＋C 型）灭活疫苗，免疫程序为 42 日龄左右首免，110 日龄左右二免，二免后免疫持续期为 9 个月，免疫鸡只对 A、B、C 型菌株的攻毒保护率为 70%～100%，此疫苗于 2018 年 12 月获得新兽药证书。国内 3 家企业已获得生产文号。在此基础上，她们研制的 IC（三价）和新城疫二联灭活疫苗，免疫鸡只后对 A、B、C 型菌株的攻毒保护率为 70%～100%，对新城疫的保护率为 100%。

目前使用的国产疫苗还有：利用国内分离的 A 型菌株研制的鸡传染性鼻炎灭活疫苗（A 型），鸡传染性鼻炎二价（A 型＋C 型）-新城疫二联灭活疫苗，鸡毒支原体、传染性鼻炎二价（A 型＋C 型）二联灭活疫苗。这 3 种疫苗对相同血清型的 IC 均具有较好的免疫效果。进口疫苗有英特威的鸡传染性鼻炎三价灭活疫苗等。无论国产疫苗还是进口疫苗，均需要免疫 2～3 次。

由于 IC 灭活疫苗只提供针对疫苗中含有 Page 血清型菌株的保护，因此所选用的疫苗必须要含有靶鸡群中存在的血清型。近来研究表明 Page 血清型 B 是一种真正存在的具有很强致病性的血清型，且发生很广，再者由于血清型 B 的不同菌株间没有或者仅有部分交叉保护，因此在血清型 B 流行的国家或者地区必须使用该国家或者地区分离到的 B 型菌株研制的疫苗。在多个 Kume C 血清型菌株存在的地区，由于该型内不同分离株之间没有完全交叉保护，因此免疫时也应予以考虑。

（四）药物与治疗

有综述表明磺胺药物和抗生素可减轻本病严重程度和缩短病程。红霉素和土霉素是两种常用的抗生素。应当注意副鸡禽杆菌可能产生耐药性，必须进行治疗时建议进行抗菌药物的敏感性试验。治疗中断后经常复发，并且不能消除带菌状态。

鉴于我国农业农村部已颁布相关法规，从 2020 年 7 月 1 日起禁止或者限制使用抗生素，因此建议以 IC 三价灭活疫苗免疫为好。

六、问题与展望

IC 是一种重要的细菌性疫病，具有重要的经济学意义。副鸡禽杆菌是一种生物学特性非常特殊的细菌（生长条件较苛刻，易死亡，较大剂量的副鸡禽杆菌不能使非免疫的 SPF 鸡只 100%发病，较小剂量的副鸡禽杆菌可使部分免疫的 SPF 鸡只发病），因此寻找免疫原性更好的制苗用菌株是从事 IC 研究的所有科技工作者的义务和责任。随着分子生物学技术的发展，相信现在正在进行研究的 IC 基因工程疫苗有望在今后几年内问世。更加特异、敏感、快速的诊断方法有望随着分子生物学技术的发展而研制成功。

（张培君）

第十四节　鸭疫里氏杆菌病

一、概述

鸭疫里氏杆菌病（*Riemerella anatipestifer* disease，RAD）又称鸭传染性浆膜炎，是由鸭疫里氏杆菌（*Riemerella anatipestifer*，*RA*）引起的一种急性败血性接触性传染病，主要感染鸭、鸡、鹅、火鸡等家禽，也可感染多种其他鸟类（Leavitt，1997）。它是鸭的最重要细菌性传染病，其死亡率和感染率较高：感染率最高可达 90%，死亡率为 5%～80%；存在血清型众多、菌株致病性参差不齐、耐药性多变、药物控制效果较差等特点；本病主要引起纤维素性心包炎、气囊炎、肝周炎、非化脓性脑炎等病变，在慢性感染时也会导致生长缓慢及神经症状（翟志鹏，2013），部分病例还出现干酪样输卵管炎、结膜炎、关节炎，近年国内又出现一些肝脾实质病变的新临床表征病型。总体上，本病是一种高致病性、败血性传染病，给养鸭业造成了巨大的经济损失。

拓展阅读 5-13

本病在全球范围内广泛流行，最早于 1904 年 Rimer 首次报道由鸭疫里氏杆菌感染鹅引起的“鹅渗出性败血症”，1932 年 Hendrickson 和 Hibert 报道本病发现于美国纽约州的长岛，并从病死鸭中分离到病原；其后在英国、加拿大、苏联、澳大利亚、印度等国或地区也有发生。1995 年由美国 Cornell 大学兽医学院动物健康诊断中心鸭研究室集中了世界各地实验室报道的不同分型菌株来实验确认并命名血清型共有 21 种，即血清 1～21 型。由于 *RA* 各血清型之间免疫交叉保护力很弱，所以目前市场上缺乏通用的疫苗用于生产预防。邝荣禄等于 1975 年首次提出本病在我国的存在，并于 1981 年确诊了本病在广东的存在和流行；郭玉璞于 1982 年在北京某鸭场成功分离到我国第一株鸭疫里氏杆菌。中国是全世界最大的鸭养殖国，每年计有 50 亿只，存栏量超过世界总量的 70%，也在国际上首先批准了血清 1 型的 *RA* 灭活疫苗及后续的二价、三价、二联灭活疫苗上市；而在“减抗、限抗”的新形势下，养禽业中抗生素的使用也将越来越少，因此开发系列行之有效的鸭疫里氏杆菌病防治方法和产品已成当务之急。

二、病原学

（一）病原与分类

鸭疫里氏杆菌是一种不产生芽孢且不能运动的革兰阴性小杆菌，属黄杆菌科，显微镜下可见菌体多为短杆状，少部分呈丝状，单个、成对或链状排列。瑞氏染色菌体呈现两端浓染，印度墨汁负染可观察到荚膜。电镜下观察可见部分菌体周围存在一些芽状赘生物，这些赘生物可能为 *RA* 的进一步分型提供科学依据，具有重要的研究意义（卢凤英，2013；翟志鹏，2013；周祖涛，2009）。

RA 对营养要求相对较高，在普通琼脂平板和麦康凯琼脂平板上不能生长，而在 TSB 培养基上生长良好。当二氧化碳含量低时，*RA* 生长缓慢，长出的菌落变小，故培养环境中还需加入 5%的 CO_2。37℃下培养 24h，生长的 *RA* 菌落突起呈圆形，表面光滑无色似奶油状，不溶血。*RA* 在鲜血培养基或 TSA 平板上可良好地传代生长，但随着代数增加毒力也随之减弱（卢凤英，2013）。

（二）基因组结构与编码蛋白

1．基因组结构　鸭疫里氏杆菌的全基因组生物信息学分析资料目前还不丰富。已有菌株 *RA*-CH-1、*RA*-CH-2、Yb2、*RA*-GD、*RA*-CH-3、*RA*-YM、*RA*-SG 的全基因组长度为 2.1～2.3Mb，基因组 DNA 的 G+C 含量约为 35%，各菌株包含的基因数目相似，为 2000～2200 个，如标准菌株 ATCC 11845 的全基因组长度为 2 164 087bp，G+C 含量为 35.01%；鸭疫里氏杆菌全基因组序列信息的公开对于鉴定未知功能的基因，筛选药物靶标和保护性抗原，寻找毒力相关基因、研究致病机理等具有非常重要的意义。

对已有的鸭疫里氏杆菌株基因组所含蛋白质种类分析结果显示，鸭疫里氏杆菌中的功能性蛋白主要有以下几种。

（1）铁转运蛋白 Tong 蛋白家族　该家族的主要功能是细菌的铁转运系统，由于铁的吸收是细菌生长至关重要的部分，而且铁对细菌的毒力因子也具有很大的影响力，因此铁运输途径对维持细菌存活非常重要。

（2）荚膜多糖　荚膜多糖是许多细菌的重要致病因素，该类蛋白质不仅能够抑制许多细菌生物膜的形成，同时在一些菌株中也具有破坏已经生成的生物膜的特性，并且在某些细菌中还有加强部分抗生素破坏细胞外膜的效果。

（3）外排系统蛋白　一类是微小多重耐药（SMR）家族，另一类是主要异化超家族（MFS）的 MFS-1 家族相关的蛋白。

（4）抗生素抗性相关基因　例如，vanz 家族蛋白，为万古霉素的抗性蛋白；青霉素酶阻遏蛋白；吖啶黄耐药蛋白：樟脑耐药蛋白；多重抗生素耐药性相关蛋白。

2．*RA* 的毒力因子　毒力因子也称为致病因子，是指病原菌应对环境变化而表达的特定产物。病原菌在宿主体内与体外所处的环境不同，它们为了适应这种体内外环境差异的变化，需要适当地下调某些非必需基因的表达，相应地上调利于其在宿主体内存活的关键基因，同时表达促进整个感染过程的毒力基因。通常地，多数病原菌的致病是多因素共同作用的结果，一般需要参与生理过程的基因和毒力基因的共同作用。其中，毒力基因一般是致病菌特有的，只有极少数存在于非致病菌体内，即便存在于非致病菌体内也很少表达。这些毒力基因可位于染色体的某一特定区域（毒力岛或毒力盒），可以是转座子的一部分，也可以由质粒、噬菌体分别编码。在以往的很长一段时间中，人们对 *RA* 的毒力相关因子都了解很少，这也是本菌的分子生物学研究热点和关键点；近几年来，这方面的研究已取得一些进展，学者发现了许多新的对 *RA* 毒力可能有影响的物质或结构以及其编码基因，为新型 *RA* 疫苗的开发提供了科学依据。

外膜蛋白是存在于革兰阴性菌细胞壁中的一种特有的结构，在维持细菌形态、物质运输、信号传递和入侵宿主细胞等方面都有着重要作用。在外膜蛋白中，OmpA 是主要的蛋白质，具有很强的抗原性。Hu 等（2011）通过缺失 *RA* 血清 2 型菌株 Th4 的 *OmpA* 基因，构建了缺失株 Th4Delta OmpA，结果发现其生长情况与亲本株相似，而对细胞的黏附侵入能力与毒力显著低于亲本株 Th4，这表明外膜蛋白 OmpA 是 *RA* 的一个重要毒力因子。OmpH 也是革兰阴性菌外膜中的一个组成蛋白，曾有研究将鸭疫里氏杆菌的 OmpH 作为间接 ELISA 的包被抗原，证明其有较好的免疫原性（高群，2015），而对鸭疫里氏杆菌 *OmpH* 基因与细菌毒力有无关联，目前还没有相关报道。

细菌生物被膜（bacterial biofilm，BF），是指细菌黏附于接触表面，分泌多糖基质、纤维蛋白、脂质蛋白等，将其自身包绕其中而形成的具有特定结构的大量细菌聚集膜样物。BF

能使细菌对环境中不利因素的抵抗能力增强，包括逃避宿主免疫及耐受抗生素作用（Birk，2021）。Yi 等发现 *wza* 基因失活的 *RA* 突变株不能正常形成荚膜，且表面疏水性增强，使得 BF 的形成受到了影响，进而导致突变株毒力相较亲本株显著减弱（Yi，2017）。这表明 *wza* 基因可能是 *RA* 的毒力相关基因。

脂多糖是革兰阴性菌细胞壁的主要成分，也是其内毒素和重要群特异性抗原（O 抗原），包含类脂 A、核心多糖、O 特异性链三部分，被认为是很多革兰阴性菌的毒力因子。至今已发现 *RA* 中许多与脂多糖合成有关的基因，包括（不完全）AS87_04050（Wang，2014）、M949_1556（Zou，2015b）、M949_1603（Zou，2015a）、M949_RS01915（Dou，2017）、M949_RS01035（Dou，2018）、M949_1360（Yu，2016）等，这些基因被缺失或沉默后 *RA* 都不能正常合成脂多糖从而使毒力减弱，所以这些基因所编码的物质都是 *RA* 可能的毒力因子。

铁是细菌进行生命活动所必需的元素，细菌围绕铁元素的摄取在漫长的时间中进化出了一套完整的机制，主要包括血红素转运系统和三价铁离子转运系统。卢凤英等发现 TbdR1 蛋白是细菌铁离子转运能量系统 TonB 的一个依赖性受体，且在 *RA* 血清 1、2、10 型中有较好的交叉免疫原性，于是用接合转移的方法获得了 *RA* 的 TbdR1 缺失株，发现其获铁能力与致病性较亲本株都大幅降低，证明 TbdR1 是 *RA* 的毒力因子（卢凤英，2013）。Miao 等（2015）通过构建 TonB1 和 TonB2 缺失株，也得到了类似结果。此外，已报道的与 *RA* 铁离子转运相关的蛋白还有 B739_1208（Wang，2017）和 B739_1343（Liu，2018）等。

双组分调控系统是普遍存在于生物中的一种信号调节机制，而在革兰阴性菌中最为常见。典型的双组分调节系统由感受蛋白和调节蛋白组成，由两个不同的基因编码，这两个基因通常是相邻的，而且常组成一个操纵子（Kandehkar，2020）。Wang 等发现 RAYM_RS09735 与 RAYM_RS09740 基因是 PhoP/PhoR 双组分系统，将这两个基因敲除得到的突变株毒力大幅下降，有 112 个基因上调表达及 633 个基因下调表达。这说明 RAYM_RS09735 与 RAYM_RS09740 是 *RA* 的毒力因子，且它们组成的 PhoP/PhoR 系统参与了全局性的调控（Wang，2017）。

Ⅸ型分泌系统（T9SS）是由多组分蛋白复合体形成的跨膜通道，是 *RA* 向胞外分泌毒力蛋白的途径（Gao，2020）。SprA 是 T9SS 系统的核心蛋白，Hu 等通过构建 *RA sprA* 缺失株，发现 SprA 是 *RA* 的毒力相关因子，其缺失导致外膜蛋白丰度发生改变，以及一些与 T9SS 效应蛋白相关的分泌障碍（Hu，2019）。Yuan 等发现 Gldk 蛋白在 T9SS 中具有和 SprA 相似的作用，也是 *RA* 的一个毒力因子（Yuan，2019）。

此外，Ren 等（2018）发现 *BioF* 基因 AS87_RS09170 参与了 *RA* 的生物素合成，缺失后对细菌形态及毒力都有影响；Crasta 等（2002）通过构建基因文库进行筛选，发现 *cam* 基因编码的 CAMP 溶血素能裂解鸭红细胞，可能是一种潜在的毒力因子，同时还经放射性碘标记糖蛋白 A 水解实验证明了 CAMP 溶血素是一种唾液酸蛋白酶；Wang 等（2016）发现 *RA* 的 *AS87_01735* 基因编码一种具有烟酰胺酶活性的蛋白 PncA，可调节细菌 NAD^+的合成，从而影响 *RA* 毒力，以上这些研究表明上述基因都可能是 *RA* 的毒力因子。

（三）病原分子流行病学

目前报道的 *RA* 血清型至少有 21 种，在不同国家和地区，引起鸭疫里氏杆菌病流行的菌株不同，即使在同一鸭场，血清型的分布也会有所不同，甚至同一鸭只的不同器官，分离的菌株也会有不同。至今，在我国陆续被发现并报道的 *RA* 血清型有 1、2、3、4、5、6、7、8、

9、10、11、13、14 等型或更多，最为流行的是 1、2 和 10 型（吴彩艳，2017）。国际公认的鸭疫里氏杆菌（*RA*）血清型为 21 个，我国又新发现 4 种血清型（程安春等，2003），所以是 25 个，且各血清型间缺乏交叉保护。

（四）感染与免疫

鸭传染性浆膜炎主要通过污染的饲料、饮水、尘土、飞沫等，经呼吸道、消化道或皮肤的伤口（尤其是足蹼部皮肤）而感染，还可经蛋远距离传播。它的发生与鸭龄的大小、饲养管理的好坏、各种不良应激因素或其他病原感染有一定的关系，死亡率一般在 5%～75%。例如，在卫生条件差、饲养管理不善或雏鸭转换环境、气候骤变、受寒、淋雨及有其他疾病混合感染时，更易引起本病的发生和流行，死亡率往往可高达 90%以上。

鸭在感染 *RA* 后 1～3d 就开始出现浆液-纤维素性或纤维素性心包炎、肝周炎和气囊炎，并且这些病变在整个病理过程中都能看到；另外，部分病例还有支气管肺炎、纤维素性脑膜脑炎、肠道和脾表面有纤维素性渗出物等病理变化。因此，鸭疫里氏杆菌病的典型病理变化为浆液-纤维素性或纤维素性心包炎、肝周炎和气囊炎，渗出物中含有大量的炎症细胞，初期以嗜异性白细胞为主，后期以单核细胞和淋巴细胞占优势。疾病发展过程及发病机理的综合分析发现，鸭疫里氏杆菌病是一种主要侵染全身性浆膜的败血型传染病，其病理过程主要是鸭疫里氏菌首先在感染局部引起炎症灶，当机体的防御能力显著降低时，鸭疫里氏菌迅速突破机体的防御机构，从感染灶不断侵入血液，经血液扩散到全身，主要定位在全身的浆膜，引起全身多发性浆膜炎并发展为败血症；病变期间，血清乳酸脱氢酶（LDH）、谷草转氨酶（GOT）活性显著升高，血清 AKP（碱性磷酸酶）活性降低，血红蛋白（Hb）、红细胞（RBC）数量呈明显降低，损伤较严重的器官为心脏和肝，病鸭出现消化障碍和贫血，最后因多器官功能衰竭和 DIC 而死亡。

灭活疫苗虽然在实验中表现出很高的保护率，但在生产实践中却存在很多缺点，如损害或改变有效的抗原决定簇，免疫效果维持时间短，不产生局部黏膜抗体，需要多次接种，价格较贵，对鸭应激较大等。活疫苗具有免疫次数少、模拟自然感染过程、免疫效果好、维持时间长等优点。Sandhu 等利用筛选到的自然弱毒株，制成三价弱毒疫苗，弱毒苗免疫效果好，在美国和加拿大已广泛应用，但国内尚未见应用弱毒活苗的报道。因此研制具有良好效果的活疫苗将具有巨大的社会效益和广阔的市场前景；但弱毒疫苗要注意能否保持弱化毒株的遗传稳定性，监测毒力返强和散毒的风险。

由于鸭疫里氏杆菌血清型复杂，不同血清型间交叉保护率低或缺少保护，故在生产中应用疫苗时必须使用与本场或本地区流行的主要血清型相符的疫苗，才能够达到有效地预防本病的目的。

研究表明，基因工程疫苗的保护力与安全性都很出色，其缺点在于只能对亲本株所属的单一血清型产生保护，限制了 *RA* 此种疫苗的适用范围。在这种背景下，筛选出 *RA* 不同血清型间，具有交叉免疫原性的保护性抗原制成亚单位疫苗来对 *RA* 进行防治，是一条理想的途径。而目前有关 *RA* 亚单位疫苗的研究还不多，需要有更多的学者投入这项工作中。

三、诊断要点

（一）流行病学诊断

各品种鸭对鸭疫里氏杆菌均有感染性，1～8 周的雏鸭对本病较为敏感，但 10～30 日龄的雏鸭发病更多见。5 周龄以下的雏鸭，通常会在症状出现后的 1～2d 死亡；而周龄稍大点的鸭子得病后会发育不良；成鸭和种鸭较少发生本病；1 周龄内幼鸭也较少发病，这可能是母源抗体存在的原因。

污染的水源和空气是鸭疫里氏杆菌病的主要流行途径，主要通过呼吸道或皮肤创伤感染。本病可在同一地区出现地方性流行，一年四季都可发病，但春冬季节发病现象较为明显，普遍以气温低湿度大的时节多发。鸭群的生活环境过于密集，空气不流通、地面潮湿等环境特点会进一步升高空气中的氮含量，饲养管理不足、维生素缺乏等诸多因素都可诱发本病。

（二）临床诊断

本病潜伏期一般为 1～3d，有的可长达 7d。最急性病例是指鸭群在发病时发生的猝然死亡，在 2～3 周龄的幼龄鸭中最为常见，其发病特征是病情发展迅速、发病率高，出现典型的神经症状，表现为打喷嚏，眼和鼻的分泌物增多，眼圈形成，且附近羽毛粘连在一起或脱落，伴有咳嗽、拉稀，排出黄绿色或黄白色的稀粪，共济失调、头颈部位出现震颤，并伴有昏睡症状，临死前出现阵发性痉挛，病程持续 1～3d 或可达到一周以上。4 周龄以上的幼龄鸭，大多数呈急性或慢性病例经过，鸭子不愿意走动，身体呈现俯卧状姿势，呼吸声中伴有“咔咔”等异样声音，眼流出浆液性或黏液性分泌物，食欲不振或无食欲；少数出现头颈歪斜，受到惊吓后出现痉挛、转圈、倒退等现象；甚至出现呼吸困难、张口呼吸；还有少数病鸭的跖跗关节肿胀，耐过的鸭发育不良或成为僵鸭，失去经济价值。

（三）病理诊断

经典的病变是剖检病死鸭可见心脏出现纤维素性心包炎，心包膜增厚，肝肿大明显，气囊浑浊，脾肿大，表面呈不同程度的斑驳状坏死，鼻腔及鼻窦内附有大量稀薄透明的炎性渗出物凝块，其他脏器（胃、肠、肾等）病变不明显。但也有部分病例还出现干酪样输卵管炎、结膜炎、关节炎。

2020 年广东一些番鸭养殖场在临床症状上出现花斑脾、肝肿大出血等的疫情，病死鸭中未见包心包肝等鸭疫里氏杆菌病典型症状，从病死番鸭中除分离到 *RA*（自命名为 Wens K 菌株）外，未分离、检测到其他常见的病毒、细菌病原；用分离的 Wens K *RA* 野毒株进行攻毒，感染死亡鸭无典型包心包肝病变，却出现与临床生产中相似的肝充血淤血、坏死及脾脏大理石样变、形成花斑脾等病理解剖变化；由此推知，单一花斑脾的临床症状情况也有可能是传染性浆膜炎病的一个新临床表征和动向，这类致病性 *RA* 可能还是一个新的血清型。

（四）鉴别诊断

本病在临诊上应该注意与鸭病毒性肝炎、禽霍乱、鸭瘟、大肠杆菌病等相区别。

在鸭病毒性肝炎中未见到鸭疫里氏杆菌病的病变，病理变化特点为肝大，有出血性斑点，呼吸正常，角弓反张。

禽霍乱与鸭疫里氏杆菌病之间的区别必须通过多杀性巴氏杆菌的鉴定来确定，禽霍乱的浆膜渗出液为黄色，而鸭疫里氏杆菌病的浆膜渗出液为淡黄白色，未见到急性禽霍乱表现出的心外膜上皮出血、肝脏的局灶性坏死等现象。

鸭瘟同鸭疫里氏杆菌病一样具有心包炎、腹膜炎和输卵管炎，但并未见到在浆膜炎中出现的大面积出血、神经系统等症状。

雏鸭大肠杆菌病在 15 日龄前发病死亡率高，日龄越大，死亡率越低，无神经症状，无角弓反张症状，有包心、包肝症状，临床上常难以与鸭疫里氏杆菌病区分，必要时需进行细菌病原的分离与鉴定。

四、实验室诊断技术

（一）病料采集与保存方法

在病死鸭的脑、心血、肝、脾、胆囊、肺及病变的渗出物等都可分离到 *RA*，但以脑的分离率最高，其次是心血，分别约 80%和 60%，而肝、脾等脏器分离率则相对较低，只有 10%左右。

鸭疫里氏杆菌对于理化因素的抵抗力不强，37℃室温环境下大多数菌株在固体培养基上存活不超过 3～4d，肉汤培养物贮存在 4℃则成活不超过 3 周，55℃处理 12～16h，细菌全部失活。鉴于此最好将 *RA* 冻干保存。

（二）病原学诊断

1．显微镜检查　无菌直接取病死鸭肝、脾、脑组织等病变组织进行涂片，经革兰染色后镜检，可见阴性小杆菌。经瑞氏染色后镜检，可见有两端浓染的小杆菌。

2．细菌病原的分离培养　无菌直接取病死鸭脑、肝、脾、心包液等病变组织，用血琼脂在 37℃的蜡烛罐中或 5%的二氧化碳中孵育，或用巧克力琼脂培养基进行分离培养，37℃培养 24～48h。在巧克力琼脂平皿上长出圆形、表面光滑、灰白色、半透明的直径为 2～3mm 的菌落；在血液琼脂平皿上长出光滑圆润、边缘整齐并且不溶于血的菌落，直径在 1.5mm 左右，接种在普通琼脂培养基上不生长。

3．生化试验　*RA* 的生化试验国内外的报道很多，但不尽相同，较为一致的结果有：鸭疫里氏杆菌可以液化明胶，但不能发酵葡萄糖、蔗糖、乳糖、果糖、甘露醇和山梨醇，并且不能还原硝酸盐为亚硝酸盐，且不会产生硫化氢、过氧化氢、磷酸酶，而且氧化酶试验为阳性，尿素酶试验为阴性，吲哚试验、VP 试验和甲基红（MR）试验同样为阴性。但不同的血清型，甚至同一血清型不同的分离株其生化试验的结果都可能存在有个别的差异，故生化试验只可作为 *RA* 鉴定的参考依据。

4．动物接种试验　分离培养的细菌用生理盐水稀释后，在肌肉内注射至 10 日龄健康雏鸭，接种后 24～48h 发病死亡，并且会表现出鸭疫里氏杆菌病的临床症状和特征性病理变化，可以从死亡的雏鸭中检测分离本菌，即可确诊为鸭疫里氏杆菌病。

5．分子生物学鉴定方法　利用分子生物学方法检测鸭疫里氏杆菌的技术已经趋于成熟。引物靶位基因多选择 16S rRNA、外膜蛋白等基因序列。目前采用分子检测手段不仅可以检测各种临床样本，而且可以准确区分各个血清型。16S rRNA 的基因序列被认为是最合适的检测鸭疫里氏杆菌和系统发育分析的目的基因，没有发现宿主、血清型、分离时间和分离地点对系统发育分析的分群有明显的影响。

（三）免疫学诊断

荧光抗体试验：用经过消毒的接种棒从已经无菌收集到的死雏鸭的脑、肝、脾挑取少量病变组织触片，用免疫荧光抗体染色后在荧光显微镜下检查。若见到单个散在而且为黄绿色环状结构，可确诊为鸭疫里氏杆菌病。

五、防控措施

（一）综合防控措施

1．平时的预防措施

（1）环境条件与卫生管理　本病发生和流行与应激因素密切相关，应注意减少各种应激因素。在地面饲养雏鸭要及时更换垫草，定期对料槽、饮水器、用具等进行清洗消毒。将雏鸭转舍，如由舍内转舍外和下塘时，要特别注意温度和气候的变化情况，尽量减少运输和避免强势驱赶。注意鸭舍的环境卫生，及时清除粪便，鸭群数量适中，饲养密度不能过高，实行全进全出的管理方式，出栏后的鸭舍应进行彻底消毒，空置至少一周才能进行下一鸭群的进栏饲养，且最好在鸭进栏前3d重新消毒一次，药物防治的同时须加强对环境卫生消毒和病鸭隔离，用双链季铵盐和络合碘消毒液按1∶1000的比例进行喷雾消毒鸭群和笼舍，连用5～7d同时降低饲养密度。

（2）营养与饲料品质管理　饲喂优良品质的全价饲料，确保其微量元素和维生素的量，使鸭机体生长发育得到充足的营养，整体提高机体抗病力。

（3）加强日常管理　①改善育雏条件，育雏室要保持通风、干燥、温暖，勤换地面垫草；饲料槽、饮水器要保持清洁，并定期清洗，清扫垃圾及粪便后，严格消毒。②要符合鸭群的饲养密度，注意控制鸭棚内的温度、湿度，有效减小应激，特别要注意天气变化，防日晒、防雨淋、防寒冷等应激同时防止惊吓及其他不良因素的影响。③实行“全进全出”的饲养制度和封闭式饲养管理模式，杜绝传染病的传播和流行。④控制传染源，做好自繁自养、死淘动物及时无害化处理、种蛋清洗等工作。

2．发病时的扑灭措施　在暴发鸭疫里氏杆菌病时，只能借助于药物来控制疾病的暴发和展开，但目前耐药性在各地都较为严重，最好通过药敏试验来确定。通常选用氟苯尼考等动物专用抗生素，20～30mg/kg进行拌料，连续3d，且保持每天2次的用量，但该药品极大的弱点是易产生耐药性；头孢曲松等也是常用于治疗鸭疫里氏杆菌病的首选药物。

采用中西药防治措施，也可获得较为满意的效果。例如，在用化学药物的同时，用苍术、白术、金银花、β-胡萝卜素等组方或黄连、青木香、白头翁、蒲公英、鱼腥草等煎服，拌料，连用3～5d，同时增添多种维生素，效果明显。

（二）疫苗与免疫

目前，国内外临床应用的*RA*疫苗主要有灭活疫苗、弱毒疫苗。当前国内市场中*RA*疫苗均为灭活苗，不同产品间的差别主要在于佐剂和抗原血清型类型数及含量不同，如鸭传染性浆膜炎灭活疫苗（1型）、二价灭活疫苗（1、2型）、三价灭活疫苗（1、2、7型）、鸭传染性浆膜炎、大肠杆菌病二联灭活疫苗（1型＋O78型）等。前期做好免疫接种，坚持自繁自养，不从有疫病的地区引种。对常发本病的鸭场，在易感日龄使用敏感药物预防，雏鸭在7～10日龄，每羽皮下注射鸭疫里氏杆菌灭活苗0.3mL；成鸭每羽皮下注射0.5mL。免疫有效的几个关键点：血清型对应；高发日龄提前2周免疫；有条件的免疫后2周进行抗体水平监测，判定免疫效果。

六、问题与展望

鸭传染性浆膜炎是危害我国水禽业最为严重的细菌病，如何高效地防治好本病是水禽产业发展的重要议题和难题，也是兽医科技、生产、管理者的责任和担当。由于水禽产业的壮大，养殖场的环境条件和管理水平大幅提高，因饲养管理不善而诱发本病的因素极少发生了，防治之难主要表现在两个方面：一是药物治疗不再是首选。本病虽是细菌病，但抗菌药物对实质器官内的本菌有效，而对存在于浆膜上的病菌，因浆膜上毛细血管贫乏使得药物难以到达且浓度不够，故抗菌药只有抑菌作用、减轻临床症状和病变，不能彻底治愈疾病，不能从源头上解决问题，药停后又会复发；为控制病症，养殖场只能加大抗菌药物剂量且长期用药，其恶果就是耐药性增加、药物残留加重并引发食品安全问题；目前全面的养殖中减抗限抗政策，更导致药物防治不能成为本病防治的主流选择，能指望的就是饲养过程的生物隔离手段和疫苗预防。二是如何选用菌株及生产出好的疫苗应用于养殖行业。由于引发本菌的血清型众多，疫苗中包含有的血清型菌及各菌的含量成为关键因素；目前的二价、三价、二联疫苗做了尝试和应用，总体上有效果，但还有不足和缺陷，用新技术和细菌研究的新成果来丰富和开发出更全面有效的疫苗是行业的期望。

（王林川）

第六章　其他动物传染病

第一节　马传染性贫血

一、概述

马传染性贫血（equine infectious anemia，EIA）简称马传贫，又称沼泽热，是由马传染性贫血病毒（equine infectious anemia virus，EIAV）引起马属动物的一种传染性疾病。本病的特征是病毒持续性感染、免疫病理反应及临床反复发作，呈现发热、贫血、出血、黄疸、心脏衰弱、浮肿和消瘦等症状，并伴有血液学变化，如红细胞数减少、血红蛋白量降低、血小板数减少和静脉血中出现吞铁细胞等。在发热期（有热期）症状明显，在间歇期（无热期）症状逐渐减轻或暂时消失。EIA 是对养马业具有严重危害的传染病，世界动物卫生组织将 EIA 列入《OIE 疫病、感染及侵染名录》，我国将其列为二类动物疫病。

拓展阅读 6-1

EIA 在 1843 年首次发现于法国，造成超过 13 万匹马死亡。经过两次世界大战，本病已传遍世界上几乎所有的养马国家。根据 1977 年联合国粮食及农业组织的报告，当时有 31 个国家存在此病，其中中南美洲的一些国家疫情较为严重，包括巴西、阿根廷、哥伦比亚、巴拉圭、委内瑞拉、多米尼加和危地马拉等国家。根据世界动物卫生组织发布的疫情通报，2015～2019 年，在法国、德国、波兰、希腊、斯洛伐克、荷兰、瑞士、马其顿、西班牙、保加利亚、秘鲁、智利、乌拉圭等国家均有 EIA 的流行与发生。

本病在我国的流行最早可追溯到 20 世纪 30 年代。1954 年，我国从苏联进口的马匹曾暴发 EIA。20 世纪六七十年代马传贫在我国广大农村、牧区暴发流行；七八十年代，建立了马传贫特异性诊断方法，成功研制了马传贫弱毒疫苗，进入大范围开展疫苗免疫的阶段；80 年代后期至 90 年代，全面贯彻以免疫为主，“检疫、免疫、扑杀病畜”相结合的综合性防治措施，进入了马传贫稳定控制考核验收阶段。2000 年以来，为坚持“预防为主”方针，继续采取监测、检疫、扑杀病马和阳性马等综合防治措施，在全国范围内加快了消灭马传贫的步伐。目前，全国范围内基本保持无疫情状态，大多数地区已经通过马传贫消灭考核验收。

二、病原学

（一）病原与分类

马传染性贫血病毒（equine infectious anemia virus，EIAV）属反转录病毒科（*Retroviridae*）慢病毒属（*Lentivirus*）成员。该属其他成员包括：人类免疫缺陷病毒 1 型、人类免疫缺陷病毒 2 型、猿猴免疫缺陷病毒、山羊关节炎/脑炎病毒、梅迪/维斯纳病毒、猫免疫缺陷病毒、美洲狮慢病毒、牛免疫缺陷病毒和牛 Jembrana 病毒。

EIAV 病毒粒子呈圆形，有囊膜，以出芽方式成熟和释放。能在短时间内反复连续进行抗原变异，从而逃避宿主的免疫系统，同时病毒基因组可整合到单核细胞和巨噬细胞的染色体上。因此，马感染后呈现持续性或间歇性病毒血症，终身无法治愈。

马传染性贫血病毒可在马外周血单核细胞初代培养单层上生长，并出现 CPE。某些分离毒株可在马肾细胞、马皮肤细胞、犬胸腺细胞等上生长。

（二）基因组结构与编码蛋白

EIAV 是正链 RNA 病毒，病毒基因组由两条相同的线状 RNA 组成，两条链通过氢键形成二聚体。EIAV 基因组包括 3 个结构蛋白（Gag、Pol 和 Env）和 4 个附属蛋白（Tat、S2、Rev 和 S4）。病毒基因组两端是完全相同的重复区（R 区），5′ R 的下游是 5′独特区（U5），3′ R 区上游是 3′独特区（U3）。EIAV 感染宿主细胞后，病毒基因组 RNA 在自身编码的反转录酶的作用下反转录合成前病毒 DNA（proviral DNA）。前病毒 DNA 的两端是非编码区——长末端重复序列（long terminal repeat，LTR），它由三个区域组成，分别是 U3、R 和 U5。

1．Gag 蛋白及其功能　EIAV 的 Gag 蛋白是病毒的主要结构蛋白，其前体蛋白（Pr55gag，p55）的分子质量为 55kDa。在成熟的病毒粒子中，Pr55gag 被病毒编码的蛋白酶裂解为基质蛋白（MA，p15）、衣壳蛋白（CA，p26）、核衣壳蛋白（NC，p11）及 p9。MA 分布于病毒膜的内侧，与病毒的囊膜结合。CA 是 EIAV 主要的核心蛋白，约占病毒蛋白总量的 40%，是重要的免疫原性蛋白之一。通常 EIAV 感染后针对 CA 的抗体出现最早，而且能长期保持。CA 具有群特异性抗原表位，并且抗原表位十分保守。所以，鉴于 CA 的高产量和表位保守性，以及 CA 抗体的持续时间长的特点，CA 是 EIAV 商业化诊断试剂的主要抗原成分。NC 是强碱性蛋白，它在病毒粒子装配过程中与病毒 RNA 结合，负责将病毒核酸包装到病毒粒子。在病毒复制晚期，p9 调节病毒粒子从细胞膜释放。

2．Pol 蛋白及其功能　Pol 前体蛋白在宿主蛋白酶的作用下裂解为病毒蛋白酶（PR，p12）、反转录酶（RT/RNase H，p66/p51）、脱氧尿苷三磷酸酶（dUTPase，p15）和整合酶（IN）。PR 在病毒复制过程中裂解病毒的 Gag 前体蛋白。RT 催化病毒 RNA 反转录为病毒 DNA，RNase H 在反转录过程中降解 RNA-DNA 杂交分子中的 RNA 链。dUTPase 可以帮助病毒在 dNTP 含量较低的细胞中合成病毒 DNA，减少前病毒 DNA 合成过程中尿嘧啶（U）的错误掺入，保证病毒复制的正常进行。IN 催化前病毒 DNA 整合到宿主基因组。

3．Env 蛋白及其功能　Env 前体蛋白在细胞蛋白酶的作用下切割成表面糖蛋白（SU，gp90）和跨膜糖蛋白（TM，gp45）。二者通过非共价键的方式结合形成 Env 复合体，最终包裹于病毒粒子的最外层，并介导病毒侵入宿主细胞。在病毒感染过程中，gp90 与靶细胞细胞膜上的受体蛋白（ELR1）结合。gp90 存在一系列的中和抗体表位、Th 和 CTL 表位。慢病毒的 SU 是糖蛋白。糖侧链可以屏蔽 Env 的抗原表位，逃避免疫系统的识别。gp90 有 13～19 个 *N*-糖基化位点，其位置和数量与病毒生物学特性有一定的关系。gp45 介导病毒与细胞膜融合。根据 gp45 的结构可分为以下 4 个区域：N 端的融合区（fusion domain）、胞外区（extracellular domain）、疏水的膜锚定区（hydrophobic membrane anchor domain）和 C 端的胞内区（carboxy terminal intracytoplasmic domain）。融合区具有疏水融合表位，它在病毒 Env 与靶细胞细胞膜融合时发挥作用。有研究显示，gp45 在病毒粒子中可以被切割为 35kDa 的糖化肽段（gp35）和 20kDa 的非糖化肽段（p20），但是在感染细胞中检测不到。因此，推测 EIAV 的 gp45 会在成熟的病毒粒子中进一步裂解。

4．附属蛋白及其功能　Tat 是慢病毒复制的必需因子，在病毒转录早期与 5′-LTR 的特定功能域（TAR）结合，并招募宿主蛋白分子（如 cyclin T1）共同促进 RNA 聚合酶的延伸效率，增强病毒转录水平。S2 是 EIAV 特有的附属蛋白，缺失 S2 不影响病毒在体外的复制，但是会显著降低病毒在体内的复制水平和致病性。S2 蛋白能促进体外培养的马巨噬细胞炎性因子和趋化因子表达的增加。Rev 是所有慢病毒都具有的附属蛋白，其主要功能是介导不完全剪切的病毒 mRNA 和未经剪切的病毒基因组 RNA 运输到细胞质，并加强这些 RNA 的稳定性，促进病毒蛋白表达。此外，EIAV 的 Rev 可以拮抗宿主细胞因子 SAMHD1，促进病毒的复制。最近的研究发现，EIAV 编码一种新的蛋白质，将其命名为 S4。S4 蛋白通过拮抗宿主限制因子 tetherin 调节病毒的释放。

5. 非编码区序列 LTR LTR 是前病毒 DNA 整合到宿主基因组的必要元件，作为病毒的启动子调节病毒的转录和复制。LTR 通常分为三个区域：U3（unique，3′end）区、R（repeated）区和 U5（unique，5′end）区。U3 区包括负调节区（negative regulatory element，NRE）、增强子区（enhancer region，ENH）和启动子 TATA 盒三个主要的功能元件。其中，ENH 含有多个与病毒复制及致病力相关的调节基序，这些基序的类型及顺序在不同毒力和细胞嗜性的毒株中有所不同。R 区的 5′端是病毒转录起始位点，其下游的 25 个核苷酸是与病毒自身编码的反式激活蛋白 Tat 相互作用的区域，称为 Tat 识别区（Tat activating region，TAR）。TAR 有一个“茎-环”二级结构，其结构的完整性对 Tat 蛋白的反式激活作用是必需的。R 区 3′端存在一个 poly（A）信号序列 AATAAA。U5 区通常是保守的，其包含转录终止信号和多聚腺嘌呤添加位点。

（三）病原分子流行病学

在发现 EIAV 后，主要对其 3 个病毒株进行研究，即美洲毒株 $EIAV_{Wyoming}$ 及其衍生毒株（$EIAV_{PV}$、$EIAV_{UK}$ 和 $EIAV_{WSU5}$ 等）、中国弱毒疫苗及其亲本强毒株和日本毒株 V70 及其弱化毒株 V26 株。2009～2013 年先后报道了 3 个新的分离毒株，分别是来源于美国宾夕法尼亚州的 $EIAV_{PA}$、来源于爱尔兰的 $EIAV_{IRE}$ 和来源于日本宫崎市的 Miyazaki2011-A。遗传进化分析表明，V70 和 $EIAV_{Wyoming}$ 在遗传进化上非常接近，其余毒株在进化上都处于独立的分支，中国毒株与国外毒株全基因组的差异在 23%，而 *gp90* 的差异更是高达 40%左右。EIAV 基因的变异主要集中在 *env*、LTR、*rev* 和 *s2*，*gag* 和 *pol* 是相对保守的区域。

1. *env* 的变异规律 在 EIAV 持续性感染期间，随着患马的连续反复发热，体内的病毒抗原不断发生变异，称为抗原漂移。Env 是刺激机体产生免疫应答的主要抗原成分，*env* 的变异主要集中在 *gp90*，*gp90* 基因的突变率比 *gp45* 高 2～3 倍。*gp90* 有 8 个高变区域（V1～V8）。EIAV 抗原变异和免疫逃避主要与 *gp90* 基因的变异有关，特别是 V3 区的变异与病毒免疫逃避有重要关系。EIA 每次发生病毒血症都与病毒变异引发的逃逸密切相关。中和试验显示，每个发热点的病毒只能被后期发热周期的血清所中和，而不能被前发热周期的血清中和。这反映了在 EIAV 感染过程中机体的免疫压力，特别是中和抗体是囊膜蛋白变异和抗原漂移的主要推动力。此外，EIAV 在体外细胞长期培养过程中 *gp90* 会出现显著的变异。对中国 EIAV 弱毒疫苗株及其制备过程中多个不同代次的病毒基因组分析发现，*gp90* 是变异最为显著的区域。随着病毒的传代各毒株 *gp90* 糖基化位点数逐渐减少，致病性毒株的糖基化位点数平均在 19 个以上，疫苗株平均是 17 个。疫苗株病毒缺失了 V3 区和 V4 区的糖基化位点，并增加了病毒对血清的中和敏感性。

EIAV 中国驴胎皮肤细胞适应性弱毒疫苗株 $EIAV_{FDDV13}$ 在 *env* 发生 2130G/A 的突变，形成终止密码子 $^{781}TGA^{783}$，使 Env 在 gp45 CT 区缺失 154 个氨基酸。Env 截短型病毒在驴胎皮肤细胞（FDD）上复制能力明显高于 Env 完整型病毒，而在马 MDM 上的复制能力明显低于 Env 完整型病毒。但是，当 $EIAV_{FDDV13}$ 感染体外培养的马 MDM 或马匹后，发生截短突变的病毒会逐渐发生回复突变。Env 截短突变会增加 Env 在细胞膜的定位，并促进病毒粒子的释放。

2．LTR 的变异规律　LTR 是 EIAV 病毒的主要变异区。U3 区存在缺失、插入、点突变等多种突变形式，引起特定的细胞转录因子结合基序改变。成纤维细胞适应性 EIAV 的 LTR 中有 PEA-2 基序或者与 TATA 盒接近的 CTTCC 基序，而巨噬细胞嗜性的 EIAV 缺少这两个基序。

3．*rev* 的变异规律　EIAV 的 *rev* 基因在体内高度变异，其变异与临床疾病状态密切相关。对 EIAV 持续性感染病例的 *rev* 基因分析发现，随着疾病状态的波动，在每个临床发病期经常出现新的病毒变异体。Rev 在体内进化过程中呈现多个不同的亚群，而且其核输出活性存在显著差异。

4．*s2* 的变异规律　早期对 $EIAV_{Wyoming}$ 株的研究结果显示，病毒在体内进化过程中 *s2* 基因高度保守。但是，对 EIAV 弱毒疫苗研究发现，S2 是中国 EIAV 弱毒疫苗与其亲本强毒株基因组间变异最大的区域之一。EIAV 弱毒疫苗亲本毒株 $EIAV_{LN40}$ 感染马匹后，EIAV *s2* 基因在体内进化过程中高度变异，呈现明显正选择压力。

5．EIAV 弱毒疫苗变异规律　对 EIAV 弱毒疫苗基因组进化规律发现，病毒进化过程与病毒致弱过程完全吻合，伴随病毒毒力的逐渐减弱，在基因组的各个区域均出现了一系列的稳定变异位点，特别是 *env* 基因的变异与病毒致病性的改变高度一致。EIAV 在体内外以高度异质性病毒准种状态存在，马匹感染强毒株的早期出现新的病毒准种，临床发病点的病毒基因序列具有相似特征；感染早期和无症状期的病毒序列高度同源，并与 EIAV 弱毒疫苗存在相似变异位点。EIAV 在体外和体内具有相同的分子变异特征，特别是在强毒株感染马体内存在的一部分与疫苗株相同的基因序列。由此推测，EIAV 在体外培养适应过程中，受特定细胞天然免疫选择压力的长期筛选，存在于 EIAV 准种内具有疫苗株特征性的病毒准种获得优势扩增，形成独特的疫苗特性，即“EIAV 弱毒疫苗可能起源于 EIAV 准种进化的一个小的分支”。

（四）感染与免疫

1．EIAV 的靶细胞　EIAV 可以感染脾、肝、肺、淋巴结和骨髓等多种组织中的巨噬细胞。外周血单核细胞通常只能被 EIAV 感染，而不支持病毒复制，只有单核细胞定居在组织中成为巨噬细胞后才能支持病毒复制。在体外，EIAV 可以在马驹骨髓细胞、马或驴白细胞（主要是单核细胞来源的巨噬细胞）、马成纤维细胞、马或驴胎皮肤细胞、马胎肾细胞、犬胎胸腺细胞系和犬瘤细胞等多种细胞中培养。ELR1 是 EIAV 的细胞受体，其属于 TNFR 蛋白家族。EIAV 与 ELR1 在低 pH 环境下（pH 4.8～5.3）结合，经由细胞内吞作用侵入靶细胞。

2．EIAV 的主要致病机理　马传贫患畜均出现不同程度的贫血，急性病例贫血尤为明显，其发生机制主要是红细胞破坏增加和红细胞生成减少。红细胞破坏增加的发生机制是自身免疫性溶血。红细胞生成减少是由多种原因造成的。首先是马传贫病毒侵害骨髓使骨髓造血细胞大量被破坏，导致红细胞的再生发生障碍；其次由于铁代谢障碍，蛋白质合成不足，以及骨髓对铁的利用障碍等因素使骨髓的造血物质缺乏，导致红细胞生成减少。另外，患马肾的损伤影响了促红细胞生成素的形成，因而使机体生成红细胞减少。马传贫患畜特别是急性病例具有不同程度的出血变化，其发生机制主要是 EIAV、缺氧和有毒代谢产物对患畜小血管壁的损伤，使血管壁的内皮细胞变性、坏死和脱落，以及血管壁纤维样坏死，导致血管壁的通透性升高而引起出血。此外，出血也与血小板和凝血因子减少使得血液的凝固性降低有关。

3. EIAV 诱导的免疫应答 特异性免疫应答反应在 EIAV 诱导的免疫成熟过程中起重要作用。在 EIAV 感染早期，细胞免疫相对于体液免疫对 EIAV 的免疫控制具有更重要的意义。免疫成熟期的血清对前几次病毒血症时的病毒及变异病毒均具有很好的中和能力，表明中和抗体对病毒的控制是起作用的。对马传贫弱毒疫苗免疫保护研究发现，疫苗株能更早、更有效地诱导机体产生特异性细胞免疫应答（$CD4^+$、$CD8^+$增殖水平和分泌 IFN-γ 的能力），且病毒特异性细胞免疫应答的水平与免疫保护效率呈正相关。疫苗免疫保护马匹的中和抗体水平要显著高于未保护马匹，这提示中和抗体在 EIAV 弱毒疫苗诱导免疫保护中发挥重要作用。

三、诊断要点

（一）流行病学诊断

EIAV 只感染马、骡、驴等马属动物，马的易感性最高，骡、驴次之。病马和带毒马是本病的传染源，病毒主要存在于病马的血液和各脏器组织，以及分泌物和排泄物中。发热期的患病动物排毒量最大，慢性和隐性病马能长期带毒。传染途径主要通过吸血昆虫（虻、刺蝇、蚊、蠓等）的叮咬，或经消化道、交配及胎盘感染。也可经被病毒污染的注射针头和诊疗器械等散播，微量病毒就能在易感动物中引起感染。隐性携带动物传播病毒具有隐秘性，所以危害巨大。本病通常呈地方流行性或散发，有明显季节性，在吸血昆虫滋生活跃的季节（7～9 月）发生较多，新疫区多呈暴发，急性型多，老疫区则断断续续发生，多为慢性型。

（二）临床诊断

感染马的临床表现与感染病毒株的毒力和病毒数量以及宿主的个体差异有关。根据临床症状表现，本病可分为急性型、亚急性型、慢性型和隐性型 4 种病型。

1. 急性型 病马持续体温升高至 41～42℃呈稽留状态，贫血，精神沉郁，黏膜和结膜出血、黄疸、水肿，不能站立而急性死亡。

2. 亚急性型 病马有高热等急性临床症状，在一个发热周期后可回归正常，但可反复复发，导致死亡。

3. 慢性型 病马出现反复临床症状，但逐渐减轻，同时无热期逐渐延长，有的病马外表与健康马难以区分，有的病马显示逐渐衰弱的疾病进程。

4. 隐性型 无可见临床症状，外表和体况与健康马无异，但体内长期带毒。患畜在应激反应、过劳及其他导致免疫力下降的因素作用下，可能转化为有临床症状类型。

（三）病理诊断

1. 急性型 主要表现败血性变化，而亚急性和慢性型则主要表现贫血性和增生性变化。体温升高期间，从末梢血液中性粒细胞中可检出吞铁细胞。

急性型可观察到血管通透性异常导致的组织病变。特征病变为脂肪组织胶样化，浆膜下层水肿，有出血斑，肝和脾肿大，实质脏器点状出血。脾的滤泡模糊不清。肝有灶状坏死，脂肪变性，铁大量沉积。肝和淋巴结实质的网状内皮系统活化增殖。同时，淋巴细胞变性，细胞核明显崩解。骨髓中的造血细胞群也严重变性。

2．亚急性型　组织脏器出血较轻。其他组织学病变与急性型相同。贫血严重时，实质脏器的颜色变淡。

3．慢性型　可见肝慢性淤血性肿大，呈豆蔻样病变。

4．隐性型　通常无典型病理学特征，部分个体在淋巴结可见淋巴细胞、浆细胞轻微增生。

（四）鉴别诊断

马传贫与马梨形虫病（又称马巴贝斯虫病）、伊氏锥虫病、马钩端螺旋体病及营养性贫血在临床诊断上都具有高热（马营养性贫血除外）、贫血、黄疸、出血等症状，诊断时必须加以鉴别。

1．马梨形虫病　该病有一定的地区性和严格的季节性。急性型病势发展快，几天之内病马显著消瘦。网状内皮细胞和脾髓淋巴细胞增生不明显。发热期在细胞内可发现驽巴贝斯虫及马巴贝斯虫。驽巴贝斯虫病用台盼蓝染色、马巴贝斯虫病用黄色素染色，阿卡普林或贝尼尔治疗有效。

2．伊氏锥虫病　该病贫血症状较黄疸症状明显。心肌、骨骼肌常有淋巴细胞、浆细胞和组织细胞浸润，网状内皮细胞常无增生。发热期在血浆里可发现伊氏锥虫。用那加诺、纳嘎宁或安锥赛硫酸甲酯治疗有特效。

3．马钩端螺旋体病　患病马、骡感染后多无明显症状，仅少数马呈现发热、贫血、黄疸、出血及肾炎等症状。病后期有的病马出现周期性眼炎症状。肾小管细胞变性、坏死。肝常无网状内皮细胞增生。在尿和血液里可发现钩端螺旋体。用青霉素、链霉素治疗有效。

4．马营养性贫血　该病不是传染病。体温不升高，血流中无吞铁细胞。贫血及浮肿明显。常无网状内皮细胞增生。加强饲养管理可促使康复。

四、实验室诊断技术

（一）病料采集与保存方法

采集可疑马匹外周血全血和抗凝血，保存于4℃；急性病例死亡马匹可以采集脾脏、肝、淋巴结和肺等组织，保存于−20℃。

（二）病原学诊断

1．病原分离与鉴定　可将可疑马的血液接种到健康马的白细胞培养物上，然后通过ELISA、免疫荧光试验检测。另外，可以通过巢式PCR或荧光定量PCR方法对马外周血中EIAV病毒进行鉴定。病毒分离因耗时较长，一般不适用于诊断，仅在研究时采用。

2．动物感染试验　取被检马的全血、血清或20%脏器乳剂100mL（如怀疑混合感染时，须用细菌滤器过滤血清，接种材料应尽可能低温保存，保存期不宜过长），经皮下或静脉注射健康马匹（通常选用1～2岁的健康马驹，接种2～3匹），连续观察检测3个月，每日早、晚定期测温2次，定期进行临床、血液学及抗体检测。当马驹发生典型马传贫的症状和病理变化，或血清中出现马传贫特异性抗体时，即证明被检材料中含有马传贫病毒。但是，某些感染细胞数极低的隐性感染马，用该法试验也呈阴性反应。马接种试验在诊断中没有使用价值，也限于研究时采用。

（三）免疫学诊断

由于EIAV呈持续性感染，用血清学技术检出抗体即可证明为病毒感染。我国规定的EIA诊断方法和 WOAH 推荐的方法有琼脂凝胶免疫扩散试验（AGIDT）和酶联免疫吸附试验（ELISA）。琼脂凝胶免疫扩散试验和酶联免疫吸附试验是准确可靠的EIA检测方法，但对感染初期的马匹和母马感染的马驹不敏感。在感染早期抗体未达到可被检出的水平，可能导致假阴性结果。ELISA 比 AGIDT 灵敏度高，能检出发病早期和较低浓度的抗体，但易产生假阳性结果。所以，ELISA 检测为阳性时，需经 AGIDT 证实。AGIDT 具有特异性，可以区别EIA和非EIA抗原-抗体反应。不同检测方法得出的有差异的结果或存在问题的检测结果可以进一步通过免疫印迹方法进行评价和确诊。

五、防控措施

（一）综合防控措施

1．平时的预防措施　加强对马匹的科学管理，做好日常饲养，提高马匹抗病能力。防止健康马群与病马接触，切断传播途径，做到不随意借马、换马；放牧区域要相对固定，自家健康马群不与其他马群混养、混喂、混舍。搞好饲养环境卫生，改善防疫条件，驱灭蚊虫，防止叮咬传播。在蚊虫多发季节，可在夜间或清晨放牧。

2．发病时的扑灭措施

（1）封锁　发生马传贫后，要划定疫区或疫点进行封锁。假定健康马不得出售、串换、转让或调群。种公马不得出疫区配种。繁殖母马一律用人工授精方法配种。自疫点隔离出最后1匹马之日起，经1年再未检出病马时，方可解除封锁。

（2）检疫　除进行测温、临床及血液检查外，以1个月的间隔做3次补反实验和琼脂扩散沉淀试验。临床综合诊断以外，应做2次补反和琼脂扩散沉淀，符合病马标准者按病马处理。经1个月观察，若仍有可疑时，可按传贫病马处理。对经分化排除传贫可疑的马骡，体表消毒后回群。

（3）隔离　对检出的马传贫病马和可疑病马，必须远离健康马厩分别隔离，以防止扩大传染。

（4）消毒　被传贫病马和可疑病马污染的马厩、马场、诊疗场等，都应彻底消毒。粪便应堆积发酵消毒。为了防止吸血昆虫侵袭马体，可喷洒0.5%二溴磷或0.1%敌敌畏溶液。兽医诊疗和检疫单位必须做好诊疗器材尤其是注射器、注射针头和采血针头的消毒工作。

（5）处理病马　要集中扑杀处理，对扑杀或自然死亡病马尸体应焚烧或深埋，或在化制厂进行无害处理，加工做饲料。

（二）生物安全体系构建

隔离新引进的马、骡、驴，直到EIA检测为阴性；病马和健康马不混养，确诊感染阳性马应予以扑杀；非疫区的马匹每年春秋两季各进行1次血清学检查，受威胁地区的马匹每年春秋两季各做2次血清学检查，每次间隔30d；暴发地区的马匹每隔1个月进行1次血清学检查，直到再无新病例发生为止，并进行临床综合诊断。使用一次性注射器和针头，每匹马

用一个针头；所有工具在每次使用后进行清洗；保持马厩清洁，排水良好，及时处理粪便和食物残渣；使用杀虫剂或者采取其他杀虫措施，减少昆虫侵扰。

（三）疫苗与免疫

我国在20世纪70年代研制成功了马传贫弱毒疫苗，1975～1990年在中国得到广泛应用，有效控制了EIA的流行。从1990年以后伴随本病的低流行率，EIA的控制策略从免疫预防转向隔离检疫，以避免诊断试验中疫苗性抗体的干扰。目前世界范围内尚无适用的生物制品。

（四）药物与治疗

《国家中长期动物疫病防治规划（2012—2020年）》将马传贫列为全国净化的动物疫病。所以，阳性马匹应予以扑杀处理。

六、问题与展望

近年来，我国除个别省份依然有个别病例出现外，全国范围内基本无马传贫疫情。但是，在欧洲和南美洲等国家仍有本病的流行和发生。随着我国马业的发展，国际马匹及相关制品的交流逐渐频繁，要加强对马属动物及其制品的检验检疫，防止EIA再次输入我国。EIAV与人类免疫缺陷病毒（HIV）同属反转录病毒科慢病毒属成员，二者在病毒形态、基因组结构、复制分子机制、免疫机理及与宿主相互作用等方面都具有一定的相似性。迄今为止，EIAV是唯一成功研制出弱毒疫苗的慢病毒。所以，对EIAV复制分子机制及其免疫机理的深入研究，特别是对马传贫弱毒疫苗致弱及其诱导免疫保护的研究可以促进对慢病毒复制与致病机理的理解。

（王晓钧，王雪峰）

第二节　犬　瘟　热

一、概述

犬瘟热（canine distemper，CD）是由犬瘟热病毒（canine distemper virus，CDV）引起的犬科、鼬科和部分浣熊科动物的一种急性、热性、高度接触性传染病。主要侵害呼吸系统、消化系统及神经系统。以双相型发热，上呼吸道、肺及胃肠道卡他性炎症、皮肤湿疹和非化脓性脑膜-脊髓炎为主要临床特征。死亡率可达30%～80%，雪貂感染后死亡率可达100%。

拓展阅读6-2

Jeneer于1809年首次报道犬瘟热，直到1905年，Carre通过实验发现病原为犬瘟热病毒（CDV），故本病也曾被称为Carre氏病。犬瘟热病毒在自然界中宿主广泛，从最初的犬科动物扩展到猫科、鬣狗科、鼬科、灵猫科、熊猫科等。目前已有CDV自然感染非人灵长类动物如我国的猕猴及日本的食蟹猴的报道。本病几乎遍布世界各地，是当前危害犬群最严重的疫病之一。

我国从1972年起陆续在水貂、狐、貉等毛皮动物中发现犬瘟热，并于1980年首次分离获得犬瘟热病毒。国内的狮子、猞猁、熊、狼、藏獒等动物均有感染CDV的报道。几十年来，我国各地区犬瘟热发病流行情况总体呈上升趋势。犬瘟热多见于我国北方毛皮动物养殖业较发达地区以及一、二线发达城市（养宠较多）。此外，我国的一些珍稀动物如大熊猫、东北虎、灵猫、紫貂等也有 CD 的报道。

二、病原学

（一）病原与分类

犬瘟热病毒（canine distemper virus，CDV）属于副黏病毒科（*Paramyxoviridae*）麻疹病毒属（*Morbillivirus*），病毒颗粒呈多形性，多数呈球形，病毒粒子中心为直径 15～17nm 的螺旋形对称核衣壳，有囊膜和纤突。病毒粒子直径为 120～300nm。CDV 能适应多种细胞培养物，包括原代或继代犬肾细胞、雪貂肾细胞、犊牛肾细胞、鸡胚成纤维细胞、非洲绿猴肾细胞（Vero 细胞）等，其中 Vero 细胞最常用。需要在传代同时进行接毒或加入适量胰酶。在犬肾细胞上，CDV 产生的细胞病变包括细胞颗粒变性和空泡形成，形成巨细胞和合胞体，并在胞质中（偶尔在核内）出现包涵体。

CDV 与麻疹病毒、牛瘟病毒在抗原性上密切相关，但各自具有完全不同的宿主特异性。经 0.1%甲醛溶液灭活后，CDV 仍能保留其抗原性。CDV 抵抗力不强，对热、干燥、紫外线和有机溶剂敏感，50～60℃ 30min 可灭活。易被日光、乙醇、乙醚等灭活。3%甲醛溶液、5%苯酚溶液及 3%氢氧化钠等对病毒具有良好的杀灭作用。

（二）基因组结构与编码蛋白

CDV 为不分节段的单股负链 RNA 病毒，基因组全长 15 690bp。RNA 被核衣壳包裹，3′端为含有 55 个核苷酸的前导序列，5′端为尾随序列。3′端到 5′端依次为 *N-P-M-F-H-L*。分别编码核蛋白（nucleoprotein，N 蛋白）、磷蛋白（phosphoprotein，P 蛋白）、基质膜蛋白（matrix protein，M 蛋白）、融合蛋白（fusion protein，F 蛋白）、血凝素蛋白（haemagglutinin，H 蛋白）、大蛋白（large protein，L 蛋白）。其中 *P* 基因还编码两个非结构蛋白——C 蛋白和 V 蛋白。

N 基因长 1683nt，编码的 N 蛋白为 523aa，含有一个单一的开放阅读框，从 108～110nt 的 ATG 到 1677～1679nt 的终止信号 TAA 为止，分子质量约为 58kDa。N 蛋白缠绕在 RNA 表面形成核衣壳，是 CDV 重要的结构蛋白，防止 RNA 降解。其又是保守性较强的免疫原性蛋白，与 CDV 的毒力相关，是麻疹病毒属病毒之间具有交叉免疫反应的抗原蛋白。CDV 的 N 蛋白分为 3 个区，即可变区 N 端（17～159aa）、可变区 C 端（408～519aa）和高度保守的中间区（160～407aa）。中间保守区是 N 蛋白结构和功能的核心部分。N 蛋白上含有 T 细胞表位，在细胞免疫方面发挥着重要作用，当病毒感染时可以引起强烈的抗体反应。

P 基因长 1655nt，编码的 P 蛋白有 507aa，不同 CDV 毒株间 P 蛋白差异在 66～74kDa。由于 P 蛋白对蛋白水解酶高度敏感，其分子质量无确定大小。P 蛋白与 N 蛋白及 L 蛋白共同组成核糖核蛋白复合体，在病毒的转录和复制过程中起重要作用。P 蛋白在不同开放阅读框内编码 2 个非结构蛋白——V 蛋白和 C 蛋白。研究表明这两种非结构蛋白在病毒感染过程中具有阻断宿主干扰素路径、参与逃避宿主免疫反应的作用。

M 基因长 1442nt，编码的 M 蛋白是 6 种结构蛋白中最小的蛋白，该蛋白质主要存在于病毒囊膜的表面，在病毒感染过程中具有重要作用，参与病毒的组装、出芽及释放，还参与引起病毒的慢性、持续性感染过程。

F 基因长 2205nt，编码的 F 蛋白是病毒表面的一种糖蛋白，它能介导囊膜和细胞膜融合，由前导序列（1～135aa）、F1（225～662aa）和 F2（136～224aa）亚蛋白组成，其在病

毒吸附宿主细胞过程中起到重要作用。CDV 的 H 蛋白与细胞受体结合后，触发 F 蛋白的一系列构象变化，促使病毒囊膜与宿主细胞膜相互融合，继而引起病毒在宿主细胞内快速增殖、扩散。

H 基因长 1947nt，编码 607aa，其分子质量为 76～85kDa。H 蛋白抗原变异率高，被认为是导致 CDV 不断变异的重要因素。CDV 通过 H 蛋白吸附到细胞表面的受体上。H 蛋白决定 CDV 的宿主特异性，协助 F 蛋白使病毒通过囊膜与宿主细胞发生融合的方式进入宿主细胞。同时 H 蛋白是诱导机体产生中和抗体的主要蛋白之一。H 蛋白属于 2 型糖蛋白族成员，主要由 N 端的胞内区、跨膜区和 C 端胞外区组成。其中，H 蛋白胞外区是其主要功能区域，是病毒的抗原表位区和受体识别区。研究表明，CDV 的 H 蛋白 D526、I527、S528、R529、Y547 和 T548 位点氨基酸与细胞受体（SLAM）结合有关。作为 CDV 感染最主要的蛋白，H 蛋白决定了 CDV 的细胞趋向性和组织嗜性。因此，研究 CDV 的 H 蛋白对于探索病毒在体内的感染分布及 CDV 的致病机理至关重要。

L 基因长 6573nt，是基因组中长度最长的基因。3′端含有 55 个核苷酸的前导序列区域，5′端含有 38 个核苷酸的尾随序列。编码含有 2161aa、分子质量约为 246kDa 的 L 蛋白，L 蛋白被视为是一个多功能酶单位，主要存在于持续不间断的高度保守功能区域中，是组成 RNA 聚合酶非常重要的亚单位。参与复制和转录有关的酶反应过程，包括核糖核苷酸聚合的起始-延伸-终止、mRNA 转录和加帽、聚合酶相关的辅因子、P 蛋白甲基化和特定磷酸化等。

（三）病毒分子流行病学

犬瘟热病毒只有一种血清型，但不同毒株的致病性有一定差异。目前常见毒株有 Snyder Hill（SH）、A75/17、Lederle、Convac、Rockbom、Onderstepoort，其中具有代表性的毒株为 Snyder Hill（SH），通常称此毒株为标准株。上述 *H* 基因变异性较大，根据不同毒株 *H* 基因序列差异并结合 CD 暴发的地理位置，目前将 CDV 分为 7 个基因型：亚洲 1 型（Asia-1）、亚洲 2 型（Asia-2）、美洲 1 型（American-1，又称疫苗型）、美洲 2 型（American-2）、欧洲 1 型（European-1）、欧洲 2 型（European-2）、欧洲 3 型（European-3）。亚洲的国家和地区多流行亚洲型(Asia-1/Asia-2)，以亚洲 1 型(Asia-1)为主；南美洲主要流行为美洲 1 型(American-1)和欧洲型（European），欧洲地区除欧洲型（European）外，也常有亚洲 1 型（Asia-1）流行的报道。

（四）感染与免疫

CDV 通过鼻黏膜或口腔黏膜进入宿主，侵袭上呼吸道上皮，在支气管淋巴结和扁桃体内增殖，继而在淋巴循环系统进行复制增殖，然后进入血液形成病毒血症。4～6d 后，病毒通过血流扩散到全身，在脾、胃黏膜固有层、肠系膜淋巴结、肝巨噬细胞的淋巴小结增殖，此时机体体温开始升高，并伴有严重的白细胞减少及淋巴细胞增殖抑制。同时由于病毒对淋巴细胞的大量破坏，包括 T 细胞和 B 细胞，引起的淋巴细胞减少。在感染 8～9d 后，CDV 进一步传播到上皮细胞和中枢神经系统的组织中，并再次侵入血液中，产生二次病毒血症，伴有第二次体温升高。机体的细胞免疫与体液免疫功能受到严重破坏，会引起其他病原的感染。免疫荧光试验证明，感染 24h 后，病毒抗原首先出现在支气管淋巴结和扁桃体内，第 2～3d 存在于血液单核细胞中。第 4 天，可从血液、纵隔和肠系膜淋巴结、脾中检出病毒。于感染

9d 后，病毒分布于全身。第 12～16d 出现肺炎和神经症状。

CDV 进入宿主机体后，引起以 T 细胞为依赖性的体液免疫过程。初次感染时，抗原进入机体后，B 细胞表面 BCR（BCR 为 B 细胞表面免疫球蛋白）与抗原结合，并释放出第一信号，即抗原刺激信号。树突状细胞等抗原呈递细胞（APC）首先包裹 CDV，CDV 暴露表面的抗原决定簇。抗原呈递细胞将暴露出抗原决定簇的病毒交给 T 细胞。T 细胞分化为辅助性 T 细胞（Th），此时 B 细胞作为 APC 将带有 T 表位的抗原肽呈递给 $CD4^+$ T 细胞（辅助性 T 细胞），T 细胞得以初步活化，表达 CD40L 等，与 B 细胞表面 CD40 结合，释放第二信号。两个信号最终使得结合在 B 细胞 BCR 上的抗原被活化。此后，B 细胞大量增殖，增殖完成后，最终分化为浆细胞。在不同细胞因子的调节下分化成不同的 IgE、IgM、IgG 等抗体。

犬瘟热病毒初次刺激机体时，产生的抗体主要是 IgM，其次是 IgG。但第 2 次刺激时产生的抗体主要是 IgG。IgG 抗体在第 1 次刺激时产生了大量单克隆 B 细胞和记忆 B 细胞，当这些 B 细胞再次与抗原接触，会在很短的时间内与 T 细胞发生作用并被激活，继而产生大量的 IgG 抗体。IgM 记忆细胞的寿命较短，所以再次免疫应答主要由 IgG 记忆细胞产生浆细胞为主。IgG 抗体亲和力高，维持时间较长，抗体水平相比第一次更高。

三、诊断要点

（一）流行病学诊断

犬瘟热在自然条件下宿主广泛，可感染多种动物。易感动物有犬、狐狸、豺、狼、浣熊、熊猫、猫、狮子、老虎、美洲豹、鼬鼠、黄鼠狼、雪貂、獾、臭鼬、水獭、猪、猕猴、短尾猴等多种动物。犬瘟热的宿主范围在不断地扩大，感染谱在日益增多。

病犬和病水貂是最主要的传染源，可经由空气飞沫、气溶胶实现快速传播，据报道，本病可借助风力使半径 100m 内的邻近饲养场内的动物发病。易感动物通过直接或间接接触病原而感染本病，经消化道和呼吸道感染，也可通过眼结膜和胎盘感染。动物可通过接触污染的饲料、用具、注射器、手套等感染本病。本病具有季节性，一般在寒冷季节发病率较高。

感染犬时，其死亡率在很大程度上取决于受感染犬的免疫状态。另外，环境湿度、温度过高及日粮中缺乏微量元素、维生素或蛋白质是暴发本病的诱因。

（二）临床诊断

犬瘟热病毒主要侵害易感犬的呼吸系统、消化系统及神经系统。潜伏期因传染源不同而存在差异，一般来说 CDV 潜伏期为 1 周左右，种族相同动物的传染潜伏期通常在 3～6d。

在感染初期，患病动物通常表现出明显的食欲减退、精神沉郁、咳嗽等症状。常见病犬眼睑肿胀，呈化脓性结膜炎。可观察到眼鼻处有大量黏液性或浆液性的浓稠分泌物，肺部听诊有啰音等肺炎呼吸道症状（所以此时期，易被误诊为感冒或肺炎）。感染后 3～6d，体温呈 CDV 典型的“双相热”，体温最高可达 41℃以上，同时继发出现呕吐、腹泻、足垫和鼻部角质化等症状。

持续性感染后期，CDV 的扩散将蔓延至中枢神经系统，10%～30%的病犬开始出现神经症状，并最终遗留永久的中枢系统后遗症。由于 CDV 侵害中枢神经系统的部位不同，临床症状有所差异，一般表现为转圈、共济失调、站姿异常和颈部强直等症状。咀嚼肌群反复出现阵发性颤动是犬瘟热的常见症状。患病动物最终因麻痹衰竭而死亡。

犬瘟热临床症状变化很大，毒株、宿主年龄及合并感染情况的差异会造成动物表现出不同的临床症状。多数患病动物随着病情的发展，先后出现呼吸系统症状、消化系统症状和神经系统症状，据此也可以简单地视作前、中、后期，其致死率可高达30%～80%。妊娠犬感染CDV后可出现流产、死胎和弱仔等症状。幼犬经胎盘感染可在28～42d出现神经症状。

（三）病理诊断

犬瘟热是一种泛嗜性病毒，病变分布广泛。病变遍布多个脏器，肺、肝、胃、小肠、淋巴结等均可观察到病变。可见肺肿胀、充血、出血，有暗红色或黄白色病灶散在分布，部分发生实变。肝肿大有坏死灶。肠系膜淋巴结肿大，肠黏膜肿胀潮红。胃内有大量黏液，胃肠道黏膜呈卡他性炎症，伴有糜烂和溃疡。若继发细菌感染，可见化脓性鼻炎、结膜炎、支气管肺炎或化脓性肺炎。死于神经症状的病犬，眼观仅见脑膜充血、脑室扩张及脑脊液增多等非特异性脑炎变化。

组织学检查：多个组织细胞的胞质及胞核中有嗜酸性包涵体，包涵体呈圆形或椭圆形，直径为1～2μm。胞质内包涵体主要见于泌尿道、呼吸系统、胆管、大小肠黏膜上皮细胞内及肾上腺髓质、淋巴结、扁桃体和脾的某些细胞中。核内包涵体主要见于膀胱细胞，但一般难查到。表现神经症状的病犬，可见脑血管袖套现象、非化脓性软脑膜炎、白质出现空泡、浦肯野细胞变性及小脑神经胶质瘤病。

（四）鉴别诊断

本病主要与犬传染性肝炎、犬细小病毒病、狂犬病、钩端螺旋体病、犬副伤寒和巴氏杆菌病等鉴别诊断。其中巴氏杆菌和沙门菌是本病常见的继发感染菌。

1. 犬传染性肝炎

（1）相似处　为高度接触性传染病，幼畜多发。病犬常表现为高热、呼吸加快、呕吐、腹泻、眼鼻浆性黏性分泌物。血检可见白细胞减少。

（2）不同处　病原为犬腺病毒。主要表现为肝炎，不表现神经症状。体温呈高热稽留或形成马鞍形曲线。恢复期病畜出现“蓝眼”症状。组织学变化见于肝和内皮细胞。

2. 犬细小病毒病

（1）相似处　为高度接触性传染病，寒冷季多发，对幼犬危害较大，死亡率高。病犬主要表现为高热、呕吐、腹泻、白细胞减少。

（2）不同处　病原为细小病毒。主要有两种疾病类型，分别是肠炎型和心肌炎型。肠炎型患畜先呕吐，后出现腹泻，排灰黄色或土黄色稀便，后排番茄汁样血便。心肌炎型多见于断乳幼畜，心肌损伤部位细胞可见核内包涵体。

3. 狂犬病

（1）相似处　患畜伴有高热、有神经症状，如好动、精神异常、共济失调等。组织学检查可见非化脓性脑炎。

（2）不同处　病原为狂犬病病毒。恐水为本病特征。典型病例分为狂暴型和麻痹型。狂暴型患畜表现为狂躁不安、流涎，进入麻痹期后，卧地不起、呼吸中枢麻痹或衰竭而死。

4. 钩端螺旋体病

（1）相似处　患病动物感染后表现为高热、呼吸加速，怀孕动物发生流产、死胎，死亡率高。

（2）不同处　　病原为钩端螺旋体。患畜表现为水肿、血尿，尿液中有大量白蛋白、血红蛋白和胆色素，黏膜黄染，口腔黏膜溃疡，皮肤上有干裂坏死灶。

5．犬副伤寒

（1）相似处　　患病动物表现为发热、呕吐、腹泻，可见出血性肠炎病征，怀孕动物发生流产。

（2）不同处　　病原为沙门菌。临诊上多表现为败血症和肠炎。感染严重者可排血便，体质迅速衰竭、黏膜苍白，最后因脱水、休克而死。

6．巴氏杆菌病

（1）相同处　　患病动物表现为高热、呼吸加快、腹泻，可表现肺炎症状，有时表现为四肢麻痹、鼻腔流出黏液性分泌物。

（2）不同处　　病原为巴氏杆菌。急性病例以败血症和出血性炎症为主要特征；慢性病例表现为皮下结缔组织、关节及各脏器的化脓性病灶。

四、实验室诊断技术

（一）病料采集和保存方法

病料采集人员做好防护，采集病死动物的肝、脾、淋巴结及脑组织至无菌的收集管中，并将病料放置于－70℃冰箱中保存。或取部分病料（肝、脾、淋巴结及脑组织）剪碎，用无血清 DMEM 制成 20%组织悬液，10 000r/min，4℃，离心 20min，取上清，经 0.22μm 微孔过滤膜过滤，滤液分装到无菌 EP 管中冻存于－70℃备用。病毒在－70℃可存活数年，冻干可长期保存。

若使用拭子采集病料，将采集的病料拭子放入装有 PBS 溶液（含 100U/mL 双抗）的离心管中 4℃过夜后，用无菌镊子将拭子上液体挤干，4℃ 8000r/min 离心 40min 后，将上清液用 0.22μm 无菌滤器过滤并分装到无菌的 1.5mL EP 管中冻存于－70℃备用。

（二）病原学诊断

1．病原分离培养　　将 0.1mL 滤液接种于 Vero 细胞培养，37℃二氧化碳培养箱中吸附 1h 后弃去组织悬液，加入无血清 DMEM 继续培养 5～7d，观察病变，同时设正常细胞对照。未出现细胞病变者盲传 3 代。将出现稳定病变的病毒培养液通过犬瘟热诊断试纸或分子生物学方法进行鉴定，或利用 CDV 阳性血清进行血清学鉴定。但病毒的结构较脆弱，易被光和热灭活，对环境的抵抗力非常弱，因此一般来说病毒分离成功率很低。可通过建立具有犬瘟热病毒受体（signaling lymphocyte activation molecule，SLAM）的细胞系分离病毒，提高分离的成功率。

2．电镜观察　　取其中待鉴定的分离株细胞上清，用磷钨酸按常规方法进行负染后，在电镜下观察病毒粒子的形态和大小。电镜下观察到形状不规则，接近圆形，直径约 200nm，有囊膜的病毒粒子，囊膜上有纤突，具有副黏病毒的形态特征。

3．动物感染试验　　选 1～2 月龄未免疫的健康幼犬 8 只，经犬瘟热诊断试纸检测为阴性，分为 4 组，每组 2 只，各组隔离饲养。第 1～3 组为试验组，设置适合的病毒浓度梯度，各组腹腔注射病毒 1mL，第 4 组为对照组，不接毒。攻毒后每日测量体温 2 次，观察临床症状，待出现症状并转归死亡后，采集肝、肺和脾，浸泡于 10%甲醛溶液中，用于病理切片。

同时刮取膀胱黏膜上皮细胞，自然干燥后用甲醛固定3min，苏木素染色20min，0.1%伊红染色5min，自然干燥后进行包涵体检查。同时用诊断试纸对发病犬眼鼻浆液性分泌物进行检测。

（三）免疫学诊断

目前可用于本病诊断的方法有间接免疫荧光抗体试验（IFAT）、酶联免疫吸附试验（ELISA）、免疫过氧化物酶染色法和血清中和试验（SN）等。以上方法均可用于病原鉴定或抗体检测，其中血清中和试验稳定性好、敏感性高，而且是国内外学者所公认的标准检测方法，经常被应用于待检测病毒分离物的鉴定和抗体效价的测定。

五、防控措施

（一）综合防控措施

1．平时的预防措施 目前本病尚无特效药物治疗。犬瘟热必须以预防为主，树立防大于治的思想，平时的综合防疫措施如下。

加强饲养管理。严格做好兽医卫生防疫措施。科学合理地调整饲养密度，确保良好的通风。定期对喂食工具及环境进行消毒，提高饲料营养水平，确保营养均衡，提高免疫力。建立隔离区，做好生物安全工作，养殖场对外购动物应进行严格检疫、隔离后方可引入，杜绝感染源。一旦发生疫情要做到早发现、早隔离、早诊治。

做好疫苗接种工作。疫苗免疫是目前预防犬瘟热、保护易感动物最有效的方法。现有的CDV疫苗，对犬瘟热的预防取得了令人满意的效果。对于疫区内的未患病犬只，可接种CD高效价免疫血清来预防，并在注射后7～10d再接种相关疫苗。

定期开展免疫监测工作，同时进行疫情监测，加强病原的监测力度，分析疫病流行规律，制订预报预测图表，提早预警，尽早采取措施。可选择一定数量的固定监测点，开展监测工作。需定期检测动物犬瘟热血清抗体滴度对抗体滴度过低的动物应及时补免。

2．发病时的扑灭措施 一旦发现疫情应立即隔离病犬，深埋或焚毁病死犬尸，可用3%甲醛、3%氢氧化钠或5%苯酚溶液彻底消毒污染的环境、场地、用具。对未出现症状的同群犬和其他受威胁的易感犬进行紧急接种。疑似犬及早用高免血清进行免疫。

（二）生物安全体系构建

针对易感动物，需加强对动物生存环境的控制。制定规范的消毒制度，定期消毒，注意灭虫灭鼠，控制温湿度。加强人员管理，切断人为传播途径。

（三）疫苗与免疫

我国犬瘟热的发病率较高，通过疫苗免疫预防犬瘟热病毒成效显著。犬用疫苗有甲醛灭活疫苗、雪貂传代的弱毒活疫苗、麻疹疫苗、用不同组合方式制成的犬瘟热和传染性肝炎的二价苗。我国目前用于预防本病的疫苗有单价苗（鸡胚细胞弱毒冻干苗）、三联苗（犬瘟热、犬传染性肝炎和犬细小病毒病）、五联苗（犬瘟热、犬传染性肝炎、犬细小病毒病、犬副流感和狂犬病）及麻疹疫苗等多种疫苗。国外预防本病的疫苗主要有荷兰英特威公司的六联苗（犬瘟热、犬细小病毒病、犬传染性肝炎、犬副流感、冠状病毒病及钩端螺旋体病）及七联苗（犬瘟热、犬细小病毒病、犬传染性肝炎、犬副流感、冠状病毒病、钩端螺旋体病和狂犬病）。

目前，用于犬和野生动物免疫以弱毒疫苗为主。大量研究发现，实行 3 次免疫可以保证抗体的量维持较长时间。就犬而言，一般幼犬 CDV 母源抗体的半衰期在 8.5 周左右，为了避免母源抗体的影响，幼犬：免疫 3 次，间隔 3 周。第 1 次（4～6 周龄）注射犬二联苗，第 2 次（8～9 周龄）注射五联苗，第 3 次注射六联苗或七联苗。成年犬：免疫 2 次，间隔 3 周。第 1 次注射六联苗，第 2 次注射七联苗。以后每年注射 1 次。而对于没有吃过母乳的幼犬，应尽早进行免疫。犬的年龄也与抗体的产生量有很大关系，因此临床上，对犬免疫程序需要根据抗体产生规律而制定。通过酶联免疫方法可以检测体内抗体的变化，了解抗体在机体内的变化规律。弱毒疫苗提供的免疫保护可持续 1 年以上。在毛皮动物中，犬瘟热弱毒活疫苗一般于接种后 7～15d 产生抗体，30d 后免疫率达到 90%～100%。妊娠也可接种，无不良后果。需要注意的是，弱毒活疫苗接种犬时，肌肉和静脉注射效果要优于皮下注射效果，除非紧急接种，一般不提倡静脉途径。

（四）药物与治疗

特异疗法单克隆抗体是目前 CD 治疗的最主要手段。单克隆抗体和免疫增强剂的配合应用是治疗犬类病毒性传染病的特异疗法。大剂量的单克隆抗体可消除患犬血液中的犬瘟热病毒，抑制病毒在体内复制，其疗效高于高免血清。同时，配合使用免疫增强剂能增强机体的细胞免疫功能。但要早期应用，如后期病例采用单克隆抗体疗效不佳。

对症治疗应给予动物抗病毒药、抗生素药物，同时配合静脉注射。抗病毒采用利巴韦林或吗啉胍按常规剂量肌注或口服。若出现呕吐及腹泻症状，采用输液疗法以维持其所需水分；咳嗽严重时用止咳化痰类药物（如喷托维林、盐酸溴己新等）。若感染肺炎，应减少输液量以防出现肺水肿；出现神经症状时可采用苯巴比妥或苯妥英钠等缓解神经症状。对重症病犬，给予必要的营养物质，以恢复组织和神经的功能，可给予维生素 B_1、辅酶 A、细胞色素 c、ATP 等能量合剂。

中兽医疗法使用中药，如双黄连、清开灵、鱼腥草、柴胡、穿琥宁、安宫牛黄丸等进行治疗。

防止继发感染犬瘟热通常会伴发细菌感染，根据药敏试验选用敏感性高的抗生素，如氨苄青霉素、红霉素、罗红霉素、四环素等可用于呼吸道症状的治疗；先锋霉素、庆大霉素等抗生素可用于消化道症状的治疗。

六、问题与展望

随着人们生活水平的不断提高和饮食结构的日趋完善，宠物犬、食用犬和实验用犬饲养规模的不断扩大，犬瘟热的危害也日益严重，疾病的诊断和治疗若不及时，本病的死亡率将难以控制。事实上，早在 2003 年 Hoyland 等已从人类佩吉特病骨骼标本中检测到犬瘟热病毒。伴随着 CDV 不断变异，CDV 自然感染宿主范围不断扩大，对野生动物和毛皮动物的生命安全带来了巨大威胁。虽然目前对犬瘟热病毒的研究取得了进展，但是其在生物学、免疫学及分子生物学等方面的研究仍然不够完善和深入。灵敏、准确又快速的检测方法目前还不成熟。而目前针对本病尚缺乏行之有效的治疗手段，对本病的防控仍以免疫接种为主。虽然 CDV 弱毒疫苗能较好地控制本病的流行，但 CDVH 蛋白的变异能降低野毒株与弱毒株的同源性，使得市面上的疫苗无法对其产生有效保护力。如今经免疫接种动物仍发病的报道的频繁出现，提示我们本病正在逐渐适应我们的免疫控制并走向免疫失败。此外，一些致病机理特别是对人的危害作用、防制机制也有待进一步的研究和证实。随着养宠人群的增加及养殖业的发展，人们接触 CDV 的机会越来越多，这将加速 CDV 的基因变异，或将成为威胁人体健康的潜在病原。因此，探究该疾病的变异机制以及新型防治手段的研究将是本病的未来研究方向。

（苏 乔）

第三节 犬细小病毒病

一、概述

犬细小病毒病（canine parvovirus disease，CPD）是由犬细小病毒（canine parvovirus，CPV）引起犬的一种高度接触性传染病。6 周龄至 6 月龄幼犬易感，发病率和死亡率较高。病犬以剧烈呕吐、出血性肠炎、血性水样便、脱水和心肌炎为主要特征。主要分为肠炎型和心肌炎型，肠炎型以小肠出血性坏死性炎症为主要特征，心肌炎型则表现为急性非化脓性心肌炎。

拓展阅读 6-3

1978 年首次报道了犬细小病毒病，病原为犬细小病毒 2 型（CPV-2）。回溯性血清学调查显示，CPV-2 早在 20 世纪 70 年代中期在欧洲的犬群中就已发现，随后迅速传播至日本、澳大利亚及美国。随后 CPV-2 出现抗原性漂移，CPV-2 到 CPV-2a 的变化发生在 1979～1981 年。CPV-2b 到 1984 年才发现，到 1988 年，CPV-2b 是美国发病犬中最常分离到的抗原型。2000 年 CPV-2c 首次于意大利被发现，随后在欧洲、北美洲和南美洲的多个国家和地区流行，且呈现逐步扩大的流行趋势。我国在 20 世纪 80 年代初首次发现，随后本病在东北、华北和西南等地区的警犬和良种犬中陆续发生和蔓延。于 2010 年首次发现 CPV-2c，2014 年发现 CPV-2c 在我国的检出率越来越高。伴随着我国进出口贸易增多和人口流动速度加快，CPV 基因组不断变异并出现了 NewCPV-2a 和 NewCPV-2b 毒株。目前在我国主要流行 CPV-2a 和 CPV-2b。由于病毒的高度稳定性，经粪口途径有效地传播，同时存在着大量易感的犬群，因此犬细小病毒病在全世界大流行。目前，本病是危害养犬业最主要的传染病之一。

二、病原学

（一）病原与分类

CPV 属于细小病毒科（*Parvoviridae*）细小病毒属（*Parvovirus*）成员，为单股负链线状 DNA 病毒。电镜下 CPV 病毒粒子的外形结构为圆形或六边形，无囊膜，直径约为 25nm，为等轴对称的二十面体。X 射线衍射图谱显示，病毒颗粒每个三重对称轴上有一突起，突起决定了宿主嗜性。

CPV 对外界理化因素抵抗力非常强，这与其化学组成和结构特点有关，如病毒无囊膜、不含脂类和糖类、结构坚实紧密等。粪便中的病毒可存活数月至数年，4～10℃可存活半年以上。病毒对乙醚、氯仿、醇类和去氧胆酸盐有抵抗力，但对紫外线、福尔马林、β-丙内酯、次氯酸钠、氨水和氧化剂等消毒剂敏感。

CPV 具有较强血凝活性，在 4℃，pH 6.0～7.2 下可牢固地凝集猪和猴的红细胞。CPV 可在多种不同类型的细胞内增殖，如在猫和犬的肾、肺、肠原代和传代细胞内能很好地生长，也可在犬的胸腺细胞、水貂肺细胞、浣熊的唾液腺细胞及牛胎儿脾细胞中增殖和传代。猫肾细胞系 F81 是较常用的细胞之一，细胞病变在接种后 3～4d 出现，包括细胞变长、崩解破碎和脱落等，有时出现核内包涵体。

（二）基因组结构与编码蛋白

犬细小病毒基因组为单股线状 DNA，全长约 5200nt，长度因 5′端非编码区约 60 个核苷酸重复片段的插入或者缺失而略有不同。在 DNA 两端各有一个发夹样的回文序列。DNA 编码病毒有 3 种结构多肽（VP1、VP2、VP3），其中 VP2 是病毒的主要结构成分。病毒基因组 3′端的回文序列长约 115nt，能够反折，形成一种发夹结构，这种结构较自身互补链间的氢键稳定，对病毒基因组的复制非常重要。5′端也是回文结构，并能形成发夹，这种结构与保护病毒基因组不被降解有关。

基因组含有两个开放阅读框（ORF），ORF1 编码非结构蛋白 NS1 和 NS2；ORF2 编码结构蛋白 VP1 和 VP2。ORF1 和 ORF2 分别含有启动子，P4 启动子早期转录翻译形成 2 个非结构蛋白 NS1 和 NS2；P38 启动子晚期转录翻译形成 2 个结构蛋白 VP1 和 VP2。结构蛋白和非结构蛋白通过病毒复制过程中 mRNA 的选择性剪切所产生，编码序列终止于共同的 poly(A)。NS1 蛋白能够影响病毒复制，并能够引发 caspase 途径依赖性的细胞凋亡。NS2 蛋白可以与细胞核转运因子 Crml 相互作用，促进病毒粒子从细胞核中释放，还可以为 NS1 行使功能提供辅助作用。VP1 蛋白终止于病毒粒子内部，有利于稳定病毒粒子的 DNA，对于犬细小病毒的复制也十分重要。VP2 是病毒衣壳的重要组成成分，病毒衣壳中有 54～55 个拷贝。VP2 包含主要的抗原决定簇，同时含有决定宿主范围的关键位点及与宿主细胞膜上转铁蛋白受体（TfR）结合的位点。VP3 由 VP2 蛋白裂解降解 N 端 10～15 个氨基酸残基形成，它只在病毒的核衣壳包装完成，并与基因组组装完成后才出现，其含量在病毒感染过程中不断增加。

CPV-2 基因组 DNA 的复制发生在宿主细胞的细胞核内，且复制过程发生在宿主细胞分裂的 S 期，这是因为病毒本身没有复制所需的聚合酶，也不编码此类酶，必须利用宿主细胞的 DNA 聚合酶Ⅱ来合成病毒 DNA，此过程中形成的双股 DNA 中间体作为转录模板病毒 mRNA。在病毒基因组复制的起始阶段，利用其本身末端颠倒重复序列的 3′端作为基因组复制的引物，在宿主细胞的 DNA 酶作用下进行滚环式复制。

（三）病原分子流行病学

以前人们把 CPV 划分为 CPV-1 和 CPV-2，然而 CPV-1 与 CPV 在遗传和抗原性上无相关性，是一种新型病毒，主要引起新生犬的死亡，现被命名为犬微小病毒（canine minute virus，CnMV），与牛细小病毒和人细小病毒一起被划分到博卡病毒属。

衣壳蛋白 VP2 部分氨基酸的变异决定了 CPV 的宿主范围、抗原性和血凝性等特征。尽管 CPV-2 主要感染犬科动物，但 CPV-2 与猫泛白细胞减少症病毒（FPV）和貂肠炎病毒（MEV）关系密切，CPV-2 是 FPV 或 FPV 样病毒（MEV 等）的突变株，犬细小病毒和猫泛白细胞减少症病毒的核苷酸及氨基酸的同源性超过 98%。在 FPV 或 FPV 样病毒向 CPV-2 变异的过程中，病毒蛋白至少有 5 个氨基酸残基发生突变，主要的突变集中在 VP2 蛋白与宿主受体相互作用的区域，从而提高了病毒与犬受体结合的亲和力。

病毒经过不断进化，除最初的 CPV-2 外，还包括 CPV-2a、CPV-2b、NewCPV-2a、NewCPV-2b 和 CPV-2c 5 种抗原型。由于病毒基因组较小，有时 1 个氨基酸的变动都会对病毒的活性或是抗原性产生较大影响。从 CPV-2 演化至 CPV-2a，只发生了 5 个氨基酸的变异。从 CPV-2a 演化至 CPV-2b，发生了 2 个氨基酸的变异。CPV-2a 和 CPV-2b 不仅能感染犬，还能感染猫科动物，并且能在猫科动物体内持续存在，但其对猫科动物的致病性比 FPV 弱。CPV-2a 和 CPV-2b 在 297 位的 Ala 突变产生了 NewCPV-2a、NewCPV-2b。最近报道的 CPV-2c 和 CPV-2b 之间是由 1 个氨基酸变异造成的，CPV-2c 对猫的致病能力比 CPV-2a 和 CPV-2b 强，而且 FPV 的血清并不能完全中和 CPV-2c。CPV 基因型进化速度几乎达到了 RNA 病毒的变异速度，并且具有明显的宿主范围逐渐扩大的特点。

（四）感染与免疫

病毒侵入易感动物后最初感染口咽部，然后通过血液循环传播到其他器官，3～4d 后出现病毒血症。虽然病理学检测发现患病动物的肠部病变最为严重，但 CPV 感染是全身性的，因为病毒是通过血液循环而不是肠腔到达肠黏膜。因此，血清中 CPV 抗体的效价与感染动物是否获得保护密切相关。动物肠腔中的 IgA 是抵抗病毒进一步侵染所必需的。由于犬细小病毒只能在正在分裂的细胞中复制和繁殖，其在动物体内的增殖就表现为一定的组织嗜性，即主要侵染细胞分裂旺盛的组织，如肠、淋巴结和骨髓等。加速被感染组织的细胞复制有利于 CPV 的增殖。

在病毒入侵细胞的过程中，病毒表面的蛋白配体首先与宿主细胞表面的转铁蛋白受体（TfR）结合，继而由受体介导的内吞作用进入细胞，并转运至内涵体。在这一过程中，VP2 蛋白在与 TfR 受体结合方面发挥作用，VP1 蛋白的氨基酸序列上有一个核定位信号，促使病毒基因组向宿主细胞核运动。通过微管的运输，病毒粒子通过内质网到达细胞核，病毒基因组从病毒衣壳中释放进入细胞核。

CPV 感染可导致细胞发生早期凋亡，病毒粒子中的非结构蛋白 NS1 是诱导细胞凋亡的重要原因。NS1 的表达涉及细胞周期在 G_1 期的阻滞及线粒体相应变化，如去极化、细胞色素 C 的释放、caspase-9 的活化和活性氧（ROS）水平的积累等。CPV 晚期感染可诱导核孔复合体（NPC）和核纤层蛋白 B1 在顶端的积累，并伴随着核纤层蛋白 A/C 表达水平的降低。新形成的 CPV 衣壳位于顶端的 NPC 附近，最终引起 NPC 的顶端富集和核纤层的重组，进而促进晚期感染。组蛋白的乙酰化对于病毒基因表达和病毒生命周期的完成至关重要。

三、诊断要点

（一）流行病学诊断

CPV 主要感染犬，尤其是 2～6 月龄、未免疫接种的幼犬多发。纯种犬比杂种犬或土种犬易感。由于母源抗体的存在，病毒一般不会感染初生犬。近年来由于母犬的免疫覆盖率较高，新生仔犬的心肌炎症状较为少见，主要临床表现为出血性肠炎。发病急，传染性强，死亡率高。一年四季均可发生，其中冬春季较多见。饲养条件骤变、长途运输、寒冷、拥挤等应激因素均可促使本病发生。病犬和带毒犬是主要的传染源，康复后的带毒犬常是人们忽视的传染源。病毒可随粪便、尿液、唾液和呕吐物大量排出体外。犬在感染后 3～4d 即可通过粪便向外界排毒 7～10d，因此发生病毒血症的康复犬仍可长期通过粪便向外排毒。在自然条件下，健康易感犬通过直接接触病犬、摄入被污染的食物和饮水、垫草、器具等都可造成感染。

（二）临床诊断

CPV 感染有两种类型，即肠炎型和心肌炎型，有时某些肠炎病例也伴有心肌炎变化。

1. 肠炎型 2～6 月龄幼犬易感，8～12 周龄幼犬感染率最高，潜伏期为 7～14d。病初多表现为低热（40℃以下），少数表现为高热（40℃以上），精神沉郁，食欲废绝，呕吐。初期呕吐物为食物残渣，随后伴有黏液和血液。发病 1d 左右开始腹泻，病初排灰黄色或土黄色的稀便，并混有黏液和伪膜，排便次数增多，后排番茄汁样血便，并发腐臭味，最后频频排出少量的黏液状，鲜红色或暗红色脓样粪便。排尿量减少，呈茶色。心音减弱，肠音增强，呼吸困难，最终死于衰竭，致死率达 40%～50%，整个病程为 5～7d。病犬粪便中含血量较少则表明病情较轻，恢复的可能性较大。病犬要么迅速康复，要么迅速死亡，迁移性病程不多见，大多数死亡的病例发生在临床症状出现 48～72h 后。

2. 心肌炎型 多见于 4～8 周龄，刚断奶幼犬。感染后突然发病，常因急性心力衰竭而死亡，心电图 R 波降低，S-T 波升高，血液生化检查天冬氨酸转氨酶（AST）、乳酸脱氢酶（LDH）、肌酸激酶（CK）活性升高。极少数轻症病例可治愈，致死率达 60%～100%。

（三）病理诊断

1. 肠炎型 主要侵害小肠，特别是空肠和回肠最为严重，表现为不同程度的肠道充血，弥漫性或局灶性出血。肠壁增厚无弹性，黏膜破损，内容物液化，恶臭，伴有上皮碎屑的絮状物或血块。肠系膜淋巴结肿大出血。有些病例可见肝、脾肿大。

2. 心肌炎型 主要病变是肺水肿，由于局灶性充血和出血，肺表面呈斑驳样。心脏扩张，两侧心房、心室有界限不明显的苍白区，心肌和心内膜有非化脓性坏死灶，心肌纤维严重损伤，出现出血性斑驳，心肌损伤部位的细胞内常见核内包涵体。

（四）鉴别诊断

犬细小病毒在发病初期易与犬瘟热混淆，因此临床诊断时应结合腹泻、呕吐等特点进行鉴别诊断。

经犬细小病毒感染的犬，其呕吐物为黄色泡状液体，排泄物为番茄汁样稀粪。病犬食欲废绝，腹部有压痛，鼻镜干燥，流清涕，结膜淡红或苍白，体温一般正常，肺部无明显变化，无神经症状；患犬瘟热的犬呕吐物为胆汁状液体，排黏液样便，腋下有脓疱状丘疹，流脓性鼻涕，结膜暗红有脓性分泌物。体温升高，稽留热，肺部剖检有明显病变。伴有震颤、抽搐、癫痫、痉挛等明显的神经症状。

四、实验室诊断技术

（一）病料采集与保存方法

取病犬粪便或濒死期扑杀犬的肠内容物，分为两份：一份直接用电镜做镜检；另一份加高浓度抗生素除菌，或加适量氯仿于 4℃过夜处理，离心后取上清用于病毒分离。经氯仿处理的粪便标本还可直接做红细胞凝集试验。

（二）病原学诊断

1. 病原分离与鉴定 将病料处理后接种 MDCK 细胞或 F81 细胞，分离病毒，观察细胞病变及核内包涵体。也可将病料接种猫肾、犬肾等易感细胞。因为 CPV 复制时需要细胞分裂期的酶系统进行复制，所以必须将含毒样品加入胰蛋白酶消化的新鲜细胞悬液中同步培养。

通常可采用免疫荧光试验或血凝试验鉴定新分离出的病毒。

电镜和免疫电镜观察：犬细小病毒病发病初期粪便中即含有大量 CPV 粒子，因此可用电镜负染 CPV 粒子。为与非致病性犬微小病毒（MVC）和犬腺病毒（CAV）相区别，可于粪便中加适量 CPV 阳性血清，进行免疫电镜观察。

2. 动物感染试验 采用新鲜病料，以灌服的方法接种易感幼犬，每组至少设置两个重复，同时设置对照组。接种后一个月内观察受试动物是否出现本病的典型症状作为判定依据。

（三）免疫学诊断

1. 血凝试验（HA） 利用犬细小病毒能凝集猪的红细胞特性，用 0.5%～1%猪红细胞作为指示系统，HA＞1∶80 可作为阳性感染的指示标准。

2. 间接免疫荧光抗体试验（IFAT） 制备 CPV 单克隆抗体，用异硫氰酸荧光素（FITC）标记，用所制备的荧光抗体与 CPV 抗原反应通过免疫荧光显微镜观察，比传统的直接观察细胞病变灵敏度高 10～100 倍。

3. 胶体金免疫层析技术（GICA） 该方法检测快速、灵敏、操作简便、不需要专业的设备和技术人员操作，被广泛应用于临床病原检测和流行病学调查，同时也在宠物医院和家庭中得到推广使用。但检测结果不太稳定，易出现假阳性和弱阳性，可用于实验前初步的辅助诊断。

4. PCR 技术 PCR 是当前 CPV 病原检测的主要实验室诊断方法。目前已经开发出以核酸检测为基础的多种方法，如嵌套 PCR、巢式 PCR、RT-PCR、环介导恒温扩增检测（LAMP）等。RT-PCR 自开发以来，其特异性、敏感性和重复性都明显优于传统 PCR 方法，而且可以根据检测需求设计多种探针对多重样品进行检测，实现对当前犬细小病毒的混合感染及不同抗原型 CPV 毒株进行鉴别诊断。环介导恒温扩增检测（LAMP）具有操作简单、不需要特殊的仪器或设备、结果易观察等优点，成为实验室主要的 CPV 诊断技术。重组酶聚合酶扩增（RPA）是核酸恒温扩增技术中的一种新型检测方法，该方法省略了 PCR 技术中变性、退火和延伸 3 个变温步骤，使得检测更加方便快捷。

5. ELISA 方法 主要是利用纯化的 CPV-2 重组 VP2 蛋白或真核表达的 CPV-2 病毒样颗粒纯化后作为包被抗原建立的间接 ELISA 方法。此外还包括竞争 ELISA、双抗体夹心 ELISA、Dot-ELISA 方法、AC-ELISA 方法等。此类方法特异性强、灵敏度高。

五、防控措施

（一）综合防控措施

在平时进行科学饲养，不喂发霉变质的食物，特别是要给足够的蔬菜和多种维生素及微量元素添加剂。在幼犬接受完整的免疫程序之前，主人应避免将其幼犬带到犬集中的场所，如宠物商店、公园、幼犬培训班、宠物寄养所等。应防止犬只在户外活动玩耍时接触其他犬的粪便。

（二）生物安全体系构建

禁止从疫区引进犬，新引进的犬要隔离 30d 以上。一旦犬群中发现本病应立即进行隔离，防止病犬与健康犬接触，并对犬舍及场地进行严格消毒。环境场地消毒用 3%甲醛溶液，犬舍可用 2%～3%氢氧化钠溶液、1%漂白粉溶液进行喷洒消毒。病犬尸体深埋，进行无害化处理，防止疫病传播和流行。

（三）疫苗与免疫

针对犬细小病毒的疫苗主要有灭活苗和弱毒苗。灭活苗有免疫保护期短、抗体效价低的缺点，需要多次注射来加强免疫，需要配合适应佐剂。现在国内多倾向使用弱毒苗，有研究发现弱毒疫苗在使用过程中存在引起动物免疫抑制和中枢系统损害、不稳定的毒力回升（返祖现象）、散毒等安全问题。并且常规疫苗存在受母源抗体水平抑制的缺陷。对幼犬进行疫苗接种时，接种时机的选择尤为重要，过早接种疫苗，由于母源抗体的干扰，会导致免疫失败，而过晚接种疫苗，幼犬会有感染 CPV 的风险。随着 CPV 的不断进化、变异，在不同的地区出现了一些不同抗原变异亚型，因此应该使用与该地区流行毒株相同亚型的毒株生产的疫苗进行免疫接种。

随着分子生物学技术的发展，近几年研发出基因工程疫苗、亚单位疫苗和病毒重组载体疫苗。基因工程疫苗可以激发机体的体液免疫和细胞免疫，免疫效果更加安全高效，但外源 DNA 大部分存在于细胞质中，易被细胞降解或引起宿主细胞的凋亡，从而被机体清除。亚单位疫苗是利用真核表达系统表达的犬细小病毒 VP2 蛋白，进行自我组装形成犬细小病毒样颗粒（VLP），使用 VLP 免疫后的动物产生中和抗体速度快、水平高，但是若将 VLP 作为疫苗使用也存在着生产成本高、免疫原性不如完整病毒、需多次免疫等缺点。病毒重组载体疫苗激活免疫系统与自然病毒激活免疫系统的方式更相近，可以从多方面激活免疫反应如体液免疫、细胞免疫甚至黏膜免疫。不过病毒重组载体疫苗也可能引起机体对载体病毒或细菌的排斥，从而导致二次免疫的失败。目前新型疫苗仍处于基础研发阶段，还不能大规模应用于临床。需解决当前存在的免疫原性差、不能大规模生产等技术瓶颈问题，希望随着研究的深入，新型 CPV 疫苗能早日投入临床应用。

CPV 感染的最低抗体保护值为 1∶80，对无母源抗体、母源抗体水平很低或不清楚其母源抗体水平的仔犬建议用以下免疫程序：5 周龄首免，8～9 周龄二免，12～13 周龄三免，15～16 周龄四免。对母源抗体水平较高的仔犬免疫程序：断奶时首免，12～13 周龄二免，15～16 周龄三免，以后每年免疫 1 次。对成年犬：首次免疫注射共两次，每次间隔 3～4 周，以后每年加强免疫 1 次。对母犬：可在产前 3～4 周免疫接种。有学者发现，在产仔前 1 个月对母犬用灭活苗免疫，所生仔犬 60 日龄首免，75 日龄加强免疫，以后每隔 6 个月免疫 1 次。该程序对犬的保护率为 100%，对有可能处于潜伏期的动物，须先注射高免血清，观察 1～2 周无异常时，再按免疫程序免疫。

（四）药物与治疗

心肌炎型病犬病程急，恶化迅速，常来不及救治就已死亡。肠炎型病犬如果能及时合理治疗，可明显降低死亡率。在患病早期，应用高免血清的同时进行强心补液、抗菌、消炎、止血、止吐、止泻、抗休克等对症治疗，同时注意保暖。实践证明，犬腹泻、呕吐期间禁食和禁水，停喂牛奶、肉类等高脂肪、高蛋白性食物，可减轻肠胃负担，提高治愈率。病犬表现严重呕吐、腹泻时，应及时纠正脱水、电解质紊乱、酸碱平衡失调。可静注乳酸林格氏液 50～500mL，20%高糖 20～40mL，654-2（盐酸山莨菪碱注射液）0.3～1mL，维生素 C 2～6mL，ATP 1～2mL，1%～2%氯化钾，加抗菌消炎药一次缓慢静注。同时，肌注爱茂尔 1～2mL，地米松 5～10mg，酚磺乙胺 2～4mL，每日两次，3～5d 为一个疗程。若静脉注射有困难，可以腹腔注射。还可以结合中药治疗，中药以清热解毒，止泻止血为治疗原则。黄连 5～10g，乌梅 15～25g，诃子 8～15g，郁金 8～15g，白头翁 15～25g，黄柏 5～10g。根据犬只体重和临诊症状适当增减药量。病犬泻痢不止可适量增加黄连、黄柏、白头翁用量。呕吐不停者，可适量增加乌梅用量。便血者则加大郁金、诃子用量。

六、问题与展望

随着社会经济的不断发展与人民生活水平的不断提高，饲养宠物犬变成越来越多的人在日常生活中非常重要的调节元素。尤其是在人口聚集量大的城市，犬只饲养量巨大，为犬病防治造成了很大的困难。同时，近年来 CPV 基因组发生突变，产生了很多新的抗原型毒株。未来开发灵敏、特异和实用的诊断方法或检测技术仍是重要的研究方向之一。在机制研究方面，仍需进一步评估变异株的致病性强弱和跨宿主传播风险。研究本病毒对宿主的影响和分子机制，寻找潜在的治疗靶点，评估针对治疗靶点相关药物用于临床治疗的可行性。此外，需要评估现有疫苗对变异株的免疫保护能力，探索研发新型疫苗成为未来重要的研究工作。

（秦　彤，崔尚金）

第四节　猫泛白细胞减少症

一、概述

拓展阅读 6-4

猫泛白细胞减少症（feline panleukopenia）又称为猫传染性肠炎（feline infectious enteritis）、猫瘟热（feline distemper），是由猫泛白细胞减少症病毒（feline panleukopenia virus，FPV）引起的一种急性、高度传染性、致死性传染病，临床表现以双相高热、白细胞减少、呕吐、水样腹泻、出血性肠炎为主要特征，在自然条件下 FPV 不仅可以感染猫，还能感染其他猫科动物（如虎、豹、猞猁、水貂、山猫、豹猫等）。病猫和康复带毒猫是主要的传染源。本病主要通过口鼻传播，易感动物通过与传染源直接接触或间接接触污染物（如粪便、器具、食物、周围环境等）经消化道和呼吸道而被感染。

本病于 1928 年首次由 Verge 和 Cristoforoni 报道，直到 1957 年，Bilin 等首次成功分离并培养出本病毒，1964 年 Johnson 等分离到病毒并鉴定。目前由 FPV 引起的猫泛白细胞减少症广泛存在于德国、匈牙利、法国、英国、印度、美国、巴西、日本等国家。我国自 20 世纪 50 年代初就有关于本病的记载，直至 1985 年，李刚等首次从自然病例中分离得到一株 FPV，即 FNF8 毒株，证明了猫泛白细胞减少症在我国的流行。此后多地陆续出现本病毒的分离报道，目前为止，我国新疆、江苏、安徽、山东、河北、浙江、湖北、四川、陕西、山西、广西、黑龙江、吉林等地均有本病发生，并先后从发病或死亡的猫、云豹、华南虎、非洲幼狮等动物中分离获得 FPV 毒株。猫泛白细胞减少症目前已成为威胁经济动物养殖业和野生猫科动物保护业的重要疫病之一（Sykes，2014）。

二、病原学

（一）病原与分类

猫泛白细胞减少症病毒属细小病毒科（*Parvoviridae*）原细小病毒属（*Protoparvovirus*）

的成员。病毒粒子无囊膜，直径为 20～40nm，呈二十面体对称结构。FPV 对外界因素有很强的抵抗力。能耐受 66℃、30min 而不丧失感染性，在室温条件下，病毒可存活 3 个月，而后感染性出现轻微下降。若在粪便中可以存活数月甚至数年。在低温或含有甘油的缓冲液中能长期保持感染性。在－20℃环境下可以保持长达一年且感染性无明显下降。病毒对乙醚、氯仿、酸、碱、胰蛋白酶等具有一定的抵抗力，而对甲醛溶液、β-丙内酯、次氯酸钠、氨水、氧化剂和紫外线抵抗力差，0.5%甲醛溶液和次氯酸能有效将其杀灭，可作为 FPV 的消毒剂。

（二）基因组结构与编码蛋白

FPV 是一种线性、单股 DNA 病毒，基因组长约 5094nt，相对分子质量为 1.7×10^6，G＋C 含量为 47%，DNA 分子量占病毒粒子总量的 28.5%。基因组两端由独特的回文结构组成，回文序列碱基配对形成发卡双链体，其中 5′端反向重复序列形成 U 形结构，长短不一，3′端形成 Y 形结构，长度固定。中间部分编码两个非重叠的开放阅读框，有 2 个启动子，它们通过宿主细胞的 RNA 聚合酶Ⅱ分别启动病毒结构蛋白（VP1、VP2 和 VP3）和非结构蛋白（NS1 和 NS2）编码基因的转录。FPV 基因组内的非结构蛋白及结构蛋白基因转录产物 mRNA 终止于共同的 poly（A）末端。

FPV 结构蛋白有 3 种，即 VP1（83kDa）、VP2（67kDa）和 VP3（65kDa），在空衣壳蛋白中只含有 VP1 和 VP2 两种结构蛋白，VP1、VP2 蛋白在晚期合成，按照一定的方式进行交替，VP2 占 90%，而 VP1 仅占 10%，因此 VP2 是构成衣壳蛋白的主要成分。VP1 与 VP2 蛋白构成病毒粒子核衣壳绝大部分，包裹在病毒基因组的外面，保护病毒基因组免受外界的破坏。在转录时，VP1 与 VP2 蛋白基因从共同的启动子起始转录，转录形成一条 mRNA 前体，然后通过对这条 mRNA 进行不同方式的剪切形成 VP1 与 VP2 蛋白的成熟 mRNA，最终通过翻译形成 VP1 蛋白与 VP2 蛋白。VP3 是由 VP2 多肽的氨基端裂解而形成的，仅存在于含有 DNA 的衣壳内。病毒非结构蛋白有两种，即 NS1 和 NS2 蛋白，主要是对 FPV 的基因表达起到保护与调控功能。NS1 和 NS2 蛋白是病毒早期蛋白，在翻译完成后可被磷酸化，起到保护基因组免于降解的作用。其中 NS1 蛋白是多功能的 DNA 锚定蛋白，在病毒复制过程中，会附着在病毒 DNA 的 5′端，在病毒复制和 DNA 包装时发挥解旋酶作用，位点特异性地解螺旋。NS1 也会介导细胞周期 G_1 期细胞阻滞。而且 NS1 蛋白在体外感染过程中也发挥了重要功能。NS2 蛋白能够影响病毒衣壳在宿主细胞核内的运输和组装。

（三）病原分子流行病学

FPV 在 19 世纪初首次被报道，但感染对象主要集中在猫和浣熊上，而且病毒对感染动物的致死率不高。到 19 世纪 40 年代，一种与 FPV 感染极为相似的疾病在水貂中暴发，引起 80%的水貂发病死亡，此后这种疾病迅速在全世界呈蔓延趋势，在美国等许多国家发现引起水貂发病的病毒，被命名为水貂肠炎病毒（mink enteritis virus，MEV）。经过血清中和试验等方法证实 MEV 不同于 FPV，对 MEV 和 FPV 的划分主要依据病毒分离宿主的不同。Parrish 等用单克隆抗体将 MEV 分为 3 个抗原型，即 MEV-1、MEV-2、MEV-3，经比较发现 FPV 与 MEV-1 抗原型相同。其中 MEV-1 和 MEV-2 型多次在美国、欧洲、日本、中国水貂和猫体内分离到，MEV-3 仅在美国中西部被分离到两次。

19 世纪 70 年代后期，继 FPV 和 MEV 后另一种“新”病毒在犬中出现，这种病毒被命名为 CPV-2。1979 年秋，CPV 分离株在芬兰被首次获得，病毒引起了畜养毛皮动物暴发严重疾病。1980年春，犬感染CPV后出现的特征性腹泻症状出现在狸身上，4～14周龄幼狸为主要感染对象，死亡率在3%～30%。此后短短几个月内，世界各地都有犬感染CPV-2的报道，并有上千只犬死亡。多克隆抗体和体内交叉保护试验研究表明CPV和FPV在抗原上关系密切，然而用单克隆抗体（McAb）检测，两者之间仍存在一定差异。从此，FPV、CPV、MEV引起了研究人员的关注，成为研究的焦点。对三个相似病毒宿主范围的变化、DNA序列的差异性和变异性及日后CPV出现新抗原型病毒的研究也相应开始。此外，每一个新的抗原型至少具有一个与以前血清型相同的中和表位（Strassheim et al.，1994）。综上可见，FPV的变异频率是很高的，FPV下一步将向哪个方向变化，值得我们研究和监测，而FPV的进化过程也已经成为细小病毒进化的典型模型。

Horiuchi等研究了FPV和CPV的进化方式。FPV被认为是CPV的祖先，通过系统分析发现FPV的非结构蛋白（NS1）和衣壳蛋白2（VP2）的编码基因随时间而变化，但VP2蛋白却不发生改变；CPV的VP2蛋白则随其基因的变化而变化。在FPV中，NS1和VP2的编码基因的同义置换多于非同义置换，即使是在位于衣壳表面的区域也是如此；而CPV的VP2的编码基因则主要是非同义置换，这说明FPV主要是通过随机遗传漂移而变化，CPV则是在有选择压力的情况下发生的。尽管FPV和CPV在遗传学和生物学上关系密切，但它们的进化机制却不同。FPV通过基因漂移而进化，随时间发生基因突变，但VP2的抗原型不发生改变，CPV则通过抗原漂移不断产生新的突变株。

（四）感染与免疫

猫泛白细胞减少症的发病与FPV侵染分裂期细胞相关。FPV基因组为单股DNA分子，其基因组不编码DNA聚合酶，而此酶却是FPV DNA基因组复制初期所必需的，FPV借助细胞的DNA聚合酶合成与其自身互补的DNA链，这是病毒DNA复制的第一步，也是转录的必要条件。因为细胞DNA聚合酶只有在有丝分裂期间才表达，故FPV生长会受分裂细胞的限制，只能在细胞DNA合成期的S期才能进行增殖，因此也决定了FPV主要侵害动物快速分化或分裂的组织，如怀孕母畜的胎盘、胎儿、幼畜的肠上皮细胞及骨髓等，从而引起胎儿的流产、死胎、幼畜肠炎和与骨髓病变有关的疾病（如白细胞减少）。而对于成年动物，其淋巴系统，特别是肠道上皮细胞包含很多分裂细胞源，从而也成为FPV感染的主要目标。

FPV感染动物或其分泌物可以将病毒传染给易感动物。动物可经非肠道途径的方式实现人工感染，然而消化道传播是本病最主要的自然感染方式。FPV侵染机体后，主要在猫肠黏膜上皮细胞和局部淋巴组织复制，病毒的侵入途径和起始复制位点在鼻、口、咽部位，包括扁桃体和其他淋巴组织（Appel and Parrish，1987）。然后通过血液循环进入其他组织和器官。病毒以病毒血症的方式扩散，18h形成毒血症，2d后全身各处均有病毒，尤其在扁桃体、咽淋巴结、胸腺和胸淋巴结。感染3d后，肝、脾、肠等组织病毒含量增高，感染动物一般6d内死亡。胚胎期幼猫的各种病发结果取决于胚胎感染病毒的时期。病毒可能扩散感染，也可能集中在中枢神经系统或骨髓。母猫怀孕早期感染病毒，常扩散渗透，晚期感染主要集中在中枢神经系统、骨髓和淋巴器官。神经组织感染主要发生在小脑、大脑、视网膜和视神经。

健康猫自然感染后会产生快速的免疫应答。感染3～5d可以检测到中和抗体，且随着时间推移中和抗体会上升到较高水平。体内存在的高滴度抗体可以防止动物再次感染病毒。自然感染或接种弱毒疫苗后获得终身免疫。幼猫被动免疫后，获得性抗体滴度与母源抗体滴度相关，并以恒定的速率下降。因此抗体对幼猫的保护期随着初始滴度的不同而变化，时间变化范围从几周到 16 周。

三、诊断要点

（一）流行病学诊断

本病常见于猫和其他猫科动物（如虎、豹、猞猁、水貂、山猫、豹猫等）。各年龄段的猫都可感染发病，但主要发生于 12 月龄以下的小猫，尤其是 2～5 月龄的幼猫最为易感。一些灵猫科、浣熊科和鼬科的成员，包括水貂、长鼻浣熊也容易感染。

猫泛白细胞减少症病毒具有高度传染性。病猫和康复带毒猫是主要的传染源，病猫在感染早期即从粪便、尿液、唾液、鼻眼分泌物和呕吐物中排毒。一些康复猫仍可带毒并从粪尿中排毒数周。出生后感染的幼猫肾中可带毒排毒长达一年多。病毒在环境中十分稳定，具有感染能力。

传播途径主要是直接或间接接触传播。易感动物可通过与猫直接接触或间接接触污染物（如衣服、食物、器具和周围环境）经消化道和呼吸道而被感染。病猫在急性期可通过虱子、跳蚤和螨虫等吸血昆虫传播。妊娠母猫感染后还可通过胎盘垂直传播给胎儿。一旦易感动物发病，立即在周围环境中广泛流行，呈急性经过或地方性流行，造成非常高的死亡率。幼龄猫对于本病毒几乎没有抵抗力，一只感染，全窝发病，甚至死亡。但随着年龄的增长，成年猫对本病毒的抵抗力呈现明显的增强趋势，发病率明显低于幼龄猫。本病冬末至初春多发（12 月至翌年 3 月）。长途运输、饲养管理条件急剧变化及来源不同的猫混群饲养等应激因素可促进本病的暴发流行，导致 90%以上的死亡率。

（二）临床诊断

本病潜伏期为 2～6d，在易感猫群中感染率高达 100%，但并非所有感染猫都出现临诊症状。根据临诊表现可分为最急性型、急性型、亚急性型和隐性型 4 个病例类型。

最急性型病例：病猫不见任何先兆症状而突然死亡，常误判为中毒病。

急性型病例：多发于几个月的幼猫，病猫仅表现精神委顿、食欲不振等前驱症状，很快于 24h 内死亡。

亚急性型病例：常发于 6 个月以上的幼猫，临床表现为典型的双相热，即发病初期患病猫体温上升至 40℃，持续 24h 左右，恢复至正常，维持 2～3d，体温又显著升高。第二次发热时症状加剧，会出现高度沉郁、衰弱、俯卧、头置于前肢。眼直视无神，第三眼睑明显突出，眼鼻有脓性分泌物。同时伴随呕吐，呕吐物初期为无色黏液，后期为含有泡沫的黄绿色黏液。水样腹泻，严重时会产生血便等症状。当猫极度缺水时，食欲废绝，被毛粗乱，体重也会随之下降。亚急性型病例另一典型的临床症状是白细胞减少。正常猫体内的白细胞的数量为 15 000～20 000 个/mm^3，但患病猫感染 FPV 数天后，其体内白细胞会降至 8000 个/mm^3，在一些严重的病例中，发病猫的白细胞的数量甚至直接降至 5000 个/mm^3以下。病程 3～6d，如能耐过 7d，多能康复。病死率一般在 60%～70%，高达 90%。妊娠母猫感染病毒可能引起母猫的流产、死胎或木乃伊胎等症状。在胎儿和新生儿感染的病例中，FPV 主要侵害新生儿或幼龄猫的神经系统，临床表现主要为共济失调、高度运动失衡和失明等。

隐性型病例：动物外表健康，血清中可检测到特异性抗体，表明在自然情况下病毒在动物间广泛存在和传播。

（三）病理诊断

剖检时内脏病理变化主要在消化道，表现为胃肠道空虚，整个胃肠道的黏膜表面均有不同程度的充血、出血、水肿及纤维素性分泌物覆盖，其中空肠和回肠的病变尤为突出，严重的呈现伪膜性炎症变化，肠壁增厚呈乳胶管状。肠腔内有灰红或黄绿色的纤维性坏死性伪膜或纤维素条索，内容物为灰黄色、水样、恶臭。肠系膜淋巴结肿大、出血，其切面呈现红、灰或白相间的大理石样花纹。胆囊充盈，胆汁黏稠。肝、脾、肾、肺等实质性器官出现不同程度肿大、淤血或细胞变性。长骨的红骨髓呈液状或冻胶状。

病理组织学变化主要表现为空肠绒毛黏膜上皮细胞和肠腺上皮细胞出现严重的细胞变性或坏死，核内有嗜酸性及嗜碱性两种包涵体。

四、实验室诊断技术

（一）病料采集与保存方法

急性病例生前宜采集血液、睾丸或其排泄物，死后则采集脾、小肠和胸腺等病料，利用组织研磨仪对上述脏器病料进行研磨，或对采集的粪便拭子以 PBS 混匀稀释后，5000r/min 离心 5min，取上清，0.22μm 微孔滤器除菌后，按照培养液体积的 1/10 接种易感细胞。

（二）病原学诊断

1．病原分离与鉴定 分离 FPV 常用的易感细胞为猫肾原代、传代细胞。一般来说，FPV 对分裂期的细胞具有较高的亲和力，所以在分离 FPV 时采取同步接毒的方式可获得较高的分离成功率。通常在接毒后 37℃培养 4～5d 即可观察细胞的 CPE（核仁肿大，外围绕以清晰的晕环）和核内包涵体。如病变不明显，可继续盲传 2～3 代。

2．动物感染试验 将分离得到的病毒或病料口鼻接种断乳后尚未接种疫苗的幼猫或 FPV 抗体阴性的试验猫，一般在接种后 3～4d 可引起接种猫出现 FPV 感染的临床症状，表现为厌食、呕吐和腹泻。接种猫白细胞数明显下降，中性粒细胞减少，淋巴细胞相对增多。因感染后往往伴有排毒现象，所以排泄物中可检测到病毒的存在。不同毒株对接种动物的致病力存在着一定的差异。

（三）免疫学诊断

微量 HA-HI 试验：FPV 在 4℃、pH 6.5 时具有凝集猪红细胞的特性，故可采用 HA 试验进行 FPV 的抗原诊断，同时也能测出细胞毒的病毒效价。在检测 FPV 抗体时，通常使用培养的细胞毒配制 4 单位的病毒抗原，通过 HA-HI 试验检测 FPV 抗体。常用 HA-HI 试验检测 FPV 及其抗体，其方法简单、快捷，且经济实惠，结果比较可靠。

免疫荧光试验：免疫荧光试验主要利用抗原和抗体之间特异性结合的原理，使用异硫氰酸荧光素（FITC）标记抗 FPV 的特异性抗体对带毒组织或接毒细胞直接进行抗原检测。

ELISA：同样是利用抗原和抗体之间特异性结合的原理，利用 FPV 的单克隆抗体可以建立一系列的ELISA检测方法。例如，利用双抗体夹心ELISA方法可以检测病料中的FPV抗原，采用间接ELISA和Dot-ELISA的方法可以检测感染猫血清中的FPV特异性抗体。

琼脂扩散试验：利用琼脂扩散试验可用已知的FPV抗体检测病料中的FPV抗原成分，也可用已知的FPV抗原检测发病猫血清中的抗体效价，但此方法的敏感性要比血凝和血凝抑制试验低。

微量中和试验（SN）：微量中和试验是一种利用96孔微量细胞培养板定量检测病毒或病毒抗体的方法，既可以用于FPV抗原的检测，又可以用于免疫接种猫FPV特异性抗体的检测，具有很高的特异性和敏感性，不足之处是需要细胞培养条件，诊断周期较长，操作起来比较烦琐。

五、防控措施

（一）综合防控措施

1．平时的预防措施 平时应注意猫的饮食，猫粮应有营养、易消化，其饲喂量应合理，保持食物、饮水及用具卫生，不要饲喂发霉、变质、过期的食物和过硬的骨头，训练猫养成不食异物的习惯。禁止其到坑、洼地饮用污水。猫应有独自的休息位置和饮食用具，定期清洗、修剪和消毒猫的被毛，保证活动环境清洁、干燥。定期的免疫接种可以很好地预防本病的发生。

2．发病时的扑灭措施 一旦发现有猫打蔫、不喜进食，特别是呕吐和腹泻，应立即与健康猫隔离，对排泄物及接触物品消毒，马上去正规医院就诊，做FPV抗原检测。由于本病的死亡率极高，而且发病到死亡常常只需24h，一旦发现猫出现吐粮及轻微腹泻时，应及时就诊。治疗期间，将病猫置于安静、清洁、干燥、通风良好、温度适宜的场所饲养，及时清除其排泄物等污物，保持身体清洁。病猫的日常用品需单独使用。

（二）生物安全体系构建

由于本病毒十分稳定，且病猫排泄物内存在的大量病毒极易造成环境污染，给污染场所的彻底消毒带来极大的困难。发生感染的猫舍，空舍数周甚至数月后，引进易感猫仍然有可能感染病毒，因此猫舍应清除病毒并做好生物安全验证。必须对新引进的猫进行严格的卫生处理和检疫，新引进的猫在进入猫舍前，必须经过免疫接种并隔离观察60d，方可混群饲养。病猫必须被隔离直至完全治愈。定期用有机酚醛、碘、戊二醛等消毒剂和去污清洁剂对猫舍进行彻底消毒。病死猫须深埋。污染的料、水、用具或环境需用1%甲醛溶液彻底消毒。

（三）疫苗与免疫

本病目前尚无有效治疗方法，主要依靠定期免疫接种预防本病的发生，目前常用的疫苗包括灭活疫苗和弱毒疫苗。疫苗使用过程中应注意，弱毒疫苗不能用于妊娠母猫，也不能用于小于4周龄的仔猫，因为本病毒可通过胎盘造成胎儿小脑发育不全和幼猫脑性共济失调。弱毒疫苗在接种后3～5d即可产生免疫保护。弱毒疫苗第一次接种应在9～10周龄进行，2～6周后进行第二次免疫，肌肉注射或滴鼻均可。灭活疫苗在猫断奶后（6～8周龄）进行第一次注射，3～4周后进行第二次接种，皮下或肌肉注射均可。灭活疫苗二免7d后即可产生免疫力，免疫保护期是半年，以后每年免疫两次。没有喂食初乳的仔猫应及时注射抗血清（3mL/kg体重）加以保护。

（四）药物与治疗

未免疫猫群一旦发生本病，立即隔离病猫。通常在发病初期注射 FPV 高免血清（4mL/kg 体重），隔天或每天 1 次，肌肉注射，有一定的疗效，或注射猫用干扰素，每日 1 次，皮下注射，连续注射 3d。肌肉注射四环素、庆大霉素或卡那霉素可以预防混合感染或继发感染，每天 2 次，连用 4～5d。可用 5%葡萄糖或复方生理盐水（20～30mg/kg 体重）皮下、腹腔或静脉注射以防止呕吐、脱水造成的酸碱失衡、离子失衡。腹泻严重时，需及时补充碳酸氢钠（Truyen et al.，2009）。

六、问题与展望

21 世纪以来，人们生活水平显著提高，宠物在人们的生活中扮演着重要角色，已经成为人类生活不可分割的一部分。随着宠物数量迅猛增长，公共卫生及疫病的预防控制受到了广泛关注。猫泛白细胞减少症在猫群中具有较高的发病率和致死率，FPV 发生遗传变异进化，不断出现新的变异株（张振江等，2020），为防控本病带来了困难。因此，监测病毒流行变异情况，研制有效的防控制剂，建立生物安全体系，以控制本病的发生和流行。

（曲连东，姜　骞）

第五节　兔 出 血 症

一、概述

拓展阅读 6-5

兔出血症（rabbit hemorrhagic disease，RHD）又称为兔病毒性出血症，俗称“兔瘟”，是由兔出血症病毒（rabbit hemorrhagic disease virus，RHDV）引起的一种具有高度传染性的急性、烈性、败血性、致死性传染病。对易感兔发病率可高达 90%，病死率高达 100%，是兔的一种毁灭性传染病。本病的病理特征是病兔全身实质器官微循环血管内广泛内凝血（disseminated intravascular coagulation，DIC），特征性病变为弥漫性坏死性肝炎和多数实质器官组织不同程度的出血。世界动物卫生组织将本病列为必须通报的动物疫病。

RHD 是我国学者刘胜江等于 1984 年首先报道的兔的一种传染性极强、发病率和致死率很高、实质脏器发生广泛性出血的传染病。1986 年在欧洲意大利暴发，随后蔓延至亚洲、欧洲、非洲、中美洲等地，给全球的养兔业造成了巨大的经济损失。但迄今其病原的分类地位尚存在不同的观点。目前大多数学者认为本病毒属于嵌杯病毒科（*Caliciviridae*）兔病毒属。20 世纪八九十年代我国及美洲的不少学者认为 RHDV 属于细小病毒科（*Parvoviridae*），因为本病毒的直径为 25～30nm，呈圆形颗粒状，常位于细胞核内。此问题尚待深入研究。2010 年 8 月首次在法国发现一起新的非典型兔出血症疫情，该发病兔的病期、死亡率及高亚急性形式等明显不同于经典兔出血症，法国 G.Le-Recule 等研究人员在法国西北部兔场检测出该兔出血症病原为一种新的兔出血症病毒，其与经典 RHDV 和 RHDV-a 基因序列差异明显，被称为 RHDV2。本病毒引起的主要病理变化为肝坏死，多器官出血或充血，实质脏器水肿等类似于经典兔出血症。本病传播迅速，2011～2012 年传播到西班牙、葡萄牙、意大利、英格兰等西欧国家。研究发现，本病原能够感染幼龄家兔而且是唯一一个能够跨物种感染的兔病毒属成员。我国未发现该变异毒株RHDV2，但应该加强认识，把握国内流行情况，提前做好防范措施。

二、病原学

（一）病原与分类

RHDV属嵌杯病毒科（*Caliciviridae*）兔病毒属（*Lagovirus*）。该属的成员还有欧洲野兔综合征病毒（European brown hare syndrome virus，EBHSV）和非致病性兔类病毒（non-pathogeniclagovirus，NP-LV）。NP-LV包含非致病性的兔嵌杯病毒（rabbit calicivirus，RCV）和一些类似RCV或在系统发育上与RCV接近的兔嵌杯病毒，如MRCV株。

电镜观察表明，RHDV有核衣壳，无囊膜，病毒颗粒的外径为33～40nm，核心直径为22～26nm。表面有短的纤突。病毒的芯髓直径为15～17nm，核衣壳厚8～9nm，呈特征的二十面体T=3、呈“类晶格”状排列，表面对称，壳粒数为32，壳粒直径为8～10nm，高4nm，包括12个五邻体和20个六邻体，共180个原体，原体直径约4nm。此外，还见有少数空心衣壳和直径为23～27nm病毒样颗粒。超薄切片观察见本病毒颗粒密集地排列于病兔的肝、脾、肾、肺、支气管、气管、心脏等器官的实质细胞及其血管内皮细胞的核内。

RHDV只有一个血清型。RHDV免疫原性很强，无论是接种疫苗的免疫兔，还是自然感染耐过兔，均可产生坚强的免疫力。由于RHDV至今未找到合适的稳定传代细胞系，所以现在仍然采用感染本动物兔来增殖病毒制备疫苗。病毒能凝集人的红细胞。

本病毒对乙醚、氯仿等有机溶剂抵抗力较强，在感染家兔的血液中4℃或在感染脏器组织中20℃ 3个月仍保持活性，肝含毒病料在−20～−8℃ 560d和室内污染环境下经135d仍然具有致病性，能耐pH 3和50℃ 40min处理，对紫外线及干燥等不良环境抵抗力较强。1%的氢氧化钠溶液中4h、1%～2%甲醛溶液或1%的漂白粉悬液3h才能灭活，0.5%的次氯酸钠溶液是常用的消毒药物。

（二）基因组结构与编码蛋白

RHDV基因组为单股正链RNA，全长7437nt。基因组含有两个开放阅读框，ORF1的长度约占整个基因组全长的94%，编码一个多聚蛋白。该多聚蛋白在蛋白质酶解过程中被病毒编码的蛋白酶进一步酶解加工释放，可产生1个主要结构蛋白VP60（衣壳蛋白）和多种非结构蛋白。VP60在诱导抗病毒感染的免疫反应中起重要作用，是病毒免疫保护性抗原。除基因组外，在病毒颗粒和感染的组织中，还含有2.4kb的亚基因组，也编码衣壳蛋白VP60。VP60为RHDV唯一的结构蛋白，与诱导抗病毒感染的免疫反应直接相关，在疾病诊断及新型疫苗的研制中具有十分重要的意义。

RHDV2的全序列已在GenBank登录，并被命名为RHDV-N11，基因全长7447bp，5′非编码区为9nt，3′非编码区为69nt，长于经典RHDV。RHDV2基因组包含2个开放阅读框（ORF1和ORF2）。ORF1（10～7044bp）的翻译产物经过加工切割后至少形成8个成熟的蛋白质分子，分别是非结构蛋白NSP1（2A）、NSP2（2B）、NSP3（2C核苷酸水解酶）、NSP4（3A）、NSP5（3B VPg）、NSP6（3C，蛋白酶）、NSP7（3D，RNA复制酶）和衣壳蛋白VP1。RHDV2和RHDV同属于嵌杯病毒科兔病毒属成员，RHDV2与高致病性RHDV一样，可引起家兔病毒性出血症。两者的基因同源性虽然高达82.4%，但是系统发生树分析结果表明RHDV2与引起相同症状的 RHDV 亲缘关系较远，而与非致病性的 RCV 亲缘关系更近。因此研究者推测，RHDV2 很可能是从非致病的兔病毒属成员演变而来的。另外，毒力差异分析表明 RHDV2 对野兔的感染率和致死率明显低于家兔，这可能是因为家兔是 RHDV2 的天然宿主。

（三）病原分子流行病学

从首次报道到现在的近 40 年里，RHDV 持续发生遗传变异。1998 年 Capucci 等报道了 RHDV 发生抗原变异，并将变异株命名为 RHDVa，次年，德国也报道了该变异株。研究者根据系统发育关系，将 RHDV 毒株分为不同的基因组（分别命名为 G1～G6，G6 也称 RHDVa）。然而 2010 年，Recule 等在法国兔场发现了 1 株兔出血症病毒新毒株，命名为 RHDVb 或 RHDV2。该变异毒株 RHDV2 与经典的 G1～G6 型在遗传特性上有很大的差异，免疫经典毒株 RHDV 不能产生很好的交叉免疫保护作用，导致 RHDV2 在家兔和野兔中跨物种传播。在接下来的几年里，该毒株蔓延到意大利、西班牙、葡萄牙、英格兰和威尔士、苏格兰、德国，并于 2014 年底和 2015 年初在欧洲大陆以外的亚速尔群岛被检测到，RHDV2 取代经典 RHDV 的趋势正在扩大。2015 年，Hall 等报道在澳大利亚首都直辖区也检测到了 RHDV2，该毒株与葡萄牙和亚速尔群岛报道的变异毒株类似。2016 年，Martin-Alonso 等指出 RHDV2 很有可能会从加那利群岛传播至非洲北部。由此可见，RHDV2 的流行趋势正在世界范围内逐步扩大。虽然迄今为止在中国还未有检测到该毒株的报道，但是随时面临发生该疫情的风险。

（四）感染与免疫

病兔是主要传染源，有些野兔携带高滴度 RHDV 抗体，估计在本病传播上也起一定作用。病死兔的内脏（肝、肾、脾等）、肌肉、毛皮、排泄物、分泌物均带毒，健康兔可通过消化道、呼吸道、眼结膜、皮肤外伤等途径发生感染。RHDV 的主要靶细胞是肝细胞和血管内皮细胞。本病的特征性病变为弥漫性坏死性肝炎和多器官组织不同程度的出血。用强毒株人工感染青年易感兔证明，攻毒后 4～28h 即见部分肝细胞呈嗜酸性变，少数发生坏死；攻毒后 18～36h，肝细胞普遍重度变性、坏死。RHDV 最早出现于肝细胞、肝巨噬细胞和窦壁内皮细胞，然后进入血液造成病毒血症，RHDV 随血液循环至其他组织细胞，如肾上腺皮质腺上皮细胞、肾小管上皮细胞、淋巴细胞、神经胶质细胞、心肌纤维、血管内皮细胞、呼吸道黏膜上皮细胞等。由于血管内皮细胞的广泛损伤，引起多数组织器官发生出血或弥散性血管内凝血（DIC），最终导致多器官衰竭，以致机体死亡。

RHDV 感染可引起明显的肠道黏膜免疫反应。分布于肠道内的滤泡相关上皮，在感染病毒后，可出现大量的微小开口。例如，在 RHDV 感染后，电镜下可见兔肠相关淋巴组织圆小囊的圆顶上皮（滤泡相关上皮）表面，出现大量的微孔，这种微孔可能是肠腔内抗原性物质进入肠道淋巴组织及淋巴细胞进入肠腔的通道。在圆小囊淋巴滤泡中见大量淋巴细胞及浆细胞凋亡。在感染 RHDV 后，兔肠道吸收黏膜上皮基底膜明显受损，出现厚薄不一、凸凹不平，甚至断裂缺损的超微病变。在紧贴基底膜下常见有淋巴细胞及浆细胞浸润。黏膜上皮细胞也在发生明显的空泡变性，胞质基质流失或坏死脱落的同时，出现明显的增生，在增生的柱状上皮细胞之间见大量淋巴细胞及浆细胞穿行。

RHDV 可以结合呼吸道和消化道上皮细胞组织血型抗原（histo-blood group antigen，HBGA）受体进入宿主体内。例如，近来研究较透彻的杯状病毒科人诺如病毒就是通过与 HBGA 结合之后进入宿主体内。已有研究证明 RHDV2 可与 HBGA 的口袋位置 P2 区结合，这与诺如病毒 GⅡ型结合 HBGA 的方式相似，然而 RHDV 结合的是 HBGA 的 P1 区。这种不同的结合方式可能导致它们的易感宿主不完全相同。

经历亚急性 RHDV 感染后的幸存兔子，IgM 滴度会在 2 周内迅速达到峰值，然后迅速下降。IgA 滴度更持久，但也会下降。IgG 滴度达到峰值的速度较慢，并持续数月（Cooke et al.，2000）。当存在 RHDV 时，体液免疫显然可以提供保护。针对 RHDV2 的母体抗体在 28～58d（4～8.3 周）下降（Baratelli et al.，2020）。相比之下，针对 RHDV1 的母体抗体在某些动物中持续长达 12 周，尽管它们通常会在 8 周龄时减弱。有研究表明所有接受高剂量 RHDV2 IgG 治疗的兔子和 75%接受低剂量 RHDV2 IgG 治疗的兔子在病毒攻击中存活下来。存活的动物在感染后 10d 内产生了强大的兔病毒特异性 IgA、IgM 和 IgG 反应，证明了体液免疫在预防 RHD 方面的重要性（Hall et al.，2021）。

三、诊断要点

根据流行病学、临床症状和病理变化往往只能获得初步诊断结论，确诊需要结合实验室检查结果进行综合分析。

（一）流行病学诊断

病兔和带毒兔是主要的传染源。在自然条件下只发生于兔和野兔。不同品种、不同性别的兔都可感染发病，其中以长毛兔最为易感。经典 RHDV 只感染成年家兔，2 月龄以上的青年兔和成年兔的易感染性高。2 月龄以内兔的易感染性较低，哺乳期的仔兔一般不发病死亡；一周龄仔兔用强毒接种也不发病。而 RHDV2 感染的宿主范围更广，不但能够感染成年家兔，还能感染幼龄家兔及欧洲野兔（Cape Hares 品种）。RHDV2 的传播途径可通过受污染的水和饲料经粪口传播。经典 RHDV 可直接通过接触感染动物分泌物、排泄物，或间接通过污染的水、食物、饲养设备等造成感染。本病初次发生时常呈暴发性流行，成年兔发病率与死亡率可达 90%～100%。在老疫区多呈地方流行性发生，一般疫区病死率为 78%～85%。本病传播迅速，流行期短，无明显的季节性。

（二）临床诊断

突然发病倒毙，死后鼻孔出血。死前呈现高热烦渴，呼吸、循环衰竭，出现兴奋狂躁、全身痉挛等神经症状，体温升高快（41℃），持续时间短，为 6～8h。食欲不振，被毛蓬乱，迅速消瘦。在最急性型病例，部分感染兔突然发病，无明显症状即死亡，有的正在采食的兔突然出现尖叫，之后抽搐而死。而慢性型感染兔体温升高的同时，精神委顿，食欲不振，被毛凌乱，迅速消瘦，最后衰弱而死。部分病兔耐过出现生长缓慢，发育受阻。

（三）病理诊断

血凝不良，实质器官变性水肿充血、淤血及出血，尤其是上呼吸道的“红气管”病变具特征性。脾明显淤血肿大，外观黑红色，切面模糊。肝晦暗无光，呈“黄土肝”，或病程较长病例由于淤血肿大，变性坏死交织在一起形成的“槟榔肝”；“花斑肺”及“大红肾”具有一定的证病意义。

病理组织学上，肺、肾、心脏及延髓等重要器官的微血管广泛淤血，红细胞凝集，透明微血栓形成，小点出血和间质水肿；实质器官如肝、肾、心脏的主质细胞广泛变性或坏死，脾充血、出血，淋巴组织变性萎缩，网状细胞、淋巴细胞破碎排空。肝的坏死性肝炎的变化具有特征性意义。

（四）鉴别诊断

RHD的鉴别诊断应注意与兔巴氏杆菌病和兔产气荚膜梭菌病相区别。

1．与兔巴氏杆菌病的鉴别 巴氏杆菌病是由多杀性巴氏杆菌所致主要侵害月龄以内的兔，一般呈散发性。最急性型也见突然死亡，而急性型可见打喷嚏，并常见鼻孔流出浆液性以至脓性分泌物，有时下痢；亚急性型呈鼻炎和胸膜肺炎症状或有脓性结膜炎、关节炎。慢性型呈慢性鼻炎症状。而兔病毒性出血症是呼吸道黏膜淤血、出血，气管内有多量带泡沫的血液，肺出血是其特征性病变。巴氏杆菌病的病理组织学变化是病灶内大量中性粒细胞游出。而兔病毒性出血症主要是血管内凝血，炎症反应不明显。另外，兔巴氏杆菌病可用抗生素及磺胺药治疗，兔巴氏杆菌病生前以煌绿滴鼻可做出诊断。兔病毒性出血症则不能。

2．与兔产气荚膜梭菌病的鉴别 兔产气荚膜梭菌病病原为产气荚膜梭菌，发病率和死亡率均高；临床表现主要以急剧性腹泻为主，临死前呈水样腹泻，病程一天。这些与兔病毒性出血症均不同。

四、实验室诊断技术

（一）病料采集与保存方法

RHDV存在于感染病兔的所有组织器官、体液、分泌物和排泄物中，以肝、脾、肾、肺及血液中含量最高，主要通过粪、尿排毒，并在恢复后的3～4周仍然向外界排出病毒。所以，RHDV病料的采取是从自然发病确诊为RHD的兔病兔肝和脾组织经研磨除菌后，人工接种健康成年未接种RHDV疫苗的家兔，待其发病后，于濒死期剖杀病兔，以无菌方式操作，取其肝、脾、肺等组织，置−20℃冰柜中保存备用。

（二）病原学诊断

RHDV无法在细胞上培养，RHD的诊断和预防试剂一直利用的是感染兔的肝组织，成本高，抗原不易纯化，也不符合动物福利的要求，使得研究学者更倾向于利用分子生物学手段进行新型疫苗及诊断试剂的研制和开发。近年来，随着免疫学与分子生物学技术日臻完善，RHD的诊断试剂有了长足的发展，相关的分子生物学和血清学诊断方法也不断发展与完善。

1．病原分离与鉴定

（1）*病毒检查* 取病兔肝等病料处理提纯病毒经负染色后，用透射电镜观察病毒的形态。电镜负染色观察法：取病兔的肝和脾各5g，剪碎，加10倍体积PBS，用研磨器制成10%的匀浆，以2000r/min离心15min后，取上清液再以12 000r/min超速离心60min。弃去上清液，在沉淀物中加少许PBS使成悬液，将悬液与等量2%磷钨酸（pH 6）水溶液混合后，滴1滴到载膜上，用滤纸轻轻吸去过多的液体，随后用透射电镜进行观察。电镜下，在肝和脾的负染样品中可见到多量密集排列的较均一的球形病毒颗粒，无囊膜，其外径为33～40nm，核心直径为22～26nm。病毒颗粒有实心的与空心的两种形态。

病毒的分离与鉴定是RHDV经典、准确、可靠的诊断方法。基本操作方法是将无菌采集的病死兔肝等组织病料碾磨、反复冻融、离心、取上清液过滤除菌后，接种无RHDV疫苗兔疫史和感染史的成年健康易感家兔，并设立对照组。通过观察兔发病情况、临床特征及病理变化，判定是否为 RHDV 感染。对分离到的病毒还应借助血凝试验、电镜观察、RT-PCR、*VP60* 基因序列测定等方法对分离的病毒进行鉴定。病毒的分离与鉴定方法可靠、准确性高，是 RHD 常用的实验室诊断方法之一，但试验周期较长，操作烦琐且存在进一步散毒的危险，不建议一般基层实验室推广使用。

（2）*分子鉴定方法*

1）常规 RT-PCR。RT-PCR 技术可以检出病料组织中的病毒核酸，具有灵敏、特异、快速、简便等优点，是实验室常用的分子生物学诊断技术，也是目前 RHDV 准确、简单、快速诊断的主要方法，不仅可用于 RHD 临床诊断和流行病学调查，还可以应用在兔肉等兔类产品的检疫方面，在 RHD 的净化和防控方面将具有广阔的应用前景。

2）套式 RT-PCR。PCR 的一种改良模式，是指利用 2 对 PCR 引物进行 2 轮 PCR 扩增反应。由于套式 RT-PCR 反应有两次 PCR 扩增，从而降低了扩增多个靶位点的可能性，增加了检测的敏感性；又有两对 PCR 引物与检测模板的配对，增加了检测的可靠性。虽然套式 RT-PCR 有 2 轮 PCR 反应，4 条 PCR 反应引物，增加了检测所需的时间，增加了操作难度，但其具有更高的检测特异性和检测敏感性，可以检测出极低含量的 RHDV，在 RHDV 感染的早期诊断中具有明显的优势。

3）多重 RT-PCR。随着现代养兔业规模化和集约化的发展，兔群发生多病原混合感染的情况越来越普遍。多重 RT-PCR 不仅具有特异性强、灵敏度高、检测时间短、成本低等优点，而且能够同时检测多种病原，利于对疾病做出快速、准确的诊断，适合大量临床病料中多个病原体的快速检测。

4）探针实时荧光定量 RT-PCR。探针实时荧光定量 RT-PCR 能够检出的 RHDV *VP60* 基因质粒拷贝数达 10^3 数量级，能够检测到 RHDV 病毒核酸最低量可以达到 5pg。探针实时荧光定量 RT-PCR 方法的特异性、敏感性、重复性均达到试验设计的要求，能快速检测临床样品中的 RHDV，适合于兔各脏器及肌肉组织中 RHDV 的快速定量检测。该方法有较好的灵敏度和特异性，能够用于 RHDV 的检测，可以用于研究 RHD 在实验动物兔和野兔中发生的流行情况和对 RHDV 的精确定量。需要一定的仪器设备和试剂，适合一般实验室使用。

近年来，研究人员已通过建立特异性探针实时荧光定量 PCR 快速检测 RHDV2，该方法可用于鉴别诊断 RHDV2，监测病毒载量和疾病进程，评价疫苗效果。目前江苏省农业科学院兽医研究所王芳实验室依据 RHDV2 衣壳蛋白的变异区已成功建立区分 RHDV2 与 RHDV 的 RT-PCR 法。

（3）*动物感染试验*　RHDV 只感染没有抗体的成年家兔，并引起高死亡率，RHDV2 也感染野兔。RHDV 对各品系的小鼠、大鼠、黑鼠、棕鼠、豚鼠、鸡、鸭、鹅、羔羊、绵羊等动物均不易感。人工接种感染上述动物均不出现临床症状和病理变化。据此特点，可以用 RHDV 感染死亡的病死兔肝或脾的组织分离液，接种未感染而且未注射 RHDV 疫苗的成年健康兔及小鼠或其他动物，48h 后观察结果，若只有兔发病死亡，其他动物未见异常表现，即可确诊。

（三）免疫学诊断

1. 血凝和血凝抑制（HA-HI）试验　RHDV 只有一种血清型，仅能凝集人的“O”型红细胞。血凝（HA）和血凝抑制（HI）试验可进行病毒鉴定和免疫学诊断，在 RHD 的诊断、兔群免疫监测、试验兔等级检测得到了广泛应用。而HA-HI试验需要人“O”型红细胞，样本血清需经过吸附处理，试验操作烦琐、敏感性低、可重复性差、结果判定主观性强，易受许多因素的影响，所以不适于微量病毒的检测。血凝阴性并不能完全排除非典型兔病毒性出血症感染（吉传义，1994），在实际应用中受到限制。故HA-HI试验只适合对RHDV进行初步诊断，而不能依靠其对病毒感染进行确诊，最后确诊还需借助其他检测方法。

2．琼脂扩散试验　取病死兔肝制成1：（5～10）悬液，离心沉淀后的上清液作为抗原，与阳性血清进行琼脂扩散试验，可做出诊断。该法具有简便、特异等优点，适合基层使用，但敏感性稍低。

3．酶联免疫吸附试验（ELISA）　该方法具有敏感性和特异性强、操作简单、检测快速、重复性好、无辐射、准确性高的优点，适合基层进行大批量检测。目前，较多采用快速且重复性好的间接ELISA检测RHDV，然而利用RHDV2的衣壳蛋白为包被抗原建立的ELISA检测方法不能区分RHDV和RHDV2的感染，此方法还需要改进。

（1）*抗原ELISA检测方法*　用RHDV单克隆抗体包被酶标板，以兔多克隆抗体作为夹心抗体，建立RHDV抗原捕获ELISA检测方法，该方法可特异性地检测出兔肝病料中的RHDV，纯化病毒的最低检出量为26μg/L。对已知阳性样品的检测显示，该方法检测的病毒滴度是HA试验的3～13倍。ELISA方法检测RHDV抗原简单、特异、敏感、快速、经济、稳定可靠，是基层实验室检测RHDV的一种常用免疫学检测技术，适合于临床大规模样品的检测，在RHDV临床诊断方法中具有较好的应用前景，可作为常规检测方法在基层推广应用。

（2）*抗体ELISA检测方法*　应用杆状病毒表达系统表达的RHDV VP60包被酶标板，经间接ELISA的最佳反应条件的优化试验，建立检测兔出血症病毒抗体间接ELISA方法。间接ELISA方法以其灵敏、特异、简单、快速、稳定、高通量及易于操作等优点，为RHD的抗体检测提供了新的模式，是RHD疫苗免疫抗体水平监测的主要方法，对RHD流行状态的监测、疫苗免疫效果评价及免疫程序的制订均具有重要意义，非常适合于基层兽医站和养殖单位应用。

4．胶体金免疫层析技术（GICA）　该技术是一种快速、灵敏、特异的RHDV检测方法，为RHD的现场诊断提供了有效的方法，显示出很好的临床应用前景。GICA具有快速（仅需几分钟）、准确（特异性强、灵敏度高）、简便（不需要昂贵仪器和专业人员）、肉眼判读、实验结果易保存等优点。

5．免疫组织化学染色法　采用酶标抗体或荧光标记抗体染色方法可以直接检查病死兔肝、脾等组织器官中的RHDV的存在。免疫组织化学染色可以用肝或脾的石蜡切片，也可以用肝、脾的冰冻切片，还可以用肝或脾的组织触片。

五、防控措施

（一）综合防控措施

1．平时的预防措施

1）首先不能从发生RHD的国家和地区引进感染的家兔和野兔及其未经处理过的皮毛、肉品和精液，尤其是康复兔及接种疫苗后感染的兔也不能引进，因为这些兔存在长时间排毒的可能。

2）建立健全完善的切实可行的消毒防疫制度。平时要坚持做好预防消毒工作，定期对畜禽圈舍、畜禽场环境、用具、饮水等进行常规的消毒工作。预防消毒是兔场的常规工作之一，是预防兔RHD的必不可少措施。消毒可选用0.5%的次氯酸钠水溶液。

3）制订并切实落实免疫接种制度。兔场除了平时坚持定期消毒和切实有效地执行兽医卫生防疫措施外，疫苗免疫是防控 RHD 的关键措施。在本病的常发地区和国家应选用感染发病的家兔的肝和脾制备组织灭活疫苗接种免疫。目前使用较多的疫苗是兔病毒性出血症灭活苗或兔病毒性出血症-兔巴氏杆菌病二联灭活苗，一般 20 日龄首免，2 月龄加强免疫一次，以后每 6 个月免疫一次。

疫苗接种是防控本病的有效措施。然而经典的 RHDV 疫苗对 RHDV2 不能产生很好的交叉免疫保护，所以需要研发有效的疫苗来预防 RHDV2 引起的新型兔瘟的发生。近年来，西班牙的 Montbrau 等研究报道了变异毒株 RHDV2 的灭活苗 ERAVAC，并通过攻毒保护试验证明该疫苗安全有效。另外，对本病的预防须考虑切断传播途径，尤其是要注意 RHDV2 感染范围广，饲养过程中需避免与带毒兔接触。与此同时，科研人员应加快 RHDV2 疫苗的研发。如果暴发新型兔瘟，应采取紧急预防措施，如免疫灭活苗来控制疫情，防止本病的传播。

2．发病时的扑灭措施　兔群一旦发病，应该立即采取封锁、隔离、彻底消毒等措施。对兔群中没有临床症状的兔实行紧急预防接种疫苗。

（1）*紧急消毒*　兔场一旦发生 RHD，应将与感染兔群接触者全部扑杀，尸体及污染的垫料等经焚毁处理，对兔场进行封锁，严格控制人员进出；同时用有效的消毒药对兔场的圈舍、排泄物、分泌物及污染的场所、用具等及时进行彻底的清洗消毒，以消灭病兔排泄在外界环境中的病原体，切断传播途径，防止传染病的扩散蔓延，把传染病控制在最小范围。消毒时要注意消毒的程序，对病兔笼舍消毒时应先用较高浓度的有效消毒液对笼舍内墙壁、笼具及垫料进行喷雾消毒处理后，再清除垫料等物品，并将垫料焚烧处理。清除垫料后的笼舍再用消毒液进行消毒。对其他污染物的清理消毒也应按此程序进行操作。

（2）*终末消毒*　兔场发生 RHD 以后，待全部病、死兔处理完毕，即当兔全群痊愈或最后一只病兔死亡后，经过 2 周再没有新的病例发生，在发疫兔场解除封锁之前，为了消灭场区内可能残留的 RHDV 所进行的全面彻底的大消毒，消毒对象包括圈舍内的墙壁、笼具、饮饲用具、地面；兔场内的主要场地、道路及原料及产品的进、出口等。

紧急消毒和终末消毒可选用 2%～3%氢氧化钠溶液，也可选用 0.5%过氧乙酸溶液进行喷雾消毒。

（二）生物安全体系构建

养兔场应建立健全的生物安全防控体系，建立完善的切实可行的消毒防疫制度，制订并实施好免疫接种程序，严格落实上述综合防控措施。

（三）疫苗与免疫

因为 RHDV 不能在各种原代或传代细胞中繁殖，因而与 RHD 免疫预防相关的疫苗目前已知的所有使用中的 RHDV 疫苗均来自组织匀浆。通过不同的方法将病毒灭活，如甲醛溶液、二乙氨基乙烯亚胺等，灭活之后的病毒用生理盐水或磷酸盐缓冲盐水做一定倍数（不同研究人员、不同的生产单位使用不同的浓度）稀释而成。在我国，根据生产的需要和研究的目的不同，兔病研究者先后研制出了氢氧化铝佐剂疫苗、油佐剂疫苗等佐剂疫苗和兔病毒性出血症-巴氏杆菌二联苗、兔病毒性出血症-巴氏杆菌-波氏杆菌三联苗、兔病毒性出血症-巴氏杆菌-魏氏梭菌三联苗、兔病毒性出血症-巴氏杆菌-波氏杆菌-魏氏梭菌四联苗等多联苗及冻干疫苗，这些疫苗都各有所长和侧重，为兔病的免疫预防工作提供了广阔的选择余地。

（四）药物与治疗

目前尚无有效治疗兔病毒性出血病的化学药物。对具有经济价值的临床症状较轻的病兔（如种兔）注射高免血清进行治疗，成年兔3～4mL，仔兔及青年兔2～3mL，具有较好疗效。

六、问题与展望

RHDV2自2010年被研究者首次在法国报道以来，迅速从欧洲大陆传播开来，与经典RHDV不同，该毒株能够感染幼龄家兔，甚至跨物种感染野兔，并突破经典RHDV疫苗的免疫防线，迅速在世界范围内流行。RHDV不仅传播速度快、潜伏期长，而且感染宿主的范围较经典毒株更广，因此该毒株一旦流行，将对养兔业产生十分严重的危害甚至会造成毁灭性的打击。虽然目前我国还未见RHDV2的报道，但随时将面临发生该疫情的风险，因此我们对此新毒株的关注不容忽视。我们应该建立快速、特异、灵敏的RHDV2诊断方法，全面掌握国内RHDV毒株的流行情况。一旦发现RHDV2在中国流行，相关部门应迅速采取措施，紧急防控，控制传染源，切断传播途径，避免传播范围的扩大，减少兔场的经济损失，保障养兔业健康发展。

（佘锐萍）

第六节　水貂阿留申病

一、概述

水貂阿留申病（Aleutian disease of mink，AD）又称为浆细胞增多症（plasmacytosis），是由主要侵害水貂免疫细胞的阿留申貂病病毒（Aleutian mink disease virus，AMDV）引起的，导致自身免疫系统紊乱并逐渐衰竭，同时并发强烈自身免疫的慢性传染病。本病主要侵害网状内皮系统，以浆细胞弥漫性增生、产生多量γ-球蛋白及持续性病毒血症为特征，具有超敏和自身免疫现象，伴有肾小球肾炎，动脉血管炎，卵巢、睾丸等炎症变化，不仅能引起一定程度的死亡，更严重的是导致母貂不发情、空怀、妊娠中断、流产、产死胎，并感染子代，公貂配种能力下降、精液品质不良等变化，造成严重的繁殖力下降等经济损失。

拓展阅读6-6

本病于1946年首次发现，1956年证明为病毒性感染。起初本病仅在具有控制毛色的同源隐性基因aa的阿留申水貂中发现，故称阿留申病，并认为本病的发生具有基因型特异性。后来在具有其他基因型的水貂中也发现了本病，同时发现野生肉食动物及臭鼬、雪貂等都可以被感染。1962年证明本病为一种病毒性传染病，并将其病原命名为阿留申貂病病毒。本病具有广泛的区域性分布，所有的养貂国家和地区几乎都存在本病。目前，对本病的相关报道主要集中于世界三大洲：欧洲、亚洲及美洲，其中受害较严重的是水貂养殖业较早发展的欧洲国家，如丹麦、西班牙、德国和芬兰等；亚洲流行较广泛的国家有中国和日本等；美洲较多发生的国家有加拿大、美国和阿根廷等。

二、病原学

（一）病原与分类

阿留申病毒属细小病毒科（*Parvoviridae*）阿留申貂病细小病毒属（*Amdoparvovirus*）。阿留申貂病病毒与细小病毒和波卡病毒属的成员具有大部分共同的特征。病毒颗粒直径为23～25nm，无囊膜，呈球形二十面体结构，成熟的病毒颗粒中含有负链 DNA。病毒能在猫肾细胞（F81）中复制，也可采用CRFK、鼠细胞株及貂肾和睾丸原代细胞等分离和培养。病毒感染细胞2d后，抗原出现于核内，在感染3～4d后，胞质内出现少量抗原，感染4d以后，则难以检测到抗原，此时病毒衣壳完全解体，病毒基因组的复制在宿主细胞的细胞核中进行。所有分离株之间的抗原性没有差别。

AMDV抵抗力极强，耐热、耐乙醚。病毒在组织悬液中80℃可耐受30min，99.5℃ 3min仍能保持感染性。5℃时，3%甲醛溶液处理4周可灭活。可被紫外线、0.8%碘液灭活、0.5mol/L盐酸及2%氢氧化钠灭活。

（二）基因组结构与编码蛋白

病毒含有单股DNA，DNA分子质量约为1.5×10^6Da，一般认为存在4种多肽，分子质量分别为30kDa、27kDa、20.5kDa和14kDa，其比例是10∶3∶10∶1。

病毒基因组长4748～4801nt，含有左右两个较大的开放阅读框（ORF）：L-ORF和R-ORF。其中L-ORF编码非结构蛋白NS1；R-ORF编码两个结构蛋白VP1和VP2。在两个较大的开放阅读框中间还有2～3个较小的开放阅读框，编码功能未知的非结构蛋白。

成熟病毒粒子的蛋白质外壳由VP1和VP2两种结构蛋白组成，这两种结构蛋白是由同一个开放阅读框编码而来，在蛋白质翻译的过程中它们终止于共同的终止密码子，只是VP1蛋白的N端较VP2蛋白多出42个氨基酸残基。大多数细小病毒科成员都有VP1蛋白，在病毒粒子侵入宿主细胞过程中VP1蛋白必不可少。VP1蛋白参与病毒与宿主细胞表面受体的结合过程，促进病毒对宿主细胞的侵染。VP1缺失的病毒粒子不能感染宿主细胞。位于成熟病毒粒子表面的VP2蛋白在428～446位氨基酸处可能是抗体作用于病毒粒子表面的一个线性表位，表达的该肽段可以诱导动物产生中和抗体。

非结构蛋白产生于病毒粒子复制的早期，主要功能是调节病毒基因组复制过程中各个基因的表达，包括表达顺序和表达量。同时非结构蛋白可能也对病毒血症持续时间的长短有一定影响。

（三）病原分子流行病学

关于AD分子流行病学的研究，国外学者主要关注的是不同毒株间基因序列的遗传变异研究。希望通过对宿主选择和致病力等存在差异的不同毒株间核酸序列比较分析，可以对明确AD的发病机理有所帮助。

1988年，Bloom等完成了AMDV G亚型的基因序列测定，并探讨了基因结构上不同区域的功能。AMDV基因组全长约4801nt，共有4个编码蛋白的开放阅读框（ORF），分别为左开放阅读框（L-ORF）、右开放阅读框（R-ORF）和两个较短的位于左右ORF中央的开放阅读框（M-ORF 1）和（M-ORF 2）。L-ORF编码的蛋白质为NS-1非结构蛋白，该蛋白质对编码结构蛋白VP1和VP2的R-ORF区启动子P36的反式激活起主要作用。结构蛋白VP1和VP2作为病毒衣壳主要成分，暴露在衣壳表面的蛋白质主要为VP2（90%以上），由此认为VP2与ADV致病性和宿主选择有密切相关性。

基于L-ORF和R-ORF是与AMDV病毒粒子生物学特性密切相关的区域，学者就注重AMDV不同毒株生物学特性间的差别，与这两个区域基因结构的变化的相互关系。因而围绕这两个区域进行了有关AMDV变异和遗传多样性研究的大量工作。

1. 关于VP2编码区基因结构的比较研究　自从1988年完成了AMDV G毒株的基因全序列测定后，随着对基因不同区域功能的进一步明确，尤其是明确了VP2蛋白与AMDV宿主选择和致病力密切相关，较多工作集中在对不同毒株*VP2*基因的序列比较。对不同致病力或有宿主选择差异的毒株间与该区域的结构进行比较，对AMDV基因功能的详细定位从分子水平理解AMDV的致病机理，将会有很大帮助。

Bloom等将编码VP2衣壳蛋白的基因序列与强致病力AMDV Utahl的相关区域进行比较，发现二者部分区域核苷酸存在明显差异。由于AMDV G和AMDV Utahl在致病力、宿主选择上存在明显的差别，由此Bloom等推想该超变区可能与这些差别有一定的相关性。

1991年Bloom等将AMDV K的基因序列与AMDV G和AMDV Utahl进行比较后得到的结论又对超变区的存在给予了进一步的证实。与此同时，基于核酸序列的差别，Bloom等将AMDV G、AMDV Utahl和AMDV K分别划分为Ⅰ、Ⅱ、Ⅲ型AMDV病毒。

1996年，Qie等对已报道的包括AMDV G、AMDV Utahl、AMDV K在内的多株ADV的*VP2*全部基因序列进行了比较分析，发现不同毒株在超变区核酸序列间均存在着差别。而*VP2*基因上其他区域的变化，在不同的毒株间相对较为保守，且对比AMDV G有着趋同的差异。而对由核酸序列推断而来的氨基酸序列进行比较后发现，这种趋同变化就更为明显。能够对水貂致病的毒株，在VP2超变区下游的序列中，与AMDV G存在差别的氨基酸残基主要有5处，而这5处氨基酸在不同毒株间是基本相同的。同时，基于核酸序列和氨基酸序列的比较分析，Qie等还鉴定出了一株新的AMDV毒株AMDV TR。但是，在AMDV TR的鉴定过程中，研究人员发现AMDV TR的超变区核酸序列与AMDV G只差一个核苷酸，其应属于Ⅰ型AMDV病毒。然而它却具有AMDV G所不具有的致病力，其可感染水貂并引起貂群AD的暴发。该发现可对AMDV超变区与致病性相关性不大的结论做进一步的证明。

由以上研究结果可以看出，AMDV不同毒株在*VP2*基因区，尤其是在超变区，存在明显的核酸序列的差别。而超变区外的其他区域，虽然核苷酸或相应的氨基酸的变化不是很集中，但却可能与不同毒株的致病力的差别有密切关系。

2. 基于NS-1蛋白基因区进行的AMDV不同毒株间高度遗传多样性的分析探讨　有关ADV不同毒株间非结构蛋白基因区的比较分析和研究工作，相对于结构蛋白基因区来看做得较少。1994年，Gottschoick等对AMDV的4种亚型毒株的非结构蛋白基因进行了比较，结果发现这4种毒株在非结构蛋白基因区的核酸序列存在着较为明显的差别，最高的异质率可达12%。而1999年，Olofsson等对从芬兰、英国等不同国家采集到的35个AMDV阳性的水貂样本进行NS-1基因区比较后，也得到了与Gottschoick等较为相似的发现，只是在他的研究结果中不同毒株间的该区域基因差别最高可达19%。基于NS-1基因区的核酸序列，其做了不同毒株间进化关系的探讨。通过进化树的绘制，发现个别毒株的遗传距离与AMDV G亚型相对较近，在进化树上划归到了1组，而AMDV G亚型是不具致病力的毒株，所以推测通过非结构蛋白的基因结构特点确定AMDV不同株的致病力是不太可能的。

三、诊断要点

（一）流行病学诊断

本病的主要宿主为水貂，也可以感染臭鼬、雪貂、狐、浣熊等其他肉食动物或杂食动物。

任何品种的貂都有易感性，但其易感性与毛色的遗传类型有密切关系。阿留申水貂及与其有亲缘关系的蓝宝石貂的易感性大，发病率与死亡率均较高；而非阿留申毛色种系遗传因子的黑皮毛水貂的则低。病貂、潜伏期貂和隐性感染带毒貂是主要传染源。通过尿液、粪便、唾液等分泌物排毒，污染饲料、饮水、食具和环境，经消化道和呼吸道传染给易感的健康貂。本病还可经胎盘垂直传染给胎儿。

本病秋冬季节发病率和死亡率均大大增加，因肾高度损害的病貂，表现为渴欲增高，冬季往往由于冰冻，不能满足其饮水，致使原来就衰竭的病貂，在急剧恶化的条件下大批死亡。本病传入貂群开始多呈隐性流行，随着时间的延长和病貂的积累，表现出地方性流行，造成严重损失。

（二）临床诊断

潜伏期长，一般为60～90d，长的可达7～9个月甚至1年以上。临床上可分为急性和慢性两个型。急性经过的病例，精神委顿，食欲不振或丧失，于2～3d死去，死前常有痉挛。慢性病例病程数周或数月。病貂食欲下降或时好时坏，渴欲明显增加。进行性消瘦、贫血，可视黏膜苍白。有时口腔、齿龈、软腭和肛门出血、溃疡。粪便稀烂发黑，呈煤焦油样。间有抽搐、痉挛、共济失调，后肢麻痹或不全麻痹等神经症状。感染母貂空怀、胎儿被吸收、流产或产衰弱、成活率低的仔貂。外周血液浆细胞和淋巴细胞增多。血清丙种球蛋白增高4～5倍及以上。病貂机体抵抗力下降，易于继发其他疾病，且皮张质量差；成年母貂表现繁殖障碍，不受孕或流产，产死胎、木乃伊胎；患病成年公貂生殖能力下降。

（三）病理诊断

患病水貂肾病理变化最为明显，肾肿胀，由红色变为淡黄色或灰色，有散在式出血斑点，表面凹凸不平，似“桑葚”状，包膜难以剥离，后期肾萎缩变小。急性病例脾肿大，呈暗红色，慢性病例脾萎缩变小。病貂肝变性、肿胀、坏死，呈土黄色或红褐色，表面有散在灰白色斑点，质脆弱，有的病例会出现腹水。有的病貂胃肠黏膜有点状出血、口腔溃疡等。主要的病理组织学变化是浆细胞大量增殖，常在淋巴结、脾、肾及肝的血管周围形成“袖套”。

（四）鉴别诊断

本病与犬瘟热和水貂病毒性肠炎有一定相似性，应鉴别诊断。

1. 犬瘟热 潜伏期为2～20d，临床上分为卡他型和神经型两种。死于犬瘟热的病貂，胃肠黏膜有卡他性炎症，脾稍肿，肾呈土灰色或暗黄色，膀胱黏膜充血有出血，心脏扩张有出血点，心包有点状出血，病貂一般7～14d死亡。

2. 病毒性肠炎 危害幼貂比成年貂更为严重。病貂呕吐、腹泻，粪便中常混有血液，呈灰白色、粉红色或褐色，并见由肠黏膜、纤维蛋白、黏液组成的黏液管，肛门周围被粪便污染，多数在2～5d死亡。

3. 阿留申病 潜伏期平均为60～90d，最长达9个月。阿留申病死亡的貂，其肝、肾、脾具有特征性病变。

四、实验室诊断技术

根据阿留申病的流行病学、临床症状和剖检变化，可做出初步诊断，确诊需进行实验室诊断。

（一）病料采集与保存方法

血液样本：貂趾尖毛细血管采血，2000～3000r/min 2～5min，离心分离血清后保存于－20℃备用。病料样本可采集病貂的肝、脾脏、淋巴结及血液、尿液、粪便等。

（二）病原学诊断

1. 病原分离与鉴定　采取病貂的脾、淋巴结及血液、尿液、粪便等。将采集的组织器官剪碎，加少量生理盐水，研钵研磨匀浆，离心取上清接种 CRFK 细胞，无血清培养基 37℃吸附 2h，换含 2%犊牛血清的维持液，33℃培养 3～5d，观察细胞病变，如出现病变则进行进一步验证。培养物负染、电镜观察，如观测到病毒粒子形态为球形，正二十面体，直径 22～25nm，则可判定为阳性结果。病原分离鉴定是观测病原最直观的方法，也是最准确的方法，但由于耗时久、成本高、实验操作复杂且对人员和设备要求都较高，一般只用于实验室研究。

2. 病原学检测方法

（1）胶体金试纸条　试纸条使用简单，结果易判，已有商品化产品，在貂群抽样快速检测中发挥重要作用。

（2）PCR　PCR 有着较高的敏感度和特异性而在本病检测中广泛使用。

3. 动物感染试验　水貂阿留申病在各年龄段水貂中均易感，成貂感染 AD 后呈现食欲不振，进行性消瘦，严重衰弱和贫血，尿毒症，强烈的口渴等症状。死后剖检时，最明显的眼观变化在肾。在疾病早期，肾通常肿大、充血，表面散在斑点状出血；疾病后期，肾色苍白，缩小，有凹痕。

（三）免疫学诊断

1. 碘凝集试验（IAT）　IAT 是最为简单也是最早采用的非特异性诊断方法，其原理是病貂血清中产生的丙种球蛋白遇碘制剂会发生凝集反应。此方法至今仍被国内多个养貂场及研究所实验室采用。IAT 的不足之处是：水貂感染后产生的丙种蛋白需在 3 周后才能被检测到，因此不能在早期检出本病。另外凡能引起血清产生丙种球蛋白的各种疾病（如结核病、肺病、肾病等）都有误诊为阿留申病的可能。

2. 对流免疫电泳试验（CIEP）　是目前使用最为广泛的方法之一。特异性强，检出率高，且能检出早期（7～9d）感染貂。

3. ELISA　ELISA 广泛应用于检测 AMDV 抗体。Dam-Tuxen 等建立了全自动化的 ELISA 检测方法，极大地节省了人工，适合大量样本检测，已被丹麦哥本哈根诊断中心采用。

五、防控措施

目前为止，阿留申病还没有公认效果好的疫苗，也没有此病的特异疗法。用免疫抑制剂环磷酰胺治疗，能在一定时间内控制阿留申病病变的出现，但不能治愈。因此，唯一可行的方法是通过多次特异性检疫，淘汰病貂，净化貂场。

六、问题与展望

本病今后的研究需要了解当前中国主要水貂养殖地区 AD 的流行情况，有无主要的 AMDV 流行毒株，研究造成 AD 流行和传播及难以根除的主要原因，并根据中国主要水貂养殖地区 AD 流行的现状有针对性地提出逐步净化 AD 的措施；探索 AD 的疫苗和高通量检测方法，对貂场 AD 的净化有积极作用。

（杨瑞梅）

第七章 新发和再现的动物传染病

第一节 塞内卡谷病

一、概述

塞内卡谷病（Seneca valley，SV）是由A型塞内卡病毒（Senecavirus A，SVA）感染引起猪出现口、蹄部水疱性损伤的一种新发传染病，以导致猪鼻吻部出现水疱症状、蹄部冠状带周围皮肤损伤为主要临床特征。大量的临床病例研究表明，各种年龄的猪均易感A型塞内卡病毒，其中以初生仔猪（7日龄以内）和哺乳母猪的发病率高，尤其以初生仔猪（7日龄以内）受害最严重，可导致急性死亡。此外，据报道在确诊塞内卡谷病的猪体内多个组织器官都可以检测到A型塞内卡病毒的存在，但是由本病毒感染造成猪的特异性病理变化尚不清楚，有待进一步研究确认。

拓展阅读7-1

塞内卡谷病毒曾称为SVV，其毒株（SVV-001）2002年在马里兰州盖瑟斯堡附近靠近塞内卡谷区域的美国遗传治疗公司科研人员的人胚胎视网膜细胞（PER.c6）培养中被认定为污染物，后将SVV-001分类为小核糖核酸病毒（Hales et al.，2008）。从1988年开始，回顾性地在从美国健康猪身上收集的样本中发现了病毒分离株（Knowles et al.，2006）。2016年，国际病毒分类委员会（ICTV）将塞内卡病毒属中唯一的物种从塞内卡谷病毒更名为A型塞内卡病毒。加拿大和美国分别在2007年和2010年，从水疱病的猪样品中鉴定出SVV。但这些案例是散发的，所以一直没有引起大家的重视。2015年前后是全球局部地区A型塞内卡病毒感染高发期，如2014年10月至2015年，巴西一半以上的猪场受本病毒影响，2015年年底时美国约有100个猪场检测到了本病毒。A型塞内卡病毒自2015年传入我国后，已进化出5个遗传分支。并且遗传进化分析表明，大部分分离株与美国毒株的同源性较高。同时陆续有报道称，A型塞内卡病毒毒株间很可能已发生重组并形成了新的病毒。病毒间的重组和流行，使A型塞内卡病毒在我国的遗传多样性更加复杂，潜在的跨物种传播风险及畜牧养殖风险迅速提升。近年来，由A型塞内卡病毒感染导致的猪塞内卡谷病给全球超过7个国家和我国超过10个省（自治区、直辖市）的养殖场造成了巨大的经济损失，严重威胁全世界养猪业的生产和发展。最新研究表明塞内卡病毒可引起水牛感染和发病（贺东生等，2021）。

二、病原学

（一）病原与分类

A型塞内卡病毒（Senecavirus A，SVA）在分类学中被划分为小RNA病毒科（*Picornaviridae*）塞内卡病毒属（*Senecavirus*），是A型塞内卡病毒属的唯一成员。病毒粒子在电子显微镜下为圆形颗粒，直径约为30nm，其粒子形态与其他小核糖核酸病毒非常相似。通过与其他典型的小核糖核酸病毒进行全基因组序列比对，发现A型塞内卡病毒与心病毒属的遗传关系最为密切，而与其他病毒属的遗传关系较远。但是，尽管A型塞内卡病毒在遗传演化方面与心病毒属的成员有较近的遗传关系，其 VP1 的三级结构与心病毒属仍有较大差异，这也是 A 型塞内卡病毒被划分为一个新的塞内卡病毒属的原因之一。

SVV 在 pH 3.0 时稳定。SVV 可以在多种细胞培养物中复制并引起 CPE，包括来自猪、羊、兔、仓鼠、猴子和人类的细胞培养物。

（二）基因组结构与编码蛋白

A 型塞内卡病毒为单股、线性 RNA 病毒。病毒粒子呈二十面体结构，无囊膜，直径为 25～30nm。衣壳由 60 个原体组成，每个原体又由 VP1、VP2、VP3、VP4 4 个多肽组成，其中 VP1、VP2 和 VP3 位于衣壳表面，VP4 位于衣壳的内侧。

A 型塞内卡病毒全基因组长度约为 7300nt，病毒基因组结构较简单，除了位于序列两端的 5′非编码区（长约 666nt）和 3′非编码区（长约 70nt）之外，中间仅含 1 个编码约 2181 个氨基酸的多聚蛋白开放阅读框，该阅读框具有小核糖核酸病毒科的典型 L-4-3-4 基因组结构，由先导蛋白、4 种多肽组成的 P1、3 种多肽组成的 P2 和 4 种多肽组成的 P3 按照 L-1A-1B-1C-1D-2A^{npgp}-2B-2C-3A-3B-3C-3D’-的顺序自 5′端向 3′端依次排列。其中，P1（VP4-VP2-VP3）为结构蛋白，P2（2A-2B-2C）和 P3（3A-3B-3C-3D）为非结构蛋白，结构蛋白主要构成衣壳，非结构蛋白主要参与蛋白质加工和病毒复制。此外，非结构蛋白 2A 的形成机制较为特殊，其羧基末端为保守基序 NPG/P，可通过核糖体跳跃机制使蛋白质持续翻译。

（三）病原分子流行病学

A 型塞内卡病毒主要宿主是猪，有资料显示，在猪、牛和鼠等动物血清中也可检测到 A 型塞内卡病毒的中和抗体。此外，国外某些研究人员在疑似发病猪场采集的环境样品，以及鼠粪便、鼠小肠、苍蝇等媒介物中也检出了 A 型塞内卡病毒的存在，但目前尚无证据显示 A 型塞内卡病毒是否能够通过上述方式传播。另外，根据各国所报道的塞内卡谷病情况，发病对象均为猪，未见其他物种有感染发病的病例发生，故猪应视为本病毒的主要传染源。

自 A 型塞内卡病毒被发现以来，传播速度较快。有研究者基于 A 型塞内卡病毒 *VP1* 基因部分序列进行遗传进化分析将本病毒分为 3 个以时间为参考的基因系(clade)，即 clade Ⅰ、clade Ⅱ和 clade Ⅲ。其中，clade Ⅰ代表原型毒株，如 88-23626 株；clade Ⅱ代表历史毒株，如 SVV-001 株；clade Ⅲ为代表当前毒株，如 CH-LX-01-2016。

A 型塞内卡病毒自 2015 年传入我国后，出现多个遗传方向和毒力变化。有研究者对国内的一些毒株进行了毒力分析，如有小鼠感染试验和猪感染试验结果显示，国内分离株 GD-S5/2018 可导致猪出现齿龈和舌部溃疡性病变，对小鼠也有较高的致死率，而 GD04/2017 株攻毒后，实验动物未出现 SVA 感染的典型临床症状。还有研究者对比了 HB-CH-2016 和 CH/AH-02/2017 的毒力，发现前者致病性较弱，后者可导致实验动物出现明显的临床症状。因此，有理由推测 GD-S5/2018、CH/AH-02/2017 具有较强的致病力，而 GD04/2017、HB-CH-2016 致病性较弱。

（四）感染与免疫

为了研究 A 型塞内卡病毒对猪的致病性及其与猪水疱病的相关性，国内外的研究人员都积极开展相关研究。

Montiel 等率先用 A 型塞内卡病毒毒株（SVA15-41901SD）感染 9 周龄保育猪，结果发现在攻毒的第 5 天时，15 头猪中的 14 头发生了冠状带周围皮肤的水疱和损伤，并且伤口的直径在 0.2～2cm。随后，有研究将 A 型塞内卡病毒毒株（SD15-26）接种于 15 周龄的育肥猪，结果所有接种的猪都表现出典型的临床症状，并且从鼻腔分泌物、唾液和粪便排出病毒。而 A 型塞内卡病毒毒株接种于商品母猪后，第 5 天时母猪全都产生水疱，第 7 天时出现病毒血症和抗 A 型塞内卡病毒的中和抗体，且大部分囊性水疱病变在第 14 天时开始消退。此外，4 日龄的仔猪身上也可以复制出 A 型塞内卡病毒感染的典型水疱症状，胡东波等通过肌肉接种 A 型塞内卡病毒于保育猪也能复制水疱病症状。综上所述，多个年龄阶段的猪（保育猪、育肥猪、初生仔猪等）对 A 型塞内卡病毒均易感，猪感染 A 型塞内卡病毒后均可呈现典型水疱病症状。因此，A 型塞内卡病毒可以被确认为一种致使猪产生水疱病的传染性病原。

感染猪的几种主要水疱性传染病见表 7-1。

表 7-1　感染猪的几种主要水疱性传染病

病原	主要宿主	传播方式	发病率	带病动物
口蹄疫病毒	猪、牛、羊	气溶胶、接触污染器械	高	牛、羊、猪、鹿
猪水疱病病毒	猪、人	接触污染器械	中	猪
水疱性口炎病毒	马、牛、猪和人	昆虫叮咬、接触	低到中	多种动物
A 型塞内卡病毒	猪	水平传播	低到高	猪、水牛

塞内卡病毒引起猪水疱性疾病的发病机制尚不清晰。有人提出炭疽毒素受体 1（ANTXR1）是塞内卡病毒的受体，是本病毒感染宿主细胞的必要条件。在病毒复制过程中，ANTXR1 介导塞内卡病毒粒子的附着和脱壳。将受体结合的衣壳结构与原生衣壳结构进行比较，发现受体结合导致塞内卡病毒的衣壳结构构象发生微小变化，进一步证明了 ANTXR1 作为附着受体在感染宿主细胞时的作用，并且解释了塞内卡病毒对 ANTXR1 的精细选择性。此外，有研究提出，塞内卡病毒经口和鼻侵入后，最初感染新生仔猪的肠上皮细胞，通过产生最初的炎症反应进入循环系统，随血液循环可扩散到多个组织脏器，造成多系统感染。并可通过脉络丛进入大脑，引起神经症状。因此，初步推测塞内卡病毒主要通过肠道和循环系统造成多个组织和器官发生损伤。

三、诊断要点

（一）流行病学诊断

病猪和带毒猪是主要传染源，尤其是处于病毒血症期的感染猪，水牛也可引起感染和发病。本病能水平传播，目前尚无垂直传播的证据。病毒通过病猪唾液、粪便、尿液等分泌物和排泄物排出体外，污染饲料、饮水、圈舍及牧场等，从而感染其他健康猪只。已知 A 型塞内卡病毒主要感染猪，研究发现本病毒的潜伏期为 5d 左右，各品种和各日龄的猪均可感染。在首次感染的猪场，病情相对较严重，如母猪发病率可高达 90%，但死亡率一般较低，约为 0.2%；4 日龄内仔猪发病率高达 70%，死亡率占 15%～30%，断奶仔猪发病率和育肥猪发病率一般不超过 30%。塞内卡谷病一年四季均可发生，以春、秋季节多发。此外，本病大多为散发，目前尚未造成大规模流行。

（二）临床诊断

病猪在鼻子和蹄部冠状带上出现水疱或溃疡性病变。其他症状还包括跛足、厌食症、昏睡、皮肤充血、发热、腹泻等。早期的塞内卡病毒的分离株对猪无明显的致病性，感染猪不出现临床症状。近年来，越来越多的塞内卡病毒分离株可以导致猪发病。成年猪感染初期出现厌食、嗜睡和发热等症状，随后鼻镜部、口腔上皮、舌和蹄冠等部位的皮肤、黏膜产生水疱，继而发生继发性溃疡和破溃现象，严重时蹄冠部的溃疡可以蔓延至蹄底部，造成蹄壳松动甚至脱落，病猪出现跛行现象。新生仔猪死亡率显著增加（高达30%～70%），偶尔伴有腹泻症状。值得注意的是，发病成年猪临床表现较为温和，病程持续 1～2 周，发病初期可见40℃高热，而发病仔猪体温一般无明显变化，

（三）病理诊断

发病猪的脑干、小脑、大脑、小肠、脾、心脏、肾、肝、肺、膀胱和扁桃体都能检测到A 型塞内卡病毒的存在，但其中以扁桃体、脾、肺和肝的病毒载量较高；蹄部表皮层可见局灶性坏死，坏死灶内可见淋巴细胞和中性粒细胞浸润；脑干可见浦肯野细胞萎缩、坏死；小肠绒毛和隐窝的比例减小、小肠绒毛断裂、变短，严重者肠上皮细胞空泡变性；肾可见皮质肾单位局部坏死、肾小管管腔扩张和肾脏被膜增厚。此外，感染A 型塞内卡病毒的仔猪输尿管有严重的尿路上皮增生和气球变性；而膀胱可以观察到变移上皮有气球样变性且胞质内有嗜酸性包涵体；非化脓性脑膜脑炎和脑皮质坏死；侧脑室有多灶性的非化脓性脉络膜丛炎。

（四）鉴别诊断

通过临床症状很难与口蹄疫病毒、水疱病病毒、水疱性口炎，猪水疱性疹等病毒感染引起的疾病相区分，需结合其他诊断方法进行确诊。

四、实验室诊断技术

（一）病料采集与保存方法

一般来说，仔猪体内病毒含量高而且持续时间长，扁桃体和淋巴结中病毒存活时间比血清、肺和其他组织中长。因此，可以采集扁桃体、脾器官或组织，对于其他病毒载量较高的器官或组织，如肝或肺也可以。此外，还可从临床特征明显的猪口鼻部或蹄部水疱周围采集水泡液。如要对病毒进行 PCR 检测，可以将病料放到－80℃保存备用，如要制作组织切片或标本，可用甲醛溶液处理病料。

（二）病原学诊断

1．病原分离与鉴定　RT-PCR 是实验室鉴定病原时使用最普遍的检测方法，该方法依赖于一对特异性的引物（上游/下游）对 RNA 样品进行特异性扩增，从而获得样品的目的 DNA 片段。PCR 检测方法包括实时荧光定量 PCR（RT-qPCR）、数字 PCR（digital PCR，dPCR）等多种形式。赵晓亚等（2016）在 SVV-001 的 *2C5* 基因和 *3C* 基因对应的序列中分别设计一条上游引物和一条下游引物，在国内首次建立用于 SVA 检测的 RT-PCR 方法。Agnol 等建立了一种高敏感性的 RT-qPCR 检测方法（*Tag* Man 探针法），该方法对 SVA 的检测极限为 13

拷贝/μL，可以实现对猪的多个组织（肺、小肠、扁桃体、膀胱、脾等）的定量检测（Agnol et al.，2017）。不久，Fowler 等（2017）和刘健新等（2019）也相继建立了检测 SVA 的 qPCR 方法。数字 PCR 是近几年逐渐兴起的一种核酸定量分析技术，Zhang 等（2018）建立了一种重复性好的可扩增 SVA 的 3D 基因序列的微滴式数字 PCR（RT-ddPCR）方法。该检测方法的灵敏度约为反转录实时 PCR（RT-rPCR）的 10 倍，每次反应的检测限为 1.53±0.22 个 SVA 的 RNA 分子。临床检测证实该 RT-ddPCR 对 SVA 的特异性好，并不能扩增其他重要的猪病原体，而且该方法与 RT-rPCR 方法的阳性符合率为 96.27%（129/134）。

环介导等温扩增检测（LAMP）是 Notomi 在 2000 年提出的一种基于 RNA 的分子扩增新方法，它可以在等温条件下高效、快速地扩增目标序列。Armson 等（2018）建立的塞内卡病毒 RT-LAMP 检测方法，实现 SVA 的快速扩增，在少于 8min 的反应时间内即可实现塞内卡病毒的特异检测。

2．动物感染试验　一般可以选取小鼠和猪进行动物感染试验。此外，部分资料显示奶牛也可作为 A 型塞内卡病毒的天然宿主，并且有研究发现在牛的血清中可见自然 A 型塞内卡病毒的中和抗体，试验人员可针对牛开展动物感染试验。

（三）免疫学诊断

基于抗体检测和抗原检测建立的方法对于诊断 A 型塞内卡病毒都具有重要意义。由于目前市场上尚无预防 A 型塞内卡病毒感染的有效疫苗，所以一旦在动物体内检测到 A 型塞内卡病毒抗体，就可以判断动物感染了或者曾感染了本病毒。另外，可应用于塞内卡病毒检测的抗体检测方法和抗原检测方法有很多，且各具优势，如间接免疫荧光抗体检测试验（IFAT）、病毒中和试验（VNT）和酶联免疫吸附试验（ELISA）在病毒研究领域中广泛应用于病毒抗体的检测。这三种抗体检测技术的实质就是抗原-抗体的特异性免疫反应。为了检测猪血清中塞内卡病毒抗体的存在，国外有研究开发了用于检测塞内卡病毒抗体的一种竞争 ELISA（C-ELISA）方法和病毒中和试验（VNT），并将这两种方法与另一种抗体检测方法——免疫荧光抗体实验作比较。比较检测结果发现，该研究提出的 C-ELISA、VNT 和 IFAT 都具有对塞内卡病毒抗体的高特异性和高敏感性。因此，这些方法（C-ELISA、VNT 和 IFAT）被认为适用于猪塞内卡病毒抗体的检测。

五、防控措施

（一）综合防控措施

由于目前没有商品化疫苗或有效的治疗方法来防治 A 型塞内卡病毒，因此猪场的饲养管理和生物安全防范至关重要。哺乳母猪和仔猪的圈舍环境应舒适，并确保 1 周龄内仔猪摄取足量优质初乳。猪舍应远离公路等车辆流通区域，最好做到运输生猪车辆专车专用，出入场舍做好消毒，且应避免该车与塞内卡病毒检测阳性的猪场车辆、人员和动物接触。饲养人员进出猪舍应沐浴并更换工作服和靴子，接触不同猪群时应有间隔观察期。应从猪群健康、无疫病发生的猪场引种，有条件的可在引种前对待引猪进行抽样检测，混群前隔离观察。避免老鼠、苍蝇等生物媒介与猪群接触。对于塞内卡病毒检测阳性的猪场，除了提高管理水平外，应严格执行全进全出制度，对猪舍、设备和工具严格清洁和消毒。

2022 年，我国将塞内卡列为三类动物疫病。猪群一旦确诊发生疫情，可按动物传染病综合防控措施进行处置。要特别关注塞内卡在牛群的感染和传播风险，做好与牛口蹄疫的鉴别诊断和应对措施。

（二）生物安全体系构建

动物传染病流行过程的三要素包括传染源、传播途径和易感动物，因此可以针对这些要素构建生物安全体系。考虑到A型塞内卡病毒是一种较新的病毒，全球范围内对本病毒病原学、流行病学等方面的认识仍相对空白，普遍缺乏对病毒抵抗能力、传播途径、感染周期、针对性预防方法和免疫方法的了解。同时，鉴于A型塞内卡病毒与口蹄疫病毒结构特性相近，常认为两者间具有相似的理化敏感性，故消毒时可考虑采用相同的消毒剂和消毒方法，如2%乙酸、0.2%柠檬酸溶液、2%氢氧化钠、4%碳酸钠、醛类、次氯酸盐等，对环境、防护服、车辆等进行消毒。

（三）疫苗与免疫

A型塞内卡病毒在猪群中流行已有十余年，但仍无商品化疫苗。2018年Yang等制备了油佐剂灭活疫苗。动物免疫试验显示，该灭活苗可诱导理想的中和抗体反应，且攻毒后动物未表现出明显临床症状。2019年Sharma等通过反向遗传技术拯救了一株重组A型塞内卡病毒毒株，结果显示，该重组病毒是一株弱毒株，动物经接种后未出现明显临床症状，病毒血症及排毒现象都相对较弱。说明上述灭活疫苗和重组病毒可作为有效的疫苗候选株。

（四）药物与治疗

病猪治疗目前无特效的治疗药物，一般临床上可进行对症治疗。例如，用黄芪多糖注射液（1mL/kg体重），加猪用干扰素（1mL/40kg体重），加排疫肽（复合免疫球蛋白，1mL/50kg体重），混合肌注，每日1次，连用3d；为防止水疱破裂后与溃疡病灶继发感染细菌及体温升高，可肌注头孢噻呋钠注射液，2mL/kg体重，每日1次，连用3d。鼻部、蹄冠部及口唇部溃疡病灶可用0.1%高锰酸钾溶液冲洗，然后涂擦碘甘油，每日处理1次。病猪一律改饮电解质多维600g、葡萄糖粉600g、维生素C 200g，对水1t，连续饮用7d；哺乳仔猪实施人工喂乳。

六、问题与展望

A型塞内卡病毒不仅是我国的一种新发现的传染性病毒，也是美国等其他国家新发现的病原，但是目前由本病毒导致的塞内卡谷病的危害仍处于未受重视的阶段。考虑到塞内卡谷病与口蹄疫相似的临床症状，且其与能造成猪水疱症状的多个病原同属于一个小核糖核酸病毒科，在本病毒造成重大经济损失之前，对A型塞内卡病毒的分子检测方法、流行病学调查和生物学特性等方面进行科学研究是十分必要的。另外，随着A型塞内卡病毒在我国的传播，其毒力也逐渐致弱，目前国内猪场已频繁出现亚临床感染情况。大量的亚临床感染及无商品疫苗可用，增加了我国对本病的防控及净化难度。

（贺东生）

第二节　猪丁型冠状病毒病

一、概述

拓展阅读 7-2

猪丁型冠状病毒病是由猪 δ 冠状病毒（porcine deltacoronavirus，PDCoV）引起的一种新型猪肠道致病性冠状病毒。PDCoV 对哺乳仔猪具有很强的致病性，可引起仔猪呕吐、水样腹泻，严重者脱水死亡，本病毒已经成为一种非常重要的肠道病原体（贺东生等，2015；Jung et al.，2015）。相关文献报道，在 PDCoV 攻毒的小牛和鸡胚内可以检测到病毒的复制（Jung et al.，2017；Liang et al.，2019）。PDCoV 作为 δ-冠状病毒属中唯一被成功分离的病毒，对于该新型冠状病毒的流行病学、免疫学及病理学领域将引起研究人员更多的关注与研究。

PDCoV 首先在 2009 年香港收集的猪样本中被检测到，但直到 2014 年才确定其病因作用，当时它在美国俄亥俄州的猪场暴发（Li et al.，2014），随后，在加拿大、韩国、日本、中国、泰国及老挝等国家也相继检测到了 PDCoV（贺东生等，2015；Chen et al.，2015；Lee et al.，2014；Lorsirigool et al.，2016；Madapong et al.，2016；Saeng-Chuto et al.，2017）。2022 年贺东生等首次发现 PDCoV 可感染中国土鸡主要品种麻黄鸡。

二、病原学

（一）形态结构

猪丁型冠状病毒又名猪 δ 冠状病毒（porcine deltacoronavirus，PDCoV），属于套式病毒目（*Nidovirales*）冠状病毒科（*Coronavirinae*）冠状病毒亚科（*Coronavirus*）冠状病毒属（*Deltacoronavirus*）的成员。2011 年 ICTV 会议中国际病毒分类委员会将猪丁型冠状病毒正式列为冠状病毒属的成员。目前已经确认 5 种猪冠状病毒，引发猪腹泻的 PEDV 和 TGEV 都属于 α-冠状病毒属，对全球养猪业的发展提出了严重挑战。

PDCoV 为单股正链 RNA 病毒，电镜观察显示，PDCoV 的直径为 60～180nm。病毒粒子是具有囊膜结构的球形体或椭圆形球体，病毒外膜上有大量放射状状的纤突，具有冠状病毒典型的皇冠状结构（Ma et al.，2015；Zhang et al.，2016）。病毒粒子内部为核衣壳蛋白和基因组 RNA 共同组成的核蛋白核芯。

（二）基因组结构特征与编码蛋白

PDCoV 的基因组全长约为 25.4kb，其长度在目前已知的冠状病毒中最短（Song et al.，2015；Woo et al.，2012）。PDCoV 的基因组结构具有类似冠状病毒的基因组成及排列：5′-UTR-ORF1a-ORF1b-*S*-*E*-*M*-*NS6*-*N*-*NS7b*-*NS7a*-3′-UTR。全基因两端包含两个非编码区（UTR），即 5′-UTR 和 3′-UTR，5′端和 3′端分别包含一个帽子结构和一个 poly（A）结构，这些区域虽然不编码蛋白质，但它们对病毒的转录与复制发挥至关重要的调控作用。PDCoV 全基因组 5′端后 2/3 区域编码两个较大重叠的开放阅读框 ORF1a 和 ORF1b，两个开放阅读框全长约 19.3kb，分别编码 ppla 和 pplb 两个多聚蛋白。剩余的 1/3 区域主要编码病毒的结构蛋白，依次为纤突（spike，S）蛋白、小膜（small membrane，E）蛋白、膜（membrane，M）蛋白及核衣壳（nucleocapsid，N）蛋白。此外，在 PDCoV 结构基因之间或内部分布一些比较小的开放阅读框（ORF），这些区域可以编码具有特异性的辅助蛋白（accessory protein），其中在 *M* 基因和 *N* 基因之间存在一个开放阅读框编码辅助蛋白 NS6，在 *N* 基因内部存在一个开放阅读框编码两个辅助蛋白 NS7a 和 NS7b（Fang et al.，2017；Woo et al.，2010）。

S 基因编码病毒外膜上的纤突蛋白，纤突蛋白是由 S 蛋白构成的同源三聚体蛋白，S 蛋白是病毒诱导宿主机体产生细胞免疫和体液免疫的重要抗原表位蛋白，同时还参与病毒与宿主细胞的吸附和融合（Shang et al.，2018；Xiong et al.，2018）。S 蛋白可被蛋白酶水解成 S1 和 S2 两个蛋白，S1 蛋白是 S 蛋白诱导产生中和抗体的主要位点和诱导病毒与受体结合的位点，类似人新型冠状病毒肺炎病毒含有 ACE2（血管紧张素酶Ⅱ）受体，负责启动感染。S2 主要促进病毒与宿主细胞的融合。*E* 基因病毒的编码小膜蛋白，该蛋白质具有疏水性并包埋在病毒粒子囊膜的脂质双分子层中，小膜蛋白病毒粒子中最小的结构蛋白，该蛋白主要参与病毒粒子的组装和出芽过程（Puranaveja et al.，2009）。*M* 基因编码膜糖蛋白，该蛋白质为跨膜蛋白，M 蛋白主要负责物质的跨膜运输和病毒粒子的组装过程（Locker et al.，1992）。*N* 基因编码磷酸化的 N 蛋白，该蛋白在病毒的复制过程至关重要，N 蛋白与病毒基因组 RNA 共同作用而形成核衣壳蛋白，以发挥对病毒基因组的保护作用。

（三）病原分子流行病学

自 2012 年以来，PDCoV 在世界范围内流行，且病毒在传播与流行的过程中不断进化，PDCoV 全基因的进化速率估计为 3.8×10^{-4} 替换位点/年，*S* 基因进化速率为 2×10^{-3} 个替换位点/年（Homwong et al.，2016）。2016 年，Zhang 基于 GenBank 中 50 条 PDCoV 全基因序列（9 份来自中国（2 份来自香港，7 份来自内地），1 份来自韩国，2 份来自泰国，38 份来自美国）对 PDCoV 的遗传进化进行研究，研究结果显示，美国和韩国的 PDCoV 毒株具有很高同源性（全基因组水平为 99.6%～99.9%，*S* 基因为 99.5%～99.9%），这表明美国和韩国的 PDCoV 可能具有相同的来源。中国和泰国 PDCoV 毒株的遗传多样性高于美国和韩国，中国和泰国的 PDCov 毒株在 ORF1a 基因和 *S* 基因上出现了缺失，且这些缺失的生物学意义尚不清楚（Zhang，2016）。2017 年，Nilubol 等对泰国、越南和老挝进行了 PDCoV 的流行病学调查，研究结果表明，泰国老挝的 PDCoV 毒株与中国 PDCoV 毒株的亲缘关系比美国更近，而越南 PDCoV 毒株则恰恰相反。基于 *S* 基因、*M* 基因和 *N* 基因，泰国和老挝的 PDCoV 毒株与中国 PDCoV 毒株相比，分别有 23～26 个、1 个和 4～5 个氨基酸的替换，与美国 PDCoV 相比，泰国和老挝 PDCoV 分离株在 *S* 基因、*M* 基因和 *N* 基因上分别有 25～28 个、1 个和 4～5 个氨基酸替换。越南 PDCoV 在 *S* 基因和 *N* 基因上仅有 2～4 个和 1～2 个氨基酸替换，而在 M 基因上未发现氨基酸替换现象，而中国和美国的 PDCoV 分离株在 *S* 基因和 *N* 基因上均未发现氨基酸替换（Saeng-Chuto et al.，2017）。2019 年，Gu 等为进一步了解中国 PDCoV 的流行病学，对 2016～2018 年中国 18 个省（自治区、直辖市）的 719 份猪样本进行了 PDCoV 和 PEDV 的同步检测。研究结果表明，基于 PDCoV *S* 基因的系统发育分析，大多数全球 PDCoV 毒株可分为三个谱系：中国谱系、美国/日本/韩国谱系和越南/老挝/泰国谱系。同时，利用 Tamura-Nei 模型计算了中国 PDCoV、美国/日本/韩国 PDCoV 和越南/老挝/泰国 PDCoV 谱系的遗传距离，在这三个谱系中，中国谱系的遗传分化最大，越南/老挝/泰国谱系的遗传分化略小于中国谱系，美国/日本/韩国谱系的遗传分化最小（Zhang et al.，2019）。

（四）感染和免疫

病毒的跨物种传播是大多数新出现传染病的重要原因之一，并可严重影响人和动物的安全和健康。冠状病毒有明显的跨物种传播趋势，如 SARS-CoV 和 MERS-CoV（Lu et al.，2015），以及 2019 年报道后流行全球的新型冠状病毒肺炎的病原——SARS-2-CoV。成功的跨物种传播首先取决于病毒结合和功能性使用另一宿主内受体的能力，相关研究表明，PDCoV 利用宿主的氨基肽酶 N（aminopeptidase N，APN）作为细胞进入的受体，PDCoV 在猪或人细胞中的感染在 *APN* 基因敲除后显著减少，但并未完全阻断，这表明病毒在细胞培养中可以使用不依赖 APN 受体的进入途径，并允许 PDCoV 感染需要辅助受体的可能性。PDCoV 不寻常的受体多样性及 PDCoV 感染禽类和哺乳动物细胞的能力值得进一步研究，以了解本病毒的流行病学和跨物种传播可能性（Li et al.，2018）。δ 冠状病毒极有可能起源于鸟类，实验证明 PDCoV 可以感染白羽鸡（Liang et al.，2019），且 PDCoV 可以通过与人 APN 受体的相互作用有效地感染人类来源的细胞（Li et al.，2018），因此，从流行病学角度来看，具有多宿主潜力的 PDCoV 在猪体内的全球分布对人可能存在潜在威胁。

由于 PDCoV S 蛋白是病毒毒力和诱导宿主产生中和抗体的重要蛋白，因此成为开发病毒疫苗的重要靶蛋白（Sun et al.，2007）。N 蛋白也可以诱导宿主产生细胞免疫和体液免疫反应并在病毒逃避宿主免疫反应中发挥作用（Chen et al.，2019；Likai et al.，2019），由于 *N* 基因高度保守，因此 N 蛋白可以作为病毒诊断的重要抗原（Su et al.，2016；张帆帆等，2016）。

三、诊断要点

（一）流行病学诊断

在美国大规模暴发 PDCoV 后，美国农业部加强了对 PDCoV 的流行病学检测。2014 年 3 月至 2016 年 3 月，两年时间里，用 PCR 方法共计检测 38 774 份腹泻病料，其中 1092 份的样品为 PDCoV 核酸阳性，阳性率为 2.8%。2014～2016 年，PDCoV 每月的检出率及各州分布的结果表明，PDCoV 流行的季节性趋势明显。

（二）临床诊断

PDCoV 感染的临床症状与 PEDV 和 TGEV 的临床症状极其相似。与后两者相比，PDCoV 的临床症状可能略显轻微（Lorsirigool et al.，2017），首次暴发时发病率和死亡率也可能高达 50%～95%及以上。PDCoV 可以感染不同年龄段的猪群，但对哺乳仔猪的危害最大，仔猪感染 PDCoV 后的死亡率为 30%～40%（Lorsirigool et al.，2016）。仔猪感染 PDCoV 后，会出现急性水样腹泻，皮肤上有明显的粪便污染，在感染后的 48～72h 后，发病猪经常伴随急性、轻度至中度的呕吐现象，呕吐物呈黄色或乳白色，尽管发病猪出现腹泻、脱水和嗜睡等症状，但其食欲并没有受到太大的影响，且体温保持正常，也没有出现任何呼吸道症状包括咳嗽和流涕（Song et al.，2015）。仔猪群一旦感染，会出现发病突然、传播迅速，一般持续腹泻 3～4d，有的会因脱水死亡（Curry et al.，2017）。

（三）病理诊断

PDCoV 的显微病变与 PEDV 和 TGEV 相似（Jung et al.，2015），组织学损害的特征是回肠近端和空肠近端呈急性、多灶性到弥漫性、轻度到重度萎缩性肠炎，偶尔伴有轻度空泡化的肠上皮细胞（Hu et al.，2016；Ma et al.，2015）。急性感染时，空肠和回肠可见空泡化的肠上皮细胞或大量肠细胞脱落。萎缩的绒毛经常融合，并被退化或再生的扁平上皮所覆盖。炎症细胞，如巨噬细胞、淋巴细胞、中性粒细胞和嗜酸性粒细胞，在固有层有明显的浸润（Chen et al.，2015；Wang et al.，2016）。感染猪的心脏、肝、脾、肺和肾等其他器官未见病变。然而，相关文献报道，胃小凹中的胃上皮细胞有急性、局灶性的轻度变性或坏死（Ma et al.，2015）。

四、实验室诊断技术

（一）病料采集与保存方法

粪便样本和唾液样本的采集。PDCoV 感染的猪在感染期后 1～5d 会排出高水平的病毒，可以收集单个粪便拭子、鼻拭子或唾液进行 PCR 检测或病毒分离。当 PDCoV 感染已经超过 10d 时，口腔液和粪便拭子是比鼻拭子更好的 PCR 检测样本类型。

组织样本收集。对于在急性感染期被安乐死和尸检的患病猪，可以新鲜采集小肠，特别是空肠和回肠切片，用于 PCR 检测和病毒分离。或者可将组织样本收集在 10%缓冲甲醛溶液中进行组织学和免疫组化（IHC）检查。

（二）病原学诊断

1．病原分离与鉴定　2014 年，PDCoV 在美国暴发流行后，研究人员从临床样本中相继成功分离到病毒，PDCoV OH-FD22 毒株是被首次分离的毒株（Hu et al.，2015）。PDCoV CHN-HN-2014 毒株是中国首次成功分离到的毒株（Dong et al.，2016）。随后，韩国、日本等国家也相继成功获得 PDCoV 适应性传代毒株。研究证明，PDCoV 可以在猪近端肾小管上皮细胞（LLC porcine kidney，LLC-PK）和猪睾丸细胞（swine testicular，ST）上被分离并可以进行连续传代（陈建飞等，2016）。接种 PDCoV 的 LLC-PK 细胞系和 ST 细胞系可以产生明显的细胞病变（cytopathic effect，CPE），主要表现为细胞变圆、变大并形成合胞体、拉丝及细胞脱落等（方谱县等，2016）。PDCoV 在 LLC-PK 细胞系和 ST 细胞系中分离和连续增殖的条件是在细胞维持液中添加外源性胰蛋白酶、胰酶或小肠内容物，病毒一般在感染细胞后的 48h 即可产生明显的细胞病变。PDCoV 在 ST 细胞中增殖所需的细胞培养条件与在 LLC-PK 细胞中不同，胰蛋白酶对 PDCoV 在 LLC-PK 细胞中的生长有显著促进作用，且胰蛋白酶的添加量对病毒滴度的影响较大；PDCoV 在添加胰酶或小肠内容物的 ST 细胞中具有更佳的增殖效果。尽管 PDCoV 在 LLC-PK 细胞系和 ST 细胞系中的增殖条件不尽相同，但在两种细胞系上会导致类似的细胞病变 CPE（Jung et al.，2016）。

2016 年，张帆帆等基于 PDCoV *N* 基因为靶基因建立了 PDCoV RT-PCR 检测方法。荧光定量 RT-PCR（RT-qPCR）是利用荧光染料或荧光探针等技术通过对 RT-PCR 扩增反应中每一个循环产生荧光信号的实时检测，从而实现对起始模板定性及定量的分析，RT-qPCR 具有很高的特异性和敏感性，目前被广泛应用于病原的分子生物学检测中。2015 年，Chen 等和 Ma 等分别以 PDCoV 的 *M* 基因和 *N* 基因建立了 PDCoV RT-qPCR 方法（Chen et al.，2015；Ma et al.，2015）。套式 RT-PCR 是以内围特异性引物对外围特异性引物的扩增产物进行二次扩增，由于该方法是通过两对特异性引物对模板进行两次扩增，因此该方法具有比 RT-PCR 更高的敏感性和特异性，缺点是容易受到污染。2015 年，Song 等基于 PDCoV 的 *N* 基因建立了 PDCoV 套式 RT-PCR 方法。

2．动物感染试验　在一项动物感染研究中，将含有 10^6 PFU 的 PDCoV Michigan/8977/

2014 分离株的 5mL 病毒口服接种给 4 头 10 日龄的常规猪，并通过感染后 21d（21dpi）进行监测（Ma et al.，2015）：腹泻发生在 1dpi，持续 7～10dpi，4 头猪均在 10dpi 痊愈。粪便病毒 RNA 的排出在 1～2dpi 可检测到，在 7dpi 达到峰值，在 10dpi 后逐渐下降，但在 21dpi 时仍在每 4 头猪中有 1 头检测到。

在另一项实验性感染研究中（Zhang，2016），研究人员将 15 头 3 周龄的普通猪口服接种 10^5 $TCID_{50}$ 的 PDCoV USA/IL/2014 分离株和通过感染后 42d 进行监测，结果表明，感染猪只的临床症状一般不会持续超过 10d。病毒 RNA 的外排在 7dpi 时达到峰值，此后逐渐下降，无论是在个体粪便拭子、混合式粪便中，还是在口鼻实拭子中都是如此。

（三）免疫学诊断

酶联免疫吸附试验（ELISA）是以抗原抗体的特异性结合为基本原理，再通过检测酶标抗体吸光度值的变化进行诊断的技术。ELISA 是一类具有简单快速、高通量和高敏感性等优点的血清学检测方法，主要包括夹心法、竞争法、间接法三种，目前间接 ELISA 是应用最广泛的一种血清学检测方法(张帆帆等,2016)。相关文献报道,目前已经开发出几种检测 PDCoV 抗体的间接 ELISA 检测方法，包括 PDCoV 全病毒 ELISA 方法（Ma et al.，2016）、PDCoV S1 蛋白间接 ELISA（侯林杉等，2019）、PDCoV N 蛋白间接 ELISA（苏明俊，2017）、PDCoV M 蛋白间接 ELISA（Thachil et al.，2015）。

间接免疫荧光抗体试验（IFAT）是利用已知的特异性抗体或特异性抗原而实现未知抗体或未知抗原定位的一种检测方法。在 PDCoV 的研究中，IFAT 主要应用于病毒的分离鉴定（Dong et al.，2016；Jang et al.，2018）。此外，Jung 等（2015）利用免疫荧光染色法对 PDCoV 感染的组织进行病毒复制的定位。

荧光微球免疫分析（FMIA）以微球或磁珠为基础，通过每个微珠可以与独立的抗原结合，可以同时检测存在于一个生物学样本中的多种抗体。2015 年，Okda 等通过建立 PDCoV 间接 ELISA 和 FMIA 进行高通量猪血清样品的筛选。

五、防控措施

（一）综合防控措施

PDCoV 是目前猪养殖场的主要疫病之一，波及我国及全世界范围内的养殖场，并给养殖户带来严重的经济损伤，因此做好 PDCoV 的综合防治措施，有利于减少本病的发生，保障我国养猪业的健康迅猛发展。

平时要加强猪场的饲养管理，增强饲料能量水平，保持猪舍清洁卫生，做好兽医防治工作，坚持自繁自养，当发生疫病时要及时隔离病畜。禁止从疫区等引进种猪，引进健康种猪后应隔离检疫观察 45d 以上。由于哺乳仔猪易感染 PDCoV，因此要做好产仔舍的保温工作，给出产仔猪补充足量的母乳，增强其免疫力和抵抗力。做好生物安全工作，对猪舍做好定期全面彻底的消毒工作，对任何可能被 PDCoV 污染的媒介、人员和车辆进行严格的消毒，人员隔离，做好全进全出。

预防非猪丁型冠状病毒（PED 和 TGE 等）引起的仔猪腹泻，还应对其加强监测，对母猪血清不达标者，应立即接种疫苗，确保仔猪在哺乳期间不受冠状病毒感染。对妊娠母猪经口、乳房接种猪传染性胃肠炎-流行性腹泻二联苗或三联苗等使仔猪产生被动免疫，或是给产前母猪肌注弱毒苗来预防所生仔猪免受冠状病毒的感染。

（二）疫苗与免疫

目前，对于预防 PDCoV 的灭活疫苗和弱毒疫苗正在研发和审批中，疫苗面世后可使用疫苗防控本病。

（三）药物与治疗

冠状病毒在室温或更高温度下过长时间会导致病毒失活，且冠状病毒作为有囊膜病毒，其对氯仿、乙醚等有机溶剂敏感。相关文献报道，存在于细胞膜和病毒囊膜中的胆固醇作为病毒进入的关键成分，对 PDCoV 的复制起到了促进作用（Jeon et al.，2018）。此外，抗病毒药物氯化锂（LiCl）和甘草酸二铵（DG）以剂量依赖的方式抑制 PDCoV 在 LLC-PK1 细胞中的复制，两种药物均能抑制 PDCoV 诱导的 LLC-PK1 细胞凋亡（Zhai et al.，2019）。

六、问题与展望

2003 年，自严重急性呼吸综合征（severe acute respiratory syndrome，SARS）暴发以来，针对人或动物的冠状病毒的研究就受到高度重视。猪丁型冠状病毒（PDCoV）可引起各年龄阶段猪只，特别是新生仔猪水样腹泻、呕吐、脱水甚至死亡，对我国及全球范围内的养猪产业造成巨大的经济损失。其中，哺乳动物尤其是猪的冠状病毒因其存栏量大、与人类接触密切，而在公共卫生领域显得尤为重要，2021 年国外有 PDCoV 感染了人的报道，值得高度重视。截至目前，有关 PDCoV 的起源、病毒受体、病毒基因组的结构与功能、病毒致病与免疫机理、疫苗与防控技术等方面的研究不够深入，也不够系统，但随着研究的深入，相信不久后在这些方面会有重要的突破性的进展。

（贺东生）

第三节　猪　丹　毒

一、概述

猪丹毒（swine erysipelas，SE）又称为打火印或钻石皮肤病、红热病，是由猪丹毒丝菌（*Erysipelothrix rhusiopathiae*）引起的一种急性、热性、败血性人兽共患传染病。临床表现有 3 种类型：急性败血型、亚急性疹块型和慢性多发性关节炎或心内膜炎型。皮肤的特征性菱形疹块是猪丹毒唯一具有诊断意义的病变。本病在炎热潮湿季节多发，不同年龄猪均可感染，但以架子猪的发病率最高。而 3 月龄以下的仔猪及 3 年以上的猪很少发病。猪丹毒是严重危害养猪业的一种重要细菌性疾病，也是一种需要关注的人兽共患病。

拓展阅读 7-3

猪丹毒最早在 1878 年被确认为是一种疾病。1882～1883 年，Pasteur 和 Thuillier 简单描述了从猪丹毒的病猪中分离到的细菌。1886 年，Friedrich Löffler 首次精准定义了猪丹毒。但直到 1928 年美国南达科他州严重暴发猪丹毒，其重要性才被认识。20 世纪 40～60 年代美国中西部猪丹毒暴发，到 1959 年美国共有 44 个州发生了猪丹毒，其后，SE 的流行明显下降，但仍然被认为是经济上重要的疫病。猪丹毒呈全球分布，共有50多个国家和地区曾经报告有猪丹毒发生。在我国，20世纪50年代，中南、西南，尤其是华东地区猪丹毒流行严重，据不完全统计，仅江苏、浙江两地1952年就有50余万头猪死于猪丹毒；20世纪八九十年代，猪丹毒、猪瘟、猪肺疫并称为我国养猪业的三大传染病。20世纪90年代后期至2010年，通过疫苗的使用及猪场管理的升级，猪丹毒病例显著减少，仅在一些小养殖户（场）零星发生，但2011年后我国东部出现一拨急性猪丹毒的暴发流行，与此同时，美国中西部和日本等国家和地区，猪丹毒疫情也显著增加。近几年来，我国江西、浙江、湖南、四川、云南、广州、福建等地均有猪丹毒散发的报道。

二、病原学

（一）病原与分类

猪丹毒丝菌又称红斑丹毒丝菌、猪丹毒杆菌，归类于丹毒丝菌科丹毒丝菌属，是一种革兰阳性菌，为平直或微弯曲的纤细小杆菌，大小为（0.2～0.4）μm×（0.8～2.5）μm。病料内的细菌常单在、成对或成丛排列（在白细胞内通常成丛存在），而在陈旧的肉汤培养物及慢性病猪的心内膜丝状物中，多呈长丝状。不形成芽孢，也无运动性，可形成荚膜，可发酵葡萄糖和乳糖。依据系统发生树亲缘关系，丹毒丝菌属至少分成6种，即红斑丹毒丝菌（*Erysipelothrix rhusiopathiae*）、扁桃体丹毒丝菌（*Erysipelothrix tonsillarum*）、*Erysipelothrix inopinata*、丹毒丝菌种菌株1（*Erysipelothrix* species strain 1）、丹毒丝菌种菌株2（*Erysipelothrix* species strain 2）和丹毒丝菌种菌株3（*Erysipelothrix* species strain 3）；而根据细菌细胞壁肽聚糖抗原的特异性，迄今已确认有28个血清型（1a、1b、2～26及N型），但临床发病有80%以上都是由1a、1b或2血清型菌株引起。猪丹毒丝菌兼性需氧，部分菌株在5%或10%的CO_2条件下培养更佳，本菌能够在5～44℃进行培养，最佳培养温度为30～37℃，适合碱性环境培养，pH 7.2～7.6最佳。培养基中添加5%～10%血清、0.1%～0.5%葡萄糖、蛋白质水解物或表面活性剂Tween-80，能够刺激本菌的生长，核黄素、少量油酸和部分氨基酸（特别是色氨酸和精氨酸）对本菌的生长是必要的。本菌对盐腌、火熏、干燥、腐败和日光等自然环境的抵抗力较强，能够存活较长时间。在病死猪的肝、脾内4℃ 159d，毒力仍然强大。露天放置27d的病死猪肝，深埋1.5m、231d的病猪尸体，12.5%食盐处理并冷藏于4℃ 148d的猪肉中，都可以分离到猪丹毒丝菌。但本菌对热抵抗力较弱，肉汤培养物于50℃ 12～20min，70℃ 5min即可杀死。对多种化学物质表现出较强耐受性，如0.2%苯酚、0.001%结晶紫及0.1%叠氮钠；对青霉素高度敏感、四环素类抗生素通常敏感，对磺胺类及许多其他抗生素有耐药性；多种消毒剂能够破坏本菌，如2%甲醛溶液、1%漂白粉、1%氢氧化钠或5%碳酸；丹毒丝菌耐酸性较强，猪胃内的酸度不能杀死它，因此可经胃而进入肠道。

（二）基因组结构与编码蛋白

猪丹毒丝菌全基因组由长度1 752 910～1 945 690bp的环状染色体组成，G+C含量维持在36.3%～36.6%，其染色体包含预测开放阅读框（ORF）保持在1708～1915个，而蛋白质数为1390～1801个，各菌株之间差异较大；tRNA保持在55个左右，但不同菌株中的rRNA数量差异较大，最少的SG7株的rRNA仅为3个，最多的中国南宁GXBY-1株和英国的NCTC8183株达到27个。对中国SY1027菌株全基因组分析显示与毒力相关的基因有37个，这些潜在的毒力因子包括表面蛋白、抗氧化蛋白、磷脂酶、溶血素、荚膜多糖和细胞外蛋白/酶。

表面保护性蛋白（SpaA）、丹毒丝菌表面蛋白（RspA）、胆碱结合蛋白（CbpB）和甘油醛-3-磷酸脱氢酶（GAPDH）是猪丹毒丝菌表面的主要保护性蛋白抗原。这些保护性抗原与猪丹毒丝菌的生物膜形成、细胞的黏附、促进调理素介导的抗吞噬作用相关。Kitajima 等（1998）研究表明，猪丹毒丝菌 NaOH 提取抗原疫苗具有交叉保护作用，疫苗组分中的 64～67kDa 蛋白具有免疫原性，但是这些免疫原性蛋白的种类和生物学功能尚不清楚。利用免疫蛋白组学技术从猪丹毒丝菌 C43065 株 NaOH 提取抗原组分中除证实有 SpaA、GAPDH 外，还鉴定出伴侣蛋白 GroEL、烯醇化酶、ABC 转运蛋白、丙酮酸脱氢酶复合物 E1 和果糖二磷酸醛缩酶等免疫原性蛋白。透明质酸酶和神经氨酸酶是猪丹毒丝菌分泌的两种重要的酶，其中神经氨酸酶在细菌附着和侵入宿主细胞中起重要作用，是猪丹毒丝菌重要的毒力因子；而透明质酸酶在疾病过程中的作用尚有争议。

（三）病原分子流行病学

使用型特异性兔抗血清进行双琼脂凝胶沉淀试验可将丹毒丝菌分成至少 28 个血清型。血清型与特定的丹毒种相关，血清型 1a、1b、2、4～6、8、9、11、12、15～17、19、21、23 和 N 与红斑丹毒丝菌相关，血清型 3、7、10、14、20、22 和 24～26 与扁桃体丹毒丝菌相关，血清型 13 与丹毒丝菌种菌株 1 相关，血清型 18 与丹毒丝菌种菌株 2 相关。但这种情形并不是绝对的，某些血清型可能与不止一个种有关。血清分型研究表明，尽管存在一些地理差异，但临床上 80%以上的猪源分离菌株均属于血清型 1a、1b 和 2 型，在我国感染流行的主要为 1a 型和 2 型。不同血清型的猪丹毒丝菌致病力不同，其中血清型 1a、1b 的致病力最强，常引起急性型病例，血清型 2 引起的主要是慢性疾病。而其余血清型的猪丹毒丝菌在猪败血症、疹块、关节炎、淋巴结炎和心内膜炎中偶尔出现。

（四）感染与免疫

1．感染 猪丹毒丝菌通常是通过动物的消化道及皮肤创伤等造成感染，部分吸血昆虫也可以导致病菌的传播。生猪养殖中主要可以通过患病猪污染饲料及饮水等造成健康猪只的消化道感染。猪只还会通过拱食土壤而被其中可能存在的猪丹毒丝菌感染。有研究发现家鼠是导致猪丹毒传播的一种媒介，同时蚊虫吮吸了患病猪只的血液后也会导致疾病的传播。健康猪扁桃体及肠道淋巴滤泡中携带的猪丹毒丝菌，在不良条件下猪抵抗力降低时，细菌毒力会增强，从而导致发病。无论通过上述哪条途径感染，细菌即迅速侵入机体的淋巴以至血流中，如果动物抵抗力坚强，防御机能正常，而侵入的细菌数量少且毒力较弱时，细菌会很快被吞噬细胞等所消灭；反之，细菌就在血流或其他组织中繁殖，引起菌血症，或发展成为一种急性败血症，或细菌定位于皮肤、心瓣膜或关节上，成为慢性型猪丹毒，其最初的损害是滑液增加，滑膜充血，经数周后即出现滑膜的绒毛增生、关节囊增厚及局部淋巴结增大。多种毒力因子被认为参与了猪丹毒的致病性。研究结果表明猪丹毒丝菌表面保护性抗原 A（SpaA）是其重要的毒力因子，可以通过介导猪丹毒丝菌与猪内皮细胞的黏附而侵入宿主发挥作用；猪丹毒丝菌分泌的神经氨酸酶在细菌附着和随后侵入宿主细胞中起重要作用。热不稳定的荚膜对毒力也发挥着重要作用。

2．免疫机制 在丹毒感染中，体液和细胞介导的免疫力在宿主防御中起着重要作用。长期以来，免疫接种疫苗或抗血清治疗广泛用于猪丹毒的控制，表明特异性抗体在抗感染中具有保护作用。也有研究表明免疫血清调理的病原菌容易被中性粒细胞和巨噬细胞清除。这些发现提示免疫血清的活性可能是IgG抗体在Ⅰ型吞噬作用中的调理活性。研究发现用纯化的荚膜抗原免疫没有得到保护，表明存在荚膜抗原以外的细胞表面蛋白诱导了保护性IgG抗体，已经明确SpaA、RspA、CbpB等均可诱导免疫保护，是丹毒丝菌主要的保护性抗原。

三、诊断要点

（一）流行病学诊断

病猪、临床康复猪及健康带菌猪都是传染源。病原体随粪、尿、唾液和鼻分泌物等排出体外，污染土壤、饲料、饮水等，之后经消化道和损伤的皮肤而感染。猪丹毒丝菌不同年龄、性别和品种的猪均易感，但3月龄以下和3年以上的猪很少发病。牛、羊、马、鼠类、家禽及野鸟等也可感染发病，人类可因创伤感染发病（称为类丹毒）。猪丹毒一年四季均易发，无明显季节性，但夏季发生较多，5～8月是流行的高峰期，一般呈地方性流行或散发，有时也会发生暴发性流行。

（二）临床诊断

猪丹毒的潜伏期为1～7d。临床上，根据发病快慢和临床表现可以将本病分为3种类型，分别是急性型、亚急性型和慢性型。

1．急性型　急性型的病猪表现为发病急和死亡率高。病猪精神沉郁、体温升高达到41～42℃、食欲废绝，部分猪出现呕吐。病猪结膜潮红、充血。粪便干燥，在粪便表面有黏液附着；病程发展到后期，病猪由便秘变为腹泻。体表一些部位的皮肤有潮红和发紫症状，尤其是在耳部和颈背部表现明显。随着病情发展，在腹部和腋下等部位也出现斑块，这些斑块指压褪色。病猪在发病后的3～4d出现死亡，病死率可以达到80%左右。通常是突然发病，而后出现抽搐和死亡。

2．亚急性型　亚急性型病猪表现为明显的皮肤疹块，周身皮肤不同部位有疹块，开始多见于胸部、背部和颈部，而后逐渐发展至全身。疹块可见圆形和四边形，通常将这些疹块称为“打火印”，通过指压会褪色。这些疹块通常会突出于皮肤，大小为几厘米。当这些疹块干枯后皮肤会变为棕色。病猪还可见不断地呕吐和腹泻。开始体温有上升情况，疹块出现后体温会逐渐恢复正常，病猪也会逐渐在数日至数月恢复正常。有的病猪会病情恶化，最后形成败血症而死亡。

3．慢性型　慢性型病猪多是由急性型转化而来，也有的病猪为原发性。慢性型病猪多表现为关节炎型、心内膜炎型和皮肤坏死型。关节炎型主要是关节肿胀和疼痛，而后会出现关节变形，病猪卧地不起。心内膜炎型表现为贫血和消瘦，病猪喜卧，不愿站立和行走，还可见呼吸加快，常会突然倒地死亡。皮肤坏死型病猪在周身皮肤均可出现肿胀和坏死，多发生于耳部、背部和蹄部等，坏死的皮肤会在2～3个月后脱落，留下瘢痕。

（三）病理诊断

急性猪丹毒肺部充血水肿，在心外膜和心房的肌肉组织处可见瘀斑和斑点性出血，特别是左心房；病猪出现卡他性-出血性胃炎、胃浆膜出血；肝出血，肾皮质部有斑点状出血；脾肿大，呈樱桃红色；淋巴结表现为不同程度的肿胀、充血。皮肤的特征性菱形疹块病灶是亚急性猪丹毒具有诊断意义的病变。慢性病理病变主要是增生性、非化脓性关节炎，常发生在跗关节、膝关节、肘关节、腕关节，关节膜发生纤维性组织性增厚，关节腔含有大量浆液性血样滑液，稍浑浊，含有少量脓性物。

（四）鉴别诊断

临床和细菌学检查是诊断急性猪丹毒最可靠的手段，急性病例在临床上往往很难与其他败血症相区别，如非洲猪瘟、急性猪瘟、猪肺疫、猪链球菌病、副猪嗜血杆菌病等，需要进行综合考虑和病原检测。一个猪群突然暴发本病后，某些临床症状比其他疾病更有特征性，如没有发病前兆，突然死亡几头猪，体温升高，四肢僵硬，病猪不愿运动，被弄醒后无意起来，并且明显有警惕眼神。其他特征性症状包括病猪废食，粪便干燥，在几天内病猪死亡。育肥猪急性猪丹毒感染可采取视诊检查做出初诊，其中皮肤突然出现不规则疹块，且指压褪色的发病猪可初步鉴定为本病，如使用青霉素治疗后 24h 病情明显好转，则表明诊断正确。解剖时如见脾肿大、樱桃红色则有参考意义。

猪丹毒和猪圆环病毒引起的猪皮炎肾病综合征（porcine dermatopathy and nephropathy syndrome，PDNS）和湿疹的鉴别诊断可以从皮肤病变进行详细鉴别。猪丹毒病的疹块中央苍白，四周红色；疹块发出后中央坏死，结痂痊愈；皮肤疹块指压褪色，持续时间短。猪圆环病毒病猪全身部位广泛性出现各种大小不一的红斑、斑点、丘疹，圆形或不规则的隆起，中央为黑色病灶，持续时间长，指压不褪色。湿疹病猪是腹下或大腿内侧皮肤出现黄豆大小的扁平丘疹、水疱、脓疱。

关节炎型的病例需与猪链球菌病、副猪嗜血杆菌病等进行区别，主要依靠病原菌分离鉴定。

四、实验室诊断技术

（一）病料采集与保存

采集发病猪耳静脉血或切开皮肤疹块挤出血液和渗出液；对急性死亡的病例，可采集血液、心脏、脾、肝、肾及淋巴结等组织；慢性病例应从心瓣膜的纤维性增生组织中或有病变的关节囊内采取样品。样品可短期 2～8℃冷藏保存，忌冷冻。在交通不便的地区运送材料或遇尸体已经腐败时，应采取骨髓进行培养。被检的材料可放在 30%～40%的甘油或食盐溶液内，以防腐败。

（二）病原学诊断

1．细菌检查 细菌检查是诊断猪丹毒较为可靠的方法，可用于病猪生前和死后的检查。

（1）显微镜检查 病猪采取血液和渗出液作涂片；对急性死亡的病例，可从血液、脾、肝、肾及淋巴结采取材料作涂片。用革兰或瑞氏法染色后进行显微镜检查，猪丹毒菌多散在红细胞之间，也有成堆地存在。慢性猪丹毒容易从心内膜炎的瓣膜增生的纤维组织中找到细菌，并可见由长丝状菌体构成的丛状物。在显微镜直接检查时，因猪丹毒丝菌在血液中数目往往较少，至少要看 10 个视野再进行判断。

（2）细菌培养 如经显微镜检查找不到细菌或不能明确判定时，就要采用培养检查法，即无菌采集的病料，接种于 pH 7.6～7.8 的血液琼脂斜面及马丁肉汤中，置 35℃培养 24h 后，按照猪丹毒丝菌的培养特性进行观察，判断结果。

（3）对死亡后时间已久的尸体进行细菌培养　由于这种材料容易被腐生菌污染，所以培养时用含有10%血清的马丁琼脂平面划线接种，或者取管状的骨髓进行培养。

用细菌培养法诊断猪丹毒时，常会遇到混感情况，除丹毒丝菌外，还可分离出大肠杆菌、巴氏杆菌等，因此应注意观察，分清主次。

2．动物接种　当被检材料中含菌量极少，或已被污染，仅做细菌分离诊断有困难时，可以接种小动物作为补助诊断。接种材料可取疹块部组织或血液，或脾、肝、肾等脏器，加少量生理盐水做成乳剂直接注射，也可用病猪材料的24h肉汤培养物注射，小鼠皮下注射0.2mL，同时还注射豚鼠。如被检材料是猪丹毒，则小鼠在接种后3～5d死亡，并可以从死亡动物的心血及脾、肝、肾等脏器内分离到猪丹毒丝菌。

（三）免疫学检查

1．凝集反应　主要检测慢性猪丹毒病猪血清中的凝集点。有全血平板凝集反应法、显微镜下凝集反应法与试管凝集反应法，其中以全血平板凝集反应法最简便。

（1）全血平板凝集反应法　取甲醛溶液灭活的猪丹毒丝菌作为本试验的抗原。为便于观察反应，可在抗原中加入20%甘油及0.001%结晶紫。取被检猪的血液1滴放于清洁的玻片上，加抗原1滴混合后在1min左右出现凝集的为阳性反应。患急性猪丹毒的病例在发病2～5d检查，即可得出阳性结果，但应注意凡经猪丹毒菌苗免疫的或注射抗丹毒血清的猪，在一定时期内也呈现阳性反应，健康猪有时也有轻度凝集或可疑反应，不过出现反应的时间多在1.5～2.0min以后。

（2）显微镜下凝集反应法　此法与全血平板凝集反应检查相似，只是将血清与抗原各一滴混合于载玻片上，做成悬滴标本，在镜下检查。细菌凝集成团块的为阳性，而细菌仍均匀分布的为阴性。

（3）试管凝集反应法　取被检血清以生理盐水做不同倍数的稀释，加入抗原混合后置于37℃温箱4h，取出用低速离心沉淀数分钟，阳性反应时上液透明，阴性的则仍为混浊状。按照这种方法检查，阳性反应猪的凝集价，有的可达1∶200以上。

2．沉淀反应　这种反应用于死猪尸体的诊断。沉淀素血清用兔制造的比一般抗丹毒血清的效果好。抗原可用病死猪的疹块部组织，或肝、脾、肾等脏器，加5倍生理盐水磨成乳剂，煮沸5～10min后用石棉滤过至透明即可。检验时，取适量沉淀素血清，装入小试管中，斜持试管，沿管壁加入抗原，重叠于血清上，经15～30min后，如在两液接触面上有白环出现的为阳性反应。

3．荧光抗体法　荧光抗体法鉴别猪丹毒培养物和病理组织切片标本，能在1～2h内做出判定。

（四）分子生物学诊断

1．常规PCR鉴定　检测的目标基因是16S rRNA，猪丹毒丝菌能扩增出大小为472bp的片段，PCR方法可以检测到186CFU/μL的丹毒丝菌，可以利用临床病料直接进行检测。其他已报道可用于猪丹毒特异性检测的基因还有SpaA和荚膜等。

2．荧光定量PCR鉴定　以猪丹毒丝菌16S rRNA为目标基因建立的检测猪丹毒丝菌的*Taq* Man荧光定量PCR检测方法，最低可以检测到76.6拷贝/μL的标准品阳性质粒。该方法可用于猪丹毒丝菌感染的早期诊断、临床样品的高通量快速检测以及猪丹毒丝菌定量分析。

3．多重 PCR 快速血清分型 共 5 个多重 PCR 集，可允许同时检测和区分除血清 13 型以外的丹毒丝菌血清型，是丹毒丝菌感染的诊断和流行病学研究的有价值的工具。

五、防控措施

（一）综合防控措施

1．提高科学饲养水平 选择适宜的饲养密度，做好圈舍内通风和保温工作，在炎热、潮湿的季节要保持圈舍良好的通风，以便做好圈舍的全面防暑工作，冬季或较为寒冷的时间要确保猪舍的保温及湿度适宜，提高猪群的抗病力。采取措施防鼠、灭蚊蝇，保持圈舍的清洁卫生，切断传播途径。饲喂的日粮中营养配比均衡，避免饲喂发霉、变质、被病原菌污染的饲料，保持饲料清洁度，给猪群充足、清洁的饮水。

2．严格执行消毒制度 及时清理圈舍内外的粪便等污物，保持环境整洁，使用广谱低毒高效的消毒液定期对圈舍、喂食用具、养殖设备等进行消毒，抑制病原菌的滋生。鼓励自繁自养，需要引进新猪时，要严格按照检疫程序进行检疫，进入猪场后要进行隔离观察，确认其健康后，方可放入大群中饲养。坚持全进全出，猪出栏后，要对圈舍进行彻底的清洁与消毒处理，并确保良好的通风，放置一段时间后再重新进猪。

3．做好隔离工作 一旦发现患病猪，要妥善处理，做好必要的隔离，由兽医师诊断后进行及时的治疗。对同群的猪进行观察，及时发现异常情况，并对圈舍做彻底的消毒处理。出现病死猪，要进行无害化处理。

（二）疫苗与免疫

当前国内外主要使用常规的灭活菌苗和弱毒活菌苗对猪丹毒进行免疫预防。而随着对猪丹毒丝菌的不断研究，分子生物技术的快速发展，新型疫苗的研究也应运而生。

1．猪丹毒灭活菌苗 1953 年，美国使用全菌灭活苗预防猪丹毒。猪丹毒灭活苗主要是通过培养猪丹毒 2 型强毒菌，用甲醛溶液灭活细菌后，加入氢氧化铝胶浓缩制成，所以也将其称为猪丹毒氢氧化铝甲醛菌苗。我国于 1954 年引进了 B 型（血清 2 型）猪丹毒丝菌，制备的氢氧化铝胶吸附灭活疫苗，1 次注射 5mL，免疫期 6～8 个月。灭活疫苗安全，能诱导产生较强的免疫力，免疫持续期可达 6 个月。目前，使用的灭活疫苗有猪丹毒灭活疫苗和猪丹毒、多杀性巴氏杆菌病二联灭活疫苗。

2．猪丹毒弱毒活菌苗 国内外关于培育猪丹毒弱毒菌株的报道很多，如用含锥黄素的培养基连续传代培育的耐锥黄素的弱毒菌株 Koganei-NVAL（日本）、AV-R（瑞典）、G_4T_{10}（中国），通过不敏感动物育成的减毒菌株 GC_{42}（中国）、变异的弱毒菌株 C1（加拿大）。1974 年由江苏省农业科学院和南京兽药厂协作，培育出 G_4T_{10} 弱毒菌株，以该弱毒菌株制备弱毒活疫苗，免疫保护率为 96.43%，免疫保护期 6 个月，1979 年经农业部批准在国内 10 个兽医生物药厂生产，有良好的防疫效果。减毒菌株 GC_{42} 由强毒菌株通过豚鼠传代 370 代次，再通过雏鸡传代 42 代次而成。上述两种弱毒菌株是我国主要的猪丹毒活疫苗制苗菌株。目前广泛应用的活疫苗有猪丹毒活疫苗（GC_{42} 株），猪丹毒活疫苗（G_4T_{10} 株），猪瘟、猪丹毒、猪多杀性巴氏杆菌病三联活疫苗等。

3．亚单位疫苗 Makino 等（1998）用能识别猪丹毒丝菌的单克隆抗体 12A 与红斑丹毒丝菌表面蛋白反应，发现了一个表面蛋白的衍生物——表面保护蛋白（SpaA），*SpaA* 基因保护性免疫区域位于基因 N 端，SpaA 对猪丹毒丝菌具有保护力，SpaA 的发现为猪丹毒亚单位疫苗研究奠定了基础。Imada 等对红斑丹毒丝菌血清型 1a 株的 SpaA 进行免疫原性研究，表明 SpaA 在发展猪丹毒新型疫苗上有重要使用价值。刘君雯等（2021）以表达的 ER 重组蛋白 CbpB、SpaA、CbpB＋SpaA 和商品化弱毒疫苗分别免疫小鼠，结果与免疫原性最优的商品化弱毒疫苗相比，CbpB 和 SpaA 虽产生的 IgG 抗体均仅为 1∶6400，但血清杀菌效果强；对小鼠的免疫攻毒保护率与商品化弱毒疫苗相同，均为 100%，且在脾、肺、肝、肾组织中均无细菌定植，病理组织学观察与空白对照无明显区别。CbpB 重组蛋白具有良好的免疫原性和保护作用，能刺激机体产生体液免疫和细胞免疫，可以作为猪丹毒基因工程亚单位疫苗的候选抗原。

4．基因疫苗　陈开旭等（2009）在 SpaA 蛋白基因序列 N 端偶联人 α 胰岛素抑制剂（AAT）的信号肽基因和大鼠寡聚软骨基质蛋白（COMP）片段序列，在 C 端偶联编码 3 拷贝的鼠补体 C3 分子的最小片段作为分子佐剂，研究 SpaA 核酸疫苗免疫水平。构建的真核表达质粒免疫小鼠后激发了较高水平的 SpaAN 抗体，并对丹毒丝菌感染具有 70%免疫保护效果。

（三）药物与治疗

猪丹毒丝菌对青霉素敏感，所以对猪丹毒的治疗首选青霉素类药，并且加大剂量，达 5 万 IU/kg 体重，肌肉注射，每天 2 次。也可按体重肌肉注射 10～15mg/kg 链霉素，每天 2 次；或按体重肌肉注射 2.5mg/kg 恩诺沙星，治疗效果也非常好。在治疗过程中，注意确保疗程足够，避免过早停药，否则容易出现复发或者变成慢性型。全群投药，可用阿莫西林粉拌料或饮水。发病猪场疫情稳定后，生长育肥猪群可在休药 7 日后普免猪丹毒活疫苗。关节炎或心内膜炎的慢性病例，抗生素治疗疗效较差。

六、问题与展望

我国猪丹毒整体处于相对稳定的状态，但由于猪繁殖与呼吸综合征病毒、猪圆环病毒等免疫抑制病毒的广泛存在与流行，猪群群体免疫力低下、病原体传播机会大大增加；另外，由于“限抗禁抗”，猪场饲料中不添加抗生素，养殖环节限制抗生素的使用，使猪丹毒等细菌性疫病变得活跃起来，提高了暴发猪丹毒的可能。而国内外广泛应用的猪丹毒灭活疫苗和活菌疫苗，只能预防急性和亚急性疾病，无法预防本菌引起的慢性疾病，且在疫苗应用中仍有疫情暴发。因此，需进一步加强猪场的管理、提升生物安全体系建设水平，同时，也需要进一步研究猪丹毒丝菌的免疫原性蛋白，研制新型基因工程疫苗。

（何孔旺）

参考文献

白彩霞，殷冬冬，潘飞，等. 2016. 表达口疮病毒 B2L 基因自杀性 DNA 疫苗的构建及鉴定. 中国兽医科学，46(10)：1253-1257.
边增杰，冯宇，朱良全，等. 2019. 2013～2017 年我国奶牛布鲁氏菌病流行病学趋势与特点. 微生物学通报，46(3)：618-623.
蔡宝祥. 2001. 家畜传染病学. 4 版. 北京：中国农业出版社.
陈峰，党安坤，徐淑华，等. 2019. 疑似非洲猪瘟病料的采集、保存和送检. 中国动物保健，21（2）：35-36.
陈焕春，何启盖. 2015. 伪狂犬病. 北京：中国农业出版社.
陈建飞，刘孝珍，时洪艳，等. 2010～2011 年仔猪腹泻病因分析和防控措施. 养猪，5：81-83.
陈美荣，林伟东，宋天琪，等. 2018. 犬瘟热病毒 BJ16B2 株的分离鉴定及 H 基因遗传进化分析. 畜牧与兽医，50（8）：8.
陈溥言. 2015. 兽医传染病学. 6 版. 北京：中国农业出版社.
程安春，汪铭书，陈孝跃，等. 2003. 我国鸭疫里默氏杆菌血清型调查及新血清型的发现和病原特性. 中国兽医学报，4：320-323.
程安春. 2015. 鸭瘟. 北京：中国农业出版社.
程世鹏，易立. 2009. 犬瘟热病原学研究进展. 特产研究，31（1）：4.
储岳峰，赵萍，高鹏程，等. 2009. 从山羊中检测山羊支原体山羊肺炎亚种. 江苏农业学报，25（6）：1442-1444.
楚电峰，刘文亭，冯嫣芳，等. 2017. Ⅰ群禽腺病毒疫苗研究进展. 中国家禽，39（12）：44-47.
崔治中，苏帅，罗俊，等. 2019. 鸡马立克病毒的研究进展. 微生物学通报，46（7）：1812-1826.
丁家波，董浩. 2020. 动物布鲁氏菌病. 北京：中国农业出版社.
丁学东. 2020. 羊口疮强弱毒株和骆驼 ORFV 三者免疫相关基因的比较分析. 呼和浩特：内蒙古农业大学硕士学位论文.
杜瑞坤，荣立军. 2019. 病毒学：原理和应用. 2 版. 济南：山东科学技术出版社.
方谱县，方六荣，董楠，等. 2016. 猪 δ 冠状病毒的研究进展. 病毒学报，32（2）：243-248.
傅光华，黄瑜，傅秋玲，等. 2014. 致胰腺泛黄鸭 1 型甲肝病毒全基因组分子特征. 微生物学报，54（9）：1082-1089.
龚玉梅，张培君，孙惠玲，等. 2011. 三型副鸡禽杆菌对 SPF 鸡的致病力试验. 动物医学进展，32（2）：33-36.
龚玉梅，张培君，王宏俊，等. 2016. 鸡血清非特异性凝集 1%戊二醛固定的鸡红细胞的研究. 黑龙江畜牧兽医，(9)：95-96.
龚玉梅，张淑琼，李淑芳，等. 2018. 2012～2017 年我国鸡传染性鼻炎流行态势分析. 中国兽医杂志，54（4）：3-5.
龚振华，张康，郭光礼，等. 2016. 超强马立克氏病病毒的鉴定及病毒 *Meq* 基因序列的比较. 中国兽医学报，36(9)：1501-1506.
郭爱珍. 2015. 牛结核病. 北京：中国农业出版社.
郭伟，张杰，李颖. 2008. 细菌的致病性. 中国医疗前沿，3（4）：8-11.
郭晓奎. 2019. 病原生物学. 2 版. 北京：科学出版社.
郭志燕，周明旭，朱国强. 2014. 细菌Ⅰ型菌毛结构及其致病性研究进展. 中国预防兽医学报，36（7）：577-581.
国家市场监督管理总局，中国国家标准化管理委员会. 2018. 伪狂犬病诊断方法（GB/T 18641—2018)）. 北京：中国标准出版社.
国家市场监督管理总局，中国国家标准化管理委员会. 2021. 鸡马立克氏病诊断技术（GB/T 18643—2021）. 北京：中国标准出版社.
韩文格. 2014. 种禽场沙门菌的传播与控制. 中国家禽，36（1）：55-56.
何洪彬，王洪梅，周玉龙. 2017. 牛常见传染病及其防控. 北京：中国农业科学技术出版社.
贺东生，陈小芬，王飞，等. 2015. 我国集约化猪场新发猪丁型冠状病毒病的诊断. 猪业科学，32（10）：76-77.
胡志红，陈新文. 2022. 普通病毒学. 2 版. 北京：科学出版社.
扈荣良. 2014. 现代动物病毒学. 北京：中国农业出版社.
花群俊，林彦星，杨仕标. 2019. 猪 A 型塞内卡病毒研究进展. 云南畜牧兽医，(3)：27-30.
霍本能，霍本齐. 2019. 动物疫情监测现状及改善措施. 畜牧兽医科学（电子版），(5)：75-76.
冀锡霖，宁宜宝. 1986. 鸡感染鸡毒霉形体和感染滑液霉形体情况的调查. 中国兽医科技，12：21-23.
焦新安. 2015. 沙门菌病. 北京：中国农业出版社.
金梅林. 2018. 猪链球菌致病分子基础与防控技术. 北京：科学出版社.

景涛．2019．病原生物学．2版．北京：清华大学出版社．
孔宪刚．2015．马传染性贫血．北京：中国农业出版社．
李浩，刘阳，李长安．2011．多杀性巴氏杆菌病研究进展．畜牧兽医杂志，30（2）：31-33．
李娜．2016．羊口疮病毒的致弱与灭活苗的初步研究．呼和浩特：内蒙古农业大学硕士学位论文．
廖明．2021．禽病学．北京：中国农业出版社．
刘方．2014．杨凌地区羊口疮流行病学调查、病毒分离鉴定及相关基因的生物信息学分析．杨凌：西北农林科技大学硕士学位论文．
刘金华，甘孟侯．2016．中国禽病学．2版．北京：中国农业出版社．
刘君雯，吴琼娟，邢刚，等．2021．猪丹毒丝菌CbpB蛋白对小鼠的免疫效果分析．畜牧兽医学报，52（6）：1689-1699．
刘涛，王瑞．2010．一例肉牛流行热病例的诊疗与体会．黑龙江畜牧兽医，12：92．
刘湘涛，张强，郭建宏．2015．口蹄疫．北京：中国农业出版社．
刘秀梵．2012．兽医流行病学．3版．北京：中国农业出版社．
龙北国．2003．高级医学微生物学．北京：人民卫生出版社．
卢凤英．2013．鸭疫里氏杆菌CH3的TbdR1缺失株构建．合肥：安徽农业大学博士学位论文．
陆承平．2013．兽医微生物学．5版．北京：中国农业出版社．
罗满林．2021．动物传染病学．2版．北京：中国林业出版社．
马学恩．2016．家畜病理学．北京：中国农业出版社．
倪宏波，周玉龙，钱爱东．2009．边缘无浆体的病原学与疫苗研究进展．中国兽医科学，39（11）：1030-1034．
宁宜宝．2019．兽用疫苗学．2版．北京：中国农业出版社．
宁宜宝，冀锡霖．1992a．鸡毒支原体灭活油佐剂疫苗的研制．中国兽药杂志，（1）：5-9．
宁宜宝，冀锡霖．1992b．鸡毒支原体弱毒疫苗的研究——中试生产及检验结果．中国兽药杂志，（3）：9-11．
宁宜宝，冀锡霖．1992c．鸡毒支原体与新城疫病毒相互关系的研究Ⅰ．鸡毒支原体与新城疫病毒的鸡胚中的相互影响．中国兽药杂志，4：11-14．
朴范泽．2004．家畜传染病学．北京：中国科学文化出版社．
朴范泽．2010．动物感染症．2版．北京：中国农业出版社．
祁小乐，高立，王笑梅．2016．传染性法氏囊病病毒的自然重组．微生物学报，56（5）：740-746．
仇华吉，童光志，沈荣显．2005．猪瘟兔化弱毒疫苗——半个世纪的回顾．中国农业科学，38（8）：1675-1685．
任士飞，徐建生，董国雄，等．2004．细菌黏附研究进展．中国预防兽医学报，26（3）：238-241．
石梦雅．2020．2017～2019马立克氏病病毒分子流行病学及分离株GX18NNM4的致病性研究．南宁：广西大学硕士学位论文．
世界动物卫生组织．2019．陆生动物诊断试验和疫苗手册．9版．北京：中国农业出版社．
苏贵龙，李建喜．2015．犬感染犬瘟热病毒后抗体的产生规律及检测方法．安徽农业科学，43（30）：116-118．
苏敬良，高福，索勋．2012．禽病学．北京：中国农业出版社．
苏莉，王慧．2016．病原体感染及其免疫逃逸机制研究进展．生物技术通讯，27（4）：582-585．
汪铭书，程安春，陈孝跃．1996．应用葡萄球菌A蛋白协同凝集试验快速检测鸭肝炎病毒的研究．中国兽医科技，26（6）：3-5．
王传林，殷文武．2020．狂犬病防治技术与实践．北京：中国医药科技出版社．
王琴，涂长春．2015．猪瘟．北京：中国农业出版社．
王西西，王凤雪，程世鹏，等．2015．犬瘟热病毒感染机制及其诊断方法研究进展．中国畜牧兽医，42（3）：7．
王小兰．2015．鸭疫里默氏杆菌毒力基因的鉴定及功能分析．北京：中国农业科学院博士学位论文．
王晓佳．2013．不同血清型的鸭疫里默氏杆菌全基因组结构特点．成都：四川农业大学博士学位论文．
王雪峰，张相敏，林跃智，等．2021．马传染性贫血病毒弱毒疫苗致弱及免疫保护机制研究进展．生命科学，33（1）：26-35．
文心田，于恩庶，徐建国，等．2011．当代世界人兽共患病学．成都：四川科学技术出版社．
文心田．2016．人兽共患疫病学．北京：中国农业大学出版社．
吴移谋，叶元康．2008．支原体学．2版．北京：人民卫生出版社．
夏业才，陈光华，丁家波，等．2018．兽医生物制品学．2版．北京：中国农业出版社．
辛九庆，李媛，郭丹，等．2008．国内首次从患肺炎的犊牛肺脏中分离到牛支原体．中国预防兽医学报，30（9）：661-664．
辛九庆，李媛，张建华，等．2007．一株山羊支原体山羊肺炎亚种的分离鉴定与分子特征．中国预防兽医学报，12：243-248．

薛利军，戚中田．2006．“拉链（zipper）”与“触发（trigger）”——细菌侵袭的分子机制．生命的化学，26（2）：123-126.
薛向红，胡博，赵建军，等．2015．犬瘟热疫苗研究进展．动物医学进展，36（10）：5.
严杰．2016．医学微生物学．3版．北京：高等教育出版社.
杨汉春．2021．猪病学．11版．沈阳：辽宁科学技术出版社.
杨汉春．2015．猪繁殖与呼吸综合征．北京：中国农业出版社.
杨文婷，唐丽．2013．模式识别受体及其功能．细胞与分子免疫学杂志，29（8）：882-884.
杨晓燕．2006．家鸭人工感染鸭瘟强毒株的动态分布、黏膜免疫及对肠道菌群结构的影响．成都：四川农业大学博士学位论文.
殷震，刘景华．1997．动物病毒学．2版．北京：科学出版社.
于康震，陈化兰．2015．禽流感．北京：中国农业出版社.
翟志鹏．2013．鸭疫里氏杆菌保护性抗原的筛选及应用．南京：南京农业大学博士学位论文.
张晓锋．2015．基于风险评估的动物疫病应急预警机制研究．上海：上海交通大学硕士学位论文.
张振江，刘金凤，王浩，等．2020．猫细小病毒广西株的分离鉴定及动物发病模型的建立．中国兽医科学，50（1）：26-33.
张仲秋，丁伯良．2015．默克兽医手册．10版．北京：中国农业出版社.
赵伟丽，乌依罕，关鸿志，等．2018．伪狂犬病毒脑炎临床观察与脑脊液二代测序鉴定．中华医学杂志，98（15）：1152-1157.
郑世军，宋清明．2013．现代动物传染病学．北京：中国农业出版社.
郑世军．2015．动物分子免疫学．北京：中国农业出版社.
中华人民共和国农业部．2017．牛流行热诊断技术（NY/T 3074—2017）．北京：中国农业出版社.
周海生，张美红，田雪，等．2017．我国2002～2016年间鸡传染性支气管炎病毒基因组序列重组分析．微生物学通报，44（12）：2942-2950.
周泰冲，叶章明，黎少权，等．1981．从新西兰进口奶牛中分离传染性牛鼻气管炎病毒．兽医科技杂志，1：6-9.
周玉龙，杨毅昌，郭晓刚，等．2012．奶牛无浆体病的诊断与综合防治．中国奶牛，23：43-44.
周祖涛．2009．鸭疫里氏杆菌免疫诊断方法及在感染鸭肝脏差异表达基因的研究．武汉：华中农业大学博士学位论文.
Abdel-Motelib TY, Kleven SHA. 1993. Comparative study of *Mycoplasma gallisepticum* vaccines in young chickens. Avian Dis, 37(4): 981-987.
Abutarbush SM, Ababneh MM, Zoubil IG, et al. 2013. Lumpy skin disease in Jordan: disease emergence,clinical signs, complications and preliminary-associated economic losses. Transbound Emerg Dis, 62: 549-554.
Achenbach JE, Gallardo C, Nieto-Pelegrín E, et al. 2017. Identification of a new genotype of African swine fever virus in domestic pigs from ethiopia. Transbound Emerg Dis, 64(5): 1393-1404.
Agga GE, Raboisson D, Walch L, et al. 2019. Epidemiological survey of peste des petits ruminants in ethiopia: cattle as potential sentinel for surveillance. Front Vet Sci, 6: 302.
Ai JW, Weng SS, Cheng Q, et al. 2018. Human endophthalmitis caused by pseudorabies virus infection, China, 2017. Emerg Infect Dis, 24(6): 1087-1090.
Akiyama BM, Laurence HM, Massey AR, et al. 2016. Zika virus produces noncoding RNAs using a multi-pseudoknot structure that confounds a cellular exonuclease. Science, 354(6316): 1148-1152.
Al-Kubati AAG, Hussen J, Kandeel M, et al. 2021. Recent advances on the bovine viral diarrhea virus molecular pathogenesis, immune response, and vaccines development. Front Vet Sci, 8: 665128.
Andreani J, Fongue J, Khalil JY, et al. 2019. Human infection with orf virus and description of its whole genome, France, 2017. Emerg Infect Dis, 25(12): 2197-2204.
Andrés G. 2017. African swine fever virus gets undressed: new insights on the entry pathway. J Virol, 91(4): e01906-16.
Appel MJG, Parrish CR. 1987. Canine parvovirus type 2. *In*: Appel MJ. Virus Infections of Carnivores, vol. 1. New York: Elsevier: 69-92.
Arabyan E, Hakobyan A, Kotsinyan A, et al. 2018. Genistein inhibits African swine fever virus replication *in vitro* by disrupting viral DNA synthesis. Antiviral Res, 156: 128-137.
Arsevska E, Valentin S, Rabatel J, et al. 2018. Web monitoring of emerging animal infectious diseases integrated in the French Animal Health Epidemic Intelligence System. PLoS One, 13(8): e0199960.
Avia M, Rojas JM, Miorin L, et al. 2019. Virus-induced autophagic degradation of STAT2 as a mechanism for interferon signaling blockade. EMBO Rep, 20: e48766.

Aziz UR, Wensman JJ, Abubakar M, et al. 2018. Peste des petits ruminants in wild ungulates. Trop Anim Health Prod, 50(8): 1815-1819.

Bai Y, Gan Y, Hua LZ, et al. 2018. Application of a sIgA-ELISA method for differentiation of *Mycoplasma hyopneumoniae* infected from vaccinated pigs. Veterinary Microbiology, 223: 86-92.

Balbin MM, Hull D, Guest C, et al. 2020. Antimicrobial resistance and virulence factors profile of *Salmonella* spp. and *Escherichia coli* isolated from different environments exposed to anthropogenic activity. Journal of Global Antimicrobial Resistance, 22: 578-583.

Baron MD, Diallo A, Lancelot R, et al. 2016. Peste des petits ruminants virus. Adv Virus Res, 95:1-42.

Battilani M, de Arcangeli S, Balboni A, et al. 2017. Genetic diversity and molecular epidemiology of *Anaplasma*. Infect Genet Evol, 49: 195-211.

Battilani M, Modugno F, Mira F, et al. 2019. Molecular epidemiology of canine parvovirus type 2 in Italy from 1994 to 2017: recurrence of the CPV-2b variant. BMC Vet Res, 15(1): 393.

Beer M, Goller KV, Staubach C, et al. 2015. Genetic variability and distribution of classical swine fever virus. Animal Health Research Reviews, 16(1): 33-39.

BenAbdelmoumen BRS, Roy RB. 1999. Cloning of *Mycoplasma synoviae* genes encoding specific antigens and their use as species-specific DNA probes. J Vet Diag Invest, 11: 162-169.

Blackall PJ, Soriano EV. 2008. Infectious coryza and related infections. *In*: Saif YM, Fadly AM, Glisson JR, et al. Diseases of Poultry. 12th ed. Ames: Blackwell Publishing Professional: 789-803.

Blome S, Staubach C, Henke J, et al. 2017. Classical swine fever-An updated review. Viruses, 9(4): 86.

Bloom ME, Alexandersen S, Perryman S, et al. 1988. Nucleotide sequence and genomic organization of Aleutian mink disease parvovirus(ADV): Sequence comparisons between a nonpathogenic and a pathogenic strain of ADV. J Virol, 62(8): 2903-2915.

Bloom ME, Berry BD, Wei W, et al. 1993. Characterization of chimeric full-length molecular clones of Aleutian mink disease parvovirus (ADV): identification of a detdeterminant governing replication of ADV in cell culture. J Virol, 67(10): 5976-5988.

Bo Z, Miao Y, Xi R, et al. 2021. Emergence of a novel pathogenic recombinant virus from bartha vaccine andvariant pseudorabies virus in China. Transbound Emerg Dis, 68(3): 1454-1464.

Brockmeier SL, Register KB, Nicholson TL, et al. 2019. Bordetellosis Diseases of Swine. 10th ed. New York: John Wiley & Sons, Inc.

Brosch R, Gordon SV, Marmiesse M, et al. 2002. A new evolutionary scenario for the *Mycobacterium tuberculosis* complex. Proc Natl Acad Sci USA, 99(6): 3684-3689.

Buczkowski H, Muniraju M, Parida S, et al. 2014. Morbillivirus vaccines: recent successes and future hopes. Vaccine, 32(26): 3155-3161.

Bürki S, Frey J, Pilo P. 2015. Virulence, persistence and dissemination of *Mycoplasma bovis*. Veterinary Microbiology, 179(1-2): 15-22.

Busatto C, Vianna JS, da Silva LV, et al. 2019. *Mycobacterium* avium: an overview. Tuberculosis, 114: 127-134.

Byung-Sun P, Jemin H, Dong-Ju S, et al. 2017. Complete genome sequence of *Actinobacillus pleuropneumoniae* strain KL16(serotype1). GenomeAnnounc, 5: e01025-17.

Campbell GL, Hills SL, Fischer M, et al. 2011. Estimated global incidence of Japanese encephalitis: asystematic review. Bull World Health Organ, 89(10): 766-774.

Canning P, Canon A, Bates JL, et al. 2016. Neonatal mortality, vesicular lesions and lameness associated with senecavirus a in a U.S. sow farm. Transboundary and Emerging Diseases, 63(4): 373-378.

Chang S, Sun D, Liang H, et al. 2015. Cryo-EM structure of influenza virus RNA polymerase complex at 4.3 a resolution. Molecular Cell, 57(5): 925-935.

Charles ER, Anthony RF, Bernadette AR. 2018. Laboratory Techniques in Rabies. 5th ed. Geneva: World Health Organization.

Chen H, Li W, Kuang Z, et al. 2017. The whole genomic analysis of orf virus strain HN3/12 isolated from Henan province,central China. BMC Vet Res, 13(1): 260.

Chen L, Qian X, Zhang R, et al. 2012. Complete genome sequence of a duck astrovirus discovered in eastern China. J Virol, 86(24): 13833.

Chen Q, Gauger P, Stafne M, et al. 2015. Pathogenicity and pathogenesis of a United States porcine deltacoronavirus cell culture isolate in 5-day-old neonatal piglets. Virology, 482: 51-59.

Chen W, Zhao D, He X, et al. 2020. A seven-gene-deleted African swine fever virus is safe and effective as a live attenuated vaccine in pigs. Sci China Life Sci, 63(5): 623-634.

Chen X, Miflin JK, Zhang P, et al. 1996. Development and application of DNA probes and PCR tests for *Haemophilus paragallinarum*. Avian Diseases, 40: 398-407.

Chen Y, Chao Y, Deng Q, et al. 2009. Potential challenges to the Stop TB Plan for humans in China; cattle maintain *M. bovis* and *M. tuberculosis*. Tuberculosis(Edinb), 89(1): 95-100.

Cheng CY, Huang WR, Chi PI, et al. 2015. Cell entry of bovine ephemeral fever virus requires activation of Src-JNK-AP1 and PI3K-Akt-NF-kappaB pathways as well as Cox-2-mediated PGE2/EP receptor signalling to enhance clathrin-mediated virus endocytosis. Cell Microbiol, 17(7): 967-987.

Christensen B, Storgaard T, Block B, et al. 1993. Expression of Aleutian mink disease parvovirus proteins in a baculovirus vector system. J Virol, 67(1): 229-238.

Corredor JC, Garceac A, Krell PJ, et al. 2008. Sequence comparison of the right end of fowl adenovirus genomes. Virus Genes, 36(2): 331-344.

David ES. 2020. Diseases of Poultry.14th ed. Oxford: Wiley Blackwell.

Del RML, Gutiérrez CB, Rodríguez FEF. 2003. Value of indirect hemagglutination and coagglutination tests for serotyping *Haemophilus parasuis*. J Clin Microbiol, 41(2): 880-882.

Dey S, Pathak DC, Ramamurthy N, et al. 2019. Infectious bursal disease virus in chickens: prevalence, impact, and management strategies. Veterinary Medicine: Research and Reports, 10(1): 85-97.

Dickerman A, Bandara AB, Inzana TJ. 2020. Phylogenomic analysis of *Haemophilus parasuis* and proposed reclassification to Glaesserella parasuis, gen. nov., comb. nov. Int J Syst Evol Microbiol, 70(1): 180-186.

Dierks RE, Newman JA, Pomeroy BS. 1967. Characterization of avian mycoplasma. Ann N Y Acad Sci, 143(1): 170-189.

Dokland T. 2010. The structural biology of PRRSV. Virus Res, 154(1-2): 86-97.

Dubreuil JD, Isaacson RE, Schifferli DM. 2016. Animal enterotoxigenic *Escherichia coli*. EcoSal Plus, 7(1): 1-80.

Ei PW, Aung WW, Lee JS, et al. 2016. Molecular Strain Typing of *Mycobacterium tuberculosis*: a review of frequently used methods. J Korean Med Sci, 31(11): 1673-1683.

Elkenany RM, Eladl AH, El-Shafei RA. 2018. Genetic characterization of class 1 integrons among multidrug resistant *Salmonella* serotypes in broiler chicken farms. Journal of Global Antimicrobial Resistance, 14: 202-208.

El-Neweshy MS, El-Shemey TM, Youssef SA. 2013. Pathologic and immunohistochemical findings of natural lumpy skin disease in Egyptian cattle. Pakistan Vet J, 33: 60-64.

Emond-Rheault JG, Hamel J, Jeukens J, et al. 2020. *Salmonella enterica* the plasmidome as a reservoir of antibiotic resistance. Microorganisms, 8(7): 1016.

Endalu M, Abdi F. 2018. Review: lumpy skin disease. Journal of Veterinary Science and Technology, 3: 1-8.

Esteves PA, Dellagostin OA, Pinto LS, et al. 2008. Phylogenetic comparison of the carboxy-terminal region of glycoprotein C(gC) of bovine herpesviruses(BoHV) 1.1, 1.2 and 5 from South America (SA). Virus Res, 131(1): 16-22.

Fang S, Yohsuke O, Akiyuki S, et al. 2013. Characterization and identification of a novel candidate vaccine protein through systematic analysis of extracellular proteins of *Erysipelothrix rhusiopathiae*. Infect Immun, 81(12): 4333-4340.

Fawzy A, Zschock M, Ewers C, et al. 2018. Genotyping methods and molecular epidemiology of *Mycobacterium avium* subsp. *paratuberculosis*(MAP). Int J Vet Sci Med, 6(2): 258-264.

Feng Y, Peng X, Jiang H, et al. 2017. Rough brucella strain RM57 is attenuated and confers protection against *Brucella melitensis*. Microb Pathog, 107: 270-275.

Francois T, Olivier P, Guylaine M, et al. 2018. Improving quality control of contagious caprine pleuropneumonia vaccine with tandem mass spectrometry. Proteomics, 18(17): 1800088.

Freitas FB, Frouco G, Martins C, et al. 2016. *In vitro* inhibition of African swine fever virus-topoisomerase II disrupts viral replication. Antiviral Res, 134: 34-41.

Frey J, Haldimann A, Nicolet J. 1992. Chromosomal heterogeneity of various mycoplasma hyopneumoniae field strains. International Journal of Systematic Bacteriology, 42(2): 275-280.

Galindo I, Cuesta-Geijo MA, Hlavova K, et al. 2015. African swine fever virus infects macrophages, the natural host cells, via clathrin- and cholesterol-dependent endocytosis. Virus Res, 200: 45-55.

Galofré-Milà N, Correa-Fiz F, Lacouture S, et al. 2017. A robust PCR for the differentiation of potential virulent strains of *Haemophilus parasuis*. BMC Vet Res, 13(1): 124.

Gang L, Xie JX, Luo JL, et al. 2021. Lumpy skin disease outbreaks in China, since 3 August 2019. Transboundary and Emerging Diseases, 2: 216-219.

Gao X, Liu H, Li X, et al. 2019. Changing geographic distribution of Japanese encephalitis virus genotypes,1935-2017. Vector Borne Zoonotic Dis, 19(1): 35-44.

García M. 2017. Current and future vaccines and vaccination strategies against infectious laryngotracheitis(ILT) respiratory disease of poultry. Veterinary Microbiology, 206: 157-162.

George J, Häsler B, Komba E, et al. 2021. Towards an integrated animal health surveillance system in Tanzania: making better use of existing and potential data sources for early warning surveillance. BMC Vet Res, 17(1): 109.

Gomez-Villamandos JC, Bautista MJ, Sanchez-Cordon PJ, et al. 2013. Pathology of African swine fever: the role of monocyte-macrophage. Virus Res, 173(1): 140-149.

Gong Y, Zhang P, Wang H, et al. 2014. Safety and efficacy studies on trivalent inactivated vaccines against infectious coryza. Veterinary Immunology and Immunopathology, 158: 3-7.

Gottschalck E, Alexanderson S, Storgaaard T, et al. 1994. Sequence comparision of the non-structural genes of four different types of Aleutian mink disease parvovirus indicates an unusual degree of variability. Arch Virol, 138(3-4): 213-231.

Growthaman V, Kumar S, Koul M, et al. 2020. Infectious laryngotracheitis: etiology, epidemiology, pathobiology, and advances in diagnosis and control–acomprehensive review. The Veterinary quarterly, 40(1):140-161.

Grubman M, Baxt B. 2004. Foot-and-mouth disease. Clinical Microbiology Reviews, 17: 465-493.

Guangbin S, Jiawei N, Xia Z, et al. 2021. Use of dual priming oligonucleotide system-based multiplex RT-PCR assay to detect five diarrhea viruses in pig herds in South China. AMB Express, 11(1): 99.

Guo H, Cheng A, Zhang X, et al. 2020. DEF cell-derived exosomal miR-148a-5p promotes DTMUV replication by negative regulating TLR3 expression. Viruses, 12(1): 94.

Gyles C, Boerlin P. 2014. Horizontally transferred genetic elements and their role in pathogenesis of bacterial disease. Veterinary Pathology, 51(2): 328-340.

Hakobyan A, Arabyan E, Avetisyan A, et al. 2016. Apigenin inhibits African swine fever virus infection *in vitro*. Arch Virol, 161(12): 3445-3453.

Hales LM, Knowles NJ, Reddy PS, et al. 2008. Complete genome sequence analysis of seneca valley virus-001, a novel oncolytic picornavirus. Journal of General Virology, 89(5): 1265-1275.

Han J, Zhou L, Ge X, et al. 2017. Pathogenesis and control of the Chinese highly pathogenic porcine reproductive and respiratory syndrome virus. Vet Microbiol, 209: 30-47.

Han K, Zhao D, Liu Y, et al. 2016. Design and evaluation of a polytope construct with multiple B and T epitopes against Tembusu virus infection in ducks. Research in Veterinary Science, 104: 174-180.

He CQ, Liu YX, Wang HM, et al. 2016. New genetic mechanism, origin and population dynamic of bovine ephemeral fever virus. Veterinary Microbiology, 182: 50-56.

He T, Wang M, Cheng A, et al. 2021. DPV UL41 gene encoding protein induces host shutoff activity and affects viral replication. Vet Microbiol, 255: 108979.

Heesterbeek D, Angelier M, Harrison R, et al. 2018. Complement and bacterial infections: from molecular mechanisms to therapeutic applications. J Innate Immun, 10(5-6): 455-464.

Hensel M, Shea JE, Bäumler AJ, et al. 1997. Analysis of the boundaries of *Salmonella* pathogenicity island 2 and the corresponding chromosomal region of *Escherichia coli* K-12. Journal of Bacteriology, 179(4): 1105-1111.

Heuschele WP. 1967. Studies on the pathogenesis of African swine fever. Ⅰ. Quantitative studies on the sequential development of virus in pig tissues. Arch Gesamte Virusforsch, 21(3): 349-356.

Hill EM, House T, Dhingra MS, et al. 2018. The impact of surveillance and control on highly pathogenic avian influenza outbreaks in poultry in Dhaka division, Bangladesh. PLOS Computational Biology, 14(9): e1006439.

Howell KJ, Peters SE, Wang J, et al. 2015. Development of a multiplex PCR assay for rapid molecular serotyping of *Haemophilus parasuis*. J Clin Microbiol, 53(12): 3812-3821.

Howell KJ, Weinert LA, Peters SE, et al. 2017. "Pathotyping" multiplex PCR assay for *Haemophilus parasuis*: a tool for prediction of virulence. J Clin Microbiol, 55(9): 2617-2628.

Hoyland JA, Dixon JA, Berry JL, et al. 2003. A comparison of in situ hybridisation, reverse transcriptase-polymerase chain reaction(RT-PCR) and *in situ*-RT-PCR for the detection of canine distemper virus RNA in Paget's disease. J Virol Methods, 109(2): 253-259.

Hsu T, Artiushin S, Minion FC. 1997. Cloning and functional analysis of the P97 swine cilium adhesion gene of *Mycoplasma hyopneumoniae*. Journal of Bacteriology, 179(4): 1317-1323.

Huang J, Shen H, Jia R, et al. 2018. Oral vaccination with a DNA vaccine encoding capsid protein of duck tembusu virus induces protection immunity. Viruses, 10(4): 180.

Hughes CS, Jones RC. 1988. Comparison of cultural methods for primary isolation of infectious laryngotracheitis virus from field material. Avian Pathology, 17(2): 295-303.

Ivomar O, Andrés RA, Sylva R, et al. 2009. Pathogenicity and growth characteristics of selected infectious laryngotracheitis virus strains from the United States. Avian Pathology, 38(1): 47-53.

Jackwood DJ. 2017. Advances in vaccine research against economically important viral diseases of food animals: Infectious bursal disease virus. Vet Microb, 206: 121-125.

Jane F, Vincent RR, Glenn FR, et al. 2020. Principles of Virology. 5th ed. London: American Society for Microbiology Press.

Jeffrey JZ, Locke AK, Alejandro R, et al. 2019. Diseases of Swine, 11th ed. Hoboken: Wiley-Blackwell.

Johnson MA, Prideaux CT, Kongsuwan K, et al. 1991. Gallid herpesvirus 1(infectious laryngotracheitis virus): cloning and physical maps of the SA-2 strain. Archives of Virology, 119(3-4): 181-198.

Jones C, Chowdhury S. 2010. Bovine herpesvirus Type 1(BHV-1) is an important cofactor in the bovine respiratory disease complex. Vet Clin Food Anim, 26(2): 303-321.

Kang SI, Her M, Kim JW, et al. 2011. Advanced multiplex PCR assay for differentiation of *Brucella* species. Appl Environ Microbiol, 77(18): 6726-6728.

Kang Y, Li Y, Yuan R, et al. 2013. Host innate immune responses of ducks infected with newcastle disease viruses of different pathogenicities. Front Microbiol, 6: 1283.

Kaur D, Berg S, Dinadayala P, et al. 2006. Biosynthesis of mycobacterial lipoarabinomannan: role of a branching mannosyltransferase. Proc Natl Acad Sci USA, 103(37): 13664-13669.

Kerviel A, Ge P, Lai M, et al. 2019. Atomic structure of the translation regulatory protein NS1 of bluetongue virus. Nat Microbiol, 4(5): 837-845.

Kim MS, Lim TH, Lee DH, et al. 2014. An inactivated oil emulsion fowl Adenovirus serotype 4 vaccine provide broad cross-protection against various serotypes of fowl adenovirus. Vaccine, 32(28): 3564-3568.

Kocan KM, de la Fuente J, Guglielmone AA, et al. 2003. Antigens and alternatives for control of *Anaplasmamarginale* infection in cattle. Clin Microbiol Rev, 16(4): 698-712.

Kumar A, Sharma P, Shukla KK, et al. 2019. Japanese encephalitis virus: associated immune response and recent progress invaccine development. Microb Pathog, 136:103678.

Kwok AH, Li Y, Jiang J, et al. 2014. Complete genome assembly and characterization of an outbreak strain of the causative agent of swine erysipelas: *Erysipelothrix rhusiopathiae* SY1027. BMC Microbiol, 14: 176.

Manso-Silván L, Vilei EM, Sachse K, et al. 2009. *Mycoplasma leachii* sp. nov. as a new species designation for *Mycoplasma* sp. bovine group 7 of Leach, and reclassification of *Mycoplasma mycoides* subsp. *mycoides* LC as a serovar of *Mycoplasma mycoides* subsp. *Capri*. International Journal of Systematic and Evolutionary Microbiology, 59(6):1353-1358.

Lange C, Aaby P, Behr MA, et al. 2022. 100 years of *Mycobacterium bovis* bacille Calmette-Guérin. Lancet Infect Dis, 22(1): 2-12.

Leroux C, Cadore JL, Montelaro RC. 2004. Equine infectious anemia virus(EIAV): what has HIV's country cousin got to tell us? Veterinary Research, 35(4): 485-512.

Leung JY, Pijlman GP, Kondratieva N, et al. 2008. Role of nonstructural protein NS2A in flavivirus assembly. Journal of Virology, 82(10): 4731-4741.

Li L, Bannantine JP, Zhang Q, et al. 2005. The complete genome sequence of *Mycobacterium avium* subspecies *paratuberculosis*. Proc Natl Acad Sci USA, 102(35): 12344-12349.

Li N, Wang Y, Li R, et al. 2015. Immune responses of ducks infected with duck tembusu virus. Frontiers in Microbiology, 6: 425.

Li QC, Hu Y, Wu YF, et al. 2015. Complete genome sequence of *Salmonella enterica*serovar pullorum multidrug resistance strain S06004 from China. Journal of Molecular Microbiology and Biotechnology, 25(5): 606-611.

Li XP, Zhai SL, He DS, et al. 2015. Genome characterization and phylogenetic analysis of a lineage Ⅳ peste des petits ruminants virus in southern China. Virus Genes, 51(3): 361-366.

Li Y, Zhou L, Zhang J, et al. 2014. Nsp9 and Nsp10 contribute to the fatal virulence of highly pathogenic porcine reproductive and respiratory syndrome virus emerging in China. PLoS Pathog, 10 (7): e1004216.

Li Z, Wang Y, Xue Y, et al. 2012. Critical role for voltage-dependent anion channel 2 in infectious bursal disease virus-induced apoptosis in host cells via interaction with VP5. J Virol, 86(3): 1328-1338.

Liang S, Joshua NA. 2006. Proteomic analysis of *Salmonella enterica* serovar *Typhimurium* isolated from RAW 264.7 macrophages: identification of a novel protein that contributes to the replication of serovar *Typhimurium* inside macrophages. The Journal of Biological Chemistry, 281(39): 29131-29140.

Lin S, Cong R, Zhang R, et al. 2016. Circulation and in vivo distribution of duck hepatitis A virus types 1 and 3 in infected ducklings. Arch Virol, 161(2): 405-416.

Liu F, Li J, Li L, et al. 2018. Peste des petits ruminants in China since its first outbreak in 2007: A 10-year review. Transbound Emerg Dis, 65(3): 638-648.

Liu Q, Wang X, Xie C, et al. 2021. A novel human acute encephalitis caused by pseudorabies virus variant strain. Clin Infect Dis, 73(11): 3690-3700.

Liu W, Xiao S, Li M, et al. 2013. Comparative genomic analyses of *Mycoplasma hyopneumoniae* pathogenic 168 strain and its high-passaged attenuated strain. BMC Genomics, 14: 80-92.

Loera-Muro A, Angulo C. 2018. New trends in innovative vaccine development against *Actinobacillus pleuropneumoniae*. Vet Microbiol, 217: 66-75.

Lombard JE. 2011. Epidemiology and economics of *paratuberculosis*. Vet Clin North Am Food Anim Pract, 27(3): 525-535.

López-Goñi I, García-Yoldi D, Marín CM, et al. 2011. New Bruce-ladder multiplex PCR assay for the biovar typing of *Brucella suis* and the discrimination of *Brucella suis* and *Brucella canis*. Vet Microbiol, 154(1-2): 152-155.

Lun ZR, Wang QP, Chen XG, et al. 2007. *Streptococcus suis*: an emerging zoonotic pathogen. Lancet Infect Dis, 7(3): 201-209.

Lunney JK, Fang Y, Ladinig A, et al. 2016. Porcine reproductive and respiratory syndrome virus (PRRSV): pathogenesis and interaction with the immune system. Annu Rev Anim Biosci, 4: 129-154.

Maganga GD, Relmy A, Bakkali-Kassimi L, et al. 2016. Molecular characterization of orf virus in goats in Gabon, Central Africa. Virology Journal, 13(1): 79-83.

Mardassi BB, Mohamed RB Gueriri I, et al. 2005. Duplex PCR to differentiate between *Mycoplasma synoviae* and *Mycoplasma gallisepticum* on the basis of conserved species-specific sequence of their hemaglutinin genes. Journal of clinical microbiology, 43(2): 948-958

Mebus CA, McVicar JW, Dardiri AH, et al. 1983. Comparison of the pathology of high and low virulence African swine fever infections. African Swine Fever, 8466: 183-194.

Möbius P, Liebler-Tenorio E, Hölzer M, et al. 2017. Evaluation of associations between genotypes of *Mycobacterium avium* subsp. *paratuberculsis* and presence of intestinal lesions characteristic of *paratuberculosis*. Vet microbiol, 201: 188-194.

Moore SJ, O'Dea MA, Perkins N, et al. 2015. Estimation of nasal shedding and seroprevalence of organisms known to be associated with bovine respiratory disease in Australian live export cattle. J Vet Diagn Invest, 27(1): 6-17.

Mostaan S, Ghasemzadeh A, Sardari S, et al. 2020. *Pasteurella multocida* vaccine candidates: a systematic review. Avicenna J Med Biotechnol, 12(3): 140-147.

Navarro MA, Uzal FA. 2020. Pathobiology and diagnosis of clostridial hepatitis in animals. J Vet Diagn Invest, 32(2): 192-202.

Njeumi F, Bailey D, Soula JJ, et al. 2020. Eradicating the scourge of peste des petits ruminants from the world. Viruses, 12(3): 313.

Nolan LK, Vaillancourt JP, Barbieri NL, et al. 2019. Colibacillosis. *In*: Diseases of Poultry. Hoboken: Wiley-Blackwell.

Oie KL., Durrant GS, Wolfinbarger JB, et al. 1996. The relationship between capsid protein (VP2) sequence and pathogenicity of Aleutian mink disease parvovirus (ADV): a possible role for raccoons in the transmission of ADV infections. J Virol, 70(2): 852-861.

Olafson P, Maccallum AD, Fox FH. 1946. An apparently new transmissible disease of cattle. Cornell Vet, 36: 205-213.

Olofsson A, Mittelholzer C, Treiberg BL, et al. 1999. Unusual, high genetic diversity of aleutian mink disease virus. J Clin Microbiol,

37(12): 4145-4149.

Opriessnig T, Forde T, Shimoji Y. 2020. *Erysipelothrix* spp.: Past, present, and future directions in vaccine research. Front Vet Sci, 7: 174.

Pan Q, Wang J, Gao Y, et al. 2020. Identification of chicken CAR homology as a cellular receptor for the emerging highly pathogenic fowl adenovirus 4 via unique binding mechanism. Emerge Microbes Infect, 9(1): 586-596.

Peek SF, Divers TJ. 2018. Rebhun's Diseases of Dairy Cattle. 3rd ed. St. Louis: Elsevier.

Peng Z, Liang W, Wang F, et al. 2018. Genetic and phylogenetic characteristics of pasteurella multocida isolates from different host species. Front Microbiol, 9: 1408.

Peng Z, Wang X, Zhou R, et al. 2019. Pasteurella multocida: genotypes and genomics. Microbiol Mol Biol Rev, 83(4): e00014-19.

Pereira MF, Rossi CC, de Carvalho FM, et al. 2015. Draft genome sequences of six *Actinobacillus pleuropneumoniae* serotype 8 Brazilian clinical isolates: insight into new applications. Genome Announc, 3(2): e01585-14.

Pizarro-Cerda J, Cossart P. 2006. Bacterial adhesion and entry into host cells. Cell, 124(4): 715-727.

Poonsiri T, Wright GSA, Solomon T, et al. 2019. Crystal structure of the japanese encephalitis virus capsid protein. Viruses, 11(7): 623.

Prajapati M, Shrestha SP, Kathayat D, et al. 2021. Serological investigations of peste des petits ruminants in cattle of nepal. Vet Med Sci, 7(1): 122-126.

Pullinger GD, Bevir T, Lax AJ. 2004. The *Pasteurella multocida* toxin is encoded within a lysogenic bacteriophage. Mol Microbiol, 51(1): 255-269.

Quembo CJ, Jori F, Vosloo W, et al. 2017. Genetic characterization of African swine fever virus isolates from soft ticks at the wildlife/domestic interface in mozambique and identification of a novel genotype. Transbound Emerg Dis, 65(2): 420-431.

Quinn PJ, Markey BK, Leonard FC, et al. 2016. Concise review of veterinary microbiology. 2nd ed. New York: John Wiley and Sons Ltd: 142.

Quiroz-Castañeda RE, Amaro-Estrada I, Rodríguez-Camarillo SD. 2016. *Anaplasma marginale*: diversity, virulence, and vaccine landscape through a genomics approach. Biomed Res Int, 2016: 9032085.

Raaperi K, Orro T, Viltrop A. 2014. Epidemiology and control of bovine herpesvirus 1 infection in Europe. Vet J, 201(3): 249-256.

Rahman AU, Dhama K, Ali Q, et al. 2020. Peste des petits ruminants in large ruminants, camels and unusual hosts. Vet Q, 40(1): 35-42.

Rahman N, Muhammad I, Nayab G, et al. 2019. In-silico subtractive proteomic analysis approach for therapeutic targets in MDR *Salmonella enterica* subsp. *Enterica* serovar Typhi str. CT18. Current Topics in Medicinal Chemistry, 19(29): 2708-2717.

Ranjan R, Kumar S. 2021. Canine distemper: a fatal disease seeking special intervention. Journal of Entomology and Zoology Studies, 9(2): 1411-1418.

Riedel C, Chen HW, Reichart U, et al. 2020. Real Time analysis of bovine viral diarrhea virus (BVDV) infection and its dependence on bovine CD46. Viruses, 12(1): 116.

Rossi A, Mónaco A, Guarnaschelli J, et al. 2018. Temporal evolution of anti-Clostridium antibody responses in sheep after vaccination with polyvalent clostridial vaccines. Vet Immunol Immunopathol, 202: 46-51.

Roy P. 2017. Bluetongue virus structure and assembly. Curr Opin Virol, 24: 115-123.

Saif LJ, Wesley R, Leman AD, et al. 1992. Transmissible gastroenterisis virus. *In*: Leman AD. Diseases of Swine. 7th ed. Ames: Iowa State University Press: 362-368.

Saif LJ.1993. Coronavirus immunogens. Veterinary Microbiology, 37(3-4): 285-293.

Sánchez-Vizcaíno JM, Mur L, Martínez-López B. 2012. African swine fever: an epidemiological update. Transbound Emerg Dis, 59 Suppl 1: 27-35.

Sanna G, Lecca V, Foddai A, et al. 2014. Development of a specific immunomagnetic capture-PCR for rapid detection of viable *Mycoplasma agalactaie* in sheep milk samples. J. Appl. Microbiol, 117(6): 1585-1591.

Shan Y, Tong Z, Jinzhu M, et al. 2021. Bovine viral diarrhea virus NS4B protein interacts with 2CARD of MDA5 domain and negatively regulates the RLR-mediated IFN-β production. Virus Res, 302: 198471.

Shang J, Zheng Y, Yang Y, et al. 2018. Cryo-Electron microscopy structure of porcine deltacoronavirus spike protein in the prefusion state. Journal of Virology, 92(4): 24-28.

Shil N, Leginoe A, Markham P, et al. 2015. Development and validation of *Taq*Man Real-Time polymerase chain reaction assays for the quantitative and differential detection of wild-type infectious laryngotracheitis viruses from a glycoprotein g-deficient candidate vaccine strain. Avian Diseases, 59(1): 7-13.

Strassheim ML, Gruenberg A, Veijalainen P, et al. 1994. Two dominant neutralizing antigenic determinants of canine parvovirus are found on the threefold spike of the virus capsid. Virology, 198(1): 175-184.

Syed MJ, Graham JB. 2013. Foot-and-mouth disease: past, present and future. Veterinary Research, 44: 116.

Sykes JE. 2014. Feline Panleukopenia Virus Infection and Other Viral Enteritides. Amsterdam: Elsevier Inc.

Tang Y, Sussman M, Liu D, et al. 2015. Molecular Medical Microbiology. 2nd ed. Pittsburgh: Academic Press.

Tian K, Yu X, Zhao T, et al. 2007. Emergence of fatal PRRSV variants: unparalleled outbreaks of atypical PRRS in China and molecular dissection of the unique hallmark. PLoS One, 2(6): e526.

Truyen U, Addie D, Belák S, et al. 2009. Feline panleukopenia. ABCD guidelines on prevention and management. Journal of Feline Medicine & Surgery, 11(7): 538-546.

Uzal FA, Songer JG. 2008. Diagnosis of *Clostridium perfringens* intestinal infections in sheep and goats. J Vet Diagn Invest, 20(3): 253-265.

Valas S, Brémaud I, Stourm S, et al. 2019. Improvement of eradication program for infectious bovine rhinotracheitis in France inferred by serological monitoring of singleton reactors in certified BoHV1-free herds. Prev Vet Med, 171: 104743.

Valastro V, Holmes EC, Britton P, et al. 2016. S1 gene-based phylogeny of infectious bronchitis virus: an attempt to harmonize virus classification. Infct Genet Evol, 39: 349-364.

Venkataraman S, Reddy VS, Reddy SP, et al. 2008. Structure of seneca valley virus-001: an oncolytic picornavirus representing a new genus. Structure, 16(10): 1555-1561.

Volker G, Alexander Z. 2017. Vaccines for porcine epidemic diarrhea virus and other swine coronaviruses.Veterinary Microbiology, 206: 45-51.

Walker MJ, Barnett TC, McArthur JD, et al. 2014. Disease manifestations and pathogenic mechanisms of group A *Streptococcus*. Clinical Microbiology Reviews, 27(2): 264-301.

Walker PJ, Klement E. 2015. Epidemiology and control of bovine ephemeral fever. Veterinary Research, 46:124.

Walz PH. 2020. Bovine viral diarrhea virus: an updated American College of veterinary internal medicine consensus statement with focus on virus biology, hosts, immunosuppression, and vaccination. J Vet Intern Med, 34(5): 1690-1706.

Wang H, Zhang Z, Xie X, et al. 2020. Paracellular pathway mediated *Mycoplasma hyopneumoniae* migration across porcine airway epithelial barrier under air-liquid interface conditions. Infection and Immunity, 88 (10): e00470-20.

Wang L, Byrum B, Zhang Y. 2014. Porcine coronavirus HKU15 detected in 9 US states. Emerging Infectious Diseases, 20(9): 1594-1595.

Wang T, Merits A, Wu Y, et al. 2020. Cis-acting sequences and secondary structures in untranslated regions of duck Tembusu virus RNA are important for cap-independent translation and viral proliferation. Journal of Virology, 94(16): 58-60.

Wang XF, WangY, Bowen B, et al. 2021. Truncation of the cytoplasmic tail of equine infectious anemia virus increases virion production by improving Env cleavage and plasma membrane localization. Journal of Virology, 95:e0108721.

Weerasekera D, Pathirane H, Madegedara D, et al. 2019. Evaluation of the 15 and 24-loci MIRU-VNTR genotyping tools with spoligotyping in the identification of *Mycobacterium tuberculosis* strains and their genetic diversity in molecular epidemiology studies. Infectious Diseases (Lond), 51(3): 206-215.

Whiting TL. 2003. Foreign animal disease outbreaks, the animal welfare implications for Canada: risks apparent from international experience. Can Vet J, 44(10): 805-815.

William H, Wunner 1, Karl-Klaus C. 2013. Rabies: Scientific Basis of the Disease and its Management. 3rd ed. Amsterdam: Elsevier Inc.

Wilson BA, Ho M. 2013. *Pasteurella multocida*: from zoonosis to cellular microbiology. Clin Microbiol Rev, 26(3): 631-655.

Wirblich C, Bhattacharya B, Roy P. 2006. Nonstructural protein 3 of bluetongue virus assists virus release by recruiting ESCRT-I protein Tsg101. J Virol, 80(1): 460-473.

Wu N, Yang B, Wen B, et al. 2020. Pathogenicity and immune responses in specific-pathogen-free chickens during fowl adenovirus serotype 4. Infection Avian Dis, 64(3): 315-323.

Wu Y, Cheng A, Wang M, et al. 2012. Complete genomic sequence of Chinese virulent duck enteritis virus. J Virol, 86(10): 5965.

Xu Q, Chen Y, Zhao W, et al. 2016. Infection of goose with genotype VIId Newcastle disease virus of goose origin elicits strong immune responses at early stage. Front Microbiol, 7(1): 1587.

Xu Z, Chen X, Li L, et al. 2010. Comparative Genomic Characterization of *Actinobacillus pleuropneumoniae*. J Bacteriol, 192(21): 5625-5636.

Xu Z, Zhou Y, Li L, et al. 2008. Genome biology of *Actinobacillus pleuropneumoniae* JL03, an isolate of serotype 3 prevalent in China. PLoS One, 3(1): 1450.

Yan BF, Chao Y, Chen Z, et al. 2008. Serological survey of bovine herpesvirus type 1 infection in China. Vet Microbiol, 127: 136-141.

Yates WDG. 1982. A review of infectious bovine rhinotracheitis, shipping fever pneumonia and viral-bacterial synergism in respiratory disease of cattle. Can J Comp Med, 46(3): 225-263.

Ye C, Jia L, Sun Y, et al. 2014. Inhibition of antiviral innate immunity by birnavirus VP3 protein via blockage of viral double-stranded RNA binding to the host cytoplasmic RNA detector MDA5. J Virol, 88(19): 11154-11165.

You Y, Liu T, Wang M, et al. 2018. Duck plague virus glycoprotein J is functional but slightly impaired in viral replication and cell-to-cell spread. Sci Rep, 8(1): 4069.

Yun SI, Lee YM. 2018. Early events in Japanese encephalitis virus infection: viral entry. Pathogens, 13;7(3): 68.

Zhai W, Wu F, Zhang Y, et al. 2019. The Immune escape mechanisms of *Mycobacterium tuberculosis*. Int J Mol Sci, 20(2): 340.

Zhang P, Blackall PJ, Yamaguchi T, et al. 1999. A Monoclonal antibody-blocking ELISA for the detection of serovar-specific antibodies to *Haemophilus paragallinarum*. Avian Diseases, 43:75-82.

Zhang R, Chen J, Zhang J, et al. 2018. Novel duck hepatitis A virus type 1 isolates from adult ducks showing egg drop syndrome. Vet Microbiol, 221: 33-37.

Zhang R, Yang Y, Lan J, et al. 2021. Evidence of possible vertical transmission of duck hepatitis A virus type 1 in ducks. Transbound Emerg Dis, 68(2): 267-275.

Zhang T, Ren M, Liu C, et al. 2019. Comparative analysis of early immune responses induced by two strains of Newcastle disease virus in chickens. Microbiologyopen, 8(4): e00701.

Zhao K, He W, Gao W, et al. 2011. Orf virus DNA vaccines expressing ORFV 011 and ORFV 059 chimeric protein enhances immunogenicity. Virology Journal, 8(1): 562-562.

Zhou H, Coveney A, Wu M, et al. 2018. Activation of both TLR and NOD signaling confers host innate immunity-mediated protection against microbial infection. Front Immunol, 9(1): 3082.

Zhou L, Ge X, Yang H. 2021. Porcine reproductive and respiratory syndrome modified live virus vaccine: A "leaky" vaccine with debatable efficacy and safety. Vaccines, 9 (4): 362-382.

Zhou L, Zhang J, Zeng J, et al. 2009. The 30-amino-acid deletion in the Nsp2 of highly pathogenic porcine reproductive and respiratory syndrome virus emerging in China is not related to its virulence. J Virol, 83 (10): 5156-5167.

Zhou Y, Li X, Ren Y, et al. 2020. Phylogenetic analysis and characterization of bovine herpesvirus-1 in cattle of China, 2016-2019. Infect Genet Evol, 85(3): 104416.

Zhuge X, Jiang M, Tang F, et al. 2019. Avian-source mcr-1-positive *Escherichia coli* is phylogenetically diverse and shares virulence characteristics with *E. coli* causing human extra-intestinal infections. Veterinary Microbiology, 239: 108483.

Zhuge X, Sun Y, Jiang M, et al. 2019. Acetate metabolic requirement of avian pathogenic *Escherichia coli* promotes its intracellular proliferation within macrophage. Veterinary Research, 50(1): 1-18.